SCHÄFFER
POESCHEL

Jan Schäfer-Kunz

Buchführung und Jahresabschluss

für Schule, Studium und Beruf

Auf der Grundlage der Kontenrahmen
SKR03, SKR04 und IKR

2011
Schäffer-Poeschel Verlag Stuttgart

Dr. Jan Schäfer-Kunz, Professor für Betriebswirtschaft
mit Schwerpunkt Rechnungswesen

Dozenten finden weitere Lehrmaterialien unter
http://www.sp-dozenten.de/2737
(Registrierung erforderlich).

Bibliografische Information der Deutschen Nationalbibliothek
Die Deutsche Nationalbibliothek verzeichnet diese Publikation in der Deutschen
Nationalbibliografie; detaillierte bibliografische Daten sind im Internet
über http://dnb.d-nb.de abrufbar.

Gedruckt auf chlorfrei gebleichtem, säurefreiem und alterungsbeständigem Papier

ISBN 978-3-7910-2737-1

Dieses Werk einschließlich aller seiner Teile ist urheberrechtlich geschützt. Jede Verwertung
außerhalb der engen Grenzen des Urheberrechtsgesetzes ist ohne Zustimmung des Verlages
unzulässig und strafbar. Das gilt insbesondere für Vervielfältigungen, Übersetzungen, Mikro-
verfilmungen und die Einspeicherung und Verarbeitung in elektronischen Systemen.

© 2011 Schäffer-Poeschel Verlag für Wirtschaft · Steuern · Recht GmbH
www.schaeffer-poeschel.de
info@schaeffer-poeschel.de

Einbandgestaltung: Willy Löffelhardt/Melanie Frasch, Bildnachweis: Umschlag und Kapitel-
aufmacher Shutterstock®
Layout: Ingrid Gnoth | GD 90
Satz: Dörr+Schiller GmbH, Stuttgart
Druck und Bindung: aprinta druck GmbH & Co. KG, Wemding

Printed in Germany
Oktober 2011

Schäffer-Poeschel Verlag Stuttgart
Ein Tochterunternehmen der Verlagsgruppe Handelsblatt

Meinem Vater

Vorwort

Als ich meinen Kollegen von dem Vorhaben erzählte, ein neues Buchführungsbuch zu schreiben, schüttelten die meisten bedenklich mit dem Kopf und verwiesen auf die Vielzahl an Literatur in diesem Bereich. In der Tat hat die über 500-jährige Geschichte der europäischen Rechnungswesenliteratur Tausende von Veröffentlichungen zu diesem Thema hervorgebracht. Warum also ein weiteres Buch zu diesem Thema? Inhaltlich ist das Meiste wohl wirklich schon geschrieben worden, und so unterscheidet sich dieses Buch von anderen Büchern in erster Linie nicht darin, was gesagt wird, sondern darin, wie es gesagt wird. Dabei wurde ich insbesondere von den im Literaturverzeichnis aufgeführten angloamerikanischen Accounting-Büchern beeinflusst, die hinsichtlich der Didaktik und der Ausstattung wesentlich weiter entwickelt sind als die meisten Bücher im deutschsprachigen Raum.

Das Buch in Ihren Händen weist entsprechend gegenüber der traditionellen deutschsprachigen Buchführungsliteratur folgende Verbesserungen auf:

- Die **Bedeutung der Jahresabschlussrechnungen wurde betont**, indem das Buch mit Kapiteln zur Jahresabschlussrechnung beginnt und endet und indem die Buchführungskapitel mit Einordnungen in die Jahresabschlussrechnungen beginnen und enden.
- Dem Buch liegt eine stringente Ausrichtung an der **Konzeption eines dreiteiligen Jahresabschlusses** mit den Elementen Bilanz, Gewinn- und Verlustrechnung sowie Kapitalflussrechnung zugrunde.
- Der Aufbau des Buchs und der Aufbau der meisten Kapitel orientieren sich an den im Rechnungswesen abzubildenden **Prozessen**.
- Für das Buch wurde ein **Buchungsnavigator** entwickelt, der Buchungssätze mit Hilfe von Piktogrammen grafisch darstellt und aufzeigt, welchen Einfluss sie auf die Bilanz, die Gewinn- und Verlustrechnung sowie den Kapitalfluss haben (↗Kapitel 3.4.4).
- Wie eine Marktanalyse im Vorfeld ergab, gibt es im Aus- und Weiterbildungsbereich keinen eindeutig dominierenden Kontenrahmen. Mit den **DATEV-Standardkontenrahmen SKR03 und SKR04** und dem **Industriekontenrahmen IKR** liegen diesem Buch deshalb die drei in der Praxis und in der Ausbildung am weitesten verbreiteten Kontenrahmen zugrunde.
- Da die genannten Kontenrahmen für den Einsatz in der Lehre zu umfangreich sind, wurden auf ihrer Basis die übersichtlicheren **Kontenpläne für die Aus- und Weiterbildung SKP03, SKP04 und IKP** entwickelt. Diese beschränken sich auf die in der Lehre und in der Praxis relevanten Konten. Um einen schnellen Zugriff sicherzustellen, finden Sie die Kontenpläne auf den Umschlaginnenseiten und am Ende dieses Buchs.
- Die in den Kapiteln zur Kontierung verwendeten Konten werden am Ende der Kapitel jeweils in nach Abschlussposten unterteilten **Kontenlisten** dargestellt, um sie deutlich hervorzuheben. Dabei wurden nicht nur die in den vorgenannten Kontenplänen vorhandenen Konten, sondern in eckigen Klammern alle in den zugrunde liegenden Kontenrahmen vorhandenen Konten aufgelistet.
- Um die praktische Relevanz zu verdeutlichen, wurden in vielen Kapiteln **Praxisbeispiele** integriert, die zumeist aus den Geschäftsberichten von Unternehmen stammen.
- Zur Verdeutlichung der Theorie und zur Erhöhung der Identifikation mit den Inhalten wurden **zwei durchgängige Fallstudien** entwickelt, bei denen die Studierenden Jill und Marc beim Aufbau ihrer Unternehmen begleitet werden (↗Kapitel 2).
- **Kapitelnavigatoren**, die am Anfang aller Kapitel eine Übersicht über deren Inhalte und die damit zu erreichenden Lernziele geben, ermöglichen eine schnelle Orientierung innerhalb der Hauptkapitel.
- Die in den Kapitelnavigatoren aufgeführten **Lernziele** werden nochmals bei den einzel-

nen Kapiteln wiederholt und ihr Erreichen am Ende der Kapitel mittels **Zwischenübungen** überprüft.
▸ Um zu verdeutlichen, welche Begriffe und Inhalte nach der Lektüre der jeweiligen Kapitel verstanden sein sollten, werden am Ende der Hauptkapitel die darin verwendeten **Schlüsselbegriffe** nochmals aufgeführt und die Inhalte anhand von **Fragen** überprüft.
▸ Zur Festigung des vermittelten Stoffs gibt es in allen Hauptkapiteln **Übungen**. Mittels **freier Felder zur Eintragung von Lösungen** können diese – so wie auch die vorgenannten Zwischenübungen – direkt im Buch bearbeitet werden.
▸ Am Ende aller Kapitel ermöglicht ein **Lernstandsmonitor** die Visualisierung und damit die Überwachung des eigenen Lernfortschritts.

▸ Zur Komplettierung der behandelten Geschäftsvorfälle werden teilweise im Anschluss an die Kapitel zur Buchführung ergänzende Kontierungen in Form von **Kontierungslexika** angegeben.
▸ Alle wesentlichen Strukturen und Sachverhalte werden grafisch dargestellt. Dadurch lassen sich die Inhalte des Buchs in einer ersten Annäherung allein über die **Abbildungen** erschließen.
▸ Bei Werten, die sich erfahrungsgemäß häufig ändern, wird über Aktualisierungsziffern (AZ) auf im Internet bereitgestellte **Aktualisierungen** verwiesen.
▸ Bei Rechnungen wird über Verweise auf im Internet bereitgestellte **Kalkulationstabellen** verwiesen.
▸ Eine umfassende **Internetplattform** zur Ergänzung des Buchs besteht unter: www.BuchfuehrungUndJahresabschluss.de

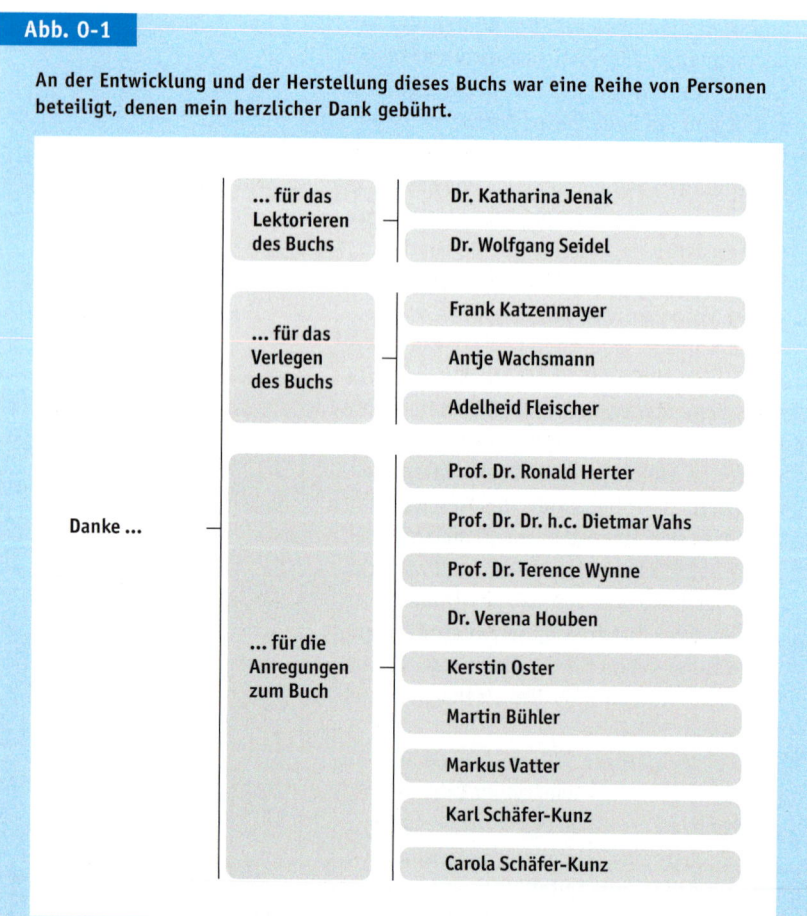

Abb. 0-1

An der Entwicklung und der Herstellung dieses Buchs war eine Reihe von Personen beteiligt, denen mein herzlicher Dank gebührt.

Wiewohl die Hauptlast der Arbeit an einem Buch naturgemäß beim Autor liegt, ist doch eine Vielzahl von Personen an dessen Entwicklung und dessen Herstellung beteiligt (↗Abbildung 0–1). Diesen möchte ich an dieser Stelle herzlich für ihre Unterstützung danken. Besonders hervorheben muss ich dabei das fachliche Lektorat durch Frau Dr. Jenak, die mit Abstand den größten Einfluss auf die Inhalte des Buchs hatte.

Es verwundert manchmal, wie unbeliebt das Rechnungswesen bei vielen Studierenden der Wirtschaftswissenschaften ist. Dabei ist doch die Fähigkeit zum geldmäßigen Werten – wie bereits Eugen Schmalenbach in dem Vorwort zu seinem Buch »Die doppelte Buchführung« feststellte (Schmalenbach, E. 1950: Seite 6) – einer der bedeutendsten Unterschiede von Wirtschaftswissenschaftlern zu anderen Berufsgruppen wie Juristen, Ingenieuren oder Naturwissenschaftlern.

Ich hoffe insofern, mit diesem Buch die Beliebtheit des Rechnungswesens etwas steigern zu können, und würde mich sehr freuen, wenn ich damit auch Sie für dieses Thema begeistern könnte.

Stuttgart, im Juli 2011
Jan Schäfer-Kunz

Inhaltsverzeichnis

Vorwort		VII
Inhaltsverzeichnis		IX
Hinweise zu den Beispielen, Zwischenübungen und Übungen		XIX
Hinweise zur Benutzung des Buchs		XX
Hinweise für Studierende		XXII
Hinweise für Dozentinnen und Dozenten		XXIV
Symbol- und Abkürzungsverzeichnis		XXVI

Teil I Grundlagen

1	**Das Rechnungswesen als Informationssystem**	**3**
1.1	Im Rechnungswesen abgebildete Prozesse	4
1.2	Vom Rechnungswesen bereitgestellte Informationen	6
1.3	Teilbereiche des Rechnungswesens	8
1.3.1	Externes Rechnungswesen	8
1.3.2	Internes Rechnungswesen	10
1.3.3	Ein- und Zweikreissysteme	10
1.4	Historische Entwicklung des externen Rechnungswesens	11
1.5	Rechnungswesen-Zyklen	12
1.5.1	Zeiträume und Zeitpunkte	12
1.5.2	Abläufe in der Buchführung	13
1.5.3	Abläufe beim Jahresabschluss	13
2	**Die Abbildung von Unternehmen in Jahresabschlussrechnungen**	**19**
2.1	Bilanz	21
2.1.1	Aufbau der Bilanz	21
2.1.1.1	Aktiva/Vermögen	21
2.1.1.1.1	Anlagevermögen	21
2.1.1.1.2	Umlaufvermögen	22
2.1.1.2	Passiva/Kapital	23
2.1.1.2.1	Eigenkapital	23
2.1.1.2.2	Fremdkapital	23
2.1.2	Wesen der Bilanz	24
2.1.3	Formen der Bilanzänderungen	24
2.2	Kapitalflussrechnung	28
2.2.1	Auszahlungen und Einzahlungen, Ausgaben und Einnahmen	28
2.2.2	Aufbau der Kapitalflussrechnung	29
2.2.3	Wesen der Kapitalflussrechnung	31
2.3	Gewinn- und Verlustrechnung	32
2.3.1	Aufwendungen und Erträge	32
2.3.2	Aufbau der Gewinn- und Verlustrechnung	34
2.3.2.1	Betriebsergebnis	34
2.3.2.2	Finanzergebnis	35
2.3.2.3	Jahresüberschuss/Jahresfehlbetrag	36
2.3.3	Wesen der Gewinn- und Verlustrechnung	37
2.3.4	Bilanzänderungen durch Aufwendungen und Erträge	37
2.4	Zusammenhang der Jahresabschlussrechnungen	39
3	**Die Aufzeichnung von Geschäftsvorfällen auf Konten**	**49**
3.1	Kontenarten	50
3.1.1	Sachkonten	50
3.1.1.1	Bestandskonten	51
3.1.1.1.1	Aktivkonten/Vermögenskonten	51
3.1.1.1.2	Passivkonten/Kapitalkonten	51
3.1.1.2	Erfolgskonten	52
3.1.1.2.1	Aufwandskonten	53
3.1.1.2.2	Ertragskonten	53
3.1.1.3	Privatkonten	53
3.1.1.3.1	Entnahmekonten	53
3.1.1.3.2	Einlagekonten	53
3.1.1.4	Gemischte Konten	54
3.1.1.4.1	Bestandskonten mit Erfolg/Gemischte Bestandskonten	54
3.1.1.4.2	Erfolgskonten mit Bestand/Gemischte Erfolgskonten	54
3.1.1.5	Hilfskonten	54
3.1.1.5.1	Eröffnungs- und Abschlusskonten	55
3.1.1.5.2	Ergebnisverwendungskonten	56
3.1.1.5.3	Verrechnungskonten	56
3.1.1.5.4	Übergangskonten in Zweikreissystemen	56
3.1.1.6	Änderungen des Kontencharakters	56
3.1.2	Personenkonten	57
3.1.2.1	Lieferantenkonten	57
3.1.2.2	Kundenkonten	57
3.2	Kontenverknüpfungen	58
3.2.1	Haupt- und Unterkonten	58
3.2.2	Sammel- und Nebenkonten	58
3.3	Benennung und Strukturierung von Konten	59

3.3.1	Benennung von Konten	59
3.3.2	Strukturierung von Konten in Kontenrahmen und Kontenplänen	59
3.3.2.1	Gliederungsgrundformen von Kontenrahmen	59
3.3.2.2	Numerische Gliederung von Kontenrahmen und Kontenplänen	60
3.3.2.2.1	Kontennummernbereiche	60
3.3.2.2.2	Gliederungssystematik der Sachkonten	60
3.3.2.2.3	Nummerierungen von Erweiterungen	61
3.3.2.3	Charakteristika ausgewählter Kontenrahmen	61
3.3.2.3.1	Standardkontenrahmen 03	61
3.3.2.3.2	Standardkontenrahmen 04	62
3.3.2.3.3	Industriekontenrahmen	62
3.4	Buchen auf Konten	63
3.4.1	Buchungssätze	64
3.4.1.1	Einfache Buchungssätze	64
3.4.1.2	Zusammengesetzte Buchungssätze	64
3.4.2	Darstellung von Buchungssätzen	64
3.4.3	Aufstellung von Buchungssätzen	65
3.4.4	Darstellung der aus Buchungssätzen resultierenden Kontenänderungen	68
3.5	Eröffnung und Abschluss von Konten	70
3.5.1	Eröffnung von Konten	70
3.5.2	Abschluss von Konten	72
3.5.2.1	Ermittlung von Salden	72
3.5.2.2	Abschluss von Erfolgskonten	73
3.5.2.3	Abschluss von Bestandskonten	74
3.6	Kleines Buchungseinmaleins	76
4	**Die organisatorischen Rahmenbedingungen**	**91**
4.1	Grundsysteme der Buchführung	92
4.1.1	Einfache Buchführung	92
4.1.2	Doppelte Buchführung	92
4.2	Belegorganisation	93
4.2.1	Belegarten	93
4.2.1.1	Externe Belege	94
4.2.1.2	Interne Belege	94
4.2.2	Angaben auf Belegen	95
4.2.2.1	Allgemeine Angaben	95
4.2.2.2	Ergänzende Angaben auf Rechnungen	96
4.2.2.3	Ergänzende Angaben auf Bewirtungsbelegen	96
4.2.2.4	Ergänzende Angaben auf Handelsbriefen	96
4.2.3	Belegbearbeitung	96
4.2.3.1	Prüfung und Freigabe von Belegen	96
4.2.3.2	Vorbereitung der Buchung	97
4.2.3.3	Buchung von Belegen	97
4.2.3.4	Ablage von Belegen	98
4.3	Aufbau von Buchführungssoftwaresystemen	98
4.3.1	Grundbücher	98
4.3.2	Ordnungsbücher	100
4.3.2.1	Hauptbücher	100
4.3.2.2	Nebenbücher	101
4.3.2.2.1	Anlagenbücher	101
4.3.2.2.2	Kontokorrentbücher	101
4.3.2.2.3	Lagerbücher	101
4.3.2.2.4	Lohn- und Gehaltsbücher	101
4.3.2.3	Inventar- und Bilanzbücher	102
4.4	Realisierung der Rechnungslegung nach verschiedenen Normensystemen	102
4.5	Abbildung des Übergangs der wirtschaftlichen Verfügungsmacht bei Kaufprozessen	103
4.5.1	Ablauf von Kaufprozessen	103
4.5.2	Umsetzung von Liefer- und Zahlungsbedingungen	105
4.6	Umrechnung von Umsätzen in Fremdwährungen	105
5	**Die gesetzlichen Rahmenbedingungen**	**113**
5.1	Gesetzliche Rahmenbedingungen der Buchführung	114
5.1.1	Buchführungspflicht	114
5.1.1.1	Handelsrechtliche Buchführungspflicht	114
5.1.1.1.1	Kaufmannseigenschaften	114
5.1.1.1.2	Unternehmen mit Buchführungspflicht	115
5.1.1.1.3	Unternehmen ohne Buchführungspflicht	115
5.1.1.2	Steuerrechtliche Buchführungspflicht	116
5.1.1.3	Resultierende Mindestanforderungen an die Buchführung	117
5.1.2	Aufzeichnungspflichten	117
5.1.2.1	Steuerrechtliche Aufzeichnungspflichten	117
5.1.2.2	Außersteuerliche Aufzeichnungspflichten	117
5.1.3	Aufzeichnung versus Buchführung	118
5.2	Gesetzliche Rahmenbedingungen des Jahresabschlusses	118
5.2.1	Phasen des Jahresabschlusses	118
5.2.1.1	Aufstellung	118
5.2.1.2	Prüfung	118
5.2.1.3	Offenlegung	118
5.2.2	Bestimmungsfaktoren der anzuwendenden Vorschriften	119
5.2.2.1	Konzerneigenschaften	119
5.2.2.1.1	Einzelabschlüsse	119
5.2.2.1.2	Konzernabschlüsse	119
5.2.2.2	Rechtsform	120
5.2.2.3	Haftungsverhältnisse bei Personenhandelsgesellschaften	120
5.2.2.4	Unternehmensgröße	120
5.2.2.5	Kapitalmarktorientierung	121
5.2.2.6	Geschäftszweig	121

5.2.3	Gesetzliche Rahmenbedingungen ausgewählter Abschlüsse	121
5.2.3.1	Jahres- und Einzelabschlüsse von Einzelkaufleuten und von Personenhandelsgesellschaften mit natürlichen Vollhaftern	121
5.2.3.1.1	Nicht publizitätspflichtige Einzelkaufleute und Personenhandelsgesellschaften mit natürlichen Vollhaftern	121
5.2.3.1.2	Publizitätspflichtige Einzelkaufleute und Personenhandelsgesellschaften mit natürlichen Vollhaftern	122
5.2.3.2	Jahres- und Einzelabschlüsse von Kapitalgesellschaften und von ihnen gleichgestellten Gesellschaften	124
5.2.3.2.1	Kleine Kapitalgesellschaften	124
5.2.3.2.2	Mittelgroße Kapitalgesellschaften	125
5.2.3.2.3	Große Kapitalgesellschaften	125
5.2.3.2.4	Ergänzende Aufstellungspflichten für kapitalmarktorientierte Kapitalgesellschaften	126
5.2.3.2.5	Erleichterungen für Tochterunternehmen	126
5.2.3.2.6	Offenlegung nach internationalen Rechnungslegungsstandards	126
5.2.3.3	Konzernabschlüsse	126
5.2.3.3.1	Konzerne mit nicht kapitalmarktorientierten Mutterunternehmen	126
5.2.3.3.2	Konzerne mit kapitalmarktorientierten Mutterunternehmen	127
5.3	Grundsätze der Buchführung und des Jahresabschlusses	128
5.3.1	Grundsätze der Buchführung	128
5.3.1.1	Formelle Grundsätze	128
5.3.1.2	Materielle Grundsätze	129
5.3.2	Grundsätze des Jahresabschlusses	129
5.3.2.1	Rahmengrundsätze	129
5.3.2.1.1	Formelle Grundsätze	130
5.3.2.1.2	Materielle Grundsätze	130
5.3.2.2	Ansatzgrundsätze	131
5.3.2.3	Bewertungsgrundsätze	131
5.3.2.3.1	Allgemeine Bewertungsgrundsätze	131
5.3.2.3.2	Vorsichtsprinzip	131
5.3.2.3.3	Prinzip der Periodisierung	132
5.3.3	Aufbewahrungspflichten	132
5.4	Verstöße gegen die gesetzlichen Rahmenbedingungen	133

Teil II Buchführung

6	**Die Buchungen zur Abbildung der Umsatzbesteuerung**	**141**
6.1	Einordnung innerhalb der Jahresabschlussrechnungen	143
6.1.1	Ausweis in der Bilanz	143
6.1.2	Ausweis in der Gewinn- und Verlustrechnung	143
6.1.3	Ausweis in der Kapitalflussrechnung	143
6.2	Gesetzliche Rahmenbedingungen der Umsatzbesteuerung	144
6.2.1	Steuergegenstand	144
6.2.1.1	Lieferungen im Inland gegen Entgelt	144
6.2.1.2	Sonstige Leistungen im Inland gegen Entgelt	145
6.2.1.3	Innergemeinschaftliche Erwerbe gegen Entgelt	145
6.2.1.4	Einfuhren	145
6.2.2	Umsatzsteuerbefreiungen	145
6.2.2.1	Umsatzsteuerbefreiungen aufgrund von Unternehmensmerkmalen	145
6.2.2.2	Umsatzsteuerbefreiungen aufgrund der Art der Lieferungen und Leistungen	146
6.2.3	Entstehungszeitpunkte der Umsatzsteuer	146
6.2.3.1	Entstehung bei der Beschaffung	146
6.2.3.2	Entstehung beim Verkauf	147
6.2.3.2.1	Soll-Besteuerung (Besteuerung nach vereinbarten Entgelten)	147
6.2.3.2.2	Ist-Besteuerung (Besteuerung nach vereinnahmten Entgelten)	147
6.2.4	Berechnung der Umsatzsteuer	147
6.2.5	Umsatzbesteuerung von Nebenleistungen	148
6.2.6	Berechnung der Zahllast oder des Erstattungsanspruchs	148
6.2.7	Meldung der Steuer	149
6.3	Umsatzsteuer bei inländischen Umsätzen	150
6.3.1	Umsatzsteuer bei der Beschaffung	150
6.3.2	Umsatzsteuer beim Verkauf	151
6.3.3	Umsatzsteuer bei Umsätzen mit umsatzsteuerbefreiten Wirtschaftssubjekten	153
6.3.3.1	Beschaffung von umsatzsteuerbefreiten Wirtschaftssubjekten	153
6.3.3.2	Verkauf an umsatzsteuerbefreite Wirtschaftssubjekte	153
6.4	Umsatzsteuer bei grenzüberschreitenden Umsätzen	154
6.4.1	Umsatzsteuer bei innergemeinschaftlichen Umsätzen	154

6.4.1.1	Umsatzsteuer beim innergemeinschaftlichen Erwerb	154
6.4.1.2	Umsatzsteuer bei innergemeinschaftlichen Lieferungen	157
6.4.2	Umsatzsteuer bei Umsätzen mit Drittländern	157
6.4.2.1	Zoll und Umsatzsteuer bei der Einfuhr aus Drittländern	158
6.4.2.2	Umsatzsteuer bei der Ausfuhr in Drittländer	161
6.5	Umsatzsteuervoranmeldungen und -erklärungen	162
6.5.1	Ermittlung und Verprobung der zu meldenden Angaben	162
6.5.2	Begleichung der Zahllast oder des Erstattungsanspruchs	165
6.6	Abschluss der Umsatzsteuerkonten	167

7 Die Buchungen im Eigen- und im Fremdkapital zur Abbildung von Finanzierungsprozessen — 179

7.1	Einordnung innerhalb der Jahresabschlussrechnungen	181
7.1.1	Ausweis in der Bilanz	181
7.1.2	Ausweis in der Gewinn- und Verlustrechnung	185
7.1.3	Ausweis in der Kapitalflussrechnung	186
7.2	Beteiligungsfinanzierung	186
7.2.1	Beteiligungsfinanzierungen von Kapitalgesellschaften	187
7.2.1.1	Durchführung von Beteiligungsfinanzierungen	187
7.2.1.2	Nutzung von Beteiligungsfinanzierungen	189
7.2.1.2.1	Auflösungen des Gewinn- oder Verlustvortrags des Vorjahres	190
7.2.1.2.2	Entnahmen aus der Kapitalrücklage	191
7.2.1.2.3	Entnahmen aus den Gewinnrücklagen	192
7.2.1.2.4	Vortrag des Ergebnisses ins Folgejahr	192
7.2.1.2.5	Ausschüttungen im Folgejahr	193
7.2.1.3	Rückführung von Beteiligungsfinanzierungen	194
7.2.2	Beteiligungsfinanzierungen von Einzelkaufleuten und Personenhandelsgesellschaften	195
7.2.2.1	Durchführung von Beteiligungsfinanzierungen	195
7.2.2.2	Nutzung von Beteiligungsfinanzierungen	196
7.2.2.2.1	Ergebnisverwendung	196
7.2.2.2.2	Ausschüttungen	197
7.2.2.3	Rückführung von Beteiligungsfinanzierungen	198
7.3	Selbstfinanzierung	198
7.3.1	Durchführung von Selbstfinanzierungen	199
7.3.1.1	Selbstfinanzierung im Rahmen der teilweisen Ergebnisverwendung	199
7.3.1.2	Selbstfinanzierung im Rahmen der vollständigen Ergebnisverwendung	200
7.3.2	Nutzung von Selbstfinanzierungen	200
7.3.3	Rückführung von Selbstfinanzierungen	200
7.4	Kreditfinanzierung	200
7.4.1	Lieferantenkredite	201
7.4.2	Kundenkredite	201
7.4.3	Kontokorrentkredite	201
7.4.3.1	Aufnahme von Kontokorrentkrediten	201
7.4.3.2	Nutzung von Kontokorrentkrediten	202
7.4.3.3	Rückzahlung von Kontokorrentkrediten	202
7.4.4	Darlehen	202
7.4.4.1	Aufnahme von Darlehen	202
7.4.4.2	Nutzung von Darlehen	205
7.4.4.3	Rückzahlung von Darlehen	207
7.4.5	Anleihen	207
7.5	Finanzierung aus Rückstellungen	208
7.6	Kapitalsubstitution durch Miete, Pacht und Leasing	209
7.6.1	Miete und Pacht	209
7.6.2	Leasing	210
7.6.2.1	Buchung bei Zuordnung zum Leasinggeber	211
7.6.2.2	Buchung bei Zuordnung zum Leasingnehmer	211

8 Die Buchungen im Anlagevermögen zur Abbildung von Investitionsprozessen — 221

8.1	Einordnung innerhalb der Jahresabschlussrechnungen	223
8.1.1	Ausweis in der Bilanz	223
8.1.2	Ausweis in der Gewinn- und Verlustrechnung	226
8.1.3	Ausweis in der Kapitalflussrechnung	226
8.2	Investierung	227
8.2.1	Anschaffung von Anlagegütern	227
8.2.1.1	Ermittlung der Anschaffungskosten	227
8.2.1.1.1	Anschaffungspreis	228
8.2.1.1.2	Anschaffungspreisminderungen	228
8.2.1.1.3	Anschaffungsnebenkosten	228
8.2.1.1.4	Nachträgliche Anschaffungskosten	228
8.2.1.2	Aktivierung von angeschafften Anlagegütern	228
8.2.1.3	Geleistete Anzahlungen	230
8.2.2	Herstellung von Anlagegütern	232
8.2.2.1	Ermittlung der Herstellungskosten	232
8.2.2.1.1	Einzelkosten der Herstellung	233
8.2.2.1.2	Gemeinkosten der Herstellung	235
8.2.2.2	Aktivierung von hergestellten Anlagegütern	238

8.2.2.2.1	Aktivierung bei Anwendung des Gesamtkostenverfahrens	238
8.2.2.2.2	Aktivierung bei Anwendung des Umsatzkostenverfahrens	240
8.2.3	Abgrenzung zwischen Betriebs- und Privatvermögen	241
8.3	Anlagegüternutzung	242
8.3.1	Abschreibungen	242
8.3.1.1	Ursachen von Wertminderungen	243
8.3.1.2	Handelsrechtliche versus steuerrechtliche Abschreibungen	243
8.3.1.3	Abschreibungsparameter	243
8.3.1.3.1	Abnutzbarkeit	243
8.3.1.3.2	Abschreibungsbasis	244
8.3.1.3.3	Resterlöswert	244
8.3.1.3.4	Abschreibungszeitraum	245
8.3.1.3.5	Abschreibungsmethode	245
8.3.1.4	Ermittlung von planmäßigen Abschreibungsbeträgen	246
8.3.1.4.1	Lineare Abschreibung	246
8.3.1.4.2	Geometrisch-degressive Abschreibung	246
8.3.1.4.3	Monatsgenaue Abschreibung	247
8.3.1.4.4	Leistungsabhängige Abschreibung	248
8.3.1.5	Buchung von planmäßigen Abschreibungen	248
8.3.1.6	Abschreibung geringwertiger Wirtschaftsgüter	249
8.3.1.6.1	Sofortige Abschreibung	250
8.3.1.6.2	Poolabschreibung	251
8.3.2	Erhaltungsaufwendungen	252
8.3.3	Erträge aus der Vermietung oder Verpachtung von Grundstücken oder Gebäuden	252
8.3.4	Erträge aus Dividenden	253
8.3.5	Private Nutzungsentnahmen	255
8.4	Desinvestierung	256
8.4.1	Nebenkosten der Desinvestierung	256
8.4.2	Verkauf von Anlagegütern	257
8.4.2.1	Verkauf von Sachanlagen	257
8.4.2.2	Verkauf von Aktien	259
8.4.3	Unentgeltlicher Abgang von Anlagegütern	260
8.5	Anlagenbuchführung	261
9	**Die Buchungen im Umlaufvermögen zur Abbildung von Umsatzprozessen**	**275**
9.1	Einordnung innerhalb der Jahresabschlussrechnungen	277
9.1.1	Ausweis in der Bilanz	277
9.1.2	Ausweis in der Gewinn- und Verlustrechnung	278
9.1.3	Ausweis in der Kapitalflussrechnung	279
9.2	Beschaffung	279
9.2.1	Ermittlung der Anschaffungskosten	279
9.2.2	Kauf von Werkstoffen und Waren	280
9.2.2.1	Aufwandsorientierte Verbuchung des Kaufs von Werkstoffen und Waren	280
9.2.2.2	Bestandsorientierte Verbuchung des Kaufs von Werkstoffen und Waren	282
9.2.3	Kauf von Materialien für Gemeinkostenbereiche	283
9.2.3.1	Materialien für die Material- und Fertigungsgemeinkostenbereiche oder die Verwaltung	283
9.2.3.2	Materialien für den Vertrieb	285
9.2.4	Bezug von Fremdleistungen	286
9.2.4.1	Fremdleistungen für die Anschaffung von Vermögensgegenständen	286
9.2.4.2	Fremdleistungen für die Herstellung von Vermögensgegenständen	286
9.2.4.3	Fremdleistungen für die Material- und Fertigungsgemeinkostenbereiche oder die Verwaltung	287
9.2.4.4	Fremdleistungen für den Vertrieb	290
9.2.5	Zielkauf	291
9.2.6	Erhalt von Preisnachlässen	292
9.2.6.1	Rabatte	292
9.2.6.2	Skonti und Minderungen	292
9.2.6.3	Boni	294
9.2.7	Anschaffungsnebenkosten	295
9.2.8	Anzahlungen an Lieferanten	296
9.2.9	Rücksendungen an Lieferanten	297
9.3	Fertigung	300
9.3.1	Verbuchung von Fertigungsprozessen bei Anwendung des Gesamtkostenverfahrens	300
9.3.1.1	Verbrauch von Werkstoffen	300
9.3.1.1.1	Verbrauch von Werkstoffen bei aufwandsorientierter Verbuchung des Kaufs	300
9.3.1.1.2	Verbrauch von Werkstoffen bei bestandsorientierter Verbuchung des Kaufs	300
9.3.1.2	Herstellung von unfertigen Erzeugnissen	302
9.3.1.3	Verbrauch von unfertigen Erzeugnissen	303
9.3.1.4	Herstellung von fertigen Erzeugnissen	304
9.3.2	Verbuchung von Fertigungsprozessen bei Anwendung des Umsatzkostenverfahrens	305
9.3.2.1	Herstellung von unfertigen Erzeugnissen	305
9.3.2.2	Herstellung von fertigen Erzeugnissen	307
9.4	Vertrieb	309
9.4.1	Auslagerung von fertigen Erzeugnissen und Waren für die Lieferung	309
9.4.1.1	Verbuchung der Auslagerung von fertigen Erzeugnissen	310
9.4.1.2	Verbuchung der Auslagerung von Waren	311

9.4.1.2.1	Auslagerung von Waren bei aufwandsorientierter Verbuchung des Kaufs	311	
9.4.1.2.2	Auslagerung von Waren bei bestandsorientierter Verbuchung des Kaufs	311	
9.4.2	Festlegung des Verkaufspreises	312	
9.4.2.1	Möglichkeiten der Festlegung	312	
9.4.2.2	Kostenorientierte Festlegung	312	
9.4.2.2.1	Differenzierte Zuschlagskalkulation von Erzeugnissen	312	
9.4.2.2.2	Summarische Zuschlagskalkulation von Waren	313	
9.4.2.2.3	Ermittlung des Verkaufspreises auf Basis der Selbstkosten	313	
9.4.3	Verkauf von Erzeugnissen und Waren	314	
9.4.4	Zielverkauf	315	
9.4.5	Gewährung von Preisnachlässen	316	
9.4.6	Anzahlungen von Kunden	318	
9.4.7	Rücksendungen von Kunden	319	
9.4.8	Private Sach- und Leistungsentnahmen	320	
9.4.8.1	Sachentnahmen	320	
9.4.8.2	Leistungsentnahmen	321	
9.5	Kontokorrentbuchführung	324	
9.5.1	Erfassung von Forderungen und Verbindlichkeiten in der Kontokorrentbuchführung	324	
9.5.2	Buchungen in der Kontokorrentbuchführung	324	
9.5.2.1	Buchungen in der Kreditorenbuchführung	325	
9.5.2.2	Buchungen in der Debitorenbuchführung	326	
9.5.2.3	Eröffnung und Abschluss der Personenkonten	327	
9.6	Lagerbuchführung	328	

10 Die Buchungen zur Abbildung des Personaleinsatzes 339

10.1	Einordnung innerhalb der Jahresabschlussrechnungen	341
10.1.1	Ausweis in der Bilanz	341
10.1.2	Ausweis in der Gewinn- und Verlustrechnung	342
10.1.3	Ausweis in der Kapitalflussrechnung	342
10.2	Lohn- und Gehaltsabrechnung	343
10.2.1	Übersicht über die zu ermittelnden Posten	343
10.2.2	Personengruppen, für die besondere Regelungen gelten	343
10.2.2.1	Geringverdiener	344
10.2.2.2	Geringfügig Beschäftigte	344
10.2.2.2.1	Kurzfristig Beschäftigte (Aushilfen)	344
10.2.2.2.2	Geringfügig entlohnte Beschäftigte (Minijobs)	344
10.2.2.3	Beschäftigte in der Gleitzone zwischen 400,01 € und 800,00 € (Midijobs)	345
10.2.2.4	Schüler	345
10.2.2.5	Werkstudierende	345
10.2.2.6	Praktikanten	345
10.2.3	Geldbezüge	346
10.2.3.1	Laufende variable Geldbezüge	346
10.2.3.2	Laufende fixe Geldbezüge	347
10.2.3.2.1	Arbeitgeberzuschüsse zu den vermögenswirksamen Leistungen	347
10.2.3.2.2	Arbeitgeberzuschüsse zu Fahrten zwischen Wohnung und Arbeitsstätte	347
10.2.3.3	Einmalige Geldbezüge	348
10.2.3.4	Nicht zu berücksichtigende Geldbezüge	348
10.2.4	Sachbezüge	348
10.2.4.1	Ermäßigte oder kostenlose Verpflegung	348
10.2.4.2	Private Nutzung von betrieblichen Kraftfahrzeugen	349
10.2.4.3	Zinsverbilligte oder zinslose Arbeitgeberdarlehen	349
10.2.4.4	Verbilligte oder kostenlose Stellung von Wohnungen	350
10.2.4.5	Verbilligte oder kostenlose Abgabe von Erzeugnissen und Waren	350
10.2.4.6	44 €-Freigrenze bei Sachbezügen	350
10.2.4.7	Nicht zu berücksichtigende Sachbezüge	350
10.2.5	Bruttolohn	351
10.2.6	Steuerliche Abzüge	351
10.2.6.1	Berechnung der Bemessungsgrundlagen für die steuerlichen Abzüge	351
10.2.6.1.1	Steuerfreie Anteile des Bruttolohns	352
10.2.6.1.2	Pauschal versteuerte Anteile des Arbeitslohns	352
10.2.6.1.3	Altersentlastungsbeträge	352
10.2.6.1.4	Persönliche Freibeträge	352
10.2.6.1.5	Hinzurechnungsbeträge	353
10.2.6.1.6	Freibeträge für Kinder	353
10.2.6.2	Berechnung der einzelnen Posten der steuerlichen Abzüge	353
10.2.6.2.1	Zusammensetzung der steuerlichen Abzüge	353
10.2.6.2.2	Lohnsteuer	354
10.2.6.2.3	Solidaritätszuschlag	355
10.2.6.2.4	Kirchensteuer	355
10.2.6.3	Abführung der steuerlichen Abzüge	356
10.2.7	Sozialversicherungsbeiträge	356
10.2.7.1	Berechnung der Bemessungsgrundlagen für die Sozialversicherungsbeiträge	356
10.2.7.1.1	Bemessungsgrundlagen für Beschäftigte in der Gleitzone zwischen 400,01 € und 800,00 €	357
10.2.7.1.2	Sozialversicherungsfreie Anteile des Bruttolohns	357

10.2.7.1.3	Beitragsbemessungsgrenzen	357
10.2.7.2	Berechnung der einzelnen Posten der Sozialversicherungsbeiträge	358
10.2.7.2.1	Zusammensetzung der Sozialversicherungsbeiträge	358
10.2.7.2.2	Krankenversicherung (KV)	358
10.2.7.2.3	Pflegeversicherung (PV)	359
10.2.7.2.4	Rentenversicherung (RV)	360
10.2.7.2.5	Arbeitsförderung (AV)	360
10.2.7.3	Abführung der Sozialversicherungsbeiträge	361
10.2.8	Umlagen	361
10.2.8.1	Bemessungsgrundlagen für die Umlagen	361
10.2.8.2	Berechnung der einzelnen Posten der Umlagen	361
10.2.8.2.1	Zusammensetzung der Umlagen	361
10.2.8.2.2	Umlage U1 (Entgeltfortzahlung)	362
10.2.8.2.3	Umlage U2 (Mutterschaftsgeld)	362
10.2.8.2.4	Insolvenzgeldumlage	363
10.2.8.3	Abführung der Umlagen	363
10.2.9	Gesetzliche Unfallversicherung	364
10.2.10	Nettolohn	364
10.2.11	Nettobezüge	365
10.2.12	Nettoabzüge	365
10.2.13	Abzuziehende Sachbezüge	365
10.2.14	Auszahlungsbeträge	365
10.2.15	Berechnung der Gesamtbelastung des Arbeitgebers	366
10.3	Buchung der Personalaufwendungen und -zahlungen	368
10.3.1	Netto- versus Bruttomethode	368
10.3.2	Allgemeine Buchung von Löhnen und Gehältern	369
10.3.3	Buchung von vermögenswirksamen Leistungen	369
10.3.4	Buchung von Sachbezügen	371
10.3.5	Buchung von steuerlichen Abzügen	372
10.3.6	Buchung von pauschalen Steuern	373
10.3.7	Buchung von Sozialversicherungsbeiträgen	374
10.3.8	Buchung von Umlagen	377
10.3.9	Buchung von Beiträgen zur gesetzlichen Unfallversicherung	378
10.3.10	Buchung von Nettobezügen und -abzügen	378
10.3.10.1	Arbeitgeberzuschüsse zu den Beiträgen privater Kranken- und Pflegeversicherungen	378
10.3.10.2	Umzugskostenerstattungen	378
10.3.10.3	Gebühren für private Telefonate	379
10.3.10.4	Mieten für Werkswohnungen	379
10.3.11	Buchung von Auszahlungsbeträgen	379
10.3.12	Zusammengesetzte Buchungssätze zur Verbuchung von Personalaufwendungen und -zahlungen	380
10.4	Lohn- und Gehaltsbuchführung	381

11	**Die Buchungen zur Abbildung der Besteuerung**	**393**
11.1	Einordnung innerhalb der Jahresabschlussrechnungen	394
11.1.1	Ausweis in der Bilanz	394
11.1.2	Ausweis in der Gewinn- und Verlustrechnung	395
11.1.3	Ausweis in der Kapitalflussrechnung	396
11.2	Steuerlich nicht abzugsfähige Betriebsausgaben	397
11.2.1	Geschenke	397
11.2.2	Bewirtungsaufwendungen	398
11.3	Steuern vom Einkommen und vom Ertrag	399
11.3.1	Kapitalertragsteuer	399
11.3.2	Körperschaftsteuer	399
11.3.2.1	Körperschaftsteuervorauszahlungen während des Geschäftsjahres	399
11.3.2.2	Im Jahresabschluss anzusetzende Körperschaftsteuer	400
11.3.2.2.1	Ermittlung der anzusetzenden Körperschaftsteuer	400
11.3.2.2.2	Ermittlung und Verbuchung der erwarteten Körperschaftsteuernachzahlungen oder -rückerstattungen	401
11.3.3	Gewerbesteuer	404
11.3.3.1	Gewerbesteuervorauszahlungen während des Geschäftsjahres	404
11.3.3.2	Im Jahresabschluss anzusetzende Gewerbesteuer	405
11.3.3.2.1	Ermittlung der anzusetzenden Gewerbesteuer	405
11.3.3.2.2	Ermittlung und Verbuchung der erwarteten Gewerbesteuernachzahlungen oder -rückerstattungen	406
11.4	Sonstige Steuern	408
11.4.1	Grundsteuer	408
11.4.2	Kraftfahrzeugsteuer	409
11.5	Privatsteuern	410
11.6	Steuerliche Nebenleistungen	410

Teil III Jahresabschluss

12	**Die durchzuführenden Abschlussprozesse**	**419**
12.1	Beendigung der operativen Buchführung	420
12.2	Vorbereitende Abschlussarbeiten	420

12.3	Erstellung des handelsrechtlichen Jahresabschlusses und Lageberichts	422
12.4	Erstellung des steuerrechtlichen Jahresabschlusses	423
12.5	Erstellung des Konzernabschlusses	424
12.6	Buchungen auf Basis der Jahresabschlüsse im folgenden Geschäftsjahr	425

13 Die Inventur zur Ermittlung des Mengengerüsts — 427

13.1	Einordnung innerhalb der Jahresabschlussrechnungen	427
13.1.1	Ausweis in der Bilanz	428
13.1.2	Ausweis in der Gewinn- und Verlustrechnung	428
13.1.3	Ausweis in der Kapitalflussrechnung	429
13.2	Inventurarten	429
13.2.1	Erhebungstechnik der Inventur	429
13.2.2	Umfang der Inventur	430
13.2.3	Zeitpunkt der Inventur	430
13.3	Aufstellung des Inventars	431
13.3.1	Aufbau des Inventars	431
13.3.2	Bewertungsvereinfachungen bei der Erstellung des Inventars	431
13.3.2.1	Festbewertung	432
13.3.2.2	Gruppenbewertung	433
13.3.3	Ergebnisermittlung auf Basis des Inventars	433
13.3.4	Ableitung der Bilanz aus dem Inventar	433
13.4	Verbuchung von Inventurdifferenzen	434
13.4.1	Bestandskorrekturen bei aufwandsorientiert verbuchten Käufen von Materialien	434
13.4.2	Inventurdifferenzen im Sachvermögen	435

14 Die bewertenden Abschlussarbeiten — 443

14.1	Einordnung innerhalb der Jahresabschlussrechnungen	445
14.1.1	Ausweis in der Bilanz	445
14.1.2	Ausweis in der Gewinn- und Verlustrechnung	445
14.1.3	Ausweis in der Kapitalflussrechnung	447
14.2	Folgebewertungen von immateriellen Vermögensgegenständen und Sachanlagen	447
14.3	Folgebewertungen von Wertpapieren	449
14.4	Folgebewertungen von Vorräten	453
14.4.1	Ermittlung des Buchwerts	453
14.4.1.1	Durchschnittsverfahren	454
14.4.1.1.1	Periodisches Durchschnittsverfahren	454
14.4.1.1.2	Permanentes Durchschnittsverfahren	455
14.4.1.2	Last-in-first-out-Verfahren	456
14.4.1.2.1	Periodisches Last-in-first-out-Verfahren	456
14.4.1.2.2	Permanentes Last-in-first-out-Verfahren	457
14.4.1.3	First-in-first-out-Verfahren	458
14.4.1.3.1	Periodisches First-in-first-out-Verfahren	458
14.4.1.3.2	Permanentes First-in-first-out-Verfahren	459
14.4.2	Korrekturen des Buchwerts	460
14.5	Folgebewertungen von Forderungen	463
14.5.1	Einzelbewertungen von zweifelhaften und uneinbringlichen Forderungen	463
14.5.1.1	Eintritt der Zweifelhaftigkeit	463
14.5.1.2	Direkte Abschreibung von uneinbringlichen Forderungen während des Geschäftsjahres	464
14.5.1.3	Indirekte Abschreibung von zweifelhaften Forderungen zum Abschlussstichtag	465
14.5.2	Pauschale Wertberichtigungen von einwandfreien Forderungsbeständen	467
14.6	Folgebewertungen von Posten in Fremdwährungen	469
14.7	Divergenzen zu anderen Normensystemen	472
14.7.1	Divergenzen zum Steuerrecht	472
14.7.1.1	Ansatzunterschiede	472
14.7.1.2	Bewertungsunterschiede	473
14.7.2	Divergenzen zu den International Financial Reporting Standards	475
14.7.2.1	Ansatzunterschiede	475
14.7.2.2	Bewertungsunterschiede	476
14.7.3	Divergenzen zur Kostenrechnung	477
14.7.3.1	Ansatzunterschiede	477
14.7.3.2	Bewertungsunterschiede	477

15 Die zeitlich abgrenzenden Abschlussarbeiten — 487

15.1	Einordnung innerhalb der Jahresabschlussrechnungen	488
15.1.1	Ausweis in der Bilanz	488
15.1.2	Ausweis in der Gewinn- und Verlustrechnung	489
15.1.3	Ausweis in der Kapitalflussrechnung	490
15.2	Transitorische Periodenabgrenzungen	490
15.2.1	Passive Rechnungsabgrenzungen	490
15.2.2	Aktive Rechnungsabgrenzungen	493
15.3	Antizipative Periodenabgrenzungen	496
15.3.1	Periodenabgrenzungen über sonstige Vermögensgegenstände	496
15.3.2	Periodenabgrenzungen über sonstige Verbindlichkeiten	498
15.4	Rückstellungen	501
15.4.1	Bildung von Rückstellungen	501
15.4.1.1	Bildung von Rückstellungen für ungewisse Verbindlichkeiten	502

15.4.1.2	Bildung von Rückstellungen für drohende Verluste aus schwebenden Geschäften	504
15.4.1.3	Bildung von Rückstellungen für Aufwendungen	504
15.4.2	Auflösung von Rückstellungen	505
15.4.2.1	Auflösung von in der richtigen Höhe gebildeten Rückstellungen	505
15.4.2.2	Auflösung von zu hoch gebildeten Rückstellungen	506
15.4.2.3	Auflösung von zu niedrig gebildeten Rückstellungen	507
15.4.3	Rückstellungen mit mehrjährigen Laufzeiten	508
15.5	Latente Steuern	511
15.5.1	Aktive latente Steuern	512
15.5.2	Passive latente Steuern	513

16 Die Aufstellung von Jahresabschlüssen und Lageberichten — 519

16.1	Bilanz	521
16.1.1	Gliederungstiefe der Bilanz	521
16.1.1.1	Bilanz mit Mindestgliederung	521
16.1.1.2	Verkürzte Bilanz	521
16.1.1.3	Bilanz mit vollem Gliederungsschema	521
16.1.2	Besonderheiten bei Einzelkaufleuten und Personenhandelsgesellschaften	521
16.1.3	Erweiterung der Gliederung der Bilanz	521
16.1.4	Verkürzung der Gliederung der Bilanz	524
16.1.5	Gliederung der Bilanz nach der Ergebnisverwendung	524
16.1.6	Aufstellung von Bilanzen	524
16.2	Ergebnisrechnungen	525
16.2.1	Gewinn- und Verlustrechnung	525
16.2.1.1	Aufbau der Gewinn- und Verlustrechnung	525
16.2.1.1.1	Betriebsergebnis nach dem Gesamt- oder dem Umsatzkostenverfahren	526
16.2.1.1.2	Außerordentliches Ergebnis	526
16.2.1.2	Gliederungstiefe der Gewinn- und Verlustrechnung	527
16.2.1.2.1	Gewinn- und Verlustrechnung mit Mindestgliederung	527
16.2.1.2.2	Verkürzte Gewinn- und Verlustrechnungen	530
16.2.1.2.3	Gewinn- und Verlustrechnung mit vollem Gliederungsschema	530
16.2.1.3	Besonderheiten beim Ausweis von Waren im Umsatzkostenverfahren	530
16.2.1.4	Erweiterung der Gliederung der Gewinn- und Verlustrechnung	530
16.2.1.5	Verkürzung der Gliederung der Gewinn- und Verlustrechnung	530
16.2.1.6	Gliederung der Gewinn- und Verlustrechnung nach der Ergebnisverwendung	531
16.2.1.7	Aufstellung von Gewinn- und Verlustrechnungen	531
16.2.1.7.1	Aufstellung von Gewinn- und Verlustrechnungen nach dem Gesamtkostenverfahren	531
16.2.1.7.2	Aufstellung von Gewinn- und Verlustrechnungen nach dem Umsatzkostenverfahren	532
16.2.1.7.3	Buchungstechnische Überleitung des Gesamtkostenverfahrens in das Umsatzkostenverfahren	532
16.2.2	Ergebnisverwendungsrechnung	532
16.2.2.1	Aufstellungsverpflichtung	532
16.2.2.2	Gliederung und Inhalt der Ergebnisverwendungsrechnung	532
16.2.2.3	Aufstellung von Ergebnisverwendungsrechnungen	533
16.2.3	Eigenkapitalspiegel	533
16.2.3.1	Aufstellungsverpflichtung	533
16.2.3.2	Gliederung und Inhalt des Eigenkapitalspiegels	533
16.2.3.3	Aufstellung von Eigenkapitalspiegeln	533
16.3	Kapitalflussrechnung	534
16.3.1	Aufbau der Kapitalflussrechnung	534
16.3.2	Direkte oder indirekte Ermittlung des Cashflows aus laufender Geschäftstätigkeit	534
16.3.2.1	Kapitalflussrechnung nach der direkten Methode	534
16.3.2.2	Kapitalflussrechnung nach der indirekten Methode	534
16.3.3	Aufstellung von Kapitalflussrechnungen	534
16.4	Ergänzende Berichtsinstrumente	536
16.4.1	Anhang	536
16.4.1.1	Gliederung und Inhalt des Anhangs	536
16.4.1.2	Aufstellung des Anhangs	537
16.4.2	Anlagengitter	537
16.4.3	Segmentbericht	539
16.4.3.1	Gliederung und Inhalt des Segmentberichts	539
16.4.3.2	Aufstellung von Segmentberichten	539
16.4.4	Lagebericht	539
16.4.4.1	Gliederung und Inhalt des Lageberichts	540
16.4.4.2	Aufstellung von Lageberichten	540
16.5	Prüfungsunterlagen	541
16.5.1	Prüfungsbericht der Abschlussprüfer	541
16.5.2	Bestätigungsvermerk	541
16.5.3	Bericht des Aufsichtsrates über die Prüfung des Jahresabschlusses	541
16.6	Ergänzende Unterlagen für die Offenlegung	542
16.6.1	Ergänzende Unterlagen zur Veröffentlichung im Bundesanzeiger	542

16.6.2	Ergänzende Unterlagen zur Veröffentlichung in der Druckversion	542
17	**Die Analyse von Jahresabschlüssen zur Beurteilung von Unternehmen**	**549**
17.1	Erfolgswirtschaftliche Jahresabschlussanalyse	550
17.1.1	Rentabilitätsanalyse	550
17.1.2	Aufwandsstrukturanalyse	550
17.2	Finanzwirtschaftliche Jahresabschlussanalyse	551
17.2.1	Investitionsanalyse	551
17.2.2	Finanzierungsanalyse	551
17.2.3	Liquiditätsanalyse	551

Epilog	553
Weiterführende Internetverweise	554
Literaturverzeichnis	556
Industriekontenplan (IKP) für die Aus- und Weiterbildung 2011	558
Sachverzeichnis	560

Hinweise zu den Beispielen, Zwischenübungen und Übungen

Im Hinblick auf die Beispiele, die Zwischenübungen und die Übungen in diesem Buch gelten – soweit dort keine anderen Angaben gemacht werden – folgende Prämissen:
- Die Geschäftsjahre entsprechen jeweils den Kalenderjahren.
- Das Kalenderjahr »0001« entspricht jeweils dem aktuellen Kalenderjahr.
- Bei allen aufgeführten Unternehmen handelt es sich um buchführungspflichtige Kaufleute.
- Alle aufgeführten Unternehmen inklusive den Kleinunternehmern sind umsatzsteuerpflichtig.
- Alle aufgeführten Unternehmen berechnen die Umsatzsteuer nach vereinbarten Entgelten (Soll-Besteuerung).
- Innergemeinschaftlich erfolgen nur Umsätze mit Unternehmen mit Umsatzsteuer-Identifikationsnummer
- Alle aufgeführten Unternehmen stellen ihre Gewinn- und Verlustrechnung nach dem Gesamtkostenverfahren auf.
- Alle aufgeführten Unternehmen sind in Baden-Württemberg ansässig.
- Es wird jeweils mit einem Stern »*« gekennzeichnet, aus wessen Sicht zu buchen ist. So ist beispielsweise bei dem Geschäftsvorfall: »Ein Unternehmen* kauft Rohstoffe bei einem Lieferanten«, aus der Sicht des Unternehmens und nicht aus der Sicht des Lieferanten zu buchen.
- Käufe von Werkstoffen und Waren werden bestandsorientiert verbucht.
- Jill und Marc handeln immer als alleinvertretungsberechtigte geschäftsführende Gesellschafter ihrer Unternehmen, der Jillsfood KG und der Marcslights GmbH.
- Bei dem von der Jillsfood KG angebotenen Catering überwiegt das Dienstleistungselement, sodass die Lieferungen und Leistungen der Jillsfood KG jeweils dem normalen und nicht dem ermäßigten Umsatzsteuersatz unterliegen.
- Die Jillsfood KG und die Marcslights GmbH beschäftigen jeweils weniger als 30 anrechenbare Arbeitnehmer.
- Bei Rechnungen wird jeweils auf Eurocent kaufmännisch gerundet, »0,004999 €« werden also auf »0,00 €« gerundet und »0,005000 €« auf »0,01 €«.
- Unterscheiden sich die Kontobezeichnungen der DATEV-Standardkontenrahmen und des Industriekontenrahmens, so wird immer die Bezeichnung des DATEV-Standardkontenrahmens 04 verwendet.
- Kontonummern werden immer in der Reihenfolge: SKP03, SKP04 und IKP angegeben.
- Gewinn- und Verlustrechnungen werden immer in der Version: Gesamtkostenverfahren gemäß Handelsgesetzbuch: § 275 Gliederung, Absatz 2 aufgeführt.
- Kapitalflussrechnungen werden immer in der Version: Direkte Methode gemäß Deutsche Rechnungslegungs Standards: Nr. 2 Kapitalflussrechnung, Tabelle 5 aufgeführt.
- Bei den Zwischenübungen und den Übungen werden teilweise mehr freie Felder zur Eintragung von Lösungen vorgegeben als erforderlich sind.
- Angegebene Zwischenergebnisse dienen der Kontrolle eigener Rechnungen und sollten nicht zum Zurückrechnen verwendet werden.
- Lösungshinweise zu den Zwischenübungen und den Übungen finden Sie jeweils unter der Internetadresse:
www. BuchfuehrungUndJahresabschluss.de

Hinweise zur Benutzung des Buchs

In diesem Buch werden verschiedene Elemente verwendet, die Ihnen helfen sollen, die dargebotenen Inhalte besser zu verstehen.

Kapitelnavigator
Der Kapitelnavigator ermöglicht Ihnen einen schnellen Überblick über die Inhalte und die zu erreichenden Lernziele des Kapitels.

Kontenlisten
In den Kontenlisten werden die im Kapitel verwendeten Konten aufgeführt und aufgezeigt, welche Posten der Jahresabschlussrechnungen durch sie beeinflusst werden.

Beispiele
In den Beispielen werden die in der Theorie erläuterten Sachverhalte angewendet.

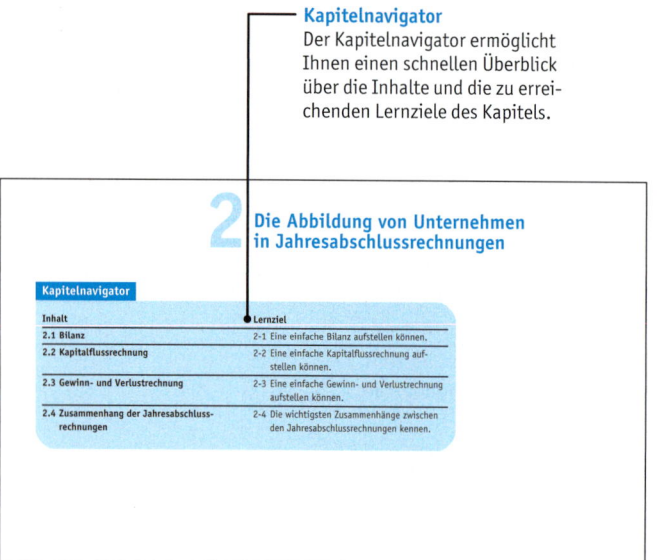

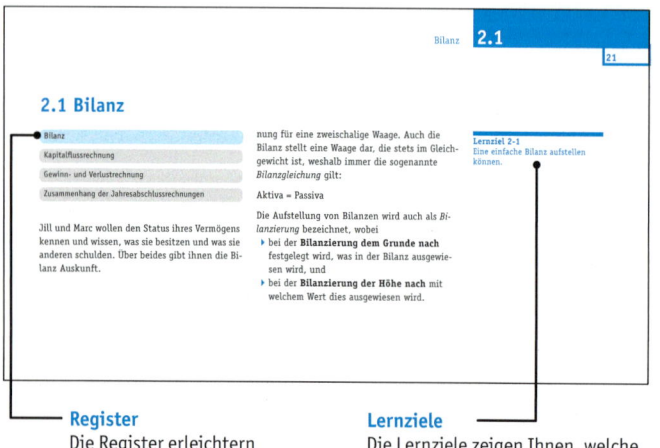

Register
Die Register erleichtern Ihre Navigation innerhalb des Kapitels.

Lernziele
Die Lernziele zeigen Ihnen, welche Kenntnisse (»kennen«) oder Fertigkeiten (»können«) Sie in dem Unterkapitel erwerben sollen.

Buchungsnavigator
Der Buchungsnavigator verdeutlicht über Piktogramme, wie sich Buchungen auf die Bestandskonten der Bilanz und die Erfolgskonten der Gewinn- und Verlustrechnung auswirken und wie sie den Cashflow und das Ergebnis beeinflussen.

Hinweise zur Benutzung des Buchs

XXI

Schlüsselbegriffe
Mit den Schlüsselbegriffen können Sie checklistenartig überprüfen, ob Sie alle relevanten Begriffe des Kapitels beherrschen.

Schlüsselbegriffe Kapitel 2

- Jahresabschlussrechnung (↗ Kapitel 2)
- Vermögenslage (↗ Kapitel 2, 2.1.2)
- Finanzlage (↗ Kapitel 2, 2.2.3)
- Liquidität (↗ Kapitel 2, 2.2.3)
- Ertragslage (↗ Kapitel 2, 2.3.3)
- Erfolg (↗ Kapitel 2, 2.3.2)
- Bilanz (↗ Kapitel 2.1)
- Bilanzgleichung (↗ Kapitel 2.1.1)

Übungen
Mit den Übungen können Sie Ihre Fertigkeiten im Rechnungswesen verbessern. Die freien Felder dienen dabei zur Eintragung der Lösungen.

Übungen Kapitel 6

Übung 6-1
Geben Sie für die nachfolgenden Geschäftsvorfälle des zweiten Quartals eines Geschäftsjahres aus Sicht der Marcslights GmbH* die Buchungssätze an. Beachten Sie dabei bitte, dass bei manchen Geschäftsvorfällen mehr freie Felder zur Eintragung von Lösungen vorgegeben werden, als erforderlich sind.

(A) Marc kauft für den Warenbestand der Marcslights GmbH* bei einem Hersteller in Deutschland Energiesparlampen zum Preis von 2 000,00 € zuzüglich Umsatzsteuer gegen Banküberweisung der bei der Lieferung beiliegenden Rechnung:

Sollkonto	Betrag	an Habenkonto	Betrag

(B) Marc kauft für den Warenbestand der Marcslights GmbH* bei einem Hersteller in Italien Energiesparlampen zum Preis von 2 000,00 € gegen Banküberweisung der bei der Lieferung beiliegenden Rechnung:

Sollkonto	Betrag	an Habenkonto	Betrag

Kapitelreferenzen
Die Kapitelreferenzen zeigen Ihnen, auf welche Kapitel sich die Übungen beziehen.

Kapitelreferenzen
↗ Kapitel 6.2, ↗ Kapitel 6.3, ↗ Kapitel 6.4

Fragen
Mit den Fragen können Sie überprüfen, ob Sie die im Kapitel vermittelten Inhalte verstanden haben.

Fragen Kapitel 2

Frage 2-1: Welche drei Jahresabschlussrechnungen haben die größte Bedeutung für die Beurteilung der Lage von Unternehmen? (↗ Kapitel 2)
Frage 2-2: Was lässt sich mittels der Jahresabschlussrechnungen beurteilen? (↗ Kapitel 2)
Frage 2-3: Was wird in der Bilanz gegenübergestellt? (↗ Kapitel 2.1.1)
Frage 2-4: Wie lautet die Bilanzgleichung? (↗ Kapitel 2.1.1)
Frage 2-5 (Vertiefung): Was wird bei der Bilanzierung festgelegt? (↗ Kapitel 2.1.1)
Frage 2-6: Worüber gibt das Vermögen Auskunft? (↗ Kapitel 2.1.1.1)
Frage 2-7 (Vertiefung): Nach welchen Kriterien wird das Vermögen in der Bilanz gegliedert? (↗ Kapitel 2.1.1.1)
Frage 2-8: Welche zwei Hauptposten umfasst das Vermögen? (↗ Kapitel 2.1.1.1)
Frage 2-9: Was ist kennzeichnend für das Anlagevermögen? (↗ Kapitel 2.1.1.1.1)
Frage 2-10 (Vertiefung): Welcher Prozess wirkt sich insbesondere auf das Anlagevermögen aus? (↗ Kapitel 2.1.1.1)
Frage 2-11: Welche Hauptposten umfasst das Anlagevermögen? (↗ Kapitel 2.1.1.1.1)
Frage 2-12: Was ist kennzeichnend für das Umlaufvermögen? (↗ Kapitel 2.1.1.1.2)
Frage 2-13 (Vertiefung): Welcher Prozess wirkt sich insbesondere auf das Umlaufvermögen aus? (↗ Kapitel 2.1.1.1.2)
Frage 2-14 (Vertiefung): Nach welchem Prinzip wird das Umlaufvermögen gegliedert? (↗ Kapitel 2.1.1.1.2)
Frage 2-15: Welche Hauptposten umfasst das Umlaufvermögen? (↗ Kapitel 2.1.1.1.2)
Frage 2-16: Welche zwei Geldarten werden unterschieden? (↗ Kapitel 2.1.1.1.2)
Frage 2-17: Wo wird das Bargeld von Unternehmen in der Regel aufbewahrt? (↗ Kapitel 2.1.1.1.2)
Frage 2-18: Was wird unter einem Sichtguthaben verstanden? (↗ Kapitel 2.1.1.1.2)
Frage 2-19: Wie wird das Geld von Unternehmen im Rechnungswesen noch bezeichnet? (↗ Kapitel 2.1.1.1.2)
Frage 2-20: Zu welcher Jahresabschlussrechnung bilden die in der Bilanz ausgewiesenen flüssigen Mittel die Schnittstelle? (↗ Kapitel 2.1.1.1.2)
Frage 2-21: Worüber gibt das Kapital Auskunft? (↗ Kapitel 2.1.1.2)
Frage 2-22 (Vertiefung): Welcher Prozess wirkt sich insbesondere auf das Kapital aus? (↗ Kapitel 2.1.1.2)
Frage 2-23: Nach welchen Kriterien wird das Kapital in der Bilanz gegliedert? (↗ Kapitel 2.1.1.2)
Frage 2-24: Welche zwei Hauptposten umfasst das Kapital? (↗ Kapitel 2.1.1.2)
Frage 2-25: Was ist kennzeichnend für das Eigenkapital? (↗ Kapitel 2.1.1.2.1)
Frage 2-26: Wie kann das Eigenkapital rechnerisch ermittelt werden? (↗ Kapitel 2.1.1.2.1)
Frage 2-27: Wie wird das Eigenkapital noch bezeichnet? (↗ Kapitel 2.1.1.2.1)
Frage 2-28: Welche Hauptposten umfasst das Eigenkapital? (↗ Kapitel 2.1.1.2.1)

Lernstandsmonitor
Mit dem Lernstandsmonitor können Sie Ihre Lernfortschritte visualisieren und gezielt die wichtigsten Inhalte lernen.

Lernstandsmonitor Kapitel 2

Kapitel		niedrig	mittel	hoch	Noch lernen
2.1 Bilanz	Wichtigkeit				
	Eigene Kompetenz				
2.2 Kapitalflussrechnung	Wichtigkeit				
	Eigene Kompetenz				
2.3 Gewinn- und Verlustrechnung	Wichtigkeit				
	Eigene Kompetenz				
2.4 Zusammenhang der Jahresabschlussrechnungen	Wichtigkeit				
	Eigene Kompetenz				

Hinweise für Studierende

Von meinen Studierenden höre ich häufig die Frage, wozu sie denn wissen müssen, wie die Buchführung funktioniert, da sie doch sowieso nicht vorhaben, später in diesem Bereich zu arbeiten, und zudem inzwischen schon viele Unternehmen dazu übergehen würden, ihre Buchführung in Billiglohnländer zu verlagern. Was die Arbeit in der Buchführung angeht, muss ich meinen Studierenden dabei recht geben: Die meisten, die dieses Buch lesen, werden nie in ihrem Berufsleben in der Buchführung arbeiten oder selbst Kontierungen durchführen. Warum ist es dennoch wichtig zu wissen, wie die Buchführung funktioniert? Weil Sie über die Buchführung lernen werden, was in Unternehmen finanziell vor sich geht und wie sich dies auf die Jahresabschlussrechnungen auswirkt. Und das sollte Sie interessieren, denn egal in welcher Branche und in welcher Position Sie später arbeiten werden, Sie werden immer mit den im Rechnungswesen ermittelten Geld- und Mengengrößen zu tun haben (↗ Kapitel 1.2).

Ziele des Buchs
Dieses Buch ist ein Lehrbuch, das das Ziel verfolgt, Ihnen Kenntnisse und einen gewissen Grad an Fertigkeiten hinsichtlich der Buchführung und des Jahresabschlusses zu vermitteln (↗ Abbildung 0–2). Dies wird Sie in die Lage versetzen:

- während des Studiums die Inhalte nachfolgender Vorlesungen besser zu verstehen,
- in der Berufspraxis die Informationen über finanzielle Vorgänge in Unternehmen zu nutzen und – noch wichtiger – gezielt zu beeinflussen und damit beruflich erfolgreicher zu werden,
- als Selbstständige die Buchführung und den Jahresabschluss selbst zu erstellen,
- beim Kauf von Aktien die finanzielle Situation von Unternehmen beurteilen zu können.

Unterstützende didaktische Elemente
Um Ihnen das Lernen zu erleichtern, wurde dieses Buch mit einer Reihe didaktischer Elemente ausgestattet, die Sie abhängig von Ihren jeweiligen Lernzielen einsetzen können. Zur Aneignung der benötigten Kenntnisse können Sie:

- die **Schlüsselbegriffe** am Ende jeden Hauptkapitels als Checkliste der zu beherrschenden Begriffe verwenden und
- die **Fragen** am Ende jeden Hauptkapitels als Möglichkeit zur Überprüfung Ihrer Kenntnisse.

Um sich im Rechnungswesen einen gewissen Grad an Fertigkeiten anzueignen, ist es in der Regel unumgänglich, den Lernstoff im Rahmen einer eigenständigen Durchführung anzuwenden. Dazu können Sie:

- die **Zwischenübungen** am Ende vieler Kapitel zum ersten Trainieren Ihrer Fertigkeiten verwenden und

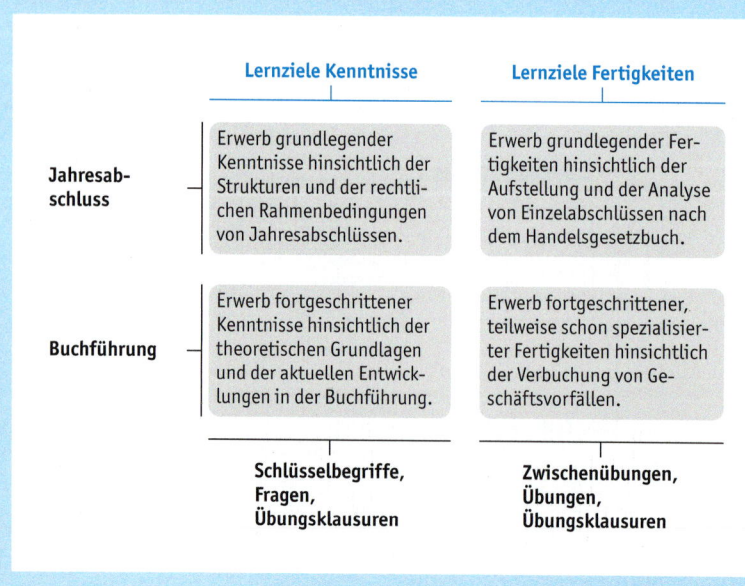

Abb. 0-2 Ziel dieses Lehrbuchs ist die Vermittlung von Kenntnissen und Fertigkeiten in den Bereichen Buchführung und Jahresabschluss.

- die **Übungen** am Ende der Hauptkapitel zur weiteren Vervollkommnung Ihrer Fertigkeiten.

Ihren eigenen Lernfortschritt können Sie dann mittels der am Ende aller Hauptkapitel aufgeführten **Lernstandsmonitore** überwachen.

Materialien im Internet
Unter der Internetadresse des Buchs finden Sie eine Reihe ergänzender Materialien, so:
- **Lösungshinweise** zu den Zwischenübungen und den Übungen,
- **ausführliche Lösungen** zu den Zwischenübungen und den Übungen, die allerdings nur für die Verwendung in der Lehre gedacht sind, weshalb sie mit Passwörtern versehen wurden, die die Dozenten zusammen mit den Lehrmaterialien erhalten,
- **Übungsklausuren**,
- **Kalkulationstabellen** zu den Rechnungen im Buch,
- **Internetverweise** zur weiteren Vertiefung,
- **Aktualisierungen** aufgrund von Gesetzesänderungen und
- **Errata**, die gegebenenfalls auf nach der Veröffentlichung erkannte Fehler im Buch hinweisen.

Die Internetadresse des Buchs lautet:
www.BuchfuehrungUndJahresabschluss.de

Kontakt
Vielleicht haben Sie Vorschläge für die Weiterentwicklung des Buchs oder es sind Ihnen Fehler aufgefallen? Dann kontaktieren Sie mich bitte per E-Mail:
Service@BuchfuehrungUndJahresabschluss.de

Hinweise für Dozentinnen und Dozenten

Da ich die in diesem Buch aufgeführten Inhalte selbst unterrichte, habe ich versucht, ein Buch und Lehrmaterialien zu entwickeln, die optimal für die Lehre geeignet sind.

Inhaltliche Vorgehensweise
Inhaltlich wurde für das Buch eine Top-down-top-Vorgehensweise gewählt:
- In den ersten beiden Kapiteln wird auf die Abläufe in Unternehmen und deren Abbildung in den Jahresabschlussrechnungen eingegangen. Dadurch sollen die Studierenden eine übergeordnete Sichtweise auf die Strukturen und die Zielsetzungen des externen Rechnungswesens erhalten.
- Anschließend wird detailliert auf die verschiedenen in Unternehmen ablaufenden Prozesse und deren Abbildung in der Buchführung eingegangen.
- In den letzten Kapiteln erfolgt basierend darauf dann eine Rückkehr auf die Ebene der Erstellung und der Analyse von Jahresabschlüssen.

Aufgrund der Orientierung an Prozessen weicht die Reihenfolge der Hauptkapitel zur Buchführung von dem Gros der deutschen Buchführungsliteratur ab, denn begonnen wird mit den Finanzierungsprozessen zur Beschaffung des Kapitals und den Investitionsprozessen zur Anlage des Kapitals, bevor auf die Abbildung der Umsatzprozesse eingegangen wird.

Auch die Inventur und das Inventar werden nicht im ersten Teil zur Herleitung der Bilanz herangezogen, sondern gemäß ihrer in der Praxis dominierenden Funktion ausführlich im Zusammenhang mit der Aufstellung des Jahresabschlusses im dritten Teil des Buchs erläutert. Die vorgenannten Kapitel wurden jedoch so konzipiert, dass sie problemlos in einer anderen Reihenfolge verwendet werden können.

Eine inhaltliche Besonderheit dieses Buchs besteht in der sehr frühen Verwendung der Kapitalflussrechnung. Nach meinen Erfahrungen wird diese von den meisten Studierenden – zumindest in ihrer direkten Version – aber sogar besser verstanden als die Bilanz und die Gewinn- und Verlustrechnung, da die zugrunde liegenden Aus- und Einzahlungen aus den Alltagserfahrungen heraus gut nachvollziehbar sind.

Inhaltliche Einschränkungen
Wechsel werden aufgrund ihrer in den meisten Branchen untergeordneten Bedeutung nicht behandelt.

Das Kapitel 10: »Die Buchungen zur Abbildung des Personaleinsatzes« ist auf dem Stand des Jahres 2010.

Einteilung des Lehrstoffs
Das Buch wurde auf vierzehn Lehreinheiten im Umfang von jeweils vier Semesterwochenstunden hin ausgelegt. Dabei würde ich folgende Kapitel aufgrund ihres Umfangs jeweils zu einer Lehreinheit zusammenfassen:
- Kapitel 4: »Die organisatorischen Rahmenbedingungen« und
Kapitel 5: »Die gesetzlichen Rahmenbedingungen« sowie
- Kapitel 12: »Die durchzuführenden Abschlussprozesse« und
Kapitel 13: »Die Inventur zur Ermittlung des Mengengerüsts«.

Die meisten Hauptkapitel im Buch wurden bewusst umfangreich gestaltet, sodass durch Weglassen einzelner Themen eine individuelle Schwerpunktbildung möglich ist.

Vorgehensweise in den Vorlesungen
Das Buch wurde für einen in etwa jeweils hälftigen Anteil von Unterricht und Übung konzipiert. Die Zwischenübungen am Ende vieler Kapitel sind dabei zur gemeinsamen Erarbeitung innerhalb des Unterrichts gedacht. Die Übungen am Ende der Hauptkapitel sollen dann durch die Studierenden selbstständig bearbeitet werden. Mittels freier Felder zur Eintragung der Lösun-

gen können die Zwischenübungen und die Übungen dabei direkt im Buch bearbeitet werden.

Für die Zwischenübungen und die Übungen werden im Internet Lösungshinweise gegeben. Diese setzen allerdings eine eigene Erarbeitung voraus. Im Internet werden zudem ausführliche passwortgeschützte Lösungen zur Verfügung gestellt, deren Passwörter Sie den Studierenden im Anschluss an die Übungen nennen können. Die Passwörter werden Ihnen zusammen mit den Lehrmaterialien zur Verfügung gestellt.

Kontenrahmen

Das Buch und das Skript wurden so konzipiert, dass Sie es mit einem der drei zugrunde liegenden Kontenrahmen oder natürlich auch ohne einen Kontenrahmen verwenden können.

Die bereitgestellten Kontenpläne für die Aus- und Weiterbildung enthalten alle in den Beispielen, den Zwischenübungen und den Übungen verwendeten Konten. Sie dürfen diese Kontenpläne für Unterrichtszwecke vervielfältigen oder sie Ihren Klausuren beifügen.

Sollten Sie unsicher sein, welchen Kontenrahmen Sie einsetzen sollen, würde ich Ihnen den DATEV-Standardkontenrahmen 04 empfehlen. Dieser vereint eine große Verbreitung in der Praxis mit einer leichteren Nachvollziehbarkeit des Aufbaus aufgrund des verwendeten Abschlussgliederungsprinzips.

Klausurstellung

Die Schlüsselbegriffe und die Fragen am Ende jeden Hauptkapitels dienen nicht nur der Vorbereitung der Studierenden für die Klausur, sondern können von Ihnen auch als Basis für die Formulierung von Klausurfragen verwendet werden. Zur weiteren Differenzierung wurden die Fragen dabei in Basis- und in Vertiefungsfragen unterteilt.

Darüber hinaus steht mit den Zwischenübungen und den Übungen im Buch sowie mit den Übungsklausuren im Internet eine umfangreiche Aufgabensammlung als Basis für die Entwicklung eigener Klausuraufgaben zur Verfügung.

Weiterführende Vorlesungen

Als weiterführende Vorlesungen auf Basis des Buchs sind insbesondere Vorlesungen in folgenden Bereichen denkbar:
- Kosten- und Leistungsrechnung,
- Jahresabschluss und Jahresabschlussanalyse,
- Konzernrechnungslegung,
- Steuerlehre und
- Controlling.

Lehrmaterialien

Neben den bereits bei den Studierenden aufgeführten Materialien, die uneingeschränkt im Internet verfügbar sind, gibt es exklusiv für Dozentinnen und Dozenten ein Skript auf der Basis von Microsoft PowerPoint.

Das Skript führt durch den gesamten Inhalt des Buchs. Es wurde für den Einsatz mit Beamer konzipiert, kann aber auch auf Folien ausgedruckt und mit Overhead-Projektor verwendet werden. Um eine möglichst enge Verknüpfung zum Buch herzustellen, stimmen alle Nummerierungen, Texte und Abbildungen im Skript mit denen im Buch überein. Das Skript wurde dabei bewusst knapp gehalten, um eine Substitution des Buchs zu verhindern. Es empfiehlt sich insofern, in der Vorlesung parallel zum Skript auch im Buch weiterzublättern.

Bestellung der Lehrmaterialien

Die Lehrmaterialien können Sie unter Nachweis einer Dozententätigkeit beim Schäffer-Poeschel Verlag über die folgende Internetadresse beziehen: www.sp-dozenten.de/2737 (Registrierung erforderlich)

Kontakt

Haben Sie Vorschläge für die Weiterentwicklung des Buchs oder der Lehrmaterialien, sind Ihnen Fehler aufgefallen oder haben Sie eine Frage? Dann kontaktieren Sie mich bitte per E-Mail: Dozentenservice@BuchfuehrungUndJahresabschluss.de

Symbol- und Abkürzungsverzeichnis

↗	Interner Verweis auf Kapitel oder Abbildungen	BMF	Bundesministerium der Finanzen
⌐ᐱ	Externer Verweis auf Materialien unter www.BuchfuehrungUndJahresabschluss.de	BMWI	Bundesministerium für Wirtschaft und Technologie
		BStBK	Bundessteuerberaterkammer
*	Kennzeichnung, aus wessen Sicht zu buchen ist	B_t	Erfüllungsbetrag
€	Währungszeichen des Euros	BurlG	Bundesurlaubsgesetz
$	Währungszeichen des amerikanischen Dollars	BvB	Bundesverband der vereidigten Buchprüfer
∅	Durchschnitt	BVBC	Bundesverband der Bilanzbuchhalter und Controller
⌊⌋	Abrundung	Bw	Buchwert
1	Konto zusätzlich eingeführt	BWA	Betriebswirtschaftliche Auswertungen
2	Kontobeschriftung geändert	BZSt	Bundeszentralamt für Steuern
a	Abschreibungsbetrag	ca.	circa
AAA	American Accounting Association	CESR	Committee of European Securities Regulators
AAG	Aufwendungsausgleichsgesetz	CF	Cashflow
AB	Anfangsbestand	CPA	Certified Public Accountant
Abs.	Absatz	DATEV	Datenverarbeitungsorganisation der steuerberatenden Berufe
AfA	Absetzung für Abnutzung		
AG	Aktiengesellschaft, Arbeitgeber	DBV	Deutscher Buchprüferverband
AGB	Allgemeine Geschäftsbedingungen	DCGK	Deutscher Corporate Governance Kodex
AGS	Amtlicher Gemeindeschlüssel	Doppik	Doppelte Buchführung in Konten
AICPA	American Institute of Certified Public Accountants	DPR	Deutsche Prüfstelle für Rechnungslegung
Ak	Anschaffungskosten	DRS	Deutsche Rechnungslegungs Standards
aLuL	aus Lieferungen und Leistungen	DRSC	Deutsches Rechnungslegungs Standards Committee
AM	Automatische Errechnung der Mehrwertsteuer	DSR	Deutscher Standardisierungsrat
AN	Arbeitnehmer	DStR	Deutsches Steuerrecht
AO	Abgabenordnung	DV	Datenverarbeitung
AOK	Allgemeine Ortskrankenkasse	DVFA	Deutsche Vereinigung für Finanzanalyse und Asset Management
APAK	Abschlussprüferaufsichtskommission		
AR	Ausgangsrechnung	DWPV	Deutscher Wirtschaftsprüferverein
ArbZG	Arbeitszeitgesetz	e.G.	eingetragene Genossenschaft
AV	Arbeitslosenversicherung, Automatische Errechnung der Vorsteuer	e.K.	eingetragene Kauffrau, eingetragener Kaufmann
		e.Kfm.	eingetragener Kaufmann
AWV	Arbeitsgemeinschaft für wirtschaftliche Verwaltung	e.Kfr.	eingetragene Kauffrau
AZ	Aktualisierungsziffer	e.V.	eingetragener Verein
b.b.h.	Bundesverband selbstständiger Buchhalter und Bilanzbuchhalter	EAA	European Accounting Association
		EBK	Eröffnungsbilanzkonto
B_0	Barwert	EBIT	Earnings Before Interest and Taxes
BA	Bankbeleg	EBITDA	Earnings Before Interest, Taxes, Depreciation and Amortisation
BaFin	Bundesanstalt für Finanzdienstleistungsaufsicht		
BFinV	Bundesfinanzverwaltung	EC	Electronic Cash
BGA	Betriebs- und Geschäftsausstattung	ECB	European Central Bank
BilMoG	Bilanzrechtsmodernisierungsgesetz	EDI	Electronic Data Interchange
BIS	Bank for International Settlements	EEMA	European Management Accountants Association
BLZ	Bankleitzahl	EFAA	European Federation of Accountants and Auditors for SMEs
BMAS	Bundesministerium für Arbeit und Soziales		

EFRAG	European Financial Reporting Advisory Group	KB	Kassenbeleg
EK	Eigenkapital	Kfz	Kraftfahrzeug
EKR	Einzelhandelskontenrahmen	kg	Kilogramm
ELENA	Elektronischer Entgeltnachweis	KG	Kommanditgesellschaft
ELSTER	Elektronische Steuererklärung	KGaA	Kommanditgesellschaft auf Aktien
EntgFG	Entgeltfortzahlungsgesetz	KoR	Kapitalmarktorientierte Rechnungslegung
ER	Eingangsrechnung	KPMG	Klynveld, Peat, Marwick & Goerdeler
ERP	Enterprise Resource Planning	KR	Kontenrahmen
EStG	Einkommensteuergesetz	KV	Krankenversicherung
EStR	Einkommensteuer-Richtlinien	l	Liter
EÜR	Einnahmenüberschussrechnung	Lfd.	Laufende
EUSt	Einfuhrumsatzsteuer	Lifo	Last-in-first-out
EWIV	Europäische wirtschaftliche Interessenvereinigung	m	Meter
FASB	Financial Accounting Standards Board	ME	Mengeneinheit
Fifo	First-in-first-out	Mk	Material(einzel)kosten
Fk	Fertigungs(einzel)kosten	MM	Datumsmonat
FMS	Formular-Management-System	n	Anzahl
GATT	General Agreement on Tariffs and Trade	Nr.	Nummer
GbR	Gesellschaft bürgerlichen Rechts	OCI	Other Comprehensive Income
GEMA	Gesellschaft für musikalische Aufführungs- und mechanische Vervielfältigungsrechte	OHG	Offene Handelsgesellschaft
		PCAOB	Public Company Accounting Oversight Board
Gk	Gemeinkosten	PE	Privatentnahmen
GKR	Gemeinschaftskontenrahmen der Industrie	PG	Partnerschaftsgesellschaft
GmbH	Gesellschaft mit beschränkter Haftung	PIOB	Public Interest Oversight Board
GoB	Grundsätze ordnungsmäßiger Buchführung	Pkw	Personenkraftwagen
GoBS	Grundsätze ordnungsmäßiger DV-gestützter Buchführungssysteme	Pos.	Position
		PV	Pflegeversicherung
GTIN	Global Trade Item Number	PWC	PricewaterhouseCoopers
GuV	Gewinn- und Verlustrechnung	r	Marktzinssatz
GWG	Geringwertige Wirtschaftsgüter	r_a	Jahreszinssatz
GZK	GATT-Zollwertkodex	RV	Rentenversicherung
HGB	Handelsgesetzbuch	SAP	Systeme, Anwendungen, Produkte in der Datenverarbeitung
Hk	Herstellungskosten		
HRB	Handelsregister Abteilung B	SBK	Schlussbilanzkonto
i	Geschäftsjahr	SE	Societas Europea
IAS	International Accounting Standards	SEC	U.S. Securities and Exchange Commission
IASB	International Accounting Standards Board	SGB	Sozialgesetzbuch
IdNr.	Steuerliche Identifikationsnummer	SKP	Standardkontenplan
IDW	Institut der Wirtschaftsprüfer in Deutschland	SKR	Standardkontenrahmen
IFAC	International Federation of Accountants	SME	Small and Medium Sized Enterprises
IFIAR	International Forum of Independent Audit Regulators	SPE	Single Purpose Entity
IFRS	International Financial Reporting Standards	ST	Stück
IKP	Industriekontenplan	StB	Steuerberater
IKR	Industriekontenrahmen	StBerG	Steuerberatungsgesetz
INCOTERMS	International Commercial Terms	StG	Stille Gesellschaft
IOSCO	International Organization of Securities Commissions	t	Zeit, Jahre, Zinstage
JA	Jahresabschluss	TA	Technische Anlagen
JJJJ	Datumsjahr	TARIC	Tarif intégré des Communautés européennes
JoF	Journal of Finance	TAuM	Technische Anlagen und Maschinen
K	Kreditbetrag	TT	Datumstag

TÜV	Technischer Überwachungsverein	WPg	Wirtschaftsprüfung
U.S.	United States	WPK	Wirtschaftsprüferkammer
U1	Umlage 1	WPO	Wirtschaftsprüferordnung
U2	Umlage 2	WPr	Wirtschaftsprüfer
UG	Unternehmergesellschaft	WT	Wirtschaftstreuhänder
USt	Umsatzsteuer	Wvz	Werteverzehr
UStAE	Umsatzsteuer-Anwendungserlass	WWW	World Wide Web
UStG	Umsatzsteuergesetz	XBRL	Extensible Business Reporting Language
USt-IdNr.	Umsatzsteuer-Identifikationsnummer	z. B.	zum Beispiel
v.H.	von Hundert, Prozent	ZfCM	Zeitschrift für Controlling & Management
Vp	Verkaufspreis	ZK	Zins- und Kostenanteil
VWL	Vermögenswirksame Leistungen	Z_t	Tageszinsen
WP	Wirtschaftsprüfer		

Teil I
Grundlagen

1 Das Rechnungswesen als Informationssystem

Kapitelnavigator

Inhalt	Lernziel
1.1 Im Rechnungswesen abgebildete Prozesse	1-1 Die im Rechnungswesen abgebildeten Prozesse kennen.
1.2 Vom Rechnungswesen bereitgestellte Informationen	1-2 Aus der Unternehmenstätigkeit die vom Rechnungswesen bereitgestellten Informationen ableiten können.
1.3 Teilbereiche des Rechnungswesens	1-3 Die Teilbereiche des Rechnungswesens und die entsprechenden Informationsadressaten kennen.
1.4 Historische Entwicklung des externen Rechnungswesens	1-4 Die historische Entwicklung des externen Rechnungswesens kennen.
1.5 Rechnungswesen-Zyklen	1-5 Die jährlichen Abläufe in der Buchführung und beim Jahresabschluss kennen.

Seien Sie ehrlich: Die Buchführung gehört wahrscheinlich nicht gerade zu den Fachdisziplinen, denen Sie eine größere Bedeutung für Ihr Leben zumessen! Wirklich nicht? Dabei ist doch unser gesamtes privates und berufliches Leben vom Rechnungswesen im Allgemeinen und von der Buchführung im Speziellen durchdrungen. Beweis gefällig?

Nachdem Sie sich beispielsweise dafür entschieden haben, dieses Buch zu kaufen, haben Sie es zur *Kasse* Ihrer Buchhandlung gebracht. Dort wurde der auf der Buchrückseite angebrachte Barcode eingescannt, wodurch in der *Lagerbuchführung* des Buchhändlers ein »Verbrauch von Waren« gebucht wurde. Gleichzeitig wurde aus einer im Rechnungswesen hinterlegten Datenbank der *Verkaufspreis* des Buches abgefragt und an die Kasse zur Anzeige und zum Druck auf Ihre *Rechnung* übermittelt.

Dadurch, dass Sie nicht *bar*, sondern mit Ihrer EC-Karte gezahlt haben, wurde zum einen das *Buchgeld*, das Ihnen Ihre kontoführendes Kreditinstitut schuldet, vermindert, während gleichzeitig beim Buchhändler eine *Forderung* Ihnen gegenüber, beziehungsweise Ihrem Kreditinstitut gegenüber, entstand. Am Anfang des folgenden Monats schickt Ihnen Ihr Kreditinstitut dann in Form eines Kontoauszugs eine Übersicht über die *Verbindlichkeiten*, die es

Ihnen gegenüber hat, also über das Geld, das es Ihnen schuldet.

Das Kreditinstitut hat für Sie ein eigenes *Konto* angelegt und dort nach der Übermittlung der Daten vom Buchhändler im *Soll* den Kauf des Buches verbucht. Und so wie Ihr Kreditinstitut *Aus- und Einzahlungen* auf Ihrem Konto verbucht, werden Sie nachfolgend lernen, wie im Rahmen der Buchführung auf Konten gebucht wird, um die Geldflüsse in unserem Leben abzubilden.

Um mehr über das Rechnungswesen zu erfahren, werden wir uns nachfolgend als Erstes anschauen, welche Prozesse im Rechnungswesen abgebildet werden und welche Informationen Sie dem Rechnungswesen in der Berufspraxis entnehmen können. Dann werden wir näher auf die zwei Teilbereiche des Rechnungswesens und die historische Entwicklung des externen Rechnungswesens eingehen. Zuletzt werden wir uns mit den Rechnungswesen-Zyklen beschäftigen.

1.1 Im Rechnungswesen abgebildete Prozesse

Lernziel 1-1
Die im Rechnungswesen abgebildeten Prozesse kennen.

- Im Rechnungswesen abgebildete Prozesse
- Vom Rechnungswesen bereitgestellte Informationen
- Teilbereiche des Rechnungswesens
- Historische Entwicklung des externen Rechnungswesens
- Rechnungswesen-Zyklen

Wir werden uns nachfolgend mit dem Rechnungswesen von Unternehmen und insbesondere dem von Industrie- und Handelsunternehmen beschäftigen. Kennzeichnend für die meisten *Unternehmen* ist dabei eine Tätigkeit zur Erzielung von Gewinnen. In Unternehmen laufen dazu fortlaufend die folgenden primären Prozesse ab, die im Rechnungswesen abgebildet werden (↗ Abbildung 1-1 und 1-2):

(1) Finanzierungsprozesse
Damit Unternehmen überhaupt tätig werden können, benötigen sie Kapital. Die Finanzierungsprozesse umfassen entsprechend die Bereit-

Abb. 1-1

In Unternehmen laufen ständig Finanzierungs-, Investitions- und Umsatzprozesse ab, die im Rechnungswesen abgebildet werden.

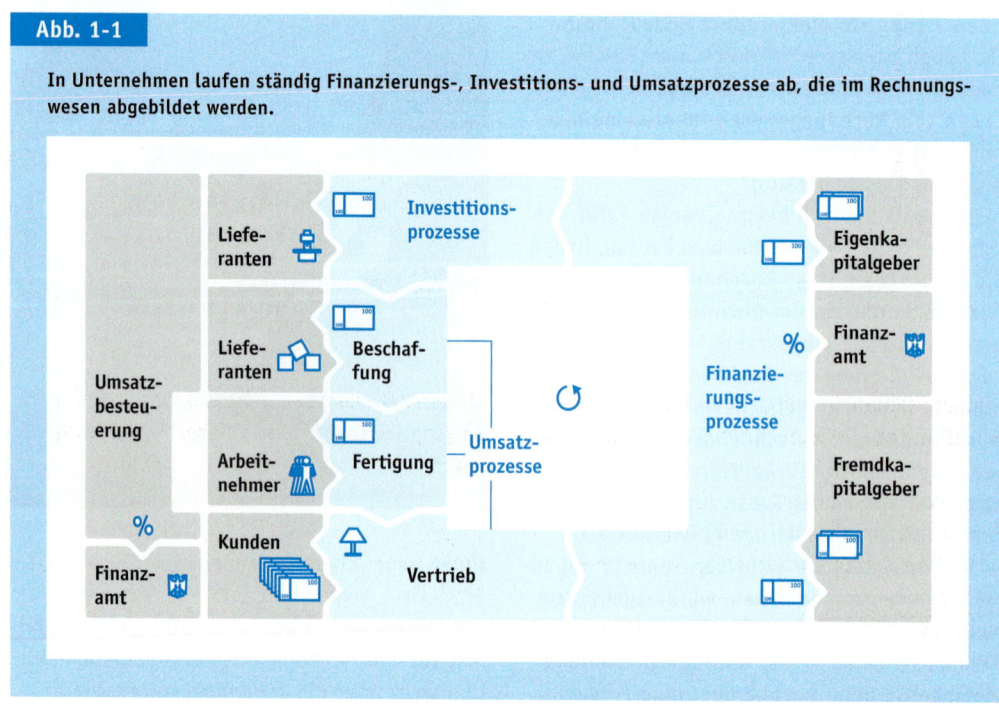

1.1 Im Rechnungswesen abgebildete Prozesse

In diesem Buch wird auf die Abbildung aller monetär bedeutsamen Prozesse im Rechnungswesen eingegangen.

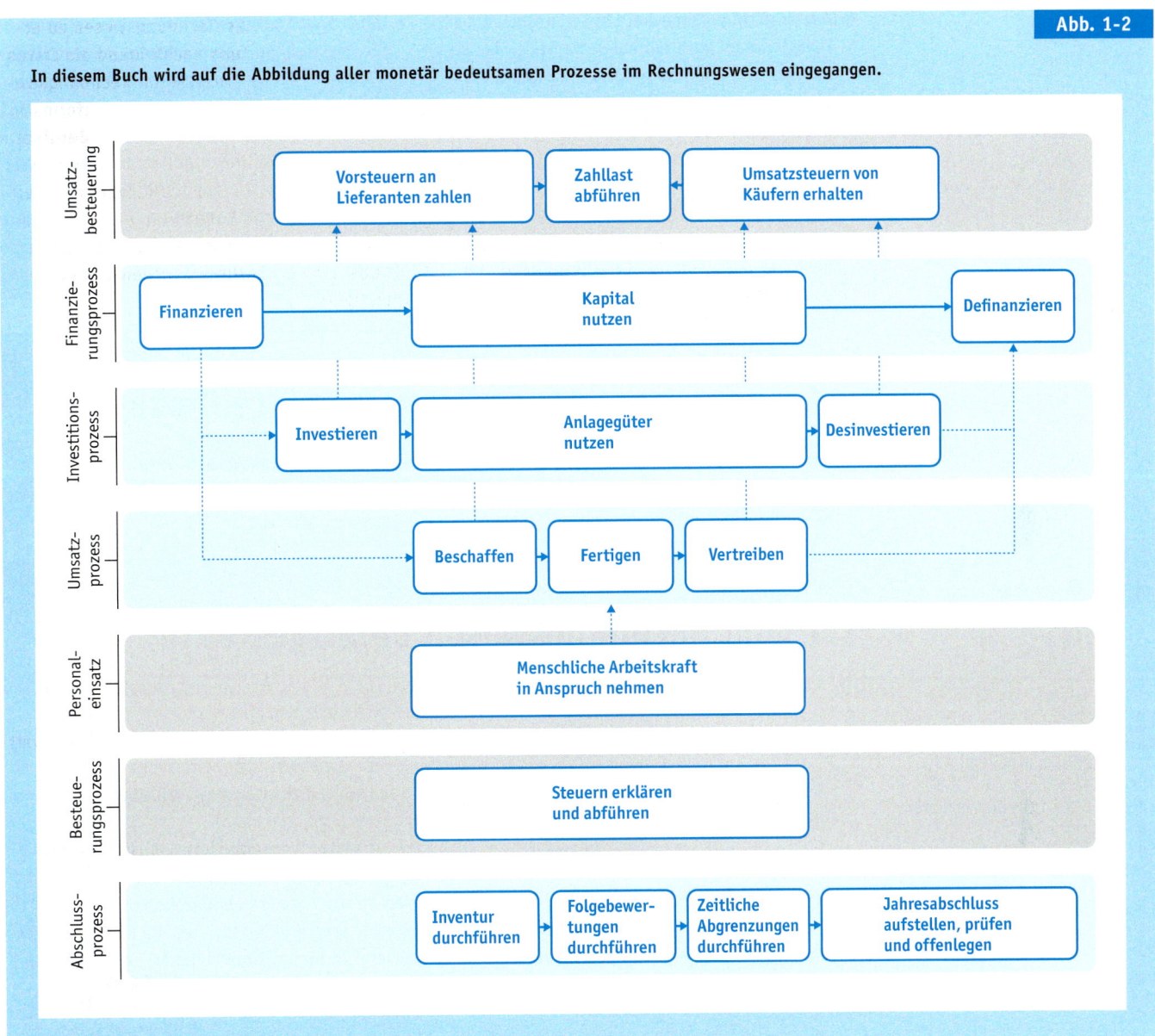

Abb. 1-2

stellung (Finanzierung), die Nutzung und die Rückführung (Definanzierung) dieses Kapitals.

(2) Investitionsprozesse
Ein Teil des im Rahmen der Finanzierung bereitgestellten Kapitals wird für Vermögensgegenstände, wie Gebäude, Maschinen und Büroeinrichtungen, verwendet, die dauerhaft im Unternehmen verbleiben sollen. Die Investitionsprozesse umfassen die Anschaffung oder die Her-

stellung (Investition), die Nutzung und den Abgang (Desinvestition) dieser Vermögensgegenstände.

(3) Umsatzprozesse
Die Umsatzprozesse im engeren Sinne (Gutenberg, E. 1958: Seite 109 f.), die auch als operative oder *laufende Geschäftstätigkeiten* bezeichnet werden, umfassen folgende drei Teilprozesse:

- **Beschaffungsprozesse:** Ein Teil des nach den Investitionen verbleibenden Kapitals, das im Rahmen der Finanzierung bereitgestellt wurde, wird für den Kauf von Vermögensgegenständen, wie Werkstoffe oder Waren, verwendet, die nur kurzfristig im Unternehmen verbleiben sollen.
- **Fertigungsprozesse:** In der Fertigung werden die Vermögensgegenstände des Unternehmens nachfolgend mit menschlicher Arbeitskraft kombiniert und dabei ge- oder verbraucht, so beispielsweise, wenn ein Mitarbeiter mit einer Bohrmaschine Stahl bearbeitet. Dadurch werden in Industrieunternehmen *Sachleistungen*, wie beispielsweise Autos, hergestellt, die auch als *Erzeugnisse* bezeichnet werden, und in Dienstleistungsunternehmen *Dienstleistungen*, wie beispielsweise der Transport von Gütern.
- **Vertriebsprozesse:** Im Anschluss verlassen die beschafften Waren und die hergestellten Sach- und Dienstleistungen die Unternehmen als Output, der an Kunden verkauft und damit wieder in Geld umgewandelt wird. Das Geld fließt den Unternehmen zu, die es wiederum für Investitionen und Beschaffungen oder für Ausschüttungen an Unternehmenseigner, wie beispielsweise Aktionäre, verwenden.

Neben diesen primären Prozessen werden im Rechnungswesen eine Reihe unterstützender sekundärer Prozesse abgebildet, so insbesondere (↗ Abbildung 1-2):
- die Umsatzbesteuerung,
- der Personaleinsatz und
- die Besteuerung.

1.2 Vom Rechnungswesen bereitgestellte Informationen

Lernziel 1-2
Aus der Unternehmenstätigkeit die vom Rechnungswesen bereitgestellten Informationen ableiten können

- Im Rechnungswesen abgebildete Prozesse
- Vom Rechnungswesen bereitgestellte Informationen
- Teilbereiche des Rechnungswesens
- Historische Entwicklung des externen Rechnungswesens
- Rechnungswesen-Zyklen

Die im Rahmen der abgebildeten Prozesse ablaufenden Güter- und Finanzbewegungen lassen sich über

- **mengenmäßige Größen**, wie die Werkstoffmengen, die in die Unternehmen als Input eingehen, und über
- **wertmäßige Größen**, wie die Geldeinheiten, die für diese Werkstoffmengen gezahlt werden,

beschreiben (↗ Abbildung 1-3). Im *Rechnungswesen* werden diese mengen- und wertmäßigen Größen:
- im Rahmen der **Informationsermittlung** erfasst, verarbeitet und gespeichert und dann
- im Rahmen der **Informationsbereitstellung** verschiedenen internen und externen Informationsadressaten zur Verfügung gestellt.

Die erfassten Vorgänge leiten sich dabei aus den vorgenannten Prozessen von Unternehmen ab und werden als *Geschäftsfälle* oder *Geschäftsvorfälle* bezeichnet. Da alle Geschäftsvorfälle in einem Unternehmen erfasst werden, stellt das Rechnungswesen eine große Datenbank dar, aus der Sie viele für Ihre berufliche Tätigkeit nützliche Informationen abfragen können:
- Im **Finanzwesen** können Sie dem Rechnungswesen beispielsweise Informationen über die Kapitalzu- und -abflüsse, die Kapitalstruktur und – besonders wichtig – die *Liquidität*, also die Zahlungsfähigkeit von Unternehmen entnehmen.
- Im **Personalwesen** erhalten Sie zum Beispiel Informationen darüber, wie viele Arbeitnehmer in einem Bereich beschäftigt sind, wie hoch die entsprechenden Aufwendungen für Löhne, Gehälter und Nebenkosten sind und

1.2 Vom Rechnungswesen bereitgestellte Informationen

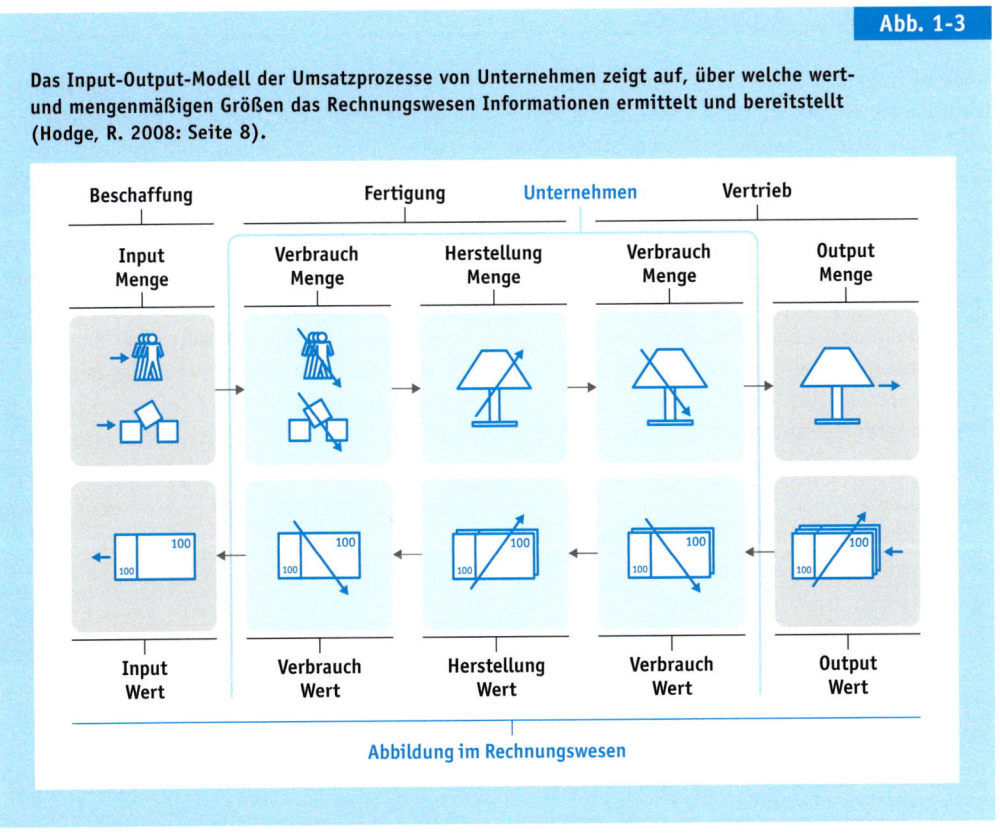

Abb. 1-3

Das Input-Output-Modell der Umsatzprozesse von Unternehmen zeigt auf, über welche wert- und mengenmäßigen Größen das Rechnungswesen Informationen ermittelt und bereitstellt (Hodge, R. 2008: Seite 8).

wie einzelne Arbeitnehmer tariflich und steuerlich eingruppiert sind.
- Im **Marketing** können Sie abfragen, wie viele Erzeugnisse verkauft wurden, welche Umsatzerlöse damit mit welchen Kunden erzielt wurden und welche Aufwendungen für Werbemaßnahmen dem gegenüberstehen.
- In der **Logistik** können Sie sich beispielsweise über Lagerzu- und -abgänge sowie über Lagermengen ein Bild verschaffen und ermitteln, was das Unternehmen für Transporte und Fremdlagerungen aufwendet.
- Selbst in primär technischen Bereichen, wie der **Fertigung**, erhalten Sie aus dem Rechnungswesen Informationen, so beispielsweise über Fertigungsmengen oder über die ihnen zugrunde liegenden Aufwendungen für Werkstoffe und Personal.

Das Rechnungswesen wird Sie aber nicht nur auf der Ausführungsebene in verschiedenen Unternehmensbereichen mit Informationen versorgen. Je höher Sie in der Unternehmenshierarchie aufsteigen werden, desto wichtiger werden vom Rechnungswesen bereitgestellte Finanzinformationen für Sie werden. Selbst noch als Geschäftsführer oder als Vorstandsvorsitzender wird die Beurteilung Ihrer Leistungen und damit Ihr Gehalt primär auf einer im Rechnungswesen ermittelten Größe basieren: dem Gewinn.

Sie sehen, nicht nur große Teile unseres privaten, sondern auch unser gesamtes berufliches Leben sind vom Rechnungswesen durchdrungen. Es ist deshalb wichtig für Sie zu erfahren, wie die Informationen im Rechnungswesen entstehen und wie Sie diese Informationen nutzen und beeinflussen können.

Zwischenübung Kapitel 1.2

Auch in Restaurants laufen beständig Umsatzprozesse ab. Stellen Sie diese Prozesse am Beispiel Ihres Lieblingsessens in der nachfolgenden Tabelle entsprechend der in der ↗ Abbildung 1-3 vorgegebenen Systematik mengen- und wertmäßig dar. Lassen Sie sich dabei von den folgenden Fragen leiten:

- Welche Inputmengen an menschlicher Arbeitskraft und an Lebensmitteln, wie beispielsweise 10 kg Kartoffeln, müssen für das Restaurant täglich beschafft werden, um Ihr Lieblingsessen für alle Gäste, die es bestellen, herzustellen, und was sind diese Inputmengen in etwa wert? (Hinweis: Anlagegüter, wie die Kücheneinrichtung, sollten Sie dabei noch nicht berücksichtigen.)
- Welche Mengen der Inputgüter werden bei der Fertigung eines einzelnen Lieblingsessens verbraucht und was sind diese Mengen und das erstellte Lieblingsessen in etwa wert?
- Unterscheidet sich der Wert eines erstellten Lieblingsessens von dem eines verkauften Lieblingsessens?

Geschäftsvorfall	Menge und Art des Guts	Wert des Guts
(A) Beschaffung: Input menschliche Arbeitskraft		
(B) Beschaffung: Input Lebensmittel 1		
(C) Beschaffung: Input Lebensmittel 2		
(D) Fertigung: Verbrauch menschliche Arbeitskraft		
(E) Fertigung: Verbrauch Lebensmittel 1		
(F) Fertigung: Verbrauch Lebensmittel 2		
(G) Fertigung: Erstellung Erzeugnis	1 Lieblingsessen	
(H) Vertrieb: Verbrauch Erzeugnis	1 Lieblingsessen	
(I) Vertrieb: Output Erzeugnis	1 Lieblingsessen	

1.3 Teilbereiche des Rechnungswesens

Lernziel 1-3
Die Teilbereiche des Rechnungswesens und die entsprechenden Informationsadressaten kennen.

- Im Rechnungswesen abgebildete Prozesse
- Vom Rechnungswesen bereitgestellte Informationen
- **Teilbereiche des Rechnungswesens**
- Historische Entwicklung des externen Rechnungswesens
- Rechnungswesen-Zyklen

Die im Rechnungswesen ermittelten Informationen werden verschiedenen *Informationsadressaten* zur Verfügung gestellt. Grundsätzlich kommen dabei alle sogenannten *Stakeholder* von Unternehmen als Informationsadressaten in Betracht, also alle, die in irgendeiner Beziehung zu einem Unternehmen stehen und damit dessen Handeln beeinflussen und/oder von dessen Handeln betroffen sind (Vahs, D./Schäfer-Kunz, J. 2007: Seite 17).

Unternehmensexterne Informationsadressaten benötigen dabei in der Regel andere Informationen als unternehmensinterne Informationsadressaten, die die Leistungserstellung in Unternehmen zu verantworten haben. Im Hinblick auf diese unterschiedlichen Informationsadressaten wird auch das Rechnungswesen in ein externes und in ein internes Rechnungswesen unterteilt (↗ Abbildung 1-4).

1.3.1 Externes Rechnungswesen

Gegenstand des *externen Rechnungswesens*, das auch als *Finanzbuchführung* oder *Geschäftsbuchführung* bezeichnet wird, ist insbesondere die Ermittlung und die Bereitstellung von Informationen über wert- und mengenmäßige Größen, die benötigt werden, um Informationsadressaten außerhalb des Unternehmens über den Zustand und die Veränderungen von Unternehmen zu informieren. Hauptadressaten sind dabei (IFRS-Rahmenkonzept: Nummer 9):

- **Eigenkapitalgeber beziehungsweise Unternehmenseigner**, wie Aktionäre oder Gesellschafter, die sich im Hinblick auf bestehende oder auf geplante Investitionen in Unternehmen, insbesondere für deren ergebnisabhängige Zahlungen, wie Dividenden, und für deren Risiken interessieren.
- **Fremdkapitalgeber beziehungsweise Gläubiger**, wie Kreditinstitute, die sich vor der Kreditvergabe für die Kreditwürdigkeit und nach der Kreditvergabe für die Zahlungsfähigkeit von Unternehmen interessieren.
- **Arbeitnehmer und ihre Vertreter**, die sich im Hinblick auf Lohn- und Gehaltszahlungen sowie auf deren Steigerungen ebenfalls primär für die wirtschaftliche Situation von Unternehmen interessieren.
- **Regierungen und Behörden**, wie Finanzämter oder Kartellbehörden, die sich im Hinblick auf das Steueraufkommen und auf die Wirtschaftspolitik insbesondere für Besteuerungsgrundlagen und für zu regulierende Unternehmenstätigkeiten interessieren.
- **Andere Unternehmen**, wie Lieferanten, Kunden, Kooperationspartner oder Konkurrenten, die sich im Hinblick auf ihre eigenen betrieblichen Entscheidungen insbesondere für die wirtschaftliche Situation und das Unternehmensverhalten interessieren.
- **Öffentlichkeit**, die sich im Hinblick auf die regionale Wirtschaft und die Infrastruktur für die Entwicklung der dort angesiedelten Unternehmen interessiert.

Das externe Rechnungswesen wird weiter in zwei Teilbereiche untergliedert:

(1) Buchführung
Die Buchführung ist eine *Zeitabschnittsrechnung*, die primär der vollständigen und ordnungsmäßigen *Dokumentation* aller Geschäftsvorfälle während bestimmter Zeiträume, wie Geschäftsjahren, dient (↗ Abbildung 1-5). Durch Erfüllung dieser Aufgaben schafft die Buchführung die Datenbasis für das gesamte Rechnungswesen von Unternehmen.

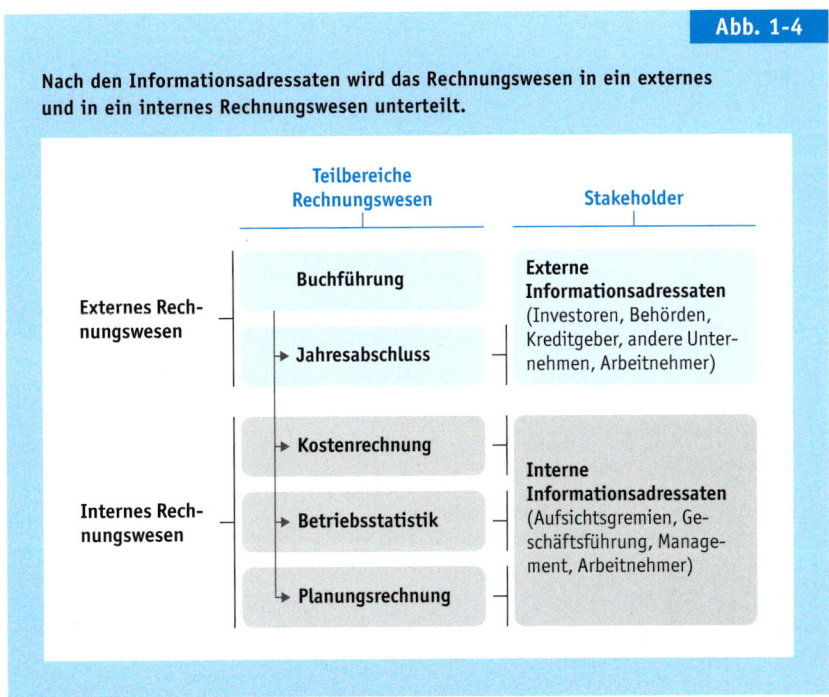

Abb. 1-4

Nach den Informationsadressaten wird das Rechnungswesen in ein externes und in ein internes Rechnungswesen unterteilt.

Der Begriff der Buchführung wird dabei in der Regel synonym zum Begriff der Buchhaltung verwendet, teilweise wird der Begriff der Buchführung aber auch funktional zur Beschreibung von einer Tätigkeit und deren Ergebnis interpretiert und der Begriff der *Buchhaltung* institutionell als Organisationseinheit, in der die Buchführung durchgeführt wird.

(2) Jahresabschluss
Der Jahresabschluss dient allgemein der *Information* und im speziellen der *Rechenschaftslegung* durch die Aufbereitung der in der Buchführung gewonnenen Informationen. Unter dem Begriff des Jahresabschlusses werden dabei sowohl die Tätigkeiten am Ende des Geschäftsjahres als auch deren Ergebnis verstanden. Die Tätigkeiten werden synonym auch als *Rechnungslegung* bezeichnet.

Der Jahresabschluss ist Hauptbestandteil der Berichte, mit denen größere Unternehmen zumeist in gedruckter Form jährlich oder in Form von *Zwischenberichten* teilweise sogar jedes Quartal über ihre Situation informieren.

Neben der Information dient der handelsrechtliche Jahresabschluss der *Zahlungsbemessung* im Hinblick auf Ausschüttungen an die

1.3 Das Rechnungswesen als Informationssystem
Teilbereiche des Rechnungswesens

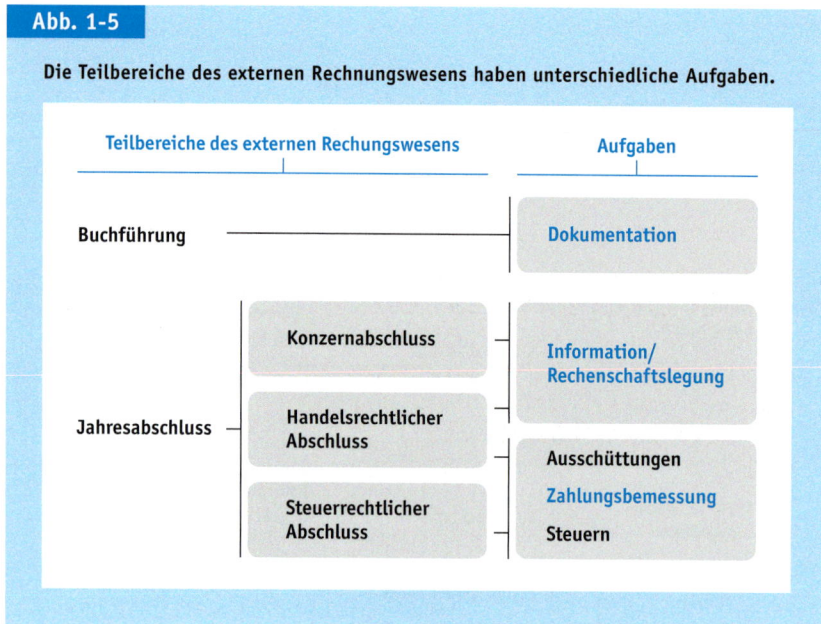

Abb. 1-5
Die Teilbereiche des externen Rechnungswesens haben unterschiedliche Aufgaben.

Unternehmenseigner und der steuerrechtliche Jahresabschluss der *Zahlungsbemessung* im Hinblick auf zu zahlende Steuern vom Einkommen und vom Ertrag (↗ Abbildung 1-5).

1.3.2 Internes Rechnungswesen

Gegenstand des *internen Rechnungswesens* ist insbesondere die Ermittlung und die Bereitstellung von Informationen über wert- und mengenmäßige Größen, die benötigt werden, um die betriebliche Leistungserstellung zu steuern. Entsprechend wendet sich das interne Rechnungswesen an Informationsadressaten, die die Leistungserstellung im Unternehmen zu verantworten haben, so insbesondere an:
- **Aufsichtsgremien**, wie den Aufsichtsrat bei Aktiengesellschaften,
- **Mitglieder der Geschäftsführung**,
- **Mitglieder des Managements** und
- **Arbeitnehmer**.

Das interne Rechnungswesen wird in drei Teilbereiche untergliedert:

(1) Kostenrechnung
Die Kostenrechnung, die häufig auch als *Kosten- und Leistungsrechnung* bezeichnet wird, stellt den Kern der sogenannten *Betriebsbuchführung* dar. Ihre Aufgabe ist die Ermittlung von Kosten und Leistungen zur Durchführung:
- von **Kalkulationen,** um beispielsweise die Herstellkosten von Erzeugnissen zu ermitteln,
- von **Erfolgsrechnungen**, um beispielsweise Unternehmensbereiche zu beurteilen, und
- von **Entscheidungsrechnungen**, um beispielsweise Make-or-buy-Entscheidungen zu treffen (Schäfer-Kunz, J./Tewald, C. 1998).

(2) Betriebsstatistik
Die Betriebsstatistik ist in der Regel eine *Vergleichsrechnung*, die der allgemeinen Aufbereitung und Auswertung von wert- und mengenmäßigen Größen dient, so beispielsweise der Ermittlung von Statistiken darüber, wie viele Erzeugnisse in einem Monat im Vergleich zum Vorjahresmonat verkauft wurden und welche Umsatzerlöse damit erzielt wurden.

(3) Planungsrechnung
Die Planungsrechnung ist eine *Vorschaurechnung*, die der Ermittlung zukünftiger wert- und mengenmäßiger Größen und deren Kontrolle dient. Sie umfasst neben der *Plankostenrechnung* auch Rechnungen zur Finanz-, zur Investitions-, zur Beschaffungs-, zur Fertigungs- und zur Vertriebsplanung.

1.3.3 Ein- und Zweikreissysteme

Im Hinblick auf den Integrationsgrad des externen und des internen Rechnungswesens werden zwei organisatorische Grundformen unterschieden (Eisele, W. 2002: Seite 582 ff. und Küting, K. und andere 2010: Seite 17 und 40 ff.):
- **Einkreissysteme** sind dadurch gekennzeichnet, dass das externe und das interne Rechnungswesen in einem einzigen System integriert sind.
- **Zweikreissysteme** sind dadurch gekennzeichnet, dass das externe und das interne Rechnungswesen weitgehend getrennt voneinander durchgeführt werden.

1.4 Historische Entwicklung des externen Rechnungswesens

- Im Rechnungswesen abgebildete Prozesse
- Vom Rechnungswesen bereitgestellte Informationen
- Teilbereiche des Rechnungswesens
- **Historische Entwicklung des externen Rechnungswesens**
- Rechnungswesen-Zyklen

Lernziel 1-4
Die historische Entwicklung des externen Rechnungswesens kennen.

Das Bedürfnis, sich über wert- und mengenmäßige Größen zu informieren, ist schon sehr alt, und so wird heute angenommen, dass schon kurz nach dem Aufkommen einer landwirtschaftlichen Produktion und noch lange vor der Erfindung der Schrift und der Zahlen eine *physische Dokumentation* der erzeugten landwirtschaftlichen Bestände vorgenommen wurde. Eine entsprechende Aufgabe wird beispielsweise sogenannten Ton-Tokens aus dem Jahr 8 000 vor unserer Zeitrechnung zugeschrieben (Brockhoff, K. 2009: Seite 102), die es ermöglichten, über ihre Anzahl Eigentumsverhältnisse ohne Berechnungen festzulegen. Auch die ersten Belege des Menschen für eine Schrift – Tontafeln der Sumerer aus dem Jahr 3 500 vor unserer Zeitrechnung – werden heute als *Rechnungen* für Bier und Brot gedeutet (Schneider, D. 2001: Seite 69 f.).

Mit der Einführung des *Geldes* in Form von Goldklumpen und später in Form von einheitlichen *Münzen* durch die Lyder im 7. Jahrhundert vor unserer Zeitrechnung erhielt das Rechnungswesen dann seine heute noch verwendete Recheneinheit. Vorher erfolgten Zahlungen in der Regel in Form von sogenanntem *Warengeld*, das aus Gegenständen wie Muscheln, Pfeilspitzen oder Salz bestand.

Welche frühere Kultur die *Buchführung* erstmals einsetzte und sie damit quasi erfand, ist in der Altertumsforschung umstritten. Erste Beschreibungen einer einfachen Buchführung finden sich beispielsweise in altindischen Schriften aus dem 4. Jahrhundert vor unserer Zeitrechnung und auch im Rom der Kaiserzeit waren Bankiers schon dazu verpflichtet, Bücher zu führen. Die Aufgabe der Buchführung bestand dabei primär darin, bei Streitigkeiten vor Gericht als Beweismittel zu dienen. Für solche *Dokumentationsaufgaben* wurde in zeitlicher Reihenfolge aufgeschrieben, welche Lieferungen und Zahlungen jeweils erbracht wurden.

Erste Belege für eine *doppelte Buchführung* gibt es in den Büchern der städtischen Finanzbeamten Genuas aus dem Jahre 1340. Die erste gedruckte Erläuterung, wie dabei vorzugehen sei, findet sich in einem Buch des italienischen Franziskanermönchs und Mathematikprofessors Luca Pacioli aus dem Jahr 1494 (Pacioli, L. 1494).

Die Einführung der doppelten Buchführung wird dabei sowohl in der Entwicklung des Rechnungswesens als auch in der Entwicklung der Betriebswirtschaftslehre als Meilenstein gesehen, da sie erstmals die Möglichkeit bot, die durchgeführten Berechnungen durch eine parallele und damit doppelte Berechnung zu überprüfen. Diese *Berechnungsprüfung* war notwendig, da in früheren Jahrhunderten selbst die Rechenfähigkeit von Kaufleuten häufig nicht allzu ausgeprägt war. Als doppelt wurde die Buchführung dabei anfangs deshalb bezeichnet, weil sie in zwei Büchern erfolgte, und zwar in einem *Grundbuch*, in dem die Geschäftsvorfälle entsprechend ihrem zeitlichen Anfall nacheinander aufgeführt wurden, und in einem *Hauptbuch*, in dem jeweils ähnliche Geschäftsvorfälle zusammengefasst wurden. Erst später wurde der Begriff der doppelten Buchführung dann auch auf die gleichzeitige Buchung im Soll und im Haben von Konten, die sogenannte *Doppik*, übertragen (Schmalenbach, E. 1950: Seite 15 f.).

Exkurs 1-1

Goethe und die Buchführung

Auch Goethe beschäftigte sich mit der Buchführung. In seinem Romanentwurf »Wilhelm Meisters theatralische Sendung« lässt er den Schwager Werner dazu zum Wilhelm sagen: »Ich ging soeben unsere Bücher durch, und bei der Leichtigkeit, wie sich der Zustand unseres Vermögens übersehen lässt, bewundere ich aufs Neue die großen Vorteile, welche die doppelte Buchhaltung dem Kaufmann gewährt. Es ist eine der schönsten Erfindungen des menschlichen Geistes, und ein jeder guter Haushalt sollte sie in seiner Wirtschaft einführen.«

Quelle: Goethe, J.W. von 1782: Wilhelm Meisters theatralische Sendung, Zweites Buch, Achtes Kapitel, Stuttgart, 2003.

1.5 Das Rechnungswesen als Informationssystem
Rechnungswesen-Zyklen

In den folgenden Jahrhunderten entwickelte sich das externe Rechnungswesen dann zunehmend über ein Instrument zur Dokumentation und Berechnungsprüfung hinaus zu einem Instrument der *Rechenschaftslegung* und der *Zahlungsbemessung* von Ausschüttungen und Steuern. Die dazu erforderlichen *Bilanzen* und *Jahresabschlüsse* erstellten wahrscheinlich erstmals die in Augsburg beheimateten Fugger ab dem Jahre 1511 (Coenenberg, A. G. und andere 2009a: Seite 10).

Mit dem ersten französischen Handelsgesetzbuch, den »Ordonnance de Commerce« aus dem Jahr 1673 und dem darauf aufbauenden »Allgemeinen Deutschen Handelsgesetzbuch« aus dem Jahr 1861 setzte eine zunehmende gesetzliche Verankerung des Rechnungswesens ein, die bis heute anhält und insbesondere dessen *Schutzfunktion* betont. Neben Gläubigern sollen dabei durch verbesserte *Informationen* insbesondere auch Unternehmenseigner und die Öffentlichkeit geschützt werden (Schneider, D. 2001: Seite 70 ff.). Entsprechende Meilensteine in der Entwicklung des externen Rechnungswesens sind (Coenenberg, A. G. und andere 2009a: Seite 10):

- 1874 die Inkraftsetzung des Gesetzes zur Einkommensbesteuerung,
- 1931/1937 die Inkraftsetzung des Aktiengesetzes,
- 1965 die Reform des Aktiengesetzes,
- 1969 die Inkraftsetzung des Publizitätsgesetzes,
- 1985 die Inkraftsetzung des Bilanzrichtlinengesetzes,
- 1998 die Inkraftsetzung des Kapitalaufnahmeerleichterungsgesetzes,
- 2004 die Inkraftsetzung des Bilanzrechtsreformgesetzes und
- 2009 die Inkraftsetzung des Bilanzrechtsmodernisierungsgesetzes.

1.5 Rechnungswesen-Zyklen

Lernziel 1-5
Die jährlichen Abläufe in der Buchführung und beim Jahresabschluss kennen.

- Im Rechnungswesen abgebildete Prozesse
- Vom Rechnungswesen bereitgestellte Informationen
- Teilbereiche des Rechnungswesens
- Historische Entwicklung des externen Rechnungswesens
- Rechnungswesen-Zyklen

Im externen Rechnungswesen werden in bestimmten Zyklen immer wiederkehrende Tätigkeiten durchgeführt (↗ Abbildung 1-6).

1.5.1 Zeiträume und Zeitpunkte

Zeiträume werden im Rechnungswesen auch als *Perioden* bezeichnet. Die Rechnungswesen-Zyklen laufen normalerweise innerhalb eines Jahres ab, das

- unter anderem im Handelsgesetzbuch als **Geschäftsjahr** und
- unter anderem im Einkommensteuergesetz als **Wirtschaftsjahr**

bezeichnet wird. Bei den meisten Unternehmen entspricht das Geschäftsjahr dabei dem *Kalenderjahr* vom 1. Januar bis zum 31. Dezember (Einkommensteuergesetz: § 4a Gewinnermittlungszeitraum, Wirtschaftsjahr). Es gibt aber auch zum Kalenderjahr verschobene Geschäftsjahre, die beispielsweise vom 1. Juli bis zum 30. Juni gehen. Darüber hinaus ist für manche Abläufe aufgrund rechtlicher Vorgaben das Kalenderjahr maßgeblich, so beispielsweise als Besteuerungszeitraum für die Umsatzsteuer (Umsatzsteuergesetz: § 16 Steuerberechnung, Besteuerungszeitraum und Einzelbesteuerung, Absatz 1, Satz 2).

Geschäftsjahre, die länger als 12 Monate dauern, sind nicht zulässig (Handelsgesetzbuch: § 240 Inventar, Absatz 2, Satz 2). Werden Unternehmen aber während des Kalenderjahres gegründet oder aufgelöst, kann sich ein verkürztes Geschäftsjahr ergeben, das als *Rumpfgeschäftsjahr* bezeichnet wird.

Für bestimmte kapitalmarktorientierte Unternehmen ergeben sich darüber hinaus verkürzte Rechnungswesen-Zyklen, da sie aufgrund bestimmter Publizitätspflichten *Halbjahres*- oder sogar *Quartalsfinanzberichte* erstellen (Gesetz über den Wertpapierhandel: § 37w Halbjahresfinanzbericht).

Das Geschäftsjahr endet mit dem sogenannten *Abschlussstichtag*, der häufig auch als *Bilanzstichtag* bezeichnet wird.

1.5.2 Abläufe in der Buchführung

Im Rahmen der Buchführung werden in jedem Geschäftsjahr folgende Tätigkeiten durchgeführt:

(1) Tätigkeiten zu Beginn des Geschäftsjahres
Zu Beginn des Geschäftsjahres wird die *Eröffnungsbilanz* aus der *Schlussbilanz* des Vorjahres abgeleitet. Basierend auf der Eröffnungsbilanz werden dann die Konten eröffnet (↗ Kapitel 3.5.1).

(2) Tätigkeiten während des Geschäftsjahres
Während des Geschäftsjahres werden die anhand von Belegen dokumentierten Geschäftsvorfälle des Unternehmens aufgezeichnet, indem entsprechend auf Konten gebucht wird.

(3) Tätigkeiten am Ende des Geschäftsjahres
Am Ende des Geschäftsjahres erfolgt im Rahmen einer *Inventur* zuerst eine mengenmäßige Bestandsaufnahme des gesamten Vermögens und der gesamten Schulden, um Abweichungen zwischen Ist- und Sollbeständen abgleichen zu können. Die daraus resultierende detaillierte Auflistung wird als *Inventar* bezeichnet (↗ Kapitel 13.3).

Im Anschluss daran erfolgt eine Folgebewertung des Vermögens und der Schulden (↗ Kapitel 14).

Danach werden Geschäftsvorfälle zeitlich abgegrenzt und damit Geschäftsjahren zugerechnet (↗ Kapitel 15).

Zuletzt werden die Konten abgeschlossen (↗ Kapitel 3.5.2) und die Schlussbilanz und andere Jahresabschlussrechnungen aufgestellt.

Abb. 1-6

Die Rechnungswesen-Zyklen beschreiben die jährlich durchzuführenden Tätigkeiten in der Buchführung und beim Jahresabschluss (Horngren, C.T./Harrison, W.T. 2007: Seite 196).

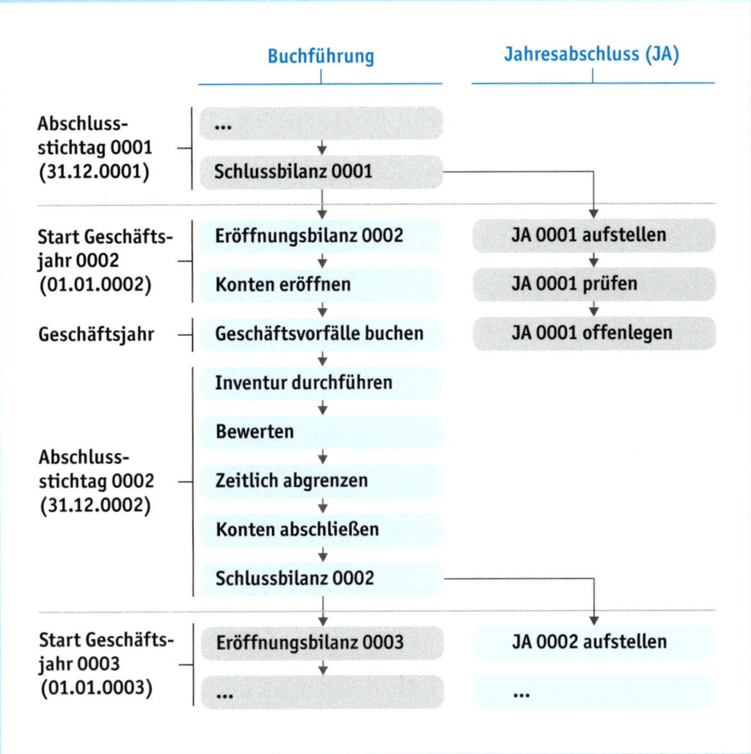

	Buchführung	Jahresabschluss (JA)
Abschlussstichtag 0001 (31.12.0001)	...	
	Schlussbilanz 0001	
Start Geschäftsjahr 0002 (01.01.0002)	Eröffnungsbilanz 0002	JA 0001 aufstellen
	Konten eröffnen	JA 0001 prüfen
Geschäftsjahr	Geschäftsvorfälle buchen	JA 0001 offenlegen
	Inventur durchführen	
	Bewerten	
Abschlussstichtag 0002 (31.12.0002)	Zeitlich abgrenzen	
	Konten abschließen	
	Schlussbilanz 0002	
Start Geschäftsjahr 0003 (01.01.0003)	Eröffnungsbilanz 0003	JA 0002 aufstellen
	...	...

1.5.3 Abläufe beim Jahresabschluss

Parallel zur Buchführung wird jeweils der Jahresabschluss des vorangegangenen Geschäftsjahres erstellt (↗ Kapitel 12):

(1) Aufstellung des Jahresabschlusses
Basierend auf den Informationen aus der Buchführung wird innerhalb der gesetzlich vorgegebenen Fristen der Jahresabschluss aufgestellt. Dieser kann – abhängig von den gesetzlichen Vorschriften – unter anderem Jahresabschlussrechnungen wie die Bilanz, die Gewinn- und Verlustrechnung sowie die Kapitalflussrechnung umfassen.

(2) Prüfung des Jahresabschlusses
Im Anschluss an die Aufstellung des Jahresabschlusses wird dieser – falls dies gesetzlich erforderlich ist – durch Abschlussprüfer geprüft.

(3) Offenlegung des Jahresabschlusses
Falls eine Offenlegungspflicht besteht, werden zuletzt – abhängig von den gesetzlichen Vorschriften – entweder nur Teile oder der komplette Jahresabschluss und gegebenenfalls ein Lagebericht innerhalb der gesetzlich vorgegebenen Fristen beim Betreiber des elektronischen Bundesanzeigers zur Veröffentlichung eingereicht.

Schlüsselbegriffe Kapitel 1

- Kasse (↗ Kapitel 1)
- Lagerbuchführung (↗ Kapitel 1)
- Verkaufspreis (↗ Kapitel 1)
- Rechnung (↗ Kapitel 1, 1.4)
- Bar (↗ Kapitel 1)
- Buchgeld (↗ Kapitel 1)
- Forderung (↗ Kapitel 1)
- Verbindlichkeit (↗ Kapitel 1)
- Konto (↗ Kapitel 1)
- Soll (↗ Kapitel 1)
- Auszahlung (↗ Kapitel 1)
- Einzahlung (↗ Kapitel 1)
- Unternehmen (↗ Kapitel 1.1)
- Finanzierungsprozess (↗ Kapitel 1.1)
- Investitionsprozess (↗ Kapitel 1.1)
- Umsatzprozess (↗ Kapitel 1.1)
- Laufende Geschäftstätigkeit (↗ Kapitel 1.1)
- Beschaffungsprozess (↗ Kapitel 1.1)
- Fertigungsprozess (↗ Kapitel 1.1)
- Sachleistung (↗ Kapitel 1.1)
- Erzeugnis (↗ Kapitel 1.1)
- Dienstleistung (↗ Kapitel 1.1)
- Vertriebsprozess (↗ Kapitel 1.1)
- Mengengröße (↗ Kapitel 1.2)
- Wertgröße (↗ Kapitel 1.2)
- Rechnungswesen (↗ Kapitel 1.2)
- Informationsermittlung (↗ Kapitel 1.2)
- Informationsbereitstellung (↗ Kapitel 1.2)
- Geschäftsfall (↗ Kapitel 1.2)
- Geschäftsvorfall (↗ Kapitel 1.2)
- Liquidität (↗ Kapitel 1.2)
- Informationsadressat (↗ Kapitel 1.3)
- Stakeholder (↗ Kapitel 1.3)
- Externes Rechnungswesen (↗ Kapitel 1.3.1)
- Finanzbuchführung (↗ Kapitel 1.3.1)
- Geschäftsbuchführung (↗ Kapitel 1.3.1)
- Eigenkapitalgeber (↗ Kapitel 1.3.1)
- Unternehmenseigner (↗ Kapitel 1.3.1)
- Fremdkapitalgeber (↗ Kapitel 1.3.1)
- Gläubiger (↗ Kapitel 1.3.1)
- Buchführung (↗ Kapitel 1.2, 1.3.1)
- Zeitabschnittsrechnung (↗ Kapitel 1.3.1)
- Dokumentation (↗ Kapitel 1.3.1, 1.4)
- Buchhaltung (↗ Kapitel 1.3.1)
- Jahresabschluss (↗ Kapitel 1.3.1)
- Rechenschaftslegung (↗ Kapitel 1.3.1, 1.4)
- Rechnungslegung (↗ Kapitel 1.3.1)
- Zwischenbericht (↗ Kapitel 1.3.1)
- Zahlungsbemessung (↗ Kapitel 1.3.1, 1.4)
- Internes Rechnungswesen (↗ Kapitel 1.3.2)
- Kostenrechnung (↗ Kapitel 1.3.2)
- Kosten- und Leistungsrechnung (↗ Kapitel 1.3.2)
- Betriebsbuchführung (↗ Kapitel 1.3.2)
- Kalkulation (↗ Kapitel 1.3.2)
- Erfolgsrechnung (↗ Kapitel 1.3.2)
- Entscheidungsrechnung (↗ Kapitel 1.3.2)
- Betriebsstatistik (↗ Kapitel 1.3.2)
- Vergleichsrechnung (↗ Kapitel 1.3.2)
- Planungsrechnung (↗ Kapitel 1.3.2)
- Vorschaurechnung (↗ Kapitel 1.3.2)
- Plankostenrechnung (↗ Kapitel 1.3.2)
- Einkreissystem (↗ Kapitel 1.3.3)
- Zweikreissystem (↗ Kapitel 1.3.3)
- Physische Dokumentation (↗ Kapitel 1.4)
- Geld (↗ Kapitel 1.4)
- Münze (↗ Kapitel 1.4)
- Warengeld (↗ Kapitel 1.4)
- Dokumentationsaufgabe (↗ Kapitel 1.4)
- Doppelte Buchführung (↗ Kapitel 1.4)
- Berechnungsprüfung (↗ Kapitel 1.4)
- Grundbuch (↗ Kapitel 1.4)
- Hauptbuch (↗ Kapitel 1.4)
- Doppik (↗ Kapitel 1.4)

- Besteuerung (↗ Kapitel 1.4)
- Schutzfunktion (↗ Kapitel 1.4)
- Rechnungswesen-Zyklus (↗ Kapitel 1.5)
- Periode (↗ Kapitel 1.5.1)
- Geschäftsjahr (↗ Kapitel 1.5.1)
- Wirtschaftsjahr (↗ Kapitel 1.5.1)
- Kalenderjahr (↗ Kapitel 1.5.1)
- Rumpfgeschäftsjahr (↗ Kapitel 1.5.1)
- Halbjahresfinanzberichte (↗ Kapitel 1.5.1)
- Quartalsfinanzberichte (↗ Kapitel 1.5.1)
- Abschlussstichtag (↗ Kapitel 1.5.1)
- Bilanzstichtag (↗ Kapitel 1.5.1)
- Eröffnungsbilanz (↗ Kapitel 1.5.2)
- Schlussbilanz (↗ Kapitel 1.5.2)
- Inventur (↗ Kapitel 1.5.2)
- Inventar (↗ Kapitel 1.5.2)
- Aufstellung (↗ Kapitel 1.5.3)
- Prüfung (↗ Kapitel 1.5.3)
- Offenlegung (↗ Kapitel 1.5.3)

Fragen Kapitel 1

Frage 1-1: Welche Zielsetzung verfolgen Unternehmen in der Regel primär? (↗ Kapitel 1.1)

Frage 1-2: Welche drei primären Prozesse werden im Rechnungswesen abgebildet? (↗ Kapitel 1.1)

Frage 1-3: In welche drei Teilprozesse kann der Umsatzprozess untergliedert werden? (↗ Kapitel 1.1)

Frage 1-4: Welche zwei Arten von Größen werden im Rechnungswesen abgebildet? (↗ Kapitel 1.2)

Frage 1-5: Welche zwei Informationsaufgaben hat das Rechnungswesens? (↗ Kapitel 1.2)

Frage 1-6: Was wird unter Geschäftsvorfällen verstanden? (↗ Kapitel 1.2)

Frage 1-7: Was sind beispielhafte Geschäftsvorfälle für den Input, den Verbrauch, die Erstellung und den Output bei Unternehmen? (↗ Kapitel 1.2)

Frage 1-8 (Vertiefung): Welche Informationen lassen sich dem Rechnungswesen beispielhaft in den verschiedenen Unternehmensbereichen entnehmen? (↗ Kapitel 1.2)

Frage 1-9 (Vertiefung): Anhand welcher im Rechnungswesen ermittelten Größe wird die Leistung von Geschäftsführern und Vorstandsvorsitzenden beurteilt? (↗ Kapitel 1.2)

Frage 1-10: In welche zwei Bereiche wird das Rechnungswesen weiter untergliedert? (↗ Kapitel 1.3.1)

Frage 1-11: Was ist Gegenstand des externen Rechnungswesens? (↗ Kapitel 1.3.1)

Frage 1-12: Wie wird das externe Rechnungswesen noch bezeichnet? (↗ Kapitel 1.3.1)

Frage 1-13: An welche Informationsadressaten wendet sich das externe Rechnungswesen? (↗ Kapitel 1.3.1)

Frage 1-14: In welche zwei Bereiche wird das externe Rechnungswesen weiter untergliedert? (↗ Kapitel 1.3.1)

Frage 1-15: Welche Aufgabe hat die Buchführung? (↗ Kapitel 1.3.1)

Frage 1-16: Welche Aufgaben haben die verschiedenen Arten von Jahresabschlüssen? (↗ Kapitel 1.3.1)

Frage 1-17: Was ist Gegenstand des internen Rechnungswesens? (↗ Kapitel 1.3.2)

Frage 1-18: An welche Informationsadressaten wendet sich das interne Rechnungswesen? (↗ Kapitel 1.3.2)

Frage 1-19: In welche drei Bereiche wird das interne Rechnungswesen weiter untergliedert? (↗ Kapitel 1.3.2)

Frage 1-20 (Vertiefung): Welche Aufgaben hat die Kostenrechnung? (↗ Kapitel 1.3.2)

Frage 1-21 (Vertiefung): Was unterscheidet Einkreis- von Zweikreissystemen? (↗ Kapitel 1.3.3)

Frage 1-22 (Vertiefung): Was wird unter einer physischen Dokumentation verstanden? (↗ Kapitel 1.4)

Frage 1-23 (Vertiefung): Was wird unter Warengeld verstanden? (↗ Kapitel 1.4)

Frage 1-24 (Vertiefung): Wieso ermöglicht die doppelte Buchführung eine Berechnungsprüfung? (↗ Kapitel 1.4)

Frage 1-25: In welchen zwei Büchern erfolgte die doppelte Buchführung historisch? (↗ Kapitel 1.4)

1.5 Das Rechnungswesen als Informationssystem
Übungen

Frage 1-26 (Vertiefung): Wer erstellte die ersten Bilanzen und Jahresabschlüsse? (↗ Kapitel 1.4)

Frage 1-27: Wer soll durch das externe Rechnungswesen geschützt werden? (↗ Kapitel 1.4)

Frage 1-28: Wann können sich Rumpfgeschäftsjahre ergeben? (↗ Kapitel 1.5.1)

Frage 1-29: Welche Tätigkeiten werden in der Buchführung zu Beginn des Geschäftsjahres durchgeführt? (↗ Kapitel 1.5.2)

Frage 1-30: Welche Tätigkeiten werden in der Buchführung zum Ende des Geschäftsjahres durchgeführt? (↗ Kapitel 1.5.2)

Frage 1-31: Welche drei Tätigkeiten werden im Rahmen des Jahresabschlusses durchgeführt? (↗ Kapitel 1.5.3)

Übungen Kapitel 1

Übung 1-1

Kapitelreferenzen ↗ Kapitel 1.2

Geben Sie für die nachfolgenden Geschäftsvorfälle eines Catering-Unternehmens jeweils an, welche der Phasen des Umsatzprozesses (Beschaffung, Fertigung, Vertrieb) vorliegt:

Geschäftsvorfall	Phase des Umsatzprozesses
(A) Ein Brot wird bei der Vorbereitung eines Buffets mit Käse belegt.	
(B) Auf einem Empfang wird eine Flasche Wein geöffnet und deshalb dem Kunden in Rechnung gestellt.	
(C) Ein Glas geht bei einem Empfang zu Bruch.	
(D) Wein wird gekauft und eingelagert.	
(E) Einem Kunden wird ein Buffet in Rechnung gestellt.	
(F) Ein Mikrowellengerät wird das ganze Jahr genutzt.	

Übung 1-2

Kapitelreferenzen ↗ Kapitel 1.2

Tragen Sie für die Umsatzprozesse, die in einem Unternehmen, das Leuchten fertigt, ablaufen, in die nachfolgende Tabelle entsprechend der in der ↗ Abbildung 1-3 vorgegebenen Systematik die Menge und die Art der benötigten menschlichen Arbeitskraft und der benötigten Werkstoffe ein und schätzen Sie jeweils die entsprechenden Werte ab. Der Input soll sich dabei auf den Monatsbedarf des Unternehmens beziehen, die anderen Geschäftsvorfälle jeweils auf eine einzelne Leuchte. Anlagegüter, wie Maschinen, sollten Sie noch nicht berücksichtigen. Der Wert der erstellten Leuchten ergibt sich näherungsweise aus der Summe der Werte der zur Herstellung verbrauchten Güter:

Geschäftsvorfall	Menge und Art des Guts	Wert des Guts
(A) Beschaffung: Input menschliche Arbeitskraft		
(B) Beschaffung: Input Werkstoff 1		
(C) Beschaffung: Input Werkstoff 2		
(D) Fertigung: Verbrauch menschliche Arbeitskraft		
(E) Fertigung: Verbrauch Werkstoff 1		
(F) Fertigung: Verbrauch Werkstoff 2		
(G) Fertigung: Erstellung Erzeugnis	1 Leuchte	
(H) Vertrieb: Verbrauch Erzeugnis	1 Leuchte	
(I) Vertrieb: Output Erzeugnis	1 Leuchte	

Lernstandsmonitor Kapitel 1

Kapitel		niedrig	mittel	hoch	Noch lernen
1.1 Im Rechnungswesen abgebildete Prozesse	Wichtigkeit				
	Eigene Kompetenz				
1.2 Vom Rechnungswesen bereitgestellte Informationen	Wichtigkeit				
	Eigene Kompetenz				
1.2 Teilbereiche des Rechnungswesens	Wichtigkeit				
	Eigene Kompetenz				
1.3 Historische Entwicklung des externen Rechnungswesens	Wichtigkeit				
	Eigene Kompetenz				
1.4 Rechnungswesen-Zyklen	Wichtigkeit				
	Eigene Kompetenz				

2 Die Abbildung von Unternehmen in Jahresabschlussrechnungen

Kapitelnavigator

Inhalt	Lernziel
2.1 Bilanz	2-1 Eine einfache Bilanz aufstellen können.
2.2 Kapitalflussrechnung	2-2 Eine einfache Kapitalflussrechnung aufstellen können.
2.3 Gewinn- und Verlustrechnung	2-3 Eine einfache Gewinn- und Verlustrechnung aufstellen können.
2.4 Zusammenhang der Jahresabschlussrechnungen	2-4 Die wichtigsten Zusammenhänge zwischen den Jahresabschlussrechnungen kennen.

Jeder Unternehmer will wissen, wie es um sein Unternehmen bestellt ist. So auch Jill und Marc, die wir in den nächsten Kapiteln beim Aufbau ihrer Unternehmen begleiten werden.

Bei der Studentin *Jill* fing alles damit an, dass sie den wohlhabenden Freunden ihrer Eltern bei der Organisation und bei der Durchführung von Veranstaltungen und von Partys half. Das bereitete ihr so viel Spaß, dass sie sich mit einem auf Fingerfood spezialisierten Cateringservice sowie einem angeschlossenem Feinkosthandel selbstständig machte, der *Jillsfood KG* mit ihrer Mutter als Kommanditistin und mit ihr als alleinige geschäftsführende Komplementärin.

Auch der Student *Marc* hat ein eigenes Unternehmen. Marc hat bereits während seiner Schulzeit damit begonnen, Leuchten zu entwerfen und zu bauen. Erst hat er Leuchten als Geschenke im Freundeskreis hergestellt, später dann auftragsweise gegen Bezahlung. Nach einem Bericht in einer Szenezeitschrift ist die Nachfrage nach seinen Leuchten geradezu explodiert. Zur Bündelung seiner unternehmerischen Aktivitäten hat Marc daraufhin die *Marcslights GmbH* gegründet, deren alleiniger geschäftsführender Gesellschafter er ist.

Natürlich achten Jill und Marc darauf, dass ihre Unternehmen »gesund« sind und sich ihre Geschäfte »lohnen«. Aber was heißt schon »gesund« und was heißt schon »sich lohnen«? Um das beurteilen zu können, werden wir uns nachfolgend die wichtigsten Arten von *Jahresabschlussrechnungen* anschauen. Es handelt sich dabei um Rechnungen, mit deren Hilfe sich ganze Unternehmen wertmäßig abbilden und beurteilen lassen und zu deren Erstellung Sie am Ende dieses Buchs selbst fähig sein werden.

2 Die Abbildung von Unternehmen in Jahresabschlussrechnungen

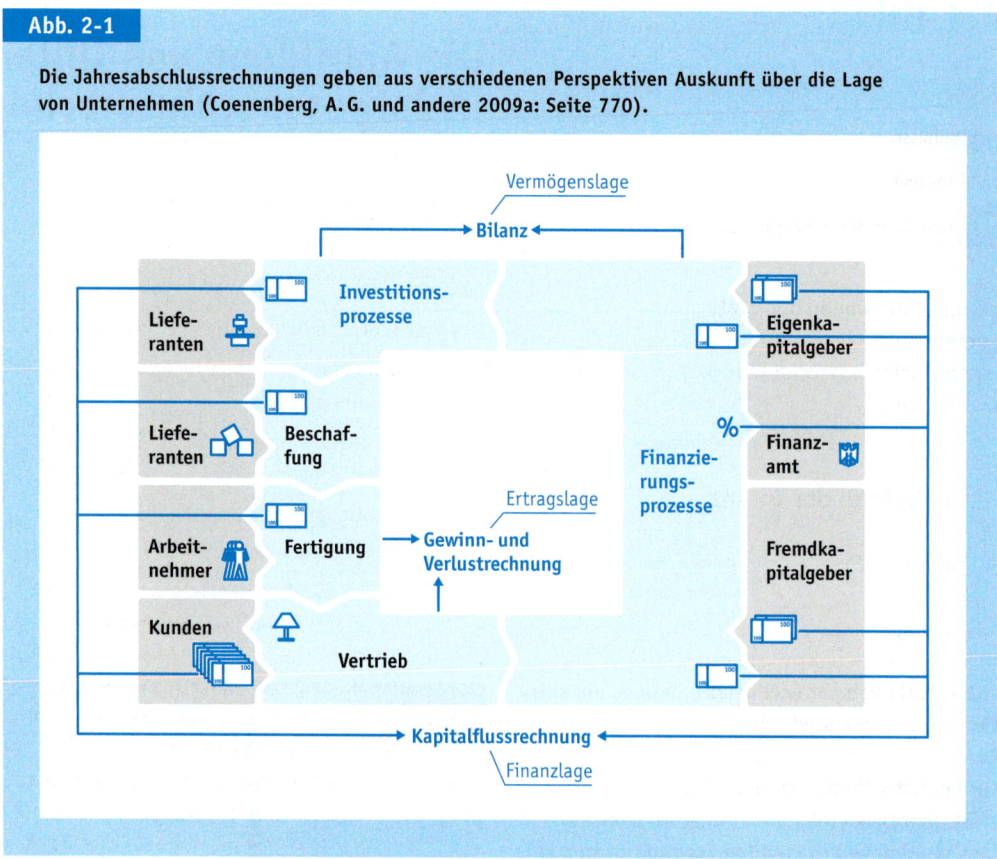

Abb. 2-1

Die Jahresabschlussrechnungen geben aus verschiedenen Perspektiven Auskunft über die Lage von Unternehmen (Coenenberg, A. G. und andere 2009a: Seite 770).

Das nachfolgende Kapitel wurde entsprechend der drei wichtigsten Jahresabschlussrechnungen gegliedert (↗ Abbildung 2-1). Als Erstes werden wir uns die Bilanz anschauen, die uns Aufschluss über die *Vermögenslage* gibt, indem sie uns zeigt, woher Unternehmen ihr Kapital bekommen und wie sie ihr Kapital verwenden. Anschließend werden wir uns mit der Kapitalflussrechnung beschäftigen, in der Aus- und Einzahlungen einander gegenübergestellt werden, wodurch sich insbesondere die *Finanzlage* und damit die *Liquidität* von Unternehmen beurteilen lässt. Danach werden wir näher auf die Gewinn- und Verlustrechnung eingehen, in der Aufwendungen und Erträge einander gegenübergestellt werden, wodurch sich insbesondere die *Ertragslage* und damit der *Erfolg* von Unternehmen beurteilen lässt. Zuletzt werden wir dann die Zusammenhänge zwischen den vorgenannten Jahresabschlussrechnungen betrachten.

2.1 Bilanz

- Bilanz
- Kapitalflussrechnung
- Gewinn- und Verlustrechnung
- Zusammenhang der Jahresabschlussrechnungen

Jill und Marc wollen den Status ihres Vermögens kennen und wissen, was sie besitzen und was sie anderen schulden. Über beides gibt ihnen die Bilanz Auskunft.

2.1.1 Aufbau der Bilanz

In Bilanzen erfolgt eine Gegenüberstellung des (↗ Abbildung 2-2):
- **Vermögens** von Unternehmen, das auch als *Aktiva* bezeichnet wird, und des
- **Kapitals** von Unternehmen, das auch als *Passiva* bezeichnet wird.

Der Begriff »Bilanz« stammt dabei von dem italienischen Begriff »bilancia« ab, der Bezeichnung für eine zweischalige Waage. Auch die Bilanz stellt eine Waage dar, die stets im Gleichgewicht ist, weshalb immer die sogenannte *Bilanzgleichung* gilt:

Aktiva = Passiva

Die Aufstellung von Bilanzen wird auch als *Bilanzierung* bezeichnet, wobei
- bei der **Bilanzierung dem Grunde nach** festgelegt wird, was in der Bilanz ausgewiesen wird, und
- bei der **Bilanzierung der Höhe nach**, mit welchem Wert dies ausgewiesen wird.

2.1.1.1 Aktiva/Vermögen
Die Aktiva beziehungsweise das Vermögen geben Auskunft über die Verwendung des Kapitals von Unternehmen als Resultat von deren *Investitions-* und *Umsatzprozessen*. Das Vermögen wird dabei nach der geplanten *Verbleibdauer* im Unternehmen weiter in das Anlage- und in das Umlaufvermögen unterteilt und darüber hinaus nach der *Liquidierbarkeit*, also der Möglichkeit, es in Geld umzuwandeln, geordnet.

Lernziel 2-1
Eine einfache Bilanz aufstellen können.

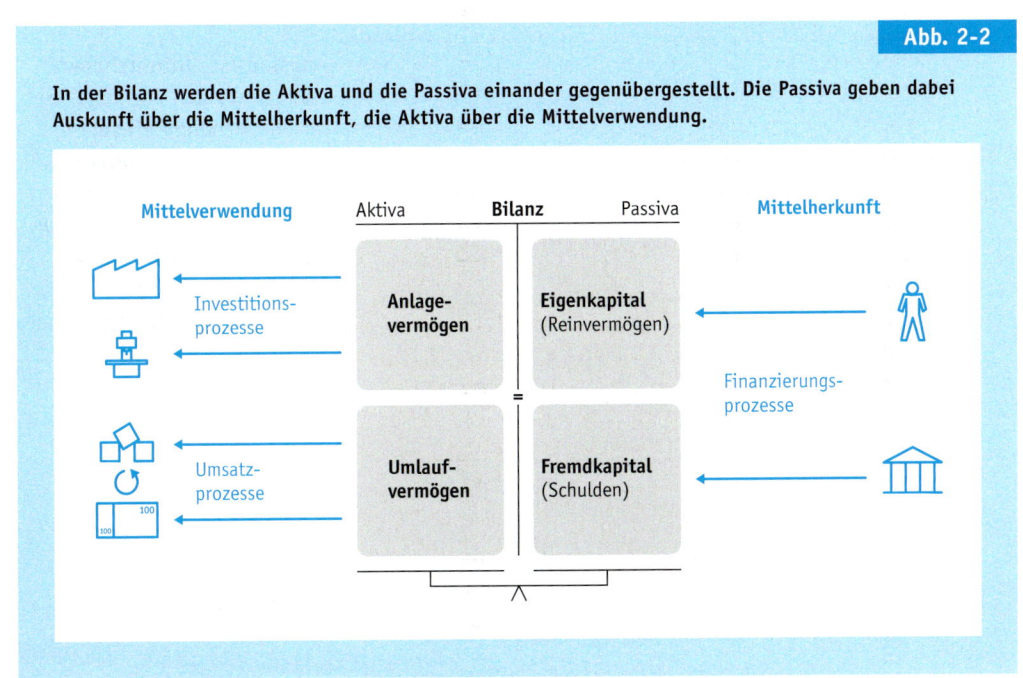

Abb. 2-2

In der Bilanz werden die Aktiva und die Passiva einander gegenübergestellt. Die Passiva geben dabei Auskunft über die Mittelherkunft, die Aktiva über die Mittelverwendung.

2.1.1.1.1 Anlagevermögen

Das Anlagevermögen umfasst alle Vermögensgegenstände, die dazu bestimmt sind, dauernd dem Geschäftsbetrieb von Unternehmen zu dienen. Wichtige Posten des Anlagevermögens, auf die wir im weiteren Verlauf (↗ Kapitel 8) noch ausführlicher eingehen werden, sind entsprechend (Hinweis: Gliederung gemäß Handelsgesetzbuch: § 266 Gliederung der Bilanz):

- **Aktiva. A.I. Immaterielle Vermögensgegenstände**, wie Patente,
- **Aktiva. A.II. Sachanlagen**, wie beispielsweise die Warmhalterechauds, die Jill für ihren Cateringservice verwendet, oder die Maschinen, die Marc für seine Leuchtenfertigung einsetzt, und
- **Aktiva. A.III. Finanzanlagen**, wie Beteiligungen an anderen Unternehmen.

2.1.1.1.2 Umlaufvermögen

Das Umlaufvermögen umfasst alle Vermögensgegenstände, die nicht dazu bestimmt sind, dauernd dem Geschäftsbetrieb von Unternehmen zu dienen. Diese werden nach dem sogenannten *Prozessgliederungsprinzip* entsprechend der Zustände, die sie beim Umsatzprozess durchlaufen, gegliedert. Das Umlaufvermögens besteht entsprechend insbesondere aus folgenden Posten, auf die wir im weiteren Verlauf (↗ Kapitel 9) noch ausführlicher eingehen werden (Hinweis: Gliederung gemäß Handelsgesetzbuch: § 266 Gliederung der Bilanz):

- **Aktiva.B.I. Vorräte** umfassen insbesondere Roh-, Hilfs- und Betriebsstoffe, unfertige und fertige Erzeugnisse sowie Waren. Bei Jill sind dies beispielsweise die Lebensmittel, die sie für Fingerfood verwendet, bei Marc Metallbleche und fertige Leuchten.
- **Aktiva.B.II. Forderungen** sind Ansprüche auf Zahlungen, die beispielsweise Jill und Marc aufgrund von Lieferungen und Leistungen gegenüber ihren Kunden haben.
- **Aktiva.B.IV. Kassenbestand, Bundesbankguthaben, Guthaben bei Kreditinstituten**

Abb. 2-3

Die hier aus didaktischen Gründen mit zusammengefassten und gerundeten Posten angegebene Bilanz der Hugo Boss AG zum 31.12.2006 (Hugo Boss AG 2008: Seite 34 f.) zeigt unter anderem, dass ein Großteil des Kapitals Eigenkapital ist und dass die Hugo Boss AG einen Großteil ihres Vermögens für Finanzanlagen, wie Beteiligungen an anderen Unternehmen, verwendet.

Aktiva (in T€)		Bilanz		Passiva (in T€)
A. Anlagevermögen				**A. Eigenkapital**
I. Immaterielle Vermögensgegenstände	33 256		70 400	I. Gezeichnetes Kapital
II. Sachanlagen	59 748		399	II. Kapitalrücklage
III. Finanzanlagen	645 086		539 628	III. Gewinnrücklagen
	738 090		84 122	IV. Bilanzgewinn
			694 549	
B. Umlaufvermögen				
I. Vorräte	122 958			
II. Forderungen und sonstige Vermögensgegenstände	82 568		97 138	**B. Rückstellungen**
III. Wertpapiere	31 114			
IV. Flüssige Mittel	5 396		189 874	**C. Verbindlichkeiten**
	242 036			
C. Rechnungsabgrenzungsposten	1 435		0	**D. Rechnungsabgrenzungsposten**
Bilanzsumme	981 561		981 561	**Bilanzsumme**

und Schecks, werden im Rechnungswesen auch als *flüssige* oder *liquide Mittel* oder alternativ auch als *Zahlungs-* oder *Finanzmittel* bezeichnet.

Der Kassenbestand umfasst dabei das *Bargeld* von Unternehmen, also alle Geldmünzen und Geldscheine.

Die Guthaben bei Kreditinstituten werden auch als *Sichtguthaben* oder *Sichteinlagen* bezeichnet. Sie umfassen das sogenannte *Buch-* oder *Giralgeld*, das Unternehmen als jederzeit verfügbare Gelder auf den *Kontokorrentkonten* bei ihren Kreditinstituten haben.

Die flüssigen Mittel bilden die Schnittstelle zur Kapitalflussrechnung, wo ihre Veränderungen unter dem Posten »23. Zahlungswirksame Veränderungen des Finanzmittelfonds« ausgewiesen werden. Sie werden entsprechend durch Auszahlungen vermindert und durch Einzahlungen erhöht (↗ Kapitel 2.2.1).

2.1.1.2 Passiva/Kapital

Die Passiva beziehungsweise das Kapital geben Auskunft über die Herkunft der Mittel von Unternehmen als Resultat von deren *Finanzierungsprozessen*. Sie zeigen dabei auf, wer welche rechtlichen Ansprüche und wer welche Verfügungsgewalt hinsichtlich des Vermögens hat.

Das Kapital wird nach dem *Rechtsverhältnis* zu den Kapitalgebern weiter in das Eigen- und in das Fremdkapital unterteilt und darüber hinaus nach der *Fristigkeit*, also dem Zeitpunkt, bis zu dem es zurückzuzahlen ist, geordnet.

2.1.1.2.1 Eigenkapital

Das Eigenkapital zeigt auf, welche Mittel Unternehmen von ihren Eignern zeitlich unbefristet in haftender Weise zur Verfügung gestellt wurden.

Neben dieser Definition kann das Eigenkapital auch bilanziell über die Bilanzgleichung als *Residual-* beziehungsweise *Restgröße* definiert werden:

Vermögen
− Fremdkapital/Schulden
= Eigenkapital/Reinvermögen

Die Differenz wird dabei auch als *Reinvermögen* oder *Nettovermögen* bezeichnet, da sie aufzeigt, was den Unternehmenseignern nach Abzug des vorrangig zu bedienenden Fremdkapitals an Vermögen bleiben würde (Wöhe, G./Kußmaul, H. 2006: Seite 17).

Das Eigenkapital von Kapitalgesellschaften umfasst insbesondere folgende Posten, auf die wir im weiteren Verlauf (↗ Kapitel 7) noch ausführlicher eingehen werden (Hinweis: Gliederung gemäß Handelsgesetzbuch: § 266 Gliederung der Bilanz):

- **Passiva.A.I. Gezeichnetes Kapital** wird von den Eignern von Kapitalgesellschaften bei der Gründung oder bei Kapitalerhöhungen in die Gesellschaft eingebracht. Bei der Gesellschaft mit beschränkter Haftung entspricht es dem *Stammkapital*, bei der Aktiengesellschaft dem *Grundkapital*.
- **Passiva.A.III. Gewinnrücklagen** werden durch einbehaltene Jahresüberschüsse gebildet und können teilweise zum Ausgleich von Verlusten wieder aufgelöst werden.
- **Passiva.A.V. Jahresüberschuss/Jahresfehlbetrag** ist das Ergebnis des Geschäftsjahres vor seiner Verwendung. Der Jahresüberschuss oder Jahresfehlbetrag bildet die Schnittstelle zur Gewinn- und Verlustrechnung, wo er unter dem Posten »20. Jahresüberschuss/Jahresfehlbetrag« ausgewiesen wird. Er wird entsprechend durch Aufwendungen vermindert und durch Erträge erhöht (↗ Kapitel 2.3.1).

Statt des Jahresüberschusses oder des Jahresfehlbetrages wird in Bilanzen häufig der Posten Passiva.A.IV Bilanzgewinn/Bilanzverlust ausgewiesen. Dieser ergibt sich aus dem Jahresüberschuss/Jahresfehlbetrag durch dessen teilweise Verwendung.

2.1.1.2.2 Fremdkapital

Das Fremdkapital, das häufig auch als *Schulden* bezeichnet wird, zeigt auf, welche Mittel Unternehmen von ihren Gläubigern zeitlich befristet mit festem Rückzahlungsanspruch in nicht haftender Weise zur Verfügung gestellt wurden. Wichtige Posten des Fremdkapitals, auf die wir im weiteren Verlauf (↗ Kapitel 7) noch ausführlicher eingehen werden, sind entsprechend (Hinweis: Gliederung gemäß Handelsgesetzbuch: § 266 Gliederung der Bilanz):

- **Passiva.B. Rückstellungen**, die beispielsweise für Pensionen gebildet werden, und

▸ **Passiva.C. Verbindlichkeiten**, die Verpflichtungen zu Zahlungen darstellen und beispielsweise gegenüber Kreditinstituten aufgrund von erhaltenen Krediten oder gegenüber Lieferanten aufgrund von erhaltenen Lieferungen und Leistungen bestehen.

2.1.2 Wesen der Bilanz

Die Bilanz bildet das Vermögen und das Kapital von Unternehmen zu bestimmten Stichtagen ab, und zwar in der Regel zu Beginn des Geschäftsjahres in einer *Eröffnungsbilanz* und zum *Abschlussstichtag* in einer *Schlussbilanz*. Die dazwischen liegenden Änderungen können über eine sogenannte *Beständedifferenzenbilanz* (Coenenberg, A. G. und andere 2009a: Seite 791) aufgezeigt werden, die wir nachfolgend noch häufiger verwenden werden. Die Bilanz dient vorrangig der Information Unternehmensexterner über die *Vermögenslage*. Als Teil des Jahresabschlusses handelt es sich bei ihr um eine Jahresabschlussrechnung, und da sie – anders als die Kapitalflussrechnung und die Gewinn- und Verlustrechnung – nicht zeitraum-, sondern zeitpunktbezogen ist, um eine *Zeitpunktrechnung* sowie um eine *Bestandsrechnung*.

> **Exkurs 2-1**
>
> **Schmalenbachs Bilanztheorie**
>
> Im Hinblick auf das Wesen der Bilanz gibt es insbesondere zwei Theorien: die *statische* und die *dynamische Bilanztheorie* (Schmalenbach, E. 1950: Seite 23).
>
> Entsprechend der heute vorherrschenden statischen Bilanztheorie, zu deren bekanntesten Vertretern insbesondere Simon (Simon, H. V. 1886) gehört, bildet die Bilanz das Vermögen und das Kapital von Unternehmen ab.
>
> Entsprechend der dynamischen Bilanztheorie, die insbesondere auf die Arbeiten von Schmalenbach (Schmalenbach, E. 1950) zurückgeht, dient die Bilanz in erster Linie der Erfolgsermittlung. Sie kann insofern auch als *Erfolgsbilanz* bezeichnet werden (Schmalenbach, E. 1950: Seite 27). Die Bilanz wird dabei primär als »Kräftespeicher« für schwebende Vorgänge gesehen, die Schmalenbach als Vor- und Nachleistungen bezeichnet (Schmalenbach, E. 1950: Seite 56) und die erst bei ihrer Realisierung in die Gewinn- und Verlustrechnung eingehen.

2.1.3 Formen der Bilanzänderungen

Da sich alle Geschäftsvorfälle auf die Bilanz auswirken, ändern sich deren Posten während des Geschäftsjahres laufend. Um die Bilanz dabei im Gleichgewicht zu halten, bedingt jede Änderung eines Bilanzpostens gleichzeitig mindestens die Änderung eines anderen Bilanzpostens. Entsprechend gibt es die folgenden vier Grundformen von Bilanzänderungen (↗Abbildung 2-4):

(1) Bilanzverlängerungen/Aktiv-Passiv-Mehrungen

Eine Bilanzverlängerung liegt vor, wenn gleichzeitig mindestens ein Aktivposten und mindestens ein Passivposten zunehmen.

> **Beispiel 2-1**

Marc kauft für die Marcslights GmbH* Rohstoffe auf Ziel, also auf Rechnung mit einem Zahlungsziel (Hinweis: Die Umsatzsteuer wird vorerst nicht berücksichtigt). Der Geschäftsvorfall wirkt sich folgendermaßen auf die Bilanz aus:
▸ Zunahme des Postens »Aktiva.B.I. Vorräte« und
▸ Zunahme des Postens »Passiva.C.4. Verbindlichkeiten aus Lieferungen und Leistungen«.

(2) Bilanzverkürzungen/Aktiv-Passiv-Minderungen

Eine Bilanzverkürzung liegt vor, wenn gleichzeitig mindestens ein Aktivposten und mindestens ein Passivposten abnehmen.

> **Beispiel 2-2**

Marc bezahlt für die Marcslights GmbH* die im vorangegangenen Beispiel auf Ziel gekauften Rohstoffe per Banküberweisung (Hinweis: Die Umsatzsteuer wird vorerst nicht berücksichtigt). Der Geschäftsvorfall wirkt sich folgendermaßen auf die Bilanz aus:
▸ Abnahme des Postens »Aktiva.B.IV. Kassenbestand, Bundesbankguthaben, Guthaben bei Kreditinstituten und Schecks« und
▸ Abnahme des Postens »Passiva.C.4. Verbindlichkeiten aus Lieferungen und Leistungen«.

Abb. 2-4

Durch Geschäftsvorfälle kann es zu vier verschiedenen Arten von Bilanzänderungen kommen. Die Bilanz bleibt dabei aber immer im Gleichgewicht.

Bilanzverlängerung

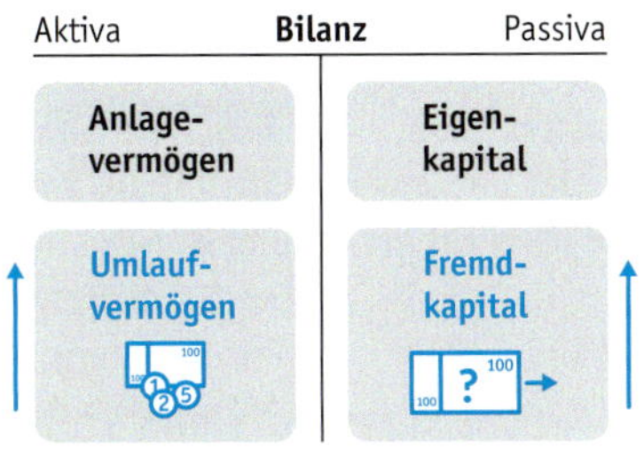

Beispiel
Durch die Aufnahme eines mittelfristigen Darlehens werden der Posten »B.IV. Flüssige Mittel« im Umlaufvermögen …

… und der Posten »C.2. Verbindlichkeiten gegenüber Kreditinstituten« im Fremdkapital größer.

Aktivtausch

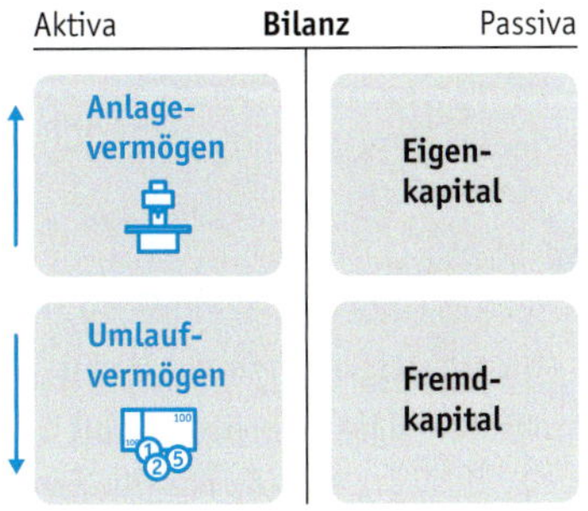

Beispiel
Durch den Barkauf einer Maschine werden der Posten »A.II. Sachanlagen« im Anlagevermögen größer …

… und der Posten »B.IV. Flüssige Mittel« im Umlaufvermögen kleiner.

Passivtausch

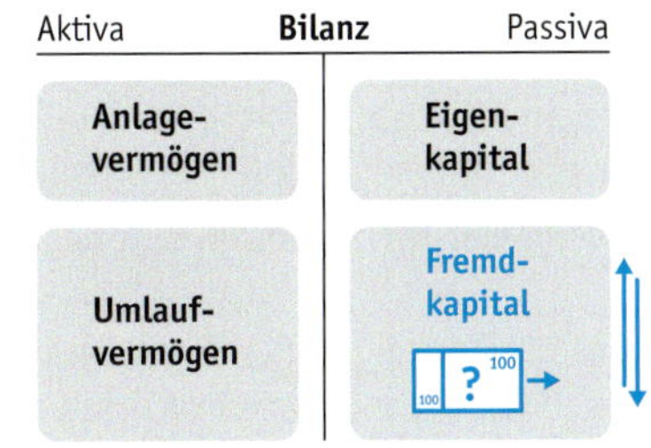

Beispiel
Zum Ende der Laufzeit wird aus dem mittelfristigen Darlehen ein kurzfristiges. Der Posten »C.2. Verbindlichkeiten gegenüber Kreditinstituten« im Fremdkapital wird dadurch gleichzeitig kleiner und größer.

Bilanzverkürzung

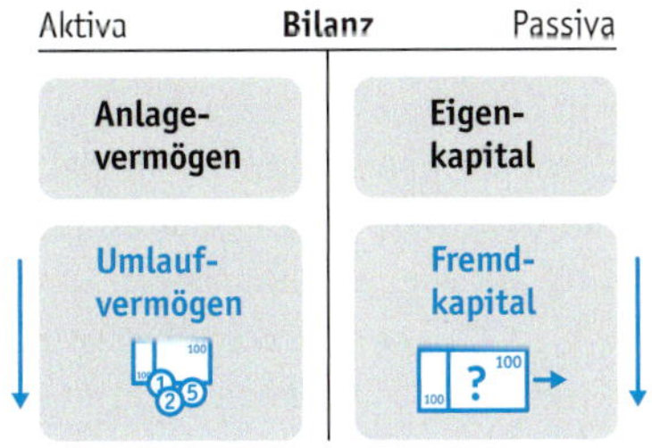

Beispiel
Durch die Rückzahlung des Darlehens werden der Posten »B.IV. Flüssige Mittel« im Umlaufvermögen …

… und der Posten »C.2. Verbindlichkeiten gegenüber Kreditinstituten« im Fremdkapital kleiner.

(3) Aktivtausch

Ein Aktivtausch liegt vor, wenn gleichzeitig mindestens ein Aktivposten zu- und mindestens ein Aktivposten abnimmt.

Beispiel 2-3

Marc kauft für die Marcslights GmbH* Rohstoffe gegen Barzahlung (Hinweis: Die Umsatzsteuer wird vorerst nicht berücksichtigt). Der Geschäftsvorfall wirkt sich folgendermaßen auf die Bilanz aus:

▸ Zunahme des Postens »Aktiva.B.I. Vorräte« und
▸ Abnahme des Postens »Aktiva.B.IV. Kassenbestand, Bundesbankguthaben, Guthaben bei Kreditinstituten und Schecks«.

(4) Passivtausch

Ein Passivtausch liegt vor, wenn gleichzeitig mindestens ein Passivposten zu- und mindestens ein Passivposten abnimmt, was in der Praxis im Vergleich zu den vorgenannten Formen der Bilanzänderungen relativ selten vorkommt.

Beispiel 2-4

Ein Teil des Jahresüberschusses der Marcslights GmbH* wird in die Gewinnrücklagen eingestellt. Der Geschäftsvorfall wirkt sich folgendermaßen auf die Bilanz aus:

▸ Zunahme des Postens »Passiva.A.III. Gewinnrücklagen« und
▸ Abnahme des Postens »Passiva.A.V. Jahresüberschuss«.

Zwischenübung Kapitel 2.1

Bei der Jillsfood KG* kommt es zu folgenden Geschäftsvorfällen, bei denen die Umsatzsteuer jeweils nicht zu berücksichtigen ist:

(A) Jill kauft mit einer Freundin für ihren Cateringservice ein. Da sie ihr Geld vergessen hat, leiht sie sich von ihrer Freundin 150,00 € für die Jillsfood KG*.
(B) Jill kauft mit dem Geld ein Kochmesser für 30,00 € und bezahlt es bar.
(C) Jill kauft zudem für ihre Vorräte zur Erstellung von Fingerfood Blätterteig für 35,00 €, Gemüse für 5,00 € und Käse für 60,00 € und bezahlt alles bar.
(D) Jill stellt das Fingerfood in der Küche der Kunden her. Dabei verbraucht sie von den Vorräten den gesamten Blätterteig, das gesamte Gemüse und einen Teil des Käses für 40,00 €. Den übrigen Käse hebt sie für ein Catering am übernächsten Tag auf.
(E) Einem Freund, der Getränke zu den Kunden bringt, zahlt Jill für den Aufwand 10,00 €.
(F) Für das Fingerfood stellt Jill den Kunden 200,00 € in Rechnung.
(G) Ein paar Tage später überweisen die Kunden Jill die 200,00 €.
(H) Am nächsten Tag überweist Jill ihrer Freundin 130,00 € und verspricht ihr, die restlichen 20,00 € in der nächsten Woche zu zahlen.

(1) Bestimmen Sie zunächst nur für die Geschäftsvorfälle (A), (B) und (C) in der nachfolgenden Tabelle in der Spalte »Bilanzänderung« aus Sicht der Jillsfood KG* jeweils, ob es sich um eine Bilanzverlängerung, eine Bilanzverkürzung, einen Aktivtausch oder einen Passivtausch handelt. Beachten Sie dabei bitte, dass die Spalten »Auszahlung/Einzahlung« und »Aufwand/Ertrag« für die nachfolgenden Zwischenübungen benötigt werden und insofern noch nicht ausgefüllt werden sollten:

Bilanz 2.1

Geschäftsvorfall	Auszahlung/Einzahlung	Aufwand/Ertrag	Bilanzänderung
(A)	Einzahlung		
(B)			
(C)			
(D)			
(E)			
(F)			
(G)			
(H)			

(2) Beginnen Sie eine Beständedifferenzenbilanz für die Jillsfood KG* zu erstellen, indem Sie zunächst nur die Buchstaben der Geschäftsvorfälle (A), (B) und (C) mit den dazugehörigen Beträgen und einem kurzen Kommentar an den passenden Stellen in die nachfolgende Bilanz eintragen:

Bestandsveränderungen der Aktiva	Beständedifferenzenbilanz		Bestandsveränderungen der Passiva
A. Anlagevermögen			**A. Eigenkapital**
II. Sachanlagen			V. Jahresüberschuss
	30,00 €		
B. Umlaufvermögen			
I. Vorräte			
			C. Verbindlichkeiten
II. Forderungen			
		20,00 €	
IV. Flüssige Mittel			
(A) Von Freundin geliehenes Geld	150,00 €		
	100,00 €		
Bilanzsumme	130,00 €	130,00 €	Bilanzsumme

2.2 Kapitalflussrechnung

Lernziel 2-2
Eine einfache Kapitalflussrechnung aufstellen können.

- Bilanz
- Kapitalflussrechnung
- Gewinn- und Verlustrechnung
- Zusammenhang der Jahresabschlussrechnungen

Jill und Marc interessieren sich nicht nur für den Status ihrer Unternehmen, sondern auch für deren Veränderungen während des Geschäftsjahres. Die Kapitalflussrechnung zeigt die Ursachen von Veränderungen der flüssigen Mittel während des Geschäftsjahres auf.

2.2.1 Auszahlungen und Einzahlungen, Ausgaben und Einnahmen

Zur Beschreibung von Änderungen der flüssigen Mittel gibt es in der Betriebswirtschaftslehre

Abb. 2-5

Die Kapitalflussrechnung bildet die Aus- und Einzahlungen von Unternehmen während des Geschäftsjahres ab, die Gewinn- und Verlustrechnung die Aufwendungen und die Erträge. Die Veränderung der Finanzmittel und das Ergebnis ergeben sich dann aus den Differenzen dieser Größen.

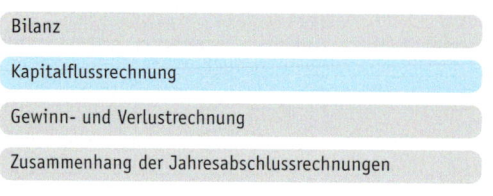

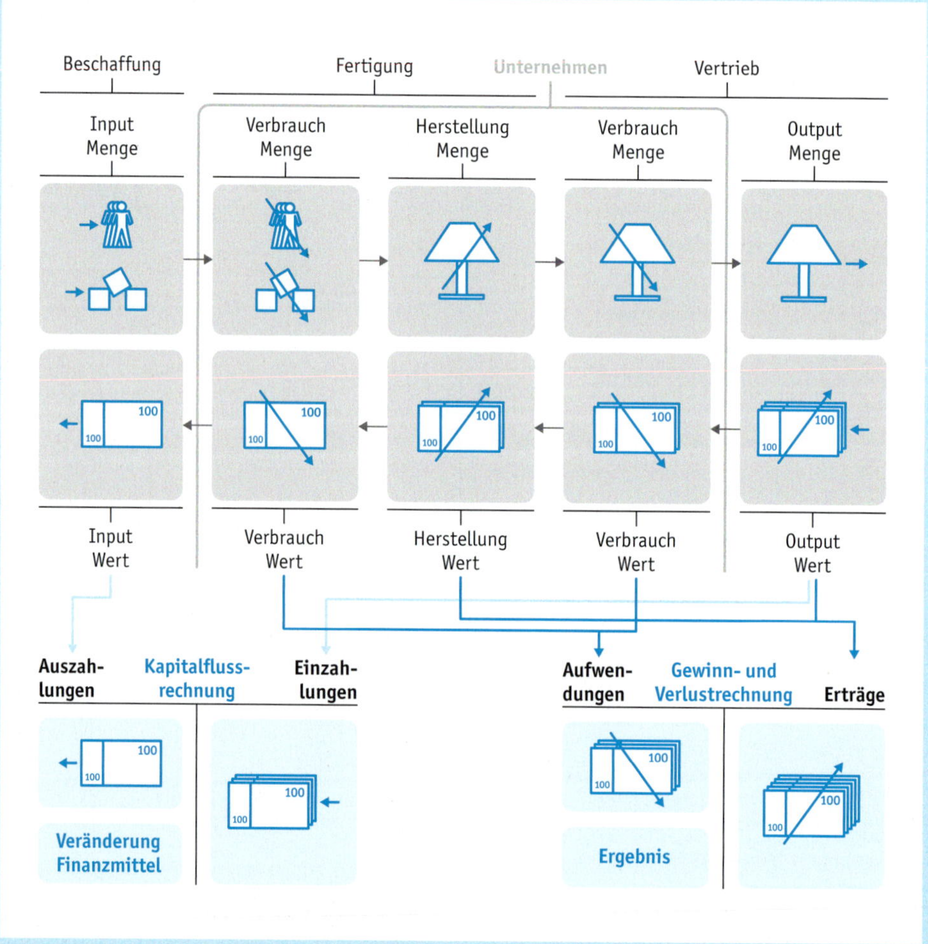

zwei *Rechengrößen*, die Auszahlungen und die Einzahlungen (↗ Abbildung 2-9):
- **Auszahlungen** bezeichnen Minderungen der flüssigen Mittel durch den Abgang von Bar- oder Buchgeld.
- **Einzahlungen** bezeichnen Mehrungen der flüssigen Mittel durch den Zugang von Bar- oder Buchgeld.

Eng verknüpft mit den Rechengrößen Auszahlungen und Einzahlungen sind die Rechengrößen Ausgaben und Einnahmen. Diese sind dabei begrifflich weiter gefasst, denn sie beziehen sich nicht nur auf die flüssigen Mittel, sondern zusätzlich auch auf liquiditätsnahe Mittel in Form von rechtlichen Ansprüchen auf Finanzmittel (↗ Abbildung 2-9):
- **Ausgaben** bezeichnen Minderungen des aus den flüssigen Mitteln zuzüglich den Forderungen abzüglich der Verbindlichkeiten bestehenden *Geldvermögens*.
- **Einnahmen** bezeichnen Mehrungen des aus den flüssigen Mitteln zuzüglich den Forderungen abzüglich der Verbindlichkeiten bestehenden *Geldvermögens*

Entsprechend dieser Definitionen kann es zu Ausgaben oder Einnahmen durch Auszahlungen oder Einzahlungen kommen oder durch die Entstehung und die Auflösung von Verbindlichkeiten und Forderungen, die sich beispielsweise bei der Beschaffung oder beim Verkauf durch Lieferungen und Leistungen (↗ Kapitel 4.5 und ↗ Kapitel 6.2.1) ergeben.

2.2.2 Aufbau der Kapitalflussrechnung

Die Differenz aus allen Ein- und Auszahlungen während einer Periode, wie eines Geschäftsjahres, ergibt den sogenannten *Kapitalfluss* oder englisch *Cashflow* (↗ Abbildung 2-5):

   Einzahlungen der Periode
− Auszahlungen der Periode
= Kapitalfluss/Cashflow der Periode

Der Kapitalfluss von Unternehmen wird im Rahmen von Kapitalflussrechnungen ermittelt, die angeben, ob die Finanzmittel von Unternehmen während des Geschäftsjahres zu- oder abgenommen haben und warum sie dies getan haben.

Auf die einzelnen Posten der Kapitalflussrechnung werden wir im weiteren Verlauf noch ausführlicher eingehen. Zunächst ist es wichtig zu wissen, dass die Kapitalflussrechnung (↗ Abbildung 2-7) nach den ermittelten Cashflows in folgende drei Teilrechnungen und die Summe aus deren Ergebnissen untergliedert wird (Hinweis: Nummerierung gemäß Deutsche Rechnungslegungs Standards: Nr. 2 Kapitalflussrechnung, Tabelle 5):

   6. Cashflow aus laufender Geschäftstätigkeit (aus Posten 1. bis 5.)
+ 17. Cashflow aus der Investitionstätigkeit (aus Posten 7. bis 16.)
+ 22. Cashflow aus der Finanzierungstätigkeit (aus Posten 18. bis 21.)
= 23. Zahlungswirksame Veränderungen des Finanzmittelfonds

Die Posten haben dabei folgende Bedeutung:
- **6. Cashflow aus laufender Geschäftstätigkeit**, der auch als *operativer Cashflow* bezeichnet wird, zeigt auf, wie sich die Finanz-

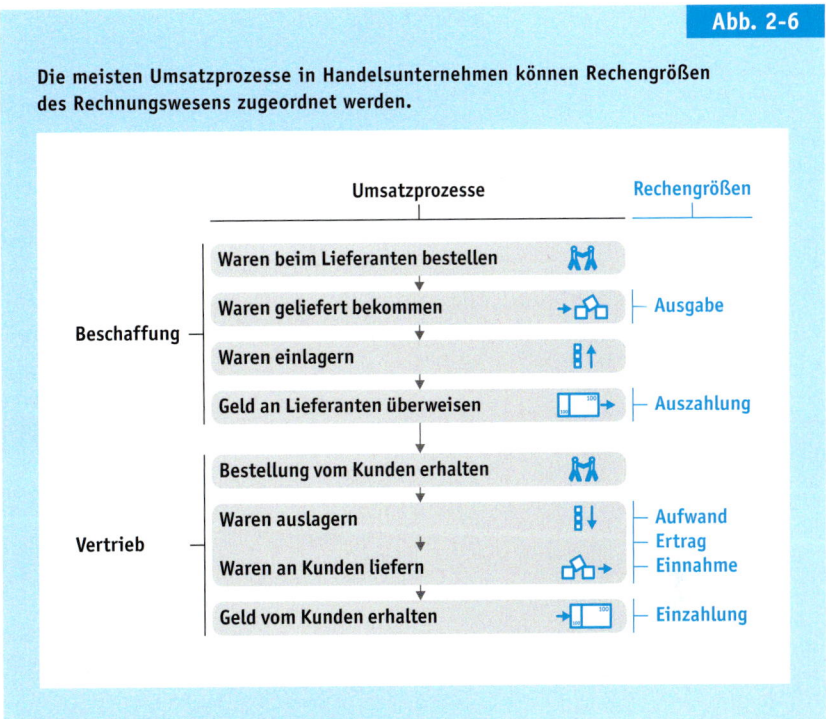

Abb. 2-6

Die meisten Umsatzprozesse in Handelsunternehmen können Rechengrößen des Rechnungswesens zugeordnet werden.

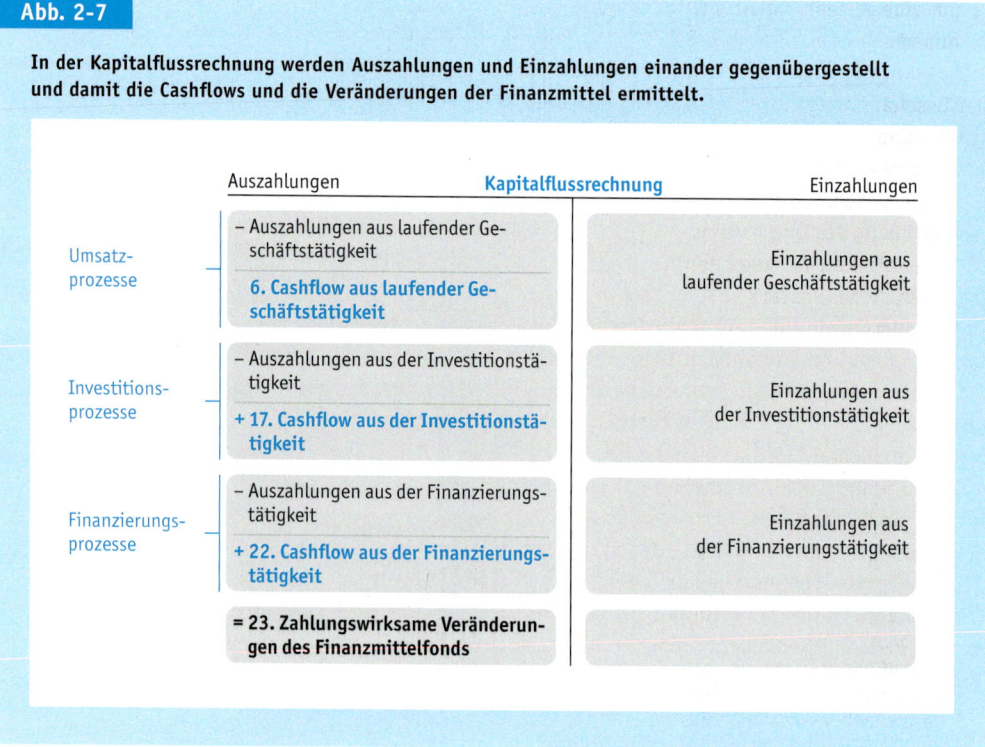

Abb. 2-7

In der Kapitalflussrechnung werden Auszahlungen und Einzahlungen einander gegenübergestellt und damit die Cashflows und die Veränderungen der Finanzmittel ermittelt.

mittel von Unternehmen während des Geschäftsjahres als Resultat von deren *Umsatzprozessen* verändern, bei Jill und Marc also beispielsweise durch Auszahlungen für Rohstoffe oder durch Einzahlungen aus dem Verkauf von Fingerfood oder Leuchten.

▸ **17. Cashflow aus der Investitionstätigkeit** zeigt auf, welche Auszahlungen während des Geschäftsjahres im Rahmen der *Investitionsprozesse* für die Anschaffung und die Herstellung von Gegenständen des Anlagevermögens getätigt wurden und welche Einzahlungen im Rahmen von Desinvestitionen durch den Verkauf von Teilen des Anlagevermögens erzielt wurden, bei Jill also beispielsweise durch den Kauf oder durch den Verkauf von Kochgeräten oder bei Marc beispielsweise durch den Kauf oder durch den Verkauf von Maschinen zur Fertigung von Leuchten.

▸ **22. Cashflow aus der Finanzierungstätigkeit** zeigt auf, wie viele Finanzmittel während des Geschäftsjahres im Rahmen der *Finanzierungsprozesse* zur Finanzierung des Unternehmens in das Eigen- oder in das Fremdkapital eingebracht oder aus diesem wieder entnommen wurden, bei Jill und Marc also beispielsweise durch das Geld, das sie bei der Gründung in ihre Unternehmen investiert haben, oder durch das Geld, das sich ihre Unternehmen bei Kreditinstituten geliehen haben.

▸ **23. Zahlungswirksame Veränderungen des Finanzmittelfonds** beziehungsweise des Finanzmittelbestandes ergeben sich als Summe der drei vorgenannten Cashflows und bilden die Schnittstelle zu dem in der Bilanz ausgewiesenen Posten »Aktiva.B.IV. Kassenbestand, Bundesbankguthaben, Guthaben bei Kreditinstituten und Schecks«.

Beispiel 2-5

Marc kauft für die Marcslights GmbH* Rohstoffe gegen Barzahlung (Hinweis: Die Umsatzsteuer wird vorerst nicht berücksichtigt). Bei dem Geschäftsvorfall handelt es sich:

▸ um eine Auszahlung, da die flüssigen Mittel abnehmen, und

- um eine Ausgabe, da das Geldvermögen abnimmt.

Der Geschäftsvorfall wirkt sich folgendermaßen auf die Kapitalflussrechnung aus:
- Abnahme des Postens »6. Cashflow aus laufender Geschäftstätigkeit«, da die Auszahlung nicht der Investitions- oder Finanzierungstätigkeit zuzurechnen ist, und damit
- Abnahme des Postens »23. Zahlungswirksame Veränderungen des Finanzmittelfonds«.

2.2.3 Wesen der Kapitalflussrechnung

Die Kapitalflussrechnung ist eine *Finanzierungsrechnung*, die primär der Steuerung der *Liquidität*, also der *Zahlungsfähigkeit* von Unternehmen und der Information Unternehmensexterner über die *Finanzlage* dient (Coenenberg, A. G. und andere 2009b: Seite 17). Als Teil des Jahresabschlusses handelt es sich bei ihr um eine Jahresabschlussrechnung und, da sie zeitraumbezogen die Veränderung der Finanzmittel während des Geschäftsjahres aufzeigt, um eine *Zeitabschnittsrechnung* sowie um eine *Stromgrößenrechnung*.

Abb. 2-8

Die hier aus didaktischen Gründen in Kontoform mit gerundeten und zusammengefassten Posten angegebene und teilweise entsprechend den Deutschen Rechnungslegungs Standards durchnummerierte Kapitalflussrechnung der Hugo Boss AG für das Geschäftsjahr 2006 (Hugo Boss AG 2008: Seite 44) zeigt unter anderem, dass ein Großteil des positiven Cashflows aus der laufenden Geschäftstätigkeit für die Investitions- und die Finanzierungstätigkeit des Unternehmens verwendet wurde.

Auszahlungen (in T€)	Kapitalflussrechnung		Einzahlungen (in T€)
6. Cashflow aus laufender Geschäftstätigkeit	89 431		
Investitionen in das Anlagevermögen	33 938		
Veränderung der Finanzierung von verbundenen Unternehmen	14 924	17 522	Erlöse aus dem Abgang des Anlagevermögens
17. Cashflow aus der Investitionstätigkeit	−31 340		
Dividende Vorjahr	70 228		
Veränderung eigener Anteile	19 017		
Veränderung der Finanzverbindlichkeiten gegenüber verbundenen Unternehmen	15 494	50 207	Veränderung der Verbindlichkeiten gegenüber Kreditinstituten und sonstige Finanzverbindlichkeiten
22. Cashflow aus der Finanzierungstätigkeit	−54 532		
23. Veränderung des Finanzmittelbestands	3 559		

Zwischenübung Kapitel 2.2

(1) Bestimmen Sie für die bei der ↗ Zwischenübung Kapitel 2.1 aufgeführten Geschäftsvorfälle in der dort aufgeführten Tabelle in der Spalte »Auszahlung/Einzahlung« aus Sicht der Jillsfood KG* jeweils, ob es sich um eine Auszahlung, eine Einzahlung oder keine dieser Größen handelt.

(2) Erstellen Sie eine Kapitalflussrechnung (Version: Direkte Methode gemäß Deutsche Rechnungslegungs Standards: Nr. 2 Kapitalflussrechnung, Tabelle 5) für die Jillsfood KG*, indem Sie die Buchstaben der bei der ↗ Zwischenübung Kapitel 2.1 aufgeführten Geschäftsvorfälle mit den dazugehörigen Beträgen und einem kurzen Kommentar an den passenden Stellen in die nachfolgende Rechnung eintragen. Bitte beachten Sie dabei jeweils, dass sich nur Aus- und Einzahlungen auf die Kapitalflussrechnung auswirken:

Auszahlungen	Kapitalflussrechnung		Einzahlungen
6. Cashflow aus laufender Geschäftstätigkeit	90,00 €		
17. Cashflow aus der Investitionstätigkeit			
		150,00 €	(A) Von Freundin geliehenes Geld
22. Cashflow aus der Finanzierungstätigkeit			
23. Zahlungswirksame Veränderungen des Finanzmittelfonds	80,00 €		

(3) Kontrollieren Sie zum Abschluss Ihre Eintragungen in die Kapitalflussrechnung, indem Sie die fehlenden Cashflows und die zahlungswirksamen Veränderungen des Finanzmittelfonds ermitteln und sie mit den angegebenen Werten vergleichen.

2.3 Gewinn- und Verlustrechnung

Lernziel 2-3
Eine einfache Gewinn- und Verlustrechnung aufstellen können.

- Bilanz
- Kapitalflussrechnung
- **Gewinn- und Verlustrechnung**
- Zusammenhang der Jahresabschlussrechnungen

Während die Kapitalflussrechnung die Ursachen von Veränderungen der flüssigen Mittel aufzeigt, zeigt die Gewinn- und Verlustrechnung viele der Ursachen von Veränderungen des Eigenkapitals auf.

2.3.1 Aufwendungen und Erträge

Zur Beschreibung von Änderungen des Eigenkapitals beziehungsweise des Reinvermögens gibt es in der Betriebswirtschaftslehre zwei *Rechengrößen*, die Aufwendungen und die Erträge (↗ Abbildung 2-9):

▸ **Aufwendungen** bezeichnen Minderungen des aus dem Vermögen abzüglich der Schulden bestehenden *Reinvermögens*, die nicht auf Entnahmen der Unternehmenseigner zurückzuführen sind, sondern insbesondere auf den

2.3 Gewinn- und Verlustrechnung

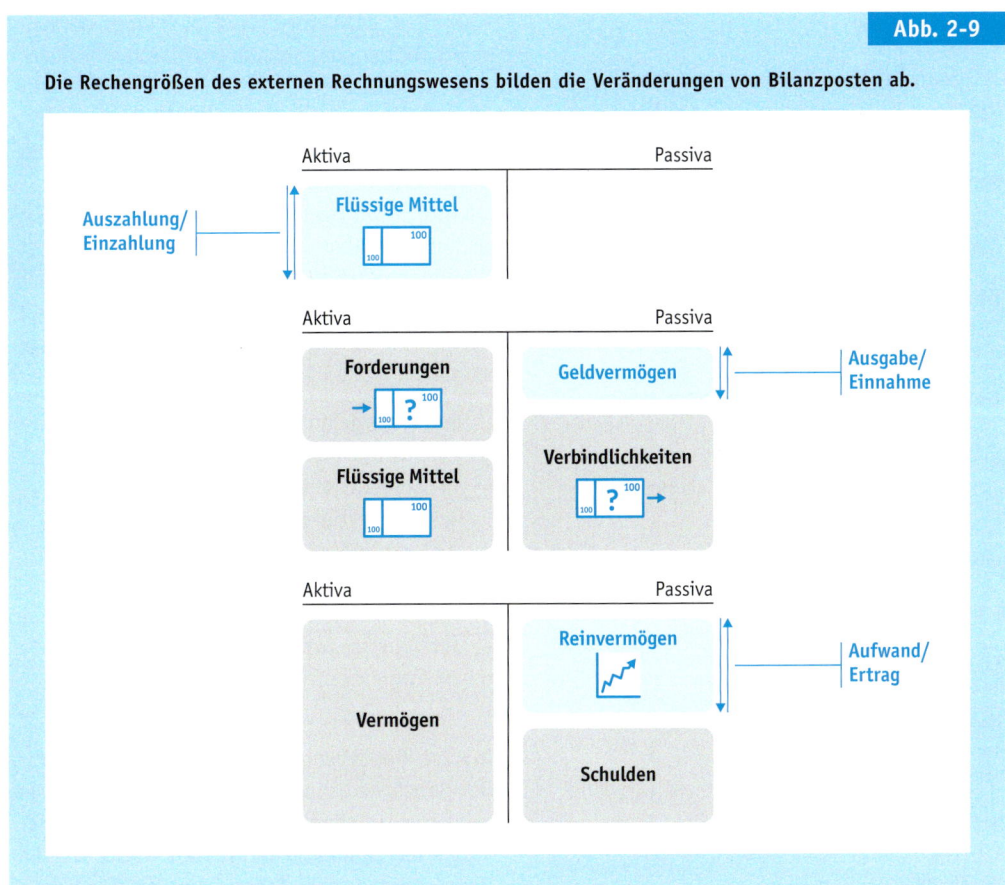

Abb. 2-9
Die Rechengrößen des externen Rechnungswesens bilden die Veränderungen von Bilanzposten ab.

Verbrauch von Vermögensgegenständen oder auf Ausgaben für die Inanspruchnahme von Gütern.

▶ **Erträge** bezeichnen Mehrungen des aus dem Vermögen abzüglich der Schulden bestehenden *Reinvermögens*, die nicht auf Einlagen der Unternehmenseigner zurückzuführen sind, sondern insbesondere auf die Herstellung von Vermögensgegenständen oder auf Einnahmen aus dem Verkauf oder der Bereitstellung von Gütern.

Häufig ist die Festlegung des Zeitpunkts, zu dem Aufwendungen und Erträge im Rechnungswesen zu berücksichtigen sind, problematisch. Bei der Beschaffung oder beim Verkauf werden in der Regel die Zeitpunkte der Lieferungen und Leistungen (↗ Kapitel 6.2.1) herangezogen. Bei kontinuierlichen Aufwendungen und Erträgen, wie beispielsweise der stetigen Inanspruch- nahme der Arbeitskraft von Arbeitnehmern oder dem stetigen Gebrauch von gemieteten Räumen, werden als Zeitpunkte in der Regel die vereinbarten Zahlungszeitpunkte herangezogen (Wöhe, G./Kußmaul, H. 2006: Seite 89).

Exkurs 2-2

Kosten und Leistungen

Während sich die Rechengrößen Aufwendungen und Erträge auf alle Aktivitäten von Unternehmen beziehen, beziehen sich die Rechengrößen Kosten und Leistungen nur auf die in der Satzung niedergelegten betriebszweckbezogenen Aktivitäten von Unternehmen. Der Ergebnisbeitrag von Spekulationen eines Industrieunternehmens mit Aktien würde also beispielsweise nicht von diesem Begriffspaar erfasst werden.

Daneben wird der Begriff der Leistungen auch für die Produkte von Unternehmen und im externen Rechnungswesen auch für Dienstleistungen verwendet (↗ Kapitel 6.2.1.2).

2.3 Die Abbildung von Unternehmen in Jahresabschlussrechnungen
Gewinn- und Verlustrechnung

Abb. 2-10

Die meisten Umsatzprozesse in Industrieunternehmen können Rechengrößen des Rechnungswesens zugeordnet werden.

Umsatzprozesse		Rechengrößen
Beschaffung	Rohstoffe beim Lieferanten bestellen	
	Rohstoffe geliefert bekommen	Ausgabe
	Rohstoffe einlagern	
	Geld an Lieferanten überweisen	Auszahlung
Fertigung	Rohstoffe auslagern	Aufwand
	Rohstoffe in unfertige Erzeugnisse transformieren	
	Unfertige Erzeugnisse einlagern	Ertrag
	Unfertige Erzeugnisse auslagern	Aufwand
	Unfertige Erzeugnisse in fertige Erzeugnisse transformieren	
	Fertige Erzeugnisse einlagern	Ertrag
Vertrieb	Bestellung vom Kunden erhalten	
	Fertige Erzeugnisse auslagern	Aufwand / Ertrag
	Fertige Erzeugnisse an Kunden liefern	Einnahme
	Geld vom Kunden erhalten	Einzahlung

2.3.2 Aufbau der Gewinn- und Verlustrechnung

Die Differenz aus allen Erträgen und Aufwendungen einer Periode, wie eines Geschäftsjahres, ergibt das *Ergebnis* als Indikator des *Erfolges* (↗ Abbildung 2-5):

    Erträge der Periode
− Aufwendungen der Periode
= Ergebnis der Periode

Sind die Erträge größer als die Aufwendungen, so wird das Ergebnis als *Gewinn* oder als *Jahresüberschuss* bezeichnet; sind sie kleiner, so wird es als *Verlust* oder als *Jahresfehlbetrag* bezeichnet.

Auf die einzelnen Posten der Gewinn- und Verlustrechnung werden wir im weiteren Verlauf noch ausführlicher eingehen. Zunächst ist es wichtig zu wissen, dass die Gewinn- und Verlustrechnung (↗ Abbildung 2-11) nach den ermittelten Ergebnissen in folgende Teilrechnungen und die Summe aus deren Ergebnissen untergliedert wird (Hinweis: Nummerierung gemäß Handelsgesetzbuch: § 275 Gliederung, Absatz 2):

    Betriebsergebnis (aus Posten 1. bis 8.)
+ Finanzergebnis (aus Posten 9. bis 13.)
= 14. Ergebnis der gewöhnlichen Geschäftstätigkeit
+ Außerordentliches Ergebnis (aus Posten 15. und 16.)
− 18. Steuern vom Einkommen und vom Ertrag
− 19. Sonstige Steuern
= 20. Jahresüberschuss/Jahresfehlbetrag

2.3.2.1 Betriebsergebnis

Das Betriebsergebnis, das nicht gesondert im gesetzlichen Gliederungsschema der Gewinn- und Verlustrechnung aufgeführt wird, ergibt sich im Rahmen der gewöhnlichen Geschäftstätigkeit aus dem im Unternehmen selbst genutzten Vermögen (Eisele, W. 2002: Seite 78).

Zur Ermittlung des Betriebsergebnisses gibt es zwei Verfahren (↗ Kapitel 16.2.1.1.1): das *Gesamtkosten-* und das *Umsatzkostenverfahren*. Wir werden uns vorerst nur näher mit dem Gesamtkostenverfahren beschäftigen. In ihm erfolgt eine Gegenüberstellung der nachfolgend aufgeführten Aufwendungen und Erträge, auf die wir im weiteren Verlauf noch ausführlicher eingehen werden (Hinweis: Nummerierung gemäß Handelsgesetzbuch: § 275 Gliederung, Absatz 2):

▸ **1. Umsatzerlöse**, beziehungsweise *Erlöse* sind primär Erträge, die sich aus dem Verkauf von Gütern ergeben, so beispielsweise, wenn Jill Fingerfood oder wenn Marc Leuchten verkaufen.

▸ **2. Erhöhungen oder Verminderungen des Bestands an fertigen und unfertigen Erzeugnissen** ergeben sich durch die Herstellung oder den Verbrauch von unfertigen und fertigen Erzeugnissen und Leistungen, also

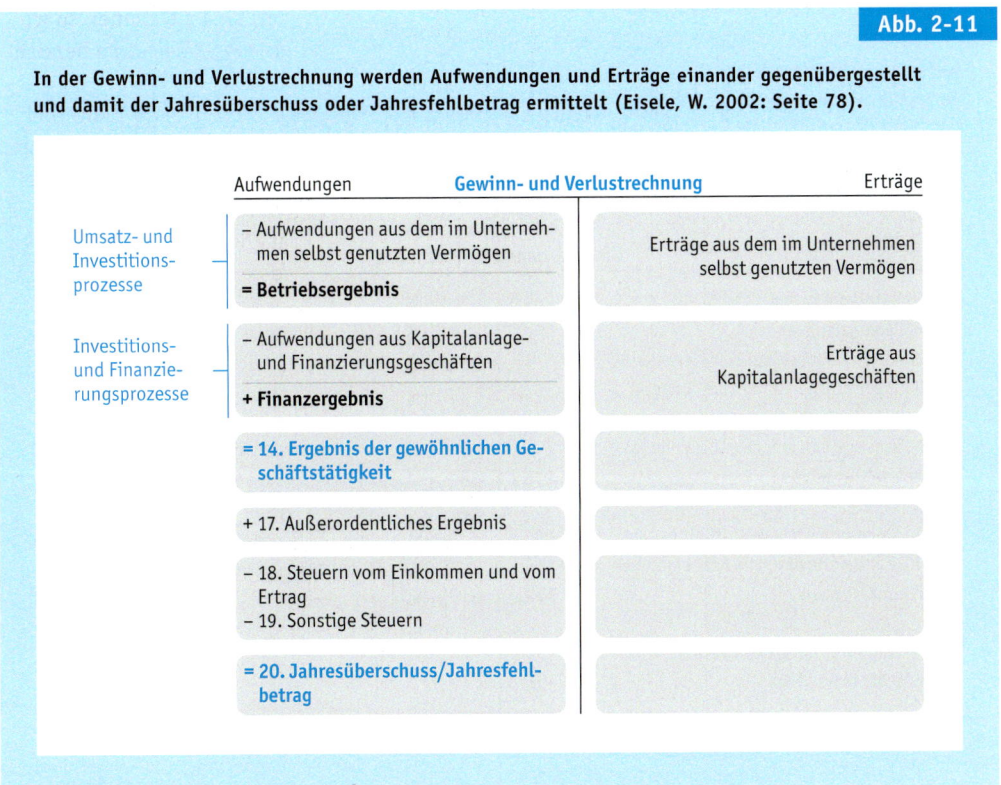

Abb. 2-11

beispielsweise, wenn Marc Leuchten fertigt oder für den Verkauf auslagert.
- **3. Andere aktivierte Eigenleistungen** ergeben sich durch die eigene Herstellung von Anlagegütern, also beispielsweise, wenn Marc eine Leuchte für sein eigenes Unternehmen fertigt.
- **4. Sonstige betriebliche Erträge** sind ein Sammelposten für alle nicht im gesetzlichen Gliederungsschema der Gewinn- und Verlustrechnung vorgegebenen Arten von Erträgen, so beispielsweise Erträge aus Zuschreibungen.
- **5. Materialaufwand** ergibt sich insbesondere durch den Verbrauch von Roh-, Hilfs- und Betriebsstoffen in der Fertigung und von Waren im Vertrieb, so beispielsweise, wenn Jill den Hilfsstoff Senf für die Herstellung von Fingerfood verbraucht.
- **6. Personalaufwand** ergibt sich durch Aufwendungen für Löhne und Gehälter sowie durch soziale Aufwendungen, wie den Arbeitgeberanteil an den Sozialversicherungsbeiträgen.
- **7. Abschreibungen** dienen der Erfassung von Wertverlusten von Vermögensgegenständen, so beispielsweise dem Wertverlust eines Autos durch die Benutzung und die Alterung.
- **8. Sonstige betriebliche Aufwendungen** sind ein Sammelposten für alle nicht im gesetzlichen Gliederungsschema der Gewinn- und Verlustrechnung vorgegebenen Arten von Aufwendungen, so beispielsweise Aufwendungen für Mieten, für Reinigungsleistungen, für Instandhaltungen, für Ausgangsfrachten, für Beratungen, für Versicherungen, fur Werbung, für Bewirtungen, für Reisen, für Porto, für Telefonate oder für Büromaterial.

2.3.2.2 Finanzergebnis

Das Finanzergebnis, das nicht gesondert im gesetzlichen Gliederungsschema der Gewinn- und Verlustrechnung aufgeführt wird, ergibt sich im Rahmen der gewöhnlichen Geschäftstätigkeit von Unternehmen aufgrund von (Eisele, W. 2002: Seite 78):

Abb. 2-12

Die hier aus didaktischen Gründen in Kontoform mit gerundeten Posten und mit Zwischenergebnissen angegebene und entsprechend dem Handelsgesetzbuch durchnummerierte Gewinn- und Verlustrechnung der Hugo Boss AG für das Geschäftsjahr 2006 (Hugo Boss AG 2008: Seite 36) zeigt unter anderem, dass das Finanzergebnis durch Erträge aus Beteiligungen einen größeren Anteil am Ergebnis der gewöhnlichen Geschäftstätigkeit hat als das Betriebsergebnis.

Aufwendungen (in T€)		Gewinn- und Verlustrechnung		Erträge (in T€)
5. Materialaufwand	476 269		758 216	1. Umsatzerlöse
6. Personalaufwand	121 990			2. Veränderung des Bestands an
7. Abschreibungen auf immaterielle Vermögensgegenstände des Anlagevermögens und Sachanlagen	13 461		15 717	fertigen und unfertigen Erzeugnissen
8. Sonstige betriebliche Aufwendungen	229 256		112 319	4. Sonstige betriebliche Erträge
Betriebsergebnis	**45 276**			
Aufwendungen aus Verlustübernahme	1 697		65 202	9. Erträge aus Beteiligungen
13. Zinsen und ähnliche Aufwendungen	9 583		3 207	11. Sonstige Zinsen u. ähnliche Erträge
Finanzergebnis	**57 129**			
14. Ergebnis der gewöhnlichen Geschäftstätigkeit	**102 405**			
18. Steuern von Einkommen und Ertrag	24 406			
19. Sonstige Steuern	228			
20. Jahresüberschuss	**77 771**			

- **Kapitalanlagegeschäften**, also Investitionen außerhalb des eigenen Unternehmens, und aufgrund von
- **Finanzierungsgeschäften**, also Investitionen von Unternehmensexternen in das Unternehmen.

Zur Ermittlung des Finanzergebnisses werden in der Gewinn- und Verlustrechnung folgende Aufwendungen und Erträge einander gegenübergestellt, auf die wir im weiteren Verlauf noch ausführlicher eingehen werden (Hinweis: Nummerierung gemäß Handelsgesetzbuch: § 275 Gliederung, Absatz 2):

- **9., 10., 11. Erträge aus Beteiligungen, aus anderen Wertpapieren, aus Ausleihungen des Finanzanlagevermögens, aus sonstigen Zinsen und aus ähnlichen Erträgen** ergeben sich insbesondere durch Dividenden, Gewinnbeteiligungen und Zinsen, die Unternehmen von anderen Unternehmen für die Bereitstellung von Kapital erhalten, sowie durch Gewinne aus der Veräußerung von Beteiligungen und Wertpapieren.
- **12. Abschreibungen auf Finanzanlagen und auf Wertpapiere des Umlaufvermögens** ergeben sich durch Wertverluste der Finanzanlagen, so beispielsweise, weil der Börsenkurs von Aktien gefallen ist.
- **13. Zinsen und ähnliche Aufwendungen** ergeben sich unter anderem durch die Zinsen, die Unternehmen für das von ihnen genutzte Fremdkapital zahlen.

2.3.2.3 Jahresüberschuss/Jahresfehlbetrag

Die Ermittlung des Jahresüberschusses oder Jahresfehlbetrages erfolgt über folgende Posten in der Gewinn- und Verlustrechnung, auf die wir im weiteren Verlauf noch ausführlicher eingehen werden (Hinweis: Nummerierung gemäß Handelsgesetzbuch: § 275 Gliederung, Absatz 2):

- **14. Ergebnis der gewöhnlichen Geschäftstätigkeit** ergibt sich als Summe aus dem Betriebs- und dem Finanzergebnis.
- **17. Außerordentliches Ergebnis** wird zur Berichtigung des Ergebnisses der gewöhnlichen Geschäftstätigkeit angesetzt, wenn es während des Geschäftsjahres zu Geschäftsvorfällen kam, die selten, von ungewöhnlicher Art und von einiger Bedeutung sind, so beispielsweise hohe, einmalige Schadensersatzzahlungen.
- **18. Steuern vom Einkommen und vom Ertrag** werden von den vorgenannten Ergebnissen abgezogen und umfassen die Körperschaft-, die Gewerbe- und die Kapitalertragsteuer sowie den Solidaritätszuschlag.
- **19. Sonstige Steuern** werden von den vorgenannten Ergebnissen abgezogen und umfassen Steuern wie die Grund- oder die Kraftfahrzeugsteuer.
- **20. Jahresüberschuss/Jahresfehlbetrag** ergibt sich zuletzt als Summe der vorgenannten Posten und bildet die Schnittstelle zu dem Bilanzposten »Passiva.A.V. Jahresüberschuss/Jahresfehlbetrag«.

2.3.3 Wesen der Gewinn- und Verlustrechnung

Die Gewinn- und Verlustrechnung dient primär der Steuerung des *Ergebnisses* und der Information Unternehmensexterner über die *Ertragslage*. Als Teil des Jahresabschlusses handelt es sich bei ihr – so wie bei der Kapitalflussrechnung – um eine Jahresabschlussrechnung und, da sie ebenfalls zeitraumbezogen die Veränderung des Ergebnisses während des Geschäftsjahres aufzeigt, auch um eine *Zeitabschnittsrechnung* sowie um eine *Stromgrößenrechnung*.

2.3.4 Bilanzänderungen durch Aufwendungen und Erträge

Auch durch erfolgswirksame Geschäftsvorfälle, die in der Gewinn- und Verlustrechnung als Aufwendungen und Erträge erfasst werden, kommt es zu Bilanzänderungen.

(1) Bilanzänderungen durch Aufwendungen
Aufwendungen führen zu einer Verminderung des Jahresüberschusses und damit zu einer Verminderung des in der Bilanz ausgewiesenen Eigenkapitals.

Beispiel 2-6

Die Marcslights GmbH* zahlt per Banküberweisung Löhne. Bei dem Geschäftsvorfall handelt es sich:

- um eine Auszahlung, da die flüssigen Mittel abnehmen,
- um eine Ausgabe, da das Geldvermögen abnimmt, und
- um einen Aufwand, da das Vermögen bei gleichbleibenden Schulden abnimmt, wodurch das Reinvermögen abnimmt.

Der Geschäftsvorfall wirkt sich folgendermaßen auf die Kapitalflussrechnung aus:

- Abnahme des Postens »6. Cashflow aus laufender Geschäftstätigkeit«, da die Auszahlung nicht der Investitions- oder Finanzierungstätigkeit zuzurechnen ist, und damit
- Abnahme des Postens »23. Zahlungswirksame Veränderungen des Finanzmittelfonds«.

Der Geschäftsvorfall wirkt sich folgendermaßen auf die Gewinn- und Verlustrechnung aus:

- Zunahme des Postens »6. Personalaufwand« und damit
- Abnahme des Postens »14. Ergebnis der gewöhnlichen Geschäftstätigkeit« und
- Abnahme des Postens »20. Jahresüberschuss/Jahresfehlbetrag«.

Der Geschäftsvorfall wirkt sich folgendermaßen auf die Bilanz aus:

- Abnahme des Postens »Aktiva.B.IV. Kassenbestand, Bundesbankguthaben, Guthaben bei Kreditinstituten und Schecks« und
- Abnahme des Postens »Passiva.A.V. Jahresüberschuss/Jahresfehlbetrag«.

Es handelt sich insofern um eine Bilanzverkürzung.

(2) Bilanzänderungen durch Erträge

Erträge führen zu einer Erhöhung des Jahresüberschusses und damit zu einer Erhöhung des in der Bilanz ausgewiesenen Eigenkapitals.

Beispiel 2-7

Die Marcslights GmbH* verkauft Erzeugnisse auf Ziel (Hinweis: Die Umsatzsteuer wird vorerst nicht berücksichtigt). Bei dem Geschäftsvorfall handelt es sich:

- um eine Einnahme, da das Geldvermögen zunimmt, und
- um einen Ertrag, da das Vermögen bei gleichbleibenden Schulden zunimmt, wodurch das Reinvermögen zunimmt.

Der Geschäftsvorfall wirkt sich nicht auf die Kapitalflussrechnung aus, da sich die flüssigen Mittel nicht ändern.

Der Geschäftsvorfall wirkt sich folgendermaßen auf die Gewinn- und Verlustrechnung aus:

- Zunahme des Postens »1. Umsatzerlöse« und damit
- Zunahme des Postens »14. Ergebnis der gewöhnlichen Geschäftstätigkeit« und
- Zunahme des Postens »20. Jahresüberschuss/Jahresfehlbetrag«.

Der Geschäftsvorfall wirkt sich folgendermaßen auf die Bilanz aus:

- Zunahme des Postens »Aktiva.B.II. Forderungen« und
- Zunahme des Postens »Passiva.A.V Jahresüberschuss/Jahresfehlbetrag«.

Es handelt sich insofern um eine Bilanzverlängerung.

Zwischenübung Kapitel 2.3

(1) Bestimmen Sie für die bei der ↗ Zwischenübung Kapitel 2.1 aufgeführten Geschäftsvorfälle in der dort aufgeführten Tabelle in der Spalte »Aufwand/Ertrag« aus Sicht der Jillsfood KG* jeweils, ob es sich um einen Aufwand, einen Ertrag oder keine dieser Größen handelt.

(2) Erstellen Sie eine Gewinn- und Verlustrechnung (Version: Gesamtkostenverfahren gemäß Handelsgesetzbuch: § 275 Gliederung, Absatz 2) für die Jillsfood KG*, indem Sie die Buchstaben der bei der ↗ Zwischenübung Kapitel 2.1 aufgeführten Geschäftsvorfälle mit den dazugehörigen Beträgen und einem kurzen Kommentar an den passenden Stellen in die nachfolgende Rechnung eintragen. Bitte beachten Sie dabei jeweils, dass sich nur Aufwendungen und Erträge auf die Gewinn- und Verlustrechnung auswirken:

Aufwendungen	Gewinn- und Verlustrechnung		Erträge
5. Materialaufwand			1. Umsatzerlöse
8. Sonstige betriebliche Aufwendungen			
Betriebsergebnis	110,00 €		
Finanzergebnis	0,00 €		
14. Ergebnis der gewöhnlichen Geschäftstätigkeit	110,00 €		
20. Jahresüberschuss	110,00 €		

(3) Kontrollieren Sie zum Abschluss Ihre Eintragungen in die Gewinn- und Verlustrechnung, indem Sie das Betriebsergebnis ermitteln und es mit dem angegebenen Wert vergleichen.

(4) Komplettieren Sie die Spalte »Bilanzänderung« bei der in der ↗ Zwischenübung Kapitel 2.1 aufgeführten Tabelle.

(5) Komplettieren Sie die in der ↗ Zwischenübung Kapitel 2.1 aufgeführte Beständedifferenzenbilanz. Bitte beachten Sie dabei, dass sich alle Geschäftsvorfälle auf die Bilanz auswirken, wobei Aufwendungen den Posten »Passiva.A.V. Jahresüberschuss/Jahresfehlbetrag« vermindern und Erträge ihn erhöhen.

(6) Kontrollieren Sie zum Abschluss Ihre Eintragungen in die Beständedifferenzbilanz, indem Sie die Bilanzsumme ermitteln und sie mit dem angegebenen Wert vergleichen.

2.4 Zusammenhang der Jahresabschlussrechnungen

- Bilanz
- Kapitalflussrechnung
- Gewinn- und Verlustrechnung
- Zusammenhang der Jahresabschlussrechnungen

Nachdem wir nun die drei wichtigsten Jahresabschlussrechnungen kennengelernt haben, stellt sich zuletzt die Frage, wie diese zusammenhängen (↗ Abbildung 2-13).

(1) Zusammenhang zwischen Gewinn- und Verlustrechnung und Bilanz

Zwischen der Gewinn- und Verlustrechnung und der Bilanz gibt es insbesondere folgende Schnittstellen:

- In der Gewinn- und Verlustrechnung ausgewiesene Aufwendungen vermindern den Bilanzposten »Passiva.A.V. Jahresüberschuss/Jahresfehlbetrag«, während Erträge ihn erhöhen.
- In der Gewinn- und Verlustrechnung ausgewiesene zahlungswirksame Aufwendungen vermindern den Bilanzposten »Aktiva.B.IV. Kassenbestand, Bundesbankguthaben, Guthaben bei Kreditinstituten und Schecks«, während zahlungswirksame Erträge ihn erhöhen.

(2) Zusammenhang zwischen Kapitalflussrechnung und Bilanz

Die Kapitalflussrechnung (Version: Direkte Methode gemäß Deutsche Rechnungslegungs Standards: Nr. 2 Kapitalflussrechnung, Tabelle 5) spiegelt die Veränderungen verschiedener Bilanzposten wider:

- Der Posten »23. Zahlungswirksame Veränderungen des Finanzmittelfonds« der Kapitalflussrechnung zeigt die Veränderungen des Bilanzpostens »Aktiva.B.IV. Kassenbestand, Bundesbankguthaben, Guthaben bei Kreditinstituten und Schecks« während des Geschäftsjahres auf.
- Der Posten »17. Cashflow aus der Investitionstätigkeit« der Kapitalflussrechnung zeigt die zahlungswirksamen Veränderungen des Bilanzpostens »Aktiva. A. Anlagevermögen« während des Geschäftsjahres auf.
- Der Posten »22. Cashflow aus der Finanzierungstätigkeit« der Kapitalflussrechnung zeigt die zahlungswirksamen Veränderungen des in der Bilanz ausgewiesenen Kapitals während des Geschäftsjahres auf.

(3) Zusammenhang zwischen Kapitalfluss- und Gewinn- und Verlustrechnung

Alle zahlungswirksamen Aufwendungen und Erträge gehen sowohl in die Kapitalfluss- als auch in die Gewinn- und Verlustrechnung ein. Das trifft in der Regel auf die nachfolgenden Posten der Gewinn- und Verlustrechnung (Version: Ge-

Lernziel 2-4
Die wichtigsten Zusammenhänge zwischen den Jahresabschlussrechnungen kennen.

2.4 Die Abbildung von Unternehmen in Jahresabschlussrechnungen
Schlüsselbegriffe

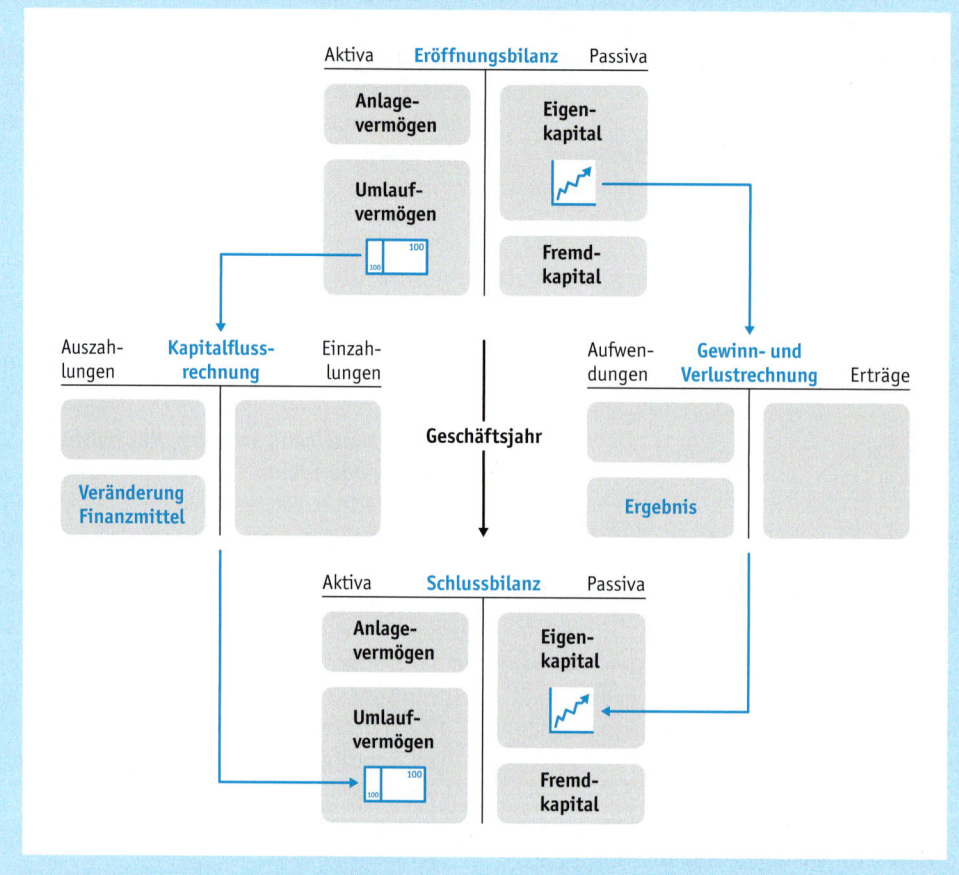

Abb. 2-13

Die flüssigen Mittel bilden die wichtigste Schnittstelle zwischen der Bilanz und der Kapitalflussrechnung, der Jahresüberschuss die wichtigste Schnittstelle zwischen der Bilanz und der Gewinn- und Verlustrechnung (Coenenberg, A. G. und andere 2009a: Seite 776).

samtkostenverfahren gemäß Handelsgesetzbuch: § 275 Gliederung, Absatz 2) zu:
- 1. Umsatzerlöse,
- 4. Sonstige betriebliche Erträge,
- 6. Personalaufwendungen,
- 8. Sonstige betriebliche Aufwendungen,
- 9. Erträge aus Beteiligungen,
- 10. Erträge aus anderen Wertpapieren und Ausleihungen des Finanzanlagevermögens,
- 11. Sonstige Zinsen und ähnliche Erträge sowie
- 13. Zinsen und ähnliche Aufwendungen.

Schlüsselbegriffe Kapitel 2

- Jahresabschlussrechnung (↗ Kapitel 2)
- Vermögenslage (↗ Kapitel 2, 2.1.2)
- Finanzlage (↗ Kapitel 2, 2.2.3)
- Liquidität (↗ Kapitel 2, 2.2.3)
- Ertragslage (↗ Kapitel 2, 2.3.3)
- Erfolg (↗ Kapitel 2, 2.3.2)
- Bilanz (↗ Kapitel 2.1)
- Bilanzgleichung (↗ Kapitel 2.1.1)

2.4 Schlüsselbegriffe

- Bilanzierung (↗ Kapitel 2.1.1)
- Aktiva (↗ Kapitel 2.1.1.1)
- Vermögen (↗ Kapitel 2.1.1.1)
- Investitionsprozess (↗ Kapitel 2.1.1.1, 2.2.2)
- Umsatzprozess (↗ Kapitel 2.1.1.1)
- Liquidierbarkeit (↗ Kapitel 2.1.1.1)
- Anlagevermögen (↗ Kapitel 2.1.1.1.1)
- Immaterieller Vermögensgegenstand (↗ Kapitel 2.1.1.1.1)
- Sachanlage (↗ Kapitel 2.1.1.1.1)
- Finanzanlage (↗ Kapitel 2.1.1.1.1)
- Umlaufvermögen (↗ Kapitel 2.1.1.1.2)
- Prozessgliederungsprinzip (↗ Kapitel 2.1.1.1.2)
- Vorrat (↗ Kapitel 2.1.1.1.2)
- Forderung (↗ Kapitel 2.1.1.1.2)
- Kassenbestand (↗ Kapitel 2.1.1.1.2)
- Guthaben bei Kreditinstitut (↗ Kapitel 2.1.1.1.2)
- Flüssige Mittel (↗ Kapitel 2.1.1.1.2)
- Liquide Mittel (↗ Kapitel 2.1.1.1.2)
- Zahlungsmittel (↗ Kapitel 2.1.1.1.2)
- Finanzmittel (↗ Kapitel 2.1.1.1.2)
- Bargeld (↗ Kapitel 2.1.1.1.2)
- Sichtguthaben (↗ Kapitel 2.1.1.1.2)
- Sichteinlage (↗ Kapitel 2.1.1.1.2)
- Buchgeld (↗ Kapitel 2.1.1.1.2)
- Giralgeld (↗ Kapitel 2.1.1.1.2)
- Kontokorrentkonto (↗ Kapitel 2.1.1.1.2)
- Passiva (↗ Kapitel 2.1.1.2)
- Kapital (↗ Kapitel 2.1.1.2)
- Finanzierungsprozess (↗ Kapitel 2.1.1.2, 2.2.2)
- Fristigkeit (↗ Kapitel 2.1.1.2)
- Eigenkapital (↗ Kapitel 2.1.1.2.1)
- Residualgröße (↗ Kapitel 2.1.1.2.1)
- Restgröße (↗ Kapitel 2.1.1.2.1)
- Reinvermögen (↗ Kapitel 2.1.1.2.1, 2.3.1)
- Nettovermögen (↗ Kapitel 2.1.1.2.1)
- Gezeichnetes Kapital (↗ Kapitel 2.1.1.2.1)
- Stammkapital (↗ Kapitel 2.1.1.2.1)
- Grundkapital (↗ Kapitel 2.1.1.2.1)
- Gewinnrücklage (↗ Kapitel 2.1.1.2.1)
- Jahresüberschuss (↗ Kapitel 2.1.1.2.1, 2.3.2.3)
- Jahresfehlbetrag (↗ Kapitel 2.1.1.2.1, 2.3.2.3)
- Bilanzgewinn (↗ Kapitel 2.1.1.2.1)
- Bilanzverlust (↗ Kapitel 2.1.1.2.1)
- Fremdkapital (↗ Kapitel 2.1.1.2.2)
- Schulden (↗ Kapitel 2.1.1.2.2)
- Rückstellung (↗ Kapitel 2.1.1.2.2)
- Verbindlichkeit (↗ Kapitel 2.1.1.2.2)
- Statische Bilanztheorie (↗ Exkurs 2-1)
- Dynamische Bilanztheorie (↗ Exkurs 2-1)
- Erfolgsbilanz (↗ Exkurs 2-1)
- Eröffnungsbilanz (↗ Kapitel 2.1.2)
- Abschlussstichtag (↗ Kapitel 2.1.2)
- Schlussbilanz (↗ Kapitel 2.1.2)
- Beständedifferenzbilanz (↗ Kapitel 2.1.2)
- Zeitpunktrechnung (↗ Kapitel 2.1.2)
- Bestandsrechnung (↗ Kapitel 2.1.2)
- Bilanzänderung (↗ Kapitel 2.1.3)
- Bilanzverlängerung (↗ Kapitel 2.1.3)
- Aktiv-Passiv-Mehrung (↗ Kapitel 2.1.3)
- Bilanzverkürzung (↗ Kapitel 2.1.3)
- Aktiv-Passiv-Minderung (↗ Kapitel 2.1.3)
- Aktivtausch (↗ Kapitel 2.1.3)
- Passivtausch (↗ Kapitel 2.1.3)
- Kapitalflussrechnung (↗ Kapitel 2.2)
- Rechengröße (↗ Kapitel 2.2.1, 2.3.1)
- Auszahlung (↗ Kapitel 2.2.1)
- Einzahlung (↗ Kapitel 2.2.1)
- Ausgabe (↗ Kapitel 2.2.1)
- Einnahme (↗ Kapitel 2.2.1)
- Geldvermögen (↗ Kapitel 2.2.1)
- Kapitalfluss (↗ Kapitel 2.2.2)
- Cashflow (↗ Kapitel 2.2.2)
- Cashflow aus laufender Geschäftstätigkeit (↗ Kapitel 2.2.2)
- Operativer Cashflow (↗ Kapitel 2.2.2)
- Cashflow aus der Investitionstätigkeit (↗ Kapitel 2.2.2)
- Cashflow aus der Finanzierungstätigkeit (↗ Kapitel 2.2.2)
- Finanzmittelfond (↗ Kapitel 2.2.2)
- Finanzierungsrechnung (↗ Kapitel 2.2.3)
- Zahlungsfähigkeit (↗ Kapitel 2.2.3)
- Zeitabschnittsrechnung (↗ Kapitel 2.2.3, 2.3.3)
- Stromgrößenrechnung (↗ Kapitel 2.2.3, 2.3.3)
- Gewinn- und Verlustrechnung (↗ Kapitel 2.3)
- Aufwand (↗ Kapitel 2.3.1)
- Ertrag (↗ Kapitel 2.3.1)
- Kosten (↗ Exkurs 2-2)
- Leistung (↗ Exkurs 2-2)
- Ergebnis (↗ Kapitel 2.3.2, 2.3.3)
- Gewinn (↗ Kapitel 2.3.2)
- Verlust (↗ Kapitel 2.3.2)
- Betriebsergebnis (↗ Kapitel 2.3.2.1)
- Gesamtkostenverfahren (↗ Kapitel 2.3.2.1)

- Umsatzkostenverfahren (↗ Kapitel 2.3.2.1)
- Umsatzerlös (↗ Kapitel 2.3.2.1)
- Erlös (↗ Kapitel 2.3.2.1)
- Fertiges Erzeugnis (↗ Kapitel 2.3.2.1)
- Unfertiges Erzeugnis (↗ Kapitel 2.3.2.1)
- Eigenleistung (↗ Kapitel 2.3.2.1)
- Materialaufwand (↗ Kapitel 2.3.2.1)
- Personalaufwand (↗ Kapitel 2.3.2.1)
- Abschreibung (↗ Kapitel 2.3.2.1)
- Finanzergebnis (↗ Kapitel 2.3.2.2)
- Kapitalanlagegeschäft (↗ Kapitel 2.3.2.2)
- Finanzierungsgeschäft (↗ Kapitel 2.3.2.2)
- Beteiligung (↗ Kapitel 2.3.2.2)
- Zinsen (↗ Kapitel 2.3.2.2)
- Ergebnis der gewöhnlichen Geschäftstätigkeit (↗ Kapitel 2.3.2.3)
- Außerordentliches Ergebnis (↗ Kapitel 2.3.2.3)
- Steuern vom Einkommen und vom Ertrag (↗ Kapitel 2.3.2.3)

Fragen Kapitel 2

Frage 2-1: Welche drei Jahresabschlussrechnungen haben die größte Bedeutung für die Beurteilung der Lage von Unternehmen? (↗ Kapitel 2)

Frage 2-2: Was lässt sich mittels der Jahresabschlussrechnungen beurteilen? (↗ Kapitel 2)

Frage 2-3: Was wird in der Bilanz gegenübergestellt? (↗ Kapitel 2.1.1)

Frage 2-4: Wie lautet die Bilanzgleichung? (↗ Kapitel 2.1.1)

Frage 2-5 (Vertiefung): Was wird bei der Bilanzierung festgelegt? (↗ Kapitel 2.1.1)

Frage 2-6: Worüber gibt das Vermögen Auskunft? (↗ Kapitel 2.1.1.1)

Frage 2-7 (Vertiefung): Nach welchen Kriterien wird das Vermögen in der Bilanz gegliedert? (↗ Kapitel 2.1.1.1)

Frage 2-8: Welche zwei Hauptposten umfasst das Vermögen? (↗ Kapitel 2.1.1.1)

Frage 2-9: Was ist kennzeichnend für das Anlagevermögen? (↗ Kapitel 2.1.1.1.1)

Frage 2-10 (Vertiefung): Welcher Prozess wirkt sich insbesondere auf das Anlagevermögen aus? (↗ Kapitel 2.1.1.1)

Frage 2-11: Welche Hauptposten umfasst das Anlagevermögen? (↗ Kapitel 2.1.1.1.1)

Frage 2-12: Was ist kennzeichnend für das Umlaufvermögen? (↗ Kapitel 2.1.1.1.2)

Frage 2-13 (Vertiefung): Welcher Prozess wirkt sich insbesondere auf das Umlaufvermögen aus? (↗ Kapitel 2.1.1.1)

Frage 2-14 (Vertiefung): Nach welchem Prinzip wird das Umlaufvermögen gegliedert? (↗ Kapitel 2.1.1.1.2)

Frage 2-15: Welche Hauptposten umfasst das Umlaufvermögen? (↗ Kapitel 2.1.1.1.2)

Frage 2-16: Welche zwei Geldarten werden unterschieden? (↗ Kapitel 2.1.1.1.2)

Frage 2-17: Wo wird das Bargeld von Unternehmen in der Regel aufbewahrt? (↗ Kapitel 2.1.1.1.2)

Frage 2-18: Was wird unter einem Sichtguthaben verstanden? (↗ Kapitel 2.1.1.1.2)

Frage 2-19: Wie wird das Geld von Unternehmen im Rechnungswesen noch bezeichnet? (↗ Kapitel 2.1.1.1.2)

Frage 2-20: Zu welcher Jahresabschlussrechnung bilden die in der Bilanz ausgewiesenen flüssigen Mittel die Schnittstelle? (↗ Kapitel 2.1.1.1.2)

Frage 2-21: Worüber gibt das Kapital Auskunft? (↗ Kapitel 2.1.1.2)

Frage 2-22 (Vertiefung): Welcher Prozess wirkt sich insbesondere auf das Kapital aus? (↗ Kapitel 2.1.1.2)

Frage 2-23: Nach welchen Kriterien wird das Kapital in der Bilanz gegliedert? (↗ Kapitel 2.1.1.2)

Frage 2-24: Welche zwei Hauptposten umfasst das Kapital? (↗ Kapitel 2.1.1.2)

Frage 2-25: Was ist kennzeichnend für das Eigenkapital? (↗ Kapitel 2.1.1.2.1)

Frage 2-26: Wie kann das Eigenkapital rechnerisch ermittelt werden? (↗ Kapitel 2.1.1.2.1)

Frage 2-27: Wie wird das Eigenkapital noch bezeichnet? (↗ Kapitel 2.1.1.2.1)

Frage 2-28: Welche Hauptposten umfasst das Eigenkapital? (↗ Kapitel 2.1.1.2.1)

Frage 2-29: Zu welcher Jahresabschlussrechnung bildet der Bilanzposten »Jahresüberschuss/Jahresfehlbetrag« die Schnittstelle? (↗ Kapitel 2.1.1.2.1)

Frage 2-30: Was ist kennzeichnend für das Fremdkapital? (↗ Kapitel 2.1.1.2.2)

Frage 2-31: Welche zwei Hauptposten umfasst das Fremdkapital? (↗ Kapitel 2.1.1.2.2)

Frage 2-32 (Vertiefung): Welche Aufgabe hat die Bilanz entsprechend der dynamischen Bilanztheorie? (↗ Exkurs 2-1)

Frage 2-33: Welche vier Formen der Bilanzänderung gibt es? (↗ Kapitel 2.1.3)

Frage 2-34: Was wird unter Auszahlungen verstanden? (↗ Kapitel 2.2.1)

Frage 2-35: Was wird unter Einzahlungen verstanden? (↗ Kapitel 2.2.1)

Frage 2-36: Worauf beziehen sich Ausgaben und Einnahmen zusätzlich zu Auszahlungen und Einzahlungen? (↗ Kapitel 2.2.1)

Frage 2-37: Welches Vermögen ändert sich durch Ausgaben und Einnahmen? (↗ Kapitel 2.2.1)

Frage 2-38: Wie wird der Kapitalfluss allgemein ermittelt? (↗ Kapitel 2.2.2)

Frage 2-39: In welche drei Teilrechnungen wird die Kapitalflussrechnung unterteilt? (↗ Kapitel 2.2.2)

Frage 2-40: Was wird mit den drei Teilrechnungen in der Kapitalflussrechnung ermittelt? (↗ Kapitel 2.2.2)

Frage 2-41: Was wird unter Aufwendungen verstanden? (↗ Kapitel 2.3.1)

Frage 2-42: Was wird unter Erträgen verstanden? (↗ Kapitel 2.3.1)

Frage 2-43 (Vertiefung): Wodurch unterscheiden sich Kosten und Leistungen von Aufwendungen und Erträgen? (↗ Exkurs 2-2)

Frage 2-44: Wie wird das Ergebnis allgemein ermittelt? (↗ Kapitel 2.3.2)

Frage 2-45: Welche zwei Ergebnisausprägungen gibt es? (↗ Kapitel 2.3.2)

Frage 2-46: Welche zwei Teilergebnisse umfasst das Ergebnis der gewöhnlichen Geschäftstätigkeit? (↗ Kapitel 2.3.2)

Frage 2-47 (Vertiefung): Welche zwei Verfahren gibt es zur Ermittlung des Betriebsergebnisses? (↗ Kapitel 2.3.2.1)

Frage 2-48: Welche Aufwendungen und Erträge werden einander zur Ermittlung des Betriebsergebnisses im Rahmen des Gesamtkostenverfahrens gegenübergestellt? (↗ Kapitel 2.3.2.1)

Frage 2-49 (Vertiefung): Welche Aufwendungen und Erträge werden einander zur Ermittlung des Finanzergebnisses gegenübergestellt? (↗ Kapitel 2.3.2.2)

Frage 2-50: Wie wird der Jahresüberschuss oder Jahresfehlbetrag auf Basis des Ergebnisses der gewöhnlichen Geschäftstätigkeit ermittelt? (↗ Kapitel 2.3.2.3)

Frage 2-51 (Vertiefung): Wann wird ein außerordentliches Ergebnis ausgewiesen? (↗ Kapitel 2.3.2.3)

Frage 2-52: Welcher Posten der Bilanz wird durch Aufwendungen und Erträge immer geändert? (↗ Kapitel 2.3.4)

Frage 2-53: Welcher Posten der Kapitalflussrechnung zeigt zahlungswirksame Veränderungen des Anlagevermögens auf? (↗ Kapitel 2.4)

Frage 2-54: Welcher Posten der Kapitalflussrechnung zeigt zahlungswirksame Veränderungen des Kapitals auf? (↗ Kapitel 2.4)

Frage 2-55: Welche Aufwendungen und Erträge gehen in die Kapitalflussrechnung ein? (↗ Kapitel 2.4)

Übungen Kapitel 2

Im ersten Geschäftsjahr der Marcslights GmbH* kommt es zu folgenden Geschäftsvorfällen, bei denen die Umsatzsteuer jeweils nicht zu berücksichtigen ist:

(A) Marc gründet die Marcslights GmbH* und zahlt dazu das Stammkapital in Höhe von 25 000,00 € aus seinem Privatvermögen auf das Bankkonto der Marcslights GmbH* ein.

(B) Die Marcslights GmbH* erhält von ihrer Bank 17 000,00 € als kurzfristigen Kredit auf das Bankkonto überwiesen.

(C) Marc kauft Maschinen zum Preis von 5 000,00 € gegen Rechnung.

2.4 Die Abbildung von Unternehmen in Jahresabschlussrechnungen
Übungen

(D) Marc zahlt kurze Zeit später die Rechnung für die Maschinen aus dem vorangegangenen Geschäftsvorfall (C) per Banküberweisung.
(E) Marc kauft für den Werkstoffbestand Rohstoffe zum Preis von 10 000,00 € mit EC-Karte.
(F) Marc schreibt die Maschinen zur Berücksichtigung ihres Wertverlustes während des Geschäftsjahres planmäßig um 500,00 € ab.
(G) Marc verbraucht für die Fertigung von Leuchten Rohstoffe für 8 000,00 €.
(H) Marc hebt vom Bankkonto 5 300,00 € ab und legt das Bargeld in die Kasse.
(I) Marc zahlt Löhne von 4 000,00 € in bar.
(J) Marc kauft Papier zum sofortigen Verbrauch zum Preis von 30,00 € gegen Barzahlung.
(K) Für die Miete werden 3 000,00 € per Dauerauftrag an den Vermieter überwiesen.
(L) Für Telefon und Internet werden 600,00 € vom Konto eingezogen.

(M) Marc zahlt der Bank für das geliehene Geld 800,00 € Zinsen per Banküberweisung.
(N) Durch die Fertigung ergibt sich ein zusätzlicher Bestand an fertigen Leuchten im Wert von 16 000,00 €.
(O) Marc entnimmt dem Bestand an fertigen Leuchten für den Verkauf Leuchten für 14 000,00 €.
(P) Marc verkauft die entnommenen Leuchten für 30 000,00 € an ein Möbelgeschäft auf Rechnung.
(Q) Das Möbelgeschäft zahlt die Rechnung für die Leuchten aus dem vorangegangenen Geschäftsvorfall (P) per Banküberweisung.
(R) Marc zahlt der Bank am Ende des Geschäftsjahres 10 000,00 € von dem geliehenen Geld per Banküberweisung zurück.

Übung 2-1

Bestimmen Sie in der nachfolgenden Tabelle für die vorgenannten Geschäftsvorfälle aus Sicht der Marcslights GmbH* jeweils:
(1) ob es sich um eine Auszahlung, eine Einzahlung oder keine dieser Größen handelt,
(2) ob es sich um einen Aufwand, einen Ertrag oder keine dieser Größen handelt und
(3) ob es sich um eine Bilanzverlängerung, eine Bilanzverkürzung, einen Aktivtausch oder einen Passivtausch handelt.

Kapitelreferenzen
↗ Kapitel 2.1.3, ↗ Kapitel 2.2.1, ↗ Kapitel 2.3.1

Geschäftsvorfall	Auszahlung/Einzahlung	Aufwand/Ertrag	Bilanzänderung
(A)			
(B)			
(C)			
(D)			
(E)			
(F)			
(G)			
(H)			
(I)			
(J)			
(K)			
(L)			
(M)			
(N)			
(O)			
(P)			
(Q)			
(R)			

Übung 2-2

(1) Erstellen Sie eine Kapitalflussrechnung (Version: Direkte Methode gemäß Deutsche Rechnungslegungs Standards: Nr. 2 Kapitalflussrechnung, Tabelle 5) für die Marcslights GmbH*, indem Sie die Buchstaben der vorgenannten Geschäftsvorfälle mit den dazugehörigen Beträgen und einem kurzen Kommentar an den passenden Stellen in die nachfolgende Rechnung eintragen. Bitte beachten Sie dabei jeweils, dass sich nur Aus- und Einzahlungen auf die Kapitalflussrechnung auswirken:

Kapitelreferenzen
/ Kapitel 2.2.2

Auszahlungen	Kapitalflussrechnung		Einzahlungen
6. Cashflow aus laufender Geschäftstätigkeit	11 570,00 €		
17. Cashflow aus der Investitionstätigkeit			
22. Cashflow aus der Finanzierungstätigkeit			
23. Zahlungswirksame Veränderungen des Finanzmittelfonds	38 570,00 €		

(2) Kontrollieren Sie zum Abschluss Ihre Eintragungen in die Kapitalflussrechnung, indem Sie die Cashflows und die zahlungswirksamen Veränderungen des Finanzmittelfonds ermitteln und sie mit den angegebenen Werten vergleichen.

Übung 2-3

(1) Erstellen Sie eine Gewinn- und Verlustrechnung (Version: Gesamtkostenverfahren gemäß Handelsgesetzbuch: § 275 Gliederung, Absatz 2) für die Marcslights GmbH*, indem Sie die Buchstaben der vorgenannten Geschäftsvorfälle mit den dazugehörigen Beträgen und einem kurzen Kommentar an den passenden Stellen in die nachfolgende Rechnung eintragen. Bitte beachten Sie dabei jeweils, dass sich nur Aufwendungen und Erträge auf die Gewinn- und Verlustrechnung auswirken:

Kapitelreferenzen
/ Kapitel 2.3.2

Aufwendungen	Gewinn- und Verlustrechnung		Erträge
2. Verminderung des Bestands an fertigen und unfertigen Erzeugnissen			1. Umsatzerlöse
5. Materialaufwand			2. Erhöhung des Bestands an fertigen und unfertigen Erzeugnissen

2.4 Die Abbildung von Unternehmen in Jahresabschlussrechnungen
Übungen

6. Personalaufwand	
7. Abschreibungen	
8. Sonstige betriebliche Aufwendungen	
Betriebsergebnis	15 870,00 €
13. Zinsen und ähnliche Aufwendungen	
Finanzergebnis	
14. Ergebnis der gewöhnlichen Geschäftstätigkeit	
20. Jahresüberschuss	15 070,00 €

(2) Kontrollieren Sie zum Abschluss Ihre Eintragungen in die Gewinn- und Verlustrechnung, indem Sie die Ergebnisse und den Jahresüberschuss ermitteln und sie mit den angegebenen Werten vergleichen.

Übung 2-4

Kapitelreferenzen
/ Kapitel 2.1.1

(1) Erstellen Sie eine Bilanz für die Marcslights GmbH*, indem Sie die Buchstaben der vorgenannten Geschäftsvorfälle mit den dazugehörigen Beträgen und einem kurzen Kommentar an den passenden Stellen in die nachfolgende Bilanz eintragen. Bitte beachten Sie dabei jeweils, dass sich alle Geschäftsvorfälle auf die Bilanz auswirken, wobei Aufwendungen den Posten »V. Jahresüberschuss/Jahresfehlbetrag« vermindern und Erträge ihn erhöhen:

Aktiva	Bilanz		Passiva
A. Anlagevermögen			**A. Eigenkapital**
II. Sachanlagen			I. Gezeichnetes Kapital
			V. Jahresüberschuss
	4 500,00 €		
B. Umlaufvermögen			
I. Vorräte			
II. Forderungen			
IV. Flüssige Mittel		40 070,00 €	

C. Verbindlichkeiten

7 000,00 €

42 570,00 €

Bilanzsumme 47 070,00 € Bilanzsumme

(2) Kontrollieren Sie zum Abschluss Ihre Eintragungen in die Bilanz, indem Sie die Summen der Posten und die Bilanzsumme ermitteln und sie mit den angegebenen Werten vergleichen.

Lernstandsmonitor Kapitel 2

Kapitel		niedrig	mittel	hoch	Noch lernen
2.1 Bilanz	Wichtigkeit				
	Eigene Kompetenz				
2.2 Kapitalflussrechnung	Wichtigkeit				
	Eigene Kompetenz				
2.3 Gewinn- und Verlustrechnung	Wichtigkeit				
	Eigene Kompetenz				
2.4 Zusammenhang der Jahresabschlussrechnungen	Wichtigkeit				
	Eigene Kompetenz				

3 Die Aufzeichnung von Geschäftsvorfällen auf Konten

Kapitelnavigator

Inhalt	Lernziel
3.1 Kontenarten	3-1 Kontenarten unterscheiden und Eintragungen in Konten durchführen können.
3.2 Kontenverknüpfungen	3-2 Die verschiedenen Kontenverknüpfungen kennen.
3.3 Benennung und Strukturierung von Konten	3-3 Konten in Kontenrahmen lokalisieren können.
3.4 Buchen auf Konten	3-4 Aus Geschäftsvorfällen Buchungssätze ableiten können.
3.5 Eröffnung und Abschluss von Konten	3-5 Eröffnungs- und Abschlussbuchungen durchführen können.
3.6 Kleines Buchungseinmaleins	3-6 Die grundlegenden Buchführungstechniken kennen.

Nachdem Jill und Marc jetzt wissen, wie sie anhand der Jahresabschlussrechnungen einen Überblick über ihre Unternehmen erhalten, stellt sich nun die Frage, wie sie diese Jahresabschlussrechnungen am einfachsten erstellen können. Eine Möglichkeit dazu wäre, nach jedem Geschäftsvorfall eine neue Bilanz, eine neue Gewinn- und Verlustrechnung und eine neue Kapitalflussrechnung aufzustellen. Das erscheint den beiden aber zu aufwendig. Ein andere Möglichkeit dazu wäre, während des Geschäftsjahres alle Geschäftsvorfälle aufzuzeichnen und dann anhand dieser Aufzeichnungen am Jahresende die Jahresabschlussrechnungen zu erstellen. Genau diesem Zweck dienen die sogenannten Konten, die wir uns nachfolgend näher anschauen werden.

Die Bezeichnung »Konto« leitet sich von dem italienischen Begriff »conto« ab, der übersetzt »Rechnung« bedeutet. *Konten* sind zweiseitige Rechnungen, die aufgrund ihres Aussehens auch als *T-Konten* bezeichnet werden (↗ Abbildung 3-1). Auf den beiden Konto-

seiten können Geldbeträge eingetragen werden, die dann jeweils aufsummiert werden und die Kontosumme ergeben. Die linke Seite von Konten wird dabei als »*Soll*« oder in der älteren Literatur auch als »*Debet*« und die gegen-

3.1 Die Aufzeichnung von Geschäftsvorfällen auf Konten
Kontenarten

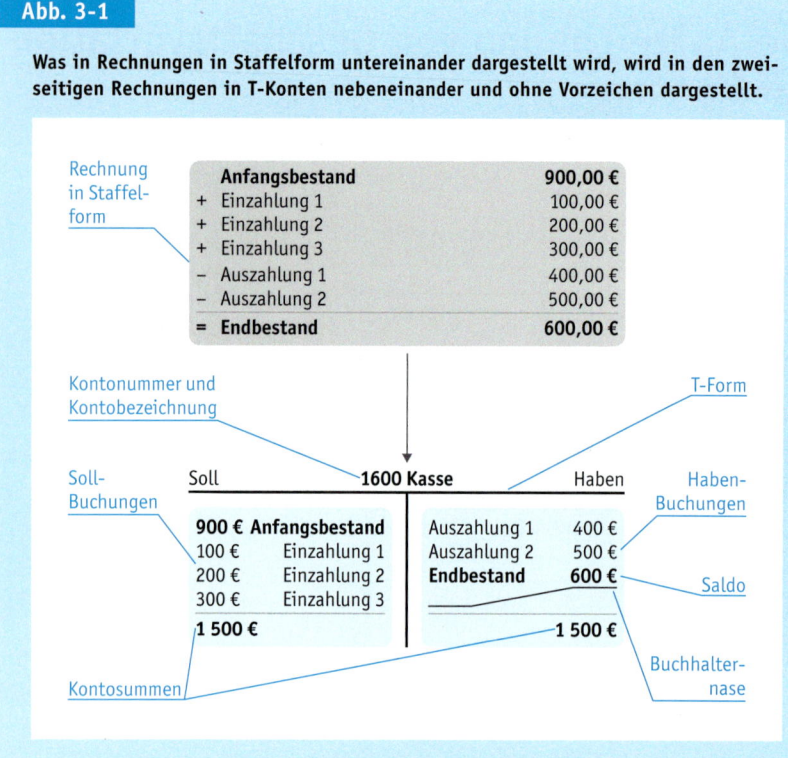

Abb. 3-1

Was in Rechnungen in Staffelform untereinander dargestellt wird, wird in den zweiseitigen Rechnungen in T-Konten nebeneinander und ohne Vorzeichen dargestellt.

überliegende rechte Seite als »*Haben*« oder in der älteren Literatur auch als »*Kredit*« bezeichnet.

Wenn während des Geschäftsjahres Eintragungen auf Konten vorgenommen werden, so wird dies als »*Buchen*« bezeichnet. Eintragungen auf den Soll-Seiten der Konten werden entsprechend als »*Soll-Buchungen*«, Eintragungen auf den Haben-Seiten als »*Haben-Buchungen*« bezeichnet. Kennzeichnend für die doppelte Buchführung (↗ Kapitel 4.1.2) in der Hauptbuchführung ist dabei:

- dass jeder Geschäftsvorfall mindestens zwei Konten betrifft und
- dass allen Buchungen im Soll Gegenbuchungen in gleicher Höhe im Haben gegenüber stehen müssen.

Ob Konten durch Buchungen zu- oder abnehmen, hängt von der Art des Kontos ab und von der Seite des Kontos, auf der gebucht wird. Manche Konten nehmen im Soll zu und im Haben ab, manche im Haben zu und im Soll ab.

Die Differenz der Buchungen auf den Soll- und den Haben-Seiten ergibt für jedes Konto den »*Saldo*«. Er wird in der Regel erst zum Ende eines Geschäftsjahres im Rahmen der Erstellung der Jahresabschlussrechnungen ermittelt. Seine Buchung bewirkt, dass die *Kontosummen* der Soll- und der Haben-Seiten übereinstimmen.

Bei der handschriftlichen Führung von Konten wurde früher in Leerräumen eine sogenannte *Buchhalternase* angebracht, um nachträgliche Eintragungen zu verhindern. Bei den heute verwendeten Buchführungssoftwaresystemen ist dies nicht mehr erforderlich, weshalb wir nachfolgend darauf verzichten werden.

Im Folgenden werden wir uns zuerst anschauen, welche Arten von Konten es gibt, wie diese verknüpft sein können und wie diese benannt und strukturiert werden können. Anschließend werden Sie dann lernen, wie Geschäftsvorfälle auf Konten verbucht und wie Konten eröffnet und abgeschlossen werden.

3.1 Kontenarten

Lernziel 3-1
Kontenarten unterscheiden und Eintragungen in Konten durchführen können.

- Kontenarten
- Kontenverknüpfungen
- Benennung und Strukturierung von Konten
- Buchen auf Konten
- Eröffnung und Abschluss von Konten
- Kleines Buchungseinmaleins

In der Buchführung werden zwei Gruppen von Konten verwendet, die Sach- und die Personenkonten (↗ Abbildung 3-2).

3.1.1 Sachkonten

Die Konten der Hauptbuchführung werden als Sachkonten bezeichnet, da sie nach sachlichen

Kriterien gegliedert sind. Die Sachkonten können weiter in die Bestands-, die Erfolgs-, die Privat-, die gemischten und die Hilfskonten unterteilt werden.

3.1.1.1 Bestandskonten

Die Bestandskonten leiten sich aus der Bilanz ab (↗ Abbildung 3-3). Auf ihnen werden die Veränderungen der einzelnen Bilanzposten während des Geschäftsjahres aufgezeichnet. Für jeden Bilanzposten gibt es deshalb mindestens ein Bestandskonto, in der Regel sind es jedoch mehrere. Entsprechend dem Aufbau der Bilanz (↗ Kapitel 2.1.1) werden Aktiv- und Passivkonten unterschieden.

3.1.1.1.1 Aktivkonten/Vermögenskonten

Die Aktiv- beziehungsweise Vermögenskonten leiten sich aus den Aktivposten der Bilanz ab. Beispiele für Aktivkonten sind die Konten »Technische Anlagen und Maschinen«, »Roh-, Hilfs- und Betriebsstoffe (Bestand)« und »Forderungen aus Lieferungen und Leistungen«. Bei Aktivkonten werden:

- im **Soll** der Anfangsbestand (AB) und die Zugänge und
- im **Haben** die Abgänge und der Saldo verbucht.

Der Saldo gibt dabei den *Endbestand* (EB) des Aktivkontos an.

Den Aktivkonten werden auch die sogenannten *Zahlungskonten* zugerechnet. Dabei handelt es sich um alle Konten, über die Aus- und Einzahlungen verbucht werden. Dies trifft insbesondere auf die Konten »Bank« und »Kasse« zu, aus deren Eintragungen auch die Kapitalflussrechnung abgeleitet werden kann (↗ Abbildung 3-3).

Beispiel 3-1

In der Kasse der Marcslights GmbH* waren zu Beginn eines Geschäftsjahres 800,00 €. Während des Geschäftsjahres wurden weitere 300,00 € in die Kasse getan und 200,00 € entnommen. Am Ende des Geschäftsjahres waren dadurch noch 900,00 € in der Kasse (Hinweis: Zur Erhöhung der Verständlichkeit wurden die Einträge kommentiert und zusätzlich mit Vor- und Gleichheitszeichen versehen):

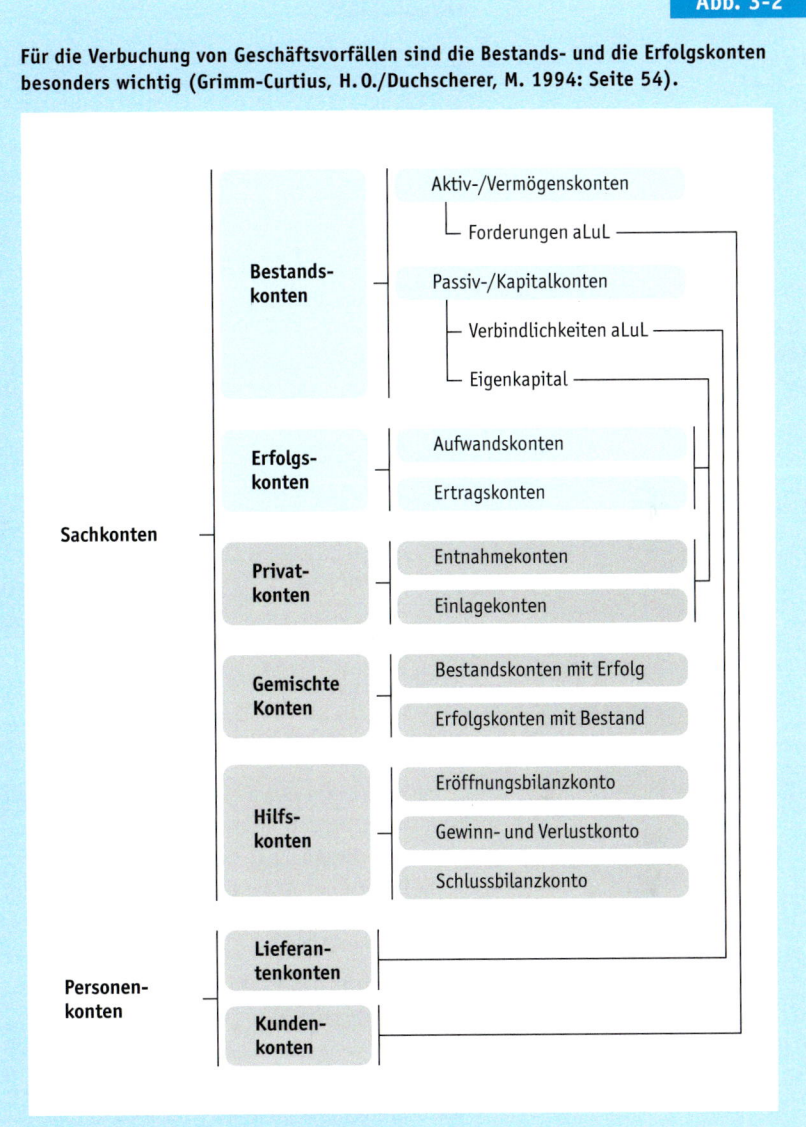

Abb. 3-2 Für die Verbuchung von Geschäftsvorfällen sind die Bestands- und die Erfolgskonten besonders wichtig (Grimm-Curtius, H.O./Duchscherer, M. 1994: Seite 54).

Soll	Kasse	Haben
800,00 € Anfangsbestand		Abgang − 200,00 €
+ 300,00 € Zugang		Saldo = 900,00 €

3.1.1.1.2 Passivkonten/Kapitalkonten

Die Passiv- beziehungsweise Kapitalkonten leiten sich aus den Passivposten der Bilanz ab. Beispiele für Passivkonten sind die Konten »Gezeichnetes Kapital«, »Pensionsrückstellungen« und »Verbindlichkeiten aus Lieferungen und

3.1 Die Aufzeichnung von Geschäftsvorfällen auf Konten
Kontenarten

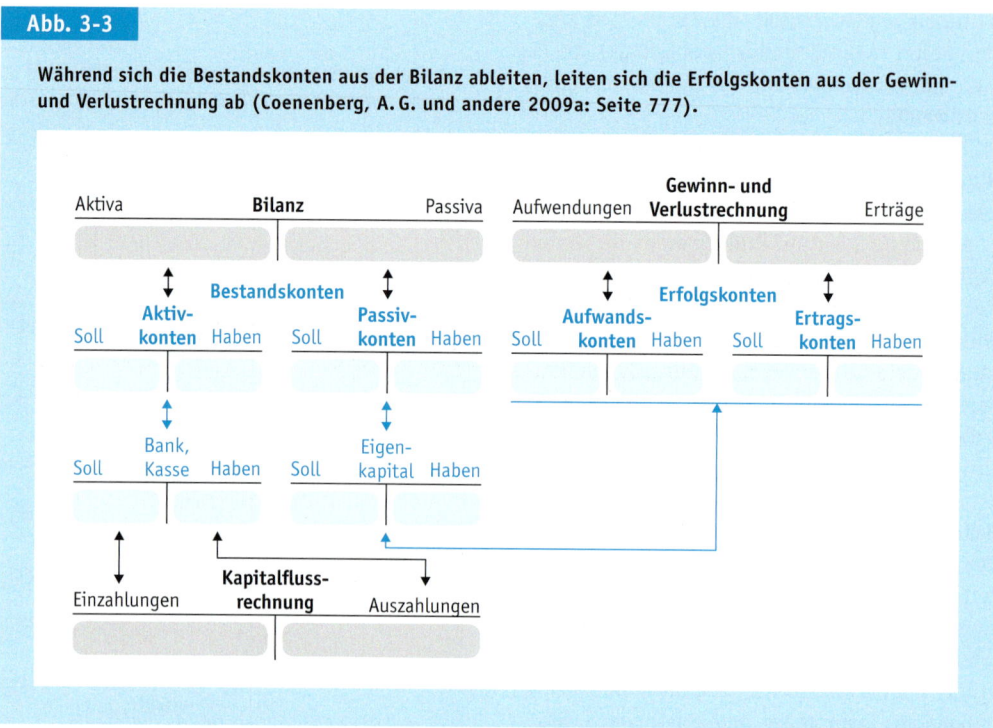

Abb. 3-3

Während sich die Bestandskonten aus der Bilanz ableiten, leiten sich die Erfolgskonten aus der Gewinn- und Verlustrechnung ab (Coenenberg, A. G. und andere 2009a: Seite 777).

Leistungen«. Bei den Passivkonten werden spiegelverkehrt zu den Aktivkonten:

- im **Soll** die Abgänge und der Saldo und
- im **Haben** der Anfangsbestand (AB) und die Zugänge verbucht.

Der Saldo gibt dabei den *Endbestand* (EB) des Passivkontos an.

Beispiel 3-2

Aus Bestellungen bei Lieferanten hatte die Marcslights GmbH* zu Beginn eines Geschäftsjahres noch Verbindlichkeiten aus Lieferungen und Leistungen von 400,00 €. Während des Geschäftsjahres kamen weitere 600,00 € an Verbindlichkeiten dazu, während durch Zahlungen 700,00 € an Verbindlichkeiten abgebaut wurden. Am Ende des Geschäftsjahres bestanden dadurch noch Verbindlichkeiten von 300,00 € (Hinweis: Zur Erhöhung der Verständlichkeit wurden die Einträge kommentiert und zusätzlich mit Vor- und Gleichheitszeichen versehen):

Soll	Verbindlichkeiten aus Lieferungen und Leistungen		Haben
− 700,00 € Abgang		Anfangsbestand	400,00 €
= 300,00 € Saldo		Zugang	+ 600,00 €

3.1.1.2 Erfolgskonten

Die Erfolgskonten sind Unterkonten (↗ Kapitel 3.2.1) der Passivkonten des Eigenkapitals und leiten sich aus der Gewinn- und Verlustrechnung ab (↗ Abbildung 3-3). Auf den Erfolgskonten werden während des Geschäftsjahres Aufwendungen und Erträge aufgezeichnet. Für jeden Posten der Gewinn- und Verlustrechnung gibt es deshalb mindestens ein Erfolgskonto, in der Regel sind es jedoch mehrere. Entsprechend dem

Exkurs 3-1

Warum Bankkonten Passivkonten sind

Auf den Kontoauszügen, die wir als Privatpersonen jeden Monat erhalten, werden in der Regel Zugänge im Haben und Abgänge im Soll ausgewiesen. Dies ist eigentlich typisch für Passivkonten. Aber müsste es sich bei unseren Bankkonten – zumindest solange sie nicht überzogen sind – nicht um Aktivkonten handeln? Aus unserer Sicht ist das richtig. Aus Sicht der Bank handelt es sich jedoch um Passivkonten, da sie die Verbindlichkeiten der Bank uns gegenüber ausweisen.

Aufbau der Gewinn- und Verlustrechnung (↗ Kapitel 2.3.2) werden Aufwands- und Ertragskonten unterschieden. Diese haben keine Anfangsbestände, da die Gewinn- und Verlustrechnung als Zeitabschnittsrechnung jeweils nur die Aufwendungen und die Erträge eines Geschäftsjahres erfasst.

3.1.1.2.1 Aufwandskonten

Die Aufwandskonten leiten sich aus den Aufwandsposten der Gewinn- und Verlustrechnung ab. Beispiele für Aufwandskonten sind die Konten »Aufwendungen für Rohstoffe« und »Miete«. Aufwendungen werden auf den Aufwandskonten auf derselben Seite wie Minderungen der Passivkonten des Eigenkapitals verbucht. Bei den Aufwandskonten werden entsprechend:

- im **Soll** die Aufwendungen und
- im **Haben** der Saldo und gegebenenfalls Korrekturen der Aufwendungen verbucht.

Beispiel 3-3

Durch den Verbrauch von Rohstoffen entstanden bei der Marcslights GmbH* während eines Geschäftsjahres Aufwendungen von 100,00 € und von 200,00 €. Dadurch ergab sich am Ende des Geschäftsjahres ein Saldo von 300,00 € (Hinweis: Zur Erhöhung der Verständlichkeit wurden die Einträge kommentiert und zusätzlich mit Vor- und Gleichheitszeichen versehen):

Soll	Aufwendungen für Rohstoffe	Haben
100,00 € Aufwand		Saldo = 300,00 €
+ 200,00 € Aufwand		

3.1.1.2.2 Ertragskonten

Die Ertragskonten leiten sich aus den Ertragsposten der Gewinn- und Verlustrechnung ab. Beispiele für Ertragskonten sind die Konten »Umsatzerlöse« und »Grundstückserträge«. Erträge werden auf den Ertragskonten auf derselben Seite wie Mehrungen der Passivkonten des Eigenkapitals verbucht. Bei den Ertragskonten werden entsprechend:

- im **Soll** der Saldo und gegebenenfalls Korrekturen der Erträge und
- im **Haben** die Erträge verbucht.

Beispiel 3-4

Durch den Verkauf von fertigen Erzeugnissen entstanden bei der Marcslights GmbH* während eines Geschäftsjahres Umsatzerlöse von 400,00 € und von 500,00 €. Dadurch ergab sich am Ende des Geschäftsjahres ein Saldo von 900,00 € (Hinweis: Zur Erhöhung der Verständlichkeit wurden die Einträge kommentiert und zusätzlich mit Vor- und Gleichheitszeichen versehen):

Soll	Umsatzerlöse	Haben
= 900,00 € Saldo		Ertrag 400,00 €
		Ertrag + 500,00 €

3.1.1.3 Privatkonten

Bei den Privatkonten handelt es sich wie bei den Erfolgskonten ebenfalls um Unterkonten (↗ Kapitel 3.2.1) der Passivkonten des Eigenkapitals. Über die Privatkonten können bei Einzelkaufleuten und bei Personenhandelsgesellschaften Entnahmen und Einlagen verbucht werden.

3.1.1.3.1 Entnahmekonten

Entnahmen bezeichnen die Übertragung von Geld oder anderen Gegenständen aus dem Betriebsvermögen des Unternehmens in das Privatvermögen des Unternehmenseigners (Coenenberg, A. G. und andere 2009a: Seite 83).

Entnahmen bei Einzelkaufleuten und bei Personenhandelsgesellschaften werden wie Minderungen der Passivkonten des Eigenkapitals verbucht. Bei den Entnahmekonten werden entsprechend:

- im **Soll** die Entnahmen und
- im **Haben** der Saldo und gegebenenfalls Korrekturen verbucht.

Neben Konten für allgemeine Entnahmen gehören auch Konten für die Verbuchung von Privatsteuern zu den Entnahmekonten.

3.1.1.3.2 Einlagekonten

Einlagen bezeichnen die Übertragung von Geld oder anderen Gegenständen aus dem Privatvermögen des Unternehmenseigners in das Betriebsvermögen des Unternehmens (Coenenberg, A. G. und andere 2009a: Seite 83).

Einlagen bei Einzelkaufleuten und bei Personenhandelsgesellschaften werden wie Mehrungen der Passivkonten des Eigenkapitals ver-

bucht. Bei den Einlagekonten werden entsprechend:
- im **Soll** der Saldo und gegebenenfalls Korrekturen und
- im **Haben** die Einlagen verbucht.

3.1.1.4 Gemischte Konten

Kennzeichnend für gemischte Konten ist, dass sich ihr Saldo aus einem Bestands- und einem Erfolgsanteil zusammensetzt. Gemischte Konten weisen insofern sowohl Merkmale der Bestands- als auch Merkmale der Erfolgskonten auf. Abhängig davon, ob der Bestands- oder der Erfolgscharakter überwiegt, werden zwei Arten von gemischten Konten unterschieden (Falterbaum, H. und andere 2007: Seite 132 ff.).

3.1.1.4.1 Bestandskonten mit Erfolg/ Gemischte Bestandskonten

Als Bestandskonten mit Erfolg beziehungsweise gemischte Bestandskonten gelten in erster Linie die Aktivkonten der abnutzbaren Anlagegüter, so beispielsweise das Konto »Technische Anlagen und Maschinen«. Über diese Konten werden nicht nur Zu- und Abgänge von Anlagegütern, sondern über Abschreibungen auch deren Wertverluste und damit Erfolgsanteile verbucht.

Beispiel 3-5

Die Maschinen der Marcslights GmbH* waren zu Beginn eines Geschäftsjahres 800,00 € wert. Während des Geschäftsjahres nahm der Wert aufgrund von Abschreibungen um 100,00 € ab. Am Ende des Geschäftsjahres waren die Maschinen dadurch noch 700,00 € wert (Hinweis: Zur Erhöhung der Verständlichkeit wurden die Einträge kommentiert und zusätzlich mit Vor- und Gleichheitszeichen versehen):

Soll	Technische Anlagen und Maschinen		Haben
800,00 € Anfangsbestand		Abschreibungen	– 100,00 €
		Saldo	= 700,00 €

3.1.1.4.2 Erfolgskonten mit Bestand/ Gemischte Erfolgskonten

Kennzeichnend für Erfolgskonten mit Bestand beziehungsweise gemischte Erfolgskonten ist, dass über Erfolgskonten nicht nur Aufwendungen und Erträge, sondern auch Bestände verbucht werden.

Dies ist insbesondere bei den *geteilten Warenkonten* der Fall, bei denen auf einem Erfolgskonto Aufwendungen durch den Einsatz von Waren sowie Anfangs- und Schlussbestände verbucht werden:

Soll	Geteiltes Warenkonto	Haben
Anfangsbestand zu Anschaffungskosten		Schlussbestand zu Anschaffungskosten
Aufwendungen durch Zugänge zu Anschaffungskosten		

Bei den *einheitlichen* beziehungsweise *ungeteilten Warenkonten*, aber auch bei den *gemischten Effekten-* beziehungsweise *Wertpapierkonten* und bei den *gemischten Devisenkonten*, werden zudem noch Verkaufserträge verbucht, und zwar nicht wie die Bestände und die Aufwendungen zu Anschaffungskosten, sondern zu Verkaufspreisen:

Soll	Einheitliches Warenkonto	Haben
Anfangsbestand zu Anschaffungskosten		Schlussbestand zu Anschaffungskosten
Aufwendungen durch Zugänge zu Anschaffungskosten		Erträge durch Abgänge zu Verkaufspreisen
Rohgewinn		

Insbesondere aufgrund ihrer Unübersichtlichkeit (↗ Kapitel 5.3.1.1) entsprechen die Erfolgskonten mit Bestand nach herrschender Meinung nicht den Grundsätzen ordnungsmäßiger Buchführung (Eisele, W. 2002: Seite 93, Falterbaum, H. und andere 2007: Seite 137 und Wöhe, G./ Kußmaul, H. 2006: Seite 78). In der Praxis erfolgt deshalb in der Regel eine Aufteilung auf Erfolgs- und Bestandskonten (↗ Kapitel 9.2.2).

3.1.1.5 Hilfskonten

Zusätzlich zu den vorgenannten Konten existieren Hilfskonten, die sich in der Regel nicht aus Jahresabschlussrechnungen ableiten, sondern nur temporär aus buchungstechnischen Gründen oder für Statistiken und betriebswirtschaftliche Auswertungen (BWA) verwendet werden (Eisele, W. 2002: Seite 76).

3.1.1.5.1 Eröffnungs- und Abschlusskonten

Hilfskonten, die für Eröffnungs- und Abschlussbuchungen verwendet werden, werden als *Eröffnungs- und Abschlusskonten* bezeichnet und weiter in die nachfolgend beschriebenen Konten unterteilt.

(1) Eröffnungsbilanzkonto

Das Eröffnungsbilanzkonto (EBK) wird zu Beginn des Geschäftsjahres zur manuellen Eröffnung der Bestandskonten verwendet (↗ Kapitel 3.5.1). Auf ihm erfolgen jeweils Gegenbuchungen bei der Eröffnung der Aktiv- und der Passivkonten. Der Saldo des Eröffnungsbilanzkontos ist dadurch – wenn keine Fehler gemacht wurden – immer 0,00 €.

(2) Gewinn- und Verlustkonto

Das Gewinn- und Verlustkonto wird zum Ende des Geschäftsjahres zum manuellen Abschluss der Erfolgskonten verwendet, indem deren Salden dort gegengebucht werden (↗ Kapitel 3.5.2.2). Aus dem Gewinn- und Verlustkonto kann die Gewinn- und Verlustrechnung abgeleitet werden und sein Saldo gibt den Jahresüberschuss oder den Jahresfehlbetrag des Geschäftsjahres an.

Beispiel 3-6

Bei der Marcslights GmbH* entstanden während eines Geschäftsjahres Aufwendungen von 300,00 € und Erträge von 900,00 €. Dadurch ergab sich am Ende des Geschäftsjahres nach Abschluss der Aufwands- und Ertragskonten als Saldo des Gewinn- und Verlustkontos ein Jahresüberschuss von 600,00 € (Hinweis: Zur Erhöhung der Verständlichkeit wurden die Einträge kommentiert und zusätzlich mit Vor- und Gleichheitszeichen versehen):

Soll	Gewinn- und Verlustkonto		Haben
– 300,00 € Salden Aufwandskonten		Salden Ertragskonten	900,00 €
= 600,00 € Jahresüberschuss			

Beispiel 3-7

Bei der Marcslights GmbH* entstanden während eines Geschäftsjahres Aufwendungen von 300,00 € und Erträge von 200,00 €. Dadurch ergab sich am Ende des Geschäftsjahres nach Abschluss der Aufwands- und Ertragskonten als Saldo des Gewinn- und Verlustkontos ein Jahresfehlbetrag von 100,00 € (Hinweis: Zur Erhöhung der Verständlichkeit wurden die Einträge kommentiert und zusätzlich mit Vor- und Gleichheitszeichen versehen):

Soll	Gewinn- und Verlustkonto		Haben
– 300,00 € Salden Aufwandskonten		Salden Ertragskonten	200,00 €
		Jahresfehlbetrag	= 100,00 €

Abb. 3-4

Um buchen zu können, ist es notwendig, die verschiedenen Kontenarten zu kennen und zu wissen, was auf welcher Seite gebucht wird (Falterbaum, H. und andere 2007: Seite 140 f.).

	Soll	Haben
Aktivkonten/Vermögenskonten	Anfangsbestand + Zugänge	Abgänge – Saldo =
Passivkonten/Kapitalkonten	– Abgänge = Saldo	Anfangsbestand Zugänge +
Aufwandskonten	+ Aufwendungen	Saldo =
Ertragskonten	= Saldo	Erträge +
Entnahmekonten	+ Entnahmen	Saldo =
Einlagekonten	= Saldo	Einlagen +
Bestandskonten mit Erfolg	Anfangsbestand + Zugänge	Abschreibungen – Saldo =
Eröffnungsbilanzkonto	Anfangsbestand Passivkonten	Anfangsbestand Aktivkonten
Gewinn- und Verlustkonto	– Salden Aufwandskonten = Jahresüberschuss	Salden Ertragskonten +
Schlussbilanzkonto	Salden Aktivkonten	Salden Passivkonten
Lieferantenkonten	– Auszahlungen = Saldo	Anfangsbestand Verbindlichkeiten +
Kundenkonten	Anfangsbestand + Forderungen	Einzahlungen – Saldo =

(3) Schlussbilanzkonto

Nach dem Abschluss der Erfolgskonten wird das Schlussbilanzkonto (SBK) zum manuellen Abschluss der Bestandskonten und des Gewinn- und Verlustkontos verwendet, indem deren Salden dort gegengebucht werden (↗ Kapitel 3.5.2.3). Der Saldo des Schlussbilanzkontos ist dadurch – wenn keine Fehler gemacht wurden – immer 0,00 €. Aus dem Schlussbilanzkonto kann die Schlussbilanz abgeleitet werden.

Beispiel 3-8

Bei der Marcslights GmbH* ergaben sich während eines Geschäftsjahres bei den Aktivkonten Salden von 900,00 €, bei den Passivkonten von 300,00 € und bei dem Gewinn- und Verlustkonto von 600,00 €. Nach Abschluss aller Konten am Ende des Geschäftsjahres war das Schlussbilanzkonto dadurch mit einem Saldo von 0,00 € ausgeglichen (Hinweis: Zur Erhöhung der Verständlichkeit wurden die Einträge kommentiert und zusätzlich mit Vor- und Gleichheitszeichen versehen):

Soll	Schlussbilanzkonto		Haben
	900,00 € Salden Aktivkonten	Salden Passivkonten	300,00 €
=	0,00 € Saldo	Saldo GuV-Konto	600,00 €

(4) Vortragskonten

Die Vortragskonten werden in Buchführungssoftwaresystemen für den automatischen Übertrag von Salden vom alten ins neue Geschäftsjahr verwendet.

3.1.1.5.2 Ergebnisverwendungskonten

Für die Verwendung des Jahresüberschusses oder -fehlbetrages im Rahmen des Jahresabschlusses von Einzelkaufleuten und Personenhandelsgesellschaften gibt es in den DATEV- Standardkontenrahmen *Ergebnisverwendungskonten* und für die Gegenbuchungen *Anteilsteuerungskonten*. Die Ergebnisverwendungskonten haben dabei den Charakter von Erfolgskonten, während die Anteilsteuerungskonten Unterkonten (↗ Kapitel 3.2.1) der Kapitalkonten der Unternehmenseigner sind und entsprechend auf diese abgeschlossen werden (DATEV 2010a: Seite 56 ff.).

3.1.1.5.3 Verrechnungskonten

Hilfskonten, die für ausgleichende Buchungen zwischen Konten verwendet werden, beispielsweise um Zeitdifferenzen zu überbrücken oder um Prozesse differenzierter zu erfassen (↗ Exkurs 9-1), werden als *Verrechnungs-*, *Interims-* oder *Zwischenkonten* bezeichnet.

3.1.1.5.4 Übergangskonten in Zweikreissystemen

Für die Verbindung des in Zweikreissystemen getrennt durchgeführten externen und internen Rechnungswesens können sogenannte *Übergangskonten* eingesetzt werden, die im Industriekontenrahmen in der Kontenklasse 9 aufgeführt werden (↗ Kapitel 3.3.2.3.3).

3.1.1.6 Änderungen des Kontencharakters

In einigen Ausnahmefällen kann es durch Buchungen zu Änderungen des Kontencharakters kommen.

Prominentestes Beispiel dafür ist das Aktivkonto »Bank«, das – falls es überzogen wird – quasi zu einem Passivkonto »Verbindlichkeiten gegenüber Kreditinstituten« wird (Döring, U./ Buchholz, R. 2005: Seite 21).

Weitere häufig anzutreffende Beispiele sind die Ertragskonten »Bestandsveränderungen – unfertige Erzeugnisse« und »Bestandsveränderungen – fertige Erzeugnisse«, die – falls es während des Geschäftsjahres statt zu einem Aufbau zu einem Abbau von Lagerbeständen kommt – quasi zu Aufwandskonten werden (↗ Kapitel 9.3.1.2, 9.3.1.3, 9.3.1.4, 9.4.1.1).

Exkurs 3-2

Soll und Haben

Die Begriffe »Soll« und »Haben« leiten sich historisch wahrscheinlich aus der Kreditorenbuchführung der in den italienischen Handelsstädten des Mittelalters vorhandenen Girobanken ab. Bei Überweisungen innerhalb der Bank wurde dies jeweils auf der linken Seite des überweisenden Kontos mit »De dare« für »Soll geben« und auf der rechten Seite des Empfängerkontos mit »De avere« für »Soll haben« notiert. Später wurde diese Syntax dann in verkürzter Form für alle Konten beibehalten (Schmalenbach, E. 1950: Seite 16, 26 und Eisele, W. 2002: Seite 72).

3.1.2 Personenkonten

Die Konten der Kontokorrentbuchführung – einer die Hauptbuchführung ergänzenden Nebenbuchführung (↗ Kapitel 4.3.2.2.2) – werden als Personenkonten bezeichnet, da sie nach Personen und Unternehmen unterteilt werden. In der Regel werden für alle wichtigen Lieferanten und Kunden von Unternehmen jeweils eigene Personenkonten eingerichtet.

Über die Personenkonten werden die sogenannten *offenen Posten* verwaltet. Es handelt sich dabei um bestehende Verbindlichkeiten und Forderungen aus Lieferungen und Leistungen. Die Personenkonten werden entsprechend in die Lieferanten- und in die Kundenkonten unterteilt.

3.1.2.1 Lieferantenkonten

Über die Lieferantenkonten wird für jeden Lieferanten beziehungsweise *Kreditor* dokumentiert, welche Verbindlichkeiten aus Lieferungen und Leistungen ihm gegenüber bestehen und welche dieser Verbindlichkeiten bereits beglichen wurden.

Es handelt sich bei den Lieferantenkonten um Nebenkonten (↗ Kapitel 3.2.2) der Sammelkonten »Verbindlichkeiten aus Lieferungen und Leistungen«, die gleichzeitig mit diesen Passivkonten bebucht werden (↗ Kapitel 9.5.2.1), wodurch die Summe der Salden aller Lieferantenkonten jeweils den Salden dieser Konten entsprechen. Auch die Bebuchung erfolgt in gleicher Weise nämlich:
- im **Soll** die Abgänge und der Saldo und
- im **Haben** der Anfangsbestand (AB) und die Zugänge.

3.1.2.2 Kundenkonten

Über die Kundenkonten wird für jeden Kunden beziehungsweise *Debitor* dokumentiert, welche Forderungen aus Lieferungen und Leistungen ihm gegenüber bestehen und welche dieser Forderungen bereits beglichen wurden. Dies erleichtert es Unternehmen, im Rahmen eines sogenannten *Forderungsmanagements* gezielt Außenstände abzubauen.

Es handelt sich bei den Kundenkonten um Nebenkonten (↗ Kapitel 3.2.2) der Sammelkonten »Forderungen aus Lieferungen und Leistungen«, die gleichzeitig mit diesen Aktivkonten bebucht werden (↗ Kapitel 9.5.2.2), wodurch die Summe der Salden aller Kundenkonten jeweils den Salden dieser Konten entspricht. Auch die Bebuchung erfolgt in gleicher Weise nämlich:
- im **Soll** der Anfangsbestand (AB) und die Zugänge und
- im **Haben** die Abgänge und der Saldo.

Zwischenübung Kapitel 3.1

(1) Tragen Sie auf dem folgenden Aktivkonto einen Anfangsbestand von 400,00 €, einen Zugang von 800,00 €, einen Abgang von 950,00 € und einen Saldo von 250,00 € ein:

Soll	Aktivkonto	Haben

(2) Tragen Sie auf dem folgenden Aufwandskonto einen Aufwand von 300,00 €, einen Aufwand von 650,00 € und einen Saldo von 950,00 € ein:

Soll	Aufwandskonto	Haben

(3) Tragen Sie auf dem folgenden Passivkonto einen Anfangsbestand von 500,00 €, einen Zugang von 900,00 €, einen Abgang von 850,00 € und einen Saldo von 550,00 € ein:

Soll	Passivkonto	Haben

(4) Tragen Sie auf dem folgenden Ertragskonto einen Ertrag von 600,00 €, einen Ertrag von 250,00 € und einen Saldo von 850,00 € ein:

Soll	Ertragskonto	Haben

3.2 Kontenverknüpfungen

Lernziel 3-2
Die verschiedenen Kontenverknüpfungen kennen.

- Kontenarten
- Kontenverknüpfungen
- Benennung und Strukturierung von Konten
- Buchen auf Konten
- Eröffnung und Abschluss von Konten
- Kleines Buchungseinmaleins

Wie wir im vorangegangenen Kapitel gesehen haben, sind einige Konten miteinander verknüpft. Die Verknüpfungen können vertikaler oder horizontaler Natur sein. Entsprechend lassen sich die nachfolgend beschriebenen Paarungen von Konten unterscheiden (↗ Abbildung 3-5).

3.2.1 Haupt- und Unterkonten

Durch die vertikale Aufteilung einzelner Konten der Hauptbuchführung (↗ Kapitel 4.3.2.1) auf mehrere Konten entstehen Haupt- und Unterkonten. Die Aufteilung wird zum einen vorgenommen, um die Übersichtlichkeit zu erhöhen, damit nicht zu viele Geschäftsvorfälle auf einem einzigen Konto, wie beispielsweise dem Konto »Bank«, verbucht werden. Zum anderen erfolgt die Aufteilung, um beim Abschluss von Konten bestimmte Auswertungen durchführen zu können und beispielsweise aus den Aufwands- und den Ertragskonten über das Gewinn- und Verlustkonto eine Gewinn- und Verlustrechnung ableiten zu können (Döring, U./Buchholz, R. 2005: Seite 42):

(1) Hauptkonten
Hauptkonten sind Konten der Hauptbuchführung, die auf Unterkonten aufgeteilt werden. Während des Geschäftsjahres »ruhen« diese Konten, werden also nicht bebucht. Wenn überhaupt, erfolgt eine Bebuchung erst am Ende des Geschäftsjahres, nachdem die Unterkonten auf das ihnen jeweils übergeordnete Hauptkonto abgeschlossen wurden. Regelmäßig werden beispielsweise zum Hauptkonto »Bank« für jedes Bankkonto von Unternehmen eigene Unterkonten geführt.

(2) Unterkonten
Unterkonten sind Konten der Hauptbuchführung, die den Hauptkonten untergeordnet werden. Da sie während des Geschäftsjahres bebucht werden, werden sie auch als *Bewegungskonten* bezeichnet. Die Unterkonten werden in der Regel periodisch oder am Ende des Geschäftsjahres auf die Hauptkonten abgeschlossen.

3.2.2 Sammel- und Nebenkonten

Um Konten und Geschäftsvorfälle mit zusätzlichen Informationen, wie beispielsweise den zugehörigen Kunden, zu verknüpfen und damit die Übersichtlichkeit zu erhöhen, können im Rahmen einer getrennten Haupt- und Nebenbuchführung (↗ Kapitel 4.3.2) Geschäftsvorfälle auf zwei Konten gleichzeitig, also parallel, verbucht werden:

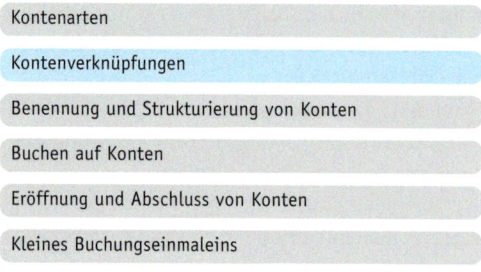

Abb. 3-5
Während Haupt- und Unterkonten nacheinander bebucht werden, erfolgen Buchungen auf Sammel- und Nebenkonten gleichzeitig.

(1) Sammelkonten

Sammelkonten, die auch als *Kollektivkonten* bezeichnet werden, sind Konten der Hauptbuchführung, für die eine Nebenbuchführung über Nebenkonten existiert. In der Regel besteht für Sammelkonten in der Buchführungssoftware eine Buchungssperre. Dennoch ruhen sie anders als die vorgenannten Hauptkonten während des Geschäftsjahres nicht, sondern werden automatisch durch die Buchführungssoftware bebucht, sobald Buchungen auf den zugeordneten Nebenkonten durchgeführt werden (↗ Kapitel 9.5.2). Durch diese Vorgehensweise werden die Buchungen der Nebenkonten auf den Sammelkonten zusammengeführt. Beispiele für Sammelkonten sind beim Vorhandensein einer Kontokorrentbuchführung (↗ Kapitel 4.3.2.2.2) die Konten »Forderungen aus Lieferungen und Leistungen« und »Verbindlichkeiten aus Lieferungen und Leistungen«.

(2) Nebenkonten

Die in der Nebenbuchführung verwendeten Konten werden als Nebenkonten bezeichnet. Sie sind jeweils Sammelkonten zugeordnet und werden parallel zu diesen bebucht. Die Summe der Salden der Nebenkonten entspricht dadurch immer dem Saldo des zugeordneten Sammelkontos. Beispiele für Nebenkonten sind primär die Personenkonten (↗ Kapitel 3.1.2).

3.3 Benennung und Strukturierung von Konten

- Kontenarten
- Kontenverknüpfungen
- Benennung und Strukturierung von Konten
- Buchen auf Konten
- Eröffnung und Abschluss von Konten
- Kleines Buchungseinmaleins

Nachdem wir die verschiedenen Kontenarten kennengelernt haben, stellt sich nun die Frage, wie die von Unternehmen verwendeten Konten zu benennen und zu strukturieren sind.

3.3.1 Benennung von Konten

Die Benennung von Konten erfolgt in der Regel entsprechend einem Kontenrahmen oder einem daraus abgeleiteten Kontenplan. Sie umfasst eine *Kontonummer* und eine ausgeschriebene *Kontobezeichnung*, so beispielsweise »1800 Bank«. In der Regel ist die Kontonummer eine Kombination aus einer Gliederungs- und einer Zählnummer, die der eindeutigen Kennzeichnung von Konten als deren »Postleitzahl« und der Einordnung von Konten in die Strukturen sogenannter Kontenrahmen dient.

3.3.2 Strukturierung von Konten in Kontenrahmen und Kontenplänen

Um eine über verschiedene Unternehmen hinweg vergleichbare Benennung und Strukturierung und damit Standardisierung von Konten zu erreichen, wurden in Deutschland – basierend auf Arbeiten von Schär (Schär, J. F. 1911) und Schmalenbach (Schmalenbach, E. 1927) – für verschiedene Wirtschaftszweige *Kontensysteme* entwickelt und den entsprechenden Unternehmen zur Verwendung empfohlen. Die Kontensysteme werden heute als *Kontenrahmen* bezeichnet. Es handelt sich dabei um systematische Aufstellungen der in bestimmten Wirtschaftszweigen typischerweise benötigten Konten (Eisele, W. 2002: Seite 565).

In der Regel passen Unternehmen die Kontenrahmen noch an ihre eigenen Bedürfnisse an, indem sie Konten hinzufügen oder Konten weglassen. Diese individualisierten Kontenrahmen werden dann als *Kontenpläne* bezeichnet.

3.3.2.1 Gliederungsgrundformen von Kontenrahmen

Hinsichtlich der Gliederung von Kontenrahmen werden zwei verschiedene Grundformen unterschieden:

Lernziel 3-3
Konten in Kontenrahmen lokalisieren können.

(1) Kontenrahmen nach dem Prozessgliederungsprinzip

Kontenrahmen nach dem Prozessgliederungsprinzip orientieren sich in ihrem Aufbau an den betrieblichen Prozessen. Bekannteste Vertreter dieser Form von Kontenrahmen sind:
- der **Gemeinschaftskontenrahmen der Industrie** (GKR) des Bundesverbandes der Deutschen Industrie e.V.,
- der **Kontenrahmen für den Groß- und Außenhandel** des Bundesverbandes des Deutschen Groß- und Außenhandels e.V. und
- der **Standardkontenrahmen 03** (SKR03) der DATEV e.G.

(2) Kontenrahmen nach dem Abschlussgliederungsprinzip

Kontenrahmen nach dem Abschlussgliederungsprinzip orientieren sich in ihrem Aufbau an der Gliederung der Bilanz und der Gewinn- und Verlustrechnung. Bekannteste Vertreter dieser Form von Kontenrahmen sind:

- der **Einzelhandelskontenrahmen** (EKR) des Hauptverbandes des deutschen Einzelhandels,
- der **Industriekontenrahmen** (IKR) des Bundesverbandes der Deutschen Industrie e.V. und
- der **Standardkontenrahmen 04** (SKR04) der DATEV e.G.

3.3.2.2 Numerische Gliederung von Kontenrahmen und Kontenplänen

Alle vorgenannten Kontenrahmen geben für die in ihnen aufgeführten Konten jeweils eine Kontonummer und eine Kontobezeichnung an.

3.3.2.2.1 Kontennummernbereiche

Für die Kontennummern von Sachkonten wird in der Regel der vierstellige Kontennummernbereich von 0000 bis 9999 verwendet.

Manche Kontenrahmen enthalten ergänzende Kontennummernbereiche für Personenkonten. So ist in den DATEV-Standardkontenrahmen für Kundenkonten der fünfstellige Kontennummernbereich von 10000 bis 69999 reserviert und für Lieferantenkonten der Bereich von 70000 bis 99999.

3.3.2.2.2 Gliederungssystematik der Sachkonten

Innerhalb der Sachkonten sind Kontenrahmen in der Regel dekadisch, also entsprechend dem Zehnersystem mit folgenden Hierarchieebenen gegliedert (↗ Abbildung 3-6):

- **Kontenklassen** von 0 bis 9 stellen die oberste Gliederungsebene innerhalb von Kontenrahmen dar. Ein entsprechendes Beispiel ist die Kontenklasse »0 Anlagevermögenskonten« im DATEV-Standardkontenrahmen 04.
- **Kontengruppen** von 0 bis 9 stellen die den Kontenklassen untergeordnete Gliederungsebene dar, so beispielsweise das Konto »0200 Grundstücke, grundstücksgleiche Rechte und Bauten einschließlich der Bauten auf fremden Grundstücken« in der vorgenannten Kontenklasse »0 Anlagevermögenskonten«.
- **Kontenarten** stellen die den Kontengruppen untergeordnete Gliederungsebene dar, so beispielsweise das Konto »0215 Unbebaute Grundstücke« in der vorgenannten Kontengruppe.

Abb. 3-6

Die meisten der in Kontenrahmen angegebenen Konten leiten sich aus den Posten der Bilanz und der Gewinn- und Verlustrechnung ab, wie auch der Ausschnitt aus dem DATEV-Standardkontenrahmen 04 hier zeigt.

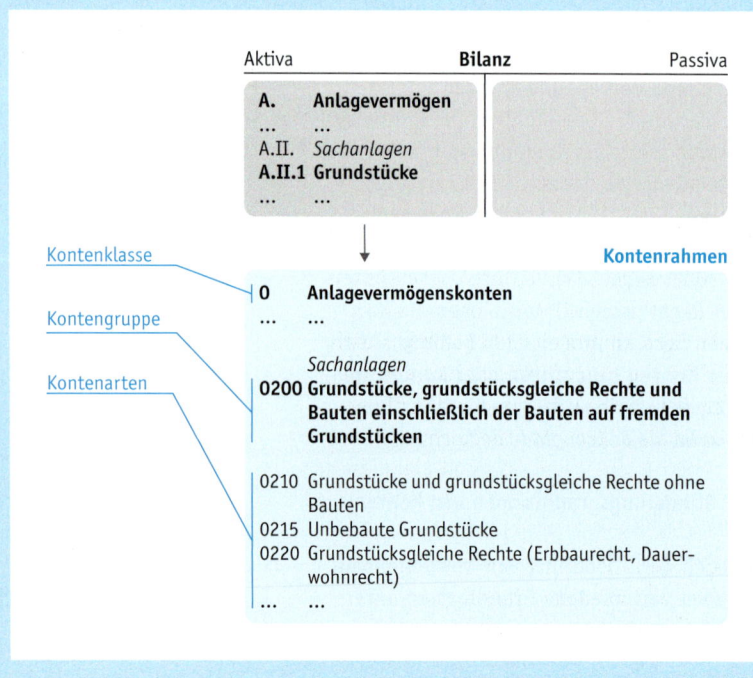

▸ **Kontenunterarten** zu den Kontenarten ergeben sich in den DATEV-Standardkontenrahmen durch die Hervorhebung von Kontenarten, deren nicht hervorgehobenen nachfolgende Konten dann Kontenunterarten zu dieser Kontoart sind. Im Industriekontenrahmen wird die vierte Stelle der Kontonummern generell für Kontenunterarten verwendet.

3.3.2.2.3 Nummerierungen von Erweiterungen

Die Kontenrahmen verwenden für ihre Konten in der Regel nur einen geringen Teil des vorhandenen Kontennummernbereichs. Nicht belegte Kontennummern und als »frei« gekennzeichnete Konten können für die Individualisierung von Kontenrahmen zu Kontenplänen verwendet werden.

> **Exkurs 3-2**
>
> **Die Kontenrahmen der DATEV**
>
> Neben den hier aufgeführten Kontenrahmen hat die DATEV e.G. eine Reihe von Kontenrahmen für bestimmte Branchen oder sogar Unternehmen entwickelt, so beispielsweise für:
>
> ▸ Land- und forstwirtschaftliche Betriebe (SKR 14),
> ▸ Soziale Einrichtungen (SKR 45),
> ▸ Vereine (SKR 49),
> ▸ Kfz-Hersteller (SKR 51),
> ▸ Hotels und Gaststätten (SKR 70),
> ▸ Zahnärzte (SKR 80),
> ▸ Ärzte (SKR 81),
> ▸ General Motors (SKR 53),
> ▸ BMW (SKR 54),
> ▸ Fiat (SKR 55),
> ▸ Peugeot (SKR 57),
> ▸ Volkswagen (SKR 61) und
> ▸ VW-Konzern-Händler (SKR 63).

Beispiel 3-9

Zur Erfassung der entsprechenden Aufwendungen und Erträge ergänzt Jill den von der Jillsfood KG* verwendeten SKR04-Kontenrahmen nach dem Konto »0215 Unbebaute Grundstücke« um das Konto »0216 Grundstück Jillbach«. Durch diese Hinzufügung wird aus dem allgemeinen Kontenrahmen der Kontenplan der Jillsfood KG.

3.3.2.3 Charakteristika ausgewählter Kontenrahmen

Aufgrund ihrer Bedeutung in der Praxis und in der Ausbildung werden wir in diesem Buch zwei DATEV-Standardkontenrahmen und den Industriekontenrahmen verwenden, die wir uns nachfolgend genauer anschauen werden.

3.3.2.3.1 Standardkontenrahmen 03

Von den Kontenrahmen nach dem Prozessgliederungsprinzip dominiert heute in der Praxis der Standardkontenrahmen 03 der DATEV e.G. Er wird insbesondere von kleinen und von nichtindustriellen Unternehmen, wie Handelsunternehmen, eingesetzt.

Der Standardkontenrahmen 03 umfasst inklusive Überschriften etwa 1 550 Posten in zehn Kontenklassen, die entsprechend der betrieblichen Prozesse folgendermaßen gruppiert werden können:

(1) Investitions-, Finanzierungs-, sonstige und außerordentliche Prozesse
▸ 0 Anlage- und Kapitalkonten
▸ 1 Finanz- und Privatkonten
▸ 2 Abgrenzungskonten

(2) Umsatzprozesse (Beschaffung, Fertigung und Vertrieb)
▸ 3 Wareneingangs- und Bestandskonten
▸ 4 Betriebliche Aufwendungen
▸ 7 Bestände an Erzeugnissen
▸ 8 Erlöskonten

(3) Freie und Hilfskonten
▸ 5 Frei
▸ 6 Frei
▸ 9 Vortrags-, Kapital- und Statistische Konten

Der Standardkontenrahmen 03 begünstigt durch seinen Aufbau die Durchführung einer Kosten- und Leistungsrechnung. In diese gehen die sogenannten *Grundkosten und Grundleistungen* der Kontenklassen 4 und 7 ein, während die sogenannten *neutralen Aufwendungen und Erträge* der Kontenklasse 2 nicht bei der Kosten- und Leistungsrechnung berücksichtigt werden (Alt, W./Loidl, C./Leuz, N. 1997: Seite 13 f.).

Der vollständige Standardkontenrahmen 03 kann auf den Internetseiten der DATEV e.G. heruntergeladen werden (www.datev.de). In diesem Buch werden wir für die Beispiele, die Zwischenübungen und die Übungen eine angepasste Version des Standardkontenrahmens 03, den »Standardkontenplan (SKP) 03 für die Aus- und Weiterbildung« verwenden. Den Kontenplan finden Sie im vorderen Innenumschlag dieses Buchs.

3.3.2.3.2 Standardkontenrahmen 04

Von den Kontenrahmen nach dem Abschlussgliederungsprinzip dominiert in der Praxis der Standardkontenrahmen 04 der DATEV e.G., der weitgehend aus den gleichen Konten wie der Standardkontenrahmen 03 besteht. Der Standardkontenrahmen 04 wird insbesondere von mittelgroßen und großen Unternehmen sowie von Industrieunternehmen eingesetzt.

Der Standardkontenrahmen 04 umfasst inklusive Überschriften etwa 1 570 Posten in zehn Kontenklassen, die entsprechend der Jahresabschlussrechnungen folgendermaßen gruppiert werden können:

(1) Bilanz
- 0 Anlagevermögenskonten
- 1 Umlaufvermögenskonten
- 2 Eigenkapitalkonten
- 3 Fremdkapitalkonten

(2) Gewinn- und Verlustrechnung
- 4 Betriebliche Erträge
- 5 Betriebliche Aufwendungen
- 6 Betriebliche Aufwendungen
- 7 Weitere Erträge und Aufwendungen

(3) Freie und Hilfskonten
- 8 Frei
- 9 Vortrags-, Kapital- und Statistische Konten

Der vollständige Standardkontenrahmen 04 kann auf den Internetseiten der DATEV e.G. heruntergeladen werden (www.datev.de). In diesem Buch werden wir für die Beispiele, die Zwischenübungen und die Übungen eine angepasste Version des Standardkontenrahmens 04, den »Standardkontenplan (SKP) 04 für die Aus- und Weiterbildung« verwenden. Den Kontenplan finden Sie im hinteren Innenumschlag dieses Buchs.

3.3.2.3.3 Industriekontenrahmen

Obwohl der Industriekontenrahmen seit dem Erscheinen seiner letzten offiziellen Version im Jahr 1986 nicht mehr vom Bundesverband der Deutschen Industrie e.V. aktualisiert wurde, dominieren auf ihm basierende Kontenpläne nach wie vor den Aus- und Weiterbildungsbereich.

Der Industriekontenrahmen umfasst inklusive Überschriften etwa 710 Posten in zehn Kontenklassen, die entsprechend den Jahresabschlussrechnungen folgendermaßen gruppiert werden können:

(1) Bilanz
- 0 Immaterielle Vermögensgegenstände und Sachanlagen
- 1 Finanzanlagen
- 2 Umlaufvermögen und aktive Rechnungsabgrenzungsposten
- 3 Eigenkapital und Rückstellungen
- 4 Verbindlichkeiten und passive Rechnungsabgrenzungsposten

(2) Gewinn- und Verlustrechnung
- 5 Erträge
- 6 Betriebliche Aufwendungen
- 7 Weitere Aufwendungen

(3) Hilfs- und Übergangskonten
- 8 Ergebnisrechnung
- 9 Kosten- und Leistungsrechnung

Ein vollständiger Abdruck des Industriekontenrahmens findet sich unter: Bundesverband der Deutschen Industrie 1990. In der Aus- und Weiterbildung werden in der Regel verkürzte Versionen des Kontenrahmens eingesetzt, so beispielsweise als »Kontenplan und Abkürzungsverzeichnis für den Gebrauch an der Bayerischen Realschule« mit etwa 160 Posten oder als »Industrie-Kontenrahmen (IKR) für Aus- und Fortbildung« bei: Deitermann, M. und andere 2011 mit etwa 380 Posten.

Darüber hinaus existiert mit dem »Kontenrahmen KR 18« ein von der ehemaligen Taylorix AG für die Verwendung in Buchführungssoftwaresystemen abgewandelter Industriekontenrahmen mit einer durchgängigen vierstelligen Nummerierung und aufgrund von Ergänzungen etwa

880 Posten (abgedruckt bei: Alt, W./Loidl, C./Leuz, N. 1997).

In diesem Buch werden wir für die Beispiele, die Zwischenübungen und die Übungen ebenfalls eine angepasste Version des Industriekontenrahmens verwenden, den »Industriekontenplan (IKP) für die Aus- und Weiterbildung«, der umfassend aktualisiert und auf eine vierstellige Nummerierung umgestellt wurde. Den Kontenplan finden Sie am Ende dieses Buchs.

Zwischenübung Kapitel 3.3

Ermitteln Sie mit dem von Ihnen bevorzugten Kontenplan für die Aus- und Weiterbildung die Kontennummern zu den Kontenbezeichnungen in der folgenden Tabelle:

Kontonummer	SKP/IKP Kontobezeichnung
	Umsatzerlöse
	Rückstellungen für Pensionen und ähnliche Verpflicht.
	Umsatzsteuer 7 %
	Bank
	Bürobedarf
	Unbebaute Grundstücke
	Unfertige Erzeugnisse (Bestand)
	Sonstige Betriebs- und Geschäftsausstattung
	Telefon
	Zinsen und ähnliche Aufwendungen
	Wertpapiere des Anlagevermögens
	Abziehbare Vorsteuer 19 %
	Rechts- und Beratungskosten
	Kapitalrücklage
	Forderungen aus Lieferungen und Leistungen
	Kasse
	Sonstige Wertpapiere
	Gesetzliche Rücklage
	Bestandsveränderungen – unfertige Erzeugnisse
	Gehälter
	Verbindlichkeiten gegenüber Kreditinstituten

3.4 Buchen auf Konten

- Kontenarten
- Kontenverknüpfungen
- Benennung und Strukturierung von Konten
- **Buchen auf Konten**
- Eröffnung und Abschluss von Konten
- Kleines Buchungseinmaleins

Das Buchen auf Konten, also die Durchführung von Eintragungen in Konten, erfolgt heute in der Regel nicht mehr händisch in Büchern, sondern nach der Eingabe sogenannter Buchungssätze in Buchführungssoftwaresystemen (↗ Kapitel 4.3.1).

Lernziel 3-4
Aus Geschäftsvorfällen Buchungssätze ableiten können.

3.4.1 Buchungssätze

Buchungssätze geben an, welche Beträge auf welchen Konten auf welchen Kontenseiten aufgrund eines Geschäftsvorfalls eingetragen werden. Unabhängig davon, wie das Geld »fließt«, werden in Buchungssätzen dabei zuerst immer die Sollkonten aufgeführt, bei denen auf der Soll-Seite gebucht wird, und dann – durch ein »an« oder einen Querstrich »/« getrennt – die Habenkonten, bei denen auf der Haben-Seite gebucht wird. Die allgemeine Formulierung von Buchungssätzen lautet somit:

Sollkonto 1, Betrag 1; …; Sollkonto n, Betrag n
an
Habenkonto 1, Betrag 1; …; Habenkonto n, Betrag n

Wie bereits zu Anfang des Kapitels aufgeführt wurde, müssen dabei im System der doppelten Buchführung die Summen der Eintragungen auf den Soll-Seiten immer mit denen auf den Haben-Seiten übereinstimmen.

Abhängig von der Anzahl an Konten, die sie betreffen, werden Buchungssätze weiter in einfache und zusammengesetzte Buchungssätze unterteilt.

3.4.1.1 Einfache Buchungssätze
Einfache Buchungssätze betreffen nur zwei Konten.

Beispiel 3-10

Der Geschäftsvorfall »Verbrauch von Roh-, Hilfs- und Betriebsstoffen für die Fertigung« wird über folgenden Buchungssatz abgebildet (Reihenfolge der Kontonummern: SKP03 · SKP04 · IKP):

3000 · 5000 · 6000 Aufwendungen für Roh-, Hilfs- und Betriebsstoffe und für bezogene Waren, 10 000,00 €
an
3970 · 1000 · 2000 Roh-, Hilfs- und Betriebsstoffe (Bestand), 10 000,00 €.

3.4.1.2 Zusammengesetzte Buchungssätze
Zusammengesetzte Buchungssätze betreffen drei oder mehr Konten. Für die Eingabe in Buchführungssoftwaresystemen werden zusammengesetzte Buchungssätze dabei in der Regel in einfache Buchungssätze zerlegt und die zu buchende Umsatzsteuer über Schlüssel angegeben.

Beispiel 3-11

Der Geschäftsvorfall »Barverkauf einer Maschine unter Buchwert« (↗ Kapitel 8.4.2.1) wird über folgenden Buchungssatz abgebildet (Reihenfolge der Kontonummern: SKP03 · SKP04 · IKP):

2310 · 6895 · 6962 Anlagenabgänge Sachanlagen (Restbuchwert bei Buchverlust), 12 000,00 €;
1000 · 1600 · 2880 Kasse, 11 900,00 €
an
0200 · 0400 · 0700 Technische Anlagen und Maschinen, 12 000,00 €;
1776 · 3806 · 4805 Umsatzsteuer 19 %, 1 900,00 €;
8800 · 6889 · 5410 Erlöse aus Verkäufen Sachanlagevermögen (bei Buchverlust), 10 000,00 €.

3.4.2 Darstellung von Buchungssätzen

Buchungssätze können auf verschiedene Arten dargestellt werden. Dies soll nachfolgend am Beispiel des Buchungssatzes einer Gehaltszahlung aufgezeigt werden.

(1) Darstellung in Satzform
Die Darstellung in Satzform haben wir bereits im vorangegangenen Kapitel kennengelernt (Reihenfolge der Kontonummern: SKP03 · SKP04 · IKP):

4120 · 6020 · 6300 Gehälter, 3 000,00 €
an
1200 · 1800 · 2800 Bank, 3 000,00 €.

(2) Darstellung über Tabellen
Aus Gründen der Übersichtlichkeit werden Buchungssätze nachfolgend primär tabellarisch dargestellt:

SKP03 · SKP04 · IKP Sollkonto	Betrag	SKP03 · SKP04 · IKP Habenkonto	Betrag
4120 · 6020 · 6300 Gehälter	3 000,00 €	1200 · 1800 · 2800 Bank	3 000,00 €

(3) Darstellung über Listen
In Buchführungssoftwaresystemen erfolgt die Darstellung von Buchungssätzen über Listen, die in der Grundbuchführung geführt werden (↗ Kapitel 4.3.1):

Belegnummer	Belegdatum	Buchungstext	Sollkonto	Habenkonto	Betrag
76543	02.05.0001	Gehaltszahlung	4120·6020·6300	1200·1800·2800	3 000,00 €

3.4.3 Aufstellung von Buchungssätzen

Erfahrungsgemäß bereitet es beim Einstieg in die Buchführung besonders große Schwierigkeiten, aus einem Geschäftsvorfall den entsprechenden Buchungssatz abzuleiten. Es ist am Anfang deshalb für die Aufstellung von Buchungssätzen empfehlenswert, für alle betroffenen Konten schrittweise folgende Angaben zu ermitteln (DATEV 2007: Seite 47):

- **Sachverhalt:** Was ändert sich im Unternehmen durch den Geschäftsvorfall?
- **Kontenart:** Welche Art von Konto ist durch den Sachverhalt betroffen? Die weitaus meisten Buchungen erfolgen dabei über Bestands- und Erfolgskonten.
- **Kontonummer und -bezeichnung:** Welches Konto innerhalb der Kontoart bildet den Sachverhalt genau ab?
- **Kontoänderung:** Nimmt das betroffene Konto durch den Sachverhalt zu oder ab?
- **Buchungsseite:** Muss entsprechend auf der Soll- oder der Haben-Seite gebucht werden?
- **Betrag:** Welche Beträge sind auf den verschiedenen Konten zu buchen?

Beispiel 3-12
Wir werden uns die Vorgehensweise bei der Aufstellung von Buchungssätzen ausführlich an folgendem Beispiel anschauen: »Ein Unternehmen* zahlt einem Angestellten für die Inanspruchnahme seiner Arbeitskraft ein Gehalt von 3 000,00 € per Banküberweisung«.

(1) Ermittlung des Sachverhalts
Zur Ermittlung der betroffenen Kontoart sollten Sie sich erst einmal vorstellen, was durch den Geschäftsvorfall im Unternehmen passiert und entsprechend über die Buchung abgebildet werden soll. Geschäftsvorfälle müssen sich im System der doppelten Buchführung immer auf mindestens zwei Konten auswirken und haben entsprechend auch für das Unternehmen mindestens zwei Auswirkungen.

Beispiel 3-13
In unserem Beispiel wird zum einen die Arbeitskraft verbraucht, und zum anderen nimmt das Bankguthaben ab:

Konto 1	
Sachverhalt	Arbeitskraft wird verbraucht

Konto 2	
Sachverhalt	Bankguthaben nimmt ab

(2) Ermittlung der betroffenen Kontenarten
Welche Arten von Konten von den Sachverhalten betroffen sind, lässt sich in den meisten Fällen über die folgenden Fragen ermitteln:

- Ändert sich das **Vermögen** des Unternehmens, also das, was es hat, durch den Geschäftsvorfall? Falls ja, ist mindestens ein **Aktivkonto** betroffen.
- Ändert sich das **Kapital** des Unternehmens, also in den meisten Fällen die Schulden, die das Unternehmen gegenüber Dritten, wie Kreditinstituten oder Lieferanten, hat, durch den Geschäftsvorfall? Falls ja, ist mindestens ein **Passivkonto** betroffen. Nicht berücksichtigt werden dabei während des Geschäftsjahres Eigenkapitaländerungen durch Aufwen-

dungen oder Erträge, da sich diese erst nach Abschluss der entsprechenden Konten am Jahresende ergeben.
- Wird etwas durch den Geschäftsvorfall verbraucht oder gebraucht? Falls ja, ist mindestens ein **Aufwandskonto** betroffen.
- Wird etwas durch den Geschäftsvorfall erzeugt oder verkauft? Falls ja, ist mindestens ein **Ertragskonto** betroffen.

Konto 1
| Sachverhalt |
| Kontenart (Aktiv/Passiv/Aufwand/Ertrag/…) |

Konto 2
| Sachverhalt |
| Kontenart (Aktiv/Passiv/Aufwand/Ertrag/…) |

Beispiel 3-14

In unserem Beispiel stellt das Gehalt einen Gegenwert für den Verbrauch der menschlichen Arbeitskraft dar. Von dem Geschäftsvorfall ist also ein Aufwandskonto betroffen. Gleichzeitig hat das Unternehmen durch die Überweisung weniger Vermögen, da das Bankguthaben abnimmt. Von dem Geschäftsvorfall ist also auch ein Aktivkonto betroffen:

| Arbeitskraft wird verbraucht |
| Aufwandskonto |

| Bankguthaben nimmt ab |
| Aktivkonto |

(3) Ermittlung der betroffenen Konten

Im nächsten Schritt werden aus dem verwendeten Kontenrahmen oder Kontenplan im Rahmen der sogenannten *Kontenfindung* (Küting, K. und andere 2010: Seite 82 ff.) die passenden Konten herausgesucht. Dies dauert am Anfang erfahrungsgemäß etwas länger, da Sie noch nicht genau wissen, wo die Konten im Kontenrahmen zu finden sind.

Beispiel 3-15

Die Konten in unserem Beispiel sind das Aufwandskonto »4120 · 6020 · 6300 Gehälter« und das Aktivkonto »1200 · 1800 · 2800 Bank«:

Konto 1
| Sachverhalt |
| Kontenart (Aktiv/Passiv/Aufwand/Ertrag/…) |
| Kontonummer und -bezeichnung (SKP03 · SKP04 · IKP) |

Konto 2
| Sachverhalt |
| Kontenart (Aktiv/Passiv/Aufwand/Ertrag/…) |
| Kontonummer und -bezeichnung (SKP03 · SKP04 · IKP) |

| Arbeitskraft wird verbraucht |
| Aufwandskonto |
| 4120 · 6020 · 6300 Gehälter |

| Bankguthaben nimmt ab |
| Aktivkonto |
| 1200 · 1800 · 2800 Bank |

(4) Ermittlung der zu bebuchenden Kontenseiten

Als Nächstes stellt sich die Frage, ob im Soll oder im Haben gebucht werden muss. Das hängt von der Kontenart ab und davon, ob die Konten durch den Geschäftsvorfall jeweils zu- oder abnehmen. Zur Durchführung dieses Schritts ist es erforderlich, dass Sie die Struktur der verschiedenen Kontenarten auswendig kennen (↗ Abbildung 3-4).

Beispiel 3-16

In unserem Beispiel nimmt das Aufwandskonto zu, da ein Aufwand für das Unternehmen entstand. Die Zunahme von Aufwandskonten wird im Soll gebucht. Gleichzeitig nimmt das Aktivkonto ab, da das Bankguthaben kleiner wird. Die Abnahme von Aktivkonten wird im Haben gebucht:

Konto 1

Sachverhalt	Arbeitskraft wird verbraucht
Kontenart (Aktiv/Passiv/Aufwand/Ertrag/…)	Aufwandskonto
Kontonummer und -bezeichnung (SKP03 · SKP04 · IKP)	4120 · 6020 · 6300 Gehälter
Kontoänderung (Zunahme/Abnahme)	Zunahme
Buchungsseite (Soll/Haben)	Soll

Konto 2

Sachverhalt	Bankguthaben nimmt ab
Kontenart (Aktiv/Passiv/Aufwand/Ertrag/…)	Aktivkonto
Kontonummer und -bezeichnung (SKP03 · SKP04 · IKP)	1200 · 1800 · 2800 Bank
Kontoänderung (Zunahme/Abnahme)	Abnahme
Buchungsseite (Soll/Haben)	Haben

(5) Ermittlung der Beträge

Zuletzt muss ermittelt werden, welche Beträge auf welchen Konten zu buchen sind. Bei einfachen Buchungssätzen ist dies leicht, da auf beiden Konten derselbe Betrag gebucht werden muss. Bei zusammengesetzten Konten müssen die Beträge entsprechend aufgeteilt werden. Die Summe der auf den Soll-Seiten zu buchenden Beträge muss dabei stets den auf den Haben-Seiten zu buchenden Beträgen entsprechen.

Beispiel 3-17

Zusammengefasst ergeben sich damit für das Beispiel folgende Angaben für die zwei vom Geschäftsvorfall betroffenen Konten:

Konto 1

Sachverhalt	Arbeitskraft wird verbraucht
Kontenart (Aktiv/Passiv/Aufwand/Ertrag/…)	Aufwandskonto
Kontonummer und -bezeichnung (SKP03 · SKP04 · IKP)	4120 · 6020 · 6300 Gehälter
Kontoänderung (Zunahme/Abnahme)	Zunahme
Buchungsseite (Soll/Haben)	Soll
Betrag	3 000,00 €

Konto 2

Sachverhalt	Bankguthaben nimmt ab
Kontenart (Aktiv/Passiv/Aufwand/Ertrag/…)	Aktivkonto
Kontonummer und -bezeichnung (SKP03 · SKP04 · IKP)	1200 · 1800 · 2800 Bank
Kontoänderung (Zunahme/Abnahme)	Abnahme
Buchungsseite (Soll/Haben)	Haben
Betrag	3 000,00 €

(6) Aufstellung des Buchungssatzes

Auf Basis der vorgenannten Angaben können Sie nun leicht den Buchungssatz aufstellen, indem Sie zuerst die Konten nennen, die auf der Soll-Seite bebucht werden und dann die, die auf der Haben-Seite bebucht werden.

Beispiel 3-18

Für unser Beispiel ergibt sich damit folgender Buchungssatz:

SKP03 · SKP04 · IKP Sollkonto	Betrag	an	SKP03 · SKP04 · IKP Habenkonto	Betrag
4120 · 6020 · 6300 Gehälter	3 000,00 €		1200 · 1800 · 2800 Bank	3 000,00 €

3.4.4 Darstellung der aus Buchungssätzen resultierenden Kontenänderungen

Die aus Buchungssätzen resultierenden Kontenänderungen können auf verschiedene Arten dargestellt werden. Wir wollen uns dies nachfolgend am Beispiel des Buchungssatzes aus dem vorangegangenen Kapitel anschauen.

(1) Darstellung über Konten in T-Form

Die aus Buchungssätzen resultierenden Kontenänderungen können über T-Konten (↗ Kapitel 3) dargestellt werden. Diese Darstellungsweise ist relativ anschaulich und wird deshalb in vielen Lehrbüchern eingesetzt.

Beispiel 3-19

Aus dem Beispielsbuchungssatz ergibt sich folgende Darstellung über Konten in T-Form:

Soll	4120 · 6020 · 6300 Gehälter	Haben
...		...
3 000,00 €		...
...		...

Soll	1200 · 1800 · 2800 Bank	Haben
...		...
...		3 000,00 €
...		...

(2) Darstellung über Konten in Reihenform

Die aus Buchungssätzen resultierenden Kontenänderungen können über Konten in Reihenform dargestellt werden. Diese listenweise Darstellung eignet sich insbesondere für den Einsatz in der Hauptbuchführung (↗ Kapitel 4.3.2.1) von Buchführungssoftwaresystemen und ist uns beispielsweise von den Kontoauszügen unserer Kreditinstitute her bekannt.

Beispiel 3-20

(1) Aus dem Beispielsbuchungssatz ergibt sich zum einen eine Eintragungen im Konto »4120 · 6020 · 6300 Gehälter« (Reihenfolge der Kontonummern: SKP03 · SKP04 · IKP):

Belegnummer	Belegdatum	Buchungstext	Gegenkonto	Betrag Soll	Betrag Haben
...	...	...	...	...	...
76543	02.05.0001	Gehaltszahlung	1200 · 1800 · 2800	3 000,00 €	
...	...	...	...		...

(2) Zum anderen ergibt sich aus dem Beispielsbuchungssatz eine Eintragung im Konto »1200 · 1800 · 2800 Bank« (Reihenfolge der Kontonummern: SKP03 · SKP04 · IKP):

Belegnummer	Belegdatum	Buchungstext	Gegenkonto	Betrag Soll	Betrag Haben
...	...	...	...	...	...
76543	02.05.0001	Gehaltszahlung	4120 · 6020 · 6300		3 000,00 €
...	...	...	...		...

(3) Darstellung über einen Buchungsnavigator

Für viele Menschen sind Bilder einprägsamer als Texte. Um Buchungen und ihre Auswirkungen auf die Jahresabschlussrechnungen grafisch darzustellen, wurde deshalb für dieses Buch ein *Buchungsnavigator* entwickelt. In ihm werden Geschäftsvorfälle mit Hilfe von Piktogrammen dargestellt, die in vier allgemeine T-Konten eingetragen werden können. Der Bezug zum Buchungssatz wird dabei über Nummern in Kreisen hergestellt.

In der oberen Hälfte enthält der Buchungsnavigator Aktiv- und Passiv-Konten, für die über Pfeile jeweils angegeben wird, auf welcher Kontoseite sie zu- oder abnehmen. Durch diese Bestandskonten wird verdeutlicht, welchen Einfluss Geschäftsvorfälle auf die Bilanz haben. Zudem wird in der Marginalienspalte eine mögliche Auswirkung auf die flüssigen Mittel beziehungsweise den Cash dargestellt und somit der Bezug zur Kapitalflussrechnung hergestellt.

In der unteren Hälfte enthält der Buchungsnavigator allgemeine Aufwands- und Ertragskonten, für die ebenfalls über Pfeile jeweils angegeben wird, auf welcher Kontoseite sie zu- oder abnehmen. Durch diese Erfolgskonten wird verdeutlicht, welchen Einfluss Geschäftsvorfälle auf die Gewinn- und Verlustrechnung haben. Das resultierende Ergebnis und damit die Veränderung des Eigenkapitals werden in der Marginalienspalte dargestellt.

Beispiel 3-21

Der Beispielsbuchungssatz wird im Buchungsnavigator folgendermaßen dargestellt:

SKP03 · SKP04 · IKP Sollkonto	Betrag	an	SKP03 · SKP04 · IKP Habenkonto	Betrag
① 4120 · 6020 · 6300 Gehälter	3 000,00 €		② 1200 · 1800 · 2800 Bank	3 000,00 €

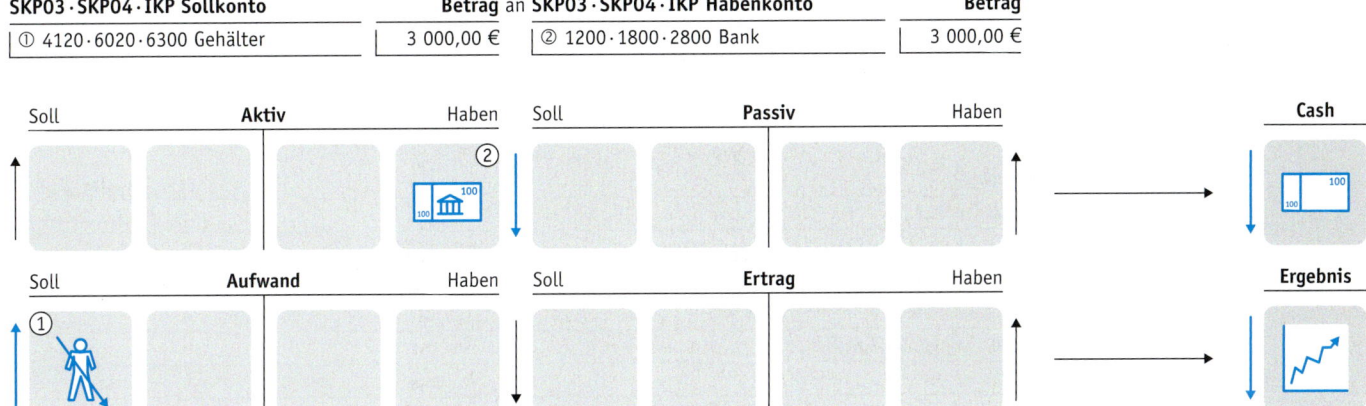

Zwischenübung Kapitel 3.4

(1) Jill nimmt bei ihrer Bank einen Kredit über 2 000,00 € für die Jillsfood KG* auf. Ermitteln Sie den entsprechenden Buchungssatz und buchen Sie anschließend auf T-Konten:

Konto 1

Sachverhalt	
Kontenart (Aktiv/Passiv/Aufwand/Ertrag/...)	
Kontonummer und -bezeichnung	
Kontoänderung (Zunahme/Abnahme)	
Buchungsseite (Soll/Haben)	
Betrag	

Konto 2

Sachverhalt	
Kontenart (Aktiv/Passiv/Aufwand/Ertrag/...)	
Kontonummer und -bezeichnung	
Kontoänderung (Zunahme/Abnahme)	
Buchungsseite (Soll/Haben)	
Betrag	

3.5 Die Aufzeichnung von Geschäftsvorfällen auf Konten
Eröffnung und Abschluss von Konten

Sollkonto	Betrag	an	Habenkonto	Betrag

Soll	Haben	Soll	Haben

(2) Für ein durchgeführtes Catering stellt Jill ihren Kunden 200,00 € in Rechnung. Ermitteln Sie den entsprechenden Buchungssatz und buchen Sie anschließend auf T-Konten. Die Umsatzsteuer ist dabei jeweils nicht zu berücksichtigen:

Konto 1
Sachverhalt	
Kontenart (Aktiv/Passiv/Aufwand/Ertrag/…)	
Kontonummer und -bezeichnung	
Kontoänderung (Zunahme/Abnahme)	
Buchungsseite (Soll/Haben)	
Betrag	

Konto 2
Sachverhalt	
Kontenart (Aktiv/Passiv/Aufwand/Ertrag/…)	
Kontonummer und -bezeichnung	
Kontoänderung (Zunahme/Abnahme)	
Buchungsseite (Soll/Haben)	
Betrag	

Sollkonto	Betrag	an	Habenkonto	Betrag

Soll	Haben	Soll	Haben

3.5 Eröffnung und Abschluss von Konten

Lernziel 3-5
Eröffnungs- und Abschlussbuchungen durchführen können.

- Kontenarten
- Kontenverknüpfungen
- Benennung und Strukturierung von Konten
- Buchen auf Konten
- **Eröffnung und Abschluss von Konten**
- Kleines Buchungseinmaleins

3.5.1 Eröffnung von Konten

Zu Beginn des Geschäftsjahres werden die Bestandskonten eröffnet. Erfolgskonten werden hingegen nicht eröffnet, da sie keine Anfangsbestände haben, sondern nur die Aufwendungen und Erträge während des Geschäftsjahres erfassen.

Für jeden Posten der Eröffnungsbilanz werden ein oder mehrere Bestandskonten eröffnet. Da es sich bei der Eröffnungsbilanz nicht um ein

3.5 Eröffnung und Abschluss von Konten

Konto handelt, kann sie nicht für Buchungen verwendet werden.

In den meisten Buchführungssoftwaresystemen erfolgt die Eröffnung von Konten automatisch, indem die Salden der Konten aus dem alten Geschäftsjahr über die zwischengeschalteten Hilfskonten »Saldenvorträge« (DATEV 2007: Seite 43) auf die Konten im neuen Geschäftsjahr vorgetragen werden.

Für die manuelle Eröffnung von Bestandskonten kann alternativ ein *Eröffnungsbilanzkonto* (↗ Kapitel 3.1.1.5.1) verwendet werden, über das die Gegenbuchung der Salden bei der Eröffnung der Konten erfolgt. In den DATEV-Standardkontenrahmen ist dieses Konto nicht vorhanden, weshalb die beigefügten Kontenpläne entsprechend erweitert wurden.

Hilfskonten
- **SKP03[SKR03]:** 9000 Saldenvorträge, Sachkonten · 9030 Eröffnungsbilanzkonto[1]
- **SKP04[SKR04]:** 9000 Saldenvorträge, Sachkonten · 9030 Eröffnungsbilanzkonto[1]
- **IKP[IKR]:** 8000 Eröffnungsbilanzkonto

Beispiel 3-22

(1) In der Eröffnungsbilanz eines Unternehmens wird unter anderem folgender, nur Bargeld umfassender Posten ausgewiesen:

Aktiva		Eröffnungsbilanz		Passiva
...	...	...		...
IV. Flüssige Mittel	800,00 €	...		...
...	...	...		...

(2) Die manuelle Eröffnung des Aktivkontos »1000 · 1600 · 2880 Kasse« erfolgt auf Basis des Postens in der Eröffnungsbilanz über folgenden Buchungssatz:

SKP03 · SKP04 · IKP Sollkonto	Betrag	an	SKP03 · SKP04 · IKP Habenkonto	Betrag
1000 · 1600 · 2880 Kasse	800,00 €		9030 · 9030 · 8000 Eröffnungsbilanzkonto[1]	800,00 €

(3) Durch die Buchung ergeben sich folgende Kontostände:

	Aktivkonto »1000 · 1600 · 2880 Kasse«				Hilfskonto »9030 · 9030 · 8000 Eröffnungsbilanzkonto[1]«	
Soll		Haben		Soll		Haben
800,00 € Anfangsbestand						800,00 €

Beispiel 3-23

(1) In der Eröffnungsbilanz eines Unternehmens wird unter anderem folgender Posten ausgewiesen:

Aktiva		Eröffnungsbilanz		Passiva
...	...	...		...
...	...	400,00 €	4. Verbindlichkeiten aus Lieferungen und Leistungen	
...	...	...		...

(2) Die manuelle Eröffnung des Passivkontos »1600·3300·4400 Verbindlichkeiten aus Lieferungen und Leistungen« erfolgt auf Basis des Postens in der Eröffnungsbilanz über folgenden Buchungssatz:

SKP03 · SKP04 · IKP Sollkonto	Betrag	an SKP03 · SKP04 · IKP Habenkonto	Betrag
9030·9030·8000 Eröffnungsbilanzkonto[1]	400,00 €	1600·3300·4400 Verbindlichkeiten aus Lieferungen und Leistungen	400,00 €

(3) Durch die Buchung ergeben sich folgende Kontostände:

	Hilfskonto »9030·9030·8000				Passivkonto »1600·3300·4400 Verbindlichkeiten	
Soll	Eröffnungsbilanzkonto[1]«	Haben		Soll	aus Lieferungen und Leistungen«	Haben
400,00 €					Anfangsbestand	400,00 €

3.5.2 Abschluss von Konten

Zum Ende des Geschäftsjahres – oder gegebenenfalls auch am Ende kürzerer Rechnungsperioden, wie Quartalen – werden alle Konten abgeschlossen. Dazu werden als Erstes die Salden der Konten ermittelt. Im Anschluss daran werden die Erfolgs- und dann die Bestandskonten abgeschlossen.

3.5.2.1 Ermittlung von Salden
Konten werden abgeschlossen, indem die Soll- und die Haben-Seite miteinander verrechnet werden. Dieser Vorgang wird auch als *Saldieren* bezeichnet. Der sich dabei ergebende Saldo wird dann zum Ausgleich der Konten gebucht.

Bei Aktiv- und bei Aufwandskonten ist in der Regel die Summe der Soll-Buchungen größer als die der Haben-Buchungen. Der Saldo errechnet sich dann folgendermaßen:

  Soll-Kontosumme
− Haben-Kontosumme
= Saldo

Bei Passiv- und bei Ertragskonten ist umgekehrt dazu in der Regel die Summe der Haben-Buchungen größer als die der Soll-Buchungen. Der Saldo errechnet sich dann folgendermaßen:

  Haben-Kontosumme
− Soll-Kontosumme
= Saldo

Bei Bestandskonten sollte der Saldo dabei mit dem Endbestand übereinstimmen, also dem Vermögen oder dem Kapital, das am Jahresende noch vorhanden ist. Bei Erfolgskonten entspricht der Saldo hingegen der Summe aller Aufwendungen oder Erträge.

Nach seiner Ermittlung wird der Saldo im Rahmen des Abschlusses der Konten auf der Kontoseite mit der kleineren Kontosumme gebucht.

Beispiel 3-24

Die nachfolgenden Beispiele zeigen die Ermittlung der Salden bei Erfolgs- und bei Bestandskonten (Hinweis: Zur Erhöhung der Verständlichkeit wurden die Einträge kommentiert und zusätzlich mit Vor- und Gleichheitszeichen versehen):

	Aufwandskonto »3010·5010·6010				Ertragskonto	
Soll	Aufwendungen für Rohstoffe[1]«	Haben		Soll	»8000·4000·5000 Umsatzerlöse«	Haben
+ 100,00 € Aufwand						Ertrag + 400,00 €
+ 200,00 € Aufwand		Saldo = 300,00 €		= 900,00 € Saldo		Ertrag + 500,00 €

Eröffnung und Abschluss von Konten — 3.5

Soll	Aktivkonto »1000·1600·2880 Kasse«	Haben
800,00 € Anfangsbestand		Abgang – 200,00 €
+ 300,00 € Zugang		Saldo = 900,00 €

Soll	Passivkonto »1600·3300·4400 Verbindlichkeiten aus Lieferungen und Leistungen«	Haben
– 700,00 € Abgang		Anfangsbestand 400,00 €
= 300,00 € Saldo		Zugang + 600,00 €

3.5.2.2 Abschluss von Erfolgskonten

Im Rahmen des manuellen Abschlusses der Konten werden als Erstes die Erfolgskonten abgeschlossen.

In den meisten Buchführungssoftwaresystemen werden die Erfolgskonten nicht abgeschlossen, sondern lediglich einander gegenübergestellt, um den Jahresüberschuss oder Jahresfehlbetrag zu ermitteln. Im Rahmen von dessen Verwendung erfolgt dann ein Ausgleich der Aufwendungen und Erträge.

Beim manuellen Abschluss von Erfolgskonten werden diese hingegen zuerst auf ein *Gewinn- und Verlustkonto* (↗ Kapitel 3.1.1.5.1) abgeschlossen. In den DATEV-Standardkontenrahmen ist dieses Konto nicht vorhanden, weshalb die beigefügten Kontenpläne entsprechend erweitert wurden. Aus dem Gewinn- und Verlustkonto kann dann durch die Zusammenfassung von Posten die Gewinn- und Verlustrechnung manuell abgeleitet werden.

Der Saldo des Gewinn- und Verlustkontos ist der Jahresüberschuss oder Jahresfehlbetrag, der beim manuellen Abschluss auf das Eigenkapitalkonto »Jahresüberschuss/Jahresfehlbetrag« (DATEV 2010a: Seite 27) abgeschlossen wird. In den DATEV-Standardkontenrahmen ist dieses Konto nicht vorhanden, weshalb die beigefügten Kontenpläne entsprechend erweitert wurden.

Konten [Bilanz: Passiva. A.V. Jahresüberschuss/ Jahresfehlbetrag]
- **SKP03 [SKR03]:** 0000 Jahresüberschuss/ Jahresfehlbetrag[1]
- **SKP04 [SKR04]:** 0000 Jahresüberschuss/ Jahresfehlbetrag[1]
- **IKP [IKR]:** 3400 Jahresüberschuss/Jahresfehlbetrag

Hilfskonten
- **SKP03 [SKR03]:** 9020 Gewinn- und Verlustkonto[1]
- **SKP04 [SKR04]:** 9020 Gewinn- und Verlustkonto[1]
- **IKP [IKR]:** 8020 Gewinn- und Verlustkonto – Gesamtkostenverfahren[2]

Beispiel 3-25

(1) Der manuelle Abschluss der Erfolgskonten des vorangegangenen Beispiels erfolgt über folgende Buchungssätze, mit denen die Salden auf dem Hilfskonto »9020·9020·8020 Gewinn- und Verlustkonto[1]« gegengebucht werden:

SKP03·SKP04·IKP Sollkonto	Betrag	an SKP03·SKP04·IKP Habenkonto	Betrag
9020·9020·8020 Gewinn- und Verlustkonto[1]	300,00 €	3010·5010·6010 Aufwendungen für Rohstoffe[1]	300,00 €

SKP03·SKP04·IKP Sollkonto	Betrag	an SKP03·SKP04·IKP Habenkonto	Betrag
8000·4000·5000 Umsatzerlöse	900,00 €	9020·9020·8020 Gewinn- und Verlustkonto[1]	900,00 €

(2) Durch die Buchungen ergibt sich folgender Kontostand auf dem Hilfskonto »9020·9020·8020 Gewinn- und Verlustkonto[1]«:

Soll	Hilfskonto »9020·9020·8020 Gewinn- und Verlustkonto[1]«	Haben
300,00 € Saldo Aufwendungen für Rohstoffe[1]		Saldo Umsatzerlöse 900,00 €

(3) Anschließend wird der Saldo des Hilfskontos »9020·9020·8020 Gewinn- und Verlustkonto[1]« ermittelt. Der sich ergebende Jahresüberschuss wird mit folgendem Buchungssatz auf das Passivkonto »0000·0000·3400 Jahresüberschuss/Jahresfehlbetrag[1]« umgebucht:

SKP03·SKP04·IKP Sollkonto	Betrag	an	SKP03·SKP04·IKP Habenkonto	Betrag
9020·9020·8020 Gewinn- und Verlustkonto	600,00 €		0000·0000·3400 Jahresüberschuss/Jahresfehlbetrag	600,00 €

(4) Durch die Buchung ergeben sich folgende Kontostände:

Hilfskonto »9020·9020·8020 Gewinn- und Verlustkonto[1]«			Passivkonto »0000·0000·3400 Jahresüberschuss/Jahresfehlbetrag[1]«	
Soll	Haben	Soll		Haben
300,00 €	900,00 €			600,00 €
600,00 € Jahresüberschuss				

(5) Aus dem Hilfskontos »9020·9020·8020 Gewinn- und Verlustkonto[1]« kann dann die Gewinn- und Verlustrechnung abgeleitet werden:

Aufwendungen	Gewinn- und Verlustrechnung		Erträge
5. Materialaufwand	300,00 €	900,00 €	1. Umsatzerlöse
Betriebsergebnis	**600,00 €**		
Finanzergebnis	**0,00 €**		
14. Ergebnis der gewöhnlichen Geschäftstätigkeit	**600,00 €**		
20. Jahresüberschuss	**600,00 €**		

3.5.2.3 Abschluss von Bestandskonten

Die Bestandskonten werden im Anschluss an die Erfolgskonten abgeschlossen.

In den meisten Buchführungssoftwaresystemen erfolgt der Abschluss der Bestandskonten automatisch über die zwischengeschalteten Hilfskonten »Saldenvorträge« mit denen die Salden ins Folgejahr übertragen werden.

Für den manuelle Abschluss der Bestandskonten kann ein *Schlussbilanzkonto* (↗ Kapitel 3.1.1.5.1) verwendet werden, über das die Gegenbuchung der Salden beim Abschluss der Konten erfolgt. In den DATEV-Standardkontenrahmen ist dieses Konto nicht vorhanden, weshalb die beigefügten Kontenpläne entsprechend erweitert wurden. Aus dem Schlussbilanzkonto kann dann durch die Zusammenfassung von Posten die Schlussbilanz manuell abgeleitet werden.

Hilfskonten
- **SKP03 [SKR03]:** 9000 Saldenvorträge, Sachkonten · 9010 Schlussbilanzkonto[1]
- **SKP04 [SKR04]:** 9000 Saldenvorträge, Sachkonten · 9010 Schlussbilanzkonto[1]
- **IKP [IKR]:** 8010 Schlussbilanzkonto

Beispiel 3-26

(1) Der manuelle Abschluss der Bestandskonten der vorangegangenen zwei Beispiele erfolgt über folgende Buchungssätze, mit denen die Salden auf dem Hilfskontos »9010·9010·8010 Schlussbilanzkonto[1]« gegengebucht werden:

3.5 Eröffnung und Abschluss von Konten

SKP03 · SKP04 · IKP Sollkonto	Betrag	an SKP03 · SKP04 · IKP Habenkonto	Betrag
9010 · 9010 · 8010 Schlussbilanzkonto[1]	900,00 €	1000 · 1600 · 2880 Kasse	900,00 €

SKP03 · SKP04 · IKP Sollkonto	Betrag	an SKP03 · SKP04 · IKP Habenkonto	Betrag
1600 · 3300 · 4400 Verbindlichkeiten aus Lieferungen und Leistungen	300,00 €	9010 · 9010 · 8010 Schlussbilanzkonto[1]	300,00 €

SKP03 · SKP04 · IKP Sollkonto	Betrag	an SKP03 · SKP04 · IKP Habenkonto	Betrag
0000 · 0000 · 3400 Jahresüberschuss/ Jahresfehlbetrag[1]	600,00 €	9010 · 9010 · 8010 Schlussbilanzkonto[1]	600,00 €

(2) Durch die Buchungen ergibt sich folgender Kontostand auf dem Hilfskontos »9010 · 9010 · 8010 Schlussbilanzkonto[1]«:

Soll		Hilfskonto »9010 · 9010 · 8010 Schlussbilanzkonto[1]«	Haben
900,00 €	Saldo Kasse	Saldo Verbindlichkeiten aus Lieferungen und Leistungen	300,00 €
0,00 €	Saldo	Saldo Jahresüberschuss/ Jahresfehlbetrag	600,00 €

(3) Aus dem Hilfskontos »9010 · 9010 · 8010 Schlussbilanzkonto[1]« kann dann die Schlussbilanz abgeleitet werden:

Aktiva		Bilanz		Passiva
A. Anlagevermögen				A. Eigenkapital
			600,00 €	V. Jahresüberschuss
			600,00 €	
D. Umlaufvermögen				C. Verbindlichkeiten
IV. Flüssige Mittel	900,00 €		300,00 €	4. Verbindlichkeiten aus Lieferungen und Leistungen
	900,00 €		300,00 €	
Bilanzsumme		900,00 €	900,00 €	Bilanzsumme

Zwischenübung Kapitel 3.5

(1) Eine Kapitalgesellschaft* hat zu Beginn eines Geschäftsjahres ein gezeichnetes Kapital von 30 000,00 €, ein Bankguthaben von 20 000,00 € und einen Kassenbestand von 10 000,00 €. Erstellen Sie die Eröffnungsbilanz der Gesellschaft. Dabei sind zwei der vorgenannten Posten zusammenzufassen. Führen Sie dann die Eröffnungsbuchungen der entsprechenden Konten durch:

Aktiva	Eröffnungsbilanz	Passiva

Soll	9030 · 9030 · 8000 Eröffnungsbilanzkonto[1]	Haben

Soll	Haben	Soll	Haben

Soll	Haben

(2) Auf den Konten einer Kapitalgesellschaft* ergaben sich während eines Geschäftsjahres die folgenden Eintragungen. Schließen Sie die Aufwands- und die Ertragskonten ab, dann das Gewinn- und Verlustkonto und zuletzt die Bestandskonten:

Soll	Aufwandskonto	Haben
200,00 €		
450,00 €		

Soll	Ertragskonto	Haben
		300,00 €
		950,00 €

Soll	9020 · 9020 · 8020 Gewinn- und Verlustkonto[1]	Haben

Soll	0000 · 0000 · 3400 Jahresüberschuss/Jahresfehlbetrag[1]	Haben

Soll	Aktivkonto	Haben
850,00 €		200,00 €

Soll	Passivkonto	Haben
900,00 €		200,00 €
		750,00 €

Soll	9010 · 9010 · 8010 Schlussbilanzkonto[1]	Haben

3.6 Kleines Buchungseinmaleins

Lernziel 3-6
Die grundlegenden Buchführungstechniken kennen.

- Kontenarten
- Kontenverknüpfungen
- Benennung und Strukturierung von Konten
- Buchen auf Konten
- Eröffnung und Abschluss von Konten
- Kleines Buchungseinmaleins

Haben Sie bis hierher alles verstanden? Dann darf ich Ihnen gratulieren, denn Sie kennen jetzt die grundlegenden Buchführungstechniken! Als Hilfe für nachfolgende Buchungen finden Sie in der ⁊ Abbildung 3-7 eine zusammenfassende Übersicht in Form eines »kleinen Buchungseinmaleins«.

3.6 Schlüsselbegriffe

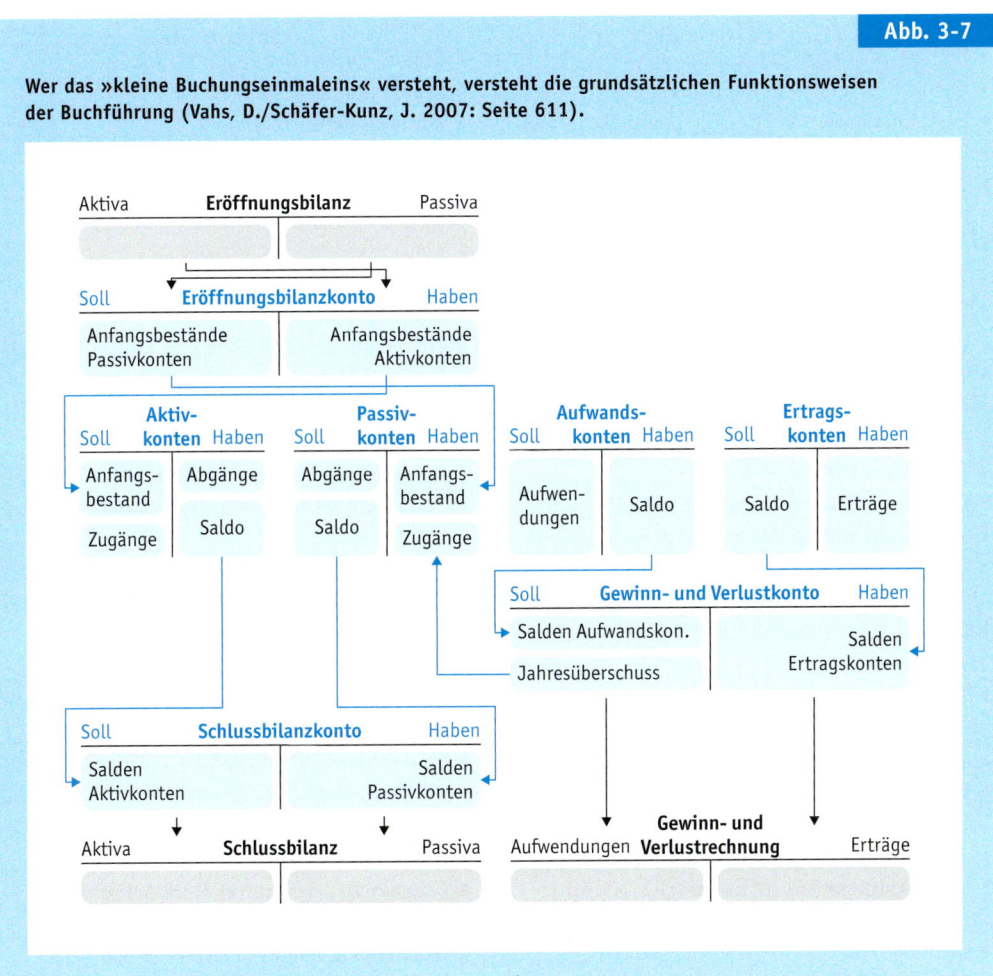

Abb. 3-7

Wer das »kleine Buchungseinmaleins« versteht, versteht die grundsätzlichen Funktionsweisen der Buchführung (Vahs, D./Schäfer-Kunz, J. 2007: Seite 611).

Schlüsselbegriffe Kapitel 3

- Konto (↗ Kapitel 3)
- T-Konto (↗ Kapitel 3)
- Soll (↗ Kapitel 3)
- Debet (↗ Kapitel 3)
- Haben (↗ Kapitel 3)
- Kredit (↗ Kapitel 3)
- Buchen (↗ Kapitel 3)
- Soll-Buchung (↗ Kapitel 3)
- Haben-Buchung (↗ Kapitel 3)
- Saldo (↗ Kapitel 3, 3.5.2.1)
- Kontosumme (↗ Kapitel 3)
- Buchhalternase (↗ Kapitel 3)
- Sachkonto (↗ Kapitel 3.1.1)

- Bestandskonto (↗ Kapitel 3.1.1.1)
- Aktivkonto (↗ Kapitel 3.1.1.1.1)
- Vermögenskonto (↗ Kapitel 3.1.1.1.1)
- Endbestand (↗ Kapitel 3.1.1.1.1, 3.1.1.1.2)
- Zahlungskonto (↗ Kapitel 3.1.1.1.1)
- Passivkonto (↗ Kapitel 3.1.1.1.2)
- Kapitalkonto (↗ Kapitel 3.1.1.1.2)
- Erfolgskonto (↗ Kapitel 3.1.1.2)
- Aufwandskonto (↗ Kapitel 3.1.1.2.1)
- Ertragskonto (↗ Kapitel 3.1.1.2.2)
- Privatkonto (↗ Kapitel 3.1.1.3)
- Entnahmekonto (↗ Kapitel 3.1.1.3.1)
- Entnahme (↗ Kapitel 3.1.1.3.1)

3.6 Die Aufzeichnung von Geschäftsvorfällen auf Konten
Schlüsselbegriffe

- Einlagekonto (↗ Kapitel 3.1.1.3.2)
- Einlage (↗ Kapitel 3.1.1.3.2)
- Gemischtes Konto (↗ Kapitel 3.1.1.4)
- Bestandskonto mit Erfolg (↗ Kapitel 3.1.1.4.1)
- Gemischtes Bestandskonto (↗ Kapitel 3.1.1.4.1)
- Erfolgskonto mit Bestand (↗ Kapitel 3.1.1.4.2)
- Gemischtes Erfolgskonto (↗ Kapitel 3.1.1.4.2)
- Geteiltes Warenkonto (↗ Kapitel 3.1.1.4.2)
- Einheitliches Warenkonto (↗ Kapitel 3.1.1.4.2)
- Ungeteiltes Warenkonto (↗ Kapitel 3.1.1.4.2)
- Gemischtes Effektenkonto (↗ Kapitel 3.1.1.4.2)
- Gemischtes Wertpapierkonto (↗ Kapitel 3.1.1.4.2)
- Gemischtes Devisenkonto (↗ Kapitel 3.1.1.4.2)
- Hilfskonto (↗ Kapitel 3.1.1.5)
- Eröffnungskonto (↗ Kapitel 3.1.1.5.1)
- Abschlusskonto (↗ Kapitel 3.1.1.5.1)
- Eröffnungsbilanzkonto (↗ Kapitel 3.1.1.5.1, 3.5.1)
- Gewinn- und Verlustkonto (↗ Kapitel 3.1.1.5.1, 3.5.2.2)
- Schlussbilanzkonto (↗ Kapitel 3.1.1.5.1, 3.5.2.3)
- Vortragskonto (↗ Kapitel 3.1.1.5.1)
- Ergebnisverwendungskonto (↗ Kapitel 3.1.1.5.2)
- Anteilsteuerungskonto (↗ Kapitel 3.1.1.5.2)
- Verrechnungskonto (↗ Kapitel 3.1.1.5.3)
- Interimskonto (↗ Kapitel 3.1.1.5.3)
- Zwischenkonto (↗ Kapitel 3.1.1.5.3)
- Übergangskonto (↗ Kapitel 3.1.1.5.4)
- Zweikreissystem (↗ Kapitel 3.1.1.5.4)
- Personenkonto (↗ Kapitel 3.1.2)
- Offener Posten (↗ Kapitel 3.1.2)
- Lieferantenkonto (↗ Kapitel 3.1.2.1)
- Kreditor (↗ Kapitel 3.1.2.1)
- Kundenkonto (↗ Kapitel 3.1.2.2)
- Debitor (↗ Kapitel 3.1.2.2)
- Forderungsmanagement (↗ Kapitel 3.1.2.2)
- Hauptkonto (↗ Kapitel 3.2.1)
- Unterkonto (↗ Kapitel 3.2.1)
- Bewegungskonto (↗ Kapitel 3.2.1)
- Sammelkonto (↗ Kapitel 3.2.2)
- Kollektivkonto (↗ Kapitel 3.2.2)
- Nebenkonto (↗ Kapitel 3.2.2)
- Kontonummer (↗ Kapitel 3.3.1)
- Kontobezeichnung (↗ Kapitel 3.3.1)
- Kontensystem (↗ Kapitel 3.3.2)
- Kontenrahmen (↗ Kapitel 3.3.2)
- Kontenplan (↗ Kapitel 3.3.2)
- Prozessgliederungsprinzip (↗ Kapitel 3.3.2.1)
- Gemeinschaftskontenrahmen der Industrie (↗ Kapitel 3.3.2.1)
- Kontenrahmen für den Groß- und Außenhandel (↗ Kapitel 3.3.2.1)
- Standardkontenrahmen 03 (↗ Kapitel 3.3.2.1, 3.3.2.3.1)
- Abschlussgliederungsprinzip (↗ Kapitel 3.3.2.1)
- Einzelhandelskontenrahmen (↗ Kapitel 3.3.2.1)
- Industriekontenrahmen (↗ Kapitel 3.3.2.1, 3.3.2.3.3)
- Standardkontenrahmen 04 (↗ Kapitel 3.3.2.1, 3.3.2.3.2)
- Kontenklasse (↗ Kapitel 3.3.2.2.2)
- Kontengruppe (↗ Kapitel 3.3.2.2.2)
- Kontenart (↗ Kapitel 3.3.2.2.2)
- Kontenunterart (↗ Kapitel 3.3.2.2.2)
- Grundkosten (↗ Kapitel 3.3.2.3.1)
- Grundleistung (↗ Kapitel 3.3.2.3.1)
- Neutraler Aufwand (↗ Kapitel 3.3.2.3.1)
- Neutraler Ertrag (↗ Kapitel 3.3.2.3.1)
- Buchungssatz (↗ Kapitel 3.4.1)
- Einfacher Buchungssatz (↗ Kapitel 3.4.1.1)
- Zusammengesetzter Buchungssatz (↗ Kapitel 3.4.1.2)
- Kontenfindung (↗ Kapitel 3.4.3)
- Buchungsnavigator (↗ Kapitel 3.4.4)
- Saldieren (↗ Kapitel 3.5.2.1)
- Buchungseinmaleins (↗ Kapitel 3.6)

Fragen Kapitel 3

Frage 3-1: Was ist im Hinblick auf Buchungen kennzeichnend für die doppelte Buchführung? (↗ Kapitel 3)

Frage 3-2 (Vertiefung): Welche Aufgabe hat die Buchhalternase? (↗ Kapitel 3)

Frage 3-3: Was kennzeichnet Sachkonten? (↗ Kapitel 3.1.1)

Frage 3-4: In welchem Teilbereich der Buchführung werden Sachkonten verwendet? (↗ Kapitel 3.1.1)

Frage 3-5: Aus welcher Jahresabschlussrechnung leiten sich die Bestandskonten ab? (↗ Kapitel 3.1.1.1)

Frage 3-6: Welche zwei Arten von Bestandskonten gibt es? (↗ Kapitel 3.1.1.1)

Frage 3-7: Was gibt der Saldo von Bestandskonten an? (↗ Kapitel 3.1.1.1)

Frage 3-8 (Vertiefung): In welche zwei Jahresabschlussrechnungen gehen auf Zahlungskonten verbuchte Geschäftsvorfälle immer ein? (↗ Kapitel 3.1.1.1.1)

Frage 3-9 (Vertiefung): Welche Art von Konto repräsentieren die Kontoauszüge von Banken? (↗ Exkurs 3-1)

Frage 3-10: Aus welcher Jahresabschlussrechnung leiten sich die Erfolgskonten ab? (↗ Kapitel 3.1.1.2)

Frage 3-11: Welche zwei Arten von Erfolgskonten gibt es? (↗ Kapitel 3.1.1.2)

Frage 3-12: Welche Bestandskonten sind den Erfolgskonten übergeordnet? (↗ Kapitel 3.1.1.2)

Frage 3-13: Bei welchen Unternehmen werden Privatkonten verwendet? (↗ Kapitel 3.1.1.3)

Frage 3-14: Welche Arten von Privatkonten gibt es? (↗ Kapitel 3.1.1.3)

Frage 3-15: Was wird unter einer Entnahme verstanden? (↗ Kapitel 3.1.1.3.1)

Frage 3-16: Was wird unter einer Einlage verstanden? (↗ Kapitel 3.1.1.3.2)

Frage 3-17: Was ist kennzeichnend für gemischte Konten? (↗ Kapitel 3.1.1.4)

Frage 3-18: Welche zwei Arten von gemischten Konten gibt es? (↗ Kapitel 3.1.1.4)

Frage 3-19: Wofür werden Bestandskonten mit Erfolg primär eingesetzt? (↗ Kapitel 3.1.1.4.1)

Frage 3-20 (Vertiefung): Warum sollen Erfolgskonten mit Bestand nicht verwendet werden? (↗ Kapitel 3.1.1.4.2)

Frage 3-21: Welche Konten werden für Eröffnungs- und für Abschlussbuchungen verwendet? (↗ Kapitel 3.1.1.5.1)

Frage 3-22: Welche Jahresabschlussrechnungen werden aus welchen Hilfskonten abgeleitet? (↗ Kapitel 3.1.1.5.1)

Frage 3-23: Was kennzeichnet Personenkonten? (↗ Kapitel 3.1.2)

Frage 3-24: In welchem Teilbereich der Buchführung werden Personenkonten verwendet? (↗ Kapitel 3.1.2)

Frage 3-25: Welche zwei Arten von Personenkonten gibt es? (↗ Kapitel 3.1.2)

Frage 3-26: Welchen Sammelkonten sind die Personenkonten zugeordnet? (↗ Kapitel 3.1.2)

Frage 3-27 (Vertiefung): Wozu dient das Forderungsmanagement primär? (↗ Kapitel 3.1.2.2)

Frage 3-28: Wozu dienen Unterkonten? (↗ Kapitel 3.2.1)

Frage 3-29: Wozu dienen Nebenkonten? (↗ Kapitel 3.2.2)

Frage 3-30: Wie erfolgt die Benennung von Konten? (↗ Kapitel 3.3.1)

Frage 3-31: Was sind Kontenrahmen? (↗ Kapitel 3.3.2)

Frage 3-32: Wodurch unterscheiden sich Kontenpläne von Kontenrahmen? (↗ Kapitel 3.3.2)

Frage 3-33 (Vertiefung): Welche zwei Gliederungsgrundformen von Kontenrahmen gibt es? (↗ Kapitel 3.3.2.1)

Frage 3-34 (Vertiefung): Wer ist Herausgeber der Standardkontenrahmen 03 und 04? (↗ Kapitel 3.3.2.1)

Frage 3-35 (Vertiefung): Wer ist Herausgeber des Industriekontenrahmens? (↗ Kapitel 3.3.2.1)

Frage 3-36: Welche Hierarchieebenen gibt es innerhalb der Kontenrahmen? (↗ Kapitel 3.3.2.2.2)

Frage 3-37: Wozu dienen Buchungssätze? (↗ Kapitel 3.4.1)

Frage 3-38: Welche zwei Arten von Buchungssätzen werden unterschieden? (↗ Kapitel 3.4.1)

Frage 3-39: Welche Konten werden zu Beginn des Geschäftsjahres eröffnet? (↗ Kapitel 3.5.1)

3.6 Die Aufzeichnung von Geschäftsvorfällen auf Konten
Übungen

Frage 3-40: Warum werden Erfolgskonten nicht eröffnet? (↗ Kapitel 3.5.1)

Frage 3-41: Auf welchen Konten erfolgt eine Gegenbuchung bei der Eröffnung von Bestandskonten? (↗ Kapitel 3.5.1)

Frage 3-42: In welcher Reihenfolge werden die Konten abgeschlossen? (↗ Kapitel 3.5.2)

Frage 3-43: Wie ergibt sich der Saldo? (↗ Kapitel 3.5.2.1)

Frage 3-44: Auf welches Konto werden Erfolgskonten abgeschlossen? (↗ Kapitel 3.5.2.2)

Frage 3-45: Auf welches Konto werden Bestandskonten abgeschlossen? (↗ Kapitel 3.5.2.3)

Übungen Kapitel 3

Übung 3-1

Kapitelreferenzen
↗ Kapitel 3.3.2

Marc möchte die Buchführung für die Marcslights GmbH* selbst erledigen. Dafür wird er zusätzlich zu den vorher in diesem Kapitel behandelten Konten noch die nachfolgenden Konten benötigen. Suchen Sie für diese Konten die Kontonummern aus dem von ihnen verwendeten Kontenplan heraus:

Kontonummer	SKP/IKP Kontobezeichnung
	Abschreibungen auf Sachanlagen
	Verbindlichkeiten aus Lieferungen und Leistungen
	Fertige Erzeugnisse (Bestand)
	Löhne
	Bestandsveränderungen – fertige Erzeugnisse

Übung 3-2

Kapitelreferenzen
↗ Kapitel 3.3.2

Marc verwendet für die Beschichtung mancher Leuchten Blattgold als Hilfsstoff. Um die entsprechenden Bestände kontrollieren zu können, möchte er den Kontenplan um ein Konto für den Bestand und ein Konto für den Verbrauch des Blattgolds erweitern. Machen Sie einen Vorschlag für die Nummern und die Bezeichnungen entsprechender Konten:

Kontonummer	Kontobezeichnung

Übung 3-3

Kapitelreferenzen
↗ Kapitel 3.4.3

Nachdem Sie in der Übung 2-2 im ↗ Kapitel 2 die Aufgabe hatten, aufzuzeigen, wie sich verschiedene Geschäftsvorfälle auf die Jahresabschlussrechnungen der Marcslights GmbH auswirken, sollen Sie nun die Buchungssätze zu einigen dieser Geschäftsvorfälle ermitteln. Dabei ist die Umsatzsteuer jeweils nicht zu berücksichtigen:

(A) Marc gründet die Marcslights GmbH* und zahlt dazu das Stammkapital in Höhe von 25 000,00 € aus seinem Privatvermögen auf das Bankkonto der Marcslights GmbH* ein:

Konto 1

Sachverhalt	
Kontenart (Aktiv/Passiv/Aufwand/Ertrag/...)	
Kontonummer und -bezeichnung	

Kontoänderung (Zunahme/Abnahme)	
Buchungsseite (Soll/Haben)	
Betrag	

Konto 2

Sachverhalt	
Kontenart (Aktiv/Passiv/Aufwand/Ertrag/…)	
Kontonummer und -bezeichnung	
Kontoänderung (Zunahme/Abnahme)	
Buchungsseite (Soll/Haben)	
Betrag	

Sollkonto	**Betrag** an **Habenkonto**	**Betrag**

(B) Marc kauft Maschinen zum Preis von 5 000,00 € gegen Rechnung:

Konto 1

Sachverhalt	
Kontenart (Aktiv/Passiv/Aufwand/Ertrag/…)	
Kontonummer und -bezeichnung	
Kontoänderung (Zunahme/Abnahme)	
Buchungsseite (Soll/Haben)	
Betrag	

Konto 2

Sachverhalt	
Kontenart (Aktiv/Passiv/Aufwand/Ertrag/…)	
Kontonummer und -bezeichnung	
Kontoänderung (Zunahme/Abnahme)	
Buchungsseite (Soll/Haben)	
Betrag	

Sollkonto	**Betrag** an **Habenkonto**	**Betrag**

(C) Marc zahlt kurze Zeit später die Rechnung für die Maschinen aus dem vorangegangenen Geschäftsvorfall (B) per Banküberweisung:

Konto 1

Sachverhalt	
Kontenart (Aktiv/Passiv/Aufwand/Ertrag/…)	
Kontonummer und -bezeichnung	
Kontoänderung (Zunahme/Abnahme)	
Buchungsseite (Soll/Haben)	
Betrag	

Konto 2

Sachverhalt	
Kontenart (Aktiv/Passiv/Aufwand/Ertrag/...)	
Kontonummer und -bezeichnung	
Kontoänderung (Zunahme/Abnahme)	
Buchungsseite (Soll/Haben)	
Betrag	

Sollkonto   **Betrag** an **Habenkonto**   **Betrag**

(D) Marc kauft für den Werkstoffbestand Rohstoffe zum Preis von 10 000,00 € mit EC-Karte:

Konto 1

Sachverhalt	
Kontenart (Aktiv/Passiv/Aufwand/Ertrag/...)	
Kontonummer und -bezeichnung	
Kontoänderung (Zunahme/Abnahme)	
Buchungsseite (Soll/Haben)	
Betrag	

Konto 2

Sachverhalt	
Kontenart (Aktiv/Passiv/Aufwand/Ertrag/...)	
Kontonummer und -bezeichnung	
Kontoänderung (Zunahme/Abnahme)	
Buchungsseite (Soll/Haben)	
Betrag	

Sollkonto   **Betrag** an **Habenkonto**   **Betrag**

(E) Marc schreibt die Maschinen zur Berücksichtigung ihres Wertverlustes während des Geschäftsjahres planmäßig um 500,00 € ab:

Konto 1

Sachverhalt	
Kontenart (Aktiv/Passiv/Aufwand/Ertrag/...)	
Kontonummer und -bezeichnung	
Kontoänderung (Zunahme/Abnahme)	
Buchungsseite (Soll/Haben)	
Betrag	

Konto 2

Sachverhalt	
Kontenart (Aktiv/Passiv/Aufwand/Ertrag/...)	
Kontonummer und -bezeichnung	
Kontoänderung (Zunahme/Abnahme)	
Buchungsseite (Soll/Haben)	
Betrag	

Sollkonto _____ **Betrag** an **Habenkonto** _____ **Betrag**

(F) Marc verbraucht für die Fertigung von Leuchten Rohstoffe für 8 000,00 €:

Konto 1

Sachverhalt	
Kontenart (Aktiv/Passiv/Aufwand/Ertrag/...)	
Kontonummer und -bezeichnung	
Kontoänderung (Zunahme/Abnahme)	
Buchungsseite (Soll/Haben)	
Betrag	

Konto 2

Sachverhalt	
Kontenart (Aktiv/Passiv/Aufwand/Ertrag/...)	
Kontonummer und -bezeichnung	
Kontoänderung (Zunahme/Abnahme)	
Buchungsseite (Soll/Haben)	
Betrag	

Sollkonto _____ **Betrag** an **Habenkonto** _____ **Betrag**

(G) Marc hebt vom Bankkonto 5 300,00 € ab und legt das Bargeld in die Kasse:

Konto 1

Sachverhalt	
Kontenart (Aktiv/Passiv/Aufwand/Ertrag/...)	
Kontonummer und -bezeichnung	
Kontoänderung (Zunahme/Abnahme)	
Buchungsseite (Soll/Haben)	
Betrag	

3.6 Die Aufzeichnung von Geschäftsvorfällen auf Konten
Übungen

Konto 2

Sachverhalt	
Kontenart (Aktiv/Passiv/Aufwand/Ertrag/...)	
Kontonummer und -bezeichnung	
Kontoänderung (Zunahme/Abnahme)	
Buchungsseite (Soll/Haben)	
Betrag	

Sollkonto   **Betrag** an **Habenkonto**   **Betrag**

(H) Marc zahlt Löhne von 4 000,00 € in bar:

Konto 1

Sachverhalt	
Kontenart (Aktiv/Passiv/Aufwand/Ertrag/...)	
Kontonummer und -bezeichnung	
Kontoänderung (Zunahme/Abnahme)	
Buchungsseite (Soll/Haben)	
Betrag	

Konto 2

Sachverhalt	
Kontenart (Aktiv/Passiv/Aufwand/Ertrag/...)	
Kontonummer und -bezeichnung	
Kontoänderung (Zunahme/Abnahme)	
Buchungsseite (Soll/Haben)	
Betrag	

Sollkonto   **Betrag** an **Habenkonto**   **Betrag**

(I) Durch die Fertigung ergibt sich ein zusätzlicher Bestand an fertigen Leuchten im Wert von 16 000,00 €:

Konto 1

Sachverhalt	
Kontenart (Aktiv/Passiv/Aufwand/Ertrag/...)	
Kontonummer und -bezeichnung	
Kontoänderung (Zunahme/Abnahme)	
Buchungsseite (Soll/Haben)	
Betrag	

Konto 2

Sachverhalt	
Kontenart (Aktiv/Passiv/Aufwand/Ertrag/...)	
Kontonummer und -bezeichnung	
Kontoänderung (Zunahme/Abnahme)	
Buchungsseite (Soll/Haben)	
Betrag	

Sollkonto   **Betrag** an **Habenkonto**   **Betrag**

(J) Marc entnimmt dem Bestand an fertigen Leuchten für den Verkauf Leuchten für 14 000,00 € (Hinweis: Es handelt sich um einen Verbrauch an Leuchten, der im Soll eines Ertragskontos zu buchen ist):

Konto 1

Sachverhalt	
Kontenart (Aktiv/Passiv/Aufwand/Ertrag/...)	
Kontonummer und -bezeichnung	
Kontoänderung (Zunahme/Abnahme)	
Buchungsseite (Soll/Haben)	
Betrag	

Konto 2

Sachverhalt	
Kontenart (Aktiv/Passiv/Aufwand/Ertrag/...)	
Kontonummer und -bezeichnung	
Kontoänderung (Zunahme/Abnahme)	
Buchungsseite (Soll/Haben)	
Betrag	

Sollkonto   **Betrag** an **Habenkonto**   **Betrag**

(K) Marc verkauft die entnommenen Leuchten für 30 000,00 € an ein Möbelgeschäft auf Rechnung:

Konto 1

Sachverhalt	
Kontenart (Aktiv/Passiv/Aufwand/Ertrag/...)	
Kontonummer und -bezeichnung	
Kontoänderung (Zunahme/Abnahme)	
Buchungsseite (Soll/Haben)	
Betrag	

3.6 Die Aufzeichnung von Geschäftsvorfällen auf Konten
Übungen

Konto 2

Sachverhalt	
Kontenart (Aktiv/Passiv/Aufwand/Ertrag/…)	
Kontonummer und -bezeichnung	
Kontoänderung (Zunahme/Abnahme)	
Buchungsseite (Soll/Haben)	
Betrag	

Sollkonto   **Betrag** an **Habenkonto**   **Betrag**

(L) Das Möbelgeschäft zahlt die Rechnung für die Leuchten aus dem vorangegangenen Geschäftsvorfall per Banküberweisung:

Konto 1

Sachverhalt	
Kontenart (Aktiv/Passiv/Aufwand/Ertrag/…)	
Kontonummer und -bezeichnung	
Kontoänderung (Zunahme/Abnahme)	
Buchungsseite (Soll/Haben)	
Betrag	

Konto 2

Sachverhalt	
Kontenart (Aktiv/Passiv/Aufwand/Ertrag/…)	
Kontonummer und -bezeichnung	
Kontoänderung (Zunahme/Abnahme)	
Buchungsseite (Soll/Haben)	
Betrag	

Sollkonto   **Betrag** an **Habenkonto**   **Betrag**

Übung 3-4

Kapitelreferenzen
↗ Kapitel 3.4.4, ↗ Kapitel 3.5

Unterstützen Sie Marc beim Erstellen des Jahresabschlusses für die Marcslights GmbH*.

(1) Übertragen Sie die Buchungssätze aus der vorangegangenen Übung 3-3 auf die nachfolgenden T-Konten:

Soll	3010 · 5010 · 6010 Aufwendungen für Rohstoffe[1]	Haben	Soll	8000 · 4000 · 5000 Umsatzerlöse	Haben

Übungen 3.6

Soll	4110 · 6010 · 6200 Löhne	Haben

Soll	8980 · 4800 · 5220 Bestandsveränderungen – fertige Erzeugnisse	Haben

Soll	4830 · 6220 · 6530 Abschreibungen auf Sachanlagen	Haben

Soll	0200 · 0400 · 0700 Technische Anlagen und Maschinen	Haben

Soll	0800 · 2900 · 3000 Gezeichnetes Kapital	Haben

Soll	3971 · 1010 · 2010 Rohstoffe (Bestand)[1]	Haben

Soll	1600 · 3300 · 4400 Verbindlichkeiten aus Lieferungen und Leistungen	Haben

Soll	7110 · 1110 · 2200 Fertige Erzeugnisse (Bestand)	Haben

Soll	1400 · 1200 · 2400 Forderungen aus Lieferungen und Leistungen	Haben

Soll	1200 · 1800 · 2800 Bank	Haben
+ 25 000,00 € (A)		
	Saldo = 34 700,00 €	

Soll	1000 · 1600 · 2880 Kasse	Haben

(2) Schließen Sie die Erfolgskonten auf das Gewinn- und Verlustkonto und diese dann wiederum auf das Konto »Jahresüberschuss/Jahresfehlbetrag[1]« ab:

Soll	9020 · 9020 · 8020 Gewinn- und Verlustkonto[1]	Haben

Soll	0000 · 0000 · 3400 Jahresüberschuss/Jahresfehlbetrag[1]	Haben
= 19 500,00 € Saldo		

3.6 Die Aufzeichnung von Geschäftsvorfällen auf Konten
Übungen

(3) Schließen Sie alle Bestandskonten inklusive der Konten mit einem Saldo von 0,00 € auf das Schlussbilanzkonto ab. Wenn Sie keine Fehler gemacht haben, ist der Saldo dieses Kontos dann 0,00 €:

Soll	9010 · 9010 · 8010 Schlussbilanzkonto[1]	Haben
		Saldo = 0,00 €

(4) Leiten Sie aus dem Gewinn- und Verlustkonto und dem Schlussbilanzkonto eine Gewinn- und Verlustrechnung (Version: Gesamtkostenverfahren gemäß Handelsgesetzbuch: § 275 Gliederung, Absatz 2) und eine Schlussbilanz für die Marcslights GmbH* ab:

Aufwendungen	Gewinn- und Verlustrechnung		Erträge
5. Materialaufwand			1. Umsatzerlöse
6. Personalaufwand			2. Erhöhung des Bestands an fertigen und unfertigen Erzeugnissen
7. Abschreibungen			
Betriebsergebnis			
Finanzergebnis			
14. Ergebnis der gewöhnlichen Geschäftstätigkeit			
20. Jahresüberschuss/ Jahresfehlbetrag	19 500,00 €		

Aktiva	Bilanz		Passiva
A. Anlagevermögen			**A. Eigenkapital**
II. Sachanlagen			I. Gezeichnetes Kapital
			V. Jahresüberschuss/ Jahresfehlbetrag
B. Umlaufvermögen			
			C. Verbindlichkeiten
IV. Flüssige Mittel		0,00 €	
Bilanzsumme	44 500,00 €		**Bilanzsumme**

(5) Geben Sie die Buchungssätze zur manuellen Eröffnung der Konten »Technische Anlagen und Maschinen« und »Gezeichnetes Kapital« im Folgejahr an:

Sollkonto	Betrag	an	Habenkonto	Betrag
	4 500,00 €			

Sollkonto	Betrag	an	Habenkonto	Betrag

Lernstandsmonitor Kapitel 3

Kapitel		niedrig	mittel	hoch	Noch lernen
3.1 Kontenarten	Wichtigkeit				
	Eigene Kompetenz				
3.2 Kontenverknüpfungen	Wichtigkeit				
	Eigene Kompetenz				
3.3 Benennung und Strukturierung von Konten	Wichtigkeit				
	Eigene Kompetenz				
3.4 Buchen auf Konten	Wichtigkeit				
	Eigene Kompetenz				
3.5 Eröffnung und Abschluss von Konten	Wichtigkeit				
	Eigene Kompetenz				
3.6 Kleines Buchungseinmaleins	Wichtigkeit				
	Eigene Kompetenz				

4 Die organisatorischen Rahmenbedingungen

Kapitelnavigator

Inhalt	Lernziel
4.1 Grundsysteme der Buchführung	4-1 Die Merkmale und die Einsatzfelder der einfachen und der doppelten Buchführung kennen.
4.2 Belegorganisation	4-2 Die verschiedenen Arten von Belegen und deren Bearbeitungsschritte kennen.
4.3 Aufbau von Buchführungssoftwaresystemen	4-3 Die Funktionen der verschiedenen Teile von Buchführungssoftwaresystemen kennen.
4.4 Realisierung der Rechnungslegung nach verschiedenen Normensystemen	4-4 Die Möglichkeiten der Realisierung der Rechnungslegung nach verschiedenen Normensystemen kennen.
4.5 Abbildung des Übergangs der wirtschaftlichen Verfügungsmacht bei Kaufprozessen	4-5 Die sich aus der Berücksichtigung von Liefer- und Zahlungsbedingungen ergebenden Anforderungen kennen.
4.6 Umrechnung von Umsätzen in Fremdwährungen	4-6 Die Vorgehensweise bei der Umrechnung von Fremdwährungen kennen.

Nachdem Jill und Marc jetzt grundlegende Kenntnisse hinsichtlich der Jahresabschlussrechnungen und der Verbuchung auf Konten haben, stellt sich ihnen als Nächstes die Frage, welche organisatorischen Anforderungen sich für ihre Unternehmen ergeben.

Nachfolgend werden wir uns dazu zunächst anschauen, welche zwei grundsätzlichen Formen der Buchführung es gibt. Da alle Buchungen auf Belegen beruhen, werden wir uns dann eingehend mit den verschiedenen Arten von Belegen und deren Bearbeitung beschäftigen. Im Anschluss werden wir näher auf die verschiedenen Teile von Buchführungssoftwaresystemen und deren Zusammenwirken eingehen. Zuletzt werden wir einige organisatorische Einzelaspekte behandeln, nämlich die Möglichkeiten der Realisierung der Rechnungslegung nach verschiedenen Normensystemen, die buchungstechnische Berücksichtigung von Liefer- und Zahlungsbedingungen und die Vorgehensweise bei der Umrechnung von Fremdwährungen.

4.1 Grundsysteme der Buchführung

Lernziel 4-1
Die Merkmale und die Einsatzfelder der einfachen und der doppelten Buchführung kennen.

- Grundsysteme der Buchführung
- Belegorganisation
- Aufbau von Buchführungssoftwaresystemen
- Rechnungslegung nach verschiedenen Normensystemen
- Übergang der wirtschaftlichen Verfügungsmacht
- Umrechnung von Umsätzen in Fremdwährungen

Neben der *Kameralistik*, dem früher in der staatlichen Verwaltung dominierenden Buchführungssystem, können zwei *kaufmännische Buchführungssysteme* unterschieden werden: die einfache und die doppelte Buchführung (Eisele, W. 2002: Seite 508 ff. und Coenenberg, A. G. und andere 2009b: Seite 119 ff.).

4.1.1 Einfache Buchführung

Die einfache Buchführung darf nur von Nicht-Buchführungspflichtigen, wie Freiberuflern (↗ Kapitel 5.1.1.1.3), eingesetzt werden. Kennzeichnend für die einfache Buchführung sind folgende Merkmale:
- Die einfache Buchführung bildet nur Teile der in Unternehmen ablaufenden Prozesse (↗ Kapitel 1.1) ab, nämlich nur den Geld- und den Kreditverkehr (Schär, J. F. 1921, Seite 7).
- Entsprechend wird nur ein Teil der Geschäftsvorfälle erfasst, nämlich nur solche, die Änderungen der flüssigen Mittel sowie der Forderungen und der Verbindlichkeiten betreffen, also alle Ausgaben und Einnahmen.
- Die Geschäftsvorfälle werden nur in einer Buchart erfasst, nämlich zeitlich geordnet in Grundbüchern. Diese können dabei auch aus geordnet abgelegten Belegen, wie Kontoauszügen, bestehen (↗ Kapitel 4.3.1).
- Die Geschäftsvorfälle betreffen in der Regel nicht zwei Konten gleichzeitig, da – wenn überhaupt – nur Konten für flüssige Mittel, Forderungen und Verbindlichkeiten geführt werden.
- Auf Basis der einfachen Buchführung können keine Gewinn- und Verlustrechnungen aufgestellt werden, da Aufwendungen und Erträge nicht erfasst werden.
- Auf Basis der einfachen Buchführung können keine Bilanzen aufgestellt werden, da nicht alle bilanziell wirksamen Geschäftsvorfälle erfasst werden. Allerdings ist die Aufstellung einer Bilanz über ein im Rahmen der Inventur aufgestelltes Inventar möglich (↗ Kapitel 13.3.3).
- Der Jahresüberschuss oder der Jahresfehlbetrag kann nur auf eine Art und Weise ermittelt werden, nämlich im Rahmen eines *Bestandsgrößenvergleichs* durch Vergleich des auf Basis des Inventars ermittelten Eigenkapitals zum Ende des Geschäftsjahres mit dem zum Anfang des Geschäftsjahres (Wöhe, G./Kußmaul, H. 2006: Seite 45).

Aufgrund der vorgenannten Merkmale entspricht die einfache Buchführung nicht den Erfordernissen, die sich aus einer Buchführungspflicht ergeben (↗ Kapitel 5.1.1.3). Auf ihrer Basis kann allerdings von Nicht-Buchführungspflichtigen für die Besteuerung eine *Einnahmenüberschussrechnung* (EÜR) erstellt werden, die zur Gewinnermittlung den Betriebseinnahmen die Betriebsausgaben gegenüberstellt (Einkommensteuergesetz: § 4 Gewinnbegriff im Allgemeinen, Absatz 3).

4.1.2 Doppelte Buchführung

Die doppelte Buchführung, die teilweise auch als *Doppik* oder *doppische Buchführung* bezeichnet wird, muss von allen Buchführungspflichtigen als Buchführungssystem eingesetzt werden (↗ Kapitel 5.1.1.1.2). Kennzeichnend für die doppelte Buchführung sind folgende Merkmale:
- Die doppelte Buchführung bildet alle in Unternehmen ablaufenden Prozesse (↗ Kapitel 1.1) ab.
- Entsprechend werden komplett alle Geschäftsvorfälle erfasst.
- Die Geschäftsvorfälle werden in zwei Bucharten erfasst, nämlich zeitlich geordnet in Grundbüchern und sachlich geordnet in Hauptbüchern (↗ Kapitel 4.3).

- Die Geschäftsvorfälle betreffen immer mindestens zwei Konten gleichzeitig, wobei keine Buchung im Soll ohne Gegenbuchungen im Haben in gleicher Höhe erfolgt.
- Auf Basis der doppelten Buchführung können Gewinn- und Verlustrechnungen aufgestellt werden, da alle Aufwendungen und Erträge erfasst werden.
- Auf Basis der doppelten Buchführung können Bilanzen aufgestellt werden, da alle bilanziell wirksamen Geschäftsvorfälle erfasst werden.
- Der Jahresüberschuss oder der Jahresfehlbetrag kann, wie bei der einfachen Buchführung dargestellt, über einen Bestandsgrößenvergleich ermittelt werden oder im Rahmen eines *Stromgrößenvergleichs* durch die Gegenüberstellung von Erträgen und Aufwendungen in der Gewinn- und Verlustrechnung (Döring, U./Buchholz, R. 2005: Seite 42).

Die doppelte Buchführung entspricht damit den Erfordernissen einer Buchführungspflicht.

4.2 Belegorganisation

- Grundsysteme der Buchführung
- **Belegorganisation**
- Aufbau von Buchführungssoftwaresystemen
- Rechnungslegung nach verschiedenen Normensystemen
- Übergang der wirtschaftlichen Verfügungsmacht
- Umrechnung von Umsätzen in Fremdwährungen

Belege sind Dokumente, die das Bindeglied zwischen Geschäftsvorfällen auf der einen und den zugehörigen Buchungen auf der anderen Seite bilden. Sie sollen dabei sowohl die zugrunde liegenden Geschäftsvorfälle dokumentieren als auch ihre Richtigkeit beweisen. Für die Buchführung gilt entsprechend gemäß dem *Belegprinzip* (↗ Kapitel 5.3.1.1) immer der Grundsatz: »Keine Buchung ohne Beleg!«. Die Belegorganisation ist dabei so zu gestalten, dass Geschäftsvorfälle sowohl *progressiv überprüfbar* sind, also beginnend mit den Belegen über die Eintragungen in die Grundbücher und die Konten bis hin zu den Jahresabschlussrechnungen, als auch *retrograd*, also in umgekehrter Richtung (Bundesministerium der Finanzen 1995: II. Beleg-, Journal- und Kontenfunktionen a).

Problematisch ist die Einhaltung des Belegprinzips bei Buchungen, die innerhalb der Buchführungssoftware erzeugt werden. Hier gelten die den Buchungen zugrunde liegenden Stamm- und Eingabedaten zusammen mit einer Verfahrensdokumentation als Beleg, so beispielsweise bei Abschreibungen in der Anlagenbuchführung die Daten der Anschaffungskosten, des Abschreibungszeitraums und der gewählten Abschreibungsmethode (Bundesministerium der Finanzen 1995).

Können Geschäftsvorfälle nicht belegt werden, so kann dies dazu führen, dass seitens der Finanzämter zulasten der steuerpflichtigen Unternehmen Aufwendungen nicht anerkannt oder Erträge zugeschätzt werden.

4.2.1 Belegarten

Abhängig von der physischen Substanz können:

- *Papierbelege* und
- *elektronische Belege*

unterschieden werden. Durch Scannen ist es dabei möglich, Papierbelege in elektronische Belege umzuwandeln. Im Hinblick auf ihre Auf-

Lernziel 4-2
Die verschiedenen Arten von Belegen und deren Bearbeitungsschritte kennen.

Exkurs 4-1

Gutschriften statt Rechnungen

In einigen Branchen ist es inzwischen üblich, dass Unternehmen im Rahmen des sogenannten *Gutschriftenverfahrens* die Lieferungen und Leistungen ihren Lieferanten über von ihnen erstellte Gutschriften statt über vom Lieferanten erstellte Rechnungen abrechnen. Durch diese Vorgehensweise wird insbesondere die Prüfung der Belege auf die Lieferanten verlagert, aber auch die übrigen Schritte der Belegbearbeitung werden für die Unternehmen zulasten ihrer Lieferanten vereinfacht.

Quelle: Zahlungsverkehr: Konzerne vergleichen Leistungen, Firmen machen Front gegen Wertstellungspraxis, in: Handelsblatt Nr. 69 vom 10.04.1997 Seite 29.

gaben innerhalb der Buchführungssoftware können:

- *Ursprungsbelege*, die die Geschäftsvorfälle dokumentieren, und daraus abgeleitete
- *Buchungsbelege*, die die in den Haupt- und Nebenbüchern durchgeführten Buchungen dokumentieren,

unterschieden werden (Küting, K. und andere 2010: Seite 18). Des Weiteren wird danach, wer den Beleg erstellt hat, eine Unterscheidung in externe und interne Belege vorgenommen (Deitermann, M. und andere 2011: Seite 89).

4.2.1.1 Externe Belege

Externe Belege sind von Unternehmensexternen erstellte Belege, die deshalb auch als *Fremdbelege* bezeichnet werden. Typische externe Belege sind:

- Bestellscheine von Kunden,
- Lieferavise von Lieferanten zur Ankündigung von deren Lieferterminen,
- Lieferscheine von Lieferanten,
- Eingangsrechnungen (ER) von Lieferanten,
- Gutschriften von Lieferanten zur Korrektur von Rechnungen,
- Kassenbelege (KB) von Einzelhändlern,
- Zahlungsavise von Kunden zur Ankündigung von deren Zahlungsterminen,
- Gutschriften von Kunden für Lieferungen und Leistungen (↗ Exkurs 4-1),
- Quittungen,
- Handelsbriefe,
- Bewirtungsbelege von Gaststätten,
- Bankbelege (BA), wie Kontoauszüge,
- Verträge, wie Mietverträge,
- Steuerbescheide,
- Gebührenbescheide, so beispielsweise für Rundfunkgebühren,
- Beitragsbescheide, so beispielsweise der Berufsgenossenschaften oder der Industrie- und Handelskammern, und
- Dateien und Daten, die beispielsweise per *elektronischem Datenaustausch* (EDI) oder durch Eingabe in Interneteinkaufsplattformen bereitgestellt wurden.

4.2.1.2 Interne Belege

Interne Belege sind vom Unternehmen selbst erstellte Belege, die deshalb auch als *Eigenbelege* bezeichnet werden. Typische interne Belege sind:

- Kopien von an Lieferanten geschickten Bestellscheinen,
- Kopien von an Kunden geschickten Lieferavisen,
- Kopien von an Kunden geschickten Lieferscheinen,
- Kopien von an Kunden geschickten Ausgangsrechnungen (AR),
- Kopien von Kassenbelegen (KB),
- Kopien von an Kunden geschickten Gutschriften,
- Kopien von an Lieferanten geschickten Zahlungsavisen,
- Kopien von an Lieferanten geschickten Gutschriften,
- Kopien von Quittungen,
- Kopien von Handelsbriefen,
- Einlagerungsscheine zur Belegung der Einlagerung von Werkstoffen, Erzeugnissen und Waren in Lager,
- Lagerkarten zur Verwaltung der Lagerbestände von Werkstoffen, Erzeugnissen und Waren,
- Materialentnahmescheine zur Belegung der Entnahme von Materialien aus Lagern,
- Belege für Privatentnahmen (PE) durch die Unternehmenseigner für Zwecke außerhalb des Unternehmens,
- Lohnjournale,
- Kopien der Lohn- und Gehaltsabrechnungen der Arbeitnehmer,
- Beitragsnachweise der Sozialversicherung,
- Verträge, wie Arbeitsverträge,
- Spesenabrechnungen von Geschäftsreisen,

Exkurs 4-2

Die in Verruf geratenen Ersatzbelege

Ersatzbelege werden normalerweise erstellt, wenn Fremdbelege verloren gegangen sind oder wenn für steuerlich abzugsfähige Aufwendungen, wie Trinkgelder, keine Belege ausgestellt wurden.

In Verruf geraten sind die Ersatzbelege insbesondere durch die sogenannte »VW-Schmiergeldaffäre« bei der »Lustreisen« von Betriebsräten über Ersatzbelege für Spesen abgerechnet worden sein sollen.

Quelle: In der VW-Affäre deuten sich weitere Entlassungen an, in: Handelsblatt Nr. 132 vom 12.07.2005 Seite 11.

- Anlagenkarteikarten zur Verwaltung von Anlagegütern,
- Kopien von Steuervoranmeldungen und Steuererklärungen,
- Übertragungsprotokolle von elektronisch übermittelten Steuervoranmeldungen und Steuererklärungen,
- Ersatzbelege, die aufgrund des Fehlens externer Belege selbst erstellt wurden und teilweise auch als Eigenbelege bezeichnet werden,
- Daten maschineller Betriebsdatenerfassungen, die beispielsweise bei der automatisierten Ein- und Auslagerung erstellt werden,
- Daten von Dauerbuchungen innerhalb der Buchführungssoftware, die periodisch anfallende Buchungen auslösen, so beispielsweise für Mieten, Zinsen, Abschreibungen, Versicherungen oder Abonnements (Eisele, W. 2002: Seite 527),
- Inventurbelege und
- Daten einzelner Buchungen innerhalb der Buchführungssoftware, so beispielsweise für Um- oder Stornobuchungen.

4.2.2 Angaben auf Belegen

4.2.2.1 Allgemeine Angaben

Auf Belegen müssen immer mindestens folgende Angaben gemacht werden (Bundesministerium der Finanzen 1995):
- **Ausstellungsdatum,** das der Bestimmung des Zeitpunkts des Geschäftsvorfalls dient.
- **Ordnungskriterium** in Form einer eindeutigen *Belegnummer* für die Aufbewahrung und das Wiederauffinden des Belegs. Für die Nummerierung gibt es dabei keinen einheitlichen Standard. In der Regel wird eine fortlaufende Zählnummer verwendet, die gegebenenfalls um Kurzzeichen für den Buchungskreis und um Jahreszahlen ergänzt wird. Eine entsprechende Belegnummer könnte dann beispielsweise »ER-15762-2010« lauten.
- **Kontierung** zur Dokumentation, über welche Konten der Beleg verbucht wurde.
- **Buchungsbeträge** oder Mengen- und Wertangaben, aus denen sich die zu buchenden Beträge errechnen lassen.

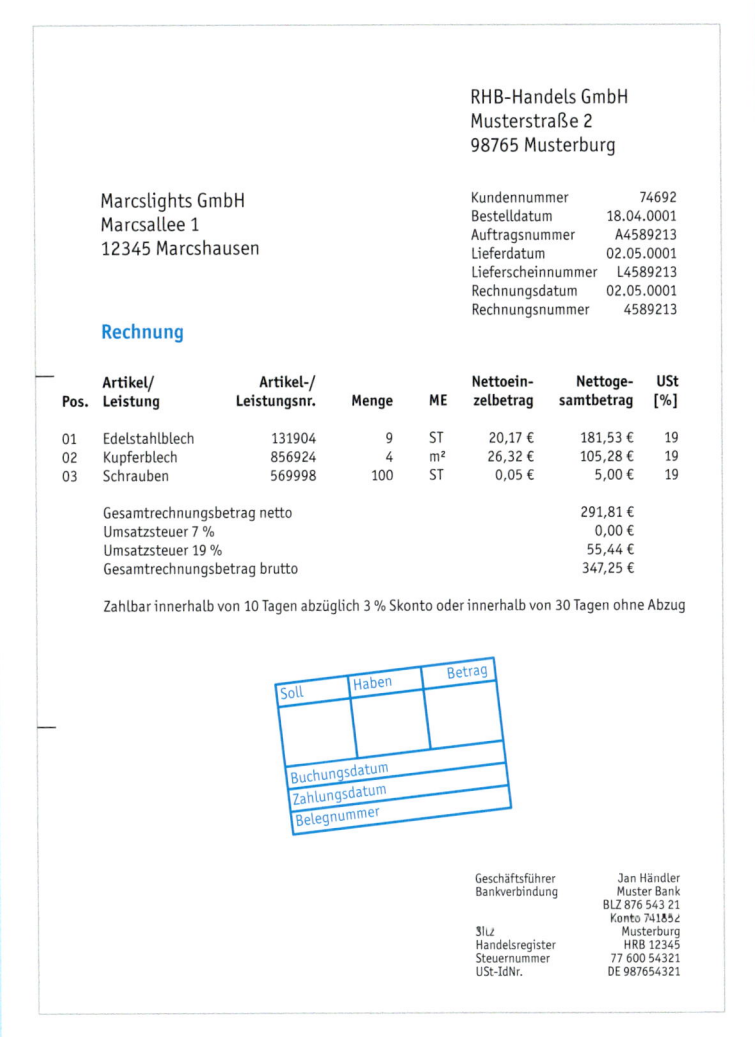

Abb. 4-1

Eingangsrechnungen sind eine der am häufigsten vorkommenden Belegarten. Im Zuge der Bearbeitung werden sie oft mit einem Kontierungsstempel versehen, in den die Belegnummer, die Kontierung, die Buchungsbeträge und das Buchungsdatum eingetragen werden.

- **Belegtext,** der den zugrunde liegenden Geschäftsvorfall mittels Text oder mittels Textschlüsseln erläutert.
- **Buchungsdatum,** zu dem die Erfassung in dem Buchführungssoftwaresystem erfolgte.

Darüber hinaus müssen verschiedene Belegarten ergänzende Angaben enthalten, auf die wir nachfolgend eingehen werden.

4.2.2.2 Ergänzende Angaben auf Rechnungen

Rechnungen sind Dokumente, mit denen Lieferungen und Leistungen abgerechnet werden (Umsatzsteuergesetz: § 14 Ausstellung von Rechnungen, Absatz 1). Auf ihnen müssen folgende Angaben gemacht werden (↗ Abbildung 4-1):

- leistendes Unternehmen mit vollständiger Firma und Anschrift,
- Leistungsempfänger mit vollständigem Namen und Anschrift,
- vom Finanzamt erteilte Steuernummer oder bei Rechnungen an ausländische Leistungsempfänger vom Bundeszentralamt für Steuern erteilte Umsatzsteuer-Identifikationsnummer USt-IdNr. (↗ Kapitel 6.4.1.2),
- Datum der Ausstellung der Rechnung,
- fortlaufende Rechnungsnummer zur Identifikation der Rechnung,
- Zeitpunkte der Lieferungen und Leistungen,
- Mengen und Bezeichnungen der gelieferten Gegenstände und der erbrachten Leistungen,
- nach Umsatzsteuersätzen aufgeschlüsselte Entgelte für die Lieferungen und Leistungen,
- bereits im Entgelt enthaltene Rabatte,
- bereits im Voraus vereinbarte Minderungen des Entgelts durch Skonti oder Boni oder ein Hinweis auf entsprechende Konditionsvereinbarung sowie
- Umsatzsteuersätze und -beträge, die jeweils auf die Entgelte entfallen.

Zusätzlich sollten auf Rechnungen die Bankverbindung und ein Datum, bis zu dem die Zahlung der Rechnung zu erfolgen hat, angegeben werden. Nicht benötigt wird hingegen eine Unterschrift.

Bei Rechnungen über Kleinbeträge mit einem Gesamtrechnungsbetrag von unter 150,00 € (AZ 4-1) inklusive Umsatzsteuer gelten erleichternde Anforderungen, so müssen insbesondere der Leistungsempfänger und die Umsatzsteuerbeträge nicht ausgewiesen werden (Umsatzsteuer-Durchführungsverordnung: § 33 Rechnungen über Kleinbeträge).

4.2.2.3 Ergänzende Angaben auf Bewirtungsbelegen

Bei Bewirtungsbelegen müssen zusätzlich zu den Angaben auf der Rechnung der Gaststätte noch folgende Angaben gemacht werden (Einkommensteuergesetz: § 4 Gewinnbegriff im Allgemeinen, Absatz 5, Ziffer 2):

- Anlass der Bewirtung und
- Teilnehmer der Bewirtung.

4.2.2.4 Ergänzende Angaben auf Handelsbriefen

Handelsbriefe, die im Gesetz auch als *Geschäftsbriefe* bezeichnet werden, sind Schriftstücke, wie Briefe, Telefaxe oder E-Mails, die ein Handelsgeschäft betreffen (Handelsgesetzbuch: § 257 Aufbewahrung von Unterlagen. Aufbewahrungsfristen, Absatz 2). Auf Handelsbriefen müssen – unabhängig davon, ob sie als Beleg verwendet werden sollen oder nicht – folgende Angaben zum Unternehmen gemacht werden (Handelsgesetzbuch: § 37a und Gesetz betreffend die GmbH: § 35a, Aktiengesetz: § 80 Angaben auf Geschäftsbriefen):

- die Firma,
- die Rechtsform,
- der Sitz,
- falls eine Eintragung erfolgte, die Handelsregisternummer und das zuständige Registergericht, sowie,
- falls vorhanden, alle Geschäftsführer und Vorstandsmitglieder und der Vorsitzende des Aufsichtsrats.

4.2.3 Belegbearbeitung

Nach Erhalt oder Erstellung der Belege werden diese in mehreren Schritten bearbeitet (↗ Abbildung 4-2). Die Vorgehensweise bei der Bearbeitung ist dabei nicht standardisiert, sondern kann von jedem Unternehmen individuell festgelegt werden (Eisele, W. 2002: Seite 526 und Deitermann, M. und andere 2011: Seite 89 f.).

4.2.3.1 Prüfung und Freigabe von Belegen

Die Belegbearbeitung beginnt mit einer Überprüfung der Belege, die insbesondere im öffentlichen Dienst auch als »Prüfung auf sachliche und rechnerische Richtigkeit« bezeichnet wird:

- **Sachliche Richtigkeit** bedeutet, dass der belegte Geschäftsvorfall so tatsächlich stattfand.
- **Rechnerische Richtigkeit** bedeutet, dass die auf dem Beleg ausgewiesenen Rechnungen korrekt sind.

Um die Richtigkeit zu gewährleisten, wird dazu bei einer Eingangsrechnung beispielsweise überprüft, ob nur bestellte und nur tatsächlich gelieferte Güter aufgeführt werden, ob diese mit den richtigen Entgelten ausgewiesen werden und ob die Entgelte richtig addiert wurden.

Bei Papierbelegen wird die sachliche und die rechnerische Richtigkeit in der Regel durch die Unterschrift der prüfenden Person, beispielsweise des Bestellers, bestätigt und der Beleg damit zur Verbuchung freigegeben. Abhängig von der Organisation im Unternehmen kann es sein, dass zusätzliche Freigaben erforderlich sind, beispielsweise, wenn durch die Verbuchung des Belegs Zahlungen in einer bestimmten Größenordnung ausgelöst werden.

Bei durch Datenaustausch erhaltenen Belegen ist oft eine teilautomatische Prüfung und Freigabe, beispielsweise durch Vergleiche mit elektronisch hinterlegten Bestellungen, möglich.

Bei durch die Buchführungssoftware erzeugten Buchungen bezieht sich die Prüfung in der Regel auf die zugrunde liegenden Stamm- und Eingabedaten.

Abb. 4-2

Die Belegbearbeitung legt die Abläufe für die Prüfung, die Buchung und die Ablage von Belegen in Unternehmen fest.

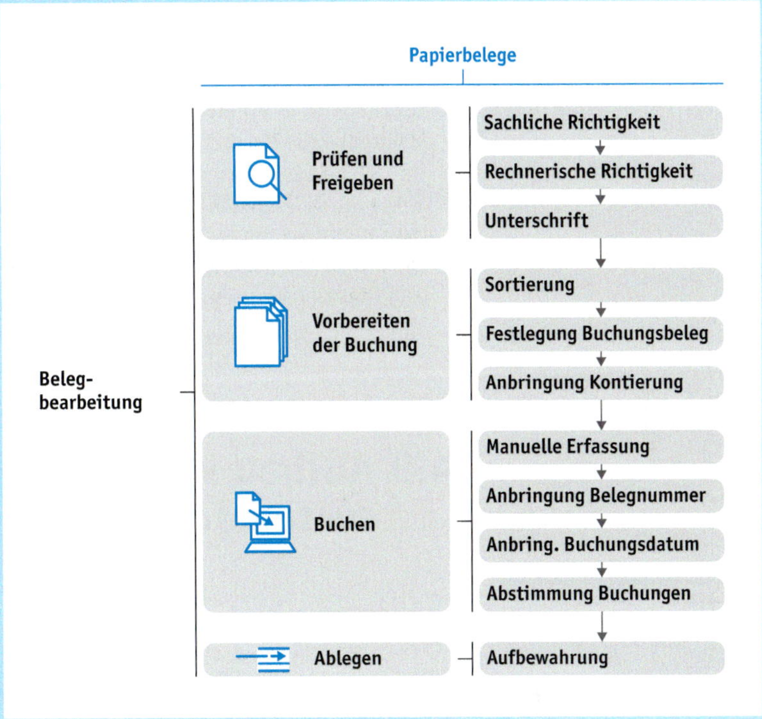

Bei gescannten Belegen erfolgt stattdessen eine Verknüpfung zu der in der Buchführungssoftware hinterlegten Kontierung.

Bei durch Datenaustausch erhaltenen Belegen und bei durch die Buchführungssoftware erzeugten Buchungen erfolgt die Kontierung und die Nummerierung in der Regel automatisch durch die Buchführungssoftware, sodass keine gesonderten Vorbereitungen notwendig sind.

4.2.3.2 Vorbereitung der Buchung

Bei Papierbelegen erfolgen im Anschluss an die Prüfung in der Regel folgende Schritte zur Vorbereitung der Buchung:

- **Sortierung der Belege** nach sogenannten *Buchungskreisen*. Üblicherweise sind dies Bank (BA), Kasse (KB), Eingangsrechnungen (ER), Ausgangsrechnungen (AR) und sonstige Belege (DATEV 2007: Seite 107). Durch die Sortierung wird die nachfolgende Kontierung vereinfacht.
- **Festlegung des zu verwendenden Buchungsbelegs,** falls für einen Geschäftsvorfall mehrere Belege existieren, so beispielsweise eine Rechnung und ein Kontoauszug.
- **Anbringung einer Kontierung** durch Angabe des Buchungssatzes auf dem Beleg. Aus Formgründen kann dazu ein sogenannter *Buchungs-* oder *Kontierungsstempel* verwendet werden, mit dem unter anderem Felder für die Belegnummer, die Kontierung, die Buchungsbeträge und das Buchungsdatum aufgestempelt werden können (DATEV 2007: Seite 115).

4.2.3.3 Buchung von Belegen

Im Anschluss an die Vorbereitung erfolgt die Buchung der Belege, die bei Papierbelegen in folgenden Schritten vorgenommen wird:

- **Manuelle Erfassung** indem das Ausstellungsdatum, die Kontierung, die Buchungsbeträge und der Belegtext in die Buchführungssoftware eingegeben werden.
- **Anbringung eines Ordnungskriteriums** auf dem Beleg in Form einer eindeutigen Beleg-

nummer. Die Belegnummer wird in der Regel bei der manuellen Erfassung automatisch durch die Buchführungssoftware erzeugt.
- **Anbringung des Buchungsdatums** auf dem Beleg, also des Datums, zu dem der Beleg erfasst wurde.
- **Abstimmung der Buchungskreise** zur Überprüfung der in die Buchführungssoftware eingegebenen Buchungen. Die Abstimmung des Buchungskreises »Bank« kann beispielsweise durch Vergleich des Buchbestandes mit dem Kontostand laut Kontoauszug erfolgen, die Abstimmung des Buchungskreises »Kasse« durch Vergleich des Buchbestandes mit dem tatsächlich in der Kasse vorhandenen Geld oder mit dem Bestand gemäß dem Kassenbuch (DATEV 2007: Seite 110). Für andere Belege können durch manuelle Addition *Buchungskontrollsummen* ermittelt und mit den Kontoständen verglichen werden.

Bei durch Datenaustausch erhaltenen Belegen erfolgt die Buchung in der Regel automatisch.

4.2.3.4 Ablage von Belegen
Zuletzt werden die verwendeten Belege physisch, filmisch oder elektronisch für die Dauer der gesetzlich vorgegebenen Aufbewahrungsfristen (↗ Kapitel 5.3.3) abgelegt.

4.3 Aufbau von Buchführungssoftwaresystemen

Lernziel 4-3
Die Funktionen der verschiedenen Teile von Buchführungssoftwaresystemen kennen.

- Grundsysteme der Buchführung
- Belegorganisation
- **Aufbau von Buchführungssoftwaresystemen**
- Rechnungslegung nach verschiedenen Normensystemen
- Übergang der wirtschaftlichen Verfügungsmacht
- Umrechnung von Umsätzen in Fremdwährungen

Während die Buchführung heute fast ausnahmslos über entsprechende Softwaresysteme erfolgt, wurde sie früher anhand von schriftlichen Eintragungen in Büchern vorgenommen. Die verschiedenen Bücher hatten dabei jeweils unterschiedliche Funktionen. Diese werden heute in den Buchführungssoftwaresystemen über verschiedene Programmteile und über bestimmte Berichte und Auswertungen realisiert (↗ Abbildung 4-3 und Eisele, W. 2002: Seite 504 ff.).

4.3.1 Grundbücher

Im Rahmen der Erfassung der Belege (↗ Kapitel 4.2.3.3) werden die Buchungssätze chronologisch, also zeitlich geordnet in Form von sogenannten *Buchungslisten*, in die Grundbücher der Buchführungssoftwaresysteme eingetragen und anschließend verbucht. Die Grundbücher, die synonym auch als *Journal*, also als Tagebuch, als *Memorial*, also als Gedächtnisbuch, oder als *Primanota*, also als Buch der ersten Eintragung, bezeichnet werden, werden im Rahmen der sogenannten *Grundaufzeichnung* geführt. Neben der Auflistung von Buchungssätzen können dabei auch geordnet abgelegte Belege ein Grundbuch bilden (Handelsgesetzbuch: § 239 Führung der Handelsbücher, Absatz 4), wobei diese Regelung im Allgemeinen nur für Kleinstbetriebe relevant ist.

Die Buchungslisten bestehen ihrerseits aus sogenannten *Buchungs-* oder *Kontierungszeilen*, die in der Regel folgende Felder umfassen:
- Belegnummern,
- Belegdaten,
- Buchungstexte, die die zugrunde liegenden Geschäftsvorfälle erläutern,
- Sollkonten, auf denen die Soll-Buchungen erfolgen,
- Habenkonten, auf denen die Haben-Buchungen erfolgen, und
- Buchungsbeträge.

Für die Eingabe in Buchführungssoftwaresysteme werden zusammengesetzte Buchungs-

4.3 Aufbau von Buchführungssoftwaresystemen

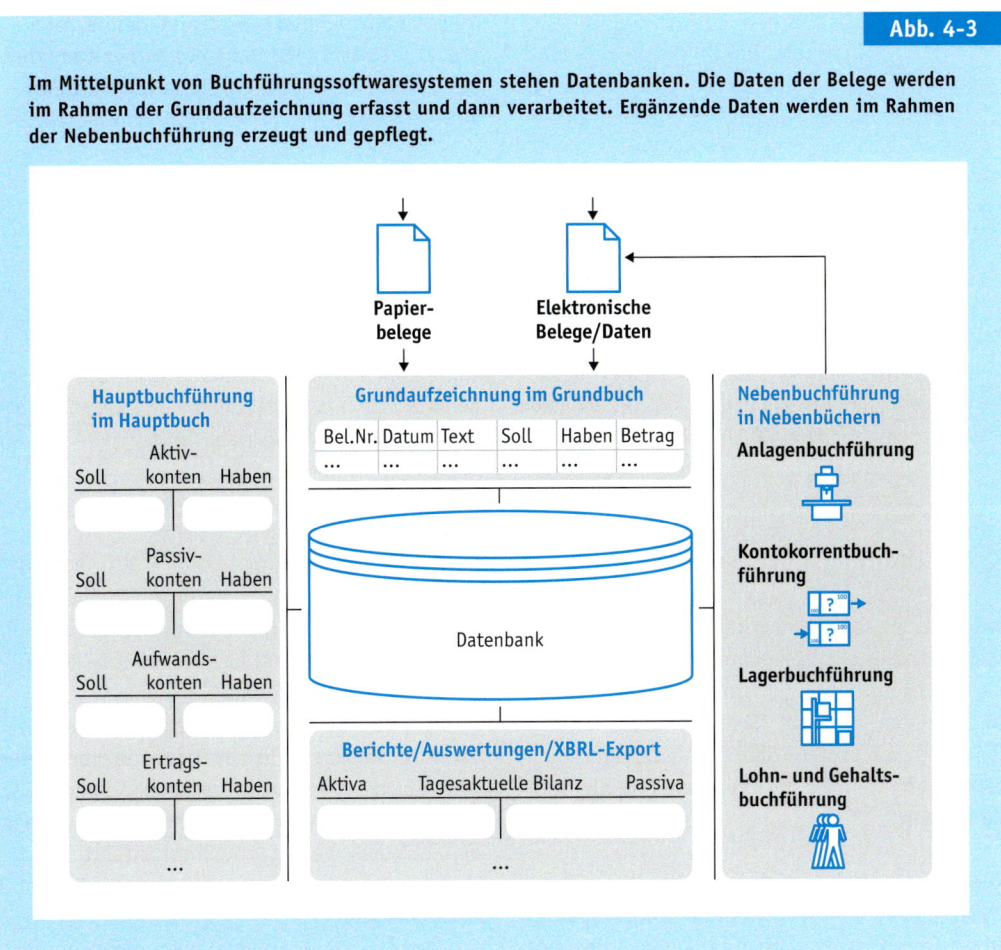

Abb. 4-3

Im Mittelpunkt von Buchführungssoftwaresystemen stehen Datenbanken. Die Daten der Belege werden im Rahmen der Grundaufzeichnung erfasst und dann verarbeitet. Ergänzende Daten werden im Rahmen der Nebenbuchführung erzeugt und gepflegt.

sätze dabei in der Regel in einfache Buchungssätze zerlegt.

Die Buchungszeilen der weitverbreiteten DATEV-Software haben alternativ zu den vorgenannten Feldern Felder für Soll- und Haben-Beträge und für Kontonummern und Gegenkontonummern. Zusätzlich umfassen sie noch Felder zur Eintragung von Währungen und Umrechnungskursen, Felder zur Kennzeichnung von Berichtigungen, Felder zur Eingabe von Umsatzsteuerschlüsseln und von Skonti, Felder zur Zuordnung von Kundenbereichen in der Kreditoren- und Debitorenbuchführung und Felder für die Weiterverarbeitung in der Kostenrechnung (DATEV 2007: Seite 114).

Neben den laufenden Buchungen von Geschäftsvorfällen werden in den Grundbüchern auch:

- Eröffnungsbuchungen,
- Stornobuchungen zur Stornierung vorher gemachter Buchungen,
- Korrekturbuchungen zur Korrektur vorher gemachter Buchungen,
- Umbuchungen, beispielsweise, wenn ein Hauptkonto auf mehrere Unterkonten verteilt werden soll, und
- Abschlussbuchungen

eingetragen. Die Grundbücher können zudem, falls entsprechende Aufzeichnungspflichten bestehen (↗ Kapitel 5.1.2.1), weiter differenziert werden, so beispielsweise in:

- Kassenbücher,
- Wareneingangsbücher und
- Warenausgangsbücher.

> **Beispiel 4-1**

(1) Bei der Marcslights GmbH* wurde eine Eingangsrechnung der Lichtblick GmbH über Energiesparlampen zum Einbau in die Leuchten für 100,00 € ohne Berücksichtigung der Umsatzsteuer erfasst. Im Rahmen der manuellen Erfassung wurde im Grundbuch folgende Buchungszeile erzeugt:

Belegnummer	Belegdatum	Buchungstext	Sollkonto	Habenkonto	Betrag
785426	20.06.0001	Kauf Sparlampen	3970·1000·2000	7 0010	100,00 €

(2) In DATEV-Systemen würde die Buchungszeile folgendermaßen aussehen:

Belegnummer	Belegdatum	Belegfeld	Konto	Gegenkonto	Soll
785426	20.06.0001	Kauf Sparlampen	3970·1000·2000	7 0010	100,00 €

4.3.2 Ordnungsbücher

Während die Geschäftsvorfälle in den Grundbüchern chronologisch geordnet werden, werden sie in den Ordnungsbüchern nach der Gattung, also sachlich, geordnet (Schmalenbach, E. 1950: Seite 57). Die Ordnungsbücher umfassen die Haupt-, die Neben-, die Inventar- und die Bilanzbücher.

4.3.2.1 Hauptbücher

Zusätzlich zu der Eintragung der Buchungssätze in die Grundbücher werden im Rahmen der sogenannten *Hauptbuchführung* entsprechende Eintragungen – heute automatisiert durch die Buchführungssoftware – in den Hauptbüchern vorgenommen. Die Hauptbücher enthalten die Daten aller Sachkonten (↗ Kapitel 3.1.1) inklusive der auf ihnen durchgeführten Buchungen. Im Aufbau der Hauptbücher spiegelt sich entsprechend auch der jeweils verwendete Kontenplan (↗ Kapitel 3.3.2) wider.

Die Struktur der je Sachkonto in der Hauptbuchführung angegebenen Daten gleicht der des Grundbuchs. Allerdings wird bei den Buchungen je Sachkonto nur jeweils das *Gegenkonto* angegeben, auf dem die Gegenbuchung erfolgt.

> **Beispiel 4-2**

(1) Durch die Erfassung der Eingangsrechnung der Lichtblick GmbH im Grundbuch der Marcslights GmbH* wurde im Hauptbuch im Konto »3970·1000·2000 Roh-, Hilfs- und Betriebsstoffe (Bestand)« folgende Eintragung erzeugt:

Belegnummer	Belegdatum	Buchungstext	Gegenkonto	Betrag Soll	Betrag Haben
785426	20.06.0001	Kauf Sparlampen	1600·3300·4400	100,00 €	

(2) Gleichzeitig wurde im Konto »1600·3300·4400 Verbindlichkeiten aus Lieferungen und Leistungen« folgende Eintragung erzeugt:

Belegnummer	Belegdatum	Buchungstext	Gegenkonto	Betrag Soll	Betrag Haben
785426	20.06.0001	Kauf Sparlampen	3970·1000·2000		100,00 €

4.3.2.2 Nebenbücher

Die Nebenbücher, die im Rahmen der *Nebenbuchführung* geführt werden, enthalten ergänzende Informationen zu den Hauptbüchern. Sie umfassen in der Regel die Kontokorrent-, die Lager-, die Lohn- und Gehalts- sowie die Anlagenbücher.

4.3.2.2.1 Anlagenbücher

Die in den Hauptbüchern geführten Anlagevermögenskonten enthalten lediglich Informationen über die Werte der verschiedenen Anlagegüter, ohne genauer zwischen den einzelnen Anlagegütern zu unterscheiden.

Zur Ergänzung werden in der *Anlagenbuchführung* die Daten der einzelnen Anlagegüter, wie deren Anschaffungskosten und deren Hersteller, verwaltet (↗ Kapitel 8.5). Zudem werden dort die planmäßigen Abschreibungen ermittelt und die entsprechenden Buchungen in den Grund- und Hauptbüchern ausgelöst.

4.3.2.2.2 Kontokorrentbücher

Die in den Hauptbüchern geführten Konten für Forderungen und Verbindlichkeiten aus Lieferungen und Leistungen enthalten lediglich Informationen über deren Werte, ohne genauer zwischen einzelnen Kunden und Lieferanten zu unterscheiden.

Die *Kontokorrentbuchführung*, die auch als *Geschäftsfreundebuchführung* bezeichnet wird, erfolgt über eigene Konten, die Personenkonten (↗ Kapitel 3.1.2). Sie verwaltet ergänzend zu der Hauptbuchführung in:

- der **Kreditorenbuchführung** die Verbindlichkeiten aus Lieferungen und Leistungen und die entsprechenden Zahlungstermine (↗ Kapitel 9.5.2.1) und in
- der **Debitorenbuchführung** die Forderungen aus Lieferungen und Leistungen und die entsprechenden Zahlungstermine (↗ Kapitel 9.5.2.2).

Im Rahmen der Kreditorenbuchführung werden zudem termingerecht die Überweisungen an die Lieferanten ausgelöst und im Rahmen der Debitorenbuchführung die Rechnungen an die Kunden erstellt und entsprechende Buchungen in den Grund- und Hauptbüchern ausgelöst. Die Rechnungsstellung an Kunden wird dabei auch als *Fakturierung* bezeichnet.

Beispiel 4-3

Durch die Erfassung der Eingangsrechnung der Lichtblick GmbH im Grundbuch der Marcslights GmbH* (↗ Kapitel 4.3.1) wurde in der Kreditorenbuchführung im Lieferantenkonto »70010 Lichtblick GmbH« folgende Eintragung parallel zur Eintragung im Konto »1600·3300·4400 Verbindlichkeiten aus Lieferungen und Leistungen« erzeugt:

Belegnummer	Belegdatum	Buchungstext	Gegenkonto	Betrag Soll	Betrag Haben
785426	20.06.0001	Kauf Sparlampen	3970·1000·2000		100,00 €

4.3.2.2.3 Lagerbücher

Die in den Hauptbüchern geführten Bestandskonten für Werkstoffe, Erzeugnisse und Waren enthalten lediglich Informationen über deren Werte, ohne diese genauer aufzuschlüsseln.

Zur Ergänzung werden in der *Lagerbuchführung* die Lagerzu- und -abgänge sowie die resultierenden Lagerbestände der einzelnen Werkstoffe, Erzeugnisse und Waren mengen- und wertmäßig verwaltet und mit weiteren Informationen, wie beispielsweise den Lieferantendaten, verknüpft (↗ Kapitel 9.6). Bei jedem Lagerzu- oder -abgang und bei jeder Korrektur von Lagerbeständen werden zudem entsprechende Buchungen in den Grund- und Hauptbüchern ausgelöst.

4.3.2.2.4 Lohn- und Gehaltsbücher

Die in den Hauptbüchern geführten Lohn- und Gehaltskonten enthalten lediglich Informationen über die Werte der verschiedenen Personalaufwendungen, ohne genauer zwischen den einzelnen Arbeitnehmern zu unterscheiden.

Zur Ergänzung werden in der *Lohn- und Gehaltsbuchführung* die Daten der einzelnen Arbeitnehmer, wie beispielsweise deren Eingruppierung und deren Steuerklasse, verwaltet (↗ Kapitel 10.4). Zudem werden dort termingerecht die Überweisungen an Arbeitnehmer und an Dritte und die entsprechenden Buchungen in den Grund- und Hauptbüchern ausgelöst.

Weitere Aufgaben der Lohn- und Gehaltsbuchführung können beispielsweise die Verwaltung von Reisekosten, von Fahrtenbüchern und von Fehlzeiten, wie Urlaubszeiten, sein.

4.3.2.3 Inventar- und Bilanzbücher
Die Inventar- und Bilanzbücher umfassen die Inventare und die Jahresabschlüsse von Unternehmen.

4.4 Realisierung der Rechnungslegung nach verschiedenen Normensystemen

Lernziel 4-4
Die Möglichkeiten der Realisierung der Rechnungslegung nach verschiedenen Normensystemen kennen.

- Grundsysteme der Buchführung
- Belegorganisation
- Aufbau von Buchführungssoftwaresystemen
- **Rechnungslegung nach verschiedenen Normensystemen**
- Übergang der wirtschaftlichen Verfügungsmacht
- Umrechnung von Umsätzen in Fremdwährungen

Für viele Unternehmen ergibt sich heute die Notwendigkeit, ihre Rechnungslegung nach verschiedenen Normensystemen durchzuführen. So erfolgt beispielsweise die Rechnungslegung deutscher Konzerne in der Regel (↗ Kapitel 5.2.3.3):
- gemäß dem Handelsgesetzbuch,
- gemäß den Steuergesetzen,
- gemäß den International Financial Reporting Standards (IFRS) und ergänzend

Abb. 4-4
Zur Realisierung der Rechnungslegung nach verschiedenen Normensystemen gibt es zwei Möglichkeiten.

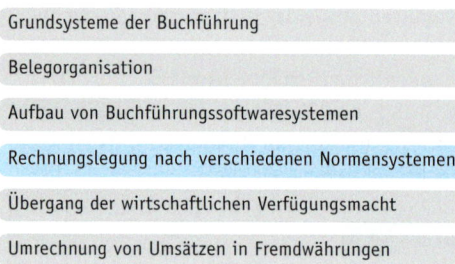

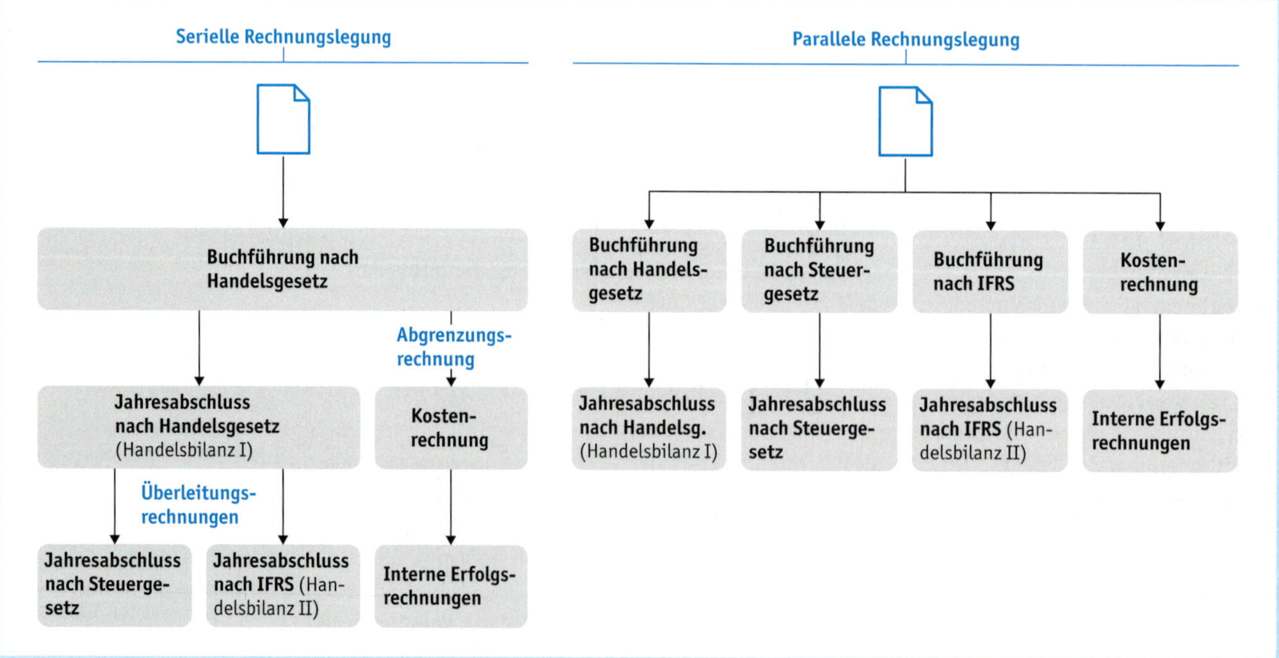

▸ gemäß den unternehmensinternen Standards zur Kostenrechnung.

Um die Rechnungslegung nach verschiedenen Normensystemen zu realisieren, gibt es im Wesentlichen zwei Möglichkeiten:

(1) Serielle Rechnungslegung
Bei der seriellen Rechnungslegung erfolgen die Buchführung und die Aufstellung des Jahresabschluss zuerst gemäß dem Handelsgesetzbuch. Aus der Buchführung werden dann mittels einer *Abgrenzungsrechnung* die in die Kostenrechnung eingehenden Kostenarten ermittelt und aus dem handelsrechtlichen Jahresabschluss mittels *Überleitungsrechnungen* die Abschlüsse nach anderen Normensystemen abgeleitet.

(2) Parallele Rechnungslegung
Eine andere Möglichkeit, die heute insbesondere bei größeren Unternehmen umgesetzt wird, ist die parallele Buchführung nach verschiedenen Normensystemen (↗ Abbildung 4-4). Für jedes Normensystem werden dazu im Buchführungssoftwaresystem sogenannte *Rechnungslegungswerke* angelegt, die jeweils aus Haupt- und Nebenbüchern und normenspezifischen Regelwerken bestehen. Geschäftsvorfälle werden dann nicht nur entsprechend der handelsrechtlichen Regeln, sondern gleichzeitig parallel in allen Rechnungslegungswerken entsprechend der jeweils hinterlegten Regeln verbucht (Küting, K. und andere 2010: Seite 75).

4.5 Abbildung des Übergangs der wirtschaftlichen Verfügungsmacht bei Kaufprozessen

Grundsysteme der Buchführung

Belegorganisation

Aufbau von Buchführungssoftwaresystemen

Rechnungslegung nach verschiedenen Normensystemen

Übergang der wirtschaftlichen Verfügungsmacht

Umrechnung von Umsätzen in Fremdwährungen

4.5.1 Ablauf von Kaufprozessen

Bei der Verbuchung von Geschäftsvorfällen mit Lieferanten und Kunden sind gesetzliche Rahmenbedingungen und gegebenenfalls abweichende Liefer- und Zahlungsbedingungen zu beachten, die insbesondere den Übergang der wirtschaftlichen und der rechtlichen Verfügungsmacht regeln. In den verschiedenen Phasen der Kaufprozesse von beweglichen Sachen, wie Maschinen, Waren oder Roh-, Hilfs- und Betriebsstoffen, ergeben sich dabei folgende wirtschaftliche und rechtliche Zustände (↗ Abbildung 4-5 und Küting, K. und andere 2010: Seite 98 ff., 186 ff.):

(1) Kaufvertrag schließen
In der Regel beginnen die Kaufprozesse von beweglichen Sachen mit einem Angebot seitens des Verkäufers, dem eine Annahme mittels einer Bestellung seitens des Käufers folgt. Durch die Annahme entsteht ein *Kaufvertrag* gemäß Bürgerliches Gesetzbuch: § 929 Einigung und Übergabe. Durch den Kaufvertrag wird der Verkäufer verpflichtet, dem Käufer die Sache zu übergeben und ihm das Eigentum an der Sache zu verschaffen (Bürgerliches Gesetzbuch: § 433 Vertragstypische Pflichten beim Kaufvertrag). Im Hinblick auf die Bilanzierung wird dabei:

▸ das **zivilrechtliche Eigentum** gemäß dem bürgerlichen Gesetzbuch, das auch als *juristisches Eigentum* bezeichnet wird, und
▸ das **wirtschaftliche Eigentum**

unterschieden. Während sich die steuerrechtliche Bilanzierung primär am juristischen Eigentum orientiert (Abgabenordnung: § 39 Zurechnung, Absatz 1), orientiert sich die handelsrechtliche Bilanzierung primär am wirtschaftlichen Eigentum (Handelsgesetzbuch: § 246 Vollständigkeit. Verrechnungsverbot, Absatz 1, Satz 2). Wirtschaftlicher Eigentümer ist, wer die

Lernziel 4-5
Die sich aus der Berücksichtigung von Liefer- und Zahlungsbedingungen ergebenden Anforderungen kennen.

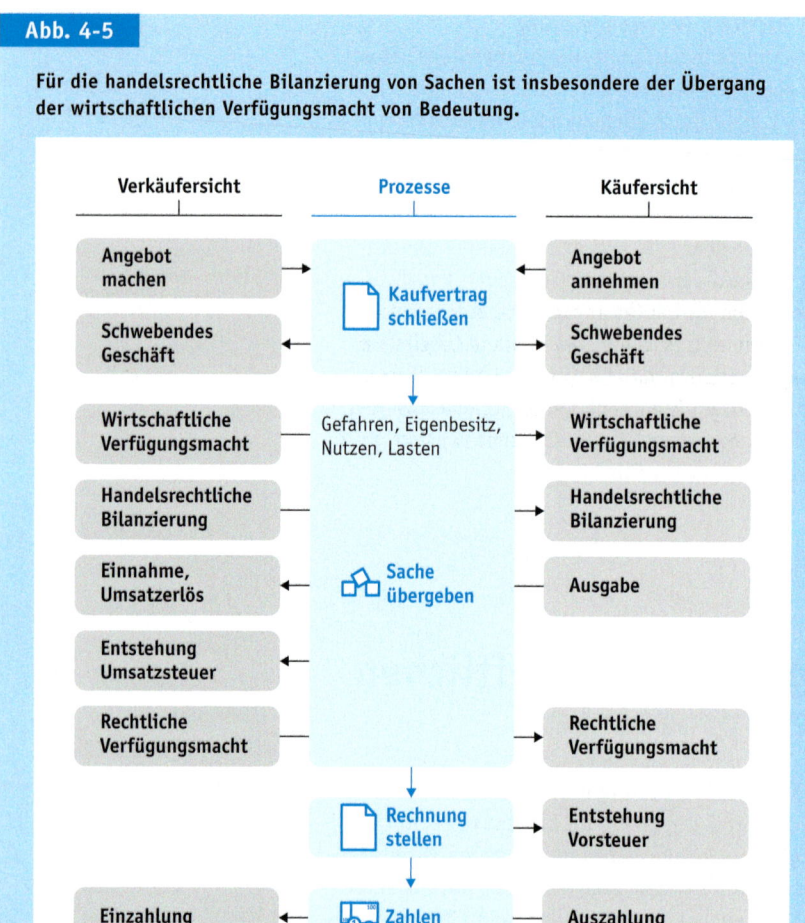

Abb. 4-5

Für die handelsrechtliche Bilanzierung von Sachen ist insbesondere der Übergang der wirtschaftlichen Verfügungsmacht von Bedeutung.

wirtschaftliche Verfügungsmacht über eine Sache innehat. Kennzeichnend dafür ist, dass:

- die Gefahren,
- der Eigenbesitz,
- die Nutzen und
- die Lasten

aus einer Sache bei ihm liegen (Beck 2010: § 246, Anmerkungen 5 ff. und § 255, Anmerkungen 21, 31).

Solange dem Käufer nicht das wirtschaftliche Eigentum verschafft wurde, besteht ein sogenanntes *schwebendes Geschäft*. Dieses wird – zumindest solange aus ihm keine Verluste drohen – handelsrechtlich nicht bilanziert.

(2) Sache übergeben

In der Regel erfolgt im Anschluss an die Bestellung die Lieferung der Sache durch Übergabe an den Käufer, wodurch in den meisten Fällen die wirtschaftliche Verfügungsmacht auf diesen übergeht (Bürgerliches Gesetzbuch: § 446 Gefahr- und Lastenübergang) und gleichzeitig ein Anspruch auf Gegenleistung entsteht. Bei sogenannten *Versendungskäufen* erfolgt der Übergang dabei bereits mit der Übergabe an den zwischengeschalteten Spediteur oder Frachtführer (Bürgerliches Gesetzbuch: § 447 Gefahrübergang beim Versendungskauf, Absatz 1).

Der Zeitpunkt des Übergangs der wirtschaftlichen Verfügungsmacht ist dabei für den Käufer der *Anschaffungszeitpunkt* (Beck 2010: § 255, Anmerkungen 21, 30 f.). Zu diesem Zeitpunkt muss er die Sachen in seiner Handelsbilanz aktivieren. Gleichzeitig entsteht bei ihm eine Verbindlichkeit gegenüber dem Verkäufer und damit eine Ausgabe (↗ Kapitel 2.2.1).

Der Verkäufer realisiert hingegen mit dem Übergang der wirtschaftlichen Verfügungsmacht einen Ertrag (↗ Kapitel 5.3.2.3.2) und einen Aufwand zur Erzielung dieses Ertrages. Gleichzeitig entstehen bei ihm dadurch – eine Soll-Besteuerung vorausgesetzt (↗ Kapitel 6.2.3.2.1) – die Umsatzsteuer, eine Forderung gegenüber dem Käufer und eine Einnahme (↗ Kapitel 2.2.1).

In den meisten Fällen geht gemeinsam mit dem wirtschaftlichen auch das zivilrechtliche Eigentum und damit die *rechtliche Verfügungsmacht* auf den Käufer über. Ausnahmen davon gibt es insbesondere bei:

- Verkäufen unter Eigentumsvorbehalt,
- Sicherungsübereignungen,
- Leasinggeschäften (↗ Kapitel 7.6.2) und
- Kommissionsgeschäften.

(3) Rechnung stellen

Mit der Lieferung und dem Erhalt der Rechnung entsteht beim Käufer die Vorsteuer (↗ Kapitel 6.2.3.1).

(4) Zahlen

Durch die Zahlung der Rechnung entsteht beim Käufer eine Auszahlung und beim Verkäufer eine Einzahlung (↗ Kapitel 2.2.1). Bei Verkäufen unter Eigentumsvorbehalt geht zudem das zivilrechtliche Eigentum auf den Käufer über.

4.5.2 Umsetzung von Liefer- und Zahlungsbedingungen

Da hinsichtlich der vorgenannten rechtlichen Regelungen weitgehende Vertragsfreiheit besteht, können Unternehmen mit ihren Lieferanten und Kunden *Liefer- und Zahlungsbedingungen* vereinbaren, die von den gesetzlichen Regelungen abweichen. Zur Beschreibung des Zeitpunkts, zu dem die Gefahr des Untergangs von Sachen vom Käufer auf den Verkäufer übergeht, wird dabei oft auf die in den INCOTERMS definierten Standards zurückgegriffen.

Organisatorisch sind abweichende Liefer- und Zahlungsbedingungen in der Kontokorrentbuchführung (↗ Kapitel 9.5) für alle Lieferanten und Kunden zu hinterlegen.

Zum Ende der Buchungsperiode sind dann entsprechend dieser Liefer- und Zahlungsbedingungen über *Verrechnungsläufe* in den Buchführungssoftwaresystemen für jeden Lieferanten und jeden Kunden zu früh oder noch nicht gebuchte Geschäftsvorfälle zu korrigieren (Küting, K. und andere 2010: Seite 130 ff., 206 ff.).

Beispiel 4-4

Bei einem Verkäufer erfolgte die Ausbuchung von Erzeugnissen aus dem Bestand bereits bei deren Auslagerung (↗ Kapitel 9.4.1.1). Da zum Abschlussstichtag noch keine Übergabe an den Käufer erfolgte, muss die Auslagerung korrigiert werden.

4.6 Umrechnung von Umsätzen in Fremdwährungen

- Grundsysteme der Buchführung
- Belegorganisation
- Aufbau von Buchführungssoftwaresystemen
- Rechnungslegung nach verschiedenen Normensystemen
- Übergang der wirtschaftlichen Verfügungsmacht
- **Umrechnung von Umsätzen in Fremdwährungen**

Lernziel 4-6
Die Vorgehensweise bei der Umrechnung von Fremdwährungen kennen.

Grenzüberschreitende Umsätze werden häufig in *Fremdwährungen* beziehungsweise in *Devisen*, wie beispielsweise in Dollar, getätigt. Die Buchführung erfolgt hingegen in der *Eigenwährung*, in Deutschland also in Euro, sodass Fremdwährungen umgerechnet werden müssen.

Maßgeblich für den Umrechnungskurs ist der Umrechnungszeitpunkt und der verwendete Kurs:

(1) Umrechnungszeitpunkte

Da der Wert von Fremdwährungen häufig schwankt, kann der Umrechnungszeitpunkt großen Einfluss auf den Umrechnungskurs haben. Wichtige Umrechnungszeitpunkte sind insbesondere:

- Zeitpunkte, zu denen Übergänge der wirtschaftlichen Verfügungsmacht erfolgen,
- Zeitpunkte, zu denen Zahlungen erfolgen, und
- Zeitpunkte, zu denen Folgebewertungen erfolgen, insbesondere also die Abschlussstichtage.

Wenn es zwischen den vorgenannten Zeitpunkten zu Währungskursschwankungen kommt, so sind die entsprechenden Wertveränderungen über Korrekturbuchungen zu berücksichtigen (↗ Kapitel 14.6).

(2) Umrechnungskurs

Für die Umrechnung von Fremdwährungen gibt es drei mögliche Kurse:

- **der Geldkurs**, der in der Regel beim erfolgten oder zukünftig erforderlichen Ankauf von Fremdwährungen zur Bewertung verwendet wird,
- **der Briefkurs**, der in der Regel beim erfolgten oder zukünftig erforderlichen Verkauf von Fremdwährungen zur Bewertung verwendet wird, und

▸ **der Devisenkassamittelkurs**, der sich aus dem Mittelwert der vorgenannten Kurse ergibt und insbesondere für Folgebewertungen zum Abschlussstichtag verwendet wird (Handelsgesetzbuch: § 256a Währungsumrechnung).

Zur Verarbeitung von Geschäftsvorfällen in Fremdwährungen bieten die meisten Buchführungssoftwaresysteme in den Masken zur Erfassung von Belegen auch Felder zur Eingabe und zur Umrechnung von Fremdwährungen an. Die so gewonnenen Umrechnungsinformationen werden dann in der Regel gemeinsam mit den Belegen gespeichert.

Schlüsselbegriffe Kapitel 4

- Kameralistik (↗ Kapitel 4.1)
- Kaufmännisches Buchführungssystem (↗ Kapitel 4.1)
- Einfache Buchführung (↗ Kapitel 4.1.1)
- Bestandsgrößenvergleich (↗ Kapitel 4.1.1)
- Einnahmenüberschussrechnung (↗ Kapitel 4.1.1)
- Doppelte Buchführung (↗ Kapitel 4.1.2)
- Doppik (↗ Kapitel 4.1.2)
- Doppische Buchführung (↗ Kapitel 4.1.2)
- Stromgrößenvergleich (↗ Kapitel 4.1.2)
- Belegorganisation (↗ Kapitel 4.2)
- Beleg (↗ Kapitel 4.2)
- Belegprinzip (↗ Kapitel 4.2)
- Progressive Prüfung (↗ Kapitel 4.2)
- Retrograde Prüfung (↗ Kapitel 4.2)
- Gutschriftenverfahren (↗ Exkurs 4-1)
- Papierbeleg (↗ Kapitel 4.2.1)
- Elektronischer Beleg (↗ Kapitel 4.2.1)
- Ursprungsbeleg (↗ Kapitel 4.2.1)
- Buchungsbeleg (↗ Kapitel 4.2.1)
- Externer Beleg (↗ Kapitel 4.2.1.1)
- Fremdbeleg (↗ Kapitel 4.2.1.1)
- Bestellschein (↗ Kapitel 4.2.1.1)
- Lieferschein (↗ Kapitel 4.2.1.1)
- Kassenbeleg (↗ Kapitel 4.2.1.1)
- Eingangsrechnung (↗ Kapitel 4.2.1.1)
- Gutschrift (↗ Kapitel 4.2.1.1)
- Quittung (↗ Kapitel 4.2.1.1)
- Bankbeleg (↗ Kapitel 4.2.1.1)
- Steuerbescheid (↗ Kapitel 4.2.1.1)
- Gebührenbescheid (↗ Kapitel 4.2.1.1)
- Elektronischer Datenaustausch (↗ Kapitel 4.2.1.1)
- Interner Beleg (↗ Kapitel 4.2.1.2)
- Eigenbeleg (↗ Kapitel 4.2.1.2)
- Ausgangsrechnung (↗ Kapitel 4.2.1.2)
- Kassenbeleg (↗ Kapitel 4.2.1.2)
- Quittung (↗ Kapitel 4.2.1.2)
- Einlagerungsschein (↗ Kapitel 4.2.1.2)
- Lagerkarte (↗ Kapitel 4.2.1.2)
- Materialentnahmeschein (↗ Kapitel 4.2.1.2)
- Lohnjournal (↗ Kapitel 4.2.1.2)
- Ersatzbeleg (↗ Kapitel 4.2.1.2)
- Betriebsdatenerfassung (↗ Kapitel 4.2.1.2)
- Dauerbuchung (↗ Kapitel 4.2.1.2)
- Ausstellungsdatum (↗ Kapitel 4.2.2.1)
- Belegnummer (↗ Kapitel 4.2.2.1)
- Kontierung (↗ Kapitel 4.2.2.1)
- Buchungsbetrag (↗ Kapitel 4.2.2.1)
- Belegtext (↗ Kapitel 4.2.2.1)
- Ordnungskriterium (↗ Kapitel 4.2.2.1)
- Buchungsdatum (↗ Kapitel 4.2.2.1)
- Rechnung (↗ Kapitel 4.2.2.2)
- Umsatzsteuer-Identifikationsnummer (↗ Kapitel 4.2.2.2)
- Bewirtungsbeleg (↗ Kapitel 4.2.2.3)
- Handelsbrief (↗ Kapitel 4.2.2.4)
- Geschäftsbrief (↗ Kapitel 4.2.2.4)
- Sachliche Richtigkeit (↗ Kapitel 4.2.3.1)
- Rechnerische Richtigkeit (↗ Kapitel 4.2.3.1)
- Freigabe (↗ Kapitel 4.2.3.1)
- Buchungskreis (↗ Kapitel 4.2.3.2)
- Buchungsbeleg (↗ Kapitel 4.2.3.2)
- Buchungsstempel (↗ Kapitel 4.2.3.2)
- Kontierungsstempel (↗ Kapitel 4.2.3.2)
- Buchungskontrollsumme (↗ Kapitel 4.2.3.3)
- Grundbuch (↗ Kapitel 4.3.1)
- Buchungsliste (↗ Kapitel 4.3.1)
- Journal (↗ Kapitel 4.3.1)
- Memorial (↗ Kapitel 4.3.1)
- Primanota (↗ Kapitel 4.3.1)
- Grundaufzeichnung (↗ Kapitel 4.3.1)
- Buchungszeile (↗ Kapitel 4.3.1)

- Kontierungszeile (↗ Kapitel 4.3.1)
- Stornobuchung (↗ Kapitel 4.3.1)
- Korrekturbuchung (↗ Kapitel 4.3.1)
- Umbuchung (↗ Kapitel 4.3.1)
- Kassenbuch (↗ Kapitel 4.3.1)
- Wareneingangsbuch (↗ Kapitel 4.3.1)
- Warenausgangsbuch (↗ Kapitel 4.3.1)
- Ordnungsbuch (↗ Kapitel 4.3.2)
- Hauptbuch (↗ Kapitel 4.3.2.1)
- Hauptbuchführung (↗ Kapitel 4.3.2.1)
- Gegenkonto (↗ Kapitel 4.3.2.1)
- Nebenbuch (↗ Kapitel 4.3.2.2)
- Nebenbuchführung (↗ Kapitel 4.3.2.2)
- Anlagenbuch (↗ Kapitel 4.3.2.2.1)
- Anlagenbuchführung (↗ Kapitel 4.3.2.2.1)
- Kontokorrentbuch (↗ Kapitel 4.3.2.2.2)
- Kontokorrentbuchführung (↗ Kapitel 4.3.2.2.2)
- Geschäftsfreundebuchführung (↗ Kapitel 4.3.2.2.2)
- Kreditorenbuchführung (↗ Kapitel 4.3.2.2.2)
- Debitorenbuchführung (↗ Kapitel 4.3.2.2.2)
- Fakturierung (↗ Kapitel 4.3.2.2.2)
- Lagerbuch (↗ Kapitel 4.3.2.2.3)
- Lagerbuchführung (↗ Kapitel 4.3.2.2.3)
- Lohn- und Gehaltsbuch (↗ Kapitel 4.3.2.2.4)
- Lohn- und Gehaltsbuchführung (↗ Kapitel 4.3.2.2.4)
- Inventarbuch (↗ Kapitel 4.3.2.3)
- Bilanzbuch (↗ Kapitel 4.3.2.3)
- Normensystem (↗ Kapitel 4.4)
- Abgrenzungsrechnung (↗ Kapitel 4.4)
- Überleitungsrechnung (↗ Kapitel 4.4)
- Rechnungslegungswerk (↗ Kapitel 4.4)
- Kaufvertrag (↗ Kapitel 4.5.1)
- Zivilrechtliches Eigentum (↗ Kapitel 4.5.1)
- Juristisches Eigentum (↗ Kapitel 4.5.1)
- Wirtschaftliches Eigentum (↗ Kapitel 4.5.1)
- Wirtschaftliche Verfügungsmacht (↗ Kapitel 4.5.1)
- Schwebendes Geschäft (↗ Kapitel 4.5.1)
- Versendungskauf (↗ Kapitel 4.5.1)
- Anschaffungszeitpunkt (↗ Kapitel 4.5.1)
- Rechtliche Verfügungsmacht (↗ Kapitel 4.5.1)
- Lieferbedingung (↗ Kapitel 4.5.2)
- Zahlungsbedingung (↗ Kapitel 4.5.2)
- Verrechnungslauf (↗ Kapitel 4.5.2)
- Fremdwährung (↗ Kapitel 4.6)
- Devisen (↗ Kapitel 4.6)
- Eigenwährung (↗ Kapitel 4.6)
- Umrechnungskurs (↗ Kapitel 4.6)
- Geldkurs (↗ Kapitel 4.6)
- Briefkurs (↗ Kapitel 4.6)
- Devisenkassamittelkurs (↗ Kapitel 4.6)

Fragen Kapitel 4

Frage 4-1 (Vertiefung): Wo wird die Kameralistik eingesetzt? (↗ Kapitel 4.1)

Frage 4-2: Welche zwei kaufmännischen Grundsysteme der Buchführung werden unterschieden? (↗ Kapitel 4.1)

Frage 4-3: Welche Wirtschaftssubjekte dürfen die einfache Buchführung einsetzen? (↗ Kapitel 4.1.1)

Frage 4-4: Welche Geschäftsvorfälle werden im Rahmen der einfachen Buchführung ausschließlich erfasst? (↗ Kapitel 4.1.1)

Frage 4-5: Auf welcher Buchart basiert die einfache Buchführung? (↗ Kapitel 4.1.1)

Frage 4-6: Wie kann der Jahresüberschuss oder der Jahresfehlbetrag im Rahmen der einfachen Buchführung ermittelt werden? (↗ Kapitel 4.1.1)

Frage 4-7: Welche Wirtschaftssubjekte müssen die doppelte Buchführung einsetzen? (↗ Kapitel 4.1.2)

Frage 4-8: Worin unterscheidet sich die doppelte von der einfachen Buchführung? (↗ Kapitel 4.1.2)

Frage 4-9: Was ist ein Beleg? (↗ Kapitel 4.2)

Frage 4-10: Was besagt das Belegprinzip? (↗ Kapitel 4.2)

Frage 4-11 (Vertiefung): Wie wird bei der progressiven Prüfung vorgegangen? (↗ Kapitel 4.2)

Frage 4-12 (Vertiefung): Welche Belege werden hinsichtlich der physischen Substanz unterschieden? (↗ Kapitel 4.2.1)

Frage 4-13 (Vertiefung): Welche Belege werden im Hinblick auf die Erstellung unterschieden? (↗ Kapitel 4.2.1)

4.6 Die organisatorischen Rahmenbedingungen
Fragen

Frage 4-14: Was sind Beispiele für Fremdbelege? (↗ Kapitel 4.2.1.1)

Frage 4-15: Was sind Beispiele für Eigenbelege? (↗ Kapitel 4.2.1.2)

Frage 4-16: Was sind Ersatzbelege? (↗ Kapitel 4.2.1.2)

Frage 4-17: Was sind Dauerbuchungen? (↗ Kapitel 4.2.1.2)

Frage 4-18: Welche Angaben müssen auf allen Belegen vorhanden sein? (↗ Kapitel 4.2.2.1)

Frage 4-19: Was sind Rechnungen? (↗ Kapitel 4.2.2.2)

Frage 4-20 (Vertiefung): Welche Angaben müssen auf Rechnungen vorhanden sein? (↗ Kapitel 4.2.2.2)

Frage 4-21 (Vertiefung): Welche Angaben müssen auf Bewirtungsbelegen vorhanden sein? (↗ Kapitel 4.2.2.3)

Frage 4-22: Was sind Handelsbriefe? (↗ Kapitel 4.2.2.4)

Frage 4-23 (Vertiefung): Welche Angaben müssen auf Handelsbriefen vorhanden sein? (↗ Kapitel 4.2.2.4)

Frage 4-24: In welchen Schritten erfolgt die Belegbearbeitung? (↗ Kapitel 4.2.3)

Frage 4-25: Was wird bei der Prüfung von Belegen überprüft? (↗ Kapitel 4.2.3.1)

Frage 4-26 (Vertiefung): Was sind Buchungskreise? (↗ Kapitel 4.2.3.2)

Frage 4-27 (Vertiefung): Wozu dienen Kontierungsstempel? (↗ Kapitel 4.2.3.2)

Frage 4-28: Welche Angaben werden auf Papierbelegen im Rahmen der Bearbeitung angebracht? (↗ Kapitel 4.2.3.3)

Frage 4-29: Welche Teilbereiche umfassen Buchführungssoftwaresysteme? (↗ Kapitel 4.3)

Frage 4-30: Nach welchem Kriterium werden die Grundbücher geordnet? (↗ Kapitel 4.3.1)

Frage 4-31 (Vertiefung): Wie werden die Grundbücher noch bezeichnet? (↗ Kapitel 4.3.1)

Frage 4-32: Was sind Stornobuchungen? (↗ Kapitel 4.3.1)

Frage 4-33: Nach welchem Kriterium werden die Ordnungsbücher geordnet? (↗ Kapitel 4.3.2)

Frage 4-34: Was wird in den Hauptbüchern geführt? (↗ Kapitel 4.3.2.1)

Frage 4-35: Welche Nebenbücher gibt es? (↗ Kapitel 4.3.2.2)

Frage 4-36: Welche Aufgaben hat die Anlagenbuchführung? (↗ Kapitel 4.3.2.2.1)

Frage 4-37: Welche Aufgaben hat die Kontokorrentbuchführung? (↗ Kapitel 4.3.2.2.2)

Frage 4-38: Welche zwei Buchführungen umfasst die Geschäftsfreundebuchführung? (↗ Kapitel 4.3.2.2.2)

Frage 4-39 (Vertiefung): Was wird unter der Fakturierung verstanden? (↗ Kapitel 4.3.2.2.2)

Frage 4-40: Welche Aufgaben hat die Lagerbuchführung? (↗ Kapitel 4.3.2.2.3)

Frage 4-41: Welche Aufgaben hat die Lohn- und Gehaltsbuchführung? (↗ Kapitel 4.3.2.2.4)

Frage 4-42 (Vertiefung): Welche zwei grundsätzlichen Möglichkeiten gibt es zur Realisierung der Rechnungslegung nach verschiedenen Normensystemen? (↗ Kapitel 4.4)

Frage 4-43 (Vertiefung): Wozu dienen Überleitungsrechnungen? (↗ Kapitel 4.4)

Frage 4-44 (Vertiefung): Wozu dienen Abgrenzungsrechnungen? (↗ Kapitel 4.4)

Frage 4-45: An welchem Eigentum orientiert sich die steuerrechtliche und an welchem die handelsrechtliche Bilanzierung? (↗ Kapitel 4.5.1)

Frage 4-46 (Vertiefung): Was ist kennzeichnend für die wirtschaftliche Verfügungsmacht? (↗ Kapitel 4.5.1)

Frage 4-47 (Vertiefung): Wie werden schwebende Geschäfte handelsrechtlich in der Regel bilanziert? (↗ Kapitel 4.5.1)

Frage 4-48 (Vertiefung): Was sind Beispiele für eine Trennung von wirtschaftlicher und rechtlicher Verfügungsmacht? (↗ Kapitel 4.5.1)

Frage 4-49 (Vertiefung): Wozu dienen Verrechnungsläufe? (↗ Kapitel 4.5.2)

Frage 4-50 (Vertiefung): Zu welchen Zeitpunkten erfolgen Umrechnungen von Fremdwährungen in die Eigenwährung? (↗ Kapitel 4.6)

Frage 4-51 (Vertiefung): Welche drei Kurse werden zur Umrechnung von Fremdwährungen in die Eigenwährung verwendet? (↗ Kapitel 4.6)

Übungen Kapitel 4

Übung 4-1
Vervollständigen Sie den nachfolgenden Buchungssatz zur Buchung des in ↗ Abbildung 4-1 aufgeführten Belegs aus Sicht der Marcslights GmbH*. Die verschiedenen Werkstoffe können Sie dabei auf dasselbe Konto buchen:

Kapitelreferenzen
↗ Kapitel 3.4.3

Sollkonto	Betrag	an Habenkonto	Betrag
1576 · 1406 · 2605 Abziehbare Vorsteuer 19 %	55,44 €		

Übung 4-2
Erstellen Sie die Buchungssätze zur Buchung der nachfolgenden Belege:

Kapitelreferenzen
↗ Kapitel 3.4.3

Kontoauszug

D-Bank AG

Auszug Nr. 5   31.05.0001

Alter Kontostand [EUR]   26 273,94

Buchungstag	Wertstellung	Vorgang	Soll	Haben
01.05.0001	01.05.0001	Miete Marcsalle 1	3 000,00	

Neuer Kontostand [EUR]   23 273,94

Bankleitzahl   Konto-Nr.
100 200 30   9753111 00

Marcslights GmbH

Sollkonto	Betrag	an Habenkonto	Betrag

Materialentnahmeschein

Kostenstelle PROD-01   Schein-Nr. 18 19 241
Kostenträger LMP-03   Datum   10.05.0001

Lfd.-Nr.	Artikel-Nr.	Bezeichnung	Einheit	Menge	Stückkosten	Gesamtkosten
1	131904	Edelstahlblech	Stück	3	20,17 €	60,51 €
2						
3						
4						
5						

Genehmigung 10.05.0001 Schäfer
Ausgabe   10.05.0001 Lagermann
Empfang   10.05.0001 Kunz

Sollkonto	Betrag	an Habenkonto	Betrag

4.6 Die organisatorischen Rahmenbedingungen
Übungen

Kapitelreferenzen
/ Kapitel 4.3.1, / Kapitel 4.3.2.1

Übung 4-3

(1) Tragen Sie die Buchungssätze aus den vorangegangenen beiden Übungen in das nachfolgende Grundbuch ein. Für die Eintragung sollten Sie zusammengesetzte Buchungssätze in einfache Buchungssätze aufteilen und selbstständig eine Belegnummer vergeben:

Belegnummer	Belegdatum	Buchungstext	Sollkonto	Habenkonto	Betrag

(2) Führen Sie parallel zum Grundbuch die notwendigen Eintragungen im Hauptbuch für das Konto »1600 · 3300 · 4400 Verbindlichkeiten aus Lieferungen und Leistungen« durch:

Belegnummer	Belegdatum	Buchungstext	Gegenkonto	Betrag Soll	Betrag Haben

(3) Führen Sie parallel zum Grundbuch die notwendigen Eintragungen im Hauptbuch für das Konto »1576 · 1406 · 2605 Abziehbare Vorsteuer 19 %« durch:

Belegnummer	Belegdatum	Buchungstext	Gegenkonto	Betrag Soll	Betrag Haben

(4) Führen Sie parallel zum Grundbuch die notwendigen Eintragungen im Hauptbuch für das Konto »3970 · 1000 · 2000 Roh-, Hilfs- und Betriebsstoffe (Bestand)« durch:

Belegnummer	Belegdatum	Buchungstext	Gegenkonto	Betrag Soll	Betrag Haben

(5) Führen Sie parallel zum Grundbuch die notwendigen Eintragungen im Hauptbuch für das Konto »3000 · 5000 · 6000 Aufwendungen für Roh-, Hilfs- und Betriebsstoffe und für bezogene Waren« durch:

Belegnummer	Belegdatum	Buchungstext	Gegenkonto	Betrag Soll	Betrag Haben

(6) Führen Sie parallel zum Grundbuch die notwendigen Eintragungen im Hauptbuch für das Konto »4210 · 6310 · 6700 Miete (unbewegliche Wirtschaftsgüter)« durch:

Belegnummer	Belegdatum	Buchungstext	Gegenkonto	Betrag Soll	Betrag Haben

(7) Führen Sie parallel zum Grundbuch die notwendigen Eintragungen im Hauptbuch für das Konto »1200 · 1800 · 2800 Bank« durch:

Belegnummer	Belegdatum	Buchungstext	Gegenkonto	Betrag Soll	Betrag Haben

Übung 4-4

Geben Sie in der nachfolgenden Tabelle an, welche Nebenbuchführungen von den Buchungssätzen aus den vorangegangenen beiden Übungen betroffen sind:

Beleg	Nebenbuchführung
Eingangsrechnung	
Kontoauszug Mietzahlung	
Materialentnahmeschein	

Kapitelreferenzen
/ Kapitel 4.3.2.2

Lernstandsmonitor Kapitel 4

Kapitel		niedrig	mittel	hoch	Noch lernen
4.1 Grundsysteme der Buchführung	Wichtigkeit				
	Eigene Kompetenz				
4.2 Belegorganisation	Wichtigkeit				
	Eigene Kompetenz				
4.3 Aufbau von Buchführungssoftwaresystemen	Wichtigkeit				
	Eigene Kompetenz				
4.4 Realisierung der Rechnungslegung nach verschiedenen Normensystemen	Wichtigkeit				
	Eigene Kompetenz				
4.5 Abbildung des Übergangs der wirtschaftlichen Verfügungsmacht bei Kaufprozessen	Wichtigkeit				
	Eigene Kompetenz				
4.6 Umrechnung von Umsätzen in Fremdwährungen	Wichtigkeit				
	Eigene Kompetenz				

5 Die gesetzlichen Rahmenbedingungen

Kapitelnavigator

Inhalt	Lernziel
5.1 Gesetzliche Rahmenbedingungen der Buchführung	5-1 Die für ein Unternehmen geltenden Buchführungs- und Aufzeichnungspflichten bestimmen können.
5.2 Gesetzliche Rahmenbedingungen des Jahresabschlusses	5-2 Die für den Jahresabschluss eines Unternehmens geltenden Aufstellungs-, Prüfungs- und Offenlegungspflichten bestimmen können.
5.3 Grundsätze der Buchführung und des Jahresabschlusses	5-3 Nichteinhaltungen der zu beachtenden Grundsätze erkennen können.
5.4 Verstöße gegen die gesetzlichen Rahmenbedingungen	5-4 Die Dimensionen der Folgen von Verstößen kennen.

Bevor Jill und Marc tiefer in die Buchführung und den Jahresabschluss einsteigen, wollen sie erst wissen, ob sie überhaupt dazu verpflichtet sind, eine Buchführung durchzuführen und einen Jahresabschluss aufzustellen, und, falls ja, welche Vorschriften sie dabei zu beachten haben.

Es gibt eine Reihe gesetzlicher Rahmenbedingungen, die sicherstellen sollen, dass Unternehmen ihren Informationsaufgaben ordnungsmäßig nachkommen. Von zentraler Bedeutung sind dabei die ersten beiden Abschnitte des dritten Buches des Handelsgesetzbuches:

▸ Der *erste Abschnitt* enthält in den Paragrafen 238 bis 263 Vorschriften für alle Kaufleute zur Buchführung, zum Inventar, zur Eröffnungsbilanz und zum Jahresabschluss.

▸ Der *zweite Abschnitt* enthält in den Paragrafen 264 bis 335 ergänzende Vorschriften für Kapitalgesellschaften und ihnen gleichgestellte Personenhandelsgesellschaften, die sich in erster Linie auf deren Jahresabschlüsse beziehen.

Für die Jahresabschlüsse von großen Unternehmen und Konzernen können darüber hinaus noch folgende Vorschriften von Bedeutung sein:
▸ *Publizitätsgesetz*,
▸ *Deutsche Rechnungslegungs Standards* (DRS) und
▸ *International Financial Reporting Standards* (IFRS).

5.1 Die gesetzlichen Rahmenbedingungen
Gesetzliche Rahmenbedingungen der Buchführung

Da im Rahmen der Buchführung und des Jahresabschlusses auch die für die Steuerbemessung erforderlichen Informationen ermittelt werden, finden sich in verschiedenen Steuergesetzen ergänzende Vorschriften, so insbesondere:
- im *Einkommensteuergesetz* (EStG) und
- in der *Abgabenordnung* (AO).

Zusätzlich enthalten viele andere Gesetze, aber auch viele Richtlinien und Empfehlungen von Behörden und Verbänden weitere, für die Buchführung und den Jahresabschluss relevante gesetzliche Rahmenbedingungen, auf die wir an den entsprechenden Stellen im Buch näher eingehen werden (Eisele, W. 2002: Seite 21 ff.).

Nachfolgend werden wir uns zuerst mit den gesetzlichen Rahmenbedingungen der Buchführung und der Aufzeichnung und dann mit denen der Jahresabschlüsse beschäftigen. Danach werden wir uns anschauen, welche Grundsätze sich für die Buchführung und den Jahresabschluss aus den gesetzlichen Rahmenbedingungen ableiten lassen. Zuletzt werden wir kurz auf die Folgen von Verstößen gegen die gesetzlichen Rahmenbedingungen eingehen.

5.1 Gesetzliche Rahmenbedingungen der Buchführung

Lernziel 5-1
Die für ein Unternehmen geltenden Buchführungs- und Aufzeichnungspflichten bestimmen können.

- Gesetzliche Rahmenbedingungen der Buchführung
- Gesetzliche Rahmenbedingungen des Jahresabschlusses
- Grundsätze der Buchführung und des Jahresabschlusses
- Verstöße gegen die gesetzlichen Rahmenbedingungen

5.1.1 Buchführungspflicht

Alle Unternehmen dürfen Bücher führen. Über diese freiwillige Möglichkeit hinaus besteht für viele Unternehmen aufgrund von handels- und/oder steuerrechtlichen Vorschriften aber auch die Verpflichtung zur Führung von Büchern (↗ Abbildung 5-1).

5.1.1.1 Handelsrechtliche Buchführungspflicht
Das Handelsgesetzbuch: § 238 Buchführungspflicht, Absatz 1 verpflichtet alle Kaufleute zur Führung von Büchern.

5.1.1.1.1 Kaufmannseigenschaften
Kaufleute werden im Handelsgesetzbuch: § 1, Absatz 1 dadurch definiert, dass sie ein *Handelsgewerbe* betreiben. Der Begriff des Handels wird dabei anders definiert als in der Betriebswirtschaftlehre.

Aus rechtlicher Sicht betreiben alle Unternehmen ein Handelsgewerbe, die die im Handelsgesetzbuch: § 1, Absatz 2 genannten folgenden zwei Voraussetzungen erfüllen:

(1) Vorhandensein eines Gewerbebetriebes
Gemäß Einkommensteuergesetz: § 15 Einkünfte aus Gewerbebetrieb, Absatz 2 sind Gewerbebetriebe insbesondere durch eine selbstständige nachhaltige Betätigung mit Gewinnerzielungsabsicht gekennzeichnet. Unternehmen, die ein Gewerbe betreiben, werden im Gesetz als *gewerbliche Unternehmen* oder *Gewerbetreibende* bezeichnet. Die Land- und die Forstwirtschaft sowie freiberufliche Tätigkeiten, gelten dabei grundsätzlich nicht als Gewerbebetrieb.

(2) In kaufmännischer Weise eingerichteter Geschäftsbetrieb
Als weitere Voraussetzung für das Vorliegen eines Handelsgewerbes muss aufgrund der Art oder des Umfangs des Unternehmens ein in kaufmännischer Weise eingerichteter Geschäftsbetrieb beziehungsweise eine *kaufmännische Organisation* erforderlich sein. Durch diese Regelung wird sichergestellt, dass kleine gewerbliche Unternehmen nicht den gesetzlichen Vorschriften für Kaufleute unterliegen.

Anhaltspunkte für das Erfordernis eines in kaufmännischer Weise eingerichteten Geschäftsbetriebs ergeben sich nach herrschender Meinung dabei insbesondere aus:

- den Umsatzerlösen,
- der Anzahl der Arbeitnehmer,
- dem Warenangebot,
- der Anzahl der Geschäftskontakte und
- dem Umfang der Organisation,

ohne dass hierfür genaue Angaben gemacht werden.

5.1.1.1.2 Unternehmen mit Buchführungspflicht
Da sie als Kaufleute gelten, unterliegen folgende Unternehmen der handelsrechtlichen Buchführungspflicht:

(1) Einzelkaufleute
Einzelkaufleute (e.K., e.Kfr., e.Kfm.), die den *Einzelunternehmen* zugerechnet werden, sind natürliche Personen, die ohne Gesellschafter ein Handelsgewerbe betreiben. Einzelkaufleute sind aufgrund ihrer Betätigung sogenannte *Ist-Kaufleute*.

Von der Buchführungspflicht befreit sind allerdings Einzelkaufleute, wenn sie in zwei aufeinander folgenden Geschäftsjahren nicht mehr als 500 000,00 € (AZ 5-1) Umsatzerlöse und nicht mehr als 50 000,00 € (AZ 5-2) Jahresüberschuss aufweisen (Handelsgesetzbuch: § 241a Befreiung von der Pflicht zur Buchführung, Absatz 1).

(2) Personenhandelsgesellschaften
Personenhandelsgesellschaften, wie die Offene Handelsgesellschaft (OHG), die Kommanditgesellschaft (KG) oder die GmbH & Co. KG, sind ebenfalls *Ist-Kaufleute*, da ihr Zweck rechtsformimmanent auf den Betrieb eines Handelsgewerbes ausgerichtet ist (Handelsgesetzbuch: § 105, § 161).

(3) Kapitalgesellschaften
Kapitalgesellschaften, wie die haftungsbeschränkte Unternehmergesellschaft (UG), die Gesellschaft mit beschränkter Haftung (GmbH), die Aktiengesellschaft (AG), die Kommanditgesellschaft auf Aktien (KGaA) oder die Societas Europea (SE), sind aufgrund ihrer Rechtsform sogenannte *Form-Kaufleute*.

(4) Eingetragene Genossenschaften
Eingetragene Genossenschaften (e.G.) sind ebenfalls aufgrund ihrer Rechtsform *Form-Kaufleute*.

5.1.1.1.3 Unternehmen ohne Buchführungspflicht
Da sie nicht als Kaufleute gelten, unterliegen folgende Unternehmen nicht der handelsrechtlichen Buchführungspflicht:

(1) Freiberufler
Freiberufliche Tätigkeiten sind gemäß Einkommensteuergesetz: § 18, Absatz 1, Nummer 1 selbstständig ausgeübte wissenschaftliche, künstlerische, schriftstellerische, unterrichtende oder erzieherische Tätigkeiten sowie unter anderem die selbstständige Berufstätigkeit von Ärzten, Rechtsanwälten, Notaren, Patentanwälten, Ingenieuren, Architekten, Steuerberatern, Krankengymnasten, Journalisten und Übersetzern. Freiberufler gelten nicht als Gewerbetreibende und somit nicht als Kaufleute. Wenn sie ihr Geschäft ohne Gesellschafter betreiben, werden sie den *Einzelunternehmen* zugerechnet.

(2) Gewerbliche Unternehmen, die kein Handelsgewerbe betreiben
Gewerbliche Unternehmen, die kein Handelsgewerbe betreiben, da ihr Unternehmen nach Art oder Umfang keinen in kaufmännischer Weise eingerichteten Geschäftsbetrieb erfor-

---

Exkurs 5-1

Die GmbH ist die häufigste Rechtsform der Gesellschaften

Die verschiedenen Rechtsformen hatten im Jahr 2006 folgenden Anteil an den fast drei Millionen umsatzsteuerpflichtigen Unternehmen in Deutschland und deren Umsatzerlösen:

- **Einzelunternehmen**: 70,3 % der Unternehmen, 10,5 % der Umsatzerlöse.
- **Gesellschaften mit beschränkter Haftung**: 14,7 % der Unternehmen, 35,1 % der Umsatzerlöse.
- **Offene Handelsgesellschaften**: 8,5 % der Unternehmen, 4,7 % der Umsatzerlöse.
- **Kommanditgesellschaften**: 4,1 % der Unternehmen; 23,5 % der Umsatzerlöse.
- **Aktiengesellschaften**: 0,3 % der Unternehmen, 19,3 % der Umsatzerlöse.

Quelle: Statistisches Bundesamt Deutschland: Steuerpflichtige und deren Lieferungen und Leistungen 2006 nach der Rechtsform, unter: www.destatis.de

dert, gelten als *Nicht-Kaufleute*. In der Regel handelt es sich dabei um kleine *Einzelunternehmen*, für die eine Gewerbeanmeldung vorgenommen wurde.

Wird die Firma entsprechender Unternehmen allerdings gemäß Handelsgesetzbuch: § 2 in das Handelsregister eingetragen, werden sie zu sogenannten *Kann-Kaufleuten*.

(3) Personengesellschaften, deren Zweck rechtsformimmanent nicht auf den Betrieb eines Handelsgewerbes ausgerichtet ist
Personengesellschaften, wie die Gesellschaft bürgerlichen Rechts (GbR), die Partnerschaftsgesellschaft (PG), die Europäische wirtschaftliche Interessenvereinigung (EWIV) oder die Stille Gesellschaft (StG), gelten aufgrund des ihrer Rechtsform innewohnenden Zwecks nicht als Kaufleute.

(4) Eingetragene Vereine
Eingetragene Vereine (e.V.) gelten in der Regel nicht als Kaufleute. Überschreiten allerdings von eingetragenen Vereinen betriebene Gewerbebetriebe bestimmte Größenordnungen, besteht für diese eine steuerrechtliche Buchführungspflicht (↗ Kapitel 5.1.1.2).

(5) Stiftungen
Stiftungen gelten in der Regel nicht als Kaufleute. Überschreiten allerdings von Stiftungen betriebene Gewerbebetriebe bestimmte Größenordnungen, besteht für diese eine steuerrechtliche Buchführungspflicht (↗ Kapitel 5.1.1.2).

(6) Land- oder forstwirtschaftliche Unternehmen
Land- oder forstwirtschaftliche Unternehmen gelten nicht als Kaufleute, es sei denn, dass ihre Firma gemäß Handelsgesetzbuch: § 3, Absatz 2 in das Handelsregister eingetragen wird, wodurch sie dann zu *Kann-Kaufleuten* werden.

5.1.1.2 Steuerrechtliche Buchführungspflicht
Alle vorgenannten Unternehmen, die der handelsrechtlichen Buchführungspflicht unterliegen, unterliegen dadurch auch der steuerrechtlichen Buchführungspflicht (Abgabenordnung: § 140 Buchführungs- und Aufzeichnungspflichten nach anderen Gesetzen).

Darüber hinaus gilt eine steuerrechtliche Buchführungspflicht auch für gewerbliche Unternehmen, die kein Handelsgewerbe betreiben, sowie für land- oder forstwirtschaftliche Unternehmen, wenn mindestens einer der folgenden Grenzwerte überschritten wird (Abgabenordnung: § 141 Buchführungspflicht bestimmter Steuerpflichtiger):

- **Umsätze** einschließlich der steuerfreien Umsätze von mehr als 500 000,00 € (AZ 5-3) im Kalenderjahr,
- **Gewinne aus Gewerbebetrieb** von mehr als 50 000,00 € (AZ 5-4) im Wirtschaftsjahr,
- **selbst bewirtschaftete land- und forstwirtschaftliche Flächen** mit einem Wirtschaftswert von mehr als 25 000,00 € (AZ 5-5),
- **Gewinne aus Land- und Forstwirtschaft** von mehr als 50 000,00 € (AZ 5-6) im Kalenderjahr.

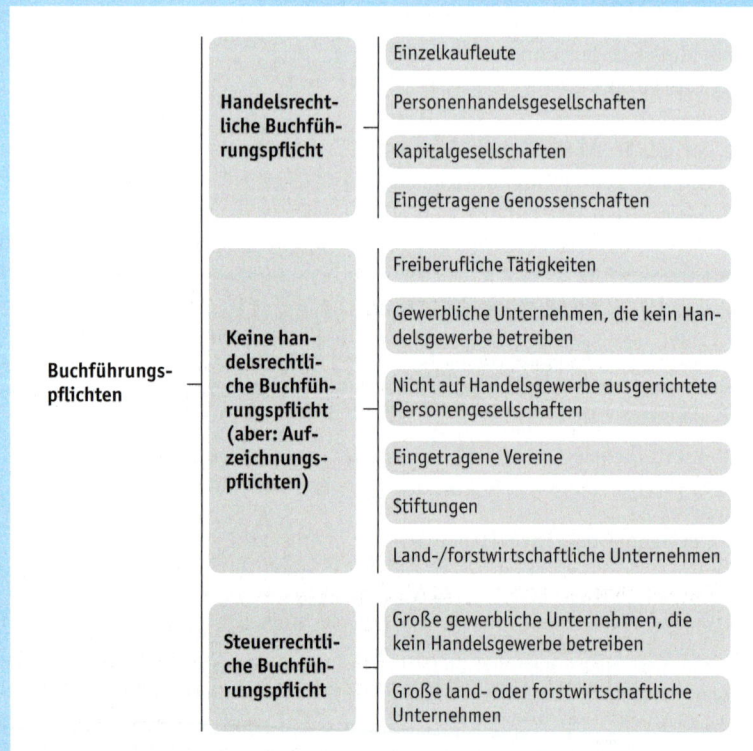

Abb. 5-1
Ob eine handels- oder eine steuerrechtliche Buchführungspflicht besteht, hängt insbesondere von der Rechtsform, der Art der Tätigkeit und der Größe von Unternehmen ab.

Unter diese Regelung fallen auch die Gewerbebetriebe von Vereinen und Stiftungen. Allerdings besteht die steuerrechtliche Buchführungspflicht dabei nur für den Gewerbebetrieb und nicht für den gesamten Verein oder die gesamte Stiftung.

5.1.1.3 Resultierende Mindestanforderungen an die Buchführung

Aus einer Buchführungspflicht ergeben sich nach herrschender Meinung folgende Mindestanforderungen an die Buchführung (Eisele, W. 2002: Seite 34 f.):

- Durchführung einer doppelten Buchführung,
- Beachtung der Grundsätze ordnungsmäßiger Buchführung,
- Führung eines Kassenbuchs,
- Führung eines Journals,
- Führung eines Wareneingangs- und eines Warenausgangsbuchs,
- Führung eines Kontokorrentbuchs,
- Führung einer Anlagenkartei,
- Aufstellung von Inventaren.

5.1.2 Aufzeichnungspflichten

Während in der doppelten Buchführung alle Geschäftsvorfälle erfasst werden, werden über *Aufzeichnungen* in Form von Notizen, Zusammenstellungen und Verzeichnissen nur bestimmte Geschäftsvorfälle erfasst, die steuerrechtlich relevant sind oder es sein könnten (Falterbaum, H. und andere 2007: Seite 56). Die Verpflichtung zur Aufzeichnung stellt deshalb sicher, dass auch Steuerpflichtige, die keiner Buchführungspflicht unterliegen, die Angaben in ihren Steuererklärungen belegen können.

5.1.2.1 Steuerrechtliche Aufzeichnungspflichten

Aus dem Steuerrecht können sich insbesondere Pflichten für folgende Aufzeichnungen ergeben (Falterbaum, H. und andere 2007: Seite 58 ff.):

- **Betriebseinnahmen und -ausgaben**, falls deren Differenz im Rahmen einer *Einnahmenüberschussrechnung* (EÜR) zur Gewinnermittlung verwendet wird (Einkommensteuergesetz: § 4 Gewinnbegriff im Allgemeinen, Absatz 3),
- **Kasseneinnahmen und -ausgaben** (Abgabenordnung, § 146 Ordnungsvorschriften für die Buchführung und für Aufzeichnungen, Absatz 1, Satz 2),
- **Wareneingänge** (Abgabenordnung: § 143 Aufzeichnung des Wareneingangs),
- **Warenausgänge** (Abgabenordnung: § 144 Aufzeichnung des Warenausgangs),
- **Löhne von Arbeitnehmern** (Einkommensteuergesetz: § 41 Aufzeichnungspflichten beim Lohnsteuerabzug),
- **Aufwendungen für Geschenke und Bewirtungen** (Einkommensteuergesetz: § 4 Gewinnbegriff im Allgemeinen, Absatz 7),
- **Bemessungsgrundlagen der Umsatzsteuer** (Umsatzsteuergesetz: § 22 Aufzeichnungspflichten),
- **Vorgänge mit Auslandsbezug** (Abgabenordnung: § 90 Mitwirkungspflichten der Beteiligten, Absatz 2) und
- **Wirtschaftsgüter des Anlage- und des Umlaufvermögens** (Einkommensteuergesetz: § 4 Gewinnbegriff im Allgemeinen, Absatz 3, Satz 5).

5.1.2.2 Außersteuerliche Aufzeichnungspflichten

Viele Berufsgruppen sind aufgrund von speziell für sie geltenden Gesetzen dazu verpflichtet, Aufzeichnungen zu erstellen, so beispielsweise (Falterbaum, H. und andere 2007: Seite 57 f.):

- Apotheker: Herstellungsbücher,
- Buchmacher: Wettbücher,
- Fahrschulen: Fahrschülerausbildungsbücher,
- Gebrauchtwagenhändler: Gebrauchtwagenbücher,
- Hotels: Fremdenbücher,
- Munitionshändler: Munitionshandelsbücher,
- Schornsteinfeger: Kehrbücher,
- Wildbrethändler: Wildhandelsbücher und
- Weinbaubetriebe: Fasslagerbücher.

Falls entsprechende Aufzeichnungen auch steuerlich relevant sein könnten, besteht für ihre Anfertigung auch eine steuerrechtliche Verpflichtung (Abgabenordnung: § 140 Buchführungs- und Aufzeichnungspflichten nach anderen Gesetzen).

5.1.3 Aufzeichnung versus Buchführung

Auch wenn keine Buchführungspflicht besteht, so stellt sich doch für viele Unternehmen die Frage, ob es nicht dennoch sinnvoll ist, eine Buchführung entsprechend der gesetzlichen Regelungen durchzuführen. Vorteile der Buchführung gegenüber der Aufzeichnung ergeben sich insbesondere aufgrund der vorhandenen Buchführungssoftwaresysteme und aufgrund der vereinfachten Zusammenarbeit mit Steuerberatern und Wirtschaftsprüfern.

5.2 Gesetzliche Rahmenbedingungen des Jahresabschlusses

Lernziel 5-2
Die für den Jahresabschluss eines Unternehmens geltenden Aufstellungs-, Prüfungs- und Offenlegungspflichten bestimmen können.

- Gesetzliche Rahmenbedingungen der Buchführung
- **Gesetzliche Rahmenbedingungen des Jahresabschlusses**
- Grundsätze der Buchführung und des Jahresabschlusses
- Verstöße gegen die gesetzlichen Rahmenbedingungen

Alle buchführungspflichtigen Kaufleute sind nicht nur zur Führung von Büchern, sondern auch zur Aufstellung von Jahresabschlüssen verpflichtet (Handelsgesetzbuch: § 242 Pflicht zur Aufstellung).

5.2.1 Phasen des Jahresabschlusses

Die gesetzlichen Rahmenbedingungen regeln die drei Phasen des Jahresabschlusses (↗ Abbildung 5-2).

5.2.1.1 Aufstellung
Im Rahmen der Aufstellung von Jahresabschlüssen müssen immer folgende Unterlagen erstellt werden:
- Bilanz und
- Gewinn- und Verlustrechnung.

Abhängig von den gesetzlichen Vorgaben werden zusätzlich noch folgende Unterlagen erstellt:
- Ergebnisverwendungsrechnung,
- Eigenkapitalspiegel,
- Kapitalflussrechnung,
- Anhang, der gegebenenfalls zusätzlich ein *Anlagengitter* umfasst,
- Segmentbericht und
- Lagebericht, der kein Bestandteil des Jahresabschlusses ist, sondern diesen nur ergänzt.

Gesetzlich ist die Aufstellung inklusive der Vorschriften zu den einzelnen aufzustellenden Unterlagen insbesondere im Handelsgesetzbuch: § 242 – § 315a geregelt, gegebenenfalls in Verbindung mit dem Publizitätsgesetz, den Deutschen Rechnungslegungs Standards (DRS) oder den International Financial Reporting Standards (IFRS).

5.2.1.2 Prüfung
Falls eine Prüfungspflicht besteht, werden der Jahresabschluss und der Lagebericht durch einen *Abschlussprüfer* geprüft und der Jahresabschluss dann festgestellt. Als Abschlussprüfer fungieren dabei *Wirtschaftsprüfer* beziehungsweise Wirtschaftsprüfungsgesellschaften (Handelsgesetzbuch: § 319 Auswahl der Abschlussprüfer und Ausschlussgründe, Absatz 1). Unterlagen aus der Prüfung sind:
- Bestätigungsvermerk des Abschlussprüfers und
- Bericht des Aufsichtsrates über die Prüfung des Jahresabschlusses.

Gesetzlich ist die Prüfung insbesondere im Handelsgesetzbuch: § 316 – § 324a geregelt.

5.2.1.3 Offenlegung
Falls eine Offenlegungspflicht besteht, werden abhängig von den gesetzlichen Vorgaben entweder nur Teile oder der komplette Jahresabschluss und Lagebericht beim Betreiber des elektronischen *Bundesanzeigers* eingereicht und von die-

sem im Internet veröffentlicht (www.ebundesanzeiger.de). Die Offenlegung umfasst dabei gegebenenfalls noch folgende Unterlagen:
- Vorschlag und Beschluss über die Ergebnisverwendung unter Angabe des Jahresüberschusses/Jahresfehlbetrages und
- Erklärung zu den im Deutscher Corporate Governance Kodex (DCGK) enthaltenen Verhaltensstandards zur Unternehmensführung und -überwachung.

Gesetzlich ist die Offenlegung insbesondere im Handelsgesetzbuch: § 325 – § 329 geregelt.

5.2.2 Bestimmungsfaktoren der anzuwendenden Vorschriften

Welche gesetzlichen Vorschriften im Hinblick auf Jahresabschlüsse im Einzelnen Anwendung finden, hängt von den folgenden Unternehmensmerkmalen ab.

5.2.2.1 Konzerneigenschaften

Für die Jahresabschlüsse von einzelnen, rechtlich selbstständigen Unternehmen gelten andere Vorschriften als für die Abschlüsse von Konzernen (Wöhe, G./Kußmaul, H. 2006: Seite 31 ff.). *Konzerne*, die in Deutschland in der Regel als »Gruppe« firmieren, liegen gemäß dem sogenannten *Control-Konzept* vor, wenn Unternehmen auf andere Unternehmen unmittelbar oder mittelbar einen beherrschenden Einfluss ausüben können (Handelsgesetzbuch: § 290 Pflicht zur Aufstellung, Absatz 1). Das herrschende Unternehmen wird dabei als *Mutterunternehmen* bezeichnet, die beherrschten Unternehmen als *Tochterunternehmen*. Als *Beherrschung* gilt dabei die Möglichkeit, die Finanz- und Geschäftspolitik von Unternehmen zum eigenen Nutzen zu bestimmen (International Accounting Standard: 27 Konzern- und separate Einzelabschlüsse nach IFRS, Nummer 4). Innerhalb von Konzernen werden die folgenden zwei Arten von Abschlüssen unterschieden (↗ Abbildung 5-3).

5.2.2.1.1 Einzelabschlüsse

Einzelabschlüsse sind die Jahresabschlüsse einzelner Konzernunternehmen. Neben der reinen Information dienen sie im Hinblick auf ergeb-

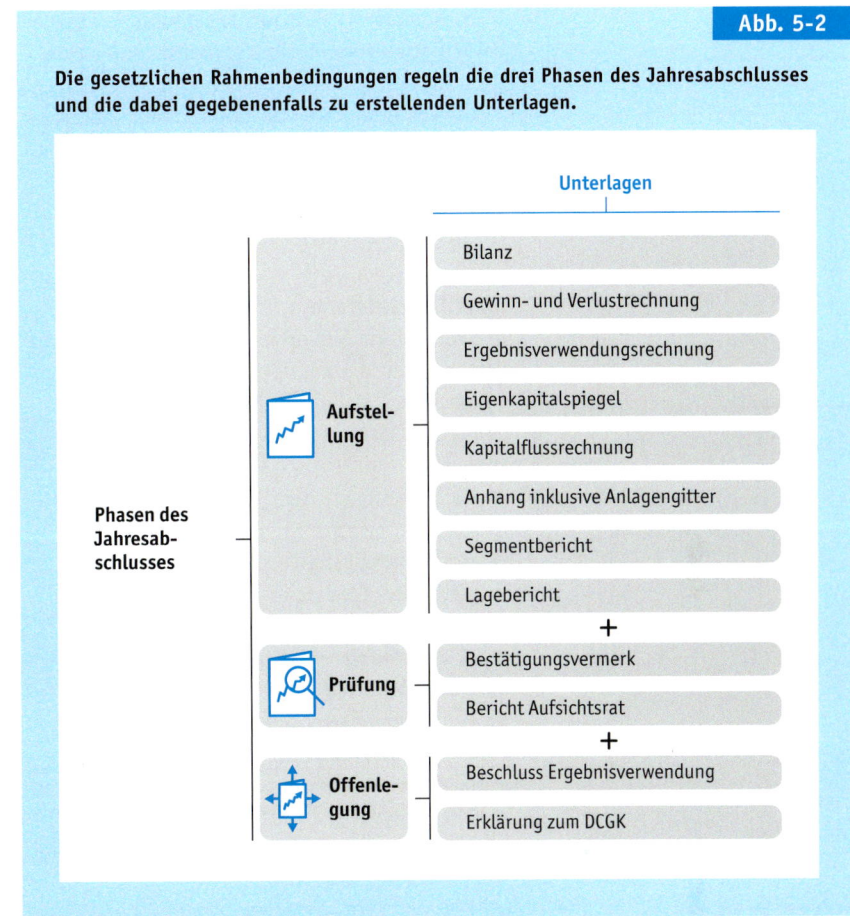

Abb. 5-2

Die gesetzlichen Rahmenbedingungen regeln die drei Phasen des Jahresabschlusses und die dabei gegebenenfalls zu erstellenden Unterlagen.

nisabhängige Zahlungen, wie Dividenden, auch der *Zahlungsbemessung* (↗ Kapitel 1.3.1). Falls keine befreienden Vorschriften greifen, erstellen in Konzernen sowohl die Mutter- als auch die Tochterunternehmen Einzelabschlüsse. Für die Einzelabschlüsse dieser Konzernunternehmen gelten dabei weitgehend die gleichen gesetzlichen Vorschriften wie für die Jahresabschlüsse von Nicht-Konzernunternehmen.

5.2.2.1.2 Konzernabschlüsse

Konzernabschlüsse werden von den Mutterunternehmen für die Konzerne erstellt. Sie bestehen aus den zusammengefassten beziehungsweise *konsolidierten* Einzelabschlüssen der Mutter- und der Tochterunternehmen. Dadurch werden die Konzernunternehmen so dargestellt, als ob es sich um ein einziges Unternehmen handelt (International Accounting Standard: 27 Konzern- und separate Einzelabschlüsse nach

IFRS, Nummer 4). Konzernabschlüsse haben dabei lediglich *Informationsaufgaben* und keine Zahlungsbemessungsaufgaben (↗ Kapitel 1.3.1).

Gibt es innerhalb von Konzernen Tochterunternehmen, die selbst Konzerne sind, so werden deren Abschlüsse als *Teilkonzernabschlüsse* bezeichnet und der Abschluss des allem übergeordneten Konzerns als *Gesamtkonzernabschluss*.

5.2.2.2 Rechtsform

Die Rechtsform hat erheblichen Einfluss auf die Vorschriften, die auf den Jahresabschluss anzuwenden sind. Dabei werden insbesondere folgende zwei Gruppen von Rechtsformen unterschieden:

- Einzelkaufleute und Personenhandelsgesellschaften mit natürlichem Vollhafter und
- Kapitalgesellschaften und ihnen gleichgestellte Gesellschaften.

5.2.2.3 Haftungsverhältnisse bei Personenhandelsgesellschaften

Im Hinblick auf den Jahresabschluss werden Personenhandelsgesellschaften danach unterschieden, ob wenigstens eine natürliche Person – direkt oder über zwischengeschaltete Gesellschaften – persönlich vollhaftender Gesellschafter ist oder nicht. Personenhandelsgesellschaften ohne natürlichen Vollhafter, wie beispielsweise in den meisten Fällen die Kommanditgesellschaft in der GmbH & Co. KG, gelten dadurch als haftungsbeschränkt und werden deshalb im Hinblick auf die Jahresabschlüsse weitgehend den Kapitalgesellschaften gleichgestellt (Handelsgesetzbuch: § 264a Anwendung auf bestimmte offene Handelsgesellschaften und Kommanditgesellschaften, Absatz 1).

5.2.2.4 Unternehmensgröße

Für die größenmäßige Einordnung von Unternehmen werden folgende Merkmale verwendet, von denen für die Klassifikation mindestens zwei überschritten werden müssen (↗ Abbildung 5-4):

- die Bilanzsumme,
- die Umsatzerlöse und
- die Anzahl der Arbeitnehmer.

(1) Größeneinteilung von Einzelkaufleuten und von Personenhandelsgesellschaften mit natürlichen Vollhaftern

Im Publizitätsgesetz: § 1, Absatz 1 erfolgt anhand der Größenmerkmale eine Unterteilung von Unternehmen, die keine Kapitalgesellschaften oder ihnen gleichgestellte Gesellschaften sind, in:

- nicht publizitätspflichtige Unternehmen und
- publizitätspflichtige Unternehmen.

(2) Größeneinteilung von Kapitalgesellschaften

Im Handelsgesetzbuch: § 267 Umschreibung der Größenklassen erfolgt anhand der Größenmerkmale eine Unterteilung von Kapitalgesellschaften und ihnen gleichgestellten Gesellschaften in:

- kleine Kapitalgesellschaften,
- mittelgroße Kapitalgesellschaften und
- große Kapitalgesellschaften.

Als groß gelten darüber hinaus auch kapitalmarktorientierte Kapitalgesellschaften (↗ Kapitel 5.2.2.5). Die Größenmerkmale von großen Kapitalgesellschaften liegen dabei erheblich unter denen für die Publizitätspflicht.

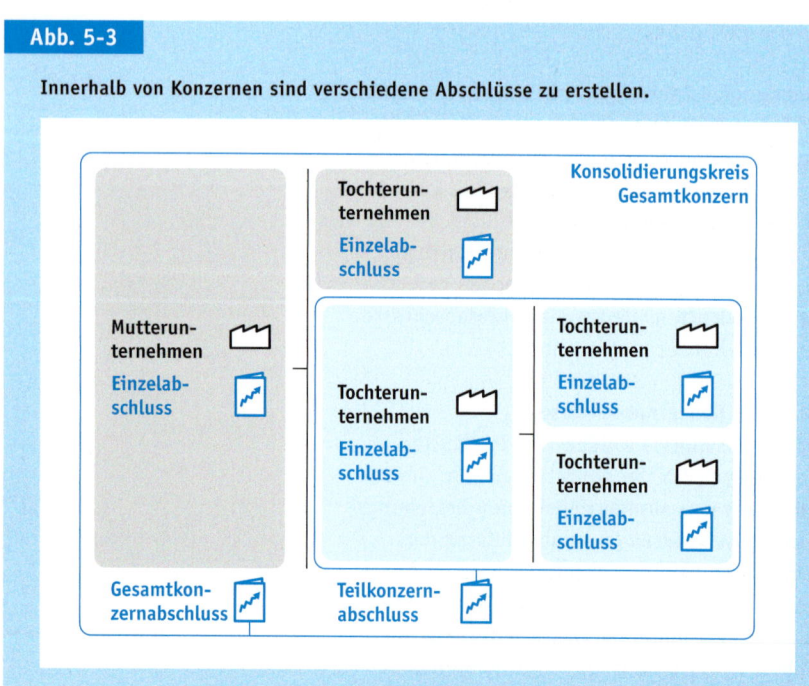

Abb. 5-3 Innerhalb von Konzernen sind verschiedene Abschlüsse zu erstellen.

(3) Größeneinteilung von Konzernen

Anhand der Größenmerkmale wird im Publizitätsgesetz: § 11 Zur Rechnungslegung verpflichtete Mutterunternehmen, Absatz 1 und im Handelsgesetzbuch: § 293 Größenabhängige Befreiungen auch festgelegt, ob Konzerne einen Konzernabschluss und einen Konzernlagebericht aufstellen müssen oder nicht. Bei der *Bruttomethode* beziehen sich die Merkmale dabei auf die zusammengefassten Einzelabschlüsse von Mutter- und einzubeziehenden Tochterunternehmen, bei der *Nettomethode* auf einen Konzernabschluss dieser Unternehmen.

5.2.2.5 Kapitalmarktorientierung

Als kapitalmarktorientiert gelten gemäß dem Handelsgesetzbuch: § 264d Kapitalmarktorientierte Kapitalgesellschaften und der EG-Verordnung 1606/2002: Artikel 4 Unternehmen, deren Wertpapiere zum Handel an organisierten beziehungsweise an geregelten Märkten, also insbesondere Börsen, zugelassen sind. Unter *Wertpapieren* werden dabei nicht nur Aktien, sondern auch Anleihen und Genussscheine verstanden.

5.2.2.6 Geschäftszweig

Für die Abschlüsse von Unternehmen bestimmter Geschäftszweige gelten ergänzende Vorschriften zum Jahresabschluss, so insbesondere für Kreditinstitute, Finanzdienstleistungsinstitute, Versicherungsunternehmen und Pensionsfonds, auf die hier allerdings nicht näher eingegangen werden soll.

5.2.3 Gesetzliche Rahmenbedingungen ausgewählter Abschlüsse

Aufgrund der vorgenannten Merkmale ergibt sich eine sehr differenzierte Unterteilung der auf Jahresabschlüsse anzuwendenden Vorschriften (↗ Abbildung 5-5), wobei wir uns nachfolgend auf die gesetzlichen Rahmenbedingungen der wichtigsten Abschlüsse beschränken und Ausnahmen von diesen Vorschriften weitgehend unberücksichtigt lassen werden.

Abb. 5-4

Die Unternehmensgröße beeinflusst insbesondere den Umfang der Aufstellung, der Prüfung und der Offenlegung von Jahresabschlüssen (AZ 5-7).

	Bilanzsumme	Umsatzerlöse	Arbeitnehmer
Rechnungslegung PublG § 1 Abs. 1			
Nicht publizitätspflichtig	≤ 65 000 T€	≤ 130 000 T€	≤ 5 000
Publizitätspflichtig	> 65 000 T€	> 130 000 T€	> 5 000
Größenklassen HGB § 267			
Kleine Kapitalgesellschaften	≤ 4 840 T€	≤ 9 680 T€	≤ 50
Mittelgroße Kapitalgesellschaften	≤ 19 250 T€	≤ 38 500 T€	≤ 250
Große Kapitalgesellschaften	> 19 250 T€	> 38 500 T€	> 250
Konzernabschluss			
PublG § 11 Abs. 1	> 65 000 T€	> 130 000 T€	> 5 000
HGB § 293 Abs. 1 Nr. 1 Bruttomethode	> 23 100 T€	> 46 200 T€	> 250
HGB § 293 Abs. 1 Nr. 2 Nettomethode	> 19 250 T€	> 38 500 T€	> 250

5.2.3.1 Jahres- und Einzelabschlüsse von Einzelkaufleuten und von Personenhandelsgesellschaften mit natürlichen Vollhaftern

Die für entsprechende Abschlüsse geltenden gesetzlichen Rahmenbedingungen hängen in erster Line von der Publizitätspflicht der Unternehmen ab.

5.2.3.1.1 Nicht publizitätspflichtige Einzelkaufleute und Personenhandelsgesellschaften mit natürlichen Vollhaftern

Für die Jahres- und Einzelabschlüsse von nicht publizitätspflichtigen Einzelkaufleuten und Personenhandelsgesellschaften mit natürlichen Vollhaftern, wie den meisten Offenen Handelsgesellschaften und Kommanditgesellschaft, gelten folgende Rahmenbedingungen:

(1) Aufstellung

Innerhalb der einem ordnungsmäßigen Geschäftsgang entsprechenden Zeit (Handelsgesetzbuch: § 243 Aufstellungsgrundsatz, Absatz 3), gemäß der aktuellen Rechtsprechung jedoch spätestens innerhalb von 12 Monaten nach dem Abschlussstichtag müssen mindestens:

5.2 Die gesetzlichen Rahmenbedingungen
Gesetzliche Rahmenbedingungen des Jahresabschlusses

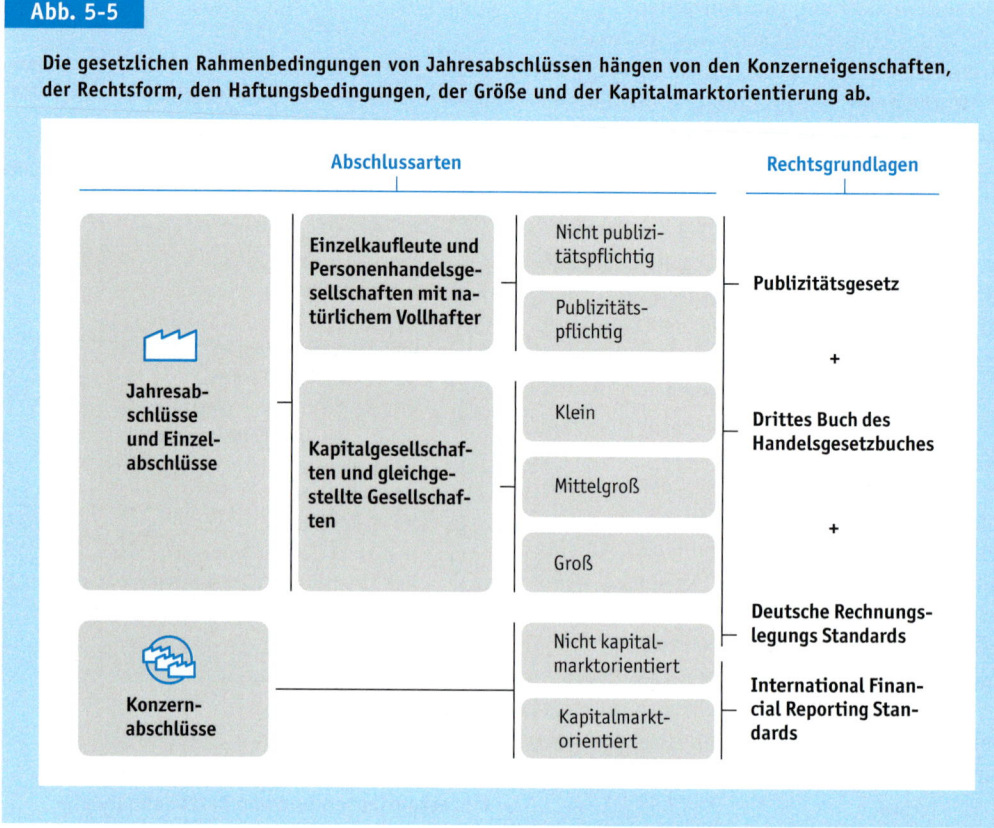

Abb. 5-5

Die gesetzlichen Rahmenbedingungen von Jahresabschlüssen hängen von den Konzerneigenschaften, der Rechtsform, den Haftungsbedingungen, der Größe und der Kapitalmarktorientierung ab.

- eine Bilanz mit Mindestgliederung (Handelsgesetzbuch: § 247 Inhalt der Bilanz) und
- eine Gewinn- und Verlustrechnung mit Mindestgliederung (Handelsgesetzbuch: § 242 Pflicht zur Aufstellung, Absatz 2)

aufgestellt werden (Handelsgesetzbuch: § 242 Pflicht zur Aufstellung). Nicht aufgestellt werden müssen hingegen ein Eigenkapitalspiegel, eine Kapitalflussrechnung, ein Anhang, ein Segmentbericht und ein Lagebericht.

Von der Verpflichtung zur Aufstellung befreit sind allerdings Einzelkaufleute, wenn sie in zwei aufeinander folgenden Geschäftsjahren nicht mehr als 500 000,00 € (AZ 5-8) Umsatzerlöse und nicht mehr als 50 000,00 € (AZ 5-9) Jahresüberschuss aufweisen (Handelsgesetzbuch: § 242 Pflicht zur Aufstellung, Absatz 4).

(2) Prüfung
Für die Abschlüsse besteht keine Prüfungspflicht.

(3) Offenlegung
Für die Abschlüsse besteht keine Offenlegungspflicht.

5.2.3.1.2 Publizitätspflichtige Einzelkaufleute und Personenhandelsgesellschaften mit natürlichen Vollhaftern

Für die Jahres- und Einzelabschlüsse von publizitätspflichtigen Einzelkaufleuten und Personenhandelsgesellschaften mit natürlichen Vollhaftern gelten folgende Rahmenbedingungen:

(1) Aufstellung
Innerhalb von 3 Monaten nach dem Abschlussstichtag müssen:
- eine Bilanz mit vollem Gliederungsschema (Handelsgesetzbuch: § 266 Gliederung der Bilanz) und
- eine Gewinn- und Verlustrechnung mit vollem Gliederungsschema (Handelsgesetzbuch: § 275 Gliederung)

5.2 Gesetzliche Rahmenbedingungen des Jahresabschlusses

Abb. 5-6

Welche Jahresabschlussunterlagen aufzustellen, zu prüfen und offenzulegen sind, hängt von den Konzerneigenschaften, der Rechtsform, den Haftungsbedingungen, der Größe und der Kapitalmarktorientierung ab.

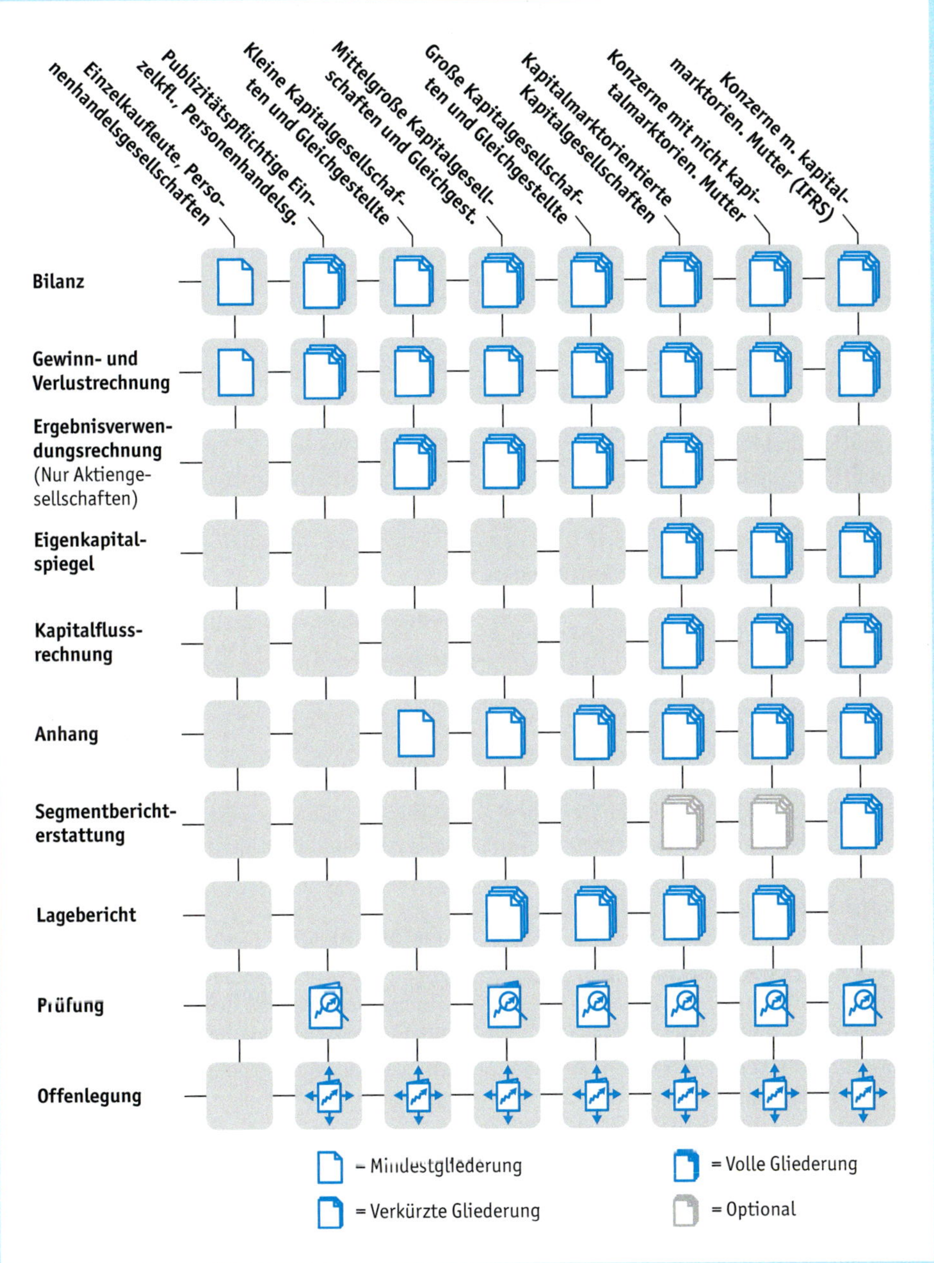

	Einzelkaufleute, Personenhandelsgesellschaften	Publizitätspflichtige Einzelkfl., Personenhandelsg.	Kleine Kapitalgesellschaften und Gleichgestellte	Mittelgroße Kapitalgesellschaften und Gleichgestellte	Große Kapitalgesellschaften und Gleichgest.	Kapitalmarktorientierte Kapitalgesellschaften	Konzerne mit nicht kapitalmarktorien. Mutter	Konzerne m. kapitalmarktorien. Mutter (IFRS)
Bilanz	Mindest	Voll	Mindest	Voll	Voll	Voll	Voll	Voll
Gewinn- und Verlustrechnung	Mindest	Voll	Voll	Voll	Voll	Voll	Voll	Voll
Ergebnisverwendungsrechnung (Nur Aktiengesellschaften)				Voll	Voll	Voll	Voll	
Eigenkapitalspiegel						Voll	Voll	Voll
Kapitalflussrechnung						Voll	Voll	Voll
Anhang			Verkürzt	Verkürzt	Voll	Voll	Voll	Voll
Segmentberichterstattung						Optional	Optional	Voll
Lagebericht				Voll	Voll	Voll	Voll	Voll
Prüfung		Ja		Ja	Ja	Ja	Ja	Ja
Offenlegung		Ja	Ja	Ja	Ja	Ja	Ja	Ja

📄 = Mindestgliederung 📄 = Volle Gliederung
📄 = Verkürzte Gliederung 📄 = Optional

aufgestellt werden (Publizitätsgesetz: § 5 Aufstellung von Jahresabschluss und Lagebericht, Absatz 1). Nicht aufgestellt werden müssen hingegen ein Eigenkapitalspiegel, eine Kapitalflussrechnung, ein Anhang, ein Segmentbericht und ein Lagebericht (Publizitätsgesetz: § 5 Aufstellung von Jahresabschluss und Lagebericht, Absatz 2).

(2) Prüfung
Für die Abschlüsse besteht eine Prüfungspflicht (Publizitätsgesetz: § 6 Prüfung durch die Abschlussprüfer).

(3) Offenlegung
Innerhalb von 12 Monaten nach dem Abschlussstichtag müssen mindestens:

- eine Bilanz mit einem zusammengefassten Posten »Eigenkapital«,
- bestimmte Angaben aus der Gewinn- und Verlustrechnung,
- der Bestätigungsvermerk des Abschlussprüfers,
- falls vorhanden, der Bericht des Aufsichtsrats sowie
- der Vorschlag und der Beschluss über die Ergebnisverwendung

offengelegt werden (Publizitätsgesetz: § 9 Offenlegung des Jahresabschlusses und des Lageberichts).

Bei der Offenlegung kann an die Stelle des Abschlusses nach dem Handelsgesetzbuch ein Einzelabschluss nach den International Financial Reporting Standards (IFRS) treten (Publizitätsgesetz: § 9, Absatz 1 in Verbindung mit Handelsgesetzbuch: § 325, Absatz 2a).

5.2.3.2 Jahres- und Einzelabschlüsse von Kapitalgesellschaften und von ihnen gleichgestellten Gesellschaften

Die für Abschlüsse von Kapitalgesellschaften und ihnen gleichgestellten Gesellschaften, wie die Kommanditgesellschaft in einer haftungsbeschränkten GmbH & Co. KG (↗ Kapitel 5.2.2.3), geltenden Rahmenbedingungen hängen insbesondere von der Größe und der Kapitalmarktorientierung der Unternehmen ab.

5.2.3.2.1 Kleine Kapitalgesellschaften
Für die Jahres- und Einzelabschlüsse von kleinen Kapitalgesellschaften und ihnen gleichgestellten Gesellschaften gelten folgende Rahmenbedingungen:

(1) Aufstellung
Innerhalb von 6 Monaten nach dem Abschlussstichtag (Handelsgesetzbuch: § 264 Pflicht zur Aufstellung, Absatz 1) müssen mindestens:

- eine verkürzte Bilanz (Handelsgesetzbuch: § 266 Gliederung der Bilanz, Absatz 1),
- eine Gewinn- und Verlustrechnung mit zusammengefasstem Rohergebnis (Handelsgesetzbuch: § 276 Größenabhängige Erleichterungen),
- falls es sich um eine Aktiengesellschaft handelt, eine Ergebnisverwendungsrechnung (Aktiengesetz: § 158 Vorschriften zur Gewinn- und Verlustrechnung, Absatz 1) und
- ein Anhang Mindestangaben (Handelsgesetzbuch: § 274a, § 276, § 288)

aufgestellt werden (Handelsgesetzbuch: § 242, § 264). Nicht aufgestellt werden müssen hingegen ein Eigenkapitalspiegel, eine Kapitalflussrechnung, ein Segmentbericht und ein Lagebericht.

(2) Prüfung
Für die Abschlüsse besteht keine Prüfungspflicht (Handelsgesetzbuch: § 316 Pflicht zur Prüfung, Absatz 1).

(3) Offenlegung
Innerhalb von 12 Monaten nach dem Abschlussstichtag müssen mindestens (Handelsgesetzbuch: § 326 Größenabhängige Erleichterungen für kleine Kapitalgesellschaften bei der Offenlegung):

- eine verkürzte Bilanz und
- ein Anhang ohne Angaben zur Gewinn- und Verlustrechnung

offengelegt werden (Handelsgesetzbuch: § 325 Offenlegung, Absatz 1).

5.2.3.2.2 Mittelgroße Kapitalgesellschaften

Für die Jahres- und Einzelabschlüsse von mittelgroßen Kapitalgesellschaften und ihnen gleichgestellten Gesellschaften gelten folgende Rahmenbedingungen:

(1) Aufstellung

Innerhalb von 3 Monaten nach dem Abschlussstichtag (Handelsgesetzbuch: § 264 Pflicht zur Aufstellung, Absatz 1) müssen mindestens:

- eine Bilanz mit vollem Gliederungsschema (Handelsgesetzbuch: § 266 Gliederung der Bilanz),
- eine Gewinn- und Verlustrechnung mit zusammengefasstem Rohergebnis (Handelsgesetzbuch: § 276 Größenabhängige Erleichterungen),
- falls es sich um eine Aktiengesellschaft handelt, eine Ergebnisverwendungsrechnung (Aktiengesetz: § 158 Vorschriften zur Gewinn- und Verlustrechnung, Absatz 1),
- ein verkürzter Anhang (Handelsgesetzbuch: § 288 Größenabhängige Erleichterungen) und
- ein Lagebericht (Handelsgesetzbuch: § 289)

aufgestellt werden (Handelsgesetzbuch: § 242, § 264). Nicht aufgestellt werden müssen hingegen ein Eigenkapitalspiegel, eine Kapitalflussrechnung und ein Segmentbericht.

(2) Prüfung

Für die Abschlüsse besteht eine Prüfungspflicht (Handelsgesetzbuch: § 316 Pflicht zur Prüfung, Absatz 1).

(3) Offenlegung

Innerhalb von 12 Monaten nach dem Abschlussstichtag müssen mindestens:

- eine verkürzte Bilanz,
- die Gewinn- und Verlustrechnung so, wie sie aufgestellt wurde,
- ein verkürzter Anhang,
- der Lagebericht so, wie er aufgestellt wurde,
- der Bestätigungsvermerk des Abschlussprüfers,
- falls vorhanden, der Bericht des Aufsichtsrats sowie
- der Vorschlag und der Beschluss über die Ergebnisverwendung

offengelegt werden (Handelsgesetzbuch: § 325, § 327).

5.2.3.2.3 Große Kapitalgesellschaften

Für die Jahres- und Einzelabschlüsse von großen Kapitalgesellschaften und ihnen gleichgestellten Gesellschaften gelten folgende Rahmenbedingungen:

(1) Aufstellung

Innerhalb von 3 Monaten nach dem Abschlussstichtag (Handelsgesetzbuch: § 264 Pflicht zur Aufstellung, Absatz 1) müssen:

- eine Bilanz mit vollem Gliederungsschema (Handelsgesetzbuch: § 266 Gliederung der Bilanz),
- eine Gewinn- und Verlustrechnung mit vollem Gliederungsschema (Handelsgesetzbuch: § 275 Gliederung),
- falls es sich um eine Aktiengesellschaft handelt, eine Ergebnisverwendungsrechnung (Aktiengesetz: § 158 Vorschriften zur Gewinn- und Verlustrechnung, Absatz 1),
- ein Anhang (Handelsgesetzbuch: §§ 284 ff.) inklusive einer Aufgliederung der Umsatzerlöse nach Segmenten und
- ein Lagebericht (Handelsgesetzbuch: § 289)

aufgestellt werden (Handelsgesetzbuch: § 242, § 264). Nicht aufgestellt werden müssen hingegen ein Eigenkapitalspiegel, eine Kapitalflussrechnung und ein ausführlicher Segmentbericht.

(2) Prüfung

Für die Abschlüsse besteht eine Prüfungspflicht (Handelsgesetzbuch: § 316 Pflicht zur Prüfung, Absatz 1).

(3) Offenlegung

Innerhalb von 12 Monaten nach dem Abschlussstichtag müssen:

- der Abschluss so, wie er aufgestellt wurde,
- der Lagebericht so, wie er aufgestellt wurde,
- der Bestätigungsvermerk des Abschlussprüfers,
- falls vorhanden, der Bericht des Aufsichtsrats sowie
- der Vorschlag und der Beschluss über die Ergebnisverwendung

offengelegt werden (Handelsgesetzbuch: § 325 Offenlegung, Absatz 1).

5.2.3.2.4 Ergänzende Aufstellungspflichten für kapitalmarktorientierte Kapitalgesellschaften

Die Jahresabschlüsse von kapitalmarktorientierten Kapitalgesellschaften und von ihnen gleichgestellten Gesellschaften umfassen zusätzlich (Handelsgesetzbuch: § 264 Pflicht zur Aufstellung, Absatz 1):
- eine Kapitalflussrechnung,
- einen Eigenkapitalspiegel und
- optional einen Segmentbericht.

5.2.3.2.5 Erleichterungen für Tochterunternehmen

Für Kapitalgesellschaften (Handelsgesetzbuch: § 264 Pflicht zur Aufstellung, Absatz 3) und ihnen gleichgestellte Gesellschaften (Handelsgesetzbuch: § 264b Befreiung von der Pflicht zur Aufstellung eines Jahresabschlusses nach den für Kapitalgesellschaften geltenden Vorschriften), die Tochterunternehmen eines zur Aufstellung eines Konzernabschlusses verpflichteten Mutterunternehmens sind, gelten beim Vorliegen der gesetzlich aufgeführten Voraussetzungen insbesondere hinsichtlich der Publizität eine Reihe von Erleichterungen, die im Ergebnis dazu führen, dass diese Unternehmen nur die Regelungen des Handelsgesetzbuches beachten müssen, die für alle Kaufleute gelten (Beck 2010: § 264, Anmerkungen 101 ff. und § 264b).

5.2.3.2.6 Offenlegung nach internationalen Rechnungslegungsstandards

Bei der Offenlegung der Abschlüsse von Kapitalgesellschaften und ihnen gleichgestellten Gesellschaften kann an die Stelle des Jahresabschlusses nach dem Handelsgesetzbuch ein Einzelabschluss nach den International Financial Reporting Standards (IFRS) treten (Handelsgesetzbuch: § 325 Offenlegung, Absatz 2a). Die Regelung befreit die anwendenden Unternehmen allerdings nicht von der Aufstellung eines Jahresabschlusses nach dem Handelsgesetzbuch, da Abschlüsse nach den International Financial Reporting Standards nur der Information und nicht der Zahlungsbemessung dienen.

5.2.3.3 Konzernabschlüsse

Die Aufstellung von Konzernabschlüssen ist in der Regel erheblich aufwendiger als die Aufstellung der Jahresabschlüsse einzelner Unternehmen. Da die Tochterunternehmen oft in verschiedenen Ländern ihren Sitz haben und deshalb ihre Einzelabschlüsse in der Regel nach den dort geltenden Gesetzen aufstellen, müssen meistens Einzelabschlüsse zusammengefasst werden, die auf sehr unterschiedlichen gesetzlichen Standards beruhen. Weitere erschwerende Bedingungen sind häufig:
- unterschiedliche Rechtsformen der Konzernunternehmen,
- gegenseitige Beteiligungen der Konzernunternehmen untereinander,
- unterschiedliche Währungen,
- unterschiedliche Abschlussstichtage sowie
- herauszurechnende Leistungsbeziehungen zwischen den Konzernunternehmen.

Die Konzernabschlüsse werden von den Mutterunternehmen für den Konzern aufgestellt. Die für entsprechende Abschlüsse geltenden rechtlichen Rahmenbedingungen hängen primär von der Kapitalmarktorientierung der Mutterunternehmen ab (Coenenberg, A. G. und andere 2009a: Seite 593 ff.).

5.2.3.3.1 Konzerne mit nicht kapitalmarktorientierten Mutterunternehmen

Konzerne mit nicht kapitalmarktorientierten Mutterunternehmen müssen immer einen Konzernabschluss aufstellen und offenlegen,
- wenn ihre Mutterunternehmen Einzelkaufleute oder Personenhandelsgesellschaften mit natürlichen Vollhaftern sind und der Konzern aufgrund seiner Größe publizitätspflichtig ist (Publizitätsgesetz: § 11 Zur Rechnungslegung verpflichtete Mutterunternehmen), oder
- wenn die Mutterunternehmen Kapitalgesellschaften oder ihnen gleichgestellte Gesellschaften sind (Handelsgesetzbuch: § 290 Pflicht zur Aufstellung) und der Konzern aufgrund seiner Größe nicht den Befreiungen zur Aufstellung unterliegt (Handelsgesetzbuch: § 293 Größenabhängige Befreiungen).

Dabei erfordert die Überprüfung der vorgenannten Größenbedingungen häufig schon die Aufstellung eines Konzernabschlusses.

Entsprechende Konzernabschlüsse können nach dem Handelsgesetzbuch unter Berücksichtigung der Deutschen Rechnungslegungs Standards (DRS) aufgestellt werden oder alternativ nach den International Financial Reporting Standards (IFRS) (Handelsgesetzbuch: § 315a).

(1) Aufstellung
Für Konzernabschlüsse nach dem Handelsgesetzbuch müssen innerhalb von 4 beziehungsweise 5 Monaten nach dem Abschlussstichtag (Handelsgesetzbuch: § 290 Pflicht zur Aufstellung, Absatz 1) für den Konzern:

- eine Bilanz mit vollem Gliederungsschema (Handelsgesetzbuch: § 266 Gliederung der Bilanz),
- eine Gewinn- und -verlustrechnung mit vollem Gliederungsschema (Handelsgesetzbuch: § 275 Gliederung),
- ein Eigenkapitalspiegel,
- eine Kapitalflussrechnung,
- ein Anhang (Handelsgesetzbuch: § 313 und § 314)
- optional ein Segmentbericht und
- ein Lagebericht (Handelsgesetzbuch: § 315)

aufgestellt werden (Handelsgesetzbuch: § 297 Inhalt, Absatz 1).

Abb. 5-7

Im Geschäftsjahr 2007 umfasste der im Konzernabschluss der Allianz Gruppe berücksichtigte Konsolidierungskreis weit über tausend Unternehmen (Allianz SE 2008: Seite 162).

Anzahl der vollkonsolidierten Unternehmen (Tochterunternehmen)	1 175
Anzahl der vollkonsolidierten Investmentfonds	59
Anzahl der vollkonsolidierten Zweckgesellschaften (SPE)	55
Anzahl der at equity bilanzierten Gemeinschaftsunternehmen	4
Anzahl der at equity bilanzierten assoziierten Unternehmen	218

(2) Prüfung
Für Konzernabschlüsse besteht eine Prüfungspflicht (Handelsgesetzbuch: § 316 Pflicht zur Prüfung, Absatz 2).

(3) Offenlegung
Innerhalb von 12 Monaten nach dem Abschlussstichtag müssen Konzernabschlüsse vollständig und in gleicher Form, wie sie aufgestellt wurden, offengelegt werden (Handelsgesetzbuch: § 325 Offenlegung, Absatz 3).

5.2.3.3.2 Konzerne mit kapitalmarktorientierten Mutterunternehmen

Konzerne mit kapitalmarktorientierten Mutterunternehmen müssen unabhängig von der Rechtsform des Mutterunternehmens einen Konzernabschluss nach den International Financial Reporting Standards (IFRS) aufstellen und ihn auch entsprechend dieser Standards offenlegen (Handelsgesetzbuch: § 325 Offenlegung, Absatz 3).

(1) Aufstellung
Konzernabschlüsse nach den International Financial Reporting Standards (IFRS) sind weitgehend von der Anwendung der Vorschriften des Handelsgesetzbuches befreit (Handelsgesetzbuch: § 315a, Absatz 1). Für sie müssen innerhalb von 4 beziehungsweise 5 Monaten nach dem Abschlussstichtag (Handelsgesetzbuch: § 290 Pflicht zur Aufstellung, Absatz 1) für den Konzern:

- eine Bilanz,
- eine Gewinn- und Verlustrechnung,
- eine OCI-Rechnung,
- ein Eigenkapitalspiegel,
- eine Kapitalflussrechnung und
- ein Anhang inklusive
- eines Segmentberichts

aufgestellt werden (International Accounting Standard: 1 Darstellung des Abschlusses). Nicht aufgestellt werden muss hingegen eine Ergebnisverwendungsrechnung und ein Lagebericht.

(2) Prüfung
Für Konzernabschlüsse besteht eine Prüfungspflicht (Handelsgesetzbuch: § 316 Pflicht zur Prüfung, Absatz 2).

(3) Offenlegung
Innerhalb von 12 Monaten nach dem Abschlussstichtag müssen Konzernabschlüsse vollständig und in gleicher Form, wie sie aufgestellt wurden, offengelegt werden (Handelsgesetzbuch: § 325 Offenlegung, Absatz 3).

5.3 Grundsätze der Buchführung und des Jahresabschlusses

Lernziel 5-3
Nichteinhaltungen der zu beachtenden Grundsätze erkennen können.

- Gesetzliche Rahmenbedingungen der Buchführung
- Gesetzliche Rahmenbedingungen des Jahresabschlusses
- **Grundsätze der Buchführung und des Jahresabschlusses**
- Verstöße gegen die gesetzlichen Rahmenbedingungen

In verschiedenen Gesetzen finden sich Hinweise darauf, wie die Buchführung und der Jahresabschluss durchzuführen sind. Entsprechende Anforderungen werden als »*Grundsätze ordnungsmäßiger Buchführung*« (GoB) bezeichnet. Diese Grundsätze stellen im engeren Sinne allgemein anerkannte Regeln hinsichtlich der Führung von Handelsbüchern dar, im weiteren Sinne gelten sie aber auch für die Aufstellung von Jahresabschlüssen (Handelsgesetzbuch: § 243 Aufstellungsgrundsatz, Absatz 1).

Gesetzlich wird nicht genau definiert, welche Anforderungen den Grundsätze im Einzelnen zuzurechnen sind. Es handelt sich insofern um einen unbestimmten Rechtsbegriff, der auch in der deutschen Buchführungsliteratur sehr unterschiedlich interpretiert wird. Eine Konkretisierung der wichtigsten Grundsätze seitens des Bundesministeriums der Finanzen erfolgte in den Einkommensteuer-Richtlinien 1993: R 29. Ordnungsmäßige Buchführung. Im Jahr 1995 veröffentlichte das Ministerium zudem noch die ergänzenden »*Grundsätze ordnungsmäßiger DV-gestützter Buchführungssysteme*« (GoBS) (Bundesministerium der Finanzen 1995).

Trotz der relativen Unbestimmtheit sind Kaufleute verpflichtet, entsprechende Grundsätze der Buchführung und des Jahresabschluss zu beachten (Handelsgesetzbuch: § 238 Buchführungspflicht, Absatz 1, Satz 1).

5.3.1 Grundsätze der Buchführung

Die Grundsätze der Buchführung lassen sich aus deren gesetzlich genannten Zielsetzungen deduktiv ableiten. Nach herrschender Meinung erfüllt die Buchführung ihre Zielsetzung und gilt damit als *ordnungsmäßig*, wenn sie gemäß Handelsgesetzbuch: § 238 Buchführungspflicht, Absatz 1, Satz 2 »... einem sachverständigen Dritten innerhalb angemessener Zeit einen Überblick über die Geschäftsvorfälle und über die Lage des Unternehmens vermitteln kann.« Unter »sachverständigen Dritten« werden dabei beispielsweise Wirtschaftsprüfer und Betriebsprüfer der Finanzämter verstanden, unter »Überblick über die Geschäftsvorfälle«, dass sich die Geschäftsvorfälle in ihrer Entstehung und in ihrer Abwicklung nachvollziehen lassen.

Aus der vorgenannten Zielsetzungen lassen sich die folgenden zu beachtenden Grundsätze der Buchführung ableiten (↗ Abbildung 5-8 und Wöhe, G./Kußmaul, H. 2006: Seite 41 ff.):

5.3.1.1 Formelle Grundsätze

Die formellen Grundsätze der Buchführung sind Teil des *Grundsatzes der Klarheit und der Übersichtlichkeit*. Sie sind gesetzlich im Handelsgesetzbuch: § 238 Buchführungspflicht, Absatz 1, Satz 2 verankert und sollen sicherstellen, dass die Buchführung so durchgeführt wird, dass sie aus sich heraus verständlich ist. Daraus ergeben sich insbesondere folgende Anforderungen:

▸ **Lebende Sprache** bei der Buchführung verwenden und beispielsweise nicht Latein oder Altgriechisch (Handelsgesetzbuch: § 239 Führung der Handelsbücher, Absatz 1).
▸ **Verständliche Abkürzungen, Ziffern, Buchstaben und Symbole** in der Buchführung verwenden, deren Bedeutungen in der kaufmännischen Praxis allgemein bekannt

sind (Handelsgesetzbuch: § 239 Führung der Handelsbücher, Absatz 1).
- **Zeitgerechte Erfassung von Geschäftsvorfällen** im Sinne einer zeitnahen Erfassung in der Buchführung sicherstellen (Handelsgesetzbuch: § 239 Führung der Handelsbücher, Absatz 2).
- **Geordnete Durchführung von Eintragungen** in Büchern sicherstellen (Handelsgesetzbuch: § 239 Führung der Handelsbücher, Absatz 2).
- **Allgemeinen Kontenrahmen** zur Erstellung eines Kontenplans für die Buchführung verwenden (Eisele, W. 2002: Seite 25).
- **Buchungsbelegpflicht** beziehungsweise **Belegprinzip** beachten, die dazu verpflichten, keine Buchung ohne Beleg durchzuführen, da erst über Belege eine Verbindung zwischen Geschäftsvorfällen und Aufzeichnungen entsteht (↗ Kapitel 4.2).
- **Eintragungen nicht verändern**, ohne dass ihr ursprünglicher Inhalt feststellbar ist (Handelsgesetzbuch: § 239 Führung der Handelsbücher, Absatz 3).
- **Geordnete Ablage und Aufbewahrung** von Belegen und Unterlagen sicherstellen (Handelsgesetzbuch: § 239 Führung der Handelsbücher, Absatz 4).

5.3.1.2 Materielle Grundsätze

Die materiellen Grundsätze der Buchführung sind Teil des *Grundsatzes der Vollständigkeit und der Richtigkeit*. Sie sollen sicherstellen, dass die Buchführung so durchgeführt wird, dass sie inhaltlich richtig ist. Daraus ergeben sich insbesondere folgende Anforderungen:

- **Vollständigkeit der Erfassung** aller Geschäftsvorfälle in der Buchführung sicherstellen (Handelsgesetzbuch: § 239 Führung der Handelsbücher, Absatz 2).
- **Richtigkeit der Erfassung** der Geschäftsvorfälle im Hinblick auf die zugrunde liegenden Geschäftsvorfälle und die zur Buchung verwendeten Konten in der Buchführung sicherstellen (Handelsgesetzbuch: § 239 Führung der Handelsbücher, Absatz 2).

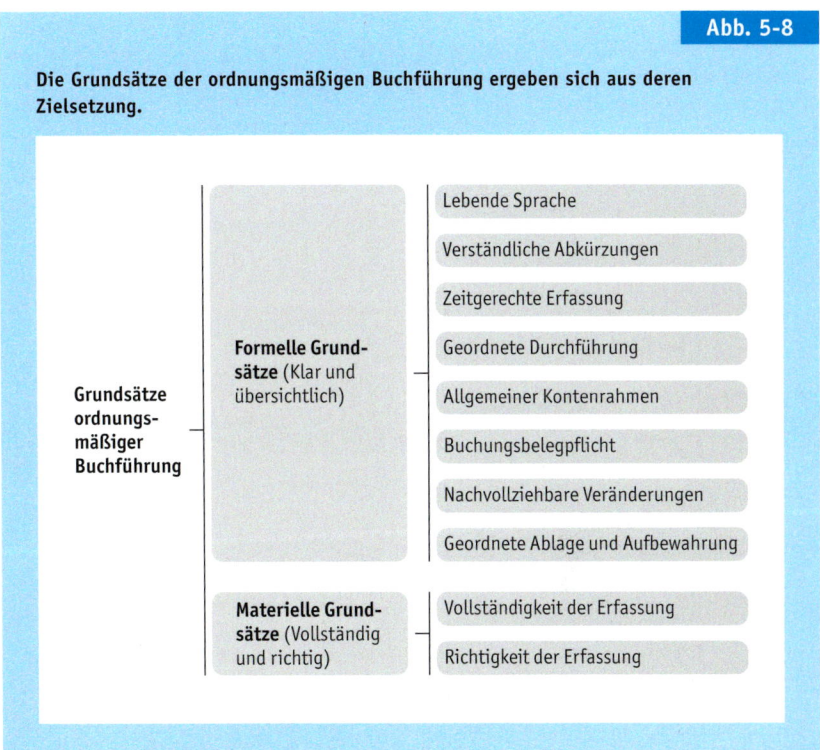

Abb. 5-8

Die Grundsätze der ordnungsmäßigen Buchführung ergeben sich aus deren Zielsetzung.

5.3.2 Grundsätze des Jahresabschlusses

Die Grundsätze des Jahresabschlusses lassen sich aus dessen gesetzlich genannter Zielsetzung deduktiv ableiten. Für den Jahresabschluss besagt das Handelsgesetzbuch: § 264 Pflicht zur Aufstellung, Absatz 2, Satz 1, dass er »... ein den tatsächlichen Verhältnissen entsprechendes Bild der Vermögens-, Finanz- und Ertragslage ... zu vermitteln« hat. Aus diesem *Grundsatz der getreuen Darstellung*, der in den International Financial Reporting Standards (IFRS) auch als »*Fair Presentation*« bezeichnet wird, lassen sich die folgenden zu beachtenden Grundsätze des Jahresabschlusses ableiten (↗ Abbildung 5-9 und Wöhe, G./Kußmaul, H. 2006: Seite 36 ff.).

5.3.2.1 Rahmengrundsätze

Gemäß Handelsgesetzbuch: § 243 Aufstellungsgrundsatz, Absatz 1 gelten die Grundsätze ordnungsmäßiger Buchführung auch für die Jahresabschlüsse. Bezogen auf die Jahresabschlüsse

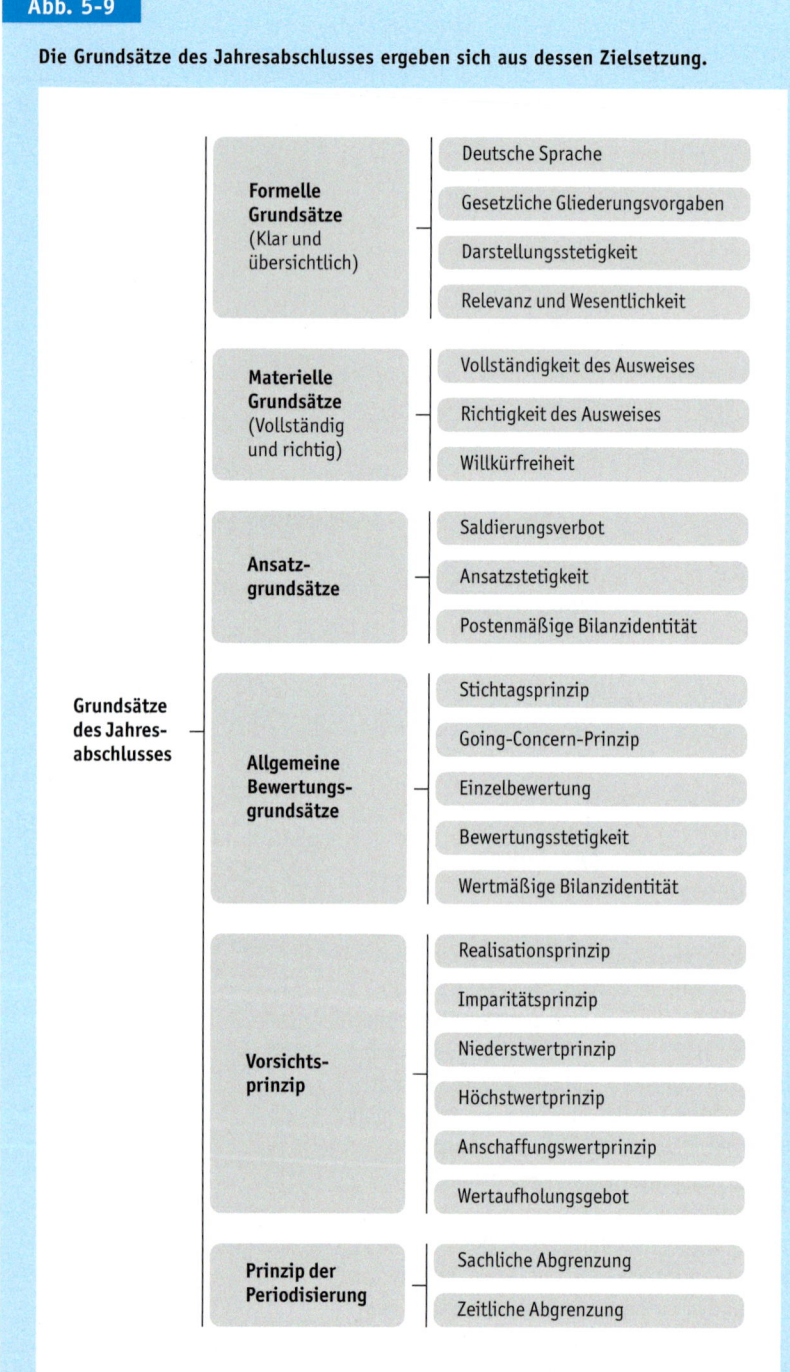

Abb. 5-9

Die Grundsätze des Jahresabschlusses ergeben sich aus dessen Zielsetzung.

ergeben sich daraus insbesondere folgende allgemein zu beachtenden Rahmengrundsätze:

5.3.2.1.1 Formelle Grundsätze
Die formellen Grundsätze des Jahresabschlusses sind Teil des *Grundsatzes der Klarheit und der Übersichtlichkeit*. Sie sind gesetzlich im Handelsgesetzbuch: § 243 Aufstellungsgrundsatz, Absatz 2 verankert und sollen sicherstellen, dass der Jahresabschluss so aufgestellt wird, dass er aus sich heraus verständlich ist. Daraus ergeben sich insbesondere folgende Anforderungen:

- **Deutsche Sprache** im Jahresabschluss verwenden (Handelsgesetzbuch: § 244 Sprache und Währungseinheit).
- **Gliederungsvorgaben** des Handelsgesetzbuches insbesondere bei der Aufstellung der Bilanz und der Gewinn- und Verlustrechnung beachten (Handelsgesetzbuch: § 266 Gliederung der Bilanz und § 275 Gliederung).
- **Darstellungsstetigkeit** beziehungsweise **formelle Bilanzkontinuität** durch Beibehaltung der im vorhergehenden Jahresabschluss angewandten Gliederungsschemata und Gliederungsbegriffe sicherstellen (Handelsgesetzbuch: § 265 Allgemeine Grundsätze für die Gliederung, Absatz 1, Satz 1).
- **Relevanz und Wesentlichkeit** der im Jahresabschluss aufgeführten Informationen auch im Hinblick auf den Detaillierungsgrad der Gliederung beachten.

5.3.2.1.2 Materielle Grundsätze
Die materiellen Grundsätze des Jahresabschlusses sind Teil des *Grundsatzes der Vollständigkeit und der Richtigkeit*. Sie sollen sicherstellen, dass der Jahresabschluss so aufgestellt wird, dass er inhaltlich richtig ist und kein verzerrtes, sondern ein den tatsächlichen Verhältnissen entsprechendes Bild schafft. Daraus ergeben sich insbesondere folgende Anforderungen:

- **Vollständigkeit des Ausweises** aller Vermögensgegenstände, Schulden, Rechnungsabgrenzungsposten, Aufwendungen, Erträge und Pflichtangaben im Jahresabschluss beachten (Handelsgesetzbuch: § 246 Vollständigkeit. Verrechnungsverbot, Absatz 1)
- **Richtigkeit des Ausweises** im Hinblick auf die ausgewiesenen Werte und die Zuordnung zu Posten beachten.

- **Grundsatz der Willkürfreiheit**, wonach die Auswahl und die Darstellung der im Jahresabschluss angegebenen Informationen neutral erfolgen sollen.

5.3.2.2 Ansatzgrundsätze

Die Ansatzgrundsätze regeln, was »dem Grunde nach« in den Jahresabschlussrechnungen ausgewiesen wird und was nicht. Daraus ergeben sich insbesondere folgende Grundsätze:

- **Verrechnungs-** beziehungsweise **Saldierungsverbot** von Posten der Aktiva und der Passiva sowie von Aufwendungen und Erträgen (Handelsgesetzbuch: § 246 Vollständigkeit. Verrechnungsverbot, Absatz 2).
- **Ansatzstetigkeit** durch Beibehaltung der im vorhergehenden Jahresabschluss angewandten Ansatzmethoden (Handelsgesetzbuch: § 246 Vollständigkeit. Verrechnungsverbot, Absatz 3).
- **Grundsatz der postenmäßigen Bilanzidentität**, wonach alle Posten der Schlussbilanz eines Geschäftsjahres auch in der Eröffnungsbilanz des folgenden Geschäftsjahres aufgeführt werden müssen (Handelsgesetzbuch: § 252 Allgemeine Bewertungsgrundsätze, Absatz 1, Nummer 1).

5.3.2.3 Bewertungsgrundsätze

Die Bewertungsgrundsätze regeln, was »der Höhe nach« in den Jahresabschlussrechnungen ausgewiesen wird. Daraus ergeben sich insbesondere folgende Grundsätze:

5.3.2.3.1 Allgemeine Bewertungsgrundsätze

- **Grundsatz der Stichtagsbezogenheit** beziehungsweise **Stichtagsprinzip**, wonach sich die Bewertungen nach den Verhältnissen am Abschlussstichtag zu richten haben, auch wenn sie erst später, jedoch noch vor der Aufstellung des Jahresabschlusses bekannt werden (Handelsgesetzbuch: § 252 Allgemeine Bewertungsgrundsätze, Absatz 1, Nummer 4).
- **Grundsatz der Unternehmensfortführung** beziehungsweise **Going-Concern-Prinzip**, wonach Vermögensgegenstände nicht mit ihrem Wert im Falle einer Auflösung des Unternehmens zu bewerten sind, sondern mit dem Wert, der sich aus der angenommenen Unternehmensfortführung ergibt (Handelsgesetzbuch: § 252 Allgemeine Bewertungsgrundsätze, Absatz 1, Nummer 2).
- **Grundsatz der Einzelbewertung**, wonach die Vermögensgegenstände und Schulden jeweils einzeln und nicht gemeinsam zu bewerten sind (Handelsgesetzbuch: § 252 Allgemeine Bewertungsgrundsätze, Absatz 1, Nummer 3).
- **Grundsatz der Bewertungsstetigkeit** beziehungsweise der **materiellen Bilanzkontinuität**, wonach einmal gewählte Bewertungs- und Abschreibungsmethoden beizubehalten sind, damit die Vergleichbarkeit der Jahresabschlüsse gewährleistet ist (Handelsgesetzbuch: § 252 Allgemeine Bewertungsgrundsätze, Absatz 1, Nummer 6).
- **Grundsatz der wertmäßigen Bilanzidentität**, wonach alle Posten der Schlussbilanz eines Geschäftsjahres wertmäßig mit den Posten der Eröffnungsbilanz des folgenden Geschäftsjahres übereinstimmen müssen (Handelsgesetzbuch: § 252 Allgemeine Bewertungsgrundsätze, Absatz 1, Nummer 1).

5.3.2.3.2 Vorsichtsprinzip

Das Vorsichtsprinzip ist gesetzlich im Handelsgesetzbuch: § 252 Allgemeine Bewertungsgrundsätze, Absatz 1, Nummer 4 verankert.

Das Prinzip soll sicherstellen, dass beim Vorliegen unsicherer oder risikobehafteter Sachverhalte kein zu optimistisches Bild von der Situation eines Unternehmens vermittelt wird. Das Vorsichtsprinzip wird im Hinblick auf die Jahresabschlüsse insbesondere durch die folgenden Anforderungen konkretisiert.

- **Realisationsprinzip**, wonach Gewinne und die ihnen zugrunde liegenden Erträge erst dann ausgewiesen werden dürfen, wenn sie tatsächlich realisiert wurden (Handelsgesetzbuch: § 252 Allgemeine Bewertungsgrundsätze, Absatz 1, Nummer 4). Maßgeblich für die Realisierung bei Lieferungen ist dabei der Übergang der *wirtschaftlichen Verfügungsmacht* (↗ Kapitel 4.5).
- **Imparitätsprinzip** beziehungsweise **Prinzip der Verlustantizipation**, wonach nicht nur realisierte, sondern auch am Abschlussstichtag absehbare Verluste und die ihnen zugrunde liegenden Aufwendungen ausgewie-

sen werden müssen (Handelsgesetzbuch: § 252 Allgemeine Bewertungsgrundsätze, Absatz 1, Nummer 4).

- **Niederstwertprinzip**, wonach Vermögensgegenstände mit dem niedrigsten möglichen Vergleichswert angesetzt werden können (gemildert) beziehungsweise müssen (streng).
- **Höchstwertprinzip**, wonach Schulden mit dem höchsten möglichen Vergleichswert angesetzt werden müssen.
- **Anschaffungswertprinzip** beziehungsweise **Anschaffungskostenprinzip**, wonach Vermögensgegenstände höchstens mit ihrem ursprünglichen Zugangswert, vermindert um planmäßige Abschreibungen, angesetzt werden dürfen.
- **Wertaufholungsgebot**, wonach beim Wegfall des Grundes für eine durchgeführte außerplanmäßige Abschreibung der Wert auf den Wert ohne diese Abschreibung erhöht werden muss.

5.3.2.3.3 Prinzip der Periodisierung

Das Prinzip der Periodisierung beziehungsweise der *Periodenabgrenzung* ist gesetzlich im Handelsgesetzbuch: § 252 Allgemeine Bewertungsgrundsätze, Absatz 1, Nummer 5 verankert.

Das Prinzip besagt, dass eine Unterteilung in Zeitabschnitte (↗ Kapitel 1.5.1) vorzunehmen ist, denen Geschäftsvorfälle zuzuordnen sind. Daraus ergeben sich neben dem vorgenannten Realisations- und Imparitätsprinzip insbesondere folgende zu beachtende *Abgrenzungsgrundsätze*:

- **Grundsatz der sachlichen Abgrenzung**, wonach Aufwendungen, die Erträgen als Herstellungskosten zugerechnet werden können, in der Periode anzusetzen sind, in der diese Erträge gemäß dem Realisationsprinzip realisiert wurden.
- **Grundsatz der zeitlichen Abgrenzung**, wonach Aufwendungen, die nicht sachlich abzugrenzen sind, und alle Erträge in den Jahresabschlüssen der Geschäftsjahre, in denen sie entstanden sind, zu berücksichtigen sind, und zwar unabhängig von den Zeitpunkten der mit ihnen verknüpften Zahlungen. Aufwendungen und Erträge, die über mehrere Perioden anfallen, sind dazu pro rata temporis (lateinisch: im Verhältnis zum Zeitraum) zu verteilen.

5.3.3 Aufbewahrungspflichten

Die Aufbewahrungspflicht verpflichtet dazu, Buchführungsunterlagen in einer bestimmten Form für einen bestimmten Zeitraum so aufzubewahren, dass sie verfügbar sind und jederzeit innerhalb einer angemessenen Frist lesbar gemacht werden können.

Die Jahresabschlüsse, die Eröffnungsbilanzen und bestimmte Zollpapiere müssen dabei in Papierform aufbewahrt werden (Abgabenordnung: § 147 Ordnungsvorschriften für die Aufbewahrung von Unterlagen, Absatz 2). Alle anderen Unterlagen können – falls sie nicht schon in elektronischer Form vorliegen – digitalisiert und digital archiviert werden.

Nach dem Handelsrecht gilt für Kaufleute dabei eine allgemeine Aufbewahrungsfrist von 10 Jahren. Ausgenommen davon sind sogenannte *Handelsbriefe* (↗ Kapitel 4.2.2.4), die nur 6 Jahre aufbewahrt werden müssen (Handelsgesetzbuch: § 257 Aufbewahrung von Unterlagen).

Die steuerrechtlichen Aufbewahrungspflichten sind weitergehend als die handelsrechtlichen. Sie gelten für alle Buchführungspflichtigen, umfassen alle Unterlagen, die für die Besteuerung von Bedeutung sind, und verpflichten unter Umständen zu längeren Aufbewahrungsfristen als 10 Jahren (Abgabenordnung: § 147 Ordnungsvorschriften für die Aufbewahrung von Unterlagen). Eine detaillierte Aufstellung der geltenden Aufbewahrungsfristen findet sich bei DATEV 2008, Seite 26 ff.

5.4 Verstöße gegen die gesetzlichen Rahmenbedingungen

- Gesetzliche Rahmenbedingungen der Buchführung
- Gesetzliche Rahmenbedingungen des Jahresabschlusses
- Grundsätze der Buchführung und des Jahresabschlusses
- **Verstöße gegen die gesetzlichen Rahmenbedingungen**

Die Behandlung von Verstößen gegen die gesetzlichen Rahmenbedingungen der Buchführung und des Jahresabschlusses ist insbesondere im Handelsgesetzbuch: § 331–§ 335b, in der Abgabenordnung: § 162, § 328–§ 335, § 369–§ 412 und für Konkursfälle im Strafgesetzbuch: § 283–§ 283d geregelt.

Zu Verstößen kommt es vor allem in folgenden Fällen:
- **Nichtbeachtung von Verpflichtungen** zur Buchführung oder zur Aufstellung, Prüfung und Offenlegung von Jahresabschlüssen.
- **Formelle Mängel**, wie beispielsweise die ungeordnete Durchführung von Buchungen oder die Verwendung unbekannter Abkürzungen.
- **Materielle Mängel**, wie beispielsweise die Nichtbuchung oder die Falschbuchung von Geschäftsvorfällen oder die Buchung von fingierten, also nicht existierenden Geschäftsvorfällen.

Die möglichen Folgen von Verstößen erstrecken sich von Zwangsgeldern und Schätzungen der Besteuerungsgrundlagen durch die Finanzbehörden, wenn beispielsweise trotz einer bestehenden Verpflichtung keine Bücher geführt werden, bis hin zu Geld- und mehrjährigen Freiheitsstrafen, wenn beispielsweise der Tatbestand einer Steuerhinterziehung erfüllt ist.

Lernziel 5-4
Die Dimensionen der Folgen von Verstößen kennen.

Schlüsselbegriffe Kapitel 5

- Handelsgesetzbuch (↗ Kapitel 5)
- Publizitätsgesetz (↗ Kapitel 5)
- Deutsche Rechnungslegungs Standards (↗ Kapitel 5)
- International Financial Reporting Standards (↗ Kapitel 5)
- Einkommensteuergesetz (↗ Kapitel 5)
- Abgabenordnung (↗ Kapitel 5)
- Buchführungspflicht (↗ Kapitel 5.1.1)
- Kaufmanneigenschaften (↗ Kapitel 5.1.1.1)
- Kaufmann (↗ Kapitel 5.1.1.1.1)
- Handelsgewerbe (↗ Kapitel 5.1.1.1.1)
- Gewerbebetrieb (↗ Kapitel 5.1.1.1.1)
- Gewerbliches Unternehmen (↗ Kapitel 5.1.1.1.1)
- Gewerbetreibender (↗ Kapitel 5.1.1.1.1)
- Kaufmännischer Geschäftsbetrieb (↗ Kapitel 5.1.1.1.1)
- Kaufmännische Organisation (↗ Kapitel 5.1.1.1.1)
- Einzelkaufmann (↗ Kapitel 5.1.1.1.2)
- Einzelunternehmen (↗ Kapitel 5.1.1.1.2, 5.1.1.1.3)
- Ist-Kaufmann (↗ Kapitel 5.1.1.1.2)
- Personenhandelsgesellschaft (↗ Kapitel 5.1.1.1.2)
- Kapitalgesellschaft (↗ Kapitel 5.1.1.1.2)
- Form-Kaufmann (↗ Kapitel 5.1.1.1.2)
- Eingetragene Genossenschaft (↗ Kapitel 5.1.1.1.2)
- Freiberufler (↗ Kapitel 5.1.1.1.3)
- Freiberufliche Tätigkeit (↗ Kapitel 5.1.1.1.3)
- Nicht-Kaufmann (↗ Kapitel 5.1.1.1.3)
- Kann-Kaufmann (↗ Kapitel 5.1.1.1.3)
- Personengesellschaft (↗ Kapitel 5.1.1.1.3)
- Eingetragener Verein (↗ Kapitel 5.1.1.1.3)
- Stiftung (↗ Kapitel 5.1.1.1.3)
- Land- oder forstwirtschaftliches Unternehmen (↗ Kapitel 5.1.1.1.3)
- Aufzeichnungspflicht (↗ Kapitel 5.1.2)
- Aufzeichnung (↗ Kapitel 5.1.2)
- Einnahmenüberschussrechnung (↗ Kapitel 5.1.2.1)

5.4 Die gesetzlichen Rahmenbedingungen
Schlüsselbegriffe

- Aufstellung (↗ Kapitel 5.2.1.1)
- Bilanz (↗ Kapitel 5.2.1.1)
- Gewinn- und Verlustrechnung (↗ Kapitel 5.2.1.1)
- Ergebnisverwendungsrechnung (↗ Kapitel 5.2.1.1)
- Eigenkapitalspiegel (↗ Kapitel 5.2.1.1)
- Kapitalflussrechnung (↗ Kapitel 5.2.1.1)
- Anhang (↗ Kapitel 5.2.1.1)
- Anlagengitter (↗ Kapitel 5.2.1.1)
- Segmentbericht (↗ Kapitel 5.2.1.1)
- Lagebericht (↗ Kapitel 5.2.1.1)
- Prüfung (↗ Kapitel 5.2.1.2)
- Abschlussprüfer (↗ Kapitel 5.2.1.2)
- Wirtschaftsprüfer (↗ Kapitel 5.2.1.2)
- Bestätigungsvermerk (↗ Kapitel 5.2.1.2)
- Offenlegung (↗ Kapitel 5.2.1.3)
- Bundesanzeiger (↗ Kapitel 5.2.1.3)
- Konzern (↗ Kapitel 5.2.2.1)
- Control-Konzept (↗ Kapitel 5.2.2.1)
- Mutterunternehmen (↗ Kapitel 5.2.2.1)
- Tochterunternehmen (↗ Kapitel 5.2.2.1)
- Beherrschung (↗ Kapitel 5.2.2.1)
- Einzelabschluss (↗ Kapitel 5.2.2.1.1)
- Zahlungsbemessung (↗ Kapitel 5.2.2.1.1)
- Konzernabschluss (↗ Kapitel 5.2.2.1.2)
- Konsolidierung (↗ Kapitel 5.2.2.1.2)
- Informationsaufgabe (↗ Kapitel 5.2.2.1.2)
- Teilkonzernabschluss (↗ Kapitel 5.2.2.1.2)
- Gesamtkonzernabschluss (↗ Kapitel 5.2.2.1.2)
- Rechtsform (↗ Kapitel 5.2.2.2)
- Haftungsverhältnis (↗ Kapitel 5.2.2.3)
- Unternehmensgröße (↗ Kapitel 5.2.2.4)
- Publizitätspflicht (↗ Kapitel 5.2.2.4)
- Kapitalmarktorientierung (↗ Kapitel 5.2.2.5)
- Wertpapier (↗ Kapitel 5.2.2.5)
- Grundsätze ordnungsmäßiger Buchführung (↗ Kapitel 5.3)
- Grundsätze ordnungsmäßiger DV-gestützter Buchführungssysteme (↗ Kapitel 5.3)
- Ordnungsmäßigkeit (↗ Kapitel 5.3.1)
- Formeller Grundsatz (↗ Kapitel 5.3.1.1, 5.3.2.1.1)
- Grundsatz der Klarheit und der Übersichtlichkeit (↗ Kapitel 5.3.1.1, 5.3.2.1.1)
- Buchungsbelegpflicht (↗ Kapitel 5.3.1.1)
- Belegprinzip (↗ Kapitel 5.3.1.1)
- Materieller Grundsatz (↗ Kapitel 5.3.1.2, 5.3.2.1.2)
- Grundsatz der Vollständigkeit und der Richtigkeit (↗ Kapitel 5.3.1.2, 5.3.2.1.2)
- Grundsatz der getreuen Darstellung (↗ Kapitel 5.3.2)
- Fair Presentation (↗ Kapitel 5.3.2)
- Darstellungsstetigkeit (↗ Kapitel 5.3.2.1.1)
- Formelle Bilanzkontinuität (↗ Kapitel 5.3.2.1.1)
- Willkürfreiheit (↗ Kapitel 5.3.2.1.2)
- Ansatzgrundsätze (↗ Kapitel 5.3.2.2)
- Verrechnungsverbot (↗ Kapitel 5.3.2.2)
- Saldierungsverbot (↗ Kapitel 5.3.2.2)
- Ansatzstetigkeit (↗ Kapitel 5.3.2.2)
- Postenmäßige Bilanzidentität (↗ Kapitel 5.3.2.2)
- Bewertungsgrundsätze (↗ Kapitel 5.3.2.3)
- Stichtagbezogenheit (↗ Kapitel 5.3.2.3.1)
- Stichtagprinzip (↗ Kapitel 5.3.2.3.1)
- Unternehmensfortführung (↗ Kapitel 5.3.2.3.1)
- Going-Concern-Prinzip (↗ Kapitel 5.3.2.3.1)
- Einzelbewertung (↗ Kapitel 5.3.2.3.1)
- Bewertungsstetigkeit (↗ Kapitel 5.3.2.3.1)
- Materielle Bilanzkontinuität (↗ Kapitel 5.3.2.3.1)
- Wertmäßige Bilanzidentität (↗ Kapitel 5.3.2.3.1)
- Vorsichtsprinzip (↗ Kapitel 5.3.2.3.2)
- Realisationsprinzip (↗ Kapitel 5.3.2.3.2)
- Wirtschaftliche Verfügungsmacht (↗ Kapitel 5.3.2.3.2)
- Imparitätsprinzip (↗ Kapitel 5.3.2.3.2)
- Prinzip der Verlustantizipation (↗ Kapitel 5.3.2.3.2)
- Niederstwertprinzip (↗ Kapitel 5.3.2.3.2)
- Höchstwertprinzip (↗ Kapitel 5.3.2.3.2)
- Anschaffungswertprinzip (↗ Kapitel 5.3.2.3.2)
- Anschaffungskostenprinzip (↗ Kapitel 5.3.2.3.2)
- Wertaufholungsgebot (↗ Kapitel 5.3.2.3.2)
- Periodisierung (↗ Kapitel 5.3.2.3.3)
- Periodenabgrenzung (↗ Kapitel 5.3.2.3.3)
- Abgrenzungsgrundsatz (↗ Kapitel 5.3.2.3.3)
- Sachliche Abgrenzung (↗ Kapitel 5.3.2.3.3)
- Zeitliche Abgrenzung (↗ Kapitel 5.3.2.3.3)
- Aufbewahrungspflicht (↗ Kapitel 5.3.3)
- Handelsbrief (↗ Kapitel 5.3.3)
- Formeller Mangel (↗ Kapitel 5.4)
- Materieller Mangel (↗ Kapitel 5.4)

Fragen Kapitel 5

Frage 5-1 (Vertiefung): Welche Abschnitte des Handelsgesetzbuches sind im Hinblick auf die Buchführung und den Jahresabschluss besonders wichtig? (↗Kapitel 5)

Frage 5-2: Wen verpflichtet das Handelsgesetzbuch zur Führung von Büchern? (↗Kapitel 5.1.1.1)

Frage 5-3: Was ist kennzeichnend für Kaufleute? (↗Kapitel 5.1.1.1)

Frage 5-4: Unter welchen zwei Voraussetzungen betreiben Unternehmen ein Handelsgewerbe? (↗Kapitel 5.1.1.1.1)

Frage 5-5: Für welche Unternehmen besteht in der Regel eine handelsrechtliche Buchführungspflicht? (↗Kapitel 5.1.1.1.2)

Frage 5-6: Was kennzeichnet Ist-Kaufleute? (↗Kapitel 5.1.1.1.2)

Frage 5-7: Welche Unternehmen sind Ist-Kaufleute? (↗Kapitel 5.1.1.1.2)

Frage 5-8: Was kennzeichnet Form-Kaufleute? (↗Kapitel 5.1.1.1.2)

Frage 5-9: Welche Unternehmen sind Form-Kaufleute? (↗Kapitel 5.1.1.1.2)

Frage 5-10: Für welche Unternehmen besteht in der Regel keine handelsrechtliche Buchführungspflicht? (↗Kapitel 5.1.1.1.3)

Frage 5-11: Was sind Beispiele für freiberufliche Tätigkeiten? (↗Kapitel 5.1.1.1.3)

Frage 5-12: Was kennzeichnet Kann-Kaufleute? (↗Kapitel 5.1.1.1.3)

Frage 5-13: Welche Unternehmen sind Kann-Kaufleute? (↗Kapitel 5.1.1.1.3)

Frage 5-14 (Vertiefung): Welche Unternehmen unterliegen der steuerrechtlichen, aber nicht der handelsrechtlichen Buchführungspflicht? (↗Kapitel 5.1.1.2)

Frage 5-15: Welche Mindestanforderungen ergeben sich aus einer Buchführungspflicht an die Buchführung? (↗Kapitel 5.1.1.3)

Frage 5-16 (Vertiefung): In welcher Form können Aufzeichnungen erfolgen? (↗Kapitel 5.1.2)

Frage 5-17: Wofür werden Aufzeichnungen verwendet? (↗Kapitel 5.1.2)

Frage 5-18 (Vertiefung): Welche steuerlichen Aufzeichnungspflichten gibt es beispielhaft? (↗Kapitel 5.1.2.1)

Frage 5-19 (Vertiefung): Wofür können Aufzeichnungen über Betriebseinnahmen und -ausgaben verwendet werden? (↗Kapitel 5.1.2.1)

Frage 5-20 (Vertiefung): Welche außersteuerliche Aufzeichnungspflichten gibt es beispielhaft? (↗Kapitel 5.1.2.2)

Frage 5-21: Welche Vorteile bietet die Buchführung gegenüber der Aufzeichnung? (↗Kapitel 5.1.2.3)

Frage 5-22: Welche drei Phasen umfasst der Jahresabschluss? (↗Kapitel 5.2.1)

Frage 5-23: Welche Unterlagen umfasst jeder Jahresabschluss? (↗Kapitel 5.2.1.1)

Frage 5-24: Welche Unterlagen müssen im Rahmen der Aufstellung gegebenenfalls erstellt werden? (↗Kapitel 5.2.1.1)

Frage 5-25: In welche Unterlage wird das Anlagengitter in der Regel integriert? (↗Kapitel 5.2.1.1)

Frage 5-26: In welchem Verhältnis steht der Lagebericht zum Jahresabschluss? (↗Kapitel 5.2.1.1)

Frage 5-27 (Vertiefung): Welcher Berufsstand fungiert als Abschlussprüfer? (↗Kapitel 5.2.1.2)

Frage 5-28: Über wen erfolgt die Offenlegung? (↗Kapitel 5.2.1.3)

Frage 5-29 (Vertiefung): Welche Unterlagen umfasst die Offenlegung gegebenenfalls zusätzlich zum Jahresabschluss und zum Lagebericht? (↗Kapitel 5.2.1.3)

Frage 5-30: Was kennzeichnet Konzerne? (↗Kapitel 5.2.2)

Frage 5-31 (Vertiefung): Was gilt als Beherrschung? (↗Kapitel 5.2.2.1)

Frage 5-32: Welche Arten von Konzernunternehmen gibt es? (↗Kapitel 5.2.2.1)

Frage 5-33: Welche Arten von Abschlüssen gibt es in Konzernen? (↗Kapitel 5.2.2.1)

Frage 5-34: Welche zusätzlichen Aufgaben haben Einzel- gegenüber Konzernabschlüssen? (↗Kapitel 5.2.2.1.1)

Frage 5-35 (Vertiefung): Was bedeutet der Begriff »Konsolidierung« im Zusammenhang mit Konzernabschlüssen? (↗Kapitel 5.2.2.1.2)

Frage 5-36 (Vertiefung): Was wird unter einem Teilkonzernabschluss verstanden? (↗Kapitel 5.2.2.1.2)

5.4 Die gesetzlichen Rahmenbedingungen
Fragen

Frage 5-37: Welche Gesellschaften werden im Hinblick auf den Jahresabschluss Kapitalgesellschaften gleich gestellt? (↗ Kapitel 5.2.2.3)

Frage 5-38: Anhand welcher Merkmale wird die Unternehmensgröße gemessen? (↗ Kapitel 5.2.2.4)

Frage 5-39: Welche Unternehmensklassifikationen erfolgen im Hinblick auf den Jahresabschluss anhand der Unternehmensgröße? (↗ Kapitel 5.2.2.4)

Frage 5-40: Wann ist ein Unternehmen kapitalmarktorientiert? (↗ Kapitel 5.2.2.5)

Frage 5-41 (Vertiefung): Was wird beispielhaft unter Wertpapieren verstanden? (↗ Kapitel 5.2.2.5)

Frage 5-42 (Vertiefung): Für welche Abschlüsse besteht keine Prüfungspflicht? (↗ Kapitel 5.2.3.1.1, 5.2.3.2.1)

Frage 5-43 (Vertiefung): Für welche Abschlüsse besteht keine Offenlegungspflicht? (↗ Kapitel 5.2.3.1.1)

Frage 5-44 (Vertiefung): Welche Jahresabschlüsse müssen um eine Kapitalflussrechnung und einen Eigenkapitalspiegel erweitert werden? (↗ Kapitel 5.2.3.2.4, 5.2.3.3)

Frage 5-45 (Vertiefung): Welche Bedingungen erschweren Konzernabschlüsse beispielhaft? (↗ Kapitel 5.2.3.3)

Frage 5-46: Welches Konzernunternehmen erstellt den Konzernabschluss? (↗ Kapitel 5.2.3.3)

Frage 5-47 (Vertiefung): Für welche Abschlüsse können die Deutschen Rechnungslegungsstandards relevant sein? (↗ Kapitel 5.2.3.3)

Frage 5-48: Welche Abschlüsse müssen nach den International Financial Reporting Standards aufgestellt werden? (↗ Kapitel 5.2.3.3)

Frage 5-49: Was stellen die Grundsätze ordnungsmäßiger Buchführung dar? (↗ Kapitel 5.3)

Frage 5-50: Wann gilt die Buchführung als ordnungsmäßig? (↗ Kapitel 5.3.1)

Frage 5-51: Was sollen die formellen Grundsätze der Buchführung sicherstellen? (↗ Kapitel 5.3.1.1)

Frage 5-52: Welche Anforderungen ergeben sich aus den formellen Grundsätzen der Buchführung? (↗ Kapitel 5.3.1.1)

Frage 5-53: Was besagt die Buchungsbelegpflicht? (↗ Kapitel 5.3.1.1)

Frage 5-54 (Vertiefung): Was ist bei Veränderung von Eintragungen zu beachten? (↗ Kapitel 5.3.1.1)

Frage 5-55: Was sollen die materiellen Grundsätze der Buchführung sicherstellen? (↗ Kapitel 5.3.1.2)

Frage 5-56: Welche Anforderungen ergeben sich aus den materiellen Grundsätzen der Buchführung? (↗ Kapitel 5.3.1.2)

Frage 5-57: Welche übergeordnete Zielsetzung besteht für den Jahresabschluss? (↗ Kapitel 5.3.2)

Frage 5-58: Was sollen die formellen Grundsätze des Jahresabschlusses sicherstellen? (↗ Kapitel 5.3.2.1.1)

Frage 5-59: Welche Anforderungen ergeben sich aus den formellen Grundsätzen des Jahresabschlusses? (↗ Kapitel 5.3.2.1.1)

Frage 5-60: Was besagt die formelle Bilanzkontinuität? (↗ Kapitel 5.3.2.1.1)

Frage 5-61: Was sollen die materiellen Grundsätze des Jahresabschlusses sicherstellen? (↗ Kapitel 5.3.2.1.2)

Frage 5-62: Welche Anforderungen ergeben sich aus den materiellen Grundsätzen des Jahresabschlusses? (↗ Kapitel 5.3.2.1.2)

Frage 5-63: Was regeln die Ansatzgrundsätze des Jahresabschlusses? (↗ Kapitel 5.3.2.2)

Frage 5-64: Welche Ansatzgrundsätze werden unterschieden? (↗ Kapitel 5.3.2.2)

Frage 5-65: Was besagt das Saldierungsverbot? (↗ Kapitel 5.3.2.2)

Frage 5-66: Was besagt das Prinzip der Unternehmensfortführung? (↗ Kapitel 5.3.2.3.1)

Frage 5-67: Was besagt die Bilanzidentität? (↗ Kapitel 5.3.2.3.1)

Frage 5-68: Was soll das Vorsichtsprinzip sicherstellen? (↗ Kapitel 5.3.2.3.2)

Frage 5-69: Welche Prinzipien umfasst das Vorsichtsprinzip? (↗ Kapitel 5.3.2.3.2)

Frage 5-70: Was besagt das Realisationsprinzip? (↗ Kapitel 5.3.2.3.2)

Frage 5-71: Was besagt das Imparitätsprinzip? (↗ Kapitel 5.3.2.3.2)

Frage 5-72: Was besagt das Prinzip der Periodisierung? (↗ Kapitel 5.3.2.3.3)

Frage 5-73: Worin unterscheidet sich die sachliche von der zeitlichen Abgrenzung? (↗ Kapitel 5.3.2.3.3)

Frage 5-74: Wie lange müssen Buchführungsunterlagen im Allgemeinen aufbewahrt werden? (↗ Kapitel 5.3.3)

Frage 5-75 (Vertiefung): Zu welchen Arten von Verstößen kann es bei der Buchführung und beim Jahresabschluss kommen? (↗ Kapitel 5.4)

Übungen Kapitel 5

Übung 5-1

Ermitteln und begründen Sie jeweils, ob die nachfolgenden Unternehmen handelsrechtlich buchführungspflichtig, nur steuerrechtlich buchführungspflichtig oder nur aufzeichnungspflichtig sind:

Kapitelreferenzen
↗ Kapitel 5.1.1

Unternehmen	Buchführungspflicht
(A) Ein Textileinzelhändler mit acht Angestellten, von denen zwei für den erforderlichen kaufmännischen Geschäftsbetrieb zuständig sind, erzielt Umsatzerlöse von 980 000,00 € je Jahr und einen Jahresüberschuss von 20 000,00 €.	
(B) Ein Arzt mit fünf Angestellten, von denen einer für den erforderlichen kaufmännischen Geschäftsbetrieb zuständig ist, erzielt Umsatzerlöse von 700 000,00 € je Jahr und einen Jahresüberschuss von 200 000,00 €.	
(C) Eine Offene Handelsgesellschaft ohne natürliche Vollhafter und ohne einen kaufmännischen Geschäftsbetrieb erzielt Umsatzerlöse von 30 000,00 € je Jahr und keinen Jahresüberschuss.	
(D) Ein Student, der im Internet gewerblich mit Antiquitäten handelt und damit ohne einen kaufmännischen Geschäftsbetrieb Umsatzerlöse von 50 000,00 € je Jahr und einen Jahresüberschuss von 10 000,00 € erzielt.	

Übung 5-2

Ermitteln und begründen Sie jeweils, ob die nachfolgenden Unternehmen eine Gewinn- und Verlustrechnung offenlegen müssen oder nicht und, falls ja, in welchem Umfang:

Kapitelreferenzen
↗ Kapitel 5.2.3

Unternehmen	Offenlegung der Gewinn- und Verlustrechnung
(A) Eine Gesellschaft mit beschränkter Haftung hat im letzten Geschäftsjahr mit einem Arbeitnehmer einen Umsatzerlös von 20 000,00 € erzielt. Ihre Bilanzsumme beträgt 40 000,00 €.	
(B) Eine Partnerschaftsgesellschaft von Anwälten hat im letzten Geschäftsjahr einen Umsatzerlös von 450 000,00 € und einen Jahresüberschuss von 15 000,00 € erwirtschaftet.	
(C) Eine Kommanditgesellschaft mit der Komplementärin Dr. Musterfrau hat im letzten Geschäftsjahr mit 6 000 Arbeitnehmern einen Umsatzerlös von 450 Millionen € erzielt. Ihre Bilanzsumme beträgt 50 Millionen €.	
(D) Die Licht Gruppe, die die Licht GmbH und deren Tochterunternehmen, die Schatten GmbH und die Dämmerung GmbH umfasst, hat im letzten Geschäftsjahr mit 700 Arbeitnehmern einen Umsatzerlös von 60 Millionen € erzielt. Ihre Bilanzsumme beträgt 18 Millionen €.	

5.4 Die gesetzlichen Rahmenbedingungen
Lernstandsmonitor

Kapitelreferenzen
↗ Kapitel 5.3

Übung 5-3
Führen Sie für die nachfolgenden Vorgänge jeweils auf, gegen welche Grundsätze verstoßen wird. Sollte gegen keine Grundsätze verstoßen werden, so kennzeichnen Sie dies mit einem durchgezogenen Strich:

Vorgänge	Grundsatz, gegen den verstoßen wird
(A) Die Bewirtung eines Betriebsrates wird ohne Beleg verbucht.	
(B) Ein antiker Schreibtisch wird in der Bilanz mit dessen Marktwert von 20 000,00 € und nicht mit dem Buchwert von 100,00 € bewertet.	
(C) Um einen Jahresüberschuss ausweisen zu können, werden eine im Dezember zu zahlende Rechnung und der entsprechende Aufwand erst im neuen Geschäftsjahr verbucht und gezahlt.	
(D) Da in der Schlussbilanz des alten Geschäftsjahres viele Schulden ausgewiesen wurden, wird zu Beginn des neuen Geschäftsjahres eine Bilanz mit weniger Schulden aufgestellt.	
(E) Da gegenüber einem anderen Unternehmen mehr Forderungen als Verbindlichkeiten bestehen, werden diese zur Erstellung der Schlussbilanz gegeneinander aufgerechnet.	

Lernstandsmonitor Kapitel 5

Kapitel		niedrig	mittel	hoch	Noch lernen
5.1 Gesetzliche Rahmenbedingungen der Buchführung	Wichtigkeit				
	Eigene Kompetenz				
5.2 Gesetzliche Rahmenbedingungen des Jahresabschlusses	Wichtigkeit				
	Eigene Kompetenz				
5.3 Grundsätze der Buchführung und des Jahresabschlusses	Wichtigkeit				
	Eigene Kompetenz				
5.4 Verstöße gegen die gesetzlichen Rahmenbedingungen	Wichtigkeit				
	Eigene Kompetenz				

Teil II
Buchführung

6 Die Buchungen zur Abbildung der Umsatzbesteuerung

Kapitelnavigator

Inhalt	Lernziel
6.1 Einordnung innerhalb der Jahresabschlussrechnungen	6-1 Die Auswirkungen von Buchungen zur Abbildung der Umsatzbesteuerung auf die Jahresabschlussrechnungen kennen.
6.2 Gesetzliche Rahmenbedingungen der Umsatzbesteuerung	6-2 Die gesetzlichen Rahmenbedingungen der Umsatzbesteuerung kennen.
6.3 Umsatzsteuer bei inländischen Umsätzen	6-3 Die Umsatzsteuer bei inländischen Umsätzen buchen können.
6.4 Umsatzsteuer bei grenzüberschreitenden Umsätzen	6-4 Die Umsatzsteuer bei grenzüberschreitenden Umsätzen buchen können.
6.5 Umsatzsteuervoranmeldungen und -erklärungen	6-5 Die Angaben für die Umsatzsteuervoranmeldungen und -erklärungen ermitteln können.
6.6 Abschluss der Umsatzsteuerkonten	6-6 Die Umsatzsteuerkonten abschließen können.

Jill und Marc verzichteten bei der Gründung ihrer Unternehmen auf eine mögliche Befreiung von der Umsatzsteuer. Sie wollen deshalb wissen, wann die Umsatzsteuer anfällt und wie sie gebucht wird.

Durch die Umsatzsteuer wird in den meisten Ländern der Welt der Eintritt von Gütern in deren nationalen Markt besteuert. Der Eintritt kann durch die Erstellung von Gütern im Land selbst oder durch die Einfuhr von Gütern aus anderen Ländern erfolgen.

Die Umsatzsteuer in Deutschland wird in erster Linie von den privaten Endverbrauchern getragen, während sie für die meisten Unternehmen nur einen durchlaufenden Posten darstellt. Neben der Lohnsteuer ist die Umsatzsteuer die wichtigste staatliche Einnahmequelle. Da sie sich auf Vorgänge des Wirtschafts- und des Rechtsverkehrs bezieht, wird die Umsatzsteuer dabei den sogenannten *Verkehrsteuern* zugerechnet.

6 Die Buchungen zur Abbildung der Umsatzbesteuerung

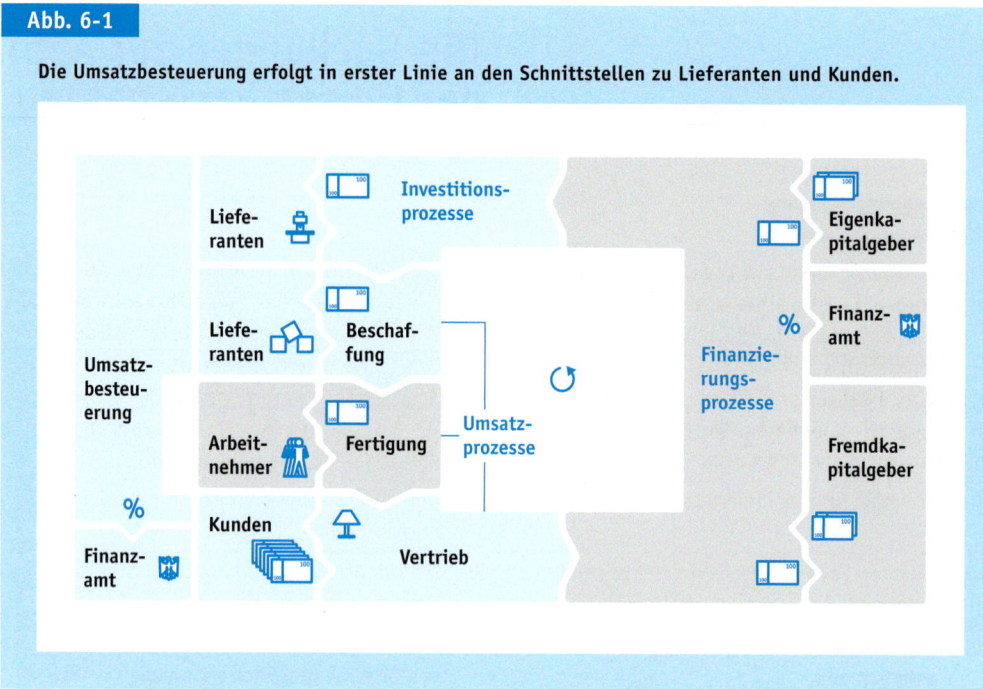

Abb. 6-1

Die Umsatzbesteuerung erfolgt in erster Linie an den Schnittstellen zu Lieferanten und Kunden.

Es gibt verschiedene Möglichkeiten, die Umsatzsteuer zu erheben. Bei der Umsatzsteuer in Deutschland handelt es sich um eine *Allphasen-Mehrwertsteuer mit Vorsteuerabzug*, die auf allen Fertigungs- und Handelsstufen erhoben wird und dort jeweils den *Mehrwert*, der sich durch die *Wertschöpfung* bei der Verarbeitung und bei der Veräußerung ergibt, besteuert. Die Umsatzsteuer wird in Deutschland entsprechend berechnet, indem von der auf die Umsatzerlöse erhobenen Umsatzsteuer die an die Vorlieferanten gezahlte Umsatzsteuer abgezogen wird (↗ Abbildung 6-5). Die Umsatzsteuer ist deshalb in der Regel nur bei unternehmensübergreifenden Geschäftsvorfällen zu berücksichtigen, die zu Ausgaben und Auszahlungen oder zu Einnahmen und Einzahlungen führen (↗ Kapitel 2.2.1). Innerhalb von Unter-

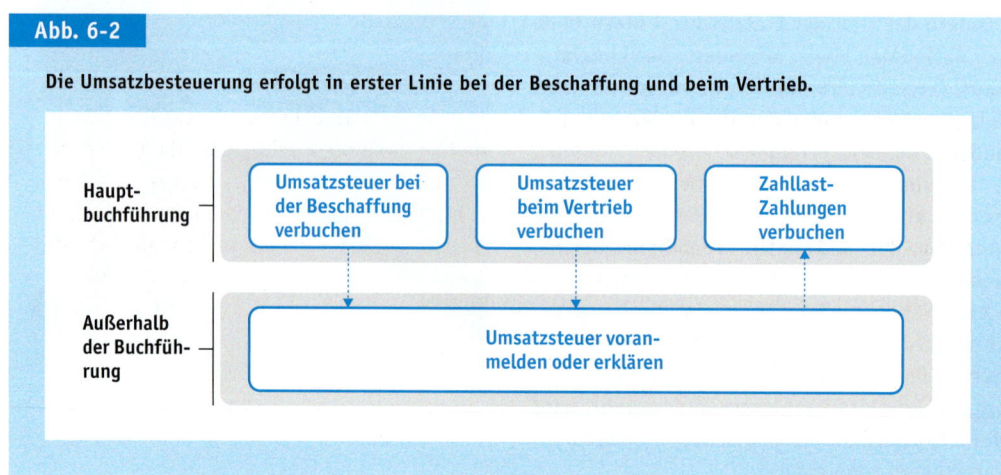

Abb. 6-2

Die Umsatzbesteuerung erfolgt in erster Linie bei der Beschaffung und beim Vertrieb.

nehmen erfolgt hingegen in der Regel eine *Nettobuchführung*, bei der die Umsatzsteuer nicht berücksichtigt wird.

Die Umsatzsteuer, die ein Unternehmen bei der Beschaffung an seine Lieferanten zahlt, wird als *Vorsteuer* oder auch als *Eingangsumsatzsteuer* bezeichnet. Sie stellt eine Forderung gegenüber den Finanzämtern dar, die in bestimmten Zeitintervallen beglichen wird. Die Umsatzsteuer, die ein Unternehmen beim Verkauf von seinen Kunden erhält, wird auch als *Ausgangsumsatzsteuer* bezeichnet. Sie stellt eine Verbindlichkeit gegenüber den Finanzämtern dar, die ebenfalls in bestimmten Zeitintervallen beglichen wird.

Zur Orientierung werden wir uns nachfolgend zuerst anschauen, wie sich Buchungen zur Abbildung der Umsatzbesteuerung auf die Jahresabschlussrechnungen auswirken. Danach werden wir uns mit den gesetzlichen Grundlagen der Umsatzsteuer im Hinblick auf ihre Entstehung und ihre Fälligkeit beschäftigen und im Anschluss daran eingehend betrachten, wie die Umsatzsteuer bei inländischen und bei grenzüberschreitenden Umsätzen gebucht wird. Zuletzt werden wir auf die Ermittlung der Angaben für die Umsatzsteuervoranmeldungen und -erklärungen und den Abschluss der Umsatzsteuerkonten eingehen.

6.1 Einordnung innerhalb der Jahresabschlussrechnungen

- Einordnung innerhalb der Jahresabschlussrechnungen
- Gesetzliche Rahmenbedingungen der Umsatzbesteuerung
- Umsatzsteuer bei inländischen Umsätzen
- Umsatzsteuer bei grenzüberschreitenden Umsätzen
- Umsatzsteuervoranmeldungen und -erklärungen
- Abschluss der Umsatzsteuerkonten

6.1.1 Ausweis in der Bilanz

Die nachfolgend betrachteten Buchungen zur Abbildung der Umsatzbesteuerung können sich insbesondere auf folgende Posten der Bilanz (Gliederung gemäß Handelsgesetzbuch: § 266 Gliederung der Bilanz) auswirken (↗ Abbildung 6-3):

- **Aktiva.B.II.4. Sonstige Vermögensgegenstände** ergeben sich unter anderem, wenn entstandene Vorsteuern noch nicht von den Finanzämtern zurückerstattet wurden.
- **Passiva.C.8. Sonstige Verbindlichkeiten, davon aus Steuern** ergeben sich unter anderem, wenn entstandene Umsatzsteuern noch nicht an die Finanzämter abgeführt wurden.

6.1.2 Ausweis in der Gewinn- und Verlustrechnung

Die nachfolgend betrachteten Buchungen zur Abbildung der Umsatzbesteuerung wirken sich bei umsatzsteuerpflichtigen Unternehmen in der Regel nicht auf die Gewinn- und Verlustrechnung aus, da dort nur Nettobeträge und somit keine Umsatzsteuern ausgewiesen werden.

6.1.3 Ausweis in der Kapitalflussrechnung

Durch die Umsatzbesteuerung entstehen in Unternehmen Auszahlungen an die Lieferanten und Einzahlungen seitens der Kunden, denen – zeitlich verzögert – ausgleichende Ein- und Auszahlungen von und an die Finanzämter gegenüberstehen. Da die entsprechenden Verbindlichkeiten und Forderungen gegenüber den Finanzämtern in der Regel unverzinslich sind, werden die zugrunde liegenden Zahlungen dem Cashflow aus laufender Geschäftstätigkeit zugerechnet (Coenenberg, A. G. 2005: Seite 824).

Die nachfolgend betrachteten Buchungen zur Abbildung der Umsatzbesteuerung können sich

Lernziel 6-1
Die Auswirkungen von Buchungen zur Abbildung der Umsatzbesteuerung auf die Jahresabschlussrechnungen kennen.

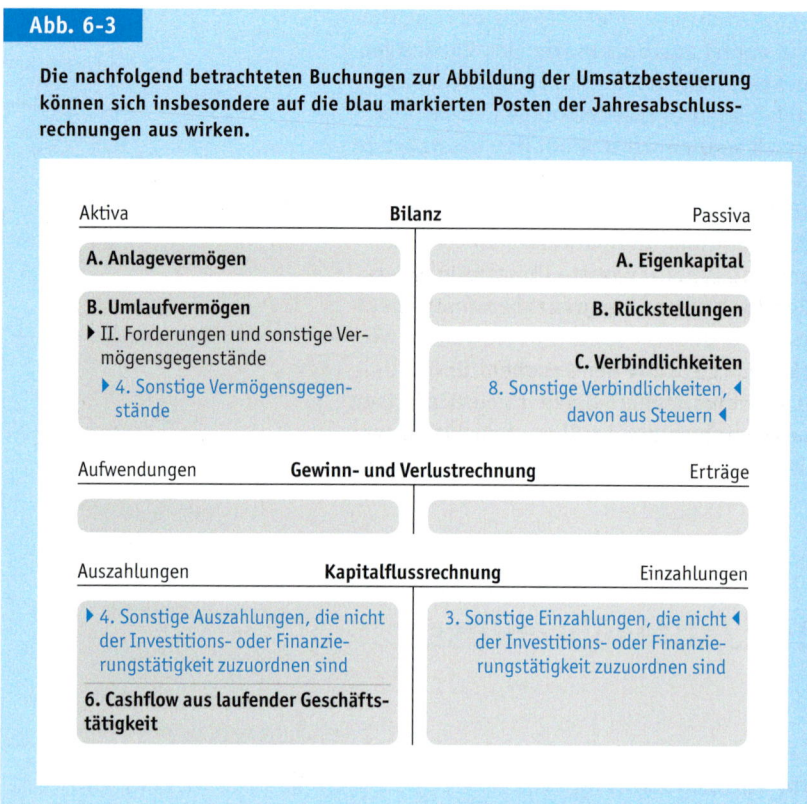

Abb. 6-3

Die nachfolgend betrachteten Buchungen zur Abbildung der Umsatzbesteuerung können sich insbesondere auf die blau markierten Posten der Jahresabschlussrechnungen auswirken.

entsprechend insbesondere auf folgende Posten der Kapitalflussrechnung (Version: Direkte Methode gemäß Deutsche Rechnungslegungs Standards: Nr. 2 Kapitalflussrechnung, Tabelle 5) auswirken (↗ Abbildung 6-3):

- **4. Sonstige Auszahlungen, die nicht der Investitions- oder Finanzierungstätigkeit zuzuordnen sind**, ergeben sich durch die Zahlung von Vorsteuern an die Lieferanten und durch die Abführung von erhaltenen Umsatzsteuern an die Finanzämter.
- **3. Sonstige Einzahlungen, die nicht der Investitions- oder Finanzierungstätigkeit zuzuordnen sind**, ergeben sich durch die Zahlung von Umsatzsteuern durch die Kunden und durch die Erstattung von gezahlten Vorsteuern durch die Finanzämter.

Darüber hinaus werden in den Kapitalflussrechnungen von umsatzsteuerpflichtigen Unternehmen nur Nettobeträge ausgewiesen.

6.2 Gesetzliche Rahmenbedingungen der Umsatzbesteuerung

Lernziel 6-2
Die gesetzlichen Rahmenbedingungen der Umsatzbesteuerung kennen.

- Einordnung innerhalb der Jahresabschlussrechnungen
- Gesetzliche Rahmenbedingungen der Umsatzbesteuerung
- Umsatzsteuer bei inländischen Umsätzen
- Umsatzsteuer bei grenzüberschreitenden Umsätzen
- Umsatzsteuervoranmeldungen und -erklärungen
- Abschluss der Umsatzsteuerkonten

6.2.1 Steuergegenstand

Die Umsätze, die der Besteuerung unterliegen, werden im Umsatzsteuergesetz als *steuerbare Umsätze* bezeichnet. Der Umsatzsteuer unterliegen dabei die nachfolgend aufgeführten Umsätze (Umsatzsteuergesetz: § 1 Steuerbare Umsätze, Absatz 1).

6.2.1.1 Lieferungen im Inland gegen Entgelt

Kennzeichnend für *Lieferungen* ist die Übertragung der *wirtschaftlichen Verfügungsmacht* an Sachgütern und diesen im Wirtschaftsverkehr gleich gestellten Gütern, wie beispielsweise Strom, Wärme oder Tiere, auf Abnehmer (↗ Kapitel 4.5). Als *Inland* gilt dabei mit wenigen Ausnahmen das Gebiet der Bundesrepublik Deutschland (Umsatzsteuergesetz: § 1 Steuerbare Umsätze, Absatz 2).

6.2.1.2 Sonstige Leistungen im Inland gegen Entgelt

Durch *sonstige Leistungen*, die – da sie von Unternehmensexternen erbracht werden – auch als *Fremd-* oder *Drittleistungen* bezeichnet werden, wird Abnehmern ein wirtschaftlicher Vorteil verschafft, ohne dass es zu einer Lieferung kommt (Umsatzsteuergesetz: § 3 Lieferung, sonstige Leistung, Absatz 9). Die sonstigen Leistungen werden unterteilt in (Mößlang, G. 2008: § 3, Randnummer 522 ff.):

- **Sonstige Leistungen durch positives Tun**, wie beispielsweise die Dienstleistungen von Rechtsanwälten, Steuerberatern, Sachverständigen, Ingenieuren, Aufsichtsratsmitgliedern, Dolmetschern, Datenverarbeitern, Personaldienstleistern, Kreditinstituten, Versicherungen, Maklern und Telekommunikationsdienstleistern sowie die Einräumung und die Übertragung von Patenten, Urheberrechten, Markenrechten und ähnlichen Rechten,
- **Sonstige Leistungen durch Unterlassung**, wie beispielsweise der Verzicht auf die Ausübung einer konkurrierenden Tätigkeit,
- **Sonstige Leistungen durch Duldung**, wie beispielsweise die Duldung des Gebrauchs bei der Vermietung, der Verpachtung oder im Hinblick auf Patente, Urheberrechte, Markenrechte und ähnlichen Rechten, und
- **Sonderfälle**, wie Werkleistungen, die Abgabe von Speisen und Getränken sowie Tauschgeschäfte.

6.2.1.3 Innergemeinschaftliche Erwerbe gegen Entgelt

Als innergemeinschaftlicher Erwerb gilt in erster Linie die Abnahme von Lieferungen aus anderen Mitgliedstaaten der Europäischen Gemeinschaft (Umsatzsteuergesetz: § 1a Innergemeinschaftlicher Erwerb, Absatz 1, Nummer 1).

6.2.1.4 Einfuhren

Bei der Einfuhr werden Güter aus sogenannten Drittländern, also Ländern, die nicht Mitglied der Europäischen Gemeinschaft sind, ins Inland überführt.

6.2.2 Umsatzsteuerbefreiungen

Das Umsatzsteuergesetz sieht verschiedene Gründe vor, weshalb Umsätze keiner Umsatzsteuer unterliegen.

6.2.2.1 Umsatzsteuerbefreiungen aufgrund von Unternehmensmerkmalen

Eine Umsatzsteuerbefreiung kann aufgrund bestimmter Unternehmensmerkmale erfolgen:

(1) Umsätze von Nicht-Unternehmern

Voraussetzung für die Umsatzsteuerpflicht bei Umsätzen im Inland ist, dass diese von einem Unternehmer beziehungsweise einem Unternehmen erbracht werden. Nach dem Umsatzsteuergesetz ist *Unternehmer*, wer eine gewerbliche oder berufliche Tätigkeit selbstständig ausübt (Umsatzsteuergesetz: § 2 Unternehmer, Unternehmen, Absatz 1, Satz 1). Stammen die Umsätze hingegen von einem Wirtschaftssubjekt, das keine Tätigkeiten mit entsprechenden Merkmalen ausübt, so besteht auch keine Umsatzsteuerpflicht. Dies trifft beispielsweise auf die meisten juristischen Personen des öffentlichen Rechts zu (Umsatzsteuergesetz: § 2 Unternehmer, Unternehmen, Absatz 3).

(2) Umsatzsteuerbefreiungen für Kleinunternehmer

Kleinunternehmer sind Unternehmer, deren Umsatz einschließlich der Umsatzsteuer:
- im vorangegangenen Kalenderjahr 17 500,00 € (AZ 6-1) nicht überschritten hat und
- im laufenden Kalenderjahr 50 000,00 € (AZ 6-2) voraussichtlich nicht übersteigen wird.

Für Kleinunternehmer gilt eine Befreiung von der Umsatzsteuer, es sei denn, sie verzichten darauf gegenüber dem zuständigen Finanzamt. Ein entsprechender Verzicht ist dann für fünf Kalenderjahre bindend (Umsatzsteuergesetz: § 19 Besteuerung der Kleinunternehmer).

Unternehmen und andere Wirtschaftssubjekte, die umsatzsteuerbefreit sind, dürfen auf ihren Rechnungen nur Nettoentgelte ohne Umsatzsteuer ausweisen.

Exkurs 6-1

Vor- und Nachteile der Umsatzsteuerbefreiung

Bei der Aufnahme einer unternehmerischen Tätigkeit kann in den meisten Fällen von der Umsatzsteuerbefreiung für Kleinunternehmer Gebrauch gemacht werden. Die Vorteile einer solchen Befreiung sind niedrigere administrative Aufwendungen für Umsatzsteuererklärungen und die Verbilligung der Leistungen für Kunden, wie Privatleute, die nicht zum Vorsteuerabzug berechtigt sind. Der Nachteil einer Befreiung ist insbesondere die fehlende Möglichkeit des Vorsteuerabzugs bei der Beschaffung.

Da allgemein ein Vorsteuerabzug bei Lieferungen und Leistungen nicht möglich ist, wenn diese für die Erstellung steuerfreier Umsätze verwendet werden (Umsatzsteuergesetz: § 15 Vorsteuerabzug, Absatz 2), können Unternehmen und andere Wirtschaftssubjekte, die umsatzsteuerbefreit sind, im Gegenzug auch keinen Vorsteuerabzug vornehmen und somit auch die Vorsteuern nicht von den Finanzämtern zurückerstattet bekommen.

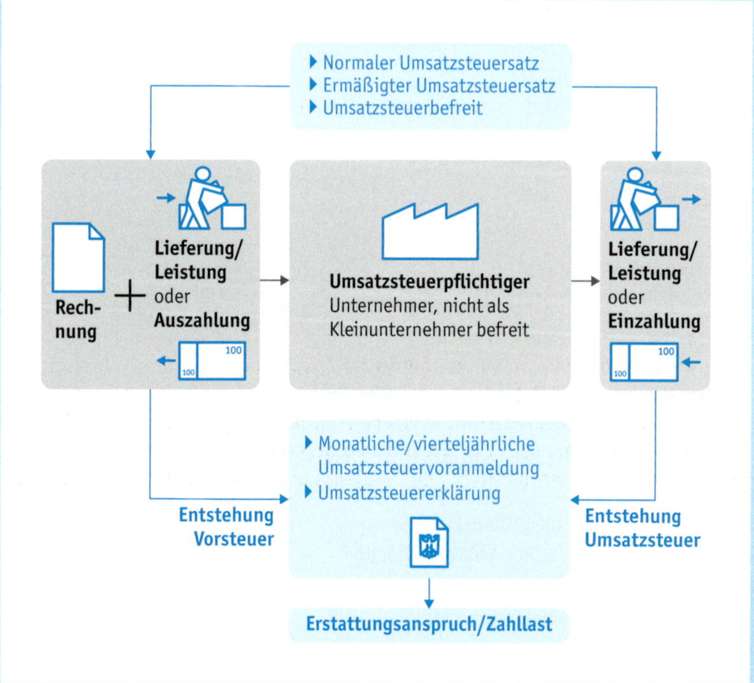

6.2.2.2 Umsatzsteuerbefreiungen aufgrund der Art der Lieferungen und Leistungen

Eine Reihe von Lieferungen und Leistungen unterliegen aufgrund ihrer Art in der Regel keiner Umsatzsteuer, so unter anderem (Umsatzsteuergesetz: § 4 Steuerbefreiungen bei Lieferungen und sonstigen Leistungen):

- die Lieferungen an Unternehmen in Mitgliedsländer der Europäischen Gemeinschaft,
- die Ausfuhrlieferungen in Länder außerhalb der Europäischen Gemeinschaft,
- die Umsätze der Seeschifffahrt,
- die Umsätze der Luftfahrt,
- die Bank- und die Finanzdienstleistungen inklusive der Umsätze mit Wertpapieren und Zinsen,
- die Umsätze, die unter das Grunderwerbsteuergesetz fallen,
- die Umsätze, die unter das Rennwett- und Lotteriegesetz fallen,
- die Leistungen von Versicherungen inklusive der Versicherungsentgelte,
- die Rundfunkgebühren,
- die meisten Universaldienstleistungen der Deutschen Post AG inklusive Sendungen in Länder außerhalb der Europäischen Gemeinschaft,
- die Vermietung und die Verpachtung von Grundstücken und Räumen (↗ Kapitel 7.6.1),
- die Gesundheits- und die Pflegeleistungen,
- die Umsätze der Sozialversicherung, sowie
- die Leistungen, die Schul- und Bildungszwecken dienen.

6.2.3 Entstehungszeitpunkte der Umsatzsteuer

Im Hinblick auf die Meldung und die Abführung der Umsatzsteuer an die Finanzämter ist der Zeitpunkt ihres Entstehens von Bedeutung.

6.2.3.1 Entstehung bei der Beschaffung

Die Vorsteuer entsteht bei beschaffenden Unternehmen in der Regel (Umsatzsteuergesetz: § 15 Vorsteuerabzug, Absatz 1, Nummer 1):

- wenn eine ordnungsmäßige Rechnung (↗ Kapitel 4.2.2.2) von deren Lieferanten vorliegt und die entsprechenden Lieferungen und Leistungen erbracht wurden oder

Abb. 6-4

Die gesetzlichen Rahmenbedingungen der Umsatzbesteuerung sind relativ komplex.

Exkurs 6-2

Die Besteuerung von Steuern

Durch die Umsatzsteuer kommt es bei einer Reihe von Gütern zu einer Besteuerung von Steuern. Dies betrifft in Deutschland Güter, die einer *indirekten Verbrauchsteuer* unterliegen, so beispielsweise:

- der Energiesteuer,
- der Stromsteuer,
- der Tabaksteuer,
- der Biersteuer,
- der Branntweinsteuer,
- der Schaumweinsteuer,
- der Alkopopsteuer und
- der Kaffeesteuer.

Da diese Steuern im Nettoentgelt der Güter enthalten sind, kommt es durch die Umsatzsteuer zu einer Besteuerung von Steuern.

- wenn eine ordnungsmäßige Rechnung (↗ Kapitel 4.2.2.2) von deren Lieferanten vorliegt und eine Zahlung an den Lieferanten geleistet wurde, wie dies bei An- und Vorauszahlungen der Fall ist.

6.2.3.2 Entstehung beim Verkauf

Wann die Umsatzsteuer beim Verkauf entsteht, hängt davon ab, ob eine Soll- oder eine Ist-Besteuerung vorgenommen wird.

6.2.3.2.1 Soll-Besteuerung (Besteuerung nach vereinbarten Entgelten)

Die Soll-Besteuerung ist die Regelbesteuerung in Deutschland. Bei ihr entsteht die Umsatzsteuer beim verkaufenden Unternehmen mit Ablauf des Voranmeldungszeitraums (Umsatzsteuergesetz: § 13 Entstehung der Steuer, Absatz 1, Nummer 1 a):

- wenn die vereinbarten Lieferungen und Leistungen oder die Teillieferungen und Teilleistungen erbracht wurden, unabhängig davon, ob eine Rechnung gestellt wurde oder nicht, oder
- wenn die Zahlung durch den Kunden erfolgte, unabhängig davon, ob die entsprechenden Lieferungen und Leistungen erbracht wurden oder nicht, wie dies bei An- und Vorauszahlungen der Fall ist.

6.2.3.2.2 Ist-Besteuerung (Besteuerung nach vereinnahmten Entgelten)

Bestimmte kleinere Unternehmen (Umsatzsteuergesetz: § 20 Berechnung der Steuer nach vereinnahmten Entgelten, Absatz 1) können auf Antrag beim zuständigen Finanzamt von der sogenannten Ist-Besteuerung Gebrauch machen. Bei dieser entsteht die Umsatzsteuer mit Ablauf des Voranmeldungszeitraums, wenn eine Zahlung durch den Kunden erfolgte, unabhängig davon, ob eine Rechnung gestellt wurde oder nicht, und unabhängig davon, ob die Lieferungen und Leistungen erbracht wurden oder nicht (Umsatzsteuergesetz: § 13 Entstehung der Steuer, Absatz 1, Nummer 1 b).

6.2.4 Berechnung der Umsatzsteuer

Die Bemessungsgrundlage zur Berechnung der Umsatzsteuer ist in der Regel das *Nettoentgelt*, also das Entgelt ohne die Umsatzsteuer, das der Leistungsempfänger aufwendet, um die Leistung zu erhalten (Umsatzsteuergesetz: § 10 Bemessungsgrundlage für Lieferungen, sonstige Leistungen und innergemeinschaftliche Erwerbe).

Die auf Rechnungen auszuweisenden Umsatzsteuerbeträge (↗ Kapitel 4.2.2.2) ergeben sich durch Multiplikation dieses Nettoentgelts mit

Exkurs 6-3

Die Umsatzsteuer in der Gastronomie

Wer kennt nicht die bei Systemgastronomen, wie McDonald's oder Burger King, gestellte Frage »Zum Mitnehmen oder zum hier essen?« Diese Frage hat nicht nur auf die Verpackung der Lebensmittel Auswirkungen, sondern auch darauf, ob der Preis 7 % oder 19 % Umsatzsteuer enthält.

Der ermäßigte Umsatzsteuersatz gilt in der Gastronomie nur für die Zubereitung und die Vermarktung von Speisen. Überwiegt aus Sicht eines Durchschnittsverbrauchers hingegen das Dienstleistungselement der Speiseabgabe, beispielsweise, wenn Verzehreinrichtungen, wie Tische bereit gestellt werden, wenn die Speisen serviert werden oder wenn Geschirr und Besteck zur Nutzung überlassen werden, so ist der normale Umsatzsteuersatz anzusetzen.

Aufgrund der vorgenannten Regelungen gilt für Cateringservices, wie beispielsweise auch die Jillsfood KG, in der Regel der normale und nicht der ermäßigte Umsatzsteuersatz.

Quelle: Schreiben des Bundesministeriums der Finanzen vom 16.10.2008, GZ: IV B 8 – S 7100/07/10050.

dem für das Gut jeweils geltenden Umsatzsteuersatz:

USt-Betrag = Nettoentgelt × USt-Satz

Das auszuweisende *Bruttoentgelt* ergibt sich durch Addition des Umsatzsteuerbetrages zum Nettoentgelt:

   Nettoentgelt
+ Umsatzsteuerbetrag
= Bruttoentgelt

Welche Umsatzsteuersätze dabei gelten, hängt von der Art des Guts und gegebenenfalls der Branche ab:

(1) Normaler Umsatzsteuersatz
Für alle Lieferungen und Leistungen, die nicht umsatzsteuerbefreit sind oder nicht dem ermäßigten Umsatzsteuersatz unterliegen, gilt der normale Umsatzsteuersatz, der derzeit in Deutschland 19 % beträgt (Umsatzsteuergesetz: § 12 Steuersätze, Absatz 1).

(2) Ermäßigter Umsatzsteuersatz
Der ermäßigte Umsatzsteuersatz beträgt derzeit in Deutschland 7 %. Er wird in der Regel unter anderem auf folgende Lieferungen und Leistungen erhoben (Umsatzsteuergesetz: § 12 Steuersätze, Absatz 2 und Anlage 2):
- Leitungswasser,
- Grundnahrungsmittel, außer Getränken und Alkohol,
- Zubereitung und Vermarktung von Speisen ohne ergänzende Dienstleistungen,
- Blumen,
- Bücher, Zeitungen und Zeitschriften,
- Kunstgegenstände, wie Gemälde und Zeichnungen,
- Vermietungen von Wohn- und Schlafräumen zur kurzfristigen Beherbergung von Fremden im Hotelgewerbe,
- Vermietung von Campingflächen,
- Eintrittskarten für Konzerte und Museen sowie für Theater-, Film- und Zirkusvorführungen,
- Umsätze von Schwimm- und Heilbädern sowie
- Personentransporte im öffentlichen Nahverkehr inklusive der Transporte durch Taxis.

(3) Durchschnittssätze
Aus Vereinfachungsgründen können Unternehmen, die bestimmten Berufs- und Gewerbezweigen angehören und nicht buchführungspflichtig sind, auf Antrag beim zuständigen Finanzamt die abziehbaren Vorsteuerbeträge über Durchschnittssätze ihrer Umsätze ermitteln (Umsatzsteuergesetz: § 23–§ 24).

6.2.5 Umsatzbesteuerung von Nebenleistungen

Unabhängig von ihrer Art unterliegen Nebenleistungen in der Regel den gleichen Umsatzsteuersätzen wie die zugehörigen Hauptleistungen. Unter *Nebenleistungen* werden dabei Leistungen verstanden, die zwar eng mit einer *Hauptleistung* zusammenhängen und üblicherweise mit dieser zusammen vorkommen, aber im Vergleich zu der Hauptleistung für den Leistungsempfänger nebensächlich sind, da sie für ihn keinen eigenen Zweck erfüllen, sondern nur dazu dienen, die Hauptleistung unter optimalen Bedingungen in Anspruch nehmen zu können (Umsatzsteuer-Anwendungserlass: 3.10. Einheitlichkeit der Leistung, Absatz 5). Entsprechende Nebenleistungen können beispielsweise in Rechnung gestellte Anschaffungsnebenkosten (↗ Kapitel 8.2.1.1.3.), wie Versandkosten, sein.

6.2.6 Berechnung der Zahllast oder des Erstattungsanspruchs

Die Differenz aus der erhaltenen Umsatz- und der gezahlten Vorsteuer einer Periode ergibt, abhängig davon, welche dieser Steuern größer ist, die *Zahllast*, die auch als *Umsatzsteuerschuld* bezeichnet wird, oder den *Erstattungsanspruch*, der auch als *Vorsteuerguthaben* bezeichnet wird:

   Umsatzsteuer
− Vorsteuer
= Zahllast/Erstattungsanspruch

Die Zahllast beziehungsweise der Erstattungsanspruch wird periodisch ermittelt, im Rahmen der Umsatzsteuervoranmeldung und -erklärung an das zuständige Finanzamt gemeldet (↗ Kapitel 6.5) und dann an dieses abgeführt oder von diesem zurückerstattet. *Besteuerungszeitraum* ist dabei grundsätzlich das Kalender- und nicht das Geschäftsjahr (Umsatzsteuergesetz: § 16 Steuerberechnung, Besteuerungszeitraum und Einzelbesteuerung, Absatz 1, Satz 2).

6.2.7 Meldung der Steuer

Damit die Zahlung der Zahllast nicht erst nach der jährlichen Umsatzsteuererklärung erfolgt, müssen größere Unternehmen periodisch *Umsatzsteuervoranmeldungen* durchführen und die sich dabei ergebenden Zahllasten an die Finanzämter abführen.

Der Voranmeldezeitraum hängt von der Zahllast des vorangegangenen Kalenderjahres ab. Betrug die Zahllast (Umsatzsteuergesetz: § 18 Besteuerungsverfahren, Absatz 2):

- **weniger als 1 000,00 € (AZ 6-3)**, können die Finanzämter Unternehmen ganz von der Verpflichtung einer Voranmeldung befreien,
- **zwischen 1 000,00 € (AZ 6-4) und 7 500,00 € (AZ 6-5)**, ist die Umsatzsteuervoranmeldung vierteljährlich durchzuführen,
- **mehr als 7 500,00 € (AZ 6-6)**, ist die Umsatzsteuervoranmeldung monatlich durchzuführen.

Der Regel-Zeitraum ist dabei eine vierteljährliche Voranmeldung. Nimmt ein Unternehmer seine berufliche oder gewerbliche Tätigkeit auf, so ist die Umsatzsteuervoranmeldung im laufenden und im folgenden Kalenderjahr monatlich durchzuführen.

Die Umsatzsteuervoranmeldung ist in allen Fällen jeweils spätestens bis zum zehnten Tag nach Ablauf des Voranmeldungszeitraums elektronisch an die Finanzämter zu übermitteln (Umsatzsteuergesetz: § 18 Besteuerungsverfahren, Absatz 1). Zur Übermittlung wurde seitens der Finanzämter die Software ELSTER (www.elster.de) entwickelt.

Zusätzlich zur Umsatzsteuervoranmeldung ist zum Ende des Geschäftsjahres eine *Umsatzsteuererklärung* abzugeben, um eventuelle Abweichungen zu den Umsatzsteuervoranmeldungen zu begleichen (Umsatzsteuergesetz: § 18 Besteuerungsverfahren, Absatz 3 und 4).

Zwischenübung Kapitel 6.2

Bestimmen Sie für die nachfolgenden Lieferungen und Leistungen den jeweils geltenden Umsatzsteuersatz:

Lieferungen und Leistungen	Umsatzsteuersatz
(A) Faxgerät	
(B) Catering mit Bedienung	
(C) Trinkwasser aus dem Wasserhahn	
(D) Privater Standardbrief	
(E) Schrauben	
(F) Aktien	
(G) Lehrbuch zur Buchführung	
(H) Gespräch Mobiltelefon	
(I) Benzin	
(J) Buchhändler stellt Kunden die Versandkosten für ein Buch in Rechnung	

6.3 Die Buchungen zur Abbildung der Umsatzbesteuerung
Umsatzsteuer bei inländischen Umsätzen

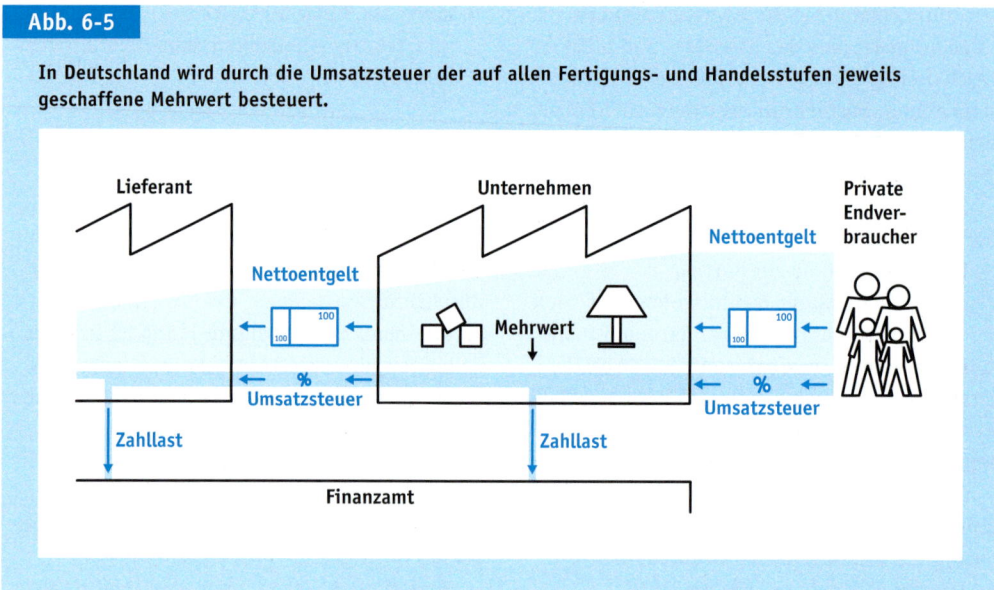

Abb. 6-5

In Deutschland wird durch die Umsatzsteuer der auf allen Fertigungs- und Handelsstufen jeweils geschaffene Mehrwert besteuert.

6.3 Umsatzsteuer bei inländischen Umsätzen

Lernziel 6-3
Die Umsatzsteuer bei inländischen Umsätzen buchen können.

- Einordnung innerhalb der Jahresabschlussrechnungen
- Gesetzliche Rahmenbedingungen der Umsatzbesteuerung
- Umsatzsteuer bei inländischen Umsätzen
- Umsatzsteuer bei grenzüberschreitenden Umsätzen
- Umsatzsteuervoranmeldungen und -erklärungen
- Abschluss der Umsatzsteuerkonten

6.3.1 Umsatzsteuer bei der Beschaffung

Bei der Beschaffung von Gütern werden die auf den Eingangsrechnungen ausgewiesenen Umsatzsteuerbeträge verbucht. Die Verbuchung erfolgt:
- im **Soll** der Aktivkonten »Abziehbare Vorsteuer«, da die Vorsteuern Forderungen gegenüber den Finanzämtern darstellen.

Um die Vorsteuern getrennt nach Umsatzsteuersätzen zu erfassen, werden die Konten entsprechend differenziert.

In Buchführungssoftwaresystemen erfolgt die Verbuchung der Vorsteuer in der Regel automatisch, indem für bestimmte Konten die Umsatzsteuersätze hinterlegt werden oder indem der zu verwendende Umsatzsteuersatz über einen Umsatzsteuerschlüssel bei der Kontierung angegeben wird. Entsprechende Konten werden in den DATEV-Standardkontenrahmen mit den Buchstaben »AV« für »Automatische Errechnung der Vorsteuer« gekennzeichnet.

Typische Belege
▶ Eingangsrechnungen

Konten [Bilanz: Aktiva.B.II.4. Sonstige Vermögensgegenstände]
▶ **SKP03 [SKR03]:** 1570 Abziehbare Vorsteuer · 1571 Abziehbare Vorsteuer 7 % · 1576 [1577] Abziehbare Vorsteuer … 19 %

▶ **SKP04[SKR04]:** 1400 Abziehbare Vorsteuer ·
1401 Abziehbare Vorsteuer 7 % ·
1406 [1407] Abziehbare Vorsteuer ... 19 %
▶ **IKP[IKR]:** 2600 Abziehbare Vorsteuer² ·
2601 Abziehbare Vorsteuer 7 %² ·
2605 Abziehbare Vorsteuer 19 %²

Ausweis in Steuerformularen
▶ **Umsatzsteuervoranmeldung:** Vorsteuerbeträge aus Rechnungen von anderen Unternehmern
▶ **Umsatzsteuererklärung:** Vorsteuerbeträge aus Rechnungen von anderen Unternehmern

Beispiel 6-1

Marc kauft für den Werkstoffbestand der Marcslights GmbH* in einem Baumarkt Stahldraht zum Preis von 200,00 € zuzüglich Umsatzsteuer gegen Barzahlung. Auf der Rechnung werden folgende Beträge ausgewiesen:

```
Nettobetrag . . . . . . . . . . . . . . . . . 200,00 €
+ Umsatzsteuer 19 %. . . . . . . . . . . . .  38,00 €
= Bruttobetrag . . . . . . . . . . . . . . . . 238,00 €
```

Der Geschäftsvorfall bewirkt eine ① Erhöhung des Wertes der Rohstoffbestände (Aktivkonto »Rohstoffe (Bestand)«), eine ② Erhöhung der Forderungen gegenüber den Finanzämtern aus gezahlter Vorsteuer (Aktivkonto »Abziehbare Vorsteuer«) sowie eine ③ Verminderung des Bargeldbestandes (Aktivkonto »Kasse«) und damit der Finanzmittel (»Cash«):

SKP03 · SKP04 · IKP Sollkonto	Betrag	an	SKP03 · SKP04 · IKP Habenkonto	Betrag
① 3971 · 1010 · 2010 Rohstoffe (Bestand)¹	200,00 €		③ 1000 · 1600 · 2880 Kasse	238,00 €
② 1576 · 1406 · 2605 Abziehbare Vorsteuer 19 %	38,00 €			

6.3.2 Umsatzsteuer beim Verkauf

Beim Verkauf von Gütern werden die auf den Ausgangsrechnungen ausgewiesenen Umsatzsteuerbeträge verbucht. Die Verbuchung der Umsatzsteuer erfolgt:
▶ im **Haben** der Passivkonten »Umsatzsteuer«, da die Umsatzsteuern Verbindlichkeiten gegenüber den Finanzämtern darstellen.

Die Umsatzsteuern und die ihnen in der Regel zugrunde liegenden Umsatzerlöse sind dabei getrennt nach Umsatzsteuersätzen zu erfassen (Umsatzsteuergesetz: § 22 Aufzeichnungspflichten, Absatz 2, Nummer 1–2), weshalb die Konten entsprechend differenziert werden.

In der Regel erfolgen im Rahmen des sogenannten *Nettoverfahrens* sofort getrennte Buchungen des Nettoentgelts und der Umsatzsteuer. Alternativ dazu kann im Rahmen des sogenannten *Bruttoverfahrens* zunächst das Bruttoentgelt verbucht und von diesem dann in einem nachfolgenden Schritt periodisch die Umsatzsteuer auf die Umsatzsteuerkonten umge-

6.3 Die Buchungen zur Abbildung der Umsatzbesteuerung
Umsatzsteuer bei inländischen Umsätzen

bucht werden (Bornhofen, M./Bornhofen, M. C. 2010a: Seite 125 f.).

In Buchführungssoftwaresystemen erfolgt die Verbuchung der Umsatzsteuer in der Regel automatisch, indem für bestimmte Konten die Umsatzsteuersätze hinterlegt werden oder indem der zu verwendende Umsatzsteuersatz über einen Umsatzsteuerschlüssel bei der Kontierung angegeben wird. Entsprechende Konten werden in den DATEV-Standardkontenrahmen mit den Buchstaben »AM« für »Automatische Errechnung der Mehrwertsteuer« gekennzeichnet.

Typische Belege
- Kopien von Ausgangsrechnungen

Konten [Bilanz: Passiva.C.8. Sonstige Verbindlichkeiten, davon aus Steuern]
- **SKP03 [SKR03]:** 1770 [1785] Umsatzsteuer ·
  1771 Umsatzsteuer 7 % ·
  1776 [1787] Umsatzsteuer ... 19 %
- **SKP04 [SKR04]:** 3800 Umsatzsteuer ·
  3801 Umsatzsteuer 7 % ·
  3806 [3837] Umsatzsteuer ... 19 %
- **IKP [IKR]:** 4800 Umsatzsteuer ·
  4801 Umsatzsteuer 7 %² ·
  4805 Umsatzsteuer 19 %²

Ausweis in Steuerformularen
- **Umsatzsteuervoranmeldung:** Steuerpflichtige Umsätze zum Steuersatz von 7 v.H. · Steuerpflichtige Umsätze zum Steuersatz von 19 v.H.
- **Umsatzsteuererklärung:** Lieferungen und sonstige Leistungen zu 7 v.H. · Lieferungen und sonstige Leistungen zu 19 v.H.

Beispiel 6-2

Marc verkauft für die Marcslights GmbH* eine Leuchte zum Preis von 300,00 € zuzüglich Umsatzsteuer gegen Barzahlung. Auf der Rechnung weist er folgende Beträge aus:

    Nettobetrag . . . . 300,00 €
+ Umsatzsteuer 19 % . . . . 57,00 €
= Bruttobetrag . . . . 357,00 €

Der Geschäftsvorfall bewirkt eine ① Erhöhung des Bargeldbestandes (Aktivkonto »Kasse«) und damit der Finanzmittel (»Cash«), eine ② Erhöhung der Verbindlichkeiten gegenüber den Finanzämtern aus erhaltener Umsatzsteuer (Passivkonto »Umsatzsteuer«) sowie eine ③ Erhöhung der Umsatzerlöse (Ertragskonto »Erlöse 19 % USt«) und damit des Erfolgs und des Eigenkapitals EK:

SKP03 · SKP04 · IKP Sollkonto	Betrag	an	SKP03 · SKP04 · IKP Habenkonto	Betrag
① 1000 · 1600 · 2880 Kasse	357,00 €		② 1776 · 3806 · 4805 Umsatzsteuer 19 %	57,00 €
			③ 8400 · 4400 · 5100 Erlöse 19 % USt	300,00 €

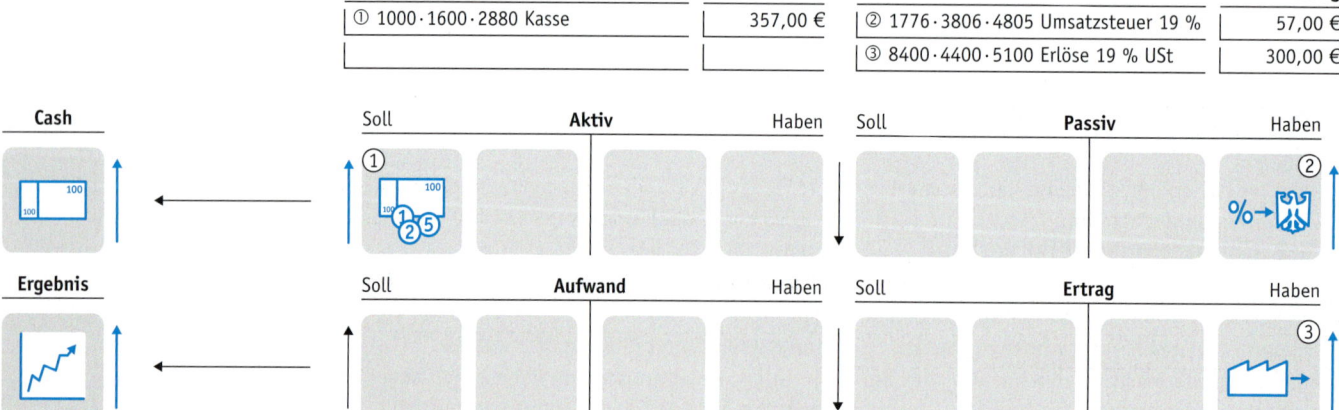

6.3.3 Umsatzsteuer bei Umsätzen mit umsatzsteuerbefreiten Wirtschaftssubjekten

Da viele Kleinunternehmer und eine Reihe von anderen Wirtschaftssubjekten, wie beispielsweise die meisten Vereine, Krankenhäuser, Schulen und Behörden, umsatzsteuerbefreit sind (↗ Kapitel 6.2.2), kommt es in der Praxis häufig zu Umsätzen mit entsprechenden Wirtschaftssubjekten.

6.3.3.1 Beschaffung von umsatzsteuerbefreiten Wirtschaftssubjekten

Da auf Rechnungen, die von umsatzsteuerbefreiten Wirtschaftssubjekten gestellt werden, nur Nettoentgelte ohne Umsatzsteuer ausgewiesen werden, erfolgt die Verbuchung bei den Rechnungsempfängern so, wie die Verbuchung von aufgrund ihrer Art steuerfreien Lieferungen und Leistungen also netto ohne Berücksichtigung einer Vorsteuer.

Beispiel 6-3

Für die Erstellung von Webseiten stellt ein Freund von Marc, der als Kleinunternehmer umsatzsteuerbefreit ist, der Marcslights GmbH* 1 000,00 € netto ohne Umsatzsteuer in Rechnung:

SKP03 · SKP04 · IKP Sollkonto	Betrag	an	SKP03 · SKP04 · IKP Habenkonto	Betrag
4600 · 6600 · 6870 Werbekosten	1 000,00 €		1600 · 3300 · 4400 Verbindlichkeiten aus Lieferungen und Leistungen	1 000,00 €

6.3.3.2 Verkauf an umsatzsteuerbefreite Wirtschaftssubjekte

Die Rechnungsstellung von umsatzsteuerpflichtigen Unternehmen an umsatzsteuerbefreite Wirtschaftssubjekte erfolgt wie die Rechnungsstellung gegenüber privaten Endverbrauchern, also mit ausgewiesener Umsatzsteuer.

Für die umsatzsteuerbefreiten Wirtschaftssubjekte stellt die Umsatzsteuer dabei wie für die privaten Endverbraucher einen Posten dar, der nicht von den Finanzämtern zurückerstattet wird. Die Umsatzsteuer wird bei diesen Wirtschaftssubjekten den Anschaffungs- oder Herstellungskosten der Güter zugerechnet, auf deren Anschaffung oder Herstellung sie entfällt (Einkommensteuergesetz: § 9b, Absatz 1). Die Verbuchung erfolgt entsprechend auf denselben Konten, auf denen auch die Nettobeträge verbucht werden (Bornhofen, M./Bornhofen, M. C. 2010a: Seite 121).

Zwischenübung Kapitel 6.3

Geben Sie für die nachfolgenden Geschäftsvorfälle die Buchungssätze an:

(A) Jill kauft für die Jillsfood KG* Bürobedarf für 30,00 € zuzüglich Umsatzsteuer mit der EC-Karte:

Sollkonto	Betrag	an	Habenkonto	Betrag

(B) Für ein Catering stellt Jill den Kunden 1 999,90 € zuzüglich Umsatzsteuer in Rechnung:

Sollkonto	Betrag	an	Habenkonto	Betrag

6.4 Umsatzsteuer bei grenzüberschreitenden Umsätzen

Lernziel 6-4
Die Umsatzsteuer bei grenzüberschreitenden Umsätzen buchen können.

- Einordnung innerhalb der Jahresabschlussrechnungen
- Gesetzliche Rahmenbedingungen der Umsatzbesteuerung
- Umsatzsteuer bei inländischen Umsätzen
- **Umsatzsteuer bei grenzüberschreitenden Umsätzen**
- Umsatzsteuervoranmeldungen und -erklärungen
- Abschluss der Umsatzsteuerkonten

6.4.1 Umsatzsteuer bei innergemeinschaftlichen Umsätzen

Innergemeinschaftliche Umsätze sind grenzüberschreitende Umsätze zwischen Wirtschaftssubjekten aus Mitgliedstaaten der Europäischen Gemeinschaft. Innerhalb der Europäischen Gemeinschaft gibt es dabei bislang keine einheitlichen Umsatzsteuersätze. Für die Umsatzbesteuerung werden deshalb für die erwerbenden Unternehmen gemäß dem sogenannten *Bestimmungslandprinzip* die jeweils im Erwerberland geltenden Umsatzsteuersätze herangezogen, während die Umsätze für die liefernden Unternehmen bei Lieferungen an Unternehmen umsatzsteuerbefreit sind (Umsatzsteuergesetz: § 4 Steuerbefreiungen bei Lieferungen und sonstigen Leistungen, Nummer 1b).

Beim innergemeinschaftlichen Erwerb gelten dabei in der Regel die gleichen Umsatzsteuersätze wie beim inländischen Erwerb (Umsatzsteuergesetz: § 12 Steuersätze). Ausnahmen davon gibt es insbesondere bei Gütern, die beim inländischen Erwerb umsatzsteuerbefreit sind (Umsatzsteuergesetz: § 4b Steuerbefreiung beim innergemeinschaftlichen Erwerb von Gegenständen).

Darüber hinaus gibt es zu den vorgenannten Grundsätzen eine Reihe von weiteren Ausnahmen, auf die hier mit Verweis auf das Bundesministerium der Finanzen 2009a nicht näher eingegangen werden soll.

6.4.1.1 Umsatzsteuer beim innergemeinschaftlichen Erwerb

Innergemeinschaftliche Erwerbe und die darauf entfallenden Vorsteuern müssen bei Umsatzsteuervoranmeldungen und -erklärungen gesondert ausgewiesen werden. Um in Unternehmen die dafür benötigten Daten zu erfassen, werden entsprechende Geschäftsvorfälle zunächst aufwandsorientiert (↗Kapitel 9.2.2.1):

- im **Soll** der Aufwandskonten »Innergemeinschaftlicher Erwerb« und
- im **Soll** der Aktivkonten »Abziehbare Vorsteuer aus innergemeinschaftlichem Erwerb«

gebucht und die Nettoentgelte dann in einem zweiten Schritt auf die entsprechenden Bestands- oder Aufwandskonten umgebucht.

Die beim Erwerb anfallenden Vorsteuern werden dabei nicht an die Unternehmen im jeweiligen Lieferland, sondern an die Finanzämter im jeweiligen Erwerberland abgeführt (↗Abbildung 6-6). Um dies buchungstechnisch zu realisieren, erfolgt die Gegenbuchung zur Vorsteuer nicht wie bei einem inländischen Erwerb auf dem Aktivkonto »Bank«, sondern:

- im **Haben** der Passivkonten »Umsatzsteuer aus innergemeinschaftlichem Erwerb«,

wodurch Verbindlichkeiten gegenüber den Finanzämtern entstehen. Da diesen Verbindlichkeiten aber die vorgenannten Forderungen aus der Rückerstattung von Vorsteuern in gleicher Höhe gegenüber stehen, beträgt der resultierende Erstattungsanspruch 0,00 €.

Im Industriekontenrahmen IKR sind für die vorgenannten Buchungen keine Konten vorhan-

---

Exkurs 6-4

Die Mitgliedsstaaten der Europäischen Gemeinschaft

Derzeit umfasst die Europäische Gemeinschaft folgende Mitgliedsstaaten: Belgien, Dänemark, Deutschland, Estland, Finnland, Frankreich, Griechenland, Irland, Italien, Lettland, Litauen, Luxemburg, Malta, Niederlande, Polen, Österreich, Portugal, Schweden, Slowakei, Slowenien, Spanien, Tschechische Republik, Ungarn, Vereinigtes Königreich, Zypern.

den, weshalb der beigefügte Industriekontenplan IKP entsprechend erweitert wurde.

Typische Belege
- Eingangsrechnungen

Konten [Bilanz: Aktiva.B.II.4. Sonstige Vermögensgegenstände]
- **SKP03[SKR03]:** 1572 Abziehbare Vorsteuer aus innergemeinschaftlichem Erwerb · 1574 Abziehbare Vorsteuer aus innergemeinschaftlichem Erwerb 19 %
- **SKP04[SKR04]:** 1402 Abziehbare Vorsteuer aus innergemeinschaftlichem Erwerb · 1404 Abziehbare Vorsteuer aus innergemeinschaftlichem Erwerb 19 %
- **IKP[IKR]:** 2602 Abziehbare Vorsteuer aus innergemeinschaftlichem Erwerb[1] · 2604 Abziehbare Vorsteuer aus innergemeinschaftlichem Erwerb 19 %[1]

Konten [Bilanz: Passiva.C.8. Sonstige Verbindlichkeiten, davon aus Steuern]
- **SKP03[SKR03]:** 1772 Umsatzsteuer aus innergemeinschaftlichem Erwerb · 1774 Umsatzsteuer aus innergemeinschaftlichem Erwerb 19 %
- **SKP04[SKR04]:** 3802 Umsatzsteuer aus innergemeinschaftlichem Erwerb · 3804 Umsatzsteuer aus innergemeinschaftlichem Erwerb 19 %
- **IKP[IKR]:** 4802 Umsatzsteuer aus innergemeinschaftlichem Erwerb[1] · 4804 Umsatzsteuer aus innergemeinschaftlichem Erwerb 19 %[1]

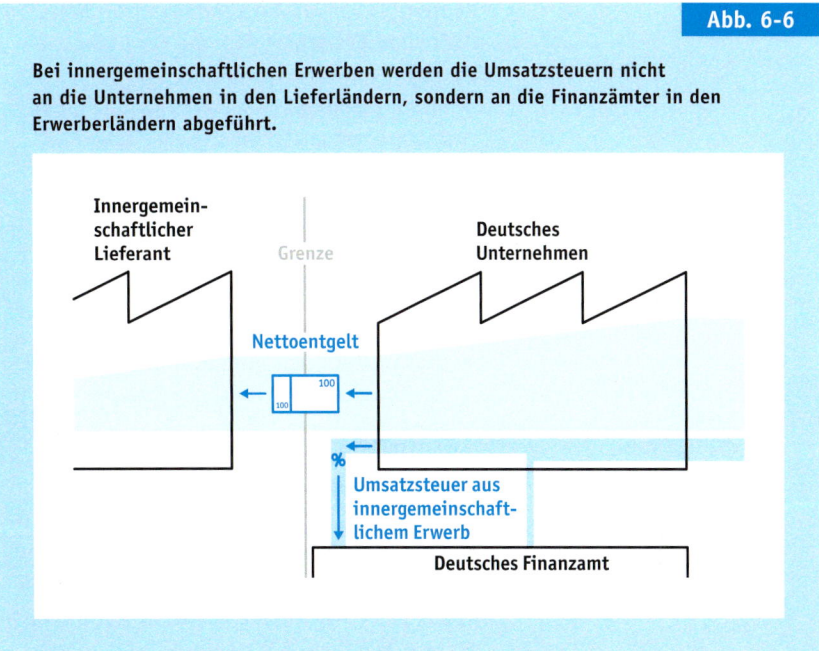

Abb. 6-6

Bei innergemeinschaftlichen Erwerben werden die Umsatzsteuern nicht an die Unternehmen in den Lieferländern, sondern an die Finanzämter in den Erwerberländern abgeführt.

Exkurs 6-5

Die Umsatzsteuer, die Karussell fährt

Nach Schätzungen des Bundesrechnungshofs entgehen dem deutschen Staat durch organisierte Steuerkriminalität jährlich Einnahmen in Milliardenhöhe. Ein Beispiel dafür sind sogenannte Karussellgeschäfte, an denen mindestens drei Unternehmen beteiligt sind.

Ein sogenannter Initiator liefert dabei zum Schein oder tatsächlich innergemeinschaftlich und damit umsatzsteuerbefreit Waren an einen sogenannten Missing-Trader. Die Waren werden im nächsten Schritt inländisch an einen sogenannten Buffer weiter verkauft, der dem Missing-Trader dafür die Umsatzsteuer zahlt, die er selbst von den Finanzämtern als Vorsteuer zurückerstattet bekommt. Zuletzt liefert der Buffer die Waren wiederum innergemeinschaftlich und damit umsatzsteuerbefreit zurück an den Initiator. Wenn die Finanzämter dann nach einigen Monaten von dem Missing-Trader die Umsatzsteuer einziehen wollen, müssen sie feststellen, dass dieser insolvent ist oder gar nicht mehr existiert.

Mit entsprechenden Geschäften soll beispielsweise die sogenannte Handyman-Connection Ende der 1990er-Jahre Umsatzsteuererstattungen von weit über 10 Millionen € zu Unrecht erhalten haben.

Quelle: Steinbeis, M.: Vorsteuer-Betrüger machen Millionengewinne, in: Handelsblatt Nr. 221 vom 15.11.1999, Seite 5.

6.4 Die Buchungen zur Abbildung der Umsatzbesteuerung
Umsatzsteuer bei grenzüberschreitenden Umsätzen

Konten [GuV: 5.a) Aufwendungen für Roh-, Hilfs- und Betriebsstoffe und für bezogene Waren]
- **SKP03 [SKR03]:** 3420, 3425 [3430 – 3442, 3550] Innergemeinschaftlicher Erwerb …
- **SKP04 [SKR04]:** 5420, 5425 [5430 – 5442, 5550] Innergemeinschaftlicher Erwerb …
- **IKP [IKR]:** 6085 Innergemeinschaftlicher Erwerb[1]

Ausweis in Steuerformularen
- **Umsatzsteuervoranmeldung:** Steuerpflichtige innergemeinschaftliche Erwerbe zum Steuersatz von 7 v.H. · Steuerpflichtige innergemeinschaftliche Erwerbe zum Steuersatz von 19 v.H. · Vorsteuerbeträge aus dem innergemeinschaftlichen Erwerb von Gegenständen
- **Umsatzsteuererklärung:** Vorsteuerbeträge aus innergemeinschaftlichen Erwerben von Gegenständen · Umsatzsteuer auf innergemeinschaftliche Erwerbe
- **Umsatzsteuererklärung, Anlage UR:** Steuerpflichtige innergemeinschaftliche Erwerbe zum Steuersatz von 7 %· Steuerpflichtige innergemeinschaftliche Erwerbe zum Steuersatz von 19 %

Beispiel 6-4

(1) Marc kauft für den Werkstoffbestand der Marcslights GmbH* von einem Unternehmen in Frankreich Kunststofffolien für Lampenschirme zum Preis von 1 000,00 € per Banküberweisung der bei der Lieferung beiliegenden Rechnung und bucht zugleich die Vorsteuer von 190,00 €.

Der Geschäftsvorfall bewirkt eine ① Erhöhung des Aufwands aus dem innergemeinschaftlichen Erwerb von Gütern (Aufwandskonto »Innergemeinschaftlicher Erwerb«) und damit eine Verminderung des Erfolgs und des Eigenkapitals EK sowie eine ② Verminderung des Bankguthabens (Aktivkonto »Bank«) und damit der Finanzmittel (»Cash«). Die Buchungen der ③ Vorsteuer und der ④ Umsatzsteuer gleichen sich hingegen aus:

SKP03 · SKP04 · IKP Sollkonto	Betrag	an SKP03 · SKP04 · IKP Habenkonto	Betrag
① 3425 · 5425 · 6085 Innergemeinschaftlicher Erwerb 19 % Vorsteuer und 19 % Umsatzsteuer	1 000,00 €	② 1200 · 1800 · 2800 Bank	1 000,00 €
③ 1574 · 1404 · 2604 Abziehbare Vorsteuer aus innergemeinschaftlichem Erwerb 19 %	190,00 €	④ 1774 · 3804 · 4804 Umsatzsteuer aus innergemeinschaftlichem Erwerb 19 %	190,00 €

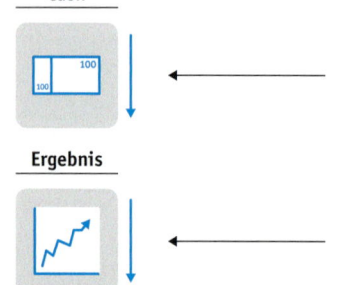

(2) Anschließend wird der Aufwand aus dem innergemeinschaftlichen Erwerb von Gütern dem Werkstoffbestand an Kunststofffolien zugebucht:

SKP03 · SKP04 · IKP Sollkonto	Betrag	an SKP03 · SKP04 · IKP Habenkonto	Betrag
3971 · 1010 · 2010 Rohstoffe (Bestand)[1]	1 000,00 €	3425 · 5425 · 6085 Innergemeinschaftlicher Erwerb 19 % Vorsteuer und 19 % Umsatzsteuer	1 000,00 €

6.4.1.2 Umsatzsteuer bei innergemeinschaftlichen Lieferungen

Wiewohl sie umsatzsteuerbefreit sind, müssen innergemeinschaftliche Lieferungen an Unternehmen bei den Umsatzsteuervoranmeldungen und -erklärungen gesondert ausgewiesen und zusätzlich über sogenannte *Zusammenfassende Meldungen* dem Bundeszentralamt für Steuern gemeldet werden (Umsatzsteuergesetz: § 18a, § 18b). Damit die liefernden Unternehmen die Umsatzsteuerbefreiung auf innergemeinschaftliche Lieferungen in Anspruch nehmen können, müssen sie die erwerbenden Unternehmen über ihre *Umsatzsteuer-Identifikationsnummer* (↗ Exkurs 6-6) bei der Zusammenfassenden Meldung eindeutig identifizieren können (Bundesministerium der Finanzen 2009a). Ist dies nicht möglich, so unterliegen die Umsätze der normalen deutschen Umsatzsteuer.

Um Umsätze aus umsatzsteuerbefreiten innergemeinschaftlichen Lieferungen zu erfassen, erfolgt ihre Verbuchung gesondert:

- im **Haben** der Ertragskonten »Steuerfreie innergemeinschaftliche Lieferung«.

Typische Belege
- Kopien von Ausgangsrechnungen

Konten [GuV: 1. Umsatzerlöse]
- **SKP03[SKR03]:** 8125 Steuerfreie innergemeinschaftliche Lieferungen § 4 Nr. 1b UStG
- **SKP04[SKR04]:** 4125 Steuerfreie innergemeinschaftliche Lieferungen § 4 Nr. 1b UStG
- **IKP[IKR]:** 5055 Steuerfreie innergemeinschaftliche Lieferungen § 4 Nr. 1b UStG²

Exkurs 6-6

Die Umsatzsteuer-Identifikationsnummer

Die Umsatzsteuer-Identifikationsnummer dient in der gesamten Europäischen Gemeinschaft zur eindeutigen Kennzeichnung von Umsatzsteuerpflichtigen. Zu ihrem Format gibt es allerdings keinen einheitlichen europaweiten Standard, sondern nur länderspezifische Vorgaben. Die Umsatzsteuer-Identifikationsnummer beginnt in allen Mitgliedstaaten mit einem zweistelligen Länderkürzel, dem abhängig vom Mitgliedstaat acht bis zwölf, teilweise zu mehreren Blöcken zusammengefasste Zeichen folgen, wie die nachfolgenden Beispiele des Aufbaus für verschiedene Länder zeigen:

- Deutschland »DE 123456789«,
- Österreich »AT U12345678«,
- Frankreich »FR AB 123456789«,
- Schweden »SE 1234567890 01«,
- Dänemark »DK 12 34 56 78«.

Ausweis in Steuerformularen
- **Umsatzsteuervoranmeldung:** Innergemeinschaftliche Lieferungen an Abnehmer mit USt-IdNr.
- **Umsatzsteuererklärung, Anlage UR:** Innergemeinschaftliche Lieferungen an Abnehmer mit USt-IdNr.

Beispiel 6-5

Marc verkauft für die Marcslights GmbH* Leuchten zum Preis von 2 000,00 € an ein Unternehmen mit Umsatzsteuer-Identifikationsnummer in Frankreich auf Ziel:

SKP03 · SKP04 · IKP Sollkonto	Betrag	an	SKP03 · SKP04 · IKP Habenkonto	Betrag
1400 · 1200 · 2400 Forderungen aus Lieferungen und Leistungen	2 000,00 €		8125 · 4125 · 5055 Steuerfreie innergemeinschaftliche Lieferungen § 4 Nr. 1b UStG	2 000,00 €

6.4.2 Umsatzsteuer bei Umsätzen mit Drittländern

Die Umsätze von Unternehmen aus Mitgliedstaaten der Europäischen Gemeinschaft mit Unternehmen aus Drittländern, also Ländern, die nicht Mitglied der Europäischen Gemeinschaft sind, sind immer wieder Gegenstand heftiger wirtschaftspolitischer Diskussionen.

Aus Gründen der Exportförderung ist die Ausfuhr in Drittländer derzeit umsatzsteuerbefreit (Umsatzsteuergesetz: § 4 Steuerbefreiungen bei

Lieferungen und sonstigen Leistungen, Nummer 1a). Auch werden derzeit in der Europäischen Gemeinschaft keine Ausfuhrzölle erhoben, sondern im Gegenteil sogar bestimmte Ausfuhren subventioniert.

Die meisten Einfuhren aus Drittländern unterliegen hingegen zum einen Einfuhrzöllen und zum anderen Einfuhrumsatzsteuern.

6.4.2.1 Zoll und Umsatzsteuer bei der Einfuhr aus Drittländern

Vor der Buchung von Einfuhren aus Drittländern müssen der darauf entfallende Einfuhrzoll und die Einfuhrumsatzsteuer berechnet werden:

(1) Einfuhrzoll

Die Einfuhrzölle in der Europäischen Gemeinschaft werden von den nationalen Zollbehörden eingezogen und nach Abzug eines Verwaltungskostenanteils dem Haushalt der Europäischen Gemeinschaft zugeführt. Rechnungen in ausländischen Währungen werden dabei vor der Berechnung des Zollbetrages auf Basis des aktuellen Devisenkurses umgerechnet.

Die Einfuhrzölle werden auf Basis des sogenannten *Zollwerts* erhoben, der nach dem GATT-Zollwertkodex (GZK) ermittelt wird. In der Regel ergibt sich der Zollwert danach aus dem für die Güter gezahlten Entgelt inklusive der gegebenenfalls im Ursprungsland gezahlten Umsatzsteuer. Unter Umständen sind zu diesem Wert noch weitere Posten zu addieren, so beispielsweise die Transportkosten bis zur Einführung in die Europäische Gemeinschaft.

Der an die Zollbehörden bei der Einfuhr zu zahlende Zollbetrag wird dann durch Multiplikation des Zollwerts mit dem Zollsatz berechnet:

Zollbetrag = Zollwert × Zollsatz

Der *Zollsatz* hängt dabei von den Gütern und deren Ursprungsländern ab und wird sehr differenziert in dem für die Europäische Gemeinschaft einheitlich geltenden Zolltarif TARIC geregelt (↗ Exkurs 6-7).

Beispiel 6-6

Marc führt für die Marcslights GmbH* aus den Vereinigten Staaten von Amerika Kunststofffolien für Lampenschirme für umgerechnet 1 000,00 € ein. Gemäß dem Zolltarif TARIC gilt dafür ein Zollsatz von 6,5 %, sodass sich folgender Zollbetrag ergibt:

1 000,00 € × 6,5 % = 65,00 €

(2) Einfuhrumsatzsteuer

Die Ermittlung der Einfuhrumsatzsteuer (EUSt) ist im Umsatzsteuergesetz: § 11 Bemessungsgrundlage für die Einfuhr geregelt. Die Einfuhrumsatzsteuer wird – so wie der Zoll – ebenfalls von den Zollbehörden und nicht von den Finanzämtern eingezogen. Bemessungsgrundlage für die Einfuhrumsatzsteuer ist dabei die Summe aus Zollwert und Zollbetrag:

  Zollwert
+ Zollbetrag
= Bemessungsgrundlage Einfuhrumsatzsteuer

Unter Umständen sind zu diesem Wert noch weitere Posten zu addieren, so beispielsweise die Transportkosten vom Eintrittsort in die Europäische Gemeinschaft bis zum Eintrittsort in Deutschland.

Die an die Zollbehörde bei der Einfuhr zu zahlende Einfuhrumsatzsteuer wird dann durch Multiplikation der Bemessungsgrundlage mit dem Einfuhrumsatzsteuersatz berechnet:

EUSt-Betrag = Bemessungsgrundlage × EUSt-Satz

Exkurs 6-7

Zollsätze

In der Europäischen Gemeinschaft gelten beispielsweise folgende Zollsätze bei Einfuhren aus Drittländern:

- Bekleidung aus Textilien: 12 %
- Schuhe mit Oberteil aus Leder: 8 %
- Gold- und Silberschmuck: 2,5 %
- Fotoapparate: 4,2 %
- Computer, Notebooks: 0 %
- Fahrräder: 14 %
- Golfschläger: 2,7 %
- Bücher: 0 %
- CDs und DVDs: 3,5 %
- Pkws: 10 %
- Kosmetikprodukte: 0 – 6,5 %

Quelle: www.zoll.de

6.4 Umsatzsteuer bei grenzüberschreitenden Umsätzen

Bei der Einfuhr von Gütern aus Drittländern gelten dabei in der Regel die gleichen Umsatzsteuersätze wie beim inländischen Erwerb (Umsatzsteuergesetz: § 12 Steuersätze). Ausnahmen davon gibt es insbesondere bei Gütern, die beim inländischen Erwerb keiner Umsatzsteuer unterliegen (Umsatzsteuergesetz: § 5 Steuerbefreiungen bei der Einfuhr).

Beispiel 6-7

Für die Kunststofffolien aus dem vorangegangenen Beispiel ergibt sich folgende Bemessungsgrundlage für die Einfuhrumsatzsteuer (EUSt):

```
  Zollwert . . . . . . . . . . . . . . . . . . . . 1 000,00 €
+ Zollbetrag. . . . . . . . . . . . . . . . . . . . . 65,00 €
= Bemessungsgrundlage EUSt . . . . . . 1 065,00 €
```

Für Kunststofffolien gilt der normale Umsatzsteuersatz von 19 %, der entsprechend auch als Einfuhrumsatzsteuersatz verwendet wird. Dadurch ergibt sich folgende zu zahlende Einfuhrumsatzsteuer:

1 065,00 € × 19 % = 202,35 €

(3) Verbuchung

In der Regel werden der Zoll und die Einfuhrumsatzsteuer gleichzeitig verbucht, und zwar wird:
- im **Soll** der Aufwandskonto »Zölle und Einfuhrabgaben« der Zoll verbucht und
- im **Soll** der Aktivkonten »Bezahlte Einfuhrumsatzsteuer« die Einfuhrumsatzsteuer.

Da es sich bei den Zöllen um Anschaffungsnebenkosten (⌐ Kapitel 8.2.1.1.3) handelt, werden sie anschließend den angeschafften Gütern zugebucht.

Typische Belege
- Eingangsrechnungen

Konten [Bilanz: Aktiva.B.II.4. Sonstige Vermögensgegenstände]
- **SKP03[SKR03]:** 1588 Bezahlte Einfuhrumsatzsteuer
- **SKP04[SKR04]:** 1433 Bezahlte Einfuhrumsatzsteuer
- **IKP[IKR]:** 2628 Bezahlte Einfuhrumsatzsteuer

Exkurs 6-8

Private Einfuhr aus Drittländern

Vielleicht haben Sie ja auch schon mal bei einem Urlaub im Ausland etwas gekauft und dann importiert? Aus Mitgliedsländern der Europäischen Gemeinschaft können Sie Güter zur privaten Verwendung abgabenfrei und ohne Zollformalitäten nach Deutschland einführen.

Für die Einfuhr aus Drittländern gilt für die meisten Güter, die Sie zur privaten Verwendung mit sich führen, eine Reisefreigrenze von zusammen 430,00 € (AZ 6-7), falls Sie mit dem Flugzeug oder dem Schiff einreisen, und ansonsten eine Grenze von zusammen 300,00 € (AZ 6-8). Bei Importen, die diese Freigrenzen überschreiten, müssen Sie dann allerdings auch als Privatperson den Zoll und die Einfuhrumsatzsteuer zahlen.

Quelle: www.zoll.de

Konten [GuV: 5.a) Aufwendungen für Roh-, Hilfs- und Betriebsstoffe und für bezogene Waren]
- **SKP03[SKR03]:** 3850 Zölle und Einfuhrabgaben
- **SKP04[SKR04]:** 5840 Zölle und Einfuhrabgaben
- **IKP[IKR]:** 6099 Zölle und Einfuhrabgaben[1]

Ausweis in Steuerformularen
- **Umsatzsteuervoranmeldung:** Entrichtete Einfuhrumsatzsteuer
- **Umsatzsteuererklärung:** Entrichtete Einfuhrumsatzsteuer

Beispiel 6-8

(1) Marc kauft für den Werkstoffbestand der Marcslights GmbH* von einem Unternehmen in den Vereinigten Staaten von Amerika Kunststofffolien für Lampenschirme zum Preis von umgerechnet 1 000,00 € per Banküberweisung der bei der Lieferung beiliegenden Rechnung und überweist zugleich an die Zollbehörden den Zollbetrag von 65,00 € und die Einfuhrumsatzsteuer von 202,35 €.

Der Geschäftsvorfall bewirkt zum einen eine ① Erhöhung des Wertes der Rohstoffbestände (Aktivkonto »Rohstoffe (Bestand)«) und eine ② Verminderung des Bankguthabens (Aktivkonto »Bank«) und damit der Finanzmittel (»Cash«).

Zum anderen bewirkt der Geschäftsvorfall eine ③ Erhöhung der Forderungen gegenüber den Finanzämtern aus gezahlter Einfuhrumsatzsteuer (Aktivkonto »Bezahlte Einfuhrumsatzsteuer«), eine ④ Erhöhung des Aufwandes durch Zölle (Aufwandskonto »Zölle und Einfuhrabgaben«) und damit eine Verminderung des Erfolgs und des Eigenkapitals EK sowie eine ② Verminderung des Bankguthabens (Aktivkonto »Bank«) und damit der Finanzmittel (»Cash«):

SKP03 · SKP04 · IKP Sollkonto	Betrag	an SKP03 · SKP04 · IKP Habenkonto	Betrag
① 3971 · 1010 · 2010 Rohstoffe (Bestand)[1]	1 000,00 €	② 1200 · 1800 · 2800 Bank	1 000,00 €
③ 1588 · 1433 · 2628 Bezahlte Einfuhrumsatzsteuer	202,35 €	② 1200 · 1800 · 2800 Bank	267,35 €
④ 3850 · 5840 · 6099 Zölle und Einfuhrabgaben	65,00 €		

(2) Anschließend wird der Zollbetrag dem Werkstoffbestand an Kunststofffolien als Anschaffungsnebenkosten zugebucht.

Der Geschäftsvorfall bewirkt eine ① Erhöhung des Wertes der Rohstoffbestände (Aktivkonto »Rohstoffe (Bestand)«) und eine ② Auflösung der verbuchten Zölle (Aufwandskonto »Zölle und Einfuhrabgaben«) und damit eine Erhöhung des Erfolgs und des Eigenkapitals EK:

SKP03 · SKP04 · IKP Sollkonto	Betrag	an SKP03 · SKP04 · IKP Habenkonto	Betrag
① 3971 · 1010 · 2010 Rohstoffe (Bestand)[1]	65,00 €	② 3850 · 5840 · 6099 Zölle und Einfuhrabgaben	65,00 €

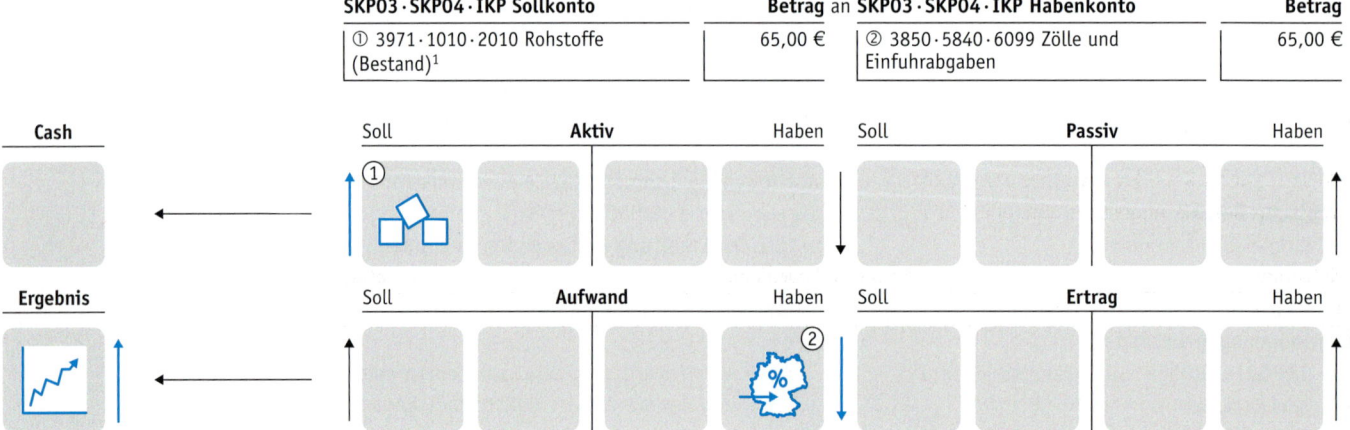

6.4.2.2 Umsatzsteuer bei der Ausfuhr in Drittländer

Wiewohl sie umsatzsteuerbefreit sind, müssen Ausfuhrlieferungen von deutschen Unternehmen an Drittländer bei den Umsatzsteuervoranmeldungen und -erklärungen gesondert ausgewiesen werden. Um entsprechende Umsätze zu erfassen, werden sie deshalb gesondert

- im **Haben** der Ertragskonten »Steuerfreie Umsätze« verbucht.

Typische Belege
- Kopien von Ausgangsrechnungen

Konten [GuV: 1. Umsatzerlöse]
- **SKP03[SKR03]:** 8120 Steuerfreie Umsätze § 4 Nr. 1a UStG
- **SKP04[SKR04]:** 4120 Steuerfreie Umsätze § 4 Nr. 1a UStG
- **IKP[IKR]:** 5050 Steuerfreie Umsätze § 4 Nr. 1a UStG[2]

Ausweis in Steuerformularen
- **Umsatzsteuervoranmeldung:** Weitere steuerfreie Umsätze mit Vorsteuerabzug
- **Umsatzsteuererklärung, Anlage UR:** Ausfuhrlieferungen

Beispiel 6-9

Marc verkauft für die Marcslights GmbH* an ein Unternehmen in den Vereinigten Staaten von Amerika Leuchten zum Preis von 2 000,00 € auf Ziel:

SKP03 · SKP04 · IKP Sollkonto	Betrag	an SKP03 · SKP04 · IKP Habenkonto	Betrag
1400 · 1200 · 2400 Forderungen aus Lieferungen und Leistungen	2 000,00 €	8120 · 4120 · 5050 Steuerfreie Umsätze § 4 Nr. 1a UStG	2 000,00 €

Zwischenübung Kapitel 6.4

Geben Sie für die nachfolgenden Geschäftsvorfälle die Buchungssätze an:

(A) Jill kauft für den Warenbestand der Jillsfood KG* von einem Hersteller in Spanien Wein zum Preis von 500,00 € per Banküberweisung der bei der Lieferung beiliegenden Rechnung:

Sollkonto	Betrag	an Habenkonto	Betrag

Anschließend wird der erworbene spanische Wein auf den Warenbestand umgebucht:

Sollkonto	Betrag	an Habenkonto	Betrag

(B) Jill kauft für den Warenbestand der Jillsfood KG* von einem Hersteller in Südafrika Wein zum Preis von 500,00 € per Banküberweisung der bei der Lieferung beiliegenden Rechnung und überweist zugleich an die Zollbehörden den Zollbetrag von 10,00 € und die Einfuhrumsatzsteuer:

Sollkonto		Betrag an Habenkonto		Betrag

(C) Jill verkauft für die Jillsfood KG* an ein Café in Wien selbst gemachte Mango-Lychee-Marmelade zum Preis von 1 000,00 € auf Ziel:

Sollkonto		Betrag an Habenkonto		Betrag

(D) Jill verkauft für die Jillsfood KG* an ein Café in New York selbst gemachte Mango-Lychee-Marmelade zum Preis von 1 100,00 € auf Ziel:

Sollkonto		Betrag an Habenkonto		Betrag

6.5 Umsatzsteuervoranmeldungen und -erklärungen

Lernziel 6-5
Die Angaben für die Umsatzsteuervoranmeldungen und -erklärungen ermitteln können.

- Einordnung innerhalb der Jahresabschlussrechnungen
- Gesetzliche Rahmenbedingungen der Umsatzbesteuerung
- Umsatzsteuer bei inländischen Umsätzen
- Umsatzsteuer bei grenzüberschreitenden Umsätzen
- Umsatzsteuervoranmeldungen und -erklärungen
- Abschluss der Umsatzsteuerkonten

6.5.1 Ermittlung und Verprobung der zu meldenden Angaben

Die Ermittlung der Angaben, die im Rahmen der vierteljährlichen oder monatlichen Umsatzsteuervoranmeldungen (↗ Kapitel 6.2.7) und der jährlichen Umsatzsteuererklärungen an die Finanzämter zu melden sind, erfolgt in Buchführungssoftwaresystemen in der Regel automatisch außerhalb der eigentlichen Buchführung über zeitraumbezogene Auswertungen der entsprechenden Konten. Ein Abschluss der Umsatzsteuerkonten ist dazu nicht erforderlich, kann aber für die manuelle Ermittlung durchgeführt werden (↗ Kapitel 6.6).

Im Rahmen der Umsatzsteuervoranmeldungen und der Umsatzsteuererklärungen kommt es zugleich aufgrund des Aufbaus der dafür verwendeten elektronischen Formulare zu einer sogenannten *Umsatzsteuerverprobung*. Darunter wird die Überprüfung der in der Buchführung ermittelten Umsatzsteuerbeträge anhand von deren Bemessungsgrundlagen verstanden.

Zur Durchführung der Verprobung werden zuerst auf Basis der Buchführungsdaten nach Umsatzsteuersätzen getrennt die Bemessungsgrundlagen der Umsatzsteuern ermittelt, indem die Summen der umsatzsteuerpflichtigen Nettoentgelte inklusive An- und Vorauszahlungen, die das Unternehmen im Verprobungszeitraum erhalten hat, gebildet werden. Diese Beträge werden auf volle Euro abgerundet und in die elektronischen Formulare für die Umsatzsteuervoranmeldungen beziehungsweise die Umsatzsteuererklärungen eingegeben.

Nach der Eingabe werden die Umsatzsteuerbeträge automatisch durch Multiplikation mit den jeweiligen Umsatzsteuersätzen auf Eurocent genau berechnet. Zur Verprobung werden die so ermittelten Umsatzsteuerbeträge dann mit den auf den Umsatzsteuerkonten vorhandenen Beträgen verglichen, wobei es nur zu Abweichungen aufgrund von Rundungen kommen darf. Kommt es zu größeren Abweichungen, so müssen die Fehlerursachen gesucht und beseitigt werden.

Aufgrund der Abrundung der Bemessungsgrundlagen ist dabei regelmäßig etwas weniger Umsatzsteuer an die Finanzämter abzuführen, als gemäß der Buchführung abgeführt werden müsste. Dadurch verbleiben auf den Umsatzsteuerkonten Restbeträge im Eurocent-Bereich.

Beispiel 6-10

(1) Ein Unternehmen*, das zur monatlichen Voranmeldung der Umsatzsteuer verpflichtet ist, verbucht in einem Monat folgende Umsatzerlöse zuzüglich einer Umsatzsteuer von 19 %:

▸ 13 749,17 € zuzüglich 2 612,34 € Umsatzsteuer,
▸ 10 850,23 € zuzüglich 2 061,54 € Umsatzsteuer und
▸ 38 792,44 € zuzüglich 7 370,56 € Umsatzsteuer.

Daraus und aus Vorsteuern, die bei Käufen an die Lieferanten abgeführt wurden, ergeben sich auf den für die Umsatzsteuervoranmeldungen relevanten Konten des Unternehmens während des Monats folgende Eintragungen:

Abb. 6-7

In der Regel erfolgen die Umsatzsteuervoranmeldungen jeweils nach den Voranmeldungszeiträumen und die Umsatzsteuererklärungen jeweils nach der letzten Umsatzsteuervoranmeldung des Kalenderjahres.

Soll	8400 · 4400 · 5100 Erlöse 19 % USt	Haben
		13 749,17 €
		10 850,23 €
		38 792,44 €

Soll	1776 · 3806 · 4805 Umsatzsteuer 19 %	Haben
		2 612,34 €
		2 061,54 €
		7 370,56 €

Soll	1571 · 1401 · 2601 Abziehbare Vorsteuer 7 %	Haben
333,33 €		
444,44 €		

Soll	1576 · 1406 · 2605 Abziehbare Vorsteuer 19 %	Haben
1 111,11 €		
808,08 €		

6.5 Die Buchungen zur Abbildung der Umsatzbesteuerung
Umsatzsteuervoranmeldungen und -erklärungen

(2) Im Rahmen der Umsatzsteuervoranmeldung wird, basierend auf den Eintragungen im Erlöskonto, die auf volle Euro abgerundete Summe der Erlöse als Bemessungsgrundlage in das Feld »Steuerpflichtige Umsätze zum Steuersatz 19 v.H.« des Voranmeldungsformulars eingegeben:

	Umsatz	13 749,17 €
+	Umsatz	10 850,23 €
+	Umsatz	38 792,44 €
=	Summe	63 391,84 €
=	Summe abgerundet	63 391,00 €

(3) Auf Basis der abgerundeten Summe wird dann der abzuführende Umsatzsteuerbetrag auf Eurocent genau berechnet und in dem Formular neben der Bemessungsgrundlage eingetragen:

63 391,00 € × 19 % = 12 044,29 €

(4) Zur Verprobung dieses Betrages wird, basierend auf den Eintragungen im Umsatzsteuerkonto, die Umsatzsteuersumme berechnet:

	Umsatzsteuer 19 %	2 612,34 €
+	Umsatzsteuer 19 %	2 061,54 €
+	Umsatzsteuer 19 %	7 370,56 €
=	Summe	12 044,44 €

(5) Die Verprobung ergibt dann folgende tolerierbare Abweichung:

	Umsatzsteuer Buchführung	12 044,44 €
−	Umsatzsteuer Voranmeldung	12 044,29 €
=	Verprobungsdifferenz	0,15 €

(6) Basierend auf den Eintragungen in die Vorsteuerkonten wird danach die nicht gerundete Vorsteuersumme berechnet und in das Feld »Vorsteuerbeträge aus Rechnungen von anderen Unternehmern« des Voranmeldungsformulars eingegeben:

	Vorsteuer 7 %	333,33 €
+	Vorsteuer 7 %	444,44 €
+	Vorsteuer 19 %	1 111,11 €
+	Vorsteuer 19 %	808,08 €
=	Summe	2 696,96 €

(7) Der Betrag im Feld »Verbleibende Umsatzsteuer-Vorauszahlung« ergibt sich zuletzt aus der Differenz der Umsatzsteuer und der Vorsteuerbeträge:

	Umsatzsteuer	12 044,29 €
−	Vorsteuerbeträge	2 696,96 €
=	Umsatzsteuer-Vorauszahlung	9 347,33 €

(8) Damit ergeben sich folgende Eintragungen in das Umsatzsteuerformular:

Posten Umsatzsteuervoranmeldung	Bemessungsgrundlage ohne Umsatzsteuer volle EUR	Umsatzsteuer
Innergemeinschaftliche Lieferungen an Abnehmer mit USt-IdNr.		
Weitere steuerfreie Umsätze mit Vorsteuerabzug (z. B. Ausfuhrlieferungen)		
Steuerpflichtige Umsätze zum Steuersatz von 19 v.H.	63 391 €	12 044,29 €
Steuerpflichtige innergemeinschaftliche Erwerbe zum Steuersatz von 19 v.H.		
Umsatzsteuer		12 044,29 €
Vorsteuerbeträge aus Rechnungen von anderen Unternehmern		2 696,96 €
Vorsteuerbeträge aus dem innergemeinschaftlichen Erwerb von Gegenständen		
Entrichtete Einfuhrumsatzsteuer		
Verbleibende Umsatzsteuer-Vorauszahlung/ Verbleibender Überschuss		9 347,33 €

6.5.2 Begleichung der Zahllast oder des Erstattungsanspruchs

Die Zahllasten oder die Erstattungsansprüche, die im Rahmen von Umsatzsteuervoranmeldungen oder -erklärungen ermittelt und an die Finanzämter gemeldet wurden, werden danach an diese abgeführt oder von diesen zurückerstattet.

In der Praxis ist es üblich, die entsprechenden Zahlungen über das Passivkonto »Umsatzsteuer-Vorauszahlungen« zu verbuchen, das ein Unterkonto des Umsatzsteuerkontos ist.

Alternativ kann die Verbuchung direkt über die Umsatz- und Vorsteuerkonten erfolgen.

Typische Belege
- Kopien von Umsatzsteuervoranmeldungen
- Kopien von Umsatzsteuererklärungen
- Kontoauszüge

Konten [Bilanz: Passiva.C.8. Sonstige Verbindlichkeiten, davon aus Steuern]
- **SKP03 [SKR03]:** 1780 Umsatzsteuer-Vorauszahlungen
- **SKP04 [SKR04]:** 3820 Umsatzsteuer-Vorauszahlungen
- **IKP [IKR]:** 4820 Umsatzsteuer-Vorauszahlungen[2]

Ausweis in Steuerformularen
- **Umsatzsteuervoranmeldung:** Verbleibende Umsatzsteuer-Vorauszahlung/Verbleibender Überschuss
- **Umsatzsteuererklärung:** Noch an die Finanzkasse zu entrichtende Abschlusszahlung/Erstattungsanspruch

Beispiel 6-11

(1) Im Anschluss an die Umsatzsteuervoranmeldung überweist das Unternehmen* aus dem vorangegangen Beispiel (↗ Kapitel 6.5.1) die Zahllast von 9 347,33 € über das Konto »Umsatzsteuer-Vorauszahlungen« an das Finanzamt:

SKP03 · SKP04 · IKP Sollkonto	Betrag	an	SKP03 · SKP04 · IKP Habenkonto	Betrag
1780 · 3820 · 4820 Umsatzsteuer-Vorauszahlungen	9 347,33 €		1200 · 1800 · 2800 Bank	9 347,33 €

(2) **Alternativ:** Die Zahlung kann direkt über die Umsatz- und Vorsteuerkonten verbucht werden:

SKP03 · SKP04 · IKP Sollkonto	Betrag	an	SKR03 · SKR04 · IKR Habenkonto	Betrag
1776 · 3806 · 4805 Umsatzsteuer 19 %	12 044,29 €		1576 · 1406 · 2605 Abziehbare Vorsteuer 19 %	1 919,19 €
			1571 · 1401 · 2601 Abziehbare Vorsteuer 7 %	777,77 €
			1200 · 1800 · 2800 Bank	9 347,33 €

Zwischenübung Kapitel 6.5

Aufgrund der Buchungssätze bei der ↗ Zwischenübung Kapitel 6.3 und der ↗ Zwischenübung Kapitel 6.4 ergaben sich auf den für die Umsatzsteuervoranmeldungen relevanten Konten bei der Jillsfood KG* während eines Voranmeldezeitraums die folgenden Eintragungen:

Soll	1576 · 1406 · 2605 Abziehbare Vorsteuer 19 %	Haben
5,70 €		

Soll	1776 · 3806 · 4805 Umsatzsteuer 19 %	Haben
		379,98 €

6.5 Die Buchungen zur Abbildung der Umsatzbesteuerung
Umsatzsteuervoranmeldungen und -erklärungen

Soll	8400 · 4400 · 5100 Erlöse 19 % USt	Haben
		1 999,90 €

Soll	1574 · 1404 · 2604 Abziehbare Vorsteuer aus innergemeinschaftlichem Erwerb 19 %	Haben
95,00 €		

Soll	1774 · 3804 · 4804 Umsatzsteuer aus innergemeinschaftlichem Erwerb 19 %	Haben
		95,00 €

Soll	3425 · 5425 · 6085 Innergemeinschaftlicher Erwerb	Haben
500,00 €		

Soll	8125 · 4125 · 5055 Steuerfreie innergemeinschaftliche Lieferungen	Haben
		1 000,00 €

Soll	1588 · 1433 · 2628 Bezahlte Einfuhrumsatzsteuer	Haben
96,90 €		

Soll	8120 · 4120 · 5050 Steuerfreie Umsätze	Haben
		1 100,00 €

(1) Ermitteln Sie auf Basis der Eintragungen die in der Umsatzsteuervoranmeldung der Jillsfood KG* zu machenden Angaben:

Posten Umsatzsteuervoranmeldung	Bemessungsgrundlage ohne Umsatzsteuer volle EUR	Umsatzsteuer
Innergemeinschaftliche Lieferungen an Abnehmer mit USt-IdNr.		
Weitere steuerfreie Umsätze mit Vorsteuerabzug (z. B. Ausfuhrlieferungen)		
Steuerpflichtige Umsätze zum Steuersatz von 19 v.H.		
Steuerpflichtige innergemeinschaftliche Erwerbe zum Steuersatz von 19 v.H.		
Umsatzsteuer		
Vorsteuerbeträge aus Rechnungen von anderen Unternehmern		
Vorsteuerbeträge aus dem innergemeinschaftlichen Erwerb von Gegenständen		
Entrichtete Einfuhrumsatzsteuer		
Verbleibende Umsatzsteuer-Vorauszahlung/ Verbleibender Überschuss		

(2) Führen Sie eine Verprobung der Umsatzsteuer auf die inländischen steuerpflichtigen Umsätze zum Steuersatz von 19 % durch:

Posten	Beträge
Umsatzsteuer auf steuerpflichtige Umsätze zum Steuersatz von 19 % gemäß Buchführung	
Umsatzsteuer auf steuerpflichtige Umsätze zum Steuersatz von 19 v.H. gemäß Umsatzsteuervoranmeldung	
Verprobungsdifferenz	0,17 €

(3) Buchen Sie zuletzt die Überweisung der Zahllast in Höhe von 277,21 €:

Sollkonto	Betrag	an	Habenkonto	Betrag
	277,21 €			277,21 €

6.6 Abschluss der Umsatzsteuerkonten

- Einordnung innerhalb der Jahresabschlussrechnungen
- Gesetzliche Rahmenbedingungen der Umsatzbesteuerung
- Umsatzsteuer bei inländischen Umsätzen
- Umsatzsteuer bei grenzüberschreitenden Umsätzen
- Umsatzsteuervoranmeldungen und -erklärungen
- **Abschluss der Umsatzsteuerkonten**

Lernziel 6-6
Die Umsatzsteuerkonten abschließen können.

Die Umsatzsteuerkonten werden im Rahmen der Erstellung der Jahresabschlüsse vor den anderen Bestandskonten abgeschlossen (↗ Kapitel 3.5.2.3). Der Abschluss umfasst alle Umsatzsteuerkonten inklusive der Konten für die Umsatzsteuer aus innergemeinschaftlichem Erwerb und inklusive der Konten für die Einfuhrumsatzsteuer. Durch den Abschluss wird zugleich buchungstechnisch die im Folgejahr noch zu begleichende Zahllast oder der zu begleichende Erstattungsanspruch (↗ Kapitel 6.2.6) ermittelt.

In vielen Buchführungssoftwaresystemen erfolgt der Abschluss der Umsatzsteuerkonten automatisch (DATEV 2010a: Seite 191). Für den manuellen Abschluss gibt es zwei buchungstechnische Möglichkeiten:

(1) Indirekter Abschluss
Bei dem indirekten Abschluss werden die Umsatzsteuerkonten zunächst auf das Passivkonto »Umsatzsteuer-Vorauszahlungen« abgeschlossen. Dadurch erfolgt eine Gegenbuchung zu den dort gegebenenfalls verbuchten Vorauszahlungen der vorangegangenen Quartale beziehungsweise Monate des Kalenderjahrs (↗ Kapitel 6.5.2).

Ergibt sich für das Kalenderjahr beziehungsweise das letzte Quartal oder den letzten Monat des Kalenderjahrs eine Zahllast, so wird das Passivkonto »Umsatzsteuer-Vorauszahlungen« auf das Passivkonto »Verbindlichkeiten aus Steuern und Abgaben« abgeschlossen, ergibt sich ein Erstattungsanspruch, so wird es auf das Aktivkonto »Umsatzsteuerforderungen« abgeschlossen. Auf diesen Konten erfolgt dann im Folgejahr die Gegenbuchung der Begleichung der Zahllast oder des Erstattungsanspruchs (DATEV 2010a: Seite 192 ff.).

(2) Direkter Abschluss
Bei dem direkten Abschluss werden die Umsatzsteuerkonten jeweils auf die korrespondierenden Umsatz- beziehungsweise Vorsteuerkonten mit dem größeren Saldo abgeschlossen, also beispielsweise das Konto »Abziehbare Vorsteuer 7 %« auf das Konto »Umsatzsteuer 7 %« oder das Konto »Abziehbare Vorsteuer 19 %« auf das Konto »Umsatzsteuer 19 %«.

Konten [Bilanz: Aktiva.B.II.4. Sonstige Vermögensgegenstände]
- **SKP03[SKR03]:** 1545 Umsatzsteuerforderungen
- **SKP04[SKR04]:** 1420 Umsatzsteuerforderungen
- **IKP[IKR]:** 2621 Umsatzsteuerforderungen

Konten [Bilanz: Passiva.C.8. Sonstige Verbindlichkeiten, davon aus Steuern]
- **SKP03[SKR03]:** 1736 Verbindlichkeiten aus Steuern und Abgaben · 1780 Umsatzsteuer-Vorauszahlungen
- **SKP04[SKR04]:** 3700 Verbindlichkeiten aus Steuern und Abgaben · 3820 Umsatzsteuer-Vorauszahlungen
- **IKP[IKR]:** 4830 Verbindlichkeiten aus Steuern und Abgaben[2] · 4820 Umsatzsteuer-Vorauszahlungen[2]

6.6 Die Buchungen zur Abbildung der Umsatzbesteuerung
Abschluss der Umsatzsteuerkonten

Beispiel 6-12

Auf den Umsatzsteuerkonten eines Unternehmens* ergaben sich während des Jahres folgende Eintragungen:

Soll	1576 · 1406 · 2605 Abziehbare Vorsteuer 19 %	Haben
190,00 €		

Soll	1776 · 3806 · 4805 Umsatzsteuer 19 %	Haben
		1 900,00 €

Soll	1571 · 1401 · 2601 Abziehbare Vorsteuer 7 %	Haben
700,00 €		

Soll	1771 · 3801 · 4801 Umsatzsteuer 7 %	Haben
		70,00 €

Soll	1780 · 3820 · 4820 Umsatzsteuer-Vorauszahlungen	Haben
0,00 €		0,00 €

(1) Für den indirekten Abschluss werden die Umsatzsteuerkonten zunächst mit folgendem Buchungssatz auf das Konto »Umsatzsteuer-Vorauszahlungen« abgeschlossen:

SKP03 · SKP04 · IKP Sollkonto	Betrag	an SKP03 · SKP04 · IKP Habenkonto	Betrag
1776 · 3806 · 4805 Umsatzsteuer 19 %	1 900,00 €	1780 · 3820 · 4820 Umsatzsteuer-Vorauszahlungen	1 900,00 €
1780 · 3820 · 4820 Umsatzsteuer-Vorauszahlungen	190,00 €	1576 · 1406 · 2605 Abziehbare Vorsteuer 19 %	190,00 €
1771 · 3801 · 4801 Umsatzsteuer 7 %	70,00 €	1780 · 3820 · 4820 Umsatzsteuer-Vorauszahlungen	70,00 €
1780 · 3820 · 4820 Umsatzsteuer-Vorauszahlungen	700,00 €	1571 · 1401 · 2601 Abziehbare Vorsteuer 7 %	700,00 €

(2) Da sich auf dem Konto »Umsatzsteuer-Vorauszahlungen« eine Zahllast ergibt, wird es auf das Konto »Verbindlichkeiten aus Steuern und Abgaben« abgeschlossen:

SKP03 · SKP04 · IKP Sollkonto	Betrag	an SKP03 · SKP04 · IKP Habenkonto	Betrag
1780 · 3820 · 4820 Umsatzsteuer-Vorauszahlungen	1 080,00 €	1736 · 3700 · 4830 Verbindlichkeiten aus Steuern und Abgaben	1 080,00 €

(3) **Alternativ:** Für den direkten Abschluss werden die Umsatzsteuerkonten mit folgendem Buchungssatz jeweils auf das korrespondierende Konto mit dem größeren Saldo abgeschlossen:

SKP03 · SKP04 · IKP Sollkonto	Betrag	an SKP03 · SKP04 · IKP Habenkonto	Betrag
1776 · 3806 · 4805 Umsatzsteuer 19 %	190,00 €	1576 · 1406 · 2605 Abziehbare Vorsteuer 19 %	190,00 €
1771 · 3801 · 4801 Umsatzsteuer 7 %	70,00 €	1571 · 1401 · 2601 Abziehbare Vorsteuer 7 %	70,00 €

Kontierungslexikon Kapitel 6

Kontierung 6-1: Dauerfristverlängerung
Durch Dauerfristverlängerungen ist es Unternehmen, die die Umsatzsteuer monatlich melden, möglich, Umsatzsteuervoranmeldungen und die resultierenden Zahlungen einen Monat später durchzuführen. Im Gegenzug ist eine Sondervorauszahlung in Höhe von 1/11 der Vorauszahlungen des Vorjahres zu leisten:

SKP03 · SKP04 · IKP Sollkonto	Betrag	an	SKP03 · SKP04 · IKP Habenkonto	Betrag
1781 · 3830 · 4821 Umsatzsteuer-Vorauszahlungen 1/11	Vorauszahlungsbetrag		1200 · 1800 · 2800 Bank	Vorauszahlungsbetrag

Schlüsselbegriffe Kapitel 6

- Umsatzsteuer (↗Kapitel 6)
- Verkehrsteuer (↗Kapitel 6)
- Allphasen-Mehrwertsteuer mit Vorsteuerabzug (↗Kapitel 6)
- Mehrwert (↗Kapitel 6)
- Wertschöpfung (↗Kapitel 6)
- Nettobuchführung (↗Kapitel 6)
- Vorsteuer (↗Kapitel 6)
- Eingangsumsatzsteuer (↗Kapitel 6)
- Ausgangsumsatzsteuer (↗Kapitel 6)
- Steuerbarer Umsatz (↗Kapitel 6.2.1)
- Lieferung (↗Kapitel 6.2.1.1)
- Wirtschaftliche Verfügungsmacht (↗Kapitel 6.2.1.1)
- Inland (↗Kapitel 6.2.1.1)
- Sonstige Leistung (↗Kapitel 6.2.1.2)
- Fremdleistung (↗Kapitel 6.2.1.2)
- Drittleistung (↗Kapitel 6.2.1.2)
- Innergemeinschaftlicher Erwerb (↗Kapitel 6.2.1.3)
- Einfuhr (↗Kapitel 6.2.1.4, 6.4.2.1)
- Umsatzsteuerbefreiung (↗Kapitel 6.2.2)
- Unternehmer (↗Kapitel 6.2.2.1)
- Kleinunternehmer (↗Kapitel 6.2.2.1)
- Verbrauchsteuer (↗Exkurs 6-2)
- Soll-Besteuerung (↗Kapitel 6.2.3.2.1)
- Ist-Besteuerung (↗Kapitel 6.2.3.2.2)
- Nettoentgelt (↗Kapitel 6.2.4)
- Umsatzsteuersatz (↗Kapitel 6.2.4)
- Bruttoentgelt (↗Kapitel 6.2.4)
- Durchschnittssatz (↗Kapitel 6.2.4)
- Nebenleistung (↗Kapitel 6.2.5)
- Hauptleistung (↗Kapitel 6.2.5)
- Zahllast (↗Kapitel 6.2.6)
- Umsatzsteuerschuld (↗Kapitel 6.2.6)
- Erstattungsanspruch (↗Kapitel 6.2.6)
- Vorsteuerguthaben (↗Kapitel 6.2.6)
- Besteuerungszeitraum (↗Kapitel 6.2.6)
- Umsatzsteuervoranmeldung (↗Kapitel 6.2.7, 6.5)
- Umsatzsteuererklärung (↗Kapitel 6.2.7, 6.5)
- Nettoverfahren (↗Kapitel 6.3.2)
- Bruttoverfahren (↗Kapitel 6.3.2)
- Bestimmungslandprinzip (↗Kapitel 6.4.1)
- Zusammenfassende Meldung (↗Kapitel 6.4.1.2)
- Umsatzsteuer-Identifikationsnummer (↗Kapitel 6.4.1.2)
- Drittland (↗Kapitel 6.4.2)
- Einfuhrzoll (↗Kapitel 6.4.2.1)
- Zollwert (↗Kapitel 6.4.2.1)
- Zollwertkodex (↗Kapitel 6.4.2.1)
- Zollbetrag (↗Kapitel 6.4.2.1)
- Zollsatz (↗Kapitel 6.4.2.1)
- Zolltarif (↗Kapitel 6.4.2.1)
- Einfuhrumsatzsteuer (↗Kapitel 6.4.2.1)
- Ausfuhr (↗Kapitel 6.4.2.2)
- Umsatzsteuerverprobung (↗Kapitel 6.5.1)

Fragen Kapitel 6

Frage 6-1 (Vertiefung): Was wird von Staaten allgemein über die Umsatzsteuer besteuert? (↗ Kapitel 6)

Frage 6-2: Wer trägt die Umsatzsteuer in Deutschland? (↗ Kapitel 6)

Frage 6-3 (Vertiefung): Welcher Art von Steuern wird die Umsatzsteuer zugerechnet? (↗ Kapitel 6)

Frage 6-4 (Vertiefung): Um welche Art von Umsatzsteuer handelt es sich bei der Umsatzsteuer in Deutschland? (↗ Kapitel 6)

Frage 6-5: Wie erfolgt die Buchführung innerhalb von umsatzsteuerpflichtigen Unternehmen im Hinblick auf die Umsatzsteuer? (↗ Kapitel 6)

Frage 6-6 (Vertiefung): Wie wird die Umsatzsteuer noch bezeichnet, die Unternehmen von ihren Kunden erhalten? (↗ Kapitel 6)

Frage 6-7: Wie wird die Umsatzsteuer noch bezeichnet, die Unternehmen an ihre Lieferanten zahlen? (↗ Kapitel 6)

Frage 6-8: Wie werden noch nicht an die Finanzämter abgeführte Umsatzsteuerbeträge in der Bilanz ausgewiesen? (↗ Kapitel 6.1.1)

Frage 6-9: Wie werden noch nicht von den Finanzämtern zurückerstattete Umsatzsteuerbeträge in der Bilanz ausgewiesen? (↗ Kapitel 6.1.1)

Frage 6-10: Unter welchem Posten werden Umsatzsteuern in der Gewinn- und Verlustrechnung ausgewiesen? (↗ Kapitel 6.1.2)

Frage 6-11 (Vertiefung): Unter welchem Posten der Kapitalflussrechnung werden an die Finanzämter abgeführte Umsatzsteuern ausgewiesen? (↗ Kapitel 6.1.3)

Frage 6-12: Was wird unter steuerbaren Umsätzen verstanden? (↗ Kapitel 6.2.1)

Frage 6-13: Welche Umsätze sind steuerbar? (↗ Kapitel 6.2.1)

Frage 6-14: Worin unterscheiden sich Lieferungen und sonstige Leistungen? (↗ Kapitel 6.2.1)

Frage 6-15: Welche Art von Gütern sind Gegenstand von Lieferungen? (↗ Kapitel 6.2.1.1)

Frage 6-16: Wann entsteht eine Lieferung? (↗ Kapitel 6.2.1.1)

Frage 6-17 (Vertiefung): Welche vier Arten von sonstigen Leistungen gibt es? (↗ Kapitel 6.2.1.2)

Frage 6-18: Was wird unter einer Einfuhr verstanden? (↗ Kapitel 6.2.1.4)

Frage 6-19: Aus welchen Gründen kann es zu einer Umsatzsteuerbefreiung von Wirtschaftssubjekten kommen? (↗ Kapitel 6.2.2)

Frage 6-20: Welche Lieferungen und Leistungen sind aufgrund ihrer Art umsatzsteuerbefreit? (↗ Kapitel 6.2.2.2)

Frage 6-21 (Vertiefung): Welche Steuern besteuert die Umsatzsteuer? (↗ Exkurs 6-2)

Frage 6-22: Wann entsteht die Vorsteuer bei der Beschaffung? (↗ Kapitel 6.2.3.1)

Frage 6-23: Wann entsteht die Umsatzsteuer beim Verkauf bei einer Soll-Besteuerung? (↗ Kapitel 6.2.3.2.1)

Frage 6-24 (Vertiefung): Was wird unter der Ist-Besteuerung verstanden? (↗ Kapitel 6.2.3.2.2)

Frage 6-25 (Vertiefung): Unter welchen Umständen gilt in der Gastronomie der normale Umsatzsteuersatz? (↗ Exkurs 6-3)

Frage 6-26: Für welche Lieferungen und Leistungen gilt der ermäßigte Umsatzsteuersatz beispielhaft? (↗ Kapitel 6.2.4)

Frage 6-27 (Vertiefung): Was wird unter Nebenleistungen verstanden? (↗ Kapitel 6.2.5)

Frage 6-28 (Vertiefung): Welcher Umsatzsteuersatz gilt in der Regel für Nebenleistungen? (↗ Kapitel 6.2.5)

Frage 6-29: Wie werden die Zahllast und der Erstattungsanspruch berechnet? (↗ Kapitel 6.2.6)

Frage 6-30: In welchen Zeitintervallen erfolgen die Umsatzsteuervoranmeldungen? (↗ Kapitel 6.2.7)

Frage 6-31 (Vertiefung): Wie erfolgt die Verbuchung der Umsatzsteuer in Buchführungssoftwaresystemen? (↗ Kapitel 6.3.1, 6.3.2)

Frage 6-32 (Vertiefung): Wie verbuchen umsatzsteuerbefreite Wirtschaftssubjekte die Umsatzsteuer bei der Beschaffung? (↗ Kapitel 6.3.3.2)

Frage 6-33: Welches Prinzip gilt im Hinblick auf die Umsatzsteuer bei innergemeinschaftlichen Erwerben? (↗ Kapitel 6.4.1)

Frage 6-34: Welche Umsatzsteuersätze gelten in der Regel beim innergemeinschaftlichen Erwerb von Gütern? (↗ Kapitel 6.4.1)

Frage 6-35: Warum wird die Vorsteuer aus dem innergemeinschaftlichen Erwerb separat erfasst? (↗ Kapitel 6.4.1.1)

Frage 6-36: An wen wird die Vorsteuer aus dem innergemeinschaftlichen Erwerb abgeführt? (↗ Kapitel 6.4.1.1)

Frage 6-37 (Vertiefung): Wozu dient die Zusammenfassende Meldung? (↗ Kapitel 6.4.1.2)

Frage 6-38: Wozu dient die Umsatzsteuer-Identifikationsnummer? (↗ Kapitel 6.4.1.2)

Frage 6-39: Was wird unter Drittländern verstanden? (↗ Kapitel 6.4.2)

Frage 6-40: Welcher Umsatzsteuer unterliegen Ausfuhren in Drittländer? (↗ Kapitel 6.4.2)

Frage 6-41: Welchen Abgaben unterliegen Einfuhren aus Drittländern? (↗ Kapitel 6.4.2.1)

Frage 6-42 (Vertiefung): Wie ergibt sich der Zollwert? (↗ Kapitel 6.4.2.1)

Frage 6-43 (Vertiefung): Wovon hängt der Zollsatz ab? (↗ Kapitel 6.4.2.1)

Frage 6-44 (Vertiefung): Wie ergibt sich die Bemessungsgrundlage für die Einfuhrumsatzsteuer? (↗ Kapitel 6.4.2.1)

Frage 6-45: Welche Einfuhrumsatzsteuersätze gelten in der Regel bei der Einfuhr von Gütern aus Drittländern? (↗ Kapitel 6.4.2.1)

Frage 6-46 (Vertiefung): Wozu wird eine Umsatzsteuerverprobung durchgeführt? (↗ Kapitel 6.5.1)

Frage 6-47 (Vertiefung): Welche zwei Möglichkeiten gibt es für die Verbuchung der Zahllast oder des Erstattungsanspruchs? (↗ Kapitel 6.5.2)

Frage 6-48 (Vertiefung): Welche zwei Möglichkeiten gibt es, die Umsatzsteuerkonten abzuschließen? (↗ Kapitel 6.6)

Übungen Kapitel 6

Übung 6-1

Geben Sie für die nachfolgenden Geschäftsvorfälle des zweiten Quartals eines Geschäftsjahres aus Sicht der Marcslights GmbH* die Buchungssätze an. Beachten Sie dabei bitte, dass bei manchen Geschäftsvorfällen mehr freie Felder zur Eintragung von Lösungen vorgegeben werden, als erforderlich sind.

(A) Marc kauft für den Warenbestand der Marcslights GmbH* bei einem Hersteller in Deutschland Energiesparlampen zum Preis von 2 000,00 € zuzüglich Umsatzsteuer gegen Banküberweisung der bei der Lieferung beiliegenden Rechnung:

Kapitelreferenzen
↗ Kapitel 6.2, ↗ Kapitel 6.3, ↗ Kapitel 6.4

Sollkonto	Betrag	an Habenkonto	Betrag

(B) Marc kauft für den Warenbestand der Marcslights GmbH* bei einem Hersteller in Italien Energiesparlampen zum Preis von 2 000,00 € gegen Banküberweisung der bei der Lieferung beiliegenden Rechnung:

Sollkonto	Betrag	an Habenkonto	Betrag

(C) Die unter (B) erworbenen italienischen Energiesparlampen werden auf den Warenbestand umgebucht:

6.6 Die Buchungen zur Abbildung der Umsatzbesteuerung
Übungen

Sollkonto	Betrag	an Habenkonto	Betrag

(D) Marc kauft für den Warenbestand der Marcslights GmbH* bei einem Hersteller in China Energiesparlampen zum Preis von umgerechnet 2 000,00 € gegen Banküberweisung der bei der Lieferung beiliegenden Rechnung und überweist zugleich an die Zollbehörden den Zollbetrag von 1 300,00 € und die Einfuhrumsatzsteuer:

Sollkonto	Betrag	an Habenkonto	Betrag

(E) Der unter (D) gezahlte Zollbetrag wird als Anschaffungsnebenkosten auf den Werkstoffbestand an Energiesparlampen umgebucht:

Sollkonto	Betrag	an Habenkonto	Betrag

(F) Marc verkauft für die Marcslights GmbH* Leuchten zum Preis von 4 000,00 € zuzüglich Umsatzsteuer an ein Handelsunternehmen in Deutschland auf Ziel:

Sollkonto	Betrag	an Habenkonto	Betrag

(G) Marc verkauft für die Marcslights GmbH* Leuchten zum Preis von 4 000,00 € an ein Handelsunternehmen in Italien auf Ziel:

Sollkonto	Betrag	an Habenkonto	Betrag

(H) Marc verkauft für die Marcslights GmbH* Leuchten zum Preis von 4 000,00 € an ein Handelsunternehmen in China auf Ziel:

Sollkonto	Betrag	an Habenkonto	Betrag

(I) Marc tankt für die Marcslights GmbH*, wodurch Fahrzeugkosten von 60,00 € zuzüglich Umsatzsteuer entstehen, die er mit der EC-Karte zahlt:

Sollkonto	Betrag	an Habenkonto	Betrag

(J) Für Telefon und Internet werden 200,00 € zuzüglich Umsatzsteuer vom Konto der Marcslights GmbH* eingezogen:

Sollkonto	Betrag	an Habenkonto	Betrag

(K) Marc kauft für die Marcslights GmbH* das Lehrbuch »Buchführung und Jahresabschluss« zum Preis von 29,96 € inklusive Umsatzsteuer mit EC-Karte:

Sollkonto	Betrag	an Habenkonto	Betrag

(L) Marc kauft für die Marcslights GmbH* Postwertzeichen zum Preis von 55,00 € gegen Barzahlung:

Sollkonto	Betrag	an Habenkonto	Betrag

(M) Die Marcslights GmbH* erhält überraschenderweise für eine im dritten Quartal durchzuführende Maschinenwartung bereits vorab eine Rechnung über 1 500,00 € zuzüglich Umsatzsteuer:

Sollkonto	Betrag	an Habenkonto	Betrag

(N) Die Marcslights GmbH* erhält, ohne dass sie eine Rechnung gestellt hat, als Anzahlung auf eine Bestellung von Sonderleuchten für die Ausstattung einer Hochschule, die im dritten Quartal durchgeführt werden soll, 8 000,00 € zuzüglich Umsatzsteuer überwiesen:

Sollkonto	Betrag	an Habenkonto	Betrag

6.6 Die Buchungen zur Abbildung der Umsatzbesteuerung
Übungen

(O) Marc stellt für die Marcslights GmbH* für die durchgeführte Reparatur einer Leuchte einem privaten Kunden eine Rechnung über 100,99 € zuzüglich Umsatzsteuer:

Sollkonto	Betrag	an	Habenkonto	Betrag

(P) Die Marcslights GmbH* erhält für die Fremdleistung »Einrichten einer Buchführungssoftware« von einem umsatzsteuerbefreiten Kleinunternehmer eine Rechnung über 500,00 €:

Sollkonto	Betrag	an	Habenkonto	Betrag

Kapitelreferenzen
/ Kapitel 3.5.2, / Kapitel 6.5, / Kapitel 6.6

Übung 6-2

Unterstützen Sie Marc bei der Durchführung der Umsatzsteuervoranmeldung für die Marcslights GmbH* für das zweite Quartal.

(1) Vervollständigen Sie die nachfolgenden T-Konten um Eintragungen aufgrund der Geschäftsvorfälle der vorangegangenen Übung 6-1 und ermitteln Sie dann die Salden der Konten:

Soll — 1576 · 1406 · 2605 Abziehbare Vorsteuer 19 % — Haben

Soll — 1776 · 3806 · 4805 Umsatzsteuer 19 % — Haben

Soll — 1571 · 1401 · 2601 Abziehbare Vorsteuer 7 % — Haben

Soll — 1588 · 1433 · 2628 Bezahlte Einfuhrumsatzsteuer — Haben

Soll — 1574 · 1404 · 2604 Abziehbare Vorsteuer aus innergemeinschaftlichem Erwerb 19 % — Haben

Soll — 1774 · 3804 · 4804 Umsatzsteuer aus innergemeinschaftlichem Erwerb 19 % — Haben

(2) Geben Sie die Werte an, die für die Umsatzsteuervoranmeldung der Marcslights GmbH* in das Umsatzsteuervoranmeldungsformular eingetragen werden müssen:

Posten Umsatzsteuervoranmeldung	Bemessungsgrundlage ohne Umsatzsteuer volle EUR	Umsatzsteuer
Innergemeinschaftliche Lieferungen an Abnehmer mit USt-IdNr.		
Weitere steuerfreie Umsätze mit Vorsteuerabzug (z. B. Ausfuhrlieferungen)		
Steuerpflichtige Umsätze (und erhaltene Anzahlungen) zum Steuersatz von 19 v.H.		

Posten		Beträge
Steuerpflichtige innergemeinschaftliche Erwerbe zum Steuersatz von 19 v.H.		
Umsatzsteuer		2 679,00 €
Vorsteuerbeträge aus Rechnungen von anderen Unternehmern		
Vorsteuerbeträge aus dem innergemeinschaftlichen Erwerb von Gegenständen		
Entrichtete Einfuhrumsatzsteuer		
Verbleibende Umsatzsteuer-Vorauszahlung/ Verbleibender Überschuss		

(3) Führen Sie eine Verprobung der Umsatzsteuer auf steuerpflichtige Umsätze zum Steuersatz von 19 % durch:

Posten	Beträge
Umsatzsteuer auf steuerpflichtige Umsätze zum Steuersatz von 19 % gemäß Buchführung	
Umsatzsteuer auf steuerpflichtige Umsätze zum Steuersatz von 19 v.H. gemäß Umsatzsteuervoranmeldung	
Verprobungsdifferenz	0,19 €

(4) Geben Sie den Buchungssatz für die Marcslights GmbH* an, um die Zahllast gemäß Umsatzsteuervoranmeldung in Höhe von 1 240,64 € im Anschluss an das Finanzamt zu überweisen:

Sollkonto	Betrag	an Habenkonto	Betrag

(5) Vervollständigen Sie unter der Annahme, dass es während des Geschäftsjahres nur die in der Übung 6-1 aufgeführten Geschäftsvorfälle und keine Vorauszahlung gab, den Buchungssatz, um die Umsatzsteuerkonten der Marcslights GmbH* indirekt auf das Konto »Umsatzsteuer-Vorauszahlungen« abzuschließen:

Sollkonto	Betrag	an Habenkonto	Betrag
1776 · 3806 · 4805 Umsatzsteuer 19 %		1780 · 3820 · 4820 Umsatzsteuer-Vorauszahlungen	
1780 · 3820 · 4820 Umsatzsteuer-Vorauszahlungen	429,40 €		429,40 €
1780 · 3820 · 4820 Umsatzsteuer-Vorauszahlungen	1,96 €		1,96 €
1774 · 3804 · 4804 Umsatzsteuer aus innergemeinschaftlichem Erwerb 19 %		1780 · 3820 · 4820 Umsatzsteuer-Vorauszahlungen	
1780 · 3820 · 4820 Umsatzsteuer-Vorauszahlungen		1574 · 1404 · 2604 Abziehbare Vorsteuer aus innergemeinschaftlichem Erwerb 19 %	
1780 · 3820 · 4820 Umsatzsteuer-Vorauszahlungen		1588 · 1433 · 2628 Bezahlte Einfuhrumsatzsteuer	

6.6 Die Buchungen zur Abbildung der Umsatzbesteuerung
Übungen

(6) Schließen Sie das Konto »Umsatzsteuer-Vorauszahlungen« ab:

Sollkonto	Betrag	an Habenkonto	Betrag

(7) **Alternativ:** Vervollständigen Sie den Buchungssatz, um die Umsatzsteuerkonten der Marcslights GmbH* direkt abzuschließen:

Sollkonto	Betrag	an Habenkonto	Betrag
1776 · 3806 · 4805 Umsatzsteuer 19 %		1576 · 1406 · 2605 Abziehbare Vorsteuer 19 %	
	380,00 €		380,00 €

Übung 6-3

Kapitelreferenzen
↗ Kapitel 6.1, ↗ Kapitel 9.1

Tragen Sie zur Verdeutlichung der Auswirkungen auf die Jahresabschlussrechnungen die Bestandteile der Buchungssätze (A) bis (F) der Übung 6-1 mit den jeweiligen Buchstaben der Buchungssätze, den dazugehörigen Beträgen und einem kurzen Kommentar in die nachfolgende Kapitalflussrechnung (Version: Direkte Methode gemäß Deutsche Rechnungslegungs Standards: Nr. 2 Kapitalflussrechnung, Tabelle 5), Gewinn- und Verlustrechnung (Version: Gesamtkostenverfahren gemäß Handelsgesetzbuch: § 275 Gliederung, Absatz 2) sowie Beständedifferenzenbilanz ein:

Auszahlungen	Kapitalflussrechnung		Einzahlungen
2. Auszahlungen an Lieferanten und Beschäftigte			
(A) Bank, Lampenkauf Deutschland	2 000,00 €		
4. Sonstige Auszahlungen, die nicht der Investitions- oder Finanzierungstätigkeit zuzuordnen sind			
6. Cashflow aus laufender Geschäftstätigkeit	−8 307,00 €		
17. Cashflow aus der Investitionstätigkeit	0,00 €		
22. Cashflow aus der Finanzierungstätigkeit	0,00 €		
23. Zahlungswirksame Veränderungen des Finanzmittelfonds	−8 307,00 €		

Übungen 6.6

Aufwendungen	Gewinn- und Verlustrechnung		Erträge
5. Materialaufwand a) Aufwendungen für Roh-, Hilfs- und Betriebsstoffe und für bezogene Waren			1. Umsatzerlöse
Betriebsergebnis	4 000,00 €		
Finanzergebnis	0,00 €		
14. Ergebnis der gewöhnlichen Geschäftstätigkeit	4 000,00 €		
20. Jahresüberschuss/ Jahresfehlbetrag	4 000,00 €		

Bestandsveränderungen der Aktiva	Beständedifferenzenbilanz		Bestandsveränderungen der Passiva
B. Umlaufvermögen			**A. Eigenkapital**
I. Vorräte 3. Fertige Erzeugnisse und Waren			V. Jahresüberschuss/ Jahresfehlbetrag
II. Forderungen und sonstige Vermögensgegenstände			
1. Forderungen aLuL			**C. Verbindlichkeiten**
4. Sonstige Vermögensgegenstände			8. Sonstige Verbindlichkeiten davon aus Steuern
IV. Flüssige Mittel			
Saldo	5 140,00 €	5 140,00 €	**Saldo**

Lernstandsmonitor Kapitel 6

Kapitel		niedrig	mittel	hoch	Noch lernen
6.1 Einordnung innerhalb der Jahresabschlussrechnungen	Wichtigkeit				
	Eigene Kompetenz				
6.2 Gesetzliche Rahmenbedingungen der Umsatzbesteuerung	Wichtigkeit				
	Eigene Kompetenz				
6.3 Umsatzsteuer bei inländischen Umsätzen	Wichtigkeit				
	Eigene Kompetenz				
6.4 Umsatzsteuer bei grenzüberschreitenden Umsätzen	Wichtigkeit				
	Eigene Kompetenz				
6.5 Umsatzsteuervoranmeldungen und -erklärungen	Wichtigkeit				
	Eigene Kompetenz				
6.6 Abschluss der Umsatzsteuerkonten	Wichtigkeit				
	Eigene Kompetenz				

7 Die Buchungen im Eigen- und im Fremdkapital zur Abbildung von Finanzierungsprozessen

Kapitelnavigator

Inhalt	Lernziel
7.1 Einordnung innerhalb der Jahresabschlussrechnungen	7-1 Die Auswirkungen von Buchungen zur Abbildung von Finanzierungsprozessen auf die Jahresabschlussrechnungen kennen.
7.2 Beteiligungsfinanzierung	7-2 Beteiligungsfinanzierungen verbuchen können.
7.3 Selbstfinanzierung	7-3 Selbstfinanzierungen verbuchen können.
7.4 Kreditfinanzierung	7-4 Die wichtigsten Formen der Kreditfinanzierung verbuchen können.
7.5 Finanzierung aus Rückstellungen	7-5 Finanzierungen aus Rückstellungen als Finanzierungsform kennen.
7.6 Kapitalsubstitution durch Miete, Pacht und Leasing	7-6 Die wichtigsten Formen der Kapitalsubstitution durch Miete, Pacht und Leasing verbuchen können.

Als Jill und Marc mit ihrer unternehmerischen Tätigkeit begannen, mussten sie zuerst ihre Unternehmen mit Kapital ausstatten. Dieser Vorgang wird als Finanzierung bezeichnet.

Die *Finanzierungsprozesse* umfassen dabei sowohl in der Gründungs- als auch in der anschließenden Umsatzphase alle Aktivitäten, die sich auf den Umfang und die Zusammensetzung des auf der Passivseite der Bilanz ausgewiesenen Kapitals von Unternehmen auswirken. Der Finanzierungsbedarf ergibt sich aus den Mitteln, die im Anlage- und im Umlaufvermögen gebunden sind. Innerhalb der Finanzierungsprozesse werden drei Phasen unterschieden (⁊ Abbildung 7-2):

▸ Die Zuführung des Kapitals erfolgt in der *Finanzierungsphase*.
▸ Als Gegenleistung für die anschließende *Kapitalnutzung* erhalten Unternehmenseigner in der Regel *Ausschüttungen* und Fremdkapitalgeber in der Regel *Zinsen*.
▸ Zuletzt erfolgt die Rückführung des Kapitals in der *Definanzierungsphase*.

7 Die Buchungen im Eigen- und im Fremdkapital zur Abbildung von Finanzierungsprozessen

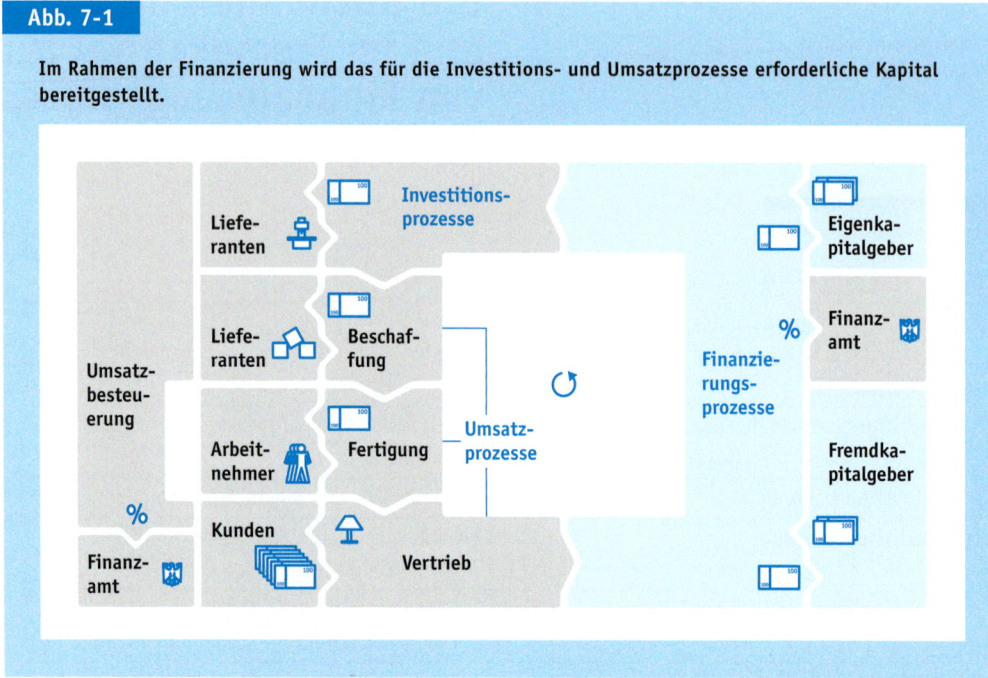

Abb. 7-1

Im Rahmen der Finanzierung wird das für die Investitions- und Umsatzprozesse erforderliche Kapital bereitgestellt.

Die Möglichkeiten der Finanzierung lassen sich nach dem Rechtsverhältnis zu den Kapitalgebern unterteilen in:
- die *Eigenfinanzierung*, die aufzeigt, welche Mittel Unternehmen von ihren Unternehmenseignern zeitlich unbefristet in haftender Weise zur Verfügung gestellt werden, und
- die *Fremdfinanzierung*, die aufzeigt, welche Mittel Unternehmen von ihren Gläubigern zeitlich befristet mit festem Rückzahlungsanspruch in nicht haftender Weise zur Verfügung gestellt werden.

Nach der Herkunft des Kapitals lassen sich die Möglichkeiten der Finanzierung unterteilen in:
- die *Außenfinanzierung*, bei der von Kapitalgebern außerhalb des Unternehmens eingebrachte finanzielle Mittel zur Finanzierung verwendet werden, und
- die *Innenfinanzierung*, bei der vom Unternehmen selbst erzeugte finanzielle Mittel zur Finanzierung verwendet werden.

Aus der Kombination der vorgenannten Möglichkeiten ergeben sich vier Formen der Finanzierung, nämlich (↗ Abbildung 7-7):
- die Beteiligungsfinanzierung,
- die Selbstfinanzierung,

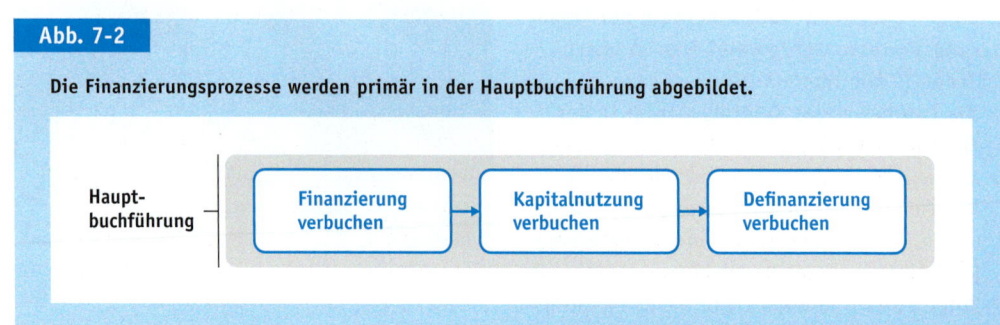

Abb. 7-2

Die Finanzierungsprozesse werden primär in der Hauptbuchführung abgebildet.

- die Kreditfinanzierung und
- die Finanzierung aus Rückstellungen.

Das nachfolgende Kapitel wurde entsprechend der Finanzierungsformen gegliedert. Zur Orientierung werden wir uns zuerst anschauen, wie sich Finanzierungsprozesse auf die Jahresabschlussrechnungen auswirken. Dann werden wir uns innerhalb der verschiedenen Finanzierungsformen näher mit der Verbuchung der Finanzierung, der Kapitalnutzung und der Definanzierung beschäftigen. Zum Schluss des Kapitels werden wir noch auf die verschiedenen Formen der Kapitalsubstitution eingehen.

7.1 Einordnung innerhalb der Jahresabschlussrechnungen

- Einordnung innerhalb der Jahresabschlussrechnungen
- Beteiligungsfinanzierung
- Selbstfinanzierung
- Kreditfinanzierung
- Finanzierung aus Rückstellungen
- Kapitalsubstitution durch Miete, Pacht und Leasing

7.1.1 Ausweis in der Bilanz

Die nachfolgend betrachteten Buchungen zur Abbildung von Finanzierungsprozessen können sich insbesondere auf folgende zwei Hauptposten des Kapitals (Gliederung gemäß Handelsgesetzbuch: § 266 Gliederung der Bilanz) auswirken (⌐ Abbildung 7-3):

A. Eigenkapital
Das Eigenkapital zeigt auf, welche Mittel Unternehmen von ihren Eignern zeitlich unbefristet in haftender Weise zur Verfügung gestellt wurden.

Bei Kapitalgesellschaften können von Finanzierungsprozessen folgende Posten des Eigenkapitals betroffen sein:

- **Passiva. A.I. Gezeichnetes Kapital** wird von den Eignern von Kapitalgesellschaften bei der Gründung und bei nachfolgenden Kapitalerhöhungen in die Gesellschaft eingebracht. Es ist das *Haftungskapital* der Unternehmenseigner, weshalb es in der Bilanz stets mit seiner nominellen im Handelsregister eingetragenen Höhe ausgewiesen wird. Bei der Gesellschaft mit beschränkter Haftung entspricht das gezeichnete Kapital dem *Stammkapital*, bei der Aktiengesellschaft dem *Grundkapital* (Handelsgesetzbuch: § 272 Eigenkapital, Absatz 1).
- **Passiva. A.II. Kapitalrücklagen** umfassen das dem Unternehmen neben dem Nominalkapital von außen zugeführte Eigenkapital. Kapitalrücklagen entstehen insbesondere durch das sogenannte *Agio* beziehungsweise *Aufgeld* bei der Ausgabe von Stammanteilen über dem Nennwert (Handelsgesetzbuch: § 272 Eigenkapital, Absatz 2). Kapitalrücklagen können unter Umständen zum Ausgleich von Jahresfehlbeträgen verwendet werden (Coenenberg, A. G. und andere 2009a: Seite 328 f.).
- **Passiva. A.III. Gewinnrücklagen** werden durch die Einbehaltung von Teilen der versteuerten Jahresüberschüsse gebildet (Handelsgesetzbuch: § 272 Eigenkapital, Absatz 3). Sie werden weiter in die nachfolgenden Rücklagen unterteilt.
- **Passiva. A.III.1. Gesetzliche Rücklagen** treten nur bei Aktiengesellschaften und Kommanditgesellschaften auf Aktien auf und dienen insbesondere der Deckung möglicher zukünftiger Verluste. Zu ihrer Bildung sind so lange 5 % des Jahresüberschusses in die gesetzlichen Rücklagen einzustellen, bis diese zusammen mit den Kapitalrücklagen 10 % des Grundkapitals erreichen (Aktiengesetz: § 150 Gesetzliche Rücklage. Kapitalrücklage).
- **Passiva. A.III.3. Satzungsmäßige Rücklagen** werden ohne gesetzliche Vorgaben rein aufgrund von Satzungsbestimmungen gebildet und aufgelöst.

Lernziel 7-1
Die Auswirkungen von Buchungen zur Abbildung von Finanzierungsprozessen auf die Jahresabschlussrechnungen kennen.

7.1 Die Buchungen im Eigen- und im Fremdkapital zur Abbildung von Finanzierungsprozessen
Einordnung innerhalb der Jahresabschlussrechnungen

Abb. 7-3

Die nachfolgend betrachteten Buchungen zur Abbildung von Finanzierungsprozessen können sich insbesondere auf die blau markierten Posten der Jahresabschlussrechnungen auswirken.

Bilanz

Aktiva

A. Anlagevermögen

B. Umlaufvermögen
▸ II. Forderungen und sonstige Vermögensgegenstände
  ▸ 5. Ausstehende Einlagen auf das gezeichnete Kapital

C. Rechnungsabgrenzungsposten

Passiva

A. Eigenkapital
  I. Gezeichnetes Kapital ◂
  – Nicht eingeforderte ausstehende Einlagen ◂
  Eingefordertes Kapital ◂
  II. Kapitalrücklage ◂
  III. Gewinnrücklagen ◂
  1. Gesetzliche Rücklage ◂
  3. Satzungsmäßige Rücklagen ◂
  4. Andere Gewinnrücklagen ◂
  IV. Gewinn-/Verlustvortrag ◂
  V. Jahresüberschuss/-fehlbetrag ◂

B. Rückstellungen

C. Verbindlichkeiten
  1. Anleihen, ◂
  davon konvertibel ◂
  2. Verbindlichkeiten gegenüber Kreditinstituten ◂
  6. Verbindlichkeiten gegenüber verbundenen Unternehmen ◂
  7. Verbindlichkeiten gegenüber Unternehmen, mit denen ein ◂
  Beteiligungsverhältnis besteht
  8. Sonstige Verbindlichkeiten, ◂
  davon aus Steuern ◂

Gewinn- und Verlustrechnung

Aufwendungen

▸ 7. Abschreibungen
  ▸ a) auf immaterielle Vermögensgegenstände des Anlagevermögens und Sachanlagen
▸ 8. Sonstige betriebliche Aufwendungen

Betriebsergebnis

▸ 13. Zinsen und ähnliche Aufwendungen

Finanzergebnis

20. Jahresüberschuss

Erträge

Kapitalflussrechnung

Auszahlungen

▸ 2. Auszahlungen an Lieferanten und Beschäftigte
▸ 4. Sonstige Auszahlungen, die nicht der Investitions- oder Finanzierungstätigkeit zuzuordnen sind

6. Cashflow aus laufender Geschäftstätigkeit

▸ 19. Auszahlungen an Unternehmenseigner und Minderheitsgesellschafter
▸ 21. Auszahlungen aus der Tilgung von Anleihen und (Finanz-)Krediten

22. Cashflow aus der Finanzierungstätigkeit

Einzahlungen

18. Einzahlungen aus Eigenkapitalzuführungen ◂
20. Einzahlungen aus der Begebung von Anleihen und der Aufnahme ◂ von (Finanz-)Krediten

Einordnung innerhalb der Jahresabschlussrechnungen **7.1**

▸ **Passiva. A.III.4. Andere Gewinnrücklagen** sind ein Sammelposten für alle nicht im gesetzlichen Gliederungsschema der Bilanz vorgegebenen Arten von Gewinnrücklagen. Einstellungen in die anderen Gewinnrücklagen erfolgen bei der Gesellschaft mit beschränkter Haftung aufgrund von Beschlüssen der Gesellschafterversammlung. Bei Aktiengesellschaften und Kommanditgesellschaften auf Aktien erfolgen Einstellungen aufgrund von Beschlüssen des Vorstands und des Aufsichtsrats, die im Rahmen der teilweisen Ergebnisverwendung bis zu 50 % des Jahresüberschusses in diesen Posten einstellen dürfen, und/oder der Hauptversammlung (Aktiengesetz: § 58 Verwendung des Jahresüberschusses).

▸ **Passiva. A.IV. Gewinnvortrag/Verlustvortrag** ist der nicht verwendete Teil des Bilanzgewinns/Bilanzverlustes oder des Jahresüberschusses/Jahresfehlbetrages des Vorjahres.

▸ **Passiva. A.V. Jahresüberschuss/Jahresfehlbetrag** ist das in der Gewinn- und Verlustrechnung ermittelte Ergebnis nach Steuern und vor der Verwendung.

Nach der teilweisen Ergebnisverwendung werden die zwei Posten »A.IV. Gewinnvortrag/Verlustvortrag« und »A.V. Jahresüberschuss/Jahresfehlbetrag« durch folgenden Posten ersetzt (↗ Abbildung 7-6):

▸ **Passiva. A.IV Bilanzgewinn/Bilanzverlust** ist der nach der teilweisen Ergebnisverwendung verbleibende Teil des Jahresüberschusses/Jahresfehlbetrages, der den Unternehmenseignern von den Führungs- und Aufsichtsorganen des Unternehmens zur Durchführung der vollständigen Ergebnisverwendung vorgeschlagen wird (Coenenberg, A. G. und andere 2009a: Seite 346).

Falls das gezeichnete Kapital nicht vollständig eingezahlt wurde und die ausstehende Einlage noch nicht eingefordert wurde, sind vom Posten »A.I. Gezeichnetes Kapital« folgende Posten offen abzusetzen:

▸ **Nicht eingeforderte ausstehende Einlagen** (werden negativ ausgewiesen) und
▸ **Eingefordertes Kapital.**

Abb. 7-4

Für die Jahresabschlüsse von Kreditinstituten gelten unter anderem gemäß Handelsgesetzbuch: §§ 340 ff. besondere Regelungen. Die hier aus didaktischen Gründen mit zusammengefassten Posten angegebene Passivseite der Bilanz der Deutschen Bank AG zum 31.12.2010 (Deutsche Bank AG 2011: Seite 51) zeigt unter anderem, dass sich das Kreditinstitut nicht nur über seine Kunden, sondern auch über andere Kreditinstitute finanziert.

Bilanz	Passiva
278 768 Millionen €	Verbindlichkeiten gegenüber Kreditinstituten
242 019 Millionen €	Verbindlichkeiten gegenüber Kunden
134 957 Millionen €	Verbriefte Verbindlichkeiten
881 817 Millionen €	Handelsbestand
1 190 Millionen €	Treuhandverbindlichkeiten
18 514 Millionen €	Sonstige Verbindlichkeiten
871 Millionen €	Rechnungsabgrenzungsposten
–	Passive latente Steuern
6 749 Millionen €	Rückstellungen
58 Millionen €	a) Rückstellungen für Pensionen und ähnliche Verpflichtungen
1 378 Millionen €	b) Steuerrückstellungen
5 313 Millionen €	c) Andere Rückstellungen
19 594 Millionen €	Nachrangige Verbindlichkeiten
2 000 Millionen €	Fonds für allgemeine Bankrisiken
33 685 Millionen €	Eigenkapital
2 354 Millionen €	a) Gezeichnetes Kapital
25 358 Millionen €	b) Kapitalrücklage
	c) Gewinnrücklagen
13 Millionen €	ca) Gesetzliche Rücklage
–	cb) Rücklage für eigene Anteile
5 144 Millionen €	cc) Andere Gewinnrücklagen
816 Millionen €	d) Bilanzgewinn
1 620 164 Millionen €	Summe der Passiva

Falls die ausstehende Einlage eingefordert wurde, ist sie unter folgendem Posten auszuweisen:

▸ **Aktiva.B.II.5. Ausstehende Einlagen auf das gezeichnete Kapital.**

Bei Einzelkaufleuten und Personenhandelsgesellschaften wird das Eigenkapital anders als bei Kapitalgesellschaften ausgewiesen. (Falterbaum, H. und andere 2007: Seite 1142 ff. und Institut der Wirtschaftsprüfer in Deutschland 2006: E 459 ff., Seite 414 ff.). In Anlehnung an Handels-

Abb. 7-5

Bei Einzelkaufleuten und Personenhandelsgesellschaften wird das Eigenkapital anders als bei Kapitalgesellschaften ausgewiesen.

gesetzbuch: § 264c Besondere Bestimmungen für offene Handelsgesellschaften und Kommanditgesellschaften im Sinne des § 264a, Absatz 2 kann eine Untergliederung des Eigenkapitals in folgende Posten erfolgen (↗ Abbildung 7-5):

▸ **Passiva.A.I. Kapital/Gesellschafterkapital/ Kapitalanteile persönlich haftender Gesellschafter** sind die Eigenkapitalanteile der sogenannten *Vollhafter*, die nicht nur mit ihrer Einlage in das Unternehmen haften, sondern auch mit ihrem gesamten Privatvermögen. Vollhafter sind alle Einzelkaufleute, Gesellschafter von Offenen Handelsgesellschaften (Handelsgesetzbuch: § 105, Absatz 1) und Komplementäre von Kommanditgesellschaften (Handelsgesetzbuch: § 161, Absatz 1).

▸ **Passiva.A.I.1. Festkapital**, das auch als *Kapital I* bezeichnet wird, entspricht bei Kapitalgesellschaften dem Eigenkapitalposten »Passiva.A.I. Gezeichnetes Kapital«. Das Festkapital verändert sich nicht durch Aufwendungen und Erträge, sondern nur durch Entnahmen zur Kapitalherabsetzung und durch Einlagen zur Kapitalerhöhung.

▸ **Passiva.A.I.2. Variables Kapital**, das auch als *Kapital II* bezeichnet wird, verändert sich durch die Anteile am Jahresüberschuss oder -fehlbetrag, die der Einzelkaufmann oder die Gesellschafter erhalten, und durch alle Entnahmen und Einlagen des jeweiligen Gesellschafters, die nicht der Kapitalherabsetzung oder Kapitalerhöhung dienen.

▸ **Passiva.A.II. Kapitalanteile Kommanditisten** dienen bei Kommanditgesellschaften dem Ausweis des Festkapitals der Kommanditisten, die als sogenannte *Teilhafter* – so wie die Unternehmenseigner von Kapitalgesellschaften – nur mit ihren im Handelsregister eingetragenen festen Einlagen in das Unternehmen haften (Handelsgesetzbuch: § 161, Absatz 1 und § 171, Absatz 1).

▸ **Passiva.A.II./III. Rücklagen** entsprechen bei Kapitalgesellschaften dem Eigenkapitalposten »Passiva.A.III. Gewinnrücklagen« und können theoretisch bei Personenhandelsgesellschaften in gesamthänderischer Form auftreten.

▸ **Passiva.A.III./IV. Gewinnvortrag/Verlustvortrag** entspricht dem gleichnamigen Posten bei Kapitalgesellschaften und kann theoretisch bei Personenhandelsgesellschaften in gesamthänderischer Form auftreten.

▸ **Passiva.A.II./IV./V. Jahresüberschuss/Jahresfehlbetrag** entspricht dem gleichnamigen Posten bei Kapitalgesellschaften und kann theoretisch bei der Aufstellung der Bilanz vor der Ergebnisverwendung in gesamthänderischer Form auftreten.

C. Verbindlichkeiten
Verbindlichkeiten sind Verpflichtungen zu Zahlungen und Teil des Fremdkapitals, das Unternehmen von ihren Gläubigern zeitlich befristet mit festem Rückzahlungsanspruch in nicht haftender Weise zur Verfügung gestellt wurde. Von den Finanzierungsprozessen können insbesondere die folgenden Posten betroffen sein:

- **Passiva.C.1. Anleihen** sind auf einen bestimmten Nennbetrag ausgestellte, festverzinsliche Wertpapiere, mit denen sich die ausstellenden Unternehmen als Kreditnehmer den Kreditgebern gegenüber zu Tilgungs- und Zinszahlungen verpflichten.
- **Passiva.C.1 Anleihen, davon konvertibel** sind Anleihen, deren Inhaber Umtausch- oder Bezugsrechte auf Aktien und damit die Möglichkeit zur Wandlung von Fremd- in Eigenkapital haben.
- **Passiva.C.2. Verbindlichkeiten gegenüber Kreditinstituten** sind kurz-, mittel- und langfristige Zahlungsverpflichtungen gegenüber Kreditinstituten, wie Banken, die in der Regel durch die Gewährung von Darlehen zustande kommen.
- **Passiva.C.6. Verbindlichkeiten gegenüber verbundenen Unternehmen** sind Zahlungsverpflichtungen gegenüber Unternehmen im selben Konzernverbund, die von diesen unter dem Aktivaposten »A.III.2. Ausleihungen an verbundene Unternehmen« bilanziert werden (↗ Kapitel 8.1.1).
- **Passiva.C.7. Verbindlichkeiten gegenüber Unternehmen, mit denen ein Beteiligungsverhältnis besteht,** sind Zahlungsverpflichtungen gegenüber Unternehmen, die einen Anteil von über 20 % am eigenen Unternehmen halten und die Zahlungsverpflichtungen unter dem Aktivaposten »A.III.4. Ausleihungen an Unternehmen, mit denen ein Beteiligungsverhältnis besteht« bilanzieren (↗ Kapitel 8.1.1).
- **Passiva.C.8. Sonstige Verbindlichkeiten** ergeben sich unter anderem durch noch nicht ausgezahlte Ausschüttungen an die Unternehmenseigner.
- **Passiva.C.8. Sonstige Verbindlichkeiten, davon aus Steuern** ergeben sich unter anderem, wenn eingezogene Kapitalertragsteuern und Solidaritätszuschläge darauf noch nicht an die Finanzämter abgeführt wurden.

Von Finanzierungsprozessen kann darüber hinaus folgender Aktivposten der Bilanz betroffen sein:

- **Aktiva.C. Rechnungsabgrenzungsposten** ergeben sich unter anderem durch die Aufnahme von Darlehen oder die Begebung von Anleihen mit einem Damnum beziehungsweise Disagio, das über mehrere Geschäftsjahre abgeschrieben wird.

7.1.2 Ausweis in der Gewinn- und Verlustrechnung

Die nachfolgend betrachteten Buchungen zur Abbildung von Finanzierungsprozessen können sich insbesondere auf folgende Posten der Gewinn- und Verlustrechnung (Version: Gesamtkostenverfahren gemäß Handelsgesetzbuch: § 275 Gliederung, Absatz 2) auswirken (↗ Abbildung 7-3):

- **7.a) Abschreibungen auf immaterielle Vermögensgegenstände des Anlagevermögens und Sachanlagen** ergeben sich unter anderem durch die Abschreibung von beim Leasingnehmer aktivierten Leasinggegenständen.
- **8. Sonstige betriebliche Aufwendungen** ergeben sich unter anderem durch das Mieten, das Pachten und das Leasing von Anlagegütern.
- **13. Zinsen und ähnliche Aufwendungen** ergeben sich unter anderem durch die Zinsen und das Damnum beziehungsweise Disagio, die Unternehmen für das von ihnen verwendete Fremdkapital aufwenden.
- **20. Jahresüberschuss/Jahresfehlbetrag.**

In einer die Gewinn- und Verlustrechnung erweiternden *Ergebnisverwendungsrechnung* (↗ Kapitel 16.2.2) können sich die nachfolgend betrachteten Buchungen zur Abbildung von Finanzierungsprozessen insbesondere auf folgende Posten auswirken (↗ Abbildung 7-6):

- **21. Gewinnvortrag/Verlustvortrag aus dem Vorjahr.**
- **22. Entnahmen aus der Kapitalrücklage.**
- **23. Entnahmen aus Gewinnrücklagen**
  a) aus der gesetzlichen Rücklage,
  c) aus satzungsmäßigen Rücklagen,
  d) aus anderen Gewinnrücklagen.

- 24. Einstellungen in Gewinnrücklagen
  a) in die gesetzliche Rücklage,
  c) in satzungsmäßige Rücklagen,
  d) in andere Gewinnrücklagen.
- 25. Bilanzgewinn/Bilanzverlust.

7.1.3 Ausweis in der Kapitalflussrechnung

Die nachfolgend betrachteten Buchungen zur Abbildung von Finanzierungsprozessen können sich insbesondere auf folgende Posten der Kapitalflussrechnung (Version: Direkte Methode gemäß Deutsche Rechnungslegungs Standards: Nr. 2 Kapitalflussrechnung, Tabelle 5) auswirken (↗ Abbildung 7-3):

- 2. **Auszahlungen an Lieferanten und Beschäftigte** ergeben sich unter anderm durch die Miete, die Pacht und das Leasing von Anlagegütern.
- 4. **Sonstige Auszahlungen, die nicht der Investitions- oder Finanzierungstätigkeit zuzuordnen sind,** ergeben sich unter anderem durch gezahlte Zinsen (Coenenberg, A. G. und andere 2009a: Seite 839).
- 18. **Einzahlungen aus Eigenkapitalzuführungen (Kapitalerhöhungen, Verkauf eigener Anteile, etc.).**
- 19. **Auszahlungen an Unternehmenseigner und Minderheitsgesellschafter (Dividenden, Erwerb eigener Anteile, Eigenkapitalrückzahlungen, andere Ausschüttungen).**
- 20. **Einzahlungen aus der Begebung von Anleihen und der Aufnahme von (Finanz-)Krediten.**
- 21. **Auszahlungen aus der Tilgung von Anleihen und (Finanz-)Krediten.**

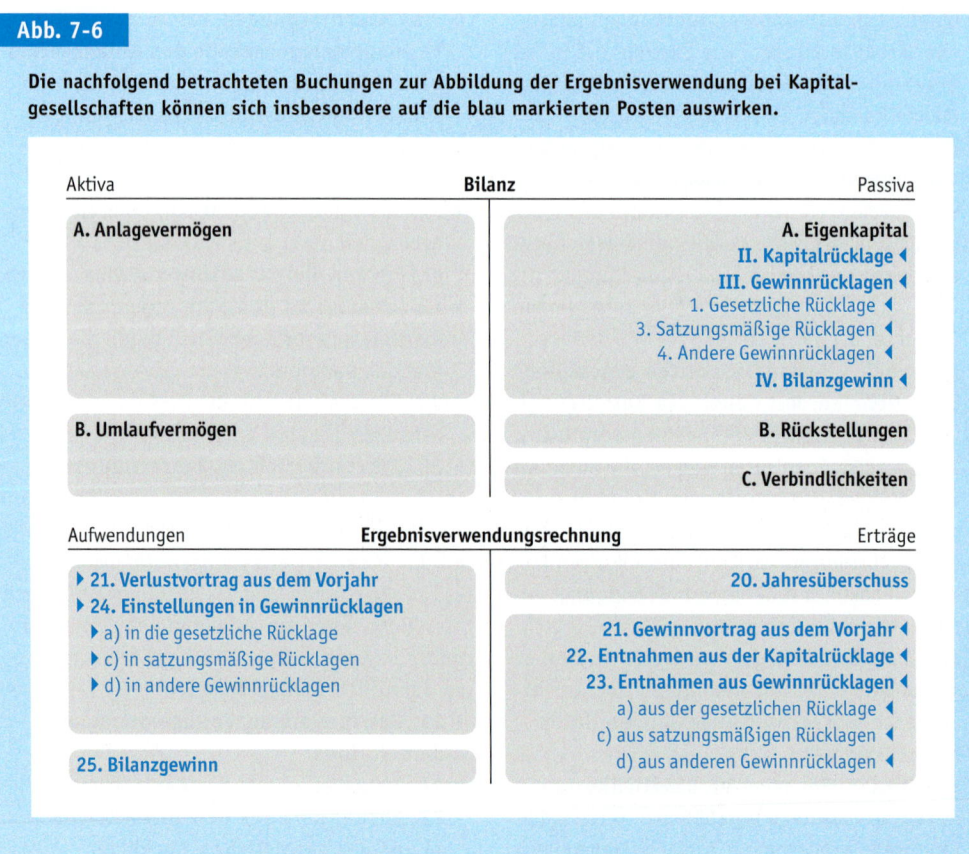

Abb. 7-6

Die nachfolgend betrachteten Buchungen zur Abbildung der Ergebnisverwendung bei Kapitalgesellschaften können sich insbesondere auf die blau markierten Posten auswirken.

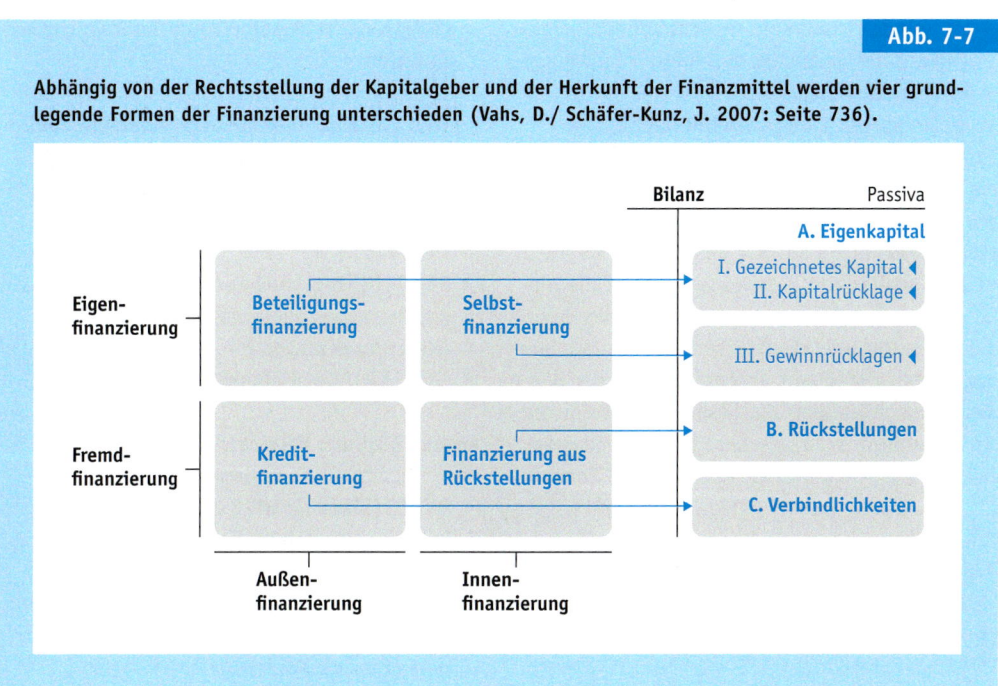

Abb. 7-7

Abhängig von der Rechtsstellung der Kapitalgeber und der Herkunft der Finanzmittel werden vier grundlegende Formen der Finanzierung unterschieden (Vahs, D./ Schäfer-Kunz, J. 2007: Seite 736).

7.2 Beteiligungsfinanzierung

- Einordnung innerhalb der Jahresabschlussrechnungen
- Beteiligungsfinanzierung
- Selbstfinanzierung
- Kreditfinanzierung
- Finanzierung aus Rückstellungen
- Kapitalsubstitution durch Miete, Pacht und Leasing

Bei der Beteiligungsfinanzierung handelt es sich um eine Eigenfinanzierung von außen. Zu einer Beteiligungsfinanzierung kommt es in der Regel bei der Gründung von Unternehmen und bei deren Expansion.

7.2.1 Beteiligungsfinanzierungen von Kapitalgesellschaften

Durch Beteiligungsfinanzierungen von Kapitalgesellschaften kommt es zur Bildung oder zur Heraufsetzung des zum Eigenkapital gehörenden Bilanzpostens »Passiva. A.I. Gezeichnetes Kapital« und, falls ein Agio für die Beteiligung gezahlt wird, des ebenfalls zum Eigenkapital gehörenden Bilanzpostens »Passiva. A.II. Kapitalrücklagen«.

7.2.1.1 Durchführung von Beteiligungsfinanzierungen

Die Verbuchung von Beteiligungsfinanzierungen erfolgt:
- im **Haben** der Passivkonten »Gezeichnetes Kapital« und
- im **Haben** der Passivkonten »Kapitalrücklage durch Ausgabe von Anteilen über Nennbetrag«, wenn ein Agio gezahlt wird, und
- im **Soll** der Aktivkonten »Bank«, wenn das Kapital in Geldform eingebracht wird.

Werden durch die Unternehmenseigner nicht alle vereinbarten Einlagen geleistet, so erfolgt die Verbuchung des ausstehenden Teils zunächst:

Lernziel 7-2
Beteiligungsfinanzierungen verbuchen können.

7.2 Die Buchungen im Eigen- und im Fremdkapital zur Abbildung von Finanzierungsprozessen
Beteiligungsfinanzierung

▸ im **Soll** der Passivkonten »Ausstehende Einlagen auf das gezeichnete Kapital, nicht eingefordert (Passivausweis)«

als Gegenposten zum gezeichneten Kapital. Wenn die ausstehenden Einlagen dann aufgrund eines Gesellschafterbeschlusses eingefordert werden, werden sie von den Passivkonten »Ausstehende Einlagen auf das gezeichnete Kapital, nicht eingefordert (Passivausweis)« auf die Aktivkonten »Ausstehende Einlagen auf das gezeichnete Kapital, eingefordert (Aktivausweis)« umgebucht und damit als Forderungen der Gesellschaft gegenüber den Gesellschaftern bis zu ihrer Begleichung ausgewiesen (Handelsgesetzbuch: § 272 Eigenkapital, Absatz 1 und Coenenberg, A. G. und andere 2009a: Seite 318).

Typische Belege
▸ Bekanntmachungen Bundesanzeiger
▸ Kontoauszüge

Konten [Bilanz: Passiva. A.I. Gezeichnetes Kapital]
▸ **SKP03 [SKR03]**: 0800 Gezeichnetes Kapital
▸ **SKP04 [SKR04]**: 2900 Gezeichnetes Kapital
▸ **IKP [IKR]**: 3000 Gezeichnetes Kapital

Konten [Bilanz: Passiva. A.II. Kapitalrücklage]
▸ **SKP03 [SKR03]**: 0841 Kapitalrücklage durch Ausgabe von Anteilen über Nennbetrag
▸ **SKP04 [SKR04]**: 2925 Kapitalrücklage durch Ausgabe von Anteilen über Nennbetrag

▸ **IKP [IKR]**: 3110 Aufgeld aus der Ausgabe von Anteilen

Konten [Bilanz: Aktiva.B.II.5. Ausstehende Einlagen auf das gezeichnete Kapital]
▸ **SKP03 [SKR03]**: 0810 Ausstehende Einlagen auf das gezeichnete Kapital, eingefordert (Aktivausweis)
▸ **SKP04 [SKR04]**: 0040 Ausstehende Einlagen auf das gezeichnete Kapital, eingefordert (Aktivausweis)
▸ **IKP [IKR]**: 0020 Eingeforderte Einlagen

Konten [Bilanz: Passiva. A.I Nicht eingeforderte ausstehende Einlage]
▸ **SKP03 [SKR03]**: 0820 Ausstehende Einlagen auf das gezeichnete Kapital, nicht eingefordert (Passivausweis)
▸ **SKP04 [SKR04]**: 2910 Ausstehende Einlagen auf das gezeichnete Kapital, nicht eingefordert (Passivausweis)
▸ **IKP [IKR]**: 3050 Noch nicht eingeforderte Einlagen

Beispiel 7-1

(1) Marc gründet die Marcslights GmbH* und zahlt dazu von dem Stammkapital in Höhe von 25 000,00 € aus seinem Privatvermögen 24 000,00 € auf das Bankkonto der Marcslights GmbH* ein. Da kein entsprechender Gesellschafterbeschluss vorliegt, gilt die noch ausstehende Einlage von 1 000,00 € als nicht eingefordert:

SKP03 · SKP04 · IKP Sollkonto	Betrag	an SKP03 · SKP04 · IKP Habenkonto	Betrag
1200 · 1800 · 2800 Bank	24 000,00 €	0800 · 2900 · 3000 Gezeichnetes Kapital	25 000,00 €
0820 · 2910 · 3050 Ausstehende Einlagen auf das gezeichnete Kapital, nicht eingefordert (Passivausweis)	1 000,00 €		

(2) Aufgrund eines Gesellschafterbeschlusses fordert die Marcslights GmbH* Marc zur Zahlung der nach (1) noch ausstehenden Einlage auf, weshalb diese auf die Aktivseite der Bilanz umgebucht wird:

SKP03 · SKP04 · IKP Sollkonto	Betrag	an SKP03 · SKP04 · IKP Habenkonto	Betrag
0810 · 0040 · 0020 Ausstehende Einlagen auf das gezeichnete Kapital, eingefordert (Aktivausweis)	1 000,00 €	0820 · 2910 · 3050 Ausstehende Einlagen auf das gezeichnete Kapital, nicht eingefordert (Passivausweis)	1 000,00 €

(3) Marc zahlt die unter (2) eingeforderte Einlage auf das Bankkonto der Marcslights GmbH* ein:

SKP03·SKP04·IKP Sollkonto	Betrag	an	SKP03·SKP04·IKP Habenkonto	Betrag
1200·1800·2800 Bank	1 000,00 €		0810·0040·0020 Ausstehende Einlagen auf das gezeichnete Kapital, eingefordert (Aktivausweis)	1 000,00 €

(4) Die Marcslights GmbH* erhöht ihr Stammkapital um 5 000,00 € durch Verkauf dieses Anteils an einen Investor für 7 000,00 €, sodass sich ein Agio von 2 000,00 € ergibt:

SKP03·SKP04·IKP Sollkonto	Betrag	an	SKP03·SKP04·IKP Habenkonto	Betrag
1200·1800·2800 Bank	7 000,00 €		0800·2900·3000 Gezeichnetes Kapital	5 000,00 €
			0841·2925·3110 Kapitalrücklage durch Ausgabe von Anteilen über Nennbetrag	2 000,00 €

7.2.1.2 Nutzung von Beteiligungsfinanzierungen

Als Entgelt für die Bereitstellung von Eigenkapital erhalten die Unternehmenseigner von Kapitalgesellschaften Anteile an den Jahresüberschüssen des Vorjahres nach Abzug der Körperschaftsteuer und des Solidaritätszuschlags darauf. Nicht auszuschüttende Anteile können in die Gewinnrücklagen eingestellt werden, wodurch es zu einer *offenen Selbstfinanzierung* kommt, auf die wir im ⁊ Kapitel 7.3 eingehen werden.

Welche Anteile der Jahresüberschüsse ausgeschüttet und welche einbehalten werden, wird in Beschlüssen der Gesellschafterversammlungen der Gesellschaften mit beschränkter Haftung beziehungsweise der Hauptversammlung der Aktiengesellschaften festgelegt und über *Verwendungsrechnungen* dokumentiert. Aus den gesetzlichen Vorgaben für die Ergebnisverwendung von Gesellschaften mit beschränkter Haftung (GmbH-Gesetz: § 29 Ergebnisverwendung) und von Aktiengesellschaften und von Kommanditgesellschaften auf Aktien (Aktiengesetz: § 158 Vorschriften zur Gewinn- und Verlustrechnung, Absatz 1) lässt sich folgende Verwendungsrechnung ableiten (⁊ Abbildung 7-8):

Jahresüberschuss/Jahresfehlbetrag nach Steuern (Bilanz: Passiva. A.V. Jahresüberschuss/Jahresfehlbetrag)
± Verbliebener Gewinnvortrag/Verlustvortrag aus dem Vorjahr (Bilanz: Passiva. A.IV. Gewinnvortrag/Verlustvortrag)
+ Entnahmen aus der Kapitalrücklage (Bilanz: Passiva. A.II. Kapitalrücklage)
+ Entnahmen aus Gewinnrücklagen (Bilanz: Passiva. A.III. Gewinnrücklagen)
= Verwendbares Ergebnis

− Einstellungen in Gewinnrücklagen (Bilanz: Passiva. A.III. Gewinnrücklagen) zur offenen Selbstfinanzierung
= Bilanzgewinn/Bilanzverlust (Bilanz: Passiva. A.IV Bilanzgewinn/Bilanzverlust)

Die Bilanz kann vor oder nach der Ergebnisverwendung aufgestellt werden, wobei der Regelfall die Aufstellung nach der teilweisen Ergebnisverwendung ist (⁊ Kapitel 16.1.5). Im Anschluss an die Aufstellung der Bilanz wird der Jahresüberschuss/Jahresfehlbetrag oder der Bilanzgewinn/Bilanzverlust als Gewinnvortrag/Verlustvortrag ins Folgejahr übertragen. Dort stellt er einen Gewinnvortrag/Verlustvortrag vor der Verwendung dar, aus dem heraus die Ausschüttungen an die Unternehmenseigner erfolgen:

Gewinnvortrag/Verlustvortrag aus dem Vorjahr (Bilanz: Passiva. A.IV. Gewinnvortrag/Verlustvortrag)
− Einstellungen in Gewinnrücklagen (Bilanz: Passiva. A.III. Gewinnrücklagen) zur offenen Selbstfinanzierung
− Ausschüttungen (Bardividende) an die Unternehmenseigner
= Verbleibender Gewinnvortrag/Verlustvortrag aus dem Vorjahr (Bilanz: Passiva. A.IV. Gewinnvortrag/Verlustvortrag)

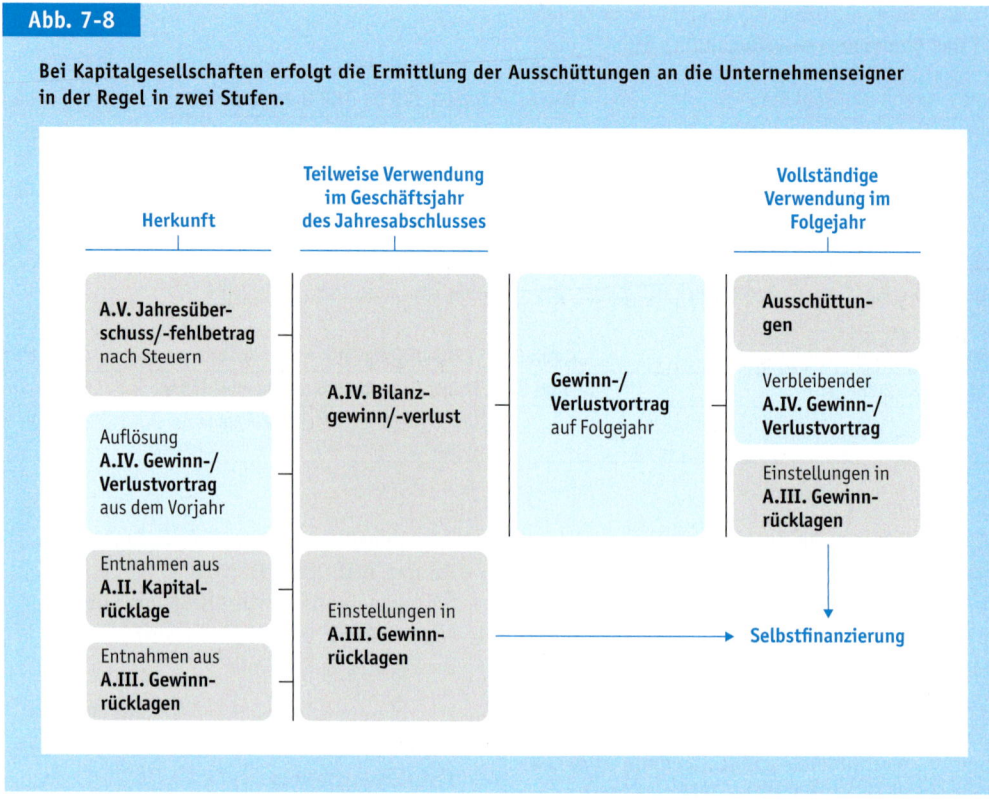

Abb. 7-8

Bei Kapitalgesellschaften erfolgt die Ermittlung der Ausschüttungen an die Unternehmenseigner in der Regel in zwei Stufen.

Der verbleibende Gewinn- oder Verlustvortrag geht dann wieder in die vorher aufgeführte Verwendungsrechnung ein.

Bei der Ergebnisverwendung werden Entnahmen wie Erträge und Einstellungen in die Gewinnrücklagen und in den Gewinnvortrag wie Aufwendungen verbucht. Dadurch sind alle Aufwendungen und Erträge zum Schluss des Geschäftsjahres ausgeglichen, wodurch die Notwendigkeit entfällt, die Aufwands- und Ertragskonten abzuschließen (↗ Kapitel 3.5.2.2).

Beispiel 7-2

Die Vorgehensweise bei der Verbuchung soll nachfolgend am Beispiel der Ergebnisverwendung einer Kapitalgesellschaft* aufgezeigt werden:

	Jahresüberschuss	2 000,00 €
+	Gewinnvortrag	3 000,00 €
+	Entnahmen Kapitalrücklage	4 000,00 €
+	Entnahmen Gewinnrücklagen	5 000,00 €
−	Einstellungen Gewinnrücklagen	6 000,00 €
=	Bilanzgewinn	8 000,00 €

Im Folgejahr erfolgt folgende Verwendung des vorgetragenen Bilanzgewinns:

	Gewinnvortrag	8 000,00 €
−	Einstellungen Gewinnrücklagen	0,00 €
−	Ausschüttung	7 000,00 €
=	Verbleibender Gewinnvortrag	1 000,00 €

7.2.1.2.1 Auflösungen des Gewinn- oder Verlustvortrags des Vorjahres

Im Rahmen der Ergebnisverwendung wird zuerst der nach den Ausschüttungen verbliebene Gewinn- oder Verlustvortrag aus dem Vorjahr aufgelöst.

Auflösungen von Gewinnvorträgen werden wie Erträge verbucht. Die Verbuchung erfolgt:
- im **Soll** der Passivkonten »Gewinnvortrag vor Verwendung« und
- im **Haben** der Erfolgskonten »Gewinnvortrag nach Verwendung«.

Auflösungen von Verlustvorträgen werden wie Aufwendungen verbucht. Die Verbuchung erfolgt:

- im **Soll** der Erfolgskonten »Verlustvortrag nach Verwendung« und
- im **Haben** der Passivkonten »Verlustvortrag vor Verwendung«.

Typische Belege
- Beschlüsse der Gesellschafterversammlung
- Beschlüsse der Hauptversammlung

Konten [Bilanz: Passiva. A.IV. Gewinnvortrag/Verlustvortrag]
- **SKP03[SKR03]:** 0860 Gewinnvortrag vor Verwendung ·
  0868 Verlustvortrag vor Verwendung
- **SKP04[SKR04]:** 2970 Gewinnvortrag vor Verwendung ·
  2978 Verlustvortrag vor Verwendung

- **IKP[IKR]:** 3320 Ergebnisvortrag vor Verwendung[2]

Konten [GuV, erweitert: 21. Gewinnvortrag/Verlustvortrag aus dem Vorjahr]
- **SKP03[SKR03]:** 2860 Gewinnvortrag nach Verwendung ·
  2868 Verlustvortrag nach Verwendung
- **SKP04[SKR04]:** 7700 Gewinnvortrag nach Verwendung ·
  7720 Verlustvortrag nach Verwendung
- **IKP[IKR]:** 3321 Ergebnisvortrag nach Verwendung[1]

Beispiel 7-3

Im Rahmen der Ergebnisverwendung einer Kapitalgesellschaft* wird ein aus dem Vorjahr verbliebener Gewinnvortrag in Höhe von 3 000,00 € aufgelöst:

SKP03 · SKP04 · IKP Sollkonto	Betrag	an	SKP03 · SKP04 · IKP Habenkonto	Betrag
0860 · 2970 · 3320 Gewinnvortrag vor Verwendung	3 000,00 €		2860 · 7700 · 3321 Gewinnvortrag nach Verwendung	3 000,00 €

7.2.1.2.2 Entnahmen aus der Kapitalrücklage

Entnahmen aus der Kapitalrücklage werden wie Erträge verbucht. Die Verbuchung erfolgt:
- im **Soll** der Passivkonten »Kapitalrücklage« und
- im **Haben** der Ertragskonten »Entnahmen aus der Kapitalrücklage«.

Typische Belege
- Beschlüsse der Gesellschafterversammlung
- Beschlüsse der Hauptversammlung

Konten [Bilanz: Passiva. A.II. Kapitalrücklage]
- **SKP03[SKR03]:** 0840 Kapitalrücklage
- **SKP04[SKR04]:** 2920 Kapitalrücklage
- **IKP[IKR]:** 3100 Kapitalrücklage

Konten [GuV, erweitert: 22. Entnahmen aus der Kapitalrücklage]
- **SKP03[SKR03]:** 2795 Entnahmen aus der Kapitalrücklage
- **SKP04[SKR04]:** 7730 Entnahmen aus der Kapitalrücklage
- **IKP[IKR]:** 3330 Entnahmen aus der Kapitalrücklage

Beispiel 7-4

Im Rahmen der Ergebnisverwendung einer Kapitalgesellschaft* wird der Kapitalrücklage 4 000,00 € entnommen:

SKP03 · SKP04 · IKP Sollkonto	Betrag	an	SKP03 · SKP04 · IKP Habenkonto	Betrag
0840 · 2920 · 3100 Kapitalrücklage	4 000,00 €		2795 · 7730 · 3330 Entnahmen aus der Kapitalrücklage	4 000,00 €

7.2.1.2.3 Entnahmen aus den Gewinnrücklagen

Entnahmen aus den Gewinnrücklagen werden wie Erträge verbucht. Die Verbuchung erfolgt:
- im **Soll** der Passivkonten »… Rücklagen« und
- im **Haben** der Ertragskonten »Entnahmen aus … Rücklagen«.

Typische Belege
- Beschlüsse der Gesellschafterversammlung
- Beschlüsse der Hauptversammlung

Konten [Bilanz: Passiva. A.III.1. Gesetzliche Rücklage]
- **SKP03[SKR03]**: 0846 Gesetzliche Rücklage
- **SKP04[SKR04]**: 2930 Gesetzliche Rücklage
- **IKP[IKR]**: 3210 Gesetzliche Rücklagen

Konten [GuV, erweitert: 23.a) Entnahmen aus der gesetzlichen Rücklage]
- **SKP03[SKR03]**: 2796 Entnahmen aus der gesetzlichen Rücklage
- **SKP04[SKR04]**: 7735 Entnahmen aus der gesetzlichen Rücklage
- **IKP[IKR]**: 3340 Veränderungen der Gewinnrücklagen vor Bilanzergebnis

Konten [Bilanz: Passiva. A.III.3. Satzungsmäßige Rücklagen]
- **SKP03[SKR03]**: 0851 Satzungsmäßige Rücklagen
- **SKP04[SKR04]**: 2950 Satzungsmäßige Rücklagen
- **IKP[IKR]**: 3230 Satzungsmäßige Rücklagen

Konten [GuV, erweitert: 23.c) Entnahmen aus satzungsmäßigen Rücklagen]
- **SKP03[SKR03]**: 2797 Entnahmen aus satzungsmäßigen Rücklagen
- **SKP04[SKR04]**: 7745 Entnahmen aus satzungsmäßigen Rücklagen
- **IKP[IKR]**: 3340 Veränderungen der Gewinnrücklagen vor Bilanzergebnis

Konten [Bilanz: Passiva. A.III.4. Andere Gewinnrücklagen]
- **SKP03[SKR03]**: 0855 Andere Gewinnrücklagen
- **SKP04[SKR04]**: 2960 Andere Gewinnrücklagen
- **IKP[IKR]**: 3240 Andere Gewinnrücklagen

Konten [GuV, erweitert: 23.d) Entnahmen aus anderen Gewinnrücklagen]
- **SKP03[SKR03]**: 2799 Entnahmen aus anderen Gewinnrücklagen
- **SKP04[SKR04]**: 7750 Entnahmen aus anderen Gewinnrücklagen
- **IKP[IKR]**: 3340 Veränderungen der Gewinnrücklagen vor Bilanzergebnis

Beispiel 7-5

Im Rahmen der Ergebnisverwendung einer Kapitalgesellschaft* werden den anderen Gewinnrücklagen 5 000,00 € entnommen:

SKP03 · SKP04 · IKP Sollkonto	Betrag	an SKP03 · SKP04 · IKP Habenkonto	Betrag
0855 · 2960 · 3240 Andere Gewinnrücklagen	5 000,00 €	2799 · 7750 · 3340 Entnahmen aus anderen Gewinnrücklagen	5 000,00 €

7.2.1.2.4 Vortrag des Ergebnisses ins Folgejahr

Vorträge eines Jahresüberschusses oder eines Bilanzgewinns auf das Folgejahr werden wie Aufwendungen verbucht. Die Verbuchung erfolgt:
- im **Soll** der Erfolgskonten »Vortrag auf neue Rechnung (GuV)« und
- im **Haben** der Passivkonten »Vortrag auf neue Rechnung (Bilanz)«.

Vorträge eines Jahresfehlbetrages oder eines Bilanzverlustes werden genau umgekehrt verbucht. Die Verbuchung erfolgt:
- im **Soll** der Passivkonten »Vortrag auf neue Rechnung (Bilanz)« und
- im **Haben** der Erfolgskonten »Vortrag auf neue Rechnung (GuV)«.

Das Passivkonto »Vortrag auf neue Rechnung (Bilanz)« wird dann auf das Passivkonto »Gewinnvortrag vor Verwendung« im Folgejahr vorgetragen.

Typische Belege
- Beschlüsse der Gesellschafterversammlung
- Beschlüsse der Hauptversammlung

Konten [Bilanz: Passiva. A.IV. Gewinnvortrag/ Verlustvortrag]
- **SKP03[SKR03]:** 0860 Gewinnvortrag vor Verwendung ·
  0868 Verlustvortrag vor Verwendung ·
  0869 Vortrag auf neue Rechnung (Bilanz)
- **SKP04[SKR04]:** 2970 Gewinnvortrag vor Verwendung ·
  2978 Verlustvortrag vor Verwendung ·
  2979 Vortrag auf neue Rechnung (Bilanz)
- **IKP[IKR]:** 3320 Ergebnisvortrag vor Verwendung[2] ·
  3390 Ergebnisvortrag auf neue Rechnung

Konten [GuV, erweitert: 26. Vortrag auf neue Rechnung]
- **SKP03[SKR03]:** 2869 Vortrag auf neue Rechnung (GuV)
- **SKP04[SKR04]:** 7795 Vortrag auf neue Rechnung (GuV)
- **IKP[IKR]:** 3391 Vortrag auf neue Rechnung (GuV)[1]

Beispiel 7-6

(1) Im Rahmen der Ergebnisverwendung einer Kapitalgesellschaft* werden in den Gewinnvortrag auf das Folgejahr 8 000,00 € eingestellt:

SKP03 · SKP04 · IKP Sollkonto	Betrag	an	SKP03 · SKP04 · IKP Habenkonto	Betrag
2869 · 7795 · 3391 Vortrag auf neue Rechnung (GuV)	8 000,00 €		0869 · 2979 · 3390 Vortrag auf neue Rechnung (Bilanz)	8 000,00 €

(2) Anschließend wird der Gewinnvortrag auf das Passivkonto »Gewinnvortrag vor Verwendung« im Folgejahr eröffnet:

SKP03 · SKP04 · IKP Sollkonto	Betrag	an	SKP03 · SKP04 · IKP Habenkonto	Betrag
9030 · 9030 · 8000 Eröffnungsbilanzkonto	8 000,00 €		0860 · 2970 · 3320 Gewinnvortrag vor Verwendung	8 000,00 €

7.2.1.2.5 Ausschüttungen im Folgejahr

Der ins Folgejahr vorgetragene Jahresüberschuss oder Bilanzgewinn kann für Ausschüttungen an die Unternehmenseigner verwendet werden. Die Ausschüttungen sind zwar von der Umsatzsteuer befreit, sie unterliegen aber der Kapitalertragsteuer von 25 % (AZ 7-1) und dem Solidaritätszuschlag von 5,5 % (AZ 7-2) darauf, die von dem ausschüttenden Unternehmen oder bei börsennotierten Aktiengesellschaften dem Kreditinstitut, das die Wertpapiere verwaltet, einbehalten werden. Die an die Unternehmenseigner auszuzahlende *Nettodividenden* ergeben sich somit über folgende Rechnung:

  Ausschüttungen (Bardividende)
- Kapitalertragsteuer (25 % der Ausschüttungen)
- Solidaritätszuschlag (5,5 % der Kapitalertragsteuer)
= Nettodividende

Die Verbuchung von Ausschüttungen erfolgt als Passivtausch im Eigenkapital:

- im **Soll** der Passivkonten »Gewinnvortrag vor Verwendung« in Höhe der Bardividende,
- im **Haben** der Passivkonten »Verbindlichkeiten gegenüber Gesellschaftern für offene Ausschüttungen« in Höhe der Nettodividende und
- im **Haben** der Passivkonten »Verbindlichkeiten aus Einbehaltungen (KapESt und SolZ auf KapESt)« in Höhe der Kapitalertragsteuer und des Solidaritätszuschlags darauf.

Typische Belege
- Beschlüsse der Gesellschafterversammlung
- Beschlüsse der Hauptversammlung

Konten [Bilanz: Passiva. A.IV. Gewinnvortrag/ Verlustvortrag]
- **SKP03[SKR03]:** 0860 Gewinnvortrag vor Verwendung
- **SKP04[SKR04]:** 2970 Gewinnvortrag vor Verwendung
- **IKP[IKR]:** 3320 Ergebnisvortrag vor Verwendung[2]

Konten [Bilanz: Passiva.C.8. Sonstige Verbindlichkeiten]
- **SKP03[SKR03]**: 0755 Verbindlichkeiten gegenüber Gesellschaftern für offene Ausschüttungen
- **SKP04[SKR04]**: 3519 Verbindlichkeiten gegenüber Gesellschaftern für offene Ausschüttungen
- **IKP[IKR]**: 4858 Verbindlichkeiten gegenüber Gesellschaftern

Konten [Bilanz: Passiva.C.8. Sonstige Verbindlichkeiten, davon aus Steuern]
- **SKP03[SKR03]**: 1746 Verbindlichkeiten aus Einbehaltungen (KapESt und SolZ auf KapESt) für offene Ausschüttungen
- **SKP04[SKR04]**: 3760 Verbindlichkeiten aus Einbehaltungen (KapESt und SolZ auf KapESt) für offene Ausschüttungen
- **IKP[IKR]**: 4830 Verbindlichkeiten aus Steuern und Abgaben[2]

Beispiel 7-7

(1) Im Rahmen der Ergebnisverwendung einer Kapitalgesellschaft* sollen 7 000,00 € an die Gesellschafter ausgeschüttet werden. Damit ergeben sich folgende zu verbuchende Beträge:

Ausschüttungen (Bardividende)	7 000,00 €
− Kapitalertragsteuer	1 750,00 €
− Solidaritätszuschlag	96,25 €
= Nettodividende	5 153,75 €

Die Verbuchung erfolgt im Anschluss an die Ermittlung der Beträge:

SKP03 · SKP04 · IKP Sollkonto	Betrag	an SKP03 · SKP04 · IKP Habenkonto	Betrag
0860 · 2970 · 3320 Gewinnvortrag vor Verwendung	7 000,00 €	0755 · 3519 · 4858 Verbindlichkeiten gegenüber Gesellschaftern für offene Ausschüttungen	5 153,75 €
		1746 · 3760 · 4830 Verbindlichkeiten aus Einbehaltungen (KapESt und SolZ auf KapESt) für offene Ausschüttungen	1 750,00 €
		1746 · 3760 · 4830 Verbindlichkeiten aus Einbehaltungen (KapESt und SolZ auf KapESt) für offene Ausschüttungen	96,25 €

(2) Die Nettodividende wird im Anschluss von der Kapitalgesellschaft* an die Gesellschafter überwiesen und die einbehaltene Kapitalertragsteuer und der Solidaritätszuschlag darauf an das zuständige Betriebsstättenfinanzamt:

SKP03 · SKP04 · IKP Sollkonto	Betrag	an SKP03 · SKP04 · IKP Habenkonto	Betrag
0755 · 3519 · 4858 Verbindlichkeiten gegenüber Gesellschaftern für offene Ausschüttungen	5 153,75 €	1200 · 1800 · 2800 Bank	5 153,75 €
1746 · 3760 · 4830 Verbindlichkeiten aus Einbehaltungen (KapESt und SolZ auf KapESt) für offene Ausschüttungen	1 750,00 €	1200 · 1800 · 2800 Bank	1 846,25 €
1746 · 3760 · 4830 Verbindlichkeiten aus Einbehaltungen (KapESt und SolZ auf KapESt) für offene Ausschüttungen	96,25 €		

7.2.1.3 Rückführung von Beteiligungsfinanzierungen

Zu Definanzierungen kann es durch *Kapitalherabsetzungen* oder durch *Liquidationen* von Unternehmen kommen.

Die Definanzierung wird im Allgemeinen genau umgekehrt zur Beteiligungsfinanzierung verbucht.

Bei der Liquidation von Unternehmen erfolgt vor der Definanzierung in der Regel die Liquidation aller Vermögenswerte und – falls möglich –

die Rückzahlung des kompletten Fremdkapitals, sodass nur noch die Posten »Flüssige Mittel« und »Eigenkapital« übrig bleiben, die durch die Definanzierung aufgelöst werden.

7.2.2 Beteiligungsfinanzierungen von Einzelkaufleuten und Personenhandelsgesellschaften

Bei Einzelkaufleuten und Personenhandelsgesellschaften gibt es anders als bei Kapitalgesellschaften kein gesetzlich vorgeschriebenes gezeichnetes Kapital, das einer Beteiligungsfinanzierung bedarf. In der Regel vereinbaren Gesellschafter aber bei der Gründung und gegebenenfalls in der folgenden Umsatzphase vertraglich, Eigenkapital einzubringen.

7.2.2.1 Durchführung von Beteiligungsfinanzierungen

Die Verbuchung der Beteiligungsfinanzierung erfolgt:

- im **Haben** der Eigenkapitalkonten »Festkapital«, falls es sich um Vollhafter handelt,
- im **Haben** der Eigenkapitalkonten »Kommandit-Kapital«, wenn es sich um Teilhafter handelt, und
- im **Soll** der Aktivkonten »Bank«, wenn das Kapital in Geldform eingebracht wird.

Dabei werden in der Regel für jeden Unternehmenseigner eigene Kapitalkonten geführt.

Typische Belege
- Gesellschaftsverträge
- Gesellschafterbeschlüsse
- Kontoauszüge

Konten [Bilanz: Passiva.A.I.1. Festkapital]
- **SKP03[SKR03]**: 0870 Festkapital
- **SKP04[SKR04]**: 2000 Festkapital
- **IKP[IKR]**: 3000 Festkapitalkonto

Konten [Bilanz: Passiva.A.II. Kapitalanteile Kommanditisten]
- **SKP03[SKR03]**: 0900 Kommandit-Kapital
- **SKP04[SKR04]**: 2050 Kommandit-Kapital
- **IKP[IKR]**: 3000 Festkapitalkonto

Beispiel 7-8

Einzelkaufmann A bringt bei der Gründung seines Einzelunternehmens* zum einen einen Computer im Wert von 1 000,00 € als Festkapital in das Betriebsvermögen des Unternehmens* ein und überweist zum anderen von seinem privaten Bankkonto 2 000,00 € als Festkapital auf das Bankkonto des Unternehmens*:

SKP03 · SKP04 · IKP Sollkonto	Betrag	an	SKP03 · SKP04 · IKP Habenkonto	Betrag
0420 · 0650 · 0860 Büroeinrichtung	1 000,00 €		0870 · 2000 · 3000 Festkapital	1 000,00 €
1200 · 1800 · 2800 Bank	2 000,00 €		0870 · 2000 · 3000 Festkapital	2 000,00 €

Beispiel 7-9

Jill gründet mit ihrer Mutter als Kommanditistin und mit ihr als alleinige geschäftsführende Komplementärin die Jillsfood KG*. Gemäß dem Gesellschaftsvertrag überweist Jill dazu 2 000,00 € von ihrem privaten Bankkonto als Festkapital auf das Bankkonto der Jillsfood KG* und ihre Mutter 8 000,00 € (Hinweis: Die Kapitalkonten von Jill enden mit »1«, die ihrer Mutter mit »2«):

SKP03 · SKP04 · IKP Sollkonto	Betrag	an	SKP03 · SKP04 · IKP Habenkonto	Betrag
1200 · 1800 · 2800 Bank	2 000,00 €		0871 · 2001 · 3001 Festkapital – Jill	2 000,00 €
1200 · 1800 · 2800 Bank	8 000,00 €		0902 · 2052 · 3002 Kommandit-Kapital – Mutter	8 000,00 €

7.2.2.2 Nutzung von Beteiligungsfinanzierungen

Als Entgelt für die Bereitstellung von Eigenkapital erhalten die Einzelkaufleute und die Gesellschafter von Personenhandelsgesellschaften Anteile an den Jahresüberschüssen oder gegebenenfalls -fehlbeträgen.

7.2.2.2.1 Ergebnisverwendung

In der Regel erfolgt die Aufstellung des Jahresabschlusses bei Einzelkaufleuten und Personenhandelsgesellschaften nach der vollständigen Ergebnisverwendung (Beck 2010: § 268, Anmerkung 5).

Während Einzelkaufleuten der volle Jahresüberschuss oder -fehlbetrag zusteht, wird die Verteilung bei Personenhandelsgesellschaften in der Regel im Gesellschaftsvertrag festgelegt. Erfolgt dort keine Festlegung, richtet sich die Verteilung bei der Offenen Handelsgesellschaft nach den Regelungen des Handelsgesetzbuch: § 121 und bei der Kommanditgesellschaft nach den Regelungen des Handelsgesetzbuch: § 167 – § 169.

Für die Verbuchung der Ergebnisverwendung existieren in den DATEV- Standardkontenrahmen spezielle *Ergebnisverwendungskonten*, die nach Vergütungsarten unterteilt sind und den Charakter von Erfolgskonten haben (DATEV 2010a: Seite 56 ff.). Die Verbuchung der Verwendung von Jahresüberschüssen erfolgt damit:

- im **Soll** der entsprechenden Ergebnisverwendungskonten und
- im **Haben** der Eigenkapitalkonten »Variables Kapital« für Vollhafter beziehungsweise
- im **Haben** der Fremdkapitalkonten »Verbindlichkeiten gegenüber Gesellschaftern für offene Ausschüttungen« für Teilhafter, da deren Eigenkapitalanteil fix ist.

Dabei werden in der Regel für jeden Gesellschafter eigene Kapitalkonten geführt. Die Verbuchung der Verwendung von Jahresfehlbeträgen erfolgt umgekehrt zu obiger Buchung.

Typische Belege
- Gesellschaftsverträge
- Gesellschafterbeschlüsse

Konten [Bilanz: Passiva.A.I.2. Variables Kapital]
- **SKP03[SKR03]:** 0880 Variables Kapital
- **SKP04[SKR04]:** 2010 Variables Kapital
- **IKP[IKR]:** 3010 Veränderliches Kapitalkonto

Konten [Bilanz: Passiva.C.8. Sonstige Verbindlichkeiten]
- **SKP03[SKR03]:** 0755 Verbindlichkeiten gegenüber Gesellschaftern für offene Ausschüttungen
- **SKP04[SKR04]:** 3519 Verbindlichkeiten gegenüber Gesellschaftern für offene Ausschüttungen
- **IKP[IKR]:** 4858 Verbindlichkeiten gegenüber Gesellschaftern

Konten [Vergleichbar: GuV, erweitert: 24. Einstellungen in Gewinnrücklagen]
- **SKP03[SKR03]:** 9610 Tätigkeitsvergütung Vollhafter · 9690 Restanteil Vollhafter · 9790 Restanteil Teilhafter
- **SKP04[SKR04]:** 9610 Tätigkeitsvergütung Vollhafter · 9690 Restanteil Vollhafter · 9790 Restanteil Teilhafter
- **IKP[IKR]:** 8020 Gewinn- und Verlustkonto – Gesamtkostenverfahren[2]

Beispiel 7-10

Die Jillsfood KG* hat im letzten Geschäftsjahr einen Jahresüberschuss von 5 000,00 € erwirtschaftet. Gemäß den Regelungen im Gesellschaftsvertrag erhält Jill davon 4 000,00 € als Tätigkeitsvergütung, der Rest wird nach Kapitalanteilen verteilt, weshalb Jill weitere 200,00 € erhält und ihre Mutter 800,00 € (Hinweis: Die Kapitalkonten von Jill enden mit »1«, die ihrer Mutter mit »2«):

SKP03 · SKP04 · IKP Sollkonto	Betrag	an SKP03 · SKP04 · IKP Habenkonto	Betrag
9611 · 9611 · 8020 Tätigkeitsvergütung	4 000,00 €	0881 · 2011 · 3011 Variables Kapital – Jill	4 000,00 €
9791 · 9791 · 8020 Restanteil	200,00 €	0881 · 2011 · 3011 Variables Kapital – Jill	200,00 €
9792 · 9792 · 8020 Restanteil	800,00 €	0755 · 3519 · 4858 Verbindlichkeiten gegenüber Gesellschaftern für offene Ausschüttungen	800,00 €

7.2.2.2.2 Ausschüttungen

Nach der Ergebnisverwendung können die Einzelkaufleute oder Gesellschafter von Personenhandelsgesellschaften in der Regel individuell darüber entscheiden, welcher Anteil ihres variablen Kapitals an sie ausgeschüttet wird. Wenn sie nicht von diesem Recht Gebrauch machen, kommt es durch die einbehaltenen Jahresüberschüsse von Vollhaftern zu einer Selbstfinanzierung (/ Kapitel 7.3).

Anders als bei Kapitalgesellschaften unterliegen die auszuschüttenden Jahresüberschüsse nicht der Kapitalertragsteuer und dem Solidaritätszuschlag darauf, sondern werden über die Einkommensteuer der Unternehmenseigner versteuert.

Die Verbuchung von Ausschüttungen an Vollhafter erfolgt:
- im **Soll** der Privatkonten »Privatentnahmen allgemein«, die Unterkonten des Passivkontos »Variables Kapital« sind und der detaillierteren Erfassung der Veränderungen dieses Postens dienen, und
- im **Haben** der Aktivkonten »Bank«.

Die Verbuchung von Ausschüttungen an Teilhafter erfolgt:
- im **Soll** der Passivkonten »Verbindlichkeiten gegenüber Gesellschaftern für offene Ausschüttungen« und
- im **Haben** der Aktivkonten »Bank«.

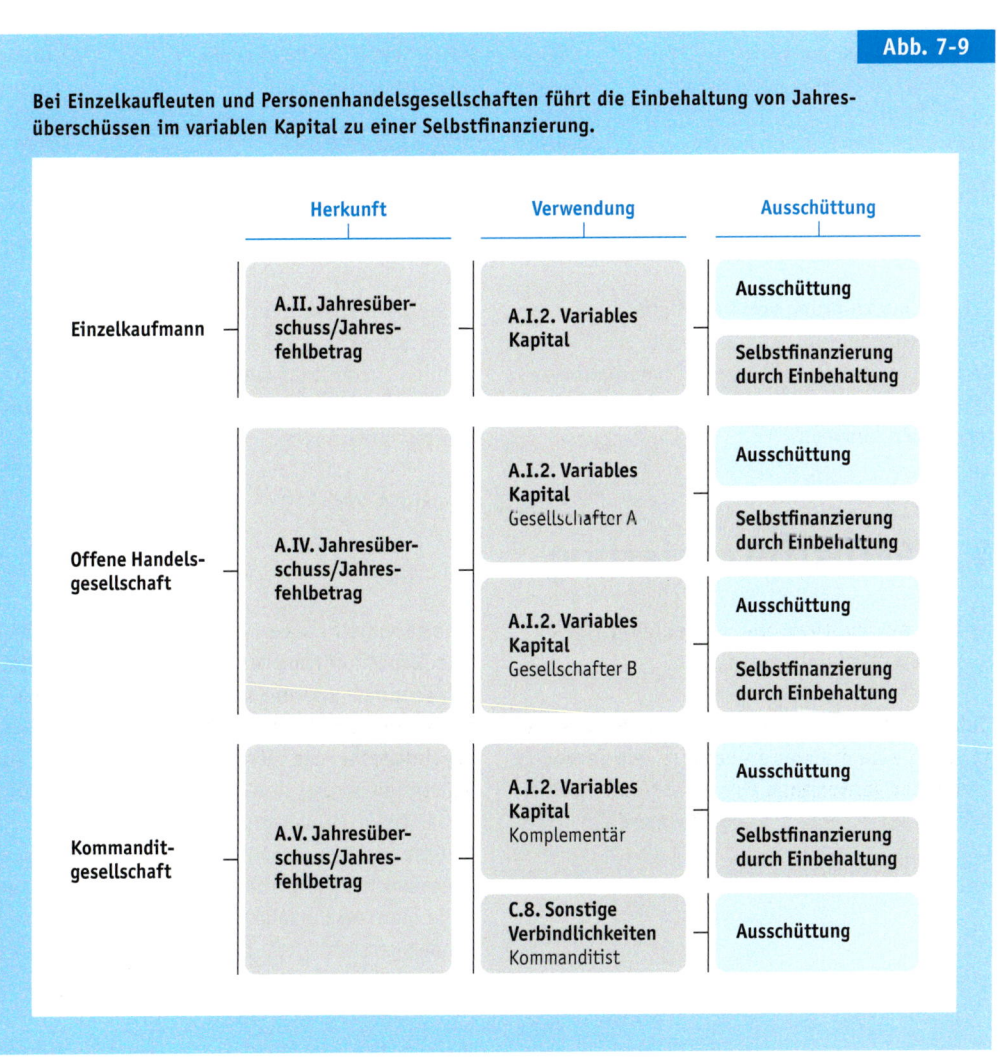

Abb. 7-9

Bei Einzelkaufleuten und Personenhandelsgesellschaften führt die Einbehaltung von Jahresüberschüssen im variablen Kapital zu einer Selbstfinanzierung.

Typische Belege
- Gesellschafterbeschlüsse
- Kontoauszüge

Konten [Bilanz: Passiva.A.I.2. Variables Kapital]
- **SKP03[SKR03]:** 1800 Privatentnahmen allgemein
- **SKP04[SKR04]:** 2100 Privatentnahmen allgemein
- **IKP[IKR]:** 3020 Privatkonto

Konten [Bilanz: Passiva.C.8. Sonstige Verbindlichkeiten]
- **SKP03[SKR03]:** 0755 Verbindlichkeiten gegenüber Gesellschaftern für offene Ausschüttungen
- **SKP04[SKR04]:** 3519 Verbindlichkeiten gegenüber Gesellschaftern für offene Ausschüttungen
- **IKP[IKR]:** 4858 Verbindlichkeiten gegenüber Gesellschaftern

Beispiel 7-11
Von ihrem Anteil am Jahresüberschuss von 4 200,00 € lässt sich Jill 50,00 € ausschütten, während der Anteil der Mutter von 800,00 € komplett an diese ausgeschüttet wird (Hinweis: Die Kapitalkonten von Jill enden mit »1«, die ihrer Mutter mit »2«):

SKP03 · SKP04 · IKP Sollkonto	Betrag	an SKP03 · SKP04 · IKP Habenkonto	Betrag
1801 · 2101 · 3021 Privatentnahmen allgemein – Jill	50,00 €	1200 · 1800 · 2800 Bank	50,00 €
0755 · 3519 · 4858 Verbindlichkeiten gegenüber Gesellschaftern für offene Ausschüttungen	800,00 €	1200 · 1800 · 2800 Bank	800,00 €

7.2.2.3 Rückführung von Beteiligungsfinanzierungen
Zu Definanzierungen kann es durch *Kapitalherabsetzungen* oder durch *Liquidationen* von Unternehmen kommen.

Die Definanzierung wird im Allgemeinen genau umgekehrt zur Beteiligungsfinanzierung verbucht, allerdings sind dabei in der Regel zusätzlich auch die Eigenkapitalkonten »Variables Kapital« aufzulösen.

7.3 Selbstfinanzierung

Lernziel 7-3
Selbstfinanzierungen verbuchen können.

- Einordnung innerhalb der Jahresabschlussrechnungen
- Beteiligungsfinanzierung
- **Selbstfinanzierung**
- Kreditfinanzierung
- Finanzierung aus Rückstellungen
- Kapitalsubstitution durch Miete, Pacht und Leasing

Bei der Selbstfinanzierung handelt es sich um eine Eigenfinanzierung von innen. Während die Beteiligungs- und die Kreditfinanzierung zu einer Aktiv-Passiv-Mehrung führen, erfolgt die Finanzierung bei der hier nur behandelten *offenen Selbstfinanzierung* durch die Vermeidung einer Aktiv-Passiv-Minderung, indem Jahresüberschüsse nicht ausgeschüttet, sondern bei Kapitalgesellschaften in die Gewinnrücklagen eingestellt oder bei Einzelkaufleuten und Personenhandelsgesellschaften im variablen Kapital belassen (↗ Kapitel 7.2.2.2) werden.

7.3.1 Durchführung von Selbstfinanzierungen

Bei Kapitalgesellschaften erfolgen offene Selbstfinanzierungen (↗ Kapitel 7.1.1):
- aufgrund **gesetzlicher Vorgaben**, wenn es sich um Aktiengesellschaften oder Kommanditgesellschaften auf Aktien handelt,
- aufgrund **satzungsmäßiger Vorgaben**, oder
- aufgrund **von Beschlüssen** der Gesellschafterversammlung, der Hauptversammlung oder des Vorstands und des Aufsichtsrats.

Die Vorgehensweise bei der Verbuchung der Selbstfinanzierung hängt bei Kapitalgesellschaften vom Zeitpunkt ab, zu dem sie erfolgt.

7.3.1.1 Selbstfinanzierung im Rahmen der teilweisen Ergebnisverwendung

Wenn bei Kapitalgesellschaften die Einstellungen in die Gewinnrücklagen im Rahmen der teilweisen Ergebnisverwendung (↗ Kapitel 7.2.1.2) durchgeführt werden, erfolgt die Verbuchung:
- im **Haben** der Passivkonten »… Rücklage« und
- im **Soll** der Aufwandskonten »Einstellungen in … Rücklagen«.

Der Vorstand und der Aufsichtsrat dürfen – soweit in der Satzung keine abweichenden Regelungen getroffen wurden – im Rahmen der teilweisen Ergebnisverwendung dabei bis zu 50 % des Jahresüberschusses in die anderen Gewinnrücklagen einstellen (Aktiengesetz: § 58 Verwendung des Jahresüberschusses, Absatz 2, Satz 1).

Typische Belege
- Beschlüsse der Gesellschafterversammlung
- Beschlüsse des Vorstandes und des Aufsichtsrates

Konten [Bilanz: Passiva. A.III.1. Gesetzliche Rücklage]
- **SKP03[SKR03]**: 0846 Gesetzliche Rücklage
- **SKP04[SKR04]**: 2930 Gesetzliche Rücklage
- **IKP[IKR]**: 3210 Gesetzliche Rücklagen

Konten [GuV, erweitert: 24.a) Einstellungen in die gesetzliche Rücklage]
- **SKP03[SKR03]**: 2496 Einstellungen in die gesetzliche Rücklage
- **SKP04[SKR04]**: 7765 Einstellungen in die gesetzliche Rücklage
- **IKP[IKR]**: 3340 Veränderungen der Gewinnrücklagen vor Bilanzergebnis

Konten [Bilanz: Passiva. A.III.3. Satzungsmäßige Rücklagen]
- **SKP03[SKR03]**: 0851 Satzungsmäßige Rücklagen
- **SKP04[SKR04]**: 2950 Satzungsmäßige Rücklagen
- **IKP[IKR]**: 3230 Satzungsmäßige Rücklagen

Konten [GuV, erweitert: 24.c) Einstellungen in satzungsmäßige Rücklagen]
- **SKP03[SKR03]**: 2497 Einstellungen in satzungsmäßige Rücklagen
- **SKP04[SKR04]**: 7775 Einstellungen in satzungsmäßige Rücklagen
- **IKP[IKR]**: 3340 Veränderungen der Gewinnrücklagen vor Bilanzergebnis

Konten [Bilanz: Passiva. A.III.4. Andere Gewinnrücklagen]
- **SKP03[SKR03]**: 0855 Andere Gewinnrücklagen
- **SKP04[SKR04]**: 2960 Andere Gewinnrücklagen
- **IKP[IKR]**: 3240 Andere Gewinnrücklagen

Konten [GuV, erweitert: 24.d) Einstellungen in andere Gewinnrücklagen]
- **SKP03[SKR03]**: 2499 Einstellungen in andere Gewinnrücklagen
- **SKP04[SKR04]**: 7780 Einstellungen in andere Gewinnrücklagen
- **IKP[IKR]**: 3340 Veränderungen der Gewinnrücklagen vor Bilanzergebnis

Beispiel 7-12

Im Rahmen der teilweisen Ergebnisverwendung einer Kapitalgesellschaft* werden 6 000,00 € in die anderen Gewinnrücklagen eingestellt:

SKP03 · SKP04 · IKP Sollkonto	Betrag	an SKP03 · SKP04 · IKP Habenkonto	Betrag
2499 · 7780 · 3340 Einstellungen in andere Gewinnrücklagen	6 000,00 €	0855 · 2960 · 3240 Andere Gewinnrücklagen	6 000,00 €

7.3.1.2 Selbstfinanzierung im Rahmen der vollständigen Ergebnisverwendung

Wenn bei Kapitalgesellschaften die Einstellungen in die Gewinnrücklagen im Rahmen der vollständigen Ergebnisverwendung im Folgejahr zusammen mit den Ausschüttungen (↗ Kapitel 7.2.1.2.5) durchgeführt werden, erfolgt die Verbuchung als Passivtausch im Eigenkapital:

- im **Haben** der Passivkonten »... Rücklage« und
- im **Soll** der Passivkonten »Gewinnvortrag vor Verwendung«.

Typische Belege
- Beschlüsse der Gesellschafterversammlung
- Beschlüsse der Hauptversammlung

Konten [Bilanz: Passiva. A.IV. Gewinnvortrag/ Verlustvortrag]

- **SKP03 [SKR03]**: 0860 Gewinnvortrag vor Verwendung
- **SKP04 [SKR04]**: 2970 Gewinnvortrag vor Verwendung
- **IKP [IKR]**: 3320 Ergebnisvortrag vor Verwendung[2] · [3380] Einstellungen in Gewinnrücklagen nach Bilanzergebnis

Beispiel 7-13

Im Rahmen der vollständige Ergebnisverwendung einer Kapitalgesellschaft* werden 6 000,00 € in die anderen Gewinnrücklagen eingestellt:

SKP03 · SKP04 · IKP Sollkonto	Betrag	an	SKP03 · SKP04 · IKP Habenkonto	Betrag
0860 · 2970 · 3320 Gewinnvortrag vor Verwendung	6 000,00 €		0855 · 2960 · 3240 Andere Gewinnrücklagen	6 000,00 €

7.3.2 Nutzung von Selbstfinanzierungen

Durch die Kapitalnutzung entstehen bei der offenen Selbstfinanzierung in der Regel keine direkt zurechenbaren Aufwendungen oder Auszahlungen.

7.3.3 Rückführung von Selbstfinanzierungen

Die Definanzierung erfolgt genau umgekehrt zur Finanzierung, indem im Rahmen der Ergebnisverwendung bei Kapitalgesellschaften eine Entnahme aus den Gewinnrücklagen (↗ Kapitel 7.2.1.2.3) oder bei Einzelkaufleuten und Personenhandelsgesellschaften aus dem variablen Kapital (↗ Kapitel 7.2.2.2.2) erfolgt, die an die Unternehmenseigner ausgeschüttet wird.

7.4 Kreditfinanzierung

Lernziel 7-4
Die wichtigsten Formen der Kreditfinanzierung verbuchen können.

- Einordnung innerhalb der Jahresabschlussrechnungen
- Beteiligungsfinanzierung
- Selbstfinanzierung
- **Kreditfinanzierung**
- Finanzierung aus Rückstellungen
- Kapitalsubstitution durch Miete, Pacht und Leasing

Bei der Kreditfinanzierung wird von externen Kapitalgebern eingebrachtes Fremdkapital zur Finanzierung verwendet. Zwischen dem Kreditgeber und dem Kreditnehmer besteht bei der Kreditfinanzierung ein schuldrechtlicher Vertrag. Der Kreditgeber hat aber kein Mitwirkungsrecht bei der Geschäftsführung des Kreditnehmers. Anders als bei der Beteiligungsfinanzierung werden zudem im Voraus die Verzinsung und die Tilgung festgelegt. Es gibt sehr viele

7.4.1 Lieferantenkredite

Lieferantenkredite werden Unternehmen in der Regel bei der Beschaffung in Form der Einräumung eines Zahlungsziels von ihren Lieferanten zur Verfügung gestellt. Auf entsprechende Finanzierungsvorgänge wird im ↗ Kapitel 9.2.5 eingegangen.

7.4.2 Kundenkredite

Kundenkredite werden Unternehmen in der Regel beim Verkauf in Form von zinslosen An- oder Vorauszahlungen ihrer Kunden zur Verfügung gestellt. Auf entsprechende Finanzierungsvorgänge wird in den ↗ Kapiteln 8.2.1.3 und 9.4.6 eingegangen.

7.4.3 Kontokorrentkredite

Der Kontokorrentkredit ist eine der am häufigsten benutzten Formen der kurzfristigen Kreditfinanzierung. Er entsteht, wenn die Bankkonten zur Abwicklung des Zahlungsverkehrs, die auch als Kontokorrent- oder Girokonten bezeichnet werden, zur Überbrückung von kurzfristigen Liquiditätsengpässen überzogen werden. Für die kreditnehmenden Unternehmen bestehen dabei mit dem Kreditinstitut verhandelbare Kreditlimits.

7.4.3.1 Aufnahme von Kontokorrentkrediten

Die Aufnahme des Kontokorrentkredits erfolgt automatisch, wenn das Aktivkonto »Bank« durch Auszahlungen im Rahmen von Überweisungen überzogen wird und dadurch quasi den Charakter eines Passivkontos erhält.

Formen der Kreditfinanzierung, weshalb wir nachfolgend nur auf einige der wichtigsten Formen näher eingehen werden.

> **Exkurs 7-1**
>
> **Lieferanten sind die größten Kreditgeber für kurzfristiges Kapital**
>
> Im Jahr 2006 erreichten in der deutschen Wirtschaft die Schulden, die Abnehmer bei ihren Lieferanten hatten, mit etwa 300 Milliarden Euro einen größeren Betrag als die kurzfristigen Kredite von Banken. Säumige Abnehmer waren dabei auch für etwa drei Viertel der Insolvenzen von Lieferanten verantwortlich.
>
> Quellen: Lieferanten sind größte Kreditgeber, in: Handelsblatt Nr. 175 vom 11.09.2006, Seite 37 und Vahs, D./Schäfer-Kunz, J. 2007: Seite 745.

Ist das Aktivkonto »Bank« allerdings am Ende des Geschäftsjahres immer noch überzogen, so muss es zum richtigen Ausweis in der Bilanz auf die Verbindlichkeiten umgebucht werden. Die Verbuchung erfolgt:
- im **Soll** der Aktivkonten »Bank« und
- im **Haben** der Passivkonten »Verbindlichkeiten gegenüber Kreditinstituten – Restlaufzeit bis 1 Jahr«.

Typische Belege
- Kontoauszüge

Konten [Bilanz: Passiva.C.2. Verbindlichkeiten gegenüber Kreditinstituten]
- **SKP03[SKR03]:** 0631 Verbindlichkeiten gegenüber Kreditinstituten – Restlaufzeit bis 1 Jahr
- **SKP04[SKR04]:** 3151 Verbindlichkeiten gegenüber Kreditinstituten – Restlaufzeit bis 1 Jahr
- **IKP[IKR]:** 4210 Verbindlichkeiten gegenüber Kreditinstituten – Restlaufzeit bis 1 Jahr[1]

> **Beispiel 7-14**
>
> Am Ende des Geschäftsjahres ist das Kontokorrentkonto eines Unternehmens* um 100,00 € überzogen. Um es in der Bilanz als Verbindlichkeit auszuweisen, wird das Konto deshalb umgebucht:

SKP03 · SKP04 · IKP Sollkonto	Betrag	an	SKP03 · SKP04 · IKP Habenkonto	Betrag
1200 · 1800 · 2800 Bank	100,00 €		0631 · 3151 · 4210 Verbindlichkeiten gegenüber Kreditinstituten – Restlaufzeit bis 1 Jahr	100,00 €

7.4.3.2 Nutzung von Kontokorrentkrediten

Für die Nutzung von Kontokorrentkrediten zahlen Unternehmen Zinsen an die Kreditinstitute, die in der Regel von dem Kreditinstitut im Rahmen des quartalsmäßigen Kontoabschlusses direkt vom Kontokorrentkonto eingezogen werden. Die Verbuchung der Zinszahlungen erfolgt:

- im **Soll** der Aufwandskonten »Zinsen auf Kontokorrentkonten«.

Es gibt verschiedene Methoden der Zinsberechnung. Nachfolgend wird die *deutsche kaufmännische Zinsmethode* verwendet werden.

Die für die Nutzung zu zahlenden *Tageszinsen* Z_t werden ermittelt, indem das Produkt aus dem Kreditbetrag K und dem Jahreszinssatz r_a mit dem Verhältnis der Zinstage t zu 360 Tagen im Jahr multipliziert wird:

$$Z_t = K \times r_a \times \frac{t}{360 \text{ Tage}}$$

Für die Ermittlung der *Zinstage* t wird vom Enddatum TT.MM.JJJJ$_{II}$ das Anfangsdatum TT.MM.JJJJ$_I$ getrennt nach Tagen, Monaten und Jahren abgezogen. Dabei werden alle Monate mit 30 Tagen und alle Jahre mit 360 Tagen gerechnet. Statt dem »31.« wird deshalb immer der »30.« als Tag für die Berechnungen verwendet:

$$t = TT_{II} - TT_I + (MM_{II} - MM_I) \times 30 + (JJJJ_{II} - JJJJ_I) \times 360$$

Typische Belege
- Kontoauszüge

Konten [GuV: 13. Zinsen und ähnliche Aufwendungen]
- **SKP03[SKR03]:** 2118 Zinsen auf Kontokorrentkonten
- **SKP04[SKR04]:** 7318 Zinsen auf Kontokorrentkonten
- **IKP[IKR]:** 7510 Bankzinsen

Beispiel 7-15

(1) Ein Unternehmen überzieht sein Kontokorrentkonto vom 28.02.0001 bis zum 31.03.0001. Dies ergibt folgende Anzahl an Zinstagen t:

$$32 = 30 - 28 + (03 - 02) \times 30 + (0001 - 0001) \times 360$$

(2) Der durchschnittliche Kreditbetrag K betrug in dieser Zeit 100,00 € und der Jahreszinssatz r_a 12,0 %. Damit ergeben sich folgende Tageszinsen Z_t (Tabelle-074320-01.xlsx):

$$1{,}07 \text{ €} = 100{,}00 \text{ €} \times 12{,}0\% \times \frac{32 \text{ Tage}}{360 \text{ Tage}}$$

(3) Die Tageszinsen werden dem Unternehmen* von seiner Bank im Rahmen des quartalsmäßigen Kontoabschlusses in Rechnung gestellt und vom Kontokorrentkonto abgebucht:

SKP03 · SKP04 · IKP Sollkonto	Betrag	an SKP03 · SKP04 · IKP Habenkonto	Betrag
2118 · 7318 · 7510 Zinsen auf Kontokorrentkonten	1,07 €	1200 · 1800 · 2800 Bank	1,07 €

7.4.3.3 Rückzahlung von Kontokorrentkrediten

Die Rückzahlung des Kontokorrentkredits erfolgt automatisch, wenn das Aktivkonto »Bank« durch Einzahlungen im Rahmen von Überweisungen wieder ausgeglichen wird.

7.4.4 Darlehen

Darlehen können von Kreditinstituten, von verbundenen Unternehmen oder von Unternehmen, mit denen ein Beteiligungsverhältnis besteht, vergeben werden. Darlehen von Kreditinstituten stellen dabei die klassische Form der mittel- und langfristigen Kreditfinanzierung kleiner und mittelgroßer Unternehmen dar, wobei die Kreditkonditionen insbesondere von dem *Rating* der Unternehmen abhängen.

7.4.4.1 Aufnahme von Darlehen

Entsprechend dem mit dem Kreditgeber geschlossenen Kreditvertrag wird der Kreditbetrag auf dem Kontokorrentkonto des Kreditnehmers bereitgestellt. Die Verbuchung erfolgt:

- im **Soll** der Aktivkonten »Bank« in Höhe des Kreditbetrages und
- im **Haben** der Passivkonten »Verbindlichkeiten gegenüber …«.

Abhängig von der verbleibenden Laufzeit des Kredits erfolgt dabei eine Differenzierung in:
- **kurzfristige Darlehen** mit einer Restlaufzeit bis zu 1 Jahr,
- **mittelfristige Darlehen** mit einer Restlaufzeit von 1 bis 5 Jahren und
- **langfristige Darlehen** mit einer Restlaufzeit von mehr als 5 Jahren.

Wenn Darlehen während ihrer Laufzeit in eine andere Kategorie fallen, sind sie entsprechend umzubuchen.

Außer Zinsen zahlen Unternehmen für die Inanspruchnahme von Darlehen auch häufig ein *Damnum* beziehungsweise *Disagio*. Es handelt sich dabei um die Differenz zwischen dem Rückzahlungsbetrag und dem Auszahlungsbetrag des Darlehens:

  Rückzahlungsbetrag
– Auszahlungsbetrag
= Damnum/Disagio

Das Damnum beziehungsweise Disagio darf handelsrechtlich bei der Aufnahme des Darlehens in voller Höhe als Aufwand verbucht werden. Dies erfolgt:
- im **Soll** der Aufwandskonten »Zinsen und ähnliche Aufwendungen«.

Alternativ darf das Damnum beziehungsweise Disagio handelsrechtlich und muss es steuerrechtlich bei der Aufnahme des Darlehens zur Rechnungsabgrenzung aktiviert und dann über die Laufzeit des Darlehens abgeschrieben werden (Handelsgesetzbuch: § 250 Rechnungsabgrenzungsposten, Absatz 3). Die Aktivierung erfolgt:
- im **Soll** der Aktivkonten »Damnum/Disagio«.

Typische Belege
- Kreditverträge
- Kontoauszüge

Konten [Bilanz: Passiva.C.2. Verbindlichkeiten gegenüber Kreditinstituten]
- **SKP03[SKR03]:** 0630 Verbindlichkeiten gegenüber Kreditinstituten·
  0631 – Restlaufzeit bis 1 Jahr·
  0640 – Restlaufzeit 1 bis 5 Jahre·
  0650 – Restlaufzeit größer 5 Jahre
- **SKP04[SKR04]:** 3150 Verbindlichkeiten gegenüber Kreditinstituten·
  3151 – Restlaufzeit bis 1 Jahr·
  3160 – Restlaufzeit 1 bis 5 Jahre·
  3170 – Restlaufzeit größer 5 Jahre
- **IKP[IKR]:** 4200 Verbindlichkeiten gegenüber Kreditinstituten·
  4210 – Restlaufzeit bis 1 Jahr[1]·
  4230 – Restlaufzeit 1 bis 5 Jahre[1]·
  4240 – Restlaufzeit größer 5 Jahre[1]

Konten [Bilanz: Passiva.C.6. Verbindlichkeiten gegenüber verbundenen Unternehmen]
- **SKP03[SKR03]:** [0700] Verbindlichkeiten gegenüber verbundenen Unternehmen·
  [0701] – Restlaufzeit bis 1 Jahr·
  [0705] – Restlaufzeit 1 bis 5 Jahre·
  [0710] – Restlaufzeit größer 5 Jahre
- **SKP04[SKR04]:** [3400] Verbindlichkeiten gegenüber verbundenen Unternehmen·
  [3401] – Restlaufzeit bis 1 Jahr·
  [3405] – Restlaufzeit 1 bis 5 Jahre·
  [3410] – Restlaufzeit größer 5 Jahre
- **IKP[IKR]:** [4600] Verbindlichkeiten gegenüber verbundenen Unternehmen

Exkurs 7-2

Die Bonitätsnoten der Ratingagenturen

Die Ratingagenturen Standard & Poor's, Fitch und Moody's unterteilen Unternehmen und öffentliche Kreditnehmer hinsichtlich ihrer Bonität in zwei Klassen. Innerhalb der Klassen erfolgt durch Buchstabenkombinationen eine weitere Differenzierung:

- **Investmentklasse:** Das »AAA« von Standard & Poor's und Fitch und das »Aaa« von Moody's stellen die besten Bewertungen dar. Es besteht praktisch keine Ausfallgefahr. Bei »AA« ist die Bonität immer noch hoch, im Bereich »A« gut. Das »BBB« von Standard & Poor's und Fitch und das »Baa« von Moody's stehen für eine mittlere Bonität.
- **Spekulationsklasse:** Ab Noten von »BB« beziehungsweise »Ba« gelten Anleihen von Unternehmen oder öffentlichen Kreditnehmern als spekulative »Junk-Bonds« (englisch: Schrott-Anleihen) mit einer hohen Wahrscheinlichkeit, dass Zinsen nicht pünktlich gezahlt werden. Bei einem CCC kann nur noch eine sehr gute wirtschaftliche Entwicklung die Bedienung der Schulden sicherstellen, bei einem »CC« ist die Ausfallgefahr sehr hoch und bei einem »C« oder »D« ist der Schuldner schon in Zahlungsverzug.

Quellen: Das ABC der Bonität, unter: www.handelsblatt.com, Stand: 26.06.2006 und Vahs, D./Schäfer-Kunz, J. 2007: Seite 744.

7.4 Die Buchungen im Eigen- und im Fremdkapital zur Abbildung von Finanzierungsprozessen
Kreditfinanzierung

Konten [Bilanz: Passiva.C. 7. Verbindlichkeiten gegenüber Unternehmen, mit denen ein Beteiligungsverhältnis besteht]
- **SKP03[SKR03]:** [0715] Verbindlichkeiten gegenüber Unternehmen, mit denen ein Beteiligungsverhältnis besteht ·
  [0716] – Restlaufzeit bis 1 Jahr ·
  [0720] – Restlaufzeit 1 bis 5 Jahre ·
  [0725] – Restlaufzeit größer 5 Jahre
- **SKP04[SKR04]:** [3450] Verbindlichkeiten gegenüber Unternehmen, mit denen ein Beteiligungsverhältnis besteht ·
  [3451] – Restlaufzeit bis 1 Jahr ·
  [3455] – Restlaufzeit 1 bis 5 Jahre ·
  [3460] – Restlaufzeit größer 5 Jahre
- **IKP[IKR]:** [4700] Verbindlichkeiten gegenüber Unternehmen, mit denen ein Beteiligungsverhältnis besteht

Konten [Bilanz: Aktiva.C. Rechnungsabgrenzungsposten]
- **SKP03[SKR03]:** 0986 Damnum/Disagio
- **SKP04[SKR04]:** 1940 Damnum/Disagio
- **IKP[IKR]:** 2901 Damnum/Disagio[2]

Konten [GuV: 13. Zinsen und ähnliche Aufwendungen]
- **SKP03[SKR03]:** 2100 Zinsen und ähnliche Aufwendungen
- **SKP04[SKR04]:** 7300 Zinsen und ähnliche Aufwendungen
- **IKP[IKR]:** 7500 Zinsen und ähnliche Aufwendungen

Beispiel 7-16

Ein Unternehmen* nimmt ein Bankdarlehen über 1 000,00 € mit einer Laufzeit von 2 Jahren ohne Damnum beziehungsweise Disagio auf:

SKP03 · SKP04 · IKP Sollkonto	Betrag	an SKP03 · SKP04 · IKP Habenkonto	Betrag
① 1200 · 1800 · 2800 Bank	1 000,00 €	② 0640 · 3160 · 4230 Verbindlichkeiten gegenüber Kreditinstituten – Restlaufzeit 1 bis 5 Jahre	1 000,00 €

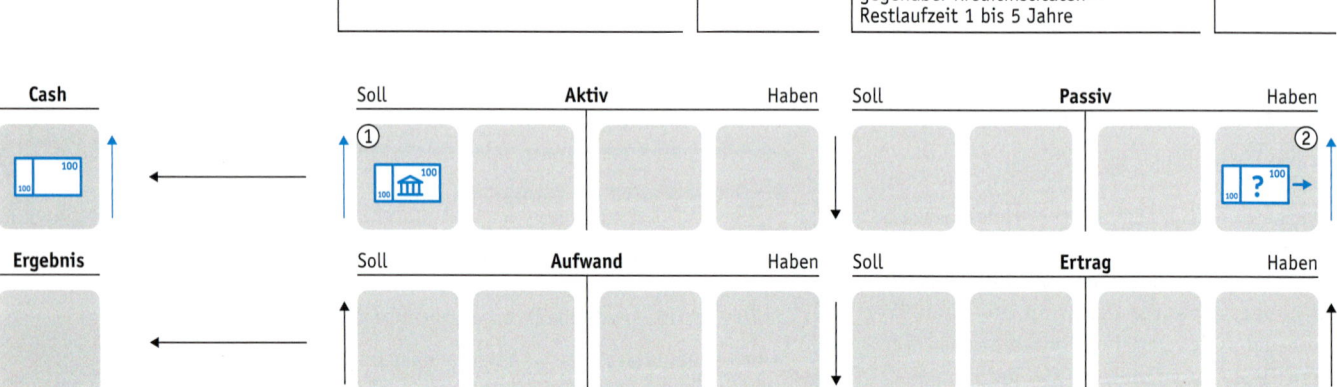

Beispiel 7-17

Ein Unternehmen* nimmt ein Bankdarlehen mit einem Auszahlungsbetrag von 930,00 €, mit einem Rückzahlungsbetrag von 1 000,00 € und mit einer Laufzeit von 7 Jahren auf und verbucht das Damnum beziehungsweise Disagio sofort als Aufwand:

SKP03 · SKP04 · IKP Sollkonto	Betrag	an SKP03 · SKP04 · IKP Habenkonto	Betrag
① 1200 · 1800 · 2800 Bank	930,00 €	② 0650 · 3170 · 4240 Verbindlichkeiten gegenüber Kreditinstituten – Restlaufzeit größer 5 Jahre	1 000,00 €
③ 2100 · 7300 · 7500 Zinsen und ähnliche Aufwendungen	70,00 €		

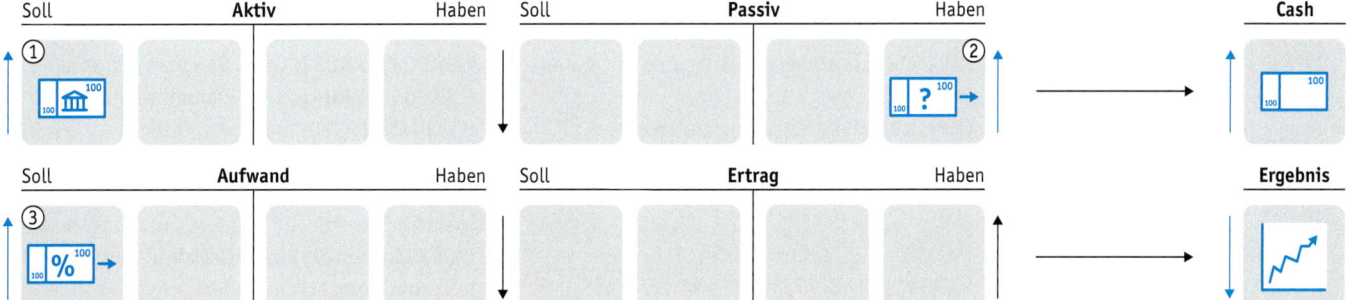

Beispiel 7-18

Ein Unternehmen* nimmt ein Bankdarlehen mit einem Auszahlungsbetrag von 930,00 €, mit einem Rückzahlungsbetrag von 1 000,00 € und mit einer Laufzeit von 7 Jahren auf und aktiviert das Damnum beziehungsweise Disagio, um es über die Laufzeit abzuschreiben:

SKP03 · SKP04 · IKP Sollkonto	Betrag	an	SKP03 · SKP04 · IKP Habenkonto	Betrag
1200 · 1800 · 2800 Bank	930,00 €		0650 · 3170 · 4240 Verbindlichkeiten gegenüber Kreditinstituten – Restlaufzeit größer 5 Jahre	1 000,00 €
0986 · 1940 · 2901 Damnum/Disagio	70,00 €			

7.4.4.2 Nutzung von Darlehen

Für die Nutzung der Darlehen zahlen Unternehmen entweder regelmäßig Zinsen und/oder einmalig ein Damnum beziehungsweise Disagio an den Kreditgeber. Darüber hinaus kann es während der Laufzeit des Darlehens bereits zu Tilgungszahlungen kommen.

Die zu zahlenden Zinsen werden auf Basis des Jahreszinssatzes tagesgenau ermittelt (↗ Kapitel 7.4.3.2). Sie werden:

- im **Soll** der Aufwandskonten »Zinsen und ähnliche Aufwendungen«

verbucht und, wenn es sich um ein Darlehen vom kontoführenden Kreditinstitut handelt, in der Regel direkt von diesem vom Kontokorrentkonto eingezogen.

Ein gegebenenfalls vereinbartes Damnum beziehungsweise Disagio wird – falls es nicht bei der Aufnahme des Darlehens sofort als Aufwand verbucht wurde – über die Laufzeit des Darlehens zeitanteilig, und zwar tagesgenau abgeschrieben (↗ Kapitel 7.4.3.2). Die Verbuchung erfolgt:

- im **Soll** der Aufwandskonten »Abschreibungen auf Disagio zur Finanzierung« und
- im **Haben** der Rechnungsabgrenzungskonten »Damnum/Disagio«.

Im Rahmen der Erstellung des Jahresabschlusses ist zudem zu prüfen, ob die Restlaufzeit des Darlehens in eine andere Kategorie fällt. In diesem Fall erfolgt eine Umbuchung auf das Konto mit der kürzeren Laufzeit.

Typische Belege
- Kreditverträge
- Kontoauszüge

Konten [GuV: 13. Zinsen und ähnliche Aufwendungen]
- **SKP03[SKR03]:** 2100 Zinsen und ähnliche Aufwendungen ·
2123 Abschreibungen auf Disagio/Damnum zur Finanzierung

7.4 Die Buchungen im Eigen- und im Fremdkapital zur Abbildung von Finanzierungsprozessen
Kreditfinanzierung

- **SKP04[SKR04]:** 7300 Zinsen und ähnliche Aufwendungen ·
  7323 Abschreibungen auf Disagio zur Finanzierung
- **IKP[IKR]:** 7500 Zinsen und ähnliche Aufwendungen ·
  7540 Abschreibung auf Disagio

Konten [Bilanz: Aktiva.C. Rechnungsabgrenzungsposten]
- **SKP03[SKR03]:** 0986 Damnum/Disagio
- **SKP04[SKR04]:** 1940 Damnum/Disagio
- **IKP[IKR]:** 2901 Damnum/Disagio[2]

Beispiel 7-19
Einem Unternehmen* werden von seiner Bank 50,00 € Zinsen für ein Darlehen in Rechnung gestellt und von seinem Kontokorrentkonto abgebucht:

SKP03 · SKP04 · IKP Sollkonto	Betrag	an SKP03 · SKP04 · IKP Habenkonto	Betrag
① 2100 · 7300 · 7500 Zinsen und ähnliche Aufwendungen	50,00 €	② 1200 · 1800 · 2800 Bank	50,00 €

Beispiel 7-20
Ein Unternehmen* führt zum Abschlussstichtag eine Abschreibung auf ein Damnum beziehungsweise Disagio für ein Darlehen in Höhe von 10,00 € durch:

SKP03 · SKP04 · IKP Sollkonto	Betrag	an SKP03 · SKP04 · IKP Habenkonto	Betrag
2123 · 7323 · 7540 Abschreibungen auf Disagio zur Finanzierung	10,00 €	0986 · 1940 · 2901 Damnum/Disagio	10,00 €

Beispiel 7-21
Das Bankdarlehen eines Unternehmen* über 1 000,00 € hat am Ende des Geschäftsjahres statt einer Restlaufzeit von 1 bis 5 Jahre nur noch eine Restlaufzeit von unter 1 Jahr:

SKP03 · SKP04 · IKP Sollkonto	Betrag	an SKP03 · SKP04 · IKP Habenkonto	Betrag
① 0640 · 3160 · 4230 Verbindlichkeiten gegenüber Kreditinstituten – Restlaufzeit 1 bis 5 Jahre	1 000,00 €	② 0631 · 3151 · 4210 Verbindlichkeiten gegenüber Kreditinstituten – Restlaufzeit bis 1 Jahr	1 000,00 €

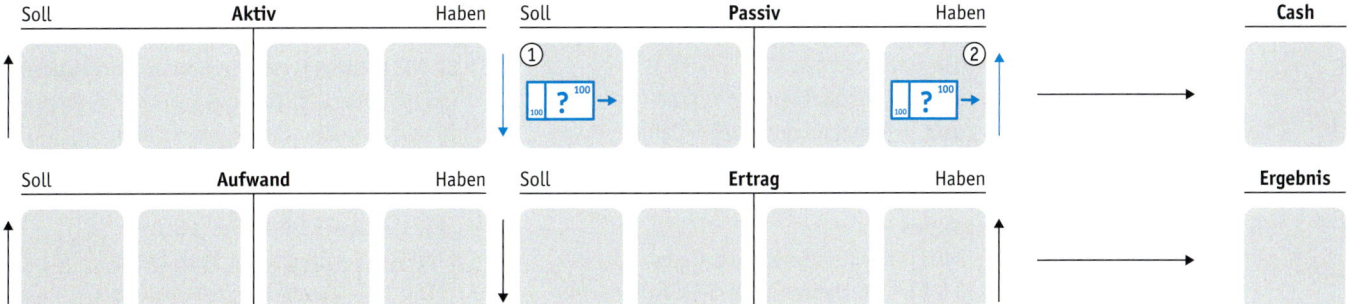

7.4.4.3 Rückzahlung von Darlehen

Die Verbuchung der Definanzierung erfolgt genau umgekehrt zur Verbuchung der Finanzierung. Die Rückzahlung wird:
- im **Soll** der Passivkonten »Verbindlichkeiten gegenüber…« und
- im **Haben** der Aktivkonten »Bank« verbucht.

Beispiel 7-22

(1) Ein Unternehmen* zahlt ein Bankdarlehen über 1 000,00 € ohne Damnum beziehungsweise Disagio zurück:

SKP03 · SKP04 · IKP Sollkonto	Betrag	an SKP03 · SKP04 · IKP Habenkonto	Betrag
① 0631 · 3151 · 4210 Verbindlichkeiten gegenüber Kreditinstituten – Restlaufzeit bis 1 Jahr	1 000,00 €	② 1200 · 1800 · 2800 Bank	1 000,00 €

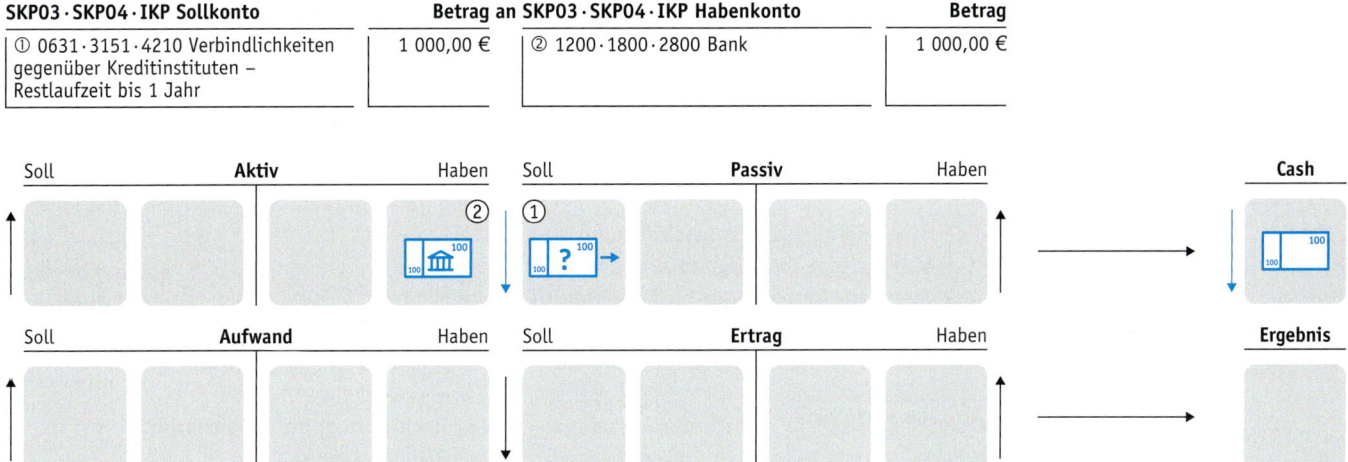

7.4.5 Anleihen

Anleihen, die auch als *Schuldverschreibungen*, *Obligationen* oder *Bonds* bezeichnet werden, dienen der langfristigen Kreditfinanzierung von Großunternehmen. Die oft mehrere Hundert Millionen Euro betragenden Gesamtschulden werden in der Regel in Teilschuldverschreibungen aufgeteilt und dann über Börsen gehandelt, sodass auch Privatpersonen als Kreditgeber auftreten können.

Die Verbuchung der Begebung von Anleihen erfolgt in gleicher Weise wie die Verbuchung der Aufnahme von Darlehen (↗ Kapitel 7.4.4), statt der Passivkonten »Verbindlichkeiten gegenüber …« werden allerdings die Passivkonten »Anleihen« verwendet. Wie die Verbindlichkeiten gegenüber Kreditinstituten werden auch die Anleihen hinsichtlich ihrer Laufzeit weiter in kurz-, mittel- und langfristige Anleihen unterteilt.

Konten [Bilanz: Passiva.C.1. Anleihen]
- **SKP03[SKR03]**: 0600 Anleihen nicht konvertibel·
  [0601] – Restlaufzeit bis 1 Jahr·
  [0605] – Restlaufzeit 1 bis 5 Jahre·
  [0610] – Restlaufzeit größer 5 Jahre
- **SKP04[SKR04]**: 3100 Anleihen, nicht konvertibel·
  [3101] – Restlaufzeit bis 1 Jahr·
  [3105] – Restlaufzeit 1 bis 5 Jahre·
  [3110] – Restlaufzeit größer 5 Jahre
- **IKP[IKR]**: 4150 Anleihen, nicht konvertibel[2]

Konten [Bilanz: Passiva.C.1. Anleihen, davon konvertibel]
- **SKP03[SKR03]**: 0615 Anleihen konvertibel·
  [0616] – Restlaufzeit bis 1 Jahr·
  [0620] – Restlaufzeit 1 bis 5 Jahre·
  [0625] – Restlaufzeit größer 5 Jahre
- **SKP04[SKR04]**: 3120 Anleihen, konvertibel·
  [3121] – Restlaufzeit bis 1 Jahr·
  [3125] – Restlaufzeit 1 bis 5 Jahre·
  [3130] – Restlaufzeit größer 5 Jahre
- **IKP[IKR]**: 4100 Anleihen, konvertibel[2]

7.5 Finanzierung aus Rückstellungen

Lernziel 7-5
Finanzierungen aus Rückstellungen als Finanzierungsform kennen.

- Einordnung innerhalb der Jahresabschlussrechnungen
- Beteiligungsfinanzierung
- Selbstfinanzierung
- Kreditfinanzierung
- **Finanzierung aus Rückstellungen**
- Kapitalsubstitution durch Miete, Pacht und Leasing

Bei der Finanzierung aus Rückstellungen handelt es sich um eine Fremdfinanzierung von innen. Während die Beteiligungs- und die Kreditfinanzierung zu einer Aktiv-Passiv-Mehrung führen, erfolgt die Finanzierung bei der Finanzierung aus Rückstellungen – wie die Selbstfinanzierung (↗ Kapitel 7.3) – durch die Vermeidung einer Aktiv-Passiv-Minderung, indem die in Rückstellungen vorweggenommenen Aufwendungen bis zu ihrer Zahlung zur Finanzierung verwendet werden.

(1) Durchführung der Finanzierung aus Rückstellungen
Die Finanzierung aus Rückstellungen erfolgt, indem im Rahmen der zeitlichen Abgrenzungen Rückstellungen gebildet werden (↗ Kapitel 15.4.1).

(2) Nutzung der Finanzierung aus Rückstellungen
Durch die Kapitalnutzung entstehen bei Rückstellungen mit Laufzeiten bis zu einem Jahr in der Regel keine direkt zurechenbaren Aufwendungen oder Auszahlungen. Bei mehrjährigen Rückstellungen können sich hingegen Aufwendungen ergeben (↗ Kapitel 15.4.3).

(3) Rückführung der Finanzierung aus Rückstellungen
Die Definanzierung erfolgt, indem bei Bedarf die Rückstellungen aufgelöst werden (↗ Kapitel 15.4.2).

7.6 Kapitalsubstitution durch Miete, Pacht und Leasing

- Einordnung innerhalb der Jahresabschlussrechnungen
- Beteiligungsfinanzierung
- Selbstfinanzierung
- Kreditfinanzierung
- Finanzierung aus Rückstellungen
- Kapitalsubstitution durch Miete, Pacht und Leasing

Lernziel 7-6
Die wichtigsten Formen der Kapitalsubstitution durch Miete, Pacht und Leasing verbuchen können.

Um keine Finanzierung vornehmen zu müssen, was in der Betriebswirtschaftslehre auch als »Kapitalsubstitution« bezeichnet wird, werden insbesondere Sachanlagen häufig nicht angeschafft oder selbst hergestellt, sondern gemietet, gepachtet oder geleast. Zwischen diesen drei Möglichkeiten bestehen dabei folgende Unterschiede:

(1) Miete
Werden Anlagegüter gemietet, so darf der Mieter, also das mietende Unternehmen, diese Mietsache während der Mietzeit gegen Entgelt gebrauchen (Bürgerliches Gesetzbuch: § 535 Inhalt und Hauptpflichten des Mietvertrags, Absatz 1).

(2) Pacht
Die Pacht unterscheidet sich von der Miete dadurch, dass der Pächter die Pachtsache nicht nur gebrauchen darf, sondern auch die damit direkt erwirtschafteten Erträge erhält (Bürgerliches Gesetzbuch: § 581 Vertragstypische Pflichten beim Pachtvertrag, Absatz 1). Dies ist beispielsweise bei der Pacht einer Jagd, eines Gastronomiebetriebs oder einer Landwirtschaftsfläche der Fall.

(3) Leasing
Beim Leasing handelt es sich um eine atypische Form der Miete. Über zusätzliche vertragliche Bestimmungen werden dabei Risiken und Pflichten vom *Leasinggeber*, also dem Vermieter, auf den *Leasingnehmer*, also den Mieter, übertragen. Dadurch ergeben sich abhängig von der Vertragsgestaltung mehr oder weniger die Merkmale eines Ratenkaufs. Risiken und Pflichten, die übertragen werden können, sind beispielsweise Risiken von Wertminderungen des Leasinggegenstandes oder Verpflichtungen zur Instandhaltung des Leasinggegenstandes.

7.6.1 Miete und Pacht

Die Verbuchung der Miete oder der Pacht von Anlagegütern erfolgt bei der Bezahlung:
- im **Soll** der Aufwandskonten »Miete« oder
- im **Soll** der Aufwandskonten »Pacht« und
- im **Haben** der Aktivkonten »Bank«.

Die Vermietung und die Verpachtung von Grundstücken und Gebäuden sind dabei regelmäßig von der Umsatzsteuer befreit (↗ Kapitel 6.2.2.2). Gegen diese Umsatzsteuerbefreiung kann jedoch optiert werden, wenn die mietenden Unternehmen weit überwiegend umsatzsteuerpflichtige Umsatzerlöse ausweisen.

Typische Belege
- Mietverträge
- Pachtverträge
- Kontoauszüge

Konten [GuV: 8. Sonstige betriebliche Aufwendungen]
- **SKP03[SKR03]:** 4210 [4219, 4550, 4960] Miete ·
  4220 [4229] Pacht
- **SKP04[SKR04]:** 6310 [6314, 6550, 6835] Miete ·
  6315 [6319] Pacht
- **IKP[IKR]:** 6700 Miete (unbewegliche Wirtschaftsgüter)[2] ·
  6715 Pacht (unbewegliche Wirtschaftsgüter)[1]

Beispiel 7-23

Ein Unternehmen*, das keine umsatzsteuerpflichtigen Umsätze tätigt, zahlt für ein Gebäude, das es nutzt, die Miete von 1 000,00 € ohne Umsatzsteuer über einen Dauerauftrag per Banküberweisung:

SKP03 · SKP04 · IKP Sollkonto	Betrag	an SKP03 · SKP04 · IKP Habenkonto	Betrag
4210 · 6310 · 6700 Miete (unbewegliche Wirtschaftsgüter)	1 000,00 €	1200 · 1800 · 2800 Bank	1 000,00 €

7.6.2 Leasing

Welche Buchungen beim Leasing durchzuführen sind, hängt davon ab, ob die Leasinggegenstände dem wirtschaftlichen Eigentum des Leasinggebers oder dem des Leasingnehmers zugeordnet werden. Während gemietete und gepachtete Anlagegüter grundsätzlich nicht dem Eigentum des Mieters beziehungsweise Pächters zugeordnet und somit nicht in deren Bilanz ausgewiesen werden, hängt dies beim Leasing von den getroffenen vertraglichen Bestimmungen ab. Im Hinblick darauf können folgende Formen des Leasings unterschieden werden (Bundesministerium der Finanzen 1971, Eisele, W. 2002: Seite 281 ff. und Heinhold, M. 2006: Seite 101 ff.):

(1) Operating-Leasing
Kennzeichnend für das Operating-Leasing ist insbesondere, dass der Leasingnehmer das Vertragsverhältnis jederzeit kündigen kann. Der Leasinggegenstand wird deshalb dem Leasinggeber zugeordnet und entsprechend von diesem aktiviert.

(2) Finanzierungs-Leasing
Kennzeichnend für das Finanzierungs- beziehungsweise *Financial-Leasing* ist insbesondere, dass eine nicht kündbare Grundmietzeit vereinbart wird.
Ob der Leasinggegenstand dem Eigentum des Leasinggebers oder des Leasingnehmers zugeordnet wird, wird beim Finanzierungs-Leasing davon bestimmt:
▸ ob es sich um ein mobiles oder ein immobiles Gut handelt,
▸ ob es während der Grundmietzeit zu einer Vollamortisation für den Leasinggeber kommt oder nur zu einer Teilamortisation,
▸ ob eine Kauf- oder eine Mietverlängerungsoption vereinbart wird und
▸ in welchem Verhältnis die Grundmietzeit zur betriebsgewöhnlichen Nutzungsdauer (↗ Kapitel 8.3.1.3.4) steht.

Für mobile Güter (↗ Kapitel 8.3.1.3.1) gilt beim Finanzierungs-Leasing bei Vollamortisationsverträgen ohne Kauf- und Mietverlängerungsoption, dass der Leasinggegenstand dem Leasinggeber zugeordnet wird, wenn die Grundmietzeit des Leasinggegenstandes zwischen 40 % und 90 % der betriebsgewöhnlichen Nutzungsdauer beträgt. Ist die Grundmietzeit größer oder kleiner, erfolgt hingegen eine Zuordnung zum Leasingnehmer.

(3) Spezial-Leasing
Kennzeichnend für das Spezial-Leasing ist, dass der Leasinggegenstand speziell auf die Bedürfnisse des Leasingnehmers zugeschnitten wird, so beispielsweise, wenn eine Maschine entsprechend der Bedürfnisse des Leasingnehmers entwickelt und gebaut wird. In diesem Fall erfolgt immer eine Zuordnung zum Leasingnehmer.

Da heute in der Praxis die weit überwiegende Zahl der Leasingverträge so gestaltet wird, dass eine Zuordnung zum Leasinggeber erfolgt (Institut der Wirtschaftsprüfer in Deutschland 2006: E 25, Seite 261 und ↗ Abbildung 7-10), soll an dieser Stelle für die Klärung der Zuordnung in anderen Fällen nur auf die entsprechende

Abb. 7-10

Im Geschäftsjahr 2007 waren über 20 % der Flugzeuge des Lufthansa Konzerns geleast, davon die meisten im Rahmen eines Operating Leasing (Deutsche Lufthansa AG 2008b: Seite 57).

Flugzeuge gesamt	513
davon Operating Lease	108
davon Finance Lease	9

Spezialliteratur verwiesen werden, so insbesondere auf Institut der Wirtschaftsprüfer in Deutschland 2006: E 25 ff., Seite 260 ff. und Falterbaum, H. und andere 2007: Seite 601 ff.

Unabhängig von der Form des Leasings unterliegen die vom Leasingnehmer an den Leasinggeber zu zahlenden Leasingraten der Umsatzbesteuerung.

7.6.2.1 Buchung bei Zuordnung zum Leasinggeber

Erfolgt die Zuordnung des Leasinggegenstands zum Leasinggeber, verbucht der Leasingnehmer die Leasingraten – so wie die Miete oder die Pacht – bei der Bezahlung:

- im **Soll** der Aufwandskonten »... Leasing« und
- im **Haben** der Aktivkonten »Bank«.

Typische Belege
- Leasingverträge
- Kontoauszüge

Konten [GuV: 8. Sonstige betriebliche Aufwendungen]
- **SKP03 [SKR03]:** 4215 Leasing (unbewegliche Wirtschaftsgüter) · 4810 [4965] Mietleasing (bewegliche Wirtschaftsgüter)
- **SKP04 [SKR04]:** 6316 Leasing (unbewegliche Wirtschaftsgüter) · 6498 [6840] Mietleasing (bewegliche Wirtschaftsgüter)
- **IKP [IKR]:** 6710 [6711, 6712] Leasing

Beispiel 7-24

Ein Unternehmen* least im ersten Monat eines Geschäftsjahres einen Personenkraftwagen mit Anschaffungskosten von 60 000,00 € zuzüglich Umsatzsteuer und einer betriebsgewöhnlichen Nutzungsdauer von 6 Jahren unkündbar für 4 Jahre ohne eine Kauf- oder eine Mietverlängerungsoption für eine jährliche Leasingrate von 20 500,00 € zuzüglich Umsatzsteuer. Das Fahrzeug wird aufgrund der vertraglichen Bedingungen dem Leasinggeber zugeordnet. Am Ende des Geschäftsjahres zahlt das Unternehmen* die Leasingrate an den Leasinggeber per Banküberweisung:

SKP03 · SKP04 · IKP Sollkonto	Betrag	an SKP03 · SKP04 · IKP Habenkonto	Betrag
4810 · 6498 · 6710 Mietleasing (bewegliche Wirtschaftsgüter)	20 500,00 €	1200 · 1800 · 2800 Bank	24 395,00 €
1576 · 1406 · 2605 Abziehbare Vorsteuer 19 %	3 895,00 €		

7.6.2.2 Buchung bei Zuordnung zum Leasingnehmer

Erfolgt die Zuordnung des Leasinggegenstandes zum Leasingnehmer, so aktiviert dieser den Leasinggegenstand bei der Übergabe mit den ihm vom Leasinggeber genannten Anschaffungs- oder Herstellungskosten ohne Umsatzsteuer:

- im **Soll** der entsprechenden Anlagevermögenskonten, wie beispielsweise »Technische Anlagen und Maschinen«, und
- im **Haben** der Passivkonten »Verbindlichkeiten aus Lieferung und Leistung«, da eine Verbindlichkeiten gegenüber dem Leasinggeber entsteht.

Zusätzlich wird bei der Übergabe des Leasinggegenstandes die Vorsteuer auf alle noch zu leistenden Leasingraten vom Leasingnehmer an den Leasinggeber gezahlt (Heinhold, M. 2006: Seite 105 und Umsatzsteuer-Anwendungserlass: 3.5. Abgrenzung zwischen Lieferungen und sonstigen Leistungen, Absatz 5, Satz 1).

Zum Ende des Geschäftsjahres schreibt der Leasingnehmer dann den aktivierten Leasinggegenstand wie andere Anlagegüter über die entsprechenden Abschreibungskonten ab (↗ Kapitel 8.3.1.5). Zusätzlich zahlt der Leasingnehmer Leasingraten an den Leasinggeber. Für die Gegenbuchung ist die Leasingrate:

- in einen erfolgswirksamen Zins- und Kostenanteil sowie
- in einen erfolgsneutralen Tilgungsanteil

aufzuteilen. Dazu wird zuerst der Zins- und Kostenanteil über die gesamte Vertragslaufzeit ausgerechnet, indem von der Summe aller Leasingraten die Anschaffungs- oder die Herstellungskosten des Leasinggegenstandes abgezogen werden:

    Summe aller Leasingraten
- Anschaffungs- oder Herstellungskosten des Leasinggegenstandes
= Gesamter Zins- und Kostenanteil ZK_{Gesamt}

Basierend darauf kann dann der Zins- und Kostenanteil ZK_i für jedes Geschäftsjahr i mittels der sogenannten *Zinsstaffelmethode* errechnet werden. Diese verteilt den gesamten Zins- und Kostenanteil ZK_{Gesamt} in kleiner werdenden Beträgen auf die Anzahl aller jährlichen Leasingraten n:

$$ZK_i = ZK_{Gesamt} \times \frac{(n - i + 1) \times 2}{(n + 1) \times n}$$

Alternativ kann der Zins- und Kostenanteil auch über die sogenannte *Barwertvergleichsmethode* ermittelt werden. Auf diese soll hier jedoch mit Verweis auf Falterbaum, H. und andere 2007: Seite 611 ff. nicht näher eingegangen werden.

Der Tilgungsanteil des Geschäftsjahres ergibt sich dann, indem von den jährlichen Leasingraten der Zins- und Kostenanteil des Geschäftsjahres ZK_i abgezogen wird:

    Leasingrate des Geschäftsjahres
- Zins- und Kostenanteil des Geschäftsjahres ZK_i
= Tilgungsanteil des Geschäftsjahres

Im Anschluss an die Ermittlung erfolgt die Verbuchung:

- im **Soll** der Aufwandskonten »Kaufleasing« in Höhe der Zins- und Kostenanteile ZK_i,
- im **Soll** der Passivkonten »Verbindlichkeiten aus Lieferung und Leistung« in Höhe der Tilgungsanteile und
- im **Haben** der Aktivkonten »Bank« in Höhe der Leasingraten.

Typische Belege
- Leasingverträge
- Kontoauszüge

Konten [GuV: 7.a) Abschreibungen auf immaterielle Vermögensgegenstände des Anlagevermögens und Sachanlagen]
- **SKP03[SKR03]:** 4815 Kaufleasing
- **SKP04[SKR04]:** 6250 Kaufleasing
- **IKP[IKR]:** 6710 [6711, 6712] Leasing

Beispiel 7-25

(1) Ein Unternehmen* least im ersten Monat eines Geschäftsjahres einen Personenkraftwagen mit Anschaffungskosten von 60 000,00 € zuzüglich Umsatzsteuer und einer betriebsgewöhnlichen Nutzungsdauer von 6 Jahren unkündbar für 6 Jahre ohne eine Kauf- oder eine Verlängerungsoption für eine jährliche Leasingrate von 20 500,00 € ohne Umsatzsteuer. Das Fahrzeug wird aufgrund der vertraglichen Bedingungen dem Unternehmen* als Leasingnehmer zugeordnet, das es mit den Anschaffungskosten aktiviert:

SKP03·SKP04·IKP Sollkonto	Betrag	an SKP03·SKP04·IKP Habenkonto	Betrag
0320·0520·0840 Pkw	60 000,00 €	1600·3300·4400 Verbindlichkeiten aus Lieferung und Leistung	60 000,00 €

(2) Über die Grundmietzeit von 6 Jahren zahlt das Unternehmen* insgesamt Leasingraten von 123 000,00 € ohne Umsatzsteuer. Die darauf entfallende Vorsteuer in Höhe von 23 370,00 € wird bei der Aktivierung des Fahrzeuges von dem Unternehmen* per Banküberweisung an den Leasinggeber gezahlt:

SKP03·SKP04·IKP Sollkonto	Betrag	an SKP03·SKP04·IKP Habenkonto	Betrag
1576·1406·2605 Abziehbare Vorsteuer 19 %	23 370,00 €	1200·1800·2800 Bank	23 370,00 €

(3) Am Ende des ersten Geschäftsjahres schreibt das Unternehmen* den Personenkraftwagen planmäßig ab:

SKP03 · SKP04 · IKP Sollkonto	Betrag	an SKP03 · SKP04 · IKP Habenkonto	Betrag
4832 · 6222 · 6540 Abschreibung auf Kfz	10 000,00 €	0320 · 0520 · 0840 Pkw	10 000,00 €

(4) Zudem muss das Unternehmen* am Ende der Geschäftsjahre die Leasingraten von 20 500,00 € an den Leasinggeber überweisen. Zur Durchführung der Buchung muss die Leasingrate in einen Zins- und Kostenanteil sowie in einen Tilgungsanteil aufgeteilt werden. Dazu wird zuerst der gesamte Zins- und Kostenanteil ZK_{Gesamt} über die Grundmietzeit ermittelt (Tabelle-076220-01.xlsx):

6 jährliche Leasingraten . . . . . . 123 000,00 €
− Ak des Leasinggegenstandes . . . . 60 000,00 €
= ZK_{Gesamt} . . . . 63 000,00 €

Basierend darauf können mit der Zinsstaffelmethode die Zins- und Kostenanteile ZK_i der einzelnen Geschäftsjahre – hier beispielhaft für das erste Jahr – ermittelt werden:

$$ZK_1 = 63\,000{,}00\,\text{€} \times \frac{(6-1+1)\times 2}{(6+1)\times 6} = 18\,000{,}00\,\text{€}$$

Für das erste Geschäftsjahr ergibt sich damit folgender Anteil für die Tilgung der Verbindlichkeiten:

Leasingrate . . . . 20 500,00 €
− Zins- und Kostenanteil ZK_1 . . . . 18 000,00 €
= Tilgungsanteil . . . . 2 500,00 €

Mit diesen Ergebnissen kann der Geschäftsvorfall von dem Unternehmen* verbucht werden:

SKP03 · SKP04 · IKP Sollkonto	Betrag	an SKP03 · SKP04 · IKP Habenkonto	Betrag
4815 · 6250 · 6710 Kaufleasing	18 000,00 €	1200 · 1800 · 2800 Bank	20 500,00 €
1600 · 3300 · 4400 Verbindlichkeiten aus Lieferung und Leistung	2 500,00 €		

Schlüsselbegriffe Kapitel 7

- Finanzierung (↗ Kapitel 7)
- Finanzierungsphase (↗ Kapitel 7)
- Kapitalnutzung (↗ Kapitel 7)
- Ausschüttung (↗ Kapitel 7, 7.2.1.2.5, 7.2.2.2.2)
- Zins (↗ Kapitel 7)
- Definanzierungsphase (↗ Kapitel 7)
- Eigenfinanzierung (↗ Kapitel 7)
- Fremdfinanzierung (↗ Kapitel 7)
- Außenfinanzierung (↗ Kapitel 7)
- Innenfinanzierung (↗ Kapitel 7)
- Eigenkapital (↗ Kapitel 7.1.1)
- Gezeichnetes Kapital (↗ Kapitel 7.1.1)
- Haftungskapital (↗ Kapitel 7.1.1)
- Stammkapital (↗ Kapitel 7.1.1)
- Grundkapital (↗ Kapitel 7.1.1)
- Kapitalrücklage (↗ Kapitel 7.1.1, 7.2.1.2.2)
- Agio (↗ Kapitel 7.1.1)
- Aufgeld (↗ Kapitel 7.1.1)
- Gewinnrücklage (↗ Kapitel 7.1.1, 7.2.1.2.3)
- Gewinnvortrag (↗ Kapitel 7.1.1, 7.2.1.2.1)
- Verlustvortrag (↗ Kapitel 7.1.1, 7.2.1.2.1)
- Jahresüberschuss (↗ Kapitel 7.1.1)
- Jahresfehlbetrag (↗ Kapitel 7.1.1)
- Bilanzgewinn (↗ Kapitel 7.1.1)
- Bilanzverlust (↗ Kapitel 7.1.1)
- Gesellschafterkapital (↗ Kapitel 7.1.1)
- Vollhafter (↗ Kapitel 7.1.1)
- Festkapital (↗ Kapitel 7.1.1)
- Kapital I (↗ Kapitel 7.1.1)
- Variables Kapital (↗ Kapitel 7.1.1)
- Kapital II (↗ Kapitel 7.1.1)
- Teilhafter (↗ Kapitel 7.1.1)
- Verbindlichkeit (↗ Kapitel 7.1.1)

7.6 Die Buchungen im Eigen- und im Fremdkapital zur Abbildung von Finanzierungsprozessen
Fragen

- Anleihe (↗ Kapitel 7.1.1, 7.4.5)
- Ergebnisverwendungsrechnung (↗ Kapitel 7.1.2)
- Beteiligungsfinanzierung (↗ Kapitel 7.2)
- Offene Selbstfinanzierung (↗ Kapitel 7.2.1.2, 7.3)
- Verwendungsrechnung (↗ Kapitel 7.2.1.2)
- Bardividende (↗ Kapitel 7.2.1.2.5)
- Nettodividende (↗ Kapitel 7.2.1.2.5)
- Kapitalherabsetzung (↗ Kapitel 7.2.1.3, 7.2.2.3)
- Liquidation (↗ Kapitel 7.2.1.3, 7.2.2.3)
- Ergebnisverwendungskonto (↗ Kapitel 7.2.2.2.1)
- Selbstfinanzierung (↗ Kapitel 7.3)
- Kreditfinanzierung (↗ Kapitel 7.4)
- Lieferantenkredit (↗ Kapitel 7.4.1)
- Kundenkredit (↗ Kapitel 7.4.2)
- Kontokorrentkredit (↗ Kapitel 7.4.3)
- Tageszins (↗ Kapitel 7.4.3.2)
- Zinstage (↗ Kapitel 7.4.3.2)
- Deutsche kaufmännische Zeitberechnung (↗ Kapitel 7.4.3.2)
- Darlehen (↗ Kapitel 7.4.4)
- Rating (↗ Kapitel 7.4.4)
- Damnum (↗ Kapitel 7.4.4.1)
- Disagio (↗ Kapitel 7.4.4.1)
- Schuldverschreibung (↗ Kapitel 7.4.5)
- Obligation (↗ Kapitel 7.4.5)
- Bond (↗ Kapitel 7.4.5)
- Kapitalsubstitution (↗ Kapitel 7.6)
- Miete (↗ Kapitel 7.6)
- Pacht (↗ Kapitel 7.6)
- Leasing (↗ Kapitel 7.6)
- Leasinggeber (↗ Kapitel 7.6)
- Leasingnehmer (↗ Kapitel 7.6)
- Operating-Leasing (↗ Kapitel 7.6.2)
- Finanzierungs-Leasing (↗ Kapitel 7.6.2)
- Financial-Leasing (↗ Kapitel 7.6.2)
- Spezial-Leasing (↗ Kapitel 7.6.2)
- Zinsstaffelmethode (↗ Kapitel 7.6.2.2)
- Barwertvergleichsmethode (↗ Kapitel 7.6.2.2)

Fragen Kapitel 7

Frage 7-1: Was wird unter Finanzierungsprozessen verstanden? (↗ Kapitel 7)

Frage 7-2: Welche drei Phasen umfassen Finanzierungsprozesse? (↗ Kapitel 7)

Frage 7-3: Welche zwei Möglichkeiten der Finanzierung lassen sich nach dem Rechtsverhältnis zu den Kapitalgebern unterscheiden? (↗ Kapitel 7)

Frage 7-4: Welche zwei Möglichkeiten der Finanzierung lassen sich nach der Herkunft des Kapitals unterscheiden? (↗ Kapitel 7)

Frage 7-5: Welche vier grundlegenden Formen der Finanzierung werden unterschieden und welche Bilanzposten betreffen diese? (↗ Kapitel 7)

Frage 7-6: Auf welche Posten der Jahresabschlussrechnungen wirkt sich die Verbuchung einer Beteiligungsfinanzierung mit einem Agio bei einer Kapitalgesellschaft aus? (↗ Kapitel 7.1)

Frage 7-7: Auf welche Posten der Jahresabschlussrechnungen wirkt sich die Verbuchung einer offenen Selbstfinanzierung bei einer Kapitalgesellschaft aus? (↗ Kapitel 7.1)

Frage 7-8: Auf welche Posten der Jahresabschlussrechnungen wirkt sich die Verbuchung der Abschreibung eines Damnums beziehungsweise Disagios aus? (↗ Kapitel 7.1)

Frage 7-9: Auf welche Posten der Jahresabschlussrechnungen wirkt sich die Verbuchung der Banküberweisung von Miete aus? (↗ Kapitel 7.1)

Frage 7-10: Worin unterscheidet sich das Eigen- vom Fremdkapital? (↗ Kapitel 7.1.1)

Frage 7-11: Welche fünf Hauptposten umfasst das Eigenkapital? (↗ Kapitel 7.1.1)

Frage 7-12: Wodurch ergeben sich Kapitalrücklagen? (↗ Kapitel 7.1.1)

Frage 7-13: Wodurch ergeben sich Gewinnrücklagen? (↗ Kapitel 7.1.1)

Frage 7-14: Bei welchen Unternehmen kann es gesetzliche Gewinnrücklagen geben? (↗ Kapitel 7.1.1)

Frage 7-15: Über welche Bilanzposten wird das Ergebnis vor und nach seiner teilweisen Verwendung ausgewiesen? (↗ Kapitel 7.1.1)

Frage 7-16 (Vertiefung): Welchem Bilanzposten bei Kapitalgesellschaften entspricht das Festkapital beziehungsweise Kapital I? (↗ Kapitel 7.1.1)

Frage 7-17 (Vertiefung): Welchem Bilanzposten bei Kapitalgesellschaften entspricht das variable Kapital beziehungsweise Kapital II? (↗ Kapitel 7.1.1)

Frage 7-18: Was wird unter Verbindlichkeiten verstanden? (↗ Kapitel 7.1.1)

Frage 7-19 (Vertiefung): Was wird unter Anleihen verstanden? (↗ Kapitel 7.1.1)

Frage 7-20: Was wird mittels der Ergebnisverwendungsrechnung ermittelt? (↗ Kapitel 7.1.2)

Frage 7-21: Zu welchem Zeitpunkt der Ergebnisverwendung erfolgt in der Regel die Aufstellung der Bilanz bei Kapitalgesellschaften? (↗ Kapitel 7.2.1.2)

Frage 7-22: In welchem Geschäftsjahr erfolgt in der Regel die vollständige Ergebnisverwendung bei Kapitalgesellschaften? (↗ Kapitel 7.2.1.2.5)

Frage 7-23: Wie wird die Nettodividende ermittelt? (↗ Kapitel 7.2.1.2.5)

Frage 7-24 (Vertiefung): Aus welchen zwei Gründen kann es zu einer Rückführung der Beteiligungsfinanzierung kommen? (↗ Kapitel 7.2.1.3, 7.2.2.3)

Frage 7-25 (Vertiefung): Zu welchem Zeitpunkt der Ergebnisverwendung erfolgt in der Regel die Aufstellung der Bilanz bei Personenhandelsgesellschaften? (↗ Kapitel 7.2.2.2.1)

Frage 7-26 (Vertiefung): Warum unterliegen Ausschüttungen von Personenhandelsgesellschaften nicht der Kapitalertragsteuer und dem Solidaritätszuschlag darauf? (↗ Kapitel 7.2.2.2.2)

Frage 7-27: Welche Umbuchung ist zum Ende des Geschäftsjahres durchzuführen, wenn das Kontokorrentkonto überzogen ist? (↗ Kapitel 7.4.3.1)

Frage 7-28: Welche zwei Möglichkeiten bestehen handelsrechtlich zur Behandlung eines Damnums beziehungsweise Disagios? (↗ Kapitel 7.4.4.1)

Frage 7-29 (Vertiefung): Welche Art der Bilanzänderung wird durch eine Finanzierung aus Rückstellungen vermieden? (↗ Kapitel 7.5)

Frage 7-30: Wodurch unterscheiden sich die Miete, die Pacht und das Leasing? (↗ Kapitel 7.6)

Frage 7-31: Mit welchem Wert werden gemietete und gepachtete Anlagegüter aktiviert? (↗ Kapitel 7.6.2)

Frage 7-32 (Vertiefung): Welche Kennzeichen weisen die verschiedenen Formen des Leasings auf? (↗ Kapitel 7.6.2)

Frage 7-33 (Vertiefung): In welchen Fällen werden Leasinggegenstände dem Leasingnehmer zugerechnet? (↗ Kapitel 7.6.2)

Frage 7-34 (Vertiefung): Wozu dient die Zinsstaffelmethode? (↗ Kapitel 7.6.2.2)

Übungen Kapitel 7

Übung 7-1

Eine Aktiengesellschaft* weist zum Abschlussstichtag nach der Ermittlung der erwarteten Steuern vom Einkommen und vom Ertrag (↗ Kapitel 11.3) und vor der Verwendung des Ergebnisses folgende Posten im Eigenkapital aus:

Kapitelreferenzen
↗ Kapitel 7.2.1.2, ↗ Kapitel 7.3.1

Posten	Betrag
Passiva.A.I. Gezeichnetes Kapital	200 000,00 €
Passiva.A.III.1. Gesetzliche Rücklage	2 500,00 €
Passiva.A.III.3. Satzungsmäßige Rücklagen	5 000,00 €
Passiva.A.III.4. Andere Gewinnrücklagen	10 000,00 €
Passiva.A.IV. Gewinnvortrag	6 000,00 €
Passiva.A.V. Jahresüberschuss	100 000,00 €

7.6 Die Buchungen im Eigen- und im Fremdkapital zur Abbildung von Finanzierungsprozessen
Übungen

(1) Im Rahmen der teilweisen Ergebnisverwendung wird der Gewinnvortrag aus dem Vorjahr aufgelöst:

Sollkonto	Betrag	an Habenkonto	Betrag

(2) In die gesetzlichen Rücklagen müssen 5 % des Jahresüberschusses eingestellt werden:

Sollkonto	Betrag	an Habenkonto	Betrag

(3) Aufgrund von Regelungen in der Satzung müssen 10 % des Jahresüberschusses in die satzungsmäßigen Rücklagen eingestellt werden:

Sollkonto	Betrag	an Habenkonto	Betrag

(4) Vorstand und Aufsichtsrat beschließen, 20 % des Jahresüberschusses in die anderen Gewinnrücklagen einzustellen und den Rest der Hauptversammlung zur Durchführung der vollständigen Ergebnisverwendung vorzuschlagen:

Sollkonto	Betrag	an Habenkonto	Betrag

(5) Nach der teilweisen Ergebnisverwendung wird der Jahresabschluss aufgestellt. Welche Posten werden in welcher Höhe im Eigenkapital ausgewiesen:

Posten	Betrag
Passiva.A.I. Gezeichnetes Kapital	
Passiva.A.III.1. Gesetzliche Rücklage	
Passiva.A.III.3. Satzungsmäßige Rücklagen	
Passiva.A.III.4. Andere Gewinnrücklagen	

(6) Die Hauptversammlung stimmt der teilweisen Ergebnisverwendung zu. Zur vollständigen Ergebnisverwendung wird der verbliebene Bilanzgewinn in den Gewinnvortrag auf das Folgejahr eingestellt:

Sollkonto	Betrag	an Habenkonto	Betrag

(7) Anschließend wird der Gewinnvortrag im Folgejahr eröffnet:

Sollkonto	Betrag	an Habenkonto	Betrag

(8) Die Hauptversammlung hat beschlossen, 50 000,00 € an die Aktionäre auszuschütten. Das Unternehmen* verbucht im Anschluss an die Hauptversammlung die Ausschüttung (Hinweis: Die Kapitalertragsteuer und der Solidaritätszuschlag sind zusammen zu verbuchen):

Sollkonto	Betrag	an Habenkonto	Betrag

(9) Die Nettodividende wird im Anschluss an die Aktionäre überwiesen und die einbehaltene Kapitalertragsteuer und der Solidaritätszuschlag darauf an das zuständige Betriebsstättenfinanzamt:

Sollkonto	Betrag	an Habenkonto	Betrag

(10) Die Hauptversammlung hat darüber hinaus beschlossen, 11 000,00 € in die anderen Gewinnrücklagen einzustellen und den Rest ins Folgejahr vorzutragen, um dort über die weitere Verwendung zu entscheiden:

Sollkonto	Betrag	an Habenkonto	Betrag

7.6 Die Buchungen im Eigen- und im Fremdkapital zur Abbildung von Finanzierungsprozessen
Übungen

Kapitelreferenzen
↗ Kapitel 7.4.4

Übung 7-2

(1) Die Marcslights GmbH* nimmt am 4.05.0001 ein Bankdarlehen mit einem Auszahlungsbetrag von 9 500,00 €, mit einem Rückzahlungsbetrag von 10 220,00 €, mit einem Jahreszins von 540,00 € und mit einer Laufzeit von 2 Jahren auf und aktiviert das Damnum beziehungsweise Disagio, um es über die Laufzeit abzuschreiben:

Sollkonto	Betrag	an Habenkonto	Betrag

(2) Der Marcslights GmbH* werden zum 31.12.0001 von ihrer Bank die tagesgenau ermittelten Zinsen in Rechnung gestellt und vom Kontokorrentkonto abgebucht:

Sollkonto	Betrag	an Habenkonto	Betrag

(3) Die Marcslights GmbH* führt zum 31.12.0001 eine tagesgenaue Abschreibung auf das Damnum beziehungsweise Disagio durch:

Sollkonto	Betrag	an Habenkonto	Betrag

(4) Die Marcslights GmbH* bucht das Bankdarlehen am 4.05.0002 um, da es nur noch eine Restlaufzeit von 1 Jahr hat:

Sollkonto	Betrag	an Habenkonto	Betrag

(5) Der Marcslights GmbH* zahlt den Bankkredit am 3.05.0003 zurück (Hinweis: Die Zinsen und die Abschreibung auf das Damnum beziehungsweise Disagio sind nicht zu verbuchen):

Sollkonto	Betrag	an Habenkonto	Betrag

Übung 7-3

Marc* erwägt, einen Kleintransporter zu leasen, um Leuchten zu seinen Kunden transportieren zu können. Geben Sie an, wie die Überweisung der entsprechenden monatlichen Leasingrate von 400,00 € zuzüglich Umsatzsteuer im Falle eines Operating Leasings verbucht würde:

Kapitelreferenzen
/ Kapitel 7.6.2.1

Sollkonto	Betrag	an Habenkonto	Betrag

Lernstandsmonitor Kapitel 7

Kapitel		niedrig	mittel	hoch	Noch lernen
7.1 Einordnung innerhalb der Jahresabschlussrechnungen	Wichtigkeit				
	Eigene Kompetenz				
7.2 Beteiligungsfinanzierung	Wichtigkeit				
	Eigene Kompetenz				
7.3 Selbstfinanzierung	Wichtigkeit				
	Eigene Kompetenz				
7.4 Kreditfinanzierung	Wichtigkeit				
	Eigene Kompetenz				
7.5 Finanzierung aus Rückstellungen	Wichtigkeit				
	Eigene Kompetenz				
7.6 Kapitalsubstitution durch Miete, Pacht und Leasing	Wichtigkeit				
	Eigene Kompetenz				

8 Die Buchungen im Anlagevermögen zur Abbildung von Investitionsprozessen

Kapitelnavigator

Inhalt	Lernziel
8.1 Einordnung innerhalb der Jahresabschlussrechnungen	8-1 Die Auswirkungen von Buchungen zur Abbildung von Investitionsprozessen auf die Jahresabschlussrechnungen kennen.
8.2 Investierung	8-2 Den Zugang von Anlagegütern buchen können.
8.3 Anlagegüternutzung	8-3 Aus der Nutzung von Anlagegütern erwachsende Aufwendungen und Erträge buchen können.
8.4 Desinvestierung	8-4 Den Abgang von Anlagegütern buchen können.
8.5 Anlagenbuchführung	8-5 Die Aufzeichnungen in der Anlagenbuchführung kennen.

Einen Teil des Kapitals, das ihren Unternehmen im Rahmen der Finanzierung bereitgestellt wurde, verwendet Jill für Töpfe, Pfannen, Kochmesser und Warmhalteeinrichtungen und Marc für Lötgeräte, Bohrmaschinen, Sägen und weitere Maschinen zur Metall- und Kunststoffbearbeitung.

Die genannten Gegenstände unterscheiden sich von den Vermögensgegenständen des Umlaufvermögens dadurch, dass sie dazu bestimmt sind, dauernd dem Geschäftsbetrieb zu dienen (Handelsgesetzbuch: § 247 Inhalt der Bilanz, Absatz 2). Sie stellen das sogenannte *Anlagevermögen* von Unternehmen dar und werden entsprechend auch als *Anlagegüter* bezeichnet. Die Abgrenzung zum Umlaufvermögen hängt dabei insbesondere von der angestrebten Dauer des Verbleibs im Unternehmen ab. Durch Anlagegüter sollen finanzielle Mittel erwirtschaftet werden, ohne dass sie selbst dabei veräußert werden. Dadurch ergibt sich in der Regel ein dauernder Verbleib im Unternehmen, während die Güter des Umlaufvermögens nicht für einen dauernden Verbleib im Unternehmen bestimmt sind, sondern im Gegenteil sogar möglichst schnell umgeschlagen werden sollen (↗ Kapitel 9).

Das Anlagevermögen ist Gegenstand der *Investitionsprozesse*, die alle Aktivitäten umfas-

8 Die Buchungen im Anlagevermögen zur Abbildung von Investitionsprozessen

sen, die sich auf den Umfang und die Zusammensetzung des Anlagevermögens auswirken. Innerhalb der Investitionsprozesse werden drei Phasen unterschieden (↗ Abbildung 8-2):

▸ In der *Investierungsphase* erfolgt die Anschaffung oder die Herstellung von Anlagegütern.
▸ In der anschließenden *Phase der Anlagegüternutzung* ergeben sich aus den Investitionen Aufwendungen und Erträge.
▸ In der abschließenden *Desinvestierungsphase* erfolgt der Verkauf oder der unentgeltliche Abgang der Anlagegüter.

Investitionen können weiter unterteilt werden in:

▸ Investitionen in das eigene Unternehmen, die dem eigenen Geschäftsbetrieb dienen, und

Abb. 8-1

Im Rahmen der Investitionsprozesse wird das für die Durchführung der Umsatzprozesse erforderliche Anlagevermögen bereitgestellt.

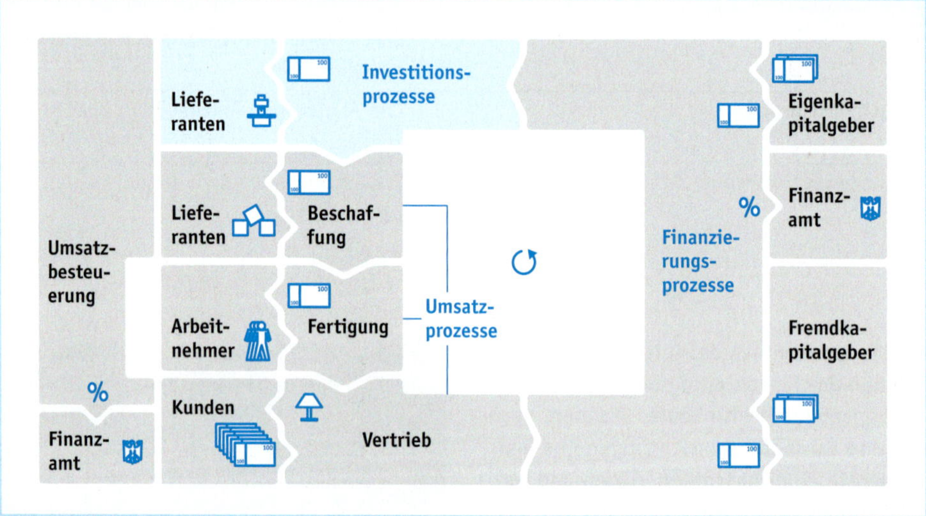

Abb. 8-2

Investitionsprozesse werden in der Haupt- und in der Nebenbuchführung abgebildet.

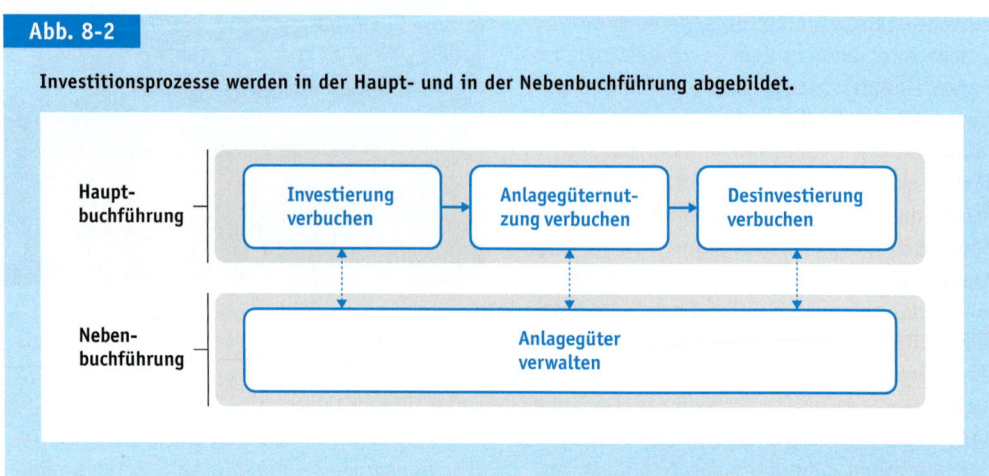

- Investitionen in andere Unternehmen, die im Rahmen von *Kapitalanlagegeschäften* erfolgen.

Das nachfolgende Kapitel wurde entsprechend der Phasen der Investitionsprozesse gegliedert. Zur Orientierung werden wir uns zuerst anschauen, wie sich die Buchungen zur Abbildung von Investitionsprozessen auf die Jahresabschlussrechnungen auswirken. Dann werden wir uns näher mit dem Zugang, der Nutzung und dem Abgang der Anlagegüter beschäftigen. Zum Schluss des Kapitels werden wir auf die Verwaltung der Anlagegüter in der Anlagenbuchführung eingehen.

8.1 Einordnung innerhalb der Jahresabschlussrechnungen

Einordnung innerhalb der Jahresabschlussrechnungen
Investierung
Anlagegüternutzung
Desinvestierung
Anlagenbuchführung

Lernziel 8-1
Die Auswirkungen von Buchungen zur Abbildung von Investitionsprozessen auf die Jahresabschlussrechnungen kennen.

8.1.1 Ausweis in der Bilanz

Die nachfolgend betrachteten Buchungen zur Abbildung von Investitionsprozessen können sich insbesondere auf folgende drei Hauptposten des Anlagevermögens der Bilanz (Gliederung gemäß Handelsgesetzbuch: § 266 Gliederung der Bilanz) auswirken (↗ Abbildung 8-3):

A.I. Immaterielle Vermögensgegenstände
Bei den immateriellen Vermögensgegenständen handelt es sich um alle Anlagegüter, die weder eine physische Substanz haben noch monetär sind. Die immateriellen Vermögensgegenstände können die folgenden Posten umfassen:

- **Aktiva. A.I.1. Selbst geschaffene gewerbliche Schutzrechte und ähnliche Rechte und Werte** sind mit Inkrafttreten des Bilanzrechtsmodernisierungsgesetzes (BilMoG) in der Bilanz auszuweisen. Für die Bewertung werden dabei lediglich die Entwicklungskosten und nicht auch die Forschungskosten herangezogen (Handelsgesetzbuch: § 255 Bewertungsmaßstäbe, Absatz 2a).

- **Aktiva. A.I.2. Entgeltlich erworbene Konzessionen** sind öffentlich-rechtliche Befugnisse, wie beispielsweise Fischereirechte.
- **Aktiva. A.I.2. Entgeltlich erworbene gewerbliche Schutzrechte** sind zum Beispiel Patente, Gebrauchsmuster, Geschmacksmuster, Marken sowie Urheber- und Verlagsrechte.
- **Aktiva. A.I.2. Entgeltlich erworbene ähnliche Rechte** sind beispielsweise Nutzungs-, Belieferungs- und Vertriebsrechte, Wettbewerbsverbote sowie Bezugsrechte für Aktien und Beteiligungen.
- **Aktiva. A.I.2. Entgeltlich erworbene ähnliche Werte** sind zum Beispiel geheime Verfahren, Kundenstammdaten oder ungeschützte Erfindungen.
- **Aktiva. A.I.2. Entgeltlich erworbene Lizenzen**, wie beispielsweise Softwarelizenzen, berechtigen zur Nutzung von gewerblichen Schutzrechten und von ähnlichen Rechten und Werten.
- **Aktiva. A.I.3. Geschäfts- oder Firmenwerte**, die auch als *Goodwill* bezeichnet werden, ergeben sich bei der Übernahme von anderen Unternehmen durch die Differenz zwischen dem Kaufpreis und dem Reinvermögen (↗ Kapitel 2.1.1.2.1) des übernommenen Unternehmens.
- **Aktiva. A.I.4. Geleistete Anzahlungen** auf immaterielle Vermögensgegenstände sind erbrachte monetäre Vorleistungen an Lieferanten für noch bereitzustellende immaterielle Vermögensgegenstände.

8.1 Die Buchungen im Anlagevermögen zur Abbildung von Investitionsprozessen
Einordnung innerhalb der Jahresabschlussrechnungen

Abb. 8-3

Die nachfolgend betrachteten Buchungen zur Abbildung von Investitionsprozessen können sich insbesondere auf die blau markierten Posten der Jahresabschlussrechnungen auswirken.

Bilanz

Aktiva

- **A. Anlagevermögen**
  - **I. Immaterielle Vermögensgegenstände**
    - 1. Selbst geschaffene gewerbliche Schutzrechte und ähnliche Rechte und Werte
    - 2. Entgeltlich erworbene Konzessionen, gewerbliche Schutzrechte und ähnliche Rechte und Werte sowie Lizenzen an solchen Rechten und Werten
    - 3. Geschäfts- oder Firmenwert
    - 4. Geleistete Anzahlungen
  - **II. Sachanlagen**
    - 1. Grundstücke, grundstücksgleiche Rechte und Bauten einschließlich der Bauten auf fremden Grundstücken
    - 2. Technische Anlagen und Maschinen
    - 3. Andere Anlagen, Betriebs- und Geschäftsausstattung
    - 4. Geleistete Anzahlungen und Anlagen im Bau
  - **III. Finanzanlagen**
    - 1. Anteile an verbundenen Unternehmen
    - 2. Ausleihungen an verbundene Unternehmen
    - 3. Beteiligungen
    - 4. Ausleihungen an Unternehmen, mit denen ein Beteiligungsverhältnis besteht
    - 5. Wertpapiere des Anlagevermögens
    - 6. Sonstige Ausleihungen
- **B. Umlaufvermögen**

Passiva

- A. Eigenkapital
- B. Rückstellungen
- C. Verbindlichkeiten

Gewinn- und Verlustrechnung

Aufwendungen

- 7. Abschreibungen
  - a) auf immaterielle Vermögensgegenstände des Anlagevermögens und Sachanlagen
- 8. Sonstige betriebliche Aufwendungen

Betriebsergebnis

- 12. Abschreibungen auf Finanzanlagen

Finanzergebnis

14. Ergebnis der gewöhnlichen Geschäftstätigkeit

- 18. Steuern vom Einkommen und vom Ertrag

20. Jahresüberschuss/Jahresfehlbetrag

Erträge

- 3. Andere aktivierte Eigenleistungen
- 4. Sonstige betriebliche Erträge
- 9. Erträge aus Beteiligungen
- 10. Erträge aus anderen Wertpapieren und Ausleihungen des Finanzanlagevermögens

Kapitalflussrechnung

Auszahlungen

- 2. Auszahlungen an Lieferanten und Beschäftigte

6. Cashflow aus laufender Geschäftstätigkeit

- 8., 10., 12. Auszahlungen für Investitionen in das Sach-, immaterielle oder Finanzanlagevermögen

17. Cashflow aus der Investitionstätigkeit

Einzahlungen

- 3. Sonstige Einzahlungen, die nicht der Investitions- oder Finanzierungstätigkeit zuzuordnen sind
- 7., 9., 11. Einzahlungen aus Abgängen von Gegenständen des Sach-, immateriellen oder Finanzanlagevermögens

A.II. Sachanlagen

Bei den Sachanlagen handelt es sich um alle Anlagegüter, die eine physische, also körperliche Substanz aufweisen. Sie können die folgenden Posten umfassen:

- **Aktiva. A.II.1. Grundstücke, grundstücksgleiche Rechte und Bauten einschließlich der Bauten auf fremden Grundstücken** inklusive der Außenanlagen und der Einrichtungen für die Bauten, wie beispielsweise Heizungs- und Beleuchtungsanlagen.
- **Aktiva. A.II.2. Technische Anlagen und Maschinen** dienen unmittelbar der Fertigung und umfassen unter anderem Vorrichtungen zur Fertigung und zur Montage sowie Fördermittel für innerbetriebliche Transporte (Beck 2010: § 247, Anmerkung 480 f.).
- **Aktiva. A.II.3. Andere Anlagen sowie die Betriebs- und Geschäftsausstattung** (BGA) dienen nicht unmittelbar der Fertigung und umfassen unter anderem den Fuhrpark und die Büro- und Werkstatteinrichtung inklusive Möbeln und Computern (Beck 2010: § 247, Anmerkung 500 f.).
- **Aktiva. A.II.4. Geleistete Anzahlungen und Anlagen im Bau** sind erbrachte monetäre Vorleistungen an Lieferanten für noch zu erbringende Lieferungen von Sachanlagen.

A.III. Finanzanlagen

Finanzanlagen, die auch als *monetäre Anlagegüter* bezeichnet werden, sind Vermögenswerte, die daraus resultieren, dass anderen Unternehmen im Rahmen von *Kapitalanlagegeschäften* dauerhaft Kapital zur Verfügung gestellt wird. Anders als die vorgenannten Anlagegüter dienen Finanzanlagen insofern nicht unmittelbar dem eigenen Geschäftsbetrieb von Unternehmen (Coenenberg, A. G. 2005: Seite 227).

Die Finanzanlagen werden in der Bilanz absteigend nach der Möglichkeit der Einflussnahme auf andere Unternehmen und nach dem Ausmaß der finanziellen Verflechtung mit diesen aufgeführt. Sie können die folgenden Posten umfassen (Coenenberg, A. G. und andere 2009b: Seite 369 ff.):

- **Aktiva. A.III.1. Anteile an verbundenen Unternehmen** bezeichnen Anteile an Unternehmen im selben Konzernverbund (Handelsgesetzbuch: § 271 Beteiligungen. Verbundene Unternehmen, Absatz 2 und § 290 Pflicht zur Aufstellung, Absatz 1), bei denen – anders als bei den im Umlaufvermögen unter dem Posten »Aktiva.B.III.1. Anteile an verbundenen Unternehmen« ausgewiesenen Anteilen – eine dauerhafte Besitzabsicht besteht.
- **Aktiva. A.III.2. Ausleihungen an verbundene Unternehmen** sind langfristige Finanzforderungen gegenüber verbundenen Unternehmen, die für diese Unternehmen wiederum Fremdkapital darstellen (↗ Kapitel 7.1.1).
- **Aktiva. A.III.3. Beteiligungen** sind Anteile von über 20 % an anderen Unternehmen, die dem eigenen Geschäftsbetrieb durch die Herstellung einer dauernden Verbindung dienen sollen (Handelsgesetzbuch: § 271 Beteiligungen. Verbundene Unternehmen, Absatz 1) und bei denen das Ausmaß der finanziellen Verflechtungen und der Möglichkeiten der Einflussnahme geringer als bei verbundenen Unternehmen ist.
- **Aktiva. A.III.4. Ausleihungen an Unternehmen, mit denen ein Beteiligungsverhältnis besteht**, sind langfristige Finanzforderungen gegenüber Unternehmen, mit denen ein Beteiligungsverhältnis besteht (↗ Kapitel 7.1.1).
- **Aktiva. A.III.5. Wertpapiere des Anlagevermögens** bezeichnen Anteile an anderen Unternehmen, bei denen das Ausmaß der finanziellen Verflechtungen und der Möglich-

---

Abb. 8-4

Die Deutsche Lufthansa AG weist in ihrer Bilanz zum 31.12.2007 unter ihrem Anlagevermögen zusätzlich zum gesetzlich vorgegebenen Gliederungsschema den Posten »Flugzeuge« aus (Deutsche Lufthansa AG 2008a: Seite 12).

Aktiva	Bilanz
Anlagevermögen	
Immaterielle Vermögensgegenstände	35 Millionen €
Flugzeuge	3 311 Millionen €
Übrige Sachanlagen	90 Millionen €
Finanzanlagen	8 846 Millionen €
	12 282 Millionen €

keiten der Einflussnahme geringer als bei Beteiligungen ist und bei denen – anders als bei den im Umlaufvermögen unter dem Posten »Aktiva.B.III.2. Sonstige Wertpapiere« ausgewiesenen Wertpapieren – eine dauerhafte Besitzabsicht besteht.

▸ **Aktiva. A.III.6. Sonstige Ausleihungen** sind langfristige Finanzforderungen gegenüber nicht verbundenen Unternehmen, mit denen kein Beteiligungsverhältnis besteht.

8.1.2 Ausweis in der Gewinn- und Verlustrechnung

Die nachfolgend betrachteten Buchungen zur Abbildung von Investitionsprozessen können sich insbesondere auf folgende Posten der Gewinn- und Verlustrechnung (Version: Gesamtkostenverfahren gemäß Handelsgesetzbuch: § 275 Gliederung, Absatz 2) auswirken (↗ Abbildung 8-3):

▸ **3. Andere aktivierte Eigenleistungen** ergeben sich durch die eigene Herstellung von Anlagegütern.
▸ **4. Sonstige betriebliche Erträge** ergeben sich unter anderem aus Vermietungen und Verpachtungen von Anlagegütern und durch Verkäufe von Anlagegütern über ihrem Buchwert.
▸ **7.a) Abschreibungen auf immaterielle Vermögensgegenstände des Anlagevermögens und Sachanlagen** ergeben sich durch Wertverluste dieser Güter.
▸ **8. Sonstige betriebliche Aufwendungen** ergeben sich unter anderem durch die Instandhaltung, die Reparatur und die Wartung von Anlagegütern und durch die Verkäufe von Anlagegütern unter ihrem Buchwert.
▸ **9. Erträge aus Beteiligungen** ergeben sich insbesondere durch erhaltene Dividendenzahlungen.
▸ **10. Erträge aus anderen Wertpapieren und Ausleihungen des Finanzanlagevermögens** ergeben sich insbesondere durch erhaltene Dividenden- und Zinszahlungen.
▸ **12. Abschreibungen auf Finanzanlagen** ergeben sich durch Wertverluste der Finanzanlagen.
▸ **18. Steuern vom Einkommen und vom Ertrag** ergeben sich unter anderem durch die Kapitalertragsteuer und den Solidaritätszuschlag auf erhaltene Dividenden- und Zinszahlungen.

8.1.3 Ausweis in der Kapitalflussrechnung

Die nachfolgend betrachteten Buchungen zur Abbildung von Investitionsprozessen können sich insbesondere auf folgende Posten der Kapitalflussrechnung (Version: Direkte Methode gemäß Deutsche Rechnungslegungs Standards: Nr. 2 Kapitalflussrechnung, Tabelle 5) auswirken (↗ Abbildung 8-3):

▸ **2. Auszahlungen an Lieferanten und Beschäftigte** ergeben sich unter andern durch die Instandhaltung, die Reparatur und die Wartung von Anlagegütern.
▸ **3. Sonstige Einzahlungen, die nicht der Investitions- oder Finanzierungstätigkeit zuzuordnen sind,** ergeben sich unter andern aus Dividenden- und Zinszahlungen, die aus Finanzanlagen erwachsen (Coenenberg, A. G. und andere 2009a: Seite 827).
▸ **7., 9., 11. Einzahlungen aus Abgängen von Gegenständen des Sach-, immateriellen oder Finanzanlagevermögens** ergeben sich insbesondere durch den Verkauf von Anlagegütern.
▸ **8., 10., 12. Auszahlungen für Investitionen in das Sach-, immaterielle oder Finanzanlagevermögen** ergeben sich insbesondere durch die Anschaffung und die Herstellung von Anlagegütern (Coenenberg, A. G. 2005: Seite 819).

Zwischenübung Kapitel 8.1

Ordnen Sie die verschiedenen Vermögensgegenstände in der nachfolgenden Tabelle den Bilanzposten des Anlagevermögens zu, indem Sie jeweils die Bezeichnung des entsprechenden Bilanzpostens dahinter schreiben. Sollte kein Ausweis im Anlagevermögen erfolgen, so kennzeichnen Sie dies mit einem durchgezogenen Strich:

Vermögensgegenstand	Bilanzposten
(A) Stanzmaschine	
(B) Aktien einer Tochtergesellschaft	
(C) Fabrikhalle	
(D) Aktien zur Spekulation	
(E) Fertigungssteuerungssoftware	
(F) Faxgerät	
(G) Stahlbleche für die Fertigung	
(H) Kredit an ein Tochterunternehmen	

8.2 Investierung

- Einordnung innerhalb der Jahresabschlussrechnungen
- **Investierung**
- Anlagegüternutzung
- Desinvestierung
- Anlagenbuchführung

Im Rahmen der Investitionstätigkeit von Unternehmen werden Anlagegüter entweder:
- angeschafft oder
- selbst hergestellt.

Die sich daraus ergebenden *Kapitaleinsätze* können in Investitionsrechnungen, wie der Kapitalwertmethode, zur Beurteilung der Vorteilhaftigkeit von Investitionen eingehen.

8.2.1 Anschaffung von Anlagegütern

Werden Vermögensgegenstände des Anlage- oder des Umlaufvermögens, wie Maschinen oder wie Werkstoffe und Waren (↗ Kapitel 9.2.2) *angeschafft*, indem bereits bestehende Vermögensgegenstände entgeltlich erworben werden, so sind sie zum Zeitpunkt des Übergangs der *wirtschaftlichen Verfügungsmacht* (↗ Kapitel 4.5.1) zu *aktivieren*, das heißt, dem entsprechenden Aktivkonto zuzubuchen.

8.2.1.1 Ermittlung der Anschaffungskosten

Die *Zugangsbewertung* bei der Aktivierung von angeschafften Vermögensgegenständen erfolgt auf Basis der *Anschaffungskosten*, die auch als *Einstandspreise* oder *Bezugspreise* bezeichnet werden (Handelsgesetzbuch: § 253 Zugangs- und Folgebewertung, Absatz 1, Satz 1). Der Begriff »Kosten« ist dabei irreführend, da es sich – wie im Handelsgesetzbuch: § 255 Bewertungsmaßstäbe, Absatz 1, Satz 1 aufgeführt – bei den Anschaffungskosten und ihren Bestandteilen streng genommen um aufwandsgleiche Kosten beziehungsweise Aufwendungen handelt und insbesondere *kalkulatorische Kosten* nicht angesetzt werden dürfen.

Nach dem Handelsgesetzbuch: § 255 Bewertungsmaßstäbe, Absatz 1 umfassen die Anschaffungskosten alle einem Vermögensgegenstand zuzurechnenden Aufwendungen, die geleistet

Lernziel 8-2
Den Zugang von Anlagegütern buchen können.

werden müssen, um den Vermögensgegenstand zu erwerben und ihn in einen betriebsbereiten Zustand zu versetzen.

Die Anschaffungskosten von Vermögensgegenständen werden allgemein über folgende *Bezugs-* beziehungsweise *Beschaffungskalkulation* ermittelt:

  Anschaffungspreis
- Anschaffungspreisminderungen
+ Anschaffungsnebenkosten
+ Nachträgliche Anschaffungskosten
= Anschaffungskosten

Auf die Bedeutung der aufgeführten Posten soll in den nachfolgenden Kapiteln eingegangen werden.

8.2.1.1.1 Anschaffungspreis

Der Anschaffungs- beziehungsweise *Kaufpreis* ist das Entgelt abzüglich erstattungsfähiger Umsatzsteuern, das für den Erwerb von Vermögensgegenständen zu zahlen ist. Kennzeichnend für den *Erwerb* ist dabei, dass ein Käufer die *wirtschaftliche Verfügungsmacht* über einen Vermögensgegenstand erlangt (↗ Kapitel 4.5.1).

8.2.1.1.2 Anschaffungspreisminderungen

Anschaffungspreisminderungen sind alle den angeschafften Vermögensgegenständen zurechenbaren Preisnachlässe, wie Rabatte, Skonti, Minderungen und unter Umständen auch Boni (↗ Kapitel 9.2.6).

8.2.1.1.3 Anschaffungsnebenkosten

Die Anschaffungsnebenkosten, die auch als *Bezugskosten* bezeichnet werden, umfassen alle den angeschafften Vermögensgegenständen zurechenbaren Aufwendungen, die im unmittelbaren Zusammenhang mit deren Erwerb und deren Versetzung an den beabsichtigten Ort und in den beabsichtigten Zustand stehen (Beck 2010: § 255, Anmerkung 70). Es kann sich dabei sowohl um Aufwendungen handeln, die außerhalb des Unternehmens entstehen, als auch um Aufwendungen, die im Unternehmen selbst anfallen. Entsprechende Aufwendungen sind:

- **Steuern und Abgaben**, wie Zölle (↗ Kapitel 6.4.2.1), Grunderwerbsteuern, Anlieger- und Erschließungsbeiträge,
- **Fremdleistungen** (↗ Kapitel 9.2.4.1) sowie
- **Eigenleistungen** (↗ Kapitel 8.2.2), die in der Regel in erster Linie Aufwendungen für Löhne und Werkstoffe umfassen.

Da viele im Unternehmen anfallende Anschaffungsnebenkosten, wie beispielsweise die Kosten der Einkaufsabteilung, den Anschaffungen nicht eindeutig als Einzelkosten zurechenbar sind, sind in der Praxis insbesondere die Anschaffungsnebenkosten, die durch die Inanspruchnahme von Fremdleistungen entstehen, von Bedeutung.

Typische Anschaffungsnebenkosten, die bei der Anschaffung von Anlagegütern entstehen, sind beispielsweise:

- bei **Grundstücken und Gebäuden** die – von den Grundsteuern zu unterscheidenden – Grunderwerbsteuern und die Kosten der Vermittlung, der Vermessung, der Beurkundung, der Grundbucheintragung und der Erschließung,
- bei **technischen Anlagen und Maschinen** die Kosten des Transports, der Fundamentierung und der Montage,
- bei **Kraftfahrzeugen** die Kosten der Überführung und der Zulassung und
- bei **Wertpapieren** die Bankprovisionen, die Börsenplatzentgelte und die Börsenabwicklungskosten.

8.2.1.1.4 Nachträgliche Anschaffungskosten

Nachträgliche Anschaffungskosten entstehen insbesondere durch erworbene Erweiterungen oder wesentliche Verbesserungen von bestehenden Anlagegütern (↗ Kapitel 8.2.2.1).

8.2.1.2 Aktivierung von angeschafften Anlagegütern

Nach der Erlangung der wirtschaftlichen Verfügungsmacht (↗ Kapitel 4.5.1) über die Anlagegüter erfolgt deren Aktivierung durch Buchung:

- im **Soll** der Aktivkonten der entsprechenden Anlagegüter in Höhe der Anschaffungskosten,
- im **Soll** der Aktivkonten »Abziehbare Vorsteuer ... « und
- im **Haben** der Passivkonten »Verbindlichkeiten aus Lieferungen und Leistungen« oder der Aktivkonten »Bank«.

Anschaffungspreisminderungen und Anschaffungsnebenkosten werden dabei in der Regel nicht separat erfasst, sondern sofort vom Anschaffungspreis abgezogen oder diesem hinzugerechnet, bevor dieser verbucht wird.

Typische Belege
- Eingangsrechnungen von Maschinenbauunternehmen

Konten [Bilanz: Aktiva. A. Anlagevermögen]
- **SKP03[SKR03]:** 0010 – 0595 Anlagevermögenskonten
- **SKP04[SKR04]:** 0100 – 0990 Anlagevermögenskonten
- **IKP[IKR]:** 0200 – 0950 Anlagevermögenskonten

Beispiel 8-1

Ein Unternehmen* schafft eine Maschine zum Anschaffungspreis von 100 000,00 € zuzüglich Umsatzsteuer gegen Banküberweisung der bei der Lieferung beiliegenden Rechnung an. Für den Transport und die Montage der Maschine werden zusätzlich Anschaffungsnebenkosten von 10 000,00 € zuzüglich Umsatzsteuer auf der Rechnung ausgewiesen. Auf den Kaufpreis wird eine Anschaffungspreisminderung in Form eines Rabatts von 20 % gewährt. Damit ergeben sich folgende Anschaffungskosten:

  Anschaffungspreis . . . . 100 000,00 €
− Anschaffungspreisminderungen . 20 000,00 €
+ Anschaffungsnebenkosten . . . . . 10 000,00 €
= Anschaffungskosten . . . . 90 000,00 €

Der Geschäftsvorfall bewirkt eine ① Erhöhung des Wertes des Maschinenbestandes (Aktivkonto »Technische Anlagen und Maschinen«), eine ② Erhöhung der Forderungen gegenüber den Finanzämtern aus gezahlter Vorsteuer (Aktivkonto »Abziehbare Vorsteuer«) sowie eine ③ Verminderung des Bankguthabens (Aktivkonto »Bank«) und damit der Finanzmittel (»Cash«):

SKP03·SKP04·IKP Sollkonto	Betrag	an SKP03·SKP04·IKP Habenkonto	Betrag
① 0200·0400·0700 Technische Anlagen und Maschinen	90 000,00 €	③ 1200·1800·2800 Bank	107 100,00 €
② 1576·1406·2605 Abziehbare Vorsteuer 19 %	17 100,00 €		

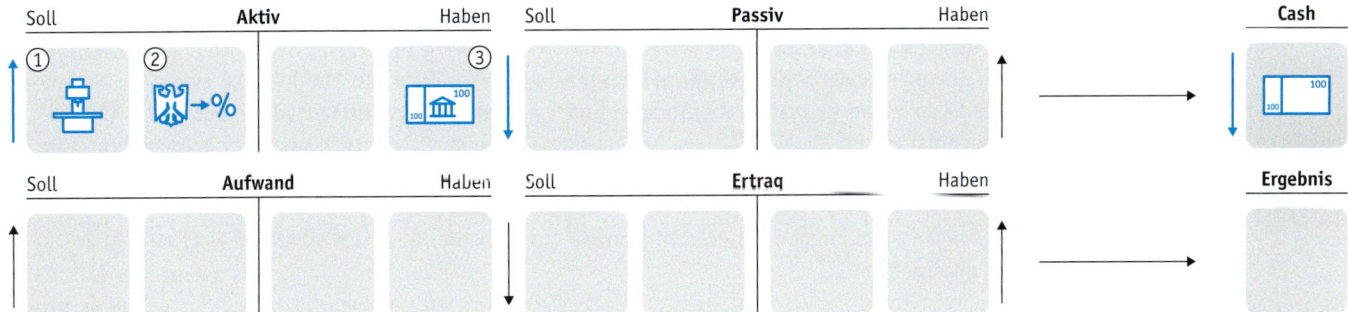

Beispiel 8-2

Ein Unternehmen* kauft im Rahmen einer auf Dauer angelegten Investition über seine Bank Aktien eines anderen Unternehmens zum Anschaffungspreis von 1 000,00 € gegen Abbuchung vom Depotkonto. Durch den Kauf entstehen zusätzlich Anschaffungsnebenkosten von 2,50 € für die Bankprovision, von 0,50 € für das Börsenplatzentgelt und von 0,60 € für die Börsenabwicklungskosten, die ebenfalls vom Depotkonto abgebucht werden. Damit ergeben sich folgende Anschaffungskosten:

  Anschaffungspreis . . . . 1 000,00 €
+ Anschaffungsnebenkosten . . . . 3,60 €
= Anschaffungskosten . . . . 1 003,60 €

Das Unternehmen* verbucht den Geschäftsvorfall anschließend auf Basis der Kaufabrechnung der Bank:

SKP03 · SKP04 · IKP Sollkonto	Betrag	an SKP03 · SKP04 · IKP Habenkonto	Betrag
0525 · 0900 · 1500 Wertpapiere des Anlagevermögens	1 003,60 €	1200 · 1800 · 2800 Bank	1 003,60 €

8.2.1.3 Geleistete Anzahlungen

In einigen Branchen, wie beispielsweise dem Sondermaschinenbau, ist es üblich, dass die auftraggebenden Unternehmen bei der Bestellung oder entsprechend einem vorher vereinbarten Herstellungsfortschritt Anzahlungen leisten.

Anzahlungen stellen für die auftraggebenden Unternehmen Forderungen dar, die normalerweise:

- im **Soll** der Anlagevermögenskonten »Anzahlungen …«

verbucht werden. Überschreiten die Vorhaben allerdings das Geschäftsjahr, wie dies beispielsweise bei der Herstellung von Gebäuden häufig der Fall ist, werden die Anzahlungen:

- im **Soll** der Anlagevermögenskonten »… im Bau«

verbucht. Falls es sich um umsatzsteuerpflichtige Anlagegüter handelt, sind dabei auch die Anzahlungen umsatzsteuerpflichtig (↗ Kapitel 6.2.3.1).

Bei der Erlangung der wirtschaftlichen Verfügungsmacht an den Anlagegütern buchen die auftraggebenden Unternehmen dann die Forderungen aufgrund geleisteter Anzahlungen auf die entsprechenden Anlagevermögenskonten, wie beispielsweise »Technische Anlagen und Maschinen«, um.

Typische Belege

- Eingangsrechnungen von Maschinenbauunternehmen

Konten [Bilanz: Aktiva. A.I.4. Geleistete Anzahlungen]

- **SKP03[SKR03]:** [0039] Anzahlungen auf immaterielle Vermögensgegenstände · [0038] Anzahlungen auf Geschäfts- oder Firmenwert
- **SKP04[SKR04]:** [0170] Geleistete Anzahlungen auf immaterielle Vermögensgegenstände · [0179] Anzahlungen auf Geschäfts- oder Firmenwert
- **IKP[IKR]:** [0400] Geleistete Anzahlungen auf immaterielle Vermögensgegenstände

Konten [Bilanz: Aktiva. A.II.4. Geleistete Anzahlungen und Anlagen im Bau]

- **SKP03[SKR03]:** 0129, 0299, 0499 [0038, 0039, 0079, 0159, 0189, 0199] Anzahlungen … ·
  0120, 0290, 0498 [0150, 0180, 0195] … im Bau
- **SKP04[SKR04]:** 0720, 0780, 0795 [0170, 0179, 0705, 0735, 0750, 0765] Anzahlungen … ·
  0710, 0770, 0785 [0725, 0740, 0755] … im Bau
- **IKP[IKR]:** 0900 [0400] Geleistete Anzahlungen auf Sachanlagen ·
  0950 Anlagen im Bau

Beispiel 8-3

(1) Ein Unternehmen* bestellt eine Maschine zum Preis von 100 000,00 € zuzüglich Umsatzsteuer. Bei der Bestellung leistet das Unternehmen* vertragsgemäß eine Anzahlung von 25 000,00 € zuzüglich Umsatzsteuer per Banküberweisung.

Der Geschäftsvorfall bewirkt eine ① Erhöhung der Forderungen aus geleisteten Anzahlungen (Aktivkonto »Anzahlungen auf technische Anlagen und Maschinen«) um den Anzahlungsbetrag, eine ② Erhöhung der Forderungen gegenüber den Finanzämtern aus gezahlter Vorsteuer darauf (Aktivkonto »Abziehbare Vorsteuer«) sowie eine ③ Verminderung des Bankguthabens (Aktivkonto »Bank«) und damit der Finanzmittel (»Cash«):

Investierung 8.2

SKP03 · SKP04 · IKP Sollkonto	Betrag	an	SKP03 · SKP04 · IKP Habenkonto	Betrag
① 0299 · 0780 · 0900 Anzahlungen auf technische Anlagen und Maschinen	25 000,00 €		③ 1200 · 1800 · 2800 Bank	29 750,00 €
② 1576 · 1406 · 2605 Abziehbare Vorsteuer 19 %	4 750,00 €			

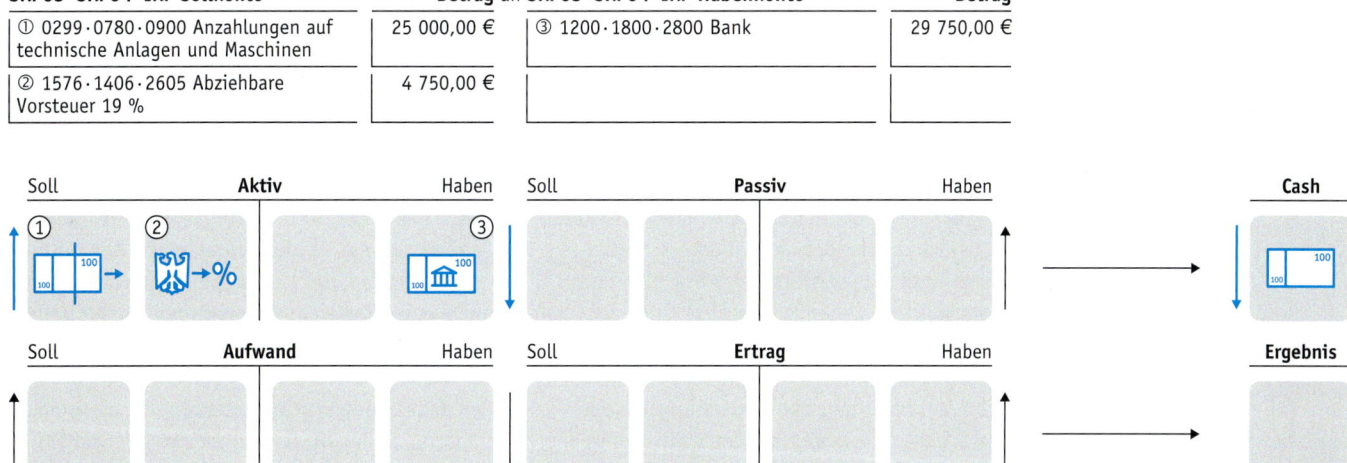

(2) Nachdem die Maschine geliefert wurde, bucht das unter (1) genannte Unternehmen* die geleistete Anzahlung um und zahlt den Restbetrag von 75 000,00 € zuzüglich Umsatzsteuer per Banküberweisung der bei der Lieferung beiliegenden Rechnung.

Der Geschäftsvorfall bewirkt zum einen eine ① Erhöhung des Wertes des Maschinenbestandes (Aktivkonto »Technische Anlagen und Maschinen«) und eine ② Auflösung der Forderungen aus den zuvor geleisteten Anzahlungen (Aktivkonto »Anzahlungen auf technische Anlagen und Maschinen«).

Zum anderen bewirkt der Geschäftsvorfall eine ① Erhöhung des Wertes des Maschinenbestandes (Aktivkonto »Technische Anlagen und Maschinen«), eine ③ Erhöhung der Forderungen gegenüber den Finanzämtern aus gezahlter Vorsteuer auf den Restbetrag (Aktivkonto »Abziehbare Vorsteuer«) sowie eine ④ Verminderung des Bankguthabens (Aktivkonto »Bank«) und damit der Finanzmittel (»Cash«) um den Restbetrag:

SKP03 · SKP04 · IKP Sollkonto	Betrag	an	SKP03 · SKP04 · IKP Habenkonto	Betrag
① 0200 · 0400 · 0700 Technische Anlagen und Maschinen	25 000,00 €		② 0299 · 0780 · 0900 Anzahlungen auf technische Anlagen und Maschinen	25 000,00 €
① 0200 · 0400 · 0700 Technische Anlagen und Maschinen	75 000,00 €		④ 1200 · 1800 · 2800 Bank	89 250,00 €
③ 1576 · 1406 · 2605 Abziehbare Vorsteuer 19 %	14 250,00 €			

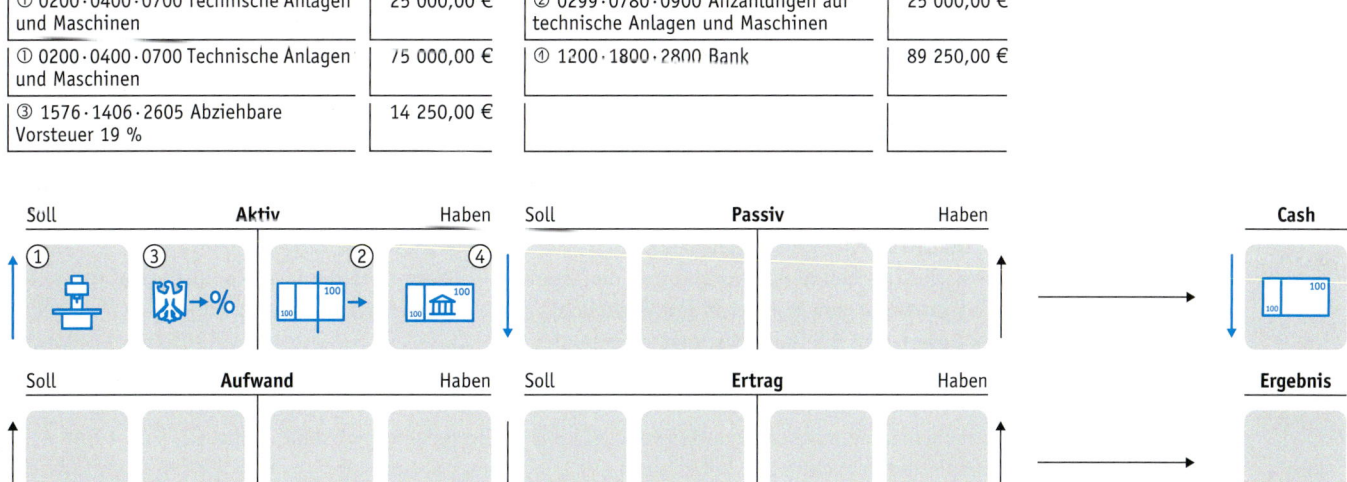

8.2.2 Herstellung von Anlagegütern

Werden Vermögensgegenstände des Anlage- oder des Umlaufvermögens, wie Maschinen oder wie unfertige und fertige Erzeugnisse (↗ Kapitel 9.3) von Unternehmen selbst hergestellt, so sind sie zum Zeitpunkt ihrer Fertigstellung zu *aktivieren*, das heißt dem entsprechenden Aktivkonto zuzubuchen (Handelsgesetzbuch: § 253 Zugangs- und Folgebewertung, Absatz 1). Selbst hergestellte Anlagegüter werden dabei als *Eigenleistungen* bezeichnet.

8.2.2.1 Ermittlung der Herstellungskosten

Die *Zugangsbewertung* bei der Aktivierung von selbst hergestellten Vermögensgegenständen erfolgt auf Basis der *Herstellungskosten* (Handelsgesetzbuch: § 253 Zugangs- und Folgebewertung, Absatz 1, Satz 1). Der Begriff »Kosten« ist dabei irreführend, da es sich – wie im Handelsgesetzbuch: § 255 Bewertungsmaßstäbe, Absatz 2, Satz 1 aufgeführt – bei den Herstellungskosten und ihren Bestandteilen streng genommen um aufwandsgleiche Kosten beziehungsweise Aufwendungen handelt und insbesondere *kalkulatorische Kosten* nicht angesetzt werden dürfen.

Die Herstellungskosten werden weiter in ursprüngliche und in nachträgliche Herstellungskosten unterteilt:

(1) Ursprüngliche Herstellungskosten
Die ursprünglichen Herstellungskosten umfassen alle Aufwendungen, die durch den Verbrauch von Gütern und die Inanspruchnahme von Diensten bei der Neuschaffung von Vermögensgegenständen entstehen (Handelsgesetzbuch: § 255 Bewertungsmaßstäbe, Absatz 2, Satz 1).

(2) Nachträgliche Herstellungskosten
Die nachträglichen Herstellungskosten umfassen alle Aufwendungen, die durch den Verbrauch von Gütern und die Inanspruchnahme von Diensten bei der Erweiterung oder der wesentlichen Verbesserung von im Unternehmen bereits vorhandenen Vermögensgegenstände entstehen (Handelsgesetzbuch: § 255 Bewertungsmaßstäbe, Absatz 2, Satz 1). Beispiele dafür sind die Erhöhung der Ausbringungsmenge oder der Nutzungsdauer einer Maschine.

Keine nachträglichen Herstellungskosten sind hingegen Aufwendungen, die lediglich dem Erhalt der Anlagegüter dienen (↗ Kapitel 8.3.2).

Welche Aufwendungen die Herstellungskosten im Einzelnen umfassen, wird im Handelsgesetzbuch: § 255 Bewertungsmaßstäbe, Absatz 2 ff. aufgeführt. Die Struktur orientiert sich dabei am Schema der aus der Kostenrechnung bekannten *differenzierten Zuschlagskalkulation* und gilt so auch weitgehend für die steuerrechtliche Bewertung. Die bilanzierenden Unternehmen dürfen für die Zugangsbewertung von Vermögensgegenständen dabei jeden Wert zwischen der Unter- und der Obergrenze der Herstellungskosten verwenden:

   Materialkosten
+ Angemessene Teile der Materialgemeinkosten
+ Fertigungskosten
+ Sonderkosten der Fertigung
+ Angemessene Teile der Fertigungsgemeinkosten
+ Angemessene Teile des Werteverzehrs des Anlagevermögens, soweit dieser durch die Fertigung veranlasst ist
+ Entwicklungsaufwendungen immaterieller Vermögensgegenstände
= Untergrenze der handels- und steuerrechtlichen Herstellungskosten

+ Wahlweise: Angemessene Teile der Kosten der allgemeinen Verwaltung
+ Wahlweise: Angemessene Teile der Aufwendungen für soziale Einrichtungen des Betriebs
+ Wahlweise: Angemessene Teile der Aufwendungen für freiwillige soziale Leistungen
+ Wahlweise: Angemessene Teile der Aufwendungen für die betriebliche Altersversorgung
+ Wahlweise: Zinsen für Fremdkapital, das zur Finanzierung der Herstellung des Vermögensgegenstands verwendet wird
= Obergrenze der handels- und steuerrechtlichen Herstellungskosten

Nicht in die Herstellungskosten einbezogen werden dürfen hingegen (Handelsgesetzbuch: § 255 Bewertungsmaßstäbe, Absatz 2, Satz 4 und Absatz 3, Satz 1):
▸ Forschungskosten,
▸ Vertriebskosten und
▸ Zinsen für Fremdkapital.

Im Hinblick auf die Ermittlung der Herstellungskosten ist die Unterscheidung der aufgeführten Posten in Einzel- und Gemeinkosten wichtig, weshalb wir darauf in den nachfolgenden Kapiteln näher eingehen werden.

Beispiel 8-4

Für die Aktivierung einer von einem Unternehmen für sich selbst hergestellten Sondermaschine wurden über Verfahren der Kostenrechnung folgende aufwandsgleiche Kosten ermittelt, die in den nachfolgenden Beispielen noch näher erläutert werden:
- Materialkosten: 30 000,00 €,
- Materialgemeinkosten: 6 000,00 €,
- Fertigungskosten 10 000,00 €,
- Sonderkosten der Fertigung: 0,00 €,
- Fertigungsgemeinkosten: 9 000,00 €,
- Werteverzehr des Anlagevermögens: 5 000,00 €,
- Kosten der allgemeinen Verwaltung: 3 000,00 €.

Auf Basis dieser Kosten können für die Zugangsbewertung der Sondermaschine eine Unter- und eine Obergrenze der Herstellungskosten ermittelt werden:

	Materialkosten	30 000,00 €
+	Materialgemeinkosten	6 000,00 €
+	Fertigungskosten	10 000,00 €
+	Sonderkosten der Fertigung	0,00 €
+	Fertigungsgemeinkosten	9 000,00 €
+	Werteverzehr des Anlagevermögens durch Fertigung	5 000,00 €
=	Untergrenze Herstellungskosten	60 000,00 €
+	Kosten der allgemeinen Verwaltung	3 000,00 €
=	Obergrenze Herstellungskosten	63 000,00 €

8.2.2.1.1 Einzelkosten der Herstellung

Kennzeichnend für die Einzelkosten der Herstellung ist, dass sie den hergestellten Vermögensgegenständen über eine eindeutig definierte quantitative Relation direkt zugerechnet werden können.

Im Hinblick auf die Herstellungskosten sind folgende Einzelkosten von Bedeutung:

(1) Materialkosten

Die Materialkosten werden in der Kostenrechnung auch als *Materialeinzelkosten* bezeichnet. Es handelt sich dabei um alle Aufwendungen:
- für Materialien, wie Rohstoffe, und
- für bezogene Leistungen, wie die Inanspruchnahme von Zeitarbeitspersonal (↗ Kapitel 9.2.4.2),

die den hergestellten Vermögensgegenständen beispielsweise über Stücklisten direkt zugerechnet werden können.

Beispiel 8-5

Bei der Herstellung der vorgenannten Sondermaschine entstanden gemäß der Stückliste Materialkosten von 30 000 €.

(2) Fertigungskosten

Die Fertigungskosten werden in der Kostenrechnung auch als *Fertigungseinzelkosten* bezeichnet. Es handelt sich dabei insbesondere um Aufwendungen für Löhne und gegebenenfalls – über Zuschläge darauf – auch für Lohnnebenkosten, die den hergestellten Vermögensgegenständen beispielsweise über Arbeitspläne direkt zugerechnet werden können.

Beispiel 8-6

Bei der Herstellung der vorgenannten Sondermaschine entstanden gemäß dem Arbeitsplan Fertigungskosten von 15 000 €.

(3) Sonderkosten der Fertigung

Die Sonderkosten der Fertigung werden in der Kostenrechnung auch als *Sondereinzelkosten der Fertigung* bezeichnet. Es handelt sich dabei um Aufwendungen, die nicht der Fertigung einzelner Vermögensgegenstände, sondern der Fertigung einzelner Aufträge zugeordnet werden können, so insbesondere Aufwendungen für (Beck 2010: § 255, Anmerkung 424):
- auftragsgebundene Sonderbetriebsmittel und
- auftragsgebundene Entwicklungs-, Versuchs- und Konstruktionskosten.

(4) Entwicklungsaufwendungen immaterieller Vermögensgegenstände

Selbst geschaffene immaterielle Vermögensgegenstände, wie Patente, werden nicht in der Fer-

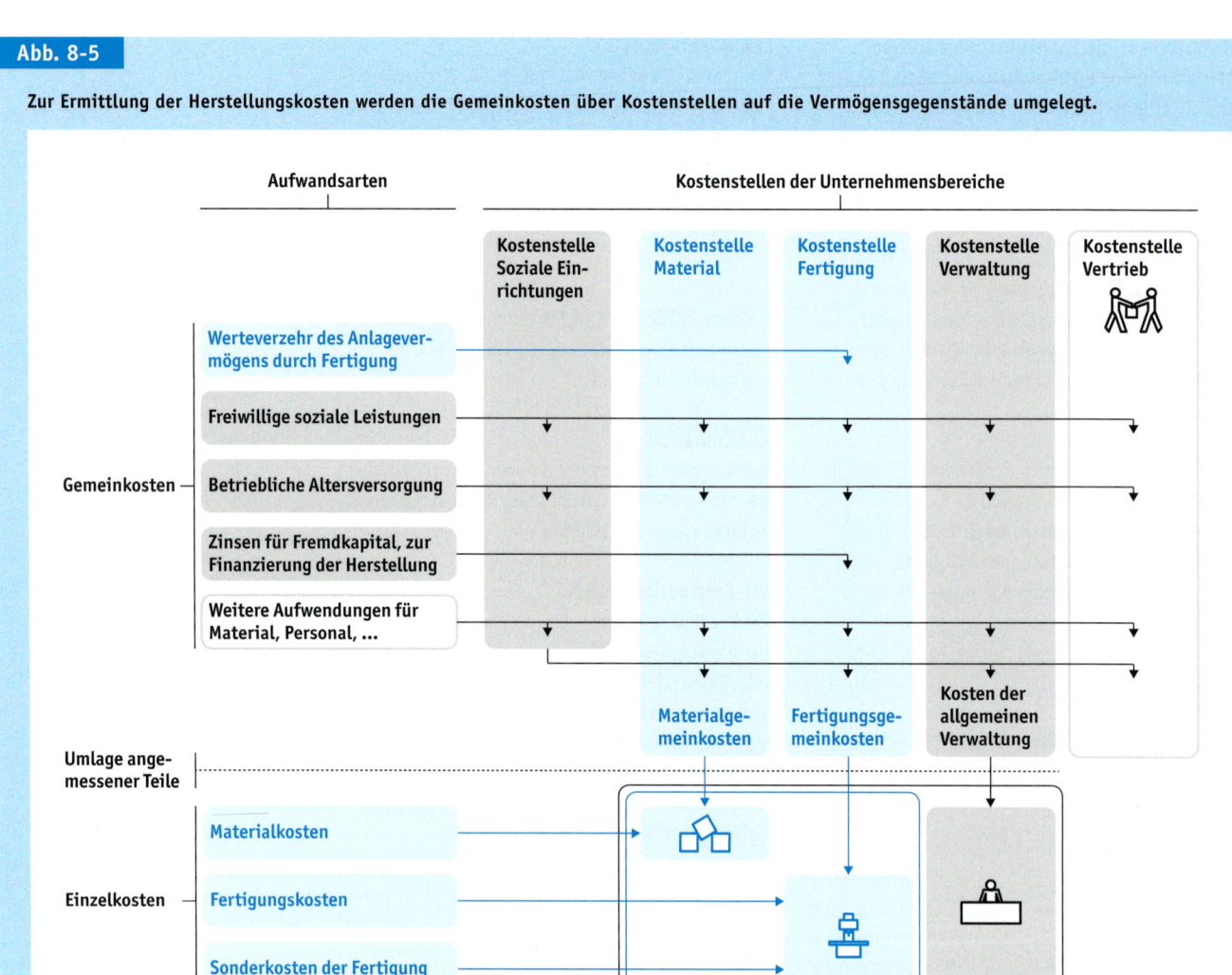

Abb. 8-5

Zur Ermittlung der Herstellungskosten werden die Gemeinkosten über Kostenstellen auf die Vermögensgegenstände umgelegt.

tigung des Unternehmens hergestellt, sondern in dessen Forschungs- und Entwicklungsbereich. Entsprechende Vermögensgegenstände sind mit den Entwicklungsaufwendungen, die ihnen direkt zugerechnet werden können, zu aktivieren, nicht aber mit den Forschungsaufwendungen.

Unter Entwicklungsaufwendungen werden dabei Aufwendungen verstanden, die durch »die Anwendung von Forschungsergebnissen oder von anderem Wissen für die Neuentwicklung von Gütern oder Verfahren oder die Weiterentwicklung von Gütern oder Verfahren mittels wesentlicher Änderungen« entstehen (Handelsgesetzbuch: § 255 Bewertungsmaßstäbe, Absatz 2a, Satz 2).

(5) Sondereinzelkosten des Vertriebs
Bei den Sondereinzelkosten des Vertriebs handelt es sich um Aufwendungen, die dem Vertrieb einzelner Vermögensgegenstände oder dem Ver-

trieb einzelner Aufträge zugeordnet werden können, so insbesondere Aufwendungen für (Beck 2010: § 255, Anmerkung 443):

- Akquisitionen von Aufträgen,
- Verkaufsprovisionen,
- umsatzabhängige Lizenzgebühren,
- Abnahmekosten, wie TÜV-Gebühren,
- Außenverpackungen,
- Ausfuhr-Kreditversicherungen,
- Ausfuhr-Zölle,
- ausländische Kostensteuern und
- Konventionalstrafen.

Als Teil der Vertriebskosten dürfen die Sondereinzelkosten des Vertriebs generell nicht bei der Ermittlung der Herstellungskosten berücksichtigt werden (Handelsgesetzbuch: § 255 Bewertungsmaßstäbe, Absatz 2, Satz 4).

8.2.2.1.2 Gemeinkosten der Herstellung

Gemeinkosten können den hergestellten Vermögensgegenständen – auch bei Anwendung genauer Erfassungsmethoden – nicht eindeutig zugerechnet werden, da sie gleichzeitig mehrere Vermögensgegenstände betreffen. Die Gemeinkosten müssen deshalb über Verfahren der Kostenrechnung auf die hergestellten Vermögensgegenstände umgelegt werden.

Wie bei der Umlage vorzugehen ist, wird gesetzlich nicht geregelt. Die für die Herstellung von Vermögensgegenständen angemessenen Teile der Gemeinkosten können beispielsweise auf der Basis von *Gemeinkostenzuschlagssätzen* berechnet werden, die in einer *differenzierten Zuschlagskalkulation* für das gesamte Unternehmen ermittelt und fortlaufend bei sich ändernden Kosten über sogenannte *Zuschlagsläufe* aktualisiert werden (Küting, K. und andere 2010: Seite 176 ff.). Dazu wird in der Regel eine Unterteilung in folgende *Kostenstellen* vorgenommen, in denen die Kosten der entsprechenden Funktionsbereiche des Unternehmens erfasst werden:

- Materialkostenstelle,
- Fertigungskostenstelle,
- Verwaltungskostenstelle und
- Vertriebskostenstelle.

Im Fertigungsbereich kann eine noch genauere Umlage der Gemeinkosten durch eine die Zuschlagskalkulation ergänzende *Maschinenstundensatzrechnung* erfolgen (Küting, K. und andere 2010: Seite 170 ff.).

Bestimmte, in anderen Kostenstellen erfasste Gemeinkosten können auch vor der Kalkulation im Rahmen einer *innerbetrieblichen Leistungsverrechnung* auf die vorgenannten Kostenstellen umgelegt werden, wodurch sich dann deren Zuschlagssätze erhöhen (Küting, K. und andere 2010: Seite 178 ff.).

Im Hinblick auf die Herstellungskosten sind folgende Gemeinkosten von Bedeutung:

(1) Materialgemeinkosten

Die Materialgemeinkosten umfassen alle Aufwendungen, die in der Kostenstelle »Material« für den entsprechenden Funktionsbereich erfasst werden. Im Einzelnen sind dies Aufwendungen für (Einkommensteuer-Richtlinien 2005: R 6.3 Herstellungskosten, Absatz 2):

- die Lagerhaltung,
- den Transport und
- die Eingangsprüfung

von Werkstoffen, Waren und unfertigen Erzeugnissen. Weitere Beispiele für Materialgemeinkosten werden in den ↗ Kapiteln 9.2.3.1 und 9.2.4.3 aufgeführt.

Die für die Herstellung von Vermögensgegenständen angemessenen Teile der Materialgemeinkosten können beispielsweise über *Materialgemeinkostenzuschlagssätze* berechnet werden, die sich aus dem Verhältnis der gesamten Materialgemeinkosten des Unternehmens zu den gesamten Materialkosten des Unternehmens ergeben.

Die Verbuchung der Materialgemeinkosten kann bei Anwendung des Umsatzkostenverfahrens (↗ Kapiteln 8.2.2.2.2) über die Aufwandskonten »Sonstige betriebliche Aufwendungen« erfolgen.

Beispiel 8-7

Der aktuelle, über Verfahren der Kostenrechnung ermittelte Materialgemeinkostenzuschlagssatz des vorgenannten Unternehmens beträgt 20 % auf die Materialkosten.

Zu den Materialkosten von 30 000,00 €, die bei der Herstellung der vorgenannten Sondermaschine entstanden sind, sind deshalb zur Ermittlung der Untergrenze der Herstellungskosten 6 000,00 € Materialgemeinkosten zu addieren.

(2) Fertigungsgemeinkosten

Die Fertigungsgemeinkosten umfassen alle Aufwendungen, die in der Kostenstelle »Fertigung« für den entsprechenden Funktionsbereich erfasst werden. Im Einzelnen sind dies Aufwendungen für (Einkommensteuer-Richtlinien 2005: R 6.3 Herstellungskosten, Absatz 2 und Beck 2010: § 255, Anmerkung 423):

- nicht als Einzelkosten zurechenbare Hilfs- und Betriebsstoffe,
- Instandhaltungsaufwendungen,
- Sachversicherungen,
- Raumkosten,
- Arbeitsvorbereitung,
- Kontrolle der Fertigung,
- Werkzeuglager,
- Fertigungsverwaltung inklusive Betriebsleitung und Werkstattverwaltung,
- Unfallstationen und Unfallverhütungseinrichtungen der Fertigungsstätten,
- Lohnbüro, soweit in ihm die Löhne und Gehälter der in der Fertigung tätigen Arbeitnehmer abgerechnet werden.

Weitere Beispiele für Fertigungsgemeinkosten werden in den ↗ Kapiteln 9.2.3.1 und 9.2.4.3 aufgeführt.

Die für die Herstellung von Vermögensgegenständen angemessenen Teile der Fertigungsgemeinkosten können beispielsweise über *Fertigungsgemeinkostenzuschlagssätze* berechnet werden, die sich aus dem Verhältnis der gesamten Fertigungsgemeinkosten des Unternehmens zu den gesamten Fertigungskosten des Unternehmens ergeben.

Die Verbuchung der Fertigungsgemeinkosten kann bei Anwendung des Umsatzkostenverfahrens (↗ Kapitel 8.2.2.2.2) über die Aufwandskonten »Sonstige betriebliche Aufwendungen« erfolgen.

Beispiel 8-8

Der aktuelle, über Verfahren der Kostenrechnung ermittelte Fertigungsgemeinkostenzuschlagssatz des vorgenannten Unternehmens beträgt 90 % auf die Fertigungskosten.

Zu den Fertigungskosten von 10 000,00 €, die bei der Herstellung der vorgenannten Sondermaschine entstanden, sind deshalb zur Ermittlung der Untergrenze der Herstellungskosten 9 000,00 € Fertigungsgemeinkosten zu addieren.

(3) Kosten der allgemeinen Verwaltung

Die Kosten der allgemeinen Verwaltung, die in der Kostenrechnung auch als *Verwaltungsgemeinkosten* bezeichnet werden, umfassen alle Aufwendungen, die in der Kostenstelle »Verwaltung« für den entsprechenden Funktionsbereich erfasst werden. Im Einzelnen sind dies Aufwendungen für (Einkommensteuer-Richtlinien 2005: R 6.3 Herstellungskosten, Absatz 4, Satz 2):

- Geschäftsleitung,
- Einkauf,
- Wareneingang,
- Betriebsrat,
- Personalbüro,
- Nachrichtenwesen,
- Ausbildungswesen,
- Rechnungswesen inklusive Buchführung, Betriebsabrechnung, Statistik und Kalkulation,
- Feuerwehr,
- Werkschutz sowie
- allgemeine Fürsorge einschließlich Betriebskrankenkasse.

Weitere Beispiele für Kosten der allgemeinen Verwaltung werden in den ↗ Kapiteln 9.2.3.1 und 9.2.4.3 aufgeführt.

Falls sie bei der Ermittlung der Herstellungskosten berücksichtigt werden sollen, können die für die Herstellung von Vermögensgegenständen angemessenen Teile der Kosten der allgemeinen Verwaltung beispielsweise über *Verwaltungsgemeinkostenzuschlagssätze* berechnet werden, die sich aus dem Verhältnis der gesamten Kosten der allgemeinen Verwaltung des Unternehmens zur Untergrenze der Herstellungskosten ergeben.

Die Verbuchung der Kosten der allgemeinen Verwaltung kann bei Anwendung des Umsatzkostenverfahrens (↗ Kapitel 8.2.2.2.2) über die Aufwandskonten »Sonstige betriebliche Aufwendungen« erfolgen.

Beispiel 8-9

Der aktuelle, über Verfahren der Kostenrechnung ermittelte Verwaltungsgemeinkostenzuschlagssatz des vorgenannten Unternehmens beträgt 5 % auf die Untergrenze der Herstellungskosten.

Zu der Untergrenze der Herstellungskosten von 60 000,00 €, die bei der Herstellung der vorgenannten Sondermaschine entstanden, sind deshalb zur Ermittlung der Obergrenze der Herstellungskosten 3 000,00 € Verwaltungsgemeinkosten zu addieren.

(4) Vertriebsgemeinkosten

Außer aus den Sondereinzelkosten des Vertriebs können die Vertriebskosten auch aus Vertriebsgemeinkosten bestehen. Diese umfassen alle Aufwendungen, die in der Kostenstelle »Vertrieb« für den entsprechenden Funktionsbereich erfasst werden. Im Einzelnen sind dies Aufwendungen für (Beck 2010: § 255, Anmerkung 443):
- Distributionslager,
- Vertriebsabteilungen,
- Verkaufsbüros,
- Werbung,
- Reklame,
- Marktforschung,
- Messen,
- Verkäuferschulungen,
- Reisekosten der Verkäufer.

Weitere Beispiele für Vertriebskosten werden in den ⁄ Kapiteln 9.2.3.2 und 9.2.4.4 aufgeführt.

Als Teil der Vertriebskosten dürfen die Vertriebsgemeinkosten generell nicht bei der Ermittlung der Herstellungskosten berücksichtigt werden (Handelsgesetzbuch: § 255 Bewertungsmaßstäbe, Absatz 2, Satz 4).

(5) Werteverzehr des Anlagevermögens, soweit dieser durch die Fertigung veranlasst ist

Beim Werteverzehr des Anlagevermögens handelt es sich um die Abschreibungen auf das Anlagevermögen. In der Regel umfassen zwar die meisten in Kostenstellen erfassten Aufwendungen auch Abschreibungen, durch die Regelungen im Handelsgesetzbuch: § 255 Bewertungsmaßstäbe, Absatz 2, Satz 2 stellt der Gesetzgeber jedoch sicher, dass die Abschreibungen auf das Anlagevermögen des Fertigungsbereichs immer bei der Ermittlung der Herstellungskosten berücksichtigt werden (Einkommensteuer-Richtlinien 2005: R 6.3 Herstellungskosten, Absatz 1 und 3).

Nicht einbezogen werden dürfen dabei außerplanmäßige Abschreibungen (Baetge, J./Kirsch, H.-J./Thiele, S. 2009: Seite 196) und Abschreibungen auf geringwertige Wirtschaftsgüter (Einkommensteuer-Änderungsrichtlinien 2008: Nummer 22).

Um sie bei der Ermittlung der Herstellungskosten zu berücksichtigen, können entsprechende Aufwendungen beispielsweise als primäre Gemeinkosten auf die Kostenstelle »Fertigung« umgelegt werden, wodurch deren Zuschlagssatz erhöht wird.

Alternativ kann beispielsweise ein Zuschlagssatz auf Basis der Fertigungskosten zur Umlage der Aufwendungen verwendet werden.

Beispiel 8-10

Der aktuelle, über Verfahren der Kostenrechnung ermittelte Zuschlagssatz des vorgenannten Unternehmens für den durch die Fertigung veranlassten Werteverzehr des Anlagevermögens beträgt 50 % auf die Fertigungskosten.

Zu den bei der Herstellung der vorgenannten Sondermaschine entstandenen Fertigungskosten von 10 000,00 € sind deshalb zur Ermittlung der Untergrenze der Herstellungskosten 5 000,00 € für den Werteverzehr des Anlagevermögens zu addieren.

(6) Aufwendungen für soziale Einrichtungen des Betriebs

Zu den Aufwendungen für soziale Einrichtungen gehören beispielsweise Aufwendungen für (Einkommensteuer-Richtlinien 2005: R 6.3 Herstellungskosten, Absatz 4, Satz 3):
- Kantinen,
- Essenszuschüsse und
- die Freizeitgestaltung der Arbeitnehmer.

Falls sie bei der Ermittlung der Herstellungskosten berücksichtigt werden sollen, können entsprechende Aufwendungen beispielsweise in eigenen Kostenstellen gesammelt und im Rahmen der innerbetrieblichen Leistungsverrechnung als sekundäre Gemeinkosten auf die Kostenstellen »Material«, »Fertigung« und »Verwaltung« umgelegt werden, wodurch deren Zuschlagssätze erhöht werden.

(7) Aufwendungen für freiwillige soziale Leistungen

Zu den Aufwendungen für freiwillige soziale Leistungen gehören Aufwendungen, die nicht arbeitsvertraglich oder tarifvertraglich verein-

bart worden sind, wie beispielsweise Aufwendungen für (Einkommensteuer-Richtlinien 2005: R 6.3 Herstellungskosten, Absatz 4, Satz 4):
- Jubiläumsgeschenke,
- Wohnungsbeihilfen,
- andere freiwillige Beihilfen,
- Weihnachtszuwendungen und
- Beteiligungen der Arbeitnehmer am Ergebnis des Unternehmens.

Falls sie bei der Ermittlung der Herstellungskosten berücksichtigt werden sollen, können entsprechende Aufwendungen beispielsweise als primäre Gemeinkosten auf die Kostenstellen »Material«, »Fertigung« und »Verwaltung« umgelegt werden, wodurch deren Zuschlagssätze erhöht werden.

(8) Aufwendungen für die betriebliche Altersversorgung

Zu den Aufwendungen für die betriebliche Altersversorgung gehören beispielsweise Aufwendungen für (Einkommensteuer-Richtlinien 2005: R 6.3 Herstellungskosten, Absatz 4, Satz 5):
- Beiträge zu Direktversicherungen,
- Zuwendungen an Pensions- und Unterstützungskassen,
- Zuwendungen an Pensionsfonds und
- Zuführungen zu Pensionsrückstellungen.

Falls sie bei der Ermittlung der Herstellungskosten berücksichtigt werden sollen, können entsprechende Aufwendungen beispielsweise als primäre Gemeinkosten auf die Kostenstellen »Material«, »Fertigung« und »Verwaltung« umgelegt werden, wodurch deren Zuschlagssätze erhöht werden.

(9) Zinsen für Fremdkapital, das zur Finanzierung der Herstellung des Vermögensgegenstands verwendet wird

Gemäß Handelsgesetzbuch: § 255 Bewertungsmaßstäbe, Absatz 3, Satz 1 gehören Zinsen für Fremdkapital generell nicht zu den Herstellungskosten. Eine Ausnahme wird dabei gemäß Handelsgesetzbuch: § 255 Bewertungsmaßstäbe, Absatz 3, Satz 2 für Zinsen auf Fremdkapital gemacht, das zur Finanzierung der Herstellung eines Vermögensgegenstands verwendet wird, soweit sie auf den Zeitraum der Herstellung entfallen.

Falls sie bei der Ermittlung der Herstellungskosten berücksichtigt werden sollen, können entsprechende Aufwendungen beispielsweise als primäre Gemeinkosten auf die Kostenstelle »Fertigung« umgelegt werden, wodurch deren Zuschlagssatz erhöht wird.

(10) Forschungskosten

Unter Forschungskosten werden Aufwendungen verstanden, die durch »die eigenständige und planmäßige Suche nach neuen wissenschaftlichen oder technischen Erkenntnissen oder Erfahrungen allgemeiner Art, über deren technische Verwertbarkeit und wirtschaftliche Erfolgsaussichten grundsätzlich keine Aussagen gemacht werden können« (Handelsgesetzbuch: § 255 Bewertungsmaßstäbe, Absatz 2a, Satz 3), entstehen.

Anders als die Entwicklungsaufwendungen immaterieller Vermögensgegenstände dürfen Forschungskosten generell nicht bei der Ermittlung der Herstellungskosten berücksichtigt werden (Handelsgesetzbuch: § 255 Bewertungsmaßstäbe, Absatz 2, Satz 4).

8.2.2.2 Aktivierung von hergestellten Anlagegütern

Wie bei der Verbuchung der Aktivierung von selbst hergestellten Anlagegütern vorgegangen wird, hängt davon ab, ob die verbuchenden Unternehmen die Gewinn- und Verlustrechnung nach dem Gesamtkosten- oder nach dem Umsatzkostenverfahren aufstellen.

8.2.2.2.1 Aktivierung bei Anwendung des Gesamtkostenverfahrens

Unternehmen, die ihre Gewinn- und Verlustrechnung nach dem Gesamtkostenverfahren aufstellen, weisen dort Erträge aus aktivierten Eigenleistungen über den Posten »3. Andere aktivierte Eigenleistungen« aus und diesen Erträgen gegenüberstehende Aufwendungen über die Posten für die verschiedenen Aufwandsarten.

Die Aufwendungen für die Herstellung werden während der Herstellung ganz normal als Aufwendungen verbucht, so beispielsweise als Aufwendungen für Rohstoffe oder als Aufwendungen für Löhne. Nach ihrer Herstellung werden die Eigenleistungen dann mit ihren Herstellungskosten:

▸ im **Soll** der entsprechenden Anlagevermögenskonten, wie beispielsweise »Technische Anlagen und Maschinen«,

aktiviert. Da etwas geschaffen wurde, stellt die Herstellung von Eigenleistungen einen Ertrag dar. Bei der Aktivierung erfolgt deshalb eine Gegenbuchung:

▸ im **Haben** der Ertragskonten »Andere aktivierte Eigenleistungen«.

In Fällen, in denen die Herstellung über das Ende des Geschäftsjahres hinaus geht, werden die bis zum Jahresende angefallenen Herstellungskosten übergangsweise:

▸ im **Soll** der Aktivkonten »... im Bau« verbucht und von dort nach der Fertigstellung auf die entsprechenden Anlagevermögenskonten umgebucht.

Typische Belege
▸ Aufzeichnungen der für die Herstellung aufgewendeten Arbeitszeiten und Materialien

Konten [Bilanz: Aktiva. A. Anlagevermögen]
▸ **SKP03[SKR03]:** 0043 – 0048, 0080 – 0490 Anlagevermögenskonten
▸ **SKP04[SKR04]:** 0143 – 0148, 0230 – 0690 Anlagevermögenskonten
▸ **IKP[IKR]:** 0200 – 0240, 0530 – 0890 Anlagevermögenskonten

Konten [GuV: 3. Andere aktivierte Eigenleistungen]
▸ **SKP03[SKR03]:** 8990 Andere aktivierte Eigenleistungen
▸ **SKP04[SKR04]:** 4820 Andere aktivierte Eigenleistungen
▸ **IKP[IKR]:** 5300 [5390] Andere aktivierte Eigenleistungen

Konten [Bilanz: Aktiva. A.II.4. Geleistete Anzahlungen und Anlagen im Bau]
▸ **SKP03[SKR03]:** 0120, 0290, 0498 [0150, 0180, 0195] ... im Bau
▸ **SKP04[SKR04]:** 0710, 0770, 0785 [0725, 0740, 0755] ... im Bau
▸ **IKP[IKR]:** 0950 Anlagen im Bau

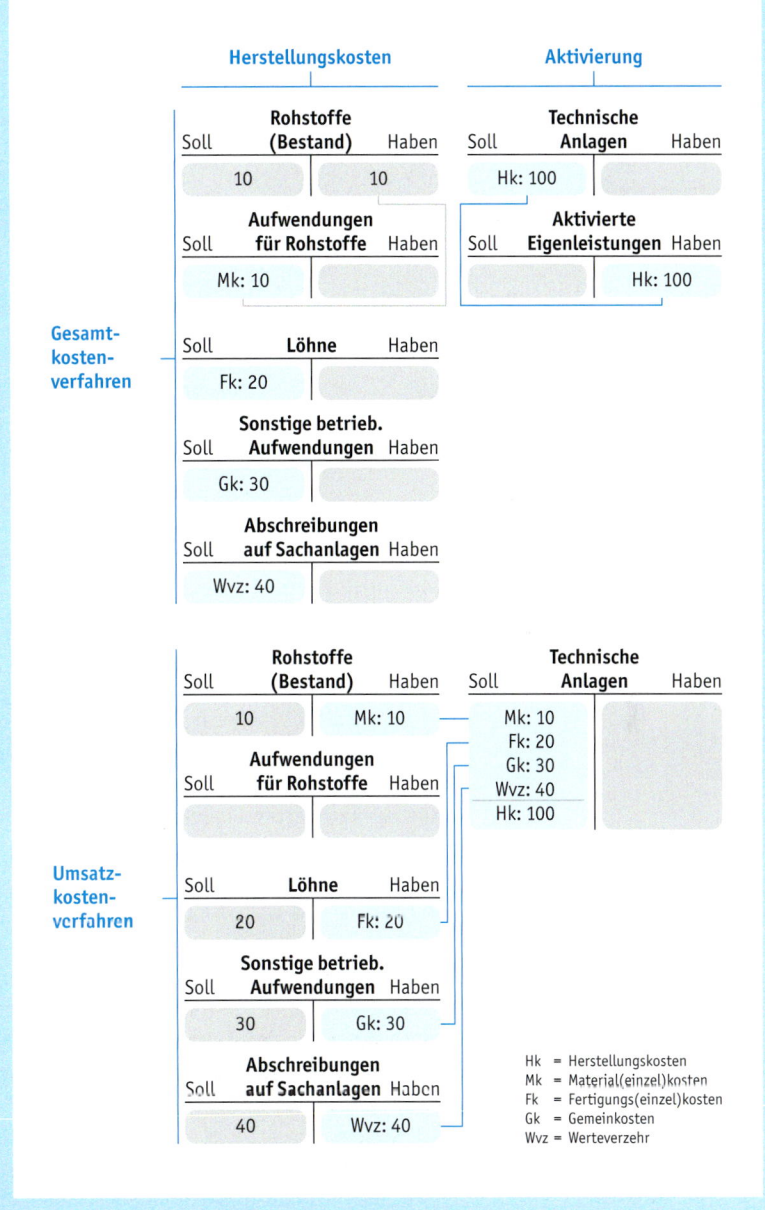

Abb. 8-6

Beim Gesamtkostenverfahren wird den Herstellungskosten bei der Aktivierung der hergestellten Anlagegüter ein Ertrag aus aktivierten Eigenleistungen gegenübergestellt, während die Bestandteile der Herstellungskosten beim Umsatzkostenverfahren zur Aktivierung auf die hergestellten Anlagegüter umgebucht werden.

8.2 Die Buchungen im Anlagevermögen zur Abbildung von Investitionsprozessen
Investierung

Beispiel 8-11

Ein Unternehmen* aktiviert eine für sich selbst hergestellte Sondermaschine, deren Herstellungskosten 63 000,00 € betragen, nach deren Herstellung.

Der Geschäftsvorfall bewirkt eine ① Erhöhung des Wertes des Maschinenbestandes (Aktivkonto »Technische Anlagen und Maschinen«) um die Herstellungskosten sowie eine ② Erhöhung der Erträge aus der Herstellung von Eigenleistungen (Ertragskonto »Andere aktivierte Eigenleistungen«) und damit eine Erhöhung des Erfolgs und des Eigenkapitals EK:

SKP03 · SKP04 · IKP Sollkonto	Betrag	an	SKP03 · SKP04 · IKP Habenkonto	Betrag
① 0200 · 0400 · 0700 Technische Anlagen und Maschinen	63 000,00 €		② 8990 · 4820 · 5300 Andere aktivierte Eigenleistungen	63 000,00 €

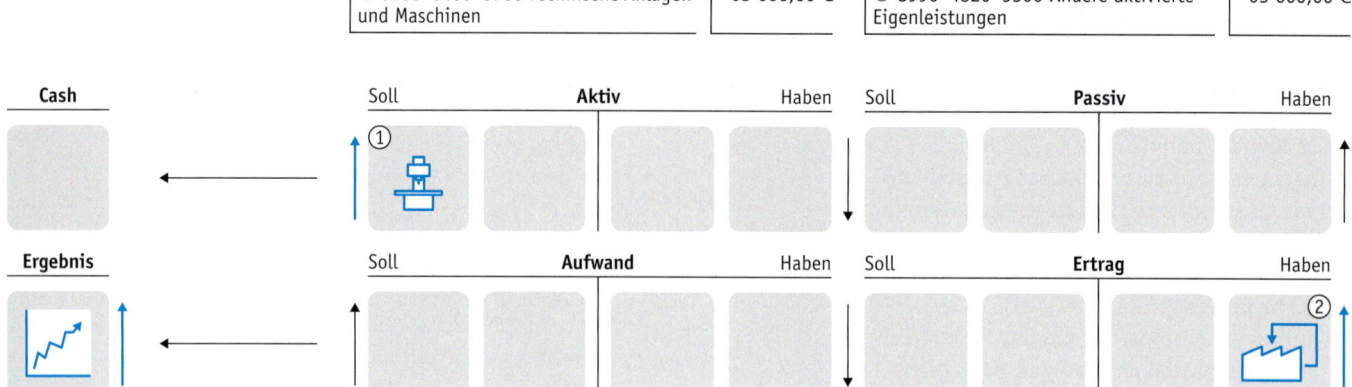

8.2.2.2.2 Aktivierung bei Anwendung des Umsatzkostenverfahrens

Unternehmen, die ihre Gewinn- und Verlustrechnung nach dem Umsatzkostenverfahren aufstellen, weisen dort – anders als bei Anwendung des Gesamtkostenverfahrens – keine Erträge aus aktivierten Eigenleistungen und keine diesen Erträgen gegenüberstehenden Aufwendungen aus der Herstellung der Eigenleistungen aus. Statt dessen wird die Herstellung in saldierter Form ausgewiesen, indem – eine bestandsorientierte Verbuchung vorausgesetzt (↗ Kapitel 9.2.2.2) – die Materialkosten erfolgsneutral innerhalb der Aktiva umgebucht werden und indem andere Aufwendungen um die jeweiligen Bestandteile der Herstellungskosten reduziert werden.

Bei Anwendung des Umsatzkostenverfahrens erfolgt die Aktivierung von Eigenleistungen entsprechend, indem die Materialkosten:

▸ im **Haben** der Bestandskonten für Materialien

und indem die anderen Aufwendungen zur Herstellung:

▸ im **Haben** der entsprechenden Aufwandskonten

gegengebucht werden. Gemeinkosten, für die keine spezifischen Kosten vorhanden sind, können dabei über die Aufwandskonten »Sonstige betriebliche Aufwendungen« verbucht werden (↗ Abbildung 8-6).

Konten [Bilanz: Aktiva. A. Anlagevermögen]
▸ **SKP03[SKR03]:** 0043 – 0048, 0080 – 0490 Anlagevermögenskonten
▸ **SKP04[SKR04]:** 0143 – 0148, 0230 – 0690 Anlagevermögenskonten
▸ **IKP[IKR]:** 0200 – 0240, 0530 – 0890 Anlagevermögenskonten

Konten [GuV: 8. Sonstige betriebliche Aufwendungen]
▸ **SKP03[SKR03]:** 4900 Sonstige betriebliche Aufwendungen
▸ **SKP04[SKR04]:** 6300 Sonstige betriebliche Aufwendungen
▸ **IKP[IKR]:** 6930 Andere sonstige betriebliche Aufwendungen

Beispiel 8-12

Über Verfahren der Kostenrechnung wurden bei einem Unternehmens, das seine Gewinn- und Verlustrechnung nach dem Umsatzkostenverfahren aufstellt und den Kauf von Rohstoffen bestandsorientiert verbucht, folgende aufwandsgleiche Bestandteile der Herstellungskosten einer für das Unternehmen selbst hergestellten Sondermaschine ermittelt:
- Materialkosten: 30 000,00 €,
- Materialgemeinkosten: 6 000,00 €,
- Fertigungskosten: 10 000,00 €,
- Sonderkosten der Fertigung: 0,00 €,
- Fertigungsgemeinkosten: 9 000,00 €,
- durch die Fertigung veranlasster Werteverzehr des Anlagevermögens: 5 000,00 €,
- Kosten der allgemeinen Verwaltung: 3 000,00 €.

(1) Das Unternehmen* aktiviert zunächst die Sondermaschine mit der Untergrenze der Herstellungskosten von 60 000,00 €:

SKP03 · SKP04 · IKP Sollkonto	Betrag	an SKP03 · SKP04 · IKP Habenkonto	Betrag
0200 · 0400 · 0700 Technische Anlagen und Maschinen	60 000,00 €	3971 · 1010 · 2010 Rohstoffe (Bestand)[1]	30 000,00 €
		4900 · 6300 · 6930 Sonstige betriebliche Aufwendungen	6 000,00 €
		4110 · 6010 · 6200 Löhne	10 000,00 €
		4900 · 6300 · 6930 Sonstige betriebliche Aufwendungen	9 000,00 €
		4830 · 6220 · 6530 Abschreibungen auf Sachanlagen (ohne AfA auf Kfz und Gebäude)	5 000,00 €

(2) Aus bilanzpolitischen Gründen aktiviert das Unternehmen* zusätzlich noch die Kosten der allgemeinen Verwaltung in Höhe von 3 000,00 €:

SKP03 · SKP04 · IKP Sollkonto	Betrag	an SKP03 · SKP04 · IKP Habenkonto	Betrag
0200 · 0400 · 0700 Technische Anlagen und Maschinen	3 000,00 €	4900 · 6300 · 6930 Sonstige betriebliche Aufwendungen	3 000,00 €

8.2.3 Abgrenzung zwischen Betriebs- und Privatvermögen

Bei Einzelkaufleuten und bei Personenhandelsgesellschaften stellt sich insbesondere bei Anlagegütern häufig die Frage, ob diese dem Betriebsvermögen des Unternehmens oder dem Privatvermögen des Unternehmenseigners zuzurechnen sind.

Steuerrechtlich werden dazu folgende drei Fälle unterschieden:
- **Notwendiges Betriebsvermögen** umfasst Gegenstände, die zu mehr als 50 % betrieblich genutzt werden.
- **Gewillkürtes Betriebsvermögen** umfasst Gegenstände, die zu mindestens 10 % und zu höchstens 50 % betrieblich genutzt werden und über deren Zuordnung zum Betriebs- oder Privatvermögen der Steuerpflichtige im Rahmen der steuerrechtlichen Regelungen selbstständig entscheiden kann.
- **Notwendiges Privatvermögen** umfasst Gegenstände, die zu mehr als 90 % privat genutzt werden.

Publizitätspflichtige Unternehmen dürfen gemäß Publizitätsgesetz: § 5 Aufstellung von Jahresabschluss und Lagebericht, Absatz 4 handelsrechtlich nur das steuerrechtliche Betriebsvermögen bilanzieren. Auch nicht publizitätspflichtige Einzelkaufleute und Personenhandelsgesellschaften bilanzieren in der Regel entsprechend dieser Vorgabe, auch wenn dies rechtlich nicht vorgeschrieben ist (Coenenberg, A. G. und andere 2009a: Seite 82).

8.3 Die Buchungen im Anlagevermögen zur Abbildung von Investitionsprozessen
Anlagegüternutzung

Zwischenübung Kapitel 8.2

Geben Sie für die nachfolgenden Geschäftsvorfälle die Buchungssätze an:

(A) Ein Unternehmen* bestellt eine Maschine für 230 000,00 € zuzüglich Umsatzsteuer. Bei der Bestellung leistet das Unternehmen* vertragsgemäß eine Anzahlung von 130 000,00 € zuzüglich Umsatzsteuer per Banküberweisung:

Sollkonto	Betrag	an Habenkonto	Betrag

(B) Das unter (A) genannte Unternehmen* erstellt mit eigenem Material und mit eigenen Arbeitskräften ein Fundament für die Maschine. Dabei entstehen Herstellungskosten von 13 000,00 €. Nach der Fertigstellung aktiviert das Unternehmen* das Fundament:

Sollkonto	Betrag	an Habenkonto	Betrag

(C) Nachdem die Maschine geliefert wurde, zahlt das unter (B) genannte Unternehmen* den Restbetrag mit 3 % Skonto darauf per Banküberweisung der bei der Lieferung beiliegenden Rechnung und bucht die geleistete Anzahlung um:

Sollkonto	Betrag	an Habenkonto	Betrag

8.3 Anlagegüternutzung

Lernziel 8-3
Aus der Nutzung von Anlagegütern erwachsende Aufwendungen und Erträge buchen können.

Einordnung innerhalb der Jahresabschlussrechnungen

Investierung

Anlagegüternutzung

Desinvestierung

Anlagenbuchführung

Aus der Nutzung von Anlagegütern können abhängig von der Art der Güter zum einen Aufwendungen, wie Abschreibungen oder Erhaltungsaufwendungen, und zum anderen Erträge, wie Umsatzerlöse, reduzierte Personalaufwendungen, Mieterträge, Dividendenerträge oder Zinserträge, erwachsen. Die sich daraus ergebenden *Rückflüsse* können in Investitionsrechnungen, wie der Kapitalwertmethode, zur Beurteilung der Vorteilhaftigkeit von Investitionen eingehen.

8.3.1 Abschreibungen

Die Anschaffung oder die Herstellung von Anlagegütern stellen für sich betrachtet noch keinen Aufwand dar, da die Anlagegüter dadurch noch nicht abgenutzt werden (⁊ Kapitel 2.3.1). Ein Aufwand entsteht erst nach dem Zugang der Anlagegüter, wenn diese anfangen, an Wert zu verlieren.

Die Aufwendungen zur Erfassung der Wertminderungen werden handelsrechtlich als *Ab-*

schreibungen und steuerrechtliche als *Absetzungen für Abnutzungen* (AfA) bezeichnet.

8.3.1.1 Ursachen von Wertminderungen
Wertminderungen von Anlagegütern können verschiedene Ursachen haben (Bornhofen, M./Bornhofen, M. C. 2010a: Seite 88, Wöltje, J. 2001: Seite 154 und ↗ Abbildung 8-7):

(1) Technische Ursachen
Die technischen Ursachen von Wertminderungen betreffen primär Sachanlagegüter und können weiter in folgende Ursachen unterteilt werden:
- **Gebrauchsverschleiß**, wie die Abnutzung eines Fahrzeugs beim Gebrauch,
- **Ruheverschleiß**, wie der Verschleiß durch Rost,
- **Substanzverschleiß**, wie der Substanzabbau in Minen oder in Steinbrüchen, und
- **Katastrophenverschleiß**, wie die Zerstörung durch Unfälle, durch Brände oder durch Naturkatastrophen.

(2) Wirtschaftliche Ursachen
Die wirtschaftlichen Ursachen von Wertminderungen können weiter in folgende Ursachen unterteilt werden:
- **Marktveränderungen**, wie Preisverfälle aufgrund des Markteintritts neuer Wettbewerber, und
- **Technischer Fortschritt**, wie die Veralterung bestehender Computer durch die Entwicklung neuer Computer.

(3) Rechtliche Ursachen
Die rechtlichen Ursachen von Wertminderungen können weiter in folgende Ursachen unterteilt werden:
- **Zeitlicher Ablauf**, wie der Ablauf eines Patents nach 20 Jahren, und
- **Gesetzliche Änderungen**, wie neue Umweltvorschriften, aufgrund derer bestimmte Maschinen nicht mehr genutzt werden dürfen.

8.3.1.2 Handelsrechtliche versus steuerrechtliche Abschreibungen
Handelsrechtlich und steuerrechtlich bestehen teilweise unterschiedliche Vorgaben hinsichtlich der Ermittlung von Abschreibungen. Früher waren dabei die steuerrechtlichen Abschreibungen

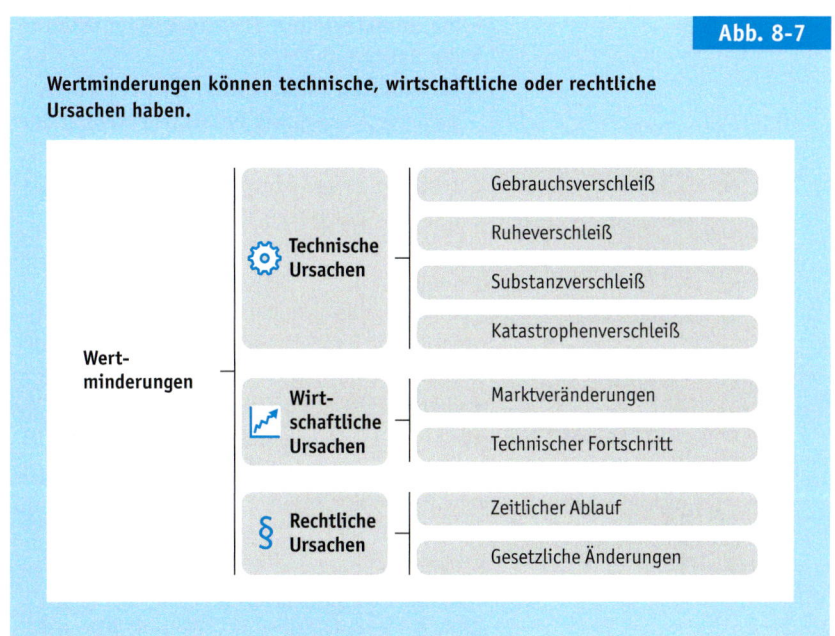

Abb. 8-7

Wertminderungen können technische, wirtschaftliche oder rechtliche Ursachen haben.

gemäß Einkommensteuergesetz: § 5, Absatz 1, Satz 2, alte Fassung auch für die handelsrechtlichen Abschreibungen maßgeblich. Mit dem Inkrafttreten des Bilanzmodernisierungsgesetzes (BilMoG) wurde diese sogenannte *umgekehrte Maßgeblichkeit* aufgehoben (Bundesministerium der Finanzen 2010a). Als Folge können die in der Buchführung zu berücksichtigenden Abschreibungen nach dem Handelsgesetzbuch weitgehend unabhängig von denen nach dem Einkommensteuergesetz ermittelt werden.

8.3.1.3 Abschreibungsparameter
Ob und in welcher Höhe Abschreibungen anfallen, hängt von einer Reihe von Parametern ab, auf die wir nachfolgend eingehen werden.

8.3.1.3.1 Abnutzbarkeit
Die Abnutzbarkeit von Anlagegütern hat Einfluss darauf, welche Abschreibungen für diese zulässig sind (Bornhofen, M./Bornhofen, M. C. 2011: Seite 88 und Falterbaum, H. und andere 2007: Seite 742):

(1) Abnutzbare Anlagegüter
Kennzeichnend für abnutzbare Anlagegüter ist, dass sie aufgrund dieser Eigenschaft nur zeitlich begrenzt genutzt werden können. Die abnutzbaren Anlagegüter umfassen:

- die **immateriellen Vermögensgegenstände**,
- die **Bauten** und
- die **mobilen Anlagegüter**, die auch als *bewegliche Anlagegüter* bezeichnet werden und insbesondere technische Anlagen und Maschinen, andere Anlagen sowie die Betriebs- und Geschäftsausstattung umfassen.

Die abnutzbaren Anlagegüter können sowohl planmäßig über ihre betriebsgewöhnliche Nutzungsdauer (Handelsgesetzbuch: § 253 Zugangs- und Folgebewertung, Absatz 1 und Einkommensteuergesetz: § 6 Bewertung, Absatz 1, Nummer 1) als auch – wenn die entsprechenden Voraussetzungen vorliegen – außerplanmäßig abgeschrieben werden.

(2) Nicht abnutzbare Anlagegüter
Kennzeichnend für nicht abnutzbare Anlagegüter ist, dass sie aufgrund dieser Eigenschaft zeitlich unbegrenzt genutzt werden können. Die nicht abnutzbaren Anlagegüter umfassen:
- die **Grundstücke** und
- die **Finanzanlagen**.

Die nicht abnutzbaren Anlagegüter können nur außerplanmäßig abgeschrieben werden, wenn die entsprechenden Voraussetzungen vorliegen (Handelsgesetzbuch: § 253 Zugangs- und Folgebewertung, Absatz 3, Satz 3 und Einkommensteuergesetz: § 6 Bewertung, Absatz 1, Nummer 2).

Nachfolgend werden wir näher auf die planmäßigen Abschreibungen eingehen. Die außerplanmäßigen Abschreibungen werden wir dagegen erst später im ↗ Kapitel 14 behandeln.

8.3.1.3.2 Abschreibungsbasis
Abschreibungen werden im ersten Jahr auf Basis der historischen beziehungsweise der ursprünglichen Anschaffungs- oder Herstellungskosten der Anlagegüter ermittelt. In den Folgejahren werden die Abschreibungen dann auf Basis der *(Rest-)Buchwerte* beziehungsweise der *fortgeführten Anschaffungs-* oder *Herstellungskosten* ermittelt. Es handelt sich dabei um die Werte, mit denen die Anlagegüter in die Schlussbilanz eingehen. Die Buchwerte werden folgendermaßen ermittelt (Handelsgesetzbuch: § 253 Zugangs- und Folgebewertung, Absatz 1 und Einkommensteuergesetz: § 6 Bewertung, Absatz 1, Nummer 1):

  Ursprüngliche Anschaffungs-/Herstellungskosten
− Kumulierte planmäßige Abschreibungen
− Kumulierte außerplanmäßige Abschreibungen
= Buchwert

Diese Berechnungen erfolgen jeweils zum Abschlussstichtag für jedes einzelne Anlagegut in der Anlagenbuchführung (↗ Kapitel 8.5), wo sie auch über einen sogenannten *Abschreibungsplan* dokumentiert werden (↗ Abbildung 8-10 und ↗ Abbildung 8-11).

8.3.1.3.3 Resterlöswert
Der Resterlöswert beziehungsweise der *Liquidationserlös* eines Anlageguts bezeichnet den Verkaufserlös, den ein Anlagegut am Ende seiner

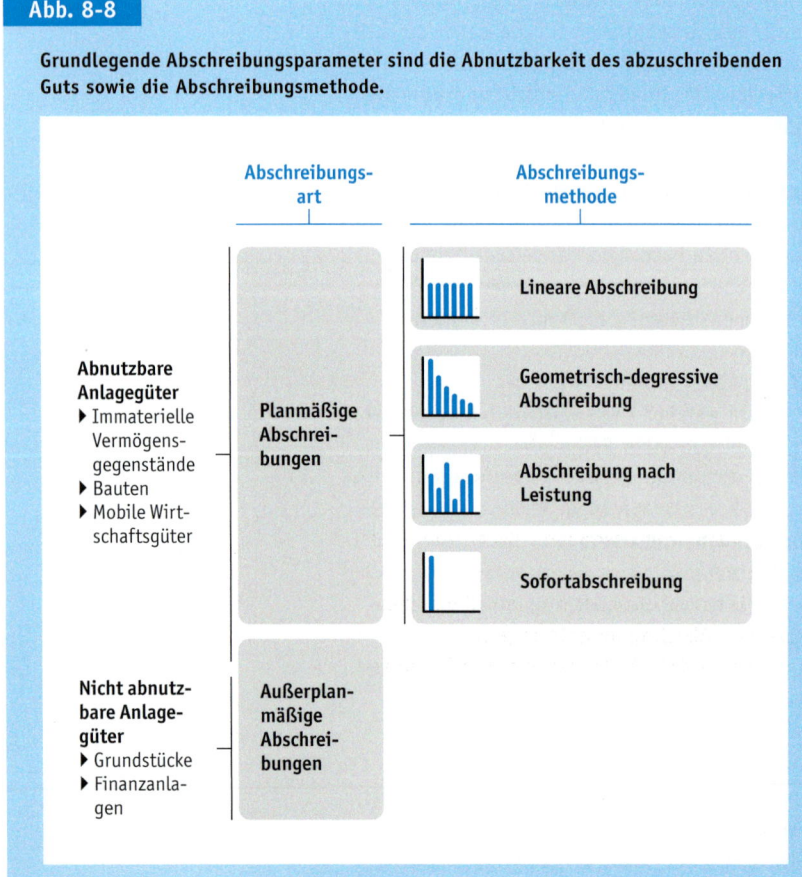

Abb. 8-8

Grundlegende Abschreibungsparameter sind die Abnutzbarkeit des abzuschreibenden Guts sowie die Abschreibungsmethode.

betriebsgewöhnlichen Nutzungsdauer erzielt und auf den abgeschrieben werden kann. Sowohl handels- als auch steuerrechtlich wird jedoch in der Regel auf einen Resterlöswert von 0,00 € abgeschrieben.

Früher wurde alternativ auf einen sogenannten *Erinnerungswert* von 1,00 € abgeschrieben (Bornhofen, M./Bornhofen, M. C. 2011: Seite 88). Aufgrund der Erfassung der Anlagegüter in der Anlagenbuchführung ist dies heute jedoch nicht mehr notwendig (Falterbaum, H. und andere 2007: Seite 139).

8.3.1.3.4 Abschreibungszeitraum

Die *betriebsgewöhnliche Nutzungsdauer*, über die die abnutzbaren Anlagegüter abgeschrieben werden, bezeichnet den Zeitraum, den Anlagegüter bei üblichen Betriebsbedingungen voraussichtlich genutzt werden können (Handelsgesetzbuch: § 253 Zugangs- und Folgebewertung, Absatz 3, Satz 2).

Handelsrechtlich ist die betriebsgewöhnliche Nutzungsdauer bei der Anschaffung oder Herstellung zu schätzen. Anhaltspunkte dafür können betriebliche Erfahrungswerte oder die steuerrechtlich zulässigen Abschreibungszeiträume sein.

Die steuerrechtlich zulässigen Abschreibungszeiträume hängen von der Art und der Verwendung der Anlagegüter und von deren Anschaffungs- oder Herstellungskosten ab:

(1) Geringwertige Wirtschaftsgüter
Entsprechende Anlagegüter werden im Rahmen einer sofortigen Abschreibung im Anschaffungs- oder Herstellungsjahr abgeschrieben oder im Rahmen einer Poolabschreibung über fünf Jahre (↗ Kapitel 8.3.1.6).

(2) Abnutzbare Anlagegüter, die nicht zu einer selbstständigen Nutzung fähig sind
Entsprechende Anlagegüter werden in der Regel gemeinsam mit dem Anlagegut, zu dem ein Nutzungszusammenhang besteht, abgeschrieben.

(3) Abnutzbare Anlagegüter, die nicht zu den vorgenannten Kategorien gehören
Entsprechende Anlagegüter werden in der Regel gemäß den in den *AfA-Tabellen* (↗ Abbildung 8-9) des Bundesministeriums der Finanzen (BMF)

Abb. 8-9

Der nachfolgende Auszug aus der vom Bundesministerium der Finanzen herausgegebenen AfA-Tabelle für die allgemein verwendbaren Anlagegüter zeigt die Nutzungsdauer verschiedener Anlagegüter (Bundesministerium der Finanzen 2000).

Fundstelle	Anlagengut	Nutzungsdauer
1.1	Hallen in Leichtbauweise	14 Jahre
2.9	Golfplätze	20 Jahre
3.1.5	Windkraftanlagen	16 Jahre
3.5	Hochregallager	15 Jahre
4.2.1	Personenkraftwagen und Kombiwagen	6 Jahre
4.2.3	Lastkraftwagen, Sattelschlepper, Kipper	9 Jahre
4.4.3	Segelyachten	20 Jahre
5.7.1	Fräsmaschinen, stationär	15 Jahre
6.13.2.2	Mobilfunkendgeräte	5 Jahre
6.14.3.2	Personalcomputer, Notebooks	3 Jahre
6.15	Büromöbel	13 Jahre

vorgegebenen betriebsgewöhnlichen Nutzungsdauern abgeschrieben (Einkommensteuergesetz: § 6 Bewertung, Absatz 1, Nummer 1).

Von diesen Vorgaben kann bei glaubhafter Begründung abgewichen werden, so beispielsweise, wenn Anlagegüter in mehreren Schichten verwendet werden.

Für nicht in den AfA-Tabellen aufgeführte Anlagegüter muss die betriebsgewöhnliche Nutzungsdauer analog zu ähnlichen Anlagegütern geschätzt werden.

8.3.1.3.5 Abschreibungsmethode

Zur Ermittlung der planmäßigen Abschreibungsbeträge können verschiedene Methoden eingesetzt werden. Von besonderer Bedeutung in der Praxis sind (↗ Abbildung 8-8):

▸ die **lineare Abschreibung** mit gleich bleibenden Abschreibungsbeträgen,
▸ die **geometrisch-degressive Abschreibung** mit kleiner werdenden Abschreibungsbeträgen,
▸ die **leistungsabhängige Abschreibung** mit von der Leistung abhängigen schwankenden Abschreibungsbeträgen und
▸ die **sofortige Abschreibung** mit einem einmaligen Abschreibungsbetrag.

Handelsrechtlich ist dabei die Methode zu wählen, die die Wertminderung möglichst realistisch abbildet, steuerrechtlich hängt die einzusetzende Methode in der Regel vom abzuschreibenden Anlagegut ab.

8.3.1.4 Ermittlung von planmäßigen Abschreibungsbeträgen

Durch planmäßige Abschreibungen werden die Anschaffungs- oder Herstellungskosten auf die betriebsgewöhnliche Nutzungsdauer verteilt.

8.3.1.4.1 Lineare Abschreibung

Kennzeichnend für die lineare Abschreibung sind gleich bleibende Abschreibungsbeträge.

Zur Ermittlung der Abschreibungsbeträge a werden die ursprünglichen Anschaffungs- oder Herstellungskosten Ak/Hk durch die betriebsgewöhnliche Nutzungsdauer in Jahren geteilt:

$$a = Ak/Hk \times \frac{1 \text{ Jahr}}{\text{Nutzungsdauer}}$$

Müssen außerplanmäßige Abschreibungen oder Übergänge von der geometrisch-degressiven auf die lineare Abschreibung berücksichtigt werden, werden die Buchwerte Bw der Eröffnungsbilanz jeweils mit dem Verhältnis der Nutzungsdauer während des Geschäftsjahres (in der Regel 12 Monate) zu der verbleibenden betriebsgewöhnlichen Restnutzungsdauer multipliziert, um den Abschreibungsbetrag a zu ermitteln:

$$a = Bw \times \frac{\text{Nutzungsdauer des Geschäftsjahres}}{\text{Restnutzungsdauer}}$$

Die lineare Abschreibung ist steuerrechtlich bei allen abnutzbaren Anlagegütern mit Ausnahme der geringwertigen Wirtschaftsgüter zulässig. Sie ist die in der Praxis am häufigsten anzutreffende Abschreibungsmethode.

Beispiel 8-13

In ↗ Abbildung 8-10 wird der Abschreibungsplan von einem im ersten Monat des dem Kalenderjahr entsprechenden Geschäftsjahres 0001 für 60 000,00 € zuzüglich Umsatzsteuer angeschafften Personenkraftwagen bei einer linearen Abschreibung über 6 Jahre aufgezeigt. Der Abschreibungsbetrag a ergibt sich dabei folgendermaßen:

$$a = 60\,000,00 \text{ €} \times \frac{1 \text{ Jahr}}{6 \text{ Jahre}} = 10\,000,00 \text{ €}$$

8.3.1.4.2 Geometrisch-degressive Abschreibung

Kennzeichnend für die geometrisch-degressive Abschreibung, die auch als *Restwert-* oder *Buchwertabschreibung* bezeichnet wird, sind immer kleiner werdende Abschreibungsbeträge.

Zur Ermittlung der Abschreibungsbeträge a werden die Buchwerte Bw der Eröffnungsbilanz jeweils mit einem gleich bleibenden Abschreibungsprozentsatz multipliziert:

$$a = Bw \times \text{Abschreibungsprozentsatz}$$

Der Abschreibungsprozentsatz beträgt dabei gemäß dem Einkommensteuergesetz: § 7 Absetzung für Abnutzung oder Substanzverringerung, Absatz 2 für bewegliche Anlagegüter (↗ Kapitel 8.3.1.3.1), die nach dem 31.12.2008 und vor dem 01.01.2011 angeschafft oder hergestellt worden sind, höchstens das 2,5-fache des linearen Abschreibungssatzes und nicht mehr als 25 % (AZ 8-1).

In den ersten Nutzungsjahren werden durch die geometrisch-degressive Abschreibung höhere Abschreibungsbeträge als mit der linearen Abschreibung erzielt. Allerdings kann mit der geometrisch-degressiven Abschreibung innerhalb der Nutzungsdauer keine vollständige Abschreibung erfolgen. Deshalb ist auch ein Wechsel auf die lineare Abschreibung zulässig. Dieser

Abb. 8-10

Die Abbildung zeigt den Abschreibungsplan einer linearen Abschreibung über sechs Jahre. Die Abschreibungsbeträge wurden dabei jeweils auf Basis der Buchwerte ermittelt, die mit dem Verhältnis der Nutzungsdauer zur Restnutzungsdauer multipliziert wurden (🖱 Tabelle-083141-01.xlsx).

	Ak/Hk	Kumulierte Abschreibungen	Buchwert
31.12.0001	60 000 €	linear: 60 000 € × 1/6 = 10 000 €	50 000 €
31.12.0002	60 000 €	linear: + 50 000 € × 1/5 = 20 000 €	40 000 €
31.12.0003	60 000 €	linear: + 40 000 € × 1/4 = 30 000 €	30 000 €
31.12.0004	60 000 €	linear: + 30 000 € × 1/3 = 40 000 €	20 000 €
31.12.0005	60 000 €	linear: + 20 000 € × 1/2 = 50 000 €	10 000 €
31.12.0006	60 000 €	linear: + 10 000 € × 1/1 = 60 000 €	0 €

ist sinnvoll, sobald die linearen Abschreibungsbeträge bezogen auf die betriebsgewöhnliche Restnutzungsdauer größer sind als die geometrisch-degressiven Abschreibungsbeträge (Coenenberg, A. G. und andere 2009b: Seite 217).

Erfolgt während der betriebsgewöhnlichen Nutzungsdauer kein Wechsel auf die lineare Abschreibung, so wird der im letzten Nutzungsjahr verbliebene Buchwert dort vollständig abgeschrieben.

Da Abschreibungen das steuerpflichtige Ergebnis mindern, wollen Unternehmen in der Regel möglichst schnell möglichst viel abschreiben, um die eingesparten Steuerzahlungen wieder investieren zu können. Sie ziehen deshalb in den ersten Nutzungsjahren die geometrisch-degressive der linearen Abschreibung vor.

Abb. 8-11

Die Abbildung zeigt den Abschreibungsplan einer geometrisch-degressiven Abschreibung von 30 % über sechs Jahre, bei der im vierten Nutzungsjahr aufgrund der größeren Abschreibungsbeträge auf eine lineare Abschreibung übergegangen wird (Tabelle-083142-01.xlsx).

	Ak/Hk	Kumulierte Abschreibungen		Buchwert
31.12.0001	60 000 €	degressiv:	60 000 € × 30 % = **18 000 €**	42 000 €
31.12.0002	60 000 €	degressiv:	+ 42 000 € × 30 % = **30 600 €**	29 400 €
31.12.0003	60 000 €	degressiv:	+ 29 400 € × 30 % = **39 420 €**	20 580 €
31.12.0004	60 000 €	linear:	+ 20 580 € × 1/3 = **46 280 €**	13 720 €
31.12.0005	60 000 €	linear:	+ 13 720 € × 1/2 = **53 140 €**	6 860 €
31.12.0006	60 000 €	linear:	+ 6 860 € × 1/1 = **60 000 €**	0 €

Beispiel 8-14

In ↗ Abbildung 8-11 wird der Abschreibungsplan für einen im ersten Monat des dem Kalenderjahr entsprechenden Geschäftsjahres 0001 für 60 000,00 € zuzüglich Umsatzsteuer angeschafften Personenkraftwagen aufgezeigt, wenn von einer angenommenen geometrisch-degressiven Abschreibung von 30 % zum optimalen Zeitpunkt auf eine lineare Abschreibung über sechs Jahre übergegangen wird. Der Abschreibungsbetrag a im ersten Jahr ergibt sich dabei folgendermaßen:

$$a = 60\,000{,}00\ € \times 30\,\% = 18\,000{,}00\ €$$

8.3.1.4.3 Monatsgenaue Abschreibung

In der Regel gehen Anlagegüter nicht genau zum Anfang oder zum Ende eines Geschäftsjahres zu oder ab, sondern während des Geschäftsjahres, also unterjährig. In diesen Fällen kommt es zu einer Verschiebung der Nutzungsjahre relativ zu den Geschäftsjahren (↗ Abbildung 8-12) und es muss monatsgenau, also pro rata temporis (lateinisch: im Verhältnis zum Zeitraum), zum vollen vorhergehenden Monat abgeschrieben werden (Einkommensteuer-Richtlinien 2005: R 7.4 Höhe der AfA, Absatz 2, Satz 1).

Zur Ermittlung des dem ersten oder dem letzten Geschäftsjahr der Nutzung zuzurechnenden Abschreibungsbetrages $a_{Geschäftsjahr}$ wird zuerst mittels einer der vorgenannten Abschreibungsmethoden der Abschreibungsbetrag des ersten beziehungsweise des letzten Nutzungsjahres $a_{Nutzungsjahr}$ ermittelt. Dieser Betrag wird dann mit dem Verhältnis der Nutzungsmonate während des Geschäftsjahres zu den zwölf Jahresmonaten multipliziert. Die Nutzungsmonate umfassen dabei den vollen Monat des Zugangs und die vollen Monate, die dem Abgang vorhergehen. Dadurch werden die Nutzungsmonate beim Kauf auf- und beim Verkauf abgerundet:

$$a_{Geschäftsjahr} = a_{Nutzungsjahr} \times \frac{Nutzungsmonate}{12\ Monate}$$

Beispiel 8-15

Ein Unternehmen* kauft am 8. April eines dem Kalenderjahr entsprechenden Geschäftsjahres einen Personenkraftwagen. Bezogen auf das ganze erste Nutzungsjahr wäre der Abschreibungsbetrag 12 000,00 €. Da monatsgenau abgeschrieben wird, wird davon nur der Anteil für die neun Monate von April bis Dezember verwendet. Damit ergibt sich für das Geschäftsjahr folgender Abschreibungsbetrag a:

$$a = 12\,000{,}00\ € \times \frac{9\ Monate}{12\ Monate} = 9\,000{,}00\ €$$

Beispiel 8-16

Ein Unternehmen* verkauft am 7. April eines dem Kalenderjahr entsprechenden Geschäftsjahres einen Personenkraftwagen. Bezogen auf das

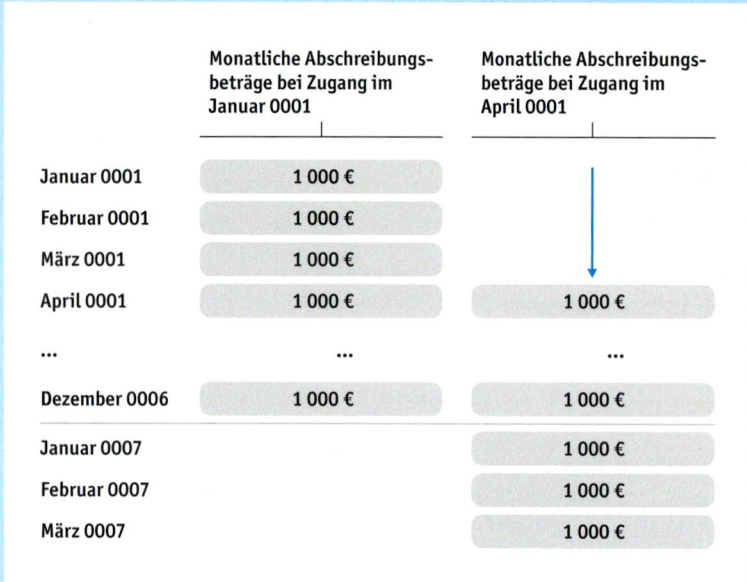

Abb. 8-12

Durch monatsgenaue Abschreibungen verschieben sich die Nutzungsjahre relativ zu den Geschäftsjahren.

ganze letzte Nutzungsjahr wäre der Abschreibungsbetrag 12 000,00 €. Da monatsgenau abgeschrieben wird, wird davon nur der Anteil für die drei Monate von Januar bis März verwendet. Damit ergibt sich für das Geschäftsjahr folgender Abschreibungsbetrag a:

$$a = 12\,000{,}00\ € \times \frac{3\ \text{Monate}}{12\ \text{Monate}} = 3\,000{,}00\ €$$

8.3.1.4.4 Leistungsabhängige Abschreibung

Kennzeichnend für die leistungsabhängige Abschreibung sind von der Leistung abhängige schwankende Abschreibungsbeträge. Die leistungsabhängige Abschreibung erfolgt nicht über die betriebsgewöhnliche Nutzungsdauer, sondern über eine zu schätzende *betriebsgewöhnliche Gesamtleistung*.

Mobile Anlagegüter können entsprechend ihrer Leistung abgeschrieben werden, wenn dies wirtschaftlich begründet ist und sich nachweisen lässt, welcher Leistungsumfang auf die einzelnen Nutzungsjahre entfällt (Einkommensteuergesetz: § 7 Absetzung für Abnutzung oder Substanzverringerung, Absatz 1, Satz 6).

Wirtschaftlich begründen lässt sich die leistungsabhängige Abschreibung insbesondere dann, wenn plausibel dargelegt werden kann, dass der Leistungsumfang des Anlageguts während der Nutzungsdauer stark schwanken wird.

Um den jährlichen Leistungsumfang nachzuweisen, muss dieser, beispielsweise über einen Zähler der Kilometer bei Personenkraftwagen oder einen Zähler der Ausbringungsmenge bei Maschinen, erfasst und über entsprechende Aufzeichnungen dokumentiert werden (Einkommensteuer-Richtlinien 2005: R 7.4 Höhe der AfA, Absatz 5, Satz 4).

Zur Ermittlung der Abschreibungsbeträge a werden die ursprünglichen Anschaffungs- oder Herstellungskosten Ak/Hk mit dem Verhältnis der erfassten Jahresleistung zur geschätzten Gesamtleistung multipliziert:

$$a = Ak/Hk \times \frac{\text{Jahresleistung}}{\text{Gesamtleistung}}$$

Von der leistungsabhängigen Abschreibung ist ein Wechsel zur linearen Abschreibung möglich.

Beispiel 8-17

Ein Unternehmen* hat mit dem zuständigen Finanzamt vereinbart, einen Lastkraftwagen mit Anschaffungskosten von 40 000,00 € zuzüglich Umsatzsteuer leistungsabhängig abzuschreiben. Nach den Angaben des Herstellers des Lastkraftwagens wird von einer betriebsgewöhnlichen Gesamtleistung des Lastkraftwagens von 200 000 km ausgegangen. Während des ersten Geschäftsjahres beträgt die Leistung des Lastkraftwagens 50 000 km, wodurch sich folgender Abschreibungsbetrag a ergibt:

$$a = 40\,000{,}00\ € \times \frac{50\,000\ \text{km}}{200\,000\ \text{km}} = 10\,000{,}00\ €$$

8.3.1.5 Buchung von planmäßigen Abschreibungen

Die Buchung von planmäßigen Abschreibungen erfolgt am Ende des Geschäftsjahres oder beim Abgang von Anlagegütern. Die Abschreibungen können direkt oder indirekt verbucht werden:

▸ Bei der **direkten Abschreibung** werden die Aktivkonten der Anlagegüter um die jeweiligen Abschreibungsbeträge vermindert, während die Abschreibungsbeträge gleichzeitig

als Abschreibungsaufwendungen verbucht werden (↗ Kapitel 3.1.1.4.1).
- Bei der **indirekten Abschreibung** werden durch die Abschreibungsaufwendungen auf der Passivseite der Bilanz *Wertberichtigungen* als Gegenposten zu den entsprechenden Aktivkonten aufgebaut. Für die Aufstellung der Bilanz zum Jahresabschluss werden diese Wertberichtigungen dann auf die entsprechenden Aktivkonten umgebucht. Indirekte Abschreibungen sind bei Kapital- und bei Personenhandelsgesellschaften nicht mehr zulässig (Institut der Wirtschaftsprüfer in Deutschland 2006: E 307, Seite 353), weshalb nachfolgend nicht mehr weiter auf sie eingegangen werden soll.

Typische Belege
- Anlagenkarteikarte
- Datensatz in der Anlagenbuchführung

Konten [GuV: 7.a) Abschreibungen auf immaterielle Vermögensgegenstände des Anlagevermögens und Sachanlagen]
- **SKP03[SKR03]:** 4830 – 4840, 4870 [4820 – 4826, 4841 – 4854, 4871 – 4874] Abschreibungen …
- **SKP04[SKR04]:** 6220 – 6222, 6230 [6200 – 6210, 6223, 6231 – 6244] Abschreibungen …
- **IKP[IKR]:** 6520 – 6544 [6510 – 6513] Abschreibungen …

Beispiel 8-18

Ein Unternehmen* bucht eine Abschreibung von 10 000,00 € auf einen Personenkraftwagen direkt.

Der Geschäftsvorfall bewirkt eine ② Verminderung des Wertes des Fuhrparks (Aktivkonto »Pkw«) um den Abschreibungsbetrag sowie im gleichen Umfang eine ① Erhöhung des Aufwands für Abschreibungen (Aufwandskonto »Abschreibungen auf Kfz«) und damit eine Verminderung des Erfolgs und des Eigenkapitals EK:

SKP03 · SKP04 · IKP Sollkonto	Betrag	an	SKP03 · SKP04 · IKP Habenkonto	Betrag
① 4832 · 6222 · 6544 Abschreibungen auf Kfz	10 000,00 €		② 0320 · 0520 · 0840 Pkw	10 000,00 €

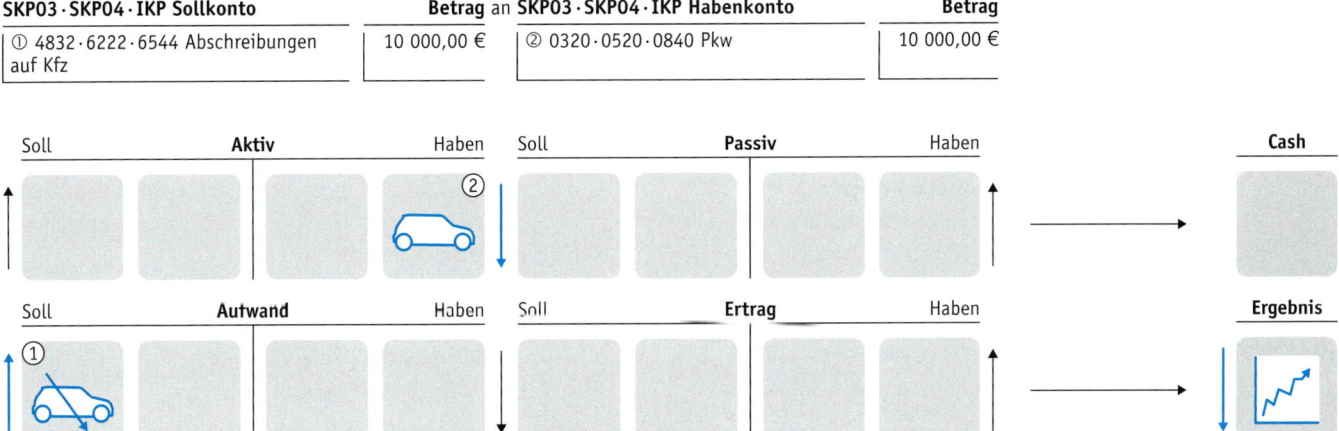

8.3.1.6 Abschreibung geringwertiger Wirtschaftsgüter

Geringwertige Wirtschaftsgüter (GWG) sind mobile Anlagegüter (↗ Kapitel 8.3.1.3.1), deren Anschaffungs- oder Herstellungskosten innerhalb bestimmter Grenzen liegen und die selbstständig nutzbar sind. Einbauteile oder Teilkomponenten, die nur zusammen mit anderen Wirtschaftsgütern genutzt werden können, gehören somit nicht zu den geringwertigen Wirtschaftsgütern (Einkommensteuergesetz: § 6 Bewertung, Absatz 2, Satz 2). Darüber hinaus werden Computerprogramme, deren Anschaffungskosten innerhalb der für geringwertige Wirtschaftsgüter geltenden Grenzen liegen, als *Trivialprogramme* den geringwertigen Wirtschaftsgütern und nicht den immateriellen Vermögensgegenständen zugerechnet (Einkommensteuer-Richtlinien 2005: R 5.5 Immaterielle Wirtschaftsgüter, Absatz 1, Satz 2 f.).

Abhängig von den Anschaffungs- oder Herstellungskosten und dem Verfahren der Gewinnermittlung gibt es zwei Möglichkeiten zur Abschreibung von geringwertigen Wirtschaftsgütern des Betriebsvermögens.

8.3.1.6.1 Sofortige Abschreibung

Bei geringwertigen Wirtschaftsgütern mit Anschaffungs- oder Herstellungskosten bis 150,00 € (AZ 8-2) netto beziehungsweise wahlweise, dann allerdings einheitlich für das Geschäftsjahr 410,00 € (AZ 8-3) netto, gilt eine *Verbrauchsfiktion*, entsprechend der diese Wirtschaftsgüter im Jahr ihrer Anschaffung oder Herstellung vollständig abgeschrieben werden müssen (Einkommensteuergesetz: § 6 Bewertung, Absatz 2, Satz 1). Die Wirtschaftsgüter werden dazu:

- im **Soll** der Aktivkonten »Geringwertige Wirtschaftsgüter«

aktiviert und zum Jahresabschluss:

- im **Soll** der Aufwandskonten »Abschreibungen auf aktivierte, geringwertige Wirtschaftsgüter«

abgeschrieben. Alternativ dazu ist eine sofortige Abschreibung ohne eine Aktivierung:

- im **Soll** der Aufwandskonten »Sofortabschreibung geringwertiger Wirtschaftsgüter«

beim Kauf möglich.

Typische Belege
- Eingangsrechnungen von Lieferanten
- Anlagenkarteikarte
- Datensatz in der Anlagenbuchführung

Konten [Bilanz: Aktiva. A.II.3. Andere Anlagen, Betriebs- und Geschäftsausstattung]
- **SKP03 [SKR03]:** 0480 Geringwertige Wirtschaftsgüter
- **SKP04 [SKR04]:** 0670 Geringwertige Wirtschaftsgüter
- **IKP [IKR]:** 0890 [0790] Geringwertige Vermögensgegenstände der Betriebs- und Geschäftsausstattung

Konten [GuV: 7.a) Abschreibungen auf immaterielle Vermögensgegenstände des Anlagevermögens und Sachanlagen]
- **SKP03 [SKR03]:** 4860 Abschreibungen auf aktivierte, geringwertige Wirtschaftsgüter · 4855 Sofortabschreibung geringwertiger Wirtschaftsgüter
- **SKP04 [SKR04]:** 6262 Abschreibungen auf aktivierte, geringwertige Wirtschaftsgüter · 6260 Sofortabschreibungen geringwertiger Wirtschaftsgüter
- **IKP [IKR]:** 6549 Abschreibungen auf geringwertige Wirtschaftsgüter · 6548 Sofortabschreibungen geringwertiger Wirtschaftsgüter[1]

Beispiel 8-19

(1) Ein Unternehmen* kauft während eines Geschäftsjahres einen Taschenrechner zum Preis von 100,00 € zuzüglich Umsatzsteuer gegen Barzahlung und aktiviert diesen als geringwertiges Wirtschaftsgut:

SKP03 · SKP04 · IKP Sollkonto	Betrag	an SKP03 · SKP04 · IKP Habenkonto	Betrag
0480 · 0670 · 0890 Geringwertige Wirtschaftsgüter	100,00 €	1000 · 1600 · 2880 Kasse	119,00 €
1576 · 1406 · 2605 Abziehbare Vorsteuer 19 %	19,00 €		

(2) Am Ende des Geschäftsjahres schreibt dasselbe Unternehmen* den Taschenrechner vollständig ab:

SKP03 · SKP04 · IKP Sollkonto	Betrag	an SKP03 · SKP04 · IKP Habenkonto	Betrag
4860 · 6262 · 6549 Abschreibungen auf aktivierte geringwertige Wirtschaftsgüter	100,00 €	0480 · 0670 · 0890 Geringwertige Wirtschaftsgüter	100,00 €

(3) **Alternativ:** Das Unternehmen* hätte den Taschenrechner direkt beim Kauf abschreiben können:

SKP03 · SKP04 · IKP Sollkonto	Betrag	an	SKP03 · SKP04 · IKP Habenkonto	Betrag
4855 · 6260 · 6548 Sofortabschreibung geringwertiger Wirtschaftsgüter	100,00 €		1000 · 1600 · 2880 Kasse	119,00 €
1576 · 1406 · 2605 Abziehbare Vorsteuer 19 %	19,00 €			

8.3.1.6.2 Poolabschreibung

Wurde für das Geschäftsjahr gegen die Sofortabschreibung bis 410,00 € (AZ 8-4) netto optiert (↗ Kapitel 8.3.1.6.1) und erfolgt keine Gewinnermittlung auf Basis der Einnahmenüberschussrechnung, so sind geringwertige Wirtschaftsgüter mit Anschaffungs- oder Herstellungskosten zwischen 150,00 € (AZ 8-5) und 1 000,00 € (AZ 8-6) netto für das Geschäftsjahr zu einem sogenannten *Sammelposten* zusammenzufassen. Dieser wird in der Buchführung wie ein einzelnes Anlagegut behandelt und jahres- und nicht monatsgenau über fünf Jahre linear abgeschrieben. Für jedes Geschäftsjahr wird dabei ein eigener Sammelposten in der Anlagenbuchführung angelegt, also beispielsweise ein »Sammelposten 0001«, ein »Sammelposten 0002« und so weiter. Eine Ausbuchung von Wirtschaftsgütern aus dem Sammelposten aufgrund eines Abgangs ist dabei nicht zulässig (Einkommensteuergesetz: § 6 Bewertung, Absatz 2a).

Wiewohl die Poolabschreibung gegen den handelsrechtlichen Grundsatz der Einzelbewertung und das Imparitätsprinzip verstößt (↗ Kapitel 5.3.2.3.2), können die Sammelposten nach herrschender Meinung auch in die Handelsbilanz übernommen werden (Bornhofen, M./Bornhofen, M.C. 2011: Seite 102).

Die Verbuchung des Zugangs entsprechender Wirtschaftsgüter erfolgt:

▸ im **Soll** der Aktivkonten »Wirtschaftsgüter größer 150 bis 1 000 Euro (Sammelposten)«, die Verbuchung der Abschreibungen:

▸ im **Soll** der Aufwandskonten »Abschreibungen auf den Sammelposten Wirtschaftsgüter«.

Typische Belege
▸ Eingangsrechnungen von Lieferanten
▸ Anlagenkarteikarte
▸ Datensatz in der Anlagenbuchführung

Konten [Bilanz: Aktiva. A.II.3. Andere Anlagen, Betriebs- und Geschäftsausstattung]
▸ **SKP03 [SKR03]:** 0485 Wirtschaftsgüter größer 150 bis 1 000 Euro (Sammelposten)
▸ **SKP04 [SKR04]:** 0675 Wirtschaftsgüter größer 150 bis 1 000 Euro (Sammelposten)
▸ **IKP [IKR]:** 0891 Wirtschaftsgüter größer 150 bis 1 000 Euro (Sammelposten)[1]

Konten [GuV: 7.a) Abschreibungen auf immaterielle Vermögensgegenstände des Anlagevermögens und Sachanlagen]
▸ **SKP03 [SKR03]:** 4862 Abschreibungen auf den Sammelposten Wirtschaftsgüter
▸ **SKP04 [SKR04]:** 6264 Abschreibungen auf den Sammelposten Wirtschaftsgüter
▸ **IKP [IKR]:** 6547 Abschreibungen auf den Sammelposten Wirtschaftsgüter[1]

Beispiel 8-20

(1) Ein Unternehmen* kauft während des Geschäftsjahres 0001 einen Taschenrechner zum Preis von 500,00 € zuzüglich Umsatzsteuer gegen Barzahlung:

SKP03 · SKP04 · IKP Sollkonto	Betrag	an	SKP03 · SKP04 · IKP Habenkonto	Betrag
0485 · 0675 · 0891 Wirtschaftsgüter größer 150 bis 1 000 Euro (Sammelposten)	500,00 €		1000 · 1600 · 2880 Kasse	595,00 €
1576 · 1406 · 2605 Abziehbare Vorsteuer 19 %	95,00 €			

(2) Im Geschäftsjahr 0001 werden von demselben Unternehmen zusätzlich zu dem vorgenannten Taschenrechner noch weitere geringwertige Wirtschaftsgüter für insgesamt 4 500,00 € auf dem Sammelposten aktiviert. Aus dem Gesamtumfang von 5 000,00 € ergibt sich damit ein jährlicher Abschreibungsbetrag von 1 000,00 €.

Im folgenden Geschäftsjahr 0002 werden von demselben Unternehmen geringwertige Wirtschaftsgüter für 4 950,00 € auf dem zugehörigen Sammelposten aktiviert. Daraus ergibt sich ein jährlicher Abschreibungsbetrag von 990,00 €.
Am Ende des Geschäftsjahres 0002 bucht das Unternehmen* die gesamten Abschreibungen für die zwei Sammelposten von 1 990,00 €:

SKP03 · SKP04 · IKP Sollkonto	Betrag	an	SKP03 · SKP04 · IKP Habenkonto	Betrag
4862 · 6264 · 6547 Abschreibungen auf den Sammelposten Wirtschaftsgüter	1 990,00 €		0485 · 0675 · 0891 Wirtschaftsgüter größer 150 bis 1 000 Euro (Sammelposten)	1 990,00 €

8.3.2 Erhaltungsaufwendungen

Insbesondere bei Sachanlagen entstehen häufig Aufwendungen durch Instandhaltungs-, Reparatur- und Wartungsarbeiten. So muss beispielsweise bei den Fahrzeugen des Fuhrparks eines Unternehmens regelmäßig ein Ölwechsel durchgeführt werden.

Die entsprechenden Aufwendungen unterscheiden sich von den nachträglichen Anschaffungskosten (↗ Kapitel 8.2.2.1) dadurch, dass sie nicht zu einer Erweiterung oder einer wesentlichen Verbesserung der Anlagegüter führen, sondern lediglich dazu dienen, diese in einem betriebsbereiten Zustand zu erhalten. Erhaltungsaufwendungen werden insofern nicht aktiviert, sondern lediglich als Aufwendungen verbucht.

Typische Belege
▶ Eingangsrechnungen von Unternehmen, die Instandhaltungen durchgeführt haben

Konten [GuV: 8. Sonstige betriebliche Aufwendungen]
▶ **SKP03 [SKR03]:** 4800, 4805, 4809 [4260] 4806 Reparaturen und Instandhaltungen …
▶ **SKP04 [SKR04]:** [6335], 6450, 6460, 6470, [6485], 6490, 6495 Reparaturen und Instandhaltung …
▶ **IKP [IKR]:** 6160 [6060] Fremdinstandhaltung (und Reparaturmaterial)

Beispiel 8-21

Ein Unternehmen* zahlt für die Reparatur einer Maschine 300,00 € zuzüglich Umsatzsteuer in bar.

SKP03 · SKP04 · IKP Sollkonto	Betrag	an	SKP03 · SKP04 · IKP Habenkonto	Betrag
4800 · 6460 · 6160 Reparaturen und Instandhaltung von technischen Anlagen und Maschinen	300,00 €		1000 · 1600 · 2880 Kasse	357,00 €
1576 · 1406 · 2605 Abziehbare Vorsteuer 19 %	57,00 €			

8.3.3 Erträge aus der Vermietung oder Verpachtung von Grundstücken oder Gebäuden

Falls die Vermietung oder Verpachtung zu den gewöhnlichen Geschäftstätigkeiten des Unternehmens zählt (Handelsgesetzbuch: § 277 Vorschriften zu einzelnen Posten der Gewinn- und Verlustrechnung, Absatz 1), wie dies beispielsweise bei Immobiliengesellschaften regelmäßig der Fall ist, erfolgt die Verbuchung entsprechender Erträge:
▶ im **Haben** der Ertragskonten »Steuerfreie Umsätze nach § 4 Nr. 12 UStG (Vermietung und Verpachtung)«.

Falls die Vermietung oder Verpachtung nicht zu den gewöhnlichen Geschäftstätigkeiten des Unternehmens zählt, wie dies beispielsweise bei Industrie- oder Handelsunternehmen regelmäßig der Fall ist, erfolgt die Verbuchung entsprechender Erträge:

- im **Haben** der Ertragskonten »Grundstückserträge«.

Die Vermietung oder Verpachtung von Grundstücken oder von Gebäuden ist dabei in den meisten Fällen von der Umsatzsteuer befreit (↗Kapitel 6.2.2.2 und 7.6.1).

Typische Belege
- Mietverträge
- Pachtverträge
- Kontoauszüge

Konten [GuV: 1. Umsatzerlöse]
- **SKP03[SKR03]**: [8105] Steuerfreie Umsätze nach § 4 Nr. 12 UStG (Vermietung und Verpachtung)
- **SKP04[SKR04]**: [4105] Steuerfreie Umsätze nach § 4 Nr. 12 UStG (Vermietung und Verpachtung)
- **IKP[IKR]**: 5060 Steuerfreie Umsätze § 4 Nr. 8 ff. UStG

Konten [GuV: 4. Sonstige betriebliche Erträge]
- **SKP03[SKR03]**: 2750 Grundstückserträge
- **SKP04[SKR04]**: 4860 Grundstückserträge
- **IKP[IKR]**: 5401 Nebenerlöse aus Vermietung und Verpachtung[2]

Beispiel 8-22

Ein Unternehmen* erhält für die Vermietung eines Gebäudes die Miete von 1 000,00 € ohne Umsatzsteuer per Banküberweisung:

SKP03 · SKP04 · IKP Sollkonto	Betrag	an	SKP03 · SKP04 · IKP Habenkonto	Betrag
1200 · 1800 · 2800 Bank	1 000,00 €		2750 · 4860 · 5401 Grundstückserträge	1 000,00 €

8.3.4 Erträge aus Dividenden

Erträge aus Dividenden können aus den Posten »Anteile«, »Beteiligungen« und »Wertpapiere« des Finanzanlagevermögens erwachsen. Die Verbuchung erfolgt:

- im **Haben** der Ertragskonten »Laufende Erträge aus Anteilen an Kapitalgesellschaften«.

Die Erträge aus Dividenden sind zwar von der Umsatzsteuer befreit, sie unterliegen aber der Kapitalertragsteuer von 25 % (AZ 8-7) und dem Solidaritätszuschlag von 5,5 % (AZ 8-8) darauf, die von dem ausschüttenden Unternehmen oder bei börsennotierten Aktiengesellschaften dem Kreditinstitut, das die Wertpapiere verwaltet, einbehalten werden. Die Verbuchung der Steuern erfolgt bei Einzelkaufleuten und bei Personenhandelsgesellschaften zusammengefasst:

- im **Soll** der Passivkonten »Privatsteuern« und bei Kapitalgesellschaften getrennt:

- im **Soll** der Aufwandskonten »Kapitalertragsteuer« und »Solidaritätszuschlag«.

In gleicher Weise erfolgt auch die Verbuchung von Erträgen aus Dividenden aus Wertpapieren des Umlaufvermögens und die Verbuchung von Erträgen aus Zinsen.

Typische Belege
- Dividendengutschriften

Konten [Bilanz: Passiva. A. Eigenkapital]
- **SKP03[SKR03]**: 1810 [1910] Privatsteuern
- **SKP04[SKR04]**: 2150 [2550] Privatsteuern
- **IKP[IKR]**: 3020 Privatkonto

Konten [GuV: 9. Erträge aus Beteiligungen]
- **SKP03[SKR03]**: 2600 Erträge aus Beteiligungen ·
  2615 Laufende Erträge aus Anteilen an Kapitalgesellschaften (Beteiligung) § 3 Nr. 40 EStG/§ 8b Abs. 1 KStG (inländische Kap. Ges.)

8.3 Die Buchungen im Anlagevermögen zur Abbildung von Investitionsprozessen
Anlagegüternutzung

- **SKP04 [SKR04]:** 7000 Erträge aus Beteiligungen ·
  7005 Laufende Erträge aus Anteilen an Kapitalgesellschaften (Beteiligung) § 3 Nr. 40 EStG/§ 8b Abs. 1 KStG (inländische Kap. Ges.)
- **IKP [IKR]:** 5500 Erträge aus Beteiligungen

Konten [GuV: 10. Erträge aus anderen Wertpapieren und Ausleihungen des Finanzanlagevermögens]

- **SKP03 [SKR03]:** 2620 Erträge aus anderen Wertpapieren und Ausleihungen des Finanzanlagevermögens ·
  2625 Laufende Erträge aus Anteilen an Kapitalgesellschaften (Finanzanlagevermögen) § 3 Nr. 40 EStG/§ 8b Abs. 1 KStG (inländische Kap. Ges.)
- **SKP04 [SKR04]:** 7010 Erträge aus anderen Wertpapieren und Ausleihungen des Finanzanlagevermögens ·
  7014 Laufende Erträge aus Anteilen an Kapitalgesellschaften (Finanzanlagevermögen) § 3 Nr. 40 EStG/§ 8b Abs. 1 KStG (inländische Kap. Ges.)
- **IKP [IKR]:** 5500 Erträge aus Beteiligungen ·
  5600 Erträge aus anderen Wertpapieren und Ausleihungen des Finanzanlagevermögens

Konten [GuV: 18. Steuern vom Einkommen und vom Ertrag]

- **SKP03 [SKR03]:** 2208 Solidaritätszuschlag · 2213 Kapitalertragsteuer 25 %
- **SKP04 [SKR04]:** 7608 Solidaritätszuschlag · 7630 Kapitalertragsteuer 25 %
- **IKP [IKR]:** 7718 Solidaritätszuschlag[1] · 7720 Kapitalertragsteuer

Beispiel 8-23

Ein Einzelkaufmann* erhält für Aktien im betrieblichen Anlagevermögen eine Dividende von 1 000,00 € abzüglich der Kapitalertragsteuer und dem Solidaritätszuschlag darauf von 263,75 € per Banküberweisung:

SKP03 · SKP04 · IKP Sollkonto	Betrag	an	SKP03 · SKP04 · IKP Habenkonto	Betrag
1200 · 1800 · 2800 Bank	736,25 €		2625 · 7014 · 5500 Laufende Erträge aus Anteilen an Kapitalgesellschaften (Finanzanlagevermögen) § 3 Nr. 40 EStG/§ 8b KStG (inländische Kap.Ges.)	1 000,00 €
1810 · 2150 · 3020 Privatsteuern	263,75 €			

Beispiel 8-24

Eine Kapitalgesellschaft* erhält für Aktien im Anlagevermögen eine Dividende von 1 000,00 € abzüglich der Kapitalertragsteuer von 250,00 € und abzüglich des Solidaritätszuschlags darauf von 13,75 € per Banküberweisung:

SKP03 · SKP04 · IKP Sollkonto	Betrag	an	SKP03 · SKP04 · IKP Habenkonto	Betrag
1200 · 1800 · 2800 Bank	736,25 €		2625 · 7014 · 5500 Laufende Erträge aus Anteilen an Kapitalgesellschaften (Finanzanlagevermögen) § 3 Nr. 40 EStG/§ 8b KStG (inländische Kap.Ges.)	1 000,00 €
2213 · 7630 · 7720 Kapitalertragsteuer 25 %	250,00 €			
2208 · 7608 · 7718 Solidaritätszuschlag	13,75 €			

8.3.5 Private Nutzungsentnahmen

Werden bei Einzelkaufleuten und Personenhandelsgesellschaften Anlagegüter nicht nur vom Unternehmen selbst, sondern auch von den Unternehmenseignern privat genutzt, liegen Privatentnahmen vor, die als *Nutzungsentnahmen* bezeichnet werden. In der Praxis kommt es insbesondere bei der privaten Nutzung von betrieblichen Kraftfahrzeugen zu entsprechenden Nutzungsentnahmen. Gesetzlich sind die Nutzungsentnahmen im Einkommensteuergesetz: § 4 Gewinnbegriff im Allgemeinen, Absatz 1, Satz 2 und im Umsatzsteuergesetz: § 3 Lieferung, sonstige Leistung Absatz 9a, Nummer 1 geregelt.

Die Verbuchung von Nutzungsentnahmen erfolgt:
- im **Soll** der Passivkonten »Privatentnahmen allgemein«, wobei in der Regel für jeden Gesellschafter ein eigenes Konto geführt wird,
- im **Haben** der Ertragskonten »Verwendung von Gegenständen für Zwecke außerhalb des Unternehmens« und
- im **Haben** der Passivkonten »Umsatzsteuer …«, wenn es sich um umsatzsteuerpflichtige Leistungen handelt.

Konten [Bilanz: Passiva. A. Eigenkapital]
- **SKP03 [SKR03]:** 1800 Privatentnahmen allgemein
- **SKP04 [SKR04]:** 2100 Privatentnahmen allgemein
- **IKP [IKR]:** 3020 Privatkonto

Konten [GuV: 1. Umsatzerlöse]
- **SKP03 [SKR03]:** [8906, 8918], 8920, [8921 – 8924, 8930] Verwendung von Gegenständen für Zwecke außerhalb des Unternehmens …
- **SKP04 [SKR04]:** [4630 – 4639] 4640, [4645, 4646] Verwendung von Gegenständen für Zwecke außerhalb des Unternehmens …
- **IKP [IKR]:** 5420 Eigenverbrauch (umsatzsteuerpflichtige Lieferungen und Leistungen ohne Entgelt)

Zwischenübung Kapitel 8.3

Ein Unternehmen* hat am 29. September des dem Kalenderjahr entsprechenden Geschäftsjahres 0001 eine Maschine mit Anschaffungskosten von 240 000,00 € zuzüglich Umsatzsteuer und einer betriebsgewöhnlichen Nutzungsdauer von 8 Jahren erhalten und aktiviert.

(1) Erstellen Sie den Abschreibungsplan für die Maschine für die ersten drei Geschäftsjahre, wenn diese linear abgeschrieben wird:

Stand	Anschaffungs-/ Herstellungskosten	Kumulierte Abschreibungen	Buchwert
31.12.0001			
31.12.0002			
31.12.0003			170 000,00 €

(2) Geben Sie den Buchungssatz an, wenn dasselbe Unternehmen* die planmäßige Abschreibung auf die Maschine am Ende des Geschäftsjahres 0001 direkt bucht:

Sollkonto	Betrag	an Habenkonto	Betrag

8.4 Desinvestierung

Lernziel 8-4
Den Abgang von Anlagegütern buchen können.

- Einordnung innerhalb der Jahresabschlussrechnungen
- Investierung
- Anlagegüternutzung
- **Desinvestierung**
- Anlagenbuchführung

Im Rahmen von *Desinvestitionen* kommt es zum Abgang von Anlagegütern durch deren Verkauf oder deren unentgeltliche Abgabe. Die sich daraus ergebenden *Liquidationserlöse* können in Investitionsrechnungen, wie der Kapitalwertmethode, zur Beurteilung der Vorteilhaftigkeit von Investitionen eingehen.

8.4.1 Nebenkosten der Desinvestierung

Die Nebenkosten der Desinvestierung, die beim Verkauf auch als *Verkaufsnebenkosten* oder *Veräußerungskosten* bezeichnet werden, umfassen alle den abgehenden Vermögensgegenständen zuzurechnenden Aufwendungen, die im unmittelbaren Zusammenhang mit deren Abgang stehen. Es kann sich dabei sowohl um Aufwendungen handeln, die außerhalb des Unternehmens entstehen, als auch um Aufwendungen, die im Unternehmen selbst anfallen. Entsprechende Aufwendungen sind:

- **Fremdleistungen** (↗ Kapitel 9.2.4) sowie
- **Eigenleistungen** (↗ Kapitel 8.2.2), die in der Regel in erster Linie Aufwendungen für Löhne umfassen.

Da viele im Unternehmen anfallende Nebenkosten den Desinvestitionen nicht eindeutig als Einzelkosten zuzurechnen sind, sind in der Praxis insbesondere die Nebenkosten, die durch die Inanspruchnahme von Fremdleistungen entstehen, von Bedeutung. Typische Nebenkosten der Desinvestition sind beispielsweise:

- bei **Grundstücken und Gebäuden** die Kosten der Vermittlung und der Vermessung,
- bei **technischen Anlagen und Maschinen** die Kosten der Demontage und des Transports,
- bei **Wertpapieren** die Bankprovisionen, die Börsenplatzentgelte und die Börsenabwicklungskosten..

Soweit sie nicht direkt vom Verkaufserlös abgezogen werden, so wie beispielsweise Provisionen beim Verkauf von Wertpapieren, werden die Nebenkosten der Desinvestition bei der Buchung des Verkaufs als zusätzliche Aufwendungen gegengebucht.

Beispiel 8-25

Ein Unternehmen* zahlt die Rechnung eines Dienstleistungsunternehmens, das bei der Demontage einer Maschine geholfen hat, in Höhe von 1 000,00 € zuzüglich 190,00 € Umsatzsteuer sofort per Banküberweisung:

SKP03 · SKP04 · IKP Sollkonto	Betrag	an SKP03 · SKP04 · IKP Habenkonto	Betrag
4909 · 6303 · 6130 Fremdleistungen/ Fremdarbeiten	1 000,00 €	1200 · 1800 · 2800 Bank	1 190,00 €
1576 · 1406 · 2605 Abziehbare Vorsteuer 19 %	190,00 €		

8.4.2 Verkauf von Anlagegütern

Beim Verkauf von Anlagegütern können sich – je nachdem, ob die Erlöse aus den Verkäufen größer oder kleiner als die Buchwerte der Anlagegüter sind – *Buchgewinne* oder *Buchverluste* ergeben:

   Verkaufserlös
- Verkaufsnebenkosten
- Buchwert
= Buchgewinn/Buchverlust

Der Buchgewinn oder -verlust muss dabei vor der Verbuchung des Verkaufs ermittelt werden, da er Einfluss auf die für die Verbuchung zu wählenden Konten hat.

Abhängig davon, ob die Aufwendungen und Erträge aus dem Verkauf unsaldiert oder saldiert verbucht werden, wird die Verbuchung nach der *Brutto-* und nach der *Nettomethode* unterschieden, wobei nur die Bruttomethode dem Prinzip der Klarheit entspricht (↗ Kapitel 5.3.1.1), weshalb nur sie nachfolgend dargestellt wird. Die Verbuchung des Verkaufs umfasst bei der Bruttomethode zwei Teilbuchungen:

(1) Ausbuchung des Anlageguts

Die Ausbuchung des Anlageguts erfolgt, indem zu dem Buchwert, der im Anlagevermögenskonto ausgewiesen wird, eine Gegenbuchung als Aufwand:
- im **Soll** der Ertragskonten »Anlagenabgänge … (Restbuchwert bei Buchgewinn)« oder
- im **Soll** der Aufwandskonten »Anlagenabgänge … (Restbuchwert bei Buchverlust)«

durchgeführt wird.

(2) Buchung des Erlöses aus dem Verkauf

Die Buchung des Erlöses aus dem Verkauf erfolgt, indem zu dem Zugang von Geld oder Forderungen eine Gegenbuchung als Ertrag:
- im **Haben** der Ertragskonten »Erlöse aus Verkäufen Anlagevermögen … (bei Buchgewinn)« oder
- im **Haben** der Aufwandskonten »Erlöse aus Verkäufen Anlagevermögen … (bei Buchverlust)«

durchgeführt wird. Der so verbuchte Verkaufserlös wird dem Aufwand aus dem Anlagenabgang als Ertrag gegenübergestellt, wodurch sich ein Buchgewinn oder ein Buchverlust ergibt.

8.4.2.1 Verkauf von Sachanlagen

Vor der Verbuchung des Verkaufs von abnutzbaren Anlagegütern muss über die Verbuchung entsprechender monatsgenauer Abschreibungen (↗ Kapitel 8.3.1.4.3) deren Buchwert im Verkaufsmonat ermittelt werden (Einkommensteuer-Richtlinien 2005: R 7.4 Höhe der AfA, Absatz 8).

Bei der Verbuchung des Verkaufs von Sachanlagen ist zudem zu berücksichtigen, dass die Verkaufserlöse in der Regel umsatzsteuerpflichtig sind.

Typische Belege
- Kopien von Ausgangsrechnungen an die Käufer von Anlagegütern

Konten [GuV: 4. Sonstige betriebliche Erträge]
- **SKP03[SKR03]:** 2315 Anlagenabgänge Sachanlagen (Restbuchwert bei Buchgewinn)· [8820 – 8828] 8829 Erlöse aus Verkäufen Sachanlagevermögen (bei Buchgewinn)
- **SKP04[SKR04]:** 4855 Anlagenabgänge Sachanlagen (Restbuchwert bei Buchgewinn)· [4844 – 4848] 4849 Erlöse aus Verkäufen Sachanlagevermögen (bei Buchgewinn)
- **IKP[IKR]:** 5462 Erträge aus dem Abgang von Sachanlagen· 5410 Sonstige Erlöse

Konten [GuV: 8. Sonstige betriebliche Aufwendungen]
- **SKP03[SKR03]:** 2310 Anlagenabgänge Sachanlagen (Restbuchwert bei Buchverlust)· 8800 [8801 – 8809] Erlöse aus Verkäufen Sachanlagevermögen (bei Buchverlust)
- **SKP04[SKR04]:** 6895 Anlagenabgänge Sachanlagen (Restbuchwert bei Buchverlust)· [6884 – 6888] 6889 Erlöse aus Verkäufen Sachanlagevermögen (bei Buchverlust)
- **IKP[IKR]:** 6962 Verluste aus dem Abgang von Sachanlagen

Beispiel 8-26

Ein Unternehmen* verkauft eine Maschine, die im Verkaufsmonat einen Buchwert von 9 000,00 € hat, für 10 000,00 € zuzüglich Umsatzsteuer gegen Barzahlung.

Zur Wahl der richtigen Konten wird vor der Verbuchung ermittelt, ob sich durch den Verkauf ein Buchgewinn oder ein Buchverlust ergibt:

8.4 Die Buchungen im Anlagevermögen zur Abbildung von Investitionsprozessen
Desinvestierung

   Verkaufserlös. . . . . 10 000,00 €
− Verkaufsnebenkosten. . . . . 0,00 €
− Buchwert . . . . 9 000,00 €
= Buchgewinn . . . . 1 000,00 €

Der Geschäftsvorfall bewirkt eine ① Erhöhung des Aufwands durch den Abgang der Maschine (Aufwandskonto »Anlagenabgänge Sachanlagen«) sowie im gleichen Umfang eine ② Verminderung des Wertes des Maschinenbestandes (Aktivkonto »Technische Anlagen und Maschinen«) um den Buchwert der Maschine von 9 000,00 €.

Diesem Aufwand steht der ④ Verkaufserlös (Ertragskonto »Erlöse aus Verkäufen Sachanlagevermögen«) von 10 000,00 € gegenüber, der zu einer ③ Erhöhung des Bargeldbestandes (Aktivkonto »Kasse«) und zu einer ⑤ Erhöhung der Verbindlichkeiten gegenüber den Finanzämtern aus erhaltener Umsatzsteuer (Passivkonto »Umsatzsteuer«) führt.

Da der ④ Verkaufserlös größer als der ② Buchwert ist, erhöht der Geschäftsvorfall den Erfolg und das Eigenkapital um den Buchgewinn von 1 000,00 €, während die Finanzmittel (»Cash«) durch die Barzahlung um 11 900,00 € erhöht werden:

SKP03 · SKP04 · IKP Sollkonto	Betrag	an SKP03 · SKP04 · IKP Habenkonto	Betrag
① 2315 · 4855 · 5462 Anlagenabgänge Sachanlagen (Restbuchwert bei Buchgewinn)	9 000,00 €	② 0200 · 0400 · 0700 Technische Anlagen und Maschinen	9 000,00 €
③ 1000 · 1600 · 2880 Kasse	11 900,00 €	④ 8829 · 4849 · 5410 Erlöse aus Verkäufen Sachanlagevermögen (bei Buchgewinn)	10 000,00 €
		⑤ 1776 · 3806 · 4805 Umsatzsteuer 19 %	1 900,00 €

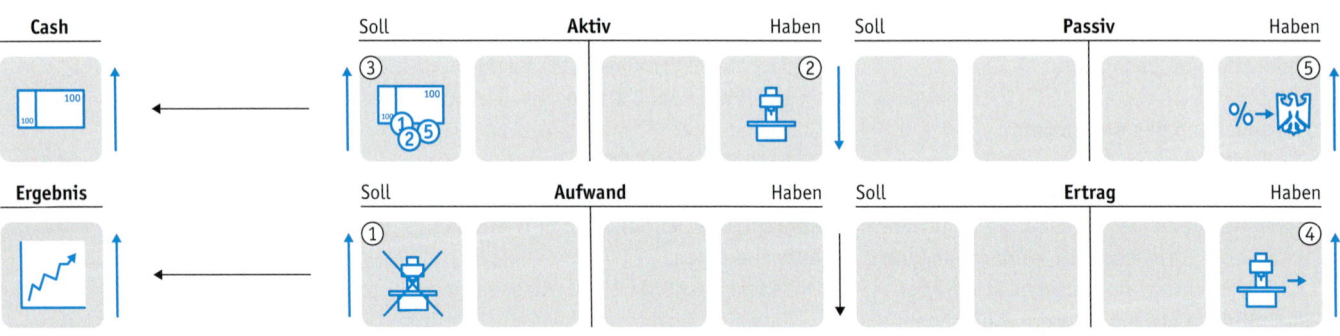

Beispiel 8-27

Ein Unternehmen* verkauft eine Maschine, die im Verkaufsmonat einen Buchwert von 12 000,00 € hat, für 10 000,00 € zuzüglich Umsatzsteuer gegen Barzahlung. Zur Wahl der richtigen Konten wird vor der Verbuchung ermittelt, ob sich durch den Verkauf ein Buchgewinn oder ein Buchverlust ergibt:

   Verkaufserlös . . . . 10 000,00 €
− Verkaufsnebenkosten . . . . 0,00 €
− Buchwert. . . . . 12 000,00 €
= Buchverlust . . . . − 2 000,00 €

SKP03 · SKP04 · IKP Sollkonto	Betrag	an SKP03 · SKP04 · IKP Habenkonto	Betrag
2310 · 6895 · 6962 Anlagenabgänge Sachanlagen (Restbuchwert bei Buchverlust)	12 000,00 €	0200 · 0400 · 0700 Technische Anlagen und Maschinen	12 000,00 €
1000 · 1600 · 2880 Kasse	11 900,00 €	8800 · 6889 · 5410 Erlöse aus Verkäufen Sachanlagevermögen (bei Buchverlust)	10 000,00 €
		1776 · 3806 · 4805 Umsatzsteuer 19 %	1 900,00 €

8.4.2.2 Verkauf von Aktien

Bei der Verbuchung des Verkaufs von Aktien ist zum einen zu berücksichtigen, dass die Verkaufserlöse nicht umsatzsteuerpflichtig sind. Zum anderen ist zu berücksichtigen, dass sich ergebende Buchgewinne bei Einzelkaufleuten und bei Personenhandelsgesellschaften der Kapitalertragsteuer von 25 % (AZ 8-9) und dem Solidaritätszuschlag von 5,5 % (AZ 8-10) darauf unterliegen, während entsprechende Gewinne bei Kapitalgesellschaften steuerfrei sind. Die Steuern werden von den den Verkauf abwickelnden Kreditinstituten einbehalten und bei bei Einzelkaufleuten und Personenhandelsgesellschaften zusammengefasst:

- im **Soll** der Passivkonten »Privatsteuern« verbucht. In gleicher Weise erfolgt auch die Verbuchung des Verkaufs von Aktien des Umlaufvermögens.

Typische Belege
- Verkaufsabrechnung des Kreditinstituts

Konten [Bilanz: Passiva. A. Eigenkapital]
- **SKP03 [SKR03]:** 1810 [1910] Privatsteuern
- **SKP04 [SKR04]:** 2150 [2550] Privatsteuern
- **IKP [IKR]:** 3020 Privatkonto

Konten [GuV: 4. Sonstige betriebliche Erträge]
- **SKP03 [SKR03]:** 2317 [2318] Anlagenabgänge Finanzanlagen (Restbuchwert bei Buchgewinn)·
  8838 [8839] Erlöse aus Verkäufen Finanzanlagen (bei Buchgewinn)
- **SKP04 [SKR04]:** 4857 [4858] Anlagenabgänge Finanzanlagen (Restbuchwert bei Buchgewinn)·
  4851 [4852] Erlöse aus Verkäufen Finanzanlagen (bei Buchgewinn)
- **IKP [IKR]:** 5460 Erträge aus dem Abgang von Vermögensgegenständen·
  5410 Sonstige Erlöse

Konten [GuV: 8. Sonstige betriebliche Aufwendungen]
- **SKP03 [SKR03]:** 2312 [2313] Anlagenabgänge Finanzanlagen (Restbuchwert bei Buchverlust)·
  8818 [8819] Erlöse aus Verkäufen Finanzanlagen (bei Buchverlust)
- **SKP04 [SKR04]:** 6897 [6898] Anlagenabgänge Finanzanlagen (Restbuchwert bei Buchverlust)·
  6891 [6892] Erlöse aus Verkäufen Finanzanlagen (bei Buchverlust)
- **IKP [IKR]:** 6960 Verluste aus dem Abgang von Vermögensgegenständen

Beispiel 8-28

Ein Einzelkaufmann* verkauft über seine Bank Aktien aus dem betrieblichen Anlagevermögen, die einen den Anschaffungskosten entsprechenden Buchwert von 1 003,60 € haben (Beispiel 8-2), zum Preis von 1 100,00 € gegen Gutschrift auf das Depotkonto. Durch den Kauf entstehen zusätzlich Verkaufsnebenkosten von 2,75 € für die Bankprovision, von 0,50 € für das Börsenplatzentgelt und von 0,60 € für die Börsenabwicklungskosten, die von der ausführenden Bank vom Verkaufserlös abgezogen werden.

Zur Wahl der richtigen Konten und zur Ermittlung der Steuern wird vor der Verbuchung ermittelt, ob sich durch den Verkauf ein Buchgewinn oder ein Buchverlust ergibt:

Verkaufserlös	1 100,00 €
− Verkaufsnebenkosten	3,85 €
− Buchwert	1 003,60 €
= Buchgewinn	92,55 €

Die auf den Buchgewinn entfallende Kapitalertragsteuer von 23,14 € und der Solidaritätszuschlag darauf von 1,27 € werden von der ausführenden Bank ebenfalls abgezogen.

Der Einzelkaufmann* verbucht den Geschäftsvorfall anschließend auf Basis der Verkaufsabrechnung der Bank:

SKP03·SKP04·IKP Sollkonto	Betrag	SKP03·SKP04·IKP Habenkonto	Betrag
2317·4857·5460 Anlagenabgänge Finanzanlagen (Restbuchwert bei Buchgewinn)	1 003,60 €	0525·0900·1500 Wertpapiere des Anlagevermögens	1 003,60 €
1200·1800·2800 Bank	1 071,74 €	8838·4851·5410 Erlöse aus Verkäufen Finanzanlagen (bei Buchgewinn)	1 096,15 €
1810·2150·3020 Privatsteuern	24,41 €		

Beispiel 8-29

Statt eines Einzelkaufmanns, wie im vorangegangenen Beispiel, verkauft eine Kapitalgesellschaft* die Aktien:

SKP03 · SKP04 · IKP Sollkonto	Betrag	an	SKP03 · SKP04 · IKP Habenkonto	Betrag
2317 · 4857 · 5460 Anlagenabgänge Finanzanlagen (Restbuchwert bei Buchgewinn)	1 003,60 €	an	0525 · 0900 · 1500 Wertpapiere des Anlagevermögens	1 003,60 €
1200 · 1800 · 2800 Bank	1 096,15 €	an	8838 · 4851 · 5410 Erlöse aus Verkäufen Finanzanlagen (bei Buchgewinn)	1 096,15 €

8.4.3 Unentgeltlicher Abgang von Anlagegütern

Unentgeltliche Abgänge von Anlagegütern erfolgen in der Regel insbesondere bei den Sachanlagen, beispielsweise weil sich die Reparatur eines Schadens nicht mehr lohnt oder weil sie nicht mehr benötigt werden. Die Verbuchung des unentgeltlichen Abgangs erfolgt mit Ausnahme eines Erlöses, der nicht entsteht und insofern nicht zu buchen ist, in gleicher Weise und über dieselben Konten wie die Verbuchung des Verkaufs von Anlagegütern (↗ Kapitel 8.4.2.1).

Beispiel 8-30

Ein Unternehmen* gibt eine Maschine, die zu diesem Zeitpunkt einen Buchwert von 1 000,00 € hat, unentgeltlich an einen Schrotthändler ab, da sie kaputt ist und nicht mehr benötigt wird:

SKP03 · SKP04 · IKP Sollkonto	Betrag	an	SKP03 · SKP04 · IKP Habenkonto	Betrag
2310 · 6895 · 6962 Anlagenabgänge Sachanlagen (Restbuchwert bei Buchverlust)	1 000,00 €	an	0200 · 0400 · 0700 Technische Anlagen und Maschinen	1 000,00 €

Zwischenübung Kapitel 8.4

Geben Sie den Buchungssatz an für ein Unternehmen*, dass am 13. April eines dem Kalenderjahr entsprechenden Geschäftsjahres für 200 000,00 € zuzüglich Umsatzsteuer eine Maschine auf Ziel verkauft. Der Buchwert der Maschine betrug zu Anfang des Geschäftsjahres 170 000,00 €, der jährliche Abschreibungsbetrag 30 000,00 €:

Sollkonto	Betrag	an	Habenkonto	Betrag

8.5 Anlagenbuchführung

Einordnung innerhalb der Jahresabschlussrechnungen

Investierung

Anlagegüternutzung

Desinvestierung

Anlagenbuchführung

Selbst kleine Unternehmen verlieren häufig schnell die Übersicht darüber, welche Maschinen, Computer, Büromöbel und so weiter sie besitzen. Die Anlagegüter werden deshalb in der Regel separat in einer sogenannten Anlagenbuchführung verwaltet.

Bei der Anlagenbuchführung handelt es sich um eine *Nebenbuchführung* (↗ Kapitel 4.3.2.2), die die einzelnen Anlagevermögenskonten des Hauptbuchs erläutert und ergänzt und insbesondere dazu dient, die planmäßigen Abschreibungen am Ende des Geschäftsjahres für den Jahresabschluss zu ermitteln. Gesetzliche Hinweise zu ihrer Durchführung ergeben sich dabei unter anderem aus dem Einkommensteuergesetz: § 5 Gewinn bei Kaufleuten und bei bestimmten anderen Gewerbetreibenden, Absatz 1, Satz 2 und aus den Einkommensteuer-Richtlinien 2005: R 5.4 Bestandsmäßige Erfassung des beweglichen Anlagevermögens.

Während die Anlagenbuchführung früher über sogenannte *Anlagenkarteikarten* in Papierform erfolgte, erfolgt sie heute in der Regel über Datenbanken innerhalb der Buchführungssoftware.

Beim Zugang neuer Anlagegüter erhalten diese eine *Inventarnummer*, anhand derer eine eindeutige Zuordnung zu den in den Datenbanken hinterlegten Daten möglich ist. Bei Sachanlagen wird diese Nummer in der Regel über einen Aufkleber angebracht. In der Anlagenbuchführung werden dann folgende Stammdaten der einzelnen Anlagegüter erfasst:

- **Inventarnummer**, beispielsweise »21-064«,
- **Bezeichnung**, beispielsweise »Fräsmaschine«,
- **Lieferantennummer**, zum Verweis auf die Lieferantendaten in der Kontokorrentbuchführung (↗ Kapitel 9.5.1), beispielsweise »7 0020-01 Trumpf GmbH«,
- **Anschaffungs- oder Herstellungsdatum**, beispielsweise »12.06.0001«,
- **Standort**, beispielsweise »Werk 2, Halle 3«,
- **Kontozuordnung**, beispielsweise »0200·0400·0700 Technische Anlagen und Maschinen«,
- **Betriebsgewöhnliche Nutzungsdauer**, beispielsweise »10 Jahre«,
- **Abschreibungsmethode**, beispielsweise »linear«,
- **Ursprüngliche Anschaffungs- oder Herstellungskosten**, beispielsweise »300 000,00 €«,
- **Erwarteter Liquidationserlös oder Schrottwert** und
- **Vorschrift eines gegebenenfalls ausgeübten steuerlichen Wahlrechtes,** das zu einer anderen Abschreibung als nach dem Handelsgesetzbuch führt.

Jedes Geschäftsjahr fallen dann in der Anlagenbuchführung folgende Bewegungsdaten an, die den Stammdaten untergeordnet werden:

- **Handelsrechtliche und gegebenenfalls steuerrechtliche Buchwerte** zum Anfang und zum Ende der Geschäftsjahre,
- **Handelsrechtliche und gegebenenfalls steuerrechtliche Abschreibungen** je Geschäftsjahr, beispielsweise »20 000,00 €«,
- **Nachträgliche Anschaffungskosten** durch Erweiterungen oder wesentliche Verbesserungen, und
- **Kosten von Instandhaltungen, Reparaturen und Wartungen**, um die Anlagegüter in einem betriebsbereiten Zustand zu erhalten.

Lernziel 8-5
Die Aufzeichnungen in der Anlagenbuchführung kennen.

Kontierungslexikon Kapitel 8

Kontierung 8-1: Inzahlunggabe von Sachanlagen
Die Inzahlunggabe von Sachanlagen wird wie ein Verkauf dieser Sachanlagen zum Betrag 2 zuzüglich Umsatzsteuer gebucht. Durch die Inzahlunggabe werden die Verbindlichkeiten, die aus dem Kauf einer anderen Sachanlage entstehen, vermindert:

SKP03 · SKP04 · IKP Sollkonto	Betrag	an SKP03 · SKP04 · IKP Habenkonto	Betrag
1600 · 3300 · 4400 Verbindlichkeiten aus Lieferungen und Leistungen	Betrag 1	8829 · 4849 · 5410 Erlöse aus Verkäufen Sachanlagevermögen (bei Buchgewinn)	Betrag 2
		1776 · 3806 · 4805 Umsatzsteuer 19 %	Betrag 3

Schlüsselbegriffe Kapitel 8

- Anlagevermögen (↗ Kapitel 8)
- Anlagegut (↗ Kapitel 8)
- Investitionsprozess (↗ Kapitel 8)
- Investierungsphase (↗ Kapitel 8)
- Anlagegüternutzung (↗ Kapitel 8)
- Desinvestierungsphase (↗ Kapitel 8)
- Kapitalanlagegeschäft (↗ Kapitel 8, 8.1.1)
- Immaterieller Vermögensgegenstand (↗ Kapitel 8.1.1)
- Konzession (↗ Kapitel 8.1.1)
- Schutzrecht (↗ Kapitel 8.1.1)
- Lizenz (↗ Kapitel 8.1.1)
- Geschäftswert (↗ Kapitel 8.1.1)
- Firmenwert (↗ Kapitel 8.1.1)
- Goodwill (↗ Kapitel 8.1.1)
- Sachanlage (↗ Kapitel 8.1.1)
- Technische Anlage (↗ Kapitel 8.1.1)
- Maschine (↗ Kapitel 8.1.1)
- Betriebs- und Geschäftsausstattung (↗ Kapitel 8.1.1)
- Finanzanlage (↗ Kapitel 8.1.1)
- Monetäres Anlagegut (↗ Kapitel 8.1.1)
- Anteil (↗ Kapitel 8.1.1)
- Ausleihung (↗ Kapitel 8.1.1)
- Verbundene Unternehmen (↗ Kapitel 8.1.1)
- Beteiligung (↗ Kapitel 8.1.1)
- Investierung (↗ Kapitel 8.2)
- Kapitaleinsatz (↗ Kapitel 8.2)
- Anschaffung (↗ Kapitel 8.2.1)
- Wirtschaftliche Verfügungsmacht (↗ Kapitel 8.2.1, 8.2.1.1.1)
- Aktivierung (↗ Kapitel 8.2.1, 8.2.1.2, 8.2.2)
- Zugangsbewertung (↗ Kapitel 8.2.1.1, 8.2.2.1)
- Anschaffungskosten (↗ Kapitel 8.2.1.1)
- Einstandspreis (↗ Kapitel 8.2.1.1)
- Bezugspreis (↗ Kapitel 8.2.1.1)
- Kalkulatorische Kosten (↗ Kapitel 8.2.1.1, 8.2.2.1)
- Bezugskalkulation (↗ Kapitel 8.2.1.1)
- Beschaffungskalkulation (↗ Kapitel 8.2.1.1)
- Anschaffungspreis (↗ Kapitel 8.2.1.1)
- Kaufpreis (↗ Kapitel 8.2.1.1.1)
- Erwerb (↗ Kapitel 8.2.1.1.1)
- Anschaffungspreisminderung (↗ Kapitel 8.2.1.1.2)
- Anschaffungsnebenkosten (↗ Kapitel 8.2.1.1.3)
- Bezugskosten (↗ Kapitel 8.2.1.1.3)
- Nachträgliche Anschaffungskosten (↗ Kapitel 8.2.1.1.4)
- Anzahlung (↗ Kapitel 8.2.1.3)
- Im Bau (↗ Kapitel 8.2.1.3)
- Herstellung (↗ Kapitel 8.2.2)
- Eigenleistung (↗ Kapitel 8.2.2)
- Herstellungskosten (↗ Kapitel 8.2.2.1)
- Kalkulatorische Kosten (↗ Kapitel 8.2.2.1)
- Ursprüngliche Herstellungskosten (↗ Kapitel 8.2.2.1)
- Nachträgliche Herstellungskosten (↗ Kapitel 8.2.2.1)
- Differenzierte Zuschlagskalkulation (↗ Kapitel 8.2.2.1, 8.2.2.1.2)
- Einzelkosten der Herstellung (↗ Kapitel 8.2.2.1.1)
- Materialkosten (↗ Kapitel 8.2.2.1.1)
- Materialeinzelkosten (↗ Kapitel 8.2.2.1.1)

Schlüsselbegriffe 8.5

- Fertigungskosten (↗ Kapitel 8.2.2.1.1)
- Fertigungseinzelkosten (↗ Kapitel 8.2.2.1.1)
- Sonderkosten der Fertigung
  (↗ Kapitel 8.2.2.1.1)
- Sondereinzelkosten der Fertigung
  (↗ Kapitel 8.2.2.1.1)
- Entwicklungsaufwand (↗ Kapitel 8.2.2.1.1)
- Sondereinzelkosten des Vertriebs
  (↗ Kapitel 8.2.2.1.1)
- Gemeinkosten der Herstellung
  (↗ Kapitel 8.2.2.1.2)
- Gemeinkostenzuschlagssatz
  (↗ Kapitel 8.2.2.1.2)
- Zuschlagslauf (↗ Kapitel 8.2.2.1.2)
- Kostenstelle (↗ Kapitel 8.2.2.1.2)
- Materialkostenstelle (↗ Kapitel 8.2.2.1.2)
- Fertigungskostenstelle (↗ Kapitel 8.2.2.1.2)
- Verwaltungskostenstelle (↗ Kapitel 8.2.2.1.2)
- Vertriebskostenstelle (↗ Kapitel 8.2.2.1.2)
- Maschinenstundensatzrechnung
  (↗ Kapitel 8.2.2.1.2)
- Innerbetriebliche Leistungsverrechnung
  (↗ Kapitel 8.2.2.1.2)
- Materialgemeinkosten (↗ Kapitel 8.2.2.1.2)
- Materialgemeinkostenzuschlagssatz
  (↗ Kapitel 8.2.2.1.2)
- Fertigungsgemeinkosten (↗ Kapitel 8.2.2.1.2)
- Fertigungsgemeinkostenzuschlagssatz
  (↗ Kapitel 8.2.2.1.2)
- Verwaltungsgemeinkosten
  (↗ Kapitel 8.2.2.1.2)
- Verwaltungsgemeinkostenzuschlagssatz
  (↗ Kapitel 8.2.2.1.2)
- Vertriebsgemeinkosten (↗ Kapitel 8.2.2.1.2)
- Werteverzehr des Anlagevermögens
  (↗ Kapitel 8.2.2.1.2)
- Soziale Einrichtung (↗ Kapitel 8.2.2.1.2)
- Soziale Leistung (↗ Kapitel 8.2.2.1.2)
- Betriebliche Altersversorgung
  (↗ Kapitel 8.2.2.1.2)
- Fremdkapitalzinsen (↗ Kapitel 8.2.2.1.2)
- Forschungskosten (↗ Kapitel 8.2.2.1.2)
- Gesamtkostenverfahren (↗ Kapitel 8.2.2.2.1)
- Umsatzkostenverfahren (↗ Kapitel 8.2.2.2.2)
- Notwendiges Betriebsvermögen
  (↗ Kapitel 8.2.3)
- Gewillkürtes Betriebsvermögen
  (↗ Kapitel 8.2.3)
- Notwendiges Privatvermögen (↗ Kapitel 8.2.3)
- Rückfluss (↗ Kapitel 8.3)

- Abschreibung (↗ Kapitel 8.3.1)
- Absetzung für Abnutzung (↗ Kapitel 8.3.1)
- Gebrauchsverschleiß (↗ Kapitel 8.3.1.1)
- Ruheverschleiß (↗ Kapitel 8.3.1.1)
- Substanzverschleiß (↗ Kapitel 8.3.1.1)
- Katastrophenverschleiß (↗ Kapitel 8.3.1.1)
- Umgekehrte Maßgeblichkeit
  (↗ Kapitel 8.3.1.2)
- Abschreibungsparameter (↗ Kapitel 8.3.1.3)
- Abnutzbarkeit (↗ Kapitel 8.3.1.3.1)
- Abnutzbares Anlagegut (↗ Kapitel 8.3.1.3.1)
- Mobiles Anlagegut (↗ Kapitel 8.3.1.3.1)
- Bewegliches Anlagegut (↗ Kapitel 8.3.1.3.1)
- Nicht abnutzbares Anlagegut
  (↗ Kapitel 8.3.1.3.1)
- Abschreibungsbasis (↗ Kapitel 8.3.1.3.2)
- Buchwert (↗ Kapitel 8.3.1.3.2)
- Restbuchwert (↗ Kapitel 8.3.1.3.2)
- Fortgeführte Anschaffungskosten
  (↗ Kapitel 8.3.1.3.2)
- Fortgeführte Herstellungskosten
  (↗ Kapitel 8.3.1.3.2)
- Abschreibungsplan (↗ Kapitel 8.3.1.3.2)
- Resterlöswert (↗ Kapitel 8.3.1.3.3)
- Liquidationserlös (↗ Kapitel 8.3.1.3.3, 8.4)
- Erinnerungswert (↗ Kapitel 8.3.1.3.3)
- Abschreibungszeitraum (↗ Kapitel 8.3.1.3.4)
- Betriebsgewöhnliche Nutzungsdauer
  (↗ Kapitel 8.3.1.3.4)
- AfA-Tabelle (↗ Kapitel 8.3.1.3.4)
- Abschreibungsmethode (↗ Kapitel 8.3.1.3.5)
- Planmäßige Abschreibung (↗ Kapitel 8.3.1.4)
- Lineare Abschreibung (↗ Kapitel 8.3.1.4.1)
- Geometrisch-degressive Abschreibung
  (↗ Kapitel 8.3.1.4.2)
- Restwertabschreibung (↗ Kapitel 8.3.1.4.2)
- Buchwertabschreibung (↗ Kapitel 8.3.1.4.2)
- Monatsgenaue Abschreibung
  (↗ Kapitel 8.3.1.4.3)
- Leistungsabhängige Abschreibung
  (↗ Kapitel 8.3.1.4.4)
- Betriebsgewöhnliche Gesamtleistung
  (↗ Kapitel 8.3.1.4.4)
- Direkte Abschreibung (↗ Kapitel 8.3.1.5)
- Indirekte Abschreibung (↗ Kapitel 8.3.1.5)
- Wertberichtigung (↗ Kapitel 8.3.1.5)
- Geringwertiges Wirtschaftsgut
  (↗ Kapitel 8.3.1.6)
- Trivialprogramm (↗ Kapitel 8.3.1.6)
- Sofortige Abschreibung (↗ Kapitel 8.3.1.6.1)

- Verbrauchsfiktion (↗ Kapitel 8.3.1.6.1)
- Poolabschreibung (↗ Kapitel 8.3.1.6.2)
- Sammelposten (↗ Kapitel 8.3.1.6.2)
- Erhaltungsaufwand (↗ Kapitel 8.3.2)
- Vermietung (↗ Kapitel 8.3.3)
- Dividende (↗ Kapitel 8.3.4)
- Nutzungsentnahme (↗ Kapitel 8.3.5)
- Desinvestierung (↗ Kapitel 8.4)
- Verkaufsnebenkosten (↗ Kapitel 8.4.1)
- Veräußerungskosten (↗ Kapitel 8.4.1)
- Buchgewinn (↗ Kapitel 8.4.2)
- Buchverlust (↗ Kapitel 8.4.2)
- Bruttomethode (↗ Kapitel 8.4.2)
- Nettomethode (↗ Kapitel 8.4.2)
- Unentgeltlicher Abgang (↗ Kapitel 8.4.3)
- Anlagenbuchführung (↗ Kapitel 8.5)
- Nebenbuchführung (↗ Kapitel 8.5)
- Anlagenkarteikarten (↗ Kapitel 8.5)
- Inventarnummer (↗ Kapitel 8.5)

Fragen Kapitel 8

Frage 8-1: Nach welchem Kriterium erfolgt die Abgrenzung zwischen Anlage- und Umlaufvermögen? (↗ Kapitel 8)

Frage 8-2: Was wird unter Investitionsprozessen verstanden? (↗ Kapitel 8)

Frage 8-3: Welche Phasen umfassen Investitionsprozesse? (↗ Kapitel 8)

Frage 8-4: Auf welche Posten der Jahresabschlussrechnungen wirkt sich die Verbuchung des Barkaufs von Geschäftsausstattung aus? (↗ Kapitel 8.1)

Frage 8-5: Auf welche Posten der Jahresabschlussrechnungen wirkt sich die Verbuchung der Zahlung von Anzahlungen aus? (↗ Kapitel 8.1)

Frage 8-6: Auf welche Posten der Jahresabschlussrechnungen wirkt sich die Verbuchung der Aktivierung von selbst hergestellten Maschinen aus? (↗ Kapitel 8.1)

Frage 8-7: Auf welche Posten der Jahresabschlussrechnungen wirkt sich die Verbuchung von Abschreibungen auf Sachanlagen aus? (↗ Kapitel 8.1)

Frage 8-8: Auf welche Posten der Jahresabschlussrechnungen wirkt sich die Verbuchung der Barzahlung von Reparaturen aus? (↗ Kapitel 8.1)

Frage 8-9: Welche drei Hauptposten umfasst das Anlagevermögen und wie sind diese definiert? (↗ Kapitel 8.1.1)

Frage 8-10 (Vertiefung): Was sind Konzessionen? (↗ Kapitel 8.1.1)

Frage 8-11 (Vertiefung): Was sind Beispiele für Schutzrechte? (↗ Kapitel 8.1.1)

Frage 8-12 (Vertiefung): Was wird unter Lizenzen verstanden? (↗ Kapitel 8.1.1)

Frage 8-13 (Vertiefung): Wodurch ergibt sich der Goodwill? (↗ Kapitel 8.1.1)

Frage 8-14: Was kennzeichnet technische Anlagen und Maschinen? (↗ Kapitel 8.1.1)

Frage 8-15: Was kennzeichnet die Betriebs- und Geschäftsausstattung von Unternehmen? (↗ Kapitel 8.1.1)

Frage 8-16 (Vertiefung): Nach welchen Kriterien werden die Finanzanlagen gegliedert? (↗ Kapitel 8.1.1)

Frage 8-17 (Vertiefung): Was wird unter Ausleihungen verstanden? (↗ Kapitel 8.1.1)

Frage 8-18 (Vertiefung): Was unterscheidet Anteile an verbundenen Unternehmen von Beteiligungen? (↗ Kapitel 8.1.1)

Frage 8-19: Was unterscheidet Wertpapiere des Anlagevermögens von denen des Umlaufvermögens? (↗ Kapitel 8.1.1)

Frage 8-20: Was wird unter der Anschaffung verstanden? (↗ Kapitel 8.2.1)

Frage 8-21: Zu welchem Zeitpunkt sind angeschaffte Anlagegüter zu aktivieren? (↗ Kapitel 8.2.1)

Frage 8-22: Was bedeutet es, wenn Anlagegüter aktiviert werden? (↗ Kapitel 8.2.1)

Frage 8-23: Wie werden die Anschaffungskosten berechnet? (↗ Kapitel 8.2.1.1)

Frage 8-24 (Vertiefung): Was ist kennzeichnend für einen Erwerb? (↗ Kapitel 8.2.1.1.1)

Frage 8-25: Was sind Beispiele für Anschaffungspreisminderungen? (↗ Kapitel 8.2.1.1.2)

Frage 8-26: Welche Arten von Anschaffungsnebenkosten können allgemein unterschieden werden? (↗Kapitel 8.2.1.1.3)

Frage 8-27: Was sind Beispiele für Anschaffungsnebenkosten von Anlagegütern? (↗Kapitel 8.2.1.1.3)

Frage 8-28 (Vertiefung): Wodurch können nachträgliche Anschaffungskosten entstehen? (↗Kapitel 8.2.1.1.4)

Frage 8-29: Was wird unter Eigenleistungen verstanden? (↗Kapitel 8.2.2)

Frage 8-30: Wie wird die Untergrenze der Herstellungskosten berechnet? (↗Kapitel 8.2.2.1)

Frage 8-31: Wie wird die Obergrenze der Herstellungskosten berechnet? (↗Kapitel 8.2.2.1)

Frage 8-32: Welche Aufwendungen dürfen in der Regel nicht in die Herstellungskosten einbezogen werden? (↗Kapitel 8.2.2.1)

Frage 8-33: Was kennzeichnet die Einzelkosten der Herstellung? (↗Kapitel 8.2.2.1.1)

Frage 8-34: Was kennzeichnet die Gemeinkosten der Herstellung? (↗Kapitel 8.2.2.1.2)

Frage 8-35: Über welche Rechnungen können Gemeinkosten auf hergestellte Vermögensgegenstände umgelegt werden? (↗Kapitel 8.2.2.1.2)

Frage 8-36: Welche Kostenstellen sollten zur Umlage der Gemeinkosten auf hergestellte Vermögensgegenstände vorhanden sein? (↗Kapitel 8.2.2.1.2)

Frage 8-37: Worin unterscheidet sich die Aktivierung bei Anwendung des Gesamtkostenverfahrens von der bei Anwendung des Umsatzkostenverfahrens? (↗Kapitel 8.2.2.2)

Frage 8-38: Welche drei Fälle werden im Steuerrecht hinsichtlich der Zuordnung zum Betriebsvermögen bei Einzelkaufleuten und Personenhandelsgesellschaften unterschieden? (↗Kapitel 8.2.3)

Frage 8-39: Wie werden Abschreibungen im Steuerrecht bezeichnet? (↗Kapitel 8.3.1)

Frage 8-40 (Vertiefung): Was sind mögliche Gründe für Wertminderungen von Anlagegütern? (↗Kapitel 8.3.1.1)

Frage 8-41 (Vertiefung): Was wird unter der umgekehrten Maßgeblichkeit verstanden? (↗Kapitel 8.3.1.2)

Frage 8-42: Welche Anlagegüter sind abnutzbar, welche nicht? (↗Kapitel 8.3.1.3.1)

Frage 8-43: Was sind Beispiele für mobile beziehungsweise bewegliche Anlagegüter? (↗Kapitel 8.3.1.3.1)

Frage 8-44: Wie können nicht abnutzbare Anlagegüter abgeschrieben werden? (↗Kapitel 8.3.1.3.1)

Frage 8-45: Was wird unter dem Buchwert verstanden? (↗Kapitel 8.3.1.3.2)

Frage 8-46: Wie wird der Buchwert ermittelt? (↗Kapitel 8.3.1.3.2)

Frage 8-47: Bis auf welchen Wert werden Anlagegüter normalerweise abgeschrieben? (↗Kapitel 8.3.1.3.3)

Frage 8-48: Was gibt die betriebsgewöhnliche Nutzungsdauer an? (↗Kapitel 8.3.1.3.4)

Frage 8-49: Was wird in den AfA-Tabellen angegeben? (↗Kapitel 8.3.1.3.4)

Frage 8-50: Wie werden die Abschreibungsbeträge bei den verschiedenen Abschreibungsmethoden ermittelt? (↗Kapitel 8.3.1.4)

Frage 8-51: Welche Vorteile hat die geometrisch-degressive gegenüber der linearen Abschreibung? (↗Kapitel 8.3.1.4.2)

Frage 8-52: Wie erfolgen monatsgenaue Abschreibungen? (↗Kapitel 8.3.1.4.3)

Frage 8-53: Was kennzeichnet geringwertige Wirtschaftsgüter? (↗Kapitel 8.3.1.6)

Frage 8-54 (Vertiefung): Was wird unter einer Verbrauchsfiktion verstanden? (↗Kapitel 8.3.1.6)

Frage 8-55: Was sind Beispiele für Erhaltungsaufwendungen? (↗Kapitel 8.3.2)

Frage 8-56: Warum werden Erhaltungsaufwendungen nicht aktiviert? (↗Kapitel 8.3.2)

Frage 8-57: Welchen Steuern unterliegen Erträge aus Dividenden? (↗Kapitel 8.3.4)

Frage 8-58: Was sind Beispiele für Nebenkosten der Desinvestierung? (↗Kapitel 8.4.1)

Frage 8-59: Wie wird der Buchgewinn oder Buchverlust aus dem Verkauf von Anlagegütern berechnet? (↗Kapitel 8.4.2)

Frage 8-60: Welche Buchgewinne aus dem Verkauf von Anlagegütern unterliegen der Kapitalertragsteuer und dem Solidaritätszuschlag? (↗Kapitel 8.4.2.2)

Frage 8-61: Was wird im Rahmen der Anlagenbuchführung für den Jahresabschluss ermittelt? (↗ Kapitel 8.5)

Frage 8-62: Wozu dient die Inventarnummer? (↗ Kapitel 8.5)

Frage 8-63 (Vertiefung): Was sind Beispiele für Daten, die in der Anlagenbuchführung gespeichert werden? (↗ Kapitel 8.5)

Übungen Kapitel 8

Übung 8-1

Kapitelreferenzen
↗ Kapitel 8.1

Ordnen Sie die verschiedenen Vermögensgegenstände in der nachfolgenden Tabelle den Bilanzposten des Anlage- und des Umlaufvermögens eines Unternehmens* zu, indem Sie jeweils die Bezeichnung des entsprechenden Bilanzpostens dahinter schreiben. Sollte kein Ausweis in der Bilanz erfolgen, so kennzeichnen Sie dies mit einem durchgezogenen Strich:

Vermögensgegenstand	Bilanzposten
(A) Fahrstuhl eines Gebäudes	
(B) Computer, die ein Computerhändler verkauft	
(C) Patent auf eine eigene Entwicklung	
(D) Flugzeug für den Vorstand	
(E) Langfristig nutzbares Werkzeug	
(F) Tresor	

Übung 8-2

Kapitelreferenzen
↗ Kapitel 9.2.6.1, ↗ Kapitel 8.2.1,
↗ Kapitel 8.2.1.2, ↗ Kapitel 8.3.1.4.1,
↗ Kapitel 8.3.1.4.3, ↗ Kapitel 8.3.2,
↗ Kapitel 8.4.3

Geben Sie für die nachfolgenden Geschäftsvorfälle die Buchungssätze an und führen Sie die aufgeführten Rechnungen durch:

(A) Jill* will die Buchführung für ihren Cateringservice selbst erledigen. Sie kauft deshalb im Juli des dem Kalenderjahr entsprechenden Geschäftsjahres 0001 bei einem Computerhändler einen Laptop zum Preis von 1 980,00 € zuzüglich Versandkosten von 18,00 €, abzüglich eines Studierendenrabatts auf den Kaufpreis von 10 % und zuzüglich der Umsatzsteuer, auf Ziel:

Sollkonto	Betrag	an Habenkonto	Betrag

(B) Jill* erstellt im Anschluss einen Abschreibungsplan für den Laptop unter den Voraussetzungen:

▸ dass seine betriebsgewöhnliche Nutzungsdauer 3 Jahre beträgt,
▸ dass linear abgeschrieben wird und
▸ dass monatsgenau abgeschrieben wird:

Stand	Anschaffungs-/ Herstellungskosten	Kumulierte Abschreibungen	Buchwert
31.12.0001			
31.12.0002			
31.12.0003			
31.12.0004			

(C) Jill* verbucht am Ende des Geschäftsjahres 0001 die planmäßige Abschreibung direkt:

Sollkonto	Betrag	an Habenkonto	Betrag

(D) Jill* zahlt im Januar des Geschäftsjahres 0002 für eine Reparatur des Laptops 100,00 € zuzüglich Umsatzsteuer in bar:

Sollkonto	Betrag	an Habenkonto	Betrag

(E) Jill* lässt im Februar des Geschäftsjahres 0002 den Laptop aus Versehen fallen, wodurch dieser in nicht reparabler Weise kaputt geht. In der folgenden Woche entsorgt Jill den Laptop deshalb als Elektroschrott:

Sollkonto	Betrag	an Habenkonto	Betrag

Übung 8-3

Geben Sie für die nachfolgenden Geschäftsvorfälle die Buchungssätze an:

(A) Marc* kauft ein Grundstück mit einer kleinen Fabrikhalle zur Ausweitung seiner Leuchtenfertigung zum Preis von 200 000,00 € per Banküberweisung. Vom Kaufpreis entfallen 60 % auf das Grundstück und 40 % auf die Fabrikhalle:

Kapitelreferenzen
↗ Kapitel 8.2.1, ↗ Kapitel 8.2.1.2

Sollkonto	Betrag	an Habenkonto	Betrag

(B) Marc* muss zusätzlich zum Kaufpreis:
- 7 000,00 € für die Grunderwerbsteuer,
- 1 500,00 € zuzüglich Umsatzsteuer für die Notargebühren,
- 500,00 € für die Grundbucheintragung und
- 11 000,00 € zuzüglich Umsatzsteuer für die Vermittlung durch den Makler

per Banküberweisung zahlen. Diese Anschaffungsnebenkosten werden entsprechend der Anteile des Grundstücks und der Fabrikhalle am Kaufpreis auf diese aufgeteilt:

Sollkonto	Betrag	an Habenkonto	Betrag

8.5 Die Buchungen im Anlagevermögen zur Abbildung von Investitionsprozessen
Übungen

Kapitelreferenzen
/ Kapitel 8.2.1.3, / Kapitel 8.3.1.4.1,
/ Kapitel 8.3.1.4.3,
/ Kapitel 8.3.1.4.2

Übung 8-4

Geben Sie für die nachfolgenden Geschäftsvorfälle die Buchungssätze an und führen Sie die aufgeführten Rechnungen durch:

(A) Marc* bestellt am 19. Juni des dem Kalenderjahr entsprechenden Geschäftsjahres 0001 eine Bohrmaschine für seine Leuchtenfertigung zum Preis von 105 000,00 € zuzüglich Umsatzsteuer. Bei der Auftragserteilung leistet Marc* vertragsgemäß eine Anzahlung von 50 000,00 € zuzüglich Umsatzsteuer per Banküberweisung:

Sollkonto	Betrag	an Habenkonto	Betrag

(B) Nachdem die Bohrmaschine am 17. November des Geschäftsjahres 0001 geliefert wurde, zahlt Marc* den Restbetrag per Banküberweisung der bei der Lieferung beiliegenden Endabrechnung und bucht die geleistete Anzahlung um:

Sollkonto	Betrag	an Habenkonto	Betrag

(C) Marc* erstellt im Anschluss einen Abschreibungsplan für die Bohrmaschine unter den Voraussetzungen:
- dass deren betriebsgewöhnliche Nutzungsdauer 8 Jahre beträgt,
- dass eine geometrisch-degressive Abschreibung mit einem Abschreibungsprozentsatz von 20 % und ein Wechsel von der geometrisch-degressiven auf die lineare Abschreibung zulässig sind,
- dass steueroptimal abgeschrieben wird,
- dass monatsgenau abgeschrieben wird und
- dass am 7. Mai des Geschäftsjahres 0007 für 3 000,00 € zuzüglich Umsatzsteuer eine Schnellspannvorrichtung für die Bohrmaschine gekauft und montiert werden wird, durch die deren Ausbringungsleistung erheblich gesteigert werden wird ohne, dass sich hierdurch die betriebsgewöhnliche Nutzungsdauer der Maschine verändern wird:

Stand	Anschaffungs-/ Herstellungskosten	Kumulierte Abschreibungen	Buchwert
31.12.0001			
31.12.0002			81 200,00 €
31.12.0003			
31.12.0004			
31.12.0005			41 216,00 €
31.12.0006			
31.12.0007			21 912,00 €
31.12.0008			
31.12.0009	108 000,00 €		

(D) Da Marc* mit der Leistung der Bohrmaschine unzufrieden ist, verkauft er sie am 28. Dezember des Geschäftsjahres 0001 für 60 000,00 € zuzüglich Umsatzsteuer gegen Barzahlung:

Sollkonto	Betrag	an Habenkonto	Betrag

Übung 8-5

(1) Geben Sie für die nachfolgenden Geschäftsvorfälle die Buchungssätze an und führen Sie die aufgeführten Rechnungen durch:

(A) Um seine Leuchten auf Messen präsentieren zu können, beginnt Marc* am Anfang des dem Kalenderjahr entsprechenden Geschäftsjahres 0000 einen eigenen Messestand zu bauen und verbraucht dafür Stahl für 1 000,00 €, der in seinem Rohstofflager vorhanden ist:

Kapitelreferenzen
↗ Kapitel 9.3.1.1.2, ↗ Kapitel 8.2.2,
↗ Kapitel 8.3.1.4.1,
↗ Kapitel 8.3.1.4.3,
↗ Kapitel 8.3.1.5, ↗ Kapitel 8.4.2

Sollkonto	Betrag	an Habenkonto	Betrag

(B) Am Ende des Geschäftsjahres 0000 sind für den noch nicht ganz fertiggestellten Messestand Herstellungskosten von 5 000,00 € angefallen, die aktiviert werden:

Sollkonto	Betrag	an Habenkonto	Betrag

(C) Nachdem weitere Herstellungskosten von 2 200,00 € entstanden sind, wird der Messestand am 11. März des Geschäftsjahres 0001 fertig gestellt und aktiviert:

Sollkonto	Betrag	an Habenkonto	Betrag

(D) Marc* erstellt im Anschluss einen Abschreibungsplan für den Messestand unter den Voraussetzungen:
- dass dessen betriebsgewöhnliche Nutzungsdauer 6 Jahre beträgt,
- dass linear abgeschrieben wird,
- dass monatsgenau abgeschrieben wird und
- dass am 18. September des Geschäftsjahres 0004 eine Erweiterung des Messestandes zu Herstellungskosten von 600,00 € erfolgen wird, ohne dass sich hierdurch dessen betriebsgewöhnliche Nutzungsdauer verändert:

8.5 Die Buchungen im Anlagevermögen zur Abbildung von Investitionsprozessen
Übungen

Stand	Anschaffungs-/ Herstellungskosten	Kumulierte Abschreibungen	Buchwert
31.12.0001			
31.12.0002			
31.12.0003			
31.12.0004			3.120,00 €
31.12.0005			
31.12.0006			
31.12.0007			

(E) Marc* verbucht am Ende des Geschäftsjahres 0001 die planmäßige Abschreibung direkt:

Sollkonto	Betrag	an Habenkonto	Betrag

(2) Geben Sie den Buchungssatz für den Fall an, dass Marc* den Messestand bereits im Mai des Geschäftsjahres 0005 für 7 000,00 € zuzüglich Umsatzsteuer auf Ziel verkauft:

Sollkonto	Betrag	an Habenkonto	Betrag

(3) Geben Sie den Buchungssatz für den Fall an, dass Marc* den Messestand bereits im Juli des Geschäftsjahres 0005 für 2 000,00 € zuzüglich Umsatzsteuer auf Ziel verkauft:

Sollkonto	Betrag	an Habenkonto	Betrag

Übung 8-6
Klassifizieren Sie durch Ankreuzen die Anlagegüter in der nachfolgenden Tabelle in abnutzbare und nicht abnutzbare Anlagegüter:

Anlagegut	Abnutzbar	Nicht abnutzbar
(A) Unbebautes Grundstück		
(B) Zugekauftes Patent		
(C) Beteiligung an einem anderen Unternehmen		
(D) Gebäude		
(E) Drehmaschine		
(F) Bargeld in der Kasse		

Kapitelreferenzen
↗ Kapitel 8.3.1.3.1

Übung 8-7

Geben Sie für die nachfolgenden Geschäftsvorfälle die Buchungssätze an und führen Sie die aufgeführten Rechnungen durch:

(A) Jill* kauft während des Geschäftsjahres für ihren Cateringservice ein Kochmesser für 80,00 € zuzüglich Umsatzsteuer mit ihrer Kreditkarte und aktiviert es sofort als geringwertiges Wirtschaftsgut:

Kapitelreferenzen
↗ Kapitel 8.3.1.6

Sollkonto	Betrag	an Habenkonto	Betrag

(B) Das Kochmesser wird am Ende des Geschäftsjahres abgeschrieben:

Sollkonto	Betrag	an Habenkonto	Betrag

(C) **Alternativ:** Das Kochmesser wird sofort nach dem Kauf abgeschrieben:

Sollkonto	Betrag	an Habenkonto	Betrag

Übung 8-8

Tragen Sie zur Verdeutlichung der Auswirkungen auf die Jahresabschlussrechnungen die Bestandteile der Buchungssätze (A), (B) und (D) der Übung 8-4 mit den jeweiligen Buchstaben der Buchungssätze und einem kurzen Kommentar in die nachfolgende Kapitalflussrechnung (Version:

Direkte Methode gemäß Deutsche Rechnungslegungs Standards: Nr. 2 Kapitalflussrechnung, Tabelle 5), Gewinn- und Verlustrechnung (Version: Gesamtkostenverfahren gemäß Handelsgesetzbuch: § 275 Gliederung, Absatz 2) sowie Beständedifferenzenbilanz ein:

Kapitelreferenzen
↗ Kapitel 8.1

Auszahlungen	Kapitalflussrechnung		Einzahlungen
4. Sonstige Auszahlungen, die nicht der Investitions- oder Finanzierungstätigkeit zuzuordnen sind			3. Sonstige Einzahlungen, die nicht der Investitions- oder Finanzierungstätigkeit zuzuordnen sind
6. Cashflow aus laufender Geschäftstätigkeit	−8 550,00 €		
8. Auszahlungen für Investitionen in das Sachanlagevermögen			7. Einzahlungen aus Abgängen von Gegenständen des Sachanlagevermögens

8.5 Die Buchungen im Anlagevermögen zur Abbildung von Investitionsprozessen
Übungen

17. Cashflow aus der Investitionstätigkeit	−45 000,00 €	
22. Cashflow aus der Finanzierungstätigkeit	0,00 €	
23. Zahlungswirksame Veränderungen des Finanzmittelfonds	−53 550,00 €	

Aufwendungen	Gewinn- und Verlustrechnung		Erträge
7. Abschreibungen a) auf immaterielle Vermögensgegenstände des Anlagevermögens und Sachanlagen			
8. Sonstige betriebliche Aufwendungen			
Betriebsergebnis	−45 000,00 €		
Finanzergebnis	0,00 €		
14. Ergebnis der gewöhnlichen Geschäftstätigkeit	−45 000,00 €		
20. Jahresüberschuss/ Jahresfehlbetrag	−45 000,00 €		

Bestandsveränderungen der Aktiva	Beständedifferenzenbilanz		Bestandsveränderungen der Passiva
A. Anlagevermögen			**A. Eigenkapital**
II. Sachanlagen 2. Technische Anlagen und Maschinen			V. Jahresüberschuss/ Jahresfehlbetrag
4. Geleistete Anzahlungen und Anlagen im Bau			
B. Umlaufvermögen			**C. Verbindlichkeiten**
II. Forderungen und sonstige Vermögensgegenstände 4. Sonstige Vermögensgegenstände			8. Sonstige Verbindlichkeiten, davon aus Steuern
IV. Flüssige Mittel			
Saldo	−33 600,00 €	−33 600,00 €	**Saldo**

Lernstandsmonitor Kapitel 8

Kapitel		niedrig	mittel	hoch	Noch lernen
8.1 Einordnung innerhalb der Jahresabschlussrechnungen	Wichtigkeit				
	Eigene Kompetenz				
8.2 Investierung	Wichtigkeit				
	Eigene Kompetenz				
8.3 Anlagegüternutzung	Wichtigkeit				
	Eigene Kompetenz				
8.4 Desinvestierung	Wichtigkeit				
	Eigene Kompetenz				
8.5 Anlagenbuchführung	Wichtigkeit				
	Eigene Kompetenz				

9 Die Buchungen im Umlaufvermögen zur Abbildung von Umsatzprozessen

Kapitelnavigator

Inhalt	Lernziel
9.1 Einordnung innerhalb der Jahresabschlussrechnungen	9-1 Die Auswirkungen von Buchungen zur Abbildung von Umsatzprozessen auf die Jahresabschlussrechnungen kennen.
9.2 Beschaffung	9-2 Die grundlegenden Beschaffungsprozesse buchen können.
9.3 Fertigung	9-3 Die grundlegenden Fertigungsprozesse buchen können.
9.4 Vertrieb	9-4 Die grundlegenden Vertriebsprozesse buchen können.
9.5 Kontokorrentbuchführung	9-5 Die Aufzeichnungen in der Kontokorrentbuchführung kennen.
9.6 Lagerbuchführung	9-6 Die Aufzeichnungen in der Lagerbuchführung kennen.

Für die Herstellung von Fingerfood in ihrem Cateringservice und für den zugehörigen Feinkosthandel benötigt Jill eine Reihe von Lebensmitteln. Auch Marc verwendet für die Fertigung seiner Leuchten verschiedene Materialien, wie Metalle oder Kunststoffe. Die genannten Güter sind Teil des *Umlaufvermögens*.

Anders als das Anlagevermögen (↗ Kapitel 8) ist das Umlaufvermögen nicht dazu bestimmt, dauernd dem Geschäftsbetrieb zu dienen, sondern es soll im Gegenteil möglichst häufig die Phasen der Umsatzprozesse (↗ Kapitel 1.1) durchlaufen, um Umsätze und damit Gewinne und positive Cashflows zu generieren. Dazu sollen die flüssigen Mittel durch die Beschaffungs- und die Fertigungsprozesse möglichst schnell in Waren und in fertige Erzeugnisse umgewandelt werden, die ihrerseits durch die Vertriebsprozesse wieder möglichst schnell in flüssige Mittel zurückgewandelt werden sollen.

Die zugekauften materiellen, also körperlichen Güter des Umlaufvermögens werden unter

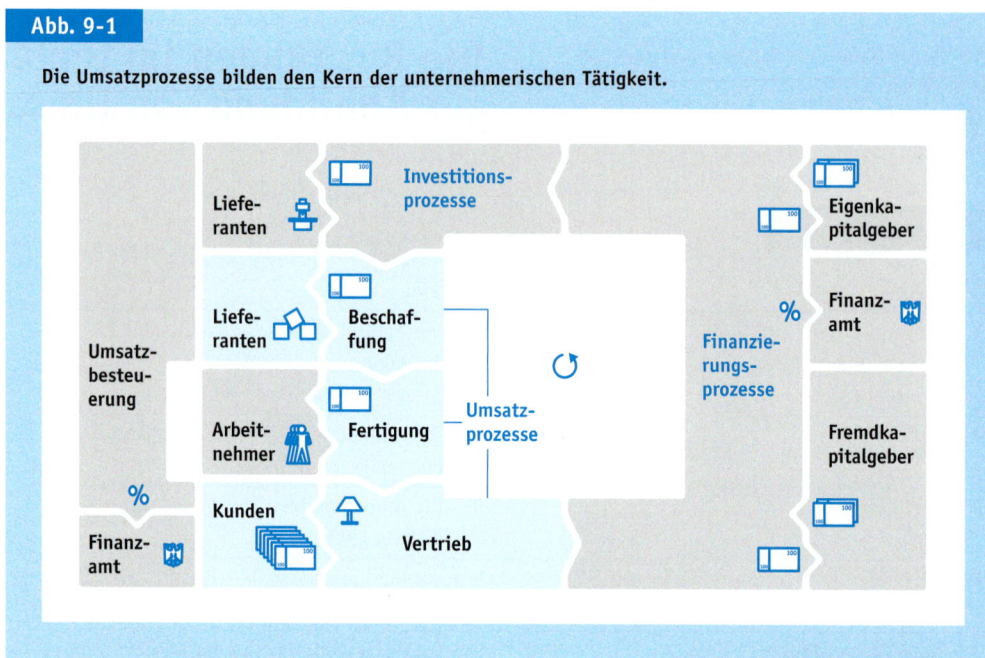

Abb. 9-1

Die Umsatzprozesse bilden den Kern der unternehmerischen Tätigkeit.

dem Begriff *Materialien* zusammengefasst (Vahs, D./ Schäfer-Kunz, J. 2007: Seite 466). Sie bestehen insbesondere aus:
- *Werkstoffen*, die bei Industrieunternehmen Verwendung finden und
- *Waren*, die bei Handelsunternehmen Verwendung finden.

Die Werkstoffe werden dabei weiter unterteilt in:
- Rohstoffe,
- Hilfsstoffe und
- Betriebsstoffe.

Die Werkstoffe und Waren bilden gemeinsam mit den unfertigen und fertigen Erzeugnissen, den unfertigen Leistungen und den Anzahlungen auf Materialien und Leistungen die *Vorräte* von Unternehmen (Handelsgesetzbuch: § 266 Gliederung der Bilanz, Absatz 2).

Der Umsatzprozess beginnt mit der Beschaffung der Werkstoffe und Waren. In Industrieunternehmen – die deshalb auch als *Produktionsunternehmen* bezeichnet werden – werden die Werkstoffe dann im Rahmen der Fertigung zunächst in unfertige und dann in

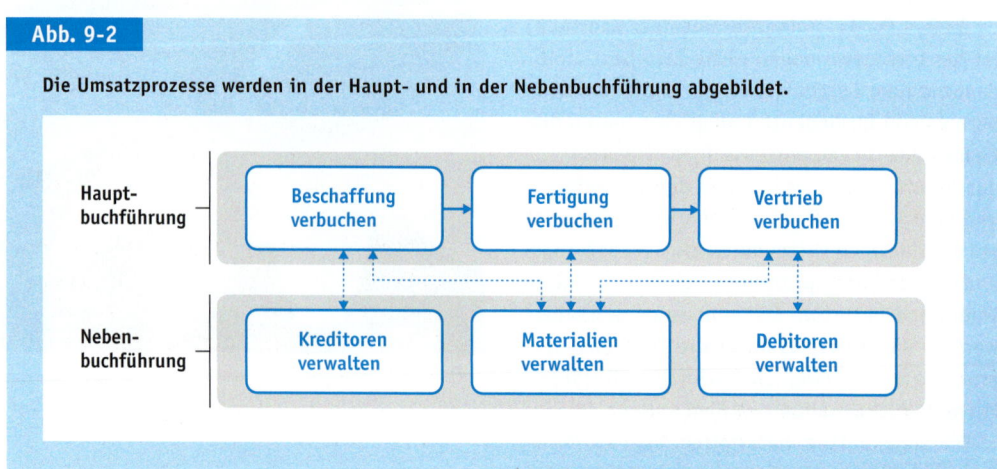

Abb. 9-2

Die Umsatzprozesse werden in der Haupt- und in der Nebenbuchführung abgebildet.

fertige *Erzeugnisse* umgewandelt, die nach ihrer Fertigstellung – so wie auch die Waren – verkauft werden.

Das nachfolgende Kapitel wurde entsprechend der Abfolge der Umsatzprozesse in Unternehmen gegliedert (↗ Abbildung 9-2). Zur Orientierung werden wir uns zuerst anschauen, wie sich die Buchungen entsprechender Geschäftsvorfälle auf die Jahresabschlussrechnungen auswirken. Dann werden wir uns eingehend mit den Buchungen im Rahmen von Beschaffungs-, Fertigungs- und Vertriebsprozessen beschäftigen. Neben der Beschaffung von Werkstoffen und Waren werden wir dabei auch die Beschaffung von Materialien für Gemeinkostenbereiche und die Beschaffung von Fremdleistungen betrachten. Zum Schluss des Kapitels werden wir näher auf zwei ergänzende Nebenbuchführungen eingehen: die Kontokorrent- und die Lagerbuchführung.

9.1 Einordnung innerhalb der Jahresabschlussrechnungen

- Einordnung innerhalb der Jahresabschlussrechnungen
- Beschaffung
- Fertigung
- Vertrieb
- Kontokorrentbuchführung
- Lagerbuchführung

9.1.1 Ausweis in der Bilanz

Die nachfolgend betrachteten Buchungen zur Abbildung von Umsatzprozessen können sich insbesondere auf folgende Posten der Bilanz (Gliederung gemäß Handelsgesetzbuch: § 266) auswirken (↗ Abbildung 9-3):

▶ **Aktiva.B.I.1. Rohstoffe** sind noch nicht in die Fertigung eingegangene Sachgüter, die in Erzeugnisse eingehen werden, wobei ihre Menge je Erzeugnis genau vorbestimmt ist. Beispiele für Rohstoffe können dabei nicht nur »rohe« Stoffe im Sinne von unbearbeiteten *Urprodukten*, wie beispielsweise Eisenerze oder Kohle, sein, sondern auch bereits von vorgelagerten Lieferanten bearbeitete *Vorprodukte*, *Zwischenprodukte* und *Fremdbauteile*, wie beispielsweise Stahlbleche oder Elektromotoren.

▶ **Aktiva.B.I.1. Hilfsstoffe** sind noch nicht in die Fertigung eingegangene Sachgüter, die in Erzeugnisse eingehen werden, wobei ihre Menge je Erzeugnis nicht genau vorbestimmt ist. Beispiele für Hilfsstoffe können Klebstoffe und Lacke sein sowie Verpackungsmaterialien, wenn Letztere nicht in erster Linie der Warenabgabe dienen (↗ Kapitel 9.2.3.2).

▶ **Aktiva.B.I.1. Betriebsstoffe** sind Sachgüter, die nicht in Erzeugnisse eingehen werden, sondern unmittelbar oder mittelbar bei deren Fertigung oder deren Vertrieb verbraucht werden. Beispiele für Betriebsstoffe sind Schmier- und Kühlmittel sowie sogenannte *Verbrauchswerkzeuge*, wie Bohrer oder Wendeschneidplatten.

▶ **Aktiva.B.I.2. Unfertige Erzeugnisse** sind in der Fertigung befindliche Sachgüter, die für den Verkauf bestimmt, aber noch nicht verkaufsfähig sind. Beispiele für unfertige Erzeugnisse sind die Lampenschirme der Marcslights GmbH.

▶ **Aktiva.B.I.2. Unfertige Leistungen** sind in der Ausführung befindliche Leistungen, die für Unternehmensexterne bestimmt sind. Beispiele für unfertige Leistungen sind noch nicht abgeschlossene Beratungsprojekte einer Unternehmensberatung.

▶ **Aktiva.B.I.3. Fertige Erzeugnisse** sind aus der Fertigung hervorgegangene Sachgüter, die für den Verkauf bestimmt und verkaufsfähig sind. Beispiele für fertige Erzeugnisse sind die Leuchten der Marcslights GmbH.

▶ **Aktiva.B.I.3. Waren** sind im verkaufsfähigen Zustand gekaufte Sachgüter, die für den Verkauf bestimmt sind. Beispiele für Waren sind

Lernziel 9-1
Die Auswirkungen von Buchungen zur Abbildung von Umsatzprozessen auf die Jahresabschlussrechnungen kennen.

Abb. 9-3

Die nachfolgend betrachteten Buchungen zur Abbildung von Umsatzprozessen können sich insbesondere auf die blau markierten Posten der Jahresabschlussrechnungen auswirken.

Aktiva	Bilanz	Passiva
A. Anlagevermögen		**A. Eigenkapital**
B. Umlaufvermögen		**B. Rückstellungen**
▸ I. Vorräte		**C. Verbindlichkeiten**
▸ 1. Roh-, Hilfs- und Betriebsstoffe		3. Erhaltene Anzahlungen auf ◂ Bestellungen
▸ 2. Unfertige Erzeugnisse, unfertige Leistungen		4. Verbindlichkeiten aus Lieferungen ◂ und Leistungen
▸ 3. Fertige Erzeugnisse und Waren		
▸ 4. Geleistete Anzahlungen		
▸ II. Forderungen und sonstige Vermögensgegenstände		
▸ 1. Forderungen aus Lieferungen und Leistungen		

Aufwendungen	Gewinn- und Verlustrechnung	Erträge
▸ 2. Verminderung des Bestands an fertigen und unfertigen Erzeugnissen		1. Umsatzerlöse ◂
▸ 5. Materialaufwand		2. Erhöhung des Bestands an fertigen und unfertigen Erzeugnissen
▸ a) Aufwendungen für Roh-, Hilfs- und Betriebsstoffe und für bezogene Waren		
▸ b) Aufwendungen für bezogene Leistungen		
▸ 8. Sonstige betriebliche Aufwendungen		
Betriebsergebnis		
Finanzergebnis		
14. Ergebnis der gewöhnlichen Geschäftstätigkeit		

Auszahlungen	Kapitalflussrechnung	Einzahlungen
▸ 2. Auszahlungen an Lieferanten und Beschäftigte		1. Einzahlungen von Kunden für den ◂ Verkauf von Erzeugnissen, Waren und Dienstleistungen
▸ 4. Sonstige Auszahlungen, die nicht der Investitions- oder Finanzierungstätigkeit zuzuordnen sind		3. Sonstige Einzahlungen, die nicht ◂ der Investitions- oder Finanzierungstätigkeit zuzuordnen sind
6. Cashflow aus laufender Geschäftstätigkeit		

die Weine, die Jill über ihren Feinkosthandel verkauft.

▸ **Aktiva.B.I.4. Geleistete Anzahlungen** sind erbrachte monetäre Vorleistungen an Lieferanten für noch zu erbringende Lieferungen von Gütern des Vorratsvermögens.

▸ **Aktiva.B.II.1. Forderungen aus Lieferungen und Leistungen** sind Ansprüche auf Zahlungen gegenüber Kunden aufgrund erbrachter Lieferungen und Leistungen.

▸ **Passiva.C.3. Erhaltene Anzahlungen auf Bestellungen** sind erhaltene monetäre Vorleistungen von Kunden auf noch zu erbringende Lieferungen und Leistungen.

▸ **Passiva.C.4. Verbindlichkeiten aus Lieferungen und Leistungen** sind Verpflichtungen zu Zahlungen gegenüber Lieferanten aufgrund erhaltener Lieferungen und Leistungen.

9.1.2 Ausweis in der Gewinn- und Verlustrechnung

Die nachfolgend betrachteten Buchungen zur Abbildung von Umsatzprozessen können sich insbesondere auf folgende Posten der Gewinn- und Verlustrechnung (Version: Gesamtkostenverfahren gemäß Handelsgesetzbuch: § 275 Gliederung, Absatz 2) auswirken (↗ Abbildung 9-3):

▸ **1. Umsatzerlöse** ergeben sich unter anderem durch den Verkauf von fertigen Erzeugnissen, Waren und sonstigen Leistungen.

▸ **2. Erhöhung des Bestands an fertigen und unfertigen Erzeugnissen** ergibt sich durch die Herstellung von unfertigen und von fertigen Erzeugnissen.

▸ **2. Verminderung des Bestands an fertigen und unfertigen Erzeugnissen** ergibt sich durch den Verbrauch von unfertigen Erzeugnissen für die Fertigung und von fertigen Erzeugnissen für den Verkauf.

▸ **5. Materialaufwand** ergibt sich abhängig von den verbrauchten Gütern durch:

a) Aufwendungen für Roh-, Hilfs- und Betriebsstoffe und für bezogene Waren, die durch deren Verbrauch für die Fertigung und den Vertrieb entstehen,

b) Aufwendungen für bezogene Leistungen, die durch deren Inanspruchnahme für die Herstellung von Vermögensgegenständen entstehen.

▸ **8. Sonstige betriebliche Aufwendungen** können sich unter anderem in den Gemeinkostenbereichen durch den Verbrauch von Materialien oder durch die Inanspruchnahme von Fremdleistungen ergeben.

9.1.3 Ausweis in der Kapitalflussrechnung

Die nachfolgend betrachteten Buchungen zur Abbildung von Umsatzprozessen können sich insbesondere auf folgende Posten der Kapitalflussrechnung (Version: Direkte Methode gemäß Deutsche Rechnungslegungs Standards: Nr. 2 Kapitalflussrechnung, Tabelle 5) auswirken (↗ Abbildung 9-3):

▸ **1. Einzahlungen von Kunden für den Verkauf von Erzeugnissen, Waren und Dienstleistungen** ergeben sich im Rahmen der Vertriebsprozesse.
▸ **2. Auszahlungen an Lieferanten und Beschäftigte** ergeben sich im Rahmen der Beschaffungsprozesse.
▸ **3. Sonstige Einzahlungen, die nicht der Investitions- oder Finanzierungstätigkeit zuzuordnen sind,** ergeben sich unter anderem durch Rückerstattungen von Lieferanten (Coenenberg, A. G. und andere 2009a: Seite 826).
▸ **4. Sonstige Auszahlungen, die nicht der Investitions- oder Finanzierungstätigkeit zuzuordnen sind,** ergeben sich unter anderem durch Rückerstattungen an Kunden (Coenenberg, A. G. und andere 2009a: Seite 826).

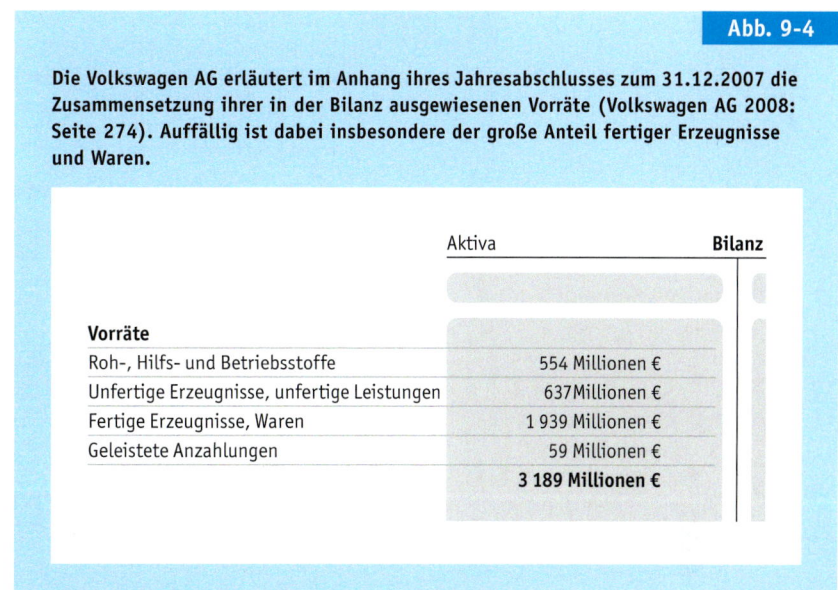

Abb. 9-4

Die Volkswagen AG erläutert im Anhang ihres Jahresabschlusses zum 31.12.2007 die Zusammensetzung ihrer in der Bilanz ausgewiesenen Vorräte (Volkswagen AG 2008: Seite 274). Auffällig ist dabei insbesondere der große Anteil fertiger Erzeugnisse und Waren.

	Aktiva	Bilanz
Vorräte		
Roh-, Hilfs- und Betriebsstoffe	554 Millionen €	
Unfertige Erzeugnisse, unfertige Leistungen	637 Millionen €	
Fertige Erzeugnisse, Waren	1 939 Millionen €	
Geleistete Anzahlungen	59 Millionen €	
	3 189 Millionen €	

9.2 Beschaffung

- Einordnung innerhalb der Jahresabschlussrechnungen
- **Beschaffung**
- Fertigung
- Vertrieb
- Kontokorrentbuchführung
- Lagerbuchführung

Im Rahmen der Beschaffung werden Güter des Umlaufvermögens, wie Werkstoffe oder Waren, und ergänzende Fremdleistungen gekauft, die als Input in die Umsatzprozesse eingehen (↗ Kapitel 1.1).

9.2.1 Ermittlung der Anschaffungskosten

Für die *Zugangsbewertungen* im Rahmen der Verbuchung von Beschaffungsprozessen ist es erforderlich, die **Anschaffungskosten** zu ermitteln. Auf deren allgemeine Ermittlung wurde bereits im ↗ Kapitel 8.2.1.1 eingegangen.

Lernziel 9-2
Die grundlegenden Beschaffungsprozesse buchen können.

Beispiel 9-1

Jill erwägt, für das Warensortiment der Jillsfood KG Wellness-Getränke für 1 200,00 € zuzüglich 228,00 € Umsatzsteuer zu kaufen. Aufgrund der großen Abnahmemenge würde sie auf den Preis einen Rabatt von 10 % erhalten. Für den Versand der Wellness-Getränke würden 20,00 € zuzüglich

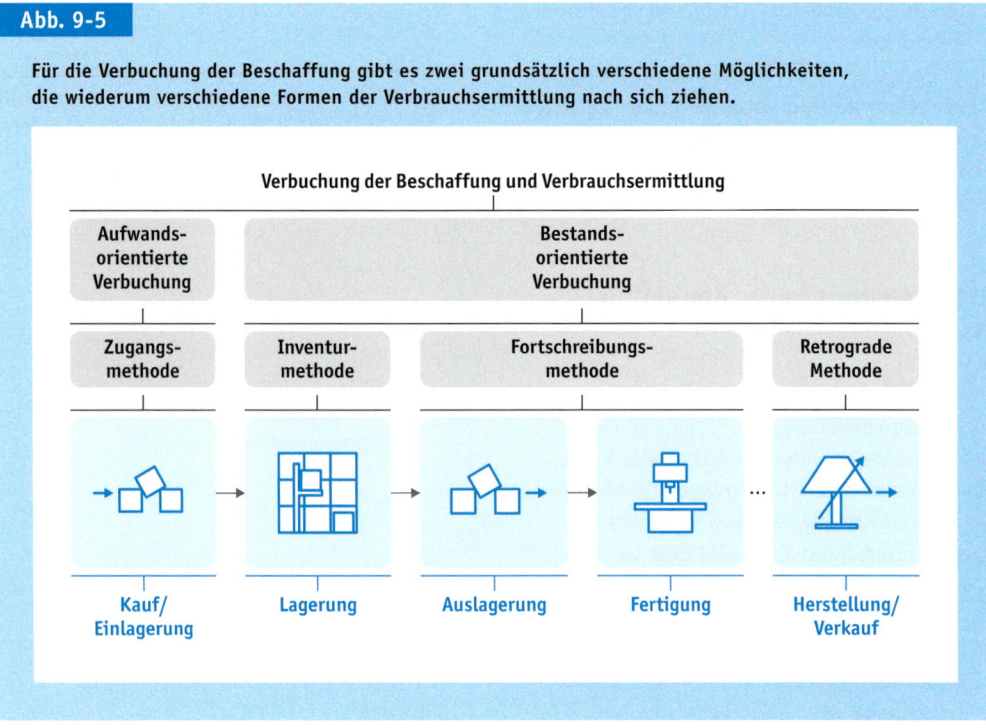

Abb. 9-5

Für die Verbuchung der Beschaffung gibt es zwei grundsätzlich verschiedene Möglichkeiten, die wiederum verschiedene Formen der Verbrauchsermittlung nach sich ziehen.

3,80 € Umsatzsteuer anfallen. Dadurch würden sich folgende Anschaffungskosten für die Wellness-Getränke ergeben:

```
  Anschaffungspreis . . . . . . . . . . .   1 200,00 €
− Anschaffungspreisminderung . . . . .   120,00 €
+ Anschaffungsnebenkosten . . . . . . .    20,00 €
+ Nachträgliche Anschaffungskosten. . .     0,00 €
= Anschaffungskosten . . . . . . . . . .  1 100,00 €
```

9.2.2 Kauf von Werkstoffen und Waren

Die Verbuchung des Kaufs von Werkstoffen und von Waren kann:

▸ aufwandsorientiert über Aufwandskonten oder
▸ bestandsorientiert über Bestandskonten

erfolgen (↗ Abbildung 9-5). Darüber hinaus ist eine Verbuchung über gemischte Erfolgskonten möglich, auf die hier aber nicht mehr näher eingegangen werden soll (↗ Kapitel 3.1.1.4.2).

9.2.2.1 Aufwandsorientierte Verbuchung des Kaufs von Werkstoffen und Waren

Bei der aufwandsorientierten Verbuchung wird unterstellt, dass Werkstoffe und Waren sofort bei ihrem Zugang verbraucht werden. Die entsprechende Methode der Verbrauchsermittlung wird deshalb auch als *Zugangsmethode* bezeichnet.

Tatsächlich zu einem Verbrauch beim Zugang kommt es bei der *Just-in-time-Produktion*, bei der Roh- und teilweise auch Hilfsstoffe direkt in die Fertigung eingehen, ohne vorher zwischengelagert zu werden.

In anderen Fällen wird aufgrund einer *Verbrauchsfiktion* davon ausgegangen, dass Werkstoffe oder Waren sofort bei ihrer Lieferung verbraucht werden, auch wenn dies tatsächlich erst später der Fall ist. In der Praxis wird dies insbesondere bei Käufen von Waren im Einzelhandel gemacht.

Wie bei der Verbuchung vorgegangen wird, hängt dabei davon ab, ob die verbuchenden Unternehmen die Gewinn- und Verlustrechnung nach dem Gesamtkosten- oder nach dem Umsatzkostenverfahren aufstellen:

(1) Verbuchung bei Anwendung des Gesamtkostenverfahrens

Bei Anwendung des Gesamtkostenverfahrens kann die aufwandsorientierte Verbuchung des Kaufs von Werkstoffen und Waren über Aufwandskonten erfolgen, denen zur Ermittlung der tatsächlichen Werkstoff- oder Wareneinsätze Bestandskonten zur Seite gestellt werden (↗ Kapitel 13.4.1).

Die Verbuchung erfolgt dann beim Vorliegen einer Just-in-time-Produktion:
▸ im **Soll** der Aufwandskonten »Aufwendungen für Roh-, Hilfs- und Betriebsstoffe und für bezogene Waren«

und ansonsten – falls entsprechende Konten vorhanden sind (↗ Abbildung 9-6):
▸ im **Soll** der Aufwandskonten »Einkauf von Roh-, Hilfs- und Betriebsstoffen« oder »Wareneingang«.

(2) Verbuchung bei Anwendung des Umsatzkostenverfahrens

Bei Anwendung des Umsatzkostenverfahrens erfolgt die aufwandsorientierte Verbuchung des Kaufs von Werkstoffen wie beim Gesamtkostenverfahren dargestellt. Da sie ohne Bearbeitung verkauft werden, erfolgt die Verbuchung des Kaufs von Waren hingegen (↗ Kapitel 16.2.1.3):
▸ im **Soll** der Aufwandskonten »Herstellungskosten«.

Die aufwandsorientierte Verbuchung weist dort Nachteile auf, wo die nachfolgend beschriebene bestandsorientierte Verbuchung in Verbindung mit der Fortschreibungsmethode Vorteile hat (↗ Kapitel 9.2.2.2, 9.3.1.1.2). Sie bietet allerdings den Vorteil, dass nur im Rahmen der Inventur eine Bewertung der Bestände durchzuführen ist und nicht bei jedem Abgang, wie dies bei der bestandsorientierten Verbuchung notwendig ist.

Ein Übergang von einer aufwandsorientierten auf eine bestandsorientierte Verbuchung (↗ Kapitel 9.2.2.2) ist möglich, indem die Aufwendungen nach ihrem Entstehen auf die entsprechenden Bestandskonten umgebucht werden. Dies wird beispielsweise bei der Verbuchung von innergemeinschaftlichen Erwerben so durchgeführt (↗ Kapitel 6.4.1.1).

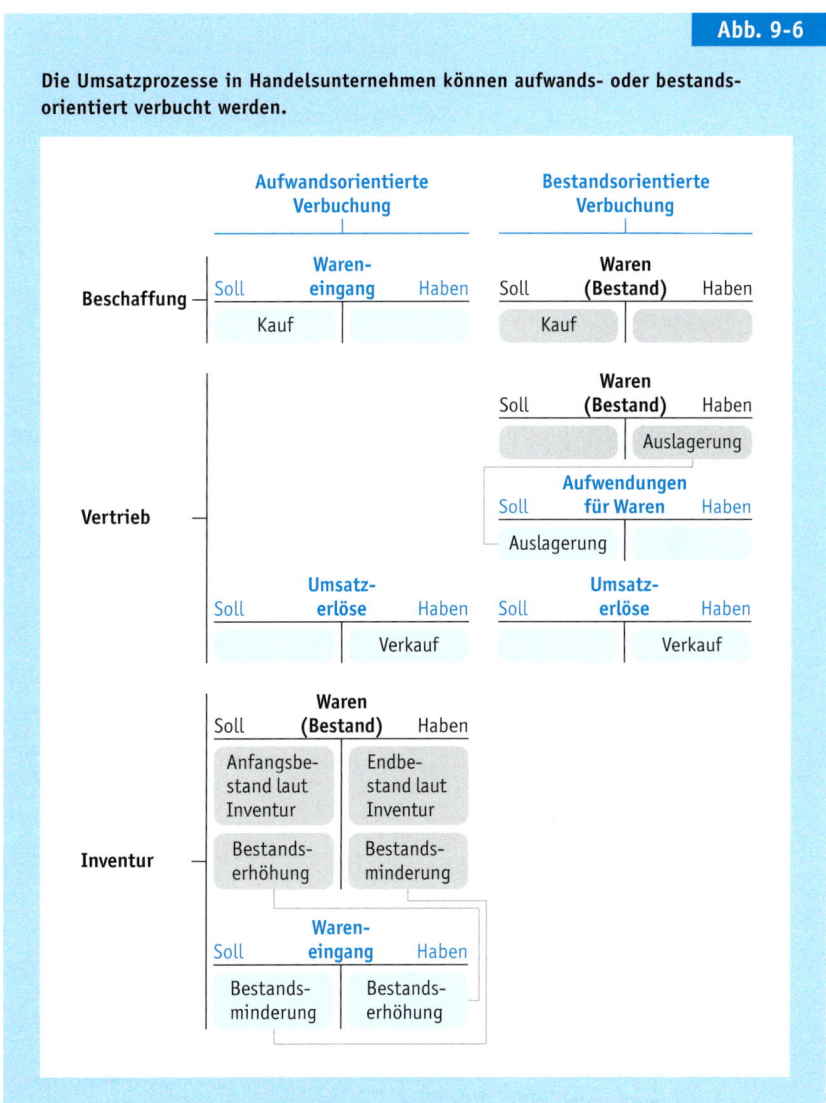

Abb. 9-6

Die Umsatzprozesse in Handelsunternehmen können aufwands- oder bestandsorientiert verbucht werden.

Typische Belege
▸ Eingangsrechnungen von Lieferanten

Konten [GuV: 5.a) Aufwendungen für Roh-, Hilfs- und Betriebsstoffe und für bezogene Waren]
▸ **SKP03[SKR03]:** 3000 Aufwendungen für Roh-, Hilfs- und Betriebsstoffe und für bezogene Waren[2] ·
3200 [3300 – 3419] Wareneingang ...
▸ **SKP04[SKR04]:** 5100 Einkauf von Roh-, Hilfs- und Betriebsstoffen ·
5200 [5300 – 5419] Wareneingang ...

- **IKP[IKR]:** 6000 Aufwendungen für Roh-, Hilfs- und Betriebsstoffe und für bezogene Waren ·
  6080 Aufwendungen für Waren

Konten [GuV: 8. Sonstige betriebliche Aufwendungen]
- **SKP03[SKR03]:** 4996 Herstellungskosten
- **SKP04[SKR04]:** 6990 Herstellungskosten
- **IKP[IKR]:** 8100 Herstellungskosten

Beispiel 9-2

Jill kauft für das Warensortiment der Jillsfood KG* Wellness-Getränke zum Preis von 1 100,00 € zuzüglich 209,00 € Umsatzsteuer per Banküberweisung der bei der Lieferung beiliegenden Rechnung und verbucht den Kauf aufwandsorientiert.

Der Geschäftsvorfall bewirkt eine ① Erhöhung des Aufwands für Waren (Aufwandskonto »Wareneingang«) und damit eine Verminderung des Erfolgs und des Eigenkapitals, eine ② Erhöhung der Forderungen gegenüber den Finanzämtern aus gezahlter Vorsteuer (Aktivkonto »Abziehbare Vorsteuer«) sowie eine ③ Verminderung des Bankguthabens (Aktivkonto »Bank«) und damit der Finanzmittel (»Cash«):

SKP03 · SKP04 · IKP Sollkonto	Betrag	an SKP03 · SKP04 · IKP Habenkonto	Betrag
① 3200 · 5200 · 6080 Wareneingang	1 100,00 €	③ 1200 · 1800 · 2800 Bank	1 309,00 €
② 1576 · 1406 · 2605 Abziehbare Vorsteuer 19 %	209,00 €		

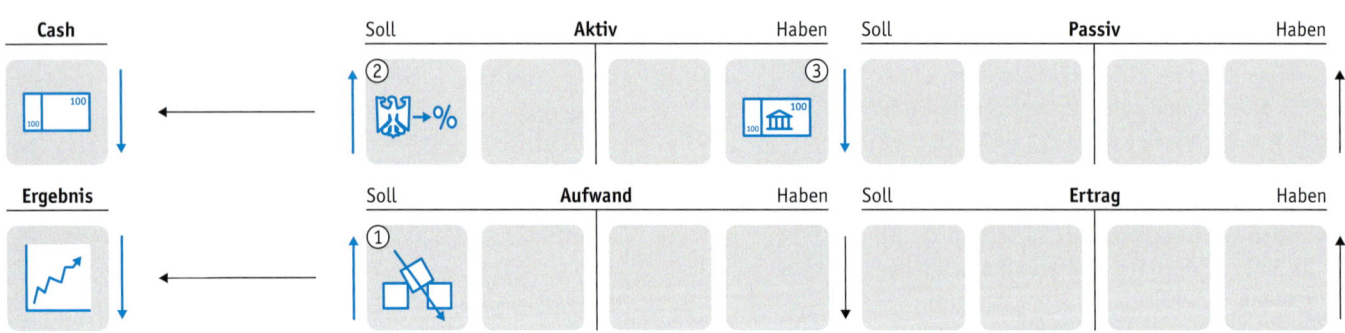

9.2.2.2 Bestandsorientierte Verbuchung des Kaufs von Werkstoffen und Waren

Bei der bestandsorientierten Verbuchung wird unterstellt, dass Werkstoffe und Waren erst zu dem Zeitpunkt verbraucht werden, zu dem sie in die Fertigung eingehen oder zu dem sie zum Verkauf an die Kunden ausgelagert werden.

Die Verbuchung der Käufe von Werkstoffen und von Waren erfolgt entsprechend erfolgsneutral als Zugang (↗ Abbildung 9-6, 9-7):
- im **Soll** der Aktivkonten »Roh-, Hilfs- und Betriebsstoffe (Bestand)« oder »Waren (Bestand)«.

Wenn der nachfolgende Verbrauch der Werkstoffe oder Waren mit der Fortschreibungsmethode (↗ Kapitel 9.3.1.1.2) ermittelt wird, bietet die bestandsorientierte Verbuchung die Vorteile:
- dass jederzeit und nicht erst nach der Inventur bekannt ist, welche Lagerbestände vorhanden sind,
- dass Lagerverluste durch Schwund, Diebstahl oder Verderb aufgedeckt werden können und
- dass transparent gemacht werden kann, für welche Produkte und für welche Unternehmensbereiche die Werkstoffe und Waren jeweils verwendet werden.

Nachteilig ist, dass bei sich über der Zeit ändernden Anschaffungskosten der Wert der verbrauchten Werkstoffe oder Waren im Rahmen einer *Folgebewertung* über Bewertungsverfahren (↗ Kapitel 14.4.1) ermittelt werden muss.

Typische Belege
- Eingangsrechnungen von Lieferanten

Konten [Bilanz: Aktiva.B.I.1. Roh-, Hilfs- und Betriebsstoffe]
- **SKP03[SKR03]:** 3970 Roh-, Hilfs- und Betriebsstoffe (Bestand)[2].
  3971 Rohstoffe (Bestand)[1].
  3972 Hilfsstoffe (Bestand)[1].
  3973 Betriebsstoffe (Bestand)[1]
- **SKP04[SKR04]:** 1000 Roh-, Hilfs- und Betriebsstoffe (Bestand).
  1010 Rohstoffe (Bestand)[1].
  1020 Hilfsstoffe (Bestand)[1].
  1030 Betriebsstoffe (Bestand)[1]
- **IKP[IKR]:** 2000 Roh-, Hilfs- und Betriebsstoffe (Bestand)[2].
  2010 Rohstoffe (Bestand)[2].
  2020 Hilfsstoffe (Bestand)[2].
  2030 Betriebsstoffe (Bestand)[2]

Konten [Bilanz: Aktiva.B.I.3. Fertige Erzeugnisse und Waren]
- **SKP03[SKR03]:** 7140 Waren (Bestand)
- **SKP04[SKR04]:** 1140 Waren (Bestand)
- **IKP[IKR]:** 2280 Waren (Bestand)[2]

Beispiel 9-3

Marc kauft für die Marcslights GmbH* 100 Edelstahlbleche zum Preis von 10,00 € je Stück zuzüglich 1,90 € Umsatzsteuer gegen Banküberweisung der bei der Lieferung beiliegenden Rechnung und verbucht den Kauf bestandsorientiert:

SKP03 · SKP04 · IKP Sollkonto	Betrag	an	SKP03 · SKP04 · IKP Habenkonto	Betrag
3971 · 1010 · 2010 Rohstoffe (Bestand)	1 000,00 €		1200 · 1800 · 2800 Bank	1 190,00 €
1576 · 1406 · 2605 Abziehbare Vorsteuer 19 %	190,00 €			

9.2.3 Kauf von Materialien für Gemeinkostenbereiche

Neben Werkstoffen und Waren werden von Unternehmen auch viele Materialien gekauft, die nicht direkt der Erzielung von Umsatzerlösen dienen, sondern in den Gemeinkostenbereichen verwendet werden, ohne jedoch dauernd dem Geschäftsbetrieb zu dienen. Insofern weisen diese Materialien ähnliche Merkmale wie die Betriebsstoffe (↗ Kapitel 9.1.1) auf. In der Regel werden ihre Bestände aber nicht aktiviert, sondern sie werden direkt beim Kauf als Aufwendungen verbucht.

9.2.3.1 Materialien für die Material- und Fertigungsgemeinkostenbereiche oder die Verwaltung

Der Kauf von Materialien, die für die Material- und Fertigungsgemeinkostenbereiche oder die Verwaltung verwendet werden, wird in der Regel aufwandsorientiert verbucht.

Die Verbuchung der Käufe entsprechender Materialien kann:
- im **Soll** der Aufwandskonten »Aufwendungen für Roh-, Hilfs- und Betriebsstoffe und für bezogene Waren«

erfolgen (Institut der Wirtschaftsprüfer in Deutschland 2006: F 422, Seite 553). Häufiger werden Käufe entsprechender Materialien aber:
- im **Soll** kostenartenspezifischer Aufwandskonten

verbucht. Beispiele für Materialien, die regelmäßig für die Material- und Fertigungsgemeinkostenbereiche oder die Verwaltung verwendet werden, und die kostenartenspezifischen Aufwandskonten, über die sie verbucht werden können, sind:

(1) Heizöl, Heizmaterialien, Brennstoffe und Wärme
Konten [GuV: 8. Sonstige betriebliche Aufwendungen]
- **SKP03[SKR03]:** 4230 Heizung
- **SKP04[SKR04]:** 6320 Heizung
- **IKP[IKR]:** 6701 Heizung[1]

(2) Gas, Strom und Wasser
Konten [GuV: 8. Sonstige betriebliche Aufwendungen]
- **SKP03[SKR03]:** 4240 Gas, Strom, Wasser
- **SKP04[SKR04]:** 6325 Gas, Strom, Wasser
- **IKP[IKR]:** 6702 Gas, Strom, Wasser[1]

(3) Reinigungsmaterialien, Seife, Putzmittel, Papierhandtücher und Toilettenpapier
Konten [GuV: 8. Sonstige betriebliche Aufwendungen]
- **SKP03[SKR03]:** 4250 Reinigung
- **SKP04[SKR04]:** 6330 Reinigung
- **IKP[IKR]:** 6703 Reinigung[1]

(4) Benzin, Motoröl, Treibstoffe für Fahrzeuge
Konten [GuV: 8. Sonstige betriebliche Aufwendungen]
- **SKP03[SKR03]:** 4500 Fahrzeugkosten · [4530] Laufende Kfz-Betriebskosten
- **SKP04[SKR04]:** 6500 Fahrzeugkosten · [6530] Laufende Kfz-Betriebskosten
- **IKP[IKR]:** 6840 Fahrzeugkosten[1]

(5) Renovierungs-, Reparatur- und Instandhaltungsmaterialien
Konten [GuV: 8. Sonstige betriebliche Aufwendungen]
- **SKP03[SKR03]:** [4260] Instandhaltung betrieblicher Räume · [4540] Kfz-Reparaturen · 4800, 4805, 4809 Reparaturen und Instandhaltung ...
- **SKP04[SKR04]:** [6335] Instandhaltung betrieblicher Räume · 6450, 6460, 6470 [6485], 6490 Reparaturen und Instandhaltung ... · [6540] Kfz-Reparaturen
- **IKP[IKR]:** [6060] Reparaturmaterial und Fremdinstandhaltung · 6160 Fremdinstandhaltung und Reparaturmaterial

(6) Postwertzeichen
Konten [GuV: 8. Sonstige betriebliche Aufwendungen]
- **SKP03[SKR03]:** 4910 Porto
- **SKP04[SKR04]:** 6800 Porto
- **IKP[IKR]:** 6821 Porto

(7) Papier, Schreibwaren, Zeichenmaterialien, Briefpapier und Visitenkarten
Konten [GuV: 8. Sonstige betriebliche Aufwendungen]
- **SKP03[SKR03]:** 4930 Bürobedarf
- **SKP04[SKR04]:** 6815 Bürobedarf
- **IKP[IKR]:** 6800 Bürobedarf[2]

(8) Zeitungen und Zeitschriften
Konten [GuV: 8. Sonstige betriebliche Aufwendungen]
- **SKP03[SKR03]:** 4940 Zeitschriften, Bücher
- **SKP04[SKR04]:** 6820 Zeitschriften, Bücher
- **IKP[IKR]:** 6810 [6811] ... Zeitungen und Fachliteratur

(9) Werkzeuge und Kleingeräte
Konten [GuV: 8. Sonstige betriebliche Aufwendungen]
- **SKP03[SKR03]:** 4985 Werkzeuge und Kleingeräte
- **SKP04[SKR04]:** 6845 Werkzeuge und Kleingeräte
- **IKP[IKR]:** –

(10) Handtücher, Berufsbekleidung sowie Blumen und Pflanzen zu Dekorationszwecken
Konten [GuV: 8. Sonstige betriebliche Aufwendungen]
- **SKP03[SKR03]:** 4980 Betriebsbedarf
- **SKP04[SKR04]:** 6850 Sonstiger Betriebsbedarf
- **IKP[IKR]:** 6945 Sonstiger Betriebsbedarf[1]

(11) Lebensmittel für die Werksküche oder die Kantine
Konten [GuV: 8. Sonstige betriebliche Aufwendungen]
- **SKP03[SKR03]:** 4980 Betriebsbedarf
- **SKP04[SKR04]:** 6850 Sonstiger Betriebsbedarf
- **IKP[IKR]:** [6670] Aufwendungen für Werksküche und Sozialeinrichtungen · 6945 Sonstiger Betriebsbedarf[1]

Beispiel 9-4

Jill kauft für die Jillsfood KG* Putzmittel zum Preis von 100,00 € zuzüglich 19,00 € Umsatzsteuer mit der EC-Karte. Den Kauf verbucht sie über ein kostenartenspezifisches Aufwandskonto:

SKP03 · SKP04 · IKP Sollkonto	Betrag	an	SKP03 · SKP04 · IKP Habenkonto	Betrag
4250 · 6330 · 6703 Reinigung	100,00 €		1200 · 1800 · 2800 Bank	119,00 €
1576 · 1406 · 2605 Abziehbare Vorsteuer 19 %	19,00 €			

9.2.3.2 Materialien für den Vertrieb

Der Kauf von Materialien, die für den Vertrieb verwendet werden, wird in der Regel aufwandsorientiert verbucht.

Die Verbuchung der Käufe entsprechender Materialien kann:

▸ im **Soll** der Aufwandskonten »Aufwendungen für Roh-, Hilfs- und Betriebsstoffe und für bezogene Waren«

erfolgen (Institut der Wirtschaftsprüfer in Deutschland 2006: F 422, Seite 553). Häufiger werden Käufe entsprechender Materialien aber:

▸ im **Soll** kostenartenspezifischer Aufwandskonten

verbucht. Beispiele für Materialien, die regelmäßig für den Vertrieb verwendet werden, und die kostenartenspezifischen Aufwandskonten, über die sie verbucht werden können, sind:

(1) Werbegeschenke und Streuartikel, wie Kalender oder Stifte mit Firmenlogo
↗ Kapitel 11.2.1

(2) Blumen zu Repräsentationszwecken
Konten [GuV: 8. Sonstige betriebliche Aufwendungen]
▸ **SKP03[SKR03]:** 4640 Repräsentationskosten
▸ **SKP04[SKR04]:** 6630 Repräsentationskosten
▸ **IKP[IKR]:** 6863 Repräsentation

(3) Kaffee, Getränke, Gebäck, Snacks und Süßigkeiten für Kunden
Konten [GuV: 8. Sonstige betriebliche Aufwendungen]
▸ **SKP03[SKR03]:** 4653 Aufmerksamkeiten
▸ **SKP04[SKR04]:** 6643 Aufmerksamkeiten
▸ **IKP[IKR]:** 6873 Übrige Werbeaufwendungen

(4) Zugaben beim Verkauf, wie Taschentücher beim Verkauf von Medikamenten
Konten [GuV: 8. Sonstige betriebliche Aufwendungen]
▸ **SKP03[SKR03]:** 4700 Kosten der Warenabgabe
▸ **SKP04[SKR04]:** 6700 Kosten der Warenabgabe
▸ **IKP[IKR]:** 6873 Übrige Werbeaufwendungen

(5) Tüten, Kartons und sonstige Verpackungsmaterialien, die der Warenabgabe dienen
Konten [GuV: 8. Sonstige betriebliche Aufwendungen]
▸ **SKP03[SKR03]:** 4710 Verpackungsmaterial
▸ **SKP04[SKR04]:** 6710 Verpackungsmaterial
▸ **IKP[IKR]:** 6040 Verpackungsmaterial

Beispiel 9-5

Jill kauft für die Jillsfood KG* Tüten mit Firmenaufdruck für den Verkauf von Waren zum Preis von 100,00 € zuzüglich 19,00 € Umsatzsteuer per Banküberweisung der bei der Lieferung beiliegenden Rechnung. Den Kauf verbucht sie über ein kostenartenspezifisches Aufwandskonto:

SKP03 · SKP04 · IKP Sollkonto	Betrag	an	SKP03 · SKP04 · IKP Habenkonto	Betrag
4710 · 6710 · 6040 Verpackungsmaterial	100,00 €		1200 · 1800 · 2800 Bank	119,00 €
1576 · 1406 · 2605 Abziehbare Vorsteuer 19 %	19,00 €			

9.2.4 Bezug von Fremdleistungen

Unternehmen kaufen nicht nur Materialien, sondern beziehen auch viele Leistungen (↗ Kapitel 6.2.1.2) von Unternehmensexternen. Wie diese Fremdleistungen verbucht werden, hängt von ihrer Verwendung ab.

9.2.4.1 Fremdleistungen für die Anschaffung von Vermögensgegenständen

Bei der Anschaffung von Vermögensgegenständen, wie Werkstoffen, Waren oder Anlagegütern (↗ Kapitel 8.2.1), werden häufig Fremdleistungen in Anspruch genommen, die in der Regel den größten Anteil der Anschaffungsnebenkosten (↗ Kapitel 8.2.1.1.3) ausmachen.

Beispiele für entsprechende Fremdleistungen in den verschiedenen Phasen der Anschaffung sind:

- **Vermittlung:** Makler-, Vertreter- und Bankleistungen,
- **Erwerb:** Vermessungen, notarielle Beurkundungen, Grundbucheintragungen, Gerichtsleistungen,
- **Standortvorbereitung:** Abbruch, Erschließung, Fundamentierung, Reinigung,
- **Lieferung:** Verpackung, Zwischenlagerung, Versand, Transport als Fracht durch Speditionen, Überstellung, Abladung, Versicherung des Transports, Anordnung für eine Just-in-Sequence-Produktion, Zollabfertigung,
- **Herstellung der Betriebsbereitschaft:** Prüfung, Anfahrt von Externen, Montage, Durchführung von Testläufen, Zulassung.

Der Bezug dieser Fremdleistungen wird gemeinsam mit anderen möglicherweise entstandenen Anschaffungsnebenkosten verbucht (↗ Kapitel 9.2.7).

9.2.4.2 Fremdleistungen für die Herstellung von Vermögensgegenständen

Für die eigene Herstellung von Vermögensgegenständen, wie Erzeugnissen oder Anlagegütern (↗ Kapitel 8.2.2), können als Teil der Materialaufwendungen beispielsweise folgende Fremdleistungen in Anspruch genommen werden:

- **Inanspruchnahme von Zeitarbeitspersonal**, das in der eigenen Fertigung eingesetzt wird,
- **Durchführung einzelner Fertigungsprozesse bei Dienstleistern** im Rahmen der Lohnbe- und -verarbeitung beziehungsweise der Lohnveredelung, oder
- **Inanspruchnahme von Bauleistungen** an eigenen Bauten.

Die Verbuchung des Bezugs entsprechender Leistungen erfolgt allgemein:

- im **Soll** der Aufwandskonten »Fremdleistungen«

oder speziell für Leistungen an eigenen Bauten:

- im **Soll** der Aufwandskonten »Bauleistungen«.

Typische Belege

- Eingangsrechnungen von Dienstleistern

Konten [GuV: 5.b) Aufwendungen für bezogene Leistungen]

- **SKP03 [SKR03]:** 3100 Fremdleistungen · [3110, 3120, 3122, 3130, 3140, 3142] Bauleistungen eines im Inland ansässigen Unternehmers ...
- **SKP04 [SKR04]:** 5900 Fremdleistungen · [5910, 5920, 5922, 5930, 5940, 5942] Bauleistungen eines im Inland ansässigen Unternehmers ...
- **IKP [IKR]:** 6100 Fremdleistungen für Erzeugnisse und andere Umsatzleistungen

Beispiel 9-6

Die Marcslights GmbH* zahlt die Rechnung eines Freundes von Marc, der bei der Fertigung von Edelstahlleuchten geholfen hat, in Höhe von 100,00 € zuzüglich 19,00 € Umsatzsteuer sofort per Banküberweisung:

SKP03 · SKP04 · IKP Sollkonto	Betrag	an SKP03 · SKP04 · IKP Habenkonto	Betrag
3100 · 5900 · 6100 Fremdleistungen	100,00 €	1200 · 1800 · 2800 Bank	119,00 €
1576 · 1406 · 2605 Abziehbare Vorsteuer 19 %	19,00 €		

9.2.4.3 Fremdleistungen für die Material- und Fertigungsgemeinkostenbereiche oder die Verwaltung

Neben den Fremdleistungen für die Anschaffung und Herstellung von Vermögensgegenständen werden von Unternehmen auch viele Fremdleistungen bezogen, die den Material- und Fertigungsgemeinkostenbereichen oder der Verwaltung zuzurechnen sind. Die Verbuchung entsprechender Fremdleistungen erfolgt in der Regel:

- im **Soll** kostenartenspezifischer Aufwandskonten.

Beispiele für Fremdleistungen für die Material- und Fertigungsgemeinkostenbereiche oder die Verwaltung und die kostenartenspezifischen Aufwandskonten, über die sie verbucht werden können, sind:

(1) Leistungen von Zeitarbeitspersonal und freien Mitarbeitern
Konten [GuV: 8. Sonstige betriebliche Aufwendungen]
- **SKP03[SKR03]:** 4909 Fremdleistungen/Fremdarbeiten
- **SKP04[SKR04]:** 6303 Fremdleistungen/Fremdarbeiten
- **IKP[IKR]:** 6130 Weitere Fremdleistungen

(2) Miete, Pacht, Leasing
↗ Kapitel 7.6

(3) Putz- und Reinigungsleistungen
Konten [GuV: 8. Sonstige betriebliche Aufwendungen]
- **SKP03[SKR03]:** 4250 Reinigung
- **SKP04[SKR04]:** 6330 Reinigung
- **IKP[IKR]:** 6703 Reinigung[1]

(4) Renovierungs-, Reparatur- und Instandhaltungsleistungen für betriebliche Räume
Konten [GuV: 8. Sonstige betriebliche Aufwendungen]
- **SKP03[SKR03]:** [4260] Instandhaltung betrieblicher Räume
- **SKP04[SKR04]:** [6335] Instandhaltung betrieblicher Räume
- **IKP[IKR]:** 6160 Fremdinstandhaltung und Reparaturmaterial

(5) Müllabfuhr und Straßenreinigung
Konten [GuV: 8. Sonstige betriebliche Aufwendungen]
- **SKP03[SKR03]:** [4270] Abgaben für betrieblich genutzten Grundbesitz
- **SKP04[SKR04]:** [6340] Abgaben für betrieblich genutzten Grundbesitz
- **IKP[IKR]:** 6930 Andere sonstige betriebliche Aufwendungen

(6) Schornsteinreinigung, Gartenpflege, Bewachung
Konten [GuV: 8. Sonstige betriebliche Aufwendungen]
- **SKP03[SKR03]:** [4290] Grundstücksaufwendungen, betrieblich
- **SKP04[SKR04]:** [6350] Grundstücksaufwendungen, betrieblich
- **IKP[IKR]:** 6930 Andere sonstige betriebliche Aufwendungen

(7) Entgelte für allgemeine Versicherungen inklusive der nicht separat zu verbuchenden Versicherungsteuer
Konten [GuV: 8. Sonstige betriebliche Aufwendungen]
- SKP03[SKR03]: 4360 Versicherungen
- SKP04[SKR04]: 6400 Versicherungen
- **IKP[IKR]:** 6900 Versicherungen[2]

(8) Entgelte für Gebäudeversicherungen inklusive der nicht separat zu verbuchenden Versicherungsteuer
Konten [GuV: 8. Sonstige betriebliche Aufwendungen]
- **SKP03[SKR03]:** [4366] Versicherungen für Gebäude
- **SKP04[SKR04]:** [6405] Versicherungen für Gebäude
- **IKP[IKR]:** 6900 Versicherungen[2]

(9) Beiträge der Industrie- und Handelskammern, der Handwerkskammern, der Arbeitgeberverbände und anderer Wirtschaftsverbände, Rundfunkgebühren, GEMA-Gebühren
Konten [GuV: 8. Sonstige betriebliche Aufwendungen]
- **SKP03[SKR03]:** 4380 Beiträge
- **SKP04[SKR04]:** 6420 Beiträge

- **IKP[IKR]:** 6920 Beiträge zu Wirtschaftsverbänden und Berufsvertretungen

(10) Handelsregistereintragungen, Bekanntmachungen im Bundesanzeiger
Konten [GuV: 8. Sonstige betriebliche Aufwendungen]
- **SKP03[SKR03]:** 4390 Sonstige Abgaben
- **SKP04[SKR04]:** 6430 Sonstige Abgaben
- **IKP[IKR]:** 6930 Andere sonstige betriebliche Aufwendungen

(11) Renovierungs-, Reparatur-, Instandhaltungs- und Inspektionsleistungen für Bauten
Konten [GuV: 8. Sonstige betriebliche Aufwendungen]
- **SKP03[SKR03]:** 4809 Sonstige Reparaturen und Instandhaltungen
- **SKP04[SKR04]:** 6450 Reparaturen und Instandhaltung von Bauten
- **IKP[IKR]:** 6160 Fremdinstandhaltung und Reparaturmaterial

(12) Reparatur-, Instandhaltungs- und Inspektionsleistungen für technische Anlagen und Maschinen
Konten [GuV: 8. Sonstige betriebliche Aufwendungen]
- **SKP03[SKR03]:** 4800 Reparaturen und Instandhaltung von technischen Anlagen und Maschinen
- **SKP04[SKR04]:** 6460 Reparaturen und Instandhaltung von technischen Anlagen und Maschinen
- **IKP[IKR]:** 6160 Fremdinstandhaltung und Reparaturmaterial

(13) Reparatur-, Instandhaltungs- und Inspektionsleistungen für die Betriebs- und Geschäftsausstattung
Konten [GuV: 8. Sonstige betriebliche Aufwendungen]
- **SKP03[SKR03]:** 4805 Reparaturen und Instandhaltung von anderen Anlagen und Betriebs- und Geschäftsausstattung
- **SKP04[SKR04]:** 6470 Reparaturen und Instandhaltung von Betriebs- und Geschäftsausstattung
- **IKP[IKR]:** 6160 Fremdinstandhaltung und Reparaturmaterial

(14) Wartung von Hard- und Software
Konten [GuV: 8. Sonstige betriebliche Aufwendungen]
- **SKP03[SKR03]:** 4806 Wartungskosten für Hard- und Software
- **SKP04[SKR04]:** 6495 Wartungskosten für Hard- und Software
- **IKP[IKR]:** 6160 Fremdinstandhaltung und Reparaturmaterial

(15) Hauptuntersuchungen und Abgasuntersuchungen von Kraftfahrzeugen
Konten [GuV: 8. Sonstige betriebliche Aufwendungen]
- **SKP03[SKR03]:** 4500 Fahrzeugkosten
- **SKP04[SKR04]:** 6500 Fahrzeugkosten
- **IKP[IKR]:** 6840 Fahrzeugkosten[1]

(16) Entgelte für Fahrzeugversicherungen inklusive der nicht separat zu verbuchenden Versicherungsteuer
Konten [GuV: 8. Sonstige betriebliche Aufwendungen]
- **SKP03[SKR03]:** 4520 Kfz-Versicherungen
- **SKP04[SKR04]:** 6520 Kfz-Versicherungen
- **IKP[IKR]:** 6910 Kfz-Versicherungsbeiträge

(17) Reparatur-, Instandhaltungs- und Inspektionsleistungen für Fahrzeuge
Konten [GuV: 8. Sonstige betriebliche Aufwendungen]
- **SKP03[SKR03]:** [4540] Kfz-Reparaturen
- **SKP04[SKR04]:** [6540] Kfz-Reparaturen
- **IKP[IKR]:** 6160 Fremdinstandhaltung und Reparaturmaterial

(18) Transporte von Briefen und Paketen
Konten [GuV: 8. Sonstige betriebliche Aufwendungen]
- **SKP03[SKR03]:** 4910 Porto
- **SKP04[SKR04]:** 6800 Porto
- **IKP[IKR]:** 6821 Porto

(19) Festnetz- und Mobiltelefonbereitstellung und -nutzung
Konten [GuV: 8. Sonstige betriebliche Aufwendungen]
- **SKP03[SKR03]:** 4920 Telefon
- **SKP04[SKR04]:** 6805 Telefon
- **IKP[IKR]:** 6822 Telefon

(20) Internetbereitstellung und -nutzung, Hosting von Internetdomains
Konten [GuV: 8. Sonstige betriebliche Aufwendungen]
- **SKP03[SKR03]:** 4925 Telefax und Internetkosten
- **SKP04[SKR04]:** 6810 Telefax und Internetkosten
- **IKP[IKR]:** 6823 Sonstige Kommunikationsmittel

(21) Fortbildungskurse, Weiterbildungskurse, Lehrgänge, Schulungen, Kongresse, Tagungen
Konten [GuV: 8. Sonstige betriebliche Aufwendungen]
- **SKP03[SKR03]:** [4945] Fortbildungskosten
- **SKP04[SKR04]:** [6821] Fortbildungskosten
- **IKP[IKR]:** [6640] Aufwendungen für Fort- und Weiterbildung

(22) Beratungen durch Steuerberater, Anwälte, Ingenieure und Unternehmensberater, Notariatsleistungen, Gerichtsverfahren
Konten [GuV: 8. Sonstige betriebliche Aufwendungen]
- **SKP03[SKR03]:** 4950 Rechts- und Beratungskosten
- **SKP04[SKR04]:** 6825 Rechts- und Beratungskosten
- **IKP[IKR]:** 6770 Prüfung, Beratung, Rechtsschutz

(23) Wirtschaftsprüfungen, Jahresabschlusserstellungen, Sachverständigengutachten
Konten [GuV: 8. Sonstige betriebliche Aufwendungen]
- **SKP03[SKR03]:** 4957 Abschluss- und Prüfungskosten
- **SKP04[SKR04]:** 6827 Abschluss- und Prüfungskosten
- **IKP[IKR]:** 6770 Prüfung, Beratung, Rechtsschutz

(24) Externe Buchführung, Lohn- und Gehaltsabrechnung
Konten [GuV: 8. Sonstige betriebliche Aufwendungen]
- **SKP03[SKR03]:** 4955 Buchführungskosten
- **SKP04[SKR04]:** 6830 Buchführungskosten
- **IKP[IKR]:** 6770 Prüfung, Beratung, Rechtsschutz

(25) Abwicklung des Geldverkehrs, Kontoführungen und Überweisungen
Konten [GuV: 8. Sonstige betriebliche Aufwendungen]
- **SKP03[SKR03]:** 4970 Nebenkosten des Geldverkehrs
- **SKP04[SKR04]:** 6855 Nebenkosten des Geldverkehrs
- **IKP[IKR]:** 6750 Nebenkosten des Geldverkehrs[2]

(26) Abraum- und Abfallbeseitigungen
Konten [GuV: 8. Sonstige betriebliche Aufwendungen]
- **SKP03[SKR03]:** [4969] Aufwendungen für Abraum- und Abfallbeseitigung
- **SKP04[SKR04]:** [6859] Aufwendungen für Abraum- und Abfallbeseitigung
- **IKP[IKR]:** 6170 Sonstige Aufwendungen für bezogene Leistungen

(27) Leistungen von Aufsichtsräten und Beiräten
Konten [GuV: 8. Sonstige betriebliche Aufwendungen]
- **SKP03[SKR03]:** [2385, 2386] ... Aufsichtsratsvergütungen
- **SKP04[SKR04]:** [6875, 6876] ... Aufsichtsratsvergütungen
- **IKP[IKR]:** [6780] Aufwendungen für Aufsichtsrat/Beirat oder dergleichen

Beispiel 9-7
Vom Bankkonto der Jillsfood KG* werden 30,00 € ohne Umsatzsteuer für die Kontoführung des vergangenen Quartals eingezogen:

SKP03 · SKP04 · IKP Sollkonto	Betrag	an SKP03 · SKP04 · IKP Habenkonto	Betrag
4970 · 6855 · 6750 Nebenkosten des Geldverkehrs	30,00 €	1200 · 1800 · 2800 Bank	30,00 €

9.2.4.4 Fremdleistungen für den Vertrieb

Von Unternehmen werden auch Fremdleistungen bezogen, die speziell dem Vertrieb dienen. Die Verbuchung entsprechender Fremdleistungen erfolgt in der Regel:
- im **Soll** kostenartenspezifischer Aufwandskonten.

Beispiele für Fremdleistungen für den Vertrieb und die kostenartenspezifischen Aufwandskonten, über die sie verbucht werden können, sind:

(1) Leistungen von Werbeagenturen, Zeitungsanzeigen, Kinoreklamen, Erstellung von Internetseiten sowie Ausstellungs- und Messekosten inklusive Standgeldern
Konten [GuV: 8. Sonstige betriebliche Aufwendungen]
- **SKP03[SKR03]:** 4600 Werbekosten
- **SKP04[SKR04]:** 6600 Werbekosten
- **IKP[IKR]:** 6870 Werbung

(2) Transporte von Ausgangsfrachten durch Speditionen, Bahn, Post oder Paketdienste
Konten [GuV: 8. Sonstige betriebliche Aufwendungen]
- **SKP03[SKR03]:** 4730 Ausgangsfrachten
- **SKP04[SKR04]:** 6740 Ausgangsfrachten
- **IKP[IKR]:** 6145 Frachten und Fremdlager für Ausgangsware

(3) Entgelte für Transportversicherungen von Ausgangsfrachten inklusive der nicht separat zu verbuchenden Versicherungsteuer
Konten [GuV: 8. Sonstige betriebliche Aufwendungen]
- **SKP03[SKR03]:** [4750] Transportversicherungen
- **SKP04[SKR04]:** [6760] Transportversicherungen
- **IKP[IKR]:** 6900 Versicherungen²

(4) Provisionen für Vertriebs- und Verkaufsleistungen
Konten [GuV: 8. Sonstige betriebliche Aufwendungen]
- **SKP03[SKR03]:** 4760 Verkaufsprovisionen
- **SKP04[SKR04]:** 6770 Verkaufsprovisionen
- **IKP[IKR]:** 6150 Vertriebsprovisionen

(5) Leistungen von Zeitarbeitspersonal und freien Mitarbeitern im Vertrieb
Konten [GuV: 8. Sonstige betriebliche Aufwendungen]
- **SKP03[SKR03]:** 4780 Fremdarbeiten (Vertrieb)
- **SKP04[SKR04]:** 6780 Fremdarbeiten (Vertrieb)
- **IKP[IKR]:** 6110 Fremdleistungen für die Auftragsgewinnung²

(6) Bewirtungen von Kunden
↗ Kapitel 11.2.2

(7) Reisekosten, Spesen, Fahrkosten, Verpflegungsmehraufwendungen und Übernachtungsaufwendungen
Konten [GuV: 8. Sonstige betriebliche Aufwendungen]
- **SKP03[SKR03]:** 4660 [4663 – 4668] Reisekosten Arbeitnehmer … ·
4662 Reisekosten Arbeitnehmer (nicht abziehbarer Anteil) ·
4670 [4673 – 4676] Reisekosten Unternehmer … ·
4672 Reisekosten Unternehmer (nicht abziehbarer Anteil)
- **SKP04[SKR04]:** 6650 [6660 – 6668] Reisekosten Arbeitnehmer … ·
6652 Reisekosten Arbeitnehmer (nicht abziehbarer Anteil) ·
6670 [6673 – 6680] Reisekosten Unternehmer ·
6672 Reisekosten Unternehmer (nicht abziehbarer Anteil)
- **IKP[IKR]:** 6850 [6851 – 6853] Reisekosten

Beispiel 9-8

Die Jillsfood KG* zahlt die Rechnung eines Paketdienstes, der Waren zu Kunden transportiert hat, in Höhe von 100,00 € zuzüglich 19,00 € Umsatzsteuer sofort per Banküberweisung:

SKP03 · SKP04 · IKP Sollkonto	Betrag	an SKP03 · SKP04 · IKP Habenkonto	Betrag
4730 · 6740 · 6145 Ausgangsfrachten	100,00 €	1200 · 1800 · 2800 Bank	119,00 €
1576 · 1406 · 2605 Abziehbare Vorsteuer 19 %	19,00 €		

9.2.5 Zielkauf

Die vorgenannten Materialien und Fremdleistungen werden oft im Rahmen eines Zielkaufs beschafft. Bei einem Zielkauf wird dem Käufer in Form eines sogenannten *Zahlungsziels* ein Zeitpunkt oder ein Zeitraum vorgegeben, bis zu dem oder innerhalb von dem er eine Rechnung zu begleichen hat. Auf Rechnungen wird dies beispielsweise durch Formulierungen wie »Zahlbar bis zum 20.07.0001« oder »Zahlbar innerhalb von 30 Tagen« kenntlich gemacht. Durch dieses Vorgehen kommt es für den Käufer bei der Erbringung der Lieferungen und Leistungen (↗ Kapitel 6.2.1) zunächst zu einer *Ausgabe* und bei der Begleichung der Rechnung dann zu einer *Auszahlung*.

Um Kunden zu einer schnellen Zahlung zu motivieren, erfolgt häufig eine Koppelung des Zahlungsziels mit einem Preisnachlass (↗ Kapitel 9.2.6), so beispielsweise über Formulierungen wie »Zahlbar innerhalb von 10 Tagen abzüglich 3 % Skontos oder innerhalb von 30 Tagen ohne Abzug«.

Das Zahlungsziel wird oft schon in den Allgemeinen Geschäftsbedingungen (AGB) des Verkäufers oder in den Einkaufsbedingungen des Käufers festgelegt. Alternativ wird es im Rahmen von Verkaufsverhandlungen vereinbart. Da dem Käufer durch das Zahlungsziel ein sogenannter *Lieferantenkredit* (↗ Kapitel 7.4.1) eingeräumt wird, nutzen insbesondere größere Unternehmen ihre Einkaufsmacht häufig, um lange zinsfreie Zahlungsziele zu erreichen.

Wenn eine Rechnung nicht gleich beim Erhalt gezahlt wird, sondern das Zahlungsziel ausgenutzt werden soll, erfolgt zunächst eine Verbuchung der Rechnung:
- im **Haben** der Passivkonten »Verbindlichkeiten aus Lieferungen und Leistungen«

und in der Regel parallel dazu eine Verbuchung über die Lieferantenkonten in der Kreditorenbuchführung (↗ Kapitel 9.5.2.1). Durch die Verbuchung der anschließenden Bezahlung werden die eingegangenen Verbindlichkeiten dann wieder aufgelöst.

Typische Belege
- Eingangsrechnungen von Lieferanten

Konten [Bilanz: Passiva.C. 4. Verbindlichkeiten aus Lieferungen und Leistungen]
- **SKP03[SKR03]:** 1600 [1601 – 1607, 1610 – 1658] Verbindlichkeiten aus Lieferungen und Leistungen …
- **SKP04[SKR04]:** 3300 [3301 – 3307, 3310 – 3348] Verbindlichkeiten aus Lieferungen und Leistungen …
- **IKP[IKR]:** 4400 [4450, 4600, 4650, 4700, 4750] Verbindlichkeiten aus Lieferungen und Leistungen …

Beispiel 9-9

(1) Marc kauft für die Marcslights GmbH* 100 Edelstahlbleche zum Preis von 10,00 € je Stück zuzüglich 1,90 € Umsatzsteuer auf Ziel und verbucht die bei der Lieferung beiliegende Rechnung, ohne sie zunächst zu bezahlen:

SKP03·SKP04·IKP Sollkonto	Betrag	an SKP03·SKP04·IKP Habenkonto	Betrag
3971·1010·2010 Rohstoffe (Bestand)	1 000,00 €	1600·3300·4400 Verbindlichkeiten aus Lieferungen und Leistungen	1 190,00 €
1576·1406·2605 Abziehbare Vorsteuer 19 %	190,00 €		

(2) Wenige Tage später zahlt Marc die Rechnung dann ohne Abzug per Banküberweisung:

SKP03·SKP04·IKP Sollkonto	Betrag	an SKP03·SKP04·IKP Habenkonto	Betrag
1600·3300·4400 Verbindlichkeiten aus Lieferungen und Leistungen	1 190,00 €	1200·1800·2800 Bank	1 190,00 €

9.2.6 Erhalt von Preisnachlässen

Im Rahmen von Käufen werden häufig Nachlässe gewährt, die – falls sie den einzelnen Gütern zugerechnet werden können – Anschaffungspreisminderungen (↗ Kapitel 8.2.1.1.2) darstellen. Nach der Verbuchung können dabei drei Arten von Nachlässen unterschieden werden.

9.2.6.1 Rabatte

Rabatte sind sofort beim Kauf gewährte Nachlässe aus besonderen Gründen, die einzelnen Gütern zugerechnet werden können. Nach den Gründen, aus denen sie gewährt werden, können insbesondere folgende Arten von Rabatten unterschieden werden:

- **Barzahlungsrabatte** für die sofortige Zahlung,
- **Mengenrabatte** für die Abnahme größerer Stückzahlen oder für die Tätigung größerer Einkaufsumsätze,
- **Zeitrabatte** für den Kauf zu bestimmten Zeitpunkten, wie beispielsweise besonders frühe Käufe oder Käufe im Ausverkauf,
- **Treuerabatte** für besonders lang andauernde Geschäftsbeziehungen sowie
- **Funktionsrabatte** für bestimmte Kundengruppen, wie Einzelhändler, Großhändler oder Mitarbeiter.

Wiewohl dafür mit den Konten »Erhaltene Rabatte« in den DATEV-Standardkontenrahmen Unterkonten des Materialaufwands zur Verbuchung vorhanden sind, werden Rabatte in der Regel nicht separat in der Buchführung erfasst, sondern direkt beim Kauf vom Anschaffungspreis abgezogen.

Typische Belege
- Eingangsrechnungen von Lieferanten

Konten [GuV: 5.a) Aufwendungen für Roh-, Hilfs- und Betriebsstoffe und für bezogene Waren]
- **SKP03[SKR03]:** 3770 [3794] Erhaltene Rabatte ...·
  3780 Erhaltene Rabatte 7% Vorsteuer·
  3790 Erhaltene Rabatte 19% Vorsteuer
- **SKP04[SKR04]:** 5770 [5794] Erhaltene Rabatte ...·
  5780 Erhaltene Rabatte 7% Vorsteuer·
  5790 Erhaltene Rabatte 19% Vorsteuer
- **IKP[IKR]:** 6187 Erhaltene Rabatte[1]·
  6188 Erhaltene Rabatte 7% Vorsteuer[1]·
  6189 Erhaltene Rabatte 19% Vorsteuer[1]

9.2.6.2 Skonti und Minderungen

Skonti und Minderungen sind nach dem Kauf gewährte Nachlässe, die einzelnen Gütern zugerechnet werden können. *Skonti* werden dabei für die Nichtinanspruchnahme von Lieferantenkrediten bei Zahlungen innerhalb vorgegebener Zeiträume gewährt, während *Minderungen* aufgrund von Mängeln (↗ Kapitel 9.2.9) der gekauften Güter gewährt werden.

Die Verbuchung der Skonti beziehungsweise der Minderungen erfolgt zunächst wie die Buchung eines Ertrags auf Unterkonten des Materialaufwands:

- im **Haben** der Aufwandskonten »Erhaltene Skonti« beziehungsweise »Nachlässe«

und in Höhe der auf sie entfallenden Vorsteuern zur Berichtigung der Vorsteuer:

- im **Haben** der Aktivkonten »Abziehbare Vorsteuer ...«.

Die Skonti beziehungsweise die Minderungen werden dann periodisch, und zwar in der Regel monatlich, auf die Aufwands- oder die Bestandskonten umgebucht, auf denen der Kauf der zugehörigen Güter verbucht wurde.

Typische Belege
- Eingangsrechnungen von Lieferanten

Konten [GuV: 5.a) Aufwendungen für Roh-, Hilfs- und Betriebsstoffe und für bezogene Waren]
- **SKP03[SKR03]:** 3730 [3735, 3745 – 3749] Erhaltene Skonti ...·
  3731 Erhaltene Skonti 7% Vorsteuer·
  3736 Erhaltene Skonti 19% Vorsteuer·
  3700 [3722 – 3727] Nachlässe ...· 3710 Nachlässe 7% Vorsteuer· 3720 Nachlässe 19% Vorsteuer

▸ **SKP04[SKR04]:** 5700 [5722 – 5727] Nachlässe ... · 5710 Nachlässe 7 % Vorsteuer · 5720 Nachlässe 19 % Vorsteuer ·
5730 [5735, 5745 – 5749] Erhaltene Skonti ... · 5731 Erhaltene Skonti 7 % Vorsteuer · 5736 Erhaltene Skonti 19 % Vorsteuer

▸ **IKP[IKR]:** 6180 Erhaltene Skonti[2] · 6181 Erhaltene Skonti 7 % Vorsteuer[2] ·
6185 Erhaltene Skonti 19 % Vorsteuer[2] ·
6197 Andere Aufwandsberichtigungen · 6198 Andere Aufwandsberichtigungen 7 % Vorsteuer[2] · 6199 Andere Aufwandsberichtigungen 19 % Vorsteuer[2]

Beispiel 9-10

(1) Marc kauft für die Marcslights GmbH* 100 Edelstahlbleche zum Preis von 10,00 € je Stück zuzüglich 1,90 € Umsatzsteuer auf Ziel und verbucht die bei der Lieferung beiliegende Rechnung, die den Rechnungszusatz »Zahlbar innerhalb von 10 Tagen abzüglich 3 % Skontos oder innerhalb von 30 Tagen ohne Abzug« enthält, ohne sie zunächst zu bezahlen:

SKP03 · SKP04 · IKP Sollkonto	Betrag	an SKP03 · SKP04 · IKP Habenkonto	Betrag
3971 · 1010 · 2010 Rohstoffe (Bestand)	1 000,00 €	1600 · 3300 · 4400 Verbindlichkeiten aus Lieferungen und Leistungen	1 190,00 €
1576 · 1406 · 2605 Abziehbare Vorsteuer 19 %	190,00 €		

(2) Marc überweist nach 9 Tagen für die Marcslights GmbH* den Rechnungsbetrag abzüglich 30,00 € Skontos und der darauf entfallenden 5,70 € Umsatzsteuer, weshalb die verbuchte Vorsteuer zu berichtigen ist.

Der Geschäftsvorfall bewirkt eine ① Auflösung der Verbindlichkeiten gegenüber dem Lieferanten (Passivkonto »Verbindlichkeiten aus Lieferungen und Leistungen«), eine ② Verminderung der (Material-)Aufwendungen aufgrund des erhaltenen Skontos (Aufwandskonto »Erhaltene Skonti 19 % Vorsteuer«) und damit eine Erhöhung des Erfolgs und des Eigenkapitals EK sowie eine entsprechende ③ Berichtigung der Forderungen gegenüber den Finanzämtern aus gezahlter Vorsteuer (Aktivkonto »Abziehbare Vorsteuer«) und zuletzt eine ④ Verminderung des Bankguthabens (Aktivkonto »Bank«) und damit der Finanzmittel (»Cash«) um den verbleibenden Restbetrag:

SKP03 · SKP04 · IKP Sollkonto	Betrag	an SKP03 · SKP04 · IKP Habenkonto	Betrag
① 1600 · 3300 · 4400 Verbindlichkeiten aus Lieferungen und Leistungen	1 190,00 €	② 3736 · 5736 · 6185 Erhaltene Skonti 19 % Vorsteuer	30,00 €
		③ 1576 · 1406 · 2605 Abziehbare Vorsteuer 19 %	5,70 €
		④ 1200 · 1800 · 2800 Bank	1 154,30 €

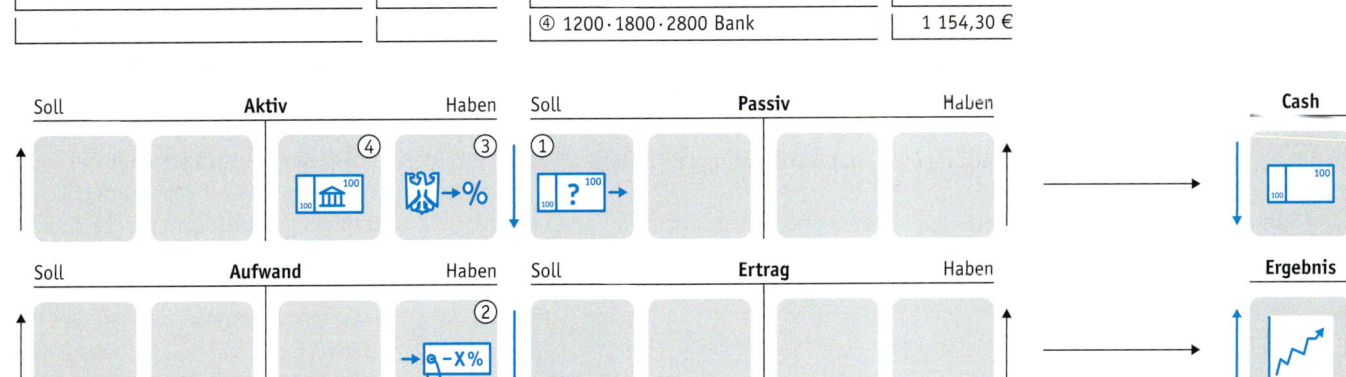

(3) Am Monatsende wird das erhaltene Skonto auf die Rohstoffe umgebucht.

Der Geschäftsvorfall bewirkt eine ① Auflösung des erhaltenen Skontos (Aufwandskonto »Erhaltene Skonti 19% Vorsteuer«) und damit eine Verminderung des Erfolgs und des Eigenkapitals EK und eine ② Verminderung des Wertes der Rohstoffbestände (Aktivkonto »Rohstoffe (Bestand)«):

SKP03 · SKP04 · IKP Sollkonto	Betrag	an	SKP03 · SKP04 · IKP Habenkonto	Betrag
① 3736 · 5736 · 6185 Erhaltene Skonti 19% Vorsteuer	30,00 €		② 3971 · 1010 · 2010 Rohstoffe (Bestand)	30,00 €

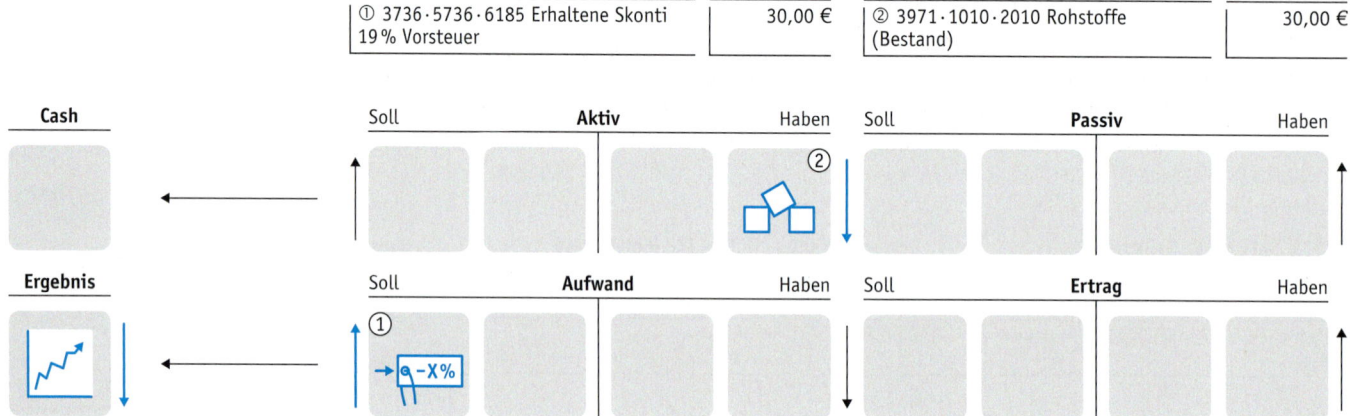

9.2.6.3 Boni

Boni sind am Ende einer Periode, wie beispielsweise einem Kalenderjahr, gewährte Nachlässe für Unternehmen aus besonderen Gründen. Nach den Gründen können insbesondere folgende Arten von Boni unterschieden werden:

▸ **Treueboni** für lang andauernde Geschäftsbeziehungen und
▸ **Umsatzboni** für die Überschreitung bestimmter Umsatzgrenzen in einer Periode.

Die Verbuchung der Boni erfolgt zunächst wie die Buchung eines Ertrags auf Unterkonten des Materialaufwands:

▸ im **Haben** der Aufwandskonten »Erhaltene Boni«

und in Höhe der auf sie entfallenden Vorsteuern zur Berichtigung der Vorsteuer:

▸ im **Haben** der Aktivkonten »Abziehbare Vorsteuer …«.

Ob die Boni anschließend auf die gekauften Güter umgebucht werden oder nicht, hängt von der Möglichkeit einer Zurechnung zu diesen Gütern ab:

(1) Boni, die den gekauften Gütern zugerechnet werden können
Wenn die Boni so gestaltet sind, dass sie den einzelnen gekauften Gütern zugerechnet werden können, beispielsweise über Formulierungen wie: »10% Nachlass auf alle während des Jahres gekauften Güter«, so müssen sie im Anschluss – wie bereits bei den Skonti aufgezeigt (↗ Kapitel 9.2.6.2) – auf die Aufwands- oder die Bestandskonten umgebucht werden, auf denen der Kauf der zugehörigen Güter verbucht wurde.

Exkurs 9-1

Differenziertere Verbuchung

In ERP-Systemen, wie SAP Business ByDesign, werden über zusätzlich eingeführte Verrechnungskonten Beschaffungs-, Fertigungs- und Vertriebsprozesse häufig noch differenzierter abgebildet als hier dargestellt, so werden Beschaffungsprozesse dort folgendermaßen verbucht:
▸ **Erfassung des Lieferscheins:** »Fertige Erzeugnisse und Waren« an »Noch nicht fakturierte Verbindlichkeiten«.
▸ **Erfassung der Lieferantenrechnung:** »Ware in Transit« an »Verbindlichkeiten aus Lieferungen und Leistungen«.
▸ **Zahlungsausgang:** »Verbindlichkeiten aus Lieferungen und Leistungen« an »Geldtransit«.
▸ **Erfassung des Kontoauszugs:** »Geldtransit« an »Bank«.
▸ **Ausgleich der Verrechnungskonten:** Über einen Verrechnungslauf im Anschluss.

Quelle: Küting, K. und andere 2010: Seite 120 ff.

(2) Boni, die den gekauften Gütern nicht zugerechnet werden können

Wenn – was die Regel ist – die Boni so gestaltet sind, dass sie den einzelnen gekauften Gütern nicht zugerechnet werden können, beispielsweise über Formulierungen wie: »1 000,00 € Nachlass aufgrund der Überschreitung der Umsatzgrenze von 50 000,00 €«, werden sie bei einer Bilanzierung nach dem Handelsgesetzbuch im Anschluss nicht auf die Aufwands- oder die Bestandskonten umgebucht, auf denen der Kauf der zugehörigen Güter verbucht wurde. In der Gewinn- und Verlustrechnung nach dem Gesamtkostenverfahren vermindern sie dann den Posten »5. Materialaufwand« und in der nach dem Umsatzkostenverfahren den Posten »2. Herstellungskosten der zur Erzielung der Umsatzerlöse erbrachten Leistungen«.

Typische Belege
- Handelsbriefe
- Kontoauszüge

Konten [GuV: 5.a) Aufwendungen für Roh-, Hilfs- und Betriebsstoffe und für bezogene Waren]
- **SKP03 [SKR03]:** [3764] 3769 Erhaltene Boni · … · 3750 Erhaltene Boni 7 % Vorsteuer · 3760 Erhaltene Boni 19 % Vorsteuer
- **SKP04 [SKR04]:** [5764] 5769 Erhaltene Boni · … · 5750 Erhaltene Boni 7 % Vorsteuer · 5760 Erhaltene Boni 19 % Vorsteuer
- **IKP [IKR]:** 6190 Erhaltene Boni[2] · 6191 Erhaltene Boni 7 % Vorsteuer[2] · 6195 Erhaltene Boni 19 % Vorsteuer[2]

Beispiel 9-11

Die Jillsfood KG erhält am Ende des Geschäftsjahres von einem Lieferanten für die Einkäufe während des Jahres einen pauschalen Umsatzbonus von 100,00 € zuzüglich 19,00 € Umsatzsteuer auf ihr Bankkonto überwiesen:

SKP03 · SKP04 · IKP Sollkonto	Betrag	an SKP03 · SKP04 · IKP Habenkonto	Betrag
1200 · 1800 · 2800 Bank	119,00 €	3760 · 5760 · 6195 Erhaltene Boni 19 % Vorsteuer	100,00 €
		1576 · 1406 · 2605 Abziehbare Vorsteuer 19 %	19,00 €

9.2.7 Anschaffungsnebenkosten

Wie die Anschaffungsnebenkosten (↗ Kapitel 6.4.2.1, 8.2.1.1.3, 9.2.4.1) verbucht werden, hängt davon ab, ob sie den einzelnen gekauften Gütern zugerechnet werden können oder nicht und ob sie separat erfasst werden sollen oder nicht.

(1) Direkte Buchung der Anschaffungsnebenkosten

Anschaffungsnebenkosten, die den einzelnen gekauften Gütern zugerechnet werden können und die nicht separat erfasst werden sollen, können bei der Buchung des Kaufs direkt auf den Anschaffungspreis des zugehörigen Guts aufgeschlagen werden.

(2) Indirekte Buchung der Anschaffungsnebenkosten

Anschaffungsnebenkosten, die den einzelnen gekauften Gütern nicht zugerechnet werden können oder die separat erfasst werden sollen, werden indirekt verbucht, indem sie beim Kauf der zugehörigen Güter zuerst auf Unterkonten des Materialaufwands verbucht werden. Die Verbuchung erfolgt im Allgemeinen:
- im **Soll** der Aufwandskonten »Bezugsnebenkosten«.

In der betrieblichen Praxis empfiehlt es sich dabei häufig, das Konto »Bezugsnebenkosten« nach der Art der Nebenkosten oder nach den Gütern, für die die Nebenkosten anfallen, weiter in Unterkonten, wie »Leergut« oder »Zölle und Einfuhrabgaben« (↗ Kapitel 6.4.2.1) zu unterteilen.

Von den Aufwandskonten für Bezugsnebenkosten werden dann diejenigen Anschaffungsnebenkosten, die einzelnen gekauften Gütern zugerechnet werden können, periodisch, und zwar in der Regel monatlich, auf die Aufwands- oder die Bestandskonten umgebucht, auf denen der Kauf der zugehörigen Güter verbucht wurde.

Typische Belege
- Eingangsrechnungen von Lieferanten

Konten [GuV: 5.a) Aufwendungen für Roh-, Hilfs- und Betriebsstoffe und für bezogene Waren]
- **SKP03[SKR03]:** 3800 Bezugsnebenkosten · [3830] Leergut
- **SKP04[SKR04]:** 5800 Bezugsnebenkosten · [5820] Leergut
- **IKP[IKR]:** 6098 Bezugsnebenkosten[1]

Beispiel 9-12

Marc kauft für die Marcslights GmbH* 100 Edelstahlbleche zum Preis von 10,00 € je Stück zuzüglich 100,00 € Versandkosten und zuzüglich 209,00 € Umsatzsteuer gegen Banküberweisung der bei der Lieferung beiliegenden Rechnung. Die Anschaffungsnebenkosten verbucht er direkt:

SKP03 · SKP04 · IKP Sollkonto	Betrag	an SKP03 · SKP04 · IKP Habenkonto	Betrag
3971 · 1010 · 2010 Rohstoffe (Bestand)	1 100,00 €	1200 · 1800 · 2800 Bank	1309,00 €
1576 · 1406 · 2605 Abziehbare Vorsteuer 19 %	209,00 €		

Beispiel 9-13

(1) Marc kauft für die Marcslights GmbH* 100 Edelstahlbleche zum Preis von 10,00 € je Stück zuzüglich 100,00 € Versandkosten und zuzüglich 209,00 € Umsatzsteuer gegen Banküberweisung der bei der Lieferung beiliegenden Rechnung. Die Anschaffungsnebenkosten verbucht er indirekt:

SKP03 · SKP04 · IKP Sollkonto	Betrag	an SKP03 · SKP04 · IKP Habenkonto	Betrag
3971 · 1010 · 2010 Rohstoffe (Bestand)	1 000,00 €	1200 · 1800 · 2800 Bank	1309,00 €
3800 · 5800 · 6098 Bezugsnebenkosten	100,00 €		
1576 · 1406 · 2605 Abziehbare Vorsteuer 19 %	209,00 €		

(2) Am Monatsende werden die Anschaffungsnebenkosten auf die Rohstoffe umgebucht:

SKP03 · SKP04 · IKP Sollkonto	Betrag	an SKP03 · SKP04 · IKP Habenkonto	Betrag
3971 · 1010 · 2010 Rohstoffe (Bestand)	100,00 €	3800 · 5800 · 6098 Bezugsnebenkosten	100,00 €

9.2.8 Anzahlungen an Lieferanten

In einigen Branchen ist es bei Großaufträgen oder bei Sonderanfertigungen üblich, dass bei der Bestellung oder entsprechend einem vorher vereinbarten Herstellungsfortschritt Anzahlungen geleistet werden. Lieferanten werden dadurch sogenannte *Kundenkredite* (↗ Kapitel 7.4.2) eingeräumt.

Anzahlungen stellen Forderungen dar, die, falls sie für Vorräte geleistet werden, zunächst:
- im **Soll** der Aktivkonten »Geleistete Anzahlungen auf Vorräte«

verbucht werden. Falls sie sich auf umsatzsteuerpflichtige Lieferungen oder Leistungen beziehen, sind dabei auch die Anzahlungen umsatzsteuerpflichtig (↗Kapitel 6.2.3.1).

Nachdem die Lieferungen oder die Leistungen erfolgt sind, werden die geleisteten Anzahlungen dann auf die entsprechenden Aufwands- oder die Bestandskonten umgebucht, auf denen der Kauf der zugehörigen Güter verbucht wird.

Typische Belege
- Eingangsrechnungen von Lieferanten

Konten [Bilanz: Aktiva.B.I.4. Geleistete Anzahlungen]
- **SKP03[SKR03]:** 1510 [1512 – 1517] Geleistete Anzahlungen auf Vorräte …·
  1511 Geleistete Anzahlungen, 7% Vorsteuer·
  1518 Geleistete Anzahlungen, 19% Vorsteuer
- **SKP04[SKR04]:** 1180 [1182 – 1185] Geleistete Anzahlungen auf Vorräte …·
  1181 Geleistete Anzahlungen 7% Vorsteuer·
  1186 Geleistete Anzahlungen 19% Vorsteuer
- **IKP[IKR]:** 2300 Geleistete Anzahlungen auf Vorräte·
  2301 Geleistete Anzahlungen, 7% Vorsteuer[1]·
  2308 Geleistete Anzahlungen, 19% Vorsteuer[1]

Beispiel 9-14

(1) Marc bestellt für die Marcslights GmbH* Kunststofffolien für Lampenschirme, die mit einem selbst entworfenen Muster bedruckt werden sollen. Vereinbarungsgemäß leistet er auf den Gesamtpreis von 2 000,00 € zuzüglich 380,00 € Umsatzsteuer nach Erhalt einer entsprechenden Rechnung eine Anzahlung von 1 100,00 € zuzüglich 209,00 € Umsatzsteuer:

SKP03·SKP04·IKP Sollkonto	Betrag	an SKP03·SKP04·IKP Habenkonto	Betrag
1518·1186·2308 Geleistete Anzahlungen 19% Vorsteuer	1 100,00 €	1200·1800·2800 Bank	1 309,00 €
1576·1406·2605 Abziehbare Vorsteuer 19%	209,00 €		

(2) Nach der Herstellung erhält die Marcslights GmbH* die bestellten Kunststofffolien. Marc bucht die geleistete Anzahlung um und begleicht die bei der Lieferung beiliegende Rechnung über die verbleibenden 900,00 € zuzüglich 171,00 € Umsatzsteuer sofort per Banküberweisung:

SKP03·SKP04·IKP Sollkonto	Betrag	an SKP03·SKP04·IKP Habenkonto	Betrag
3971·1010·2010 Rohstoffe (Bestand)	1 100,00 €	1518·1186·2308 Geleistete Anzahlungen 19% Vorsteuer	1 100,00 €
3971·1010·2010 Rohstoffe (Bestand)	900,00 €	1200·1800·2800 Bank	1 071,00 €
1576·1406·2605 Abziehbare Vorsteuer 19%	171,00 €		

9.2.9 Rücksendungen an Lieferanten

Zu Rücksendungen von gekauften Gütern kommt es in der Regel insbesondere aufgrund von Sachmängeln. *Sachmängel* umfassen Mängel in der:
- **Art**, wenn beispielsweise Eisen- statt Stahlbleche geliefert wurden,
- **Menge**, wenn beispielsweise fünf statt zwei Bleche geliefert wurden, oder
- **Qualität**, wenn beispielsweise die gelieferten Bleche Risse aufweisen.

Die Buchung von Rücksendungen erfolgt genau umgekehrt zur Buchung von Käufen. Bei Gütern, deren Kauf aufwandsorientiert verbucht wurde,

erfolgt dazu eine Buchung in Höhe der Anschaffungskosten:
- im **Haben** der entsprechenden Aufwandskonten

und bei Gütern, deren Kauf bestandsorientiert verbucht wurde, eine Buchung:
- im **Haben** der entsprechenden Bestandskonten.

Gegebenenfalls sind zusätzlich die Vorsteuern, verbuchte Preisnachlässe und verbuchte Anschaffungsnebenkosten zu berichtigen.

Darüber hinaus bewirken Rücksendungen, dass die entsprechenden Verbindlichkeiten aus Lieferungen und Leistungen gegenüber den Lieferanten aufgelöst werden. Wurde die Rechnung des Lieferanten allerdings bereits vor der Rücksendung bezahlt, so entstehen durch Rücksendungen Forderungen gegenüber dem Lieferanten, die durch Rückzahlung des bezahlten Geldes beglichen werden.

Typische Belege
- Kopien von Handelsbriefen an Lieferanten
- Gutschriften

Beispiel 9-15

Marc hat für die Marcslights GmbH* 100 Edelstahlbleche zum Preis von 10,00 € je Stück zuzüglich 1,90 € Umsatzsteuer auf Ziel gekauft und die bei der Lieferung beiliegende Rechnung verbucht. Da sich kurz darauf herausstellt, dass die Bleche dicker als bestellt sind, werden sie nach Rücksprache mit dem Lieferanten zurückgeschickt.

Der Geschäftsvorfall bewirkt eine ① Auflösung der Verbindlichkeiten gegenüber dem Lieferanten (Passivkonto »Verbindlichkeiten aus Lieferungen und Leistungen«), eine ② Verminderung des Wertes der Rohstoffbestände (Aktivkonto »Rohstoffe (Bestand)«) sowie eine ③ Verminderung der Forderungen gegenüber den Finanzämtern aus gezahlter Vorsteuer (Aktivkonto »Abziehbare Vorsteuer«):

SKP03 · SKP04 · IKP Sollkonto	Betrag	an	SKP03 · SKP04 · IKP Habenkonto	Betrag
① 1600 · 3300 · 4400 Verbindlichkeiten aus Lieferungen und Leistungen	1 190,00 €		② 3971 · 1010 · 2010 Rohstoffe (Bestand)	1 000,00 €
			③ 1576 · 1406 · 2605 Abziehbare Vorsteuer 19 %	190,00 €

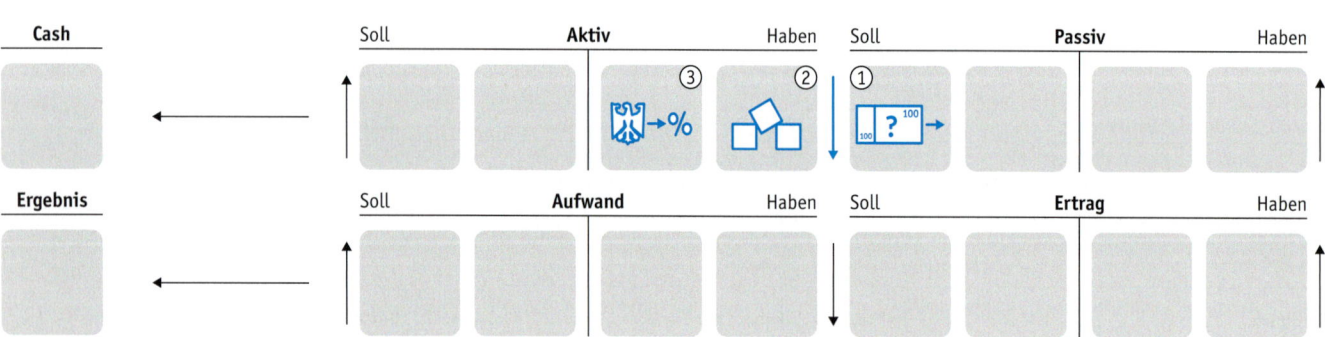

Zwischenübung Kapitel 9.2

Geben Sie für die nachfolgenden Geschäftsvorfälle die Buchungssätze an:

(A) Marc kauft für die Marcslights GmbH* 200 elektrische Schalter zum Preis von 1,00 € je Stück abzüglich eines Treuerabatts auf den Preis von 10 % zuzüglich Versandkosten von 20,00 € und zuzüglich der Umsatzsteuer gegen Banküberweisung der bei der Lieferung beiliegenden Rechnung. Der Kauf wird aufwandsorientiert verbucht, die Anschaffungsnebenkosten direkt:

Sollkonto	Betrag	an Habenkonto	Betrag

(B) Marc kauft für die Marcslights GmbH* 200 elektrische Schalter zum Preis von 1,00 € je Stück abzüglich eines Treuerabatts auf den Preis von 10 % zuzüglich Versandkosten von 20,00 € und zuzüglich der Umsatzsteuer auf Ziel. Der Kauf wird bestandsorientiert verbucht, die Anschaffungsnebenkosten indirekt:

Sollkonto	Betrag	an Habenkonto	Betrag

(C) Marc zahlt für die Marcslights GmbH* die unter (B) verbuchte Rechnung abzüglich 3 % Skontos, die separat erfasst werden, per Banküberweisung:

Sollkonto	Betrag	an Habenkonto	Betrag

(D) Am Monatsende werden die Versandkosten von (B) und das Skonto von (C) auf die Schalter umgebucht:

Sollkonto	Betrag	an Habenkonto	Betrag

9.3 Fertigung

Lernziel 9-3
Die grundlegenden Produktionsprozesse buchen können.

- Einordnung innerhalb der Jahresabschlussrechnungen
- Beschaffung
- **Fertigung**
- Vertrieb
- Kontokorrentbuchführung
- Lagerbuchführung

In der Fertigung werden die zuvor beschafften Werkstoffe in Erzeugnisse, wie beispielsweise die Leuchten der Marcslights GmbH, umgewandelt.

Wie bei der Verbuchung von Fertigungsprozessen vorgegangen wird, hängt dabei davon ab, ob die verbuchenden Unternehmen die Gewinn- und Verlustrechnung nach dem Gesamtkosten- oder nach dem Umsatzkostenverfahren aufstellen (↗ Kapitel 16.2.1.1.1).

9.3.1 Verbuchung von Fertigungsprozessen bei Anwendung des Gesamtkostenverfahrens

Nachfolgend werden wir uns anschauen, wie Fertigungsprozesse bei Anwendung des Gesamtkostenverfahrens über die Verbuchung folgender Schritte abgebildet werden:
- Verbrauch von Werkstoffen,
- Herstellung von unfertigen Erzeugnissen,
- Verbrauch von unfertigen Erzeugnissen,
- Herstellung von fertigen Erzeugnissen.

9.3.1.1 Verbrauch von Werkstoffen
Wenn Werkstoffe in die Fertigung eingehen, werden sie verbraucht. Die Vorgehensweise bei der Verbuchung dieses Vorgangs hängt dabei von der Verbuchung beim Kauf der Werkstoffe ab.

9.3.1.1.1 Verbrauch von Werkstoffen bei aufwandsorientierter Verbuchung des Kaufs
Wenn der Kauf von Werkstoffen aufwandsorientiert verbucht wurde (↗ Kapitel 9.2.2.1), so wird ihr Einsatz in der Fertigung nicht mehr verbucht, sondern lediglich zu Korrekturzwecken am Ende des Geschäftsjahres der tatsächliche Verbrauch im Rahmen der Inventur ermittelt und sich ergebende Abweichungen verbucht (↗ Kapitel 13.4.1).

9.3.1.1.2 Verbrauch von Werkstoffen bei bestandsorientierter Verbuchung des Kaufs
Wenn der Kauf von Werkstoffen bestandsorientiert verbucht wurde (↗ Kapitel 9.2.2.2), so muss ihr Einsatz in der Fertigung als Aufwand verbucht werden. Die Ermittlung des entsprechenden Verbrauchs kann über verschiedene Methoden erfolgen (↗ Abbildung 9-5):

(1) Inventurmethode
Bei der Inventurmethode, die auch als *Befundrechnung* bezeichnet wird, erfolgt eine nachträgliche Ermittlung und Verbuchung des Werkstoffverbrauchs am Ende des Geschäftsjahres im Rahmen der Inventur. Der Verbrauch wird dabei mittels folgender Rechnung ermittelt:

```
  Anfangsbestand laut Inventur
+ Zugänge während des Geschäftsjahres
− Endbestand laut Inventur
= Verbrauch während des Geschäftsjahres
```

Durch den Einsatz der Inventurmethode werden allerdings die Vorteile der bestandsorientierten Verbuchung (↗ Kapitel 9.2.2.2) zunichtegemacht. Sie wird deshalb primär bei kleineren Unternehmen eingesetzt, die nicht über die betrieblichen Voraussetzungen für den Einsatz der Fortschreibungsmethode verfügen.

(2) Fortschreibungsmethode
Bei der Fortschreibungsmethode, die auch als *Skontration* bezeichnet wird, erfolgt eine inventurunabhängige, fortlaufende Ermittlung und Verbuchung des Werkstoffverbrauchs. Die Erfassung des Verbrauchs erfolgt dabei abhängig von den betrieblichen Gegebenheiten entweder beim Abgang aus dem Eingangslager auf der Basis von Materialentnahmescheinen (↗ Kapitel 4.2.1.2) oder beim Beginn der Fertigung auf der Basis der Daten einer Betriebsdatenerfassung. Die Fortschreibungsmethode ist heute in der Industrie die gängigste Art der Verbrauchsermittlung.

(3) Retrograde Methode

Eine weitere Möglichkeit, den Verbrauch zu ermitteln, stellt die retrograde Methode dar, die auch als *Rückrechnung* bezeichnet wird. Bei dieser Methode wird der Verbrauch an Werkstoffen und unfertigen Erzeugnissen fortlaufend oder nachträglich über Stücklisten- oder Rezeptauflösungen aus der Anzahl an hergestellten oder verkauften fertigen Erzeugnissen errechnet (Vahs, D./Schäfer-Kunz, J. 2007: Seite 474 f.).

Der mit einer der vorgenannten Methoden ermittelte Werkstoffverbrauch stellt einen Aufwand dar, der unabhängig von der Art der Ermittlung:

- im **Soll** der Aufwandskonten »Aufwendungen für Roh-, Hilfs- und Betriebsstoffe und für bezogene Waren«

mit den durchschnittlichen Anschaffungskosten verbucht wird. Gleichzeitig kommt es durch den Verbrauch zu einer Bestandsminderung, die:

- im **Haben** der Aktivkonten »Roh-, Hilfs- und Betriebsstoffe (Bestand)«

gegengebucht wird (↗ Abbildung 9-7). Die für die Verbuchung verwendeten durchschnittlichen Anschaffungskosten werden in der Regel fortlaufend im Rahmen einer *Folgebewertung* mittels Bewertungsverfahren (↗ Kapitel 14.4.1) ermittelt (Küting, K. und andere 2010: Seite 130 ff.).

Typische Belege
- Materialentnahmescheine

Konten [Bilanz: Aktiva.B.I.1. Roh-, Hilfs- und Betriebsstoffe]

- **SKP03 [SKR03]:** 3970 Roh-, Hilfs- und Betriebsstoffe (Bestand)² · 3971 Rohstoffe (Bestand)¹ · 3972 Hilfsstoffe (Bestand)¹ · 3973 Betriebsstoffe (Bestand)¹
- **SKP04 [SKR04]:** 1000 Roh-, Hilfs- und Betriebsstoffe (Bestand)² · 1010 Rohstoffe (Bestand)¹ · 1020 Hilfsstoffe (Bestand)¹ · 1030 Betriebsstoffe (Bestand)¹
- **IKP [IKR]:** 2000 Roh-, Hilfs- und Betriebsstoffe (Bestand)² · 2010 Rohstoffe (Bestand)² · 2020 Hilfsstoffe (Bestand)² · 2030 Betriebsstoffe (Bestand)²

Abb. 9-7

Die Umsatzprozesse von Industrieunternehmen, die die Gewinn- und Verlustrechnung nach dem Gesamtkostenverfahren aufstellen, werden in der Regel bestandsorientiert in Verbindung mit der Fortschreibungsmethode verbucht.

Beschaffung		RHB-Stoffe (Bestand)	
	Soll		Haben
Ausgabe		Ak	

		RHB-Stoffe (Bestand)			Aufwendungen für RHB-Stoffe	
Aufwand	Soll		Haben	Soll		Haben
Herstellung unfertiger Erzeugnisse		Ø Ak			Ø Ak	
		Bestands- veränderungen			Unfertige Erzeugnisse	
	Soll		Haben	Soll		Haben
Ertrag		Hk1			Hk1	

		Unfertige Erzeugnisse			Bestands- veränderungen	
Aufwand	Soll		Haben	Soll		Haben
Herstellung fertiger Erzeugnisse		Ø Hk1			Ø Hk1	
		Bestands- veränderungen			Fertige Erzeugnisse	
	Soll		Haben	Soll		Haben
Ertrag		Hk2			Hk2	

		Fertige Erzeugnisse			Bestands- veränderungen	
Aufwand	Soll		Haben	Soll		Haben
Auslagerung und Verkauf		Ø Hk2			Ø Hk2	
		Umsatz- erlöse				
Einnahme	Soll		Haben			
Ertrag		Vp				

Ak = Anschaffungskosten
Hk = Herstellungskosten
Vp = Verkaufspreis

Konten [GuV: 5.a) Aufwendungen für Roh-, Hilfs- und Betriebsstoffe und für bezogene Waren]

- **SKP03 [SKR03]:** 3000 Aufwendungen für Roh-, Hilfs- und Betriebsstoffe und für bezogene Waren² · 3010 Aufwendungen für Rohstoffe¹ · 3020 Aufwendungen für Hilfsstoffe¹ · 3030 Aufwendungen für Betriebsstoffe¹
- **SKP04 [SKR04]:** 5000 Aufwendungen für Roh-, Hilfs- und Betriebsstoffe und für bezogene Waren · 5010 Aufwendungen für Rohstoffe¹ · 5020 Aufwendungen für Hilfsstoffe¹ · 5030 Aufwendungen für Betriebsstoffe¹

▶ **IKP[IKR]:** 6000 Aufwendungen für Roh-, Hilfs- und Betriebsstoffe und für bezogene Waren · 6010 Aufwendungen für Rohstoffe² · 6020 Aufwendungen für Hilfsstoffe² · 6030 Aufwendungen für Betriebsstoffe²

Beispiel 9-16

Für die Fertigung von Gehäusen für Edelstahlleuchten werden dem Eingangslager der Marcslights GmbH* 10 Edelstahlbleche mit durchschnittlichen Anschaffungskosten von 10,00 € je Stück entnommen.

Der Geschäftsvorfall bewirkt eine ① Erhöhung des Aufwands aus dem Verbrauch von Rohstoffen (Aufwandskonto »Aufwendungen für Rohstoffe¹«) und damit eine Verminderung des Erfolgs und des Eigenkapitals EK um die durchschnittlichen Anschaffungskosten sowie eine ② Verminderung des Bestands an Rohstoffen (Aktivkonto »Rohstoffe (Bestand)¹«):

SKP03 · SKP04 · IKP Sollkonto	Betrag	an	SKP03 · SKP04 · IKP Habenkonto	Betrag
① 3010 · 5010 · 6010 Aufwendungen für Rohstoffe	10 × 10,00 €	an	② 3971 · 1010 · 2010 Rohstoffe (Bestand)¹	10 × 10,00 €

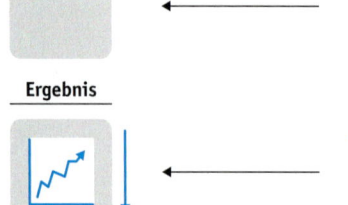
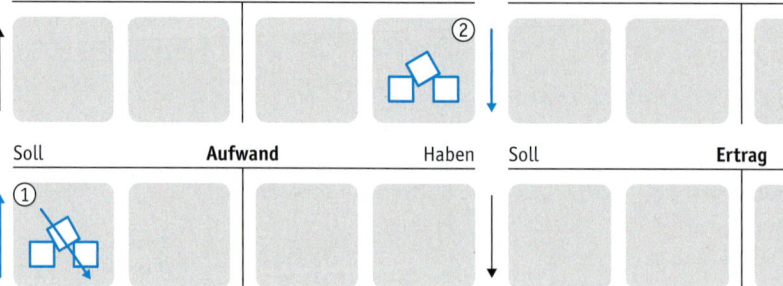

9.3.1.2 Herstellung von unfertigen Erzeugnissen

Bei mehrstufigen Fertigungsprozessen ergeben sich auf den Zwischenstufen sogenannte unfertige Erzeugnisse. Die Erfassung der Herstellung dieser Erzeugnisse erfolgt abhängig von den betrieblichen Gegebenheiten entweder am Ende der Fertigung auf der Basis der Daten einer Betriebsdatenerfassung oder beim Zugang in Zwischenlager auf der Basis von Einlagerungsscheinen (↗ Kapitel 4.2.1.2).

Die Herstellung und der Verbrauch von unfertigen und fertigen Erzeugnissen werden in der Regel bestandsorientiert (↗ Kapitel 9.2.2.2) verbucht. Durch die Herstellung und damit den Zugang von unfertigen Erzeugnissen kommt es zu einer Bestandserhöhung, die:

▶ im **Soll** der Aktivkonten »Unfertige Erzeugnisse«

mit den Herstellungskosten verbucht wird.

Gleichzeitig stellt die Herstellung einen Ertrag dar, der:

▶ im **Haben** der Erfolgskonten »Bestandsveränderungen – unfertige Erzeugnisse«

gegengebucht wird (↗ Abbildung 9-7). Die für die *Zugangsbewertung* verwendeten Herstellungskosten werden in der Regel fortlaufend über Verfahren der Kostenrechnung ermittelt (↗ Kapitel 8.2.2.1).

Typische Belege
▶ Einlagerungsscheine

Konten [Bilanz: Aktiva.B.I.2. Unfertige Erzeugnisse, unfertige Leistungen]
▶ **SKP03[SKR03]:** 7050 Unfertige Erzeugnisse (Bestand)
▶ **SKP04[SKR04]:** 1050 Unfertige Erzeugnisse (Bestand)²
▶ **IKP[IKR]:** 2100 Unfertige Erzeugnisse (Bestand)²

9.3 Fertigung

Konten [GuV: 2. Erhöhung oder Verminderung des Bestands an fertigen und unfertigen Erzeugnissen]
- SKP03[SKR03]: 8960 Bestandsveränderungen – unfertige Erzeugnisse
- SKP04[SKR04]: 4810 Bestandsveränderungen – unfertige Erzeugnisse
- IKP[IKR]: 5210 Bestandsveränderungen – unfertige Erzeugnisse[2]

Beispiel 9-17

Nach der Fertigung werden in das Zwischenlager der Marcslights GmbH* 10 Gehäuse für Edelstahlleuchten mit Herstellungskosten von 23,00 € je Stück eingelagert.

Der Geschäftsvorfall bewirkt eine ① Erhöhung des Bestands an unfertigen Erzeugnissen (Aktivkonto »Unfertige Erzeugnisse (Bestand)«) um die Herstellungskosten sowie eine ② Erhöhung des Ertrags aus der Herstellung unfertiger Erzeugnisse (Erfolgskonto »Bestandsveränderungen – unfertige Erzeugnisse«) und damit eine Erhöhung des Erfolgs und des Eigenkapitals EK:

SKP03 · SKP04 · IKP Sollkonto	Betrag an	SKP03 · SKP04 · IKP Habenkonto	Betrag
① 7050 · 1050 · 2100 Unfertige Erzeugnisse (Bestand)	10 × 23,00 €	② 8960 · 4810 · 5210 Bestandsveränderungen – unfertige Erzeugnisse	10 × 23,00 €

9.3.1.3 Verbrauch von unfertigen Erzeugnissen

Wenn unfertige Erzeugnisse in die nächste Fertigungsstufe eingehen, erfolgt die Erfassung dieses Verbrauchs abhängig von den betrieblichen Gegebenheiten entweder beim Abgang aus den Zwischenlagern auf der Basis von Materialentnahmescheinen (↗ Kapitel 4.2.1.2) oder beim Beginn der Fertigung auf der Basis der Daten einer Betriebsdatenerfassung.

Obwohl der Verbrauch ein Aufwand ist, wird er nicht im Soll von Aufwandskonten, sondern:
- im **Soll** der Erfolgskonten »Bestandsveränderungen – unfertige Erzeugnisse«

mit den durchschnittlichen Herstellungskosten verbucht. Gleichzeitig kommt es durch den Verbrauch zu einer Bestandsminderung, die:
- im **Haben** der Aktivkonten »Unfertige Erzeugnisse«

gegengebucht wird (↗ Abbildung 9-7). Die für die Verbuchung verwendeten durchschnittlichen Herstellungskosten werden in der Regel fortlaufend im Rahmen einer *Folgebewertung* mittels Bewertungsverfahren (↗ Kapitel 14.4.1) ermittelt.

Typische Belege
- Materialentnahmescheine

Konten [Bilanz: Aktiva.B.I.2. Unfertige Erzeugnisse, unfertige Leistungen]
- SKP03[SKR03]: 7050 Unfertige Erzeugnisse (Bestand)
- SKP04[SKR04]: 1050 Unfertige Erzeugnisse (Bestand)[2]
- IKP[IKR]: 2100 Unfertige Erzeugnisse (Bestand)[2]

Konten [GuV: 2. Erhöhung oder Verminderung des Bestands an fertigen und unfertigen Erzeugnissen]
- **SKP03[SKR03]:** 8960 Bestandsveränderungen – unfertige Erzeugnisse
- **SKP04[SKR04]:** 4810 Bestandsveränderungen – unfertige Erzeugnisse
- **IKP[IKR]:** 5210 Bestandsveränderungen – unfertige Erzeugnisse²

Beispiel 9-18

Für die Montage von Edelstahlleuchten werden dem Zwischenlager der Marcslights GmbH*

8 Gehäuse mit durchschnittlichen Herstellungskosten von 23,00 € je Stück entnommen.

Der Geschäftsvorfall bewirkt eine ① Erhöhung des Aufwands aus dem Verbrauch unfertiger Erzeugnisse (Erfolgskonto »Bestandsveränderungen – unfertige Erzeugnisse«) und damit eine Verminderung des Erfolgs und des Eigenkapitals EK um die durchschnittlichen Herstellungskosten sowie eine ② Verminderung des Bestands an unfertigen Erzeugnissen (Aktivkonto »Unfertige Erzeugnisse (Bestand)²«):

SKP03 · SKP04 · IKP Sollkonto	Betrag	an	SKP03 · SKP04 · IKP Habenkonto	Betrag
① 8960 · 4810 · 5210 Bestandsveränderungen – unfertige Erzeugnisse	8 × 23,00 €		② 7050 · 1050 · 2100 Unfertige Erzeugnisse (Bestand)	8 × 23,00 €

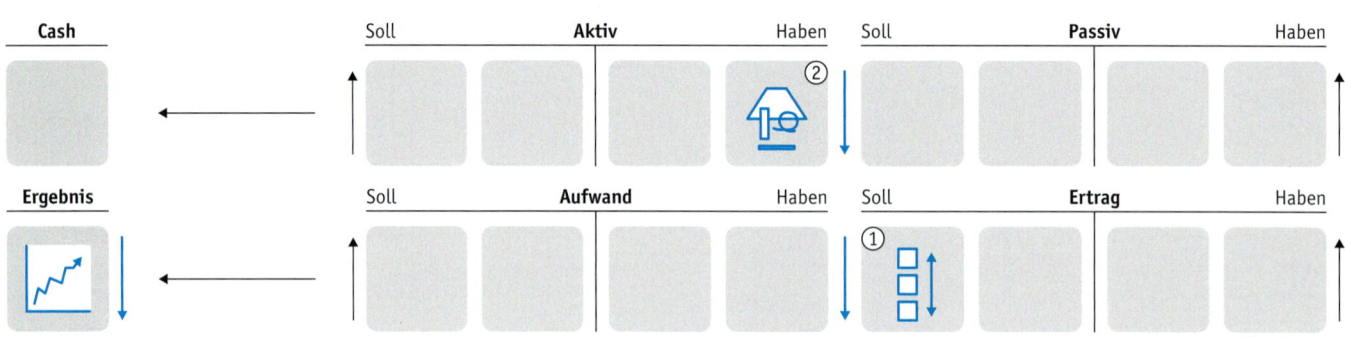

9.3.1.4 Herstellung von fertigen Erzeugnissen

Am Ende der Fertigung entstehen die sogenannten fertigen Erzeugnisse. Die Erfassung ihrer Herstellung erfolgt abhängig von den betrieblichen Gegebenheiten entweder am Ende der Fertigung auf der Basis der Daten einer Betriebsdatenerfassung oder beim Zugang in ein Distributionslager auf der Basis von Einlagerungsscheinen (↗ Kapitel 4.2.1.2).

Durch die Herstellung und damit den Zugang von fertigen Erzeugnissen kommt es zu einer Bestandserhöhung, die:

- im **Soll** der Aktivkonten »Fertige Erzeugnisse« mit den Herstellungskosten verbucht wird. Gleichzeitig stellt die Herstellung einen Ertrag dar, der:
    - im **Haben** der Erfolgskonten »Bestandsveränderungen – fertige Erzeugnisse«

gegengebucht wird (↗ Abbildung 9-7). Die für die *Zugangsbewertung* verwendeten Herstellungskosten werden in der Regel fortlaufend über Verfahren der Kostenrechnung ermittelt (↗ Kapitel 8.2.2.1).

Typische Belege
- Einlagerungsscheine

Konten [Bilanz: Aktiva.B.I.3. Fertige Erzeugnisse und Waren]
- **SKP03[SKR03]:** 7110 Fertige Erzeugnisse (Bestand)
- **SKP04[SKR04]:** 1110 Fertige Erzeugnisse (Bestand)
- **IKP[IKR]:** 2200 Fertige Erzeugnisse (Bestand)²

Konten [GuV: 2. Erhöhung oder Verminderung des Bestands an fertigen und unfertigen Erzeugnissen]
- **SKP03[SKR03]:** 8980 Bestandsveränderungen – fertige Erzeugnisse
- **SKP04[SKR04]:** 4800 Bestandsveränderungen – fertige Erzeugnisse
- **IKP[IKR]:** 5220 Bestandsveränderungen – fertige Erzeugnisse²

Beispiel 9-19

Nach der Montage werden in das Distributionslager der Marcslights GmbH* 8 Edelstahlleuchten mit Herstellungskosten von 100,00 € je Stück eingelagert.

Der Geschäftsvorfall bewirkt eine ① Erhöhung des Bestands an fertigen Erzeugnissen (Aktivkonto »Fertige Erzeugnisse (Bestand)«) um die Herstellungskosten sowie eine ② Erhöhung des Ertrags aus der Herstellung fertiger Erzeugnisse (Erfolgskonto »Bestandsveränderungen – fertige Erzeugnisse«) und damit eine Erhöhung des Erfolgs und des Eigenkapitals EK:

SKP03 · SKP04 · IKP Sollkonto	Betrag	an	SKP03 · SKP04 · IKP Habenkonto	Betrag
① 7110 · 1110 · 2200 Fertige Erzeugnisse (Bestand)	8 × 100,00 €		② 8980 · 4800 · 5220 Bestandsveränderungen – fertige Erzeugnisse	8 × 100,00 €

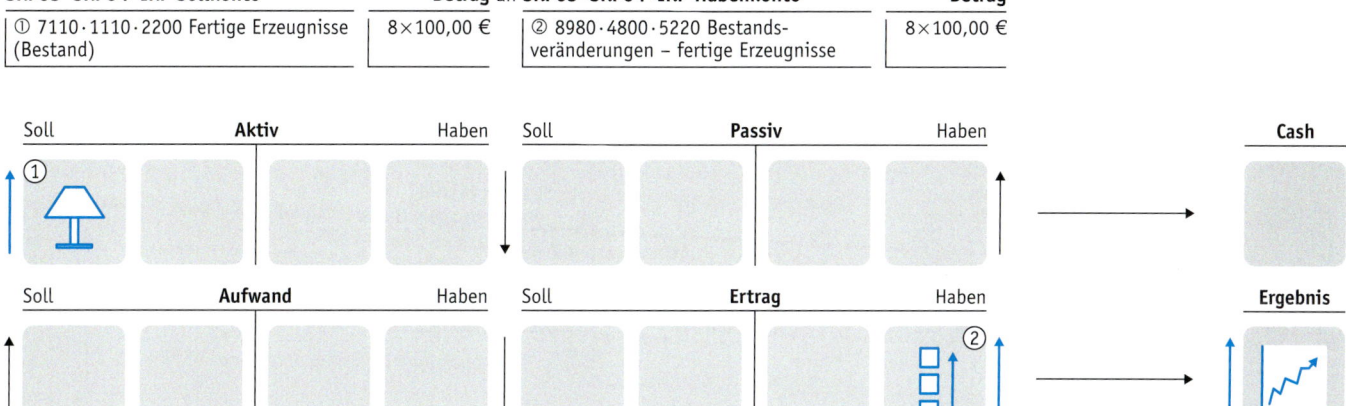

9.3.2 Verbuchung von Fertigungsprozessen bei Anwendung des Umsatzkostenverfahrens

Nachfolgend werden wir uns anschauen, wie Fertigungsprozesse bei Anwendung des Umsatzkostenverfahrens über die Verbuchung folgender Schritte abgebildet werden:
- Herstellung von unfertigen Erzeugnissen,
- Herstellung von fertigen Erzeugnissen.

Die Verbuchung erfolgt also in weniger Schritten als bei Anwendung des Gesamtkostenverfahrens, da nicht zwischen dem Verbrauch und der Herstellung unterschieden wird, sondern jeweils nur der Übergang zwischen den Fertigungsstufen betrachtet wird.

9.3.2.1 Herstellung von unfertigen Erzeugnissen

Unternehmen, die ihre Gewinn- und Verlustrechnung nach dem Umsatzkostenverfahren aufstellen, weisen dort – anders als bei Anwendung des Gesamtkostenverfahrens – keine Erträge aus der Erhöhung des Bestands an unfertigen Erzeugnissen und keine diesen Erträgen gegenüberstehenden Aufwendungen aus der Herstellung der unfertigen Erzeugnisse aus. Statt dessen wird die Herstellung in saldierter Form ausgewiesen, indem – eine bestandsorientierte Verbuchung vorausgesetzt (↗ Kapitel 9.2.2.2) – die Materialkosten erfolgsneutral innerhalb des Bilanzpostens »Aktiva.B.I. Vorräte« umgebucht werden und indem andere Aufwendungen um die jeweiligen Bestandteile der Herstellungskosten reduziert werden.

9.3 Die Buchungen im Umlaufvermögen zur Abbildung von Umsatzprozessen
Fertigung

Abb. 9-8

Beim Gesamtkostenverfahren wird den Herstellungskosten bei der Aktivierung der hergestellten Erzeugnisse ein Ertrag aus Bestandsveränderungen gegenübergestellt, während die Bestandteile der Herstellungskosten beim Umsatzkostenverfahren zur Aktivierung auf die hergestellten Erzeugnisse umgebucht werden.

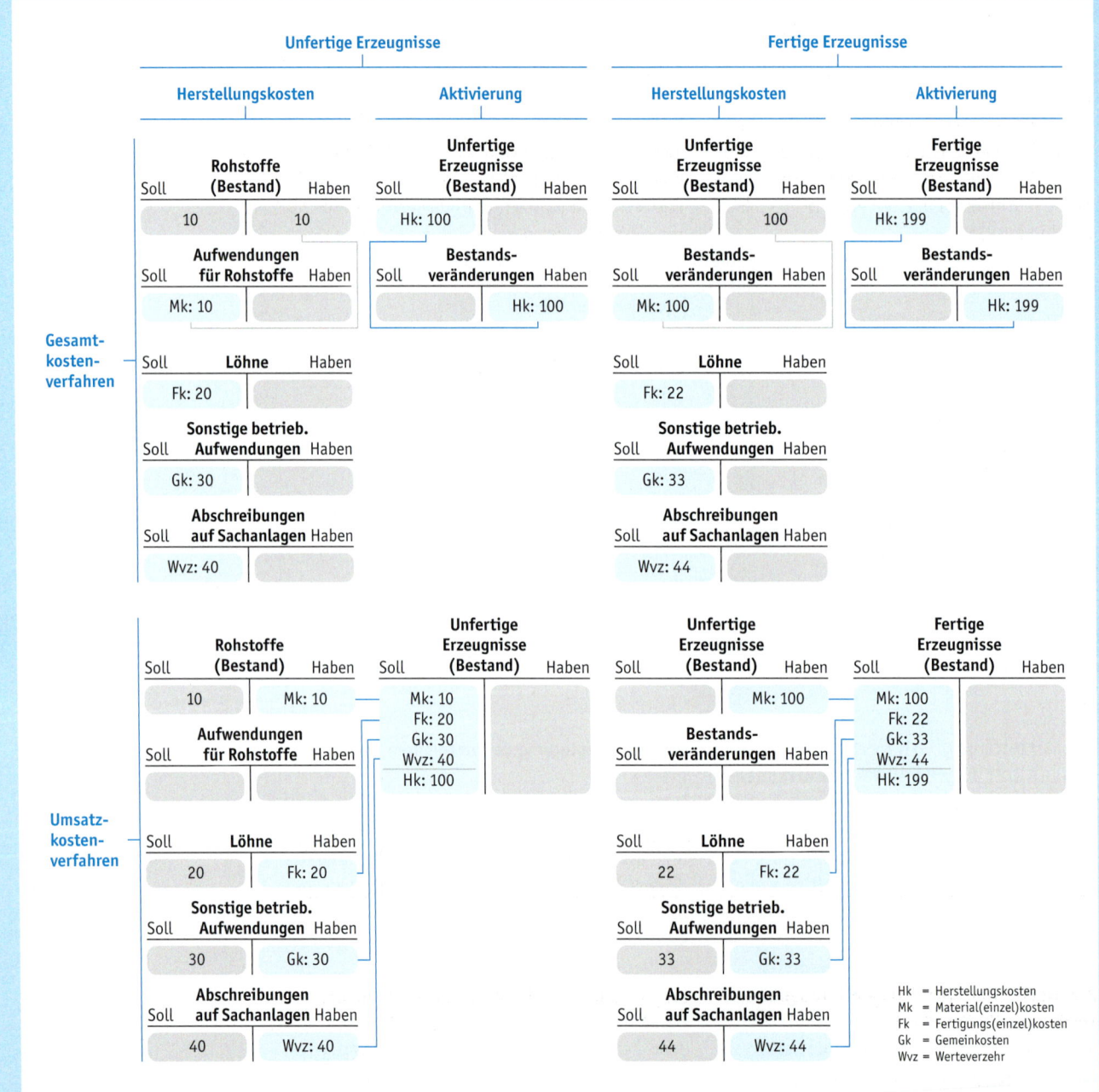

Bei Anwendung des Umsatzkostenverfahrens erfolgt die Aktivierung von unfertigen Erzeugnissen entsprechend, indem die Materialkosten:
- im **Haben** der Bestandskonten für Materialien

und indem die anderen Aufwendungen zur Herstellung:
- im **Haben** der entsprechenden Aufwandskonten

gegengebucht werden. Gemeinkosten, für die keine spezifischen Kosten vorhanden sind, können dabei über die Aufwandskonten »Sonstige betriebliche Aufwendungen« verbucht werden (↗ Abbildung 9-8).

Typische Belege
- Einlagerungsscheine

Konten [Bilanz: Aktiva.B.I.2. Unfertige Erzeugnisse, unfertige Leistungen]
- **SKP03[SKR03]:** 7050 Unfertige Erzeugnisse (Bestand)
- **SKP04[SKR04]:** 1050 Unfertige Erzeugnisse (Bestand)[2]
- **IKP[IKR]:** 2100 Unfertige Erzeugnisse (Bestand)[2]

Konten [GuV: 8. Sonstige betriebliche Aufwendungen]
- **SKP03[SKR03]:** 4900 Sonstige betriebliche Aufwendungen
- **SKP04[SKR04]:** 6300 Sonstige betriebliche Aufwendungen
- **IKP[IKR]:** 6930 Andere sonstige betriebliche Aufwendungen

Beispiel 9-20

Nach der Fertigung werden in das Zwischenlager eines Unternehmens*, das seine Gewinn- und Verlustrechnung nach dem Umsatzkostenverfahren aufstellt und den Kauf von Rohstoffen bestandsorientiert verbucht, 10 Gehäuse mit Herstellungskosten von 23,00 € je Stück eingelagert.

Über Verfahren der Kostenrechnung wurden folgende aufwandsgleiche Bestandteile der Herstellungskosten ermittelt:
- Materialkosten: 10,00 € je Stück,
- Fertigungskosten: 5,00 € je Stück,
- Sonderkosten der Fertigung: 0,00 € je Stück,
- Materialgemeinkosten: 1,00 € je Stück,
- Fertigungsgemeinkosten: 4,00 € je Stück,
- durch die Fertigung veranlasster Werteverzehr des Anlagevermögens: 3,00 € je Stück.

SKP03 · SKP04 · IKP Sollkonto	Betrag	an	SKP03 · SKP04 · IKP Habenkonto	Betrag
7050 · 1050 · 2100 Unfertige Erzeugnisse (Bestand)	10 × 23,00 €		3971 · 1010 · 2010 Rohstoffe (Bestand)[1]	10 × 10,00 €
			4110 · 6010 · 6200 Löhne	10 × 5,00 €
			4900 · 6300 · 6930 Sonstige betriebliche Aufwendungen	10 × 1,00 €
			4900 · 6300 · 6930 Sonstige betriebliche Aufwendungen	10 × 4,00 €
			4830 · 6220 · 6530 Abschreibungen auf Sachanlagen (ohne AfA auf Kfz und Gebäude)	10 × 3,00 €

9.3.2.2 Herstellung von fertigen Erzeugnissen

Unternehmen, die ihre Gewinn- und Verlustrechnung nach dem Umsatzkostenverfahren aufstellen, weisen dort – anders als bei Anwendung des Gesamtkostenverfahrens – keine Erträge aus der Erhöhung des Bestands an fertigen Erzeugnissen und keine diesen Erträgen gegenüberstehenden Aufwendungen aus der Herstellung der fertigen Erzeugnisse aus. Statt dessen wird die Herstellung in saldierter Form ausgewiesen, indem – eine bestandsorientierte Verbuchung vorausgesetzt (↗ Kapitel 9.2.2.2) – die Materialkosten erfolgsneutral innerhalb des Bilanzpostens »Aktiva.B.I. Vorräte« umgebucht werden und indem andere Aufwendungen um die jeweiligen Bestandteile der Herstellungskosten reduziert werden.

9.3 Die Buchungen im Umlaufvermögen zur Abbildung von Umsatzprozessen
Fertigung

Abb. 9-9

Die im Vergleich zu den Herstellungs- und Anschaffungskosten zur Erzielung der Umsatzerlöse relativ hohen Materialaufwendungen der Volkswagen AG im Geschäftsjahr 2007 zeigen, dass sich der Automobilhersteller inzwischen primär als Systemintegrator versteht, der einen Großteil der Wertschöpfung bei seinen Lieferanten zukauft (Volkswagen AG 2008: Seite 265, 288).

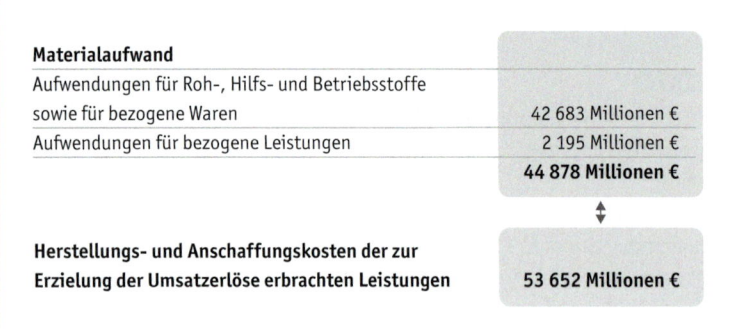

Materialaufwand	
Aufwendungen für Roh-, Hilfs- und Betriebsstoffe sowie für bezogene Waren	42 683 Millionen €
Aufwendungen für bezogene Leistungen	2 195 Millionen €
	44 878 Millionen €
↕	
Herstellungs- und Anschaffungskosten der zur Erzielung der Umsatzerlöse erbrachten Leistungen	53 652 Millionen €

Konten [Bilanz: Aktiva.B.I.3. Fertige Erzeugnisse und Waren]
- **SKP03 [SKR03]:** 7110 Fertige Erzeugnisse (Bestand)
- **SKP04 [SKR04]:** 1110 Fertige Erzeugnisse (Bestand)
- **IKP [IKR]:** 2200 Fertige Erzeugnisse (Bestand)[2]

Konten [GuV: 8. Sonstige betriebliche Aufwendungen]
- **SKP03 [SKR03]:** 4900 Sonstige betriebliche Aufwendungen
- **SKP04 [SKR04]:** 6300 Sonstige betriebliche Aufwendungen
- **IKP [IKR]:** 6930 Andere sonstige betriebliche Aufwendungen

Beispiel 9-21

Nach der Montage werden in das Distributionslager eines Unternehmens*, das seine Gewinn- und Verlustrechnung nach dem Umsatzkostenverfahren aufstellt und den Kauf von Hilfsstoffen aufwandsorientiert verbucht, 8 fertige Erzeugnisse mit Herstellungskosten von 100,00 € je Stück eingelagert.

Über Verfahren der Kostenrechnung wurden folgende aufwandsgleiche Bestandteile der Herstellungskosten ermittelt:
- Materialkosten unfertiges Erzeugnis Gehäuse: 23,00 € je Stück,
- Materialkosten unfertiges Erzeugnis Elektronik: 5,00 € je Stück,
- Materialkosten Montagehilfsstoffe: 4,00 € je Stück,
- Fertigungskosten: 30,00 € je Stück,
- Sonderkosten der Fertigung: 0,00 € je Stück,
- Materialgemeinkosten: 8,00 € je Stück,
- Fertigungsgemeinkosten: 16,00 € je Stück,
- durch die Fertigung veranlasster Werteverzehr des Anlagevermögens: 14,00 € je Stück.

Bei Anwendung des Umsatzkostenverfahrens erfolgt die Aktivierung von fertigen Erzeugnissen entsprechend, indem die Materialkosten:
- im **Haben** der Bestandskonten für Materialien

und indem die anderen Aufwendungen zur Herstellung:
- im **Haben** der entsprechenden Aufwandskonten

gegengebucht werden. Gemeinkosten, für die keine spezifischen Kosten vorhanden sind, können dabei über die Aufwandskonten »Sonstige betriebliche Aufwendungen« verbucht werden (↗ Abbildung 9-8).

Typische Belege
- Einlagerungsscheine

SKP03 · SKP04 · IKP Sollkonto	Betrag	an SKP03 · SKP04 · IKP Habenkonto	Betrag
7110 · 1110 · 2200 Fertige Erzeugnisse (Bestand)	8 × 100,00 €	7050 · 1050 · 2100 Unfertige Erzeugnisse (Bestand)	8 × 23,00 €
		7050 · 1050 · 2100 Unfertige Erzeugnisse (Bestand)	8 × 5,00 €
		3020 · 5020 · 6020 Aufwendungen für Hilfsstoffe	8 × 4,00 €
		4110 · 6010 · 6200 Löhne	8 × 30,00 €

		4900 · 6300 · 6930 Sonstige betriebliche Aufwendungen	8 × 8,00 €
		4900 · 6300 · 6930 Sonstige betriebliche Aufwendungen	8 × 16,00 €
		4830 · 6220 · 6530 Abschreibungen auf Sachanlagen (ohne AfA auf Kfz und Gebäude)	8 × 14,00 €

Zwischenübung Kapitel 9.3

Geben Sie für die nachfolgenden Geschäftsvorfälle die Buchungssätze an:

(A) Marc hat für die Marcslights GmbH* von einem neuen elektrischen Schalter 10 Stück zum Preis von 2,00 € je Stück und nach einer Preiserhöhung des Lieferanten 10 Stück zum Preis von 2,10 € je Stück gekauft und die Käufe jeweils bestandsorientiert verbucht. Für die Fertigung von Leuchten werden dem Eingangslager der Marcslights GmbH* alle vorhandenen 20 Schalter auf Materialentnahmeschein entnommen. Die Entnahme soll mittels der Fortschreibungsmethode verbucht werden:

Sollkonto	Betrag	an Habenkonto	Betrag

(B) Die Betriebsdatenerfassung der Marcslights GmbH* meldet nach der Montage die Fertigstellung von 20 Tischleuchten mit Herstellungskosten von 150,00 € je Stück:

Sollkonto	Betrag	an Habenkonto	Betrag

9.4 Vertrieb

- Einordnung innerhalb der Jahresabschlussrechnungen
- Beschaffung
- Fertigung
- **Vertrieb**
- Kontokorrentbuchführung
- Lagerbuchführung

Am Ende des Umsatzprozesses werden die gefertigten Erzeugnisse und die beschafften Waren an Kunden verkauft.

9.4.1 Auslagerung von fertigen Erzeugnissen und Waren für die Lieferung

Im Rahmen des Verkaufs von fertigen Erzeugnissen und Waren werden diese dem Distributionslager oder im Einzelhandel beispielsweise den Regalen zur Lieferung an die Kunden entnommen. Wiewohl es zu einem Aufwand handelsrechtlich erst beim Übergang der wirtschaftlichen Verfügungsmacht auf den Käufer kommt (↗ Kapitel 4.5.1), wird aus Praktikabilitätsgründen der Aufwand in der Regel schon beim Ab-

Lernziel 9-4
Die grundlegenden Vertriebsprozesse buchen können.

gang aus dem Distributionslager verbucht. Der Aufwand steht dabei den Umsatzerlösen aus dem Verkauf (↗ Kapitel 9.4.3) gegenüber.

Wie bereits beim Einsatz der Werkstoffe in der Fertigung dargestellt (↗ Kapitel 9.3.1.1.2), kann die Ermittlung des Verbrauchs fortlaufend mittels der Fortschreibungsmethode beim Abgang aus dem Distributionslager auf der Basis von Materialentnahmescheinen oder im Einzelhandel beispielsweise auf der Basis der Daten von Scannerkassen oder nachträglich mittels der Inventurmethode erfolgen.

9.4.1.1 Verbuchung der Auslagerung von fertigen Erzeugnissen

Wie bei der Verbuchung der Auslagerung von fertigen Erzeugnissen vorgegangen wird, hängt davon ab, ob die verbuchenden Unternehmen die Gewinn- und Verlustrechnung nach dem Gesamtkosten- oder nach dem Umsatzkostenverfahren aufstellen. Bei Anwendung des Gesamtkostenverfahrens wird die Auslagerung:

- im **Soll** der Erfolgskonten »Bestandsveränderungen – fertige Erzeugnisse«

mit den durchschnittlichen Herstellungskosten verbucht und bei Anwendung des Umsatzkostenverfahrens:

- im **Soll** der Aufwandskonten »Herstellungskosten«.

Die Gegenbuchung erfolgt in beiden Fällen:

- im **Haben** der Aktivkonten »Fertige Erzeugnisse«,

wodurch die Bestandsminderung durch die Auslagerung abgebildet wird (↗ Abbildung 9-7). Die für die Verbuchung verwendeten durchschnittlichen Herstellungskosten werden in der Regel fortlaufend im Rahmen einer *Folgebewertung* mittels Bewertungsverfahren (↗ Kapitel 14.4.1) ermittelt.

Typische Belege
- Materialentnahmescheine

Konten [Bilanz: Aktiva.B.I.3. Fertige Erzeugnisse und Waren]
- **SKP03[SKR03]:** 7110 Fertige Erzeugnisse (Bestand)
- **SKP04[SKR04]:** 1110 Fertige Erzeugnisse (Bestand)
- **IKP[IKR]:** 2200 Fertige Erzeugnisse (Bestand)[2]

Konten [GuV: 2. Erhöhung oder Verminderung des Bestands an fertigen und unfertigen Erzeugnissen]
- **SKP03[SKR03]:** 8980 Bestandsveränderungen – fertige Erzeugnisse
- **SKP04[SKR04]:** 4800 Bestandsveränderungen – fertige Erzeugnisse
- **IKP[IKR]:** 5220 Bestandsveränderungen – fertige Erzeugnisse[2]

Konten [GuV: 8. Sonstige betriebliche Aufwendungen]
- **SKP03[SKR03]:** 4996 Herstellungskosten
- **SKP04[SKR04]:** 6990 Herstellungskosten
- **IKP[IKR]:** 8100 Herstellungskosten

Beispiel 9-22

Marc entnimmt dem Distributionslager der Marcslights GmbH* eine Edelstahlleuchte mit durchschnittlichen Herstellungskosten von 100,00 € für den Versand an einen Kunden.

Der Geschäftsvorfall bewirkt eine ① Erhöhung des Aufwands aus dem Verbrauch fertiger Erzeugnisse (Erfolgskonto »Bestandsveränderungen – fertige Erzeugnisse«) und damit eine Verminderung des Erfolgs und des Eigenkapitals EK um die durchschnittlichen Herstellungskosten sowie eine ② Verminderung des Bestands an fertigen Erzeugnissen (Aktivkonto »Fertige Erzeugnisse (Bestand)«):

SKP03 · SKP04 · IKP Sollkonto	Betrag	an	SKP03 · SKP04 · IKP Habenkonto	Betrag
① 8980 · 4800 · 5220 Bestandsveränderungen – fertige Erzeugnisse	100,00 €		② 7110 · 1110 · 2200 Fertige Erzeugnisse (Bestand)	100,00 €

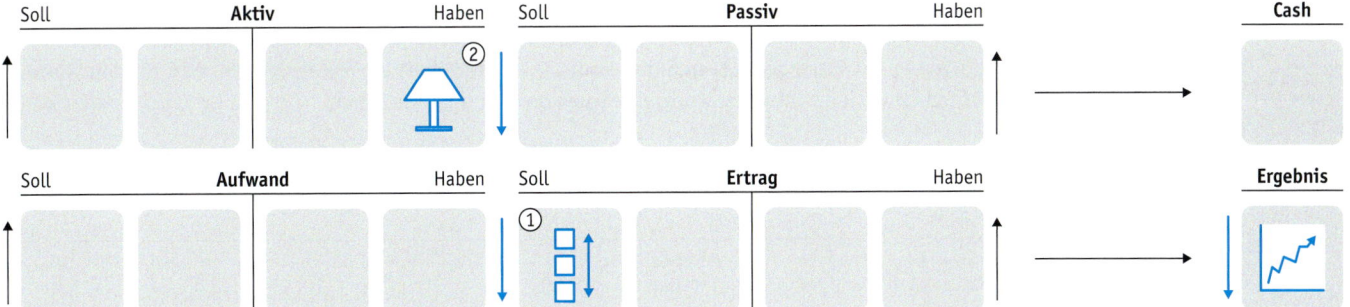

9.4.1.2 Verbuchung der Auslagerung von Waren

Wie bei der Verbuchung der Auslagerung von Waren vorgegangen wird, hängt davon ab, ob deren Kauf aufwands- oder bestandsorientiert verbucht wurde.

9.4.1.2.1 Auslagerung von Waren bei aufwandsorientierter Verbuchung des Kaufs

Wenn der Kauf von Waren aufwandsorientiert verbucht wurde (↗ Kapitel 9.2.2.1), so wird ihre Auslagerung nicht mehr als Aufwand verbucht, sondern lediglich zu Korrekturzwecken am Ende des Geschäftsjahres der tatsächliche Verbrauch im Rahmen der Inventur (↗ Kapitel 13.4.1) ermittelt und sich ergebende Abweichungen verbucht (↗ Abbildung 9-6).

9.4.1.2.2 Auslagerung von Waren bei bestandsorientierter Verbuchung des Kaufs

Wenn der Kauf von Waren bestandsorientiert verbucht wurde, hängt die Vorgehensweise bei der Verbuchung davon ab, ob die verbuchenden Unternehmen die Gewinn- und Verlustrechnung nach dem Gesamtkosten- oder nach dem Umsatzkostenverfahren aufstellen. Bei Anwendung des Gesamtkostenverfahrens wird die Auslagerung:

▸ im **Soll** der Aufwandskonten »Aufwendungen für Roh-, Hilfs- und Betriebsstoffe und für bezogene Waren«

mit den durchschnittlichen Anschaffungskosten verbucht und bei Anwendung des Umsatzkostenverfahrens:

▸ im **Soll** der Aufwandskonten »Herstellungskosten«.

Die Gegenbuchung erfolgt in beiden Fällen:
▸ im **Haben** der Aktivkonten »Waren (Bestand)« wodurch die Bestandsminderung durch die Auslagerung abgebildet wird (↗ Abbildung 9-6). Die für die Verbuchung verwendeten durchschnittlichen Anschaffungskosten werden in der Regel fortlaufend im Rahmen einer *Folgebewertung* mittels Bewertungsverfahren (↗ Kapitel 14.4.1) ermittelt.

Typische Belege
▸ Materialentnahmescheine

Konten [Bilanz: Aktiva.B.I.3. Fertige Erzeugnisse und Waren]
▸ **SKP03[SKR03]:** 7140 Waren (Bestand)
▸ **SKP04[SKR04]:** 1140 Waren (Bestand)
▸ **IKP[IKR]:** 2280 Waren (Bestand)[2]

Konten [GuV: 5.a) Aufwendungen für Roh-, Hilfs- und Betriebsstoffe und für bezogene Waren]
▸ **SKP03[SKR03]:** 3000 Aufwendungen für Roh-, Hilfs- und Betriebsstoffe und für bezogene Waren[2] · 3080 Aufwendungen für Waren[1]
▸ **SKP04[SKR04]:** 5000 Aufwendungen für Roh-, Hilfs- und Betriebsstoffe und für bezogene Waren · 5080 Aufwendungen für Waren[1]
▸ **IKP[IKR]:** 6000 Aufwendungen für Roh-, Hilfs- und Betriebsstoffe und für bezogene Waren · 6080 Aufwendungen für Waren

Konten [GuV: 8. Sonstige betriebliche Aufwendungen]
▸ **SKP03[SKR03]:** 4996 Herstellungskosten
▸ **SKP04[SKR04]:** 6990 Herstellungskosten
▸ **IKP[IKR]:** 8100 Herstellungskosten

Beispiel 9-23

Jill hat für das Warensortiment der Jillsfood KG* Anti-Aging-Getränke gekauft und den Kauf bestandsorientiert verbucht. Aufgrund einer Bestellung entnimmt Jill dem Distributionslager Anti-Aging-Getränke mit durchschnittlichen Anschaffungskosten von 30,00 € für den Versand an den Kunden:

SKP03 · SKP04 · IKP Sollkonto	Betrag	an	SKP03 · SKP04 · IKP Habenkonto	Betrag
3080 · 5080 · 6080 Aufwendungen für Waren[1]	30,00 €		7140 · 1140 · 2280 Waren (Bestand)	30,00 €

9.4.2 Festlegung des Verkaufspreises

Vor dem Verkauf von Erzeugnissen, Waren oder Leistungen müssen für diese Verkaufspreise festgelegt werden.

9.4.2.1 Möglichkeiten der Festlegung

Im Hinblick auf die Festlegung ihrer Verkaufspreise sind Unternehmen völlig frei, wenn von Unterschreitungen der Anschaffungs- oder Herstellungskosten abgesehen wird, die aus wettbewerbsrechtlichen Gründen kritisch sind. Die Festlegung des Verkaufspreises kann aus Marketingsicht:

- **nachfrageorientiert**, nach der Höhe der Nachfrage,
- **konkurrenzorientiert**, nach den Preisen der Konkurrenten,
- **branchenorientiert**, nach den in der jeweiligen Branche üblichen Preisen,
- **nutzenorientiert**, nach dem Nutzen, der den Kunden gestiftet wird, oder
- **kostenorientiert**, nach den zu deckenden Kosten und dem zu realisierenden Gewinn,

erfolgen (Vahs, D./Schäfer-Kunz, J. 2007: Seite 575 f.). Im Rechnungswesen kann dabei nur der kostenorientierte Verkaufspreis bestimmt werden, der allerdings auch für die anderen Alternativen der Preisfestlegung eine wichtige Orientierungsgröße darstellt.

9.4.2.2 Kostenorientierte Festlegung

Bei der kostenorientierten Festlegung des Verkaufspreises werden in der Kostenrechnung des internen Rechnungswesens im Rahmen der *Kalkulation* zuerst durch Umlage bestimmter Kosten die sogenannten *Selbstkosten* ermittelt und dann auf diesen basierend ein Verkaufspreis berechnet. Dieses Vorgehen stellt sicher, dass – unter der Annahme, dass so viel wie erwartet verkauft wird – sowohl alle Kosten gedeckt werden, als auch der angestrebte Gewinn erzielt wird.

Zur Ermittlung der Selbstkosten gibt es im internen Rechnungswesen eine Reihe unterschiedlicher Kalkulationsverfahren (Vahs, D./Schäfer-Kunz, J. 2007: Seite 671 ff.), von denen wir uns nachfolgend die Zuschlagskalkulationen von Erzeugnissen und Waren näher anschauen werden.

9.4.2.2.1 Differenzierte Zuschlagskalkulation von Erzeugnissen

Die differenzierte Zuschlagskalkulation eignet sich insbesondere für die Kalkulation von Erzeugnissen in Industrieunternehmen. Bei ihr werden die Gemeinkosten des Unternehmens auf der Basis von Zuschlagssätzen auf die den Erzeugnissen direkt zuzurechnenden Einzelkosten umgelegt. Die Zuschlagssätze werden in der Kostenrechnung für das ganze Unternehmen ermittelt (Vahs, D./Schäfer-Kunz, J. 2007: Seite 673 ff.). Die in einem Zwischenschritt errechneten sogenannten *Herstellkosten* des internen Rechnungswesens werden in vergleichbarer Weise wie die handelsrechtlich zulässigen *Mindest-Herstellungskosten* des externen Rechnungswesens ermittelt und können diesen entsprechen (↗ Kapitel 8.2.2.1):

  Materialeinzelkosten je Stück
+ Materialgemeinkosten je Stück (= Materialeinzelkosten × Materialgemeinkostenzuschlagssatz)
+ Fertigungseinzelkosten je Stück
+ Fertigungsgemeinkosten je Stück (= Fertigungseinzelkosten × Fertigungsgemeinkostenzuschlagssatz)

+ Sondereinzelkosten der Fertigung
= Herstellkosten je Stück

+ Verwaltungsgemeinkosten je Stück (= Herstellkosten × Verwaltungsgemeinkostenzuschlagssatz)
+ Vertriebsgemeinkosten je Stück (= Herstellkosten × Vertriebsgemeinkostenzuschlagssatz)
+ Sondereinzelkosten des Vertriebs
= Selbstkosten je Stück

Beispiel 9-24

Marc hat im Rahmen der Kostenrechnung folgende Zuschlagssätze für die Marcslights GmbH ermittelt:
- 25 % Materialgemeinkostenzuschlagssatz,
- 100 % Fertigungsgemeinkostenzuschlagssatz,
- 10 % Verwaltungsgemeinkostenzuschlagssatz,
- 30 % Vertriebsgemeinkostenzuschlagssatz.

Für die Kalkulation von Edelstahlleuchten geht er von folgenden Annahmen aus:
- 32,00 € Materialeinzelkosten,
- 30,00 € Fertigungseinzelkosten,
- 0,00 € Sondereinzelkosten der Fertigung,
- 0,00 € Sondereinzelkosten des Vertriebs.

Damit ergeben sich folgende Selbstkosten für eine einzelne Edelstahlleuchte (↷ Tabelle-094221-01.xlsx):

	Materialeinzelkosten	32,00 €
+	Materialgemeinkosten	8,00 €
+	Fertigungseinzelkosten	30,00 €
+	Fertigungsgemeinkosten	30,00 €
+	Sondereinzelkosten der Fertigung	0,00 €
=	Herstellkosten	100,00 €
+	Verwaltungsgemeinkosten	10,00 €
+	Vertriebsgemeinkosten	30,00 €
+	Sondereinzelkosten des Vertriebs	0,00 €
=	Selbstkosten	140,00 €

9.4.2.2.2 Summarische Zuschlagskalkulation von Waren

Für die Kalkulation von Waren in Handelsunternehmen kann die sogenannte *Handelskalkulation* verwendet werden, die eine Variante der summarischen Zuschlagskalkulation darstellt. Bei ihr werden die gesamten Gemeinkosten des Unternehmens auf der Basis eines einzigen Handlungskostenzuschlagssatzes auf die Anschaffungskosten der Waren umgelegt. Der Zuschlagssatz wird in der Kostenrechnung für das ganze Unternehmen ermittelt:

Anschaffungskosten je Stück
+ Handlungskosten je Stück (= Anschaffungskosten × Handlungskostenzuschlagssatz)
= Selbstkosten je Stück

Beispiel 9-25

Jill hat für das Warensortiment der Jillsfood KG* Wellness-Getränke mit Anschaffungskosten von 1,10 € je Stück gekauft. Im Rahmen ihrer Kostenrechnung hat sie einen Handlungskostenzuschlagssatz für alle Waren der Jillsfood KG von 50 % ermittelt. Damit ergeben sich folgende Selbstkosten für ein einzelnes Wellness-Getränk (↷ Tabelle-094222-01.xlsx):

	Anschaffungskosten	1,10 €
+	Handlungskosten	0,55 €
=	Selbstkosten	1,65 €

9.4.2.2.3 Ermittlung des Verkaufspreises auf Basis der Selbstkosten

Basierend auf den vorher ermittelten Selbstkosten kann der Verkaufspreis durch Hinzurechnung eines Gewinnaufschlages und der erfahrungsgemäß durchschnittlich gewährten Preisnachlässe vom Nettoverkaufspreis ermittelt werden:

Selbstkosten je Stück
+ Gewinnaufschlag (= Selbstkosten × Gewinnaufschlagssatz)
= Barverkaufspreis je Stück
+ Durchschnittlich gewährte Preisnachlässe (= Barverkaufspreis × Preisnachlasssatz/ (1 − Preisnachlasssatz))
= Nettoverkaufspreis je Stück
+ Umsatzsteuer (= Nettoverkaufspreis × Umsatzsteuersatz)
= Bruttoverkaufspreis je Stück

Beispiel 9-26

Marc geht bei der Ermittlung des Verkaufspreises der Edelstahlleuchten der Marcslights GmbH von folgenden Annahmen aus:

9.4 Die Buchungen im Umlaufvermögen zur Abbildung von Umsatzprozessen
Vertrieb

Abb. 9-10

Durch die Gegenüberstellung der Umsatzerlöse und der Herstellungs- und Anschaffungskosten zu ihrer Erzielung ergibt sich in der Gewinn- und Verlustrechnung nach dem Umsatzkostenverfahren das Bruttoergebnis der Volkswagen AG im Geschäftsjahr 2007 (Volkswagen AG 2008: Seite 265).

Umsatzerlöse	55 218 Millionen €
Herstellungs- und Anschaffungskosten der zur Erzielung der Umsatzerlöse erbrachten Leistungen	− 53 652 Millionen €
Bruttoergebnis vom Umsatz	**= 1 566 Millionen €**

Diese werden weiter nach Umsatzsteuersätzen untergliedert, um die Verkäufe getrennt nach Umsatzsteuersätzen verbuchen zu können (Umsatzsteuergesetz: § 22 Aufzeichnungspflichten, Absatz 2, Nummer 1 – 2). Darüber hinaus erfolgt häufig eine weitere Unterteilung dieser Konten über Unterkonten (↗ Kapitel 3.2.1) entsprechend der Produktgruppen und der Produkte von Unternehmen.

Wiewohl es zu einem Umsatzerlös handelsrechtlich erst beim Übergang der wirtschaftlichen Verfügungsmacht auf den Käufer kommt (↗ Kapitel 4.5.1), wird aus Praktikabilitätsgründen der Umsatzerlös in der Regel bei der Rechnungsstellung verbucht.

Falls keine anderweitigen Lieferbedingungen vereinbart wurden, besteht für Erzeugnisse und Waren eine *Holschuld* des Käufers. Häufig werden die Erzeugnisse und die Waren aber durch den Verkäufer zum Käufer transportiert und ihm dies sowie andere eigen- oder fremderstellte Leistungen in Rechnung gestellt. In Betracht kommen hierbei die meisten der bei den Anschaffungsnebenkosten genannten Aufwendungen (↗ Kapitel 8.2.1.1.3). Entsprechende in Rechnung gestellte Leistungen werden ebenfalls:

- 140,00 € Selbstkosten,
- 15 % Gewinnaufschlagssatz,
- 8 % Preisnachlasssatz,
- 19 % Umsatzsteuersatz.

Damit ergibt sich folgender Bruttoverkaufspreis für eine einzelne Edelstahlleuchte (🖱 Tabelle-094223-01.xlsx):

	Selbstkosten	140,00 €
+	Gewinnaufschlag	21,00 €
=	Barverkaufspreis	161,00 €
+	Gewährte Preisnachlässe	14,00 €
=	Nettoverkaufspreis.	175,00 €
+	Umsatzsteuer	33,25 €
=	Bruttoverkaufspreis.	208,25 €

9.4.3 Verkauf von Erzeugnissen und Waren

Aus den Verkäufen von Erzeugnissen und Waren resultieren in der Regel die meisten Erträge von Industrie- und Handelsunternehmen. Durch den Verkauf werden den Herstellungskosten der Erzeugnisse oder den Anschaffungskosten der Waren Umsatzerlöse gegenübergestellt, die idealerweise höher als die Herstellungs- oder Anschaffungskosten sind.

Die Verbuchung des Verkaufs erfolgt zum Verkaufspreis (↗ Abbildung 9-7):

- im **Haben** der Ertragskonten »Umsatzlöse«.

- im **Soll** der Ertragskonten »Umsatzerlöse« verbucht. Falls es sich um *Nebenleistungen* handelt, gelten für sie dabei – unabhängig von ihrer Art – dieselben Umsatzsteuersätze wie für die verkauften Erzeugnisse und Waren (↗ Kapitel 6.2.5).

Typische Belege
- Kopien von Ausgangsrechnungen

Konten [GuV: 1. Umsatzerlöse]
- **SKP03 [SKR03]:** 8000 Umsatzerlöse · 8100 Steuerfreie Umsätze § 4 Nr. 8 ff. UStG · 8300 Erlöse 7 % USt · 8400 Erlöse 19 % USt
- **SKP04 [SKR04]:** 4000 Umsatzerlöse · 4100 Steuerfreie Umsätze § 4 Nr. 8 ff. UStG · 4300 Erlöse 7 % USt · 4400 Erlöse 19 % USt
- **IKP [IKR]:** 5000 Umsatzerlöse · 5060 Steuerfreie Umsätze § 4 Nr. 8 ff. UStG · 5080 Erlöse 7 % USt[2] · 5100 Erlöse 19 % USt[2]

Beispiel 9-27

Marc verkauft für die Marcslights GmbH* eine zuvor dem Distributionslager entnommene Edelstahlleuchte zum Preis von 175,00 € zuzüglich 33,25 € Umsatzsteuer gegen Barzahlung an einen Kunden:

SKP03·SKP04·IKP Sollkonto	Betrag	an SKP03·SKP04·IKP Habenkonto	Betrag
1000·1600·2880 Kasse	208,25 €	8400·4400·5100 Erlöse 19 % USt	175,00 €
		1776·3806·4805 Umsatzsteuer 19 %	33,25 €

9.4.4 Zielverkauf

Umgekehrt zum Zielkauf (↗ Kapitel 9.2.5) wird beim Zielverkauf Kunden bei der Rechnungsstellung ein *Zahlungsziel* genannt und ihnen dadurch ein *Lieferantenkredit* eingeräumt. Durch dieses Vorgehen kommt es für die Verkäufer durch die Erbringung der Lieferungen und Leistungen (↗ Kapitel 6.2.1) zunächst zu einer *Einnahme* und bei der Begleichung der Rechnungen durch die Kunden dann zu einer *Einzahlung*. Die Verbuchung von Zielverkäufen erfolgt:

- im **Soll** der Aktivkonten »Forderungen aus Lieferungen und Leistungen«,

die in den DATEV-Standardkontenrahmen noch weiter differenziert werden, und in der Regel parallel dazu über die Kundenkonten in der Debitorenbuchführung (↗ Kapitel 9.5.2.2).

Typische Belege
- Kopien von Ausgangsrechnungen

Konten [Bilanz: Aktiva.B.II.1. Forderungen aus Lieferungen und Leistungen]
- **SKP03 [SKR03]:** 1400 [1401, 1410 – 1448, 1451, 1455, 1470 – 1475, 1480 – 1485, 1490 – 1495] Forderungen aus Lieferungen und Leistungen …
- **SKP04 [SKR04]:** 1200 [1201, 1210 – 1218, 1221, 1225, 1250 – 1255, 1270 – 1275, 1290 – 1295] Forderungen aus Lieferungen und Leistungen …
- **IKP [IKR]:** 2400 [2500, 2550] Forderungen aus Lieferungen und Leistungen

Beispiel 9-28

(1) Jill verkauft für die Jillsfood KG* zuvor dem Distributionslager entnommene Anti-Aging-Getränke zum Preis von 90,00 € zuzüglich 10,00 € Versandgebühren und zuzüglich 19,00 € Umsatzsteuer auf Ziel:

SKP03·SKP04·IKP Sollkonto	Betrag	an SKP03·SKP04·IKP Habenkonto	Betrag
1400·1200·2400 Forderungen aus Lieferungen und Leistungen	119,00 €	8400·4400·5100 Erlöse 19 % USt	100,00 €
		1776·3806·4805 Umsatzsteuer 19 %	19,00 €

(2) Wenige Tage nach Erhalt der Getränke und der Rechnung zahlt der Kunde die Rechnung dann ohne Abzug per Banküberweisung:

SKP03·SKP04·IKP Sollkonto	Betrag	an SKP03·SKP04·IKP Habenkonto	Betrag
1200·1800·2800 Bank	119,00 €	1400·1200·2400 Forderungen aus Lieferungen und Leistungen	119,00 €

9.4.5 Gewährung von Preisnachlässen

Preisnachlässe, die Kunden gewährt werden, schmälern die Umsatzerlöse. Wie Preisnachlässe verbucht werden, hängt dabei davon ab, ob sie separat erfasst werden sollen oder nicht:

(1) Direkte Buchung von Preisnachlässen
Wenn Preisnachlässe nicht separat erfasst werden sollen und sie den zugrunde liegenden Umsatzerlösen zugerechnet werden können, können sie direkt:

- im **Soll** der Ertragskonten »Umsatzerlöse« verbucht werden und die auf sie entfallende Umsatzsteuern zur Berichtigung der Umsatzsteuer:
- im **Soll** der Passivkonten »Umsatzsteuer«.

(2) Indirekte Buchung von Preisnachlässen
Wenn Preisnachlässe separat erfasst werden sollen oder – wie dies bei nachträglichen Preisnachlässen der Fall ist – erfasst werden müssen (Umsatzsteuer-Anwendungserlass: 22.2 Umfang der Aufzeichnungspflichten, Absatz 2), erfolgt ihre Verbuchung zuerst in Unterkonten der Umsatzerlöse nach der Art des Preisnachlasses:

- im **Soll** der Ertragskonten »Gewährte Rabatte«, falls es sich um Rabatte (↗ Kapitel 9.2.6.1) handelt,
- im **Soll** der Ertragskonten »Gewährte Skonti«, falls es sich um Skonti handelt (↗ Kapitel 9.2.6.2),
- im **Soll** der Ertragskonten »Erlösschmälerungen«, falls es sich um Minderungen handelt (↗ Kapitel 9.2.6.2),
- im **Soll** der Ertragskonten »Gewährte Boni«, falls es sich um Boni (↗ Kapitel 9.2.6.3) handelt.

Zur Berichtigung der Umsatzsteuer erfolgt zusätzlich in Höhe der auf sie entfallenden Umsatzsteuern eine Verbuchung:

- im **Soll** der Passivkonten »Umsatzsteuer«.

Falls eine Zurechnung zu den zugrunde liegenden Umsatzerlösen möglich ist, werden sie anschließend von dort periodisch, und zwar in der Regel monatlich, auf die Umsatzerlöskonten umgebucht, um die Umsatzerlöse entsprechend zu berichten.

Typische Belege
- Kopien von Ausgangsrechnungen

Konten [GuV: 1. Umsatzerlöse]
- **SKP03 [SKR03]:** 8770 [8794] Gewährte Rabatte ... · 8780 Gewährte Rabatte 7 % USt · 8790 Gewährte Rabatte 19 % USt
  8730 [8735, 8741] Gewährte Skonti ... · 8731 Gewährte Skonti 7 % USt · 8736 Gewährte Skonti 19 % USt
  8700 [8705, 8723] Erlösschmälerungen ... · 8710 Erlösschmälerungen 7 % USt · 8720 Erlösschmälerungen 19 % USt
  [8764] 8769 Gewährte Boni ... · 8750 Gewährte Boni 7 % USt · 8760 Gewährte Boni 19 % USt
- **SKP04 [SKR04]:** 4770 [4792] Gewährte Rabatte ... · 4780 Gewährte Rabatte 7 % USt · 4790 Gewährte Rabatte 19 % USt ·
  4730 [4735, 4741] Gewährte Skonti ... · 4731 Gewährte Skonti 7 % USt · 4736 Gewährte Skonti 19 % USt ·
  4700 [4705, 4723] Erlösschmälerungen ... · 4710 Erlösschmälerungen 7 % USt · 4720 Erlösschmälerungen 19 % USt ·
  [4762] 4769 Gewährte Boni ... · 4750 Gewährte Boni 7 % USt · 4760 Gewährte Boni 19 % USt
- **IKP [IKR]:** 5177 Gewährte Rabatte[1] · 5178 Gewährte Rabatte 7 % USt[1] · 5179 Gewährte Rabatte 19 % USt[1] ·
  5160 Gewährte Skonti[2] · 5161 Gewährte Skonti 7 % USt[2] · 5165 Gewährte Skonti 19 % USt[2] ·
  5180 Andere Erlösberichtigungen · 5181 Andere Erlösberichtigungen 7 % USt[2] · 5185 Andere Erlösberichtigungen 19 % USt[2] ·
  5170 Gewährte Boni[2] · 5171 Gewährte Boni 7 % USt[2] · 5175 Gewährte Boni 19 % USt[2]

Beispiel 9-29

(1) Marc verkauft für die Marcslights GmbH* eine zuvor dem Distributionslager entnommene Edelstahlleuchte zum Preis von 175,00 € zuzüglich 33,25 € Umsatzsteuer an einen Händler auf Ziel. Die Rechnung enthält den Zusatz »Zahlbar innerhalb von 10 Tagen abzüglich 3 % Skontos oder innerhalb von 30 Tagen ohne Abzug«:

9.4 Vertrieb

SKP03 · SKP04 · IKP Sollkonto	Betrag	an	SKP03 · SKP04 · IKP Habenkonto	Betrag
1400 · 1200 · 2400 Forderungen aus Lieferungen und Leistungen	208,25 €		8400 · 4400 · 5100 Erlöse 19 % USt	175,00 €
			1776 · 3806 · 4805 Umsatzsteuer 19 %	33,25 €

(2) Der Händler überweist der Marcslights GmbH* nach 9 Tagen den Rechnungsbetrag abzüglich 5,25 € Skonto und der darauf entfallenden 1,00 € Umsatzsteuer, weshalb die verbuchte Umsatzsteuer zu berichtigen ist.

Der Geschäftsvorfall bewirkt eine ① Verminderung der Erträge aufgrund gewährter Skonti (Ertragskonto »Gewährte Skonti 19 % USt«) und damit eine Verminderung des Erfolgs und des Eigenkapitals EK sowie eine entsprechende ② Berichtigung der Verbindlichkeiten gegenüber den Finanzämtern aus erhaltener Umsatzsteuer (Passivkonto »Umsatzsteuer«), eine ③ Erhöhung des Bankguthabens (Aktivkonto »Bank«) und damit der Finanzmittel (»Cash«) und eine ④ Auflösung der Forderungen gegenüber dem Kunden (Aktivkonto »Forderungen aus Lieferungen und Leistungen«):

SKP03 · SKP04 · IKP Sollkonto	Betrag	an	SKP03 · SKP04 · IKP Habenkonto	Betrag
① 8736 · 4736 · 5165 Gewährte Skonti 19 % USt	5,25 €		④ 1400 · 1200 · 2400 Forderungen aus Lieferungen und Leistungen	208,25 €
② 1776 · 3806 · 4805 Umsatzsteuer 19 %	1,00 €			
③ 1200 · 1800 · 2800 Bank	202,00 €			

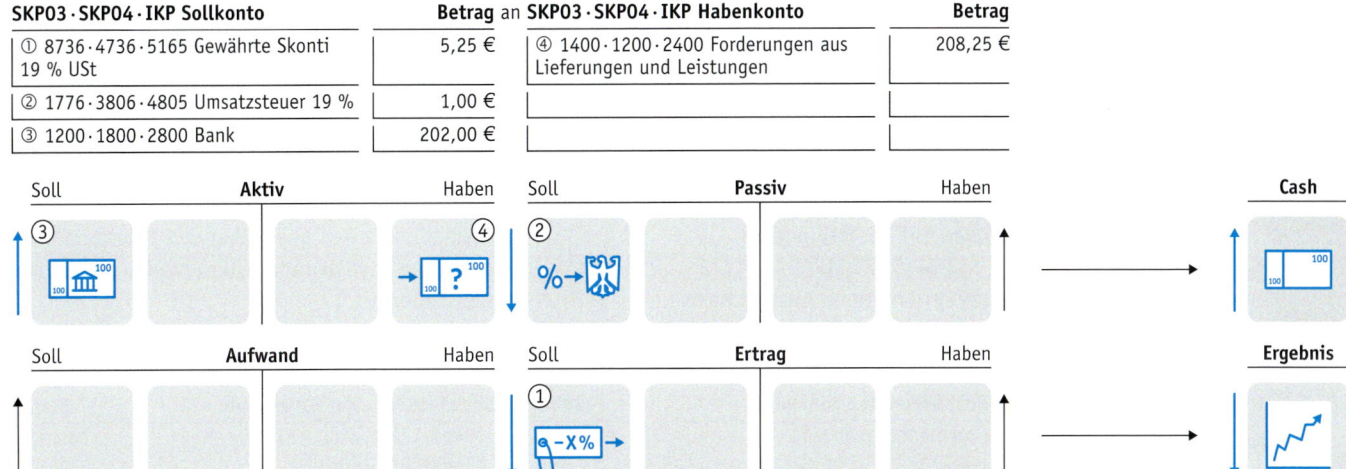

(3) Am Monatsende wird das gewährte Skonto zur Berichtigung der Umsatzerlöse auf diese umgebucht.

Der Geschäftsvorfall bewirkt eine ① Verminderung der Umsatzerlöse (Ertragskonto »Umsatzerlöse«) und eine ② Auflösung der gewährten Skonti (Ertragskonto »Gewährte Skonti 19 % USt«):

SKP03 · SKP04 · IKP Sollkonto	Betrag	an	SKP03 · SKP04 · IKP Habenkonto	Betrag
① 8400 · 4400 · 5100 Erlöse 19 % USt	5,25 €		② 8736 · 4736 · 5165 Gewährte Skonti 19 % USt	5,25 €

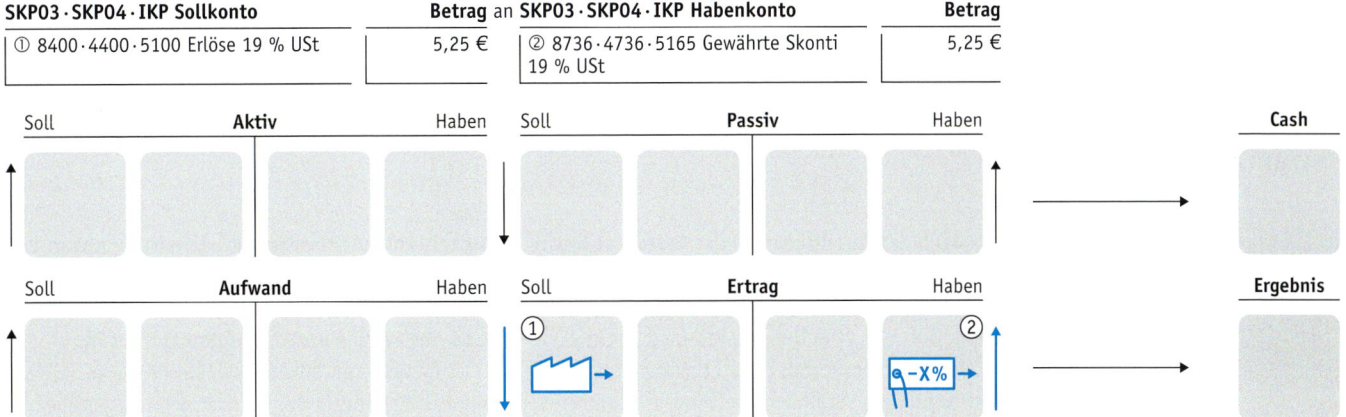

9.4.6 Anzahlungen von Kunden

Anzahlungen von Kunden stellen Verbindlichkeiten in Form eines *Kundenkredits* für Unternehmen dar. Die Verbuchung von erhaltenen Anzahlungen erfolgt zunächst:

- im **Haben** der Passivkonten »Erhaltene Anzahlungen auf Bestellungen«.

Falls sie sich auf umsatzsteuerpflichtige Lieferungen und Leistungen beziehen, sind dabei auch die Anzahlungen umsatzsteuerpflichtig (↗ Kapitel 6.2.3.1).

Nachdem die Lieferungen oder die Leistungen erfolgt sind, werden die erhaltenen Anzahlungen dann auf die entsprechenden Umsatzerlöskonten umgebucht.

Typische Belege
- Kopien von Ausgangsrechnungen

Konten [Bilanz: Passiva.C.3. Erhaltene Anzahlungen auf Bestellungen]
- **SKP03[SKR03]:** 1710 [1712 – 1717, 1719 – 1722] Erhaltene Anzahlungen … · 1711 Erhaltene, versteuerte Anzahlungen 7 % USt (Verbindlichkeiten) · 1718 Erhaltene, versteuerte Anzahlungen 19 % USt (Verbindlichkeiten)
- **SKP04[SKR04]:** 3250 [3270 – 3271, 3284 – 3285] Erhaltene Anzahlungen … · 3260 Erhaltene Anzahlungen 7 % USt · 3272 Erhaltene Anzahlungen 19 % USt
- **IKP[IKR]:** 4300 Erhaltene Anzahlungen auf Bestellungen 4301 Erhaltene Anzahlungen 7 % USt[1] 4308 Erhaltene Anzahlungen 19 % USt[1]

Beispiel 9-30

(1) Die Jillsfood KG* erhält vereinbarungsgemäß als Anzahlung für ein großes Catering 2 000,00 € zuzüglich 380,00 € Umsatzsteuer überwiesen.

Der Geschäftsvorfall bewirkt eine ① Erhöhung des Bankguthabens (Aktivkonto »Bank«) und damit der Finanzmittel (»Cash«), eine ② Erhöhung der Verbindlichkeiten aus erhaltenen Anzahlungen (Passivkonto »Erhaltene Anzahlungen 19 % USt«) und eine ③ Erhöhung der Verbindlichkeiten gegenüber den Finanzämtern aus erhaltener Umsatzsteuer (Passivkonto »Umsatzsteuer«):

SKP03 · SKP04 · IKP Sollkonto	Betrag	SKP03 · SKP04 · IKP Habenkonto	Betrag
① 1200 · 1800 · 2800 Bank	2 380,00 €	② 1718 · 3272 · 4308 Erhaltene Anzahlungen 19 % USt	2 000,00 €
		1776 · 3806 · 4805 Umsatzsteuer 19 %	380,00 €

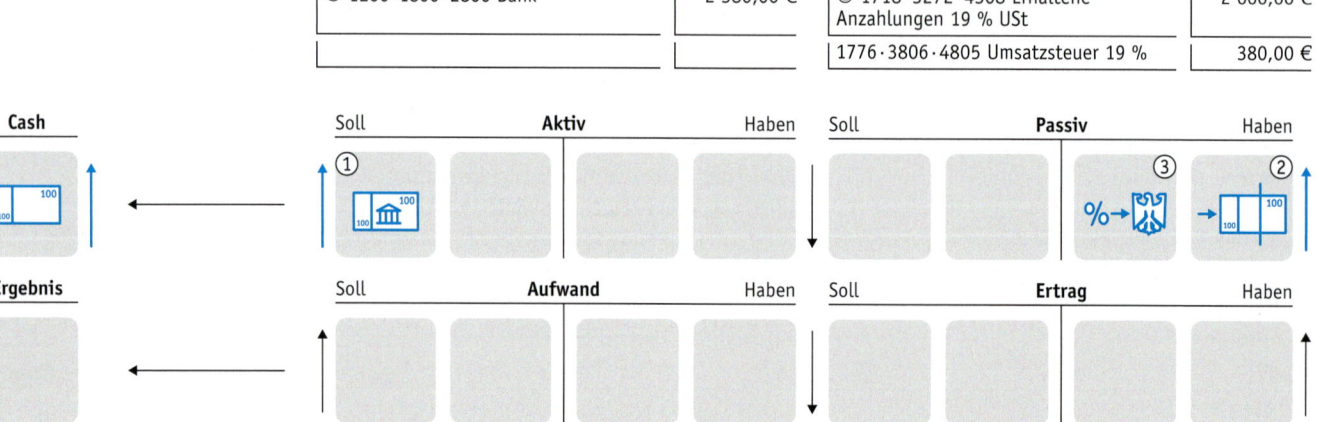

(2) Nach der Durchführung des Caterings bucht Jill die Anzahlung um und stellt für die Jillsfood KG* dem Kunden die verbleibenden 3 000,00 € zuzüglich 570,00 € Umsatzsteuer in Rechnung.

Der Geschäftsvorfall bewirkt zum einen eine ① Auflösung der Verbindlichkeiten aus erhaltenen Anzahlungen (Passivkonto »Erhaltene Anzahlungen 19 % USt«) und damit eine ② Erhöhung der Umsatzerlöse (Ertragskonto »Erlöse 19 % USt«) und des Erfolgs und des Eigenkapitals EK.

Zum anderen bewirkt der Geschäftsvorfall eine ③ Erhöhung der Forderungen gegenüber dem Kunden (Aktivkonto »Forderungen aus Lieferungen und Leistungen«) und damit eine ② Erhöhung der Umsatzerlöse (Ertragskonto »Erlöse 19 % USt«) und des Erfolgs und des Eigenkapitals EK sowie eine ④ Erhöhung der Verbindlichkeiten gegenüber den Finanzämtern aus erhaltener Umsatzsteuer (Passivkonto »Umsatzsteuer«):

SKP03 · SKP04 · IKP Sollkonto	Betrag	an	SKP03 · SKP04 · IKP Habenkonto	Betrag
① 1718 · 3272 · 4308 Erhaltene Anzahlungen 19 % USt	2 000,00 €		② 8400 · 4400 · 5100 Erlöse 19 % USt	2 000,00 €
③ 1400 · 1200 · 2400 Forderungen aus Lieferungen und Leistungen	3 570,00 €		② 8400 · 4400 · 5100 Erlöse 19 % USt	3 000,00 €
			④ 1776 · 3806 · 4805 Umsatzsteuer 19 %	570,00 €

9.4.7 Rücksendungen von Kunden

Die Buchung von Rücksendungen verkaufter Güter erfolgt in der Regel genau umgekehrt zur Buchung des Verkaufs und der Auslagerung:

(1) Korrektur des Verkaufs
Die Korrektur des Verkaufs erfolgt durch eine Buchung zum Verkaufspreis:
▶ im **Soll** der Umsatzerlöskonten.

Sollen Rücksendungen separat erfasst werden, so ist alternativ auch eine Verbuchung:
▶ im **Soll** der Unterkonten »Erlösschmälerungen« der Umsatzerlöse

möglich. Von dort erfolgt dann periodisch, und zwar in der Regel monatlich, eine Umbuchung auf die Umsatzerlöskonten. Gegebenenfalls sind zusätzlich die Umsatzsteuer und die verbuchten Preisnachlässe zu berichtigen.
  Darüber hinaus bewirken Rücksendungen, dass die entsprechenden Forderungen aus Lieferungen und Leistungen gegenüber den Kunden aufgelöst werden. Wurde die Rechnung allerdings bereits vor der Rücksendung vom Kunden bezahlt, so entstehen durch Rücksendungen Verbindlichkeiten gegenüber dem Kunden, die durch Rückzahlung des bezahlten Geldes beglichen werden.

(2) Korrektur der Auslagerung
Falls die zurückerhaltenen Güter noch verkaufsfähig sind, werden sie wieder eingelagert. Erfolgte eine aufwandsorientierte Verbuchung, so ist die Einlagerung nicht zu buchen.
  Erfolgte eine bestandsorientierte Verbuchung, so ist die Einlagerung genau umgekehrt zur Auslagerung zu buchen (↗ Kapitel 9.3.1.4 und 9.4.1).

Typische Belege
▶ Handelsbriefe
▶ Kopien von Gutschriften

Konten [GuV: 1. Umsatzerlöse]
▶ **SKP03[SKR03]:** 8700 [8705 – 8729] Erlösschmälerungen …
▶ **SKP04[SKR04]:** 4700 [4705 – 4729] Erlösschmälerungen …
▶ **IKP[IKR]:** 5180 [5181 – 5185] Andere Erlösberichtigungen …

9.4 Die Buchungen im Umlaufvermögen zur Abbildung von Umsatzprozessen
Vertrieb

Beispiel 9-31

(1) Da die Leuchte zu modern für seine Einrichtung ist, schickt ein Kunde eine für 175,00 € zuzüglich 33,25 € Umsatzsteuer gekaufte Edelstahlleuchte an die Marcslights GmbH*zurück. Marc erstattet ihm daraufhin den bereits gezahlten Verkaufspreis per Banküberweisung zurück.

Der Geschäftsvorfall bewirkt eine ① Verminderung der Umsatzerlöse (Ertragskonto »Erlöse 19 % USt«) und damit des Erfolgs und des Eigenkapitals EK, eine ② Verminderung der Verbindlichkeiten gegenüber den Finanzämtern aus erhaltener Umsatzsteuer (Passivkonto »Umsatzsteuer«) sowie eine ③ Verminderung des Bankguthabens (Aktivkonto »Bank«) und damit der Finanzmittel (»Cash«):

SKP03 · SKP04 · IKP Sollkonto	Betrag	an	SKP03 · SKP04 · IKP Habenkonto	Betrag
① 8400 · 4400 · 5100 Erlöse 19 % USt	175,00 €		③ 1200 · 1800 · 2800 Bank	208,25 €
② 1776 · 3806 · 4805 Umsatzsteuer 19 %	33,25 €			

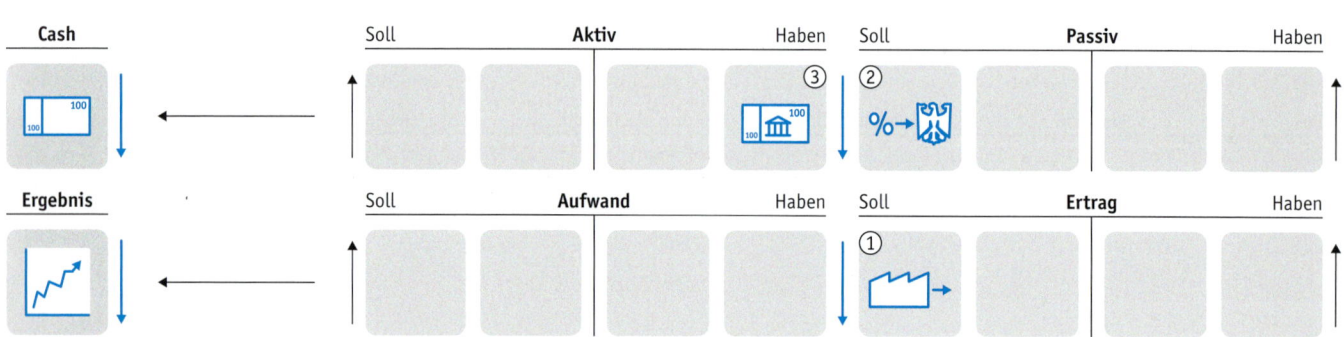

(2) Die zurückgeschickte Edelstahlleuchte wird nachfolgend wieder mit ihren Herstellungskosten von 100,00 € eingelagert:

SKP03 · SKP04 · IKP Sollkonto	Betrag	an	SKP03 · SKP04 · IKP Habenkonto	Betrag
7110 · 1110 · 2200 Fertige Erzeugnisse (Bestand)	100,00 €		8980 · 4800 · 5220 Bestandsveränderungen – fertige Erzeugnisse	100,00 €

9.4.8 Private Sach- und Leistungsentnahmen

Privatentnahmen liegen vor, wenn bei Einzelkaufleuten und bei Personenhandelsgesellschaften Erzeugnisse, Waren und Leistungen nicht an Kunden abgesetzt, sondern von den Unternehmenseignern für sich entnommen werden. Im Hinblick auf die Umsatzprozesse lassen sich dabei die nachfolgenden zwei Formen der Privatentnahme unterscheiden (Bornhofen, M./Bornhofen, M. C. 2010a: Seite 140 ff.).

9.4.8.1 Sachentnahmen

Sachentnahmen liegen vor, wenn die Unternehmenseigner dem Unternehmen Erzeugnisse oder Waren für private Zwecke entnehmen. Gesetzlich ist dies im Einkommensteuergesetz: § 4 Gewinnbegriff im Allgemeinen, Absatz 1, Satz 2 und im Umsatzsteuergesetz: § 3 Lieferung, sonstige Leistung Absatz 1b, Nummer 1 geregelt.

Statt auf den Konten für Umsatzerlöse erfolgt die Verbuchung von Sachentnahmen:

▶ im **Soll** der Passivkonten »Privatentnahmen allgemein«, wobei in der Regel für jeden Ge-

sellschafter ein eigenes Konto geführt wird, sowie
- im **Haben** der Ertragskonten »Unentgeltliche Wertabgaben« in Höhe der Selbstkosten, wenn es sich um Erzeugnisse handelt, oder
- im **Haben** der Ertragskonten »Entnahme durch Unternehmer für Zwecke außerhalb des Unternehmens (Waren) ...« in Höhe des Nettoeinkaufspreises zuzüglich der Anschaffungsnebenkosten, wenn es sich um Waren handelt, und
- im **Haben** der entsprechenden Umsatzsteuerkonten, wenn die Lieferung selbst umsatzsteuerpflichtig ist.

Konten [Bilanz: Passiva. A. Eigenkapital]
- **SKP03[SKR03]:** 1800 Privatentnahmen allgemein
- **SKP04[SKR04]:** 2100 Privatentnahmen allgemein
- **IKP[IKR]:** 3020 Privatkonto

Konten [GuV: 1. Umsatzerlöse]
- **SKP03[SKR03]:** 8900 Unentgeltliche Wertabgaben · 8910 [8915, 8919] Entnahme durch Unternehmer für Zwecke außerhalb des Unternehmens (Waren) ...
- **SKP04[SKR04]:** 4600 Unentgeltliche Wertabgaben · [4610, 4619] 4620 Entnahme durch Unternehmer für Zwecke außerhalb des Unternehmens (Waren) ...
- **IKP[IKR]:** 5420 [5421, 5422] Eigenverbrauch (umsatzsteuerpflichtige Lieferungen und Leistungen ohne Entgelt)

Beispiel 9-32

Jill entnimmt dem Warensortiment der Jillsfood KG* für den eigenen Bedarf eine Flasche Jahrgangschampagner, die für 120,00 € zuzüglich Umsatzsteuer eingekauft wurde. Auf die Lieferung entfällt zudem eine Umsatzsteuer von 22,80 €:

SKP03 · SKP04 · IKP Sollkonto	Betrag	an SKP03 · SKP04 · IKP Habenkonto	Betrag
1801 · 2101 · 3021 Privatentnahmen allgemein – Jill	142,80 €	8910 · 4620 · 5422 Entnahme durch Unternehmer für Zwecke außerhalb des Unternehmens (Waren) 19 % USt	120,00 €
		1776 · 3806 · 4805 Umsatzsteuer 19 %	22,80 €

9.4.8.2 Leistungsentnahmen

Leistungsentnahmen liegen vor, wenn Unternehmen für private Zwecke der Unternehmenseigner Leistungen erbringen, also beispielsweise, wenn ein Arbeitnehmer des Unternehmens im Haus des Unternehmenseigners Reparaturen durchführt. Gesetzlich ist dies im Einkommensteuergesetz: § 4 Gewinnbegriff im Allgemeinen, Absatz 1, Satz 2 und im Umsatzsteuergesetz: § 3 Lieferung, sonstige Leistung Absatz 9a, Nummer 2 geregelt.

Statt auf den Konten für Umsatzerlöse erfolgt die Verbuchung von Leistungsentnahmen:
- im **Soll** der Passivkonten »Privatentnahmen allgemein«, wobei in der Regel für jeden Gesellschafter ein eigenes Konto geführt wird, sowie
- im **Haben** der Ertragskonten »Unentgeltliche Erbringung einer sonstigen Leistung ...« in Höhe der Ausgaben, die der Leistung zugerechnet werden können, und
- im **Haben** der Passivkonten »Umsatzsteuer ...«, wenn die Leistung selbst umsatzsteuerpflichtig ist, unabhängig davon, ob die zurechenbaren Ausgaben umsatzsteuerpflichtig sind.

Konten [Bilanz: Passiva. A. Eigenkapital]
- **SKP03[SKR03]:** 1800 Privatentnahmen allgemein
- **SKP04[SKR04]:** 2100 Privatentnahmen allgemein
- **IKP[IKR]:** 3020 Privatkonto

Konten [GuV: 4. Sonstige betriebliche Erträge]
- **SKP03[SKR03]:** 8925 [8929 – 8932] Unentgeltliche Erbringung einer sonstigen Leistung ...
- **SKP04[SKR04]:** [4650 – 4659] 4660 Unentgeltliche Erbringung einer sonstigen Leistung ...

▸ **IKP[IKR]:** 5420 [5421, 5422] Eigenverbrauch (umsatzsteuerpflichtige Lieferungen und Leistungen ohne Entgelt)

Beispiel 9-33

Jill lässt die Jillsfood KG* ein Catering auf ihrer privaten Geburtstagsfeier ausrichten. Dabei entstehen der Jillsfood KG* Ausgaben von 400,00 € zuzüglich Umsatzsteuer für Lebensmittel und von 200,00 € für Arbeitnehmer. Auf das Catering entfällt zudem eine Umsatzsteuer von 114,00 €:

SKP03 · SKP04 · IKP Sollkonto	Betrag	an	SKP03 · SKP04 · IKP Habenkonto	Betrag
1801 · 2101 · 3021 Privatentnahmen allgemein – Jill	714,00 €		8925 · 4660 · 5424 Unentgeltliche Erbringung einer sonstigen Leistung 19 % USt	600,00 €
			1776 · 3806 · 4805 Umsatzsteuer 19 %	114,00 €

Zwischenübung Kapitel 9.4

(1) Marc hat im Rahmen der Kostenrechnung folgende Zuschlagssätze für die Marcslights GmbH ermittelt:
- ▸ 25 % Materialgemeinkostenzuschlagssatz,
- ▸ 100 % Fertigungsgemeinkostenzuschlagssatz,
- ▸ 10 % Verwaltungsgemeinkostenzuschlagssatz,
- ▸ 30 % Vertriebsgemeinkostenzuschlagssatz.

Für die Kalkulation und die Preisbestimmung einer Tischleuchte geht er von folgenden Annahmen aus:

- ▸ 40,00 € Materialeinzelkosten,
- ▸ 50,00 € Fertigungseinzelkosten,
- ▸ 0,00 € Sondereinzelkosten der Fertigung,
- ▸ 0,00 € Sondereinzelkosten des Vertriebs,
- ▸ 15 % Gewinnaufschlagssatz,
- ▸ 8 % Preisnachlasssatz,
- ▸ 19 % Umsatzsteuersatz.

Ermitteln Sie damit die Herstellkosten, die Selbstkosten und den Bruttoverkaufspreis einer Tischleuchte:

Posten	Beträge
+ Fertigungseinzelkosten	
+	
+ Sondereinzelkosten der Fertigung	0,00 €
= Herstellkosten	

Posten	Beträge
Herstellkosten	
	15,00 €
+ Sondereinzelkosten des Vertriebs	0,00 €
= Selbstkosten	210,00 €

Posten	Beträge
Selbstkosten	210,00 €
+	
= Barverkaufspreis	
+	
= Nettoverkaufspreis	
+	
= Bruttoverkaufspreis	312,38 €

(2) Geben Sie für die nachfolgenden Geschäftsvorfälle die Buchungssätze an:

(A) Aufgrund der Bestellung eines Händlers entnimmt Marc dem Distributionslager der Marcslights GmbH* 6 Tischleuchten mit durchschnittlichen Herstellungskosten von 150,00 € je Stück für den Versand:

Sollkonto	Betrag	an Habenkonto	Betrag

(B) Die unter (A) ausgelagerten 6 Tischleuchten kosten gemäß der Preisliste der Marcslights GmbH* 262,50 € je Stück zuzüglich Umsatzsteuer. Der Händler erhält auf diesen Preis als Einzelhändler einen Rabatt von 8 %. Marc erstellt eine entsprechende Rechnung für den Händler, auf der er ihm zusätzlich 51,00 € Versandkosten zuzüglich Umsatzsteuer in Rechnung stellt, und bucht die erstellte Rechnung sofort:

Sollkonto	Betrag	an Habenkonto	Betrag

(C) Die unter (B) erstellte Rechnung enthielt den Zusatz »Zahlbar innerhalb von 10 Tagen abzüglich 3 % Skontos oder innerhalb von 30 Tagen ohne Abzug«. Der Händler überweist deshalb der Marcslights GmbH* den Rechnungsbetrag bereits nach 8 Tagen abzüglich des Skontos. Bei der Buchung des Zahlungseingangs bei der Marcslights GmbH* wird das Skonto separat erfasst:

Sollkonto	Betrag	an Habenkonto	Betrag

(D) Buchen Sie die unter (C) erfassten 45,00 € Skonto auf die Umsatzerlöse um, wenn Sie der Meinung sind, dass eine direkte Zurechnung zu den verkauften Tischleuchten möglich ist:

Sollkonto	Betrag	an Habenkonto	Betrag

9.5 Kontokorrentbuchführung

Lernziel 9-5
Die Aufzeichnungen in der Kontokorrentbuchführung kennen.

Einordnung innerhalb der Jahresabschlussrechnungen

Beschaffung

Fertigung

Vertrieb

Kontokorrentbuchführung

Lagerbuchführung

9.5.1 Erfassung von Forderungen und Verbindlichkeiten in der Kontokorrentbuchführung

Die Verbuchung von Geschäftsvorfällen mit Lieferanten im Beschaffungsbereich und mit Kunden im Vertriebsbereich erfolgt aus Gründen der Übersichtlichkeit in der Regel parallel zur Hauptbuchführung über *Personenkonten* (↗ Kapitel 3.1.2) in der Kontokorrentbuchführung.

Bei der Kontokorrentbuchführung handelt sich um eine die *Hauptbuchführung* ergänzende *Nebenbuchführung* (↗ Kapitel 4.3.2.2.2). Gesetzliche Hinweise zu ihrer Durchführung ergeben sich dabei unter anderem aus der Einkommensteuer-Richtlinie 2005: R 5.2 Kreditgeschäfte und ihre periodenweise Erfassung.

Während die Kontokorrentbuchführung früher als *Offene-Posten-Buchführung* erfolgte, indem noch nicht bezahlte Rechnungen in Papierform in einer Registratur unter den jeweiligen Lieferanten oder Kunden abgelegt wurden, erfolgt sie heute in der Regel über Datenbanken innerhalb der Buchführungssoftware.

Beim Zugang neuer Lieferanten oder Kunden erhalten diese eine *Lieferanten-* oder *Kundennummer*, anhand derer eine eindeutige Zuordnung zu den in den Datenbanken hinterlegten Daten möglich ist. In der Kontokorrentbuchführung werden dann folgende Stammdaten der einzelnen Lieferanten und Kunden erfasst:

- **Lieferanten- oder Kundennummer**, beispielsweise »7 0011-01«,
- **Firma**, beispielsweise »RHB-Handels GmbH«,
- **Anschrift**, beispielsweise »Musterstraße 2, 98765 Musterburg«,
- **Ansprechpartner**, beispielsweise »Jan Händler«,
- **Bankverbindung**, beispielsweise »Muster Bank, Bankleitzahl 876 543 21, Konto 741852«,
- **Steuernummer**, beispielsweise »77 600 54321«,
- **Umsatzsteuer-Identifikationsnummer**, beispielsweise »DE 987654321«,
- **Vereinbarte Preisnachlässe**, beispielsweise »10 % auf alle Elektroartikel«,
- **Vereinbarte Zahlungsbedingungen**, beispielsweise »Zahlbar innerhalb von 10 Tagen abzüglich 3 % Skonto«
- **Kreditrahmen**, beispielsweise »20 000,00 €«,
- **Zugeordnetes Lieferanten- oder Kundenkonto** für die Verbuchung, beispielsweise »7 0020 RHB-Handels GmbH«, und
- **Lieferbedingungen** (↗ Kapitel 4.5.2).

Bei jeder Rechnungsstellung und bei jeder Rechnungsbegleichung fallen dann in der Kontokorrentbuchführung folgende Bewegungsdaten an, die den Stammdaten untergeordnet werden:

- **Belegnummer**, beispielsweise »ER-15762-2010«, zum Verweis auf zugeordnete Belege, wie Rechnungen oder Kontoauszüge,
- **Belegdatum**, beispielsweise »02.05.0001«,
- **Buchungstext**, beispielsweise »Rohstoffkauf«,
- **Gegenkonto** zur Buchung auf dem Lieferanten- oder Kundenkonto, beispielsweise »3970 · 1000 · 2000 Roh-, Hilfs- und Betriebsstoffe (Bestand)«, und
- **Soll- oder Haben-Betrag**, der gebucht wird, beispielsweise »1 190,00 €«.

9.5.2 Buchungen in der Kontokorrentbuchführung

Die Buchungen in der Kontokorrentbuchführung erfolgen parallel zu den Buchungen in der Hauptbuchführung über sogenannte *Einmalbuchungen*. Es handelt sich dabei um Buchungen ohne Gegenbuchungen, die bei Aufzeichnungen außerhalb der Hauptbuchführung möglich sind (Eisele, W. 2002: Seite 506 und DATEV 2007: Seite 51 und 141).

9.5.2.1 Buchungen in der Kreditorenbuchführung

Bei Buchungen im Beschaffungsbereich werden ergänzend zu den Sachkonten »Verbindlichkeiten aus Lieferungen und Leistungen« zur Erfassung in der Kontokorrentbuchführung die Personenkonten der jeweiligen Lieferanten beziehungsweise Kreditoren verwendet. Für diese ist in den DATEV-Standardkontenrahmen der fünfstellige Kontennummernbereich von 70000 bis 99999 reserviert. Im Industriekontenrahmen IKR sind dafür keine Konten vorhanden, weshalb der beigefügte Industriekontenplan IKP entsprechend erweitert wurde.

Typische Belege
- Eingangsrechnungen von Lieferanten

Konten
- **SKP03[SKR03]:** 70000 [70001 – 99999] Kreditoren
- **SKP04[SKR04]:** 70000 [70001 – 99999] Kreditoren
- **IKP[IKR]:** 70000 Kreditoren[1]

Beispiel 9-34

(1) Marc kauft für die Marcslights GmbH* 100 Edelstahlbleche zum Preis von 10,00 € je Stück zuzüglich 1,90 € Umsatzsteuer auf Ziel bei der RHB-Handels GmbH. Für dieses wurde das Lieferantenkonto »7 0020« eingerichtet.

Die Erfassung des Geschäftsvorfalls erfolgt über die Eingabe des folgenden Buchungssatzes in das Grundbuch:

SKP03 · SKP04 · IKP Sollkonto	Betrag	an SKP03 · SKP04 · IKP Habenkonto	Betrag
3970 · 1000 · 2000 Roh-, Hilfs- und Betriebsstoffe (Bestand)	1 000,00 €	7 0020 Lieferant RHB-Handels GmbH	1 190,00 €
1576 · 1406 · 2605 Abziehbare Vorsteuer 19 %	190,00 €		

(2) In Buchführungssoftwaresystemen initiiert die Eingabe dieses Buchungssatzes zum einen eine automatische Buchung in den Sachkonten der Hauptbuchführung:

SKP03 · SKP04 · IKP Sollkonto	Betrag	an SKP03 · SKP04 · IKP Habenkonto	Betrag
3970 · 1000 · 2000 Roh-, Hilfs- und Betriebsstoffe (Bestand)	1 000,00 €	1600 · 3300 · 4400 Verbindlichkeiten aus Lieferungen und Leistungen	1 190,00 €
1576 · 1406 · 2605 Abziehbare Vorsteuer 19 %	190,00 €		

(3) Zum anderen initiiert die Eingabe dieses Buchungssatzes eine Eintragung über eine Einmalbuchung ohne Gegenbuchung in dem zugehörigen Lieferantenkonto in der Kontokorrentbuchführung:

SKP03 · SKP04 · IKP Sollkonto	Betrag	an SKP03 · SKP04 · IKP Habenkonto	Betrag
–	–	7 0020 Lieferant RHB-Handels GmbH	1 190,00 €

(4) Die Bezahlung der Rechnung durch die Marcslights GmbH* erfolgt über die Eingabe des folgenden Buchungssatzes in das Grundbuch:

SKP03 · SKP04 · IKP Sollkonto	Betrag	an SKP03 · SKP04 · IKP Habenkonto	Betrag
7 0020 Lieferant RHB-Handels GmbH	1 190,00 €	1200 · 1800 · 2800 Bank	1 190,00 €

(5) In Buchführungssoftwaresystemen initiiert die Eingabe dieses Buchungssatzes zum einen eine automatische Buchung in den Sachkonten der Hauptbuchführung:

SKP03 · SKP04 · IKP Sollkonto	Betrag	an SKP03 · SKP04 · IKP Habenkonto	Betrag
1600 · 3300 · 4400 Verbindlichkeiten aus Lieferungen und Leistungen	1 190,00 €	1200 · 1800 · 2800 Bank	1 190,00 €

(6) Zum anderen initiiert die Eingabe dieses Buchungssatzes eine Eintragung über eine Einmalbuchung ohne Gegenbuchung in dem zugehörigen Lieferantenkonto in der Kontokorrentbuchführung, durch die die Verbindlichkeiten gegenüber dem Lieferanten aufgelöst werden:

SKP03 · SKP04 · IKP Sollkonto	Betrag	an SKP03 · SKP04 · IKP Habenkonto	Betrag
7 0020 Lieferant RHB-Handels GmbH	1 190,00 €	–	–

9.5.2.2 Buchungen in der Debitorenbuchführung

Bei Buchungen im Vertriebsbereich werden ergänzend zu den Sachkonten »Forderungen aus Lieferungen und Leistungen« zur Erfassung in der Kontokorrentbuchführung die Personenkonten der jeweiligen Kunden beziehungsweise Debitoren verwendet. Für diese ist in den DATEV-Standardkontenrahmen der fünfstellige Kontennummernbereich von 10000 bis 69999 reserviert. Im Industriekontenrahmen IKR sind dafür keine Konten vorhanden, weshalb der beigefügte Industriekontenplan IKP entsprechend erweitert wurde.

Typische Belege
▶ Kopien von Ausgangsrechnungen

Konten
▶ **SKP03 [SKR03]:** 10000 [10001 – 69999] Debitoren
▶ **SKP04 [SKR04]:** 10000 [10001 – 69999] Debitoren
▶ **IKP [IKR]:** 10000 Debitoren[1]

Beispiel 9-35

(1) Marc verkauft für die Marcslights GmbH* eine zuvor dem Distributionslager entnommene Edelstahlleuchte zum Preis von 175,00 € zuzüglich 33,25 € Umsatzsteuer auf Ziel an die Designleuchten-Handels GmbH. Für diese wurde das Kundenkonto »1 0010« eingerichtet.

Die Erfassung des Geschäftsvorfalls erfolgt über die Eingabe des folgenden Buchungssatzes in das Grundbuch:

SKP03 · SKP04 · IKP Sollkonto	Betrag	an SKP03 · SKP04 · IKP Habenkonto	Betrag
1 0010 Designleuchten-Handels GmbH	208,25 €	8400 · 4400 · 5100 Erlöse 19 % USt	175,00 €
		1776 · 3806 · 4805 Umsatzsteuer 19 %	33,25 €

(2) In Buchführungssoftwaresystemen initiiert die Eingabe dieses Buchungssatzes zum einen eine automatische Buchung in den Sachkonten der Hauptbuchführung:

SKP03 · SKP04 · IKP Sollkonto	Betrag	an SKP03 · SKP04 · IKP Habenkonto	Betrag
1400 · 1200 · 2400 Forderungen aus Lieferungen und Leistungen	208,25 €	8400 · 4400 · 5100 Erlöse 19 % USt	175,00 €
		1776 · 3806 · 4805 Umsatzsteuer 19 %	33,25 €

(3) Zum anderen initiiert die Eingabe dieses Buchungssatzes eine Eintragung über eine Einmalbuchung ohne Gegenbuchung in dem zugehörigen Kundenkonto in der Kontokorrentbuchführung:

SKP03 · SKP04 · IKP Sollkonto	Betrag	an SKP03 · SKP04 · IKP Habenkonto	Betrag
1 0010 Designleuchten-Handels GmbH	208,25 €	–	–

(4) Die Bezahlung der Rechnung durch den Kunden erfolgt über die Eingabe des folgenden Buchungssatzes in das:

SKP03 · SKP04 · IKP Sollkonto	Betrag	an SKP03 · SKP04 · IKP Habenkonto	Betrag
1200 · 1800 · 2800 Bank	208,25 €	1 0010 Designleuchten-Handels GmbH	208,25 €

(5) In Buchführungssoftwaresystemen initiiert die Eingabe dieses Buchungssatzes zum einen eine automatische Buchung in den Sachkonten der Hauptbuchführung:

SKP03 · SKP04 · IKP Sollkonto	Betrag	an SKP03 · SKP04 · IKP Habenkonto	Betrag
1200 · 1800 · 2800 Bank	208,25 €	1400 · 1200 · 2400 Forderungen aus Lieferungen und Leistungen	208,25 €

(6) Zum anderen initiiert die Eingabe dieses Buchungssatzes eine Eintragung über eine Einmalbuchung ohne Gegenbuchung in dem zugehörigen Kundenkonto in der Kontokorrentbuchführung, durch die die Forderungen gegenüber dem Kunden aufgelöst werden:

SKP03 · SKP04 · IKP Sollkonto	Betrag	an SKP03 · SKP04 · IKP Habenkonto	Betrag
–	–	1 0010 Designleuchten-Handels GmbH	208,25 €

9.5.2.3 Eröffnung und Abschluss der Personenkonten

Die Salden von Personenkonten können in gleicher Weise wie die Salden von Bestandskonten (↗ Kapitel 3.5.2.3) über die Konten »Saldenvorträge, Kreditoren« und »Saldenvorträge, Debitoren« ins Folgejahr übertragen werden.

Konten
- **SKP03[SKR03]:** [9009] Saldenvorträge, Kreditoren · [9008] Saldenvorträge, Debitoren
- **SKP04[SKR04]:** [9009] Saldenvorträge, Kreditoren · [9008] Saldenvorträge, Debitoren
- **IKP[IKR]:** –

9.6 Lagerbuchführung

Lernziel 9-6
Die Aufzeichnungen in der Lagerbuchführung kennen.

Einordnung innerhalb der Jahresabschlussrechnungen
Beschaffung
Fertigung
Vertrieb
Kontokorrentbuchführung
Lagerbuchführung

Um nicht den Überblick über die im Unternehmen vorhandenen Materialbestände zu verlieren, werden diese in der Regel separat in einer Lagerbuchführung verwaltet.

Bei der Lagerbuchführung handelt es sich um eine *Nebenbuchführung* (↗ Kapitel 4.3.2.2.3), die die Materialkonten des Hauptbuchs erläutert und ergänzt. Gesetzliche Hinweise zu ihrer Durchführung ergeben sich dabei unter anderem aus der Abgabenordnung: § 143 und § 144.

Während die Lagerbuchführung früher über *Einlagerungsscheine*, *Lagerkarten* und *Materialentnahmescheine* in Papierform durchgeführt wurde, erfolgt sie heute in der Regel über Datenbanken innerhalb der Buchführungssoftware. Bei automatisierten Lagersystemen wird die Buchführungssoftware dazu über Schnittstellen an die Lagersteuerung gekoppelt, sodass Ein- und Auslagerungen automatisch erfasst werden.

Zur Verwaltung erhalten alle Materialien eine *Artikelnummer*, anhand derer eine eindeutige Zuordnung zu den in den Datenbanken hinterlegten Daten möglich ist. In der Lagerbuchführung werden dann folgende Stammdaten der einzelnen Materialien erfasst:

- **Artikelnummer**, beispielsweise »40 12345 12345 6«,
- **Artikelbezeichnung**, beispielsweise »Edelstahlblech«,
- **Global Trade Item Number** (GTIN), soweit für das Material eine Nummer entsprechend dieses Standards vorhanden ist,
- **Lieferantennummer** zum Verweis auf die Lieferantendaten in der Kontokorrentbuchführung (↗ Kapitel 9.5.1), beispielsweise »7 0011-01 RHB-Handels GmbH«,
- **Sicherheitsbestand**, der mindestens vorhanden sein sollte, um einen bestimmten Lieferbereitschaftsgrad zu erzielen,
- **Höchstbestand**, der maximal vorhanden sein sollte,
- **Bestellpunktbestand**, bei dessen Unterschreiten nachbestellt werden sollte,
- **Bestellmenge**, die jeweils nachbestellt werden sollte, und
- **Kontozuordnung** für die Verbuchung, beispielsweise »3970 · 1000 · 2000 Roh-, Hilfs- und Betriebsstoffe (Bestand)«.

Bei jedem Zu- oder Abgang fallen dann in der Lagerbuchführung folgende Bewegungsdaten an, die den Stammdaten untergeordnet werden:

- **Belegnummer**, beispielsweise »SB-15763-2010«, zum Verweis auf zugeordnete Belege, wie Liefer-, Einlagerungs- oder Materialentnahmescheine,
- **Kalenderdaten** von Zu- oder Abgängen, beispielsweise »02.05.0001«,
- **Zu- oder Abgangsmengen**, beispielsweise »9 Stück«,
- **Resultierende Bestände** nach dem Zu- oder Abgang, beispielsweise »54 Stück«,
- **Anschaffungs- oder Herstellungskosten**, beispielsweise »20,17 € je Stück«, und
- **Lagerorte**, beispielsweise »Lager E, Regal 17, Platz C9«.

Schlüsselbegriffe Kapitel 9

- Umlaufvermögen (↗ Kapitel 9)
- Material (↗ Kapitel 9)
- Werkstoff (↗ Kapitel 9)
- Vorrat (↗ Kapitel 9)
- Produktionsunternehmen (↗ Kapitel 9)
- Erzeugnis (↗ Kapitel 9)
- Rohstoff (↗ Kapitel 9.1.1)
- Urprodukt (↗ Kapitel 9.1.1)

9.6 Schlüsselbegriffe

- Vorprodukt (↗ Kapitel 9.1.1)
- Zwischenprodukt (↗ Kapitel 9.1.1)
- Fremdbauteil (↗ Kapitel 9.1.1)
- Hilfsstoff (↗ Kapitel 9.1.1)
- Betriebsstoff (↗ Kapitel 9.1.1)
- Verbrauchswerkzeug (↗ Kapitel 9.1.1)
- Unfertiges Erzeugnis (↗ Kapitel 9.1.1)
- Unfertige Leistung (↗ Kapitel 9.1.1)
- Fertiges Erzeugnis (↗ Kapitel 9.1.1)
- Ware (↗ Kapitel 9.1.1)
- Umsatzerlös (↗ Kapitel 9.1.2)
- Materialaufwand (↗ Kapitel 9.1.2)
- Anschaffungskosten (↗ Kapitel 9.2.1)
- Zugangsbewertung (↗ Kapitel 9.2.1, 9.3.1.2, 9.3.1.4)
- Aufwandsorientierte Verbuchung (↗ Kapitel 9.2.2.1)
- Zugangsmethode (↗ Kapitel 9.2.2.1)
- Just-in-time-Produktion (↗ Kapitel 9.2.2.1)
- Verbrauchsfiktion (↗ Kapitel 9.2.2.1)
- Bestandsorientierte Verbuchung (↗ Kapitel 9.2.2.2)
- Folgebewertung (↗ Kapitel 9.2.2.2, 9.3.1.1.2, 9.3.1.3, 9.4.1.1, 9.4.1.2.2)
- Gemeinkostenbereich (↗ Kapitel 9.2.3)
- Fremdleistung (↗ Kapitel 9.2.4)
- Zielkauf (↗ Kapitel 9.2.5)
- Zahlungsziel (↗ Kapitel 9.2.5, 9.4.4)
- Ausgabe (↗ Kapitel 9.2.5)
- Auszahlung (↗ Kapitel 9.2.5)
- Lieferantenkredit (↗ Kapitel 9.2.5, 9.4.4)
- Preisnachlass (↗ Kapitel 9.2.6, 9.4.5)
- Rabatt (↗ Kapitel 9.2.6.1, 9.4.5)
- Barzahlungsrabatt (↗ Kapitel 9.2.6.1)
- Mengenrabatt (↗ Kapitel 9.2.6.1)
- Zeitrabatt (↗ Kapitel 9.2.6.1)
- Treuerabatt (↗ Kapitel 9.2.6.1)
- Funktionsrabatt (↗ Kapitel 9.2.6.1)
- Skonto (↗ Kapitel 9.2.6.2, 9.4.5)
- Minderung (↗ Kapitel 9.2.6.2, 9.4.5)
- Bonus (↗ Kapitel 9.2.6.3, 9.4.5)
- Treuebonus (↗ Kapitel 9.2.6.3)
- Umsatzbonus (↗ Kapitel 9.2.6.3)
- Anschaffungsnebenkosten (↗ Kapitel 9.2.7)
- Anzahlung (↗ Kapitel 9.2.8, 9.4.6)
- Kundenkredit (↗ Kapitel 9.2.8, 9.4.6)
- Rücksendung (↗ Kapitel 9.2.9, 9.4.7)
- Sachmangel (↗ Kapitel 9.2.9)
- Gesamtkostenverfahren (↗ Kapitel 9.3.1)
- Inventurmethode (↗ Kapitel 9.3.1.1.2)
- Befundrechnung (↗ Kapitel 9.3.1.1.2)
- Fortschreibungsmethode (↗ Kapitel 9.3.1.1.2)
- Skontration (↗ Kapitel 9.3.1.1.2)
- Retrograde Methode (↗ Kapitel 9.3.1.1.2)
- Rückrechnung (↗ Kapitel 9.3.1.1.2)
- Umsatzkostenverfahren (↗ Kapitel 9.3.2)
- Auslagerung (↗ Kapitel 9.4.1)
- Verkaufspreis (↗ Kapitel 9.4.2)
- Kalkulation (↗ Kapitel 9.4.2.2)
- Selbstkosten (↗ Kapitel 9.4.2.2)
- Differenzierte Zuschlagskalkulation (↗ Kapitel 9.4.2.2.1)
- Herstellkosten (↗ Kapitel 9.4.2.2.1)
- Mindest-Herstellungskosten (↗ Kapitel 9.4.2.2.1)
- Summarische Zuschlagskalkulation (↗ Kapitel 9.4.2.2.2)
- Handelskalkulation (↗ Kapitel 9.4.2.2.2)
- Selbstkosten (↗ Kapitel 9.4.2.2.3)
- Holschuld (↗ Kapitel 9.4.3)
- Nebenleistungen (↗ Kapitel 9.4.3)
- Zielverkauf (↗ Kapitel 9.4.4)
- Einnahme (↗ Kapitel 9.4.4)
- Einzahlung (↗ Kapitel 9.4.4)
- Privatentnahme (↗ Kapitel 9.4.8)
- Sachentnahme (↗ Kapitel 9.4.8.1)
- Leistungsentnahme (↗ Kapitel 9.4.8.2)
- Kontokorrentbuchführung (↗ Kapitel 9.5)
- Personenkonto (↗ Kapitel 9.5.1, 9.5.2.3)
- Hauptbuchführung (↗ Kapitel 9.5.1)
- Nebenbuchführung (↗ Kapitel 9.5.1, 9.6)
- Offene-Posten-Buchführung (↗ Kapitel 9.5.1)
- Lieferantennummer (↗ Kapitel 9.5.1)
- Kundennummer (↗ Kapitel 9.5.1)
- Einmalbuchung (↗ Kapitel 9.5.2)
- Kreditorenbuchführung (↗ Kapitel 9.5.2.1)
- Debitorenbuchführung (↗ Kapitel 9.5.2.2)
- Lagerbuchführung (↗ Kapitel 9.6)
- Einlagerungsschein (↗ Kapitel 9.6)
- Lagerkarte (↗ Kapitel 9.6)
- Materialentnahmeschein (↗ Kapitel 9.6)
- Artikelnummer (↗ Kapitel 9.6)

Fragen Kapitel 9

Frage 9-1: Was ist kennzeichnend für das Umlaufvermögen? (↗ Kapitel 9)

Frage 9-2: Was wird unter Materialien verstanden? (↗ Kapitel 9)

Frage 9-3: Welche Stoffe umfassen die Werkstoffe? (↗ Kapitel 9)

Frage 9-4: Welche Posten umfassen die Vorräte von Unternehmen? (↗ Kapitel 9)

Frage 9-5: Was kennzeichnet Rohstoffe? (↗ Kapitel 9.1.1)

Frage 9-6: Was wird unter Hilfsstoffen verstanden? (↗ Kapitel 9.1.1)

Frage 9-7: Worin unterscheiden sich Betriebs- von Hilfsstoffen? (↗ Kapitel 9.1.1)

Frage 9-8 (Vertiefung): Was sind Beispiele für unfertige Leistungen? (↗ Kapitel 9.1.1)

Frage 9-9: Worin unterscheiden sich Erzeugnisse von Waren? (↗ Kapitel 9.1.1)

Frage 9-10 (Vertiefung): Welche zwei Arten von Materialaufwendungen werden in der Gewinn- und Verlustrechnung nach dem Gesamtkostenverfahren unterschieden? (↗ Kapitel 9.1.2)

Frage 9-11: Auf welche Posten der Jahresabschlussrechnungen wirkt sich die bestandsorientierte Verbuchung des Barkaufs von Rohstoffen aus? (↗ Kapitel 9.1)

Frage 9-12: Auf welche Posten der Jahresabschlussrechnungen wirkt sich die aufwandsorientierte Verbuchung des Zielkaufs von Rohstoffen aus? (↗ Kapitel 9.1)

Frage 9-13 (Vertiefung): Auf welche Posten der Jahresabschlussrechnungen wirkt sich die Verbuchung von Fremdleistungen für die Verwaltung über kostenartenspezifische Aufwandskonten aus? (↗ Kapitel 9.1)

Frage 9-14: Auf welche Posten der Jahresabschlussrechnungen wirkt sich die Verbuchung der Herstellung von unfertigen Erzeugnissen aus? (↗ Kapitel 9.1)

Frage 9-15: Auf welche Posten der Jahresabschlussrechnungen wirkt sich die Verbuchung der Auslagerung von Erzeugnissen für den Verkauf aus? (↗ Kapitel 9.1)

Frage 9-16: Auf welche Posten der Jahresabschlussrechnungen wirkt sich die Verbuchung des Barverkaufs von Erzeugnissen aus? (↗ Kapitel 9.1)

Frage 9-17: Welche Vor- und Nachteile hat die aufwandsorientierte Verbuchung des Kaufs von Werkstoffen und Waren? (↗ Kapitel 9.2.2.1)

Frage 9-18: Warum wird der Kauf von Werkstoffen bei der Just-in-time-Produktion aufwandsorientiert verbucht? (↗ Kapitel 9.2.2.1)

Frage 9-19: Was wird unter einer Verbrauchsfiktion verstanden? (↗ Kapitel 9.2.2.1)

Frage 9-20: Welche Vor- und Nachteile hat die bestandsorientierte Verbuchung des Kaufs von Werkstoffen und Waren? (↗ Kapitel 9.2.2.2)

Frage 9-21 (Vertiefung): Was sind Beispiele für Materialien, die für die Material- und Fertigungsgemeinkostenbereiche oder die Verwaltung verwendet werden? (↗ Kapitel 9.2.3.1)

Frage 9-22 (Vertiefung): Was sind Beispiele für Materialien, die für den Vertrieb verwendet werden? (↗ Kapitel 9.2.3.2)

Frage 9-23 (Vertiefung): Was sind Beispiele für Fremdleistungen, die für die Anschaffung von Vermögensgegenständen bezogen werden? (↗ Kapitel 9.2.4.1)

Frage 9-24: Was sind Beispiele für Fremdleistungen, die für die Herstellung von Vermögensgegenständen bezogen werden? (↗ Kapitel 9.2.4.2)

Frage 9-25 (Vertiefung): Was sind Beispiele für Fremdleistungen, die für die Material- und Fertigungsgemeinkostenbereiche oder die Verwaltung bezogen werden? (↗ Kapitel 9.2.4.3)

Frage 9-26 (Vertiefung): Was sind Beispiele für Fremdleistungen, die für den Vertrieb bezogen werden? (↗ Kapitel 9.2.4.4)

Frage 9-27: Was wird unter einem Zielkauf verstanden? (↗ Kapitel 9.2.5)

Frage 9-28: Was ist kennzeichnend für Rabatte? (↗ Kapitel 9.2.6.1)

Frage 9-29: Wofür werden Skonti gewährt? (↗ Kapitel 9.2.6.2)

Frage 9-30: Wodurch unterscheiden sich Boni von Rabatten? (↗ Kapitel 9.2.6.3)

Frage 9-31 (Vertiefung): Welche Arten von Sachmängeln gibt es? (↗ Kapitel 9.2.9)

Frage 9-32: Mittels welcher drei Methoden kann der Verbrauch von Werkstoffen in der Fertigung ermittelt werden, wenn der Kauf bestandsorientiert verbucht wurde? (↗ Kapitel 9.3.1.1)

Frage 9-33 (Vertiefung): Welche Aufwendungen und Erträge werden in der Gewinn- und Verlustrechnung nach dem Umsatzkostenverfahren durch die Aktivierung von unfertigen oder fertigen Erzeugnissen nach deren Herstellung ausgewiesen? (↗ Kapitel 9.3.2)

Frage 9-34 (Vertiefung): Welche Möglichkeiten gibt es aus aus Marketingsicht, um den Verkaufspreis festzulegen? (↗ Kapitel 9.4.2.1)

Frage 9-35 (Vertiefung): Worin unterscheiden sich Herstellkosten von Herstellungskosten? (↗ Kapitel 9.4.2.2.1)

Frage 9-36 (Vertiefung): Was wird unter einer Sachentnahme verstanden? (↗ Kapitel 9.4.8.1)

Frage 9-37 (Vertiefung): Was wird unter einer Leistungsentnahme verstanden? (↗ Kapitel 9.4.8.2)

Frage 9-38 (Vertiefung): Wie erfolgt eine Offene-Posten-Buchführung? (↗ Kapitel 9.5.1)

Frage 9-39 (Vertiefung): Was sind Beispiele für Daten, die in der Kontokorrentbuchführung gespeichert werden? (↗ Kapitel 9.5.1)

Frage 9-40 (Vertiefung): Wann erfolgen Eintragungen in die Bewegungsdaten, die in der Kontokorrentbuchführung erfasst werden? (↗ Kapitel 9.5.1)

Frage 9-41 (Vertiefung): Was kennzeichnet Einmalbuchungen? (↗ Kapitel 9.5.2)

Frage 9-42 (Vertiefung): Was sind Beispiele für Daten, die in der Lagerbuchführung gespeichert werden? (↗ Kapitel 9.6)

Frage 9-43: Wann erfolgen Eintragungen in die Bewegungsdaten, die in der Lagerbuchführung erfasst werden? (↗ Kapitel 9.6)

Übungen Kapitel 9

Übung 9-1

Geben Sie für die nachfolgenden Geschäftsvorfälle die Buchungssätze an und führen Sie die aufgeführten Rechnungen durch:

(A) Weil sie vom Geschmack so begeistert ist, beschließt Jill, das Warensortiment der Jillsfood KG* um Tees der französischen Nobelmarke »Mariage Frères« zu erweitern. Sie kauft deshalb beim deutschen Importeur 100 Packungen Tee für 6,00 € je Packung zuzüglich Umsatzsteuer per Banküberweisung der bei der Lieferung beiliegenden Rechnung. Der Kauf wird aufwandsorientiert verbucht:

Kapitelreferenzen
↗ Kapitel 6.2.5, ↗ Kapitel 9.2.2.1,
↗ Kapitel 9.2.3.2,
↗ Kapitel 9.4.1.2.1,
↗ Kapitel 9.4.2.2.2,
↗ Kapitel 9.4.2.2.3, ↗ Kapitel 9.4.4,
↗ Kapitel 9.4.5, ↗ Kapitel 9.4.7

Sollkonto	Betrag	an Habenkonto	Betrag

(B) Als Zugabe beim Verkauf der Tees kauft Jill für die Jillsfood KG* einen in kleinen Mengen abgepackten speziellen Tee-Zucker zum Preis von 10,00 € zuzüglich Umsatzsteuer per Banküberweisung der bei der Lieferung beiliegenden Rechnung:

Sollkonto	Betrag	an Habenkonto	Betrag

9.6 Die Buchungen im Umlaufvermögen zur Abbildung von Umsatzprozessen
Übungen

(C) Für die Kalkulation und Preisbestimmung der Tees geht Jill von folgenden Annahmen aus:
- 6,00 € Anschaffungskosten je Packung,
- 50 % Handlungskostenzuschlagssatz,
- 20 % Gewinnaufschlagssatz,
- 3 % Preisnachlasssatz,
- 7 % Umsatzsteuersatz.

Ermitteln Sie mit diesen Angaben die Selbstkosten und den Bruttoverkaufspreis von einer Packung Tee:

Posten	Beträge
Anschaffungskosten	
= Selbstkosten	

Posten	Beträge
Selbstkosten	9,00 €
+	
= Barverkaufspreis	
+	
= Nettoverkaufspreis	
+	
= Bruttoverkaufspreis	11,91 €

(D) Aufgrund einer Bestellung entnimmt Jill dem Distributionslager 5 Packungen des Tees (A) mit durchschnittlichen Anschaffungskosten von 6,00 € je Packung für den Versand an den Kunden:

Sollkonto	Betrag	Habenkonto	Betrag

(E) Die unter (D) ausgelagerten 5 Packungen Tee werden zum – gegenüber (C) reduzierten – Preis von 11,77 € je Packung inklusive Umsatzsteuer zuzüglich Versandkosten von 5,00 € zuzüglich Umsatzsteuer auf Ziel an einen Kunden verkauft und die Rechnung bei der Erstellung sofort verbucht:

Sollkonto	Betrag	Habenkonto	Betrag

(F) Die unter (E) erstellte Rechnung enthielt den Zusatz »Zahlbar innerhalb von 10 Tagen abzüglich 3 % Skontos oder innerhalb von 30 Tagen ohne Abzug«. Der Kunde überweist deshalb der Jillsfood KG* nach 8 Tagen das Geld abzüglich des Skontos. Bei der Buchung des Zahlungseingangs bei der Jillsfood KG* wird das Skonto separat erfasst:

Sollkonto	Betrag	Habenkonto	Betrag

(G) Da eine Packung des unter (E) verkauften Tees nicht der bestellten Sorte entspricht, schickt der Kunde diese an die Jillsfood KG* zurück. Jill erstattet ihm daraufhin den bereits gezahlten Verkaufspreis per Banküberweisung zurück und berichtigt das gewährte Skonto entsprechend:

Sollkonto	Betrag	an Habenkonto	Betrag
		1771 · 3801 · 4801 Umsatzsteuer 7 %	0,02 €

(H) Am Ende des Monats bucht Jill die unter (F) gewährten und unter (G) berichtigten Skonti auf die Umsatzerlöse um:

Sollkonto	Betrag	an Habenkonto	Betrag

Übung 9-2

Geben Sie für die nachfolgenden Geschäftsvorfälle die Buchungssätze an und führen Sie die aufgeführten Rechnungen durch:

(A) Marc bestellt für die Marcslights GmbH* 2 Rollen Elektrokabel zum Preis von 150,00 € je Rolle zuzüglich Umsatzsteuer. Die Kabel sollen vom Lieferanten mit dem Logo der Marcslights GmbH* bedruckt werden und als Hilfsstoffe bei der Leuchtenfertigung verwendet werden. Vereinbarungsgemäß leistet Marc auf den Gesamtpreis nach Erhalt einer entsprechenden Rechnung eine Anzahlung in Höhe von 30 %:

Kapitelreferenzen
/ Kapitel 9.2.1, / Kapitel 9.2.2.2,
/ Kapitel 9.2.4.3, / Kapitel 9.2.5,
/ Kapitel 9.2.6.1, / Kapitel 9.2.6.2,
/ Kapitel 9.2.7, / Kapitel 9.2.8,
/ Kapitel 9.2.9, / Kapitel 9.3.1.1.2,
/ Kapitel 9.3.1.2, / Kapitel 9.3.1.3

Sollkonto	Betrag	an Habenkonto	Betrag

(B) Nach der Herstellung erhält die Marcslights GmbH* die 2 Rollen Elektrokabel zusammen mit der Endabrechnung geliefert. Da sich die Lieferung verzögert hat, erhält die Marcslights GmbH* einen Rabatt von 10 % auf den Gesamtpreis von 300,00 €. Für den Versand werden 20,00 € berechnet. Der Kauf wird bestandsorientiert verbucht, die Anschaffungskosten indirekt, der Rabatt wird nicht separat erfasst. Bei der Buchung der Endabrechnung wird zudem die Anzahlung umgebucht:

Sollkonto	Betrag	an Habenkonto	Betrag

9.6 Die Buchungen im Umlaufvermögen zur Abbildung von Umsatzprozessen
Übungen

(C) Da eine der unter (A) gekauften Kabelrollen eine andere Farbe als bestellt hat, schickt Marc sie nach Rücksprache mit dem Lieferanten sofort zurück:

Sollkonto	Betrag	an Habenkonto	Betrag

(D) Für die Frankierung des Pakets zum Zurückschicken der Kabelrolle (C) zahlt Marc für die Marcslights GmbH* bei der Deutschen Post AG 8,00 € in bar:

Sollkonto	Betrag	an Habenkonto	Betrag

(E) Marc zahlt für die Marcslights GmbH* die unter (B) verbuchte Rechnung abzüglich des Preises der zurückgeschickten Kabelrolle (C) abzüglich 3 % Skonto auf die verbliebenen Verbindlichkeiten per Banküberweisung. Das Skonto wird dabei separat erfasst:

Sollkonto	Betrag	an Habenkonto	Betrag

(F) Marc bucht die Versandkosten (B) und das Skonto (E) auf das Konto für Hilfsstoffe um:

Sollkonto	Betrag	an Habenkonto	Betrag

(G) Für die weitere Verbuchung ermittelt Marc die Anschaffungskosten der verbleibenden Kabelrolle:

Posten	Beträge
Anschaffungspreis	
−	
+	
+ Nachträgliche Anschaffungskosten	
= Anschaffungskosten	153,05 €

(H) Für die Fertigung von Leuchten wird dem Eingangslager der Marcslights GmbH* die unter (A) gekaufte Kabelrolle entnommen. Die Entnahme wird mittels der Fortschreibungsmethode verbucht:

Sollkonto	Betrag	an Habenkonto	Betrag

(I) Im ersten Fertigungsschritt werden Kabel zurechtgeschnitten und die Isolierungen an den Enden entfernt. Nach der Fertigung werden 100 Kabelstücke mit Herstellungskosten von 2,00 € je Stück in ein Zwischenlager eingelagert:

Sollkonto	Betrag	an Habenkonto	Betrag

(J) Für die Montage werden dem Zwischenlager 3 der unter (I) gefertigten Kabelstücke mit durchschnittlichen Herstellungskosten von 2,00 € je Stück entnommen:

Sollkonto	Betrag	an Habenkonto	Betrag

Übung 9-3

Tragen Sie zur Verdeutlichung der Auswirkungen auf die Jahresabschlussrechnungen die Bestandteile der Buchungssätze (A) bis (F) und (H) bis (J) der Übung 9-2 mit den jeweiligen Buchstaben der Buchungssätze und einem kurzen Kommentar in die nachfolgende Kapitalflussrechnung (Version: Direkte Methode gemäß Deutsche Rechnungslegungs Standards: Nr. 2 Kapitalflussrechnung, Tabelle 5), Gewinn- und Verlustrechnung (Version: Gesamtkostenverfahren gemäß Handelsgesetzbuch: § 275 Gliederung, Absatz 2) sowie Beständedifferenzenbilanz ein:

Kapitelreferenzen
↗ Kapitel 9.1

Auszahlungen	Kapitalflussrechnung		Einzahlungen
2. Auszahlungen an Lieferanten und Beschäftigte			
(A) Bank, Geleistete Anzahlungen	90,00 €		
4. Sonstige Auszahlungen, die nicht der Investitions- oder Finanzierungstätigkeit zuzuordnen sind			
6. Cashflow aus laufender Geschäftstätigkeit	−190,13 €		
17. Cashflow aus der Investitionstätigkeit	0,00 €		
22. Cashflow aus der Finanzierungstätigkeit	0,00 €		
23. Zahlungswirksame Veränderungen des Finanzmittelfonds	−190,13 €		

9.6 Die Buchungen im Umlaufvermögen zur Abbildung von Umsatzprozessen
Übungen

Aufwendungen	Gewinn- und Verlustrechnung		Erträge
2. Verminderung des Bestands an fertigen und unfertigen Erzeugnissen			2. Erhöhung des Bestands an fertigen und unfertigen Erzeugnissen
5. Materialaufwand a) Aufwendungen für Roh-, Hilfs- und Betriebsstoffe und für bezogene Waren			
8. Sonstige betriebliche Aufwendungen			
Betriebsergebnis	32,95 €		
Finanzergebnis	0,00 €		
14. Ergebnis der gewöhnlichen Geschäftstätigkeit	32,95 €		
20. Jahresüberschuss/ Jahresfehlbetrag	32,95 €		

Bestandsveränderungen der Aktiva	**Beständedifferenzenbilanz**		Bestandsveränderungen der Passiva
B. Umlaufvermögen			A. Eigenkapital
I. Vorräte			V. Jahresüberschuss/ Jahresfehlbetrag
1. Roh-, Hilfs- und Betriebsstoffe			
2. Unfertige Erzeugnisse			
4. Geleistete Anzahlungen			
			C. Verbindlichkeiten
II. Forderungen und sonstige Vermögensgegenstände			4. Verbindlichkeiten aus Lieferungen und Leistungen
4. Sonstige Vermögensgegenstände			

IV. Flüssige Mittel

Saldo | 32,95 € | 32,95 € | Saldo

Lernstandsmonitor Kapitel 9

Kapitel		niedrig	mittel	hoch	Noch lernen
9.1 Einordnung innerhalb der Jahresabschlussrechnungen	Wichtigkeit				
	Eigene Kompetenz				
9.2 Beschaffung	Wichtigkeit				
	Eigene Kompetenz				
9.3 Fertigung	Wichtigkeit				
	Eigene Kompetenz				
9.4 Vertrieb	Wichtigkeit				
	Eigene Kompetenz				
9.5 Kontokorrentbuchführung	Wichtigkeit				
	Eigene Kompetenz				
9.6 Lagerbuchführung	Wichtigkeit				
	Eigene Kompetenz				

10 Die Buchungen zur Abbildung des Personaleinsatzes

Kapitelnavigator

Inhalt	Lernziel
10.1 Einordnung innerhalb der Jahresabschlussrechnungen	10-1 Die Auswirkungen von Buchungen zur Abbildung des Personaleinsatzes auf die Jahresabschlussrechnungen kennen.
10.2 Lohn- und Gehaltsabrechnug	10-2 Die für den Personaleinsatz zu verbuchenden Beträge berechnen können.
10.3 Buchung der Personalaufwendungen und -zahlungen	10-3 Die Personalaufwendungen und –zahlungen verbuchen können.
10.4 Lohn- und Gehaltsbuchführung	10-4 Die Aufzeichnungen in der Lohn- und Gehaltsbuchführung kennen.

Im Zuge der Expansion ihrer Unternehmen müssen sich Jill und Marc auch mit dem Einsatz von Arbeitnehmern und den daraus resultierenden Berechnungen und Buchungen beschäftigen.

Unternehmen, die Arbeitnehmer beschäftigen, werden dadurch zu *Arbeitgebern*. Kennzeichnend für *Arbeitnehmer* ist dabei, dass sie aufgrund von privatrechtlichen Arbeitsverträgen den Arbeitgebern in nicht selbstständiger Weise ihre Arbeitskraft zur Verfügung stellen. Die Arbeitnehmer erhalten dafür im Gegenzug Bezüge und Ansprüche auf Sozialleistungen, die für die Unternehmen wiederum *Personalaufwendungen* darstellen. Die Personalaufwendungen werden unterteilt in:

▶ *Arbeitslöhne*, die im steuerlichen Sinn alle Einnahmen von Arbeitnehmern aus deren nicht selbstständigen Arbeit für einen Arbeitgeber umfassen (Lohnsteuer-Richtlinien 2008: R 39b.2 Laufender Arbeitslohn und sonstige Bezüge) und auch als *Bezüge* oder als *Vorteile* bezeichnet werden, und
▶ *soziale Aufwendungen*, die der Verbesserung der Arbeits- und der Lebensbedingungen sowie der wirtschaftlichen Absicherung der Arbeitnehmer dienen, ohne für diese steuerpflichtige Einnahmen darzustellen, und

die weiter in gesetzliche und in freiwillige Aufwendungen unterteilt werden können.

In der Regel werden nur Teile der Arbeitslöhne direkt an die Arbeitnehmer gezahlt, nämlich die sogenannten *Auszahlungsbeträge*. Weitere Auszahlungen gehen insbesondere an die Betriebsstättenfinanzämter und an die Sozialversicherungsträger.

Die Arbeitslöhne können weiter unterteilt werden in:
- *Löhne*, die die vorwiegend körperlich arbeitenden *Arbeiter* erhalten, und in
- *Gehälter*, die die vorwiegend geistig arbeitenden *Angestellten* erhalten.

Darüber hinaus ist nach der Art der Arbeitslöhne eine Unterteilung in *Geld-* und *Sachbezüge* möglich.

Rechtliche Rahmenbedingungen im Personalbereich stellen verschiedene Gesetze dar, so unter anderem:
- das Einkommensteuergesetz (EStG),
- die Sozialgesetzbücher (SGB),
- das Arbeitszeitgesetz (ArbZG),
- das Gesetz über die Zahlung des Arbeitsentgelts an Feiertagen und im Krankheitsfall (Entgeltfortzahlungsgesetz EntgFG) und
- das Mindesturlaubsgesetz für Arbeitnehmer (Bundesurlaubsgesetz BUrlG).

Darüber hinaus ergeben sich durch eine Reihe sich ergänzender Vertragswerke weitere Rahmenbedingungen:
- *Manteltarifverträge* werden zwischen Arbeitgeberverbänden und Gewerkschaften geschlossen, um für die Arbeitnehmer einer Branche die allgemeinen Arbeitsbedingungen, wie Arbeitszeiten und Zuschläge, zu regeln (Tarifvertragsgesetz: § 1 ff.).
- *Lohn- und Gehaltstarifverträge* werden ebenfalls zwischen Arbeitgeberverbänden und Gewerkschaften geschlossen, um für verschiedene Personengruppen einer Branche abhängig von Faktoren, wie den erforderlichen Fachkenntnissen oder dem Schwierigkeitsgrad der Tätigkeit, zu regeln, welche Löhne und Gehälter diese erhalten (Tarifvertragsgesetz: § 1 ff.).
- *Betriebsvereinbarungen* werden zwischen den Arbeitgebern und den Betriebsräten von Unternehmen geschlossen, um innerhalb der vorgenannten Verträge für alle Arbeitnehmer eines Unternehmens Punkte zu regeln, bei denen dem Betriebsrat ein Mitbestimmungsrecht zusteht, so beispielsweise die Verteilung und die Lage der Arbeitszeit, die Aufstellung von Entlohnungsgrundsätzen oder die Festsetzung von Akkord- und Prämiensätzen (Betriebsverfassungsgesetz: § 77, § 87, § 88).
- *Einzelarbeitsverträge* werden zwischen Arbeitgebern und ihren Arbeitnehmern geschlossen, um innerhalb der vorgenannten Verträge beispielsweise die individuelle

Abb. 10-1

Neben den zugekauften Werkstoffen sind die Arbeitnehmer der wichtigste Produktionsfaktor von Industrieunternehmen.

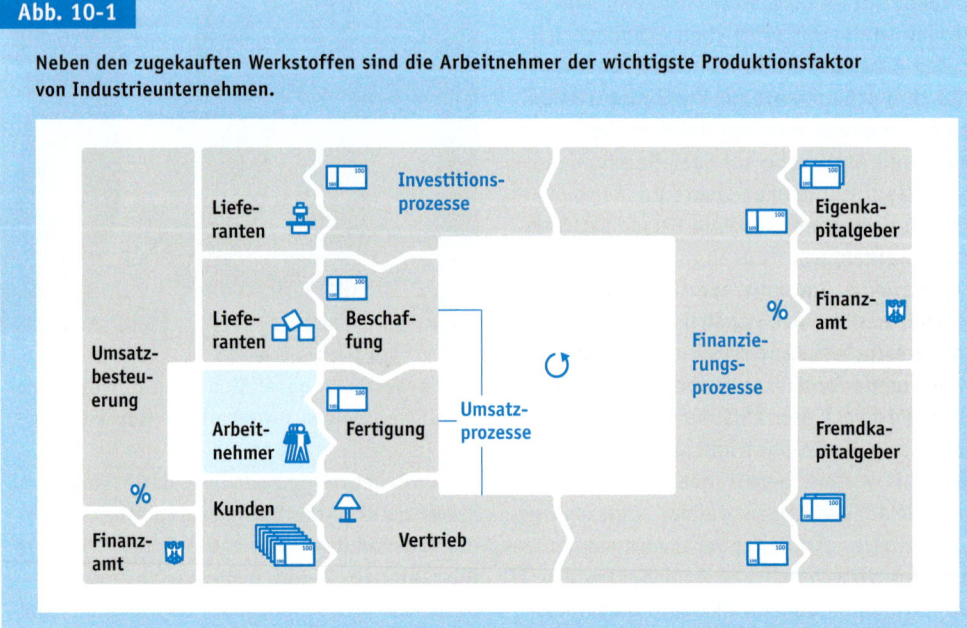

Arbeitszeit und den individuellen Verdienst des Arbeitnehmers zu regeln (Bürgerliches Gesetzbuch: § 611 ff., § 305 ff.).

Zur Orientierung werden wir uns nachfolgend zuerst anschauen, wie sich Geschäftsvorfälle im Zusammenhang mit dem Personaleinsatz auf die Jahresabschlussrechnungen auswirken.

Danach werden wir uns mit der Berechnung der für den Personaleinsatz zu verbuchenden Beträge beschäftigen und im Anschluss daran eingehend betrachten, wie die Verbuchung erfolgt. Zum Schluss des Kapitels werden wir näher auf eine ergänzende Nebenbuchführung eingehen: die Lohn- und Gehaltsbuchführung.

10.1 Einordnung innerhalb der Jahresabschlussrechnungen

Lernziel 10-1
Die Auswirkungen von Buchungen zur Abbildung des Personaleinsatzes auf die Jahresabschlussrechnungen kennen.

- Einordnung innerhalb der Jahresabschlussrechnungen
- Lohn- und Gehaltsabrechnung
- Buchung der Personalaufwendungen und -zahlungen
- Lohn- und Gehaltsbuchführung

10.1.1 Ausweis in der Bilanz

Die nachfolgend betrachteten Buchungen zur Abbildung des Personaleinsatzes können sich insbesondere auf folgende Posten der Bilanz (Gliederung gemäß Handelsgesetzbuch: § 266 Gliederung der Bilanz) auswirken (↗ Abbildung 10-2):

- **Passiva.C.8. Sonstige Verbindlichkeiten** ergeben sich im Personalbereich insbesondere durch noch zu zahlende Bestandteile der Löhne und Gehälter, wie noch an die Arbeitnehmer abzuführende Auszahlungsbeträge oder noch an die anlegenden Unternehmen und Institute abzuführende vermögenswirksame Leistungen.
- **Passiva.C.8. Sonstige Verbindlichkeiten, davon aus Steuern** ergeben sich im Personalbereich insbesondere durch noch an die Finanzämter abzuführende Lohnsteuern, Solidaritätszuschläge und Kirchensteuern sowie die pauschalen Steuern.
- **Passiva.C.8. Sonstige Verbindlichkeiten, davon im Rahmen der sozialen Sicherheit** ergeben sich insbesondere durch noch zu zahlende soziale Abgaben und Aufwendungen, wie noch an die Sozialversicherungsträger abzuführende Beiträge oder noch

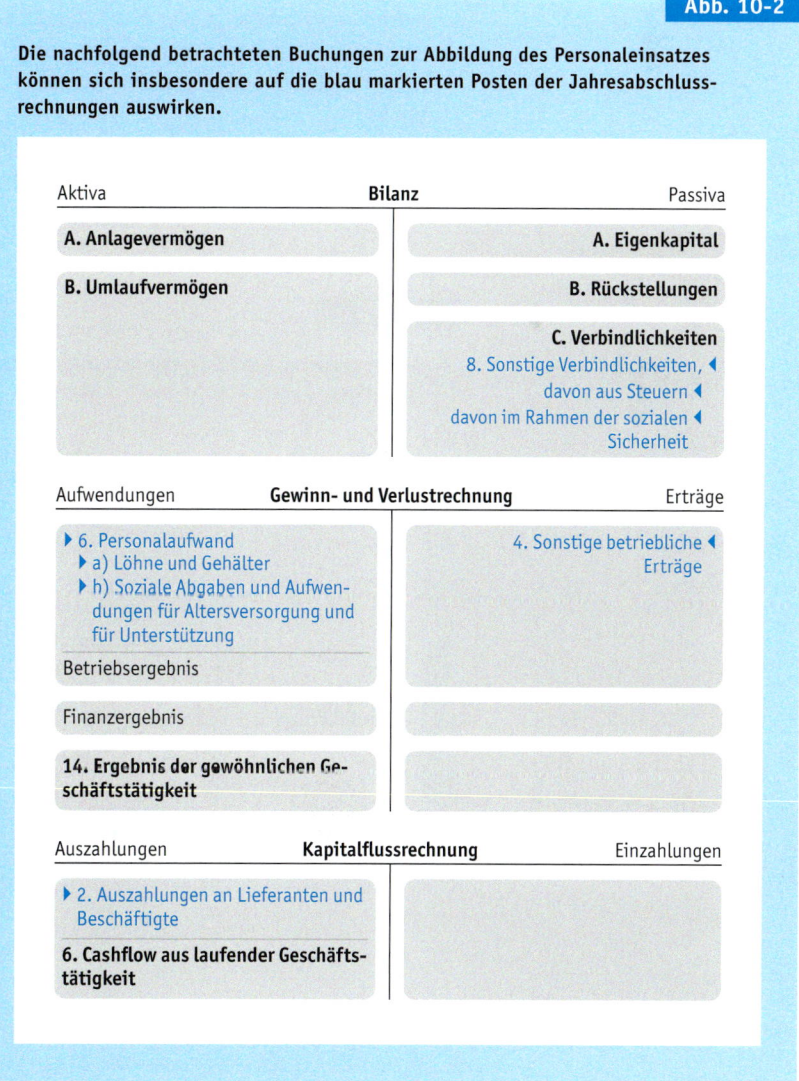

Abb. 10-2

Die nachfolgend betrachteten Buchungen zur Abbildung des Personaleinsatzes können sich insbesondere auf die blau markierten Posten der Jahresabschlussrechnungen auswirken.

an die Berufsgenossenschaften abzuführende Beiträge zur gesetzlichen Unfallversicherung.

10.1.2 Ausweis in der Gewinn- und Verlustrechnung

Die nachfolgend betrachteten Buchungen zur Abbildung des Personaleinsatzes können sich insbesondere auf folgende Posten der Gewinn- und Verlustrechnung (Version: Gesamtkostenverfahren gemäß Handelsgesetzbuch: § 275 Gliederung, Absatz 2) auswirken (↗ Abbildung 10-2):

- **4. Sonstige betriebliche Erträge** ergeben sich unter anderem durch Sachbezüge, wie eine kostenlose Verpflegung oder die Überlassung von Kraftfahrzeugen zur privaten Nutzung.
- **6. Personalaufwendungen** ergeben sich durch:

  a) **Löhne und Gehälter**, die unter anderem durch die für die Arbeitnehmer während des Geschäftsjahres aufgewendeten Geldbezüge inklusive Arbeitgeberzuschüssen und durch pauschale Steuern und Abgaben entstehen,

  b) **Soziale Abgaben und Aufwendungen für Altersversorgung und für Unterstützung**, die unter anderem durch Arbeitgeberanteile an den Sozialversicherungsbeiträgen entstehen.

10.1.3 Ausweis in der Kapitalflussrechnung

Die nachfolgend betrachteten Buchungen zur Abbildung des Personaleinsatzes können sich insbesondere auf folgende Posten der Kapitalflussrechnung (Version: Direkte Methode gemäß Deutsche Rechnungslegungs Standards: Nr. 2 Kapitalflussrechnung, Tabelle 5) auswirken (↗ Abbildung 10-2):

- **2. Auszahlungen an Lieferanten und Beschäftigte** ergeben sich unter anderem durch alle Zahlungen, die aus Personalaufwendungen resultieren.

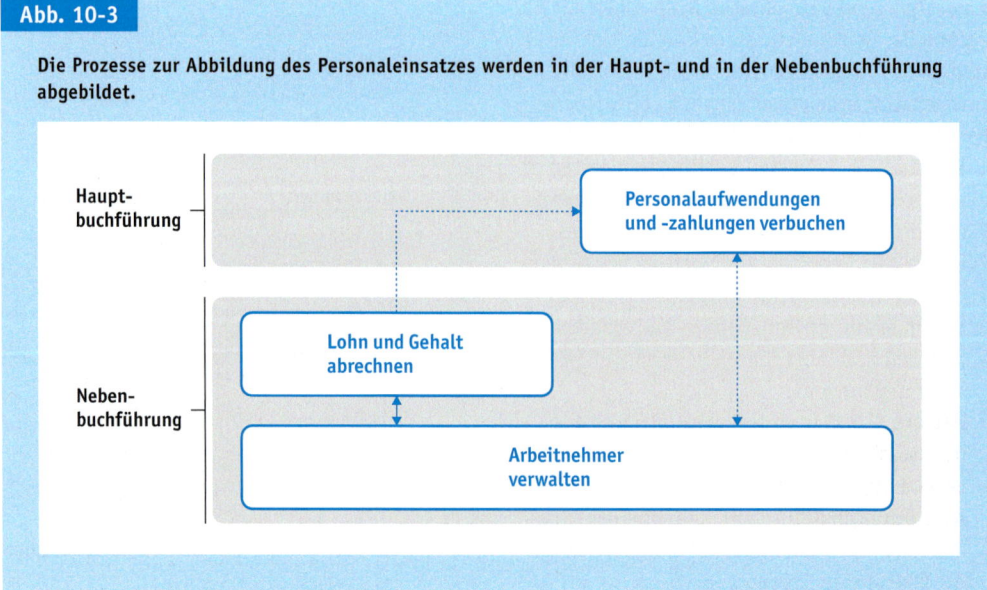

Abb. 10-3

Die Prozesse zur Abbildung des Personaleinsatzes werden in der Haupt- und in der Nebenbuchführung abgebildet.

10.2 Lohn- und Gehaltsabrechnung

- Einordnung innerhalb der Jahresabschlussrechnungen
- **Lohn- und Gehaltsabrechnung**
- Buchung der Personalaufwendungen und -zahlungen
- Lohn- und Gehaltsbuchführung

Für die Verbuchung der Personalaufwendungen müssen die zu verbuchenden Beträge ermittelt werden. Die Personalaufwendungen von Unternehmen ergeben sich als Summe der Personalaufwendungen für alle ihre Arbeitnehmer. Die Personalaufwendungen werden dabei für jeden Arbeitnehmer getrennt im Rahmen der sogenannten *Lohn- und Gehaltsabrechnung* ermittelt.

In der Regel erfolgen die Berechnungen in der Praxis mittels spezieller Entgeltabrechnungssoftwaresysteme, die als Unterprogramme in die Buchführungssoftwaresysteme integriert sind.

ermittelt werden. *Regelabrechnungsperiode* bei allen Rechnungen ist dabei der Kalendermonat.

Beispiel 10-1
Angestellte Grace: Grace (32), zwei Kinder, verheiratet, Steuerklasse III, Mitglied in der katholischen Kirche, gesetzlich krankenversichert, wird von der Marcslights GmbH als Angestellte beschäftigt.

10.2.2 Personengruppen, für die besondere Regelungen gelten

Neben den »normalen« Arbeitnehmern, die auch als »Sozialversicherungspflichtig Beschäftigte ohne besondere Merkmale« bezeichnet werden, gibt es eine Reihe von Personengruppen, für die aufgrund der Art oder des Umfangs ihrer Be-

Lernziel 10-2
Die für den Personaleinsatz zu verbuchenden Beträge berechnen können.

10.2.1 Übersicht über die zu ermittelnden Posten

Die für die Verbuchung in der Lohn- und Gehaltsabrechnung zu ermittelnden Posten stehen in folgendem Zusammenhang zueinander (↗ Abbildung 10-4):

   Geldbezüge
+ Sachbezüge
= Bruttolohn
− Steuerliche Abzüge des Arbeitnehmers
− Sozialversicherungsbeiträge des Arbeitnehmers
= Nettolohn
+ Nettobezüge
− Nettoabzüge
− Sachbezüge
= Auszahlungsbetrag

Zusätzlich zu diesen Posten müssen für die Verbuchung insbesondere:

▸ die Arbeitgeberanteile an den Sozialversicherungsbeiträgen,
▸ die Umlagen der Arbeitgeber und
▸ die Beiträge der Arbeitgeber zur gesetzlichen Unfallversicherung

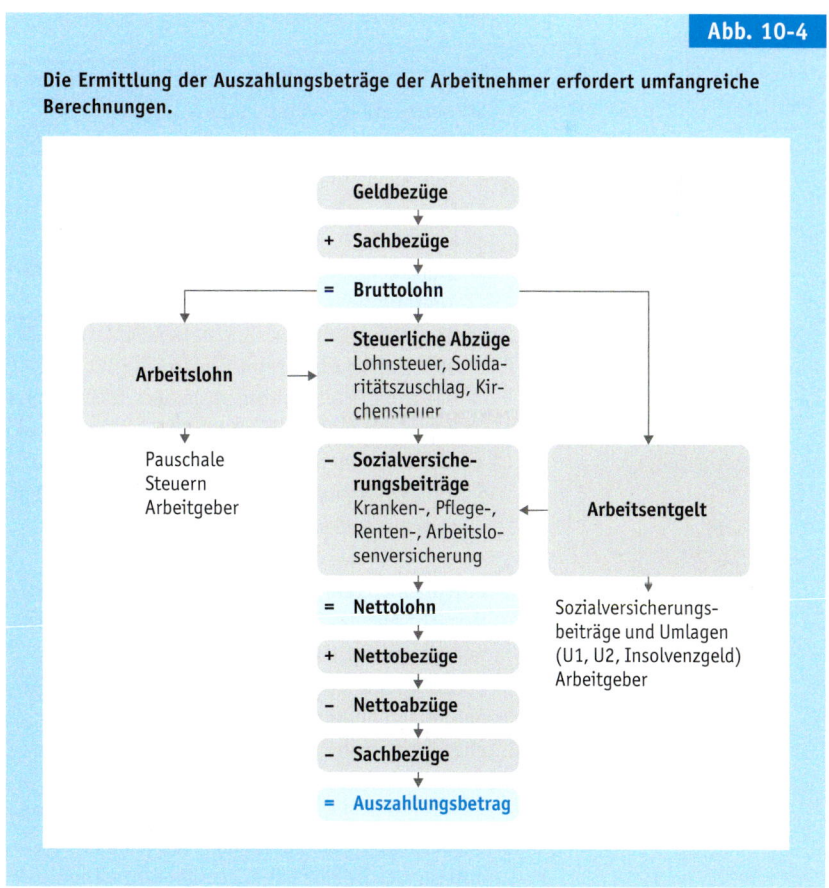

Abb. 10-4

Die Ermittlung der Auszahlungsbeträge der Arbeitnehmer erfordert umfangreiche Berechnungen.

schäftigung besondere Regelungen im Hinblick auf die Ermittlung der vorgenannten Posten gelten, so unter anderem für die nachfolgenden Gruppen (Jenak, K. 2010: Arbeitsblatt 3.2.2).

10.2.2.1 Geringverdiener

Geringverdiener sind Arbeitnehmer, die im Rahmen der betrieblichen Berufsausbildung höchstens ein Arbeitsentgelt von 325,00 € (AZ 10-1) im Monat erhalten. Dies trifft beispielsweise auf viele Auszubildende zu.

Die Sozialversicherungsbeiträge von Geringverdienern werden vollständig von den Arbeitgebern getragen (Sozialgesetzbuch, Viertes Buch: § 20 Aufbringung der Mittel, Gleitzone, Absatz 3, Nummer 1). Steuerliche Abzüge fallen aufgrund der Höhe des Arbeitsentgelts in der Regel nicht an.

10.2.2.2 Geringfügig Beschäftigte

Beschäftigungen können aufgrund ihrer kurzen Dauer oder aufgrund der geringen Höhe des Arbeitsentgelts geringfügig sein.

10.2.2.2.1 Kurzfristig Beschäftigte (Aushilfen)

Steuerrechtlich besteht eine kurzfristige Beschäftigung, wenn (Einkommensteuergesetz: § 40a Pauschalierung der Lohnsteuer für Teilzeitbeschäftigte und geringfügig Beschäftigte, Absatz 1):
- diese gelegentlich, nicht regelmäßig wiederkehrend bei einem Arbeitgeber erfolgt,
- diese 18 zusammenhängende Arbeitstage (AZ 10-2) nicht übersteigt und
- der Arbeitslohn während der Beschäftigungsdauer durchschnittlich 62,00 € je Arbeitstag (AZ 10-3) nicht übersteigt oder die Beschäftigung zu einem unvorhersehbaren Zeitpunkt sofort erforderlich wird.

Entsprechende Beschäftigungen können unter Verzicht auf die Vorlage einer Lohnsteuerkarte mit einem nur vom Arbeitgeber zu tragenden Lohnsteuersatz von 25 % (AZ 10-4) des Arbeitsentgelts zuzüglich Solidaritätszuschlag und Kirchensteuer pauschal versteuert werden, wenn der Arbeitslohn während der Beschäftigungsdauer durchschnittlich 12,00 € (AZ 10-5) je Arbeitsstunde nicht übersteigt (Einkommensteuergesetz: § 40a Pauschalierung der Lohnsteuer für Teilzeitbeschäftigte und geringfügig Beschäftigte, Absatz 4, Nummer 1).

Sozialversicherungsrechtlich besteht eine kurzfristige Beschäftigung, wenn (Sozialgesetzbuch, Viertes Buch: § 8 Geringfügige Beschäftigung und geringfügige selbständige Tätigkeit, Absatz 1, Nummer 2):
- diese innerhalb eines Kalenderjahres auf längstens zwei Monate (AZ 10-6) oder 50 Arbeitstage (AZ 10-7) begrenzt ist und
- diese nicht berufsmäßig ausgeübt wird.

Entsprechende Beschäftigungen sind nicht sozialversicherungspflichtig (Sozialgesetzbuch, Fünftes Buch: § 7; Sechstes Buch: § 5, Absatz 2; Drittes Buch: § 27, Absatz 2).

Die vom Arbeitgeber für kurzfristig Beschäftigte zu tragenden Umlagen betragen:
- 0,6 % (AZ 10-8) für die Umlage U1, wenn die Beschäftigung auf eine Dauer von mehr als 4 Wochen angelegt ist,
- 0,07 % (AZ 10-9) für die Umlage U2 und
- 0,41 % (AZ 10-10) für die Insolvenzgeldumlage.

10.2.2.2.2 Geringfügig entlohnte Beschäftigte (Minijobs)

Eine geringfügig entlohnte Beschäftigung besteht bei Arbeitnehmern, deren regelmäßiges Arbeitsentgelt 400,00 € (AZ 10-11) im Monat nicht übersteigt (Sozialgesetzbuch, Viertes Buch: § 8 Geringfügige Beschäftigung und geringfügige selbständige Tätigkeit, Absatz 1, Nummer 1).

Unter Verzicht auf die Vorlage einer Lohnsteuerkarte können entsprechende Beschäftigungen mit einem nur vom Arbeitgeber zu tragenden Lohnsteuersatz von 2 % (AZ 10-12) des Arbeitsentgelts, der den Solidaritätszuschlag und die Kirchensteuer enthält, pauschal versteuert werden (Einkommensteuergesetz: § 40a Pauschalierung der Lohnsteuer für Teilzeitbeschäftigte und geringfügig Beschäftigte, Absatz 2).

Die vollständig vom Arbeitgeber zu tragenden Sozialversicherungsbeiträge betragen:
- 13 % (AZ 10-13) des Arbeitsentgelts für die Krankenversicherung, falls der Arbeitnehmer gesetzlich krankenversichert ist, und
- 15 % (AZ 10-14) für die Rentenversicherung.

Die vom Arbeitgeber für geringfügig entlohnte Beschäftigte zu tragenden Umlagen betragen:
- 0,6 % (AZ 10-15) für die Umlage U1, wenn die Beschäftigung auf eine Dauer von mehr als 4 Wochen angelegt ist,
- 0,07 % (AZ 10-16) für die Umlage U2 und
- 0,41 % (AZ 10-17) für die Insolvenzgeldumlage.

Für eine einzige geringfügig entlohnte Beschäftigung neben einer steuer- und sozialversicherungspflichtigen Hauptbeschäftigung gelten die vorgenannten Regelungen in gleicher Weise.

Für geringfügig entlohnte Beschäftigte in Privathaushalten und für Überschreitungen der Verdienstgrenzen aufgrund mehrerer geringfügig entlohnter Beschäftigungen gelten andere Bedingungen, auf die hier mit Verweis auf Jenak, K. 2010: Arbeitsblatt 2.8 und 3.10 nicht näher eingegangen werden soll.

Beispiel 10-2

Minijobber Frederic: Frederic (25), keiner weiteren Beschäftigung nachgehend, kein Kind, konfessionslos, gesetzlich krankenversichert, wird von der Marcslights GmbH unter Verzicht auf die Vorlage einer Lohnsteuerkarte seit drei Monaten in einem Minijob beschäftigt.

10.2.2.3 Beschäftigte in der Gleitzone zwischen 400,01 € und 800,00 € (Midijobs)

Bei Beschäftigten mit Arbeitsentgelten in der Gleitzone zwischen 400,01 € (AZ 10-18) und 800,00 € (AZ 10-19) steigt der Arbeitnehmeranteil an den Sozialversicherungsbeiträgen innerhalb der Gleitzone bis zum vollen Anteil an, während der Arbeitgeber stets den normalen vollen Anteil tragen muss.

10.2.2.4 Schüler

Für Schüler, die einer kurzfristigen oder einer geringfügig entlohnten Beschäftigung nachgehen, gelten in der Regel die entsprechenden Vorschriften in gleicher Weise.

Auf Schüler soll darüber hinaus hier mit Verweis auf Jenak, K. 2010: Arbeitsblatt 3.12 nicht näher eingegangen werden.

Abb. 10-5

Die Siemens AG, die mit durchschnittlich 386 200 Arbeitnehmern im Jahr 2007 nach der Deutschen Post AG der zweitgrößte Arbeitgeber unter den deutschen Unternehmen war, weist in ihrem Geschäftsbericht 2007 den in der Tabelle aufgeführten Personalaufwand aus (Siemens AG 2008: Seite 332).

Personalaufwand	
Löhne und Gehälter	18 631 Millionen €
Sozialabgaben und Aufwendungen für Unterstützung	3 076 Millionen €
Aufwendungen für Altersversorgung	818 Millionen €
	22 525 Millionen €

10.2.2.5 Werkstudierende

Für Studierende, die einer kurzfristigen oder einer geringfügig entlohnten Beschäftigung nachgehen, gelten in der Regel die entsprechenden Vorschriften in gleicher Weise.

Für ordentliche Studierende, die die Voraussetzungen der kurzfristigen oder geringfügig entlohnten Beschäftigungen nicht erfüllen, besteht dennoch aufgrund des sogenannten *Werkstudentenprivilegs* (Sozialgesetzbuch, Drittes Buch: § 27 Versicherungsfreie Beschäftigte, Absatz 4, Sozialgesetzbuch, Fünftes Buch: § 6 Versicherungsfreiheit, Absatz 1, Nummer 3) Versicherungsfreiheit in der Kranken-, Pflege- und Arbeitslosenversicherung, nicht jedoch in der Rentenversicherung. Voraussetzung für ein *ordentliches Studium* ist dabei, dass die Beschäftigung während der Vorlesungszeit unabhängig von der Höhe des Arbeitsentgelts 20 Stunden (AZ 10-20) in der Woche nicht überschreitet. In der vorlesungsfreien Zeit kann die Beschäftigung hingegen diese zeitliche Grenze überschreiten.

Auf Werkstudierende soll darüber hinaus hier mit Verweis auf Jenak, K. 2010: Arbeitsblatt 3.12 nicht näher eingegangen werden.

10.2.2.6 Praktikanten

In Studien- und Prüfungsordnungen vorgeschriebene Zwischenpraktika während des Hochschulstudiums sind sozialversicherungsrechtlich keine Beschäftigungsverhältnisse, weshalb sie unabhängig von der Höhe des Arbeitsentgelts nicht sozialversicherungs- und umlagepflichtig sind.

Für Praktika vor und nach dem Studium und freiwillige Praktika bestehen abweichende Regelungen, auf die hier mit Verweis auf Jenak, K. 2010: Arbeitsblatt 3.12 nicht näher eingegangen werden soll.

10.2.3 Geldbezüge

Für die Verfügungsstellung ihrer Arbeitskraft erhalten die Arbeitnehmer im Gegenzug Geld- und Sachbezüge. Die Geldbezüge können sich dabei aus einer oder aus mehreren der nachfolgend aufgeführten *Lohnarten* zusammensetzen (Jenak, K. 2010: Arbeitsblatt 1.1 f.).

10.2.3.1 Laufende variable Geldbezüge

Laufende variable Geldbezüge fallen abhängig von der in einem Kalendermonat gearbeiteten Zeit oder der erbrachten Leistung regelmäßig monatlich an. Entsprechende Bezüge erfordern eine Erfassung der in einem Monat gearbeiteten Zeiten oder der erbrachten Leistungen und basierend darauf Berechnungen vor der Übernahme in die Lohn- und Gehaltsabrechnung. Innerhalb der laufenden variablen Geldbezüge werden folgende sogenannte *Lohnformen* unterschieden:

(1) Zeitlöhne
Bei Zeitlöhnen hängt die Lohnhöhe von der gearbeiteten Zeit ab:

Lohn = Lohnsatz × Arbeitszeit

Zum Lohnsatz können dabei auch *Zuschläge* gewährt werden, so insbesondere für:
- Nachtarbeit,
- Sonntagsarbeit oder
- Feiertagsarbeit.

Zeitlöhne werden nicht nur bei sogenannten *Zeitlöhnern* eingesetzt, sondern beispielsweise auch zur Vergütung der Überstunden von Angestellten.

> **Beispiel 10-3**
>
> **Minijobber Frederic:** Frederic hat im Abrechnungsmonat 44 Stunden zu einem Lohnsatz von 8,00 € gearbeitet. Sein Lohn aus dem Minijob beträgt somit:
>
> Lohn = 8,00 €/h × 44 h = 352,00 €.

(2) Akkordlöhne
Bei Akkordlöhnen hängt die Lohnhöhe von der hergestellten Stückzahl ab. Beim sogenannten *Geldakkord* beziehungsweise *Stückgeldakkord* werden diese Größen über einen Geldsatz verknüpft:

Lohn = Geldsatz × Stückzahl

Beim sogenannten *Zeitakkord* beziehungsweise *Stückzeitakkord* wird der Geldsatz durch das Produkt aus einer Vorgabezeit je Stück und einem Minutenfaktor ersetzt:

Lohn = Vorgabezeit × Minutenfaktor × Stückzahl

Der Minutenfaktor ist dabei ein Lohnsatz je Zeitminute.

Abhängig davon, ob die hergestellten Stückzahlen eines einzelnen Arbeitnehmers oder die einer Gruppe von Arbeitnehmern vergütet werden, werden *Einzel-* und *Gruppenakkordlöhne* unterschieden.

(3) Prämienlöhne
Bei Prämienlöhnen hängt der Lohn von besonderen, häufig qualitativen Leistungen ab. Unterschieden werden insbesondere:
- Mengenleistungsprämien,
- Nutzungsgradprämien,
- Ersparnisprämien und
- Qualitätsprämien.

Die genaue Ausgestaltung von Prämien und damit deren Berechnung erfolgt in der Regel auf der Basis von Betriebsvereinbarungen.

(4) Provisionen
Bei Provisionen hängt die Lohnhöhe von einem *Basisbetrag* ab, der sich aufgrund der Leistungen eines Arbeitnehmers ergibt. Ein solcher Basisbetrag kann beispielsweise der von einem Verkäufer in einem Monat erzielte Umsatz sein. Eine darauf basierende proportionale Umsatzprovision würde dann beispielsweise folgendermaßen berechnet werden:

Lohn = Provisionssatz × Erzielter Umsatz

Die genaue Ausgestaltung von Provisionen und damit deren Berechnung erfolgt in der Regel auf der Basis von Betriebsvereinbarungen und von individuellen Arbeitsverträgen.

10.2.3.2 Laufende fixe Geldbezüge

Laufende fixe Geldbezüge fallen unabhängig von der in einem Kalendermonat gearbeiteten Zeit oder der erbrachten Leistung regelmäßig monatlich in gleichbleibender, vorab vereinbarter Höhe an. Entsprechende Bezüge können ohne weitere Berechnungen in die Lohn- und Gehaltsabrechnung übernommen werden. Beispiele dafür sind Geldbezüge auf Monatsbasis, wie:
- Gehälter von Angestellten,
- Monatslöhne von Monatslöhnern oder
- Ausbildungsvergütungen von Auszubildenden.

Weitere Beispiele sind die nachfolgend aufgeführten Zuschüsse zu den vermögenswirksamen Leistungen und den Fahrtkosten.

Beispiel 10-4

Angestellte Grace: Grace erhält von der Marcslights GmbH ein Gehalt von 4 800,00 € je Monat.

10.2.3.2.1 Arbeitgeberzuschüsse zu den vermögenswirksamen Leistungen

Vermögenswirksame Leistungen (VWL) sind Leistungen, die der Vermögensbildung der Arbeitnehmer durch die Anlage von Teilen des Arbeitslohns dienen. Mögliche Anlageformen werden im Gesetz zur Förderung der Vermögensbildung der Arbeitnehmer: § 2 Vermögenswirksame Leistungen, Anlageformen genannt, so beispielsweise:
- Sparverträge,
- Wertpapier Sparverträge,
- Bausparverträge oder
- Beiträge zu Kapitalversicherungen.

Die entsprechenden Sparbeiträge werden von den Arbeitnehmern oder von den Arbeitgebern oder von beiden zusammen aufgebracht. Die Höhe des Arbeitgeberanteils wird dabei in der Regel in den Tarifverträgen geregelt.

Die Vermögensbildung wird staatlich durch von der Anlageform abhängige Arbeitnehmersparzulagen gefördert, die die Arbeitnehmer von den Finanzämtern erhalten, wenn ihr jährlich zu versteuerndes Einkommen bestimmte Grenzen nicht überschreitet.

Die meisten Arbeitgeberzuschüsse zu den vermögenswirksamen Leistungen sind steuer-, sozialversicherungs- und umlagepflichtig und somit dem Arbeitslohn und dem Arbeitsentgelt zuzurechnen.

Die Zahlungen an die anlegenden Unternehmen und Institute erfolgen zu den Zeitpunkten, die mit diesen vertraglich vereinbart wurden.

Beispiel 10-5

Angestellte Grace: Grace erhält von der Marcslights GmbH einen Zuschuss von 26,00 € je Monat zu ihren vermögenswirksamen Leistungen von insgesamt 40,00 € je Monat.

10.2.3.2.2 Arbeitgeberzuschüsse zu Fahrten zwischen Wohnung und Arbeitsstätte

Arbeitgeber können ihren Arbeitnehmern *Fahrtkostenzuschüsse* in Form von *Fahrgeld* für Fahrten zwischen deren Wohnung und deren Arbeitsstätte gewähren. Eine Gewährung ist dabei auch möglich, wenn ein Arbeitnehmer ein Kraftfahrzeug des Unternehmens privat nutzen darf (↗ Kapitel 10.2.4.2).

Wenn die Fahrtkostenzuschüsse den Betrag nicht überschreiten, den Arbeitnehmer als Werbungskosten geltend machen können (Einkommensteuergesetz: § 9 Werbungskosten, Absatz 1, Nummer 4), können die Fahrtkostenzuschüsse mit einem nur vom Arbeitgeber zu tragenden Lohnsteuersatz von 15 % (AZ 10-21) zuzüglich Solidaritätszuschlag und Kirchensteuer pauschal versteuert werden (Einkommensteuergesetz: § 40 Pauschalierung der Lohnsteuer in besonderen Fällen, Absatz 2, Satz 2). In diesem Fall sind die Fahrtkostenzuschüsse nicht sozialversicherungs- und umlagepflichtig und werden zudem bei den Verdienstgrenzen von pauschal besteuerten kurzfristig Beschäftigten und geringfügig entlohnten Beschäftigten nicht berücksichtigt.

Falls von der Möglichkeit einer pauschalen Versteuerung kein Gebrauch gemacht wird, sind die Zuschüsse normal steuer-, sozialversicherungs- und umlagepflichtig.

Beispiel 10-6

Minijobber Frederic: Frederic erhält von der Marcslights GmbH einen Fahrtkostenzuschuss von 22,00 € je Monat, der pauschal versteuert wird.

10.2.3.3 Einmalige Geldbezüge

Einmalige Geldbezüge fallen anders als die laufenden Geldbezüge nicht regelmäßig monatlich an, sondern nur zu bestimmten Zeitpunkten während des Jahres oder aufgrund bestimmter Ereignisse. Im Steuerrecht werden entsprechende Geldbezüge als *sonstige Bezüge* bezeichnet, im Sozialversicherungsrecht als *einmalige Zuwendungen* oder *Einmalzahlungen*. Beispiele dafür sind (Jenak, K. 2010: Arbeitsblatt 2.5):

- 13. und 14. Monatsgehälter,
- Urlaubsgelder,
- Weihnachtsgratifikationen,
- Jahresprämien,
- Bonuszahlungen,
- Urlaubsabgeltungen,
- Erfindungsvergütungen,
- Heiratsbeihilfen,
- Geburtsbeihilfen,
- Jubiläumszuwendungen und
- Abfindungen.

Anders als die vorgenannten laufenden Geldbezüge, die auf der Basis von *Monatslohnsteuertabellen* versteuert werden, werden einmalige Geldbezüge auf der Basis von *Jahreslohnsteuertabellen* versteuert.

10.2.3.4 Nicht zu berücksichtigende Geldbezüge

Zu den nicht bei der Ermittlung der Bruttolöhne zu berücksichtigenden Geldbezügen, die somit keinen Einfluss auf die steuerlichen Abzüge und die Sozialversicherungsbeiträge haben, gehören die Nettobezüge (↗ Kapitel 10.2.11).

10.2.4 Sachbezüge

Sachbezüge, die auch als *Sachzuwendungen* oder als *geldwerte Vorteile* bezeichnet werden, sind nicht monetäre Vorteile von Arbeitnehmern aus ihrem Dienstverhältnis. Sachbezüge entstehen für die Arbeitnehmer beispielsweise durch:

- eine ermäßigte oder eine kostenlose Verpflegung,
- die private Nutzung von betrieblichen Kraftfahrzeugen,
- die Nutzung von zinsverbilligten oder von zinslosen Darlehen,
- die Nutzung von verbilligten oder von kostenlosen Wohnungen,
- den Bezug von ermäßigten oder von kostenlosen Erzeugnissen, Waren oder Leistungen.

In der Regel sind entsprechende Sachbezüge im vollen Umfang steuer-, sozialversicherungs- und umlagepflichtig. Mit welchem sogenannten *Sachbezugswert* Sachbezüge dabei anzusetzen sind, hängt von ihrer Art ab, wie die nachfolgenden Beispiele zeigen.

10.2.4.1 Ermäßigte oder kostenlose Verpflegung

Sachbezüge aus der Verpflegung, die auch als *Essenszuschüsse* bezeichnet werden, ergeben sich, wenn Arbeitnehmer weniger als den von den Finanzämtern angesetzten Sachbezugswert für die Verpflegung in der Kantine des Arbeitgebers zahlen oder vom Arbeitgeber Essensgutscheine oder Restaurantschecks für externe Essen erhalten.

Der Sachbezug aus der Verpflegung wird folgendermaßen ermittelt:

Sachbezugswert Verpflegung
− Selbstbeteiligung Arbeitnehmer
= Sachbezug aus Verpflegung

Für die verschiedenen Mahlzeiten gelten dabei folgende Sachbezugswerte inklusive 19 % Umsatzsteuer (Sozialversicherungsentgeltverordnung: § 2 Verpflegung, Unterkunft und Wohnung als Sachbezug, Absatz 1 und Bundesministerium der Finanzen 2009b):

- Frühstück: 1,57 € (AZ 10-22),
- Mittagessen: 2,80 € (AZ 10-23),
- Abendessen: 2,80 € (AZ 10-24).

Die Sachbezüge aus der Verpflegung können mit einem nur vom Arbeitgeber zu tragenden Lohnsteuersatz von 25 % (AZ 10-25) zuzüglich Solidaritätszuschlag und Kirchensteuer pauschal versteuert werden (Einkommensteuergesetz: § 40 Pauschalierung der Lohnsteuer in besonderen Fällen, Absatz 2, Nummer 1). In diesem Fall sind die Sachbezüge aus der Verpflegung nicht sozialversicherungs- und umlagepflichtig.

Machen Arbeitgeber von der Möglichkeit einer pauschalen Versteuerung Gebrauch, so ermitteln sie die Anzahl an zu versteuernden

Mahlzeiten in der Regel, indem sie diese bei der Ausgabe zählen, und nicht, indem sie sie je Arbeitnehmer erfassen.

Falls von der Möglichkeit einer pauschalen Versteuerung kein Gebrauch gemacht wird, sind die Sachbezüge aus der Verpflegung normal steuer-, sozialversicherungs- und umlagepflichtig.

Beispiel 10-7

Angestellte Grace: Die Arbeitnehmer können bei der Marcslights GmbH ein Frühstück für 0,50 € und ein Mittagessen für 0,00 € erhalten. Im Abrechnungsmonat hat Grace das Mittagessen 20-mal in Anspruch genommen. Daraus ergibt sich folgender Sachbezug, der von der Marcslights GmbH pauschal versteuert wird:

Sachbezug = 20 × (2,80 € − 0,00 €) = 56,00 €

10.2.4.2 Private Nutzung von betrieblichen Kraftfahrzeugen

Wenn Arbeitnehmer betriebliche Kraftfahrzeuge privat nutzen, entstehen daraus geldwerte Vorteile für die Arbeitnehmer. Der Geldwert des Vorteils kann auf verschiedene Arten ermittelt werden, wobei die Verbuchung unabhängig davon in gleicher Weise erfolgt.

(1) 1 %-Regelung

Bei der 1 %-Regelung wird als monatlicher geldwerter Vorteil 1 % des auf volle 100 € abgerundeten Bruttolistenpreises des Kraftfahrzeuges bei der Erstzulassung inklusive Sonderausstattungen angesetzt. Diese Regelung gilt auch für gebraucht angeschaffte Kraftfahrzeuge.

Wenn – was üblich ist – Kraftfahrzeuge auch für Fahrten zwischen der Wohnung und der Arbeitsstätte der Arbeitnehmer genutzt werden, sind zusätzlich 0,03 % je Kilometer (AZ 10-26) der Entfernung zwischen Wohnung und Arbeitsstätte anzusetzen (Lohnsteuer-Richtlinien 2008: R 8.1 Bewertung der Sachbezüge, Absatz 9, Nummer 1).

Beispiel 10-8

Angestellte Grace: Grace kann ein Kraftfahrzeug mit einem Bruttolistenpreis von 37 232,21 € privat nutzen. Auf volle 100 € abgerundet ergibt sich ein anzusetzender Bruttolistenpreis von 37 200,00 €. Grace wohnt 15 Kilometer von der Marcslights GmbH entfernt, sodass bei der Ermittlung des geldwerten Vorteils folgender Prozentsatz anzusetzen ist (Tabelle-102420-01.xlsx):

Prozentsatz = 1 % + 0,03 %/km × 15 km = 1,45 %

Damit ergibt sich folgender monatlicher Sachbezug inklusive 86,12 € Umsatzsteuer:

Sachbezug = 37 200,00 € × 1,45 % = 539,40 €

(2) Fahrtenbuchmethode

Bei der Fahrtenbuchmethode werden die Aufwendungen, die Unternehmen durch Kraftfahrzeuge entstehen, wie Abschreibungen, Benzinkosten oder Reparaturen, inklusive der Umsatzsteuer entsprechend der in einem Fahrtenbuch dokumentierten Fahrstrecken in private und geschäftliche Anteile aufgeteilt. Die privaten Anteile an den Aufwendungen entsprechen dann den geldwerten Vorteilen (Lohnsteuer-Richtlinien 2008: R 8.1 Bewertung der Sachbezüge, Absatz 9, Nummer 2).

10.2.4.3 Zinsverbilligte oder zinslose Arbeitgeberdarlehen

Sachbezüge aus zinslosen oder zinsverbilligten Arbeitgeberdarlehen ergeben sich, wenn Arbeitnehmer für von ihren Arbeitgebern gewährte Darlehen keine Zinsen zahlen oder Zinssätze zahlen, die unter dem um einen Abschlag von 4 % (AZ 10-27) korrigierten marktüblichen Zinssatz liegen. Zur Ermittlung des marktüblichen Zinssatzes kann aus Vereinfachungsgründen der beim Abschluss des Vertrages von der Deutschen Bundesbank zuletzt veröffentlichte Effektivzinssatz herangezogen werden.

Der sich aus zinsverbilligten oder zinslosen Arbeitgeberdarlehen ergebende geldwerte Vorteil ist nicht als Sachbezug zu versteuern, wenn die Summe der noch nicht getilgten Darlehen am Ende des monatlichen Lohnzahlungszeitraumes 2 600,00 € (AZ 10-28) nicht übersteigt. Darüber hinaus kann auf Sachbezüge aus zinslosen oder zinsverbilligten Darlehen auch die 44 €-Freigrenze (↗ Kapitel 10.2.4.6) angewendet werden (Bundesministerium der Finanzen 2008).

10.2.4.4 Verbilligte oder kostenlose Stellung von Wohnungen

Sachbezüge aus der verbilligten oder der kostenlosen Stellung von Wohnungen durch den Arbeitgeber ergeben sich, wenn Arbeitnehmer für diese weniger als die ortsübliche Miete zahlen (Lohnsteuer-Richtlinien 2008: R 8.1 Bewertung der Sachbezüge, Absatz 5 und 6).

Für *Unterkünfte*, die typischerweise nicht alle Merkmale von Wohnungen aufweisen, gelten andere Vorschriften, auf die hier jedoch nicht näher eingegangen werden soll.

10.2.4.5 Verbilligte oder kostenlose Abgabe von Erzeugnissen und Waren

Sachbezüge aus der verbilligten oder der kostenlosen Abgabe von Erzeugnissen oder Waren ergeben sich, wenn Arbeitnehmer für diese weniger als den um einen Abschlag von 4 % (AZ 10-29) korrigierten Endpreises zahlen, den Letztverbraucher dafür im allgemeinen Geschäftsverkehr zahlen.

Für entsprechende Sachbezüge gilt dabei ein *Rabattfreibetrag* von 1 080,00 € (AZ 10-30) im Kalenderjahr (Lohnsteuer-Richtlinien 2008: R 8.2 Bezug von Waren und Dienstleistungen).

Da Sachbezüge aus der verbilligten oder der kostenlosen Abgabe von Erzeugnissen oder Waren unregelmäßig anfallen, werden sie auf der Basis von *Jahreslohnsteuertabellen* versteuert.

10.2.4.6 44 €-Freigrenze bei Sachbezügen

Sachbezüge sind nicht steuer-, sozialversicherungs- und umlagepflichtig, wenn sie nach Anrechnung der vom Arbeitnehmer geleisteten Zuzahlungen insgesamt 44,00 € (AZ 10-31) im Kalendermonat nicht übersteigen (Einkommensteuergesetz: § 8 Einnahmen, Absatz 2). Dabei sind sämtliche mit dem üblichen Endpreis am Abgabeort zu bewertende Vorteile, die ein Arbeitnehmer innerhalb eines Kalendermonats erhält, zusammenzurechnen.

Die 44 €-Freigrenze kann nicht angewendet werden bei:
- kostenlosen oder verbilligten Mahlzeiten, die mit dem amtlichen Sachbezugswert zu bewerten sind,
- Privatnutzung von betrieblichen Kraftfahrzeugen, wenn der Sachbezug nach der 1 %-Regelung oder nach der Fahrtenbuchmethode zu ermitteln ist,
- verbilligter oder kostenloser Abgabe von Erzeugnissen und Waren, wenn der Rabattfreibetrag von 1 080,00 € zu berücksichtigen ist.

10.2.4.7 Nicht zu berücksichtigende Sachbezüge

Zu den nicht bei der Ermittlung der Bruttolöhne zu berücksichtigenden Sachbezügen, die somit nicht steuer-, sozialversicherungs- und umlagepflichtig sind, gehören beispielsweise:
- private Nutzung von Personal Computern (Einkommensteuergesetz: § 3, Nummer 45),
- private Nutzung von Telekommunikationsgeräten, wie Festnetz- und Mobiltelefonen (Einkommensteuergesetz: § 3, Nummer 45),
- Erhalt von Zuwendungen in Form von Speisen, Getränken, Übernachtungen, Beförderungen, Eintrittskarten oder künstlerischen Darbietungen im Rahmen üblicher Betriebsveranstaltungen, wie Betriebsausflüge, Weihnachts- und Jubiläumsfeiern (Lohnsteuer-Richtlinien 2008: R 19.5 Zuwendungen bei Betriebsveranstaltungen),
- Erhalt von Aufmerksamkeiten, wie beispielsweise Genussmittel, Blumen oder Bücher, bis zu einem Wert von 40,00 € (AZ 10-32) aufgrund besonderer persönlicher Ereignisse, wie Geburtstage (Lohnsteuer-Richtlinien 2008: R 19.6 Aufmerksamkeiten),
- Verzehr von unentgeltlich oder teilentgeltlich bereitgestellten Getränken und Genussmitteln, wie Kaffee oder Kekse, im Betrieb (Lohnsteuer-Richtlinien 2008: R 19.6 Aufmerksamkeiten),
- Nutzung von Fort- oder Weiterbildungsleistungen, wenn diese im ganz überwiegenden betrieblichen Interesse des Arbeitgebers durchgeführt werden (Lohnsteuer-Richtlinien 2008: R 19.7 Berufliche Fort- oder Weiterbildungsleistungen des Arbeitgebers),
- Nutzung von betrieblichen Sozialeinrichtungen, wie Kindergärten, Sportanlagen oder Büchereien.

Beispiel 10-9

Angestellte Grace: Grace darf den Laptop der Marcslights GmbH auch privat nutzen. Dadurch entsteht kein zu berücksichtigender Sachbezug.

10.2.5 Bruttolohn

Der Bruttolohn setzt sich aus den Geld- und den Sachbezügen der Arbeitnehmer zusammen:

　　Geldbezüge
+ 　Sachbezüge
= 　Bruttolohn

Beispiel 10-10

Angestellte Grace: Für Grace ergibt sich auf Basis der in den vorangegangenen Kapiteln aufgeführten Posten insgesamt folgender Bruttolohn (Tabelle-100000-01.xlsx):

Gehalt	4 800,00 €
+ Arbeitgeberzuschuss vermögenswirksame Leistungen	26,00 €
+ Sachbezug Mittagessen	56,00 €
+ Sachbezug Kraftfahrzeug	539,40 €
= Bruttolohn	5 421,40 €

Beispiel 10-11

Minijobber Frederic: Für Frederic ergibt sich auf Basis der in den vorangegangenen Kapiteln aufgeführten Posten insgesamt folgender Bruttolohn (Tabelle-100000-02.xlsx):

Lohn aus Minijob	352,00 €
+ Zuschuss Fahrtkosten	22,00 €
= Bruttolohn	374,00 €

10.2.6 Steuerliche Abzüge

Auf die Bezüge der Arbeitnehmer entfallen in der Regel steuerliche Abzüge, die – falls sie nicht pauschal vom Arbeitgeber aufgebracht werden – durch den Arbeitgeber vom Bruttolohn des Arbeitnehmers abgezogen und an die Finanzämter abgeführt werden. Die steuerlichen Abzüge stellen dabei quasi Anzahlungen auf die Einkommensteuer und die entsprechenden Ergänzungssteuern der Arbeitnehmer dar. Bei deren Einkommensteuererklärungen werden dann auch andere Einkünfte als die aus nicht selbstständiger Arbeit berücksichtigt.

10.2.6.1 Berechnung der Bemessungsgrundlagen für die steuerlichen Abzüge

Die Bemessungsgrundlagen für die steuerlichen Abzüge werden ausgehend vom steuerpflichtigen *Arbeitslohn* ermittelt, der wiederum auf Basis des Bruttolohns (➚ Kapitel 10.2.5) berechnet wird. Im Rahmen der Ermittlung kommt es zu einer Aufteilung zwischen pauschal und nicht pauschal zu versteuernden Anteilen am Arbeitslohn, die entsprechend bei den nachfolgenden Berechnungen getrennt betrachtet werden (Jenak, K. 2010: Arbeitsblatt 2.3.1):

　　Bruttolohn
−　Steuerfreie Anteile des Bruttolohns
=　Steuerpflichtiger Arbeitslohn

−　Pauschal versteuerte Anteile des Arbeitslohns
−　Altersentlastungsbeträge
−　Persönliche Freibeträge
+　Hinzurechnungsbeträge
=　Bemessungsgrundlage der nicht pauschalierten Lohnsteuer

Beispiel 10-12

Angestellte Grace: Für die steuerlichen Abzüge von Grace ergeben sich folgende Bemessungsgrundlagen, deren Bestandteile nachfolgend erläutert werden (Tabelle-100000-01.xlsx):

Bruttolohn	5 421,40 €
− Steuerfreie Anteile	0,00 €
= Steuerpflichtiger Arbeitslohn	5 421,40 €
− Pauschal versteuerter Sachbezug Mittagessen	56,00 €
− Persönliche Freibeträge	190,00 €
= Bemessungsgrundlage der nicht pauschalierten Lohnsteuer	5 175,40 €

Beispiel 10-13

Minijobber Frederic: Für die steuerlichen Abzüge von Frederic ergeben sich folgende Bemessungsgrundlagen, deren Bestandteile nachfolgend erläutert werden (Tabelle-100000-02.xlsx):

Bruttolohn	374,00 €
− Steuerfreie Anteile	0,00 €
= Steuerpflichtiger Arbeitslohn	374,00 €
− Pauschal versteuerter Lohn aus Minijob	352,00 €

- Pauschal versteuerter Zuschuss Fahrtkosten.................. 22,00 €
= Bemessungsgrundlage der nicht pauschalierten Lohnsteuer......... 0,00 €

10.2.6.1.1 Steuerfreie Anteile des Bruttolohns

Für die Ermittlung des steuerpflichtigen Arbeitslohns müssen vom Bruttolohn steuerfreie Anteile abgezogen werden. Steuerfrei sind insbesondere (Einkommensteuergesetz: § 3b Steuerfreiheit von Zuschlägen für Sonntags-, Feiertags- oder Nachtarbeit und Jenak, K. 2010: Arbeitsblatt 2.1):

- Zuschläge für Nachtarbeit bis zu bestimmten Grenzen,
- Zuschläge für Sonntagsarbeit bis zu bestimmten Grenzen und
- Zuschläge für Feiertagsarbeit bis zu bestimmten Grenzen.

10.2.6.1.2 Pauschal versteuerte Anteile des Arbeitslohns

Die Ermittlung der steuerlichen Abzüge für Anteile am Arbeitslohn, die pauschal versteuert werden, erfolgt parallel zu der normalen Ermittlung der steuerlichen Abzüge. Eine pauschale Versteuerung ist insbesondere in folgenden Fällen möglich:

- kurzfristige Beschäftigung (⁊ Kapitel 10.2.2.2.1),
- geringfügig entlohnte Beschäftigung (⁊ Kapitel 10.2.2.2.2),
- Fahrtkostenzuschüsse (⁊ Kapitel 10.2.3.2.2) und
- Sachbezüge aus der Verpflegung (⁊ Kapitel 10.2.4.1).

Beispiel 10-14

Angestellte Grace: Die Sachbezüge aus den Mittagessen in Höhe von 56,00 € je Monat werden pauschal versteuert.

Beispiel 10-15

Minijobber Frederic: Der Lohn aus dem Minijob in Höhe von 352,00 € je Monat und die Fahrtkostenzuschüsse in Höhe von 22,00 € je Monat werden pauschal versteuert.

10.2.6.1.3 Altersentlastungsbeträge

Altersentlastungsbeträge sind Beträge, die die Steuerbemessungsgrundlage mindern, um Arbeitnehmer steuerlich zu entlasten, die vor dem Beginn des Kalenderjahres, in dem sie ihr Einkommen beziehen, ihr 64. Lebensjahr vollendet haben. Die Altersentlastungsbeiträge sind durch den Arbeitgeber bei der Lohn- und Gehaltsabrechnung zu berücksichtigen. Ihre Berechnung und die Höchstbeträge ergeben sich aus dem Einkommensteuergesetz: § 24a Altersentlastungsbetrag.

10.2.6.1.4 Persönliche Freibeträge

Freibeträge sind Beträge, die die Steuerbemessungsgrundlage mindern. Für die Lohn- und Gehaltsabrechnung sind lediglich die von den Finanzämtern in die Lohnsteuerkarte eingetragenen persönlichen Freibeträge relevant, andere Freibeträge können gegebenenfalls von den Arbeitnehmern bei ihren Einkommensteuererklärungen geltend gemacht werden. Durch die Eintragung von Freibeträgen in die Lohnsteuerkarte wird verhindert, dass Arbeitnehmer Steuern zahlen, die sie später zurückerstattet bekommen.

In die Lohnsteuerkarte können beim Vorliegen der entsprechenden Voraussetzungen insbesondere folgende persönliche Freibeträge eingetragen werden (Einkommensteuergesetz: § 39a Freibetrag und Hinzurechnungsbetrag, Absatz 1 und Jenak, K. 2010: Arbeitsblatt 2.3.1):

- Freibeträge für Werbungskosten,
- Freibeträge für Unterhaltsleistungen,
- Freibeträge für Versorgungsleistungen,
- Freibeträge für Zuwendungen in Form von Spenden oder Mitgliedsbeiträgen zur Förderung steuerbegünstigter Zwecke,
- Freibeträge aufgrund außergewöhnlicher Belastungen, wie der Berufsausbildung von Kindern,
- Freibeträge für behinderte Menschen und Hinterbliebene,
- Freibeträge zur Förderung des Wohneigentums,
- Freibeträge für Alleinerziehende,
- Freibeträge zum Ausgleich von Hinzurechnungsbeträgen.

Beispiel 10-16

Angestellte Grace: Auf der Lohnsteuerkarte von Grace sind persönliche Freibeträge in Höhe von 190,00 € je Monat eingetragen.

10.2.6.1.5 Hinzurechnungsbeträge

Im Gegensatz zu Freibeträgen sind *Hinzurechnungsbeträge* Beträge, die die Steuerbemessungsgrundlage erhöhen. Hinzurechnungsbeträge werden aufgrund der Progression der Lohnsteuer bei Arbeitnehmern mit mehreren Lohnsteuerkarten eingesetzt, um Arbeitslöhne von den anderen Lohnsteuerkarten auf die Lohnsteuerkarte des ersten Dienstverhältnisses zu verschieben, wodurch ein zutreffender Lohnsteuerabzug gewährleistet werden soll (Einkommensteuergesetz: § 39a Freibetrag und Hinzurechnungsbetrag, Absatz 1, Nummer 7).

10.2.6.1.6 Freibeträge für Kinder

Die Freibeträge für Kinder können unterteilt werden in:

- **Kinderfreibeträge**, die das Existenzminimum der Kinder sicherstellen sollen, und
- **Erziehungsfreibeträge**, die die Betreuung, Erziehung und Ausbildung der Kinder sicherstellen sollen.

Die Freibeträge für Kinder mindern die Bemessungsgrundlagen des Solidaritätszuschlages und der Kirchensteuer, nicht aber die der Lohnsteuer (Solidaritätszuschlaggesetz 1995: § 3 Bemessungsgrundlage und zeitliche Anwendung, Absatz 2).

Die Anzahl der Kinder, für die die Arbeitnehmer Freibeträge erhalten, wird von den Finanzämtern in die Lohnsteuerkarten eingetragen.

In den Lohnsteuertabellen werden Freibeträge für Kinder bereits berücksichtigt, sodass sie bei der manuellen Ermittlung der Lohnsteuer über Lohnsteuertabellen nicht berechnet werden müssen.

10.2.6.2 Berechnung der einzelnen Posten der steuerlichen Abzüge

Im Anschluss an die Ermittlung der Bemessungsgrundlagen (↗ Kapitel 10.2.6.1) können die einzelnen Posten der steuerlichen Abzüge ermittelt werden.

In der Regel erfolgt die Berechnung in der Praxis mittels spezieller Entgeltabrechnungssoftwaresysteme, für deren Erstellung vom Bundesministerium der Finanzen ein Programmablaufplan für die maschinelle Berechnung veröffentlicht wird (Einkommensteuergesetz: § 39b Durchführung des Lohnsteuerabzugs für unbeschränkt einkommensteuerpflichtige Arbeitnehmer, Absatz 8).

Darüber hinaus wird vom Bundesministerium der Finanzen ein weiterer Programmablaufplan für die Erstellung von Lohnsteuertabellen zur manuellen Berechnung der steuerlichen Abzüge auf nicht pauschal zu versteuernde Arbeitslöhne veröffentlicht (Einkommensteuergesetz: § 51 Ermächtigungen, Absatz 4, Nummer 1a). Dieser Programmablaufplan ist an den Programmablaufplan für die maschinelle Berechnung angelehnt, enthält aber einige Vereinfachungen.

In den Lohnsteuertabellen werden Lohnstufen angegeben, für die die Lohnsteuer, der Solidaritätszuschlag und die Kirchensteuer in Abhängigkeit von der Lohnsteuerklasse, dem Kinderfreibetrag und dem Kirchensteuersatz aufgeführt werden.

Die Lohnsteuertabellen werden weiter in *Tages-, Wochen-, Monats-* und *Jahreslohnsteuertabellen* differenziert, wobei nachfolgend nur Werte auf Basis der Monatslohnsteuertabellen zur Anwendung kommen werden.

10.2.6.2.1 Zusammensetzung der steuerlichen Abzüge

Die steuerlichen Abzüge setzen sich aus folgenden Posten zusammen:

  Lohnsteuer
+ Solidaritätszuschlag
+ Kirchensteuer
− Steuerliche Abzüge

Beispiel 10-17

Angestellte Grace: Für Grace ergeben sich folgende steuerliche Abzüge, deren Bestandteile nachfolgend erläutert werden (⌂ Tabelle-100000-01.xlsx):

  Lohnsteuer . . . . 803,83 €
+ Solidaritätszuschlag. . . . . 25,74 €
+ Kirchensteuer . . . . 37,45 €
= Steuerliche Abzüge . . . . 867,02 €

Zusätzlich sind folgende pauschale Steuern von der Marcslights GmbH zu tragen, deren Bestandteile nachfolgend erläutert werden (⌂ Tabelle-100000-01.xlsx):

Pauschale Lohnsteuer . . . . 14,00 €
+ Pauschaler Solidaritätszuschlag . . . . . 0,77 €
+ Pauschale Kirchensteuer . . . . 0,91 €
= Pauschale Steuern . . . . 15,68 €

Beispiel 10-18

Minijobber Frederic: Für Frederic sind folgende pauschale Steuern von der Marcslights GmbH zu tragen, deren Bestandteile nachfolgend erläutert werden (Tabelle-100000-02.xlsx):

Pauschale Lohnsteuer . . . . 10,34 €
+ Pauschaler Solidaritätszuschlag . . . . . 0,18 €
+ Pauschale Kirchensteuer . . . . 0,21 €
= Pauschale Steuern . . . . 10,73 €

10.2.6.2.2 Lohnsteuer

Über die Lohnsteuer werden Einkünfte aus nicht selbstständiger Arbeit besteuert. Die Lohnsteuer ist neben der Umsatzsteuer die wichtigste staatliche Einnahmequelle und wird auf Basis der Bemessungsgrundlage (↗ Kapitel 10.2.6.1) folgendermaßen berechnet:

Lohnsteuer = Bemessungsgrundlage × Lohnsteuersatz

Der Lohnsteuersatz hängt dabei von der Höhe der Bemessungsgrundlage und der *Lohnsteuerklasse* (↗ Abbildung 10-6) ab. In Deutschland gibt es ein progressives Einkommensteuersystem. Das bedeutet, dass der Steuersatz nicht gleichbleibend hoch ist, sondern mit der Höhe des Einkommens stufenweise von 0 % auf 42 % (AZ 10-33) und für Einkommen über 250 000,00 € im Jahr (AZ 10-34) sogar auf 45 % (AZ 10-35) steigt.

In folgenden Fällen gelten Abweichungen von den vorgenannten Regelungen:

▸ **Kurzfristig Beschäftigte:** Der Lohnsteuersatz beträgt pauschal 25 % (AZ 10-36) des entsprechenden Arbeitslohns.
▸ **Geringfügig entlohnte Beschäftigte:** Bei einer pauschalen Besteuerung beträgt der Lohnsteuersatz 2 % (AZ 10-37) des entsprechenden Arbeitsentgelts.
▸ **Fahrtkostenzuschüsse:** Bei einer pauschalen Besteuerung beträgt der Lohnsteuersatz auf die Zuschüsse 15 % (AZ 10-38).
▸ **Sachbezüge aus der Verpflegung:** Bei einer pauschalen Besteuerung beträgt der Lohnsteuersatz auf die Sachbezüge 25 % (AZ 10-39).

Beispiel 10-19

Angestellte Grace: Bei der Berechnung in einer Entgeltabrechnungssoftware ergibt sich folgende Lohnsteuer auf den nicht pauschal zu versteuernden Arbeitslohn von Grace:

Lohnsteuer = 803,83 €.

Die von der Marcslights GmbH zu tragende pauschale Lohnsteuer auf die Sachbezüge aus der Verpflegung beträgt:

Pauschale Lohnsteuer = 56,00 € × 25 % = 14,00 €.

Beispiel 10-20

Minijobber Frederic: Die von der Marcslights GmbH zu tragende pauschale Lohnsteuer auf den Lohn aus dem Minijob beträgt:

Pauschale Lohnsteuer = 352,00 € × 2 % = 7,04 €.

Abb. 10-6

Die im Einkommensteuergesetz § 38b Lohnsteuerklassen definierten Steuerklassen haben erheblichen Einfluss auf die Höhe der steuerlichen Abzüge. Die nachfolgende Aufstellung zeigt die Einordnung der wichtigsten Personengruppen in die Steuerklassen auf.

Steuerklasse I	In der Regel ledige, geschiedene, verwitwete oder dauernd getrennt lebende Arbeitnehmer, die nicht mit Kind(ern) in einer Hausgemeinschaft leben.
Steuerklasse II	In der Regel ledige, geschiedene, verwitwete oder dauernd getrennt lebende Arbeitnehmer, die mit Kind(ern) in einer Hausgemeinschaft leben.
Steuerklasse III	In der Regel verheiratete, berufstätige Arbeitnehmer, deren Ehegatte nicht berufstätig ist oder berufstätig ist und, weil er einen wesentlich niedrigeren Arbeitlohn bezieht, in Steuerklasse V ist.
Steuerklasse IV	In der Regel verheiratete, berufstätige Arbeitnehmer, deren Ehegatte berufstätig ist und, weil er einen ähnlich hohen Arbeitslohn bezieht, auch in Steuerklasse IV ist.
Steuerklasse V	In der Regel verheiratete, berufstätige Arbeitnehmer, deren Ehegatte berufstätig ist und, weil er einen wesentlich höheren Arbeitslohn bezieht, in Steuerklasse III ist.
Steuerklasse VI	In der Regel Arbeitnehmer, die von mehreren Arbeitgebern Arbeitslohn beziehen.

Die von der Marcslights GmbH zu tragende pauschale Lohnsteuer auf die Fahrtkostenzuschüsse beträgt:

Pauschale Lohnsteuer = 22,00 € × 15 % = 3,30 €.

10.2.6.2.3 Solidaritätszuschlag

Der Solidaritätszuschlag wurde im Jahr 1991 zur Finanzierung der Wiedervereinigung Deutschlands eingeführt. Er stellt eine Ergänzungsteuer zur Lohnsteuer dar und wird auf ihrer Basis folgendermaßen berechnet, wobei bei dem Ergebnis Eurocentbruchteile nicht berücksichtigt werden:

Solidaritätszuschlag = Lohnsteuer × Solidaritätszuschlagssatz

Der Solidaritätszuschlagssatz beträgt dabei derzeit (Solidaritätszuschlaggesetz 1995: § 4 Zuschlagsatz) 5,5 % (AZ 10-40).

In folgenden Fällen gelten Abweichungen von den vorgenannten Regelungen:
- **Eingetragene Freibeträge für Kinder:** Sind auf der Lohnsteuerkarte des Arbeitnehmers Freibeträge für Kinder (↗ Kapitel 10.2.6.1.6) eingetragen, so ändert sich die Bemessungsgrundlage (↗ Kapitel 10.2.6.1) für die Lohnsteuer, die als Bezugsbasis des Solidaritätszuschlages fungiert.
- **Geringfügig entlohnte Beschäftigte:** Bei einer pauschalen Besteuerung mit 2 % (AZ 10-41) ist der Solidaritätszuschlag enthalten.

Beispiel 10-21

Angestellte Grace: Bei der Berechnung in einer Entgeltabrechnungssoftware ergibt sich folgender Solidaritätszuschlag auf den nicht pauschal zu versteuernden Arbeitslohn von Grace:

Solidaritätszuschlag = 25,74 €

Der von der Marcslights GmbH zu tragende Solidaritätszuschlag auf die pauschale Lohnsteuer auf die Sachbezüge aus der Verpflegung beträgt:

Pauschaler Solidaritätsz. = 14,00 € × 5,5 % = 0,77 €.

Beispiel 10-22

Minijobber Frederic: Der von der Marcslights GmbH zu tragende Solidaritätszuschlag auf die pauschale Lohnsteuer auf die Fahrtkostenzuschüsse beträgt:

Pauschaler Solidaritätsz. = 3,30 € × 5,5 % = 0,18 €.

10.2.6.2.4 Kirchensteuer

Die Mitglieder der Kirchensteuer erhebenden kirchlichen Körperschaften des öffentlichen Rechts sind in Deutschland kirchensteuerpflichtig. Die Kirchensteuer wird für die kirchlichen Körperschaften vom Staat erhoben und an diese abgeführt. Die Kirchensteuer wird auf Basis der Lohnsteuer folgendermaßen berechnet:

Kirchensteuer = Lohnsteuer × Kirchensteuersatz

Dabei gelten folgende Kirchensteuersätze:
- in Baden-Württemberg und in Bayern 8 % (AZ 10-42) und
- in den übrigen Bundesländern 9 % (AZ 10-43).

In folgenden Fällen gelten Abweichungen von den vorgenannten Regelungen:
- **Eingetragene Freibeträge für Kinder:** Sind auf der Lohnsteuerkarte des Arbeitnehmers Freibeträge für Kinder (↗ Kapitel 10.2.6.1.6) eingetragen, so verändert sich die Bemessungsgrundlage (↗ Kapitel 10.2.6.1) für die Lohnsteuer, die als Bezugsbasis der Kirchensteuer fungiert.
- **Unterschreitung Mindestkirchensteuer:** In einigen Bundesländern gibt es eine Mindestkirchensteuer (Jenak, K. 2010: Anhang 9).
- **Kurzfristig Beschäftigte:** Bei einer pauschalen Besteuerung kann vereinfachend für alle kurzfristig Beschäftigten unabhängig von deren Kirchmitgliedschaft ein pauschaler Kirchensteuersatz angewendet werden, der je nach Bundesland zwischen 4 % (AZ 10-44) und 7 % (AZ 10-45) variiert und beispielsweise in Baden-Württemberg 6,5 % (AZ 10-46) beträgt (Jenak, K. 2010: Anhang 9).
- **Geringfügig entlohnte Beschäftigte:** Bei einer pauschalen Besteuerung mit 2 % (AZ 10-47) ist die Kirchensteuer enthalten.
- **Fahrtkostenzuschüsse:** Bei einer pauschalen Besteuerung kann das bei den kurzfristig Beschäftigten beschriebene vereinfachende Verfahren eingesetzt werden.
- **Sachbezüge aus der Verpflegung:** Bei einer pauschalen Besteuerung kann das bei den kurzfristig Beschäftigten beschriebene vereinfachende Verfahren eingesetzt werden.

> **Beispiel 10-23**

Angestellte Grace: Bei der Berechnung in einer Entgeltabrechnungssoftware ergibt sich für Baden-Württemberg folgende Kirchensteuer auf den nicht pauschal zu versteuernden Arbeitslohn von Grace:

Kirchensteuer = 37,45 €

Die von der Marcslights GmbH zu tragende pauschale Kirchensteuer auf die pauschale Lohnsteuer auf die Sachbezüge aus der Verpflegung beträgt für Baden-Württemberg:

Pauschale Kirchensteuer = 14,00 € × 6,5 % = 0,91 €.

> **Beispiel 10-24**

Minijobber Frederic: Die von der Marcslights GmbH zu tragende pauschale Kirchensteuer auf die pauschale Lohnsteuer auf die Fahrtkostenzuschüsse beträgt für Baden-Württemberg:

Pauschale Kirchensteuer = 3,30 € × 6,5 % = 0,21 €.

10.2.6.3 Abführung der steuerlichen Abzüge

Die Arbeitgeber führen in der Regel alle steuerlichen Abzüge und pauschalen Steuern getrennt nach Lohnsteuer-Anmeldungszeiträumen an das für sie zuständige Betriebsstättenfinanzamt ab (Einkommensteuergesetz: § 41a Anmeldung und Abführung der Lohnsteuer, Absatz 1 und Lohnsteuer-Richtlinien 2008: R 41a.1 Lohnsteuer-Anmeldung, Absatz 2).

Die Zahlungen müssen zusammen mit der Übermittlung der entsprechenden Lohnsteuer-Anmeldungen bis spätestens zehn Tage nach Ablauf der Lohnsteuer-Anmeldungszeiträume erfolgen, was in der Regel bedeutet, bis zum zehnten Tag des Folgemonats (Einkommensteuergesetz: § 41a Anmeldung und Abführung der Lohnsteuer, Absatz 1).

In folgendem Fall gelten Abweichungen von den vorgenannten Regelungen:

- ▸ **Geringfügig entlohnte Beschäftigte:**
  Bei einer pauschalen Besteuerung mit 2 % (AZ 10-48) wird die Lohnsteuer auf die entsprechenden Arbeitsentgelte an die *Minijob-Zentrale* der Deutschen Rentenversicherung Knappschaft-Bahn-See abgeführt. Die Zahlungen müssen bis spätestens zum drittletzten Bankarbeitstag des Monats, in dem die Beschäftigung ausgeübt wird, erfolgen.

> **Beispiel 10-25**

Angestellte Grace: Die Marcslights GmbH führt an ihr Betriebsstättenfinanzamt:
- ▸ 867,02 € steuerliche Abzüge auf den nicht pauschal versteuerten Arbeitslohn und
- ▸ 15,68 € steuerliche Abzüge auf die Sachbezüge aus der Verpflegung ab.

> **Beispiel 10-26**

Minijobber Frederic: Die Marcslights GmbH führt:
- ▸ an die Minijob-Zentrale der Deutschen Rentenversicherung Knappschaft-Bahn-See 7,04 € steuerliche Abzüge auf den Lohn aus dem Minijob und
- ▸ an ihr Betriebsstättenfinanzamt 3,69 € steuerliche Abzüge auf die Fahrtkostenzuschüsse ab.

10.2.7 Sozialversicherungsbeiträge

Neben steuerlichen Abzügen entfallen auf die Bezüge der Arbeitnehmer in der Regel auch Sozialversicherungsbeiträge, die von den Arbeitnehmern und Arbeitgebern gemeinsam aufgebracht werden.

10.2.7.1 Berechnung der Bemessungsgrundlagen für die Sozialversicherungsbeiträge

Als Bemessungsgrundlage der Sozialversicherungsbeiträge dient das sogenannte *Arbeitsentgelt*, das bei vielen Arbeitnehmern dem steuerpflichtigen Arbeitslohn (↗ Kapitel 10.2.6.1) entspricht. Das sozialversicherungspflichtige Arbeitsentgelt wird folgendermaßen berechnet:

    Bruttolohn
− Sozialversicherungsfreie Anteile des Bruttolohns
= Sozialversicherungspflichtiges Arbeitsentgelt

> **Beispiel 10-27**

Angestellte Grace: Für Grace ergibt sich folgende Bemessungsgrundlage, deren Bestandteile nachfolgend erläutert werden:

Bruttolohn . . . . 5 421,40 €
− Sozialversicherungsfreier Anteil . . . . 56,00 €
= Sozialversicherungspflichtiges
  Arbeitsentgelt . . . . 5 365,40 €

Beispiel 10-28

Minijobber Frederic: Für Frederic ergibt sich folgende Bemessungsgrundlage, deren Bestandteile nachfolgend erläutert werden:

Bruttolohn . . . . 374,00 €
− Sozialversicherungsfreier Anteil . . . . 22,00 €
= Sozialversicherungspflichtiges
  Arbeitsentgelt . . . . 352,00 €

10.2.7.1.1 Bemessungsgrundlagen für Beschäftigte in der Gleitzone zwischen 400,01 € und 800,00 €

Für Beschäftigte in der Gleitzone zwischen 400,01 € (AZ 10-49) und 800,00 € (AZ 10-50) wird der Arbeitnehmeranteil auf der Basis einer reduzierte Bemessungsgrundlage ermittelt (Jenak, K. 2010: Arbeitsblatt 3.11):

  Gesamter Sozialversicherungsbeitrag auf reduzierter Bemessungsgrundlage
− Sozialversicherungsbeitrag Arbeitgeber auf normaler Bemessungsgrundlage
= Sozialversicherungsbeitrag Arbeitnehmer

Die reduzierte Bemessungsgrundlage wird dabei über folgende Formel berechnet (AZ 10-51):

Bemessungsgrundlage
$= 1{,}2415 \times$ Arbeitsentgelt $- 193{,}20$ €

10.2.7.1.2 Sozialversicherungsfreie Anteile des Bruttolohns

Eine Reihe von Bezügen der Arbeitnehmer sind sozialversicherungsfrei, so insbesondere (Sozialversicherungsentgeltverordnung: § 1 Dem sozialversicherungspflichtigen Arbeitsentgelt nicht zuzurechnende Zuwendungen und Jenak, K. 2010: Arbeitsblatt 2.1):

▸ Zuschläge für Nachtarbeit bis zu bestimmten Grenzen,
▸ Zuschläge für Sonntagsarbeit bis zu bestimmten Grenzen,
▸ Zuschläge für Feiertagsarbeit bis zu bestimmten Grenzen,
▸ Abfindungen,
▸ pauschal versteuerte Fahrtkostenzuschüsse (↗ Kapitel 10.2.3.2.2) und
▸ pauschal versteuerte Sachbezüge aus der Verpflegung (↗ Kapitel 10.2.4.1).

Da die sozialversicherungsfreien Anteile des Bruttolohns von den steuerfreien Anteilen (↗ Kapitel 10.2.6.1.1) abweichen können, kann es zu Abweichungen zwischen dem sozialversicherungspflichtigen Arbeitsentgelt und dem steuerpflichtigen Arbeitslohn kommen.

Beispiel 10-29

Angestellte Grace: Die Sachbezüge aus den Mittagessen in Höhe von 56,00 € je Monat werden pauschal versteuert, weshalb sie sozialversicherungsfrei sind.

Beispiel 10-30

Minijobber Frederic: Die Fahrtkostenzuschüsse in Höhe von 22,00 € je Monat werden pauschal versteuert, weshalb sie sozialversicherungsfrei sind.

10.2.7.1.3 Beitragsbemessungsgrenzen

In den verschiedenen Zweigen der Sozialversicherung gelten unterschiedliche *Beitragsbemessungsgrenzen*, die jeweils die maximale Bemessungsgrundlage angeben. Sozialversicherungspflichtige Arbeitsentgelte oberhalb dieser Grenzen sind beitragsfrei.

Bei der Rentenversicherung und der Arbeitsförderung hängt die Beitragsbemessungsgrenze zudem von dem Beschäftigungsort des Arbeitnehmers ab. Befindet sich die Betriebsstätte, bei der der Arbeitnehmer hauptsächlich beschäftigt ist, in den neuen Bundesländern inklusive Ost-Berlin, so gilt die *Beitragsbemessungsgrenze Ost* ansonsten die *Beitragsbemessungsgrenze West*.

Beispiel 10-31

Angestellte Grace: Da das sozialversicherungspflichtige Arbeitsentgelt von Grace mit 5 365,40 € je Monat über der Beitragsbemessungsgrenze der Kranken- und Pflegeversicherung von 3 750,00 € je Monat (AZ 10-52) liegt, wird für die Berechnung der Beiträge zur Kranken- und Pflegeversicherung die Beitragsbemessungsgrenze verwendet.

10.2.7.2 Berechnung der einzelnen Posten der Sozialversicherungsbeiträge

Im Anschluss an die Ermittlung der Bemessungsgrundlagen (↗ Kapitel 10.2.7.1) können die einzelnen Posten der Sozialversicherungsbeiträge berechnet werden.

10.2.7.2.1 Zusammensetzung der Sozialversicherungsbeiträge

Die Posten, aus denen sich die Anteile der Arbeitnehmer an den Sozialversicherungsbeiträgen zusammensetzen, stehen in folgendem Zusammenhang zueinander:

	Arbeitnehmeranteil Krankenversicherung
+	Arbeitnehmeranteil Pflegeversicherung
+	Arbeitnehmeranteil Rentenversicherung
+	Arbeitnehmeranteil Arbeitsförderung
=	Arbeitnehmeranteil Sozialversicherungsbeitrag

Die Posten, aus denen sich die Anteile der Arbeitgeber an den Sozialversicherungsbeiträgen zusammensetzen, stehen in folgendem Zusammenhang zueinander:

	Arbeitgeberanteil Krankenversicherung
+	Arbeitgeberanteil Pflegeversicherung
+	Arbeitgeberanteil Rentenversicherung
+	Arbeitgeberanteil Arbeitsförderung
=	Arbeitgeberanteil Sozialversicherungsbeitrag

Beispiel 10-32

Angestellte Grace: Von Grace selbst ist folgender Anteil an den Sozialversicherungsbeiträgen zu tragen, dessen Bestandteile nachfolgend erläutert werden:

	Krankenversicherung	296,25 €
+	Pflegeversicherung	36,56 €
+	Rentenversicherung	533,86 €
+	Arbeitsförderung	75,12 €
=	Arbeitnehmeranteil Sozialversicherungsbeitrag	941,79 €

Seitens der Marcslights GmbH ist folgender Anteil an den Sozialversicherungsbeiträgen für Grace zu tragen, dessen Bestandteile nachfolgend erläutert werden:

	Krankenversicherung	262,50 €
+	Pflegeversicherung	36,56 €
+	Rentenversicherung	533,86 €
+	Arbeitsförderung	75,12 €
=	Arbeitgeberanteil Sozialversicherungsbeitrag	908,04 €

Beispiel 10-33

Minijobber Frederic: Für Frederic sind folgende Sozialversicherungsbeiträge von der Marcslights GmbH zu tragen, deren Bestandteile nachfolgend erläutert werden:

	Krankenversicherung	45,76 €
+	Pflegeversicherung	0,00 €
+	Rentenversicherung	52,80 €
+	Arbeitsförderung	0,00 €
=	Sozialversicherungsbeitrag	98,56 €

10.2.7.2.2 Krankenversicherung (KV)

Die gesetzliche Krankenversicherung hat insbesondere die Aufgabe, die Gesundheit ihrer Versicherten zu erhalten, wiederherzustellen und zu verbessern. Die gesetzliche Grundlage dazu bildet das Sozialgesetzbuch, Fünftes Buch.

Träger der gesetzlichen Krankenversicherung sind die gesetzlichen Krankenkassen. Die Wahl der Krankenversicherung erfolgt dabei durch die Arbeitnehmer.

Die Beiträge der gesetzlichen Krankenversicherung werden in der Regel von den Arbeitnehmern und den Arbeitgebern gemeinsam aufgebracht. Dabei gelten folgende Regelberechnungsgrundlagen:
▸ **Beitragssatz Arbeitnehmer:** 7,9 % (AZ 10-53) des sozialversicherungspflichtigen Arbeitsentgelts.
▸ **Beitragssatz Arbeitgeber:** 7,0 % (AZ 10-54) des sozialversicherungspflichtigen Arbeitsentgelts.
▸ **Beitragsbemessungsgrenzen:** 45 000,00 € (AZ 10-55) je Jahr.

In folgenden Fällen gelten Abweichungen von den vorgenannten Regelungen:
▸ **Geringverdiener:** Der Arbeitgeber trägt auch den Beitrag des Arbeitnehmers.
▸ **Kurzfristig Beschäftigte:** Die Beschäftigung ist versicherungsfrei.

- **Geringfügig entlohnte Beschäftigte:** Der nur vom Arbeitgeber zu tragende Beitragssatz beträgt 13 % (AZ 10-56) des entsprechenden Arbeitsentgelts, falls der Arbeitnehmer gesetzlich krankenversichert ist.
- **Beschäftigte in der Gleitzone zwischen 400,01 € und 800,00 €:** Für den Beitrag des Arbeitnehmers gilt eine verminderte Bemessungsgrundlage (↗ Kapitel 10.2.7.1.1).
- **Privatversicherte:** Bei Arbeitnehmern, die nicht bei einer gesetzlichen Krankenkasse, sondern bei einem privatwirtschaftlichen Versicherungsunternehmen krankenversichert sind, erfolgt auf Basis der von diesen Unternehmen festgelegten Beiträge die Bezuschussung durch den Arbeitgeber als Nettobezug (↗ Kapitel 10.2.11) auf den Nettolohn.

Beispiel 10-34

Angestellte Grace: Der Anteil von Grace beträgt auf Basis der Beitragsbemessungsgrenze:

KV-Beitrag = 3 750,00 € × 7,9 % = 296,25 €.

Der Anteil der Marcslights GmbH beträgt auf Basis der Beitragsbemessungsgrenze:

KV-Beitrag = 3 750,00 € × 7,0 % = 262,50 €.

Beispiel 10-35

Minijobber Frederic: Der nur von der Marcslights GmbH zu tragende Beitrag beträgt:

KV-Beitrag = 352,00 € × 13,0 % = 45,76 €.

10.2.7.2.3 Pflegeversicherung (PV)

Die gesetzliche Pflegeversicherung hat insbesondere die Aufgabe, das Risiko der Pflegebedürftigkeit ihrer Versicherten sozial abzusichern. Die gesetzliche Grundlage dazu bildet das Sozialgesetzbuch, Elftes Buch.

Träger der gesetzlichen Pflegeversicherung sind die von den gesetzlichen Krankenkassen eingerichteten Pflegekassen. Für die einzelnen Arbeitnehmer sind dabei jeweils die Pflegekassen ihrer Krankenkassen zuständig.

Die Beiträge der gesetzlichen Pflegeversicherung werden in der Regel von den Arbeitnehmern und den Arbeitgebern gemeinsam aufgebracht. Dabei gelten folgende Regelberechnungsgrundlagen:

- **Beitragssatz Arbeitnehmer:** 0,975 % (AZ 10-57) des sozialversicherungspflichtigen Arbeitsentgelts.
- **Beitragssatz Arbeitgeber:** 0,975 % (AZ 10-58) des sozialversicherungspflichtigen Arbeitsentgelts.
- **Beitragsbemessungsgrenzen:** Entsprechen den Beitragsbemessungsgrenzen der Krankenversicherung.

In folgenden Fällen gelten Abweichungen von den vorgenannten Regelungen:

- **Kinderlose Arbeitnehmer ab 23 Jahre:** Der Beitragssatz des Arbeitnehmers erhöht sich um 0,25 % (AZ 10-59) auf 1,225 % (AZ 10-60) des sozialversicherungspflichtigen Arbeitsentgelts.
- **Geringverdiener:** Der Arbeitgeber trägt auch den Beitrag des Arbeitnehmers.
- **Kurzfristig Beschäftigte:** Die Beschäftigung ist versicherungsfrei.
- **Geringfügig entlohnte Beschäftigte:** Die Beschäftigung ist versicherungsfrei.
- **Beschäftigte in der Gleitzone zwischen 400,01 € und 800,00 €:** Für den Beitrag des Arbeitnehmers gilt eine verminderte Bemessungsgrundlage (↗ Kapitel 10.2.7.1.1).
- **Privatversicherte:** Bei Arbeitnehmern, die nicht bei einer gesetzlichen Pflegekasse, sondern bei einem privatwirtschaftlichen Versicherungsunternehmen pflegeversichert sind, erfolgt auf Basis der von diesen Unternehmen festgelegten Beiträge die Bezuschussung durch den Arbeitgeber als Nettobezug (↗ Kapitel 10.2.11) auf den Nettolohn.

Beispiel 10-36

Angestellte Grace: Der Anteil von Grace beträgt, da sie Kinder hat, auf Basis der Beitragsbemessungsgrenze:

PV-Beitrag = 3 750,00 € × 0,975 % = 36,56 €.

Der Anteil der Marcslights GmbH beträgt auf Basis der Beitragsbemessungsgrenze:

PV-Beitrag = 3 750,00 € × 0,975 % = 36,56 €.

Beispiel 10-37

Minijobber Frederic: Die Beschäftigung ist versicherungsfrei.

10.2.7.2.4 Rentenversicherung (RV)

Die gesetzliche Rentenversicherung hat insbesondere die Aufgabe, ihre Versicherten im Alter und bei der Minderung ihrer Erwerbsfähigkeit sowie nach ihrem Tod ihre Hinterbliebenen zu versorgen. Die gesetzliche Grundlage dazu bildet das Sozialgesetzbuch, Sechstes Buch.

Träger der gesetzlichen Rentenversicherung sind die Deutsche Rentenversicherung Bund, die Deutsche Rentenversicherung Knappschaft-Bahn-See und eine Reihe von Regionalträgern. Die Zuordnung von Arbeitnehmern zu diesen Trägern erfolgt dabei durch die Träger nach bestimmten Schlüsseln.

Die Beiträge der gesetzlichen Rentenversicherung werden in der Regel von den Arbeitnehmern und den Arbeitgebern zu gleichen Teilen aufgebracht. Dabei gelten folgende Regelberechnungsgrundlagen:

- **Beitragssatz Arbeitnehmer:** 9,95 % (AZ 10-61) des sozialversicherungspflichtigen Arbeitsentgelts.
- **Beitragssatz Arbeitgeber:** 9,95 % (AZ 10-62) des sozialversicherungspflichtigen Arbeitsentgelts.
- **Beitragsbemessungsgrenze Ost:** 55 800,00 € je Jahr (AZ 10-63).
- **Beitragsbemessungsgrenze West:** 66 000,00 € je Jahr (AZ 10-64).

In folgenden Fällen gelten Abweichungen von den vorgenannten Regelungen:

- **Geringverdiener:** Der Arbeitgeber trägt auch den Beitrag des Arbeitnehmers.
- **Kurzfristig Beschäftigte:** Die Beschäftigung ist versicherungsfrei.
- **Geringfügig entlohnte Beschäftigte:** Der nur vom Arbeitgeber zu tragende Beitragssatz beträgt 15 % (AZ 10-65) des entsprechenden Arbeitsentgelts. Der Arbeitnehmer kann den Beitragssatz auf den vollen Beitragssatz aufstocken, um vollständige Rentenansprüche aufzubauen.
- **Beschäftigte in der Gleitzone zwischen 400,01 € und 800,00 €:** Für den Beitrag des Arbeitnehmers gilt eine verminderte Bemessungsgrundlage (↗ Kapitel 10.2.7.1.1).

Beispiel 10-38

Angestellte Grace: Der Anteil von Grace beträgt:

RV-Beitrag = 5 365,40 € × 9,95 % = 533,86 €.

Der Anteil der Marcslights GmbH beträgt:

RV-Beitrag = 5 365,40 € × 9,95 % = 533,86 €.

Beispiel 10-39

Minijobber Frederic: Der nur von der Marcslights GmbH zu tragende Beitrag beträgt:

RV-Beitrag = 352,00 € × 15 % = 52,80 €.

10.2.7.2.5 Arbeitsförderung (AV)

Die gesetzliche Arbeitsförderung, die häufig auch noch als *Arbeitslosenversicherung* bezeichnet wird, soll insbesondere dem Entstehen von Arbeitslosigkeit entgegenwirken und die Dauer der Arbeitslosigkeit verkürzen. Darüber hinaus können Versicherte bedarfsweise Entgeltersatzleistungen, wie Arbeitslosengeld oder Kurzarbeitergeld, erhalten. Die gesetzliche Grundlage der Arbeitsförderung bildet das Sozialgesetzbuch, Drittes Buch.

Trägerin der gesetzlichen Arbeitsförderung ist die *Bundesagentur für Arbeit*.

Die Beiträge zur Arbeitsförderung werden in der Regel von den Arbeitnehmern und den Arbeitgebern zu gleichen Teilen aufgebracht. Dabei gelten folgende Regelberechnungsgrundlagen:

- **Beitragssatz Arbeitnehmer:** 1,4 % (AZ 10-66) des sozialversicherungspflichtigen Arbeitsentgelts.
- **Beitragssatz Arbeitgeber:** 1,4 % (AZ 10-67) des sozialversicherungspflichtigen Arbeitsentgelts.
- **Beitragsbemessungsgrenzen:** Entsprechen den Beitragsbemessungsgrenzen der Rentenversicherung.

In folgenden Fällen gelten Abweichungen von den vorgenannten Regelungen:

- **Geringverdiener:** Der Arbeitgeber trägt auch den Beitrag des Arbeitnehmers.
- **Kurzfristig Beschäftigte:** Die Beschäftigung ist versicherungsfrei.
- **Geringfügig entlohnte Beschäftigte:** Die Beschäftigung ist versicherungsfrei.

- **Beschäftigte in der Gleitzone zwischen 400,01 € und 800,00 €:** Für den Beitrag des Arbeitnehmers gilt eine verminderte Bemessungsgrundlage (↗ Kapitel 10.2.7.1.1).

Beispiel 10-40

Angestellte Grace: Der Anteil von Grace beträgt:

AV-Beitrag = 5 365,40 € × 1,4 % = 75,12 €.

Der Anteil der Marcslights GmbH beträgt:

AV-Beitrag = 5 365,40 € × 1,4 % = 75,12 €.

Beispiel 10-41

Minijobber Frederic: Die Beschäftigung ist versicherungsfrei.

10.2.7.3 Abführung der Sozialversicherungsbeiträge

Die Arbeitgeber führen in der Regel alle gesetzlichen Sozialversicherungsbeiträge an die gesetzlichen Krankenkassen der Arbeitnehmer ab, die als *Einzugsstellen* für die Beiträge fungieren. Dazu ist ein Beitragsnachweis zu erstellen und spätestens zu Beginn des fünftletzten Bankarbeitstags des laufenden Monats an die jeweilige Einzugsstelle zu übermitteln (Sozialgesetzbuch, Viertes Buch: § 28f Aufzeichnungspflicht, Nachweise der Beitragsabrechnung und der Beitragszahlung, Absatz 3).

Die Zahlungen müssen spätestens zum drittletzten Bankarbeitstag des laufenden Monats erfolgen (Sozialgesetzbuch, Viertes Buch: § 23 Fälligkeit, Absatz 1).

In folgenden Fällen gelten Abweichungen von den vorgenannten Regelungen:
- **Geringfügig entlohnte Beschäftigte:** Bei einer pauschalen Besteuerung mit 2 % (AZ 10-68) werden die Sozialversicherungsbeiträge auf die entsprechenden Arbeitsentgelte an die Minijob-Zentrale der Deutschen Rentenversicherung Knappschaft-Bahn-See abgeführt.
- **Privatversicherte:** Die Beiträge zu privaten Versicherungen werden in der Regel direkt vom Arbeitnehmer erhoben. Die übrigen Sozialversicherungsbeiträge werden vom Arbeitgeber an die gesetzliche Krankenkasse abgeführt, bei der der Arbeitnehmer zuletzt versichert war. Falls der Arbeitnehmer nie gesetzlich krankenversichert war, kann der Arbeitgeber jede gesetzliche Krankenkasse als Einzugsstelle wählen, bei der sich der Arbeitnehmer versichern könnte.

Beispiel 10-42

Angestellte Grace: Die Marcslights GmbH führt an die gesetzliche Krankenkasse von Grace einen Sozialversicherungsbeitrag in Höhe von 1 849,83 € ab.

Beispiel 10-43

Minijobber Frederic: Die Marcslights GmbH führt an die Minijob-Zentrale der Deutschen Rentenversicherung Knappschaft-Bahn-See einen Sozialversicherungsbeitrag in Höhe von 98,56 € ab.

10.2.8 Umlagen

Zur Finanzierung der Zahlungen bestimmter sozialer Aufwendungen werden von den Arbeitgebern Umlagen erhoben. Wenn sich die Umlagen auf von den Arbeitgebern zu zahlende Aufwendungen beziehen, haben sie für diese den Charakter einer *Arbeitgeberversicherung*.

10.2.8.1 Bemessungsgrundlagen für die Umlagen

Für die Umlagen müssen keine separaten Bemessungsgrundlagen ermittelt werden, da in der Regel die Bemessungsgrundlagen der Sozialversicherungsbeiträge verwendet werden.

Eine Ausnahme besteht dabei insbesondere für einmalige Geldbezüge (↗ Kapitel 10.2.3.3), für die keine Umlagen U1 und U2 zu entrichten sind.

10.2.8.2 Berechnung der einzelnen Posten der Umlagen

10.2.8.2.1 Zusammensetzung der Umlagen

Die Posten, aus denen sich die von den Arbeitgeber zu tragenden Umlagen zusammensetzen, stehen in folgendem Zusammenhang zueinander:

    Umlage U1 (Entgeltfortzahlung)
+ Umlage U2 (Mutterschaftsgeld)
+ Insolvenzgeldumlage
= Umlagen

> **Beispiel 10-44**

Angestellte Grace: Für Grace sind folgende Umlagen von der Marcslights GmbH zu tragen, deren Bestandteile nachfolgend erläutert werden (⌕ Tabelle-100000-01.xlsx):

	Umlage U1	198,52 €
+	Umlage U2	10,73 €
+	Insolvenzgeldumlage	22,00 €
=	Umlagen	231,25 €

> **Beispiel 10-45**

Minijobber Frederic: Für Frederic sind folgende Umlagen von der Marcslights GmbH zu tragen, deren Bestandteile nachfolgend erläutert werden (⌕ Tabelle-100000-02.xlsx):

	Umlage U1	2,11 €
+	Umlage U2	0,25 €
+	Insolvenzgeldumlage	1,44 €
=	Umlagen	3,80 €

10.2.8.2.2 Umlage U1 (Entgeltfortzahlung)

Die Umlage U1 betrifft nur Arbeitgeber, die im letzten Kalenderjahr für mindestens acht Monate (AZ 10-69) nicht mehr als 30 anrechenbare Arbeitnehmer (AZ 10-70) beschäftigt hatten. Sie hat insbesondere die Aufgabe, die von Arbeitgebern aufgrund des Entgeltfortzahlungsgesetzes im Krankheitsfall geleisteten Entgeltfortzahlungen zurückzuerstatten und auf alle Arbeitgeber der genannten Größenordnung umzulegen. Die gesetzliche Grundlage dazu bildet das Gesetz über den Ausgleich der Arbeitgeberaufwendungen für Entgeltfortzahlung (Aufwendungsausgleichsgesetz AAG).

Träger der Umlage U1 sind die gesetzlichen Krankenkassen. Für die einzelnen Arbeitnehmer sind dabei jeweils die von ihnen für die Krankenversicherung gewählten Krankenkassen zuständig.

Die Beiträge zur Umlage U1 werden nur von Arbeitgebern der vorgenannten Größenordnung aufgebracht. Dabei gelten folgende Regelberechnungsgrundlagen:

- **Beitragssatz Arbeitgeber:** abhängig von der Krankenkasse des Arbeitnehmers und dem vom Arbeitgeber gewünschten Erstattungssatz etwa 0,6 % – 3,7 % (AZ 10-71) des sozialversicherungspflichtigen laufenden Arbeitsentgelts.
- **Beitragsbemessungsgrenzen:** Entsprechen den Beitragsbemessungsgrenzen der Rentenversicherung.

In folgenden Fällen gelten Abweichungen von den vorgenannten Regelungen:

- **Kurzfristig Beschäftigte:** Der Beitragssatz des Arbeitgebers beträgt 0,6 % (AZ 10-72) des Arbeitsentgelts, wenn die Beschäftigung auf eine Dauer von mehr als 4 Wochen angelegt ist, ansonsten entfällt die Umlage.
- **Geringfügig entlohnte Beschäftigte:** Der Beitragssatz des Arbeitgebers beträgt 0,6 % (AZ 10-73) des Arbeitsentgelts, wenn die Beschäftigung auf eine Dauer von mehr als 4 Wochen angelegt ist, ansonsten entfällt die Umlage.

> **Beispiel 10-46**

Angestellte Grace: Aufgrund ihrer Größe muss die Marcslights GmbH die Umlage U1 abführen. Der Umlagesatz U1 der Krankenkasse von Grace beträgt 3,7 %. Damit ergibt sich folgende von der Marcslights GmbH zu tragende Umlage U1:

Umlage U1 = 5 365,40 € × 3,7 % = 198,52 €.

> **Beispiel 10-47**

Minijobber Frederic: Die von der Marcslights GmbH zu tragende Umlage U1 beträgt:

Umlage U1 = 352,00 € × 0,6 % = 2,11 €.

10.2.8.2.3 Umlage U2 (Mutterschaftsgeld)

Die Umlage U2 hat insbesondere die Aufgabe, die von Arbeitgebern aufgrund des Mutterschutzgesetzes geleisteten Entgeltfortzahlungen bei Beschäftigungsverboten und die geleisteten Zuschüsse zum Mutterschaftsgeld zurückzuerstatten und auf alle Arbeitgeber umzulegen. Die gesetzliche Grundlage dazu bildet das Gesetz über den Ausgleich der Arbeitgeberaufwendungen für Entgeltfortzahlung (Aufwendungsausgleichsgesetz AAG).

Träger der Umlage U2 sind die gesetzlichen Krankenkassen. Für die einzelnen Arbeitnehmer sind dabei jeweils die von ihnen für die Krankenversicherung gewählten Krankenkassen zuständig.

Die Beiträge zur Umlage U2 werden nur von den Arbeitgebern aufgebracht. Dabei gelten folgende Regelberechnungsgrundlagen:

- **Beitragssatz Arbeitgeber:** abhängig von der Krankenkasse des Arbeitnehmers etwa 0,20 % – 0,25 % (AZ 10-74) des sozialversicherungspflichtigen laufenden Arbeitsentgelts.
- **Beitragsbemessungsgrenzen:** Entsprechen den Beitragsbemessungsgrenzen der Rentenversicherung.

In folgenden Fällen gelten Abweichungen von den vorgenannten Regelungen:

- **Kurzfristig Beschäftigte:** Der Beitragssatz des Arbeitgebers beträgt 0,07 % (AZ 10-75) des entsprechenden Arbeitsentgelts.
- **Geringfügig entlohnte Beschäftigte:** Der Beitragssatz des Arbeitgebers beträgt 0,07 % (AZ 10-76) des entsprechenden Arbeitsentgelts.

Beispiel 10-48

Angestellte Grace: Der Umlagesatz U2 der Krankenkasse von Grace beträgt 0,2 %. Damit ergibt sich folgende von der Marcslights GmbH zu tragende Umlage U2:

Umlage U2 = 5 365,40 € × 0,2 % = 10,73 €.

Beispiel 10-49

Minijobber Frederic: Die von der Marcslights GmbH zu tragende Umlage U2 beträgt:

Umlage U2 = 352,00 € × 0,07 % = 0,25 €.

10.2.8.2.4 Insolvenzgeldumlage

Die Insolvenzgeldumlage hat insbesondere die Aufgabe, das Insolvenzgeld, das von der Bundesagentur für Arbeit gezahlt wird, auf Arbeitgeber umzulegen, deren Arbeitnehmer Insolvenzgeld erhalten würden. Die gesetzliche Grundlage dazu bildet das Sozialgesetzbuch, Drittes Buch: § 358 – § 362.

Träger der Insolvenzgeldumlage ist die Bundesagentur für Arbeit.

Die Beiträge zur Insolvenzgeldumlage werden nur von den Arbeitgebern aufgebracht. Dabei gelten folgende Regelberechnungsgrundlagen:

- **Beitragssatz Arbeitgeber:** 0,41 % (AZ 10-77) des sozialversicherungspflichtigen Arbeitsentgelts.
- **Beitragsbemessungsgrenzen:** Entsprechen den Beitragsbemessungsgrenzen der Rentenversicherung.

Beispiel 10-50

Angestellte Grace: Die von der Marcslights GmbH zu tragende Insolvenzgeldumlage beträgt:

Insolvenzgelduml. = 5 365,40 € × 0,41 % = 22,00 €.

Beispiel 10-51

Minijobber Frederic: Die von der Marcslights GmbH zu tragende Insolvenzgeldumlage beträgt:

Insolvenzgelduml. = 352,00 € × 0,41 % = 1,44 €.

10.2.8.3 Abführung der Umlagen

Die Arbeitgeber führen die Umlagen in der Regel an die gesetzlichen Krankenversicherungen der Arbeitnehmer ab, die als *Einzugsstellen* für die Umlagen fungieren und diese gegebenenfalls an andere Träger weiterleiten.

Die Zahlungen erfolgen zusammen mit den Sozialversicherungsbeiträgen (↗ Kapitel 10.2.7.3).

In folgenden Fällen gelten Abweichungen von den vorgenannten Regelungen:

- **Kurzfristig Beschäftigte:** Die Umlagen auf die entsprechenden Arbeitsentgelte werden an die Minijob-Zentrale der Deutschen Rentenversicherung Knappschaft-Bahn-See abgeführt.
- **Geringfügig entlohnte Beschäftigte:** Die Umlagen auf die entsprechenden Arbeitsentgelte werden an die Minijob-Zentrale der Deutschen Rentenversicherung Knappschaft-Bahn-See abgeführt.
- **Privatversicherte:** Die Umlagen werden an die gesetzliche Krankenversicherung abgeführt, bei der der Arbeitnehmer zuletzt versichert war. Falls der Arbeitnehmer nie gesetzlich krankenversichert war, kann der Arbeitgeber jede gesetzliche Krankenversicherung als Einzugsstelle wählen, bei der sich der Arbeitnehmer versichern könnte.

Beispiel 10-52

Angestellte Grace: Die Marcslights GmbH führt an die gesetzliche Krankenkasse von Grace Umlagen in Höhe von 231,25 € ab.

Abb. 10-7

Die nachfolgende Aufstellung gibt einen Überblick über die im Jahr 2010 (AZ 10-78) in der Lohn- und Gehaltsabrechnung zu verwendenden Regelsätze und Bemessungsgrenzen.

	Regelsätze	Bemessungsgrenzen Ost/West
Steuerliche Abzüge		
Lohnsteuer	0 % – 42 % / 45 %	
Solidaritätszuschlag	5,5 %	
Kirchensteuer	8 % / 9 %	
Sozialversicherungsbeiträge		
Krankenversicherung AN	7,9 %	45 000 €
Krankenversicherung AG	7,0 %	45 000 €
Pflegeversicherung AN	0,975 %	45 000 €
PV kinderlose AN	1,225 %	45 000 €
Pflegeversicherung AG	0,975 %	45 000 €
Rentenversicherung AN	9,95 %	55 800 € / 66 000 €
Rentenversicherung AG	9,95 %	55 800 € / 66 000 €
Arbeitsförderung AN	1,4 %	55 800 € / 66 000 €
Arbeitsförderung AG	1,4 %	55 800 € / 66 000 €
Umlagen		
Umlage U1	ca. 0,6 % – 3,7 %	55 800 € / 66 000 €
Umlage U2	ca. 0,2 % – 0,25 %	55 800 € / 66 000 €
Insolvenzgeldumlage	0,41 %	55 800 € / 66 000 €

AN = Arbeitnehmer
AG = Arbeitgeber
PV = Pflegeversicherung

Beispiel 10-53

Minijobber Frederic: Die Marcslights GmbH führt an die Minijob-Zentrale der Deutschen Rentenversicherung Knappschaft-Bahn-See Umlagen in Höhe von 3,80 € ab.

10.2.9 Gesetzliche Unfallversicherung

Die *gesetzliche Unfallversicherung* hat insbesondere die Aufgabe, Arbeitsunfälle und arbeitsbedingte Krankheiten zu verhüten und nach deren Eintritt die Gesundheit und die Leistungsfähigkeit der Versicherten wiederherzustellen und sie oder ihre Hinterbliebenen durch Geldleistungen zu entschädigen. Die gesetzliche Grundlage dazu bildet das Sozialgesetzbuch, Siebtes Buch.

Träger der gesetzlichen Unfallversicherung sind die *Berufsgenossenschaften*. Welche Berufsgenossenschaft für ein Unternehmen zuständig ist, hängt dabei vom Gewerbezweig des Unternehmens ab.

Die Beiträge zur gesetzlichen Unfallversicherung werden nur von den Arbeitgebern aufgebracht. Sie erfordern in der Lohn- und Gehaltsabrechnung keine Berechnungen, da sie jährlich aufgrund von Beitragsbescheiden der Berufsgenossenschaften bezahlt werden. Die Höhe der Beiträge richtet sich dabei nach dem Finanzbedarf der Berufsgenossenschaften, dem Arbeitsentgelt der versicherten Arbeitnehmer und dem Unfallrisiko von deren Tätigkeit. Der Beitrag liegt etwa zwischen 0,5 % und 1,4 % (AZ 10-79) des Arbeitsentgelts. Zu den zu versichernden Arbeitnehmern gehören dabei auch Geringverdiener, kurzfristig Beschäftigte und geringfügig entlohnte Beschäftigte.

Die Zahlungen der Beiträge zur gesetzlichen Unfallversicherung müssen bis spätestens am Fünfzehnten des Monats erfolgen, der dem Monat folgt, in dem das Unternehmen den Beitragsbescheid erhalten hat (Sozialgesetzbuch, Viertes Buch: § 23 Fälligkeit, Absatz 3).

10.2.10 Nettolohn

Der Nettolohn ergibt sich aus dem Bruttolohn durch Subtraktion der steuerlichen Abzüge und der Sozialversicherungsbeiträge des Arbeitnehmers:

Bruttolohn
– Steuerliche Abzüge des Arbeitnehmers
– Sozialversicherungsbeiträge des Arbeitnehmers
= Nettolohn

Beispiel 10-54

Angestellte Grace: Für Grace ergibt sich auf Basis der in den vorangegangenen Kapiteln erläuterten Posten insgesamt folgender Nettolohn (Tabelle-100000-01.xlsx):

Bruttolohn . . . . 5 421,40 €
− Steuerliche Abzüge . . . . 867,02 €
− Sozialversicherungsbeiträge . . . . . . 941,79 €
= Nettolohn . . . . 3 612,59 €

Beispiel 10-55

Minijobber Frederic: Für Frederic ergibt sich auf Basis der in den vorangegangenen Kapiteln erläuterten Posten insgesamt folgender Nettolohn (Tabelle-100000-02.xlsx):

Bruttolohn . . . . 374,00 €
− Steuerliche Abzüge . . . . 0,00 €
− Sozialversicherungsbeiträge . . . . 0,00 €
= Nettolohn . . . . 374,00 €

10.2.11 Nettobezüge

Nettobezüge sind Bezüge, die nicht steuer-, sozialversicherungs- und umlagepflichtig sind, weshalb sie bei der Ermittlung der Bruttolöhne nicht berücksichtigt werden. Nettobezüge werden den Nettolöhnen nach deren Ermittlung hinzugerechnet, wodurch sich die Auszahlungsbeträge der Arbeitnehmer erhöhen. Beispiele für Nettobezüge sind (Einkommensteuergesetz: § 3 und Jenak, K. 2010: Arbeitsblatt 2.1 und 4.1):

- Arbeitgeberzuschüsse zu den Beiträgen privater Krankenversicherungen,
- Arbeitgeberzuschüsse zu den Beiträgen privater Pflegeversicherungen,
- Reisekostenerstattungen,
- Umzugskostenerstattungen,
- Erstattungen von Auslagen,
- Zuschüsse zum Mutterschaftsgeld und
- Trinkgelder, die von Dritten gezahlt werden, ohne dass darauf ein Rechtsanspruch besteht.

10.2.12 Nettoabzüge

Nettoabzüge werden von den Nettolöhnen nach deren Ermittlung abgezogen, wodurch sich die Auszahlungsbeträge der Arbeitnehmer vermindern. Die Nettoabzüge können weiter danach unterteilt werden, ob sie an Dritte abgeführt oder vom Arbeitgeber einbehalten werden.

Beispiele für Nettoabzüge, die an Dritte abgeführt werden, sind (Jenak, K. 2010: Arbeitsblatt 4.1):

- Sparbeiträge der vermögenswirksamen Leistungen,
- Gewerkschaftsbeiträge,
- Lohnpfändungen.

Beispiele für Nettoabzüge, die der Arbeitgeber einbehält, sind (Jenak, K. 2010: Arbeitsblatt 4.1):

- Gebühren für private Telefonate,
- Mieten für Werkswohnungen,
- Rückzahlungen von Vorschüssen,
- Ratenbeträge für Firmendarlehen.

Beispiel 10-56

Angestellte Grace: Die Marcslights GmbH führt vom Nettolohn von Grace 40,00 € an die Bank ab, bei der die vermögenswirksamen Leistungen angelegt werden.

10.2.13 Abzuziehende Sachbezüge

Zur Ermittlung des Auszahlungsbetrags müssen zuletzt die Sachbezüge subtrahiert werden, die dem Bruttolohn zuvor zur Ermittlung der steuerlichen Abzüge und der Sozialversicherungsbeiträge zugerechnet wurden.

Beispiel 10-57

Angestellte Grace: Grace hat Sachbezüge in Höhe von 595,40 € erhalten, die abgezogen werden müssen.

Beispiel 10-58

Minijobber Frederic: Frederic hat keine Sachbezüge erhalten.

10.2.14 Auszahlungsbeträge

Auszahlungsbeträge sind die Beträge, die letztendlich an den Arbeitnehmer bar oder per Überweisung ausgezahlt werden. Sie ergeben sich aus den Nettolöhnen durch Hinzurechnen der Nettobezüge und durch Abzug der Nettoabzüge und der Sachbezüge:

Nettolohn
+ Nettobezüge
− Nettoabzüge
− Sachbezüge
= Auszahlungsbetrag

Die Auszahlungsbeträge müssen, wenn eine monatliche Vergütung vereinbart wurde und keine andere Vereinbarung besteht, spätestens am ersten Tag des Folgemonats bezahlt werden (Bürgerliches Gesetzbuch: § 614 Fälligkeit der Vergütung). Häufig erfolgen aufgrund tarif- oder arbeitsvertraglicher Regelungen die Auszahlungen jedoch zu einem früheren oder einem späteren Zeitpunkt, so beispielsweise am fünfzehnten Kalendertag des laufenden Monats, am letzten Arbeitstag des laufenden Monats oder am zehnten Arbeitstag des folgenden Monats.

Beispiel 10-59

Angestellte Grace: Für Grace ergibt sich auf Basis der in den vorangegangenen Kapiteln erläuterten Posten insgesamt folgender Auszahlungsbetrag (Tabelle-100000-01.xlsx):

```
  Nettolohn . . . . . . . . . . . . . . . . . 3 612,59 €
+ Nettobezüge . . . . . . . . . . . . . . . . . . 0,00 €
– Nettoabzüge . . . . . . . . . . . . . . . . . 40,00 €
– Sachbezüge . . . . . . . . . . . . . . . . . 595,40 €
= Auszahlungsbetrag . . . . . . . . . . 2 977,19 €
```

Beispiel 10-60

Minijobber Frederic: Für Frederic ergibt sich auf Basis der in den vorangegangenen Kapiteln erläuterten Posten insgesamt folgender Auszahlungsbetrag (Tabelle-100000-02.xlsx):

```
  Nettolohn . . . . . . . . . . . . . . . . . . 374,00 €
+ Nettobezüge . . . . . . . . . . . . . . . . . . 0,00 €
– Nettoabzüge . . . . . . . . . . . . . . . . . . 0,00 €
– Sachbezüge . . . . . . . . . . . . . . . . . . . 0,00 €
= Auszahlungsbetrag . . . . . . . . . . . 374,00 €
```

10.2.15 Berechnung der Gesamtbelastung des Arbeitgebers

Für das Management von Unternehmen ist es für bestimmte Entscheidungen wichtig, zu wissen, welche Gesamtbelastungen insgesamt durch Arbeitnehmer entstehen. Der gesamte Personalaufwand für einen einzelnen Arbeitnehmer kann näherungsweise folgendermaßen berechnet werden:

```
  Bruttolohn
+ Pauschale Steuern
+ Arbeitgeberanteil Sozialversicherungs-
  beiträge inklusive Beiträge private
  Versicherungen
+ Umlagen
= Gesamtbelastung
```

Dabei wird unterstellt, dass die im Bruttolohn enthaltenen Sachbezüge den Aufwendungen entsprechen, die dem Arbeitgeber dadurch tatsächlich entstehen.

Zur Gesamtbelastung sind gegebenenfalls noch Anteile an den Beiträgen zur gesetzlichen Unfallversicherung und Zuführungen zu den Pensionsrückstellungen hinzuzurechnen.

Beispiel 10-61

Angestellte Grace: Die Gesamtbelastung für die Marcslights GmbH aus der Beschäftigung von Grace beträgt etwa (Tabelle-100000-01.xlsx):

```
  Bruttolohn . . . . . . . . . . . . . . . . . 5 421,40 €
+ Pauschale Steuern . . . . . . . . . . . . . 15,68 €
+ Arbeitgeberanteil Sozial-
  versicherungsbeiträge . . . . . . . . . 908,04 €
+ Umlagen . . . . . . . . . . . . . . . . . . . 231,25 €
= Gesamtbelastung . . . . . . . . . . . 6 576,37 €
```

Beispiel 10-62

Minijobber Frederic: Die Gesamtbelastung für die Marcslights GmbH aus der Beschäftigung von Frederic beträgt etwa (Tabelle-100000-02.xlsx):

```
  Bruttolohn . . . . . . . . . . . . . . . . . . 374,00 €
+ Pauschale Steuern . . . . . . . . . . . . . 10,73 €
+ Arbeitgeberanteil Sozial-
  versicherungsbeiträge . . . . . . . . . . 98,56 €
+ Umlagen . . . . . . . . . . . . . . . . . . . . . 3,80 €
= Gesamtbelastung . . . . . . . . . . . . 487,09 €
```

Zwischenübung Kapitel 10.2

Angestellter Maximilian: Maximilian (38), keine Kinder, ledig, Steuerklasse I, konfessionslos, gesetzlich krankenversichert, wird von der Marcslights GmbH als Angestellter beschäftigt.

Maximilian erhält von der Marcslights GmbH ein Gehalt von 2 500,00 € je Monat.

Maximilian erhält von der Marcslights GmbH einen Zuschuss von 26,00 € je Monat zu seinen vermögenswirksamen Leistungen von insgesamt 32,00 € je Monat.

Die Arbeitnehmer können bei der Marcslights GmbH ein Frühstück für 0,50 € und ein Mittagessen für 0,00 € erhalten. Im Abrechnungsmonat hat Maximilian das Frühstück 15-mal und das Mittagessen 10-mal in Anspruch genommen. Der sich daraus ergebende Sachbezug wird von der Marcslights GmbH inklusive der Kirchensteuer pauschal versteuert.

Maximilian kann ein Kraftfahrzeug mit einem Nettolistenpreis von 21 210,00 € zuzüglich Umsatzsteuer privat nutzen. Maximilian wohnt 27 Kilometer von der Marcslights GmbH entfernt. Der geldwerte Vorteil wird auf Basis der 1 %-Regelung ermittelt.

Auf der Lohnsteuerkarte von Maximilian sind keine Freibeträge eingetragen.

Der pauschale Kirchensteuersatz der in Baden-Württemberg ansässigen Marcslights GmbH beträgt 6,5 %, der Umlagesatz U1 der Krankenkasse von Maximilian bei dem von der Marcslights GmbH gewünschten Erstattungssatz 3,7 % und der Umlagesatz U2 0,2 %.

Führen Sie für Maximilian in der nachfolgenden Tabelle die Lohn- und Gehaltsabrechnung durch. Normal und pauschal zu versteuernde Lohnbestandteile sind dabei getrennt abzurechnen. Weitere für die Abrechnung benötigte Daten werden in der Tabelle angegeben:

	Normal versteuerter Anteil	Pauschal versteuerter Anteil
Lohn/Gehalt		0,00 €
Beitrag vermögenswirksame Leistungen Arbeitgeber		–
Sachbezüge		
Bruttolohn		
Steuerpflichtiger Arbeitslohn		
Bemessungsgrundlage der nicht pauschalierten Lohnsteuer		–
Lohnsteuer	475,25 €	
Solidaritätszuschlag	26,13 €	
Kirchensteuer		
Steuerliche Abzüge Arbeitnehmer		–
Pauschale Steuern Arbeitgeber	–	12,33 €
Sozialversicherungspflichtiges Arbeitsentgelt ohne Berücksichtigung von Beitragsbemessungsgrenzen		
Bemessungsgrundlage Krankenversicherung und Pflegeversicherung		0,00 €
Bemessungsgrundlage Rentenversicherung und Arbeitsförderung		0,00 €
Beitrag Krankenversicherung Arbeitnehmer		0,00 €

Beitrag Krankenversicherung Arbeitgeber		0,00 €
Beitrag Pflegeversicherung Arbeitnehmer		0,00 €
Beitrag Pflegeversicherung Arbeitgeber		0,00 €
Beitrag Rentenversicherung Arbeitnehmer		0,00 €
Beitrag Rentenversicherung Arbeitgeber		0,00 €
Beitrag Arbeitsförderung Arbeitnehmer		0,00 €
Beitrag Arbeitsförderung Arbeitgeber		0,00 €
Beitrag Sozialversicherung Arbeitnehmer		0,00 €
Beitrag Sozialversicherung Arbeitgeber		0,00 €
Beitrag Sozialversicherung gesamt	1 186,89 €	0,00 €
Umlage U1		0,00 €
Umlage U2		0,00 €
Insolvenzgeldumlage		0,00 €
Umlagen gesamt	128,53 €	0,00 €
Nettolohn		
Nettoabzüge		0,00 €
Abzuziehende Sachbezüge		
Auszahlungsbetrag	1 382,03 €	
Gesamtbelastung Arbeitgeber		

10.3 Buchung der Personalaufwendungen und -zahlungen

Lernziel 10-3
Die Personalaufwendungen und -zahlungen verbuchen können.

- Einordnung innerhalb der Jahresabschlussrechnungen
- Lohn- und Gehaltsabrechnung
- **Buchung der Personalaufwendungen und -zahlungen**
- Lohn- und Gehaltsbuchführung

10.3.1 Netto- versus Bruttomethode

Buchungen zur Abbildung des Personaleinsatzes können mittels der Netto- oder der Bruttomethode erfolgen:

(1) Nettomethode
Bei der Nettomethode erfolgt die Verbuchung der einzelnen Personalaufwendungen jeweils zu deren Zahlungszeitpunkt. Gegenkonto ist dabei üblicherweise das Bankkonto.

(2) Bruttomethode
Bei der Bruttomethode erfolgt die Verbuchung der Personalaufwendungen vor den entsprechenden Zahlungen zum Zeitpunkt der wirtschaftlichen Verursachung im Anschluss an die monatliche Durchführung der Lohn- und Gehaltsabrechnung. Gegenkonten bei der Verbuchung sind

dabei nach Zahlungsempfängern differenzierte Verbindlichkeitenkonten.

Bei den Zahlungen, die üblicherweise per Banküberweisungen zu unterschiedlichen Zeitpunkten erfolgen, werden die Verbindlichkeiten dann durch Gegenbuchungen auf dem Bankkonto beglichen.

Die Bruttomethode ist die in der Praxis dominierende Buchungsmethode, weshalb sie für die nachfolgenden Buchungen herangezogen wird.

10.3.2 Allgemeine Buchung von Löhnen und Gehältern

Die Löhne und die Gehälter stellen für die Arbeitgeber Personalaufwendungen aus Löhnen und Gehältern dar, die allgemein:
▸ im **Soll** der Aufwandskonten »Löhne« oder »Gehälter«

verbucht werden. Für bestimmte Personengruppen erfolgt die Verbuchung alternativ über spezielle Konten, so:
▸ im **Soll** der Aufwandskonten »Aushilfslöhne« für kurzfristig Beschäftigte und geringfügig entlohnte Beschäftigte und
▸ im **Soll** der Aufwandskonten »Geschäftsführergehälter« für Geschäftsführer.

Auf welchen Konten die Gegenbuchung erfolgt, hängt von der Verwendung der Löhne und Gehälter ab und wird in den nachfolgenden Kapiteln aufgezeigt.

Typische Belege
▸ Lohnjournale
▸ Kopien der Lohn- und Gehaltsabrechnungen der Arbeitnehmer

Konten [GuV: 6 a) Löhne und Gehälter]
▸ **SKP03[SKR03]:** 4110 Löhne · 4120 Gehälter · 4190 Aushilfslöhne · [4124, 4127] Geschäftsführergehälter …
▸ **SKP04[SKR04]:** 6010 Löhne · 6020 Gehälter · 6030 Aushilfslöhne · [6024, 6027] Geschäftsführergehälter …
▸ **IKP[IKR]:** 6200 Löhne · 6300 Gehälter · 6260 Vergütungen an gewerbliche Auszubildende · 6360 Vergütungen an technische/kaufmännische Auszubildende

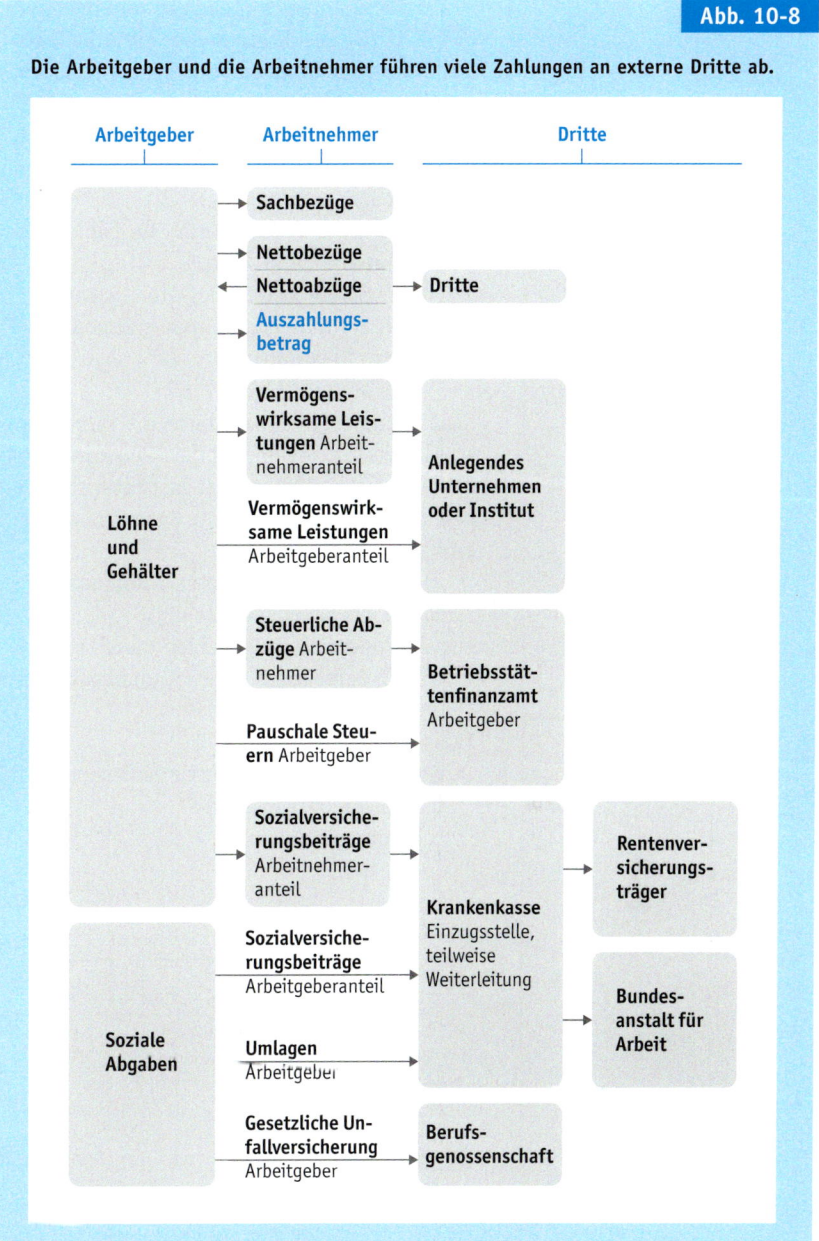

Abb. 10-8

Die Arbeitgeber und die Arbeitnehmer führen viele Zahlungen an externe Dritte ab.

10.3.3 Buchung von vermögenswirksamen Leistungen

Die Anteile der Arbeitnehmer und der Arbeitgeber an den vermögenswirksamen Leistungen werden im Rahmen der Lohn- und Gehaltsabrechnung ermittelt (↗Kapitel 10.2.3.2.1) und in der Regel anschließend verbucht.

10.3 Die Buchungen zur Abbildung des Personaleinsatzes
Buchung der Personalaufwendungen und -zahlungen

Für die Arbeitgeber stellen sowohl die Löhne und Gehälter, aus denen heraus die Arbeitnehmer ihren Anteil an den vermögenswirksamen Leistungen zahlen, als auch ihr eigener Anteil Personalaufwendungen aus Löhnen und Gehältern dar. Die Anteile der Arbeitnehmer werden entsprechend:

- im **Soll** der Aufwandskonten für Löhne oder Gehälter (↗ Kapitel 10.3.2)

verbucht und die Anteile der Arbeitgeber:

- im **Soll** der Aufwandskonten »Vermögenswirksame Leistungen«.

Gleichzeitig ergeben sich durch die vermögenswirksamen Leistungen Verbindlichkeiten gegenüber den Unternehmen oder Instituten, bei denen sie angelegt werden. Die Gegenbuchung erfolgt deshalb:

- im **Haben** der Passivkonten »Verbindlichkeiten aus Vermögensbildung«.

Zum Zahlungszeitpunkt werden diese Verbindlichkeiten dann durch Überweisung beglichen.

Typische Belege
- Vertragsbescheinigungen der anlegenden Unternehmen oder Institute
- Lohnjournale
- Kopien der Lohn- und Gehaltsabrechnungen der Arbeitnehmer

Konten [Bilanz: Passiva.C.8. Sonstige Verbindlichkeiten]
- **SKP03 [SKR03]:** 1750 [1751 – 1753] Verbindlichkeiten aus Vermögensbildung
- **SKP04 [SKR04]:** 3770 [3771 – 3785] Verbindlichkeiten aus Vermögensbildung
- **IKP [IKR]:** 4866 Verbindlichkeiten aus Vermögensbildung[1]

Konten [GuV: 6.a) Löhne und Gehälter]
- **SKP03 [SKR03]:** 4170 Vermögenswirksame Leistungen
- **SKP04 [SKR04]:** 6080 Vermögenswirksame Leistungen
- **IKP [IKR]:** [6220] 6221 Vermögenswirksame Leistungen für Lohnempfänger[1] · [6320] 6321 Vermögenswirksame Leistungen für Gehaltsempfänger[1]

Beispiel 10-63

(1) Bei der Lohn- und Gehaltsabrechnung werden die vermögenswirksamen Leistungen der Angestellten Grace in Höhe von monatlich 40,00 € verbucht, von denen Grace 14,00 € und die Marcslights GmbH* 26,00 € tragen:

SKP03 · SKP04 · IKP Sollkonto	Betrag	an	SKP03 · SKP04 · IKP Habenkonto	Betrag
4120 · 6020 · 6300 Gehälter	14,00 €		1750 · 3770 · 4866 Verbindlichkeiten aus Vermögensbildung	14,00 €
4170 · 6080 · 6321 Vermögenswirksame Leistungen	26,00 €		1750 · 3770 · 4866 Verbindlichkeiten aus Vermögensbildung	26,00 €

(2) Zum Zahlungszeitpunkt wird der Sparbetrag an das anlegende Unternehmen überwiesen:

SKP03 · SKP04 · IKP Sollkonto	Betrag	an	SKP03 · SKP04 · IKP Habenkonto	Betrag
1750 · 3770 · 4866 Verbindlichkeiten aus Vermögensbildung	40,00 €		1200 · 1800 · 2800 Bank	40,00 €

10.3.4 Buchung von Sachbezügen

Die Sachbezüge werden im Rahmen der Lohn- und Gehaltsabrechnung ermittelt (↗ Kapitel 10.2.4) und in der Regel anschließend verbucht.

Die Verbuchung von Sachbezügen erfolgt quasi so, als ob die Arbeitgeber den Arbeitnehmern etwas verkaufen würden (↗ Kapitel 9.4.3). Die Verbuchung erfolgt abhängig von der Art der Sachbezüge mit dem Nettobetrag:

- im **Haben** der Ertragskonten »Verrechnete sonstige Sachbezüge 19 % USt (z. B. Kfz-Gestellung)« für ermäßigte oder kostenlose Verpflegungen und für die private Nutzung von Kraftfahrzeugen,
- im **Haben** der Ertragskonten »Verrechnete sonstige Sachbezüge ohne Umsatzsteuer« für zinsverbilligte oder zinslose Darlehen und für die verbilligte oder kostenlose Stellung von Wohnungen,
- im **Haben** der Ertragskonten »Sachbezüge ... % USt (Waren)« für die verbilligte Abgabe von Erzeugnissen und Waren.

Die auf die Sachbezüge gegebenenfalls entfallende Umsatzsteuer wird:

- im **Haben** der Passivkonten »Umsatzsteuer« verbucht.

Die Gegenbuchung erfolgt inklusive Umsatzsteuer:

- im **Soll** der Aufwandskonten für Löhne oder Gehälter (↗ Kapitel 10.3.2).

Den Erträgen aus der Gestellung von Sachbezügen an die Arbeitnehmer stehen bei den Arbeitgebern Aufwendungen durch die Bereitstellung der Sachbezüge gegenüber, auf die an anderen Stellen in diesem Buch eingegangen wird, so beispielsweise Aufwendungen für Lebensmittel (↗ Kapitel 9.2.3.1) oder Abschreibungen auf Kraftfahrzeuge (↗ Kapitel 8.3.1).

Typische Belege
- Bemessungsgrundlagen und Berechnungen der Sachbezugswerte
- Kopien der Lohn- und Gehaltsabrechnungen der Arbeitnehmer

Konten [GuV: 4. Sonstige betriebliche Erträge]
- **SKP03[SKR03]:** [8591] Sachbezüge 7 % USt (Waren) · 8595 Sachbezüge 19 % USt (Waren) · [8610] 8611 Verrechnete sonstige Sachbezüge 19 % USt (z. B. Kfz-Gestellung) · 8614 Verrechnete sonstige Sachbezüge ohne Umsatzsteuer
- **SKP04[SKR04]:** [4941] Sachbezüge 7 % USt (Waren) · 4945 Sachbezüge 19 % USt (Waren) · [4946] 4947 Verrechnete sonstige Sachbezüge 19 % USt (z. B. Kfz-Gestellung) · 4949 Verrechnete sonstige Sachbezüge ohne Umsatzsteuer
- **IKP[IKR]:** 5430 Andere sonstige betriebliche Erträge · 5435 Verrechnete sonstige Sachbezüge[1]

Beispiel 10-64

Bei der monatlichen Lohn- und Gehaltsabrechnung der Marcslights GmbH* werden die Sachzuwendungen an die Angestellte Grace aus der kostenlosen Verpflegung in Höhe von 47,06 € zuzüglich 8,94 € Umsatzsteuer verbucht.

Der Geschäftsvorfall bewirkt eine ① Erhöhung des Aufwands aus Arbeitslöhnen (Aufwandskonto »Gehälter«) und damit eine Verminderung des Erfolgs und des Eigenkapitals EK, eine ② Erhöhung der Erträge aus den Arbeitnehmern bereitgestellten Sachbezügen (Ertragskonto »Verrechnete sonstige Sachbezüge 19 % USt«) und damit des Erfolgs und des Eigenkapitals EK sowie eine ③ Erhöhung der Verbindlichkeiten gegenüber den Finanzämtern aus der auf die Sachbezüge entfallenden Umsatzsteuer (Passivkonto »Umsatzsteuer«):

SKP03 · SKP04 · IKP Sollkonto	Betrag	an SKP03 · SKP04 · IKP Habenkonto	Betrag
① 4120 · 6020 · 6300 Gehälter	56,00 €	② 8611 · 4947 · 5435 Verrechnete sonstige Sachbezüge 19 % USt (z. B. Kfz-Gestellung)	47,06 €
		③ 1776 · 3806 · 4805 Umsatzsteuer 19 %	8,94 €

10.3 Die Buchungen zur Abbildung des Personaleinsatzes
Buchung der Personalaufwendungen und -zahlungen

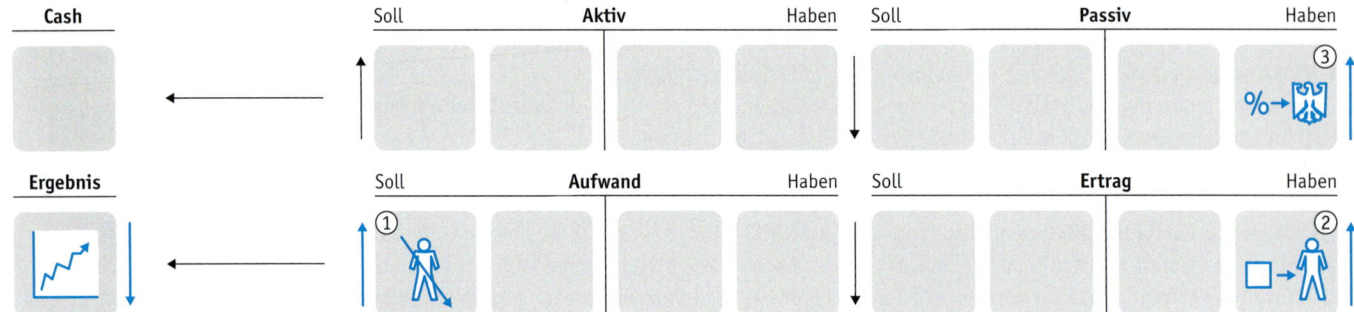

Beispiel 10-65

Bei der monatlichen Lohn- und Gehaltsabrechnung der Marcslights GmbH* werden die Sachzuwendungen an die Angestellte Grace aus der Stellung eines Kraftfahrzeugs zur privaten Nutzung in Höhe von 453,28 € zuzüglich 86,12 € Umsatzsteuer verbucht:

SKP03 · SKP04 · IKP Sollkonto	Betrag	an SKP03 · SKP04 · IKP Habenkonto	Betrag
4120 · 6020 · 6300 Gehälter	539,40 €	8611 · 4947 · 5435 Verrechnete sonstige Sachbezüge 19 % USt (z. B. Kfz-Gestellung)	453,28 €
		1776 · 3806 · 4805 Umsatzsteuer 19 %	86,12 €

10.3.5 Buchung von steuerlichen Abzügen

Die steuerlichen Abzüge werden im Rahmen der Lohn- und Gehaltsabrechnung ermittelt (↗ Kapitel 10.2.6) und in der Regel anschließend verbucht.

Für die Arbeitgeber stellen die Löhne und Gehälter, aus denen heraus die steuerlichen Abzüge der Arbeitnehmer gezahlt werden, Personalaufwendungen aus Löhnen und Gehältern dar, weshalb eine Buchung:

- im **Soll** der Aufwandskonten für Löhne oder Gehälter (↗ Kapitel 10.3.2)

erfolgt. Gleichzeitig ergeben sich durch die steuerlichen Abzüge Verbindlichkeiten gegenüber den Finanzämtern, die:

- im **Haben** der Passivkonten »Verbindlichkeiten aus Lohn- und Kirchensteuer«

gegengebucht werden. Zum Zahlungszeitpunkt werden diese Verbindlichkeiten dann durch Überweisung an die Finanzämter beglichen.

Typische Belege
- Lohnjournale
- Übertragungsprotokolle der Lohnsteuer-Anmeldungen
- Kopien der Lohn- und Gehaltsabrechnungen der Arbeitnehmer

Konten [Bilanz: Passiva.C.8. Sonstige Verbindlichkeiten, davon aus Steuern]
- **SKP03[SKR03]:** 1741 Verbindlichkeiten aus Lohn- und Kirchensteuer
- **SKP04[SKR04]:** 3730 Verbindlichkeiten aus Lohn- und Kirchensteuer
- **IKP[IKR]:** 4831 Verbindlichkeiten aus Lohn- und Kirchensteuer[1]

Beispiel 10-66

(1) Bei der monatlichen Lohn- und Gehaltsabrechnung der Marcslights GmbH* ergeben sich von dem Gehalt der Angestellten Grace einzuziehende steuerliche Abzüge von 867,02 €:

SKP03 · SKP04 · IKP Sollkonto	Betrag	an	SKP03 · SKP04 · IKP Habenkonto	Betrag
4120 · 6020 · 6300 Gehälter	867,02 €		1741 · 3730 · 4831 Verbindlichkeiten aus Lohn- und Kirchensteuer	867,02 €

(2) Zum Zahlungszeitpunkt werden die steuerlichen Abzüge an das Betriebsstättenfinanzamt der Marcslights GmbH* überwiesen:

SKP03 · SKP04 · IKP Sollkonto	Betrag	an	SKP03 · SKP04 · IKP Habenkonto	Betrag
1741 · 3730 · 4831 Verbindlichkeiten aus Lohn- und Kirchensteuer	867,02 €		1200 · 1800 · 2800 Bank	867,02 €

10.3.6 Buchung von pauschalen Steuern

Die pauschalen Steuern umfassen die pauschale Lohnsteuer sowie den Solidaritätszuschlag und die gegebenenfalls ebenfalls pauschalierte Kirchensteuer darauf. Die pauschalen Steuern werden im Rahmen der Lohn- und Gehaltsabrechnung ermittelt (↗Kapitel 10.2.6.1.2) und in der Regel anschließend verbucht.

Für die Arbeitgeber stellen die pauschalen Steuern Personalaufwendungen aus Löhnen und Gehältern dar. Deren Verbuchung erfolgt abhängig von dem Gegenstand der Besteuerung:
- im **Soll** der Aufwandskonten »Pauschale Steuer für Aushilfen« für kurzfristig Beschäftigte und für geringfügig entlohnte Beschäftigte,
- im **Soll** der Aufwandskonten »Pauschale Steuer auf sonstige Bezüge (z. B. Fahrtkostenzuschüsse)« für Fahrtkostenzuschüsse und
- im **Soll** der Aufwandskonten »Pauschale Steuern und Abgaben für Sachzuwendungen und Dienstleistungen an Arbeitnehmer« für Sachbezüge aus der Verpflegung.

Gleichzeitig ergeben sich durch die pauschalen Steuern Verbindlichkeiten, die:
- im **Haben** der Passivkonten »Verbindlichkeiten aus Lohn- und Kirchensteuer« gegengebucht werden. Zum Zahlungszeitpunkt werden diese Verbindlichkeiten dann durch Überweisung beglichen.

Typische Belege
- Lohnjournale
- Kopien der Lohn- und Gehaltsabrechnungen der Arbeitnehmer

Konten [Bilanz: Passiva.C.8. Sonstige Verbindlichkeiten, davon aus Steuern]
- **SKP03[SKR03]:** 1741 Verbindlichkeiten aus Lohn- und Kirchensteuer
- **SKP04[SKR04]:** 3730 Verbindlichkeiten aus Lohn- und Kirchensteuer
- **IKP[IKR]:** 4831 Verbindlichkeiten aus Lohn- und Kirchensteuer[1]

Konten [GuV: 6.a) Löhne und Gehälter]
- **SKP03[SKR03]:** 4199 Pauschale Steuer für Aushilfen · 4149 Pauschale Steuer auf sonstige Bezüge (z. B. Fahrtkostenzuschüsse) · 4198 Pauschale Steuern und Abgaben für Sachzuwendungen und Dienstleistungen an Arbeitnehmer
- **SKP04[SKR04]:** 6040 Pauschale Steuer für Aushilfen · 6069 Pauschale Steuer auf sonstige Bezüge (z. B. Fahrtkostenzuschüsse) · 6039 Pauschale Steuern und Abgaben für Sachzuwendungen und Dienstleistungen an Arbeitnehmer
- **IKP[IKR]:** 6291 Pauschale Steuer mit Lohncharakter[1] · 6391 Pauschale Steuer mit Gehaltscharakter[1]

Beispiel 10-67

(1) Bei der monatlichen Lohn- und Gehaltsabrechnung der Marcslights GmbH* ergeben sich abzuführende pauschale Steuern

- von 15,68 € auf die kostenlosen Mittagessen der Angestellten Grace,
- von 7,04 € auf den Lohn des Minijobbers Frederic und
- von 3,69 € auf die Fahrtkostenzuschüsse an Frederic:

SKP03 · SKP04 · IKP Sollkonto	Betrag	an	SKP03 · SKP04 · IKP Habenkonto	Betrag
4198 · 6039 · 6391 Pauschale Steuern und Abgaben für Sachzuwendungen und Dienstleistungen an Arbeitnehmer	15,68 €		1741 · 3730 · 4831 Verbindlichkeiten aus Lohn- und Kirchensteuer	15,68 €
4199 · 6040 · 6291 Pauschale Steuer für Aushilfen	7,04 €		1741 · 3730 · 4831 Verbindlichkeiten aus Lohn- und Kirchensteuer	7,04 €
4149 · 6069 · 6291 Pauschale Steuer auf sonstige Bezüge (z. B. Fahrtkostenzuschüsse)	3,69 €		1741 · 3730 · 4831 Verbindlichkeiten aus Lohn- und Kirchensteuer	3,69 €

(2) Zum Zahlungszeitpunkt werden die pauschalen Steuern auf die kostenlosen Mittagessen und die Fahrtkostenzuschüsse an das Betriebsstättenfinanzamt der Marcslights GmbH* überwiesen:

SKP03 · SKP04 · IKP Sollkonto	Betrag	an	SKP03 · SKP04 · IKP Habenkonto	Betrag
1741 · 3730 · 4831 Verbindlichkeiten aus Lohn- und Kirchensteuer	15,68 €		1200 · 1800 · 2800 Bank	15,68 €
1741 · 3730 · 4831 Verbindlichkeiten aus Lohn- und Kirchensteuer	3,69 €		1200 · 1800 · 2800 Bank	3,69 €

(3) Zum Zahlungszeitpunkt werden die pauschalen Steuern auf den Lohn des Minijobbers Frederic an die Minijob-Zentrale der Deutschen Rentenversicherung Knappschaft-Bahn-See überwiesen:

SKP03 · SKP04 · IKP Sollkonto	Betrag	an	SKP03 · SKP04 · IKP Habenkonto	Betrag
1741 · 3730 · 4831 Verbindlichkeiten aus Lohn- und Kirchensteuer	7,04 €		1200 · 1800 · 2800 Bank	7,04 €

10.3.7 Buchung von Sozialversicherungsbeiträgen

Die Sozialversicherungsbeiträge der Arbeitnehmer und der Arbeitgeber werden im Rahmen der Lohn- und Gehaltsabrechnung ermittelt (↗ Kapitel 10.2.7) und in der Regel anschließend verbucht.

Für die Arbeitgeber stellen die Löhne oder die Gehälter, aus denen heraus die Arbeitnehmer ihren Anteil an den Sozialversicherungsbeiträgen zahlen, Personalaufwendungen aus Löhnen und Gehältern dar, während ihre eigenen Anteile Personalaufwendungen aus sozialen Abgaben darstellen. Die Sozialversicherungsbeiträge der Arbeitnehmer werden entsprechend:

- im **Soll** der Aufwandskonten für Löhne oder Gehälter (↗ Kapitel 10.3.2)

verbucht und die Sozialversicherungsbeiträge der Arbeitgeber:

- im **Soll** der Aufwandskonten »Gesetzliche soziale Aufwendungen«.

Gleichzeitig ergeben sich durch die Sozialversicherungsbeiträge Verbindlichkeiten gegenüber den Sozialversicherungsträgern. Da inzwischen ein Prognosebetrag geschuldet wird, erfolgt die Gegenbuchung:

- im **Haben** der Passivkonten »Voraussichtliche Beitragsschuld gegenüber den Sozialversicherungsträgern«

und nicht mehr im Haben der Passivkonten »Verbindlichkeiten im Rahmen der sozialen Sicherheit«. Zum Zahlungszeitpunkt werden diese Verbindlichkeiten dann durch Überweisung an die Sozialversicherungsträger beglichen.

Zwischen den prognostizierten und den tatsächlichen Sozialversicherungsbeiträgen können sich insbesondere beim Vorliegen variabler Geldbezüge (↗ Kapitel 10.2.3.1) Differenzen ergeben. Sind die tatsächlichen Sozialversicherungsbeiträge höher als die prognostizierten, so erfolgt die Verbuchung der Differenz so, dass die voraussichtliche Beitragsschuld gegenüber den Sozialversicherungsträgern im Folgemonat entsprechend höher ausfällt, im anderen Fall so, dass sie entsprechend niedriger ausfällt.

Typische Belege
- Lohnjournale
- Beitragsnachweise der Sozialversicherung
- Kopien der Lohn- und Gehaltsabrechnungen der Arbeitnehmer

Konten [Bilanz: Passiva.C.8. Sonstige Verbindlichkeiten, davon im Rahmen der sozialen Sicherheit]
- **SKP03[SKR03]:** 1759 Voraussichtliche Beitragsschuld gegenüber den Sozialversicherungsträgern
- **SKP04[SKR04]:** 3759 Voraussichtliche Beitragsschuld gegenüber den Sozialversicherungsträgern
- **IKP[IKR]:** 4849 Voraussichtliche Beitragsschuld gegenüber den Sozialversicherungsträgern[1]

Konten [GuV: 6.b) Soziale Abgaben und Aufwendungen für Altersversorgung und für Unterstützung]
- **SKP03[SKR03]:** 4130 Gesetzliche soziale Aufwendungen
- **SKP04[SKR04]:** 6110 Gesetzliche soziale Aufwendungen
- **IKP[IKR]:** 6400 Arbeitgeberanteil zur Sozialversicherung (Lohnbereich) · 6410 Arbeitgeberanteil zur Sozialversicherung (Gehaltsbereich)

Beispiel 10-68

(1) Bei der monatlichen Lohn- und Gehaltsabrechnung der Marcslights GmbH* ergeben sich von dem Gehalt der Angestellten Grace einzubehaltende prognostizierte Sozialversicherungsbeiträge von 941,79 € und vom Arbeitgeber zu leistende prognostizierte Sozialversicherungsbeiträge von 908,04 €.

Der Geschäftsvorfall bewirkt eine ① Erhöhung des Aufwands aus Arbeitslöhnen (Aufwandskonto »Gehälter«) um den Sozialversicherungsbeitrag von Grace, ② eine Erhöhung der sozialen Aufwendungen (Aufwandskonto »Gesetzliche soziale Aufwendungen«) um den Sozialversicherungsbeitrag der Marcslights GmbH und durch beide Aufwendungen eine Verminderung des Erfolgs und des Eigenkapitals EK sowie eine ③ Erhöhung der Verbindlichkeiten gegenüber den Sozialversicherungsträgern (Passivkonto »Voraussichtliche Beitragsschuld gegenüber den Sozialversicherungsträgern«):

SKP03 · SKP04 · IKP Sollkonto	Betrag	an	SKP03 · SKP04 · IKP Habenkonto	Betrag
① 4120 · 6020 · 6300 Gehälter	941,79 €		③ 1759 · 3759 · 4840 Voraussichtliche Beitragsschuld gegenüber den Sozialversicherungsträgern	1 849,83 €
② 4130 · 6110 · 6410 Gesetzliche soziale Aufwendungen	908,04 €			

10.3 Die Buchungen zur Abbildung des Personaleinsatzes
Buchung der Personalaufwendungen und -zahlungen

(2) Die prognostizierten Sozialversicherungsbeiträge werden zum drittletzten Bankarbeitstag des Monats an die gesetzliche Krankenkasse von Grace als Einzugsstelle überwiesen.

Der Geschäftsvorfall bewirkt eine ① Auflösung der Verbindlichkeiten gegenüber den Sozialversicherungsträgern (Passivkonto »Voraussichtliche Beitragsschuld gegenüber den Sozialversicherungsträgern«) sowie im selben Umfang eine ② Verminderung des Bankguthabens (Aktivkonto »Bank«) und damit der Finanzmittel (»Cash«):

SKP03 · SKP04 · IKP Sollkonto	Betrag	an	SKP03 · SKP04 · IKP Habenkonto	Betrag
① 1759 · 3759 · 4840 Voraussichtliche Beitragsschuld gegenüber den Sozialversicherungsträgern	1 849,83 €		② 1200 · 1800 · 2800 Bank	1 849,83 €

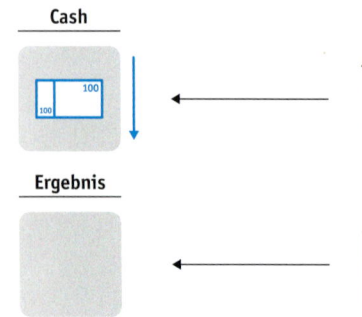
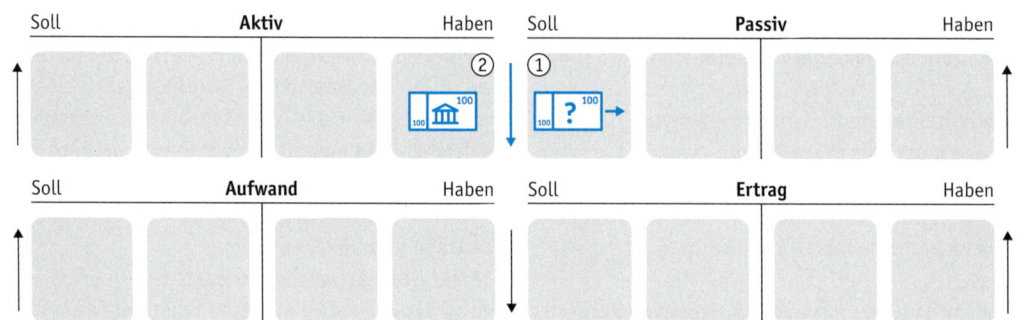

Beispiel 10-69

Sowohl die von der Provision eines Außendienstmitarbeiters einzubehaltenden tatsächlichen Sozialversicherungsbeiträge als auch die von seinem Arbeitgeber* zu leistenden tatsächlichen Sozialversicherungsbeiträge waren jeweils um 1,00 € höher als die prognostizierten Beiträge, die bereits überwiesen und verbucht wurden:

SKP03 · SKP04 · IKP Sollkonto	Betrag	an	SKP03 · SKP04 · IKP Habenkonto	Betrag
4120 · 6020 · 6300 Gehälter	1,00 €		1759 · 3759 · 4840 Voraussichtliche Beitragsschuld gegenüber den Sozialversicherungsträgern	2,00 €
4130 · 6110 · 6410 Gesetzliche soziale Aufwendungen	1,00 €			

Beispiel 10-70

Sowohl die von der Provision eines Außendienstmitarbeiters einzubehaltenden tatsächlichen Sozialversicherungsbeiträge, als auch die von seinem Arbeitgeber* zu leistenden tatsächlichen Sozialversicherungsbeiträge waren jeweils um 1,00 € niedriger als die prognostizierten Beiträge, die bereits überwiesen und verbucht wurden:

SKP03 · SKP04 · IKP Sollkonto	Betrag	an	SKP03 · SKP04 · IKP Habenkonto	Betrag
1759 · 3759 · 4840 Voraussichtliche Beitragsschuld gegenüber den Sozialversicherungsträgern	2,00 €		4120 · 6020 · 6300 Gehälter	1,00 €
			4130 · 6110 · 6410 Gesetzliche soziale Aufwendungen	1,00 €

10.3.8 Buchung von Umlagen

Die Umlagen werden im Rahmen der Lohn- und Gehaltsabrechnung ermittelt (↗ Kapitel 10.2.8) und in der Regel anschließend zusammen mit den Sozialversicherungsbeiträgen (↗ Kapitel 10.3.7) verbucht.

Für die Arbeitgeber stellen die Umlagen Personalaufwendungen aus sozialen Abgaben dar, die:

- im **Soll** der Aufwandskonten »Gesetzliche soziale Aufwendungen«

verbucht werden. Gleichzeitig ergeben sich durch die Umlagen Verbindlichkeiten gegenüber den Sozialversicherungsträgern, die zusammen mit den Sozialversicherungsbeiträgen:

- im **Haben** der Passivkonten »Voraussichtliche Beitragsschuld gegenüber den Sozialversicherungsträgern«

gegengebucht werden. Zum Zahlungszeitpunkt werden diese Verbindlichkeiten dann durch Überweisung an die Sozialversicherungsträger beglichen.

Typische Belege
- Lohnjournale
- Beitragsnachweise der Sozialversicherung

Konten [Bilanz: Passiva.C.8. Sonstige Verbindlichkeiten, davon im Rahmen der sozialen Sicherheit]
- **SKP03 [SKR03]:** 1759 Voraussichtliche Beitragsschuld gegenüber den Sozialversicherungsträgern
- **SKP04 [SKR04]:** 3759 Voraussichtliche Beitragsschuld gegenüber den Sozialversicherungsträgern
- **IKP [IKR]:** 4849 Voraussichtliche Beitragsschuld gegenüber den Sozialversicherungsträgern[1]

Konten [GuV: 6.b) Soziale Abgaben und Aufwendungen für Altersversorgung und für Unterstützung]
- **SKP03 [SKR03]:** 4130 Gesetzliche soziale Aufwendungen
- **SKP04 [SKR04]:** 6110 Gesetzliche soziale Aufwendungen
- **IKP [IKR]:** 6400 Arbeitgeberanteil zur Sozialversicherung (Lohnbereich) · 6410 Arbeitgeberanteil zur Sozialversicherung (Gehaltsbereich)

Beispiel 10-71

(1) Bei der monatlichen Lohn- und Gehaltsabrechnung der Marcslights GmbH* ergeben sich für die Angestellte Grace vom Arbeitgeber zu leistende Umlagen von 231,25 €:

SKP03 · SKP04 · IKP Sollkonto	Betrag	an	SKP03 · SKP04 · IKP Habenkonto	Betrag
4130 · 6110 · 6410 Gesetzliche soziale Aufwendungen	231,25 €		1759 · 3759 · 4840 Voraussichtliche Beitragsschuld gegenüber den Sozialversicherungsträgern	231,25 €

(2) Die Umlagen werden zum drittletzten Bankarbeitstag des Monats an die gesetzliche Krankenkasse von Grace als Einzugsstelle überwiesen:

SKP03 · SKP04 · IKP Sollkonto	Betrag	an	SKP03 · SKP04 · IKP Habenkonto	Betrag
1759 · 3759 · 4840 Voraussichtliche Beitragsschuld gegenüber den Sozialversicherungsträgern	231,25 €		1200 · 1800 · 2800 Bank	231,25 €

10.3.9 Buchung von Beiträgen zur gesetzlichen Unfallversicherung

Die Buchung von Beiträgen zur gesetzlichen Unfallversicherung erfolgt in der Regel unabhängig von der Lohn- und Gehaltsabrechnung nach Erhalt eines entsprechenden Beitragsbescheids bei dessen Bezahlung.

Für die Arbeitgeber stellen die an die Berufsgenossenschaften abzuführenden Beiträge zur gesetzlichen Unfallversicherung Personalaufwendungen aus Löhnen und Gehältern dar, die:

- im **Soll** der Aufwandskonten »Beiträge zur Berufsgenossenschaft«

verbucht werden. Die Gegenbuchung erfolgt in der Regel direkt:

- im **Haben** der Aktivkonten »Bank«.

Typische Belege
- Beitragsbescheide der Berufsgenossenschaften

Konten [GuV: 6.b) Soziale Abgaben und Aufwendungen für Altersversorgung und für Unterstützung]
- **SKP03[SKR03]:** 4138 Beiträge zur Berufsgenossenschaft
- **SKP04[SKR04]:** 6120 Beiträge zur Berufsgenossenschaft
- **IKP[IKR]:** 6420 Beiträge zur Berufsgenossenschaft

Beispiel 10-72

Nach Erhalt eines entsprechenden Beitragsbescheids überweist die Marcslights GmbH* der zuständigen Berufsgenossenschaft für einen Angestellten 200,00 €:

SKP03·SKP04·IKP Sollkonto	Betrag	an SKP03·SKP04·IKP Habenkonto	Betrag
4138·6120·6420 Beiträge zur Berufsgenossenschaft	200,00 €	1200·1800·2800 Bank	200,00 €

10.3.10 Buchung von Nettobezügen und -abzügen

Die Nettobezüge und -abzüge werden im Rahmen der Lohn- und Gehaltsabrechnung ermittelt (/ Kapitel 10.2.11 und 10.2.12) und in der Regel anschließend verbucht.

Auf die Verbuchung der vermögenswirksamen Leistungen wurde bereits im / Kapitel 10.3.3 eingegangen. Nachfolgend finden sich weitere Beispiele für Nettobezüge und -abzüge und die Konten, über die sie verbucht werden können.

10.3.10.1 Arbeitgeberzuschüsse zu den Beiträgen privater Kranken- und Pflegeversicherungen

Die Verbuchung der Aufwendungen der Arbeitgeber für deren Anteile an den Versicherungen erfolgt:

- im **Soll** der Aufwandskonten »Gesetzliche soziale Aufwendungen«.

Konten [GuV: 6.b) Soziale Abgaben und Aufwendungen für Altersversorgung und für Unterstützung]:
- **SKP03[SKR03]:** 4130 Gesetzliche soziale Aufwendungen
- **SKP04[SKR04]:** 6110 Gesetzliche soziale Aufwendungen
- **IKP[IKR]:** 6400 Arbeitgeberanteil zur Sozialversicherung (Lohnbereich)· 6410 Arbeitgeberanteil zur Sozialversicherung (Gehaltsbereich)

10.3.10.2 Umzugskostenerstattungen

Die Verbuchung der Aufwendungen der Arbeitgeber erfolgt:

- im **Soll** der Aufwandskonten »Freiwillige soziale Aufwendungen, lohnsteuerfrei«.

Die Gegenbuchung der Verbindlichkeiten, über die die Auszahlungen an die Arbeitnehmer vorgenommen werden, erfolgt:

- im **Haben** der Passivkonten »Sonstige Verbindlichkeiten«.

Konten [GuV: 6.b) Soziale Abgaben und Aufwendungen für Altersversorgung und für Unterstützung]
- **SKP03[SKR03]:** 4140 Freiwillige soziale Aufwendungen, lohnsteuerfrei
- **SKP04[SKR04]:** 6130 Freiwillige soziale Aufwendungen, lohnsteuerfrei
- **IKP[IKR]:** 6230 Freiwillige Zuwendungen · 6330 Freiwillige Zuwendungen

Konten [Bilanz: Passiva.C.8. Sonstige Verbindlichkeiten]
- **SKP03[SKR03]:** 1700 Sonstige Verbindlichkeiten
- **SKP04[SKR04]:** 3500 Sonstige Verbindlichkeiten
- **IKP[IKR]:** 4860 Andere sonstige Verbindlichkeiten

10.3.10.3 Gebühren für private Telefonate

Die Verbuchung der Nettoabzüge der Arbeitnehmer inklusive der Umsatzsteuer darauf erfolgt:
- im **Soll** der Aufwandskonten für Löhne oder Gehälter (↗ Kapitel 10.3.2).

Die Gegenbuchung der Erträge der Arbeitgeber erfolgt:
- im **Haben** der Ertragskonten »Sonstige betriebliche Erträge« und
- im **Haben** der Passivkonten »«Umsatzsteuer 19 %«.

Konten [GuV: 4. Sonstige betriebliche Erträge]:
- **SKP03[SKR03]:** 2700 Sonstige Erträge
- **SKP04[SKR04]:** 4830 Sonstige betriebliche Erträge
- **IKP[IKR]:** 5400 Sonstige betriebliche Erträge

10.3.10.4 Mieten für Werkswohnungen

Die Verbuchung der Nettoabzüge der Arbeitnehmer erfolgt:
- im **Soll** der Aufwandskonten für Löhne oder Gehälter (↗ Kapitel 10.3.2).

Die Gegenbuchung der umsatzsteuerfreien Erträge der Arbeitgeber erfolgt:
- im **Haben** der Ertragskonten »Grundstückserträge«.

Konten [GuV: 4. Sonstige betriebliche Erträge]
- **SKP03[SKR03]:** 2750 Grundstückserträge
- **SKP04[SKR04]:** 4860 Grundstückserträge
- **IKP[IKR]:** 5401 Nebenerlöse aus Vermietung und Verpachtung[2]

10.3.11 Buchung von Auszahlungsbeträgen

Die Auszahlungsbeträge, die die Arbeitnehmer erhalten, werden im Rahmen der Lohn- und Gehaltsabrechnung ermittelt (↗ Kapitel 10.2.14) und in der Regel anschließend verbucht.

Für die Arbeitgeber stellen die Auszahlungsbeträge Personalaufwendungen aus Löhnen und Gehältern dar, die:
- im **Soll** der Aufwandskonten für Löhne oder Gehälter (↗ Kapitel 10.3.2)

verbucht werden. Gleichzeitig ergeben sich durch die Auszahlungsbeträge Verbindlichkeiten gegenüber den Arbeitnehmern, die:
- im **Haben** der Passivkonten »Verbindlichkeiten aus Lohn und Gehalt«

gegengebucht werden. Zum Zahlungszeitpunkt werden diese Verbindlichkeiten dann durch Überweisung an die Arbeitnehmer beglichen.

Typische Belege
- Lohnjournale
- Kopien der Lohn- und Gehaltsabrechnungen der Arbeitnehmer

Konten [Bilanz: Passiva.C.8. Sonstige Verbindlichkeiten]
- **SKP03[SKR03]:** 1740 Verbindlichkeiten aus Lohn und Gehalt
- **SKP04[SKR04]:** 3720 Verbindlichkeiten aus Lohn und Gehalt
- **IKP[IKR]:** 4850 Verbindlichkeiten gegenüber Mitarbeitern, Organmitgliedern und Gesellschaftern

Beispiel 10-73

(1) Bei der monatlichen Lohn- und Gehaltsabrechnung der Marcslights GmbH* ergibt sich für die Angestellte Grace ein Auszahlungsbetrag von 2 977,19 €:

SKP03 · SKP04 · IKP Sollkonto	Betrag	an	SKP03 · SKP04 · IKP Habenkonto	Betrag
4120 · 6020 · 6300 Gehälter	2 977,19 €	an	1740 · 3720 · 4850 Verbindlichkeiten aus Lohn und Gehalt	2 977,19 €

(2) Zum Zahlungszeitpunkt wird der Auszahlungsbetrag an Grace überwiesen:

SKP03 · SKP04 · IKP Sollkonto	Betrag	an	SKP03 · SKP04 · IKP Habenkonto	Betrag
1740 · 3720 · 4850 Verbindlichkeiten aus Lohn und Gehalt	2 977,19 €	an	1200 · 1800 · 2800 Bank	2 977,19 €

10.3.12 Zusammengesetzte Buchungssätze zur Verbuchung von Personalaufwendungen und -zahlungen

Wiewohl die Buchungssätze für die einzelnen Sachverhalte in den vorangegangenen Kapiteln getrennt aufgeführt wurden, erfolgt die Buchung von zum selben Zeitpunkt anfallenden Sachverhalten in der Regel mittels eines einzigen zusammengesetzten Buchungssatzes.

Beispiel 10-74

Im Anschluss an die Lohn- und Gehaltsabrechnung werden bei der Marcslights GmbH* die Gehaltsbestandteile der Angestellten Grace in einem zusammengesetzten Buchungssatz verbucht:

SKP03 · SKP04 · IKP Sollkonto	Betrag	an	SKP03 · SKP04 · IKP Habenkonto	Betrag
4120 · 6020 · 6300 Gehälter	5 395,40 €	an	1740 · 3720 · 4850 Verbindlichkeiten aus Lohn und Gehalt	2 977,19 €
4170 · 6080 · 6321 Vermögenswirksame Leistungen	26,00 €		1750 · 3770 · 4866 Verbindlichkeiten aus Vermögensbildung	40,00 €
			8611 · 4947 · 5435 Verrechnete sonstige Sachbezüge 19 % USt (z. B. Kfz-Gestellung)	47,06 €
			1776 · 3806 · 4805 Umsatzsteuer 19 %	8,94 €
			8611 · 4947 · 5435 Verrechnete sonstige Sachbezüge 19 % USt (z. B. Kfz-Gestellung)	453,28 €
			1776 · 3806 · 4805 Umsatzsteuer 19 %	86,12 €
			1741 · 3730 · 4831 Verbindlichkeiten aus Lohn- und Kirchensteuer	867,02 €
4198 · 6039 · 6391 Pauschale Steuern und Abgaben für Sachzuwendungen und Dienstleistungen an Arbeitnehmer	15,68 €		1741 · 3730 · 4831 Verbindlichkeiten aus Lohn- und Kirchensteuer	15,68 €
4130 · 6110 · 6410 Gesetzliche soziale Aufwendungen	1 139,29 €		1759 · 3759 · 4840 Voraussichtliche Beitragsschuld gegenüber den Sozialversicherungsträgern	2 081,08 €

Zwischenübung Kapitel 10.3

Geben Sie für die nachfolgenden Geschäftsvorfälle die Buchungssätze an:

(A) Im Anschluss an die Lohn- und Gehaltsabrechnung werden die in der ↗ Zwischenübung Kapitel 10.2 ermittelten Gehaltsbestandteile des Angestellten Maximilian bei der Marcslights GmbH* in einem zusammengesetzten Buchungssatz verbucht:

Sollkonto	Betrag	an Habenkonto	Betrag
4120 · 6020 · 6300 Gehälter	3 000,17 €		
		1750 · 3770 · 4866 Verbindlichkeiten aus Vermögensbildung	
			37,02 €
		1776 · 3806 · 4805 Umsatzsteuer 19 %	
		1776 · 3806 · 4805 Umsatzsteuer 19 %	
		1741 · 3730 · 4831 Verbindlichkeiten aus Lohn- und Kirchensteuer	
4198 · 6039 · 6391 Pauschale Steuern und Abgaben für Sachzuwendungen und Dienstleistungen an Arbeitnehmer			
		1759 · 3759 · 4840 Voraussichtliche Beitragsschuld gegenüber den Sozialversicherungsträgern	

(B) Die Marcslights GmbH* überweist den Auszahlungsbetrag an Maximilian:

Sollkonto	Betrag	an Habenkonto	Betrag

(C) Die Marcslights GmbH* überweist die steuerlichen Abzüge und die pauschalen Steuern an ihr Betriebsstättenfinanzamt:

Sollkonto	Betrag	an Habenkonto	Betrag

10.4 Lohn- und Gehaltsbuchführung

- Einordnung innerhalb der Jahresabschlussrechnungen
- Lohn- und Gehaltsabrechnung
- Buchung der Personalaufwendungen und -zahlungen
- **Lohn- und Gehaltsbuchführung**

Die Daten der in Unternehmen beschäftigten Arbeitnehmer werden in der Regel in sogenannten *Lohnkonten* in einer separaten Lohn- und Gehaltsbuchführung verwaltet.

Bei der Lohn- und Gehaltsbuchführung handelt es sich um eine *Nebenbuchführung* (↗ Kapitel 4.3.2.2.4), die die Lohn- und Gehaltskonten des Hauptbuchs erläutert und ergänzt und darüber hinaus dazu dient, die zu leistenden Lohn- und Gehaltszahlungen zu ermitteln und die entsprechenden Zahlungen auszulösen. Gesetzliche Hinweise zu ihrer Durchführung ergeben sich dabei unter anderem aus dem Einkommensteuergesetz: § 41 Aufzeichnungspflichten beim Lohnsteuerabzug, aus der Lohnsteuer-Durchführungsverordnung: § 4 Lohnkonto und aus dem Sozialgesetzbuch, Viertes Buch: § 28f Aufzeichnungspflicht, Nachweise der Beitragsabrechnung und der Beitragszahlung.

Lernziel 10-4
Die Aufzeichnungen in der Lohn- und Gehaltsbuchführung kennen.

10.4 Die Buchungen zur Abbildung des Personaleinsatzes
Lohn- und Gehaltsbuchführung

Die Lohn- und Gehaltsbuchführung erfolgt heute in der Regel über Datenbanken innerhalb der Buchführungssoftware.

Beim Zugang neuer Arbeitnehmer erhalten diese eine *Personalnummer*, anhand derer eine eindeutige Zuordnung zu den in den Datenbanken hinterlegten Daten möglich ist. In der Lohn- und Gehaltsbuchführung werden dann folgende Stammdaten der einzelnen Arbeitnehmer erfasst (Jenak, K. 2010: Arbeitsblatt 0.4 und 6.2):

- **Personalnummer**,
- **Eintritts- und Austrittsdatum**,
- **Name**, also Titel, Vornamen und Nachname,
- **Geburtsdaten**, also Geburtstag, Geburtsort, Geschlecht und Geburtsname,
- **Staatsangehörigkeit**,
- **Anschrift**, also Straße und Hausnummer, Postleitzahl, Ort, Bundesland, Staat,
- **Kommunikationsdaten**, also geschäftliche und private Telefonnummern und E-Mail-Adressen,
- **Bankdaten**, also Name des Kreditinstituts, Bankleitzahl (BLZ) und Kontonummer,
- **Zahlungsweise**, beispielsweise »bar« oder »per Banküberweisung«,
- **Qualifikation**, wie Schul-, Berufs- und Studienabschlüsse,
- **Regelmäßige wöchentliche Arbeitszeit**,
- **Arbeitstage während der Woche bei Teilzeitbeschäftigten**,
- **Jährlicher Urlaubsanspruch**,
- **Merkmale aus der Lohnsteuerkarte**, wie steuerliche Identifikationsnummer (IdNr.), Steuerklasse, Anzahl der Kinder, Familienstand, Freibeträge, Kirchensteuermerkmale, amtlicher Gemeindeschlüssel (AGS) und Finanzamt,
- **Sozialversicherungsdaten**, wie Sozialversicherungsnummer und Krankenkassenzugehörigkeit,
- **Daten zu den vermögenswirksamen Leistungen** (VWL), also Arbeitgeberanteil, Sparbetrag, Vertragspartner, Vertragsnummer sowie Bankdaten,
- **Schwerbehinderteneigenschaften**, also das Vorliegen und der Grad einer Behinderung.

Bei jeder Lohn- oder Gehaltszahlung fallen dann in der Lohn- und Gehaltsbuchführung insbesondere folgende Bewegungsdaten an, die den Stammdaten untergeordnet werden:

- **Art und Höhe der Bezüge inklusive steuerfreie Bezüge**,
- **Steuerliche Abzüge**,
- **Arbeitnehmeranteile an den Sozialversicherungsbeiträgen**,
- **Arbeitgeberanteile an den Sozialversicherungsbeiträgen**,
- **Umlagen**,
- **Nettobezüge**,
- **Nettoabzüge**,
- **Auszahlungsbeträge**.

Darüber hinaus können folgende Bewegungsdaten entstehen:

- **Organisatorische Einordnungen**, bei Veränderungen der Betriebsstätte, der Abteilung, des Arbeitsplatzes, der Personengruppe, der Tätigkeit oder der zugeordneten Kostenstelle,
- **Tarifliche Eingruppierungen**, bei Stellenwechseln oder Beförderungen,
- **Arbeitszeiten**, aufgrund des Ein- und Ausstempelns,
- **Arbeitsleistungen**, aufgrund von erfassten Stückzahlen oder Basisbeträgen,
- **Fehlzeiten**, aufgrund von Urlaub, Krankheit oder anderen Ereignissen.

Kontierungslexikon Kapitel 10

Kontierung 10-1: Vorschüsse auf den Arbeitslohn
Vorschüsse sind Vorauszahlungen für noch zu erbringende Arbeitsleistungen des Arbeitnehmers.

Die Verbuchung erfolgt vergleichbar der Verbuchung von Anzahlungen an Lieferanten auf noch zu erbringende Fremdleistung, allerdings ohne Umsatzsteuer:

SKP03 · SKP04 · IKP Sollkonto	Betrag	an SKP03 · SKP04 · IKP Habenkonto	Betrag
1530 · 1340 · 2650 Forderungen gegen Personal aus Lohn- und Gehaltsabrechnung	Betrag 1	1200 · 1800 · 2800 Bank	Betrag 1

Kontierung 10-2: Darlehen an Arbeitnehmer
Die Verbuchung der Vergabe von Darlehen an Arbeitnehmer erfolgt vergleichbar der Verbuchung der Vergabe von Krediten an Dritte:

SKP03 · SKP04 · IKP Sollkonto	Betrag	an SKP03 · SKP04 · IKP Habenkonto	Betrag
1530 · 1340 · 2650 Forderungen gegen Personal aus Lohn- und Gehaltsabrechnung	Betrag 1	1200 · 1800 · 2800 Bank	Betrag 1

Schlüsselbegriffe Kapitel 10

- Arbeitgeber (↗ Kapitel 10)
- Arbeitnehmer (↗ Kapitel 10)
- Personalaufwand (↗ Kapitel 10)
- Arbeitslohn (↗ Kapitel 10)
- Bezug (↗ Kapitel 10)
- Vorteil (↗ Kapitel 10)
- Sozialer Aufwand (↗ Kapitel 10)
- Lohn (↗ Kapitel 10)
- Arbeiter (↗ Kapitel 10)
- Gehalt (↗ Kapitel 10)
- Angestellter (↗ Kapitel 10)
- Manteltarifvertrag (↗ Kapitel 10)
- Lohn- und Gehaltstarifvertrag (↗ Kapitel 10)
- Betriebsvereinbarung (↗ Kapitel 10)
- Einzelarbeitsvertrag (↗ Kapitel 10)
- Lohn- und Gehaltsabrechnung (↗ Kapitel 10.2)
- Regelabrechnungsperiode (↗ Kapitel 10.2)
- Geringverdiener (↗ Kapitel 10.2.2.1)
- Auszubildender (↗ Kapitel 10.2.2.1)
- Geringfügig Beschäftigter (↗ Kapitel 10.2.2.2)
- Kurzfristig Beschäftigter (↗ Kapitel 10.2.2.2.1)
- Aushilfe (↗ Kapitel 10.2.2.2.1)
- Geringfügig entlohnter Beschäftigter (↗ Kapitel 10.2.2.2.2)
- Minijob (↗ Kapitel 10.2.2.2.2)
- Werkstudierender (↗ Kapitel 10.2.2.5)
- Werkstudentenprivileg (↗ Kapitel 10.2.2.5)
- Ordentliches Studium (↗ Kapitel 10.2.2.5)
- Geldbezug (↗ Kapitel 10.2.3)
- Lohnart (↗ Kapitel 10.2.3)
- Lohnform (↗ Kapitel 10.2.3.1)
- Zeitlohn (↗ Kapitel 10.2.3.1)
- Zuschlag (↗ Kapitel 10.2.3.1)
- Zeitlöhner (↗ Kapitel 10.2.3.1)
- Akkordlohn (↗ Kapitel 10.2.3.1)
- Geldakkord (↗ Kapitel 10.2.3.1)
- Stückgeldakkord (↗ Kapitel 10.2.3.1)
- Zeitakkord (↗ Kapitel 10.2.3.1)
- Stückzeitakkord (↗ Kapitel 10.2.3.1)
- Einzelakkordlohn (↗ Kapitel 10.2.3.1)
- Gruppenakkordlohn (↗ Kapitel 10.2.3.1)
- Prämienlohn (↗ Kapitel 10.2.3.1)
- Provision (↗ Kapitel 10.2.3.1)
- Basisbetrag (↗ Kapitel 10.2.3.1)
- Vermögenswirksame Leistung (↗ Kapitel 10.2.3.2.1)
- Fahrtkostenzuschuss (↗ Kapitel 10.2.3.2.2)
- Fahrgeld (↗ Kapitel 10.2.3.2.2)
- Sonstiger Bezug (↗ Kapitel 10.2.3.3)

10.4 Die Buchungen zur Abbildung des Personaleinsatzes
Fragen

- Einmalige Zuwendung (↗ Kapitel 10.2.3.3)
- Einmalzahlung (↗ Kapitel 10.2.3.3)
- Sachbezug (↗ Kapitel 10, 10.2.4)
- Sachzuwendung (↗ Kapitel 10.2.4)
- Geldwerter Vorteil (↗ Kapitel 10.2.4)
- Sachbezugswert (↗ Kapitel 10.2.4)
- Essenszuschuss (↗ Kapitel 10.2.4.1)
- 1 %-Regelung (↗ Kapitel 10.2.4.2)
- Fahrtenbuchmethode (↗ Kapitel 10.2.4.2)
- Wohnung (↗ Kapitel 10.2.4.4)
- Unterkunft (↗ Kapitel 10.2.4.4)
- Rabattfreibetrag (↗ Kapitel 10.2.4.5)
- 44 €-Freigrenze (↗ Kapitel 10.2.4.6)
- Bruttolohn (↗ Kapitel 10.2.5)
- Steuerlicher Abzug (↗ Kapitel 10.2.6)
- Arbeitslohn (↗ Kapitel 10.2.6.1)
- Altersentlastungsbetrag (↗ Kapitel 10.2.6.1.3)
- Persönlicher Freibetrag (↗ Kapitel 10.2.6.1.4)
- Hinzurechnungsbetrag (↗ Kapitel 10.2.6.1.5)
- Kinderfreibetrag (↗ Kapitel 10.2.6.1.6)
- Erziehungsfreibetrag (↗ Kapitel 10.2.6.1.6)
- Tageslohnsteuertabelle (↗ Kapitel 10.2.6.2)
- Wochenlohnsteuertabelle (↗ Kapitel 10.2.6.2)
- Monatslohnsteuertabelle (↗ Kapitel 10.2.6.2, 10.2.3.3)
- Jahreslohnsteuertabellen (↗ Kapitel 10.2.3.3, 10.2.6.2)
- Lohnsteuer (↗ Kapitel 10.2.6.2.2)
- Lohnsteuerklasse (↗ Kapitel 10.2.6.2.2)
- Solidaritätszuschlag (↗ Kapitel 10.2.6.2.3)
- Kirchensteuer (↗ Kapitel 10.2.6.2.4)
- Minijob-Zentrale (↗ Kapitel 10.2.6.3)
- Sozialversicherungsbeitrag (↗ Kapitel 10.2.7)
- Arbeitsentgelt (↗ Kapitel 10.2.7.1)
- Beitragsbemessungsgrenze (↗ Kapitel 10.2.7.1.3)
- Krankenversicherung (↗ Kapitel 10.2.7.2.2)
- Privatversicherter (↗ Kapitel 10.2.7.2.2, 10.2.7.2.3)
- Pflegeversicherung (↗ Kapitel 10.2.7.2.3)
- Rentenversicherung (↗ Kapitel 10.2.7.2.4)
- Arbeitsförderung (↗ Kapitel 10.2.7.2.5)
- Arbeitslosenversicherung (↗ Kapitel 10.2.7.2.5)
- Bundesagentur für Arbeit (↗ Kapitel 10.2.7.2.5)
- Einzugsstelle (↗ Kapitel 10.2.7.3)
- Arbeitgeberversicherung (↗ Kapitel 10.2.8)
- Umlage U1 (↗ Kapitel 10.2.8.2.2)
- Entgeltfortzahlung (↗ Kapitel 10.2.8.2.2)
- Umlage U2 (↗ Kapitel 10.2.8.2.3)
- Mutterschaftsgeld (↗ Kapitel 10.2.8.2.3)
- Insolvenzgeldumlage (↗ Kapitel 10.2.8.2.4)
- Unfallversicherung (↗ Kapitel 10.2.9)
- Berufsgenossenschaft (↗ Kapitel 10.2.9)
- Nettolohn (↗ Kapitel 10.2.10)
- Nettobezug (↗ Kapitel 10.2.11)
- Nettoabzug (↗ Kapitel 10.2.12)
- Auszahlungsbetrag (↗ Kapitel 10, 10.2.14)
- Nettomethode (↗ Kapitel 10.3.1)
- Bruttomethode (↗ Kapitel 10.3.1)
- Lohn- und Gehaltsbuchführung (↗ Kapitel 10.4)
- Lohnkonten (↗ Kapitel 10.4)
- Personalnummer (↗ Kapitel 10.4)

Fragen Kapitel 10

Frage 10-1 (Vertiefung): Was ist kennzeichnend für Arbeitnehmer? (↗ Kapitel 10)

Frage 10-2: In welche zwei Aufwendungen können Personalaufwendungen unterteilt werden? (↗ Kapitel 10)

Frage 10-3 (Vertiefung): Was wird unter Arbeitslöhnen verstanden? (↗ Kapitel 10)

Frage 10-4: Was ist der Auszahlungsbetrag? (↗ Kapitel 10)

Frage 10-5 (Vertiefung): Wie werden die Arbeitslöhne von Arbeitern und von Angestellten bezeichnet? (↗ Kapitel 10)

Frage 10-6 (Vertiefung): Welche Vertragswerke enthalten Rahmenbedingungen für den Personalbereich? (↗ Kapitel 10)

Frage 10-7: Wodurch können sich im Personalbereich »Sonstige Verbindlichkeiten« ergeben? (↗ Kapitel 10.1.1)

Frage 10-7: Wodurch können sich im Personalbereich »Sonstige betriebliche Erträge« ergeben? (↗ Kapitel 10.1.1)

Frage 10-8: Auf welche Posten der Jahresabschlussrechnungen wirkt sich die Verbuchung des Auszahlungsbetrages nach dessen Ermittlung und vor dessen Auszahlung aus? (↗ Kapitel 10.1)

Frage 10-9: Auf welche Posten der Jahresabschlussrechnungen wirkt sich die Verbuchung der Auszahlung des Auszahlungsbetrages aus? (↗ Kapitel 10.1)

Frage 10-10: Wozu dient die Lohn- und Gehaltsabrechnung? (↗ Kapitel 10.2)

Frage 10-11 (Vertiefung): Für welche Personengruppen gelten beispielsweise abweichende Regelungen bei der Lohn- und Gehaltsabrechnung? (↗ Kapitel 10.2.2)

Frage 10-12 (Vertiefung): Welche zwei Arten von geringfügigen Beschäftigungen werden unterschieden? (↗ Kapitel 10.2.2.2)

Frage 10-13 (Vertiefung): Was ist kennzeichnend für Aushilfen? (↗ Kapitel 10.2.2.2.1)

Frage 10-14 (Vertiefung): Wann liegt ein Minijob vor? (↗ Kapitel 10.2.2.2.2)

Frage 10-15: Welche vier Arten von laufenden variablen Geldbezügen können unterschieden werden? (↗ Kapitel 10.2.3.1)

Frage 10-16: Was sind Beispiele für laufende fixe Geldbezüge? (↗ Kapitel 10.2.3.2)

Frage 10-17: Welche Anteile der vermögenswirksamen Leistungen sind steuer-, sozialversicherungs- und umlagepflichtig? (↗ Kapitel 10.2.3.2.1)

Frage 10-18: Von wem werden pauschale Steuern auf Fahrtkostenzuschüsse getragen? (↗ Kapitel 10.2.3.2.2)

Frage 10-19 (Vertiefung): Was wird unter sonstigen Bezügen verstanden? (↗ Kapitel 10.2.3.3)

Frage 10-20: Was sind Beispiele für Sachbezüge? (↗ Kapitel 10.2.4)

Frage 10-21: Wann ergeben sich Sachbezüge aus der Verpflegung? (↗ Kapitel 10.2.4.1)

Frage 10-22: Wie wird bei der 1 %-Regelung vorgegangen, um den geldwerten Vorteil aus der privaten Nutzung von Kraftfahrzeugen zu ermitteln? (↗ Kapitel 10.2.4.2)

Frage 10-23 (Vertiefung): Was sind Beispiele für nicht bei der Lohn- und Gehaltsabrechnung zu berücksichtigende Sachbezüge? (↗ Kapitel 10.2.4.7)

Frage 10-24: Aus welchen Posten setzt sich der Bruttolohn zusammen? (↗ Kapitel 10.2.5)

Frage 10-25: Was wird unter dem Arbeitslohn verstanden? (↗ Kapitel 10.2.6.1)

Frage 10-26: Was sind Freibeträge? (↗ Kapitel 10.2.6.1.4)

Frage 10-27: Aus welchen Posten setzen sich die steuerlichen Abzüge zusammen? (↗ Kapitel 10.2.6.2.1)

Frage 10-28: Wozu dienen die Lohnsteuertabellen? (↗ Kapitel 10.2.6.2.1)

Frage 10-29: An wen werden die steuerlichen Abzüge in der Regel abgeführt? (↗ Kapitel 10.2.6.3)

Frage 10-30: Was wird unter dem Arbeitsentgelt verstanden? (↗ Kapitel 10.2.7.1)

Frage 10-31: Wozu dienen die Beitragsbemessungsgrenzen? (↗ Kapitel 10.2.7.1.3)

Frage 10-32: Aus welchen Posten setzen sich die Anteile der Arbeitnehmer an den Sozialversicherungsbeiträgen zusammen? (↗ Kapitel 10.2.7.2.1)

Frage 10-33: Aus welchen Posten setzen sich die Anteile der Arbeitgeber an den Sozialversicherungsbeiträgen zusammen? (↗ Kapitel 10.2.7.2.1)

Frage 10-34: An wen werden die Sozialversicherungsbeiträge in der Regel abgeführt? (↗ Kapitel 10.2.7.3)

Frage 10-35: Wer kommt für die Beiträge der gesetzlichen Unfallversicherung auf? (↗ Kapitel 10.2.9)

Frage 10-36: Wie ergibt sich der Nettolohn aus dem Bruttolohn? (↗ Kapitel 10.2.10)

Frage 10-37: Was sind Beispiele für Nettobezüge? (↗ Kapitel 10.2.11)

Frage 10-38: Was sind Beispiele für Nettoabzüge? (↗ Kapitel 10.2.12)

Frage 10-39: Warum werden die Sachbezüge bei der Ermittlung des Auszahlungsbetrages vom Nettolohn abgezogen? (↗ Kapitel 10.2.13)

Frage 10-40: Wie ergibt sich der Auszahlungsbetrag aus dem Nettolohn? (↗ Kapitel 10.2.14)

Frage 10-41: Welche zwei Möglichkeiten gibt es für Buchungen zur Abbildung des Personaleinsatzes? (↗ Kapitel 10.3.1)

Frage 10-42 (Vertiefung): Welche Aufwendungen stehen Erträgen aus Sachbezügen außer Löhnen und Gehältern noch gegenüber? (↗ Kapitel 10.3.4)

Frage 10-43 (Vertiefung): Was sind Beispiele für Daten, die in der Lohn- und Gehaltsbuchführung gespeichert werden? (↗ Kapitel 10.4)

10.4 Die Buchungen zur Abbildung des Personaleinsatzes
Übungen

Übungen Kapitel 10

Kapitelreferenzen
/ Kapitel 10.2, / Kapitel 10.3

Übung 10-1

Aushilfe Luc: Luc (20), keiner weiteren Beschäftigung nachgehend, kein Kind, Mitglied in der katholischen Kirche, gesetzlich krankenversichert, wird von der Marcslights GmbH* kurzfristig als Aushilfe beschäftigt.

Luc hat insgesamt an 10 Tagen jeweils 7 Stunden zu einem Lohnsatz von 8,00 € gearbeitet.

Luc erhält von der Marcslights GmbH einen Fahrtkostenzuschuss von 33,00 € je Monat, der pauschal versteuert wird.

Die pauschale Kirchensteuer auf die pauschale Lohnsteuer der in Baden-Württemberg ansässigen Marcslights GmbH beträgt 6,5 %.

Aufgrund ihrer Größe muss die Marcslights GmbH die Umlage U1 abführen.

(1) Führen Sie für Luc in der nachfolgenden Tabelle die Lohn- und Gehaltsabrechnung durch. Der Aushilfslohn und der Fahrtkostenzuschuss sind dabei getrennt abzurechnen:

	Aushilfslohn	Fahrtkostenzuschuss
Geldbezüge		
Bruttolohn		
Steuerpflichtiger Arbeitslohn		
Lohnsteuer		
Solidaritätszuschlag		
Kirchensteuer		
Steuerliche Abzüge Arbeitnehmer		
Pauschale Steuern Arbeitgeber	156,80 €	5,54 €
Sozialversicherungspflichtiges Arbeitsentgelt ohne Berücksichtigung von Beitragsbemessungsgrenzen		
Bemessungsgrundlage Krankenversicherung und Pflegeversicherung		0,00 €
Bemessungsgrundlage Rentenversicherung und Arbeitsförderung		0,00 €
Beitrag Krankenversicherung Arbeitnehmer		0,00 €
Beitrag Krankenversicherung Arbeitgeber		0,00 €
Beitrag Pflegeversicherung Arbeitnehmer		0,00 €
Beitrag Pflegeversicherung Arbeitgeber		0,00 €
Beitrag Rentenversicherung Arbeitnehmer		0,00 €
Beitrag Rentenversicherung Arbeitgeber		0,00 €
Beitrag Arbeitsförderung Arbeitnehmer		0,00 €
Beitrag Arbeitsförderung Arbeitgeber		0,00 €
Beitrag Sozialversicherung Arbeitnehmer		
Beitrag Sozialversicherung Arbeitgeber		
Beitrag Sozialversicherung gesamt		

Umlage U1		
Umlage U2		
Insolvenzgeldumlage		
Umlagen gesamt		
Nettolohn		
Nettoabzüge		
Abzuziehende Sachbezüge		
Auszahlungsbetrag	560,00 €	33,00 €
Gesamtbelastung Arbeitgeber		

(2) Geben Sie für die nachfolgenden Geschäftsvorfälle die Buchungssätze an:

(A) Im Anschluss an die Lohn- und Gehaltsabrechnung werden die unter (1) ermittelten Gehaltsbestandteile der Aushilfe Luc bei der Marcslights GmbH* in einem zusammengesetzten Buchungssatz verbucht:

Sollkonto	Betrag	an Habenkonto	Betrag
		1740 · 3720 · 4850 Verbindlichkeiten aus Lohn und Gehalt	
4149 · 6069 · 6291 Pauschale Steuer auf sonstige Bezüge (z. B. Fahrtkostenzuschüsse)			
		1741 · 3730 · 4831 Verbindlichkeiten aus Lohn- und Kirchensteuer	
		1759 · 3759 · 4840 Voraussichtliche Beitragsschuld gegenüber den Sozialversicherungsträgern	

(B) Die Marcslights GmbH* überweist den Auszahlungsbetrags an Luc:

Sollkonto	Betrag	an Habenkonto	Betrag

(C) Die Marcslights GmbH* überweist die pauschalen Steuern an ihr Betriebsstättenfinanzamt:

Sollkonto	Betrag	an Habenkonto	Betrag
	162,34 €		162,34 €

10.4 Die Buchungen zur Abbildung des Personaleinsatzes
Übungen

(D) Die Marcslights GmbH* führt die Zahlungen an die Minijob-Zentrale per Überweisung durch:

Sollkonto	Betrag	an Habenkonto	Betrag
1759 · 3759 · 4840 Voraussichtliche Beitragsschuld gegenüber den Sozialversicherungsträgern			

Kapitelreferenzen
/ Kapitel 10.2, / Kapitel 10.3

Übung 10-2

Angestellte Isabelle: Isabelle (35), keine Kinder, ledig, Steuerklasse I, Mitglied in der evangelischen Kirche, gesetzlich krankenversichert, wird von der Marcslights GmbH* als Angestellte beschäftigt.

Isabelle erhält von der Marcslights GmbH ein Gehalt von 5 400,00 € je Monat.

Isabelle erhält von der Marcslights GmbH einen Zuschuss von 26,00 € je Monat zu ihren vermögenswirksamen Leistungen von insgesamt 30,00 € je Monat.

Die Arbeitnehmer können bei der Marcslights GmbH ein Frühstück für 0,50 € und ein Mittagessen für 0,00 € erhalten. Im Abrechnungsmonat hat Isabelle das Frühstück 21-mal und das Mittagessen 22-mal in Anspruch genommen. Der sich daraus ergebende Sachbezug wird von der Marcslights GmbH inklusive der Kirchensteuer pauschal versteuert.

Isabelle kann ein Kraftfahrzeug mit einem Nettolistenpreis von 40 051,73 € zuzüglich Umsatzsteuer privat nutzen. Isabelle wohnt 50 Kilometer von der Marcslights GmbH entfernt. Der geldwerte Vorteil wird auf Basis der 1%-Regelung ermittelt.

Isabelle darf ein Mobiltelefon der Marcslights GmbH mit einem Nettolistenpreis von 532,19 € auch privat nutzen.

Auf der Lohnsteuerkarte von Isabelle sind keine Freibeträge eingetragen.

Die Kirchensteuer in Baden-Württemberg beträgt 8,0 %, die pauschale Kirchensteuer auf die pauschale Lohnsteuer der in Baden-Württemberg ansässigen Marcslights GmbH 6,5 %, der Umlagesatz U1 der Krankenkasse von Isabelle bei dem von der Marcslights GmbH gewünschten Erstattungssatz 3,5 % und der Umlagesatz U2 0,2 %.

(1) Führen Sie für Isabelle in der nachfolgenden Tabelle die Lohn- und Gehaltsabrechnung durch. Normal und pauschal zu versteuernde Lohnbestandteile sind dabei getrennt abzurechnen. Weitere für die Abrechnung benötigte Daten werden in der Tabelle angegeben:

	Normal versteuerter Anteil	Pauschal versteuerter Anteil
Lohn/Gehalt		0,00 €
Beitrag vermögenswirksame Leistungen Arbeitgeber		–
Sachbezüge		
Bruttolohn		
Steuerpflichtiger Arbeitslohn		
Bemessungsgrundlage der nicht pauschalierten Lohnsteuer		–
Lohnsteuer	1 833,25 €	
Solidaritätszuschlag	100,82 €	

Kirchensteuer		
Steuerliche Abzüge Arbeitnehmer		–
Pauschale Steuern Arbeitgeber	–	23,54 €
Sozialversicherungspflichtiges Arbeitsentgelt ohne Berücksichtigung von Beitragsbemessungsgrenzen		
Bemessungsgrundlage Krankenversicherung und Pflegeversicherung		0,00 €
Bemessungsgrundlage Rentenversicherung und Arbeitsförderung		0,00 €
Beitrag Krankenversicherung Arbeitnehmer		0,00 €
Beitrag Krankenversicherung Arbeitgeber		0,00 €
Beitrag Pflegeversicherung Arbeitnehmer		0,00 €
Beitrag Pflegeversicherung Arbeitgeber		0,00 €
Beitrag Rentenversicherung Arbeitnehmer		0,00 €
Beitrag Rentenversicherung Arbeitgeber		0,00 €
Beitrag Arbeitsförderung Arbeitnehmer		0,00 €
Beitrag Arbeitsförderung Arbeitgeber		0,00 €
Beitrag Sozialversicherung Arbeitnehmer		0,00 €
Beitrag Sozialversicherung Arbeitgeber		0,00 €
Beitrag Sozialversicherung gesamt	1 889,75 €	0,00 €
Umlage U1		0,00 €
Umlage U2		0,00 €
Insolvenzgeldumlage		0,00 €
Umlagen gesamt	226,05 €	0,00 €
Nettolohn		
Nettoabzüge		0,00 €
Abzuziehende Sachbezüge		
Auszahlungsbetrag	2 348,83 €	
Gesamtbelastung Arbeitgeber		

(2) Geben Sie für die nachfolgenden Geschäftsvorfälle die Buchungssätze an:

(A) Im Anschluss an die Lohn- und Gehaltsabrechnung werden die unter (1) ermittelten Gehaltsbestandteile der Angestellten Isabelle bei der Marcslights GmbH* in einem zusammengesetzten Buchungssatz verbucht:

10.4 Die Buchungen zur Abbildung des Personaleinsatzes
Übungen

Sollkonto	Betrag	an Habenkonto	Betrag
	6 674,07 €	1740 · 3720 · 4850 Verbindlichkeiten aus Lohn und Gehalt	
4170 · 6080 · 6321 Vermögenswirksame Leistungen			30,00 €
		8611 · 4947 · 5435 Verrechnete sonstige Sachbezüge 19 % USt (z. B. Kfz-Gestellung)	
			190,00 €
		8611 · 4947 · 5435 Verrechnete sonstige Sachbezüge 19 % USt (z. B. Kfz-Gestellung)	
		1741 · 3730 · 4831 Verbindlichkeiten aus Lohn- und Kirchensteuer	
4130 · 6110 · 6410 Gesetzliche soziale Aufwendungen			

(B) Die Marcslights GmbH* überweist den Auszahlungsbetrags an Isabelle:

Sollkonto	Betrag	an Habenkonto	Betrag

(C) Die Marcslights GmbH* überweist die vermögenswirksamen Leistungen an das anlegende Institut:

Sollkonto	Betrag	an Habenkonto	Betrag

(D) Die Marcslights GmbH* überweist die steuerlichen Abzüge an ihr Betriebsstättenfinanzamt:

Sollkonto	Betrag	an Habenkonto	Betrag

(E) Die Marcslights GmbH* überweist gleichzeitig mit (D) die pauschalen Steuern an ihr Betriebsstättenfinanzamt:

Sollkonto	Betrag	an Habenkonto	Betrag

(F) Die Marcslights GmbH* überweist die Sozialversicherungsbeiträge und die Umlagen an die Krankenkasse von Isabelle:

Sollkonto	Betrag	an Habenkonto	Betrag

Übung 10-3

Tragen Sie zur Verdeutlichung der Auswirkungen auf die Jahresabschlussrechnungen die Bestandteile der Buchungssätze der Übung 10-2 mit den jeweiligen Buchstaben der Buchungssätze und einem kurzen Kommentar in die nachfolgende Kapitalflussrechnung (Version: Direkte Methode gemäß Deutsche Rechnungslegungs Standards: Nr. 2 Kapitalflussrechnung, Tabelle 5), Gewinn- und Verlustrechnung (Version: Gesamtkostenverfahren gemäß Handelsgesetzbuch: § 275 Gliederung, Absatz 2) sowie Beständedifferenzenbilanz ein:

Kapitelreferenzen
↗ Kapitel 6.1, ↗ Kapitel 10.1

Kapitalflussrechnung

Auszahlungen		Einzahlungen
2. Auszahlungen an Lieferanten und Beschäftigte		
(B) Bank, Auszahlungsbetrag	2 348,83 €	
6. Cashflow aus laufender Geschäftstätigkeit		
17. Cashflow aus der Investitionstätigkeit	0,00 €	
22. Cashflow aus der Finanzierungstätigkeit	0,00 €	
23. Zahlungswirksame Veränderungen des Finanzmittelfonds	−6 598,90 €	

Gewinn- und Verlustrechnung

Aufwendungen		Erträge
6. Personalaufwand a) Löhne und Gehälter		4. Sonstige betriebliche Erträge
b) Soziale Abgaben und Aufwendungen für Altersversorgung und für Unterstützung		
Betriebsergebnis	−6 802,32 €	
Finanzergebnis	0,00 €	
14. Ergebnis der gewöhnlichen Geschäftstätigkeit	−6 802,32 €	
20. **Jahresüberschuss/ Jahresfehlbetrag**	−6 802,32 €	

10.4 Die Buchungen zur Abbildung des Personaleinsatzes
Lernstandsmonitor

	Bestandsveränderungen der Aktiva	**Beständedifferenzenbilanz**	Bestandsveränderungen der Passiva
	B. Umlaufvermögen		**A. Eigenkapital**
	IV. Flüssige Mittel		V. Jahresüberschuss/ Jahresfehlbetrag
			C. Verbindlichkeiten
			8. Sonstige Verbindlichkeiten
			davon aus Steuern
			davon im Rahmen der sozialen Sicherheit
Saldo		−6 598,90 € −6 598,90 €	**Saldo**

Lernstandsmonitor Kapitel 10

Kapitel		niedrig	mittel	hoch	Noch lernen
10.1 Einordnung innerhalb der Jahresabschlussrechnungen	Wichtigkeit				
	Eigene Kompetenz				
10.2 Lohn- und Gehaltsabrechnung	Wichtigkeit				
	Eigene Kompetenz				
10.3 Buchung der Personalaufwendungen und -zahlungen	Wichtigkeit				
	Eigene Kompetenz				
10.4 Lohn- und Gehaltsbuchführung	Wichtigkeit				
	Eigene Kompetenz				

11 Die Buchungen zur Abbildung der Besteuerung

Kapitelnavigator

Inhalt	Lernziel
11.1 Einordnung innerhalb der Jahresabschlussrechnungen	11-1 Die Auswirkungen von Buchungen zur Abbildung der Besteuerung auf die Jahresabschlussrechnungen kennen.
11.2 Steuerlich nicht abzugsfähige Betriebsausgaben	11-2 Steuerlich nicht abzugsfähige Betriebsausgaben verbuchen können.
11.3 Steuern vom Einkommen und vom Ertrag	11-3 Steuern vom Einkommen und vom Ertrag verbuchen können.
11.4 Sonstige Steuern	11-4 Sonstige Steuern verbuchen können.
11.5 Privatsteuern	11-5 Die Einsatzbereiche von Privatsteuern kennen.
11.6 Steuerliche Nebenleistungen	11-6 Steuerliche Nebenleistungen verbuchen können.

Neben der Umsatzsteuer und den Steuern im Personalbereich sind für die Unternehmen von Jill und Marc noch eine Reihe von weiteren Steuern relevant.

Steuern sind Geldleistungen, die keine Gegenleistungen für bestimmte Leistungen darstellen. Sie werden vom öffentlich-rechtlichen Gemeinwesen allen zur Erzielung von Einnahmen auferlegt, bei denen der Tatbestand zutrifft, an den das Gesetz die Leistungspflicht knüpft (Abgabenordnung: § 3 Steuern, steuerliche Nebenleistungen, Absatz 1). Aus Unternehmenssicht werden die Steuern unterteilt in:

- *Betriebsteuern*, die dem betrieblichen Bereich zugerechnet werden, und
- *Privatsteuern*, die bei Einzelkaufleuten und bei Personenhandelsgesellschaften dem privaten Bereich der Unternehmenseigner zugerechnet werden.

Die Betriebsteuern können nach der steuerlichen Abzugsfähigkeit weiter unterteilt werden in:

- *nicht abzugsfähige Steuern*, wie die Kapitalertragsteuer, die Körperschaftsteuer oder die Gewerbesteuer, und
- *abzugsfähige Steuern*, wie die Grund- oder die Kraftfahrzeugsteuer.

11.1 Die Buchungen zur Abbildung der Besteuerung
Einordnung innerhalb der Jahresabschlussrechnungen

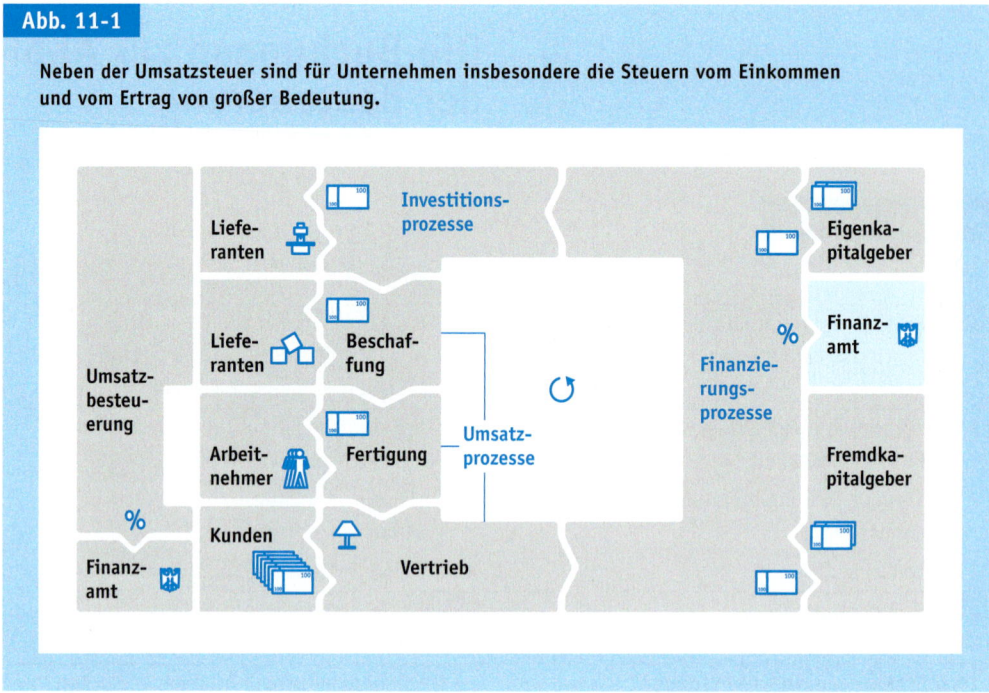

Abb. 11-1

Neben der Umsatzsteuer sind für Unternehmen insbesondere die Steuern vom Einkommen und vom Ertrag von großer Bedeutung.

Das nachfolgende Kapitel wurde nach den verschiedenen Steuerarten gegliedert. Wir werden uns zuerst anschauen, wie sich die Buchungen zur Abbildung der Besteuerung auf die Jahresabschlussrechnungen auswirken. Dann werden wir uns damit beschäftigen, wie steuerlich nicht abzugsfähige Betriebsausgaben und die verschiedenen Arten von Betriebsteuern verbucht werden. Zum Schluss des Kapitels werden wir näher auf Privatsteuern und steuerliche Nebenleistungen eingehen.

11.1 Einordnung innerhalb der Jahresabschlussrechnungen

Lernziel 11-1
Die Auswirkungen von Buchungen zur Abbildung der Besteuerung auf die Jahresabschlussrechnungen kennen.

- Einordnung innerhalb der Jahresabschlussrechnungen
- Steuerlich nicht abzugsfähige Betriebsausgaben
- Steuern vom Einkommen und vom Ertrag
- Sonstige Steuern
- Privatsteuern
- Steuerliche Nebenleistungen

11.1.1 Ausweis in der Bilanz

Die nachfolgend betrachteten Buchungen zur Abbildung der Besteuerung können sich insbesondere auf folgenden Posten der Bilanz (Gliederung gemäß Handelsgesetzbuch: § 266 Gliederung der Bilanz) auswirken (↗ Abbildung 11-2):

▸ **Aktiva.B.II.4. Sonstige Vermögensgegenstände** ergeben sich unter anderem aus Rückforderungen für von den Finanzämtern zu erstattende Körperschafts- und Gewerbesteuern sowie Solidaritätszuschläge.

▶ **Passiva.B.2. Steuerrückstellungen** ergeben sich unter anderem aus Rückstellungen für noch zu zahlende Körperschafts- und Gewerbesteuern sowie Solidaritätszuschläge.

11.1.2 Ausweis in der Gewinn- und Verlustrechnung

Die nachfolgend betrachteten Buchungen zur Abbildung der Besteuerung können sich insbesondere auf folgende Posten der Gewinn- und Verlustrechnung (Version: Gesamtkostenverfahren gemäß Handelsgesetzbuch: § 275 Gliederung, Absatz 2) auswirken (↗ Abbildung 11-2):

▶ **8. Sonstige betriebliche Aufwendungen** ergeben sich unter anderem durch steuerlich nicht abzugsfähige Betriebsausgaben und durch steuerliche Nebenleistungen ohne Zinscharakter, wie Verspätungszuschläge, Zwangsgelder, Bußgelder oder Steuerstrafen (Beck 2010: § 275, Anmerkung 247).

▶ **13. Zinsen und ähnliche Aufwendungen** ergeben sich unter anderem durch steuerliche Nebenleistungen mit Zinscharakter, wie Zinsen oder Säumniszuschläge (Beck 2010: § 275, Anmerkung 247).

▶ **18. Steuern vom Einkommen und vom Ertrag** umfassen im Wesentlichen die nicht abzugsfähigen Betriebsteuern. Im Einzelnen sind dies die Kapitalertrag-, die Körperschaft-, die Gewerbesteuer sowie der Solidaritätszuschlag. Unter dem Posten werden dabei für die vorgenannten Steuern auch Steuervorauszahlungen, Steuernachzahlungen und -erstattungen für Vorjahre sowie die Bildung und die Auflösungen von Steuerrückstellungen ausgewiesen (Coenenberg, A.G. und andere 2009a: Seite 534 f.).

▶ **19. Sonstige Steuern** umfassen im Wesentlichen die steuerlich abzugsfähigen Betriebsteuern, die nicht als Anschaffungsnebenkosten aktiviert werden. Im Einzelnen sind dies Steuern, wie die Grundsteuer oder die Kraftfahrzeugsteuer, die alle Unternehmen mit entsprechenden Anlagegütern betreffen, sowie branchentypische Steuern, wie die Energie-, die Tabak-, die Bier-, die Branntwein-, die Schaumwein-, die Alkopop-, die Kaffee- oder die Versicherungsteuer, die nur

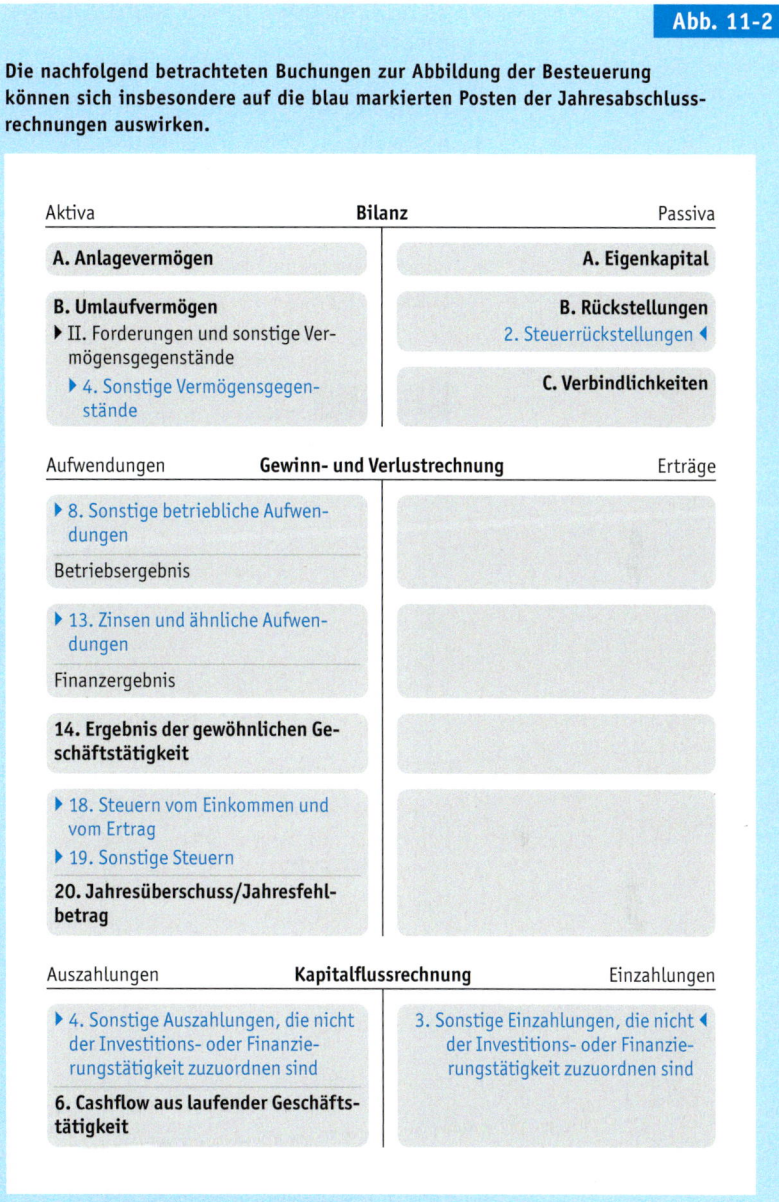

Abb. 11-2

Unternehmen der entsprechenden Branchen betreffen. Unter dem Posten werden dabei für die vorgenannten Steuern auch Steuervorauszahlungen, Steuernachzahlungen und -erstattungen für Vorjahre sowie die Bildung und die Auflösungen von Steuerrückstellungen ausgewiesen (Coenenberg, A.G. und andere 2009a: Seite 535 und Beck 2010: § 275, Anmerkung 246 ff.).

11.1.3 Ausweis in der Kapitalflussrechnung

Die nachfolgend betrachteten Buchungen zur Abbildung der Besteuerung können sich insbesondere auf folgende Posten der Kapitalflussrechnung (Version: Direkte Methode gemäß Deutsche Rechnungslegungs Standards: Nr. 2 Kapitalflussrechnung, Tabelle 5) auswirken (↗ Abbildung 11-2):

▶ **3. Sonstige Einzahlungen, die nicht der Investitions- oder Finanzierungstätigkeit zuzuordnen sind**, ergeben sich unter anderem durch Steuererstattungen seitens der Finanzämter.
▶ **4. Sonstige Auszahlungen, die nicht der Investitions- oder Finanzierungstätigkeit zuzuordnen sind**, ergeben sich unter anderem durch Steuerzahlungen an die Finanzämter.

Abb. 11-3

Für Unternehmen sind in der Regel insbesondere die nicht abzugsfähigen Betriebsteuern von großer Bedeutung (Coenenberg, A. G. und andere 2009b: Seite 269).

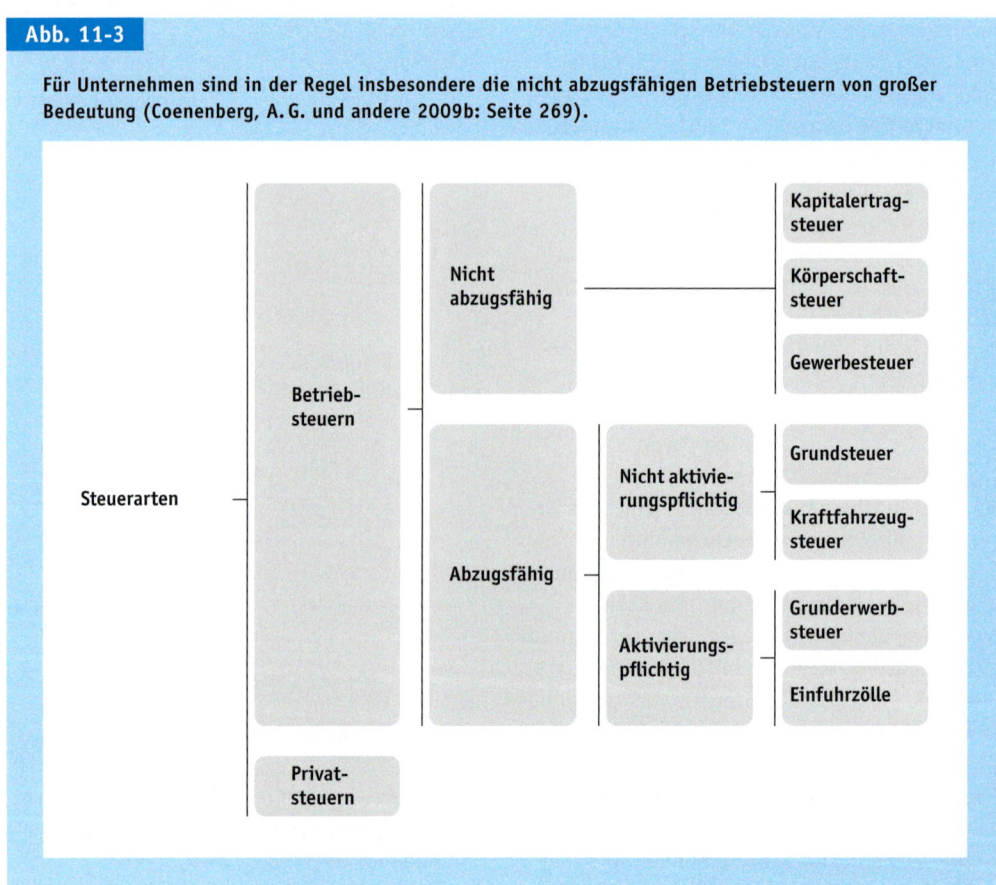

11.2 Steuerlich nicht abzugsfähige Betriebsausgaben

- Einordnung innerhalb der Jahresabschlussrechnungen
- **Steuerlich nicht abzugsfähige Betriebsausgaben**
- Steuern vom Einkommen und vom Ertrag
- Sonstige Steuern
- Privatsteuern
- Steuerliche Nebenleistungen

Lernziel 11-2
Steuerlich nicht abzugsfähige Betriebsausgaben verbuchen können.

Eine Reihe von Betriebsausgaben erfordern eine besondere Verbuchung, da sie zwar handelsrechtlich vollständig, aber steuerlich nicht oder nur teilweise abzugsfähig sind, so unter anderem Ausgaben für (Einkommensteuergesetz: § 4 Gewinnbegriff im Allgemeinen, Absatz 5, Satz 1):
- Geschenke und
- Bewirtungen.

11.2.1 Geschenke

Geschenke sind Bar- oder Sachzuwendung, die ein Steuerpflichtiger einem Geschäftsfreund oder dessen Beauftragten ohne rechtliche Verpflichtung und ohne zeitlichen oder sonstigen unmittelbaren Zusammenhang mit einer Leistung des Empfängers zukommen lässt (Einkommensteuer-Richtlinien 2005: R 4.10 Geschenke, Bewirtung, andere die Lebensführung berührende Betriebsausgaben, Absatz 4, Satz 4). Unter die Geschenke fallen dabei auch sogenannte *Streuartikel*, wie Kalender oder Stifte mit Firmenlogo.

Die Aufwendungen für Geschenke sind handelsrechtlich vollständig abzugsfähig. Einkommensteuerrechtlich sind nur Aufwendungen für Geschenke vollständig als Betriebsausgaben abzugsfähig, wenn die Summe der Anschaffungs- und Herstellungskosten je Empfänger innerhalb eines Wirtschaftsjahres die Freigrenze von 35,00 € (AZ 9-1) netto nicht übersteigt (Einkommensteuergesetz: § 4 Gewinnbegriff im Allgemeinen, Absatz 5, Satz 1, Nummer 1). Falls die Freigrenze nicht überschritten wird, ist auch die Vorsteuer vollständig abzugsfähig (Umsatzsteuergesetz: § 15 Vorsteuerabzug, Absatz 1a, Satz 1). Wird die Freigrenze hingegen überschritten, so sind sowohl alle Aufwendungen für Geschenke an den Empfänger steuerlich nicht abzugsfähig als auch die Vorsteuer darauf.

Die Verbuchung des Aufwands für abzugsfähige Geschenke erfolgt:
- im **Soll** der Aufwandskonten »Geschenke abzugsfähig« mit dem Nettobetrag,
- im **Soll** der Aktivkonten »Abziehbare Vorsteuer« mit der Vorsteuer darauf und
- im **Haben** der Aktivkonten »Bank«, wenn die Auszahlungen über das Bankkonto abgewickelt werden.

Die Verbuchung des Aufwands für nicht abzugsfähige Geschenke erfolgt mit dem Bruttobetrag:
- im **Soll** der Aufwandskonten »Geschenke nicht abzugsfähig« und
- im **Haben** der Aktivkonten »Bank«, wenn die Auszahlungen über das Bankkonto abgewickelt werden.

Typische Belege
- Kassenbelege

Konten [GuV: 8. Sonstige betriebliche Aufwendungen]
- **SKP03[SKR03]:** 4630 Geschenke abzugsfähig·
  4635 Geschenke nicht abzugsfähig
- **SKP04[SKR04]:** 6610 Geschenke abzugsfähig·
  6620 Geschenke nicht abzugsfähig
- **IKP[IKR]:** 6871 Geschenke abzugsfähig[2]·
  6872 Geschenke nicht abzugsfähig[2]

Beispiel 11-1

Marc überreicht einem Kunden der Marcslights GmbH* zu Weihnachten ein Geschenk, das er für 34,00 € zuzüglich 6,46 € Umsatzsteuer mit der Kreditkarte der Marcslights GmbH gekauft hat:

SKP03 · SKP04 · IKP Sollkonto	Betrag	an	SKP03 · SKP04 · IKP Habenkonto	Betrag
4630 · 6610 · 6871 Geschenke abzugsfähig	34,00 €		1200 · 1800 · 2800 Bank	40,46 €
1576 · 1406 · 2605 Abziehbare Vorsteuer 19 %	6,46 €			

Beispiel 11-2

Marc überreicht einem Kunden der Marcslights GmbH* zu Weihnachten ein Geschenk, das er für 36,00 € zuzüglich 6,84 € Umsatzsteuer mit der Kreditkarte der Marcslights GmbH gekauft hat:

SKP03 · SKP04 · IKP Sollkonto	Betrag	an	SKP03 · SKP04 · IKP Habenkonto	Betrag
4635 · 6620 · 6872 Geschenke nicht abzugsfähig	42,84 €		1200 · 1800 · 2800 Bank	42,84 €

11.2.2 Bewirtungsaufwendungen

Bewirtungsaufwendungen sind Aufwendungen für den Verzehr von Speisen, Getränken und sonstigen Genussmitteln aus geschäftlichem Anlass (Einkommensteuer-Richtlinien 2005: R 4.10 Geschenke, Bewirtung, andere die Lebensführung berührende Betriebsausgaben, Absatz 5, Satz 3). Im Zusammenhang mit der Bewirtung anfallende Aufwendungen von untergeordneter Bedeutung, wie Garderobengebühren oder Trinkgelder, werden ebenfalls den Bewirtungsaufwendungen zugerechnet.

Bewirtungsaufwendungen, die über Bewirtungsbelege (↗ Kapitel 4.2.2.3) nachgewiesen und nach allgemeiner Verkehrsauffassung angemessen sind, sind handelsrechtlich vollständig abzugsfähig. Einkommensteuerrechtlich sind entsprechende Bewirtungsaufwendungen nur zu 70 % (AZ 11-1) als Betriebsausgaben abzugsfähig (Einkommensteuergesetz: § 4 Gewinnbegriff im Allgemeinen, Absatz 5, Satz 1, Nummer 2), während die Vorsteuern auf entsprechende Bewirtungsaufwendungen vollständig abzugsfähig sind (Umsatzsteuergesetz: § 15 Vorsteuerabzug, Absatz 1a, Satz 2). Die Verbuchung erfolgt:

- im **Soll** der Aufwandskonten »Bewirtungskosten« in Höhe des steuerlich abzugsfähigen Anteils der Bewirtungsaufwendungen,
- im **Soll** der Aufwandskonten »Nicht abzugsfähige Bewirtungskosten« in Höhe des steuerlich nicht abzugsfähigen Anteils,
- im **Soll** der Aktivkonten »Abziehbare Vorsteuer« in Höhe der Vorsteuer auf die vorgenannten Beträge und
- im **Haben** der Aktivkonten »Bank«, wenn die Auszahlungen über das Bankkonto abgewickelt werden.

Typische Belege
- Bewirtungsbelege

Konten [GuV: 8. Sonstige betriebliche Aufwendungen]
- **SKP03 [SKR03]:** 4650 Bewirtungskosten · 4654 Nicht abzugsfähige Bewirtungskosten
- **SKP04 [SKR04]:** 6640 Bewirtungskosten · 6644 Nicht abzugsfähige Bewirtungskosten
- **IKP [IKR]:** 6861 Bewirtungskosten[2] · 6864 Nicht abzugsfähige Bewirtungskosten[1]

Beispiel 11-3

Marc war mit einem Kunden der Marcslights GmbH* essen. Den Rechnungsbetrag von 100,00 € zuzüglich 19,00 € Umsatzsteuer hat er mit der Kreditkarte der Marcslights GmbH gezahlt:

SKP03 · SKP04 · IKP Sollkonto	Betrag	an SKP03 · SKP04 · IKP Habenkonto	Betrag
4650 · 6640 · 6861 Bewirtungskosten	70,00 €	1200 · 1800 · 2800 Bank	119,00 €
4654 · 6644 · 6864 Nicht abzugsfähige Bewirtungskosten	30,00 €		
1576 · 1406 · 2605 Abziehbare Vorsteuer 19 %	19,00 €		

11.3 Steuern vom Einkommen und vom Ertrag

- Einordnung innerhalb der Jahresabschlussrechnungen
- Steuerlich nicht abzugsfähige Betriebsausgaben
- **Steuern vom Einkommen und vom Ertrag**
- Sonstige Steuern
- Privatsteuern
- Steuerliche Nebenleistungen

Lernziel 11-3
Steuern vom Einkommen und vom Ertrag verbuchen können.

Die unter dem Posten »Steuern vom Einkommen und vom Ertrag« in der Gewinn- und Verlustrechnung ausgewiesenen Steuern werden den steuerlich nicht abzugsfähigen Betriebssteuern zugerechnet. Sie umfassen folgende Steuern:
- die Kapitalertragsteuer,
- die Körperschaftsteuer,
- die Gewerbesteuer und
- den Solidaritätszuschlag auf die Kapitalertrag- und die Körperschaftsteuer.

11.3.1 Kapitalertragsteuer

Über die Kapitalertragsteuer und den Solidaritätszuschlag darauf werden Erträge besteuert, die aus den Kapitalanlagegeschäften von Unternehmen erwachsen. Entsprechende Erträge sind insbesondere:
- **Erträge aus Dividenden und Zinsen**, auf deren Versteuerung im ↗ Kapitel 8.3.4 eingegangen wurde und
- **Gewinne aus dem Verkauf von Aktien**, auf deren Versteuerung im ↗ Kapitel 8.4.2.2 eingegangen wurde.

Einbehaltene Kapitalertragsteuern auf Ausschüttungen (↗ Kapitel 7.2.1.2.5) werden hingegen nicht den Steuern vom Einkommen und vom Ertrag zugerechnet, da sie die Unternehmenseigner und nicht das Unternehmen selbst betreffen.

11.3.2 Körperschaftsteuer

Während die Gewinne von Einzelkaufleuten und Personenhandelsgesellschaften der privaten Einkommensteuer der Unternehmenseigner unterliegen, unterliegen die Gewinne von Kapitalgesellschaften und anderen Körperschaften der Körperschaftsteuer und dem Solidaritätszuschlag darauf.

11.3.2.1 Körperschaftsteuervorauszahlungen während des Geschäftsjahres

Viele Körperschaften müssen bereits während des Geschäftsjahres Vorauszahlungen auf die Körperschaftsteuer und den Solidaritätszuschlag darauf leisten. Die Höhe der Vorauszahlungen wird von den zuständigen Betriebsstättenfinanzämtern auf der Basis der Körperschaftsteuer des Vorjahres ermittelt und den betroffenen Körperschaften per *Bescheid* mitgeteilt.

Die Vorauszahlungen erfolgen in der Regel vierteljährlich per Lastschrift, und zwar zum 10. März, zum 10. Juni, zum 10. September und zum 10. Dezember. Die Verbuchung der Vorauszahlungen erfolgt:
- im **Soll** der Aufwandskonten »Körperschaftsteuer«,
- im **Soll** der Aufwandskonten »Solidaritätszuschlag« und
- im **Haben** der Aktivkonten »Bank«, wenn die Auszahlungen über das Bankkonto abgewickelt werden.

Typische Belege
- Steuerbescheide der Finanzämter
- Kontoauszüge

Konten [GuV: 18. Steuern vom Einkommen und vom Ertrag]
- **SKP03 [SKR03]:** 2200 Körperschaftsteuer · 2208 Solidaritätszuschlag
- **SKP04 [SKR04]:** 7600 Körperschaftsteuer · 7608 Solidaritätszuschlag
- **IKP [IKR]:** 7710 Körperschaftsteuer · 7718 Solidaritätszuschlag[1]

Beispiel 11-4

Aufgrund der Körperschaftsteuer für das Geschäftsjahr 0001 hat das Finanzamt per Bescheid festgesetzt, dass die Marcslights GmbH* im Geschäftsjahr 0002 jedes Quartal 200,00 € Körperschaftsteuer sowie 11,00 € Solidaritätszuschlag darauf vorauszahlen muss. Am 10. September wird ein entsprechender Betrag vom Bankkonto der Marcslights GmbH* abgebucht:

SKP03 · SKP04 · IKP Sollkonto	Betrag	an SKP03 · SKP04 · IKP Habenkonto	Betrag
① 2200 · 7600 · 7710 Körperschaftsteuer	200,00 €	③ 1200 · 1800 · 2800 Bank	211,00 €
② 2208 · 7608 · 7718 Solidaritätszuschlag	11,00 €		

11.3.2.2 Im Jahresabschluss anzusetzende Körperschaftsteuer

In der Regel ist bei der Aufstellung des handelsrechtlichen Jahresabschlusses noch nicht genau bekannt, wie hoch die zu leistende Körperschaftsteuer und der Solidaritätszuschlag darauf sein werden, da noch kein entsprechender Steuerbescheid vorliegt. Die in der Gewinn- und Verlustrechnung unter dem Posten »18. Steuern vom Einkommen und vom Ertrag« vor der Ergebnisverwendung anzusetzende Körperschaftsteuer wird deshalb nach vernünftiger kaufmännischer Beurteilung geschätzt. Zu Abweichungen zwischen dieser geschätzten und der tatsächlich zu zahlenden Körperschaftsteuer kann es dann beispielsweise kommen, weil seitens der Finanzämter bestimmte Aufwendungen nicht anerkannt werden.

11.3.2.2.1 Ermittlung der anzusetzenden Körperschaftsteuer

Die Ermittlung der in der Gewinn- und Verlustrechnung vor der Ergebnisverwendung anzusetzenden erwarteten Körperschaftsteuer und des Solidaritätszuschlages darauf erfolgt in folgenden Schritten:

(1) Schätzung des zu versteuernden Einkommens

Zur Schätzung des zu versteuernden Einkommens wird zuerst der vorläufige Jahresüberschuss oder -fehlbetrag im Rahmen der Gewinn- und Verlustrechnung nach dem Handelsgesetz ermittelt. Dieser ist vorläufig, da nur die vorausgezahlten Steuern vom Einkommen und Ertrag berücksichtigt werden.

Aus dem vorläufigen Jahresüberschuss kann das mittels der Körperschaftsteuer zu versteuernde Einkommen von Körperschaften über folgende Rechnung ermittelt werden (Bornhofen, M./Bornhofen, M.C. 2010b: Seite 389):

Vorläufiger Jahresüberschuss/-fehlbetrag laut Handelsbilanz
± Einkommensteuerrechtliche Korrekturen
= Geschätzter Gewinn/Verlust laut Steuerbilanz
± Körperschaftsteuerrechtliche Korrekturen
= Geschätztes zu versteuerndes Einkommen

Einkommensteuerrechtliche Korrekturen ergeben sich unter anderem durch nicht abzugsfähige Aufwendungen, so beispielsweise für (Einkommensteuergesetz: § 4 Gewinnbegriff im Allgemeinen, Absatz 5 ff.):
- Vorauszahlungen der Gewerbesteuer,
- Werbegeschenke über der Freigrenze oder
- Teile der Bewirtungskosten.

Körperschaftsteuerrechtliche Korrekturen ergeben sich unter anderem durch nicht abzugsfähige Aufwendungen, so beispielsweise für (Körperschaftsteuergesetz: § 10 Nichtabziehbare Aufwendungen):
- Vorauszahlungen der Körperschaftsteuer,
- Vorauszahlungen des Solidaritätszuschlages,
- Geldstrafen oder
- Teile der Vergütungen von Aufsichtsratsmitgliedern.

(2) Ermittlung der anzusetzenden erwarteten Körperschaftsteuer

Auf Basis des geschätzten zu versteuernden Einkommens wird nachfolgend die in der Gewinn- und Verlustrechnung anzusetzende erwartete Körperschaftsteuer durch Multiplikation mit dem Körperschaftsteuersatz berechnet:

Der Körperschaftsteuersatz beträgt dabei derzeit (Körperschaftsteuergesetz: § 23 Steuersatz) 15 % (AZ 11-2).

11.3.2.2.2 Ermittlung und Verbuchung der erwarteten Körperschaftsteuernachzahlungen oder -rückerstattungen

Falls, was der Regelfall ist, die in der Gewinn- und Verlustrechnung vor der Ergebnisverwendung anzusetzenden Körperschaftsteuern nicht mit den vorausgezahlten übereinstimmen, müssen vor der Aufstellung des Jahresabschlusses die daraus resultierenden erwarteten Körperschaftsteuernachzahlungen oder -rückerstattungen ermittelt und verbucht werden.

Die erwarteten Körperschaftsteuernachzahlungen oder -rückerstattungen ergeben sich, indem von der in der Gewinn- und Verlustrechnung anzusetzenden Körperschaftsteuer, die bereits vorausgezahlte Körperschaftsteuer abgezogen wird:

Anzusetzende Körperschaftsteuer
− Vorausgezahlte Körperschaftsteuer
= Erwartete Körperschaftsteuernachzahlung/ Körperschaftsteuerrückerstattung

Zusätzlich zu den erwarteten Körperschaftsteuernachzahlungen oder -rückerstattungen muss der Solidaritätszuschlag darauf ermittelt werden. Dieser stellt eine *Ergänzungsteuer* zur Körperschaftsteuer dar und wird auf ihrer Basis durch Multiplikation mit dem Solidaritätszuschlagssatz berechnet, wobei bei dem Ergebnis Eurocentbruchteile nicht berücksichtigt werden:

Solidaritätszuschlag
= Körperschaftsteuer × Solidaritätszuschlagssatz

Der Solidaritätszuschlagssatz beträgt dabei derzeit (Solidaritätszuschlaggesetz 1995: § 4 Zuschlagsatz) 5,5 % (AZ 11-3).

Im Anschluss an die Ermittlung der erwarteten Körperschaftsteuernachzahlung oder -rückerstattung und des Solidaritätszuschlags darauf werden diese verbucht. Die Verbuchung von erwarteten Nachzahlungen erfolgt:
- im **Soll** der Aufwandskonten »Körperschaftsteuer«,
- im **Soll** der Aufwandskonten »Solidaritätszuschlag«,
- im **Haben** der Passivkonten »Körperschaftsteuerrückstellung« und
- im **Haben** der Passivkonten »Steuerrückstellungen«.

Die Verbuchung von erwarteten Rückerstattungen erfolgt:
- im **Soll** der Aktivkonten »Körperschaftsteuerrückforderung«
- im **Soll** der Aktivkonten »Steuerüberzahlungen«,
- im **Haben** der Aufwandskonten »Körperschaftsteuer« und
- im **Haben** der Aufwandskonten »Solidaritätszuschlag«.

11.3 Die Buchungen zur Abbildung der Besteuerung
Steuern vom Einkommen und vom Ertrag

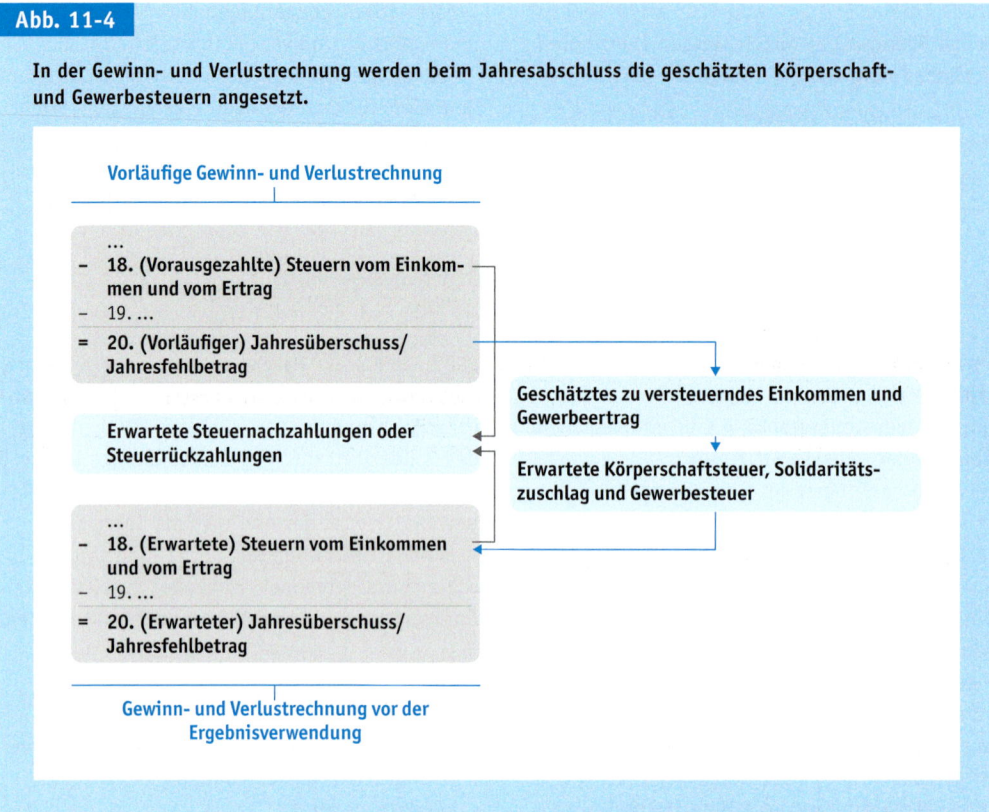

Abb. 11-4
In der Gewinn- und Verlustrechnung werden beim Jahresabschluss die geschätzten Körperschaft- und Gewerbesteuern angesetzt.

Durch diese Buchungen wird zugleich der in der Gewinn- und Verlustrechnung ausgewiesene Posten »18. Steuern vom Einkommen und vom Ertrag« korrigiert, sodass sich im Hinblick auf die Körperschaftsteuer und den Solidaritätszuschlag darauf statt dem vorläufigen Jahresüberschuss oder -fehlbetrag der erwartete Jahresüberschuss oder -fehlbetrag ergibt.

Bei Erhalt des Steuerbescheides sind dann in der Regel weitere Buchungen durchzuführen, die aber dem folgenden Geschäftsjahr zugerechnet werden. Auf entsprechende Buchungen werden wir im ↗ Kapitel 15.4.2 näher eingehen.

Typische Belege
- Steuerbescheide der Finanzämter
- Kontoauszüge

Konten [Bilanz: Aktiva.B.II.4. Sonstige Vermögensgegenstände]
- **SKP03[SKR03]:** 1540 Steuerüberzahlungen · 1549 Körperschaftsteuerrückforderung
- **SKP04[SKR04]:** 1435 Steuerüberzahlungen · 1450 Körperschaftsteuerrückforderung
- **IKP[IKR]:** 2630 Sonstige Forderungen an Finanzbehörden

Konten [Bilanz: Passiva.B.2. Steuerrückstellungen]
- **SKP03[SKR03]:** 0955 Steuerrückstellungen · 0963 Körperschaftsteuerrückstellung
- **SKP04[SKR04]:** 3020 Steuerrückstellungen · 3040 Körperschaftsteuerrückstellung
- **IKP[IKR]:** 3800 Steuerrückstellungen · 3810 Körperschaftsteuerrückstellung[2]

Konten [GuV: 18. Steuern vom Einkommen und vom Ertrag]
- **SKP03[SKR03]:** 2200 Körperschaftsteuer · 2208 Solidaritätszuschlag
- **SKP04[SKR04]:** 7600 Körperschaftsteuer · 7608 Solidaritätszuschlag
- **IKP[IKR]:** 7710 Körperschaftsteuer · 7718 Solidaritätszuschlag[1]

Beispiel 11-5

(1) Im Rahmen der Aufstellung des Jahresabschlusses schätzt die Marcslights GmbH*, dass sie für das zurückliegende Geschäftsjahr 0002 900,00 € Körperschaftsteuer zahlen muss. Da bereits 800,00 € vorausgezahlt wurden, erwartet sie folgende Körperschaftsteuernachzahlung:

Geschätzte Körperschaft-
steuerzahlung . . . . 900,00 €
− Vorausgezahlte Körperschaft-
steuer . . . . 800,00 €
= Erwartete Körperschaft-
steuernachzahlung . . . . 100,00 €

Die erwartete Körperschaftsteuernachzahlung wird von der Marcslights GmbH* inklusive dem Solidaritätszuschlag darauf von 5,50 € als Steuerrückstellung passiviert:

SKP03·SKP04·IKP Sollkonto	Betrag	an SKP03·SKP04·IKP Habenkonto	Betrag
2200·7600·7710 Körperschaftsteuer	100,00 €	0963·3040·3810 Körperschaftsteuerrückstellung	100,00 €
2208·7608·7718 Solidaritätszuschlag	5,50 €	0955·3020·3800 Steuerrückstellungen	5,50 €

(2) Einige Zeit später erhält die Marcslights GmbH* den Steuerbescheid, der genau der Schätzung entspricht. Das Finanzamt bucht im Anschluss die nachzuzahlende Körperschaftsteuer von 100,00 € mit dem Solidaritätszuschlag darauf von 5,50 € vom Bankkonto der Marcslights GmbH* ab:

SKP03·SKP04·IKP Sollkonto	Betrag	an SKP03·SKP04·IKP Habenkonto	Betrag
0963·3040·3810 Körperschaftsteuerrückstellung	100,00 €	1200·1800·2800 Bank	105,50 €
0955·3020·3800 Steuerrückstellungen	5,50 €		

Beispiel 11-6

(1) Im Rahmen der Aufstellung des Jahresabschlusses schätzt die Marcslights GmbH*, dass sie für das zurückliegende Geschäftsjahr 0002 600,00 € Körperschaftsteuer zahlen muss. Da bereits 800,00 € vorausgezahlt wurden, erwartet sie folgende Körperschaftsteuerrückerstattung:

Geschätzte Körperschaft-
steuerzahlung . . . . 600,00 €
− Vorausgezahlte Körperschaft-
steuer . . . . 800,00 €
= Erwartete Körperschaft-
steuerrückerstattung . . . . −200,00 €

Die erwartete Körperschaftsteuerrückerstattung wird von der Marcslights GmbH* inklusive dem Solidaritätszuschlag darauf von 11,00 € als Steuerrückforderung aktiviert:

SKP03·SKP04·IKP Sollkonto	Betrag	an SKP03·SKP04·IKP Habenkonto	Betrag
1549·1450·2630 Körperschaftsteuerrückforderung	200,00 €	2200·7600·7710 Körperschaftsteuer	200,00 €
1540·1435·2630 Steuerüberzahlungen	11,00 €	2208·7608·7718 Solidaritätszuschlag	11,00 €

(2) Einige Zeit später erhält die Marcslights GmbH* den Steuerbescheid, der genau der Schätzung entspricht. Das Finanzamt überweist im Anschluss die zurückzuzahlende Körperschaftsteuer von 200,00 € mit dem Solidaritätszuschlag darauf von 11,00 € auf das Bankkonto der Marcslights GmbH*:

SKP03 · SKP04 · IKP Sollkonto	Betrag	an	SKP03 · SKP04 · IKP Habenkonto	Betrag
1200 · 1800 · 2800 Bank	211,00 €		1549 · 1450 · 2630 Körperschaftsteuerrückforderung	200,00 €
			1540 · 1435 · 2630 Steuerüberzahlungen	11,00 €

11.3.3 Gewerbesteuer

Die Gewinne von Unternehmen unterliegen nicht nur der Einkommen- oder Körperschaftsteuer, sondern, falls die Unternehmen als Gewerbebetriebe gelten, auch der Gewerbesteuer.

Die Gewerbesteuer ist in der Regel die Haupteinnahmequelle der Gemeinden. Der für die Ermittlung der Gewerbesteuer benötigte Steuermessbetrag wird von den zuständigen Betriebsstättenfinanzämtern ermittelt und in einem *Gewerbesteuermessbescheid* festgesetzt. Die Gemeinden erlassen dann auf Basis dieses Gewerbesteuermessbescheides einen *Gewerbesteuerbescheid* (Bornhofen, M./Bornhofen, M. C. 2010b: Seite 440).

Bei Einzelkaufleuten und Personenhandelsgesellschaften wird die Gewerbesteuer dem privaten Bereich der Unternehmenseigner zugerechnet (Bornhofen, M./Bornhofen, M. C. 2010b: Seite 47). Sie wird insofern vom Unternehmen nur verbucht, falls sie als Privatsteuer vom Unternehmen für die Unternehmenseigner gezahlt wird (↗ Kapitel 11.5).

Bei Kapitalgesellschaften wird die Gewerbesteuer hingegen nicht dem Unternehmenseigner, sondern dem Unternehmen selbst zugerechnet, das insofern die Steuer bezahlen und verbuchen muss.

11.3.3.1 Gewerbesteuervorauszahlungen während des Geschäftsjahres

Viele Kapitalgesellschaften müssen bereits während des Geschäftsjahres Vorauszahlungen auf die Gewerbesteuer leisten. Die Höhe der Vorauszahlungen wird von den Kämmereien der Gemeinden auf der Basis der Gewerbesteuer des Vorjahres ermittelt und den betroffenen Unternehmen per Bescheid mitgeteilt.

Die Vorauszahlungen erfolgen in der Regel vierteljährlich per Lastschrift, und zwar zum 15. Februar, zum 15. Mai, zum 15. August und zum 15. November. Die Verbuchung der Vorauszahlungen erfolgt:

- im **Soll** der Aufwandskonten »Gewerbesteuer« und
- im **Haben** der Aktivkonten »Bank«, wenn die Auszahlungen über das Bankkonto abgewickelt werden.

Typische Belege
- Gewerbesteuerbescheid
- Kontoauszüge

Konten [GuV: 18. Steuern vom Einkommen und vom Ertrag]
- **SKP03[SKR03]:** 4320 Gewerbesteuer
- **SKP04[SKR04]:** 7610 Gewerbesteuer
- **IKP[IKR]:** 7700 Gewerbesteuer[2]

Beispiel 11-7

Aufgrund der Gewerbesteuer für das Geschäftsjahr 0001 hat die Kämmerei der Gemeinde per Bescheid festgesetzt, dass die Marcslights GmbH* im Geschäftsjahr 0002 jedes Quartal 100,00 € Gewerbesteuer vorauszahlen muss. Am 15. November wird ein entsprechender Betrag vom Bankkonto der Marcslights GmbH* abgebucht:

SKP03 · SKP04 · IKP Sollkonto	Betrag	an	SKP03 · SKP04 · IKP Habenkonto	Betrag
① 4320 · 7610 · 7700 Gewerbesteuer	100,00 €		② 1200 · 1800 · 2800 Bank	100,00 €

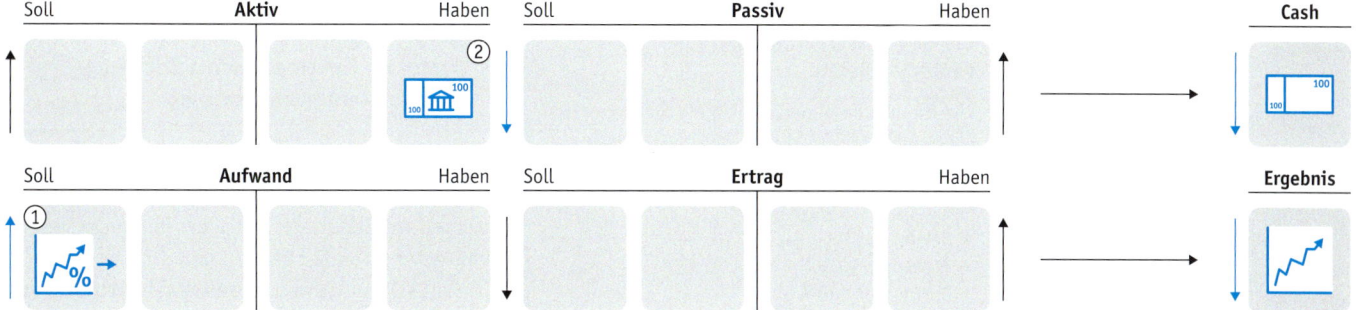

11.3.3.2 Im Jahresabschluss anzusetzende Gewerbesteuer

In der Regel ist bei der Aufstellung des handelsrechtlichen Jahresabschlusses noch nicht genau bekannt, wie hoch die zu leistende Gewerbesteuer sein wird, da noch kein entsprechender Steuerbescheid vorliegt. Die in der Gewinn- und Verlustrechnung von Kapitalgesellschaften unter dem Posten »18. Steuern vom Einkommen und vom Ertrag« vor der Ergebnisverwendung anzusetzende Gewerbesteuer wird deshalb nach vernünftiger kaufmännischer Beurteilung geschätzt.

11.3.3.2.1 Ermittlung der anzusetzenden Gewerbesteuer

Die Ermittlung der in der Gewinn- und Verlustrechnung von Kapitalgesellschaften vor der Ergebnisverwendung anzusetzenden erwarteten Gewerbesteuer erfolgt in folgenden Schritten:

(1) Schätzung des Gewinns aus Gewerbebetrieb

Zur Schätzung des Gewinns aus Gewerbebetrieb wird zuerst das der Körperschafsteuer unterliegende geschätzte zu versteuernde Einkommen ermittelt (↗ Kapitel 11.3.2.2.1). Bei Kapitalgesellschaften entspricht dieses zu versteuernde Einkommen dem Gewinn aus Gewerbebetrieb (Bornhofen, M./Bornhofen, M.C. 2010b: Seite 422).

(2) Ermittlung des erwarteten Gewerbeertrags

Aus dem geschätzten Gewinn aus Gewerbebetrieb kann der erwartete Gewerbeertrag von Kapitalgesellschaften, der auf volle 100,00 € abzurunden ist, über folgende Rechnung ermittelt werden (Bornhofen, M./Bornhofen, M.C. 2010b: Seite 421):

    Geschätzter Gewinn aus Gewerbebetrieb
+ Hinzurechnungen gemäß Gewerbesteuergesetz: § 8
− Kürzungen gemäß Gewerbesteuergesetz: § 9
= Erwarteter maßgebender Gewerbeertrag
− Gewerbeverlust aus Vorjahren gemäß Gewerbesteuergesetz: § 10a
= Erwarteter Gewerbeertrag

Hinzurechnungen erfolgen beispielsweise für (Gewerbesteuergesetz: § 8 Hinzurechnungen):
- bestimmte Entgelte für Schulden,
- bestimmte Miet- und Pachtaufwendungen und
- bestimmte Aufwendungen für die zeitlich befristete Überlassung von Rechten.

Kürzungen erfolgen beispielsweise für (Gewerbesteuergesetz: § 9 Kürzungen):
- Grundbesitz und
- bestimmte Zuwendungen.

(3) Ermittlung des erwarteten Steuermessbetrages

Auf Basis des erwarteten Gewerbeertrags wird der erwartete Steuermessbetrag durch Multiplikation mit der Steuermesszahl berechnet:

Steuermessbetrag = Gewerbeertrag × Steuermesszahl

Die Steuermesszahl beträgt dabei derzeit (Gewerbesteuergesetz: § 11 Steuermesszahl und Steuermessbetrag, Absatz 2) 3,5 % (AZ 11-4).

> **Exkurs 11-1**
>
> **Die Gewerbesteuerhebesätze der größten deutschen Städte**
>
> Wie die nachfolgenden Beispiele aus den Jahren 2009/2010 zeigen, betragen die Gewerbesteuerhebesätze der deutschen Großstädte in der Regel weit über 400 %:
>
> - Berlin: 410 %,
> - Bremen: 440 %,
> - Dortmund: 468 %,
> - Dresden: 450 %,
> - Düsseldorf: 440 %,
> - Essen: 490 %,
> - Frankfurt: 460 %,
> - Hamburg: 470 %,
> - Hannover: 460 %,
> - Köln: 450 %,
> - Leipzig: 460 %,
> - München: 490 %,
> - Stuttgart: 420 %.

(4) Ermittlung der anzusetzenden erwarteten Gewerbesteuer

Auf Basis des erwarteten Steuermessbetrages wird nachfolgend die in der Gewinn- und Verlustrechnung anzusetzende erwartete Gewerbesteuer durch Multiplikation mit dem Gewerbesteuerhebesatz berechnet:

Gewerbesteuer = Steuermessbetrag × Hebesatz

Der Gewerbesteuerhebesatz wird dabei von den Gemeinden festgesetzt (↗ Exkurs 11-1).

11.3.3.2.2 Ermittlung und Verbuchung der erwarteten Gewerbesteuernachzahlungen oder -rückerstattungen

Falls, was der Regelfall ist, die in der Gewinn- und Verlustrechnung von Kapitalgesellschaften vor der Ergebnisverwendung anzusetzenden Gewerbesteuern nicht mit den vorausgezahlten übereinstimmen, müssen vor der Aufstellung des Jahresabschlusses die daraus resultierenden erwarteten Gewerbesteuernachzahlungen oder -rückerstattungen ermittelt und verbucht werden.

Die erwarteten Gewerbesteuernachzahlungen oder -rückerstattungen ergeben sich, indem von der in der Gewinn- und Verlustrechnung anzusetzenden Gewerbesteuer die bereits vorausgezahlte Gewerbesteuer abgezogen wird:

    Anzusetzende Gewerbesteuer
− Vorausgezahlte Gewerbesteuer
= Erwartete Gewerbesteuernachzahlung/ Gewerbesteuerrückerstattung

Im Anschluss an die Ermittlung der erwarteten Gewerbesteuernachzahlungen oder -rückerstattungen werden diese verbucht. Die Verbuchung von erwarteten Nachzahlungen erfolgt:
- im **Soll** der Aufwandskonten »Gewerbesteuer« und
- im **Haben** der Passivkonten »Gewerbesteuerrückstellung«.

Die Verbuchung von erwarteten Rückerstattungen erfolgt:
- im **Soll** der Aktivkonten »Steuerüberzahlungen« und
- im **Haben** der Aufwandskonten »Gewerbesteuer«.

Durch diese Buchungen wird zugleich der in der Gewinn- und Verlustrechnung ausgewiesene Posten »18. Steuern vom Einkommen und vom Ertrag« korrigiert, sodass sich im Hinblick auf die Gewerbesteuer statt dem vorläufigen Jahresüberschuss oder -fehlbetrag, der erwartete Jahresüberschuss oder -fehlbetrag ergibt.

Bei Erhalt des Steuerbescheides sind dann in der Regel weitere Buchungen durchzuführen, die aber dem folgenden Geschäftsjahr zugerechnet werden. Auf entsprechende Buchungen werden wir im ↗ Kapitel 15.4.2 näher eingehen.

Typische Belege
- Gewerbesteuerbescheid
- Kontoauszüge

Konten [Bilanz: Aktiva.B.II.4. Sonstige Vermögensgegenstände]
- **SKP03[SKR03]:** 1540 Steuerüberzahlungen
- **SKP04[SKR04]:** 1435 Steuerüberzahlungen
- **IKP[IKR]:** 2630 Sonstige Forderungen an Finanzbehörden

Konten [Bilanz: Passiva.B.2. Steuerrückstellungen]
- **SKP03[SKR03]:** 0956 [0957] Gewerbesteuerrückstellung, § 4 Abs. 5b EStG

11.3 Steuern vom Einkommen und vom Ertrag

- SKP04[SKR04]: [3030] 3035 Gewerbesteuerrückstellung, § 4 Abs. 5b EStG
- IKP[IKR]: 3805 Gewerbesteuerrückstellung²

Konten [GuV: 18. Steuern vom Einkommen und vom Ertrag]
- SKP03[SKR03]: 4320 Gewerbesteuer
- SKP04[SKR04]: 7610 Gewerbesteuer
- IKP[IKR]: 7700 Gewerbesteuer²

Beispiel 11-8

(1) Im Rahmen der Aufstellung des Jahresabschlusses schätzt die Marcslights GmbH*, dass sie für das zurückliegende Geschäftsjahr 0002 550,00 € Gewerbesteuer zahlen muss. Da bereits 400,00 € vorausgezahlt wurden, erwartet sie folgende Gewerbesteuernachzahlung:

Geschätzte Gewerbesteuer-
zahlung .... 550,00 €
– Vorausgezahlte Gewerbe-
steuer .... 400,00 €
= Erwartete Gewerbe-
steuernachzahlung .... 150,00 €

Die erwartete Gewerbesteuernachzahlung wird von der Marcslights GmbH* als Steuerrückstellung passiviert:

SKP03 · SKP04 · IKP Sollkonto	Betrag	an SKP03 · SKP04 · IKP Habenkonto	Betrag
4320 · 7610 · 7700 Gewerbesteuer	150,00 €	0956 · 3035 · 3805 Gewerbesteuerrückstellung, § 4 Abs. 5b EStG	150,00 €

(2) Einige Zeit später erhält die Marcslights GmbH* den Steuerbescheid, der genau der Schätzung entspricht. Die Kämmerei der Gemeinde bucht im Anschluss die nachzuzahlende Gewerbesteuer von 150,00 € vom Bankkonto der Marcslights GmbH* ab:

SKP03 · SKP04 · IKP Sollkonto	Betrag	an SKP03 · SKP04 · IKP Habenkonto	Betrag
0956 · 3035 · 3805 Gewerbesteuerrückstellung, § 4 Abs. 5b EStG	150,00 €	1200 · 1800 · 2800 Bank	150,00 €

Beispiel 11-9

(1) Im Rahmen der Aufstellung des Jahresabschlusses schätzt die Marcslights GmbH*, dass sie für das zurückliegende Geschäftsjahr 0002 350,00 € Gewerbesteuer zahlen muss. Da bereits 400,00 € vorausgezahlt wurden, erwartet sie folgende Gewerbesteuerrückerstattung:

Geschätzte Gewerbesteuer-
zahlung .... 350,00 €
– Vorausgezahlte Gewerbesteuer .... 400,00 €
= Erwartete Gewerbesteuerrückerstattung .... - 50,00 €

Die erwartete Gewerbesteuerrückerstattung wird von der Marcslights GmbH* als Steuerrückforderung aktiviert:

SKP03 · SKP04 · IKP Sollkonto	Betrag	an SKP03 · SKP04 · IKP Habenkonto	Betrag
1540 · 1435 · 2630 Steuerüberzahlungen	50,00 €	4320 · 7610 · 7700 Gewerbesteuer	50,00 €

(2) Einige Zeit später erhält die Marcslights GmbH* den Steuerbescheid, der genau der Schätzung entspricht. Die Kämmerei der Gemeinde überweist im Anschluss die zurückzuzahlende Gewerbesteuer von 50,00 € auf das Bankkonto der Marcslights GmbH*:

SKP03 · SKP04 · IKP Sollkonto	Betrag	an SKP03 · SKP04 · IKP Habenkonto	Betrag
1200 · 1800 · 2800 Bank	50,00 €	1540 · 1435 · 2630 Steuerüberzahlungen	50,00 €

11.4 Sonstige Steuern

Lernziel 11-4
Sonstige Steuern verbuchen können.

- Einordnung innerhalb der Jahresabschlussrechnungen
- Steuerlich nicht abzugsfähige Betriebsausgaben
- Steuern vom Einkommen und vom Ertrag
- **Sonstige Steuern**
- Privatsteuern
- Steuerliche Nebenleistungen

Die unter dem Posten »Sonstige Steuern« in der Gewinn- und Verlustrechnung ausgewiesenen Steuern werden den steuerlich abzugsfähigen Betriebsteuern zugerechnet, die nicht als Anschaffungsnebenkosten aktiviert werden. Von den sonstigen Steuern betreffen insbesondere

- die Grundsteuer und
- die Kraftfahrzeugsteuer

eine größere Anzahl von Unternehmen, weshalb wir uns nachfolgend näher mit ihrer Verbuchung beschäftigen werden.

11.4.1 Grundsteuer

Die Grundsteuer ist von der bei der Anschaffung von Grundstücken anfallenden *Grunderwerbsteuer* zu unterscheiden (↗ Kapitel 8.2.1.1.3), die den Anschaffungsnebenkosten zugerechnet und entsprechend aktiviert wird.

Steuergegenstand der Grundsteuer ist insbesondere der Besitz an Grundstücken und deren Bebauung (Grundsteuergesetz: § 2 Steuergegenstand). Steuerschuldner sind dabei die Unternehmen, denen die Grundstücke und deren Bebauung zugerechnet werden (Grundsteuergesetz: § 10 Steuerschuldner). Die Steuerpflicht entsteht erstmals mit dem Zustandekommen eines Kaufvertrages für ein Grundstück und dann jeweils jährlich mit dem Beginn des Kalenderjahres (Grundsteuergesetz: § 9 Stichtag für die Festsetzung der Grundsteuer, Entstehung der Steuer). Die Zahlung der Grundsteuer erfolgt in der Regel vierteljährlich per Lastschrift zum 15. Februar, 15. Mai, 15. August und 15. November (Grundsteuergesetz: § 28 Fälligkeit).

Als Bemessungsgrundlage der Steuer wird der vom Finanzamt festgestellte *Einheitswert* des Grundstücks oder des Gebäudes verwendet. Dieser Wert wird dann mit der bundeseinheitlichen *Grundsteuermesszahl* (Grundsteuergesetz: § 15 Steuermesszahl für Grundstücke) und mit einem von der Gemeinde festgesetzten *Hebesatz* multipliziert (Grundsteuergesetz: § 25 Festsetzung des Hebesatzes). Über die sich so ergebende Grundsteuer erhält der Steuerschuldner dann einen von der Gemeinde erlassenen Grundsteuerbescheid.

Für Unternehmen stellen Grundsteuern handels- und steuerlich abzugsfähige Betriebsteuern dar, die nicht als Anschaffungsnebenkosten aktiviert werden. Die Buchung erfolgt als Aufwand aus sonstigen Steuern:

- im **Soll** der Aufwandskonten »Grundsteuer« und
- im **Haben** der Aktivkonten »Bank«, wenn die Auszahlungen über das Bankkonto abgewickelt werden.

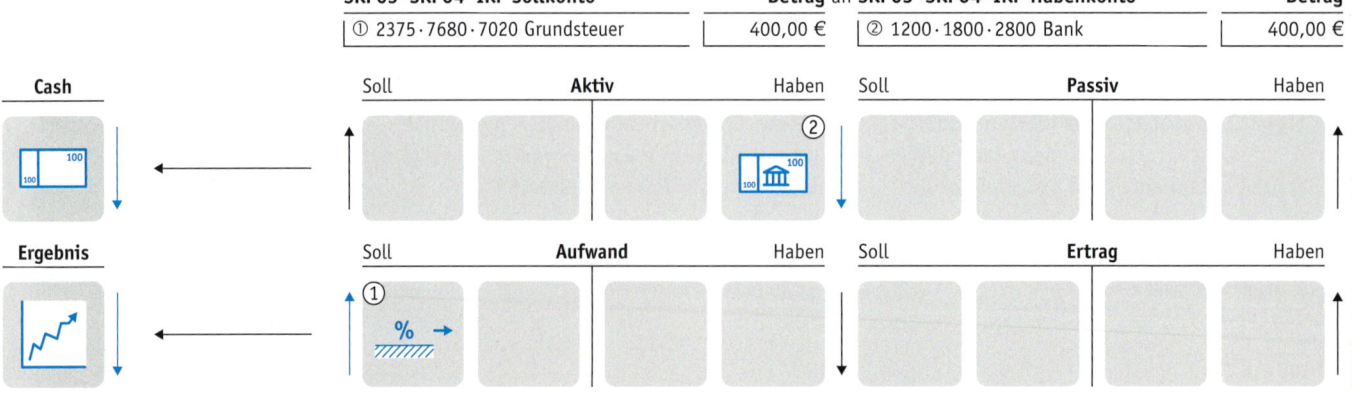

Typische Belege
- Grundsteuerbescheide der Gemeinden
- Kontoauszüge

Konten [GuV: 19. Sonstige Steuern]
- **SKP03[SKR03]:** 2375 Grundsteuer
- **SKP04[SKR04]:** 7680 Grundsteuer
- **IKP[IKR]:** 7020 Grundsteuer

Beispiel 11-10

Vom Konto der Marcslights GmbH* werden am 15. August für ein Grundstück 400,00 € Grundsteuer abgebucht: (Buchungssatz und Buchungsnavigator siehe Seite 408 unten).

11.4.2 Kraftfahrzeugsteuer

Steuergegenstand der Kraftfahrzeugsteuer ist insbesondere das Halten von Fahrzeugen zum Verkehr auf öffentlichen Straßen (Kraftfahrzeugsteuergesetz: § 1 Steuergegenstand). Steuerschuldner sind dabei die Unternehmen, auf die die entsprechenden Fahrzeuge zugelassen sind (Kraftfahrzeugsteuergesetz: § 7 Steuerschuldner). Die Steuerpflicht entsteht mit der Zulassung des Fahrzeugs und dann jährlich mit dem Beginn eines weiteren Entrichtungszeitraumes (Kraftfahrzeugsteuergesetz: § 6 Entstehung der Steuer). Die Zahlungstermine ergeben sich aus dem Steuerbescheid. Gezahlt wird in der Regel per Lastschrift. Die Kraftfahrzeugsteuer wird dabei in der Regel jeweils für ein Jahr im Voraus gezahlt. Ob dabei eine zeitliche Abgrenzung (↗ Kapitel 15.2.2) vorzunehmen ist, ist rechtlich umstritten.

Als Bemessungsgrundlage der Steuer werden abhängig von der Art des Fahrzeugs der Hubraum, die Schadstoffemissionen, die Kohlendioxidemissionen, die Geräuschemissionen oder das verkehrsrechtlich zulässige Gesamtgewicht verwendet (Kraftfahrzeugsteuergesetz: § 8 Bemessungsgrundlage).

Für Unternehmen stellen Kraftfahrzeugsteuern handelsrechtlich und steuerlich abzugsfähige Betriebsteuern dar, die nicht als Anschaffungsnebenkosten aktiviert werden. Die Buchung erfolgt als Aufwand aus sonstigen Steuern:
- im **Soll** der Aufwandskonten »Kfz-Steuer« und
- im **Haben** der Aktivkonten »Bank«, wenn die Auszahlungen über das Bankkonto abgewickelt werden.

Typische Belege
- Steuerbescheide der Finanzämter
- Kontoauszüge

Konten [GuV: 19. Sonstige Steuern]
- **SKP03[SKR03]:** 4510 Kfz-Steuer
- **SKP04[SKR04]:** 7685 Kfz-Steuer
- **IKP[IKR]:** 7030 Kraftfahrzeugsteuer

Beispiel 11-11

Vom Konto der Marcslights GmbH* werden für ein Kraftfahrzeug 108,00 € Kraftfahrzeugsteuer abgebucht:

SKP03 · SKP04 · IKP Sollkonto	Betrag	an	SKP03 · SKP04 · IKP Habenkonto	Betrag
① 4510 · 7685 · 7030 Kfz-Steuer	108,00 €		② 1200 · 1800 · 2800 Bank	108,00 €

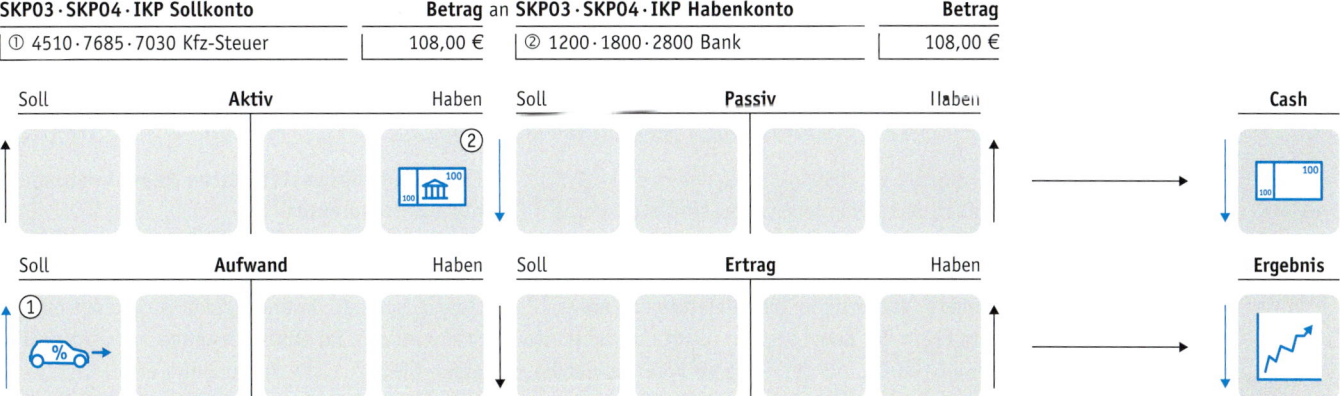

11.5 Privatsteuern

Lernziel 11-5
Die Einsatzbereiche von Privatsteuern kennen.

- Einordnung innerhalb der Jahresabschlussrechnungen
- Steuerlich nicht abzugsfähige Betriebsausgaben
- Steuern vom Einkommen und vom Ertrag
- Sonstige Steuern
- **Privatsteuern**
- Steuerliche Nebenleistungen

Privatsteuern sind bei Einzelkaufleuten und bei Personenhandelsgesellschaften Privatentnahmen für nicht betrieblich veranlasste Steuern, die dem privaten Bereich der Unternehmenseigner zugerechnet werden.

Als Privatsteuern werden bei Einzelkaufleuten und Personenhandelsgesellschaften insbesondere einbehaltene Kapitalertragsteuern und die Solidaritätszuschläge darauf verbucht (↗ Kapitel 11.3.1).

Darüber hinaus erfolgt eine Verbuchung als Privatsteuern, falls private Steuern der Unternehmenseigner nicht über deren private, sondern über betriebliche Konten bezahlt werden. Die Verbuchung erfolgt dann:

- im **Soll** der Privatkonten »Privatsteuern« und
- im **Haben** der Aktivkonten »Bank«, wenn die Auszahlungen über das Bankkonto abgewickelt werden.

Konten [Bilanz: Passiva. A. Eigenkapital]
- **SKP03 [SKR03]:** 1810 [1910] Privatsteuern
- **SKP04 [SKR04]:** 2150 [2550] Privatsteuern
- **IKP [IKR]:** 3020 Privatkonto

Beispiel 11-12
Aufgrund des Kaufs eines italienischen Sportwagens ist ein Einzelkaufmann nicht in der Lage, die fällige Einkommensteuer von 10 000,00 € inklusive Solidaritätszuschlag und Kirchensteuer von seinem Privatkonto zu bezahlen. Er überweist die Steuer deshalb vom betrieblichen Bankkonto:

SKP03 · SKP04 · IKP Sollkonto	Betrag	an SKP03 · SKP04 · IKP Habenkonto	Betrag
1810 · 2150 · 3020 Privatsteuern	10 000,00 €	1200 · 1800 · 2800 Bank	10 000,00 €

11.6 Steuerliche Nebenleistungen

Lernziel 11-6
Steuerliche Nebenleistungen verbuchen können.

- Einordnung innerhalb der Jahresabschlussrechnungen
- Steuerlich nicht abzugsfähige Betriebsausgaben
- Steuern vom Einkommen und vom Ertrag
- Sonstige Steuern
- Privatsteuern
- **Steuerliche Nebenleistungen**

Steuerliche Nebenleistungen sind zwar keine Steuern, sie ergeben sich aber im Zusammenhang mit der Besteuerung (Abgabenordnung: § 3 Steuern, steuerliche Nebenleistungen, Absatz 4). In der Regel werden die steuerlichen Nebenleistungen auf der Basis entsprechender Bescheide der Finanzämter erhoben. Entsprechende Zahlungen sind umsatzsteuerfrei.

Die Verbuchung steuerlicher Nebenleistungen hängt davon ab, ob sie Zinscharakter haben oder nicht, und ob sie steuerlich abzugsfähig sind oder nicht. Allgemein gilt dabei, dass die Nebenleistungen abzugsfähig sind, wenn es die Steuern sind, auf die sie sich beziehen.

(1) Abzugsfähige steuerliche Nebenleistungen ohne Zinscharakter
Zu den abzugsfähigen steuerlichen Nebenleistungen ohne Zinscharakter gehören Verspätungszuschläge, Zwangsgelder, Bußgelder oder Steuerstrafen im Zusammenhang mit abzugsfähigen Steuern. Ihre Verbuchung erfolgt:

- im **Soll** der Aufwandskonten »Steuerlich abzugsfähige Verspätungszuschläge und Zwangsgelder« und
- im **Haben** der Aktivkonten »Bank«, wenn die Auszahlungen über das Bankkonto abgewickelt werden.

(2) Nicht abzugsfähige steuerliche Nebenleistungen ohne Zinscharakter

Zu den nicht abzugsfähigen steuerlichen Nebenleistungen ohne Zinscharakter gehören Verspätungszuschläge, Zwangsgelder, Bußgelder oder Steuerstrafen im Zusammenhang mit nicht abzugsfähigen Steuern. Ihre Verbuchung erfolgt:
- im **Soll** der Aufwandskonten »Steuerlich nicht abzugsfähige Verspätungszuschläge und Zwangsgelder« und
- im **Haben** der Aktivkonten »Bank«, wenn die Auszahlungen über das Bankkonto abgewickelt werden.

(3) Abzugsfähige steuerliche Nebenleistungen mit Zinscharakter

Zu den abzugsfähigen steuerlichen Nebenleistungen mit Zinscharakter gehören Säumniszuschläge oder Zinsen im Zusammenhang mit abzugsfähigen Steuern. Ihre Verbuchung erfolgt:
- im **Soll** der Aufwandskonten »Steuerlich abzugsfähige, andere Nebenleistungen zu Steuern« und
- im **Haben** der Aktivkonten »Bank«, wenn die Auszahlungen über das Bankkonto abgewickelt werden.

(4) Nicht abzugsfähige steuerliche Nebenleistungen mit Zinscharakter

Zu den nicht abzugsfähigen steuerlichen Nebenleistungen mit Zinscharakter gehören Säumniszuschläge oder Zinsen im Zusammenhang mit nicht abzugsfähigen Steuern. Ihre Verbuchung erfolgt:

- im **Soll** der Aufwandskonten »Steuerlich nicht abzugsfähige, andere Nebenleistungen zu Steuern« und
- im **Haben** der Aktivkonten »Bank«, wenn die Auszahlungen über das Bankkonto abgewickelt werden

Typische Belege
- Bescheide der Finanzämter

Konten [GuV: 8. Sonstige betriebliche Aufwendungen]
- **SKP03[SKR03]:** [4396] Steuerlich abzugsfähige Verspätungszuschläge und Zwangsgelder · [4397] Steuerlich nicht abzugsfähige Verspätungszuschläge und Zwangsgelder
- **SKP04[SKR04]:** [6436] Steuerlich abzugsfähige Verspätungszuschläge und Zwangsgelder · [6437] Steuerlich nicht abzugsfähige Verspätungszuschläge und Zwangsgelder
- **IKP[IKR]:** 6930 Andere sonstige betriebliche Aufwendungen

Konten [GuV: 13. Zinsen und ähnliche Aufwendungen]
- **SKP03[SKR03]:** [2103] Steuerlich abzugsfähige, andere Nebenleistungen zu Steuern · [2104] Steuerlich nicht abzugsfähige, andere Nebenleistungen zu Steuern
- **SKP04[SKR04]:** [7303] Steuerlich abzugsfähige, andere Nebenleistungen zu Steuern · [7304] Steuerlich nicht abzugsfähige, andere Nebenleistungen zu Steuern
- **IKP[IKR]:** 6930 Andere sonstige betriebliche Aufwendungen

Beispiel 11-13

Nach Erhalt eines Bescheids aufgrund der verspäteten Zahlung der Kraftfahrzeugsteuer überweist die Marcslights GmbH* dem zuständigen Finanzamt 10,00 €:

SKP03 · SKP04 · IKP Sollkonto	Betrag	an	SKP03 · SKP04 · IKP Habenkonto	Betrag
4396 · 6436 · 6930 Steuerlich abzugsfähige Verspätungszuschläge und Zwangsgelder	10,00 €		1200 · 1800 · 2800 Bank	10,00 €

11.6 Die Buchungen zur Abbildung der Besteuerung
Schlüsselbegriffe

Schlüsselbegriffe Kapitel 11

- Steuer (↗ Kapitel 11)
- Betriebsteuer (↗ Kapitel 11)
- Privatsteuer (↗ Kapitel 11, 11.5)
- Geschenk (↗ Kapitel 11.2.1)
- Streuartikel (↗ Kapitel 11.2.1)
- Bewirtungsaufwand (↗ Kapitel 11.2.2)
- Kapitalertragsteuer (↗ Kapitel 11.3.1)
- Körperschaftsteuer (↗ Kapitel 11.3.2)
- Körperschaftsteuervorauszahlung (↗ Kapitel 11.3.2.1)
- Steuerbescheid (↗ Kapitel 11.3.2.1)
- Zu versteuerndes Einkommen (↗ Kapitel 11.3.2.2.1)
- Körperschaftsteuersatz (↗ Kapitel 11.3.2.2.1)
- Solidaritätszuschlag (↗ Kapitel 11.3.2.2.1)
- Ergänzungsteuer (↗ Kapitel 11.3.2.2.2)
- Solidaritätszuschlagssatz (↗ Kapitel 11.3.2.2.2)
- Gewerbesteuer (↗ Kapitel 11.3.3)
- Gewerbesteuermessbescheid (↗ Kapitel 11.3.3)
- Gewerbesteuerbescheid (↗ Kapitel 11.3.3)
- Gewerbesteuervorauszahlung (↗ Kapitel 11.3.3.1)
- Gewinn aus Gewerbebetrieb (↗ Kapitel 11.3.3.2.1)
- Gewerbeertrag (↗ Kapitel 11.3.3.2.1)
- Steuermessbetrag (↗ Kapitel 11.3.3.2.1)
- Gewerbesteuerhebesatz (↗ Kapitel 11.3.3.2.1)
- Grundsteuer (↗ Kapitel 11.4.1)
- Grunderwerbsteuer (↗ Kapitel 11.4.1)
- Einheitswert (↗ Kapitel 11.4.1)
- Grundsteuermesszahl (↗ Kapitel 11.4.1)
- Hebesatz (↗ Kapitel 11.4.1)
- Kraftfahrzeugsteuer (↗ Kapitel 11.4.2)
- Privatsteuer (↗ Kapitel 11.5)
- Steuerliche Nebenleistung (↗ Kapitel 11.6)
- Verspätungszuschlag (↗ Kapitel 11.6)
- Zwangsgeld (↗ Kapitel 11.6)
- Bußgeld (↗ Kapitel 11.6)
- Steuerstrafe (↗ Kapitel 11.6)
- Säumniszuschlag (↗ Kapitel 11.6)
- Zins (↗ Kapitel 11.6)

Fragen Kapitel 11

Frage 11-1: Was wird allgemein unter Steuern verstanden? (↗ Kapitel 11)

Frage 11-2: Wodurch unterscheiden sich Betrieb- von Privatsteuern? (↗ Kapitel 11)

Frage 11-3: Auf welche Posten der Jahresabschlussrechnungen wirkt sich die Verbuchung der Vorauszahlung von Körperschaftsteuern aus? (↗ Kapitel 11.1)

Frage 11-4: Auf welche Posten der Jahresabschlussrechnungen wirkt sich die Verbuchung der Bildung von Rückstellungen für Gewerbesteuern aus? (↗ Kapitel 11.1)

Frage 11-5: Auf welche Posten der Jahresabschlussrechnungen wirkt sich die Verbuchung von Zahlungen der Kraftfahrzeugsteuer aus? (↗ Kapitel 11.1)

Frage 11-6: Welche Betriebsausgaben sind beispielhaft steuerlich nicht abzugsfähig? (↗ Kapitel 11.2)

Frage 11-7 (Vertiefung): Was sind Geschenke? (↗ Kapitel 11.2.1)

Frage 11-8 (Vertiefung): Was sind Beispiele für Streuartikel? (↗ Kapitel 11.2.1)

Frage 11-9 (Vertiefung): Wann sind Geschenke steuerlich nicht abzugsfähig? (↗ Kapitel 11.2.1)

Frage 11-10 (Vertiefung): Welcher Anteil der Bewirtungskosten ist steuerlich abzugsfähig? (↗ Kapitel 11.2.2)

Frage 11-11: Welche Betriebsteuern sind nicht abzugsfähig? (↗ Kapitel 11.3)

Frage 11-12: Was wird über die Kapitalertragsteuer besteuert? (↗ Kapitel 11.3.1)

Frage 11-13: Für welche Unternehmen ist die Körperschaftsteuer relevant? (↗ Kapitel 11.3.2)

Frage 11-14: Wie wird die Höhe der vorauszuzahlenden Körperschaftsteuer festgelegt? (↗ Kapitel 11.3.2)

Frage 11-15: Wie oft erfolgen Körperschaftsteuervorauszahlungen während des Geschäftsjahres? (↗ Kapitel 11.3.2)

Frage 11-16: Welche Körperschaftsteuer wird im Jahresabschluss vor der Ergebnisverwendung ausgewiesen? (↗ Kapitel 11.3.2.2)

Frage 11-17 (Vertiefung): Was unterliegt der Körperschaftsteuer? (↗ Kapitel 11.3.2.2.1)

Frage 11-18: Wie hoch ist der aktuelle Körperschaftsteuersatz? (↗ Kapitel 11.3.2.2.1)

Frage 11-19: Unter welchen Bedingungen werden Körperschaftsteuernachzahlungen erwartet? (↗ Kapitel 11.3.2.2.2)

Frage 11-20: Bei welchen Unternehmen wird die Gewerbesteuer dem privaten Bereich der Unternehmenseigner zugerechnet? (↗ Kapitel 11.3.3)

Frage 11-21 (Vertiefung): Was unterliegt der Gewerbesteuer? (↗ Kapitel 11.3.3.2.1)

Frage 11-22: Wer legt den Gewerbesteuerhebesatz fest? (↗ Kapitel 11.3.3.2.1)

Frage 11-23: Unter welchen Bedingungen werden Gewerbesteuerrückerstattungen erwartet? (↗ Kapitel 11.3.3.2.2)

Frage 11-24: Welche Unterschiede bestehen zwischen der Grundsteuer und der Grunderwerbsteuer? (↗ Kapitel 11.4.1)

Frage 11-25: Welcher Anteil der Grundsteuer ist steuerlich abzugsfähig? (↗ Kapitel 11.4.1)

Frage 11-26: Wer legt den Hebesatz für die Grundsteuer fest? (↗ Kapitel 11.4.1)

Frage 11-27: Auf welchen Konten erfolgt die Aktivierung der Kraftfahrzeugsteuer? (↗ Kapitel 11.4.2)

Frage 11-28: Was sind Privatsteuern? (↗ Kapitel 11.5)

Frage 11-29 (Vertiefung): Was wird unter steuerlichen Nebenleistungen verstanden? (↗ Kapitel 11.6)

Frage 11-30 (Vertiefung): Wann sind Nebenleistungen in der Regel steuerlich abzugsfähig? (↗ Kapitel 11.6)

Übungen Kapitel 11

Übung 11-1

Marc war mit der Einkäuferin eines exklusiven Möbelgeschäfts zur Feier eines Vertragsabschlusses in einem Gourmet-Restaurant essen. Den Rechnungsbetrag von 290,00 € zuzüglich 55,10 € Umsatzsteuer und das Trinkgeld in Höhe von 30,00 € hat er bar gezahlt:

Kapitelreferenzen
↗ Kapitel 11.2.2

Sollkonto	Betrag	an Habenkonto	Betrag

Übung 11-2

(1) Ein Unternehmen* in der Rechtsform einer Gesellschaft mit beschränkter Haftung muss im Geschäftsjahr 0002 jedes Quartal 3.000,00 € Körperschaftsteuer sowie 165,00 € Solidaritätszuschlag darauf vorauszahlen. Am 10. März wird ein entsprechender Betrag vom Bankkonto des Unternehmens abgebucht:

Kapitelreferenzen
↗ Kapitel 11.3.2, ↗ Kapitel 11.3.3

Sollkonto	Betrag	an Habenkonto	Betrag

11.6 Die Buchungen zur Abbildung der Besteuerung
Übungen

(2) Zusätzlich muss das Unternehmen* im Geschäftsjahr 0002 jedes Quartal 2 800,00 € Gewerbesteuer vorauszahlen. Am 15. Februar wird ein entsprechender Betrag vom Bankkonto des Unternehmens abgebucht:

Sollkonto	Betrag	an Habenkonto	Betrag

(3) Im Rahmen der Jahresabschlussarbeiten wird eine vorläufige Gewinn- und Verlustrechnung nach dem Gesamtkostenverfahren zum 31.12.0002 aufgestellt. Unter welchem Posten und mit welchem Betrag werden dabei die vorausgezahlten Steuern ausgewiesen:

Posten	Betrag

(4) Das Unternehmen* schätzt nach Rücksprache mit seinem Steuerberater, dass es für das zurückliegende Geschäftsjahr 0002 Körperschaftsteuer in Höhe von 20 000,00 € zahlen muss. Es ermittelt deshalb die erwartete Körperschaftsteuernachzahlung inklusive dem Solidaritätszuschlag darauf und passiviert diese:

Sollkonto	Betrag	an Habenkonto	Betrag

(5) Das Unternehmen* schätzt nach Rücksprache mit seinem Steuerberater, dass es für das zurückliegende Geschäftsjahr 0002 Gewerbesteuer in Höhe von 18 500,00 € zahlen muss. Es ermittelt deshalb die erwartete Gewerbesteuernachzahlung und passiviert diese:

Sollkonto	Betrag	an Habenkonto	Betrag

(6) Unter welchem Posten und mit welchem Betrag werden die Steuern jetzt in der Gewinn- und Verlustrechnung nach dem Gesamtkostenverfahren zum 31.12.0002 ausgewiesen:

Posten	Betrag

Übung 11-3

Vom Konto der Marcslights GmbH* werden für ein Kraftfahrzeug 120,00 € Kraftfahrzeugsteuer abgebucht:

Kapitelreferenzen
/ Kapitel 11.4.2

Sollkonto	Betrag	an	Habenkonto	Betrag

Lernstandsmonitor Kapitel 11

Kapitel		niedrig	mittel	hoch	Noch lernen
11.1 Einordnung innerhalb der Jahresabschlussrechnungen	Wichtigkeit				
	Eigene Kompetenz				
11.2 Steuerlich nicht abzugsfähige Betriebsausgaben	Wichtigkeit				
	Eigene Kompetenz				
11.3 Steuern vom Einkommen und vom Ertrag	Wichtigkeit				
	Eigene Kompetenz				
11.4 Sonstige Steuern	Wichtigkeit				
	Eigene Kompetenz				
11.5 Privatsteuern	Wichtigkeit				
	Eigene Kompetenz				
11.6 Steuerliche Nebenleistungen	Wichtigkeit				
	Eigene Kompetenz				

Teil III
Jahresabschluss

12 Die durchzuführenden Abschlussprozesse

Kapitelnavigator

Inhalt	Lernziel
12.1 Beendigung der operativen Buchführung	12-1 Die Tätigkeiten zur Beendigung der operativen Buchführung kennen.
12.2 Vorbereitende Abschlussarbeiten	12-2 Die vorbereitenden Abschlussarbeiten kennen.
12.3 Erstellung des handelsrechtlichen Jahresabschlusses und Lageberichts	12-3 Die Tätigkeiten zur Erstellung des handelsrechtlichen Jahresabschlusses und Lageberichts kennen.
12.4 Erstellung des steuerrechtlichen Jahresabschlusses	12-4 Die Tätigkeiten zur Erstellung des steuerrechtlichen Jahresabschlusses kennen.
12.5 Erstellung des Konzernabschlusses	12-5 Die Tätigkeiten zur Erstellung des Konzernabschlusses kennen.
12.6 Buchungen auf Basis der Jahresabschlüsse im folgenden Geschäftsjahr	12-6 Die Buchungen auf Basis der Jahresabschlüsse im folgenden Geschäftsjahr kennen.

Da sich das Geschäftsjahr seinem Ende zuneigt, machen sich Jill und Marc Gedanken darüber, welche Tätigkeiten im Rahmen des Jahresabschlusses in ihren Unternehmen durchzuführen sind.

Da Jahresabschlüsse das Ergebnis aller Geschäftsvorfälle eines Geschäftsjahres sind, können die meisten Tätigkeiten zu ihrer Erstellung erst nach der Beendigung des Geschäftsjahres im neuen Geschäftsjahr vorgenommen werden.

Viele der Tätigkeiten werden dabei automatisch von der verwendeten Buchführungssoftware durchgeführt, so beispielsweise die Aufstellung der meisten Jahresabschlussrechnungen. Andere Tätigkeiten, wie die Inventur oder die zeitlichen Abgrenzungen, müssen hingegen manuell getätigt werden.

Das nachfolgende Kapitel gibt einen chronologischen Überblick über die für einen Jahresabschluss durchzuführenden Tätigkeiten. Zuerst werden wir uns die Tätigkeiten zur

Copyright: Bayer AG

Beendigung der operativen Buchführung und die vorbereitenden Abschlusstätigkeiten anschauen. Danach werden wir uns einen Überblick über die Tätigkeiten zur Erstellung von handelsrechtlichen und steuerrechtlichen Jahresabschlüssen und von Konzernabschlüssen verschaffen. Zuletzt werden wir darauf eingehen, welche Buchungen im folgenden Geschäftsjahr auf Basis der Jahresabschlüsse vorzunehmen sind.

12.1 Beendigung der operativen Buchführung

Lernziel 12-1
Die Tätigkeiten zur Beendigung der operativen Buchführung kennen.

- Beendigung der operativen Buchführung
- Vorbereitende Abschlussarbeiten
- Erstellung des handelsrechtlichen Jahresabschlusses
- Erstellung des steuerrechtlichen Jahresabschlusses
- Erstellung des Konzernabschlusses
- Buchungen im folgenden Geschäftsjahr

Bevor mit den Abschlussarbeiten begonnen werden kann, muss die operative Buchführung des Geschäftsjahres beendet werden. Dazu sind insbesondere folgende Tätigkeiten durchzuführen (Küting, K. und andere 2010: Seite 247 ff.):

▸ Sicherstellung, dass alle verbindlich erteilten Bestellungen und Kundenaufträge erfasst wurden.
▸ Sicherstellung, dass alle erhaltenen und erbrachten Lieferungen und Leistungen erfasst wurden.
▸ Sicherstellung, dass alle erhaltenen und gestellten Rechnungen erfasst wurden.
▸ Sicherstellung, dass alle selbst oder von Kunden in Anspruch genommenen Preisnachlässe erfasst wurden.
▸ Sicherstellung, dass alle anderen Geschäftsvorfälle betreffend des operativen Tagesgeschäftes des Geschäftsjahres erfasst wurden.
▸ Sperrung der Buchungsperiode für operative Buchungen.

12.2 Vorbereitende Abschlussarbeiten

Lernziel 12-2
Die vorbereitenden Abschlussarbeiten kennen.

- Beendigung der operativen Buchführung
- Vorbereitende Abschlussarbeiten
- Erstellung des handelsrechtlichen Jahresabschlusses
- Erstellung des steuerrechtlichen Jahresabschlusses
- Erstellung des Konzernabschlusses
- Buchungen im folgenden Geschäftsjahr

Nach der Verbuchung der operativen Geschäftsvorfälle des Geschäftsjahres kann mit den vorbereitenden Abschlussarbeiten begonnen werden. Dazu sind in den verschiedenen Bereichen insbesondere folgende Tätigkeiten durchzuführen (Küting, K. und andere 2010: Seite 267 und 273 und Bornhofen, M./Bornhofen, M. C. 2011: Seite 39)

(1) Hauptabschlussübersicht
Erstellung einer Hauptabschlussübersicht, die auch als *Summen- und Saldenliste* oder als *Summen- und Saldenbilanz* bezeichnet wird. Die Hauptabschlussübersicht zeigt in tabellarischer Form die Entwicklung aller Sachkonten während des Geschäftsjahres auf. Sie dient in erster Linie als Arbeitshilfe bei den Abschlussarbeiten und wird in deren Verlauf häufig mehrfach erstellt.

(2) Prüfungen
Prüfungen können sowohl im Rahmen der vorbereitenden Abschlussarbeiten als auch im Rahmen der Erstellung des handelsrechtlichen Jahresabschlusses (⁊ Kapitel 12.3) vom Unternehmen selbst oder von Dritten, wie externen Abschlussprüfern, durchgeführt werden. Tätigkeiten im Rahmen der Prüfung sind:

- Durchführung von *Abstimmprüfungen* zur Sicherstellung, dass bestimmte Zahlen innerhalb der Buchführung übereinstimmen, so beispielsweise die Summen der Soll- und der Haben-Buchungen.
- Durchführung von *Übertragungsprüfungen* zur Sicherstellung, dass die richtigen Werte auf die richtigen Konten übertragen wurden, so beispielsweise beim Abschluss von Unterkonten auf Hauptkonten.
- Durchführung von *rechnerischen Prüfungen* zur Sicherstellung, dass alle Rechenoperationen richtig durchgeführt wurden, so beispielsweise zur Ermittlung von Abschreibungen.
- Durchführung von *Belegprüfungen*, zur Sicherstellung, dass nur korrekte Belege verbucht wurden und dass diese Belege richtig verbucht wurden.
- Einholung von *Saldenbestätigungen* bei Kreditoren und Debitoren zur Überprüfung der Salden, die sich in der Kontokorrentbuchführung ergeben haben.

(3) Unterkonten
- Abschluss der periodisch abzuschließenden Unterkonten für Anschaffungsnebenkosten.
- Abschluss der periodisch abzuschließenden Unterkonten für Preisnachlässe.
- Abschluss weiterer Unterkonten.

(4) Inventur
- Durchführung der Inventur.
- Aufstellung des Inventars.
- Verbuchung von Inventurdifferenzen.

(5) Bewertungen
- Durchführung planmäßiger Abschreibungen auf das Anlagevermögen.
- Durchführung von *Verrechnungsläufen* zur Neuberechnung der Gemeinkostenzuschlagssätze zur Ermittlung der Herstellungskosten von Erzeugnissen und Eigenleistungen.
- Durchführung von Folgebewertungen von Vermögensgegenständen und Schulden und in Folge Durchführung von außerplanmäßigen Ab- und Zuschreibungen.

(6) Zeitliche Abgrenzungen
- Umbuchung von Forderungen und Verbindlichkeiten, falls diese in eine andere Laufzeitkategorie fallen.
- Durchführung von *Erlösabgrenzungs-* und *Erlösrealisierungläufen* (Küting, K. und andere 2010: Seite 206).
- Durchführung von transitorischen Abgrenzungen.
- Durchführung von antizipativen Abgrenzungen.
- Bildung und Neubewertung von Rückstellungen.

(7) Umsatzsteuer
- Erstellung der Umsatzsteuervoranmeldung des letzten Voranmeldezeitraums.
- Erstellung der zusammenfassenden Meldung des letzten Voranmeldezeitraums.
- Abschluss der Umsatzsteuerkonten.

(8) Steuern vom Einkommen und vom Ertrag
- Schätzung und Verbuchung der zu zahlenden Körperschaftsteuer, des Solidaritätszuschlags darauf und der Gewerbesteuer.
- Aktivierung oder Passivierung latenter Steuern.

(9) Überleitung Gewinn- und Verlustrechnung
Gegebenenfalls Durchführung von Anpassungsbuchungen zur Überleitung des *Gesamtkostenverfahrens* in das *Umsatzkostenverfahren*.

(10) Ergebnisverwendung
- Teilweise oder vollständige Verwendung des handelsrechtlichen Jahresüberschusses oder -fehlbetrages.
- Einstellung des nicht verwendeten Ergebnisses in den Gewinn- oder Verlustvortrag auf das Folgejahr.

(11) Kontenabschluss und Saldenübertrag
- Abschluss der privaten Entnahme- und Einlagekonten bei Einzelkaufleuten und Personenhandelsgesellschaften.
- Gegebenenfalls Abschluss der Erfolgskonten.
- Abschluss der Bestandskonten und Übertrag ihrer Salden ins folgende Geschäftsjahr.
- Abschluss der Nebenbuchführungen.
- Sperrung des Geschäftsjahres für weitere Buchungen.

12.3 Erstellung des handelsrechtlichen Jahresabschlusses und Lageberichts

Lernziel 12-3
Die Tätigkeiten zur Erstellung des handelsrechtlichen Jahresabschlusses und Lageberichts kennen.

- Beendigung der operativen Buchführung
- Vorbereitende Abschlussarbeiten
- **Erstellung des handelsrechtlichen Jahresabschlusses**
- Erstellung des steuerrechtlichen Jahresabschlusses
- Erstellung des Konzernabschlusses
- Buchungen im folgenden Geschäftsjahr

Im Anschluss an die vorbereitenden Arbeiten kann der handelsrechtliche Jahresabschluss erstellt werden, der neben *Informationsaufgaben* insbesondere auch *Zahlungsbemessungsaufgaben* im Hinblick auf ergebnisabhängige Zahlungen, wie Dividenden, hat. Zur Erstellung des handelsrechtlichen Jahresabschlusses sind insbesondere folgende *Abschlussarbeiten* durchzuführen (Coenenberg, A. G. und andere 2009a: Seite 34, Rädeker, J./Dietz, K. 2011: Seite 104 und Gebührenverordnung für Steuerberater, Steuerbevollmächtigte und Steuerberatungsgesellschaften: § 35 Abschlussarbeiten, Absatz 1):

(1) Aufstellung des Jahresabschlusses und des Lageberichts

- Aufstellung der handelsrechtlichen Bilanz.
- Aufstellung der handelsrechtlichen Gewinn- und Verlustrechnung.
- Gegebenenfalls Aufstellung einer Ergebnisverwendungsrechnung und eines Eigenkapitalspiegels.
- Gegebenenfalls Aufstellung einer Kapitalflussrechnung.
- Gegebenenfalls Aufstellung ergänzender Berichte und Unterlagen, wie Anhang, Anlagengitter oder Segmentbericht.
- Gegebenenfalls Aufstellung eines Lageberichts.
- Gegebenenfalls Aufstellung ergänzender Unterlagen für die Offenlegung.

(2) Prüfung und Feststellung des Jahresabschlusses und Entscheidung über die Ergebnisverwendung

- Abhängig von den Unternehmensmerkmalen (↗ Kapitel 5.2) gegebenenfalls *Prüfung* des Jahresabschlusses und des Lageberichts durch einen *Abschlussprüfer* (Handelsgesetzbuch: §§ 316 ff.). In der Regel erfolgt ergänzend dazu eine Prüfung der Buchführung, des Buchführungssoftwaresystems und des internen Kontrollsystems. Die Prüfung dient insbesondere der Ermittlung von *Unrichtigkeiten* und *Verstößen* und von deren Ursachen.
- Gegebenenfalls Erstellung eines *Prüfungsberichts* durch den Abschlussprüfer.
- Gegebenenfalls Erteilung eines *Bestätigungsvermerks* durch den Abschlussprüfer.
- Gegebenenfalls Vorlage des Prüfungsberichts und des Bestätigungsvermerks bei den gesetzlichen Vertretern des Unternehmens (Handelsgesetzbuch: § 321 Prüfungsbericht, Absatz 5).
- Bei Bestehen eines Aufsichtsrats *Vorlage* des Jahresabschlusses, des Lageberichts des Prüfungsberichts und des Vorschlags für die Verwendung des Bilanzgewinns beim Aufsichtsrat.
- Bei Bestehen eines Aufsichtsrats *Prüfung* des Jahresabschlusses, des Lageberichts und des Vorschlags für die Verwendung des Bilanzgewinns durch diesen.
- Bei Aktiengesellschaften *Feststellung* des Jahresabschlusses durch den Vorstand und den Aufsichtsrat (Aktiengesetz: § 172 Feststellung durch Vorstand und Aufsichtsrat).
- Gegebenenfalls Freigabe des in Papierform und auf der Homepage des Unternehmens zu veröffentlichenden Geschäftsberichtes.
- Gegebenenfalls Durchführung einer *Bilanzpressekonferenz*.
- Bei kapitalmarktorientierten Unternehmen Einreichung des Jahresabschlusses bei der Börse.
- Vorlage zur *Entgegennahme* des Jahresabschlusses und gegebenenfalls des Lage-

berichts, des Bestätigungsvermerks und des Berichts des Aufsichtsrates bei den Gesellschaftern beziehungsweise bei Aktiengesellschaften der Hauptversammlung (Gesetz betreffend die Gesellschaften mit beschränkter Haftung: § 42a Vorlage des Jahresabschlusses und des Lageberichts, Absatz 1, Satz 1 und Aktiengesetz: § 175 Einberufung).
- *Feststellung* des Jahresabschlusses durch die Gesellschafter und bei Aktiengesellschaften gegebenenfalls durch die Hauptversammlung (Handelsgesetzbuch: § 245 Unterzeichnung, Gesetz betreffend die Gesellschaften mit beschränkter Haftung: § 42a Vorlage des Jahresabschlusses und des Lageberichts, Absatz 2 und Aktiengesetz: § 173 Feststellung durch die Hauptversammlung).
- Beschluss über die vollständige *Ergebnisverwendung* durch die Gesellschafter beziehungsweise bei Aktiengesellschaften die Hauptversammlung (Gesetz betreffend die Gesellschaften mit beschränkter Haftung: § 42a Vorlage des Jahresabschlusses und des Lageberichts, Absatz 2 und Aktiengesetz: § 174).

(3) Offenlegung des Jahresabschlusses und des Lageberichts
- Abhängig von den Unternehmensmerkmalen (↗ Kapitel 5.2) gegebenenfalls Einreichung der Unterlagen beim Betreiber des elektronischen *Bundesanzeigers* durch die gesetzlichen Vertreter des Unternehmens (Handelsgesetzbuch: § 325 Offenlegung). Die offenzulegenden Unterlagen können dabei abhängig von den Unternehmensmerkmalen von den aufzustellenden Unterlagen abweichen (↗ Kapitel 5.2).
- Veröffentlichung des Jahresabschlusses im elektronischen Bundesanzeiger unter: www.ebundesanzeiger.de.

12.4 Erstellung des steuerrechtlichen Jahresabschlusses

- Beendigung der operativen Buchführung
- Vorbereitende Abschlussarbeiten
- Erstellung des handelsrechtlichen Jahresabschlusses
- **Erstellung des steuerrechtlichen Jahresabschlusses**
- Erstellung des Konzernabschlusses
- Buchungen im folgenden Geschäftsjahr

Im Anschluss an die Erstellung des handelsrechtlichen Jahresabschlusses erfolgt die Erstellung der Steuerunterlagen, die im Hinblick auf ergebnisabhängige Steuern *Zahlungsbemessungsaufgaben* haben und in der Regel aus dem steuerrechtlichen Jahresabschluss und den Steuererklärungen bestehen (Einkommensteuer-Durchführungsverordnung: § 60 Unterlagen zur Steuererklärung). Für die Erstellung der Steuerunterlagen sind insbesondere folgende Tätigkeiten durchzuführen:

(1) Aufstellung des steuerrechtlichen Jahresabschlusses
Falls nicht dafür optiert wird, die Steuererklärungen auf Basis des handelsrechtlichen Jahresabschlusses zu erstellen, muss ein steuerrechtlicher Jahresabschluss beziehungsweise eine *Steuerbilanz* erstellt werden. Die Erstellung des steuerrechtlichen Jahresabschlusses kann entweder mittels einer *Überleitungsrechnung* auf Basis des handelsrechtlichen Abschlusses oder durch eine parallele Verbuchung während des Geschäftsjahres entsprechend der steuerrechtlichen Bestimmungen erfolgen (↗ Kapitel 4.4). In der Steuerbilanz dürfen dabei andere Ansätze als in der Handelsbilanz gewählt werden (↗ Kapitel 14.7.1). Für den inzwischen seltenen Fall der Übereinstimmung von Handels- und Steuerbilanz wird von einer *Einheitsbilanz*, gesprochen.

Lernziel 12-4
Die Tätigkeiten zur Erstellung des steuerrechtlichen Jahresabschlusses kennen.

(2) Erstellung der Steuererklärungen
Auf Basis des steuerrechtlichen Jahresabschlusses werden anschließend die Steuererklärungen erstellt, so insbesondere:
- die Körperschaftsteuererklärung und
- die Gewerbesteuererklärung.

Die auch zu erstellende Umsatzsteuererklärung wird hingegen auf der Basis der handelsrechtlichen Buchführungsdaten erstellt.

(3) Einreichung der Steuerunterlagen
Zuletzt werden die Steuererklärungen zusammen mit dem steuerrechtlichen Jahresabschluss beim zuständigen Finanzamt eingereicht.

12.5 Erstellung des Konzernabschlusses

Lernziel 12-5
Die Tätigkeiten zur Erstellung des Konzernabschlusses kennen.

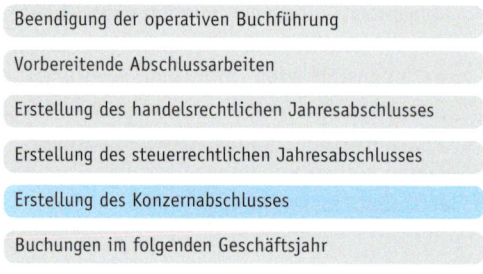

Bei Konzernunternehmen erfolgt im Anschluss an die Erstellung der Einzelabschlüsse der Konzernunternehmen die Aufstellung des Konzernabschlusses und seine Offenlegung, um seiner primären *Informationsaufgabe* (↗ Kapitel 5.2.3.3) gerecht zu werden. Dafür sind im Einzelnen folgende Tätigkeiten durchzuführen:

(1) Aufstellung der Handelsbilanzen II
In der Regel gehen in Konzernabschlüsse Einzelabschlüsse ein, die nach verschiedenen landesspezifischen Rechnungslegungsstandards aufgestellt wurden. Die Einzelabschlüsse müssen deshalb innerhalb des Konzerns beispielsweise entsprechend der International Financial Reporting Standards (IFRS) vereinheitlicht werden. Durch die Ausübung der dazu erforderlichen Bilanzierungswahlrechte werden die Handelsbilanzen I nach dem jeweils geltenden landesspezifischen Handelsrecht der einzelnen Konzernunternehmen in die sogenannten *Handelsbilanzen II* nach dem für das Mutterunternehmen geltende Handelsrecht überführt (Handelsgesetzbuch: § 300 Konsolidierungsgrundsätze Vollständigkeitsgebot, Absatz 2).

(2) Konsolidierung der vereinheitlichten Einzelabschlüsse
Im Anschluss an die Vereinheitlichung der Einzelabschlüsse werden diese zu einem Konzernabschluss konsolidiert. Dazu sind in der Regel umfangreiche Anpassungen notwendig, so beispielsweise um unterschiedliche Währungen, unterschiedliche Abschlussstichtage und Leistungsbeziehungen zwischen den Konzernunternehmen zu berücksichtigen. Auf die dazu erforderlichen Tätigkeiten soll hier mit Verweis auf Coenenberg, A. G. und andere 2009a jedoch nicht näher eingegangen werden.

Abb. 12-1
Die Erstellung von Konzernabschlüssen erfolgt in zwei Schritten.

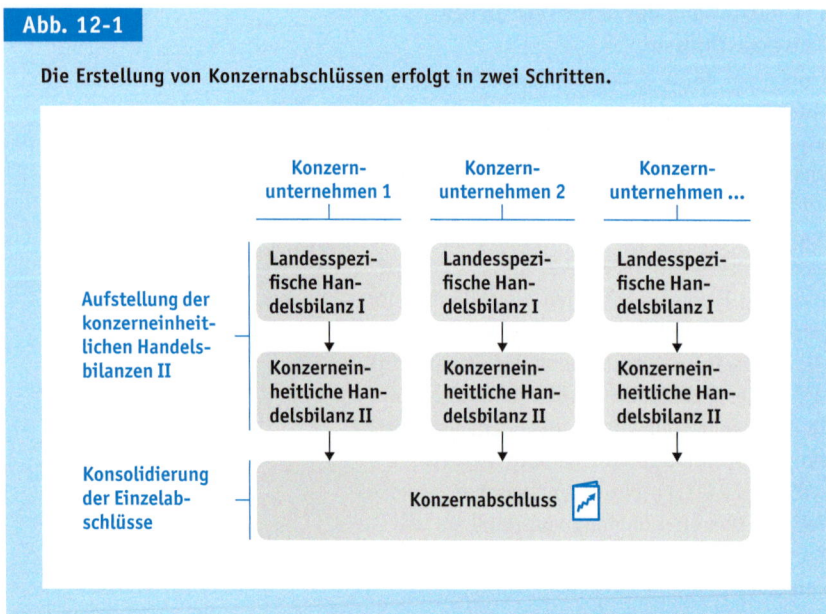

12.6 Buchungen auf Basis der Jahresabschlüsse im folgenden Geschäftsjahr

- Beendigung der operativen Buchführung
- Vorbereitende Abschlussarbeiten
- Erstellung des handelsrechtlichen Jahresabschlusses
- Erstellung des steuerrechtlichen Jahresabschlusses
- Erstellung des Konzernabschlusses
- **Buchungen im folgenden Geschäftsjahr**

Auf Basis der erstellten Jahresabschlüsse werden in der Regel noch folgende Buchungen durchgeführt, die dem folgenden Geschäftsjahr zuzurechnen sind:

(1) Vollständige Ergebnisverwendung
Die Verbuchungen von Ausschüttungen an die Unternehmenseigner und von weiteren Einstellungen in die Gewinnrücklagen erfolgen in der Regel auf Basis des Gewinnvortrages im neuen Geschäftsjahr, dem sie entsprechend auch zugerechnet werden (↗ Kapitel 7.2.1.2.5).

(2) Verbuchung von Steuerzahlungen
Auf Basis des steuerrechtlichen Jahresabschlusses werden seitens der Finanzämter Steuerbescheide erstellt. Daraus resultierende Steuernachzahlungen oder -erstattungen werden im neuen Geschäftsjahr verbucht und diesem Geschäftsjahr entsprechend auch zugerechnet (↗ Kapitel 11.3 und 15.4.2).

Lernziel 12-6
Die Buchungen auf Basis der Jahresabschlüsse im folgenden Geschäftsjahr kennen.

Schlüsselbegriffe Kapitel 12

- Operative Buchführung (↗ Kapitel 12.1)
- Vorbereitende Abschlussarbeit (↗ Kapitel 12.2)
- Hauptabschlussübersicht (↗ Kapitel 12.2)
- Summen- und Saldenliste (↗ Kapitel 12.2)
- Summen- und Saldenbilanz (↗ Kapitel 12.2)
- Abstimmprüfung (↗ Kapitel 12.2)
- Übertragungsprüfung (↗ Kapitel 12.2)
- Rechnerische Prüfung (↗ Kapitel 12.2)
- Belegprüfung (↗ Kapitel 12.2)
- Saldenbestätigung (↗ Kapitel 12.2)
- Inventur (↗ Kapitel 12.2)
- Bewertung (↗ Kapitel 12.2)
- Verrechnungslauf (↗ Kapitel 12.2)
- Zeitliche Abgrenzung (↗ Kapitel 12.2)
- Erlösabgrenzungslauf (↗ Kapitel 12.2)
- Erlösrealisierungslauf (↗ Kapitel 12.2)
- Gesamtkostenverfahren (↗ Kapitel 12.2)
- Umsatzkostenverfahren (↗ Kapitel 12.2)
- Ergebnisverwendung (↗ Kapitel 12.2, 12.3)
- Kontenabschluss (↗ Kapitel 12.2)
- Saldenübertrag (↗ Kapitel 12.2)
- Informationsaufgabe (↗ Kapitel 12.3, 12.5)
- Zahlungsbemessungsaufgabe (↗ Kapitel 12.3, 12.4)
- Abschlussarbeit (↗ Kapitel 12.3)
- Aufstellung (↗ Kapitel 12.3)
- Prüfung (↗ Kapitel 12.3)
- Abschlussprüfer (↗ Kapitel 12.3)
- Unrichtigkeit (↗ Kapitel 12.3)
- Verstoß (↗ Kapitel 12.3)
- Bestätigungsvermerk (↗ Kapitel 12.3)
- Aufsichtsrat (↗ Kapitel 12.3)
- Vorlage (↗ Kapitel 12.3)
- Feststellung (↗ Kapitel 12.3)
- Bilanzpressekonferenz (↗ Kapitel 12.3)
- Entgegennahme (↗ Kapitel 12.3)
- Offenlegung (↗ Kapitel 12.3)
- Bundesanzeiger (↗ Kapitel 12.3)
- Steuerbilanz (↗ Kapitel 12.4)
- Überleitungsrechnung (↗ Kapitel 12.4)
- Einheitsbilanz (↗ Kapitel 12.4)
- Steuererklärung (↗ Kapitel 12.4)
- Körperschaftsteuererklärung (↗ Kapitel 12.4)
- Gewerbesteuererklärung (↗ Kapitel 12.4)
- Umsatzsteuererklärung (↗ Kapitel 12.4)
- Steuerunterlage (↗ Kapitel 12.4)
- Finanzamt (↗ Kapitel 12.4)
- Konzernabschluss (↗ Kapitel 12.5)
- Handelsbilanz I (↗ Kapitel 12.5)
- Handelsbilanz II (↗ Kapitel 12.5)
- Konsolidierung (↗ Kapitel 12.5)
- Einzelabschluss (↗ Kapitel 12.5)
- Steuerzahlung (↗ Kapitel 12.6)

12.6 Die durchzuführenden Abschlussprozesse
Fragen

Fragen Kapitel 12

Frage 12-1: In welchem Geschäftsjahr werden die meisten Abschlussprozesse durchgeführt? (↗ Kapitel 12)

Frage 12-2: Warum muss die operative Buchführung zur Erstellung des Jahresabschlusses beendet werden? (↗ Kapitel 12.1)

Frage 12-3: Welche Tätigkeiten sind im Rahmen der vorbereitenden Abschlussarbeiten durchzuführen? (↗ Kapitel 12.2)

Frage 12-4 (Vertiefung): Welche Tätigkeiten kann die Prüfung umfassen? (↗ Kapitel 12.2)

Frage 12-5: Zu welchen Zeitpunkten erfolgt die Ergebnisverwendung bei Kapitalgesellschaften? (↗ Kapitel 12.2, 12.3)

Frage 12-6: Mit welchen Tätigkeiten enden die vorbereitenden Abschlussarbeiten? (↗ Kapitel 12.2)

Frage 12-7: Welche zwei Aufgaben hat der handelsrechtliche Jahresabschluss? (↗ Kapitel 12.3)

Frage 12-8: Welche drei übergeordnete Abschlussarbeiten werden bei der Erstellung des handelsrechtlichen Jahresabschlusses durchgeführt? (↗ Kapitel 12.3)

Frage 12-9: Wie erfolgt bei Aktiengesellschaften die Feststellung des Jahresabschlusses? (↗ Kapitel 12.3)

Frage 12-10: Wo erfolgt die Offenlegung des Jahresabschlusses? (↗ Kapitel 12.3)

Frage 12-11: Welche Aufgabe hat der steuerrechtliche Jahresabschluss? (↗ Kapitel 12.4)

Frage 12-12: Wann ergibt sich eine Einheitsbilanz? (↗ Kapitel 12.4)

Frage 12-13: Welche Unterlagen umfassen die Steuerunterlagen? (↗ Kapitel 12.4)

Frage 12-14: Welche Aufgabe hat der Konzernabschluss? (↗ Kapitel 12.5)

Frage 12-15: In welchen zwei Schritten erfolgt die Erstellung des Konzernabschlusses? (↗ Kapitel 12.5)

Frage 12-16: Worin unterscheidet sich die Handelsbilanz II von der Handelsbilanz I? (↗ Kapitel 12.5)

Frage 12-17: Was wird beim Konzernabschluss konsolidiert? (↗ Kapitel 12.5)

Frage 12-18: Welche Buchungen werden auf Basis der Jahresabschlüsse häufig durchgeführt, die dem folgenden Geschäftsjahr zuzurechnen sind? (↗ Kapitel 12.6)

Lernstandsmonitor Kapitel 12

Kapitel		niedrig	mittel	hoch	Noch lernen
12.1 Beendigung der operativen Buchführung	Wichtigkeit				
	Eigene Kompetenz				
12.2 Vorbereitende Abschlussarbeiten	Wichtigkeit				
	Eigene Kompetenz				
12.3 Erstellung des handelsrechtlichen Jahresabschlusses und Lageberichts	Wichtigkeit				
	Eigene Kompetenz				
12.4 Erstellung des steuerrechtlichen Jahresabschlusses	Wichtigkeit				
	Eigene Kompetenz				
12.5 Erstellung des Konzernabschlusses	Wichtigkeit				
	Eigene Kompetenz				
12.6 Buchungen auf Basis der Jahresabschlüsse im folgenden Geschäftsjahr	Wichtigkeit				
	Eigene Kompetenz				

13 Die Inventur zur Ermittlung des Mengengerüsts

Kapitelnavigator

Inhalt	Lernziel
13.1 Einordnung innerhalb der Jahresabschlussrechnungen	13-1 Die Auswirkungen von Buchungen im Rahmen der Inventur auf die Jahresabschlussrechnungen kennen.
13.2 Inventurarten	13-2 Die verschiedenen Inventurarten kennen.
13.3 Aufstellung des Inventars	13-3 Ein Inventar aufstellen können.
13.4 Verbuchung von Inventurdifferenzen	13-4 Inventurdifferenzen verbuchen können.

Leider stimmen die in der Buchführung ausgewiesenen Vermögenswerte und Schulden nicht immer mit den tatsächlich vorhandenen Vermögenswerten und Schulden überein. Zur Identifikation von Abweichungen führen Jill und Marc deshalb Inventuren durch.

Unter einer *Inventur* wird die Bestandsaufnahme aller in der Bilanz anzusetzenden Vermögensgegenstände und Schulden eines Unternehmens nach Art und Menge durch Zählen, Messen, Wiegen und Schätzen verstanden. Eine Inventur ist durchzuführen (Handelsgesetzbuch: § 240 Inventar):
- bei der Gründung von Unternehmen,
- zum Ende jeden Geschäftsjahres im Rahmen des Jahresabschlusses,
- bei der Veräußerung von Unternehmen und
- bei der Auflösung von Unternehmen.

Im Rahmen der Erstellung von unterjährigen Abschlüssen, wie Quartalsabschlüssen, ist hingegen keine Inventur durchzuführen.

Nachfolgend werden wir uns zuerst anschauen, wie sich Buchungen im Rahmen der

Inventur auf die Jahresabschlussrechnungen auswirken. Danach werden wir uns mit den verschiedenen Möglichkeiten der Durchführung der Inventur beschäftigen. Im Anschluss daran werden wir betrachten, wie die Aufstellung des Inventars erfolgt. Zuletzt werden wir auf die Verbuchung von Inventurdifferenzen eingehen.

13.1 Die Inventur zur Ermittlung des Mengengerüsts
Einordnung innerhalb der Jahresabschlussrechnungen

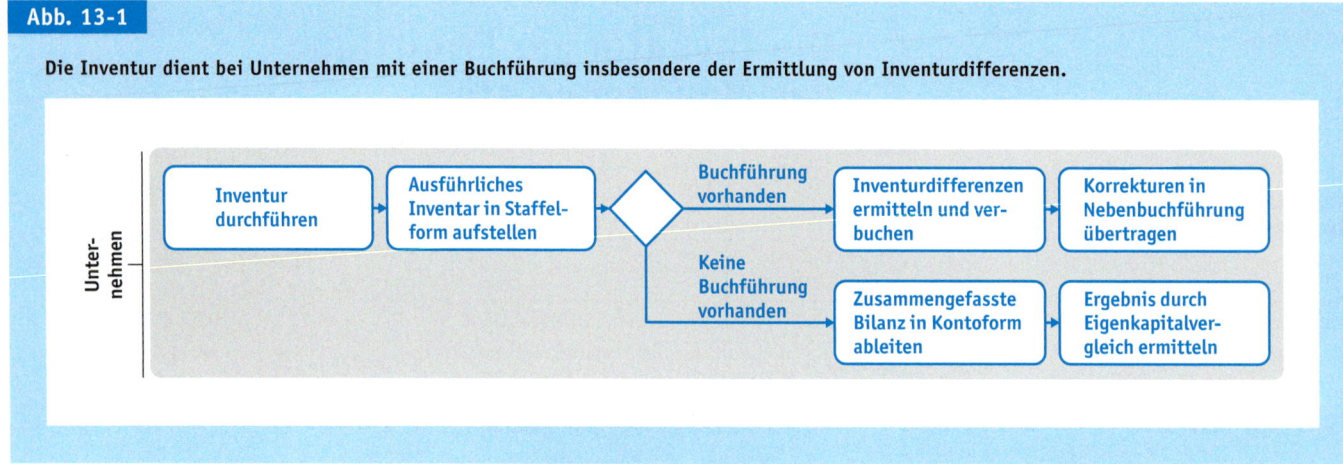

Abb. 13-1

Die Inventur dient bei Unternehmen mit einer Buchführung insbesondere der Ermittlung von Inventurdifferenzen.

13.1 Einordnung innerhalb der Jahresabschlussrechnungen

Lernziel 13-1
Die Auswirkungen von Buchungen im Rahmen der Inventur auf die Jahresabschlussrechnungen kennen.

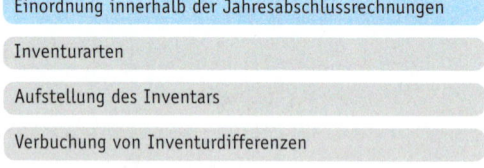

13.1.1 Ausweis in der Bilanz

Die nachfolgend betrachteten Buchungen im Rahmen der Inventur können sich theoretisch zwar auf alle in der Bilanz ausgewiesenen Vermögenswerte und Schulden auswirken, in der Praxis sind davon aber insbesondere folgende Posten der Bilanz (Gliederung gemäß Handelsgesetzbuch: § 266) betroffen (↗ Abbildung 13-2):
- Aktiva.A.II. Sachanlagen,
- Aktiva.B.I. Vorräte und
- Aktiva.B.IV. Kassenbestand ...

13.1.2 Ausweis in der Gewinn- und Verlustrechnung

Die nachfolgend betrachteten Verbuchungen von Inventurdifferenzen der vorgenannten Bilanzposten können sich insbesondere auf folgende Posten der Gewinn- und Verlustrechnung (Version: Gesamtkostenverfahren gemäß Handelsgesetzbuch: § 275 Gliederung, Absatz 2) auswirken (↗ Abbildung 13-2):

- **2. Erhöhung oder Verminderung des Bestands an fertigen und unfertigen Erzeugnissen** ergibt sich unter anderem durch die Verbuchung gewöhnlicher positiver oder negativer Inventurdifferenzen bei den fertigen und unfertigen Erzeugnissen.
- **4. Sonstige betriebliche Erträge** ergeben sich unter anderem durch die Verbuchung gewöhnlicher positiver Inventurdifferenzen bei den Sachanlagen und beim Kassenbestand.
- **5.a) Aufwendungen für Roh-, Hilfs- und Betriebsstoffe und für bezogene Waren**, ergeben sich unter anderem durch die Verbuchung von Bestandskorrekturen bei aufwandsorientiert verbuchten Käufen und durch die Verbuchung gewöhnlicher positiver oder negativer Inventurdifferenzen bei Roh-, Hilfs- und Betriebsstoffe und bei bezogenen Waren.
- **8. Sonstige betriebliche Aufwendungen** ergeben sich unter anderem durch die Verbuchung gewöhnlicher negativer Inventurdifferenzen bei den Sachanlagen und beim Kassenbestand.

13.1.3 Ausweis in der Kapitalflussrechnung

Die nachfolgend betrachteten Buchungen im Rahmen der Inventur wirken sich in der Regel nur auf die Kapitalflussrechnung aus, wenn sich dadurch Änderungen am Bilanzposten »Aktiva.B.IV. Kassenbestand, Bundesbankguthaben, Guthaben bei Kreditinstituten und Schecks« ergeben, beispielsweise weil der Buchbestand der Kasse nicht mit dem tatsächlichen Bestand übereinstimmt. Die resultierenden Verbuchungen von Inventurdifferenzen können sich dann auf folgende Posten der Kapitalflussrechnung (Version: Direkte Methode gemäß Deutsche Rechnungslegungs Standards: Nr. 2 Kapitalflussrechnung, Tabelle 5) auswirken (↗ Abbildung 13-2):

- **3. Sonstige Einzahlungen, die nicht der Investitions- oder Finanzierungstätigkeit zuzuordnen sind,** ergeben sich unter anderem durch die Verbuchung gewöhnlicher positiver Inventurdifferenzen beim Kassenbestand.
- **4. Sonstige Auszahlungen, die nicht der Investitions- oder Finanzierungstätigkeit zuzuordnen sind,** ergeben sich unter anderem durch die Verbuchung gewöhnlicher negativer Inventurdifferenzen beim Kassenbestand.

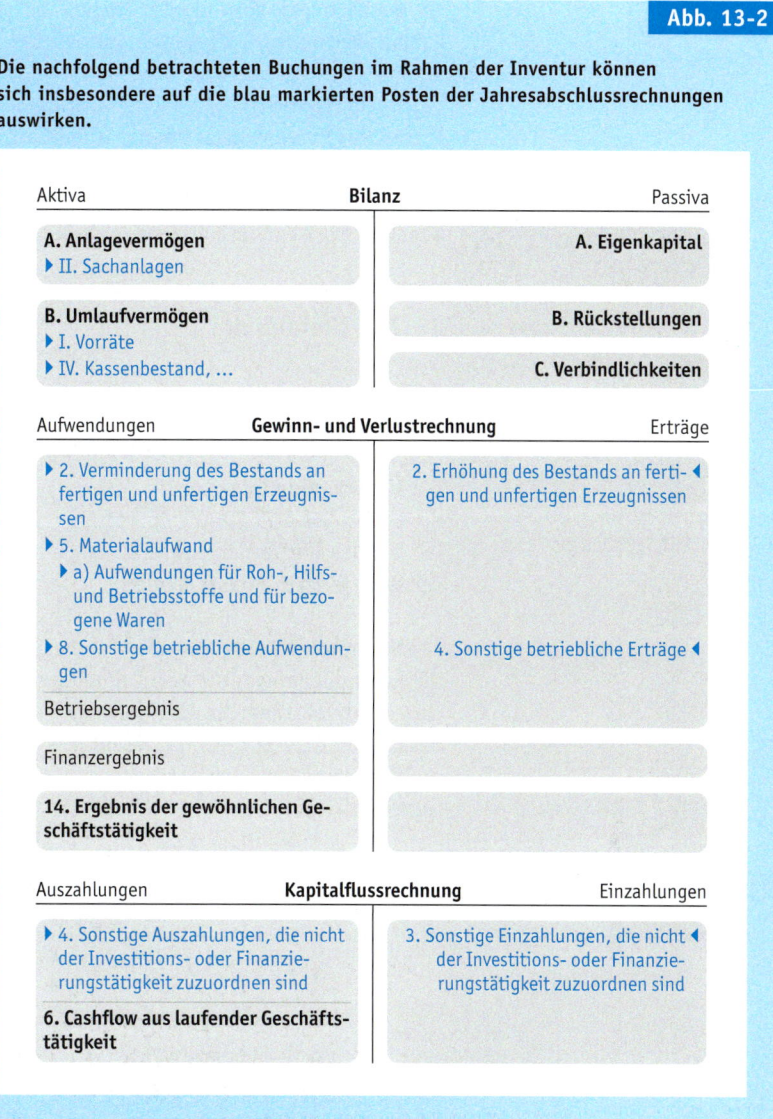

Abb. 13-2

Die nachfolgend betrachteten Buchungen im Rahmen der Inventur können sich insbesondere auf die blau markierten Posten der Jahresabschlussrechnungen auswirken.

13.2 Inventurarten

- Einordnung innerhalb der Jahresabschlussrechnungen
- Inventurarten
- Aufstellung des Inventars
- Verbuchung von Inventurdifferenzen

13.2.1 Erhebungstechnik der Inventur

Nach der Erhebungstechnik können zwei Inventurarten unterschieden werden (Küting, K. und andere 2010: Seite 250):

(1) Körperliche Inventur
Mittels der körperlichen Inventur können alle Güter, die eine physische Substanz aufweisen,

Lernziel 13-2
Die verschiedenen Inventurarten kennen.

wie Sachanlagen, Vorräte oder Bargeld, durch Zählen, Messen oder Wiegen erfasst werden.

(2) Buchinventur
Mittels der Buchinventur können alle Güter, die keine physische Substanz aufweisen, wie Forderungen, Bankguthaben oder Verbindlichkeiten, über Belege, wie Kontoauszüge, erfasst werden.

13.2.2 Umfang der Inventur

Nach dem Umfang der Erhebung können folgende Inventurarten unterschieden werden:

(1) Vollständige Inventur
Normalerweise erfolgt eine vollständige Inventur, bei der alle Vermögensgegenstände und Schulden einzeln erfasst werden.

(2) Stichprobeninventur
Die Stichprobeninventur stellt eine Vereinfachung der vollständigen Inventur dar. Statt der Gesamtheit wird nur eine repräsentative Stichprobe erfasst (Handelsgesetzbuch: § 241 Inventurvereinfachungsverfahren, Absatz 1).

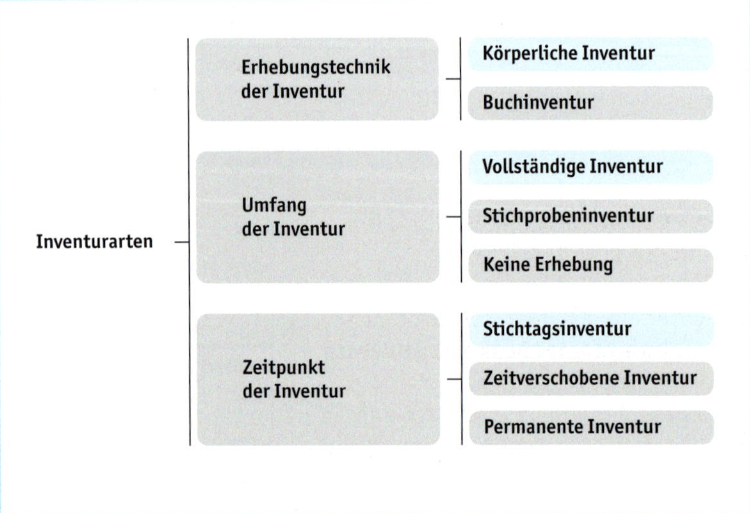

(3) Keine Erhebung aufgrund der Anwendung der Festbewertung
Die vorhandene Menge an Vermögensgegenständen, auf die Unternehmen eine *Festbewertung* anwenden (↗ Kapitel 13.3.2.1), muss nur alle drei Jahre erhoben werden.

13.2.3 Zeitpunkt der Inventur

Nach dem Zeitpunkt der Erhebung können drei Inventurarten unterschieden werden (Küting, K. und andere 2010: Seite 250):

(1) Stichtagsinventur
Die Inventur wird normalerweise als Stichtagsinventur an einem bestimmten Tag, dem sogenannten *Inventurtag* durchgeführt. Der Inventurtag darf dabei bis zu zehn Tage vom Abschlussstichtag abweichen, wenn sichergestellt ist, dass durch Fortschreibungen oder Rückrechnungen die Bestände zum Abschlussstichtag ermittelt werden können (Handelsgesetzbuch: § 240 Inventar, Absatz 1 und 2).

(2) Zeitverschobene Inventur
Die Inventur kann bis zu drei Monate vor oder bis zu zwei Monate nach dem Abschlussstichtag erfolgen, wenn sichergestellt wird, dass durch *Fortschreibungen* oder *Rückrechnungen* die Bestände zum Abschlussstichtag ermittelt werden können (Handelsgesetzbuch: § 241 Inventurvereinfachungsverfahren, Absatz 3).

Bei einer *vorgelagerten Inventur* erfolgt die Fortschreibung der Bestände über folgende Rechnung:

  Bestand am Inventurstichtag
+ Zugänge zwischen dem Inventur- und dem Abschlussstichtag
− Abgänge zwischen dem Inventur- und dem Abschlussstichtag
= Bestand am Abschlussstichtag

Bei einer *nachgelagerten Inventur* erfolgt die Rückrechnung der Bestände umgekehrt über folgende Rechnung:

Abb. 13-3

Die körperliche, vollständige Stichtagsinventur ist die normale Form der Inventur.

Inventurarten	Erhebungstechnik der Inventur	Körperliche Inventur
		Buchinventur
	Umfang der Inventur	Vollständige Inventur
		Stichprobeninventur
		Keine Erhebung
	Zeitpunkt der Inventur	Stichtagsinventur
		Zeitverschobene Inventur
		Permanente Inventur

    Bestand am Inventurstichtag
- Zugänge zwischen dem Inventur- und dem Abschlussstichtag
+ Abgänge zwischen dem Inventur- und dem Abschlussstichtag
= Bestand am Abschlussstichtag

(3) Permanente Inventur
Wenn eine Lagerbuchführung vorhanden ist, kann eine permanente Inventur durchgeführt werden, bei der es durch die Aufzeichnung aller Zu-und Abgänge in einem Lagerbuch zu einer fortlaufenden Bestandsaufnahme kommt. Ergänzend muss allerdings mindestens einmal im Geschäftsjahr zu einem beliebigen Zeitpunkt eine körperliche Bestandsaufnahme durchgeführt werden. Die permanente Inventur wird insbesondere für die Aufnahme des Vorratsvermögens eingesetzt (Handelsgesetzbuch: § 241 Inventurvereinfachungsverfahren, Absatz 2).

13.3 Aufstellung des Inventars

Einordnung innerhalb der Jahresabschlussrechnungen

Inventurarten

Aufstellung des Inventars

Verbuchung von Inventurdifferenzen

Lernziel 13-3
Ein Inventar aufstellen können.

Als Ergebnis der Inventur wird gemäß Handelsgesetzbuch: § 240 Inventar, Absatz 1 ein ausführliches Verzeichnis aller Vermögenswerte und Schulden unter Angabe ihrer Werte erstellt, das als *Inventar* oder als *Bestandsverzeichnis* bezeichnet wird. Zur Aufstellung dieses in den Jahresabschluss eingehenden Mengengerüsts müssen den ermittelten Mengen dabei auch Werte zugeordnet werden (Küting, K. und andere 2010: Seite 250).

13.3.1 Aufbau des Inventars

Im Inventar werden die Vermögenswerte und die Schulden und das daraus resultierende Eigenkapital beziehungsweise Reinvermögen aufgelistet, die in folgendem Zusammenhang zueinanderstehen:

   I. Vermögen
- II. Schulden
= III. Eigenkapital/Reinvermögen

Die Posten des Vermögens werden dabei aufsteigend nach ihrer Liquidierbarkeit, also der Umwandlungsfähigkeit in Geld, geordnet, die Posten der Schulden aufsteigend nach ihrer Fälligkeit, also dem Zeitraum, bis zu dem sie zurückzuzahlen sind (↗ Abbildung 13-4). Die im Inventar auszuweisenden Schulden umfassen dabei nach herrschender Meinung sowohl die Verbindlichkeiten als auch die Rückstellungen (Ulmer, P. 2002: § 240, Anmerkungen 13 f.). Rechnungsabgrenzungsposten und Bilanzierungshilfen sind hingegen nicht zu erfassen.

Für alle Posten des Vermögens und der Schulden sind jeweils folgende Angaben zu machen (Falterbaum, H. und andere 2007: Seite 72):
▸ **Bezeichnung**, wie Art, Artikelnummer, Ausführung und Größe, in einer auch für einen nicht im Betrieb tätigen Fachmann verständlichen Weise,
▸ **Menge** in den Einheiten: Anzahl, Abmessung, Gewicht oder Volumen,
▸ **Einzelwert** einer einzelnen Einheit und
▸ **Gesamtwert** der vorhandenen Menge.

Für jeden Inventarposten ist dann zusätzlich der Gesamtwert aller Unterposten auszuweisen.

13.3.2 Bewertungsvereinfachungen bei der Erstellung des Inventars

In der Regel erfolgt die Bewertung bei der Erstellung des Inventars auf Basis der in der Buchführung aufgeführten Werte. Das Handelsgesetzbuch: § 240 Inventar sieht darüber hinaus für die Erstellung des Inventars die folgenden zwei Bewertungsvereinfachungsverfahren vor, die gemäß Handelsgesetzbuch: § 256 Bewertungsvereinfachungsverfahren, Satz 2 auch bei der Ermittlung der Werte für den Jahresabschluss anwendbar sind.

13.3 Die Inventur zur Ermittlung des Mengengerüsts
Aufstellung des Inventars

Abb. 13-4

Aus dem im Inventar aufgelisteten Vermögen und den Schulden der Marcslights GmbH lässt sich deren Eigenkapital ermitteln.

Inventar Marcslights GmbH zum 31.12.0005

Pos.	Bezeichnung	Menge	Einheit	Einzelwert	Gesamtwert
I.	**Vermögen**				
1.	**Anlagevermögen**				
1.1	**Technische Anlagen und Maschinen**				
01	Gemäß Anlagenverzeichnis 1				118 988,03 €
1.2	**Betriebs- und Geschäftsausstattung**				
02	Gemäß Anlagenverzeichnis 2				37 418,92 €
1.3	**Wertpapiere des Anlagevermögens**				
03	Gemäß Depotverzeichnis 1				27 913,14 €
2.	**Umlaufvermögen**				
2.1	**Roh-, Hilfs- und Betriebsstoffe**				
04	Edelstahlblech	86	Stück	10,00 €	860,00 €
05	Kunststofffolien	32,00	m²	89,60 €	2 867,20 €
06	Elektrokabel	53,80	m	1,40 €	75,32 €
07	Speziallack	5,40	l	97,30 €	525,42 €
2.2	**Unfertige Erzeugnisse**				
07	Gemäß Inventurliste UE				1 840,00 €
2.3	**Fertige Erzeugnisse**				
09	Edelstahlleuchten	26	Stück	100,00 €	2 600,00 €
10	Tischleuchten	17	Stück	150,00 €	2 550,00 €
2.4	**Waren**				
11	Energiesparlampen	55	Stück	6,35 €	349,25 €
2.5	**Forderungen aus Lieferungen und Leistungen**				
12	Forderungen gegenüber Designleuchten-Handels GmbH				357,00 €
13	Forderungen gegenüber Sonnenhell GmbH				1 487,00 €
2.6	**Kassenbestand**				
14	Bargeldbestand Tresor				1 220,00 €
2.7	**Guthaben bei Kreditinstituten**				
15	Girokonto D-Bank AG				8 786,41 €
	Summe der Vermögenswerte				**207 837,69 €**
II.	**Schulden**				
1.	**Rückstellungen**				
1.1	**Steuerrückstellungen**				
16	Rückstellungen für Gewerbesteuer				817,00 €
2.	**Verbindlichkeiten**				
2.1	**Verbindlichkeiten gegenüber Kreditinstituten**				
17	Verbindlichkeiten gegenüber D-Bank AG				30 000,00 €
2.2	**Verbindlichkeiten aus Lieferungen und Leistungen**				
18	Verbindlichkeiten gegenüber RHB-Handels GmbH				1 190,00 €
19	Verbindlichkeiten gegenüber Lichtwerk GmbH				821,22 €
2.3	**Sonstige Verbindlichkeiten aus Steuern**				
20	Verbindlichkeiten aus Umsatzsteuer				2 314,55 €
	Summe der Schulden				**35 142,77 €**
III.	**Eigenkapital**				
	Summe der Vermögenswerte				207 837,69 €
−	Summe der Schulden				35 142,77 €
=	**Eigenkapital**				**172 694,92 €**

13.3.2.1 Festbewertung

Eine Festbewertung gemäß Handelsgesetzbuch: § 240 Inventar, Absatz 3 kann auf Vermögensgegenstände des Sachanlagevermögens sowie auf Roh-, Hilfs- und Betriebsstoffe angewendet werden, wenn:
- sie regelmäßig ersetzt werden,
- ihr Gesamtwert für das Unternehmen von nachrangiger Bedeutung ist und
- ihr Bestand in seiner Größe, seinem Wert und seiner Zusammensetzung nur geringen Veränderungen unterliegt.

Entsprechende Vermögensgegenstände können drei Jahre lang mit der gleichen festen Menge und mit dem gleichen festen Wert angesetzt werden, bevor erneut eine körperliche Bestandsaufnahme und eine Bewertung durchzuführen ist.

13.3.2.2 Gruppenbewertung

Eine Gruppenbewertung gemäß Handelsgesetzbuch: § 240 Inventar, Absatz 4 kann auf:
- **gleichartige** bewegliche Vermögensgegenstände, Vermögensgegenstände des Vorratsvermögens und Schulden sowie auf
- **annähernd gleichwertige** bewegliche Vermögensgegenstände und Schulden

angewendet werden. Zur Vereinfachung der Bewertung können entsprechende Vermögensgegenstände und Schulden jeweils zu Gruppen zusammengefasst und mit dem gewogenen Durchschnittswert bewertet werden.

13.3.3 Ergebnisermittlung auf Basis des Inventars

Auf Basis des Inventars können auch nicht buchführungspflichtige Wirtschaftssubjekte das Ergebnis eines Geschäftsjahres über einen *Bestandsgrößenvergleich* ermitteln. Das im Inventar ausgewiesene, um Einlagen und Entnahmen zu korrigierende Eigenkapital zum Ende des aktuellen Geschäftsjahres wird dazu mit dem Eigenkapital zum Ende des vorangegangenen Geschäftsjahres verglichen:

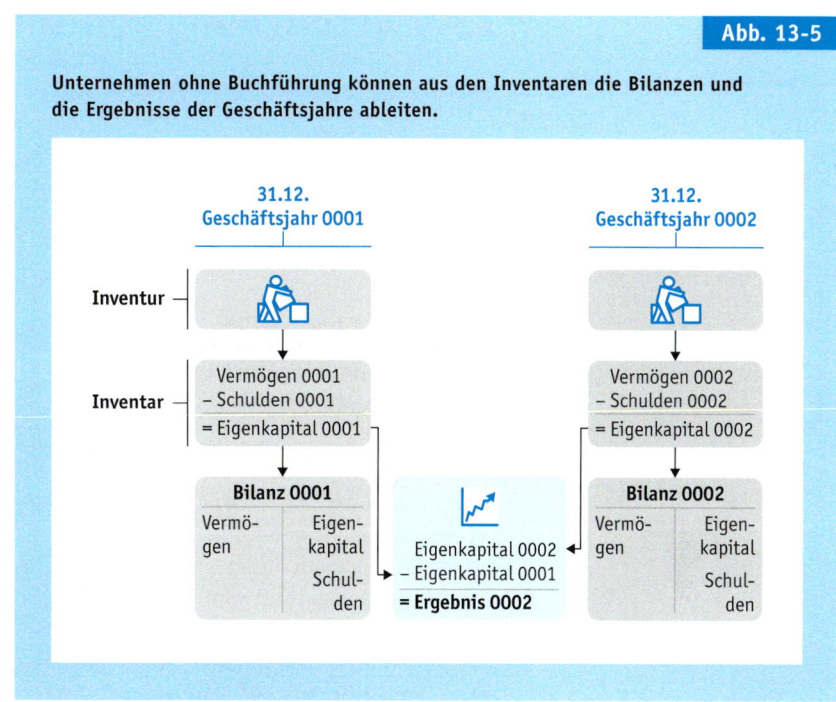

Abb. 13-5

Unternehmen ohne Buchführung können aus den Inventaren die Bilanzen und die Ergebnisse der Geschäftsjahre ableiten.

   Eigenkapital (− Einlagen + Entnahmen) zum Ende des Geschäftsjahres
− Eigenkapital zum Ende des vorangegangenen Geschäftsjahres
= Ergebnis des Geschäftsjahres

Ist das Eigenkapital während des Geschäftsjahres größer geworden, so wurde ein Jahresüberschuss erwirtschaftet, ist es kleiner geworden, so wurde ein Jahresfehlbetrag erwirtschaftet.

13.3.4 Ableitung der Bilanz aus dem Inventar

Das Inventar dient nicht nur zur Überprüfung der Posten der Bilanz, sondern kann von nicht buchführungspflichtigen Wirtschaftssubjekten auch zur Aufstellung einer Bilanz verwendet werden. Dies erfolgt durch Zusammenfassung der Inventarposten entsprechend der Bilanzposten und durch Anordnung der sich ergebenden Posten in Kontenform.

13.4 Verbuchung von Inventurdifferenzen

Lernziel 13-4
Inventurdifferenzen verbuchen können.

- Einordnung innerhalb der Jahresabschlussrechnungen
- Inventurarten
- Aufstellung des Inventars
- Verbuchung von Inventurdifferenzen

13.4.1 Bestandskorrekturen bei aufwandsorientiert verbuchten Käufen von Materialien

Wie wir bereits gesehen haben (↗ Kapitel 9.2.2.1), wird bei der aufwandsorientierten Verbuchung des Kaufs von Werkstoffen oder Waren unterstellt, dass von diesen genauso viel verbraucht wird wie gekauft wird. Ist dies nicht der Fall, so erhöhen oder vermindern sich die entsprechenden Bestände während des Geschäftsjahres. Entsprechende Bestandsveränderungen werden im Anschluss an die Inventur über folgende Rechnung ermittelt:

Anfangsbestand laut Inventur
− Endbestand laut Inventur
= Bestandserhöhung/-minderung

Der während des Geschäftsjahres verbuchte Aufwand für Werkstoffe oder für Waren muss dann entsprechend korrigiert werden.

(1) Korrekturbuchungen bei Bestandserhöhungen

Ergibt sich bei der Inventur eine Bestandserhöhung, weil während des Geschäftsjahres mehr Werkstoffe oder Waren gekauft als verbraucht wurden, so wird diese Bestandserhöhung zur Korrektur des Werkstoffverbrauchs:

- im **Soll** der Aktivkonten »Roh-, Hilfs- und Betriebsstoffe (Bestand)« und
- im **Haben** der Aufwandskonten »Einkauf von Roh-, Hilfs- und Betriebsstoffen«

verbucht und zur Korrektur des Warenverbrauchs:

- im **Soll** der Aktivkonten »Waren (Bestand)« und
- im **Haben** der Aufwandskonten »Wareneingang«.

(2) Korrekturbuchungen bei Bestandsminderungen

Ergibt sich bei der Inventur eine Bestandsminderung, weil während des Geschäftsjahres weniger Werkstoffe oder Waren gekauft als verbraucht wurden, so wird diese Bestandsminderung zur Korrektur des Werkstoffverbrauchs:

- im **Soll** der Aufwandskonten »Einkauf von Roh-, Hilfs- und Betriebsstoffen« und
- im **Haben** der Aktivkonten »Roh-, Hilfs- und Betriebsstoffe (Bestand)«

verbucht und zur Korrektur des Warenverbrauchs:

- im **Soll** der Aufwandskonten »Wareneingang« und
- im **Haben** der Aktivkonten »Waren (Bestand)«.

Typische Belege
- Inventurbelege

Konten [Bilanz: Aktiva.B.I.1. Roh-, Hilfs- und Betriebsstoffe]
- SKP03[SKR03]: 3970 Roh-, Hilfs- und Betriebsstoffe (Bestand)[2] · 3971 Rohstoffe (Bestand)[1] · 3972 Hilfsstoffe (Bestand)[1] · 3973 Betriebsstoffe (Bestand)[1]

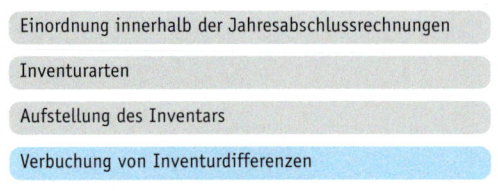

Abb. 13-6
Aufwandsorientiert verbuchte Käufe von Waren erfordern in der Regel Korrekturbuchungen aufgrund der Inventurergebnisse.

- **SKP04[SKR04]:** 1000 Roh-, Hilfs- und Betriebsstoffe (Bestand) · 1010 Rohstoffe (Bestand)[1] · 1020 Hilfsstoffe (Bestand)[1] · 1030 Betriebsstoffe (Bestand)[1]
- **IKP[IKR]:** 2000 Roh-, Hilfs- und Betriebsstoffe (Bestand)[2] · 2010 Rohstoffe (Bestand)[2] · 2020 Hilfsstoffe (Bestand)[2] · 2030 Betriebsstoffe (Bestand)[2]

Konten [Bilanz: Aktiva.B.I.3. Fertige Erzeugnisse und Waren]
- **SKP03[SKR03]:** 7140 Waren (Bestand)
- **SKP04[SKR04]:** 1140 Waren (Bestand)
- **IKP[IKR]:** 2280 Waren (Bestand)[2]

Konten [GuV: 5.a) Aufwendungen für Roh-, Hilfs- und Betriebsstoffe und für bezogene Waren]
- **SKP03[SKR03]:** 3000 Aufwendungen für Roh-, Hilfs- und Betriebsstoffe und für bezogene Waren[2] · 3200 [3300 – 3419] Wareneingang ...
- **SKP04[SKR04]:** 5100 Einkauf von Roh-, Hilfs- und Betriebsstoffen · 5200 [5300 – 5419] Wareneingang ...
- **IKP[IKR]:** 6000 Aufwendungen für Roh-, Hilfs- und Betriebsstoffe und für bezogene Waren · 6080 Aufwendungen für Waren

Beispiel 13-1
Bei der Inventur wird festgestellt, dass sich der Warenbestand der Jillsfood KG* an Wellness-Getränken, deren Beschaffung aufwandsorientiert verbucht wurde, um 100,00 € erhöht hat:

SKP03 · SKP04 · IKP Sollkonto	Betrag	an SKP03 · SKP04 · IKP Habenkonto	Betrag
7140 · 1140 · 2280 Waren (Bestand)	100,00 €	3200 · 5200 · 6080 Wareneingang	100,00 €

Beispiel 13-2
Bei der Inventur wird festgestellt, dass sich der Warenbestand der Jillsfood KG* an Wellness-Getränken, deren Beschaffung aufwandsorientiert verbucht wurde, um 200,00 € vermindert hat:

SKP03 · SKP04 · IKP Sollkonto	Betrag	an SKP03 · SKP04 · IKP Habenkonto	Betrag
3200 · 5200 · 6080 Wareneingang	200,00 €	7140 · 1140 · 2280 Waren (Bestand)	200,00 €

13.4.2 Inventurdifferenzen im Sachvermögen

In der Praxis treten Inventurdifferenzen insbesondere im Sachvermögen und bei Kassenbeständen auf. Zu Differenzen kommt es bei diesen Vermögensgegenständen in der Regel aufgrund fehlender oder falscher Verbuchungen von sie betreffenden Geschäftsvorfällen. Gründe dafür können insbesondere sein:
- dass vergessen wurde, einen Geschäftsvorfall zu verbuchen,
- dass ein Geschäftsvorfall nicht bekannt war, beispielsweise, weil Gegenstände gestohlen wurden, oder
- dass ein Geschäftsvorfall einen anderen als den verbuchten Umfang hatte, beispielsweise weil mehr oder weniger Rohstoffe verbraucht wurden als verbucht wurde.

Wie Inventurdifferenzen verbucht werden, hängt davon ab, ob ihre Höhe üblich oder unüblich ist und ob sie negativ oder positiv sind:

(1) Negative Inventurdifferenzen in üblicher Höhe
Bei der Inventur kann sich herausstellen, dass der tatsächliche Bestand an Vermögensgegenständen kleiner ist als der in der Buchführung vorhandene Buchbestand. Wenn solche negativen Inventurdifferenzen in üblicher Höhe auf-

treten, erfolgt die Verbuchung bei Sachanlagen wie ein normaler Abgang (↗ Kapitel 8.4.3):
- im **Soll** der Aufwandskonten »Anlagenabgänge Sachanlagen (Restbuchwert bei Buchverlust)«,

bei Vorräten wie ein normaler Verbrauch (↗ Kapitel 9.3.1.1, 9.3.1.3, 9.4.1):
- im **Soll** der Erfolgskonten »Aufwendungen für Roh-, Hilfs- und Betriebsstoffe und für bezogene Waren« oder »Bestandsveränderungen«

und bei anderen Vermögensgegenständen:
- im **Soll** der Aufwandskonten »Sonstige betriebliche Aufwendungen«.

In gleicher Weise wird auch der *Untergang* von Vermögensgegenständen verbucht, so beispielsweise durch Brand oder durch Verderb.

(2) Positive Inventurdifferenzen in üblicher Höhe

Bei der Inventur kann sich herausstellen, dass der tatsächliche Bestand an Vermögensgegenständen größer ist, als der in der Buchführung vorhandene Buchbestand. Wenn solche positiven Inventurdifferenzen in üblicher Höhe auftreten, erfolgt die Verbuchung bei Vorräten als Korrektur von normalen Verbräuchen (↗ Kapitel 9.3.1.1, 9.3.1.3, 9.4.1):
- im **Haben** der Erfolgskonten »Aufwendungen für Roh-, Hilfs- und Betriebsstoffe und für bezogene Waren« oder »Bestandsveränderungen«

und bei anderen Vermögensgegenständen:
- im **Haben** der Ertragskonten »Sonstige betriebliche Erträge«.

(3) Inventurdifferenzen in unüblicher Höhe

Eine Verbuchung von Inventurdifferenzen über die Konten »Außerordentliche Aufwendungen« oder »Außerordentliche Erträge« und damit ein Ausweis im außerordentlichen Ergebnis der Gewinn- und Verlustrechnung (↗ Kapitel 16.2.1.1.2) erfolgt nur bei unüblich hohen Inventurdifferenzen (Institut der Wirtschaftsprüfer in Deutschland 2006: F 393, Seite 544). In der Regel erfüllen Inventurdifferenzen diese Anforderungen jedoch nicht.

Typische Belege
- Inventurbelege

Konten [GuV: 2. Erhöhung oder Verminderung des Bestands an fertigen und unfertigen Erzeugnissen]
- **SKP03 [SKR03]:** 8960 Bestandsveränderungen – unfertige Erzeugnisse · 8980 Bestandsveränderungen – fertige Erzeugnisse
- **SKP04 [SKR04]:** 4810 Bestandsveränderungen – unfertige Erzeugnisse · 4800 Bestandsveränderungen – fertige Erzeugnisse
- **IKP [IKR]:** 5210 Bestandsveränderungen – unfertige Erzeugnisse[2] · 5220 Bestandsveränderungen – fertige Erzeugnisse[2]

Konten [GuV: 4. Sonstige betriebliche Erträge]:
- **SKP03 [SKR03]:** 2700 Sonstige Erträge
- **SKP04 [SKR04]:** 4830 Sonstige betriebliche Erträge
- **IKP [IKR]:** 5400 Sonstige betriebliche Erträge

Konten [GuV: 5.a) Aufwendungen für Roh-, Hilfs- und Betriebsstoffe und für bezogene Waren]
- **SKP03 [SKR03]:** 3000 Aufwendungen für Roh-, Hilfs- und Betriebsstoffe und für bezogene Waren[2]
- **SKP04 [SKR04]:** 5000 Aufwendungen für Roh-, Hilfs- und Betriebsstoffe und für bezogene Waren
- **IKP [IKR]:** 6000 Aufwendungen für Roh-, Hilfs- und Betriebsstoffe und für bezogene Waren

Konten [GuV: 8. Sonstige betriebliche Aufwendungen]
- **SKP03 [SKR03]:** 2310 Anlagenabgänge Sachanlagen (Restbuchwert bei Buchverlust) · 4900 Sonstige betriebliche Aufwendungen
- **SKP04 [SKR04]:** 6895 Anlagenabgänge Sachanlagen (Restbuchwert bei Buchverlust) · 6300 Sonstige betriebliche Aufwendungen
- **IKP [IKR]:** 6962 Verluste aus dem Abgang von Sachanlagen · 6930 Andere sonstige betriebliche Aufwendungen

Beispiel 13-3

Bei der Inventur der Marcslights GmbH* wird festgestellt, dass eine Maschine, die einen Buchwert von 1 000,00 € hat, verschwunden ist. Marc vermutet, dass die Maschine gestohlen wurde:

13.4 Verbuchung von Inventurdifferenzen

SKP03 · SKP04 · IKP Sollkonto	Betrag	an	SKP03 · SKP04 · IKP Habenkonto	Betrag
2310 · 6895 · 6962 Anlagenabgänge Sachanlagen (Restbuchwert bei Buchverlust)	1 000,00 €		0200 · 0400 · 0700 Technische Anlagen und Maschinen	1 000,00 €

Beispiel 13-4

Bei der Inventur der Marcslights GmbH* wird festgestellt, dass in der Fertigung 3 für die Herstellung von Gehäusen benötigte Edelstahlbleche mit durchschnittlichen Anschaffungskosten von 10,00 € zu viel vorhanden sind. Marc vermutet, dass während des Geschäftsjahres ein zu großer Verbrauch an Edelstahlblechen verbucht wurde, und korrigiert den Verbrauch entsprechend:

SKP03 · SKP04 · IKP Sollkonto	Betrag	an	SKP03 · SKP04 · IKP Habenkonto	Betrag
3971 · 1010 · 2010 Rohstoffe (Bestand)	30,00 €		3010 · 5010 · 6010 Aufwendungen für Rohstoffe	30,00 €

Beispiel 13-5

Bei der Inventur der Marcslights GmbH* wird festgestellt, dass im Distributionslager 2 Edelstahlleuchten mit durchschnittlichen Herstellungskosten von jeweils 100,00 € fehlen. Marc vermutet, dass die Leuchten gestohlen wurden, und führt eine entsprechende Korrekturbuchung durch:

SKP03 · SKP04 · IKP Sollkonto	Betrag	an	SKP03 · SKP04 · IKP Habenkonto	Betrag
8980 · 4800 · 5220 Bestandsveränderungen – fertige Erzeugnisse	200,00 €		7110 · 1110 · 2200 Fertige Erzeugnisse (Bestand)	200,00 €

Beispiel 13-6

Bei der Inventur der Marcslights GmbH* wird festgestellt, dass in der Kasse 40,00 € fehlen:

SKP03 · SKP04 · IKP Sollkonto	Betrag	an	SKP03 · SKP04 · IKP Habenkonto	Betrag
4900 · 6300 · 6930 Sonstige betriebliche Aufwendungen	40,00 €		1000 · 1600 · 2880 Kasse	40,00 €

Beispiel 13-7

Bei der Inventur der Marcslights GmbH* wird festgestellt, dass in der Kasse 50,00 € zu viel vorhanden sind:

SKP03 · SKP04 · IKP Sollkonto	Betrag	an	SKP03 · SKP04 · IKP Habenkonto	Betrag
1000 · 1600 · 2880 Kasse	50,00 €		2700 · 4830 · 5400 Sonstige betriebliche Erträge	50,00 €

Schlüsselbegriffe Kapitel 13

- Inventur (↗ Kapitel 13)
- Körperliche Inventur (↗ Kapitel 13.2.1)
- Buchinventur (↗ Kapitel 13.2.1)
- Stichprobeninventur (↗ Kapitel 13.2.2)
- Festbewertung (↗ Kapitel 13.2.2, 13.3.2.1)
- Stichtagsinventur (↗ Kapitel 13.2.3)
- Inventurtag (↗ Kapitel 13.2.3)
- Zeitverschobene Inventur (↗ Kapitel 13.2.3)
- Fortschreibung (↗ Kapitel 13.2.3)
- Rückrechnung (↗ Kapitel 13.2.3)
- Vorgelagerte Inventur (↗ Kapitel 13.2.3)
- Nachgelagerte Inventur (↗ Kapitel 13.2.3)
- Permanente Inventur (↗ Kapitel 13.2.3)
- Inventar (↗ Kapitel 13.3)
- Bestandsverzeichnis (↗ Kapitel 13.3)
- Bewertungsvereinfachung (↗ Kapitel 13.3.2)
- Gruppenbewertung (↗ Kapitel 13.3.2.2)
- Bestandsgrößenvergleich (↗ Kapitel 13.3.3)
- Inventurdifferenz (↗ Kapitel 13.4)
- Bestandskorrektur (↗ Kapitel 13.4.1)
- Übliche Höhe (↗ Kapitel 13.4.2)
- Untergang (↗ Kapitel 13.4.2)
- Unübliche Höhe (↗ Kapitel 13.4.2)

Fragen Kapitel 13

Frage 13-1: Was wird unter einer Inventur verstanden? (↗ Kapitel 13)

Frage 13-2: Wann muss eine Inventur durchgeführt werden? (↗ Kapitel 13)

Frage 13-3: Auf welche Posten der Jahresabschlussrechnungen wirkt sich die Verbuchung von Bestandskorrekturen bei aufwandsorientiert verbuchten Käufen von Materialien aus? (↗ Kapitel 13.1, 13.4.1)

Frage 13-4: Auf welche Posten der Jahresabschlussrechnungen wirkt sich die Verbuchung von negativen Inventurdifferenzen in unüblicher Höhe aus? (↗ Kapitel 13.1, 13.4.2)

Frage 13-5: Was wird unter einer Buchinventur verstanden? (↗ Kapitel 13.2.1)

Frage 13-6: Welche Formen der Inventur werden nach dem Umfang der Erhebung unterschieden? (↗ Kapitel 13.2.2)

Frage 13-7: Wie erfolgt die Ermittlung des Bestandes am Abschlussstichtag bei der zeitverschobenen Inventur? (↗ Kapitel 13.2.3)

Frage 13-8: Wie wird bei der permanenten Inventur vorgegangen? (↗ Kapitel 13.2.3)

Frage 13-9: Was wird unter einem Inventar verstanden? (↗ Kapitel 13.3)

Frage 13-10: Aus welchen drei Teilen besteht das Inventar? (↗ Kapitel 13.3.1)

Frage 13-11 (Vertiefung): Welche zwei Bewertungsvereinfachungen können bei der Erstellung des Inventars angewendet werden? (↗ Kapitel 13.3.2)

Frage 13-12 (Vertiefung): Was wird unter einer Festbewertung verstanden? (↗ Kapitel 13.3.2.1)

Frage 13-13 (Vertiefung): Bei welchen Vermögensgegenständen ist eine Gruppenbewertung möglich? (↗ Kapitel 13.3.2.2)

Frage 13-14: Wie kann das Ergebnis des Geschäftsjahres auf Basis des Inventars ermittelt werden? (↗ Kapitel 13.3.3)

Frage 13-15: Bei welcher Art der Verbuchung von Käufen muss der Bestand über die Inventur korrigiert werden? (↗ Kapitel 13.4.1)

Frage 13-16: Bei welchen Vermögensgegenständen kommt es besonders häufig zu Inventurdifferenzen? (↗ Kapitel 13.4.2)

Frage 13-17 (Vertiefung): Wie kann es zu Inventurdifferenzen kommen? (↗ Kapitel 13.4.2)

Frage 13-18: Welchem Ergebnis in der Gewinn- und Verlustrechnung werden Inventurdifferenzen in unüblicher Höhe zugerechnet? (↗ Kapitel 13.4.2)

Übungen Kapitel 13

Übung 13-1

Bei der Inventur in einem Unternehmen* wurden folgende Posten erfasst:
- 2 Schreibtische im Wert von je 300,00 €,
- Nicht bezahlte Rechnung für gelieferten Bürobedarf in Höhe von 400,00 €,
- Geld auf dem Girokonto: 8 000,00 €,
- Bankdarlehen in Höhe von 5 000,00 €,
- 2 Computer im Wert von je 1 500,00 €,
- Geld in Geldkassette: 800,00 €,
- 1 Kraftfahrzeug im Wert von 13 000,00 €.

(1) Erstellen Sie auf Basis der Inventurdaten das Inventar des Unternehmens:

Kapitelreferenzen
↗ Kapitel 13.3

Posten	Betrag
I. Vermögen	
I.1. Anlagevermögen	
I.1.1 Betriebs- und Geschäftsausstattung	
I.2. Umlaufvermögen	
I.2.1 Kassenbestand	
I.2.2 Guthaben bei Kreditinstituten	
Summe der Vermögenswerte	
II. Schulden	
II.1 Verbindlichkeiten gegenüber Kreditinstituten	
II.2 Verbindlichkeiten aus Lieferungen und Leistungen	
Summe der Schulden	
III. Eigenkapital	
Summe der Vermögenswerte	
Summe der Schulden	
Eigenkapital	

(2) Wie hoch ist der Jahresüberschuss oder der Jahresfehlbetrag des Unternehmens*, wenn das Eigenkapital im letzten Inventar 5 000,00 € betrug?

Posten	Betrag
Jahresüberschuss/Jahresfehlbetrag	

13.4 Die Inventur zur Ermittlung des Mengengerüsts
Übungen

Kapitelreferenzen
/ Kapitel 9.2.2.1, / Kapitel 13.4.1

Übung 13-2

Ein Handelsunternehmen*, das Käufe von Waren aufwandsorientiert verbucht, hat zu Beginn des Geschäftsjahres einen Warenbestand mit einem Wert von 80 000,00 €.

(1) Während des Geschäftsjahres kauft das Handelsunternehmen* Waren mit Anschaffungskosten von 30 000,00 € zuzüglich 5 700,00 € Umsatzsteuer per Banküberweisung der bei der Lieferung beiliegenden Rechnung:

Sollkonto	Betrag	an Habenkonto	Betrag

(2) Mit welchem Wert sind die Waren zum Abschlussstichtag vor der Durchführung der Inventur in der Bilanz anzusetzen:

Posten	Wert
Aktiva.B.I.3. Fertige Erzeugnisse und Waren	

(3) Unter welchem Posten und mit welchem Betrag wird der Wareneinsatz des Geschäftsjahres vor der Durchführung der Inventur in der Gewinn- und Verlustrechnung nach dem Gesamtkostenverfahren zum Abschlussstichtag ausgewiesen:

Posten	Wert

(4) Bei der Inventur wird ermittelt, dass der Warenbestand einen Wert von 75 000,00 € hat. Das Handelsunternehmen* führt eine entsprechende Korrekturbuchung durch:

Sollkonto	Betrag	an Habenkonto	Betrag

(5) Mit welchem Wert sind die Waren zum Abschlussstichtag nach der Durchführung der Inventur in der Bilanz anzusetzen:

Posten	Wert
Aktiva.B.I.3. Fertige Erzeugnisse und Waren	

(6) Unter welchem Posten und mit welchem Betrag wird der Wareneinsatz des Geschäftsjahres nach der Durchführung der Inventur in der Gewinn- und Verlustrechnung nach dem Gesamtkostenverfahren zum Abschlussstichtag ausgewiesen:

Posten	Wert

Übung 13-3

Bei der Inventur der Marcslights GmbH*, die Käufe von Rohstoffen und Ferigungsprozesse bestandsorientiert nach dem Gesamtkostenverfahren verbucht, wird festgestellt, dass im Zwischenlager 3 Gehäuse für Edelstahlleuchten mit Herstellungskosten von 23,00 € je Stück mehr vorhanden sind, als gemäß der Lagerbuchführung vorhanden sein sollten. Marc vermutet, dass während des Geschäftsjahres vergessen wurde, die Einlagerung der Gehäuse zu verbuchen, und führt eine entsprechende Korrekturbuchung durch:

Kapitelreferenzen
↗ Kapitel 9.3.1.2, ↗ Kapitel 13.4.2

Sollkonto	Betrag	an Habenkonto	Betrag

Übung 13-4

Bei der Inventur der Marcslights GmbH*, die Käufe von Rohstoffen und Ferigungsprozesse bestandsorientiert nach dem Gesamtkostenverfahren verbucht, wird festgestellt, dass im Eingangslager 6 für die Herstellung von Gehäusen benötigte Edelstahlbleche mit durchschnittlichen Anschaffungskosten von 10,00 € zu wenig vorhanden sind. Marc vermutet, dass während des Geschäftsjahres ein zu kleiner Verbrauch an Edelstahlblechen verbucht wurde, und korrigiert den Verbrauch entsprechend:

Kapitelreferenzen
↗ Kapitel 9.3.1.1.2, ↗ Kapitel 13.4.2

Sollkonto	Betrag	an Habenkonto	Betrag

Lernstandsmonitor Kapitel 13

Kapitel		niedrig	mittel	hoch	Noch lernen
13.1 Einordnung innerhalb der Jahresabschlussrechnungen	Wichtigkeit				
	Eigene Kompetenz				
13.2 Inventurarten	Wichtigkeit				
	Eigene Kompetenz				
13.3 Aufstellung des Inventars	Wichtigkeit				
	Eigene Kompetenz				
13.4 Verbuchung von Inventurdifferenzen	Wichtigkeit				
	Eigene Kompetenz				

14 Die bewertenden Abschlussarbeiten

Kapitelnavigator

Inhalt	Lernziel
14.1 Einordnung innerhalb der Jahresabschlussrechnungen	14-1 Die Auswirkungen von Folgebewertungen auf die Jahresabschlussrechnungen kennen.
14.2 Folgebewertungen von immateriellen Vermögensgegenständen und Sachanlagen	14-2 Die Folgebewertungen von immateriellen Vermögensgegenständen und Sachanlagen durchführen und verbuchen können.
14.3 Folgebewertungen von Wertpapieren	14-3 Die Folgebewertungen von Wertpapieren durchführen und verbuchen können.
14.4 Folgebewertungen von Vorräten	14-4 Die Folgebewertungen von Vorräten durchführen und verbuchen können.
14.5 Folgebewertungen von Forderungen	14-5 Die Folgebewertungen von Forderungen durchführen und verbuchen können.
14.6 Folgebewertungen von Posten in Fremdwährungen	14-6 Die Folgebewertungen von Posten in Fremdwährungen durchführen und verbuchen können.
14.7 Divergenzen zu anderen Normensystemen	14-7 Die Divergenzen zu anderen Normensystemen kennen.

Über den Wert vieler Güter lässt sich vortrefflich streiten. Ist beispielsweise der Wert einer Maschine der derzeit in den Büchern ausgewiesene Wert, der ursprünglich dafür gezahlte Preis, der Preis, zu dem die Maschine aktuell verkauft werden könnte, oder der Preis, zu dem eine neue vergleichbare Maschine gekauft werden könnte? Nachdem Jill und Marc aufgrund der Inventur wissen, über welche Vermögenswerte und Schulden sie tatsächlich verfügen, müssen sie deren Werte zur Aufstellung ihrer Bilanzen auch noch überprüfen.

Im Rahmen der *Bilanzierung* erfolgte beim Zugang von Aktiva und Passiva nicht nur eine Überprüfung, ob diese »dem Grunde nach« überhaupt zu bilanzieren sind, sondern auch eine *Zugangsbewertung* in der festgestellt wurde, wie diese »der Höhe nach« zu bilanzieren sind. Im Rahmen der Erstellung des Jahresabschlusses sind nun die Bilanzposten zum Abschlussstichtag einer sogenannten *Folgebewertung* zu unterziehen. Dazu werden ihre aktuellen *Buchwerte* ermittelt und anhand von *Bewertungsvorschriften* mit *Vergleichswerten* verglichen.

Zur Ableitung von Korrekturen aus dem Vergleich werden abhängig vom Bewertungsfall insbesondere folgende Bewertungsprinzipien verwendet (↗ Kapitel 5.3.2.3.2):

- das *gemilderte Niederstwertprinzip*,
- das *strenge Niederstwertprinzip*,
- das *Höchstwertprinzip*,
- das *Anschaffungswertprinzip* und
- das *Wertaufholungsgebot*.

Ergeben sich beim Vergleich Korrekturbedarfe, so führt dies zu *außerplanmäßigen Zu- oder Abschreibungen* auf die Buchwerte (↗ Abbildung 14-1). Entsprechende Wertberichtigungen wirken sich dabei nicht nur auf den Wert der Bilanzposten, sondern auch auf das in der Gewinn- und Verlustrechnung ausgewiesene Ergebnis aus. Für Aktivposten gilt dabei, dass:

- Erhöhungen der Bewertungen zu Erhöhungen des Ergebnisses und
- Verminderungen der Bewertungen zu Verminderungen des Ergebnisses

führen. Für Passivposten gilt entsprechend umgekehrt, dass:

- Erhöhungen der Bewertungen zu Verminderungen des Ergebnisses und
- Verminderungen der Bewertungen zu Erhöhungen des Ergebnisses

führen. Aufgrund dieser Zusammenhänge werden Bewertungen seitens der Finanzämter in der Regel besonders kritisch betrachtet.

Zur Orientierung werden wir uns nachfolgend zuerst anschauen, wie sich die bewertenden Abschlussarbeiten auf die Jahresabschlussrechnungen auswirken. Im Anschluss daran werden wir dann näher betrachten, wie ausgewählte Posten der Aktiva und Passiva zu bewerten und sich dabei gegebenenfalls ergebende Korrekturen zu verbuchen sind. Zuletzt werden wir uns mit Divergenzen vom Handelsrecht zum Steuerrecht, zu den International Financial Reporting Standards und zur Kostenrechnung beschäftigen.

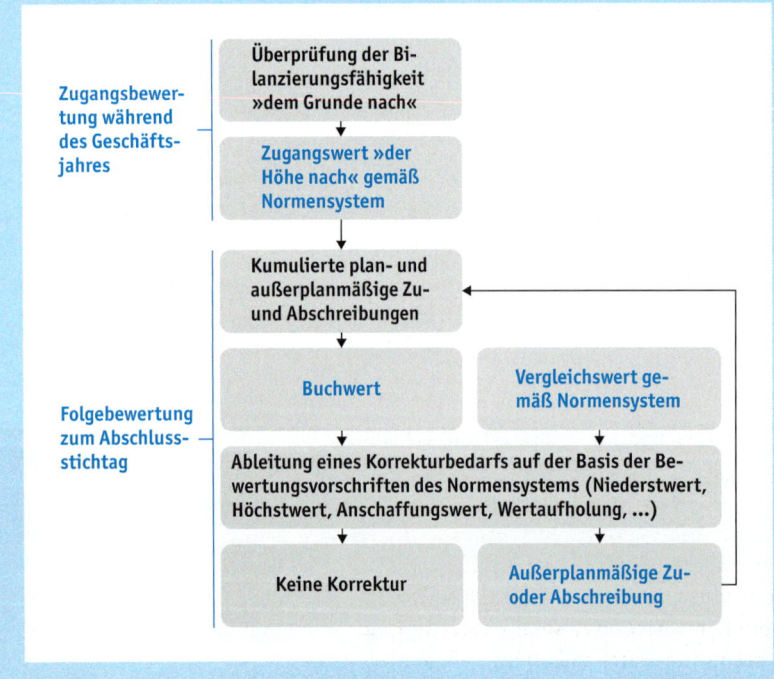

Abb. 14-1

Nach der Zugangsbewertung während des Geschäftsjahres erfolgt jeweils zum Abschlussstichtag die Folgebewertung (Coenenberg, A. G. und andere 2009b: Seite 341).

14.1 Einordnung innerhalb der Jahresabschlussrechnungen

- Einordnung innerhalb der Jahresabschlussrechnungen
- Folgebewertungen von Sachanlagen
- Folgebewertungen von Wertpapieren
- Folgebewertungen von Vorräten
- Folgebewertungen von Forderungen
- Folgebewertungen von Posten in Fremdwährungen
- Divergenzen zu anderen Normensystemen

14.1.1 Ausweis in der Bilanz

Die Buchungen im Rahmen der bewertenden Abschlussarbeiten können sich auf die meisten Posten der Bilanz auswirken. Von den nachfolgend betrachteten Buchungen sind jedoch insbesondere folgende Posten der Bilanz (Gliederung gemäß Handelsgesetzbuch: § 266) betroffen (↗ Abbildung 14-2):

- Aktiva. A.I. **Immaterielle Vermögensgegenstände**,
- Aktiva. A.II. **Sachanlagen**,
- Aktiva. A. III. **Finanzanlagen** in Form von Wertpapieren,
- Aktiva. B.I. **Vorräte** in Form von Werkstoffen, Waren und Erzeugnissen,
- Aktiva. B.II. **Forderungen und sonstige Vermögensgegenstände** inklusive der Gegenposten zur Einzel- und Pauschalwertberichtigung,
- Aktiva. B.III. **Wertpapiere**,
- Aktiva. B.IV. **Kassenbestand, …, Guthaben bei Kreditinstituten …** in Fremdwährungen und
- Passiva. C.4. **Verbindlichkeiten aus Lieferungen und Leistungen** in Fremdwährungen.

14.1.2 Ausweis in der Gewinn- und Verlustrechnung

Die nachfolgend betrachteten Buchungen im Rahmen der bewertenden Abschlussarbeiten können sich insbesondere auf folgende Posten der Gewinn- und Verlustrechnung (Version: Gesamtkostenverfahren gemäß Handelsgesetzbuch: § 275 Gliederung, Absatz 2) auswirken (↗ Abbildung 14-2 und Coenenberg, A. G. und andere 2009a: Seite 528):

- ▸ **2. Verminderung des Bestands an fertigen und unfertigen Erzeugnissen** ergibt sich unter anderem durch außerplanmäßige Abschreibungen in üblicher Höhe auf fertige und unfertige Erzeugnisse.
- ▸ **4. Sonstige betriebliche Erträge** ergeben sich unter anderem durch außerplanmäßige Zuschreibungen in üblicher Höhe auf Vermögensgegenstände des Anlage- und des Umlaufvermögens, durch die Herabsetzung von Wertberichtigungen zu Forderungen und durch Erträge aus Währungsumrechnungen.
- ▸ **5.a) Aufwendungen für Roh-, Hilfs- und Betriebsstoffe und für bezogene Waren** ergeben sich unter anderem durch außerplanmäßige Abschreibungen in üblicher Höhe auf Werkstoffe und Waren.
- ▸ **7.a) Abschreibungen auf immaterielle Vermögensgegenstände des Anlagevermögens und Sachanlagen** ergeben sich unter anderem durch außerplanmäßige Abschreibungen in üblicher Höhe auf die immateriellen Vermögensgegenstände des Anlagevermögens und die Sachanlagen.
- ▸ **7.b) Abschreibungen auf Vermögensgegenstände des Umlaufvermögens, soweit diese die in der Kapitalgesellschaft üblichen Abschreibungen überschreiten**, ergeben sich durch außerplanmäßige Abschreibungen in unüblicher Höhe auf die Vermögensgegenstände des Umlaufvermögens inklusive der Wertpapiere.
- ▸ **8. Sonstige betriebliche Aufwendungen** ergeben sich unter anderem durch außerplanmäßige Abschreibungen in üblicher Höhe auf Forderungen, Kassenbestände und Guthaben bei Kreditinstituten, durch die Einstellung in Wertberichtigungen zu Forderungen und durch Aufwendungen aus Währungsumrechnungen.

Lernziel 14-1
Die Auswirkungen von Folgebewertungen auf die Jahresabschlussrechnungen kennen.

14.1 Die bewertenden Abschlussarbeiten
Einordnung innerhalb der Jahresabschlussrechnungen

Abb. 14-2

Die nachfolgend betrachteten Buchungen im Rahmen der bewertenden Abschlussarbeiten können sich insbesondere auf die blau markierten Posten der Jahresabschlussrechnungen auswirken.

Bilanz

Aktiva:
- **A. Anlagevermögen**
  - I. Immaterielle Vermögensgegenstände
  - II. Sachanlagen
  - III. Finanzanlagen
- **B. Umlaufvermögen**
  - I. Vorräte
  - II. Forderungen und sonstige Vermögensgegenstände
  - III. Wertpapiere
  - IV. Kassenbestand, Guthaben bei Kreditinstituten ...

Passiva:
- **A. Eigenkapital**
- **B. Rückstellungen**
- **C. Verbindlichkeiten**
  - 4. Verbindlichkeiten aus Lieferungen und Leistungen

Gewinn- und Verlustrechnung

Aufwendungen:
- 2. Verminderung des Bestands an fertigen und unfertigen Erzeugnissen
- 5. Materialaufwand
  - a) Aufwendungen für Roh-, Hilfs- und Betriebsstoffe und für bezogene Waren
- 7. Abschreibungen
  - a) auf immaterielle Vermögensgegenstände des Anlagevermögens und Sachanlagen
  - b) auf Vermögensgegenstände des Umlaufvermögens, soweit diese die in der Kapitalgesellschaft üblichen Abschreibungen überschreiten
- 8. Sonstige betriebliche Aufwendungen

Betriebsergebnis

- 12. Abschreibungen auf Finanzanlagen und auf Wertpapiere des Umlaufvermögens

Finanzergebnis

14. Ergebnis der gewöhnlichen Geschäftstätigkeit

- 16. Außerordentliche Aufwendungen

17. Außerordentliches Ergebnis

Erträge:
- 4. Sonstige betriebliche Erträge
- 15. Außerordentliche Erträge

Kapitalflussrechnung

Auszahlungen:
- 24. Wechselkurs-, konsolidierungskreis- und bewertungsbedingte Änderungen des Finanzmittelfonds

26. Finanzmittelfonds am Ende der Periode

Einzahlungen:

- **12. Abschreibungen auf Finanzanlagen und auf Wertpapiere des Umlaufvermögens** ergeben sich durch außerplanmäßige Abschreibungen in üblicher Höhe auf die Finanzanlagen und durch außerplanmäßige Abschreibungen in üblicher Höhe auf die Wertpapiere des Umlaufvermögens.
- **15. Außerordentliche Erträge** ergeben sich unter anderem durch außerplanmäßige Zuschreibungen in unüblicher Höhe auf die Vermögensgegenstände des Anlagevermögens.
- **16. Außerordentliche Aufwendungen** ergeben sich unter anderem durch außerplanmäßige Abschreibungen in unüblicher Höhe auf die Vermögensgegenstände des Anlagevermögens.

14.1.3 Ausweis in der Kapitalflussrechnung

Die nachfolgend betrachteten Buchungen im Rahmen der bewertenden Abschlussarbeiten können sich insbesondere auf folgende Posten der Kapitalflussrechnung (Version: Direkte Methode gemäß Deutsche Rechnungslegungs Standards: Nr. 2 Kapitalflussrechnung, Tabelle 5) auswirken (↗ Abbildung 14-2):

- **24. Wechselkurs-, konsolidierungskreis- und bewertungsbedingte Änderungen des Finanzmittelfonds** ergeben sich unter anderem durch die höhere oder niedrigere Bewertung von Fremdwährungsbeständen.

14.2 Folgebewertungen von immateriellen Vermögensgegenständen und Sachanlagen

- Einordnung innerhalb der Jahresabschlussrechnungen
- Folgebewertungen von Sachanlagen
- Folgebewertungen von Wertpapieren
- Folgebewertungen von Vorräten
- Folgebewertungen von Forderungen
- Folgebewertungen von Posten in Fremdwährungen
- Divergenzen zu anderen Normensystemen

Lernziel 14-2
Die Folgebewertungen von immateriellen Vermögensgegenständen und Sachanlagen durchführen und verbuchen können.

Die Folgebewertungen von immateriellen Vermögensgegenstanden und Sachanlagen erfolgen in folgenden Schritten:

(1) Ermittlung des Buchwerts
Der Buchwert für die Folgebewertung ergibt sich aus den ursprünglichen Anschaffungs- oder Herstellungskosten bei der Zugangsbewertung zuzüglich den kumulierten Zu- und Abschreibungen bis zum Bewertungszeitpunkt (↗ Kapitel 8.3.1.3.2).

- Bei nicht abnutzbaren Vermögensgegenständen werden dabei nur außerplanmäßige Abschreibungen berücksichtigt,
- bei abnutzbaren Vermögensgegenständen hingegen planmäßige und außerplanmäßige Abschreibungen.

(2) Ermittlung des Vergleichswertes
Als Vergleichswert, der bei Anlagegütern auch als *beizulegender Wert* bezeichnet wird, für gegebenenfalls durchzuführende Korrekturen des Buchwerts kommen bei den immateriellen Vermögensgegenstände und den Sachanlagen insbesondere folgende Werte in Betracht:

- **Zeitwert der Wiederbeschaffungskosten**, der sich aus den Anschaffungskosten eines vergleichbaren Gegenstandes auf dem Beschaffungsmarkt vermindert um planmäßige Abschreibungen ergibt,
- **Zeitwert der Reproduktionskosten**, der sich aus den Herstellungskosten eines vergleichbaren Gegenstandes im Unternehmen vermindert um planmäßige Abschreibungen ergibt, und
- **Wert gemäß eines Sachverständigengutachtens**, der beispielsweise bei beschädigten Vermögensgegenständen verwendet werden kann.

(3) Ableitung eines Korrekturbedarfs aus dem Vergleich der ermittelten Werte
Hinsichtlich gegebenenfalls durchzuführender Korrekturen des Buchwerts sind folgende Fälle zu unterscheiden:
- **Der Vergleichswert entspricht dem Buchwert**: In diesem Fall ist keine Korrektur erforderlich.
- **Der Vergleichswert ist kleiner als der Buchwert und dies voraussichtlich dauerhaft**: In diesem Fall besteht handelsrechtlich (Handelsgesetzbuch: § 253 Zugangs- und Folgebewertung, Absatz 3, Satz 3) und steuerrechtlich die Pflicht zur Durchführung einer außerplanmäßigen Abschreibung (Strenges Niederstwertprinzip). Als voraussichtlich dauerhaft ist eine Wertminderung dabei anzusehen, wenn sie mindestens die halbe verbliebene Restnutzungsdauer anhält.
- **Die Gründe für eine früher vorgenommene außerplanmäßige Abschreibung sind entfallen und es handelt sich nicht um einen entgeltlich erworbenen Geschäfts- oder Firmenwert**: In diesem Fall besteht handelsrechtlich (Handelsgesetzbuch: § 253 Zugangs- und Folgebewertung, Absatz 5) und steuerrechtlich die Pflicht zur Durchführung einer außerplanmäßigen Zuschreibung bis zum – um die entfallende außerplanmäßige Abschreibung korrigierten – Buchwert (Wertaufholungsgebot und Anschaffungswertprinzip).

(4) Verbuchung von Korrekturen
Die Verbuchung von außerplanmäßigen Abschreibungen in üblicher Höhe auf die immateriellen Vermögensgegenstände erfolgt:
- im **Soll** der Aufwandskonten »Außerplanmäßige Abschreibungen auf immaterielle Vermögensgegenstände« und
- im **Haben** der Aktivkonten der betroffenen Anlagegüter.

Die Verbuchung von außerplanmäßigen Abschreibungen in üblicher Höhe auf Sachanlagen erfolgt:
- im **Soll** der Aufwandskonten »Außerplanmäßige Abschreibungen auf Sachanlagen« und
- im **Haben** der Aktivkonten der betroffenen Anlagegüter.

Die Verbuchung von von außerplanmäßigen Abschreibungen in unüblicher Höhe (↗ Kapitel 16.2.1.1.2) erfolgt:
- im **Soll** der Aufwandskonten »Außerordentliche Aufwendungen« und
- im **Haben** der Aktivkonten der betroffenen Anlagegüter.

Die Verbuchung von außerplanmäßigen Zuschreibungen auf die immateriellen Vermögensgegenstände erfolgt:
- im **Haben** der Ertragskonten »Erträge aus Zuschreibungen des immateriellen Anlagevermögens« und
- im **Soll** der Aktivkonten der betroffenen Anlagegüter.

Die Verbuchung von außerplanmäßigen Zuschreibungen auf die Sachanlagen erfolgt:
- im **Haben** der Ertragskonten »Erträge aus Zuschreibungen des Sachanlagevermögens« und
- im **Soll** der Aktivkonten der betroffenen Anlagegüter.

Typische Belege
- Buchungsbelege der Buchführungssoftware

Konten [GuV: 7.a) Abschreibungen auf immaterielle Vermögensgegenstände des Anlagevermögens und Sachanlagen]
- **SKP03[SKR03]:** 4826 Außerplanmäßige Abschreibungen auf immaterielle Vermögensgegenstände·
  4840 Außerplanmäßige Abschreibungen auf Sachanlagen
- **SKP04[SKR04]:** 6210 Außerplanmäßige Abschreibungen auf immaterielle Vermögensgegenstände·
  6230 Außerplanmäßige Abschreibungen auf Sachanlagen
- **IKP[IKR]:** 6510 Abschreibungen auf immaterielle Vermögensgegenstände des Anlagevermögens·
  6550 Außerplanmäßige Abschreibungen auf Sachanlagen

Konten [GuV: 4. Sonstige betriebliche Erträge]
- **SKP03[SKR03]:** 2710 Erträge aus Zuschreibungen des Sachanlagevermögens·

2711 Erträge aus Zuschreibungen des immateriellen Anlagevermögens
- **SKP04[SKR04]:** 4910 Erträge aus Zuschreibungen des Sachanlagevermögens · 4911 Erträge aus Zuschreibungen des immateriellen Anlagevermögens
- **IKP[IKR]:** 5440 Erträge aus Werterhöhungen von Gegenständen des Anlagevermögens

Konten [GuV: 16. Außerordentliche Aufwendungen]
- **SKP03[SKR03]:** 2000 Außerordentliche Aufwendungen
- **SKP04[SKR04]:** 7500 Außerordentliche Aufwendungen
- **IKP[IKR]:** 7600 Außerordentliche Aufwendungen

Beispiel 14-1

(1) Ein Unternehmen hat ein Grundstück gekauft und mit seinen Anschaffungskosten von 100 000,00 € aktiviert. Während des aktuellen Geschäftsjahres werden Altlasten auf dem Grundstück entdeckt. Ein Sachverständiger taxiert den Wert des Grundstücks daraufhin auf 80 000,00 €. Da es sich um eine dauerhafte Wertminderung handelt, gilt das strenge Niederstwertprinzip, weshalb das Unternehmen* zum Abschlussstichtag eine außerplanmäßige Abschreibung in üblicher Höhe von 20 000,00 € auf das Grundstück durchführt:

SKP03 · SKP04 · IKP Sollkonto	Betrag	an	SKP03 · SKP04 · IKP Habenkonto	Betrag
4840 · 6230 · 6550 Außerplanmäßige Abschreibungen auf Sachanlagen	20 000,00 €		0065 · 0215 · 0500 Unbebaute Grundstücke	20 000,00 €

(2) Im folgenden Geschäftsjahr lässt das Unternehmen* die Altlasten entfernen. Ein Sachverständiger taxiert den Wert des Grundstücks daraufhin auf 110 000,00 €. Da der Grund für die außerplanmäßige Abschreibung entfallen ist, gelten das Wertaufholungsgebot und das Anschaffungswertprinzip, weshalb das Unternehmen eine außerplanmäßige Zuschreibung von 20 000 € auf die Anschaffungskosten von 100 000,00 € durchführt:

SKP03 · SKP04 · IKP Sollkonto	Betrag	an	SKP03 · SKP04 · IKP Habenkonto	Betrag
0065 · 0215 · 0500 Unbebaute Grundstücke	20 000,00 €		2710 · 4910 · 5440 Erträge aus Zuschreibungen des Sachanlagevermögens	20 000,00 €

14.3 Folgebewertungen von Wertpapieren

- Einordnung innerhalb der Jahresabschlussrechnungen
- Folgebewertungen von Sachanlagen
- **Folgebewertungen von Wertpapieren**
- Folgebewertungen von Vorräten
- Folgebewertungen von Forderungen
- Folgebewertungen von Posten in Fremdwährungen
- Divergenzen zu anderen Normensystemen

Im Hinblick auf Folgebewertungen von Wertpapieren sind diese danach zu unterscheiden, ob sie dem Anlage- oder dem Umlaufvermögen zuzurechnen sind. Kennzeichnend für die Wertpapiere des Finanzanlagevermögens ist, dass sie dazu bestimmt sind, dauernd dem Geschäftsbetrieb zu dienen, während die Wertpapiere des Umlaufvermögens nicht dazu bestimmt sind. Wie die Abgrenzung vorgenommen wird, hängt dabei einzig von den Absichten des Unternehmens ab (Beck 2010: § 247, Anmerkungen 351 und 357).

Die Folgebewertungen von Wertpapieren erfolgen in folgenden Schritten:

Lernziel 14-3
Die Folgebewertungen von Wertpapieren durchführen und verbuchen können.

14.3 Die bewertenden Abschlussarbeiten
Folgebewertungen von Wertpapieren

(1) Ermittlung des Buchwerts

Der Buchwert für die Folgebewertung ergibt sich aus den ursprünglichen Anschaffungskosten bei der Zugangsbewertung zuzüglich den kumulierten außerplanmäßigen Zu- und Abschreibungen bis zum Bewertungszeitpunkt (↗ Kapitel 8.3.1.3.2). Planmäßige Abschreibungen sind dabei nicht zu berücksichtigen, da es sich bei den Wertpapieren um nicht abnutzbare Vermögensgegenstände handelt.

Wenn der Wertpapierbestand gleichartige Wertpapiere mit unterschiedlichen Anschaffungskosten enthält, sind für die Ermittlung des Buchwerts unter Umständen die bei den Vorräten aufgeführten Verfahren zur Ermittlung der historischen Anschaffungskosten anzuwenden (↗ Kapitel 14.4.1). Das permanente First-in-first-out-Verfahren entspricht dabei dem von depotführenden Kreditinstituten für die Ermittlung der Kapitaleinkünfte angewendeten Verfahren (Einkommensteuergesetz: § 20, Absatz 4, Satz 7).

(2) Ermittlung des Vergleichswertes

Als Vergleichswert für gegebenenfalls durchzuführende Korrekturen des Buchwerts kommen bei Wertpapieren insbesondere folgende Werte in Betracht:

- **Börsenwert zuzüglich den Anschaffungsnebenkosten**, der sich für börsengehandelte Wertpapiere eignet, und
- **Wert gemäß eines Sachverständigengutachtens**, der sich für nicht börsengehandelte Wertpapiere eignet.

(3) Ableitung eines Korrekturbedarfs aus dem Vergleich der ermittelten Werte

Hinsichtlich gegebenenfalls durchzuführender Korrekturen des Buchwerts sind folgende Fälle zu unterscheiden:

- **Der Vergleichswert entspricht dem Buchwert**: In diesem Fall ist keine Korrektur erforderlich.
- **Der Vergleichswert ist kleiner als der Buchwert und dies voraussichtlich dauerhaft**: In diesem Fall besteht handelsrechtlich (Handelsgesetzbuch: § 253 Zugangs- und Folgebewertung, Absatz 3, Satz 3 und Absatz 4) und steuerrechtlich die Pflicht zur Durchführung einer außerplanmäßigen Abschreibung (Strenges Niederstwertprinzip). Als voraussichtlich dauerhaft ist eine Wertminderung dabei anzusehen, wenn sie mindestens die halbe verbliebene Restnutzungsdauer anhält.
- **Der Vergleichswert ist kleiner als der Buchwert und dies voraussichtlich nicht dauerhaft**: In diesem Fall besteht für Wertpapiere des Anlagevermögens handelsrechtlich (Handelsgesetzbuch: § 253 Zugangs- und Folgebewertung, Absatz 3, Satz 4) ein Wahlrecht zur Durchführung einer außerplanmäßigen Abschreibung (Gemildertes Niederstwertprinzip) und steuerrechtlich (Einkommensteuergesetz: § 6 Bewertung, Absatz 1, Nummer 2, Satz 2) ein Verbot.
  Für Wertpapiere des Umlaufvermögens besteht hingegen handelsrechtlich (Handelsgesetzbuch: § 253 Zugangs- und Folgebewertung, Absatz 4) die Pflicht zur Durchführung einer außerplanmäßigen Abschreibung (Strenges Niederstwertprinzip).
- **Die Gründe für eine früher vorgenommene außerplanmäßige Abschreibung sind entfallen**: In diesem Fall besteht handelsrechtlich (Handelsgesetzbuch: § 253 Zugangs- und Folgebewertung, Absatz 5) und steuerrechtlich die Pflicht zur Durchführung einer außerplanmäßigen Zuschreibung bis zum – um die entfallende außerplanmäßige Abschreibung korrigierten – Buchwert (Wertaufholungsgebot und Anschaffungswertprinzip).

(4) Verbuchung von Korrekturen

Die Verbuchung von außerplanmäßigen Abschreibungen in üblicher Höhe auf die Wertpapiere des Finanzanlagevermögens erfolgt:

- im **Soll** der Aufwandskonten »Abschreibungen auf Finanzanlagen« und
- im **Haben** der Aktivkonten der betroffenen Wertpapiere.

Die Verbuchung von außerplanmäßigen Abschreibungen in unüblicher Höhe (↗ Kapitel 16.2.1.1.2) auf die Wertpapiere des Finanzanlagevermögens erfolgt:

- im **Soll** der Aufwandskonten »Außerordentliche Aufwendungen« und
- im **Haben** der Aktivkonten der betroffenen Wertpapiere.

14.3 Folgebewertungen von Wertpapieren

Die Verbuchung von außerplanmäßigen Abschreibungen in üblicher Höhe auf die Wertpapiere des Umlaufvermögens erfolgt:
- im **Soll** der Aufwandskonten »Abschreibungen auf Wertpapiere des Umlaufvermögens« und
- im **Haben** der Aktivkonten »Sonstige Wertpapiere«.

Die Verbuchung von außerplanmäßigen Abschreibungen in unüblicher Höhe (↗ Kapitel 16.2.1.1.2) auf die Wertpapiere des Umlaufvermögens erfolgt:
- im **Soll** der Aufwandskonten »Abschreibungen auf Vermögensgegenstände des Umlaufvermögens (soweit unüblich hoch)« oder »Außerordentliche Aufwendungen« und
- im **Haben** der Aktivkonten »Sonstige Wertpapiere«.

Die Verbuchung von außerplanmäßigen Zuschreibungen auf die Wertpapiere des Finanzanlagevermögens erfolgt:
- im **Haben** der Ertragskonten »Erträge aus Zuschreibungen des Finanzanlagevermögens« und
- im **Soll** der Aktivkonten der betroffenen Wertpapiere.

Die Verbuchung von außerplanmäßigen Zuschreibungen auf die Wertpapiere des Umlaufvermögens erfolgt:
- im **Haben** der Ertragskonten »Erträge aus Zuschreibungen des Umlaufvermögens« und
- im **Soll** der Aktivkonten »Sonstige Wertpapiere«.

Typische Belege
- Buchungsbelege der Buchführungssoftware

Konten [GuV: 4. Sonstige betriebliche Erträge]
- **SKP03[SKR03]:** 2712 Erträge aus Zuschreibungen des Finanzanlagevermögens · 2715 Erträge aus Zuschreibungen des Umlaufvermögens
- **SKP04[SKR04]:** 4912 Erträge aus Zuschreibungen des Finanzanlagevermögens · 4915 Erträge aus Zuschreibungen des Umlaufvermögens außer Vorräten
- **IKP[IKR]:** 5440 Erträge aus Werterhöhungen von Gegenständen des Anlagevermögens ·

5783 Erträge aus der Zuschreibung zu Wertpapieren des Umlaufvermögens

Konten [GuV: 7.b) Abschreibungen auf Vermögensgegenstände des Umlaufvermögens, soweit diese die in der Kapitalgesellschaft üblichen Abschreibungen überschreiten]
- **SKP03[SKR03]:** –
- **SKP04[SKR04]:** 6270 Abschreibungen auf Vermögensgegenstände des Umlaufvermögens (soweit unüblich hoch)
- **IKP[IKR]:** –

Konten [GuV: 12. Abschreibungen auf Finanzanlagen und auf Wertpapiere des Umlaufvermögens]
- **SKP03[SKR03]:** 4870 Abschreibungen auf Finanzanlagen · 4875 [4876] Abschreibungen auf Wertpapiere des Umlaufvermögens ...
- **SKP04[SKR04]:** 7200 Abschreibungen auf Finanzanlagen · 7210 [7214] Abschreibungen auf Wertpapiere des Umlaufvermögens ...
- **IKP[IKR]:** 7400 Abschreibungen auf Finanzanlagen · 7420 Abschreibungen auf Wertpapiere des Umlaufvermögens

Konten [GuV: 16. Außerordentliche Aufwendungen]
- **SKP03[SKR03]:** 2000 Außerordentliche Aufwendungen
- **SKP04[SKR04]:** 7500 Außerordentliche Aufwendungen
- **IKP[IKR]:** 7600 Außerordentliche Aufwendungen

Beispiel 14-2

Ein Unternehmen* hat im Anlagevermögen Aktien eines an einer Börse gehandelten Unternehmens, die für 800 000,00 € angeschafft wurden. Zum Abschlussstichtag haben die Aktien einen Vergleichswert von 710 000,00 €. Da davon ausgegangen wird, dass diese Wertminderung voraussichtlich nicht dauerhaft ist, gilt das gemilderte Niederstwertprinzip. Das Unternehmen macht entsprechend von seinem Wahlrecht Gebrauch und führt keine außerplanmäßige Abschreibung durch.

14.3 Die bewertenden Abschlussarbeiten
Folgebewertungen von Wertpapieren

Beispiel 14-3

(1) Ein Unternehmen* hat im Umlaufvermögen Aktien eines an einer Börse gehandelten Unternehmens, die für 800 000,00 € angeschafft wurden. Zum Abschlussstichtag haben die Aktien einen Vergleichswert von 710 000,00 €. Aus Sicht des Unternehmens* handelt es sich um eine Wertminderung in üblicher Höhe. Obwohl davon ausgegangen wird, dass die Wertminderung voraussichtlich nicht dauerhaft ist, gilt das strenge Niederstwertprinzip, da es sich um Gegenstände des Umlaufvermögens handelt. Das Unternehmen* führt deshalb eine außerplanmäßige Abschreibung in üblicher Höhe von 90 000,00 € auf den Vergleichswert durch:

SKP03 · SKP04 · IKP Sollkonto	Betrag	an	SKP03 · SKP04 · IKP Habenkonto	Betrag
4875 · 7210 · 7420 Abschreibungen auf Wertpapiere des Umlaufvermögens	90 000,00 €		1348 · 1510 · 2790 Sonstige Wertpapiere	90 000,00 €

(2) Am Abschlussstichtag des folgenden Geschäftsjahres haben die Aktien einen Vergleichswert von 850 000,00 €. Da damit der Grund für die außerplanmäßige Abschreibung entfallen ist, gelten das Wertaufholungsgebot und das Anschaffungswertprinzip, weshalb das Unternehmen* eine außerplanmäßige Zuschreibung von 90 000 € auf die Anschaffungskosten von 800 000,00 € durchführt:

SKP03 · SKP04 · IKP Sollkonto	Betrag	an	SKP03 · SKP04 · IKP Habenkonto	Betrag
1348 · 1510 · 2790 Sonstige Wertpapiere	90 000,00 €		2715 · 4915 · 5783 Erträge aus Zuschreibungen des Umlaufvermögens außer Vorräten	90 000,00 €

Zwischenübung Kapitel 14.3

Ein Unternehmen* hat während des Geschäftsjahres zur dauerhaften Geldanlage 10 000 Aktien mit Anschaffungskosten von 30,00 € je Aktie gekauft. Aufgrund einer Naturkatastrophe, bei der große Teile der Produktionskapazitäten der Aktiengesellschaft zerstört wurden, beträgt der Börsenkurs der Aktie zum Abschlussstichtag 2,35 € je Aktie. Die Anschaffungsnebenkosten würden bei einem Kauf der Aktien 0,05 € je Aktie betragen.

(1) Welche Bewertungsprinzipien sind im vorliegenden Fall anzuwenden und welche Wertansätze sind entsprechend in der Bilanz möglich:

Bewertungsprinzipien	Mögliche Wertansätze Bilanz

(2) Das Unternehmen* führt eine außerplanmäßige Abschreibung in üblicher Höhe auf den niedrigst möglichen Wertansatz durch:

Sollkonto	Betrag	an	Habenkonto	Betrag

14.4 Folgebewertungen von Vorräten

- Einordnung innerhalb der Jahresabschlussrechnungen
- Folgebewertungen von Sachanlagen
- Folgebewertungen von Wertpapieren
- **Folgebewertungen von Vorräten**
- Folgebewertungen von Forderungen
- Folgebewertungen von Posten in Fremdwährungen
- Divergenzen zu anderen Normensystemen

In den nachfolgenden Kapiteln werden die Schritte zur Folgebewertung von Werkstoffen, Waren und Erzeugnissen dargestellt.

14.4.1 Ermittlung des Buchwerts

Der Buchwert des für die Folgebewertung zu verwendenden Endbestandes ergibt sich normalerweise aus dem Buchwert des Anfangsbestandes zuzüglich des Werts der Zugänge abzüglich des Werts der Abgänge bis zum Bewertungszeitpunkt.

Ändern sich allerdings die Anschaffungskosten der Werkstoffe und der Waren oder die Herstellungskosten der Erzeugnisse während des Geschäftsjahres, so ist die Ermittlung des Werts der Abgänge und des Buchwerts des Endbestandes in der Regel problematisch. Gründe für Änderungen der Anschaffungskosten der Werkstoffe und Waren können insbesondere:

- Preisveränderungen der Zulieferer, beispielsweise aufgrund von Änderungen der Rohstoffpreise oder aufgrund von Neuverhandlungen der Einkaufspreise, und
- Änderungen der Devisenkurse beim Bezug aus Drittländern sein.

Gründe für Änderungen der Herstellungskosten der Erzeugnisse können insbesondere:

- geänderte Materialkosten aufgrund geänderter Anschaffungskosten der Werkstoffe,
- geänderte Fertigungskosten, beispielsweise aufgrund von Tariferhöhungen, oder
- geänderte Gemeinkostenanteile aufgrund von neu berechneten Zuschlagssätzen sein.

Kommt es bei identischen und damit im Sinne des Handelsgesetzbuches *gleichartigen* (Handelsgesetzbuch: § 240 Inventar, Absatz 4 und § 256 Bewertungsvereinfachungsverfahren) Werkstoffen, Waren oder Erzeugnissen, die jeweils gemeinsam und damit in der Regel vermischt gelagert werden, zu sich während des Geschäftsjahres ändernden Anschaffungs- oder Herstellungskosten, so ist die im Handelsgesetzbuch allgemein geforderte *Einzelbewertung* (Handelsgesetzbuch: § 252 Allgemeine Bewertungsgrundsätze, Absatz 1, Nummer 3) in der Regel mit vertretbarem Aufwand nicht möglich. Der Gesetzgeber lässt deshalb verschiedene vereinfachende Verfahren der Bewertung zu. Die Verfahren können dazu dienen:

- die Buchwerte der **Endbestände** am Abschlussstichtag zu ermitteln und/oder
- die **Abgänge** unterjährig zu bewerten.

Lernziel 14-4
Die Folgebewertungen von Vorräten durchführen und verbuchen können.

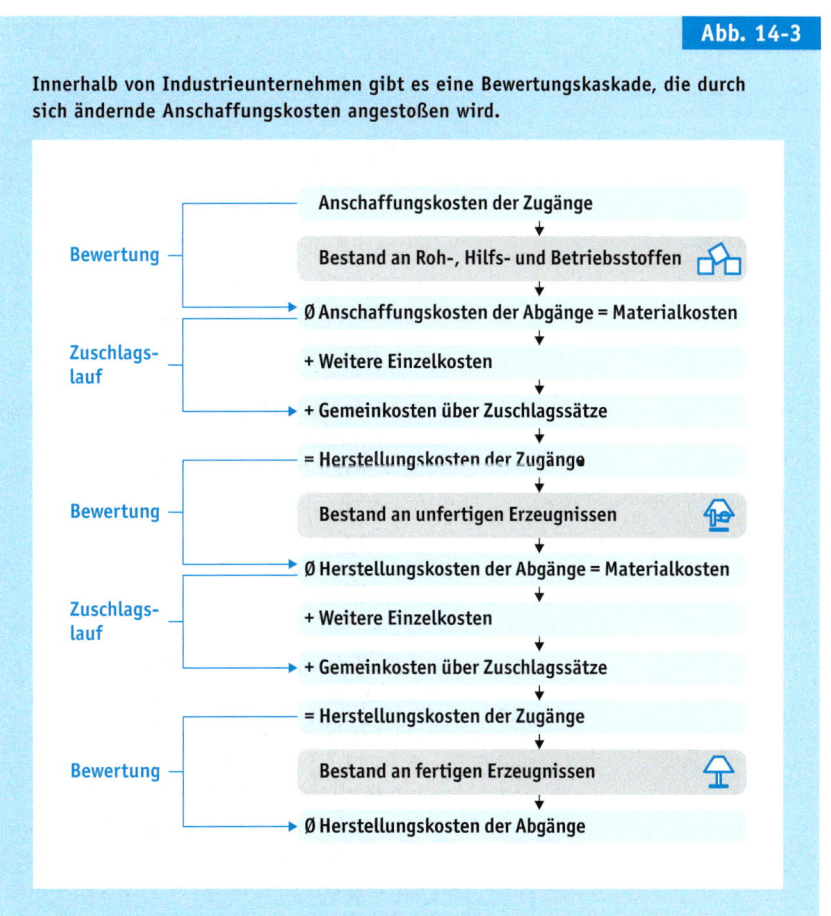

Abb. 14-3

Innerhalb von Industrieunternehmen gibt es eine Bewertungskaskade, die durch sich ändernde Anschaffungskosten angestoßen wird.

Die Verfahren können weiter unterteilt werden in:
- **periodische Verfahren**, die zum Abschlussstichtag durchgeführt werden und sich zur Vorratsbewertung bei aufwandsorientiert verbuchten Käufen von Werkstoffen und Waren und bei mittels der Inventurmethode (↗ Kapitel 9.3.1.1.2) ermittelten Verbräuchen von Werkstoffen eignen, und
- **permanente Verfahren**, die fortlaufend bei jedem Abgang und zum Abschlussstichtag durchgeführt werden und sich zur Vorratsbewertung bei bestandsorientiert verbuchten Käufen von Werkstoffen und Waren und bei mittels der Fortschreibungs- oder der retrograden Methode (↗ Kapitel 9.3.1.1.2) ermittelten Verbräuchen von Werkstoffen eignen.

Für die Ermittlung der Buchwerte, die bei Vorräten auch als *historische Anschaffungs- oder Herstellungskosten* bezeichnet werden, kommen insbesondere die in den nachfolgenden Kapiteln beschriebenen Verfahren der Vorratsbewertung infrage. Anfangsbestände werden dabei wie Zugänge und Endbestände wie Abgänge behandelt.

Beispiel 14-4

Die Verfahren der Vorratsbewertung sollen nachfolgend am Beispiel eines Bestandes an Vorräten demonstriert werden, der sich im Zeitverlauf folgendermaßen ändert (Tabelle-144100-01.xlsx):

Vorgang	Menge	Anschaffungs-/Herstellungskosten je Stück	Gesamtwert
Anfangsbestand	30 Stück	11,00 €/Stück	330,00 €
1. Zugang	+ 40 Stück	12,00 €/Stück	480,00 €
1. Abgang	**– 50 Stück**	**? €/Stück**	**? €**
2. Zugang	+ 60 Stück	13,00 €/Stück	780,00 €
2. Abgang	**– 70 Stück**	**? €/Stück**	**? €**
3. Zugang	+ 80 Stück	14,00 €/Stück	1 120,00 €
Endbestand	**= 90 Stück**	**? €/Stück**	**? €**

Wie wir nachfolgend sehen werden, führen die verschiedenen Verfahren der Vorratsbewertung dabei zu folgenden Anschaffungs- oder Herstellungskosten Ak/Hk je Stück des Endbestandes:
- Periodisches Durchschnittsverfahren: 12,9048 €/Stück
- Permanentes Durchschnittsverfahren: 13,8492 €/Stück
- Periodisches Last-in-first-out-Verfahren: 11,8889 €/Stück
- Permanentes Last-in-first-out-Verfahren: 13,6667 €/Stück
- Periodisches First-in-first-out-Verfahren: 13,8889 €/Stück
- Permanentes First-in-first-out-Verfahren: 13,8889 €/Stück.

14.4.1.1 Durchschnittsverfahren

Die Durchschnittsverfahren, die auch als *Gruppenbewertungsverfahren* bezeichnet werden, sind handelsrechtlich (Handelsgesetzbuch: § 240 Inventar, Absatz 4) und steuerrechtlich (Einkommensteuer-Richtlinien 2005: R 6.8 Bewertung des Vorratsvermögens) für Vorratsbewertungen zulässig. Die Bewertung erfolgt bei ihnen durch Bildung des mit der Menge gewogenen Durchschnitts aus dem Wert des Anfangsbestandes und dem Wert der darauf folgenden Zugänge.

Die Durchschnittsverfahren können weiter in die folgenden zwei Verfahren unterteilt werden.

14.4.1.1.1 Periodisches Durchschnittsverfahren

Das periodische Durchschnittsverfahren eignet sich zur Bewertung des Endbestandes und zur nachträglichen Bewertung der Abgänge zum Abschlussstichtag. Bei dem Verfahren werden nur der Anfangsbestand und die Zugänge, nicht aber die Abgänge betrachtet. Die historischen Anschaffungs- oder Herstellungskosten Ak/Hk je Stück des Endbestandes und der Abgänge ergeben sich bei dem Verfahren aus den mit Mengen gewichteten Werten:
- des Anfangsbestandes und
- aller Zugänge während der Periode.

> **Beispiel 14-5**

Für das Beispiel ergeben sich folgende Bewertungsbestandteile des Endbestandes und der Abgänge:

Vorgang	Menge	Anschaffungs-/ Herstellungskosten je Stück	Bewertungsbestandteile des Endbestandes
Anfangsbestand	30 Stück	11,00 €/Stück	30 Stück
1. Zugang	40 Stück	12,00 €/Stück	40 Stück
2. Zugang	60 Stück	13,00 €/Stück	60 Stück
3. Zugang	80 Stück	14,00 €/Stück	80 Stück
1. Abgang	– 50 Stück	? €/Stück	–
2. Abgang	– 70 Stück	? €/Stück	–
Endbestand	90 Stück	? €/Stück	–

Damit ergeben sich folgende historische Anschaffungs- oder Herstellungskosten Ak/Hk je Stück des Endbestandes und der Abgänge:

$$Ak/Hk = \frac{11,00 \times 30 + 12,00 \times 40 + 13,00 \times 60 + 14,00 \times 80}{30 + 40 + 60 + 80} \frac{€}{Stück} = 12,9048 \frac{€}{Stück}$$

14.4.1.1.2 Permanentes Durchschnittsverfahren

Das permanente Durchschnittsverfahren eignet sich zur Bewertung des Endbestandes und zur fortlaufenden Bewertung der Abgänge. Die historischen Anschaffungs- oder Herstellungskosten Ak/Hk je Stück des Endbestandes und der Abgänge ergeben sich bei dem Verfahren aus den mit Mengen gewichteten Werten:

- des Bestandes nach dem letzten vorangegangenen Abgang und
- aller Zugänge bis zum zu bewertenden Abgang.

> **Beispiel 14-6**

(1) Für das Beispiel ergeben sich folgende Bewertungsbestandteile des 1. Abgangs:

Vorgang	Menge	Anschaffungs-/ Herstellungskosten je Stück	Bewertungsbestandteile des 1. Abgangs
Anfangsbestand	30 Stück	11,0000 €/Stück	30 Stück
1. Zugang	40 Stück	12,0000 €/Stück	40 Stück
1. Abgang	50 Stück	? €/Stück	–

Damit ergeben sich folgende historische Anschaffungs- oder Herstellungskosten Ak/Hk je Stück des 1. Abgangs:

$$Ak/Hk = \frac{11,0000 \times 30 + 12,0000 \times 40}{30 + 40} \frac{€}{Stück} = 11,5714 \frac{€}{Stück}$$

(2) Für das Beispiel ergeben sich folgende Bewertungsbestandteile des 2. Abgangs:

Vorgang	Menge	Anschaffungs-/ Herstellungskosten je Stück	Bewertungsbestandteile des 2. Abgangs
Bestand nach 1. Abgang	30 + 40 − 50 = 20 Stück	11,5714 €/Stück	20 Stück
2. Zugang	60 Stück	13,0000 €/Stück	60 Stück
2. Abgang	70 Stück	? €/Stück	–

Damit ergeben sich folgende historische Anschaffungs- oder Herstellungskosten Ak/Hk je Stück des 2. Abgangs:

$$\text{Ak/Hk} = \frac{11{,}5714 \times 20 + 13{,}0000 \times 60}{20 + 60} \frac{\text{€}}{\text{Stück}} = 12{,}6429 \frac{\text{€}}{\text{Stück}}$$

(3) Für das Beispiel ergeben sich folgende Bewertungsbestandteile des Endbestandes:

Vorgang	Menge	Anschaffungs-/ Herstellungskosten je Stück	Bewertungsbestandteile des Endbestandes
Bestand nach 2. Abgang	20 + 60 − 70 = 10 Stück	12,6429 €/Stück	10 Stück
3. Zugang	80 Stück	14,0000 €/Stück	80 Stück
Endbestand	90 Stück	? €/Stück	–

Damit ergeben sich folgende historische Anschaffungs- oder Herstellungskosten Ak/Hk je Stück des Endbestandes:

$$\text{Ak/Hk} = \frac{12{,}6429 \times 10 + 14{,}0000 \times 80}{10 + 80} \frac{\text{€}}{\text{Stück}} = 13{,}8492 \frac{\text{€}}{\text{Stück}}$$

14.4.1.2 Last-in-first-out-Verfahren

Die Last-in-first-out- beziehungsweise abgekürzt *Lifo-Verfahren* sind handelsrechtlich (Handelsgesetzbuch: § 256 Bewertungsvereinfachungsverfahren) und steuerrechtlich (Einkommensteuergesetz: § 6 Bewertung, Absatz 1, Nr. 2a) für Vorratsbewertungen zulässig. Sie gehören zu den sogenannten *Sammelbewertungs-* oder *Verbrauchsfolgeverfahren* und gehen von der *Verbrauchsfolgefiktion* aus, dass die zuletzt angeschafften oder hergestellten (last-in) Gegenstände des Vorratsvermögens als Erstes wieder verbraucht (first-out) werden.

Die Last-in-first-out-Verfahren können weiter in die folgenden zwei Verfahren unterteilt werden.

14.4.1.2.1 Periodisches Last-in-first-out-Verfahren

Das periodische Last-in-first-out-Verfahren eignet sich zur Bewertung des Endbestandes zum Abschlussstichtag. Bei dem Verfahren werden nur der Anfangsbestand und die Zugänge, nicht aber die Abgänge betrachtet. Da die zuletzt zugegangenen Vorräte zuerst wieder abgegangen sind, besteht der Endbestand (Beck 2010: § 256, Anmerkung 62):

▸ aus dem Anfangsbestand und
▸ falls er größer als dieser ist, aus den dem Anfangsbestand nachfolgenden Zugängen.

Die historischen Anschaffungs- oder Herstellungskosten Ak/Hk je Stück ergeben sich dann aus den mit Mengen gewichteten Werten dieser Bestandteile.

Beispiel 14-7

Für das Beispiel ergeben sich folgende Bewertungsbestandteile des Endbestandes:

Vorgang	Menge	Anschaffungs-/ Herstellungskosten je Stück	Bewertungsbestandteile des Endbestandes
Anfangsbestand	30 Stück	11,00 €/Stück	30 Stück
1. Zugang	40 Stück	12,00 €/Stück	40 Stück
2. Zugang	60 Stück	13,00 €/Stück	20 Stück
3. Zugang	80 Stück	14,00 €/Stück	0 Stück
Endbestand	**90 Stück**	? €/Stück	–

Damit ergeben sich folgende historische Anschaffungs- oder Herstellungskosten Ak/Hk je Stück des Endbestandes:

$$Ak/Hk = \frac{11{,}00 \times 30 + 12{,}00 \times 40 + 13{,}00 \times 20}{30 + 40 + 20} \frac{\text{€}}{\text{Stück}} = 11{,}8889 \frac{\text{€}}{\text{Stück}}$$

14.4.1.2.2 Permanentes Last-in-first-out-Verfahren

Das permanente Last-in-first-out-Verfahren eignet sich zur Bewertung des Endbestandes und zur fortlaufenden Bewertung der Abgänge. Bei dem Verfahren bestehen die Abgänge:
- jeweils aus dem letzten vorhergegangenen Zugang und
- falls sie größer als dieser sind, aus den Restbeständen der diesem Zugang vorhergegangenen Zugänge.

Die historischen Anschaffungs- oder Herstellungskosten Ak/Hk je Stück ergeben sich dann aus den mit Mengen gewichteten Werten dieser Bestandteile.

Beispiel 14-8

(1) Für das Beispiel ergeben sich folgende Bewertungsbestandteile des 1. Abgangs:

Vorgang	Menge	Anschaffungs-/ Herstellungskosten je Stück	Bewertungsbestandteile des 1. Abgangs
Anfangsbestand	30 Stück	11,00 €/Stück	10 Stück
1. Zugang	40 Stück	12,00 €/Stück	40 Stück
1. Abgang	50 Stück	? €/Stück	–

Damit ergeben sich folgende historische Anschaffungs- oder Herstellungskosten Ak/Hk je Stück des 1. Abgangs:

$$Ak/Hk = \frac{11{,}00 \times 10 + 12{,}00 \times 40}{10 + 40} \frac{\text{€}}{\text{Stück}} = 11{,}8000 \frac{\text{€}}{\text{Stück}}$$

(2) Für das Beispiel ergeben sich folgende Bewertungsbestandteile des 2. Abgangs:

Vorgang	Menge	Anschaffungs-/ Herstellungskosten je Stück	Bewertungsbestandteile des 2. Abgangs
Rest Anfangsbestand	30 − 10 = 20 Stück	11,00 €/Stück	10 Stück
Rest 1. Zugang	40 − 40 = 0 Stück	12,00 €/Stück	0 Stück
2. Zugang	60 Stück	13,00 €/Stück	60 Stück
2. Abgang	70 Stück	? €/Stück	–

Damit ergeben sich folgende historische Anschaffungs- oder Herstellungskosten Ak/Hk je Stück des 2. Abgangs:

$$Ak/Hk = \frac{11{,}00 \times 10 + 13{,}00 \times 60}{10 + 60} \frac{€}{Stück} = 12{,}7143 \frac{€}{Stück}$$

(3) Für das Beispiel ergeben sich folgende Bewertungsbestandteile des Endbestandes:

Vorgang	Menge	Anschaffungs-/ Herstellungskosten je Stück	Bewertungsbestandteile des Endbestandes
Rest Anfangsbestand	20 − 10 = 10 Stück	11,00 €/Stück	10 Stück
Rest 1. Zugang	0 Stück	12,00 €/Stück	0 Stück
Rest 2. Zugang	60 − 60 = 0 Stück	13,00 €/Stück	0 Stück
3. Zugang	80 Stück	14,00 €/Stück	80 Stück
Endbestand	90 Stück	? €/Stück	–

Damit ergeben sich folgende historische Anschaffungs- oder Herstellungskosten Ak/Hk je Stück des Endbestandes:

$$Ak/Hk = \frac{11{,}00 \times 10 + 14{,}00 \times 80}{10 + 80} \frac{€}{Stück} = 13{,}6667 \frac{€}{Stück}$$

14.4.1.3 First-in-first-out-Verfahren

Die First-in-first-out- beziehungsweise abgekürzt *Fifo-Verfahren* sind nur handelsrechtlich (Handelsgesetzbuch: § 256 Bewertungsvereinfachungsverfahren), nicht aber steuerrechtlich für Vorratsbewertungen zulässig. Sie gehören zu den sogenannten *Sammelbewertungs-* oder *Verbrauchsfolgeverfahren* und gehen von der *Verbrauchsfolgefiktion* aus, dass die zuerst angeschafften oder hergestellten (first-in) Gegenstände des Vorratsvermögens auch als Erstes wieder verbraucht (first-out) werden. Entsprechende Verbrauchsfolgen finden sich häufig in der Praxis, so beispielsweise bei den meisten automatischen Hochregallagern.

Die First-in-first-out-Verfahren können weiter in die folgenden zwei Verfahren unterteilt werden (Beck 2010: § 256, Anmerkung 59).

14.4.1.3.1 Periodisches First-in-first-out-Verfahren

Das periodische First-in-first-out-Verfahren eignet sich zur Bewertung des Endbestandes zum Abschlussstichtag. Bei dem Verfahren werden nur der Anfangsbestand und die Zugänge, nicht aber die Abgänge betrachtet. Da die zuerst zugegangenen Vorräte zuerst wieder abgegangen sind, besteht der Endbestand (Beck 2010: § 256, Anmerkung 59):

- aus dem letzten Zugang der Periode und
- falls er größer als dieser ist, aus den diesem Zugang vorhergegangenen Zugängen.

Die historischen Anschaffungs- oder Herstellungskosten Ak/Hk je Stück ergeben sich dann aus den mit Mengen gewichteten Werten dieser Bestandteile.

Beispiel 14-9

Für das Beispiel ergeben sich folgende Bewertungsbestandteile des Endbestandes:

Vorgang	Menge	Anschaffungs-/ Herstellungskosten je Stück	Bewertungsbestandteile des Endbestandes
Anfangsbestand	30 Stück	11,00 €/Stück	0 Stück
1. Zugang	40 Stück	12,00 €/Stück	0 Stück
2. Zugang	60 Stück	13,00 €/Stück	10 Stück
3. Zugang	80 Stück	14,00 €/Stück	80 Stück
Endbestand	**90 Stück**	? €/Stück	–

Damit ergeben sich folgende historische Anschaffungs- oder Herstellungskosten Ak/Hk je Stück des Endbestandes:

$$Ak/Hk = \frac{13{,}00 \times 10 + 14{,}00 \times 80}{10 + 80} \frac{€}{Stück} = 13{,}8889 \frac{€}{Stück}$$

14.4.1.3.2 Permanentes First-in-first-out-Verfahren

Das permanente First-in-first-out-Verfahren eignet sich zur Bewertung des Endbestandes und zur fortlaufenden Bewertung der Abgänge. Bei dem Verfahren bestehen die Abgänge:
- jeweils aus dem Restbestand des ältesten vorhergegangenen Zugangs und
- falls sie größer als dieser sind, aus den Restbeständen der diesem Zugang nachfolgenden Zugänge.

Die historischen Anschaffungs- oder Herstellungskosten Ak/Hk je Stück ergeben sich dann aus den mit Mengen gewichteten Werten dieser Bestandteile.

Beispiel 14-10

(1) Für das Beispiel ergeben sich folgende Bewertungsbestandteile des 1. Abgangs:

Vorgang	Menge	Anschaffungs-/ Herstellungskosten je Stück	Bewertungsbestandteile des 1. Abgangs
Anfangsbestand	30 Stück	11,00 €/Stück	30 Stück
1. Zugang	40 Stück	12,00 €/Stück	20 Stück
1. Abgang	**50 Stück**	? €/Stück	–

Damit ergeben sich folgende historischen Anschaffungs- oder Herstellungskosten Ak/Hk je Stück des 1. Abgangs:

$$Ak/Hk = \frac{11{,}00 \times 30 + 12{,}00 \times 20}{30 + 20} \frac{€}{Stück} = 11{,}4000 \frac{€}{Stück}$$

(2) Für das Beispiel ergeben sich folgende Bewertungsbestandteile des 2. Abgangs:

Vorgang	Menge	Anschaffungs-/ Herstellungskosten je Stück	Bewertungsbestandteile des 2. Abgangs
Rest Anfangsbestand	30 – 30 = 0 Stück	11,00 €/Stück	0 Stück
Rest 1. Zugang	40 – 20 = 20 Stück	12,00 €/Stück	20 Stück
2. Zugang	60 Stück	13,00 €/Stück	50 Stück
2. Abgang	**70 Stück**	**? €/Stück**	**–**

Damit ergeben sich folgende historische Anschaffungs- oder Herstellungskosten Ak/Hk je Stück des 2. Abgangs:

$$Ak/Hk = \frac{12{,}00 \times 20 + 13{,}00 \times 50}{20 + 50} \frac{€}{Stück} = 12{,}7143 \frac{€}{Stück}$$

(3) Für das Beispiel ergeben sich folgende Bewertungsbestandteile des Endbestandes:

Vorgang	Menge	Anschaffungs-/ Herstellungskosten je Stück	Bewertungsbestandteile des Endbestandes
Rest Anfangsbestand	0 Stück	11,00 €/Stück	0 Stück
Rest 1. Zugang	20 – 20 = 0 Stück	12,00 €/Stück	0 Stück
Rest 2. Zugang	60 – 50 = 10 Stück	13,00 €/Stück	10 Stück
3. Zugang	80 Stück	14,00 €/Stück	80 Stück
Endbestand	**90 Stück**	**? €/Stück**	**–**

Damit ergeben sich folgende historische Anschaffungs- oder Herstellungskosten Ak/Hk je Stück des Endbestandes:

$$Ak/Hk = \frac{13{,}00 \times 10 + 14{,}00 \times 80}{10 + 80} \frac{€}{Stück} = 13{,}8889 \frac{€}{Stück}$$

14.4.2 Korrekturen des Buchwerts

Im Anschluss an die Ermittlung des Buchwerts des Endbestandes der Vorräte erfolgt die Folgebewertung in folgenden weiteren Schritten:

(1) Ermittlung des Vergleichswertes
Als Vergleichswert für gegebenenfalls durchzuführende Korrekturen des ermittelten Buchwerts des Endbestandes kommen bei den Vorräten insbesondere folgende Werte in Betracht (Coenenberg, A. G. und andere 2009a: Seite 211):

▸ **Wiederbeschaffungswert auf dem Beschaffungsmarkt,** der sich für normale Bestände an Roh-, Hilfs- und Betriebsstoffen und für unfertige und fertige Erzeugnisse, die in gleicher Art fremdbezogen werden können, eignet und sich aus den entsprechenden Anschaffungskosten ergibt.

▸ **Korrigierter Verkaufspreis auf dem Absatzmarkt,** der sich für unfertige und fertige Erzeugnisse, die in gleicher Art nicht fremd bezogen werden können, und für zukünftig wahrscheinlich nicht benötigte Überbestände an Roh-, Hilfs- und Betriebsstoffen eignet. Der Verkaufspreis muss handelsrechtlich noch – im Rahmen einer *retrograden Bewertung* mittels der *Subtraktionsmethode* – um die

normalerweise gewährten Preisnachlässe und um noch anfallende Vertriebs- und Verwaltungskosten korrigiert werden (Beck 2010: § 253, Anmerkung 522 f.). Steuerrechtlich ist er in der Regel noch um den normalerweise eingerechneten Gewinnaufschlag zu korrigieren (Einkommensteuer-Richtlinien 2005: R 6.8 Bewertung des Vorratsvermögens, Absatz 2, Satz 4 und Bornhofen, M./Bornhofen, M. C. 2011: Seite 157 ff.).
- **Minimum aus Wiederbeschaffungswert und korrigiertem Verkaufspreis,** das sich für Waren eignet.

(2) Ableitung eines Korrekturbedarfs aus dem Vergleich der ermittelten Werte
Hinsichtlich gegebenenfalls durchzuführender Korrekturen der Buchwerte der Endbestände sind folgende Fälle zu unterscheiden:
- **Der Vergleichswert ist kleiner als der Buchwert und dies voraussichtlich dauerhaft:** Handelsrechtlich (Handelsgesetzbuch: § 253 Zugangs- und Folgebewertung, Absatz 4) und steuerrechtlich besteht die Pflicht zur Durchführung einer außerplanmäßigen Abschreibung (Strenges Niederstwertprinzip).
- **Der Vergleichswert ist kleiner als der Buchwert und dies voraussichtlich nicht dauerhaft:** Handelsrechtlich (Handelsgesetzbuch: § 253 Zugangs- und Folgebewertung, Absatz 4) besteht die Pflicht zur Durchführung einer außerplanmäßigen Abschreibung (Strenges Niederstwertprinzip), steuerrechtlich (Einkommensteuergesetz: § 6 Bewertung, Absatz 1, Nummer 2, Satz 2) besteht ein Verbot.
- **Die Gründe für eine früher vorgenommene außerplanmäßige Abschreibung sind entfallen:** Handelsrechtlich (Handelsgesetzbuch: § 253 Zugangs- und Folgebewertung, Absatz 5) und steuerrechtlich besteht die Pflicht zur Durchführung einer außerplanmäßigen Zuschreibung bis zu den historischen Anschaffungs- oder Herstellungskosten (Wertaufholungsgebot und Anschaffungswertprinzip).

(3) Verbuchung von Korrekturen
Die Verbuchung von außerplanmäßigen Abschreibungen in üblicher Höhe erfolgt wie ein normaler Verbrauch (⁊ Kapitel 9.3.1.1, 9.3.1.3, 9.4.1):
- im **Soll** der Aufwandskonten »Aufwendungen für Roh-, Hilfs- und Betriebsstoffe und für bezogene Waren« oder »Bestandsveränderungen« und
- im **Haben** der Aktivkonten der betroffenen Vorräte.

Die Verbuchung von außerplanmäßigen Abschreibungen in unüblicher Höhe (⁊ Kapitel 16.2.1.1.2) erfolgt:
- im **Soll** der Aufwandskonten »Abschreibungen auf Umlaufvermögen ohne Wertpapiere (soweit unübliche Höhe)« und
- im **Haben** der Aktivkonten der betroffenen Vorräte.

Die Verbuchung von außerplanmäßigen Zuschreibungen auf das Vorratsvermögen erfolgt:
- im **Haben** der Ertragskonten »Erträge aus Zuschreibungen des Umlaufvermögens« und
- im **Soll** der Aktivkonten der betroffenen Vorräte.

Typische Belege
- Buchungsbelege der Buchführungssoftware

Konten [GuV: 2. Erhöhung oder Verminderung des Bestands an fertigen und unfertigen Erzeugnissen]
- **SKP03[SKR03]:** 8960 Bestandsveränderungen – unfertige Erzeugnisse · 8980 Bestandsveränderungen – fertige Erzeugnisse
- **SKP04[SKR04]:** 4810 Bestandsveränderungen – unfertige Erzeugnisse · 4800 Bestandsveränderungen – fertige Erzeugnisse
- **IKP[IKR]:** 5210 Bestandsveränderungen – unfertige Erzeugnisse[2] · 5220 Bestandsveränderungen – fertige Erzeugnisse[2]

Konten [GuV: 4. Sonstige betriebliche Erträge]
- **SKP03[SKR03]:** 2715 Erträge aus Zuschreibungen des Umlaufvermögens
- **SKP04[SKR04]:** –
- **IKP[IKR]:** 5451 Erträge aus der Auflösung oder Herabsetzung der Einzelwertberichtigungen

14.4 Die bewertenden Abschlussarbeiten
Folgebewertungen von Vorräten

Konten [GuV: 5.a) Aufwendungen für Roh-, Hilfs- und Betriebsstoffe und für bezogene Waren]

- **SKP03 [SKR03]:** 3000 Aufwendungen für Roh-, Hilfs- und Betriebsstoffe und für bezogene Waren²
- **SKP04 [SKR04]:** 5000 Aufwendungen für Roh-, Hilfs- und Betriebsstoffe und für bezogene Waren
- **IKP [IKR]:** 6000 Aufwendungen für Roh-, Hilfs- und Betriebsstoffe und für bezogene Waren

Konten [GuV: 7.b) Abschreibungen auf Vermögensgegenstände des Umlaufvermögens, soweit diese die in der Kapitalgesellschaft üblichen Abschreibungen überschreiten]

- **SKP03 [SKR03]:** 4880 Abschreibungen auf Umlaufvermögen ohne Wertpapiere (soweit unübliche Höhe)
- **SKP04 [SKR04]:** 6270 Abschreibungen auf Vermögensgegenstände des Umlaufvermögens (soweit unüblich hoch)
- **IKP [IKR]:** 6570 Unübliche Abschreibungen auf Vorräte

Beispiel 14-11

Bei einem Unternehmen* ergaben sich für den Endbestand von 90 Stück eines fertigen Erzeugnisses mittels des permanenten Durchschnittsverfahrens historische Herstellungskosten von 13,8492 €/Stück. Da das Unternehmen bereits ein Nachfolgerzeugnis angekündigt hat, wird zum Abschlussstichtag erwartet, dass das Erzeugnis am Absatzmarkt nur noch für einen Preis von 14,00 €/Stück verkauft werden kann. In der Regel würden auf diesen Preis noch Nachlässe von 1,00 €/Stück gewährt werden. Zudem würden bis zum Verkauf noch Verwaltungs- und Vertriebskosten von 2,00 €/Stück anfallen. Der für das Erzeugnis zu verwendende Vergleichswert beträgt damit:

	Verkaufspreis	14,00 €/Stück
−	Preisnachlässe	1,00 €/Stück
−	Verwaltungs- und Vertriebskosten	2,00 €/Stück
=	Vergleichswert	11,00 €/Stück

(1) Das Unternehmen* führt entsprechend eine außerordentliche Abschreibung in üblicher Höhe von 2,8492 € je Stück beziehungsweise 256,43 € insgesamt auf den Endbestand des fertigen Erzeugnisses durch:

SKP03 · SKP04 · IKP Sollkonto	Betrag	an SKP03 · SKP04 · IKP Habenkonto	Betrag
8980 · 4800 · 5220 Bestandsveränderungen – fertige Erzeugnisse	256,43 €	7110 · 1110 · 2200 Fertige Erzeugnisse (Bestand)	256,43 €

(2) Hätte das Unternehmen* die Höhe der Abschreibung als unüblich klassifiziert, wäre die Verbuchung folgendermaßen erfolgt:

SKP03 · SKP04 · IKP Sollkonto	Betrag	an SKP03 · SKP04 · IKP Habenkonto	Betrag
4880 · 6270 · 6570 Abschreibungen auf Vermögensgegenstände des Umlaufvermögens (soweit unüblich hoch)	256,43 €	7110 · 1110 · 2200 Fertige Erzeugnisse (Bestand)	256,43 €

14.5 Folgebewertungen von Forderungen

- Einordnung innerhalb der Jahresabschlussrechnungen
- Folgebewertungen von Sachanlagen
- Folgebewertungen von Wertpapieren
- Folgebewertungen von Vorräten
- **Folgebewertungen von Forderungen**
- Folgebewertungen von Posten in Fremdwährungen
- Divergenzen zu anderen Normensystemen

Lernziel 14-5
Die Folgebewertungen von Forderungen durchführen und verbuchen können.

Der wirtschaftliche Wert von Forderungen hängt von der Bonität der Schuldner ab. Im Rahmen der Folgebewertung von Forderungen werden diese entsprechend einer der folgenden drei Kategorien zugeordnet:

- **einwandfreie Forderungen**, bei denen ein Zahlungseingang in voller Höhe erwartet wird,
- **zweifelhafte beziehungsweise dubiose Forderungen**, bei denen – beispielsweise aufgrund der Beantragung eines Insolvenzverfahrens – ein teilweiser oder voller Forderungsausfall erwartet wird, und
- **uneinbringliche Forderungen**, bei denen die Höhe des Forderungsausfalls feststeht.

Im Rahmen der Folgebewertungen werden während des Geschäftsjahres Einzelwertberichtigungen zu Forderungen gemacht, die zweifelhaft oder uneinbringlich werden, und zum Abschlussstichtag dann auch Pauschalwertberichtigungen auf die einwandfreien Forderungen vorgenommen.

14.5.1 Einzelbewertungen von zweifelhaften und uneinbringlichen Forderungen

Die Einzelbewertungen von zweifelhaften und uneinbringlichen Forderungen erfolgen in folgenden Schritten:

(1) Ermittlung des Buchwerts
Der Buchwert für die Folgebewertung ergibt sich aus dem *Nennwert* der Forderungen bei der Zugangsbewertung abzüglich den kumulierten Einzelwertberichtigungen bis zum Bewertungszeitpunkt.

(2) Ermittlung des Vergleichswertes
Als Vergleichswert für gegebenenfalls durchzuführende Korrekturen des Buchwerts kommen bei Forderungen abhängig von der Bonität folgende Werte in Betracht:
- **erwarteter Zahlungseingang**, bei zweifelhaften Forderungen, und
- **sicherer Zahlungseingang**, bei teilweise oder vollständig uneinbringlichen Forderungen.

(3) Ableitung eines Korrekturbedarfs aus dem Vergleich der ermittelten Werte
Hinsichtlich der Korrektur des Buchwerts sind folgende Fälle zu unterscheiden:
- **Der erwartete Zahlungseingang ist kleiner als der Buchwert**: Aus Gründen der Klarheit ist die gesamte Forderung sofort in der Buchführung als zweifelhaft auszuweisen und zum Abschlussstichtag eine Einzelwertberichtigung in Höhe des erwarteten Forderungsausfalls durchzuführen.
- **Der sichere Zahlungseingang ist kleiner als der Buchwert**: Da es bei Forderungen in der Regel zu einer dauerhaften Uneinbringlichkeit kommt, besteht handelsrechtlich (Handelsgesetzbuch: § 253 Zugangs- und Folgebewertung, Absatz 4) und steuerrechtlich die Pflicht zur Durchführung einer außerplanmäßigen Abschreibung (Strenges Niederstwertprinzip).
- **Der erwartete Zahlungseingang ist größer als der Buchwert**: Eine gegebenenfalls durchgeführte Einzelwertberichtigung ist zu korrigieren.

(4) Verbuchung von Korrekturen
In der Regel erfolgt eine erste Verbuchung beim Eintritt der Zweifelhaftigkeit. Wie danach vorgegangen wird, hängt davon ab, ob die Uneinbringbarkeit noch während des Geschäftsjahres oder erst danach eintritt.

14.5.1.1 Eintritt der Zweifelhaftigkeit
Die Verbuchung beim Eintritt der Zweifelhaftigkeit der Forderung erfolgt mit dem Bruttobetrag:
- im **Soll** der Aktivkonten »Zweifelhafte Forderungen« und
- im **Haben** der Aktivkonten »Forderungen …«.

Typische Belege
- Insolvenzbekanntmachungen
- Buchungsbelege der Buchführungssoftware

Konten [Bilanz: Aktiva.B.II.1. Forderungen aus Lieferungen und Leistungen]
- **SKP03[SKR03]:** 1460 Zweifelhafte Forderungen
- **SKP04[SKR04]:** 1240 Zweifelhafte Forderungen
- **IKP[IKR]:** 2470 Zweifelhafte Forderungen[1]

Beispiel 14-12

Ein Unternehmen* erfährt über die Insolvenzbekanntmachungen, dass einer seiner Kunden ein Insolvenzverfahren beantragt hat. Das Unternehmen* hat gegenüber dem Kunden noch offene Forderungen aus Lieferungen und Leistungen in Höhe von 100,00 € zuzüglich 19,00 € Umsatzsteuer die dadurch zweifelhaft werden:

SKP03 · SKP04 · IKP Sollkonto	Betrag	an	SKP03 · SKP04 · IKP Habenkonto	Betrag
1460 · 1240 · 2470 Zweifelhafte Forderungen	119,00 €		1400 · 1200 · 2400 Forderungen aus Lieferungen und Leistungen	119,00 €

14.5.1.2 Direkte Abschreibung von uneinbringlichen Forderungen während des Geschäftsjahres

Tritt die Uneinbringlichkeit von Forderung noch im selben Geschäftsjahr wie deren Zweifelhaftigkeit ein, so erfolgt bereits während des Geschäftsjahres eine direkte außerplanmäßige Abschreibung.

Die Verbuchung von außerplanmäßigen Abschreibungen auf zweifelhafte Forderungen in üblicher Höhe erfolgt:
- im **Soll** der Aufwandskonten »Forderungsverluste … (übliche Höhe)«,
- im **Soll** der Passivkonten »Umsatzsteuer …« und
- im **Haben** der Aktivkonten »Zweifelhafte Forderungen«.

Die Verbuchung von außerplanmäßigen Abschreibungen auf zweifelhafte Forderungen in unüblicher Höhe (➚ Kapitel 16.2.1.1.2) erfolgt:
- im **Soll** der Aufwandskonten »Forderungsverluste (soweit unüblich hoch)«,
- im **Soll** der Passivkonten »Umsatzsteuer …« und
- im **Haben** der Aktivkonten »Zweifelhafte Forderungen«.

Typische Belege
- Bekanntmachung über die Schlussverteilung in Insolvenzverfahren
- Kontoauszüge

Konten [Bilanz: Aktiva.B.II.1. Forderungen aus Lieferungen und Leistungen]
- **SKP03[SKR03]:** 1460 Zweifelhafte Forderungen
- **SKP04[SKR04]:** 1240 Zweifelhafte Forderungen
- **IKP[IKR]:** 2470 Zweifelhafte Forderungen[1]

Konten [GuV: 7.b) Abschreibungen auf Vermögensgegenstände des Umlaufvermögens, soweit diese die in der Kapitalgesellschaft üblichen Abschreibungen überschreiten]
- **SKP03[SKR03]:** 2430 Forderungsverluste, unüblich hoch
- **SKP04[SKR04]:** 6280 [6281 – 6287] Forderungsverluste (soweit unüblich hoch)
- **IKP[IKR]:** 6580 Unübliche Abschreibungen auf Forderungen und sonstige Vermögensgegenstände

Konten [GuV: 8. Sonstige betriebliche Aufwendungen]
- **SKP03[SKR03]:** 2400 [2401 – 2409] Forderungsverluste … (übliche Höhe)
- **SKP04[SKR04]:** 6930 [6931 – 6939] Forderungsverluste … (übliche Höhe)
- **IKP[IKR]:** 6951 Abschreibungen auf Forderungen wegen Uneinbringlichkeit

Beispiel 14-13

(1) Ein Unternehmen* hat gegenüber einem Kunden zweifelhafte Forderungen aus Lieferungen und Leistungen in Höhe von 100,00 € zu-

züglich 19,00 € Umsatzsteuer. Noch im selben Geschäftsjahr kommt ein Vergleich mit einer Vergleichsquote von 30 % zustande. Das Unternehmen* führt eine entsprechende direkte außerplanmäßige Abschreibung von 70,00 € auf die zweifelhaften Forderungen durch und korrigiert die Umsatzsteuer um die darauf entfallenden 13,30 € Umsatzsteuer:

SKP03 · SKP04 · IKP Sollkonto	Betrag	an	SKP03 · SKP04 · IKP Habenkonto	Betrag
2400 · 6930 · 6951 Forderungsverluste (übliche Höhe)	70,00 €		1460 · 1240 · 2470 Zweifelhafte Forderungen	83,30 €
1776 · 3806 · 4805 Umsatzsteuer 19 %	13,30 €			

(2) Kurze Zeit später erhält das Unternehmen* den Vergleichsbetrag von 30,00 € zuzüglich 5,70 € Umsatzsteuer auf sein Bankkonto überwiesen:

SKP03 · SKP04 · IKP Sollkonto	Betrag	an	SKP03 · SKP04 · IKP Habenkonto	Betrag
1200 · 1800 · 2800 Bank	35,70 €		1460 · 1240 · 2470 Zweifelhafte Forderungen	35,70 €

14.5.1.3 Indirekte Abschreibung von zweifelhaften Forderungen zum Abschlussstichtag

Wenn Forderungen am Abschlussstichtag zweifelhaft sind, werden sie zunächst indirekt abgeschrieben, indem durch Bildung eines sogenannten *Delkrederes*, eine Einzelwertberichtigung in Höhe des erwarteten Forderungsverlustes ohne Umsatzsteuer erfolgt.

Die Verbuchung der Bildung von Einzelwertberichtigungen erfolgt mit dem Nettobetrag:
- im **Soll** der Aufwandskonten »Einstellung in die Einzelwertberichtigung zu Forderungen« und
- im **Haben** der Aktivkonten »Einzelwertberichtigungen zu Forderungen«.

Bei den Einzelwertberichtigungen handelt es sich um Gegenposten zu den Forderungen, die bei ihrer Auflösung mit diesen verrechnet werden. Die Auflösung erfolgt nach dem Abschlussstichtag, wenn die zweifelhaften Forderungen uneinbringlich werden. Bei der Auflösung sind drei Fälle zu unterscheiden:

(1) Die Einzelwertberichtigung entspricht dem Forderungsausfall
Die Verbuchung der Auflösung der Einzelwertberichtigungen erfolgt in diesem Fall:
- im **Soll** der Aktivkonten »Einzelwertberichtigungen zu Forderungen ...«,
- im **Soll** der Passivkonten »Umsatzsteuer ...« und
- im **Haben** der Aktivkonten »Zweifelhafte Forderungen«.

(2) Es wurde eine zu große Einzelwertberichtigung gebildet
Zur Herabsetzung der Einzelwertberichtigungen erfolgt in diesem Fall eine zusätzliche Buchung:
- im **Soll** der Aktivkonten »Einzelwertberichtigungen zu Forderungen ...« und
- im **Haben** des Ertragskontos »Erträge aus Herabsetzung der Einzelwertberichtigung zu Forderungen«.

(3) Es wurde eine zu niedrige Einzelwertberichtigung gebildet
Zur Heraufsetzung der Einzelwertberichtigungen erfolgt in diesem Fall eine zusätzliche Buchung:
- im **Soll** der Aufwandskonten »Forderungsverluste« und
- im **Haben** der Aktivkonten »Einzelwertberichtigungen zu Forderungen ...«.

Typische Belege
- Buchungsbelege der Buchführungssoftware
- Bekanntmachung über die Schlussverteilung in Insolvenzverfahren
- Kontoauszüge

Konten [Bilanz: Aktiva.B.II.1. Forderungen aus Lieferungen und Leistungen]
- **SKP03 [SKR03]:** 0998 Einzelwertberichtigungen auf Forderungen mit einer Restlaufzeit

14.5 Die bewertenden Abschlussarbeiten
Folgebewertungen von Forderungen

bis zu 1 Jahr · 0999 Einzelwertberichtigungen auf Forderungen mit einer Restlaufzeit von mehr als 1 Jahr ·
1460 Zweifelhafte Forderungen
- **SKP04[SKR04]:** 1246 Einzelwertberichtigungen zu Forderungen mit einer Restlaufzeit bis zu 1 Jahr · 1247 Einzelwertberichtigungen zu Forderungen mit einer Restlaufzeit von mehr als 1 Jahr ·
1240 Zweifelhafte Forderungen
- **IKP[IKR]:** 3670 Einzelwertberichtigungen zu Forderungen[1]
2470 Zweifelhafte Forderungen[1]

Konten [GuV: 4. Sonstige betriebliche Erträge]
- **SKP03[SKR03]:** 2731 Erträge aus Herabsetzung der Einzelwertberichtigung zu Forderungen
- **SKP04[SKR04]:** 4923 Erträge aus der Herabsetzung der Einzelwertberichtigung zu Forderungen
- **IKP[IKR]:** 5451 Erträge aus der Auflösung oder Herabsetzung der Einzelwertberichtigungen

Konten [GuV: 8. Sonstige betriebliche Aufwendungen]
- **SKP03[SKR03]:** 2451 Einstellungen in die Einzelwertberichtigung zu Forderungen · 2400 [2401 – 2409] Forderungsverluste … (übliche Höhe)
- **SKP04[SKR04]:** 6923 Einstellung in die Einzelwertberichtigung zu Forderungen · 6930 [6931 – 6939] Forderungsverluste … (übliche Höhe)
- **IKP[IKR]:** 6952 Einzelwertberichtigungen · 6951 Abschreibungen auf Forderungen wegen Uneinbringlichkeit

Beispiel 14-14

(1) Ein Unternehmen* hat gegenüber einem Kunden zweifelhafte Forderungen aus Lieferungen und Leistungen in Höhe von 100,00 € zuzüglich 19,00 € Umsatzsteuer.

Das Unternehmen* erwartet am Abschlussstichtag, dass im folgenden Geschäftsjahr ein Vergleich mit einer Vergleichsquote von 30 % zustande kommt. Das Unternehmen* bildet deshalb eine entsprechende Einzelwertberichtigung von 70,00 € auf die zweifelhaften Forderungen:

SKP03 · SKP04 · IKP Sollkonto	Betrag	an SKP03 · SKP04 · IKP Habenkonto	Betrag
2451 · 6923 · 6952 Einstellung in die Einzelwertberichtigung zu Forderungen	70,00 €	0998 · 1246 · 3670 Einzelwertberichtigungen zu Forderungen mit einer Restlaufzeit bis zu 1 Jahr	70,00 €

(2) Im folgenden Geschäftsjahr kommt ein Vergleich mit einer Vergleichsquote von 30 % zustande. Im Anschluss an die Überweisung der 30,00 € zuzüglich 5,70 € Umsatzsteuer verbucht das Unternehmen* die Zahlung, führt eine Abschreibung von 70,00 € auf die zweifelhaften Forderungen durch und korrigiert die Umsatzsteuer um die darauf entfallenden 13,30 € Umsatzsteuer:

SKP03 · SKP04 · IKP Sollkonto	Betrag	an SKP03 · SKP04 · IKP Habenkonto	Betrag
1200 · 1800 · 2800 Bank	35,70 €	1460 · 1240 · 2470 Zweifelhafte Forderungen	35,70 €
0998 · 1246 · 3670 Einzelwertberichtigungen zu Forderungen mit einer Restlaufzeit bis zu 1 Jahr	70,00 €	1460 · 1240 · 2470 Zweifelhafte Forderungen	83,30 €
1776 · 3806 · 4805 Umsatzsteuer 19 %	13,30 €		

Beispiel 14-15

Statt einer Vergleichsquote von 30 %, wie im ersten Beispiel, kommt eine Vergleichsquote von 40 % zustande. Im Anschluss an die Überweisung der 40,00 € zuzüglich 7,60 € Umsatzsteuer verbucht das Unternehmen* die Zahlung, setzt die Einzelwertberichtigung um 10,00 € herab, führt eine Abschreibung von 60,00 € auf die zweifelhaften Forderungen durch und korrigiert die Umsatzsteuer um die darauf entfallenden 11,40 € Umsatzsteuer:

SKP03 · SKP04 · IKP Sollkonto	Betrag	an SKP03 · SKP04 · IKP Habenkonto	Betrag
1200 · 1800 · 2800 Bank	47,60 €	1460 · 1240 · 2470 Zweifelhafte Forderungen	47,60 €
0998 · 1246 · 3670 Einzelwertberichtigungen zu Forderungen mit einer Restlaufzeit bis zu 1 Jahr	10,00 €	2731 · 4923 · 5451 Erträge aus der Herabsetzung der Einzelwertberichtigung zu Forderungen	10,00 €
0998 · 1246 · 3670 Einzelwertberichtigungen zu Forderungen mit einer Restlaufzeit bis zu 1 Jahr	60,00 €	1460 · 1240 · 2470 Zweifelhafte Forderungen	71,40 €
1776 · 3806 · 4805 Umsatzsteuer 19 %	11,40 €		

Beispiel 14-16

Statt einer Vergleichsquote von 30 %, wie im vorangegangenen Beispiel, kommt nur eine Vergleichsquote von 20 % zustande. Im Anschluss an die Überweisung der 20,00 € zuzüglich 3,80 € Umsatzsteuer verbucht das Unternehmen* die Zahlung, setzt die Einzelwertberichtigung um 10,00 € herauf, führt eine Abschreibung von 80,00 € auf die zweifelhaften Forderungen durch und korrigiert die Umsatzsteuer um die darauf entfallenden 15,20 € Umsatzsteuer:

SKP03 · SKP04 · IKP Sollkonto	Betrag	an SKP03 · SKP04 · IKP Habenkonto	Betrag
1200 · 1800 · 2800 Bank	23,80 €	1460 · 1240 · 2470 Zweifelhafte Forderungen	23,80 €
2400 · 6930 · 6951 Forderungsverluste (übliche Höhe)	10,00 €	0998 · 1246 · 3670 Einzelwertberichtigungen zu Forderungen mit einer Restlaufzeit bis zu 1 Jahr	10,00 €
0998 · 1246 · 3670 Einzelwertberichtigungen zu Forderungen mit einer Restlaufzeit bis zu 1 Jahr	80,00 €	1460 · 1240 · 2470 Zweifelhafte Forderungen	95,20 €
1776 · 3806 · 4805 Umsatzsteuer 19 %	15,20 €		

14.5.2 Pauschale Wertberichtigungen von einwandfreien Forderungsbeständen

Erfahrungsgemäß werden während eines Geschäftsjahres auch Forderungen uneinbringlich, von denen dies am Abschlussstichtag des vorangegangenen Geschäftsjahres noch nicht erwartet wurde. Zum Abschlussstichtag werden deshalb auf den nach den Einzelwertberichtigungen verbliebenen einwandfreien Netto-Forderungsbestand Pauschalwertberichtigungen für das allgemeine Kreditrisiko durchgeführt. Bei den Pauschalwertberichtigungen handelt es sich dabei um Gegenposten zu den Forderungen, die bei der Aufstellung der Bilanz mit diesen verrechnet werden.

Die Höhe des für die Bildung von Pauschalwertberichtigungen verwendeten *Pauschalwertberichtigungssatzes* bemisst sich nach dem durchschnittlichen Forderungsausfall der letzten drei bis fünf Jahre. In der Regel bleibt die in der Folgebewertung ermittelte Pauschalwertberichtigung dann das ganze Geschäftsjahr über unverändert bestehen, auch wenn es während des Geschäftsjahres zu Forderungszu- und -abgängen oder zu Forderungsausfällen kommt.

Die Folgebewertung von pauschalen Wertberichtigungen zu Forderungen erfolgt dann in folgenden Schritten:

(1) Ermittlung des Buchwerts
Der Buchwert der Pauschalwertberichtigungen zum Abschlussstichtag ergibt sich aus dem Buchwert der Pauschalwertberichtigungen des Vorjahres nach der Folgebewertung.

(2) Ermittlung des Vergleichswertes
Als Vergleichswert für gegebenenfalls durchzuführende Korrekturen des Buchwerts kommt bei Pauschalwertberichtigungen in der Regel nur folgender Wert in Betracht:
- **Erforderliche Pauschalwertberichtigung am Abschlussstichtag** auf Basis des zu diesem Zeitpunkt vorhandenen einwandfreien Netto-Forderungsbestandes und dem neu ermittelten Pauschalwertberichtigungssatz.

(3) Ableitung eines Korrekturbedarfs aus dem Vergleich der ermittelten Werte
Hinsichtlich gegebenenfalls durchzuführender Korrekturen des Buchwerts sind folgende Fälle zu unterscheiden:
- **Der Vergleichswert entspricht dem Buchwert**: In diesem Fall ist keine Korrektur erforderlich.
- **Der Vergleichswert ist größer als der Buchwert**: Falls keine Pauschalwertberichtigung vorhanden ist, wird in diesem Fall eine Pauschalwertberichtigung gebildet oder ansonsten eine bestehende Pauschalwertberichtigung heraufgesetzt.
- **Der Vergleichswert ist kleiner als der Buchwert**: In diesem Fall erfolgt eine Herabsetzung der Pauschalwertberichtigung.

(4) Verbuchung von Korrekturen
Die Verbuchung der Bildung oder der Heraufsetzung von Pauschalwertberichtigungen erfolgt:
- im **Soll** der Aufwandskonten »Einstellung in die Pauschalwertberichtigung zu Forderungen« und
- im **Haben** der Aktivkonten »Pauschalwertberichtigung auf Forderungen«.

Die Verbuchung der Herabsetzung von Pauschalwertberichtigungen erfolgt:

- im **Soll** der Aktivkonten »Pauschalwertberichtigung auf Forderungen« und
- im **Haben** der Ertragskonten »Erträge aus Herabsetzung der Pauschalwertberichtigung zu Forderungen«.

Typische Belege
- Berechnungen des durchschnittlichen Forderungsausfalls
- Buchungsbelege der Buchführungssoftware

Konten [Bilanz: Aktiva.B.II.1. Forderungen aus Lieferungen und Leistungen]
- **SKP03[SKR03]:** 0996 Pauschalwertberichtigung auf Forderungen mit einer Restlaufzeit bis zu 1 Jahr · 0997 Pauschalwertberichtigung auf Forderungen mit einer Restlaufzeit von mehr als 1 Jahr
- **SKP04[SKR04]:** 1248 Pauschalwertberichtigung zu Forderungen mit einer Restlaufzeit bis zu 1 Jahr · 1249 Pauschalwertberichtigung zu Forderungen mit einer Restlaufzeit von mehr als 1 Jahr
- **IKP[IKR]:** 3680 Pauschalwertberichtigungen zu Forderungen[1]

Konten [GuV: 4. Sonstige betriebliche Erträge]
- **SKP03[SKR03]:** 2730 Erträge aus Herabsetzung der Pauschalwertberichtigung zu Forderungen
- **SKP04[SKR04]:** 4920 Erträge aus der Herabsetzung der Pauschalwertberichtigung zu Forderungen
- **IKP[IKR]:** 5452 Erträge aus der Auflösung oder Herabsetzung der Pauschalwertberichtigungen

Konten [GuV: 8. Sonstige betriebliche Aufwendungen]
- **SKP03[SKR03]:** 2450 Einstellungen in die Pauschalwertberichtigung zu Forderungen
- **SKP04[SKR04]:** 6920 Einstellung in die Pauschalwertberichtigung zu Forderungen
- **IKP[IKR]:** 6953 Pauschalwertberichtigungen

Beispiel 14-17

Ein Unternehmen* hat am Abschlussstichtag einen einwandfreien Forderungsbestand von 1 000 000,00 € zuzüglich 190 000,00 € Umsatzsteuer. Auf Basis der Forderungsausfälle der letzten vier Geschäftsjahre hat das Unternehmen* einen Pauschalwertberichtigungssatz von 1,00 % ermittelt. Das Unternehmen* bildet damit erstmals eine Pauschalwertberichtigung von 10 000,00 € auf den Forderungsbestand:

SKP03 · SKP04 · IKP Sollkonto	Betrag	an	SKP03 · SKP04 · IKP Habenkonto	Betrag
2450 · 6920 · 6953 Einstellung in die Pauschalwertberichtigung zu Forderungen	10 000,00 €		0996 · 1248 · 3680 Pauschalwertberichtigung zu Forderungen mit einer Restlaufzeit bis zu 1 Jahr	10 000,00 €

Beispiel 14-18

Das vorgenannte Unternehmen* hat am Abschlussstichtag des Folgejahrs einen einwandfreien Forderungsbestand von 900 000,00 € zuzüglich 171 000,00 € Umsatzsteuer. Auf Basis der Forderungsausfälle der letzten vier Geschäftsjahre hat das Unternehmen* einen Pauschalwertberichtigungssatz von 0,95 % ermittelt. Damit ergibt sich eine Pauschalwertberichtigung von 8 550,00 €, die um 1 450,00 € niedriger als die des Vorjahres ist. Das Unternehmen* setzt die Pauschalwertberichtigung entsprechend herab:

SKP03 · SKP04 · IKP Sollkonto	Betrag	an	SKP03 · SKP04 · IKP Habenkonto	Betrag
0996 · 1248 · 3680 Pauschalwertberichtigung zu Forderungen mit einer Restlaufzeit bis zu 1 Jahr	1 450,00 €		2730 · 4920 · 5452 Erträge aus der Herabsetzung der Pauschalwertberichtigung zu Forderungen	1 450,00 €

Beispiel 14-19

Das vorgenannte Unternehmen* hat am Abschlussstichtag des Folgejahrs einen einwandfreien Forderungsbestand von 1 100 000,00 € zuzüglich 209 000,00 € Umsatzsteuer. Auf Basis der Forderungsausfälle der letzten vier Geschäftsjahre hat das Unternehmen* einen Pauschalwertberichtigungssatz von 1,05 % ermittelt. Damit ergibt sich eine Pauschalwertberichtigung von 11 550,00 € die um 3 000,00 € höher als die des Vorjahres ist. Das Unternehmen* erhöht die Pauschalwertberichtigung entsprechend:

SKP03 · SKP04 · IKP Sollkonto	Betrag	an	SKP03 · SKP04 · IKP Habenkonto	Betrag
2450 · 6920 · 6953 Einstellung in die Pauschalwertberichtigung zu Forderungen	3 000,00 €		0996 · 1248 · 3680 Pauschalwertberichtigung zu Forderungen mit einer Restlaufzeit bis zu 1 Jahr	3 000,00 €

14.6 Folgebewertungen von Posten in Fremdwährungen

- Einordnung innerhalb der Jahresabschlussrechnungen
- Folgebewertungen von Sachanlagen
- Folgebewertungen von Wertpapieren
- Folgebewertungen von Vorräten
- Folgebewertungen von Forderungen
- Folgebewertungen von Posten in Fremdwährungen
- Divergenzen zu anderen Normensystemen

In der Bilanz bestehen insbesondere folgende Posten häufig zu Teilen aus Fremdwährungen:
- Aktiva.B.II.1. Forderungen aus Lieferungen und Leistungen,
- Aktiva.B.IV. Guthaben bei Kreditinstituten,
- Aktiva.B.IV. Kassenbestand, der dann als *Sorte* bezeichnet wird, und
- Passiva.C.4. Verbindlichkeiten aus Lieferungen und Leistungen, die dann als *Valutaverbindlichkeiten* bezeichnet werden.

Lernziel 14-6
Die Folgebewertungen von Posten in Fremdwährungen durchführen und verbuchen können.

Bei Bilanzposten in Fremdwährungen kommt es durch Veränderungen des Umrechnungskurses zu Wertänderungen, die Folgebewertungen erforderlich machen.

Die Folgebewertung erfolgt in folgenden Schritten:

(1) Ermittlung des Buchwerts

Als Buchwert für Folgebewertungen von Forderungen aus Lieferungen und Leistungen in Fremdwährungen wird der *Briefkurs*, also der *Verkaufskurs* der Fremdwährungen beim Zugang, zuzüglich der bis zum Bewertungszeitpunkt durchgeführten außerplanmäßigen Ab- und Zuschreibungen verwendet.

Als Buchwert für Folgebewertungen von Bargeldbeständen und Bankguthaben in Fremdwährungen sowie von Verbindlichkeiten aus Lieferungen und Leistungen in Fremdwährungen wird der *Geldkurs*, also der *Ankaufskurs* der Fremdwährungen beim Zugang, zuzüglich der bis zum Bewertungszeitpunkt durchgeführten außerplanmäßigen Ab- und Zuschreibungen verwendet (Beck 2010: § 256a, Anmerkungen 120 ff.).

(2) Ermittlung des Vergleichswertes

Als Vergleichswert für gegebenenfalls durchzuführende Korrekturen des Buchwerts kommen folgende Werte in Betracht:

- **Devisenkassamittelkurs**, der sich für Forderungen und Verbindlichkeiten aus Lieferungen und Leistungen und Bankguthaben in Fremdwährung eignet und sich aus dem Mittelwert des Brief- und des Geldkurses am Abschlussstichtag ergibt.
- **Briefkurs**, der sich für Sorten eignet.

(3) Ableitung eines Korrekturbedarfs aus dem Vergleich der ermittelten Werte

Hinsichtlich gegebenenfalls durchzuführender Korrekturen des Buchwerts sind folgende Fälle zu unterscheiden:

- **Der Vergleichswert entspricht dem Buchwert**: In diesem Fall ist keine Korrektur erforderlich.
- **Der Vergleichswert unterscheidet sich vom Buchwert und, falls es sich um Forderungen oder Verbindlichkeiten handelt, deren Restlaufzeit beträgt ein Jahr oder weniger**: In diesem Fall besteht handelsrechtlich (Handelsgesetzbuch: § 256a Währungsumrechnung) die Pflicht zur Durchführung einer außerplanmäßigen Zu- oder Abschreibung auf den beizulegenden Wert (Niederstwert- oder Höchstwertprinzip) ohne Berücksichtigung des Anschaffungswertprinzips. Steuerrechtlich ist das Anschaffungswertprinzip hingegen zu beachten (Beck 2010: § 256a, Anmerkungen 51).
- **Bei Forderungen oder Verbindlichkeiten mit einer Restlaufzeit von mehr als einem Jahr unterscheidet sich der Vergleichswert vom Buchwert**: In diesem Fall besteht handelsrechtlich und steuerrechtlich die Pflicht zur Durchführung einer außerplanmäßigen Zu- oder Abschreibung auf den Vergleichswert (Niederstwert- oder Höchstwertprinzip) unter Berücksichtigung des Anschaffungswertprinzips (Handelsgesetzbuch: § 256a Währungsumrechnung, Satz 2).

(4) Verbuchung von Korrekturen

Die Verbuchung von Erträgen aus Währungskurskorrekturen erfolgt:

- im **Haben** der Ertragskonten »Erträge aus Kursdifferenzen« und
- im **Soll** der entsprechenden Bestandskonten.

Die Verbuchung von Aufwendungen aus Währungskurskorrekturen erfolgt:

- im **Soll** der Aufwandskonten »Aufwendungen aus Kursdifferenzen« und
- im **Haben** der entsprechenden Bestandskonten.

Typische Belege

- Buchungsbelege der Buchführungssoftware
- Devisenkursstatistik der Deutschen Bundesbank

Konten [GuV: 4. Sonstige betriebliche Erträge]

- **SKP03[SKR03]:** 2660 Erträge aus der Währungsumrechnung
- **SKP04[SKR04]:** 4840 Erträge aus der Währungsumrechnung
- **IKP[IKR]:** 5454 Erträge aus der Währungsumrechnung[2]

14.6 Folgebewertungen von Posten in Fremdwährungen

Konten [GuV: 8. Sonstige betriebliche Aufwendungen]
- SKP03 [SKR03]: 2150 Aufwendungen aus der Währungsumrechnung
- SKP04 [SKR04]: 6880 Aufwendungen aus der Währungsumrechnung
- IKP [IKR]: 6954 Aufwendungen aus der Währungsumrechnung[2]

Beispiel 14-20

(1) Für eine Geschäftsreise in die Vereinigten Staaten von Amerika hat Marc 200,00 € in 250,00 $ gewechselt. Da die Reise nicht stattfand, befinden sich die Sorten am Abschlussstichtag noch in der Kasse der Marcslights GmbH*. Zum Abschlussstichtag beträgt der Vergleichswert der 250,00 $ auf Basis des Briefkurses 190,00 €. Da es sich um Sorten handelt, gilt das strenge Niederstwertprinzip. Marc* verbucht deshalb eine außerplanmäßige Abschreibung von 10,00 € auf den Buchwert von 200,00 €:

SKP03 · SKP04 · IKP Sollkonto	Betrag	an	SKP03 · SKP04 · IKP Habenkonto	Betrag
2150 · 6880 · 6954 Aufwendungen aus der Währungsumrechnung	10,00 €		1000 · 1600 · 2880 Kasse	10,00 €

(2) Zum Abschlussstichtag des Folgejahres beträgt der Vergleichswert der 250,00 $ auf Basis des Briefkurses 220,00 €. Da es sich um Sorten handelt, gilt das Wertaufholungsgebot, nicht aber das Anschaffungswertprinzip. Marc* verbucht deshalb eine außerplanmäßige Zuschreibung von 30,00 € auf den Buchwert von 190,00 €:

SKP03 · SKP04 · IKP Sollkonto	Betrag	an	SKP03 · SKP04 · IKP Habenkonto	Betrag
1000 · 1600 · 2880 Kasse	30,00 €		2660 · 4840 · 5454 Erträge aus der Währungsumrechnung	30,00 €

Beispiel 14-21

(1) Ein Unternehmen* hat gegen Ende des Geschäftsjahres Rohstoffe aus den Vereinigten Staaten von Amerika importiert. Zum Abschlussstichtag besteht dadurch noch eine kurzfristige Verbindlichkeit aus Lieferungen und Leistungen über 500,00 $. Bei der Lieferung wurde diese auf Basis des Geldkurses mit umgerechnet 400,00 € verbucht. Zum Abschlussstichtag beträgt der Vergleichswert auf Basis des Devisenkassamittelkurses 440,00 €. Da es sich um eine kurzfristige Verbindlichkeit handelt, gilt das Höchstwertprinzip. Das Unternehmen* verbucht deshalb eine außerplanmäßige Abschreibung von 40,00 € auf den Buchwert von 400,00 €:

SKP03 · SKP04 · IKP Sollkonto	Betrag	an	SKP03 · SKP04 · IKP Habenkonto	Betrag
2150 · 6880 · 6954 Aufwendungen aus der Währungsumrechnung	40,00 €		1600 · 3300 · 4400 Verbindlichkeiten aus Lieferungen und Leistungen	40,00 €

(2) Im Folgejahr begleicht das Unternehmen die Verbindlichkeit per Banküberweisung, ohne Preisnachlässe in Anspruch zu nehmen. Vom Bankkonto des Unternehmens werden aufgrund des aktuellen Geldkurses dafür nur 390,00 € abgebucht, sodass gegenüber dem Buchwert von 440,00 € ein Ertrag aus Währungsumrechnung von 50,00 € entsteht:

SKP03 · SKP04 · IKP Sollkonto	Betrag	an	SKP03 · SKP04 · IKP Habenkonto	Betrag
1600 · 3300 · 4400 Verbindlichkeiten aus Lieferungen und Leistungen	440,00 €		1200 · 1800 · 2800 Bank	390,00 €
			2660 · 4840 · 5454 Erträge aus der Währungsumrechnung	50,00 €

14.7 Divergenzen zu anderen Normensystemen

Lernziel 14-7
Die Divergenzen zu anderen Normensystemen kennen.

- Einordnung innerhalb der Jahresabschlussrechnungen
- Folgebewertungen von Sachanlagen
- Folgebewertungen von Wertpapieren
- Folgebewertungen von Vorräten
- Folgebewertungen von Forderungen
- Folgebewertungen von Posten in Fremdwährungen
- **Divergenzen zu anderen Normensystemen**

14.7.1 Divergenzen zum Steuerrecht

In der Regel erstellen Unternehmen im Rahmen ihrer Steuererklärungen zusätzlich zum handelsrechtlichen Jahresabschluss auch noch einen steuerrechtlichen Jahresabschluss (↗ Kapitel 12.4). Die Unternehmen haben dabei gemäß Einkommensteuergesetz: § 5 Gewinn bei Kaufleuten und bei bestimmten anderen Gewerbetreibenden, Absatz 1, Satz 1 das Recht, in der Steuerbilanz andere Ansätze als in der Handelsbilanz zu wählen. Zwischen dem handels- und dem steuerrechtlichen Jahresabschluss kann es dadurch zu Unterschieden hinsichtlich der Posten, die in der Bilanz angesetzt werden, und hinsichtlich der Bewertung dieser Posten kommen. Aus entsprechenden Unterschieden können sich dann latente Steuern ergeben (↗ Kapitel 15.5).

14.7.1.1 Ansatzunterschiede
Mit Verweis auf die ausführliche Gegenüberstellung bei Küting, K. und andere 2010: Seite 55 ff. und Hayn, S. und andere 2009 sollen nachfolgend nur einige der wichtigsten Fälle genannt werden, bei denen es unterschiedliche Ansatzvorschriften nach Handels- und Steuerrecht gibt:

Vermögensgegenstände und positive Wirtschaftsgüter
- ▶ **Handelsrecht:** Die Vermögensgegenstände umfassen das Anlage- und das Umlaufvermögen. Bei ihnen handelt es sich nach herrschender Meinung um wirtschaftliche Werte, die selbstständig bewertbar und selbstständig verkehrsfähig sind (Coenenberg, A. G. und andere 2009a: Seite 78).
- ▶ **Steuerrecht:** Die den Vermögensgegenständen entsprechenden Posten werden als »positive Wirtschaftsgüter« bezeichnet. Kennzeichnend für sie ist nach herrschender Meinung, dass sie durch Aufwendungen entstanden sind, dass sie einen über das Wirtschaftsjahr hinausgehenden Nutzen versprechen und dass sie selbstständig bewertbar sind. (Coenenberg, A. G. und andere 2009a: Seite 79).

Aktiva. A.I.1. Selbst geschaffene gewerbliche Schutzrechte und ähnliche Rechte und Werte
- ▶ **Handelsrecht:** Aktivierungswahlrecht (Handelsgesetzbuch: § 248 Bilanzierungsverbote und -wahlrechte, Absatz 2).
- ▶ **Steuerrecht:** Aktivierungsverbot (Einkommensteuergesetz: § 5 Gewinn bei Kaufleuten und bei bestimmten anderen Gewerbetreibenden, Absatz 2).

Aktiva.C. Rechnungsabgrenzungsposten: Damnum/Disagio von Verbindlichkeiten
- ▶ **Handelsrecht:** Aktivierungswahlrecht (Handelsgesetzbuch: § 250 Rechnungsabgrenzungsposten, Absatz 3).
- ▶ **Steuerrecht:** Aktivierungspflicht (Einkommensteuergesetz: § 5 Gewinn bei Kaufleuten und bei bestimmten anderen Gewerbetreibenden, Absatz 5, Satz 1, Nummer 1).

Schulden und negative Wirtschaftsgüter
- ▶ **Handelsrecht:** Die Schulden umfassen die Rückstellungen und die Verbindlichkeiten. Bei ihnen handelt es sich nach herrschender Meinung um bestehende oder hinreichend sicher erwartete Belastungen des Vermögens, die auf rechtlichen oder wirtschaftlichen Leistungsverpflichtungen beruhen und selbstständig bewertbar sind (Coenenberg, A. G. und andere 2009a: Seite 78).
- ▶ **Steuerrecht:** Die den Schulden entsprechenden Posten werden als »negative Wirtschaftsgüter« bezeichnet. Sie entsprechen weitgehend den Schulden (Coenenberg, A. G. und andere 2009a: Seite 79).

Passiva. B. 3. Sonstige Rückstellungen: Für drohende Verluste aus schwebenden Geschäften
▸ **Handelsrecht:** Passivierungspflicht (Handelsgesetzbuch: § 249 Rückstellungen, Absatz 1, Satz 1).
▸ **Steuerrecht:** Passivierungsverbot (Einkommensteuergesetz: § 5 Gewinn bei Kaufleuten und bei bestimmten anderen Gewerbetreibenden, Absatz 4a, Satz 1).

Rücklagen für Ersatzbeschaffungen
▸ **Handelsrecht:** Passivierungsverbot.
▸ **Steuerrecht:** Passivierungswahlrecht (Einkommensteuer-Richtlinien 2005: R 6.6 Übertragung stiller Reserven bei Ersatzbeschaffung).

Rücklagen für Veräußerungsgewinne
▸ **Handelsrecht:** Passivierungsverbot.
▸ **Steuerrecht:** Passivierungswahlrecht (Einkommensteuergesetz: § 6b Übertragung stiller Reserven bei der Veräußerung bestimmter Anlagegüter).

14.7.1.2 Bewertungsunterschiede

Mit Verweis auf die ausführliche Gegenüberstellung bei Küting, K. und andere 2010: Seite 64 ff. und Hayn, S. und andere 2009 sollen nachfolgend nur einige der wichtigsten Fälle genannt werden, bei denen es unterschiedliche Bewertungsvorschriften nach Handels- und Steuerrecht gibt, die – aufgrund der Abschaffung der umgekehrten Maßgeblichkeit – in der Regel unabhängig voneinander gewählt werden können (Einkommensteuergesetz: § 5 Gewinn bei Kaufleuten und bei bestimmten anderen Gewerbetreibenden, Absatz 1):

Anschaffungskosten
▸ **Handelsrecht:** Die Anschaffungskosten werden für alle Vermögensgegenstände in einheitlicher Weise definiert (Handelsgesetzbuch: § 255 Bewertungsmaßstäbe, Absatz 1).
▸ **Steuerrecht:** Allgemein wird die handelsrechtliche Definition der Anschaffungskosten angewendet. In einzelnen Fällen gibt es jedoch Unterschiede, was den Anschaffungskosten zuzurechnen ist (Hayn, S. und andere 2009, Seite 56 ff.).

Herstellungskosten
▸ **Handelsrecht:** Wahlrechte hinsichtlich der einzubeziehenden Gemeinkosten (Handelsgesetzbuch: § 255 Bewertungsmaßstäbe, Absatz 2 ff.).
▸ **Steuerrecht:** Wahlrechte hinsichtlich der einzubeziehenden Gemeinkosten (Einkommensteuer-Richtlinien 2005: R 6.3 Herstellungskosten).

Aktiva. A. Anlagevermögen: Abschreibungszeitraum abnutzbarer Anlagegüter
▸ **Handelsrecht:** Geschäftsjahre, in denen der Vermögensgegenstand voraussichtlich genutzt werden kann (Handelsgesetzbuch: § 253 Zugangs- und Folgebewertung, Absatz 3, Satz 2).
▸ **Steuerrecht:** Betriebsgewöhnliche Nutzungsdauer entsprechend der AfA-Tabellen (Einkommensteuergesetz: § 7 Absetzung für Abnutzung oder Substanzverringerung, Absatz 1, Satz 2).

Aktiva. A.II. Sachanlagen: Abschreibungsmethode mobiler Anlagegüter
▸ **Handelsrecht:** Wahlrecht zwischen linearer, geometrisch-degressiver und leistungsabhängiger Abschreibung.
▸ **Steuerrecht:** Wahlrecht zwischen linearer und leistungsabhängiger Abschreibung (Einkommensteuergesetz: § 7 Absetzung für Abnutzung oder Substanzverringerung, Absatz 1).

Aktiva. A.II.3. Andere Anlagen, Betriebs- und Geschäftsausstattung: Abschreibung geringwertiger Wirtschaftsgüter bis 410,00 €
▸ **Handelsrecht:** Aktivierung und vollständige Abschreibung im Geschäftsjahr des Zugangs oder sofortige Abschreibung beim Zugang zulässig.
▸ **Steuerrecht:** Sofortige Erfassung als Aufwand beim Zugang zulässig (Einkommensteuergesetz: § 6 Bewertung, Absatz 2, Satz 1).

Aktiva. A.III. Finanzanlagen: Außerplanmäßige Abschreibungen bei vorübergehenden Wertminderungen
▸ **Handelsrecht:** Wahlrecht (Handelsgesetzbuch: § 253 Zugangs- und Folgebewertung, Absatz 3, Satz 4).

▸ **Steuerrecht:** Verbot (Einkommensteuergesetz: § 6 Bewertung, Absatz 1, Nummer 2, Satz 2).

Aktiva.B.I. Vorräte: Schwankende Anschaffungs- oder Herstellungskosten
▸ **Handelsrecht:** Wahlrecht zwischen Durchschnittsbewertung (Handelsgesetzbuch: § 240 Inventar, Absatz 4), Last-in-first-out- und First-in-first-out-Verfahren (Handelsgesetzbuch: § 256 Bewertungsvereinfachungsverfahren).
▸ **Steuerrecht:** Wahlrecht zwischen Durchschnittsbewertung (Einkommensteuer-Richtlinien 2005: R 6.8 Bewertung des Vorratsvermögens) und Last-in-first-out-Verfahren (Einkommensteuergesetz: § 6 Bewertung, Absatz 1, Nr. 2a).

Aktiva.B.I. Vorräte: Retrograde Bewertung
▸ **Handelsrecht:** Kein Abzug eines Gewinnaufschlages.
▸ **Steuerrecht:** In der Regel Abzug eines Gewinnaufschlages (Einkommensteuer-Richtlinien 2005: R 6.8 Bewertung des Vorratsvermögens, Absatz 2, Satz 4).

Aktiva.B. Umlaufvermögen: Außerplanmäßige Abschreibungen bei vorübergehenden Wertminderungen
▸ **Handelsrecht:** Pflicht (Handelsgesetzbuch: § 253 Zugangs- und Folgebewertung, Absatz 4).
▸ **Steuerrecht:** Verbot (Einkommensteuergesetz: § 6 Bewertung, Absatz 1, Nummer 2, Satz 2).

Aktiva.B.II. Forderungen in Fremdwährungen mit einer Restlaufzeit von einem Jahr oder weniger: Wert über Anschaffungswert
▸ **Handelsrecht:** Keine Berücksichtigung des Anschaffungswertprinzips (Handelsgesetzbuch: § 256a Währungsumrechnung, Satz 2).
▸ **Steuerrecht:** Berücksichtigung des Anschaffungswertprinzips (Einkommensteuergesetz: § 6 Bewertung, Absatz 1, Nummer 2, Satz 1).

Passiva.B. Rückstellungen: Berücksichtigung von Preis- und Kostensteigerungen
▸ **Handelsrecht:** Pflicht (Handelsgesetzbuch: § 253 Zugangs- und Folgebewertung, Absatz 1, Satz 2).
▸ **Steuerrecht:** Verbot (Einkommensteuergesetz: § 6 Bewertung, Absatz 1, Nummer 3a, Buchstabe f).

Passiva.B. Rückstellungen: Mit einer Restlaufzeit über einem Jahr
▸ **Handelsrecht:** Abzinsung mit dem durchschnittlichen Marktzinssatz der vergangenen sieben Geschäftsjahre (Handelsgesetzbuch: § 253 Zugangs- und Folgebewertung, Absatz 2, Satz 1).
▸ **Steuerrecht:** Abzinsung mit 5,5 % (Einkommensteuergesetz: § 6 Bewertung, Absatz 1, Nummer 3a, Buchstabe e).

Passiva.B. 1. Rückstellungen für Pensionen und ähnliche Verpflichtungen
▸ **Handelsrecht:** Wahlrecht zur vereinfachten Abzinsung über 15 Jahre (Handelsgesetzbuch: § 253 Zugangs- und Folgebewertung, Absatz 2, Satz 2).
▸ **Steuerrecht:** Teilwert (Einkommensteuergesetz: § 6a Pensionsrückstellung, Absatz 3).

Passiva.C. Verbindlichkeiten: Unverzinsliche Verbindlichkeiten mit einer Restlaufzeit über einem Jahr
▸ **Handelsrecht:** Ansatz zum Erfüllungsbetrag (Handelsgesetzbuch: § 253 Zugangs- und Folgebewertung, Absatz 1, Satz 2).
▸ **Steuerrecht:** Ansatz zum abgezinsten Erfüllungsbetrag (Einkommensteuergesetz: § 6 Bewertung, Absatz 1, Nummer 3).

Exkurs 14-1

IFRS – Der Standard einer Elite

Wiewohl die Vielzahl an Publikationen zu dem Thema etwas anderes assoziiert, so erstellt doch nur eine verschwindend kleine Anzahl von Unternehmen in Deutschland einen Jahresabschluss nach den International Financial Reporting Standards (IFRS). So müssen nach einer Untersuchung der PwC Deutsche Revision AG aus dem Jahr 2004 nur 789 der fast drei Millionen umsatzsteuerpflichtigen Unternehmen in Deutschland einen entsprechenden Abschluss erstellen. Wirtschaftlich sind die Unternehmen allerdings von erheblicher Bedeutung, da es sich um die größten deutschen Unternehmen handelt.

Quelle: PwC Deutsche Revision AG: IAS/IFRS – Kapitalmarktorientierte Unternehmen in Deutschland, Düsseldorf, 2004, Seite 6.

Passiva.C. Verbindlichkeiten in Fremdwährungen mit einer Restlaufzeit von einem Jahr oder weniger: Wert über Anschaffungswert
- **Handelsrecht:** Keine Berücksichtigung des Anschaffungswertprinzips (Handelsgesetzbuch: § 256a Währungsumrechnung, Satz 2).
- **Steuerrecht:** Berücksichtigung des Anschaffungswertprinzips (Einkommensteuergesetz: § 6 Bewertung, Absatz 1, Nummer 2, Satz 1).

14.7.2 Divergenzen zu den International Financial Reporting Standards

Bewertungen nach den International Financial Reporting Standards (IFRS) betreffen nur Konzerne (↗ Kapitel 5.2.3.3.2) und die einzelnen Konzernunternehmen, aus denen sie bestehen. Wenn die Konzerne ihre Jahresabschlüsse entsprechend dieses Normensystems aufstellen, müssen die *Handelsbilanzen I* der deutschen Konzernunternehmen, die auf Basis des Handelsgesetzbuches erstellt wurden, durch Anwendung der International Financial Reporting Standards (IFRS) in die konzerneinheitlichen *Handelsbilanzen II* überführt werden (↗ Kapitel 12.5).

Auch wenn es durch das Bilanzrechtsmodernisierungsgesetz (BilMoG) eine weitgehende Angleichung des Handelsgesetzbuches an die International Financial Reporting Standards (IFRS) gab, kann es dennoch zwischen der Handelsbilanz I und der Handelsbilanz II zu Unterschieden hinsichtlich der Posten, die in der Bilanz angesetzt werden, und hinsichtlich der Bewertung dieser Posten kommen.

14.7.2.1 Ansatzunterschiede
Mit Verweis auf die ausführliche Gegenüberstellung bei Hayn, S./Waldersee, G.G. 2008 sollen nachfolgend nur einige der wichtigsten Fälle genannt werden, bei denen es unterschiedliche Ansatzvorschriften nach dem Handelsrecht und den International Financial Reporting Standards gibt:

Vermögensgegenstände und Vermögenswerte
- **Handelsrecht:** Bei den Vermögensgegenständen handelt es sich nach herrschender Meinung um wirtschaftliche Werte, die selbstständig bewertbar und selbstständig verkehrsfähig sind (Coenenberg, A. G. und andere 2009a: Seite 78).
- **IFRS:** Die den Vermögensgegenständen entsprechenden Posten werden als »Vermögenswerte« bezeichnet. Sie werden im IFRS-Rahmenkonzept: Nummer 49 (a) definiert als »eine in der Verfügungsmacht des Unternehmens stehende Ressource, die ein Ergebnis von Ereignissen der Vergangenheit darstellt, und von der erwartet wird, dass dem Unternehmen aus ihr künftiger wirtschaftlicher Nutzen zufließt.« Angesetzt werden dürfen die Vermögenswerte dabei nur, wenn »(a) es wahrscheinlich ist, dass ein mit dem Posten verknüpfter künftiger wirtschaftlicher Nutzen dem Unternehmen zufließt oder von ihm abfließen wird, und (b) die Anschaffungs- oder Herstellungskosten oder der Wert des Postens verlässlich ermittelt werden können« (IFRS-Rahmenkonzept: Nummer 83).

Schulden
- **Handelsrecht:** Bei den Schulden handelt es sich nach herrschender Meinung um bestehende oder hinreichend sicher erwartete Belastungen des Vermögens, die auf rechtlichen oder wirtschaftlichen Leistungsverpflichtungen beruhen und selbstständig bewertbar sind (Coenenberg, A. G. und andere 2009a: Seite 78).
- **IFRS:** Schulden werden im IFRS-Rahmenkonzept: Nummer 49 (b) definiert als »gegenwärtige Verpflichtungen des Unternehmens aus vergangenen Ereignissen, von deren Erfüllung erwartet wird, dass aus dem Unternehmen Ressourcen abfließen, die wirtschaftlichen Nutzen verkörpern.« Angesetzt werden dürfen die Schulden dabei nur, wenn »es wahrscheinlich ist, dass sich aus der Erfüllung einer gegenwärtigen Verpflichtung ein direkter Abfluss von Ressourcen ergibt, die wirtschaftlichen Nutzen enthalten, und dass der Erfüllungsbetrag verlässlich ermittelt werden kann« (IFRS-Rahmenkonzept: Nummer 91).

Passiva.B.3. Sonstige Rückstellungen: Rückstellungen für Aufwendungen
- **Handelsrecht:** Passivierungspflicht (Handelsgesetzbuch: § 249 Rückstellungen, Absatz 1, Satz 2, Nummer 1).

- **IFRS:** Passivierungsverbot (International Accounting Standard: 37 Rückstellungen, Eventualschulden und Eventualforderungen, Nummer 14).

14.7.2.2 Bewertungsunterschiede

Mit Verweis auf die ausführliche Gegenüberstellung bei Hayn, S./Waldersee, G. G. 2008 sollen nachfolgend nur einige der wichtigsten Fälle genannt werden, bei denen es unterschiedliche Bewertungsvorschriften nach dem Handelsrecht und den International Financial Reporting Standards gibt:

Anschaffungskosten
- **Handelsrecht:** Die Anschaffungskosten werden für alle Vermögensgegenstände in einheitlicher Weise definiert (Handelsgesetzbuch: § 255 Bewertungsmaßstäbe, Absatz 1).
- **IFRS:** Die Anschaffungskosten werden abhängig vom Vermögenswert in unterschiedlicher Weise definiert (International Accounting Standard: 2.10f., 2.15, 16.12f., 16.15ff., 16.24f., 16.43ff., 23.8, 38.27, 39.43, 40.20).

Herstellungskosten
- **Handelsrecht:** Wahlrechte hinsichtlich der Einbeziehung von Verwaltungsgemeinkosten, Fremdkapitalzinsen und einer Reihe weiterer Gemeinkosten (Handelsgesetzbuch: § 255 Bewertungsmaßstäbe, Absatz 2ff.).
- **IFRS:** Die Herstellungskosten werden nur für Vorräte definiert. Sie umfassen in der Regel keine Verwaltungsgemeinkosten, aber Fremdkapitalkosten. Darüber hinaus dürfen eine Reihe von Kosten nicht einbezogen werden, die handelsrechtlich nicht ausgeschlossen werden (International Accounting Standard: 2 Vorräte, Nummer 10ff.).

Vorsichtsprinzip
- **Handelsrecht:** Dem Vorsichtsprinzip gemäß Handelsgesetzbuch: § 252 Allgemeine Bewertungsgrundsätze, Absatz 1, Nummer 4 kommt eine übergeordnete Bedeutung zu.
- **IFRS:** Das Vorsichtsprinzip ist dem Grundsatz der getreuen Darstellung nachgeordnet und gewährleistet nur die angemessene Berücksichtigung von Unsicherheiten und Risiken, nicht aber die bewusst zu niedrige Bewertung von Vermögensgegenständen oder die bewusst zu hohe Bewertung von Schulden (IFRS-Rahmenkonzept: Nummer 37 und International Accounting Standard: 8 Bilanzierungs- und Bewertungsmethoden, Änderungen von Schätzungen und Fehlern, Nummer 10 (b) (iv)).

Grundsatz der getreuen Darstellung
- **Handelsrecht:** Der Grundsatz der getreuen Darstellung gemäß Handelsgesetzbuch: § 264, Absatz 2 und § 297, Absatz 2 ist dem Vorsichtsprinzip nachgeordnet.
- **IFRS:** Dem Grundsatz der getreuen Darstellung, der als »Fair Presentation« bezeichnet wird, kommt eine übergeordnete Bedeutung zu. (IFRS-Rahmenkonzept: Nummer 46 und International Accounting Standard: 1 Darstellung des Abschlusses, Nummer 13 ff.).

Aktiva. A.II. Sachanlagen: Vergleichswerte für außerplanmäßige Abschreibungen
- **Handelsrecht:** Zeitwert der Wiederbeschaffungs- oder der Reproduktionskosten.
- **IFRS:** Wahlrecht zwischen Anschaffungskosten und Neubewertungsmodell (International Accounting Standard: 16 Sachanlagen, Nummer 29 ff.).

Aktiva.B.I. Vorräte: Schwankende Anschaffungs- oder Herstellungskosten
- **Handelsrecht:** Wahlrecht zwischen Durchschnittsbewertung (Handelsgesetzbuch: § 240 Inventar, Absatz 4), Last-in-first-out- und First-in-first-out-Verfahren (Handelsgesetzbuch: § 256 Bewertungsvereinfachungsverfahren).
- **IFRS:** Wahlrecht zwischen Durchschnittsbewertung und First-in-first-out-Verfahren (International Accounting Standard: 2 Vorräte, Nummer 25)

Realisationsprinzip bei der langfristigen Auftragsfertigung
- **Handelsrecht:** Keine eigenständigen Regelungen. Gemäß dem Realisationsprinzip (Handelsgesetzbuch: § 252 Allgemeine Bewertungsgrundsätze, Absatz 1, Nummer 4) erfolgt die Bewertung in der Regel erst mit der Fertigstellung des Auftrags (Completed-Contract-Methode).

- **IFRS:** Eigenständige Regelungen mit der Unterscheidung verschiedener Vertragstypen (International Accounting Standard: 11 Fertigungsaufträge). Die Bewertung erfolgt entsprechend dem Fertigstellungsgrad (*Stage-of-Completion-Methode*).

14.7.3 Divergenzen zur Kostenrechnung

In der Regel basiert die Kostenrechnung von Unternehmen auf den in der handelsrechtlichen Buchführung gewonnenen Daten. Für die Durchführung der Kostenrechnung gibt es dabei anders als für die handelsrechtliche Buchführung keine rechtlichen Vorgaben.

Zur Durchführung der Kostenrechnung werden die Aufwendungen und die Erträge aus der Buchführung in die Kosten und die Leistungen in der Kostenrechnung überführt. Stimmen die Kosten dabei mit den Aufwendungen überein, so werden sie als *Grundkosten* und *Zweckaufwendungen* bezeichnet. Stimmen die Leistungen mit den Erträgen überein, so werden sie als *Grundleistungen* und *Zweckerträge* bezeichnet.

14.7.3.1 Ansatzunterschiede

Ansatzunterschiede zwischen der handelsrechtlichen Buchführung und der Kostenrechnung ergeben sich bei folgenden Posten:

Neutrale Aufwendungen

Neutrale Aufwendungen sind Aufwendungen in der Buchführung, denen keine Kosten in der Kostenrechnung gegenüberstehen. Neutrale Aufwendungen können sich aufgrund von

- betriebsfremden Aufwendungen,
- periodenfremden Aufwendungen oder
- außerordentlichen Aufwendungen

ergeben, da diese nicht in der Kostenrechnung angesetzt werden.

Zusatzkosten

Zusatzkosten sind Kosten in der Kostenrechnung, denen keine Aufwendungen in der Buchführung gegenüberstehen. Zusatzkosten können sich insbesondere durch das Ansetzen von Kosten für

- kalkulatorische Eigenkapitalzinsen und
- kalkulatorische Unternehmerlöhne und Mieten bei Personengesellschaften

ergeben, da diese nicht in der Buchführung angesetzt werden.

Neutrale Erträge

Neutrale Erträge sind Erträge in der Buchführung, denen keine Leistungen in der Kostenrechnung gegenüberstehen. Neutrale Erträge können sich aufgrund von

- betriebsfremden Erträgen,
- periodenfremden Erträgen oder
- außerordentlichen Erträgen

ergeben, da diese nicht in der Kostenrechnung angesetzt werden.

Zusatzleistungen

Zusatzleistungen sind Leistungen in der Kostenrechnung, denen keine Erträge in der Buchführung gegenüberstehen.

14.7.3.2 Bewertungsunterschiede

Bewertungsunterschiede zwischen der handelsrechtlichen Buchführung und der Kostenrechnung ergeben sich bei folgenden Posten:

Anderskosten

Anderskosten sind Kosten in der Kostenrechnung, denen Aufwendungen in anderer Höhe in der Buchführung gegenüberstehen. Zu Anderskosten kann es beispielsweise kommen, wenn in der Kostenrechnung:

- kalkulatorische statt bilanzielle Abschreibungen angesetzt werden, oder
- kalkulatorische Wagnisse statt Versicherungsprämien oder
- kalkulatorische statt pagatorische Zinsen.

Andersleistungen

Andersleistungen sind Leistungen in der Kostenrechnung, denen Erträge in anderer Höhe in der Buchführung gegenüberstehen. Zu Andersleistungen kann es beispielsweise kommen, wenn sich die *Herstellungskosten* von Erzeugnissen und Eigenleistungen in der Buchführung von den *Herstellkosten* in der Kostenrechnung unterscheiden.

Schlüsselbegriffe Kapitel 14

- Bilanzierung (↗ Kapitel 14)
- Zugangsbewertung (↗ Kapitel 14)
- Folgebewertung (↗ Kapitel 14)
- Buchwert (↗ Kapitel 14)
- Bewertungsvorschrift (↗ Kapitel 14)
- Vergleichswert (↗ Kapitel 14)
- Gemildertes Niederstwertprinzip (↗ Kapitel 14)
- Strenges Niederstwertprinzip (↗ Kapitel 14)
- Höchstwertprinzip (↗ Kapitel 14)
- Anschaffungswertprinzip (↗ Kapitel 14)
- Wertaufholungsgebot (↗ Kapitel 14)
- Außerplanmäßige Zuschreibung (↗ Kapitel 14)
- Außerplanmäßige Abschreibung (↗ Kapitel 14)
- Beizulegender Wert (↗ Kapitel 14.2)
- Zeitwert (↗ Kapitel 14.2)
- Wiederbeschaffungskosten (↗ Kapitel 14.2)
- Reproduktionskosten (↗ Kapitel 14.2)
- Börsenwert (↗ Kapitel 14.3)
- Gleichartigkeit (↗ Kapitel 14.4.1)
- Einzelbewertung (↗ Kapitel 14.4.1)
- Endbestand (↗ Kapitel 14.4.1)
- Abgang (↗ Kapitel 14.4.1)
- Periodisches Verfahren (↗ Kapitel 14.4.1)
- Permanentes Verfahren (↗ Kapitel 14.4.1)
- Historische Anschaffungskosten (↗ Kapitel 14.4.1)
- Historische Herstellungskosten (↗ Kapitel 14.4.1)
- Durchschnittsverfahren (↗ Kapitel 14.4.1.1)
- Gruppenbewertungsverfahren (↗ Kapitel 14.4.1.1)
- Periodisches Durchschnittsverfahren (↗ Kapitel 14.4.1.1.1)
- Permanentes Durchschnittsverfahren (↗ Kapitel 14.4.1.1.2)
- Last-in-first-out-Verfahren (↗ Kapitel 14.4.1.2)
- Sammelbewertungsverfahren (↗ Kapitel 14.4.1.2, 14.4.1.3)
- Verbrauchsfolgeverfahren (↗ Kapitel 14.4.1.2, 14.4.1.3)
- Verbrauchsfolgefiktion (↗ Kapitel 14.4.1.2, 14.4.1.3)
- Periodisches Last-in-first-out-Verfahren (↗ Kapitel 14.4.1.2.1)
- Permanentes Last-in-first-out-Verfahren (↗ Kapitel 14.4.1.2.2)
- First-in-first-out-Verfahren (↗ Kapitel 14.4.1.3)
- Periodisches First-in-first-out-Verfahren (↗ Kapitel 14.4.1.3.1)
- Permanentes First-in-first-out-Verfahren (↗ Kapitel 14.4.1.3.2)
- Retrograde Bewertung (↗ Kapitel 14.4.2)
- Subtraktionsmethode (↗ Kapitel 14.4.2)
- Einwandfreie Forderung (↗ Kapitel 14.5)
- Zweifelhafte Forderung (↗ Kapitel 14.5)
- Dubiose Forderung (↗ Kapitel 14.5)
- Uneinbringliche Forderung (↗ Kapitel 14.5)
- Nennwert (↗ Kapitel 14.5.1)
- Direkte Abschreibung (↗ Kapitel 14.5.1.2)
- Indirekte Abschreibung (↗ Kapitel 14.5.1.3)
- Delkredere (↗ Kapitel 14.5.1.3)
- Einzelwertberichtigung (↗ Kapitel 14.5.1.3)
- Pauschale Wertberichtigung (↗ Kapitel 14.5.2)
- Pauschalwertberichtigungssatz (↗ Kapitel 14.5.2)
- Fremdwährung (↗ Kapitel 14.6)
- Sorte (↗ Kapitel 14.6)
- Valutaverbindlichkeit (↗ Kapitel 14.6)
- Briefkurs (↗ Kapitel 14.6)
- Verkaufskurs (↗ Kapitel 14.6)
- Geldkurs (↗ Kapitel 14.6)
- Ankaufskurs (↗ Kapitel 14.6)
- Devisenkassamittelkurs (↗ Kapitel 14.6)
- Vermögensgegenstand (↗ Kapitel 14.7.1.1, 14.7.2.1)
- Positives Wirtschaftsgut (↗ Kapitel 14.7.1.1)
- Schulden (↗ Kapitel 14.7.1.1, 14.7.2.1)
- Negatives Wirtschaftsgut (↗ Kapitel 14.7.1.1)
- International Financial Reporting Standards (↗ Kapitel 14.7.2)
- Handelsbilanz I (↗ Kapitel 14.7.2)
- Handelsbilanz II (↗ Kapitel 14.7.2)
- Vermögenswert (↗ Kapitel 14.7.2.1)
- Vorsichtsprinzip (↗ Kapitel 14.7.2.2)
- Grundsatz der getreuen Darstellung (↗ Kapitel 14.7.2.2)
- Fair Presentation (↗ Kapitel 14.7.2.2)
- Completed-Contract-Methode (↗ Kapitel 14.7.2.2)
- Stage-of-Completion-Methode (↗ Kapitel 14.7.2.2)

- Kostenrechnung (↗ Kapitel 14.7.3)
- Grundkosten (↗ Kapitel 14.7.3)
- Zweckaufwand (↗ Kapitel 14.7.3)
- Grundleistung (↗ Kapitel 14.7.3)
- Zweckertrag (↗ Kapitel 14.7.3)
- Neutraler Aufwand (↗ Kapitel 14.7.3.1)
- Zusatzkosten (↗ Kapitel 14.7.3.1)
- Neutraler Ertrag (↗ Kapitel 14.7.3.1)
- Zusatzleistung (↗ Kapitel 14.7.3.1)
- Anderskosten (↗ Kapitel 14.7.3.2)
- Andersleistung (↗ Kapitel 14.7.3.2)
- Herstellungskosten (↗ Kapitel 14.7.3.2)
- Herstellkosten (↗ Kapitel 14.7.3.2)

Fragen Kapitel 14

Frage 14-1: Zu welchem Zeitpunkt werden Zugangsbewertungen durchgeführt? (↗ Kapitel 14)

Frage 14-2: Welche Bewertungsprinzipien kommen bei Folgebewertungen zum Einsatz? (↗ Kapitel 14)

Frage 14-3: Wann werden außerplanmäßige Zu- oder Abschreibungen im Allgemeinen durchgeführt? (↗ Kapitel 14)

Frage 14-4: Wie wirken sich Bewertungen auf das Ergebnis aus? (↗ Kapitel 14)

Frage 14-5: Auf welche Posten der Jahresabschlussrechnungen wirkt sich die Verbuchung von außerplanmäßigen Abschreibungen in üblicher Höhe auf Sachanlagen aus? (↗ Kapitel 14.1)

Frage 14-6: Auf welche Posten der Jahresabschlussrechnungen wirkt sich die Verbuchung von außerplanmäßigen Abschreibungen in unüblicher Höhe auf die Vermögensgegenstände des Umlaufvermögens aus? (↗ Kapitel 14.1)

Frage 14-7: Auf welche Posten der Jahresabschlussrechnungen wirkt sich die Verbuchung von außerplanmäßigen Zuschreibungen in üblicher Höhe auf die immateriellen Vermögensgegenstände aus? (↗ Kapitel 14.1)

Frage 14-8: Welche Vergleichswerte kommen für Folgebewertungen von immateriellen Vermögensgegenständen und Sachanlagen infrage? (↗ Kapitel 14.2)

Frage 14-9: In welchen Fällen müssen gemäß dem Handelsgesetzbuch außerplanmäßige Abschreibungen auf immaterielle Vermögensgegenstände und Sachanlagen vorgenommen werden? (↗ Kapitel 14.2)

Frage 14-10: Welche Vergleichswerte kommen für Folgebewertungen von Wertpapieren infrage? (↗ Kapitel 14.3)

Frage 14-11: In welchen Fällen müssen gemäß dem Handelsgesetzbuch außerplanmäßige Abschreibungen auf Wertpapiere vorgenommen werden? (↗ Kapitel 14.3)

Frage 14-12: In welchen Fällen müssen gemäß dem Handelsgesetzbuch außerplanmäßige Zuschreibungen auf Wertpapiere vorgenommen werden? (↗ Kapitel 14.3)

Frage 14-13: Unter welcher Bedingung ist die Ermittlung des Buchwerts von Vorräten problematisch? (↗ Kapitel 14.4.1)

Frage 14-14: Worin unterscheiden sich die periodischen Verfahren der Vorratsbewertung von den permanenten Verfahren? (↗ Kapitel 14.4.1)

Frage 14-15: Welche drei Verfahren können für die Ermittlung der historischen Anschaffungs- oder Herstellungskosten insbesondere angewendet werden? (↗ Kapitel 14.4.1)

Frage 14-16: Welches Verfahren ist steuerrechtlich nicht für die Vorratsbewertung zulässig? (↗ Kapitel 14.4.1.3)

Frage 14-17: Welche Vergleichswerte kommen für Folgebewertungen von Vorräten infrage? (↗ Kapitel 14.4.2)

Frage 14-18: In welchen Fällen müssen gemäß dem Handelsgesetzbuch außerplanmäßige Abschreibungen auf Vorräte vorgenommen werden? (↗ Kapitel 14.4.2)

Frage 14-19: In welche drei Kategorien werden Forderungen hinsichtlich der Bonität der Schuldner unterteilt? (↗ Kapitel 14.5)

Frage 14-20: Bei welchen Forderungen erfolgt eine Einzelbewertung? (↗ Kapitel 14.5.1)

Frage 14-21: Was wird unter einem Delkredere verstanden? (↗ Kapitel 14.5.1.3)

Frage 14-22: Warum erfolgt bei einwandfreien Forderungen eine pauschale Wertberichtigung? (↗ Kapitel 14.5.2)

Frage 14-23: Was wird unter Sorten verstanden? (↗ Kapitel 14.6)

Frage 14-24: Was wird unter Valutaverbindlichkeiten verstanden? (↗ Kapitel 14.6)

Frage 14-25: Was gibt der Briefkurs von Fremdwährungen an? (↗ Kapitel 14.6)

Frage 14-26: Was gibt der Geldkurs von Fremdwährungen an? (↗ Kapitel 14.6)

Frage 14-27: Welche Vergleichswerte kommen für Folgebewertungen von Posten in Fremdwährungen infrage? (↗ Kapitel 14.6)

Frage 14-28: In welchen Fällen gilt bei der Folgebewertung von Posten in Fremdwährungen das Anschaffungswertprinzip nicht? (↗ Kapitel 14.6)

Frage 14-29 (Vertiefung): Welche Ansatzunterschiede gibt es zwischen Handels- und Steuerrecht im Wesentlichen? (↗ Kapitel 14.7.1.1)

Frage 14-30 (Vertiefung): Wie werden die den Vermögensgegenständen entsprechenden Posten im Steuerrecht bezeichnet? (↗ Kapitel 14.7.1.1)

Frage 14-31 (Vertiefung): Wie werden die den Schulden entsprechenden Posten im Steuerrecht bezeichnet? (↗ Kapitel 14.7.1.1)

Frage 14-32 (Vertiefung): Welche Bewertungsunterschiede gibt es zwischen Handels- und Steuerrecht im Wesentlichen? (↗ Kapitel 14.7.1.2)

Frage 14-33 (Vertiefung): Welche Ansatzunterschiede gibt es zwischen Handelsrecht und International Financial Reporting Standards im Wesentlichen? (↗ Kapitel 14.7.2.1)

Frage 14-34 (Vertiefung): Wie werden die den Vermögensgegenständen entsprechenden Posten in den International Financial Reporting Standards bezeichnet? (↗ Kapitel 14.7.2.1)

Frage 14-35 (Vertiefung): Welche Bewertungsunterschiede gibt es zwischen Handelsrecht und International Financial Reporting Standards im Wesentlichen? (↗ Kapitel 14.7.2.2)

Frage 14-36 (Vertiefung): Welches Prinzip ist bei Bewertungen gemäß dem Handelsgesetzbuch von übergeordneter Bedeutung? (↗ Kapitel 14.7.2.2)

Frage 14-37 (Vertiefung): Welches Prinzip ist bei Bewertungen gemäß der International Financial Reporting Standards von übergeordneter Bedeutung? (↗ Kapitel 14.7.2.2)

Frage 14-38 (Vertiefung): Wie werden Aufwendungen und Kosten bezeichnet, die übereinstimmen? (↗ Kapitel 14.7.3)

Frage 14-39 (Vertiefung): Wie werden Erträge und Leistungen bezeichnet, die übereinstimmen? (↗ Kapitel 14.7.3)

Frage 14-40 (Vertiefung): Aus welchen Gründen können sich neutrale Aufwendungen oder Erträge ergeben? (↗ Kapitel 14.7.3.1)

Frage 14-41 (Vertiefung): Was kennzeichnet Zusatzkosten? (↗ Kapitel 14.7.3.1)

Frage 14-42 (Vertiefung): Wie können sich beispielhaft Anderskosten ergeben? (↗ Kapitel 14.7.3.2)

Frage 14-43 (Vertiefung): Wie können sich beispielhaft Andersleistungen ergeben? (↗ Kapitel 14.7.3.2)

Übungen Kapitel 14

Übung 14-1

Kapitelreferenzen: ↗ Kapitel 14.2

Ein Unternehmen* hat für Simulationen einen Großrechner, dessen fortgeführte Anschaffungskosten zum Abschlussstichtag 40 000,00 € betragen. Im Rahmen der Einholung eines Angebots für die Beschaffung eines weiteren Großrechners bietet der Hersteller dem Unternehmen* kurz vor dem Abschlussstichtag den gleichen Rechner an. Der Zeitwert der Wiederbeschaffungskosten des vorhandenen Großrechners würde danach 30 000,00 € betragen.

(1) Welche Bewertungsprinzipien sind im vorliegenden Fall anzuwenden und welche Wertansätze sind entsprechend in der Bilanz möglich:

Bewertungsprinzipien

Mögliche Wertansätze Bilanz

(2) Das Unternehmen* führt eine außerplanmäßige Abschreibung in üblicher Höhe auf den niedrigst möglichen Wertansatz durch:

Sollkonto	Betrag	an	Habenkonto	Betrag

Übung 14-2

Ein Unternehmen* hat während des Geschäftsjahres zur dauerhaften Geldanlage 500 Aktien mit Anschaffungskosten von 400,00 € je Aktie gekauft. Zum Abschlussstichtag beträgt der Börsenkurs der Aktie vorübergehend 389,00 € je Aktie. Die Anschaffungsnebenkosten würden bei einem Kauf der Aktien 1,00 € je Aktie betragen.

(1) Welche Bewertungsprinzipien sind im vorliegenden Fall anzuwenden und welche Wertansätze sind entsprechend in der Bilanz möglich:

Kapitelreferenzen
/ Kapitel 14.3

Bewertungsprinzipien	Mögliche Wertansätze Bilanz

(2) Das Unternehmen* führt eine außerplanmäßige Abschreibung in üblicher Höhe auf den niedrigst möglichen Wertansatz durch:

Sollkonto	Betrag	an	Habenkonto	Betrag

Übung 14-3

Ein Unternehmen* hat während des Geschäftsjahres zur vorübergehenden Geldanlage 800 Aktien mit Anschaffungskosten von 10,00 € je Aktie gekauft. Aufgrund kurzfristiger Schwankungen des Börsenkurses beträgt der Börsenkurs der Aktie zum Abschlussstichtag 7,90 € je Aktie. Die Anschaffungsnebenkosten würden bei einem Kauf der Aktien 0,10 € je Aktie betragen.

(1) Welche Bewertungsprinzipien sind im vorliegenden Fall anzuwenden und welche Wertansätze sind entsprechend in der Bilanz möglich:

Kapitelreferenzen
/ Kapitel 14.3

Bewertungsprinzipien	Mögliche Wertansätze Bilanz

(2) Das Unternehmen* führt eine außerplanmäßige Abschreibung in üblicher Höhe auf den niedrigst möglichen Wertansatz durch:

Sollkonto	Betrag	an	Habenkonto	Betrag

14.7 Die bewertenden Abschlussarbeiten
Übungen

Kapitelreferenzen
/ Kapitel 14.4

Übung 14-4

Der Materialbestand eines Rohstoffes hat sich während des Geschäftsjahres folgendermaßen geändert:

Vorgang	Menge	Anschaffungskosten je Stück	Anschaffungskosten gesamt
Anfangsbestand	60 Stück	10,00 €/Stück	
1. Zugang	+ 75 Stück	14,00 €/Stück	
1. Abgang	**– 90 Stück**	? €/Stück	? €
2. Zugang	+ 105 Stück	17,00 €/Stück	
2. Abgang	**– 120 Stück**	? €/Stück	? €
3. Zugang	+ 135 Stück	21,00 €/Stück	
3. Abgang	**– 150 Stück**	? €/Stück	? €
4. Zugang	+ 165 Stück	26,00 €/Stück	
Endbestand	**= 180 Stück**	? €/Stück	? €

(1) Ermitteln Sie mittels des periodischen Durchschnittsverfahrens die historischen Anschaffungskosten der Abgänge und des Endbestandes je Stück sowie gesamt und runden Sie die Ergebnisse auf 2 Nachkommastellen:

Vorgang	Menge	Historische Anschaffungskosten je Stück	Historische Anschaffungskosten gesamt
1. Abgang	– 90 Stück		
2. Abgang	– 120 Stück		
3. Abgang	– 150 Stück		
Endbestand	180 Stück		

(2) Ermitteln Sie mittels des permanenten Durchschnittsverfahrens die historischen Anschaffungskosten der Abgänge und des Endbestandes je Stück sowie gesamt und runden Sie die Ergebnisse auf 2 Nachkommastellen:

Vorgang	Menge	Historische Anschaffungskosten je Stück	Historische Anschaffungskosten gesamt
1. Abgang	– 90 Stück		
2. Abgang	– 120 Stück		
3. Abgang	– 150 Stück		
Endbestand	180 Stück		

(3) Ermitteln Sie mittels des periodischen Last-in-first-out-Verfahrens die historischen Anschaffungskosten des Endbestandes je Stück sowie gesamt und runden Sie das Ergebnis auf 2 Nachkommastellen:

Vorgang	Menge	Historische Anschaffungskosten je Stück	Historische Anschaffungskosten gesamt
Endbestand	180 Stück		

(4) Ermitteln Sie mittels des permanenten Last-in-first-out-Verfahrens die historischen Anschaffungskosten der Abgänge und des Endbestandes je Stück sowie gesamt und runden Sie die Ergebnisse auf 2 Nachkommastellen:

Vorgang	Menge	Historische Anschaffungskosten je Stück	Historische Anschaffungskosten gesamt
1. Abgang	– 90 Stück		
2. Abgang	– 120 Stück		
3. Abgang	– 150 Stück		
Endbestand	180 Stück		

(5) Ermitteln Sie mittels des periodischen First-in-first-out-Verfahrens die historischen Anschaffungskosten des Endbestandes je Stück sowie gesamt und runden Sie das Ergebnis auf 2 Nachkommastellen:

Vorgang	Menge	Historische Anschaffungskosten je Stück	Historische Anschaffungskosten gesamt
Endbestand	180 Stück		

(6) Ermitteln Sie mittels des permanenten First-in-first-out-Verfahrens die historischen Anschaffungskosten der Abgänge und des Endbestandes je Stück sowie gesamt und runden Sie die Ergebnisse auf 2 Nachkommastellen:

Vorgang	Menge	Historische Anschaffungskosten je Stück	Historische Anschaffungskosten gesamt
1. Abgang	– 90 Stück		
2. Abgang	– 120 Stück		
3. Abgang	– 150 Stück		
Endbestand	180 Stück		

(7) Das Unternehmen* beschließt, den Endbestand wie in den Vorjahren mittels des periodischen Durchschnittsverfahrens zu bewerten. Kurz vor dem Abschlussstichtag entscheidet sich die Einkaufsabteilung des Unternehmens* dafür, den Rohstoff zukünftig von einem anderen Zulieferer zu beziehen. Die Anschaffungskosten werden dann nur noch 8,00 € je Stück betragen:

Sollkonto	Betrag	an Habenkonto	Betrag

Übung 14-5

(1) Ein Verlag* hat gegenüber einem Buchhändler aus der Lieferung von Büchern zur Buchführung noch offene Forderungen in Höhe von 280,00 € zuzüglich 19,60 € Umsatzsteuer. Über die Insolvenzbekanntmachungen erfährt der Verlag, dass der Buchhändler ein Insolvenzverfahren beantragt hat:

Kapitelreferenzen
/ Kapitel 14.5.1

Sollkonto	Betrag	an Habenkonto	Betrag

14.7 Die bewertenden Abschlussarbeiten
Übungen

(2) Noch im selben Geschäftsjahr kommt ein Vergleich mit einer Vergleichsquote von 20 % zustande:

Sollkonto	Betrag	an Habenkonto	Betrag

(3) Kurze Zeit später erhält der Verlag* den Vergleichsbetrag auf sein Bankkonto überwiesen:

Sollkonto	Betrag	an Habenkonto	Betrag

Kapitelreferenzen
/ Kapitel 14.5.1

Übung 14-6

(1) Ein Verlag* hat gegenüber einem Buchhändler aus der Lieferung von Büchern zur Buchführung zweifelhafte Forderungen in Höhe von 280,00 € zuzüglich 19,60 € Umsatzsteuer. Der Verlag* erwartet am Abschlussstichtag, dass im folgenden Geschäftsjahr ein Vergleich mit einer Vergleichsquote von 40 % zustande kommt:

Sollkonto	Betrag	an Habenkonto	Betrag

(2) Im folgenden Geschäftsjahr bekommt der Verlag im Anschluss an einen Vergleich mit einer Vergleichsquote von 30 % eine entsprechende Abschlusszahlung überwiesen:

Sollkonto	Betrag	an Habenkonto	Betrag

(3) Alternativ zu (2) kommt ein Vergleich mit einer Vergleichsquote von 50 % zustande:

Sollkonto	Betrag	an Habenkonto	Betrag

Lernstandsmonitor Kapitel 14

Kapitel		niedrig	mittel	hoch	Noch lernen
14.1 Einordnung innerhalb der Jahresabschlussrechnungen	Wichtigkeit				
	Eigene Kompetenz				
14.2 Folgebewertungen von immateriellen Vermögensgegenständen und Sachanlagen	Wichtigkeit				
	Eigene Kompetenz				
14.3 Folgebewertungen von Wertpapieren	Wichtigkeit				
	Eigene Kompetenz				
14.4 Folgebewertungen von Vorräten	Wichtigkeit				
	Eigene Kompetenz				
14.5 Folgebewertungen von Forderungen	Wichtigkeit				
	Eigene Kompetenz				
14.6 Folgebewertungen von Posten in Fremdwährungen	Wichtigkeit				
	Eigene Kompetenz				
14.7 Divergenzen zu anderen Normensystemen	Wichtigkeit				
	Eigene Kompetenz				

15 Die zeitlich abgrenzenden Abschlussarbeiten

Kapitelnavigator

Inhalt	Lernziel
15.1 Einordnung innerhalb der Jahresabschlussrechnungen	15-1 Die Auswirkungen von zeitlichen Abgrenzungen auf die Jahresabschlussrechnungen kennen.
15.2 Transitorische Periodenabgrenzungen	15-2 Transitorische Periodenabgrenzungen verbuchen können.
15.3 Antizipative Periodenabgrenzungen	15-3 Antizipative Periodenabgrenzungen verbuchen können.
15.4 Rückstellungen	15-4 Rückstellungen berechnen und verbuchen können.
15.5 Latente Steuern	15-5 Latente Steuern verbuchen können.

Im Rahmen der vorbereitenden Arbeiten für den Jahresabschluss müssen Jill und Marc auch Geschäftsvorfälle zeitlich abgrenzen, die sich auf mehrere Geschäftsjahre beziehen. Dies ist insbesondere notwendig, wenn Aufwendungen und Erträge anderen Geschäftsjahren zuzurechnen sind als die sachlich zugehörigen Ausgaben und Einnahmen oder Auszahlungen und Einzahlungen, so beispielsweise, wenn die Miete für das folgende Geschäftsjahr bereits im Voraus im aktuellen Geschäftsjahr gezahlt wird.

Zur Orientierung werden wir uns nachfolgend zuerst anschauen, wie sich die Buchungen zur zeitlichen Abgrenzung auf die Jahresabschlussrechnungen auswirken. Dann werden wir uns eingehend mit den Buchungen im Rahmen von transitorischen und antizipativen Periodenabgrenzungen beschäftigen, bei denen sicher ist, wann welche Beträge anfallen. Danach werden wir auf die Bildung und die Auflösung von Rückstellungen eingehen, bei denen unsicher ist, wann und/oder in welcher Höhe in folgenden Geschäftsjahren Auszahlungen stattfinden. Zum Schluss des Kapitels werden wir näher auf die latenten Steuern eingehen, die zum Ausgleich von Ergebnisunterschieden zwischen der Handels- und der Steuerbilanz verwendet werden.

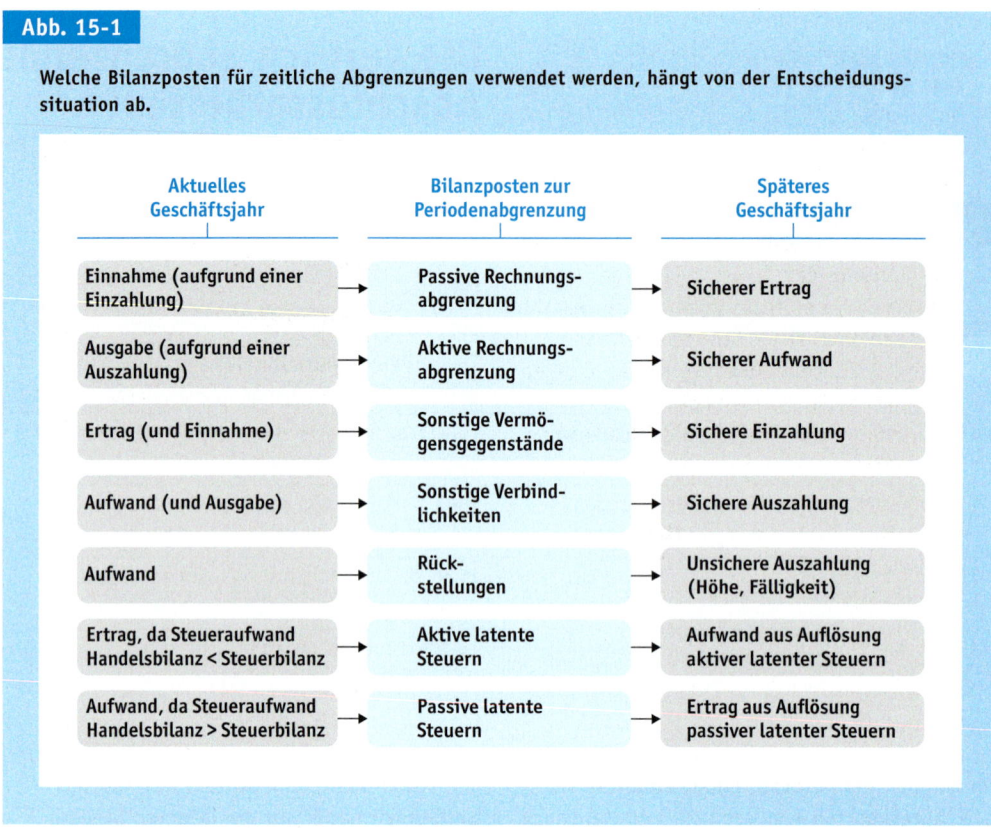

Abb. 15-1

Welche Bilanzposten für zeitliche Abgrenzungen verwendet werden, hängt von der Entscheidungssituation ab.

15.1 Einordnung innerhalb der Jahresabschlussrechnungen

Lernziel 15-1
Die Auswirkungen von zeitlichen Abgrenzungen auf die Jahresabschlussrechnungen kennen.

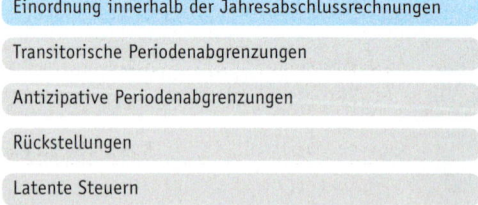

15.1.1 Ausweis in der Bilanz

Die nachfolgend betrachteten Buchungen zur zeitlichen Abgrenzung können sich insbesondere auf folgende Posten der Bilanz (Gliederung gemäß Handelsgesetzbuch: § 266 Gliederung der Bilanz) auswirken (↗ Abbildung 15-2):

▸ **Aktiva.B.II.4. Sonstige Vermögensgegenstände** ergeben sich unter anderem aus Periodenabgrenzungen von Erträgen im aktuellen und sachlich zugehörigen Einzahlungen in folgenden Geschäftsjahren und durch die zeitliche Abgrenzung von Vorsteuern, die im Folgejahr abziehbar sind.

▸ **Aktiva.C. Rechnungsabgrenzungsposten** ergeben sich aus Periodenabgrenzungen von Ausgaben im aktuellen und sachlich zugehörigen Aufwendungen in folgenden Geschäftsjahren.

▸ **Aktiva.D. Aktive latente Steuern** können sich ergeben, wenn die tatsächlich zu zahlenden Steuern vom Einkommen und vom Ertrag auf Basis der Steuerbilanz größer sind, als es

die Steuern vom Einkommen und vom Ertrag auf Basis der Handelsbilanz wären.
▶ **Passiva.B. Rückstellungen** ergeben sich aus Periodenabgrenzungen von Aufwendungen im aktuellen und sachlich zugehörigen unsicheren Auszahlungen in folgenden Geschäftsjahren.
▶ **Passiva.B.1. Rückstellungen für Pensionen und ähnliche Verpflichtungen** ergeben sich insbesondere aus Rückstellungen für zukünftig wahrscheinlich zu zahlende Pensionen.
▶ **Passiva.B.2. Steuerrückstellungen** ergeben sich unter anderem aus Rückstellungen für zukünftig wahrscheinlich zu zahlende Körperschaft- und Gewerbesteuern sowie Solidaritätszuschläge.
▶ **Passiva.B.3. Sonstige Rückstellungen** sind ein Sammelposten für alle nicht im gesetzlichen Gliederungsschema der Bilanz vorgegebenen Arten von Rückstellungen, so beispielsweise für Gewährleistungen, für Jahresabschluss- und Prüfungskosten, für Umweltschutzmaßnahmen, für Prozesskosten, für drohende Verluste aus schwebenden Geschäften oder für unterlassene Aufwendungen für Instandhaltungen.
▶ **Passiva.C.8. Sonstige Verbindlichkeiten** ergeben sich unter anderem aus Periodenabgrenzungen von Aufwendungen im aktuellen und sachlich zugehörigen Auszahlungen in folgenden Geschäftsjahren.
▶ **Passiva.D. Rechnungsabgrenzungsposten** ergeben sich aus Periodenabgrenzungen von Einnahmen im aktuellen und sachlich zugehörigen Erträgen in folgenden Geschäftsjahren.
▶ **Passiva.E. Passive latente Steuern** ergeben sich, wenn die tatsächlich zu zahlenden Steuern vom Einkommen und vom Ertrag auf Basis der Steuerbilanz kleiner sind, als es die Steuern vom Einkommen und vom Ertrag auf Basis der Handelsbilanz wären.

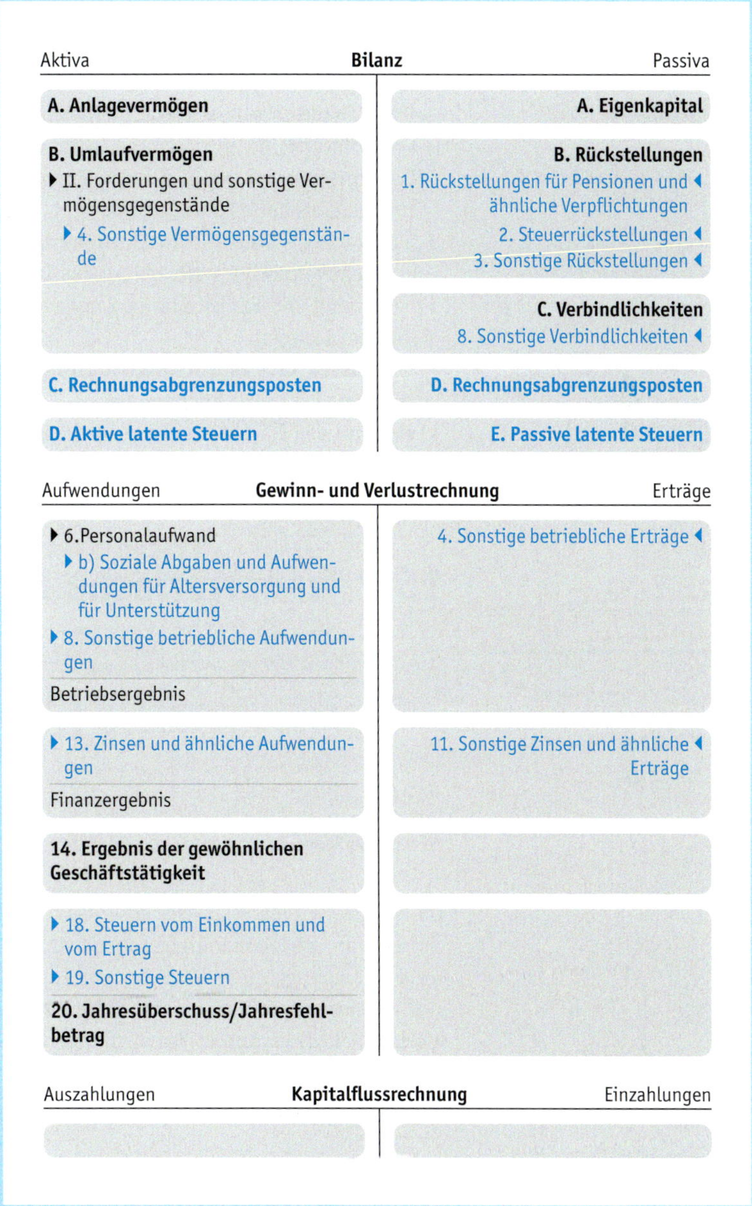

15.1.2 Ausweis in der Gewinn- und Verlustrechnung

Die nachfolgend betrachteten Buchungen zur zeitlichen Abgrenzung können sich insbesondere auf folgende Posten der Gewinn- und Verlustrechnung (Version: Gesamtkostenverfahren

Abb. 15-2

Die nachfolgend betrachteten Buchungen zur zeitlichen Abgrenzung können sich insbesondere auf die blau markierten Posten der Jahresabschlussrechnungen auswirken.

Aktiva	Bilanz	Passiva
A. Anlagevermögen		A. Eigenkapital
B. Umlaufvermögen		B. Rückstellungen
▶ II. Forderungen und sonstige Vermögensgegenstände		1. Rückstellungen für Pensionen und ähnliche Verpflichtungen ◀
▶ 4. Sonstige Vermögensgegenstände		2. Steuerrückstellungen ◀
		3. Sonstige Rückstellungen ◀
		C. Verbindlichkeiten
		8. Sonstige Verbindlichkeiten ◀
C. Rechnungsabgrenzungsposten		D. Rechnungsabgrenzungsposten
D. Aktive latente Steuern		E. Passive latente Steuern

Aufwendungen	Gewinn- und Verlustrechnung	Erträge
▶ 6. Personalaufwand		4. Sonstige betriebliche Erträge ◀
▶ b) Soziale Abgaben und Aufwendungen für Altersversorgung und für Unterstützung		
▶ 8. Sonstige betriebliche Aufwendungen		
Betriebsergebnis		
▶ 13. Zinsen und ähnliche Aufwendungen		11. Sonstige Zinsen und ähnliche Erträge ◀
Finanzergebnis		
14. Ergebnis der gewöhnlichen Geschäftstätigkeit		
▶ 18. Steuern vom Einkommen und vom Ertrag		
▶ 19. Sonstige Steuern		
20. Jahresüberschuss/Jahresfehlbetrag		

Auszahlungen	Kapitalflussrechnung	Einzahlungen

gemäß Handelsgesetzbuch: § 275 Gliederung, Absatz 2) auswirken (↗ Abbildung 15-2):
▶ **4. Sonstige betriebliche Erträge** ergeben sich unter anderem bei der Auflösung von zu hoch gebildeten Rückstellungen.

- **6.b) Soziale Abgaben und Aufwendungen für Altersversorgung und für Unterstützung** ergeben sich unter anderem bei der Bildung von Rückstellungen für Pensionen.
- **8. Sonstige betriebliche Aufwendungen** ergeben sich unter anderem bei der Bildung von Rückstellungen für Gewährleistungen, für sonstige ungewisse Verbindlichkeiten, für drohende Verluste aus schwebenden Geschäften und für unterlassene Instandhaltungen sowie bei der Auflösung von zu niedrig gebildeten Rückstellungen.
- **11. Sonstige Zinsen und ähnliche Erträge** ergeben sich unter anderem bei der Zugangsbewertung von Rückstellungen mit mehrjähriger Laufzeit.
- **13. Zinsen und ähnliche Aufwendungen** ergeben sich unter anderem bei der Folgebewertung von Rückstellungen mit mehrjähriger Laufzeit.
- **18. Steuern vom Einkommen und vom Ertrag** ergeben sich unter anderem bei der Bildung und bei der Auflösung von Rückstellungen für Steuern vom Einkommen und vom Ertrag sowie bei der Aktivierung, Passivierung und Auflösung von latenten Steuern (Coenenberg, A. G. und andere 2009a: Seite 534 f.).
- **19. Sonstige Steuern** ergeben sich unter anderem bei der Bildung und bei der Auflösung von Rückstellungen für sonstige Steuern.

15.1.3 Ausweis in der Kapitalflussrechnung

Die nachfolgend betrachteten Buchungen zur zeitlichen Abgrenzung wirken sich in der Regel nicht auf die Kapitalflussrechnung aus, da sie nicht zahlungswirksam sind.

15.2 Transitorische Periodenabgrenzungen

Lernziel 15-2
Transitorische Periodenabgrenzungen verbuchen können.

Einordnung innerhalb der Jahresabschlussrechnungen
Transitorische Periodenabgrenzungen
Antizipative Periodenabgrenzungen
Rückstellungen
Latente Steuern

Transitorische (von: transire, lateinisch: hinübergehende) Periodenabgrenzungen werden vorgenommen, wenn es im aktuellen Geschäftsjahr zu Ausgaben oder Einnahmen kommt, deren sachlich zugehörigen Aufwendungen oder Erträge in einem folgenden Geschäftsjahr anfallen.

15.2.1 Passive Rechnungsabgrenzungen

Die Bilanzposten »Passiva.D. Rechnungsabgrenzungsposten« werden gemäß Handelsgesetzbuch: § 250 Rechnungsabgrenzungsposten, Absatz 2 zur Periodenabgrenzung verwendet, wenn

- **Einnahmen (aufgrund von Einzahlungen) im aktuellen Geschäftsjahr** und die sachlich zugehörigen
- **Erträge in einem folgenden Geschäftsjahr** anfallen,

so beispielsweise weil ein Kunde einem Unternehmen* bereits im Dezember des aktuellen Geschäftsjahres eine im Januar des folgenden Geschäftsjahres zu erbringende Leistung bezahlt. Wiewohl sie in der Bilanz ausgewiesen werden, werden passive Rechnungsabgrenzungsposten dabei nicht den Schulden zugerechnet.

Die Periodenabgrenzungen erfolgen entweder zum Abschlussstichtag oder unterjährig bei der Erfassung der Einnahmen durch Buchung:
- im **Haben** der Passivkonten »Passive Rechnungsabgrenzung« und
- im **Soll** der Aktivkonten »Bank«, wenn die Einzahlungen über das Bankkonto abgewickelt werden.

Die Auflösung der passiven Rechnungsabgrenzungsposten erfolgt dann in der Regel sofort

zu Beginn des folgenden Geschäftsjahres durch Buchung:
- im **Soll** der Passivkonten »Passive Rechnungsabgrenzung« und
- im **Haben** der betroffenen Ertragskonten.

Bei der passiven Rechnungsabgrenzung von umsatzsteuerpflichtigen Umsätzen entsteht die Umsatzsteuer im aktuellen Geschäftsjahr, wenn – eine Soll-Besteuerung vorausgesetzt (↗ Kapitel 6.2.3.2.1) – die Einzahlung im aktuellen Geschäftsjahr erfolgt. Die Umsatzsteuer wird dann im aktuellen Geschäftsjahr verbucht und über die Passivkonten »Passive Rechnungsabgrenzung« nur der Nettobetrag ins folgende Geschäftsjahr übertragen.

Typische Belege
- Buchungsbelege der Buchführungssoftware

Konten [Bilanz: Passiva.D. Rechnungsabgrenzungsposten]
- **SKP03[SKR03]:** 0990 Passive Rechnungsabgrenzung
- **SKP04[SKR04]:** 3900 Passive Rechnungsabgrenzung
- **IKP[IKR]:** 4900 Passive Rechnungsabgrenzung

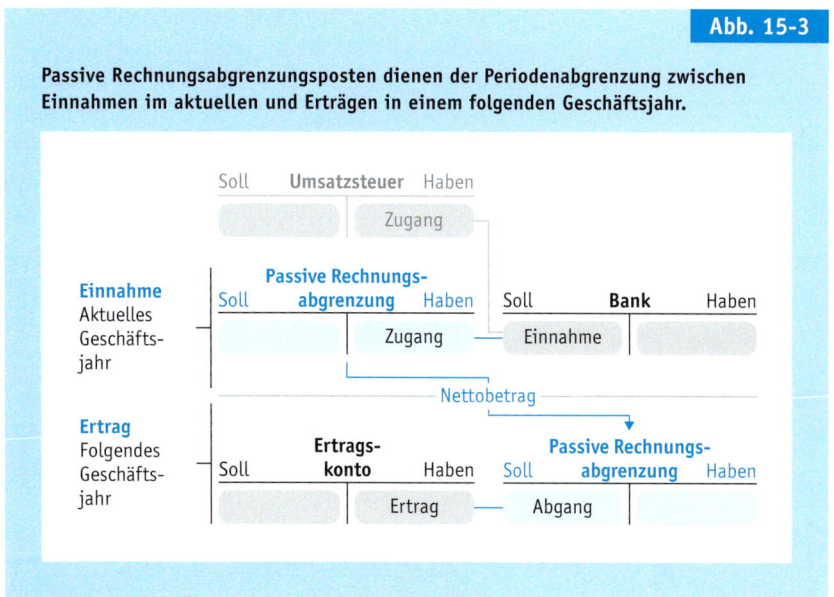

Abb. 15-3

Passive Rechnungsabgrenzungsposten dienen der Periodenabgrenzung zwischen Einnahmen im aktuellen und Erträgen in einem folgenden Geschäftsjahr.

Beispiel 15-1

(1) Ein Unternehmen, das von der Marcslights GmbH Räume gemietet hat, überweist der Marcslights GmbH* vereinbarungsgemäß 1 500,00 € Miete für Januar 0002 (Ertrag im folgenden Geschäftsjahr) bereits im Voraus am 07.12.0001 (Einzahlung und Einnahme im aktuellen Geschäftsjahr):

SKP03·SKP04·IKP Sollkonto	Betrag	an SKP03·SKP04·IKP Habenkonto	Betrag
1200·1800·2800 Bank	1 500,00 €	2750·4860·5401 Grundstückserträge	1 500,00 €

(2) Zum 31.12.0001 wird bei der Marcslights GmbH* eine Periodenabgrenzung vorgenommen, um die Erträge von 1 500,00 € ins folgende Geschäftsjahr zu übertragen:

SKP03·SKP04·IKP Sollkonto	Betrag	an SKP03·SKP04·IKP Habenkonto	Betrag
2750·4860·5401 Grundstückserträge	1 500,00 €	0990·3900·4900 Passive Rechnungsabgrenzung	1 500,00 €

(3) **Alternativ:** Die Periodenabgrenzung bei der Marcslights GmbH* wird direkt bei der Buchung der Einnahme am 07.12.0001 vorgenommen:

SKP03·SKP04·IKP Sollkonto	Betrag	an SKP03·SKP04·IKP Habenkonto	Betrag
1200·1800·2800 Bank	1 500,00 €	0990·3900·4900 Passive Rechnungsabgrenzung	1 500,00 €

15.2 Die zeitlich abgrenzenden Abschlussarbeiten
Transitorische Periodenabgrenzungen

(4) Zum 01.01.0002 wird bei der Marcslights GmbH*das Passivkonto »Passive Rechnungsabgrenzung« wieder aufgelöst und der Ertrag dem Ertragskonto »Grundstückserträge« zugebucht, das nun den periodengerechten Mietertrag für Januar 0002 ausweist:

SKP03 · SKP04 · IKP Sollkonto	Betrag	an	SKP03 · SKP04 · IKP Habenkonto	Betrag
0990 · 3900 · 4900 Passive Rechnungsabgrenzung	1 500,00 €		2750 · 4860 · 5401 Grundstückserträge	1 500,00 €

Beispiel 15-2

(1) Ein Unternehmen, das mit der Marcslights GmbH einen Wartungsvertrag für Leuchten abgeschlossen hat, überweist der Marcslights GmbH* vereinbarungsgemäß nach Rechnungsstellung 600,00 € zuzüglich 19 % Umsatzsteuer für die 6 Monate vom 01.11.0001 bis zum 30.04.0002 (Ertrag teilweise im folgenden Geschäftsjahr) im Voraus am 19.10.0001 (Einzahlung und Einnahme im aktuellen Geschäftsjahr). Durch die Vorauszahlung entsteht die Umsatzsteuer für die komplette Leistung:

SKP03 · SKP04 · IKP Sollkonto	Betrag	an	SKP03 · SKP04 · IKP Habenkonto	Betrag
1200 · 1800 · 2800 Bank	714,00 €		8400 · 4400 · 5100 Erlöse 19 % USt	600,00 €
			1776 · 3806 · 4805 Umsatzsteuer 19 %	114,00 €

(2) Zum 31.12.0001 wird bei der Marcslights GmbH*eine Periodenabgrenzung vorgenommen, um die Erträge von 400,00 € für die 4 Monate Januar 0002 bis April 0002 ins folgende Geschäftsjahr zu übertragen:

SKP03 · SKP04 · IKP Sollkonto	Betrag	an	SKP03 · SKP04 · IKP Habenkonto	Betrag
8400 · 4400 · 5100 Erlöse 19 % USt	400,00 €		0990 · 3900 · 4900 Passive Rechnungsabgrenzung	400,00 €

(3) **Alternativ:** Die Periodenabgrenzung bei der Marcslights GmbH* für die 4 Monate Januar 0002 bis April 0002 wird direkt bei der Buchung der Einnahme am 19.10.0001 vorgenommen:

SKP03 · SKP04 · IKP Sollkonto	Betrag	an	SKP03 · SKP04 · IKP Habenkonto	Betrag
1200 · 1800 · 2800 Bank	238,00 €		8400 · 4400 · 5100 Erlöse 19 % USt	200,00 €
			1776 · 3806 · 4805 Umsatzsteuer 19 %	38,00 €
1200 · 1800 · 2800 Bank	476,00 €		0990 · 3900 · 4900 Passive Rechnungsabgrenzung	400,00 €
			1776 · 3806 · 4805 Umsatzsteuer 19 %	76,00 €

(4) Zum 01.01.0002 wird bei der Marcslights GmbH*das Passivkonto »Passive Rechnungsabgrenzung« wieder aufgelöst und der Ertrag dem Ertragskonto »Erlöse 19 % USt« zugebucht, das nun den periodengerechten Ertrag für die 4 Monate Januar 0002 bis April 0002 ausweist:

SKP03 · SKP04 · IKP Sollkonto	Betrag	an	SKP03 · SKP04 · IKP Habenkonto	Betrag
0990 · 3900 · 4900 Passive Rechnungsabgrenzung	400,00 €		8400 · 4400 · 5100 Erlöse 19 % USt	400,00 €

15.2.2 Aktive Rechnungsabgrenzungen

Die Bilanzposten »Aktiva.C. Rechnungsabgrenzungsposten« werden gemäß Handelsgesetzbuch: § 250 Rechnungsabgrenzungsposten, Absatz 1 zur Periodenabgrenzung verwendet, wenn

- **Ausgaben (aufgrund von Auszahlungen) im aktuellen Geschäftsjahr** und die sachlich zugehörigen
- **Aufwendungen in einem folgenden Geschäftsjahr** anfallen,

so beispielsweise weil ein Unternehmen* einem Lieferanten bereits im Dezember des aktuellen Geschäftsjahres eine im Januar des folgenden Geschäftsjahres zu erbringende Leistung bezahlt. Wiewohl sie in der Bilanz ausgewiesen werden, werden aktive Rechnungsabgrenzungsposten nicht den Vermögensgegenständen zugerechnet.

Die Periodenabgrenzungen erfolgen entweder zum Abschlussstichtag oder unterjährig bei der Erfassung der Ausgaben durch Buchung:

- im **Soll** der Aktivkonten »Aktive Rechnungsabgrenzung« und
- im **Haben** der Aktivkonten »Bank«, wenn die Auszahlungen über das Bankkonto abgewickelt werden.

Die Auflösung der aktiven Rechnungsabgrenzungsposten erfolgt dann in der Regel sofort zu Beginn des folgenden Geschäftsjahres durch Buchung:

- im **Haben** der Aktivkonten »Aktive Rechnungsabgrenzung« und
- im **Soll** der betroffenen Aufwandskonten.

Die Vorgehensweise bei der aktiven Rechnungsabgrenzung von umsatzsteuerpflichtigen Umsätzen hängt davon ab, ob die Rechnungsstellung im aktuellen oder im folgenden Geschäftsjahr erfolgt (↗ Kapitel 6.2.3.1):

(1) Rechnungsstellung im aktuellen Geschäftsjahr

Wenn die Auszahlungen und die Rechnungsstellungen im aktuellen Geschäftsjahr erfolgen, entsteht die Vorsteuer im aktuellen Geschäftsjahr. Die Vorsteuer wird dann im aktuellen Geschäftsjahr:

- im **Soll** der Aktivkonten »Abziehbare Vorsteuer ... «

verbucht und über die Aktivkonten »Aktive Rechnungsabgrenzung« nur der Nettobetrag ins folgende Geschäftsjahr übertragen.

(2) Rechnungsstellung im folgenden Geschäftsjahr

Wenn die Auszahlungen im aktuellen Geschäftsjahr und die Rechnungsstellungen erst im folgenden Geschäftsjahr erfolgen, entsteht die Vorsteuer erst im folgenden Geschäftsjahr. Die Vorsteuer wird deshalb im aktuellen Geschäftsjahr:

- im **Soll** der Aktivkonten »Vorsteuer im Folgejahr abziehbar«

verbucht und damit ebenfalls zeitlich abgegrenzt (Bornhofen, M./Bornhofen, M. C. 2011: Seite 55).

Über die die Aktivkonten »Aktive Rechnungsabgrenzung« wird dann der Nettobetrag ins folgende Geschäftsjahr übertragen. Gleichzeit wird über die Aktivkonten »Vorsteuer im Folgejahr abziehbar« die Vorsteuer ins folgende Geschäftsjahr übertragen, wo sie bei der Rechnungsstellung auf die Aktivkonten »Abziehbare Vorsteuer« umgebucht wird.

Typische Belege
- Buchungsbelege der Buchführungssoftware

Konten [Bilanz: Aktiva.B.II.4. Sonstige Vermögensgegenstände]
- **SKP03[SKR03]:** 1548 Vorsteuer im Folgejahr abziehbar
- **SKP04[SKR04]:** 1434 Vorsteuer im Folgejahr abziehbar
- **IKP[IKR]:** 2629 Vorsteuer im Folgejahr abziehbar

Konten [Bilanz: Aktiva.C. Rechnungsabgrenzungsposten]
- **SKP03[SKR03]:** 0980 Aktive Rechnungsabgrenzung
- **SKP04[SKR04]:** 1900 Aktive Rechnungsabgrenzung
- **IKP[IKR]:** 2900 Aktive Rechnungsabgrenzung

15.2 Die zeitlich abgrenzenden Abschlussarbeiten
Transitorische Periodenabgrenzungen

Abb. 15-4

Aktive Rechnungsabgrenzungsposten dienen der Periodenabgrenzung zwischen Ausgaben im aktuellen und Aufwendungen in einem folgenden Geschäftsjahr.

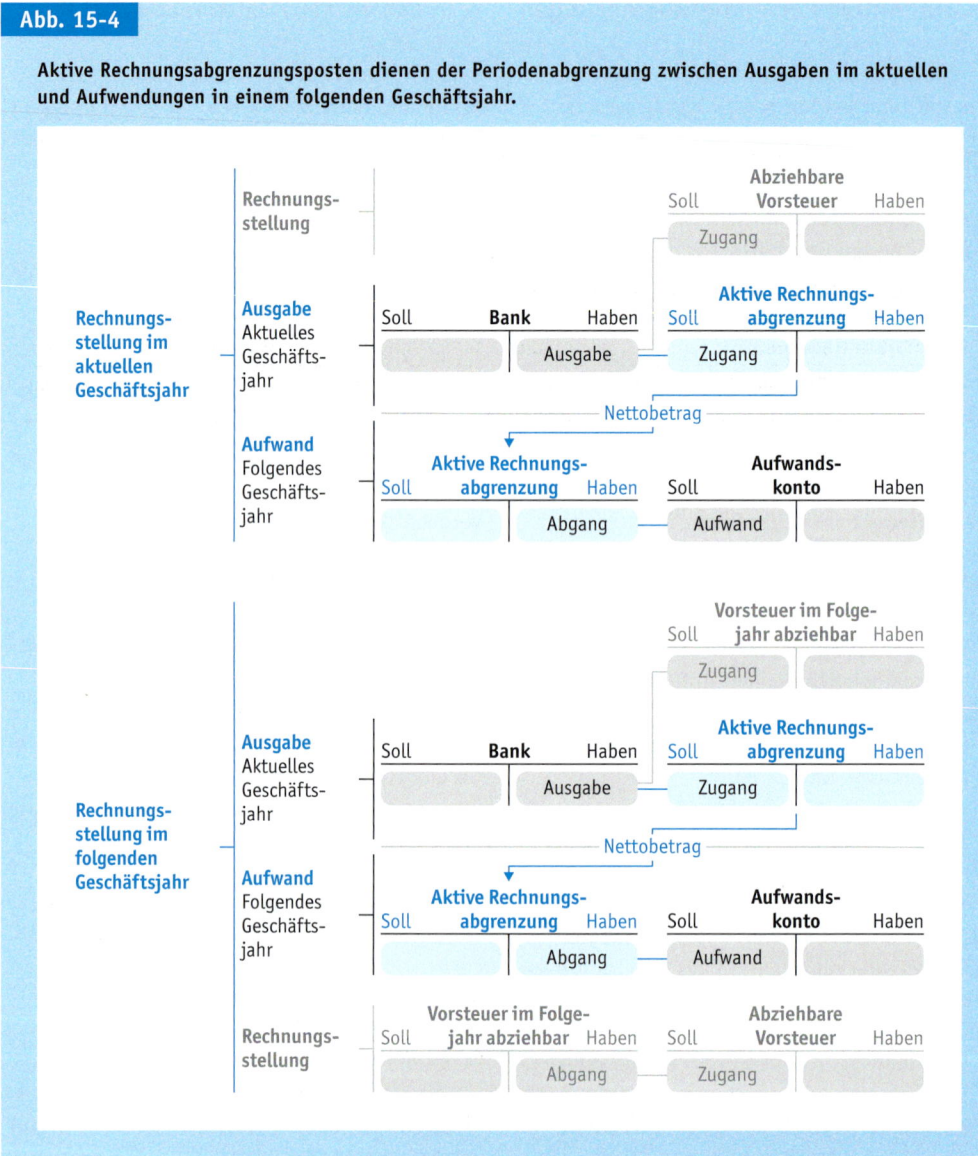

Beispiel 15-3

(1) Die Marcslights GmbH* überweist ihrem Vermieter für von ihr gemietete Räume vereinbarungsgemäß 4 500,00 € Miete für Januar 0002 (Aufwand im folgenden Geschäftsjahr) bereits im Voraus am 07.12.0001 (Auszahlung und Ausgabe im aktuellen Geschäftsjahr):

SKP03 · SKP04 · IKP Sollkonto	Betrag	an	SKP03 · SKP04 · IKP Habenkonto	Betrag
4210 · 6310 · 6700 Miete (unbewegliche Wirtschaftsgüter)	4 500,00 €	an	1200 · 1800 · 2800 Bank	4 500,00 €

(2) Zum 31.12.0001 wird bei der Marcslights GmbH* eine Periodenabgrenzung vorgenommen, um die Aufwendungen von 4 500,00 € ins folgende Geschäftsjahr zu übertragen:

SKP03 · SKP04 · IKP Sollkonto	Betrag	an	SKP03 · SKP04 · IKP Habenkonto	Betrag
0980 · 1900 · 2900 Aktive Rechnungsabgrenzung	4 500,00 €		4210 · 6310 · 6700 Miete (unbewegliche Wirtschaftsgüter)	4 500,00 €

(3) **Alternativ:** Die Periodenabgrenzung bei der Marcslights GmbH* wird direkt bei der Buchung der Ausgabe am 07.12.0001 vorgenommen:

SKP03 · SKP04 · IKP Sollkonto	Betrag	an	SKP03 · SKP04 · IKP Habenkonto	Betrag
0980 · 1900 · 2900 Aktive Rechnungsabgrenzung	4 500,00 €		1200 · 1800 · 2800 Bank	4 500,00 €

(4) Zum 01.01.0002 wird bei der Marcslights GmbH* das Aktivkonto »Aktive Rechnungsabgrenzung« wieder aufgelöst und der Aufwand dem Aufwandskonto »Miete (unbewegliche Wirtschaftsgüter)« zugebucht, das nun den periodengerechten Mietaufwand für Januar 0002 ausweist:

SKP03 · SKP04 · IKP Sollkonto	Betrag	an	SKP03 · SKP04 · IKP Habenkonto	Betrag
4210 · 6310 · 6700 Miete (unbewegliche Wirtschaftsgüter)	4 500,00 €		0980 · 1900 · 2900 Aktive Rechnungsabgrenzung	4 500,00 €

Beispiel 15-4

(1) Die Marcslights GmbH* überweist einem Unternehmen, mit dem sie einen Wartungsvertrag für ihre Personal Computer abgeschlossen hat, vereinbarungsgemäß nach Rechnungsstellung 600,00 € zuzüglich 19 % Umsatzsteuer für die 6 Monate vom 01.11.0001 bis zum 30.04.0002 (Aufwand teilweise im folgenden Geschäftsjahr) im Voraus am 19.10.0001 (Auszahlung und Ausgabe im aktuellen Geschäftsjahr). Durch die Rechnungsstellung zusammen mit der Vorauszahlung entsteht die Vorsteuer für die komplette Leistung im aktuellen Geschäftsjahr:

SKP03 · SKP04 · IKP Sollkonto	Betrag	an	SKP03 · SKP04 · IKP Habenkonto	Betrag
4805 · 6470 · 6160 Reparaturen und Instandhaltung von Betriebs- und Geschäftsausstattung	600,00 €		1200 · 1800 · 2800 Bank	714,00 €
1576 · 1406 · 2605 Abziehbare Vorsteuer 19 %	114,00 €			

(2) Zum 31.12.0001 wird bei der Marcslights GmbH* eine Periodenabgrenzung vorgenommen, um die Aufwendungen von 400,00 € für die 4 Monate Januar 0002 bis April 0002 ins folgende Geschäftsjahr zu übertragen:

SKP03 · SKP04 · IKP Sollkonto	Betrag	an	SKP03 · SKP04 · IKP Habenkonto	Betrag
0980 · 1900 · 2900 Aktive Rechnungsabgrenzung	400,00 €		4805 · 6470 · 6160 Reparaturen und Instandhaltung von Betriebs- und Geschäftsausstattung	400,00 €

(3) **Alternativ:** Die Periodenabgrenzung bei der Marcslights GmbH* wird direkt bei der Buchung der Ausgabe am 19.10.0001 vorgenommen:

SKP03 · SKP04 · IKP Sollkonto	Betrag	an	SKP03 · SKP04 · IKP Habenkonto	Betrag
4805 · 6470 · 6160 Reparaturen und Instandhaltung von Betriebs- und Geschäftsausstattung	200,00 €		1200 · 1800 · 2800 Bank	200,00 €
0980 · 1900 · 2900 Aktive Rechnungsabgrenzung	400,00 €		1200 · 1800 · 2800 Bank	514,00 €
1576 · 1406 · 2605 Abziehbare Vorsteuer 19 %	114,00 €			

(4) Zum 01.01.0002 wird bei der Marcslights GmbH* das Aktivkonto »Aktive Rechnungsabgrenzung« wieder aufgelöst und der Aufwand dem Aufwandskonto »Reparaturen und Instandhaltung von Betriebs- und Geschäftsausstattung« zugebucht, das nun den periodengerechten Aufwand für die 4 Monate Januar 0002 bis April 0002 ausweist:

SKP03 · SKP04 · IKP Sollkonto	Betrag	an	SKP03 · SKP04 · IKP Habenkonto	Betrag
4805 · 6470 · 6160 Reparaturen und Instandhaltung von Betriebs- und Geschäftsausstattung	400,00 €		0980 · 1900 · 2900 Aktive Rechnungsabgrenzung	400,00 €

15.3 Antizipative Periodenabgrenzungen

Lernziel 15-3
Antizipative Periodenabgrenzungen verbuchen können.

- Einordnung innerhalb der Jahresabschlussrechnungen
- Transitorische Periodenabgrenzungen
- **Antizipative Periodenabgrenzungen**
- Rückstellungen
- Latente Steuern

Antizipative (von: anticipare, lateinisch: vorwegnehmende) Periodenabgrenzungen werden vorgenommen, wenn es im aktuellen Geschäftsjahr zu Aufwendungen oder Erträgen kommt, deren sachlich zugehörigen Auszahlungen oder Einzahlungen in einem folgenden Geschäftsjahr anfallen.

15.3.1 Periodenabgrenzungen über sonstige Vermögensgegenstände

Die Bilanzposten »Aktiva.B.II.4 Sonstige Vermögensgegenstände« werden zur Periodenabgrenzung verwendet, wenn

- **Erträge (und Einnahmen) im aktuellen Geschäftsjahr** und die sachlich zugehörigen
- **Einzahlungen in einem folgenden Geschäftsjahr** anfallen,

so beispielsweise weil ein Kunde einem Unternehmen* eine im Dezember des aktuellen Geschäftsjahres erbrachte Leistung erst im Januar des folgenden Geschäftsjahres bezahlt.

Die Periodenabgrenzungen erfolgen dabei entweder zum Abschlussstichtag oder unterjährig beim Anfall der Erträge durch Buchung:
- im **Soll** der Aktivkonten »Sonstige Vermögensgegenstände« und
- im **Haben** der betroffenen Ertragskonten.

Die Auflösung der zur Periodenabgrenzung verwendeten sonstigen Vermögensgegenstände erfolgt dann im folgenden Geschäftsjahr bei der Begleichung der Forderungen durch Buchung:
- im **Haben** der Aktivkonten »Sonstige Vermögensgegenstände« und

15.3 Antizipative Periodenabgrenzungen

▸ im **Soll** der Aktivkonten »Bank«, wenn die Einzahlungen über das Bankkonto abgewickelt werden.

Bei der Periodenabgrenzung von umsatzsteuerpflichtigen Umsätzen über sonstige Vermögensgegenstände entsteht die Umsatzsteuer im aktuellen Geschäftsjahr, wenn – eine Soll-Besteuerung vorausgesetzt (↗ Kapitel 6.2.3.2.1) – die Lieferung oder Leistung im aktuellen Geschäftsjahr erbracht wird. Die Umsatzsteuer wird dann im aktuellen Geschäftsjahr verbucht und über die Aktivkonten »Sonstige Vermögensgegenstände« der Bruttobetrag ins folgende Geschäftsjahr übertragen, wo der Kunde dann den Bruttobetrag begleicht.

Typische Belege
▸ Buchungsbelege der Buchführungssoftware

Konten [Bilanz: Aktiva.B.II.4. Sonstige Vermögensgegenstände]
▸ **SKP03[SKR03]:** 1500 Sonstige Vermögensgegenstände
▸ **SKP04[SKR04]:** 1300 Sonstige Vermögensgegenstände
▸ **IKP[IKR]:** 2669 Sonstige Vermögensgegenstände[2]

Abb. 15-5

Sonstige Vermögensgegenstände dienen der Periodenabgrenzung zwischen Erträgen im aktuellen und Einzahlungen in einem folgenden Geschäftsjahr.

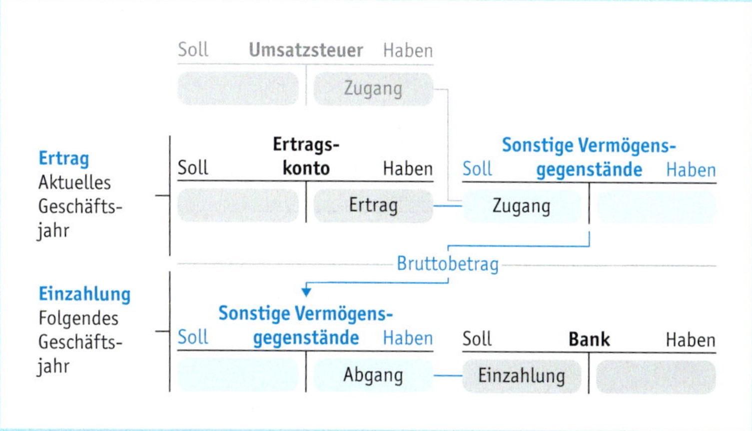

Beispiel 15-5

(1) Ein Unternehmen, das von der Marcslights GmbH Räume gemietet hat, will vereinbarungsgemäß 1 500,00 € Miete für Dezember 0001 (Ertrag und Einnahme im aktuellen Geschäftsjahr) erst nachträglich am 09.01.0002 (Einzahlung im folgenden Geschäftsjahr) überweisen. Zum 31.12.0001 oder alternativ beim Anfall des Ertrages und der Einnahme am 01.12.0001 wird deshalb bei der Marcslights GmbH* eine Periodenabgrenzung vorgenommen, um die Forderungen ins folgende Geschäftsjahr zu übertragen:

SKP03 · SKP04 · IKP Sollkonto	Betrag	an	SKP03 · SKP04 · IKP Habenkonto	Betrag
1500 · 1300 · 2669 Sonstige Vermögensgegenstände	1 500,00 €		2750 · 4860 · 5401 Grundstückserträge	1 500,00 €

(2) Am 09.01.0002 wird bei der Marcslights GmbH* das Aktivkonto »Sonstige Vermögensgegenstände« durch die Überweisung der Miete wieder aufgelöst:

SKP03 · SKP04 · IKP Sollkonto	Betrag	an	SKP03 · SKP04 · IKP Habenkonto	Betrag
1200 · 1800 · 2800 Bank	1 500,00 €		1500 · 1300 · 2669 Sonstige Vermögensgegenstände	1 500,00 €

Beispiel 15-6

(1) Ein Unternehmen, das mit der Marcslights GmbH einen Wartungsvertrag für Leuchten abgeschlossen hat, will der Marcslights GmbH* vereinbarungsgemäß 600,00 € zuzüglich 19 % Umsatzsteuer für die 6 Monate vom 01.11.0001 bis zum 30.04.0002 (Ertrag und Einnahme teilweise im aktuellen Geschäftsjahr) erst nachträglich am 17.05.0002 (Einzahlung im folgenden Geschäftsjahr) überweisen. Durch die Erbringung

der Leistung entsteht die Umsatzsteuer für die 2 Monate November 0001 und Dezember 0001. Zum 31.12.0001 wird bei der Marcslights GmbH*eine Periodenabgrenzung vorgenommen, um die Forderungen ins folgende Geschäftsjahr zu übertragen:

SKP03 · SKP04 · IKP Sollkonto	Betrag	an	SKP03 · SKP04 · IKP Habenkonto	Betrag
1500 · 1300 · 2669 Sonstige Vermögensgegenstände	238,00 €		8400 · 4400 · 5100 Erlöse 19 % USt	200,00 €
			1776 · 3806 · 4805 Umsatzsteuer 19 %	38,00 €

(2) Am 17.05.0002 wird bei der Marcslights GmbH*das Aktivkonto »Sonstige Vermögensgegenstände« durch die Überweisung wieder aufgelöst. Zugleich werden dort die Umsatzerlöse für die 4 Monate Januar 0002 bis April 0002 verbucht:

SKP03 · SKP04 · IKP Sollkonto	Betrag	an	SKP03 · SKP04 · IKP Habenkonto	Betrag
1200 · 1800 · 2800 Bank	238,00 €		1500 · 1300 · 2669 Sonstige Vermögensgegenstände	238,00 €
1200 · 1800 · 2800 Bank	476,00 €		8400 · 4400 · 5100 Erlöse 19 % USt	400,00 €
			1776 · 3806 · 4805 Umsatzsteuer 19 %	76,00 €

15.3.2 Periodenabgrenzungen über sonstige Verbindlichkeiten

Die Bilanzposten »Passiva.C.8. Sonstige Verbindlichkeiten« werden zur Periodenabgrenzung verwendet, wenn

- **Aufwendungen (und Ausgaben) im aktuellen Geschäftsjahr** und die sachlich zugehörigen
- **Auszahlungen in einem folgenden Geschäftsjahr** anfallen,

so beispielsweise weil ein Unternehmen* einem Lieferanten eine im Dezember des aktuellen Geschäftsjahres erbrachte Leistung erst im Januar des folgenden Geschäftsjahres bezahlt.

Die Periodenabgrenzungen erfolgen dabei entweder zum Abschlussstichtag oder unterjährig beim Anfall der Aufwendungen durch Buchung:

- im **Haben** der Passivkonten »Sonstige Verbindlichkeiten« und
- im **Soll** der betroffenen Aufwandskonten.

Die Auflösung der zur Periodenabgrenzung verwendeten sonstigen Verbindlichkeiten erfolgt dann im folgenden Geschäftsjahr bei der Begleichung der Verbindlichkeiten durch Buchung:

- im **Soll** der Passivkonten »Sonstige Verbindlichkeiten« und
- im **Haben** der Aktivkonten »Bank«, wenn die Auszahlungen über das Bankkonto abgewickelt werden.

Die Vorgehensweise bei der Periodenabgrenzung von umsatzsteuerpflichtigen Umsätzen über sonstige Verbindlichkeiten hängt davon ab, ob die Rechnungsstellung im aktuellen oder im folgenden Geschäftsjahr erfolgt (↗ Kapitel 6.2.3.1):

(1) Rechnungsstellung im aktuellen Geschäftsjahr

Wenn die Lieferungen oder Leistungen und die Rechnungsstellungen im aktuellen Geschäftsjahr erfolgen, entsteht die Vorsteuer im aktuellen Geschäftsjahr. Die Vorsteuer wird entsprechend im aktuellen Geschäftsjahr:

- im **Soll** der Aktivkonten »Abziehbare Vorsteuer ... «

verbucht und über die Passivkonten »Sonstige Verbindlichkeiten« der Bruttobetrag ins folgende Geschäftsjahr übertragen, wo das Unternehmen dann den Bruttobetrag begleicht.

(2) Rechnungsstellung im folgenden Geschäftsjahr

Wenn die Lieferungen oder Leistungen im aktuellen Geschäftsjahr und die Rechnungsstellungen erst im folgenden Geschäftsjahr erfolgen, entsteht die Vorsteuer erst im folgenden Ge-

15.3 Antizipative Periodenabgrenzungen

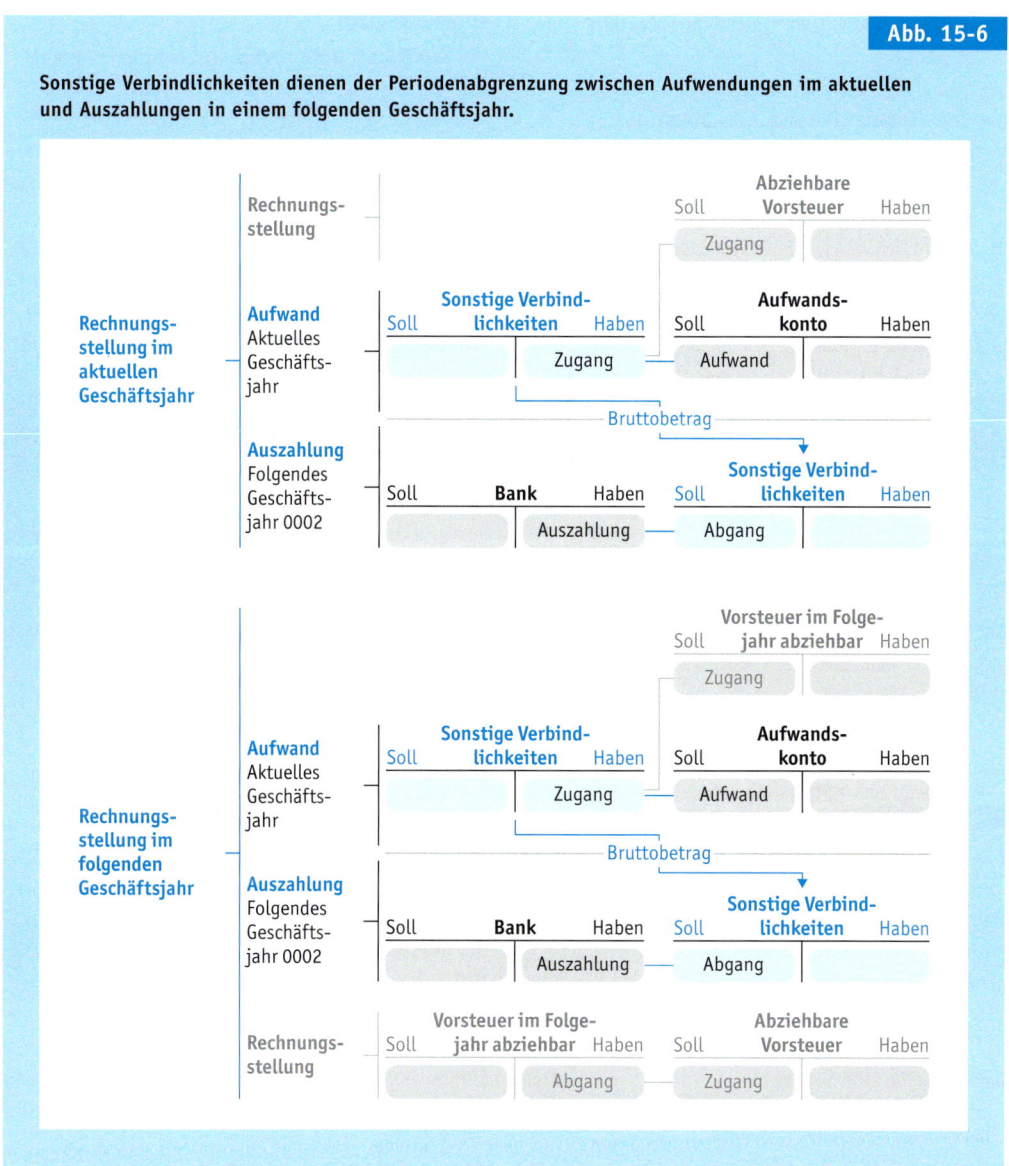

Abb. 15-6
Sonstige Verbindlichkeiten dienen der Periodenabgrenzung zwischen Aufwendungen im aktuellen und Auszahlungen in einem folgenden Geschäftsjahr.

schäftsjahr. Die Vorsteuer wird deshalb im aktuellen Geschäftsjahr:

- im **Soll** der Aktivkonten »Vorsteuer im Folgejahr abziehbar«

verbucht und damit ebenfalls zeitlich abgegrenzt (Bornhofen, M./Bornhofen, M.C. 2011: Seite 55).

Über die Passivkonten »Sonstige Verbindlichkeiten« wird dann der Bruttobetrag ins folgende Geschäftsjahr übertragen, wo das Unternehmen ihn begleicht. Gleichzeit wird über die Aktivkonten »Vorsteuer im Folgejahr abziehbar« die Vorsteuer ins folgende Geschäftsjahr übertragen, wo sie bei der Rechnungsstellung auf die Aktivkonten »Abziehbare Vorsteuer« umgebucht wird.

Typische Belege
- Buchungsbelege der Buchführungssoftware

Konten [Bilanz: Aktiva.B.II.4. Sonstige Vermögensgegenstände]
- **SKP03[SKR03]:** 1548 Vorsteuer im Folgejahr abziehbar
- **SKP04[SKR04]:** 1434 Vorsteuer im Folgejahr abziehbar

15.3 Die zeitlich abgrenzenden Abschlussarbeiten
Antizipative Periodenabgrenzungen

- **IKP [IKR]:** 2629 Vorsteuer im Folgejahr abziehbar

Konten [Bilanz: Passiva.C.8. Sonstige Verbindlichkeiten]

- **SKP03 [SKR03]:** 1700 Sonstige Verbindlichkeiten
- **SKP04 [SKR04]:** 3500 Sonstige Verbindlichkeiten
- **IKP [IKR]:** 4890 Sonstige Verbindlichkeiten[2]

Beispiel 15-7

(1) Die Marcslights GmbH will ihrem Vermieter für von ihr gemietete Räume vereinbarungsgemäß 4 500,00 € Miete für Dezember 0001 (Aufwand und Ausgabe im aktuellen Geschäftsjahr) erst nachträglich am 09.01.0002 (Auszahlung im folgenden Geschäftsjahr) überweisen. Zum 31.12.0001 oder alternativ beim Anfall des Aufwandes und der Ausgabe am 01.12.0001 wird deshalb bei der Marcslights GmbH* eine Periodenabgrenzung vorgenommen:

SKP03 · SKP04 · IKP Sollkonto	Betrag	an SKP03 · SKP04 · IKP Habenkonto	Betrag
4210 · 6310 · 6700 Miete (unbewegliche Wirtschaftsgüter)	4 500,00 €	1700 · 3500 · 4890 Sonstige Verbindlichkeiten	4 500,00 €

(2) Am 09.01.0002 wird bei der Marcslights GmbH* das Passivkonto »Sonstige Verbindlichkeiten« durch die Überweisung der Miete wieder aufgelöst:

SKP03 · SKP04 · IKP Sollkonto	Betrag	an SKP03 · SKP04 · IKP Habenkonto	Betrag
1700 · 3500 · 4890 Sonstige Verbindlichkeiten	4 500,00 €	1200 · 1800 · 2800 Bank	4 500,00 €

Beispiel 15-8

(1) Die Marcslights GmbH* will einem Unternehmen, mit dem sie einen Wartungsvertrag für ihre Personal Computer abgeschlossen hat, vereinbarungsgemäß 600,00 € zuzüglich 19 % Umsatzsteuer für die 6 Monate vom 01.11.0001 bis zum 30.04.0002 (Aufwand und Ausgabe teilweise im aktuellen Geschäftsjahr) erst nachträglich am 12.05.0002 (Auszahlung im folgenden Geschäftsjahr) überweisen. Da die Rechnungsstellung bereits am 01.11.0001 erfolgt, entsteht die Vorsteuer für die Monate November 0001 und Dezember 0001 im Geschäftsjahr 0001:

SKP03 · SKP04 · IKP Sollkonto	Betrag	an SKP03 · SKP04 · IKP Habenkonto	Betrag
4805 · 6470 · 6160 Reparaturen und Instandhaltung von Betriebs- und Geschäftsausstattung	200,00 €	1700 · 3500 · 4890 Sonstige Verbindlichkeiten	238,00 €
1576 · 1406 · 2605 Abziehbare Vorsteuer 19 %	38,00 €		

(2) Am 12.05.0002 wird bei der Marcslights GmbH* das Passivkonto »Sonstige Verbindlichkeiten« durch die Überweisung der Wartungsgebühr wieder aufgelöst:

SKP03 · SKP04 · IKP Sollkonto	Betrag	an SKP03 · SKP04 · IKP Habenkonto	Betrag
1700 · 3500 · 4890 Sonstige Verbindlichkeiten	238,00 €	1200 · 1800 · 2800 Bank	238,00 €
4805 · 6470 · 6160 Reparaturen und Instandhaltung von Betriebs- und Geschäftsausstattung	400,00 €	1200 · 1800 · 2800 Bank	476,00 €
1576 · 1406 · 2605 Abziehbare Vorsteuer 19 %	76,00 €		

Beispiel 15-9

(1) Die Marcslights GmbH* will einem Unternehmen, mit dem sie einen Wartungsvertrag für ihre Personal Computer abgeschlossen hat, vereinbarungsgemäß 600,00 € zuzüglich 19 % Umsatzsteuer für für die 6 Monate vom 01.11.0001 bis zum 30.04.0002 (Aufwand und Ausgabe teilweise im aktuellen Geschäftsjahr) erst nachträglich am 12.05.0002 (Auszahlung im folgenden Geschäftsjahr) überweisen. Da die Rechnungsstellung erst am 12.04.0002 erfolgt, muss die Vorsteuer für die Monate November 0001 und Dezember 0001 ins folgende Geschäftsjahr übertragen werden:

SKP03 · SKP04 · IKP Sollkonto	Betrag	an SKP03 · SKP04 · IKP Habenkonto	Betrag
4805 · 6470 · 6160 Reparaturen und Instandhaltung von Betriebs- und Geschäftsausstattung	200,00 €	1700 · 3500 · 4890 Sonstige Verbindlichkeiten	238,00 €
1548 · 1434 · 2629 Vorsteuer im Folgejahr abziehbar	38,00 €		

(2) Am 12.05.0002 werden bei der Marcslights GmbH* das Passivkonto »Sonstige Verbindlichkeiten« und das Aktivkonto »Vorsteuer im Folgejahr abziehbar« durch die Überweisung der Wartungsgebühr wieder aufgelöst:

SKP03 · SKP04 · IKP Sollkonto	Betrag	an SKP03 · SKP04 · IKP Habenkonto	Betrag
1700 · 3500 · 4890 Sonstige Verbindlichkeiten	238,00 €	1200 · 1800 · 2800 Bank	238,00 €
1576 · 1406 · 2605 Abziehbare Vorsteuer 19 %	38,00 €	1548 · 1434 · 2629 Vorsteuer im Folgejahr abziehbar	38,00 €
4805 · 6470 · 6160 Reparaturen und Instandhaltung von Betriebs- und Geschäftsausstattung	400,00 €	1200 · 1800 · 2800 Bank	476,00 €
1576 · 1406 · 2605 Abziehbare Vorsteuer 19 %	76,00 €		

15.4 Rückstellungen

- Einordnung innerhalb der Jahresabschlussrechnungen
- Transitorische Periodenabgrenzungen
- Antizipative Periodenabgrenzungen
- **Rückstellungen**
- Latente Steuern

Die Bilanzposten »Passiva.B. Rückstellungen« werden werden gemäß Handelsgesetzbuch: § 249 Rückstellungen, Absatz 1 zur Periodenabgrenzung verwendet, wenn
- **Aufwendungen im aktuellen Geschäftsjahr** und die sachlich zugehörigen
- **Auszahlungen, deren Höhe und/oder Fälligkeit noch nicht bekannt ist, in einem folgenden Geschäftsjahr** anfallen.

Gemäß Handelsgesetzbuch: § 253 Zugangs- und Folgebewertung, Absatz 1, Satz 2 sind Rückstellungen dabei in Höhe des nach vernünftiger kaufmännischer Beurteilung notwendigen Erfüllungsbetrages anzusetzen.

15.4.1 Bildung von Rückstellungen

Nach der Art können die Rückstellungen weiter unterteilt werden in:
- Rückstellungen für ungewisse Verbindlichkeiten,
- Rückstellungen für drohende Verluste aus schwebenden Geschäften und
- Rückstellungen für Aufwendungen.

Lernziel 15-4
Rückstellungen berechnen und verbuchen können.

15.4 Die zeitlich abgrenzenden Abschlussarbeiten
Rückstellungen

Die Rückstellungen werden dabei in der Regel nur in Höhe des Nettobetrages gebildet.

15.4.1.1 Bildung von Rückstellungen für ungewisse Verbindlichkeiten

Rückstellungen für ungewisse Verbindlichkeiten werden für Verpflichtungen gegenüber Dritten gebildet. In der Regel handelt es sich dabei um sogenannte *rechtliche Verpflichtungen*, die einklagbar sind. Lediglich bei Rückstellungen für Kulanzfälle handelt es sich um nicht einklagbare *wirtschaftliche Verpflichtungen*.

Für Rückstellungen für ungewisse Verbindlichkeiten besteht sowohl handels- als auch steuerrechtlich eine Passivierungspflicht. Die Rückstellungen für ungewisse Verbindlichkeiten umfassen insbesondere die nachfolgend aufgeführten Rückstellungen.

(1) Pensionsrückstellungen

Pensionsrückstellungen werden aufgrund von Versorgungszusagen von Unternehmen für ihre Arbeitnehmer gebildet, wenn das Unternehmen selbst dafür einsteht und nicht eine Direktversicherung, eine Pensionskasse oder eine Unterstützungskasse. Die Verbuchung der Bildung von Pensionsrückstellungen erfolgt in der Regel monatlich im Rahmen der Lohn- und Gehaltsabrechnungen:

- im **Soll** der Aufwandskonten »Aufwendungen für Altersversorgung« und
- im **Haben** der Passivkonten »Rückstellungen für Pensionen und ähnliche Verpflichtungen«.

Um auch im Insolvenzfall noch Pensionszahlungen leisten zu können, wird zusätzlich zu den Pensionsrückstellungen ein *Plan-* beziehungsweise *Deckungsvermögen* gebildet, das dem Zugriff von Gläubigern entzogen ist und in der Regel über eine *Rückdeckungsversicherung* abgesichert wird. Auf die Verbuchung entsprechender Rückstellungen soll hier mit Verweis auf DATEV 2010a: Seite 149 ff. jedoch nicht näher eingegangen werden.

Typische Belege
- Buchungsbelege der Buchführungssoftware

Konten [Bilanz: Passiva.B.1. Rückstellungen für Pensionen und ähnliche Verpflichtungen]
- **SKP03[SKR03]:** 0950 [0951] Rückstellungen für Pensionen und ähnliche Verpflichtungen
- **SKP04[SKR04]:** 3000 [3009] Rückstellungen für Pensionen und ähnliche Verpflichtungen
- **IKP[IKR]:** 3700 Rückstellungen für Pensionen und ähnliche Verpflichtungen

Konten [GuV: 6.b) Soziale Abgaben und Aufwendungen für Altersversorgung und für Unterstützung]
- **SKP03[SKR03]:** 4165 Aufwendungen für Altersversorgung
- **SKP04[SKR04]:** 6140 Aufwendungen für Altersversorgung
- **IKP[IKR]:** 6480 Sonstige Aufwendungen für Altersversorgung

(2) Steuerrückstellungen

Steuerrückstellungen werden insbesondere für die Steuern vom Einkommen und vom Ertrag gebildet, und zwar:

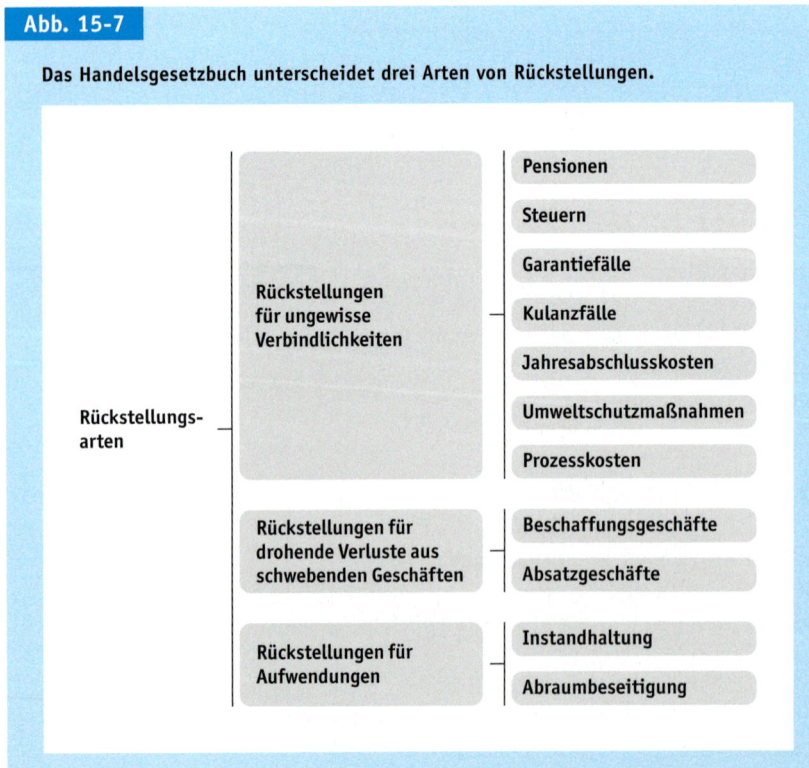

Abb. 15-7
Das Handelsgesetzbuch unterscheidet drei Arten von Rückstellungen.

- für die Körperschaftsteuer und den Solidaritätszuschlag darauf, worauf wir bereits im ↗ Kapitel 11.3.2.2.2 eingegangen sind, sowie
- für die Gewerbesteuer, worauf wir bereits im ↗ Kapitel 11.3.3.2.2 eingegangen sind.

(3) Rückstellungen für Gewährleistungen
Rückstellungen für Gewährleistungen werden unterschieden in:
- rechtlich verpflichtende **Garantien** und
- rechtlich nicht verpflichtende **Kulanzfälle**, die lediglich wirtschaftlich verpflichtend sind.

Die Verbuchung der Bildung entsprechender Rückstellungen erfolgt in beiden Fällen:
- im **Soll** der Aufwandskonten »Aufwand für Gewährleistung« und
- im **Haben** der Passivkonten »Rückstellungen für Gewährleistungen«.

Typische Belege
- Buchungsbelege der Buchführungssoftware

Konten [Bilanz: Passiva.B.3. Sonstige Rückstellungen]
- **SKP03 [SKR03]:** 0974 Rückstellungen für Gewährleistungen (Gegenkonto 4790)
- **SKP04 [SKR04]:** 3090 [3091] Rückstellungen für Gewährleistungen (Gegenkonto 6790)
- **IKP [IKR]:** 3910 [3911, 3915] Sonstige Rückstellungen für Gewährleistung …

Konten [GuV: 8. Sonstige betriebliche Aufwendungen]
- **SKP03 [SKR03]:** 4790 Aufwand für Gewährleistungen
- **SKP04 [SKR04]:** 6790 Aufwand für Gewährleistung
- **IKP [IKR]:** 6981 Zuführungen für Gewährleistung

(4) Sonstige Rückstellungen für ungewisse Verbindlichkeiten
Neben den genannten Fällen müssen handels- und steuerrechtlich beispielsweise noch für folgende Verbindlichkeiten Rückstellungen gebildet werden:

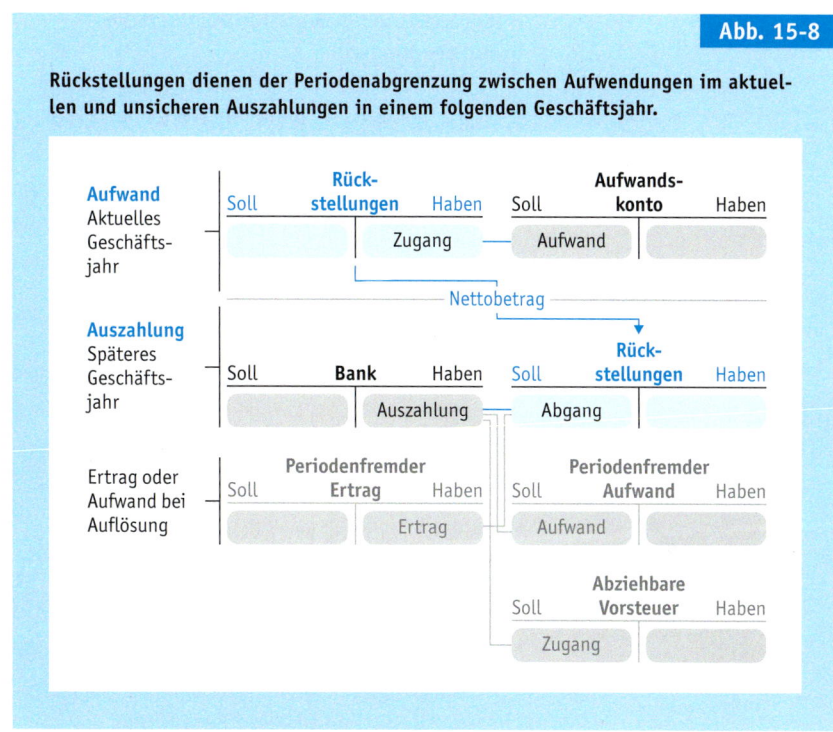

Abb. 15-8

Rückstellungen dienen der Periodenabgrenzung zwischen Aufwendungen im aktuellen und unsicheren Auszahlungen in einem folgenden Geschäftsjahr.

- Jahresabschluss- und Prüfungskosten (Rückstellungen für Abschluss- und Prüfungskosten),
- Umweltschutzmaßnahmen (Rückstellungen für Umweltschutz) und
- Prozesskosten (Sonstige Rückstellungen).

Typische Belege
- Buchungsbelege der Buchführungssoftware

Konten [Bilanz: Passiva.B.3. Sonstige Rückstellungen]
- **SKP03 [SKR03]:** 0977 Rückstellungen für Abschluss- und Prüfungskosten · [0979] Rückstellungen für Umweltschutz · 0970 Sonstige Rückstellungen
- **SKP04 [SKR04]:** 3095 Rückstellungen für Abschluss- und Prüfungskosten · [3099] Rückstellungen für Umweltschutz · 3070 Sonstige Rückstellungen
- **IKP [IKR]:** 3920 Sonstige Rückstellungen – Rechts- und Beratungskosten · 3990 Sonstige Rückstellungen für andere Aufwendungen

Konten [GuV: 8. Sonstige betriebliche Aufwendungen]
- **SKP03[SKR03]:** 4900 Sonstige betriebliche Aufwendungen · 4957 Abschluss- und Prüfungskosten
- **SKP04[SKR04]:** 6300 Sonstige betriebliche Aufwendungen · 6827 Abschluss- und Prüfungskosten
- **IKP[IKR]:** 6930 Andere sonstige betriebliche Aufwendungen · 6770 Prüfung, Beratung, Rechtsschutz

Beispiel 15-10

Aufgrund der Erfahrungen der letzten Jahre bildet die Marcslights GmbH* für ihre Lieferungen und Leistungen während des Geschäftsjahres Rückstellungen für Garantien in Höhe von 5 000,00 €:

SKP03 · SKP04 · IKP Sollkonto	Betrag	an SKP03 · SKP04 · IKP Habenkonto	Betrag
4790 · 6790 · 6981 Aufwand für Gewährleistung	5 000,00 €	0974 · 3090 · 3910 Rückstellungen für Gewährleistungen	5 000,00 €

15.4.1.2 Bildung von Rückstellungen für drohende Verluste aus schwebenden Geschäften

Zu Verlusten aus schwebenden Geschäften kann es:
- bei **Beschaffungsgeschäften** durch Anschaffungskosten kommen, die über den angesetzten Herstellungskosten liegen, und
- bei **Absatzgeschäften** durch Herstellungskosten, die über den vereinbarten Absatzpreisen liegen.

Für entsprechende Rückstellungen besteht handelsrechtlich eine Passivierungspflicht und steuerrechtlich ein Passivierungsverbot (Einkommensteuergesetz: § 5 Gewinn bei Kaufleuten und bei bestimmten anderen Gewerbetreibenden, Absatz 4a). Die Bildung entsprechender Rückstellungen erfolgt:
- im **Soll** der Aufwandskonten »Sonstige betriebliche Aufwendungen« und
- im **Haben** der Passivkonten »Rückstellungen für drohende Verluste aus schwebenden Geschäften«.

Typische Belege
- Buchungsbelege der Buchführungssoftware

Konten [Bilanz: Passiva.B.3. Sonstige Rückstellungen]
- **SKP03[SKR03]:** 0976 Rückstellungen für drohende Verluste aus schwebenden Geschäften
- **SKP04[SKR04]:** 3092 [3093] Rückstellungen für drohende Verluste aus schwebenden Geschäften
- **IKP[IKR]:** 3970 Sonstige Rückstellungen für drohende Verluste aus schwebenden Geschäften

Konten [GuV: 8. Sonstige betriebliche Aufwendungen]
- **SKP03[SKR03]:** 4900 Sonstige betriebliche Aufwendungen
- **SKP04[SKR04]:** 6300 Sonstige betriebliche Aufwendungen
- **IKP[IKR]:** 6930 Andere sonstige betriebliche Aufwendungen

15.4.1.3 Bildung von Rückstellungen für Aufwendungen

Rückstellungen für Aufwendungen werden für Aufwendungen im eigenen Unternehmen gebildet. Für entsprechende Rückstellungen besteht sowohl handels- als auch steuerrechtlich eine Passivierungspflicht. Die Rückstellungen für Aufwendungen umfassen neben den in den meisten Branchen nicht verwendeten Rückstellungen für Abraum- und Abfallbeseitigung primär Rückstellungen für unterlassene Aufwendungen für Instandhaltung. Diese dürfen nur gebildet werden, wenn die Instandhaltungen im Wesentlichen innerhalb der ersten drei Monate des folgenden Geschäftsjahres abgeschlossen werden. Die Bildung der Rückstellungen erfolgt:
- im **Soll** der Aufwandskonten »Instandhaltung« (↗ Kapitel 9.2.3.1, 9.2.4.3) und
- im **Haben** der Passivkonten »Rückstellungen für unterlassene Aufwendungen für Instandhaltung, Nachholung in den ersten drei Monaten«.

Typische Belege
▸ Buchungsbelege der Buchführungssoftware

Konten [Bilanz: Passiva.B.3. Sonstige Rückstellungen]
▸ **SKP03[SKR03]:** 0971 Rückstellungen für unterlassene Aufwendungen für Instandhaltung, Nachholung in den ersten drei Monaten
▸ **SKP04[SKR04]:** 3075 Rückstellungen für unterlassene Aufwendungen für Instandhaltung, Nachholung in den ersten drei Monaten
▸ **IKP[IKR]:** 3980 Sonstige Rückstellungen für unterlassene Instandhaltung

Konten [GuV: 8. Sonstige betriebliche Aufwendungen]
▸ **SKP03[SKR03]:** [4260, 4540] 4800, 4805, 4809 Reparaturen und Instandhaltung …
▸ **SKP04[SKR04]:** [6335], 6450, 6460, 6470, [6485], 6490, [6495] Reparaturen und Instandhaltung …
▸ **IKP[IKR]:** [6060] 6160 Fremdinstandhaltung und Reparaturmaterial

Beispiel 15-11

Da die benötigten Monteure erst im Januar des folgenden Geschäftsjahres wieder Zeit haben, wird bei der Marcslights GmbH* für eine dringend an einer Maschine durchzuführende Instandhaltung auf Basis eines Kostenvoranschlages eine Rückstellung von 1 000,00 € gebildet:

SKP03 · SKP04 · IKP Sollkonto	Betrag	an SKP03 · SKP04 · IKP Habenkonto	Betrag
4800 · 6460 · 6160 Reparaturen und Instandhaltung von technischen Anlagen und Maschinen	1 000,00 €	0971 · 3075 · 3980 Rückstellungen für unterlassene Aufwendungen für Instandhaltung, Nachholung in den ersten drei Monaten	1 000,00 €

15.4.2 Auflösung von Rückstellungen

Im Hinblick auf die Auflösung von Rückstellungen sind drei Fälle zu unterscheiden:
▸ die Rückstellungen wurden in der richtigen Höhe gebildet,
▸ die Rückstellungen wurden zu hoch gebildet oder
▸ die Rückstellungen wurden zu niedrig gebildet.

15.4.2.1 Auflösung von in der richtigen Höhe gebildeten Rückstellungen

Wenn Rückstellungen in der richtigen Höhe gebildet wurden, so erfolgt die Verbuchung ihrer Auflösung:

▸ im **Soll** der Passivkonten »Rückstellungen …«,
▸ im **Haben** der Aktivkonten »Bank«, wenn die Auszahlungen über das Bankkonto abgewickelt werden, und
▸ im **Soll** der Aktivkonten »Abziehbare Vorsteuer …«, wenn es sich um umsatzsteuerpflichtige Leistungen handelt.

Beispiel 15-12

Eine von der Marcslights GmbH* im Vorjahr für die Instandhaltung einer Maschine über 1 000,00 € gebildete Rückstellung wird aufgelöst, als die Marcslights GmbH* die Rechnung für die im Januar durchgeführte Instandhaltung über 1 000,00 € zuzüglich 190,00 € Umsatzsteuer erhält:

SKP03 · SKP04 · IKP Sollkonto	Betrag	an SKP03 · SKP04 · IKP Habenkonto	Betrag
0971 · 3075 · 3980 Rückstellungen für unterlassene Aufwendungen für Instandhaltung, Nachholung in den ersten drei Monaten	1 000,00 €	1600 · 3300 · 4400 Verbindlichkeiten aus Lieferungen und Leistungen	1 190,00 €
1576 · 1406 · 2605 Abziehbare Vorsteuer 19 %	190,00 €		

15.4.2.2 Auflösung von zu hoch gebildeten Rückstellungen

Wenn zu hohe Rückstellungen gebildet wurden, so ergeben sich sich bei ihrer Auflösung Erträge:

    Rückstellung
− Verbindlichkeit/Verlust/Aufwand bei Auflösung
= Ertrag aus der Auflösung der Rückstellung

Wo die Erträge in der Gewinn- und Verlustrechnung ausgewiesen werden und über welche Konten die Erträge entsprechend verbucht werden, hängt vom Gegenstand der Rückstellung ab:

(1) Auflösung von Rückstellungen, die nicht für Steuern gebildet wurden

Die Verbuchung von Erträgen aus der Auflösung von Rückstellungen (↗ Kapitel 15.4.2.1), die nicht für Steuern gebildet wurden, erfolgt:

- im **Haben** der Ertragskonten »Periodenfremde Erträge« oder
- im **Haben** der Ertragskonten »Erträge aus der Auflösung von Rückstellungen«.

Typische Belege
- Buchungsbelege der Buchführungssoftware

Konten [GuV: 4. Sonstige betriebliche Erträge]
- **SKP03[SKR03]:** 2520 Periodenfremde Erträge (soweit nicht außerordentlich) · 2735 Erträge aus der Auflösung von Rückstellungen
- **SKP04[SKR04]:** 4960 Periodenfremde Erträge (soweit nicht außerordentlich) · 4930 Erträge aus der Auflösung von Rückstellungen
- **IKP[IKR]:** 5490 Periodenfremde Erträge · 5481 Erträge aus der Auflösung von (nicht verbrauchten) Rückstellungen

(2) Auflösung von Rückstellungen, die für Steuern vom Einkommen und vom Ertrag gebildet wurden

Die Verbuchung von Erträgen aus der Auflösung von Rückstellungen (↗ Kapitel 15.4.2.1), die für Steuern vom Einkommen und vom Ertrag gebildet wurden, erfolgt:

- im **Haben** der Ertragskonten »Körperschaftsteuererstattungen für Vorjahre« oder »Solidaritätszuschlagserstattungen für Vorjahre« oder »Erträge aus der Auflösung von Gewerbesteuerrückstellungen«.

Typische Belege
- Steuerbescheide der Finanzämter

Konten [GuV: 18. Steuern vom Einkommen und vom Ertrag]
- **SKP03[SKR03]:** 2204 Körperschaftsteuererstattungen für Vorjahre · 2210 Solidaritätszuschlagsstattungen für Vorjahre · 2283 Erträge aus der Auflösung von Gewerbesteuerrückstellungen, § 4 Abs. 5b EStG
- **SKP04[SKR04]:** 7604 Körperschaftsteuererstattungen für Vorjahre · 7607 Solidaritätszuschlagsstattungen für Vorjahre · 7643 Erträge aus der Auflösung von Gewerbesteuerrückstellungen, § 4 Abs. 5b EStG
- **IKP[IKR]:** 7714 Körperschaftsteuererstattungen für Vorjahre[1] · 7717 Solidaritätszuschlagsstattungen für Vorjahre[1] · 7704 Erträge aus der Auflösung von Gewerbesteuerrückstellungen[1]

(3) Auflösung von Rückstellungen, die für sonstige Steuern gebildet wurden

Die Verbuchung von Erträgen aus der Auflösung von Rückstellungen (↗ Kapitel 15.4.2.1), die für sonstige Steuern gebildet wurden, erfolgt:

- im **Haben** der Ertragskonten »Erträge aus der Auflösung von Rückstellungen für sonstige Steuern«.

Typische Belege
- Steuerbescheide der Finanzämter

Konten [GuV: 19. Sonstige Steuern]
- **SKP03[SKR03]:** 2289 Erträge aus der Auflösung von Rückstellungen für sonstige Steuern
- **SKP04[SKR04]:** 7694 Erträge aus der Auflösung von Rückstellungen für sonstige Steuern
- **IKP[IKR]:** 7094 Erträge aus der Auflösung von Rückstellungen für sonstige Steuern[1]

15.4 Rückstellungen

Beispiel 15-13

Im Rahmen der Aufstellung des Jahresabschlusses des Vorjahres hat die Marcslights GmbH* Rückstellungen für nachzuzahlende Körperschaftsteuern in Höhe von 100,00 € und den Solidaritätszuschlag darauf in Höhe von 5,50 € gebildet (↗ Kapitel 11.3.2.2.2). Einige Zeit später erhält die Marcslights GmbH* den Steuerbescheid, nach dem sie nur Körperschaftsteuern in Höhe von 60,00 € und den Solidaritätszuschlag darauf in Höhe von 3,30 € nachzahlen muss. Das Finanzamt bucht im Anschluss die nachzuzahlenden Steuern vom Bankkonto der Marcslights GmbH* ab:

SKP03 · SKP04 · IKP Sollkonto	Betrag	an SKP03 · SKP04 · IKP Habenkonto	Betrag
0963 · 3040 · 3810 Körperschaftsteuerrückstellung	100,00 €	1200 · 1800 · 2800 Bank	60,00 €
		2204 · 7604 · 7714 Körperschaftsteuererstattungen für Vorjahre	40,00 €
0955 · 3020 · 3800 Steuerrückstellungen	5,50 €	1200 · 1800 · 2800 Bank	3,30 €
		2210 · 7607 · 7717 Solidaritätszuschlagerstattungen für Vorjahre	2,20 €

15.4.2.3 Auflösung von zu niedrig gebildeten Rückstellungen

Wenn zu niedrige Rückstellungen gebildet wurden, so ergeben sich sich bei ihrer Auflösung Aufwendungen:

  Rückstellung
− Verbindlichkeit/Verlust/Aufwand bei Auflösung
= Aufwand aus der Auflösung der Rückstellung

Wo die Aufwendungen in der Gewinn- und Verlustrechnung ausgewiesen werden und über welche Konten die Aufwendungen entsprechend verbucht werden, hängt vom Gegenstand der Rückstellung ab:

(1) Auflösung von Rückstellungen, die nicht für Steuern gebildet wurden

Die Verbuchung von Aufwendungen aus der Auflösung von Rückstellungen (↗ Kapitel 15.4.2.1), die nicht für Steuern gebildet wurden, erfolgt:

▸ im **Soll** der Aufwandskonten »Periodenfremde Aufwendungen«.

Typische Belege
▸ Buchungsbelege der Buchführungssoftware

Konten [GuV: 8. Sonstige betriebliche Aufwendungen]
▸ **SKP03 [SKR03]:** 2020 Periodenfremde Aufwendungen (soweit nicht außerordentlich)
▸ **SKP04 [SKR04]:** 6960 Periodenfremde Aufwendungen soweit nicht außerordentlich
▸ **IKP [IKR]:** 6990 Periodenfremde Aufwendungen

(2) Auflösung von Rückstellungen, die für Steuern vom Einkommen und vom Ertrag gebildet wurden

Die Verbuchung von Aufwendungen aus der Auflösung von Rückstellungen (↗ Kapitel 15.4.2.1), die für Steuern vom Einkommen und vom Ertrag gebildet wurden, erfolgt:

▸ im **Soll** der Aufwandskonten »Körperschaftsteuer für Vorjahre« oder »Solidaritätszuschlag für Vorjahre« oder »Gewerbesteuernachzahlungen und Gewerbesteuererstattungen für Vorjahre«

Typische Belege
▸ Steuerbescheide der Finanzämter

Konten [GuV: 18. Steuern vom Einkommen und vom Ertrag]
▸ **SKP03 [SKR03]:** 2203 Körperschaftsteuer für Vorjahre ·
2209 Solidaritätszuschlag für Vorjahre ·
2281 Gewerbesteuernachzahlungen und Gewerbesteuererstattungen für Vorjahre, § 4 Abs. 5b EStG
▸ **SKP04 [SKR04]:** 7603 Körperschaftsteuer für Vorjahre ·
7609 Solidaritätszuschlag für Vorjahre ·

7641 Gewerbesteuernachzahlungen und Gewerbesteuererstattungen für Vorjahre, § 4 Abs. 5b EStG
- **IKP[IKR]:** 7713 Körperschaftsteuer für Vorjahre[1].
7719 Solidaritätszuschlag für Vorjahre[1].
7701 Gewerbesteuernachzahlungen für Vorjahre[1].

(3) Auflösung von Rückstellungen, die für sonstige Steuern gebildet wurden

Die Verbuchung von Aufwendungen aus der Auflösung von Rückstellungen (↗ Kapitel 15.4.2.1), die für sonstige Steuern gebildet wurden, erfolgt:
- im **Soll** der Aufwandskonten »Steuernachzahlungen Vorjahre für sonstige Steuern«.

Typische Belege
- Steuerbescheide der Finanzämter

Konten [GuV: 19. Sonstige Steuern]
- **SKP03[SKR03]:** 2285 Steuernachzahlungen Vorjahre für sonstige Steuern
- **SKP04[SKR04]:** 7690 Steuernachzahlungen Vorjahre für sonstige Steuern
- **IKP[IKR]:** 7091 Steuernachzahlungen Vorjahre für sonstige Steuern[1]

Beispiel 15-14

Im Rahmen der Aufstellung des Jahresabschlusses des Vorjahres hat die Marcslights GmbH* Rückstellungen für nachzuzahlende Körperschaftsteuern in Höhe von 100,00 € und den Solidaritätszuschlag darauf in Höhe von 5,50 € gebildet (↗ Kapitel 11.3.2.2.2). Einige Zeit später erhält die Marcslights GmbH* den Steuerbescheid, nach dem sie Körperschaftsteuern in Höhe von 140,00 € und den Solidaritätszuschlag darauf in Höhe von 7,70 € nachzahlen muss. Das Finanzamt bucht im Anschluss die nachzuzahlenden Steuern vom Bankkonto der Marcslights GmbH* ab:

SKP03 · SKP04 · IKP Sollkonto	Betrag	an SKP03 · SKP04 · IKP Habenkonto	Betrag
0963 · 3040 · 3810 Körperschaftsteuerrückstellung	100,00 €	1200 · 1800 · 2800 Bank	140,00 €
2203 · 7603 · 7713 Körperschaftsteuer für Vorjahre	40,00 €		
0955 · 3020 · 3800 Steuerrückstellungen	5,50 €	1200 · 1800 · 2800 Bank	7,70 €
2209 · 7609 · 7719 Solidaritätszuschlag für Vorjahre	2,20 €		

15.4.3 Rückstellungen mit mehrjährigen Laufzeiten

Wenn Rückstellungen gebildet werden, von denen erwartet wird, dass sie nicht im folgenden Geschäftsjahr, sondern erst später wieder aufgelöst werden, so sind die Rückstellungen gemäß Handelsgesetzbuch: § 253 Zugangs- und Folgebewertung, Absatz 2 zum Abschlussstichtag abzuzinsen.

Die Abzinsung, die auch als *Diskontierung* bezeichnet wird, stellt eine umgekehrte Zinseszinsrechnung dar (Vahs, D./Schäfer-Kunz, J. 2007: Seite 719). Der Abzinsung von Rückstellungen liegt der Gedanke zugrunde, dass das Unternehmen das Kapital aus der Rückstellung während der Laufzeit der Rückstellung Gewinn bringend investiert und damit verzinst, sodass die Rückstellung mit einem kleineren Betrag als dem Erfüllungsbetrag gebildet werden muss.

Der Wert, mit dem die Rückstellungen – mit Ausnahme der hier nicht behandelten Rückstellungen für Altersversorgungsverpflichtungen – gebildet und danach während der Laufzeit jeweils zum Ende der Geschäftsjahre neu angesetzt werden, wird als *Barwert* bezeichnet. Der Barwert B_0 ergibt sich, indem der erwartete *Erfüllungsbetrag* B_t der Rückstellung in t Jahren jahresgenau abgerundet mit dem von der Bundesbank veröffentlichten *durchschnittlichen Marktzinssatz* r der vergangenen sieben Geschäftsjahre abgezinst wird:

$$B_0 = B_t \times \frac{1}{(1+r)^{[t]}}$$

15.4 Rückstellungen

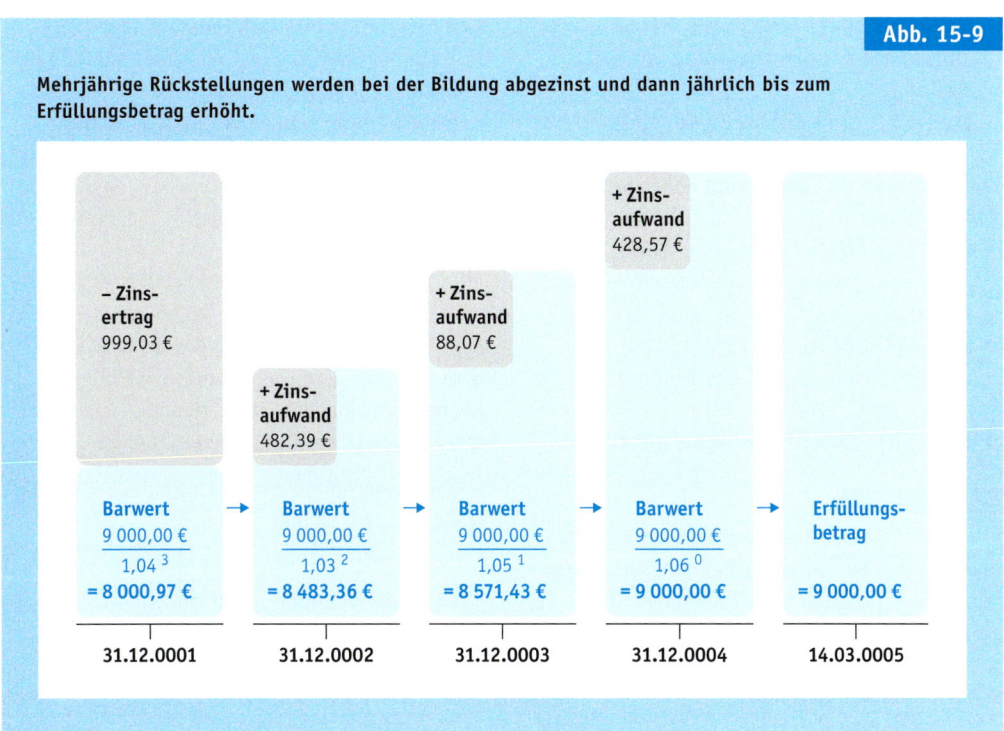

Abb. 15-9
Mehrjährige Rückstellungen werden bei der Bildung abgezinst und dann jährlich bis zum Erfüllungsbetrag erhöht.

Über den Barwert können Zugangs- und Folgebewertungen von Rückstellungen mit mehrjähriger Laufzeit erfolgen.

(1) Zugangsbewertung

Bei der Bildung von Rückstellungen mit mehrjähriger Laufzeit wird ein Zinsertrag in Höhe der Differenz zwischen dem Erfüllungsbetrag und dem Barwert ermittelt und verbucht:

    Erfüllungsbetrag der Rückstellung
− Barwert bei der Bildung der Rückstellung
= Zinsertrag bei der Bildung der Rückstellung

Die Verbuchung der Zinserträge erfolgt bei der Bildung der Rückstellungen:

- im **Soll** der Passivkonten »Rückstellungen für …« und
- im **Haben** der Ertragskonten »Zinserträge aus der Abzinsung von Rückstellungen«.

(2) Folgebewertungen

In den Folgejahren steigt der Barwert in der Regel an, bis er am Abschlussstichtag vor der Erfüllung den Erfüllungsbetrag erreicht. Jedes Jahr wird deshalb jeweils ein Zinsaufwand in Höhe der Differenz zwischen dem aktuellen Barwert und dem Barwert im Vorjahr ermittelt und verbucht:

    Barwert der Rückstellung zum aktuellen Abschlussstichtag
− Barwert der Rückstellung zum vorangegangenen Abschlussstichtag
= Zinsaufwand aus der Erhöhung des Barwerts

Die Verbuchung der Zinsaufwendungen erfolgt zum Abschlussstichtag:

- im **Soll** der Aufwandskonten »Zinsaufwendungen aus der Abzinsung von Rückstellungen« und
- im **Haben** der Passivkonten »Rückstellungen für …«.

Typische Belege

- Buchungsbelege der Buchführungssoftware
- Abzinsungszinssätze der Deutschen Bundesbank

Konten [GuV: 11. Sonstige Zinsen und ähnliche Erträge]

- **SKP03 [SKR03]:** 2684 [2685, 2686] Zinserträge aus der Abzinsung von Rückstellungen

- **SKP04 [SKR04]:** 7142 [7143, 7144] Zinserträge aus der Abzinsung von Rückstellungen
- **IKP [IKR]:** 5770 Aufzinsungserträge

Konten [GuV: 13. Zinsen und ähnliche Aufwendungen]

- **SKP03 [SKR03]:** 2144 [2145, 2146] Zinsaufwendungen aus der Abzinsung von Rückstellungen
- **SKP04 [SKR04]:** 7362 [7363, 7364] Zinsaufwendungen aus der Abzinsung von Rückstellungen
- **IKP [IKR]:** 7570 Abzinsungsbeträge

Beispiel 15-15

(1) Zum 31.12.0001 erwartet die Marcslights GmbH*, dass aus einem laufenden Gerichtsverfahren in 3,2 Jahren aufgrund vertraglicher Vereinbarungen am 14.03.0005 Anwaltskosten in Höhe von 9 000,00 € entstehen werden. Die Marcslights GmbH* bildet deshalb eine Rückstellung für ungewisse Verbindlichkeiten aus Prozesskosten, die mit dem zu diesem Zeitpunkt geltenden durchschnittlichen Marktzins der vergangenen 7 Geschäftsjahre von 4 % über die auf 3 Jahre abgerundeten 3,2 Jahre abgezinst wird:

$$B_{0001} = 9000,00\ €_{0005} \times \frac{1}{1,04^3} = 8000,97\ €$$

Zum Zeitpunkt der Bildung der Rückstellung wird insofern damit gerechnet, dass über die Laufzeit der Rückstellung folgender Zinsertrag erwirtschaftet wird (Tabelle-154300-01.xlsx):

  Erfüllungsbetrag 14.03.0005 . . . . . 9 000,00 €
- Barwert 31.12.0001 . . . . 8 000,97 €
= Zinsertrag . . . . 999,03 €

Nach der Berechnung bucht die Marcslights GmbH* die Bildung der Rückstellung:

SKP03 · SKP04 · IKP Sollkonto	Betrag	an	SKP03 · SKP04 · IKP Habenkonto	Betrag
4950 · 6825 · 6770 Rechts- und Beratungskosten	9 000,00 €		0970 · 3070 · 3900 Sonstige Rückstellungen	9 000,00 €
0970 · 3070 · 3900 Sonstige Rückstellungen	999,03 €		2684 · 7142 · 5770 Zinserträge aus der Abzinsung von Rückstellungen	999,03 €

(2) Ein Jahr später ermittelt die Marcslights GmbH* den neuen Barwert der Rückstellung zum 31.12.0002 mit dem zu diesem Zeitpunkt geltenden durchschnittlichen Marktzins der vergangenen 7 Geschäftsjahre von 3 % über die auf 2 Jahre abgerundeten verbleibenden 2,2 Jahre:

$$B_{0002} = 9000,00\ €_{0005} \times \frac{1}{1,03^2} = 8483,36\ €$$

Aus der Erhöhung des Barwerts im Vergleich zum Vorjahr ergibt sich damit folgender Zinsaufwand:

  Barwert 31.12.0002 . . . . 8 483,36 €
- Barwert 31.12.0001 . . . . 8 000,97 €
= Zinsaufwand . . . . 482,39 €

Nach der Berechnung bucht die Marcslights GmbH* die Erhöhung des Barwerts der Rückstellung:

SKP03 · SKP04 · IKP Sollkonto	Betrag	an	SKP03 · SKP04 · IKP Habenkonto	Betrag
2144 · 7362 · 7570 Zinsaufwendungen aus der Abzinsung von Rückstellungen	482,39 €		0970 · 3070 · 3900 Sonstige Rückstellungen	482,39 €

(3) Ein weiteres Jahr später, ermittelt die Marcslights GmbH* den neuen Barwert der Rückstellung zum 31.12.0003 mit dem zu diesem Zeitpunkt geltenden durchschnittlichen Marktzins der vergangenen 7 Geschäftsjahre von 5 % über die auf 1 Jahr abgerundeten verbleibenden 1,2 Jahre:

$$B_{0003} = 9000,00\ €_{0005} \times \frac{1}{1,05^1} = 8571,43\ €$$

Aus der Erhöhung des Barwerts im Vergleich zum Vorjahr ergibt sich damit folgender Zinsaufwand:

  Barwert 31.12.0003 . . . . 8 571,43 €
- Barwert 31.12.0002 . . . . 8 483,36 €
= Zinsaufwand . . . . 88,07 €

Nach der Berechnung bucht die Marcslights GmbH* die Erhöhung des Barwerts der Rückstellung:

SKP03 · SKP04 · IKP Sollkonto	Betrag	an	SKP03 · SKP04 · IKP Habenkonto	Betrag
2144 · 7362 · 7570 Zinsaufwendungen aus der Abzinsung von Rückstellungen	88,07 €		0970 · 3070 · 3900 Sonstige Rückstellungen	88,07 €

(4) Ein weiteres Jahr später, ermittelt die Marcslights GmbH* den neuen Barwert der Rückstellung zum 31.12.0004 mit dem zu diesem Zeitpunkt geltenden durchschnittlichen Marktzins der vergangenen 7 Geschäftsjahre von 6 % über die auf 0 Jahre abgerundeten verbleibenden 0,2 Jahre:

$$B_{0004} = 9000{,}00\ €_{0005} \times \frac{1}{1{,}06^0} = 9000{,}00\ €$$

Aus der Erhöhung des Barwerts im Vergleich zum Vorjahr ergibt sich damit folgender Zinsaufwand:

  Barwert 31.12.0004 . . . . 9 000,00 €
− Barwert 31.12.0003 . . . . 8 571,43 €
= Zinsaufwand . . . . 428,57 €

Nach der Berechnung bucht die Marcslights GmbH* die Erhöhung des Barwerts der Rückstellung:

SKP03 · SKP04 · IKP Sollkonto	Betrag	an	SKP03 · SKP04 · IKP Habenkonto	Betrag
2144 · 7362 · 7570 Zinsaufwendungen aus der Abzinsung von Rückstellungen	428,57 €		0970 · 3070 · 3900 Sonstige Rückstellungen	428,57 €

(5) Am 14.03.0005 stellt die Anwaltskanzlei der Marcslights GmbH* 9 000,00 € zuzüglich Umsatzsteuer in Rechnung, die daraufhin die Rückstellung auflöst:

SKP03 · SKP04 · IKP Sollkonto	Betrag	an	SKP03 · SKP04 · IKP Habenkonto	Betrag
0970 · 3070 · 3900 Sonstige Rückstellungen	9 000,00 €		1600 · 3300 · 4400 Verbindlichkeiten aus Lieferungen und Leistungen	10 710,00 €
1576 · 1406 · 2605 Abziehbare Vorsteuer 19 %	1 710,00 €			

15.5 Latente Steuern

- Einordnung innerhalb der Jahresabschlussrechnungen
- Transitorische Periodenabgrenzungen
- Antizipative Periodenabgrenzungen
- Rückstellungen
- **Latente Steuern**

Latente Steuern ergeben sich als Differenz zwischen den tatsächlich zu zahlenden Steuern vom Einkommen und Ertrag auf Basis der Steuerbilanz und den fiktiv ermittelten Steuern vom Einkommen und vom Ertrag auf Basis der Handelsbilanz:

  Tatsächliche Steuern vom Einkommen und Ertrag auf Basis der Steuerbilanz
− Fiktive Steuern vom Einkommen und Ertrag auf Basis der Handelsbilanz
= Latente Steuern

Zu Steuern in unterschiedlicher Höhe kann es gemäß dem im Handelsgesetzbuch: § 274 Latente Steuern, Absatz 1 verankerten sogenannten *Temporary-Konzept* kommen:
▸ wenn Vermögensgegenstände, Schulden oder Rechnungsabgrenzungsposten in der Steuerbilanz mit anderen Werten als in Handelsbilanz angesetzt werden (↗ Kapitel 14.7.1) und

Lernziel 15-5
Latente Steuern verbuchen können.

▸ diese Bewertungsdifferenzen nicht permanent sind, sondern in späteren Geschäftsjahren voraussichtlich abgebaut werden.

Latente Steuern dürfen dabei nur von Kapitalgesellschaften und ihnen gleichgestellten Gesellschaften als *Bilanzierungshilfen* verwendet werden, wobei die an das Finanzamt abzuführenden Steuern vom Einkommen und vom Ertrag durch die Bildung und die Auflösung latenter Steuern nicht beeinflusst werden.

In der Regel wird in der Bilanz nur der Saldo aus aktiven und passiven latenten Steuern ausgewiesen, die Posten können aber auch unsaldiert aufgeführt werden (Handelsgesetzbuch: § 274 Latente Steuern, Absatz 1, Satz 3).

15.5.1 Aktive latente Steuern

Für aktive latente Steuern besteht ein handelsrechtliches Aktivierungswahlrecht (Handelsgesetzbuch: § 274 Latente Steuern, Absatz 1, Satz 2). Sie ergeben sich, wenn die tatsächlich zu zahlenden Steuern vom Einkommen und vom Ertrag auf Basis der Steuerbilanz größer sind, als die fiktiv ermittelten Steuern vom Einkommen und vom Ertrag auf Basis der Handelsbilanz.

Gründe für entsprechende Steuerunterschiede können sein, dass:
▸ Vermögensgegenstände oder aktive Rechnungsabgrenzungsposten in der Steuerbilanz höher bewertet oder nur dort angesetzt werden oder
▸ Schulden oder passive Rechnungsabgrenzungsposten in der Handelsbilanz höher bewertet oder nur dort angesetzt werden.

(1) Zuführungen
Die Verbuchung von Zuführungen zu den aktiven latenten Steuern erfolgt:
▸ im **Soll** der Aktivkonten »Aktive latente Steuern« und
▸ im **Haben** der Ertragskonten »Erträge aus der Zuführung und Auflösung von latenten Steuern«.

(2) Auflösung
Die Verbuchung der Auflösung aktiver latenter Steuern erfolgt:

▸ im **Soll** der Aufwandskonten »Aufwendungen aus der Zuführung und Auflösung von latenten Steuern« und
▸ im **Haben** der Aktivkonten »Aktive latente Steuern«.

Typische Belege
▸ Buchungsbelege der Buchführungssoftware

Konten [Bilanz: Aktiva.D. Aktive latente Steuern]
▸ **SKP03[SKR03]:** 0983 Aktive latente Steuern
▸ **SKP04[SKR04]:** 1950 Aktive latente Steuern
▸ **IKP[IKR]:** 2950 Aktive latente Steuern[2]

Konten [GuV: 18. Steuern vom Einkommen und vom Ertrag]
▸ **SKP03[SKR03]:** 2250 Aufwendungen aus der Zuführung und Auflösung von latenten Steuern ·
2255 Erträge aus der Zuführung und Auflösung von latenten Steuern
▸ **SKP04[SKR04]:** 7645 Aufwendungen aus der Zuführung und Auflösung von latenten Steuern ·
7649 Erträge aus der Zuführung und Auflösung von latenten Steuern
▸ **IKP[IKR]:** 7750 Aufwendungen aus der Zuführung und Auflösung von latenten Steuern[2] ·
7760 Erträge aus der Zuführung und Auflösung von latenten Steuern[1]

Beispiel 15-16

(1) Ein Unternehmen*, das seine Gewinn- und Verlustrechnung nach dem Gesamtkostenverfahren aufstellt, aktiviert eine für sich selbst hergestellte Montageeinrichtung nach deren Herstellung aufgrund von Wahlrechten:
▸ steuerrechtlich mit Herstellungskosten von 8 000,00 € und
▸ handelsrechtlich mit Herstellungskosten von 7 000,00 €.

Durch die Aktivierung der Herstellungskosten ergeben sich – ausgehend von einem Steuersatz von 30,525 % für die Körperschaftsteuer, den Solidaritätszuschlag darauf und die Gewerbesteuer des Unternehmens – folgende aktivierbaren latenten Steuern:

Steuern vom Einkommen und Ertrag
auf Basis der Steuerbilanz. . . . . . . 2 442,00 €
− Steuern vom Einkommen und Ertrag
auf Basis der Handelsbilanz. . . . . . 2 136,75 €
= Latente Steuern . . . . 305,25 €

Im Anschluss an die Ermittlung macht das Unternehmen* von seinem Wahlrecht Gebrauch und aktiviert die latenten Steuern in seiner Handelsbilanz:

SKP03 · SKP04 · IKP Sollkonto	Betrag	an	SKP03 · SKP04 · IKP Habenkonto	Betrag
0983 · 1950 · 2950 Aktive latente Steuern	305,25 €		2255 · 7649 · 7760 Erträge aus der Zuführung und Auflösung von latenten Steuern	305,25 €

(2) Die Montageeinrichtung wird sowohl steuer- als auch handelsrechtlich linear über 5 Jahre abgeschrieben. Dadurch ergeben sich:
▸ steuerrechtlich jährliche Abschreibungen von 1 600,00 € und
▸ handelsrechtlich jährliche Abschreibungen von 1 400,00 €.

Durch die unterschiedlich hohen Abschreibungsbeträge ergibt sich – ausgehend von einem Steuersatz von 30,525 % für die Körperschaftsteuer, den Solidaritätszuschlag darauf und die Gewerbesteuer des Unternehmens – folgender Betrag,

mit dem die aktiven latenten Steuern jährlich aufzulösen sind:

Steuern vom Einkommen und Ertrag
auf Basis der Steuerbilanz . . . . . . − 488,40 €
− Steuern vom Einkommen und Ertrag
auf Basis der Handelsbilanz . . . . . − 427,35 €
= Auflösungsbetrag latente
Steuern. . . . . − 61,05 €

Im Anschluss an die Ermittlung löst das Unternehmen* die aktiven latenten Steuern in seiner Handelsbilanz über die nächsten fünf Jahre über folgende Buchung auf:

SKP03 · SKP04 · IKP Sollkonto	Betrag	an	SKP03 · SKP04 · IKP Habenkonto	Betrag
2250 · 7645 · 7750 Aufwendungen aus der Zuführung und Auflösung von latenten Steuern	61,05 €		0983 · 1950 · 2950 Aktive latente Steuern	61,05 €

15.5.2 Passive latente Steuern

Für passive latente Steuern besteht eine handelsrechtliche Passivierungspflicht (Handelsgesetzbuch: § 274 Latente Steuern, Absatz 1, Satz 1). Sie ergeben sich, wenn die tatsächlich zu zahlenden Steuern vom Einkommen und vom Ertrag auf Basis der Steuerbilanz kleiner sind als die fiktiv ermittelten Steuern vom Einkommen und vom Ertrag auf Basis der Handelsbilanz.
Gründe für entsprechende Steuerunterschiede können sein, dass:
▸ Vermögensgegenstände oder aktive Rechnungsabgrenzungsposten in der Handelsbilanz höher bewertet oder nur dort angesetzt werden oder
▸ Schulden oder passive Rechnungsabgrenzungsposten in der Steuerbilanz höher bewertet oder nur dort angesetzt werden.

(1) Zuführungen
Die Verbuchung von Zuführungen zu den passiven latenten Steuern erfolgt:
▸ im **Soll** der Aufwandskonten »Aufwendungen aus der Zuführung und Auflösung von latenten Steuern« und
▸ im **Haben** der Passivkonten »Passive latente Steuern«.

(2) **Auflösung**
Die Verbuchung der Auflösung passiver latenter Steuern erfolgt:
▸ im **Soll** der Passivkonten »Passive latente Steuern« und
▸ im **Haben** der Ertragskonten »Erträge aus der Zuführung und Auflösung von latenten Steuern«.

15.5 Die zeitlich abgrenzenden Abschlussarbeiten
Latente Steuern

Typische Belege
- Buchungsbelege der Buchführungssoftware

Konten [Bilanz: Passiva.E. Passive latente Steuern]
- **SKP03[SKR03]:** 0968 Passive latente Steuern
- **SKP04[SKR04]:** 3065 Passive latente Steuern
- **IKP[IKR]:** 3850 Passive latente Steuern²

Konten [GuV: 18. Steuern vom Einkommen und vom Ertrag]
- **SKP03[SKR03]:** 2250 Aufwendungen aus der Zuführung und Auflösung von latenten Steuern·
  2255 Erträge aus der Zuführung und Auflösung von latenten Steuern
- **SKP04[SKR04]:** 7645 Aufwendungen aus der Zuführung und Auflösung von latenten Steuern·
  7649 Erträge aus der Zuführung und Auflösung von latenten Steuern
- **IKP[IKR]:** 7750 Aufwendungen aus der Zuführung und Auflösung von latenten Steuern²·
  7760 Erträge aus der Zuführung und Auflösung von latenten Steuern¹

Beispiel 15-17

(1) Ein Unternehmen*, das seine Gewinn- und Verlustrechnung nach dem Gesamtkostenverfahren aufstellt, aktiviert eine für sich selbst hergestellte Montageeinrichtung nach deren Herstellung aufgrund von Wahlrechten:
- steuerrechtlich mit Herstellungskosten von 8 000,00 € und
- handelsrechtlich mit Herstellungskosten von 9 000,00 €.

Durch die Aktivierung der Herstellungskosten ergeben sich – ausgehend von einem Steuersatz von 30,525 % für die Körperschaftsteuer, den Solidaritätszuschlag darauf und die Gewerbesteuer des Unternehmens – folgende zu passivierende latente Steuern:

Steuern vom Einkommen und Ertrag auf Basis der Steuerbilanz	2 442,00 €
– Steuern vom Einkommen und Ertrag auf Basis der Handelsbilanz	2 747,25 €
= Latente Steuern	–305,25 €

Im Anschluss an die Ermittlung passiviert das Unternehmen* die latenten Steuern in seiner Handelsbilanz:

SKP03·SKP04·IKP Sollkonto	Betrag	an SKP03·SKP04·IKP Habenkonto	Betrag
2250·7645·7750 Aufwendungen aus der Zuführung und Auflösung von latenten Steuern	305,25 €	0968·3065·3850 Passive latente Steuern	305,25 €

(2) Die Montageeinrichtung wird sowohl steuer- als auch handelsrechtlich linear über 5 Jahre abgeschrieben. Dadurch ergeben sich:
- steuerrechtlich jährliche Abschreibungen von 1 600,00 € und
- handelsrechtlich jährliche Abschreibungen von 1 800,00 €.

Durch die unterschiedlich hohen Abschreibungsbeträge ergibt sich – ausgehend von einem Steuersatz von 30,525 % für die Körperschaftsteuer, den Solidaritätszuschlag darauf und die Gewerbesteuer des Unternehmens – folgender Betrag mit dem die passiven latenten Steuern jährlich aufzulösen sind:

Steuern vom Einkommen und Ertrag auf Basis der Steuerbilanz	–488,40 €
– Steuern vom Einkommen und Ertrag auf Basis der Handelsbilanz	–549,45 €
= Auflösungsbetrag latente Steuern	61,05 €

Im Anschluss an die Ermittlung löst das Unternehmen* die passiven latenten Steuern in seiner Handelsbilanz über die nächsten fünf Jahre über folgende Buchung auf:

SKP03·SKP04·IKP Sollkonto	Betrag	an SKP03·SKP04·IKP Habenkonto	Betrag
0968·3065·3850 Passive latente Steuern	61,05 €	2255·7649·7760 Erträge aus der Zuführung und Auflösung von latenten Steuern	61,05 €

Schlüsselbegriffe Kapitel 15

- Transitorische Periodenabgrenzung (↗ Kapitel 15.2)
- Passive Rechnungsabgrenzung (↗ Kapitel 15.2.1)
- Aktive Rechnungsabgrenzung (↗ Kapitel 15.2.2)
- Antizipative Periodenabgrenzung (↗ Kapitel 15.3)
- Sonstige Vermögensgegenstände (↗ Kapitel 15.3.1)
- Sonstige Verbindlichkeiten (↗ Kapitel 15.3.2)
- Rückstellung (↗ Kapitel 15.4)
- Rechtliche Verpflichtung (↗ Kapitel 15.4.1.1)
- Wirtschaftliche Verpflichtung (↗ Kapitel 15.4.1.1)
- Ungewisse Verbindlichkeit (↗ Kapitel 15.4.1.1)
- Pensionsrückstellung (↗ Kapitel 15.4.1.1)
- Planvermögen (↗ Kapitel 15.4.1.1)
- Deckungsvermögen (↗ Kapitel 15.4.1.1)
- Rückdeckungsversicherung (↗ Kapitel 15.4.1.1)
- Steuerrückstellung (↗ Kapitel 15.4.1.1)
- Gewährleistung (↗ Kapitel 15.4.1.1)
- Garantie (↗ Kapitel 15.4.1.1)
- Kulanz (↗ Kapitel 15.4.1.1)
- Drohender Verlust (↗ Kapitel 15.4.1.2)
- Diskontierung (↗ Kapitel 15.4.3)
- Barwert (↗ Kapitel 15.4.3)
- Erfüllungsbetrag (↗ Kapitel 15.4.3)
- Marktzinssatz (↗ Kapitel 15.4.3)
- Latente Steuern (↗ Kapitel 15.5)
- Temporary-Konzept (↗ Kapitel 15.5)
- Bilanzierungshilfe (↗ Kapitel 15.5)
- Aktive latente Steuern (↗ Kapitel 15.5.1)
- Passive latente Steuern (↗ Kapitel 15.5.2)

Fragen Kapitel 15

Frage 15-1: In welchen Fällen werden zeitliche Abgrenzungen im Allgemeinen durchgeführt? (↗ Kapitel 15)

Frage 15-2: Auf welche Posten der Jahresabschlussrechnungen wirkt sich die Verbuchung der Bildung einer passiven Rechnungsabgrenzung für Grundstückserträge aus? (↗ Kapitel 15.1)

Frage 15-3: Auf welche Posten der Jahresabschlussrechnungen wirkt sich die Verbuchung der Auflösung einer aktiven Rechnungsabgrenzung für Miete aus? (↗ Kapitel 15.1)

Frage 15-4: Auf welche Posten der Jahresabschlussrechnungen wirkt sich die Verbuchung der Auflösung einer zu hoch gebildeten Rückstellung für Gewerbesteuern aus? (↗ Kapitel 15.1)

Frage 15-5: In welchen Fällen werden transitorische Periodenabgrenzungen vorgenommen? (↗ Kapitel 15.2)

Frage 15-6: In welchen Fällen werden passive Rechnungsabgrenzungen vorgenommen? (↗ Kapitel 15.2.1)

Frage 15-7: In welchen Fällen werden aktive Rechnungsabgrenzungen vorgenommen? (↗ Kapitel 15.2.2)

Frage 15-8: In welchen Fällen werden antizipative Periodenabgrenzungen vorgenommen? (↗ Kapitel 15.3)

Frage 15-9: In welchen Fällen werden Periodenabgrenzungen über sonstige Vermögensgegenstände vorgenommen? (↗ Kapitel 15.3.1)

Frage 15-10: In welchen Fällen werden Periodenabgrenzungen über sonstige Verbindlichkeiten vorgenommen? (↗ Kapitel 15.3.2)

Frage 15-11: In welchen Fällen werden Periodenabgrenzungen über Rückstellungen statt über sonstige Verbindlichkeiten vorgenommen? (↗ Kapitel 15.4)

Frage 15-12: Welche drei Arten von Rückstellungen werden unterschieden? (↗ Kapitel 15.4.1)

Frage 15-13: Für welche ungewissen Verbindlichkeiten werden Rückstellungen gebildet? (↗ Kapitel 15.4.1.1)

Frage 15-14 (Vertiefung): In welchen zwei Fällen kann es zu drohenden Verlusten aus schwebenden Geschäften kommen? (↗ Kapitel 15.4.1.2)

Frage 15-15: Für welche Aufwendungen werden Rückstellungen gebildet? (↗ Kapitel 15.4.1.3)

15.5 Die zeitlich abgrenzenden Abschlussarbeiten
Übungen

Frage 15-16 (Vertiefung): Warum werden Rückstellungen mit mehrjähriger Laufzeit abgezinst? (↗ Kapitel 15.4.3)

Frage 15-17: Wann ergeben sich latente Steuern? (↗ Kapitel 15.5)

Frage 15-18: Welche Unternehmen können latente Steuern als Bilanzierungshilfe verwenden? (↗ Kapitel 15.5)

Frage 15-19 (Vertiefung): Welche latenten Steuern müssen gebildet werden? (↗ Kapitel 15.5.2)

Übungen Kapitel 15

Übung 15-1

Kapitelreferenzen
↗ Kapitel 15.2.1

(1) Ein Unternehmen*, das die Lohn- und Gehaltsabrechnungen für andere Unternehmen durchführt, erhält von einem Kunden den monatlichen Pauschalbetrag von 100,00 € zuzüglich 19,00 € Umsatzsteuer für die Lohn- und Gehaltsabrechnungen im Januar 0002 vereinbarungsgemäß im Voraus am 15.12.0001 überwiesen:

Sollkonto	Betrag	an Habenkonto	Betrag

(2) Zum 31.12.0001 führt das Unternehmen* eine Periodenabgrenzung durch:

Sollkonto	Betrag	an Habenkonto	Betrag

(3) Im Januar 0002 löst das Unternehmen* den Posten, über den die Periodenabgrenzung durchgeführt wurde, auf:

Sollkonto	Betrag	an Habenkonto	Betrag

Übung 15-2

Kapitelreferenzen
↗ Kapitel 15.2.2, ↗ Kapitel 9.2.4.3

(1) Die Marcslights GmbH* überweist einem Unternehmen, das für sie die Lohn- und Gehaltsabrechnungen durchführt, den monatlichen Pauschalbetrag von 200,00 € zuzüglich 38,00 € Umsatzsteuer für die Lohn- und Gehaltsabrechnungen im Januar 0002 vereinbarungsgemäß nach Rechnungsstellung im Voraus am 15.12.0001 und führt bei der Buchung der Ausgabe direkt eine Periodenabgrenzung durch:

Sollkonto	Betrag	an Habenkonto	Betrag

Übungen **15.5**

(2) Im Januar 0002 löst die Marcslights GmbH* den Posten, über den die Periodenabgrenzung durchgeführt wurde, auf:

Sollkonto	Betrag	an Habenkonto	Betrag

Übung 15-3

(1): Ein Unternehmen*, das die Lohn- und Gehaltsabrechnungen für andere Unternehmen durchführt, soll von einem Kunden den monatlichen Pauschalbetrag von 300,00 € zuzüglich 57,00 € Umsatzsteuer für die Lohn- und Gehaltsabrechnungen im Dezember 0001 vereinbarungsgemäß erst nachträglich am 15.01.0002 erhalten. Zum 31.12.0001 nimmt das Unternehmen* deshalb eine Periodenabgrenzung vor:

Kapitelreferenzen
/ Kapitel 15.3.1

Sollkonto	Betrag	an Habenkonto	Betrag

(2) Das Unternehmen* erhält den Betrag am 15.01.0002 per Banküberweisung von seinem Kunden:

Sollkonto	Betrag	an Habenkonto	Betrag

Übung 15-4

(1) Die Marcslights GmbH* vereinbart mit einem Unternehmen, das für sie die Lohn- und Gehaltsabrechnungen durchführt, den monatlichen Pauschalbetrag von 400,00 € zuzüglich 76,00 € Umsatzsteuer für die Lohn- und Gehaltsabrechnungen im Dezember 0001 erst nachträglich im Januar 0002 nach Rechnungsstellung zu überweisen. Die Marcslights GmbH* führt deshalb zum 31.12.0001 eine Periodenabgrenzung durch:

Kapitelreferenzen
/ Kapitel 15.3.2

Sollkonto	Betrag	an Habenkonto	Betrag

(2) Am 15.01.0002 erhalt die Marcslights GmbH* die Rechnung und überweist daraufhin den Betrag:

Sollkonto	Betrag	an Habenkonto	Betrag

15.5 Die zeitlich abgrenzenden Abschlussarbeiten
Lernstandsmonitor

Kapitelreferenzen
↗ Kapitel 15.4.1, ↗ Kapitel 15.4.2

Übung 15-5

(1) Aufgrund der Erfahrungen in der Vergangenheit bildet ein Unternehmen* für von Partnerunternehmen im Rahmen von Garantieleistungen im Folgejahr durchzuführende Reparaturen Rückstellungen für die Jahresproduktion in Höhe von 10 000,00 €:

Sollkonto	Betrag	an Habenkonto	Betrag

(2) Im folgenden Geschäftsjahr werden von den Partnerunternehmen Reparaturen im Rahmen von Garantieleistungen in Höhe von 10 000,00 € zuzüglich 1 900,00 € Umsatzsteuer abgerechnet, die das Unternehmen* ihnen darauf hin überweist:

Sollkonto	Betrag	an Habenkonto	Betrag

(3) Wie wäre die Verbuchung erfolgt, wenn statt 10 000,00 € wie bei (2) Reparaturen in Höhe von 9 000,00 € zuzüglich 1 710,00 € Umsatzsteuer abgerechnet worden wären:

Sollkonto	Betrag	an Habenkonto	Betrag

(4) Wie wäre die Verbuchung erfolgt, wenn statt 10 000,00 € wie bei (2) Reparaturen in Höhe von 12 000,00 € zuzüglich 2 280,00 € Umsatzsteuer abgerechnet worden wären:

Sollkonto	Betrag	an Habenkonto	Betrag

Lernstandsmonitor Kapitel 15

Kapitel		niedrig	mittel	hoch	Noch lernen
15.1 Einordnung innerhalb der Jahresabschlussrechnungen	Wichtigkeit				
	Eigene Kompetenz				
15.2 Transitorische Periodenabgrenzungen	Wichtigkeit				
	Eigene Kompetenz				
15.3 Antizipative Periodenabgrenzungen	Wichtigkeit				
	Eigene Kompetenz				
15.4 Rückstellungen	Wichtigkeit				
	Eigene Kompetenz				
15.5 Latente Steuern	Wichtigkeit				
	Eigene Kompetenz				

16 Die Aufstellung von Jahresabschlüssen und Lageberichten

Kapitelnavigator

Inhalt	Lernziel
16.1 Bilanz	16-1 Bilanzen aufstellen können.
16.2 Ergebnisrechnungen	16-2 Die verschiedenen Formen der Ergebnisrechnungen aufstellen können.
16.3 Kapitalflussrechnung	16-3 Kapitalflussrechnungen aufstellen können.
16.4 Ergänzende Berichtsinstrumente	16-4 Die ergänzenden Berichtsinstrumente kennen.
16.5 Prüfungsunterlagen	16-5 Die aus der Prüfung resultierenden Unterlagen kennen.
16.6 Ergänzende Unterlagen für die Offenlegung	16-6 Die für die Offenlegung zusätzlich benötigten Unterlagen kennen.

Die Stunde der Wahrheit rückt für Jill und Marc immer näher. Wie erfolgreich haben sie im letzten Geschäftsjahr ihre Unternehmen wirklich geführt? Darüber gibt der handelsrechtliche Jahresabschluss Auskunft, den sie im Anschluss an das Geschäftsjahr aufstellen müssen.

Die Aufstellung des Jahresabschlusses und gegebenenfalls des Lageberichts erfolgt im Rahmen der sogenannten *Berichterstattung*, die auch als *Reporting* bezeichnet wird.

In der Praxis werden als rechtlich nicht kodifizierte Sammelbegriffe für Zusammenstellungen des Jahresabschlusses, des Lageberichts und der ergänzenden Unterlagen die Begriffe *Geschäftsbericht*, *Finanzbericht*, *Jahresbericht* oder *Unternehmensbericht* verwendet.

Welche Bestandteile der handelsrechtliche Jahresabschluss dabei im Einzelnen umfasst und welche Unternehmen ergänzend einen Lagebericht aufstellen müssen, wurde bereits im ↗ Kapitel 5.2 geklärt. Das nachfolgende Kapitel wurde entsprechend dieser Bestandteile gegliedert. Wir werden uns dabei zuerst mit den Gliederungsalternativen der drei Jahresabschlussrechnungen und den sie ergänzenden Rechnungen beschäftigen und dann näher auf die Inhalte der weiteren Bestandteile eingehen.

Copyright: Börse Stuttgart AG

16 Die Aufstellung von Jahresabschlüssen und Lageberichten

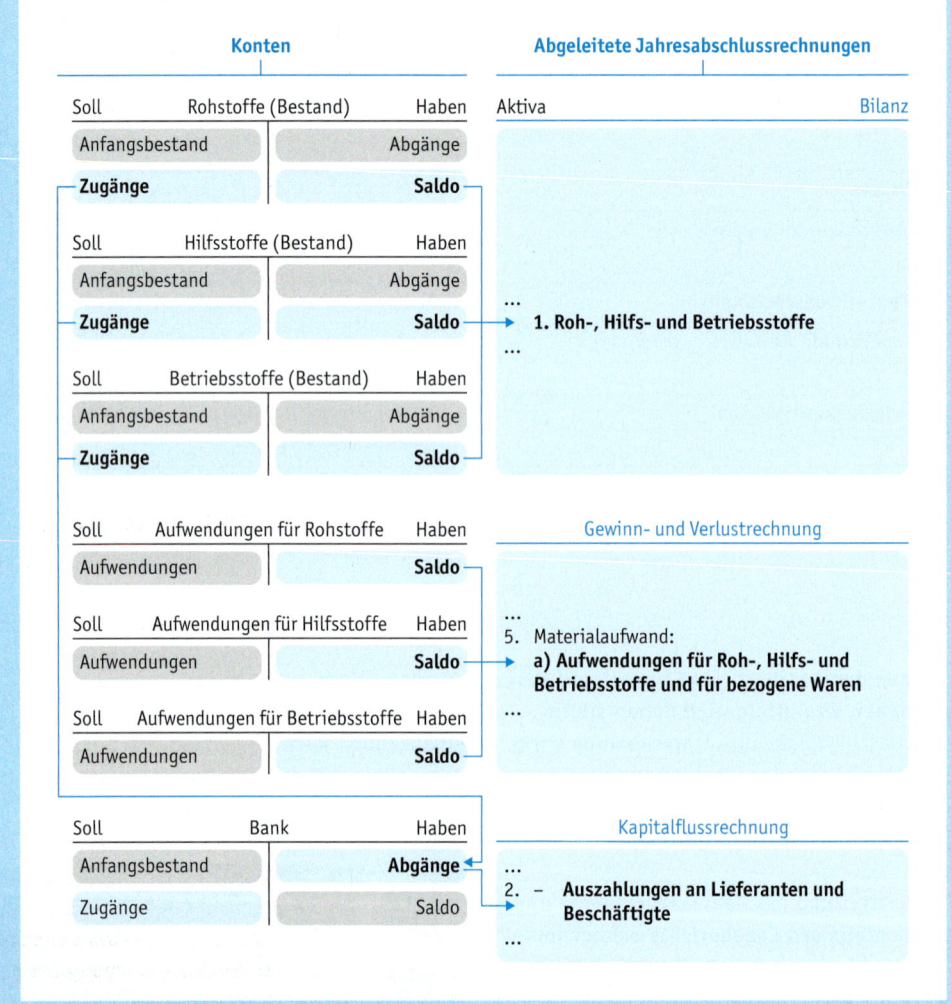

Abb. 16-1

Die meisten Jahresabschlussrechnungen werden in Buchführungssoftwaresystemen automatisch aus den Buchungen auf den Konten abgeleitet.

16.1 Bilanz

- Bilanz
- Ergebnisrechnungen
- Kapitalflussrechnung
- Ergänzende Berichtsinstrumente
- Prüfungsunterlagen
- Ergänzende Unterlagen für die Offenlegung

Die Bilanz ist grundsätzlich in *Kontoform* mit nebeneinanderstehenden Posten aufzustellen (Handelsgesetzbuch: § 266 Gliederung der Bilanz, Absatz 1, Satz 1). Für ihre Gliederung und ihre Inhalte gelten die nachfolgenden Regelungen.

16.1.1 Gliederungstiefe der Bilanz

Das Handelsgesetzbuch sieht verschiedene Gliederungstiefen für die Bilanz vor.

16.1.1.1 Bilanz mit Mindestgliederung
Gemäß Handelsgesetzbuch: § 247 Inhalt der Bilanz, Absatz 1 sind in der Bilanz mindestens die Posten:

- Anlagevermögen,
- Umlaufvermögen,
- Eigenkapital,
- Schulden sowie
- Rechnungsabgrenzungsposten

auszuweisen. Allerdings wird gleichzeitig darauf hingewiesen, dass die Bilanz hinreichend aufzugliedern ist. Daraus folgt die herrschende Meinung, dass mindestens eine verkürzte Bilanz wie im nachfolgenden Kapitel beschrieben aufzustellen ist (Beck 2010: § 247, Anmerkungen 4 ff.).

16.1.1.2 Verkürzte Bilanz
In eine verkürzte Bilanz gehen gemäß Handelsgesetzbuch: § 266 Gliederung der Bilanz, Absatz 1, Satz 2 nur die mit Buchstaben und römischen Zahlen bezeichneten Posten der Bilanz mit vollem Gliederungsschema ein (⁊ Abbildung 16-2).

16.1.1.3 Bilanz mit vollem Gliederungsschema
Die Posten einer Bilanz mit vollem Gliederungsschema werden im Handelsgesetzbuch: § 266 Gliederung der Bilanz, Absatz 2 und 3 aufgeführt (⁊ Abbildung 16-3).

16.1.2 Besonderheiten bei Einzelkaufleuten und Personenhandelsgesellschaften

Bei Einzelkaufleuten und Personenhandelsgesellschaften wird der Posten »Passiva.A.I. Gezeichnetes Kapital« durch Posten für das Kapital der Unternehmenseigner ersetzt (⁊ Kapitel 7.1.1 und ⁊ Abbildung 16-2).

16.1.3 Erweiterung der Gliederung der Bilanz

Gemäß Handelsgesetzbuch: § 265 Allgemeine Grundsätze für die Gliederung, Absatz 5 ist eine weitere Untergliederung von vorhandenen Posten der Bilanz zulässig. Neue Posten dürfen hinzugefügt werden, wenn ihre Inhalte nicht von den vorhandenen Posten abgedeckt werden.

In bestimmten Fällen schreibt auch das Handelsgesetzbuch Erweiterungen vor:

- **Aktiva.B.II.5. Ausstehende Einlagen auf das gezeichnete Kapital** werden in der Bilanz von Kapitalgesellschaften ausgewiesen, wenn ausstehende Einlagen eingefordert wurden (⁊ Kapitel 7.1.1).
- **Aktiva.B.II.5 Einzahlungsverpflichtungen persönlich haftender Gesellschafter** werden in der Bilanz von Einzelkaufleuten und Personenhandelsgesellschaften ausgewiesen, wenn Verluste die Kapitalanteile der Unternehmenseigner übersteigen und eine Zahlungsverpflichtung besteht (Handelsgesetzbuch: § 264c Besondere Bestimmungen für offene Handelsgesellschaften und Kommanditgesellschaften im Sinne des § 264a, Absatz 2, Satz 5).
- **Aktiva.F. Nicht durch Eigenkapital gedeckter Fehlbetrag** wird in der Bilanz von Kapitalgesellschaften ausgewiesen, wenn Ver-

Lernziel 16-1
Bilanzen aufstellen können.

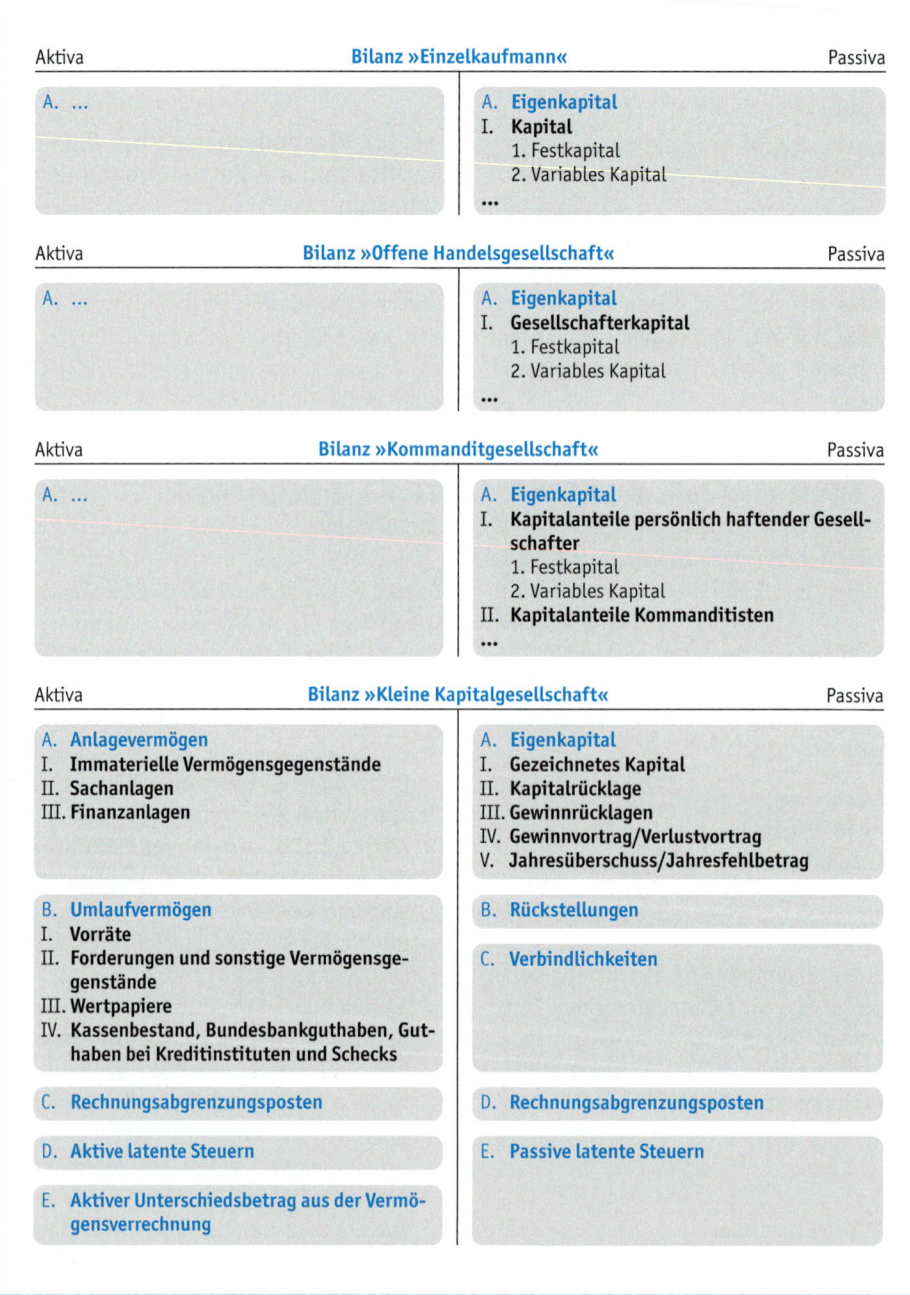

Bilanz 16.1

Abb. 16-3

Mittelgroße und große Kapitalgesellschaften und ihnen gleichgestellte Gesellschaften müssen eine vollständig untergliederte Bilanz in Kontoform aufstellen.

Aktiva **Bilanz** Passiva

A. Anlagevermögen
  I. **Immaterielle Vermögensgegenstände**
   1. Selbst geschaffene gewerbliche Schutzrechte und ähnliche Rechte und Werte
   2. Entgeltlich erworbene Konzessionen, gewerbliche Schutzrechte und ähnliche Rechte und Werte sowie Lizenzen an solchen Rechten und Werten
   3. Geschäfts- oder Firmenwert
   4. Geleistete Anzahlungen
  II. **Sachanlagen**
   1. Grundstücke, grundstücksgleiche Rechte und Bauten einschließlich der Bauten auf fremden Grundstücken
   2. Technische Anlagen und Maschinen
   3. Andere Anlagen, Betriebs- und Geschäftsausstattung
   4. Geleistete Anzahlungen und Anlagen im Bau
  III. **Finanzanlagen**
   1. Anteile an verbundenen Unternehmen
   2. Ausleihungen an verbundene Unternehmen
   3. Beteiligungen
   4. Ausleihungen an Unternehmen, mit denen ein Beteiligungsverhältnis besteht
   5. Wertpapiere des Anlagevermögens
   6. Sonstige Ausleihungen

B. Umlaufvermögen
  I. **Vorräte**
   1. Roh-, Hilfs- und Betriebsstoffe
   2. Unfertige Erzeugnisse, unfertige Leistungen
   3. Fertige Erzeugnisse und Waren
   4. Geleistete Anzahlungen
  II. **Forderungen und sonstige Vermögensgegenstände**
   1. Forderungen aus Lieferungen und Leistungen
   2. Forderungen gegen verbundene Unternehmen
   3. Forderungen gegen Unternehmen, mit denen ein Beteiligungsverhältnis besteht
   4. Sonstige Vermögensgegenstände
  III. **Wertpapiere**
   1. Anteile an verbundenen Unternehmen
   2. Sonstige Wertpapiere
  IV. **Kassenbestand, Bundesbankguthaben, Guthaben bei Kreditinstituten und Schecks**

C. Rechnungsabgrenzungsposten

D. Aktive latente Steuern

E. Aktiver Unterschiedsbetrag aus der Vermögensverrechnung

A. Eigenkapital
  I. **Gezeichnetes Kapital**
  II. **Kapitalrücklage**
  III. **Gewinnrücklagen**
   1. Gesetzliche Rücklage
   2. Rücklage für Anteile an einem herrschenden oder mehrheitlich beteiligten Unternehmen
   3. Satzungsmäßige Rücklagen
   4. Andere Gewinnrücklagen
  IV. **Gewinnvortrag/Verlustvortrag**
  V. **Jahresüberschuss/Jahresfehlbetrag**

B. Rückstellungen
   1. Rückstellungen für Pensionen und ähnliche Verpflichtungen
   2. Steuerrückstellungen
   3. Sonstige Rückstellungen

C. Verbindlichkeiten
   1. Anleihen,
      davon konvertibel
   2. Verbindlichkeiten gegenüber Kreditinstituten
   3. Erhaltene Anzahlungen auf Bestellungen
   4. Verbindlichkeiten aus Lieferungen und Leistungen
   5. Verbindlichkeiten aus der Annahme gezogener Wechsel und der Ausstellung eigener Wechsel
   6. Verbindlichkeiten gegenüber verbundenen Unternehmen
   7. Verbindlichkeiten gegenüber Unternehmen, mit denen ein Beteiligungsverhältnis besteht
   8. Sonstige Verbindlichkeiten,
      davon aus Steuern,
      davon im Rahmen der sozialen Sicherheit

D. Rechnungsabgrenzungsposten

E. Passive latente Steuern

luste das Eigenkapital übersteigen (Handelsgesetzbuch: § 268 Vorschriften zu einzelnen Posten der Bilanz Bilanzvermerke, Absatz 3).

- **Aktiva. F. Nicht durch Vermögenseinlagen gedeckter Verlustanteil persönlich haftender Gesellschafter** wird in der Bilanz von Einzelkaufleuten und Personenhandelsgesellschaften ausgewiesen, wenn Verluste die Kapitalanteile der Unternehmenseigner übersteigen und keine Zahlungsverpflichtung besteht (Handelsgesetzbuch: § 264c Besondere Bestimmungen für offene Handelsgesellschaften und Kommanditgesellschaften im Sinne des § 264a, Absatz 2, Satz 6).

In der Regel sind darüber hinaus Forderungen mit einer Restlaufzeit von mehr als einem Jahr und Verbindlichkeiten mit einer Restlaufzeit von bis zu einem Jahr separat auszuweisen (Handelsgesetzbuch: § 268 Vorschriften zu einzelnen Posten der Bilanz Bilanzvermerke, Absatz 4 und 5). In den meisten Fällen erfolgen entsprechende Angaben aber im Anhang.

16.1.4 Verkürzung der Gliederung der Bilanz

Allgemein müssen *Leerposten*, die keine Beträge ausweisen, nur in der Bilanz aufgeführt werden, wenn sie im Vorjahr einen Betrag ausgewiesen haben (Handelsgesetzbuch: § 265 Allgemeine Grundsätze für die Gliederung, Absatz 8).

Darüber hinaus dürfen gemäß Handelsgesetzbuch: § 265 Allgemeine Grundsätze für die Gliederung, Absatz 7 die mit arabischen Zahlen versehenen Posten der Bilanz mit vollem Gliederungsschema zusammengefasst ausgewiesen werden, wenn sie Beträge enthalten, die für die Vermittlung eines den tatsächlichen Verhältnissen entsprechenden Bildes nicht erheblich sind, oder wenn dadurch die Klarheit der Darstellung vergrößert wird. Wird von diesem Wahlrecht Gebrauch gemacht, so müssen die zusammengefassten Posten im Anhang gesondert ausgewiesen werden. Durch diese Regelung kommt es zu einer weitgehenden Gleichstellung zwischen der Bilanz und dem Anhang (Coenenberg, A. G. und andere 2009a: Seite 137).

16.1.5 Gliederung der Bilanz nach der Ergebnisverwendung

Die Bilanz kann gemäß Handelsgesetzbuch: § 268 Vorschriften zu einzelnen Posten der Bilanz, Absatz 1:

- vor der Ergebnisverwendung,
- nach der teilweisen Ergebnisverwendung oder
- nach der vollständigen Ergebnisverwendung

aufgestellt werden. In der Regel wird die Bilanz bei Kapitalgesellschaften nach der teilweisen und bei Einzelkaufleuten und Personenhandelsgesellschaften nach der vollständigen Ergebnisverwendung aufgestellt (↗ Kapitel 7). Die Passiv-Posten:

- Passiva. A. IV. Gewinnvortrag/Verlustvortrag und
- Passiva. A. V. Jahresüberschuss/Jahresfehlbetrag

werden dann durch den Posten:

- Passiva. A. IV. Bilanzgewinn/Bilanzverlust.

ersetzt. Die Herleitung des Bilanzgewinns oder -verlustes kann dabei über eine Ergebnisverwendungsrechnung (↗ Kapitel 16.2.2) dargestellt werden (↗ Abbildung 16-4).

16.1.6 Aufstellung von Bilanzen

Nach Durchführung der vorbereitenden Abschlussarbeiten (↗ Kapitel 12.2) wird die Bilanz in der Regel automatisch durch die Buchführungssoftware aus den Buchführungsdaten abgeleitet. Innerhalb der Buchführungssoftware sind den Bestandskonten dazu Posten der Bilanz zugeordnet. Für die Erstellung der Bilanz werden deren Salden dann postenweise addiert (↗ Abbildung 16-1).

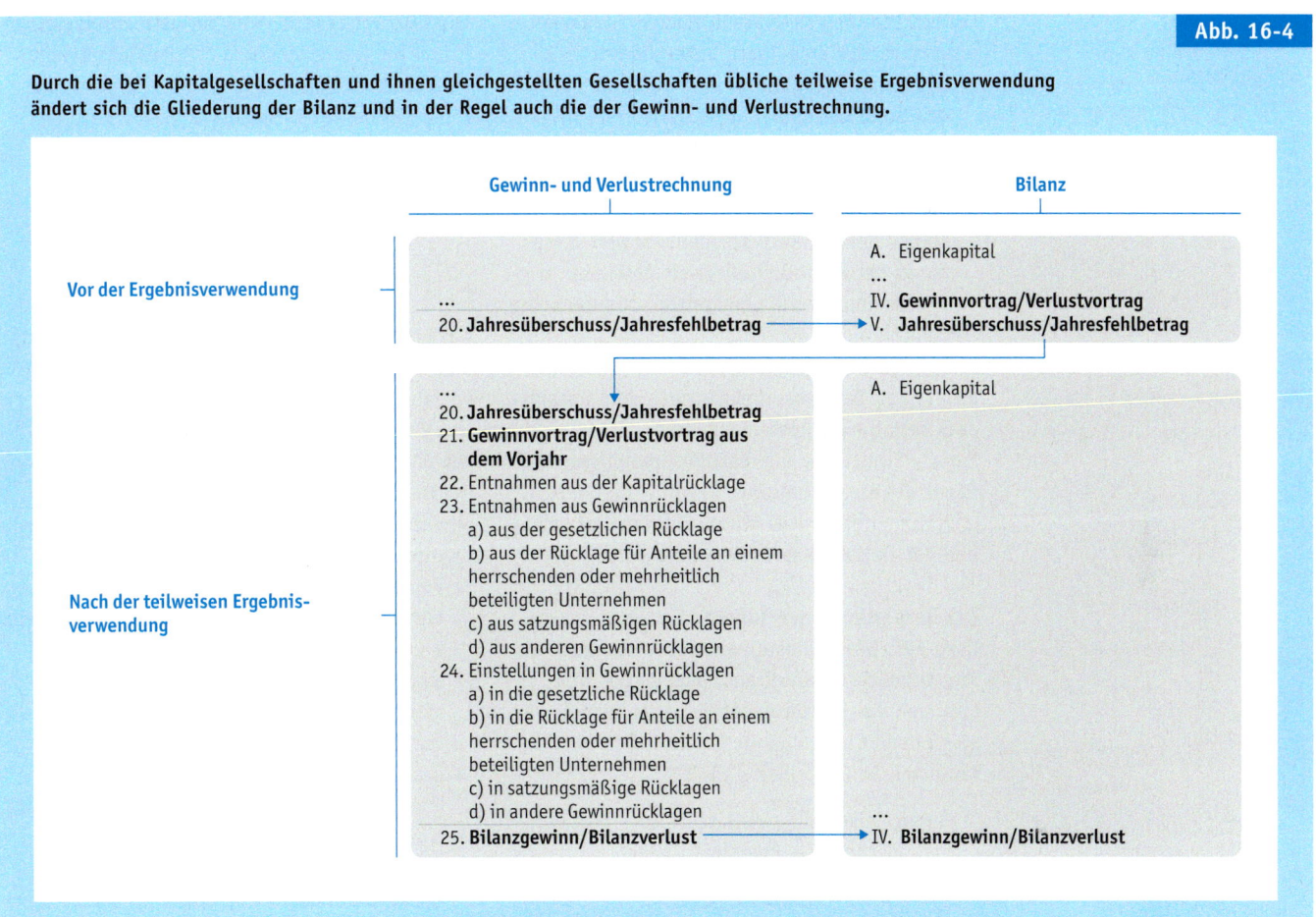

Abb. 16-4

16.2 Ergebnisrechnungen

Bilanz

Ergebnisrechnungen

Kapitalflussrechnung

Ergänzende Berichtsinstrumente

Prüfungsunterlagen

Ergänzende Unterlagen für die Offenlegung

Die Ergebnisrechnungen umfassen die Gewinn- und Verlustrechnung und bei bestimmten Unternehmen noch die Ergebnisverwendungsrechnung und den Eigenkapitalspiegel (↗ Kapitel 5.2).

16.2.1 Gewinn- und Verlustrechnung

Die Gewinn- und Verlustrechnung wurde in diesem Buch bisher aus didaktischen Gründen in Kontoform mit nebeneinanderstehenden Posten dargestellt. Üblicherweise wird sie jedoch in *Staffelform* mit untereinander stehenden Posten aufgestellt. Für ihre Gliederung und ihre Inhalte gelten die nachfolgenden Regelungen.

16.2.1.1 Aufbau der Gewinn- und Verlustrechnung

Wie bereits zu Beginn dieses Buchs ausgeführt wurde (↗ Kapitel 2.3.2), wird die Gewinn- und

Lernziel 16-2
Die verschiedenen Formen der Ergebnisrechnungen aufstellen können.

Verlustrechnung in Teilrechnungen zur Ermittlung folgender Ergebnisse untergliedert:
- das **Betriebsergebnis**, dem auch die sonstigen Steuern zuzurechnen sind,
- das **Finanzergebnis** und
- das **außerordentliche Ergebnis**, dem auch die Abschreibungen auf Vermögensgegenstände des Umlaufvermögens, soweit diese die in der Kapitalgesellschaft üblichen Abschreibungen überschreiten, zuzurechnen sind.

16.2.1.1.1 Betriebsergebnis nach dem Gesamt- oder dem Umsatzkostenverfahren

Für die Ermittlung des Betriebsergebnisses und damit die Aufstellung der Gewinn- und Verlustrechnung gibt es zwei Varianten, das Gesamt- und das Umsatzkostenverfahren.

(1) Gesamtkostenverfahren

Nach dem Gesamtkostenverfahren, das auch als *Produktionserfolgsrechnung* bezeichnet wird, ergibt sich das Betriebsergebnis einer Periode vereinfachend über folgende Rechnung (Wöhe, G./Kußmaul, H. 2006: Seite 164):

  Gesamtleistung (= Umsatzerlöse + Bestandsveränderungen + Eigenleistungen)
− Produktionsaufwand
= Betriebsergebnis

Kennzeichnend für das Gesamtkostenverfahren ist:
- dass Fertigungsmengen betrachtet werden,
- dass die für die Ermittlung des Betriebsergebnisses betrachteten Aufwendungen nach ihrer Art in Materialaufwendungen, Personalaufwendungen und Abschreibungen gegliedert werden,
- dass Erträge und Aufwendungen aus Bestandsveränderungen von Erzeugnissen separat ausgewiesen werden,
- dass Erträge aus der Herstellung von Eigenleistungen separat ausgewiesen werden.

(2) Umsatzkostenverfahren

Das insbesondere in angelsächsischen Staaten verbreitete Umsatzkostenverfahren, das auch als *Absatzerfolgsrechnung* bezeichnet wird, wurde in Deutschland erst mit dem am 19.12.1985 verabschiedeten Bilanzrichtliniengesetz als zweite Variante der Gewinn- und Verlustrechnung eingeführt. Bei ihm ergibt sich das Betriebsergebnis einer Periode vereinfachend über folgende Rechnung (Wöhe, G./Kußmaul, H. 2006: Seite 164):

  Umsatzerlöse
− Herstellungskosten der Umsatzerlöse (= Produktionsaufwand − Bestandsveränderungen − Eigenleistungen)
= Betriebsergebnis

Das so ermittelte Betriebsergebnis stimmt mit dem Betriebsergebnis nach dem Gesamtkostenverfahren überein.

Kennzeichnend für das Umsatzkostenverfahren ist:
- dass Verkaufsmengen betrachtet werden,
- dass die für die Ermittlung des Betriebsergebnisses betrachteten Aufwendungen nach Funktionsbereichen in Material-, Fertigungs-, Verwaltungs- und Vertriebskosten gegliedert werden (↗ Kapitel 8.2.2.1),
- dass Erträge und Aufwendungen aus Bestandsveränderungen von Erzeugnissen nicht separat ausgewiesen werden,
- dass Erträge aus der Herstellung von Eigenleistungen nicht separat ausgewiesen werden.

16.2.1.1.2 Außerordentliches Ergebnis

Das außerordentliche Ergebnis wird zur Berichtigung des Ergebnisses der gewöhnlichen Geschäftstätigkeit angesetzt, um Geschäftsvorfälle zu erfassen, die (Institut der Wirtschaftsprüfer in Deutschland 2006: F 393, Seite 544):

- **selten**,
- **von ungewöhnlicher Art** und
- **von einiger Bedeutung**

für Unternehmen sind. Mangels gesetzlicher Grenzwerte müssen Entscheidungen darüber, was außerordentlich ist und was nicht, dabei unternehmensindividuell getroffen werden.

Als außerordentlich gelten in der Regel jedoch folgende Geschäftsvorfälle:
- Schäden durch Naturkatastrophen,
- Schäden durch rechtswidrige Handlungen, wie Unterschlagungen,
- Enteignungen,
- hohe, einmalige Schadensersatzzahlungen,
- Gewinne oder Verluste durch Fusionen mit anderen Unternehmen,

- Buchgewinne oder -verluste bei der Veräußerung bedeutender Beteiligungen, Betriebsteile oder Grundstücke,
- Gewinne durch Sanierungen,
- einmalige Umstrukturierungszuschüsse der öffentlichen Hand,
- Kosten durch Sozialpläne,
- Verluste aus der Stilllegung von Betriebsteilen,
- Verluste aus der Aufgabe von Produktgruppen,
- außerplanmäßige Abschreibungen auf Vermögensgegenstände, soweit deren Höhe die durchschnittliche Höhe der vergangenen Jahre erheblich überschreitet.

Falls keine speziellen Konten vorhanden sind (↗ Kapitel 14), erfolgt die Verbuchung außerordentlicher Aufwendungen:
- im **Soll** der Aufwandskonten »Außerordentliche Aufwendungen«

und die Verbuchung außerordentlicher Erträge:
- im **Haben** der Ertragskonten »Außerordentliche Erträge«.

Konten [GuV: 15. Außerordentliche Erträge]
- **SKP03[SKR03]:** 2500 Außerordentliche Erträge · [2501] Außerordentliche Erträge finanzwirksam · [2505] Außerordentliche Erträge nicht finanzwirksam · [2508] Gewinn aus der Veräußerung oder der Aufgabe von Geschäftsaktivitäten nach Steuern
- **SKP04[SKR04]:** 7400 Außerordentliche Erträge · [7401] Außerordentliche Erträge finanzwirksam · [7450] Außerordentliche Erträge nicht finanzwirksam · [7454] Gewinn aus der Veräußerung oder der Aufgabe von Geschäftsaktivitäten nach Steuern
- **IKP[IKR]:** 5800 Außerordentliche Erträge

Konten [GuV: 16. Außerordentliche Aufwendungen]
- **SKP03[SKR03]:** 2000 Außerordentliche Aufwendungen · [2001] Außerordentliche Aufwendungen finanzwirksam · [2005] Außerordentliche Aufwendungen nicht finanzwirksam · [2008] Verlust aus der Veräußerung oder der Aufgabe von Geschäftsaktivitäten nach Steuern
- **SKP04[SKR04]:** 7500 Außerordentliche Aufwendungen · [7501] Außerordentliche Aufwendungen finanzwirksam · [7550] Außerordentliche Aufwendungen nicht finanzwirksam · [7554] Verlust aus der Veräußerung oder der Aufgabe von Geschäftsaktivitäten nach Steuern
- **IKP[IKR]:** 7600 Außerordentliche Aufwendungen

16.2.1.2 Gliederungstiefe der Gewinn- und Verlustrechnung

Das Handelsgesetzbuch sieht verschiedene Gliederungstiefen für die Gewinn- und Verlustrechnung vor.

16.2.1.2.1 Gewinn- und Verlustrechnung mit Mindestgliederung

Gemäß Handelsgesetzbuch: § 242 Pflicht zur Aufstellung, Absatz 2 sind in der Gewinn- und Verlustrechnung mindestens:

- die Aufwendungen und
- die Erträge

des Geschäftsjahres gegenüberzustellen. Eine detailliertere Gliederung und die Staffelform sind nicht ausdrücklich vorgeschrieben (Beck 2010: § 242, Anmerkung 8). Nach herrschender Meinung ist aber mindestens eine Differenzierung in:

- ein Betriebsergebnis, das auch die sonstigen Steuern umfasst,
- ein Finanzergebnis und
- ein außerordentliches Ergebnis

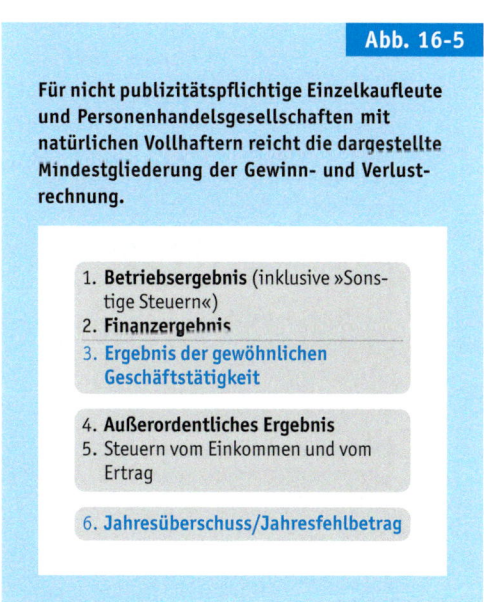

Abb. 16-5

Für nicht publizitätspflichtige Einzelkaufleute und Personenhandelsgesellschaften mit natürlichen Vollhaftern reicht die dargestellte Mindestgliederung der Gewinn- und Verlustrechnung.

1. **Betriebsergebnis** (inklusive »Sonstige Steuern«)
2. **Finanzergebnis**
3. Ergebnis der gewöhnlichen Geschäftstätigkeit
4. **Außerordentliches Ergebnis**
5. Steuern vom Einkommen und vom Ertrag
6. Jahresüberschuss/Jahresfehlbetrag

16.2 Die Aufstellung von Jahresabschlüssen und Lageberichten
Ergebnisrechnungen

Abb. 16-6

Mittelgroße und kleine Kapitalgesellschaften und ihnen gleichgestellte Gesellschaften dürfen eine Gewinn- und Verlustrechnung in Staffelform mit zusammengefasstem Rohergebnis mittels des Gesamtkosten- oder des Umsatzkostenverfahrens aufstellen.

Ergebnisspaltung	Gesamtkostenverfahren gemäß HGB: § 275, Absatz 2 in Verbindung mit § 276	Umsatzkostenverfahren gemäß HGB: § 275, Absatz 3 in Verbindung mit § 276
Betriebsergebnis zuzüglich: 15. Sonstige Steuern abzüglich: 3.b)	1. **Rohergebnis** 2. **Personalaufwand:** a) Löhne und Gehälter b) Soziale Abgaben und Aufwendungen für Altersversorgung und für Unterstützung, davon für Altersversorgung 3. **Abschreibungen:** a) auf immaterielle Vermögensgegenstände des Anlagevermögens und Sachanlagen b) auf Vermögensgegenstände des Umlaufvermögens, soweit diese die in der Kapitalgesellschaft üblichen Abschreibungen überschreiten 4. **Sonstige betriebliche Aufwendungen**	1. **Rohergebnis** 2. **Vertriebskosten** 3. **Allgemeine Verwaltungskosten** 4. **Sonstige betriebliche Aufwendungen**
Finanzergebnis	5. Erträge aus Beteiligungen, davon aus verbundenen Unternehmen 6. Erträge aus anderen Wertpapieren und Ausleihungen des Finanzanlagevermögens, davon aus verbundenen Unternehmen 7. Sonstige Zinsen und ähnliche Erträge, davon aus verbundenen Unternehmen 8. Abschreibungen auf Finanzanlagen und auf Wertpapiere des Umlaufvermögens 9. Zinsen und ähnliche Aufwendungen, davon an verbundene Unternehmen	5. Erträge aus Beteiligungen, davon aus verbundenen Unternehmen 6. Erträge aus anderen Wertpapieren und Ausleihungen des Finanzanlagevermögens, davon aus verbundenen Unternehmen 7. Sonstige Zinsen und ähnliche Erträge, davon aus verbundenen Unternehmen 8. Abschreibungen auf Finanzanlagen und auf Wertpapiere des Umlaufvermögens 9. Zinsen und ähnliche Aufwendungen, davon an verbundene Unternehmen
	10. **Ergebnis der gewöhnlichen Geschäftstätigkeit**	10. **Ergebnis der gewöhnlichen Geschäftstätigkeit**
Außerordentliches Ergebnis zuzüglich: 3.b) Abschreibungen auf Vermögensgegenstände des Umlaufvermögens, soweit diese die in der Kapitalgesellschaft üblichen Abschreibungen überschreiten	11. Außerordentliche Erträge 12. Außerordentliche Aufwendungen 13. **Außerordentliches Ergebnis** 14. Steuern vom Einkommen und vom Ertrag 15. Sonstige Steuern 16. **Jahresüberschuss/Jahresfehlbetrag**	11. Außerordentliche Erträge 12. Außerordentliche Aufwendungen 13. **Außerordentliches Ergebnis** 14. Steuern vom Einkommen und vom Ertrag 15. Sonstige Steuern 16. **Jahresüberschuss/Jahresfehlbetrag**

16.2 Ergebnisrechnungen

Abb. 16-7

Große Kapitalgesellschaften und ihnen gleichgestellte Gesellschaften müssen eine vollständig untergliederte Gewinn- und Verlustrechnung in Staffelform mittels des Gesamtkosten- oder des Umsatzkostenverfahrens aufstellen.

Ergebnisspaltung	Gesamtkostenverfahren gemäß Handelsgesetzbuch: § 275, Absatz 2	Umsatzkostenverfahren gemäß Handelsgesetzbuch: § 275, Absatz 3

Betriebsergebnis zuzüglich: 19./18. Sonstige Steuern abzüglich: 7.b)	1. **Umsatzerlöse**
	 2. Erhöhung oder Verminderung des Bestands an fertigen und unfertigen Erzeugnissen
	 3. Andere aktivierte Eigenleistungen
	 Gesamtleistung
	 4. Sonstige betriebliche Erträge
	 5. **Materialaufwand:**
	   a) Aufwendungen für Roh-, Hilfs- und Betriebsstoffe und für bezogene Waren
	   b) Aufwendungen für bezogene Leistungen
	 6. **Personalaufwand:**
	   a) Löhne und Gehälter
	   b) Soziale Abgaben und Aufwendungen für Altersversorgung und für Unterstützung, davon für Altersversorgung
	 7. **Abschreibungen:**
	   a) auf immaterielle Vermögensgegenstände des Anlagevermögens und Sachanlagen
	   b) auf Vermögensgegenstände des Umlaufvermögens, soweit diese die in der Kapitalgesellschaft üblichen Abschreibungen überschreiten
	 8. **Sonstige betriebliche Aufwendungen**
		1. **Umsatzerlöse**
		
		 2. **Herstellungskosten der zur Erzielung der Umsatzerlöse erbrachten Leistungen**
		 3. *Bruttoergebnis vom Umsatz*
		 4. **Vertriebskosten**
		
		 5. **Allgemeine Verwaltungskosten**
		
		 6. Sonstige betriebliche Erträge
		 7. **Sonstige betriebliche Aufwendungen**

Finanzergebnis	9. Erträge aus Beteiligungen, davon aus verbundenen Unternehmen 10. Erträge aus anderen Wertpapieren und Ausleihungen des Finanzanlagevermögens, davon aus verbundenen Unternehmen 11. Sonstige Zinsen und ähnliche Erträge, davon aus verbundenen Unternehmen 12. Abschreibungen auf Finanzanlagen und auf Wertpapiere des Umlaufvermögens 13. Zinsen und ähnliche Aufwendungen, davon an verbundene Unternehmen	8. Erträge aus Beteiligungen, davon aus verbundenen Unternehmen 9. Erträge aus anderen Wertpapieren und Ausleihungen des Finanzanlagevermögens, davon aus verbundenen Unternehmen 10. Sonstige Zinsen und ähnliche Erträge, davon aus verbundenen Unternehmen 11. Abschreibungen auf Finanzanlagen und auf Wertpapiere des Umlaufvermögens 12. Zinsen und ähnliche Aufwendungen, davon an verbundene Unternehmen
	14. *Ergebnis der gewöhnlichen Geschäftstätigkeit*	13. *Ergebnis der gewöhnlichen Geschäftstätigkeit*
Außerordentliches Ergebnis zuzüglich: 7.b) Abschreibungen auf Vermögensgegenstände des Umlaufvermögens, soweit diese die in der Kapitalgesellschaft üblichen Abschreibungen überschreiten	15. Außerordentliche Erträge 16. Außerordentliche Aufwendungen 17. *Außerordentliches Ergebnis* 18. Steuern vom Einkommen und vom Ertrag 19. Sonstige Steuern 20. **Jahresüberschuss/Jahresfehlbetrag**	14. Außerordentliche Erträge 15. Außerordentliche Aufwendungen 16. *Außerordentliches Ergebnis* 17. Steuern vom Einkommen und vom Ertrag 18. Sonstige Steuern 19. **Jahresüberschuss/Jahresfehlbetrag**

in einer Rechnung in Staffelform erforderlich (↗ Abbildung 16-5). Falls dies aus Gründen der Klarheit notwendig ist, ist auch noch eine weitere Differenzierung entsprechend der für kleine und mittelgroße Kapitalgesellschaften vorgeschriebenen Form durchzuführen (Beck 2010: § 247, Anmerkung 622 und Institut der Wirtschaftsprüfer in Deutschland 2006: E 465, Seite 418).

16.2.1.2.2 Verkürzte Gewinn- und Verlustrechnungen

In verkürzte Gewinn- und Verlustrechnungen gehen gemäß Handelsgesetzbuch: § 276 Größenabhängige Erleichterungen nur zusammengefasste *Rohergebnisse* ein (↗ Abbildung 16-6).

Bei der Gewinn- und Verlustrechnung nach dem Gesamtkostenverfahren wird das Rohergebnis folgendermaßen ermittelt:

1. Umsatzerlöse
± 2. Erhöhung oder Verminderung des Bestands an fertigen und unfertigen Erzeugnissen
+ 3. Andere aktivierte Eigenleistungen
+ 4. Sonstige betriebliche Erträge
− 5. Materialaufwand
= Rohergebnis

Bei der Gewinn- und Verlustrechnung nach dem Umsatzkostenverfahren wird das Rohergebnis folgendermaßen ermittelt:

1. Umsatzerlöse
− 2. Herstellungskosten der zur Erzielung der Umsatzerlöse erbrachten Leistungen
+ 6. Sonstige betriebliche Erträge
= Rohergebnis

In der Regel stimmt das im Rahmen des Gesamtkostenverfahrens ermittelte Rohergebnis dabei nicht mit dem Rohergebnis nach dem Umsatzkostenverfahren überein.

16.2.1.2.3 Gewinn- und Verlustrechnung mit vollem Gliederungsschema

Die Posten der Gewinn- und Verlustrechnungen mit vollem Gliederungsschema werden im Handelsgesetzbuch: § 275 Gliederung aufgeführt.

Der in der ↗ Abbildung 16-7 beim Gesamtkostenverfahren aufgeführte Posten »*Gesamtleistung*« ist dabei im gesetzlichen Gliederungsschema nicht vorgesehen, wurde hier aber aufgeführt, da er in der Aufwandsstrukturanalyse verwendet wird (↗ Kapitel 17.1.2).

16.2.1.3 Besonderheiten beim Ausweis von Waren im Umsatzkostenverfahren

Die Anschaffungskosten von verkauften Waren sind bei der Gewinn- und Verlustrechnung nach dem Umsatzkostenverfahren unter dem Posten »2. Herstellungskosten der zur Erzielung der Umsatzerlöse erbrachten Leistungen« auszuweisen. Wenn die Anschaffungskosten der Waren überwiegen, wie dies bei Handelsunternehmen üblich ist, ist der Posten entsprechend umzubenennen (Handelsgesetzbuch: § 265 Allgemeine Grundsätze für die Gliederung, Absatz 6).

16.2.1.4 Erweiterung der Gliederung der Gewinn- und Verlustrechnung

Gemäß Handelsgesetzbuch: § 265 Allgemeine Grundsätze für die Gliederung, Absatz 5 ist eine weitere Untergliederung von vorhandenen Posten der Gewinn- und Verlustrechnung zulässig. Neue Posten dürfen hinzugefügt werden, wenn ihre Inhalte nicht von den vorhandenen Posten abgedeckt werden.

16.2.1.5 Verkürzung der Gliederung der Gewinn- und Verlustrechnung

Allgemein müssen *Leerposten*, die keine Beträge ausweisen, nur in der Gewinn- und Verlustrechnung aufgeführt werden, wenn sie im Vorjahr einen Betrag ausgewiesen haben (Handelsgesetzbuch: § 265 Allgemeine Grundsätze für die Gliederung, Absatz 8).

Darüber hinaus wird das Handelsgesetzbuch: § 265 Allgemeine Grundsätze für die Gliederung, Absatz 7 im Hinblick auf die Gewinn- und Verlustrechnung mit vollem Gliederungsschema nach dem Gesamtkostenverfahren so interpretiert, dass die mit kleinen Buchstaben versehenen Posten zusammengefasst ausgewiesen werden dürfen, wenn sie Beträge enthalten, die für die Vermittlung eines den tatsächlichen Verhältnissen entsprechenden Bildes nicht erheblich sind, oder wenn dadurch die Klarheit der Darstellung vergrößert wird (Beck 2010: § 265, Anmerkung 17). Wird von diesem Wahlrecht Gebrauch gemacht, so müssen die zusammengefassten Posten im Anhang gesondert ausgewiesen werden.

16.2.1.6 Gliederung der Gewinn- und Verlustrechnung nach der Ergebnisverwendung

Wird die Bilanz nach der teilweisen oder vollständigen Ergebnisverwendung aufgestellt (↗ Abbildung 16-4), so wird üblicherweise aus Gründen der Klarheit, aber ohne dass dies explizit vorgeschrieben ist, die Gliederung der Gewinn- und Verlustrechnung gemäß Handelsgesetzbuch: § 275 Gliederung, Absatz 4 so erweitert, dass die Entwicklung vom Posten »Jahresüberschuss/Jahresfehlbetrag« zum Posten »Bilanzgewinn/Bilanzverlust« verdeutlicht wird. Dabei wird in der Regel die im Aktiengesetz: § 158 Vorschriften zur Gewinn- und Verlustrechnung, Absatz 1 aufgeführte Gliederung der Ergebnisverwendungsrechnung angewandt (↗ Kapitel 16.2.2).

16.2.1.7 Aufstellung von Gewinn- und Verlustrechnungen

16.2.1.7.1 Aufstellung von Gewinn- und Verlustrechnungen nach dem Gesamtkostenverfahren

Die in diesem Buch verwendeten DATEV- und Industriekontenrahmen sind für die Aufstellung einer Gewinn- und Verlustrechnung nach dem Gesamtkostenverfahren ausgelegt. Nach Durchführung der vorbereitenden Abschlussarbeiten (↗ Kapitel 12.2) wird die Gewinn- und Verlustrechnung in der Regel automatisch durch die Buchführungssoftware aus den Buchführungsdaten abgeleitet. Innerhalb der Buchführungssoftware sind den Erfolgskonten dazu Posten der Gewinn- und Verlustrechnung zugeordnet. Für die Erstellung der Gewinn- und Verlustrechnung

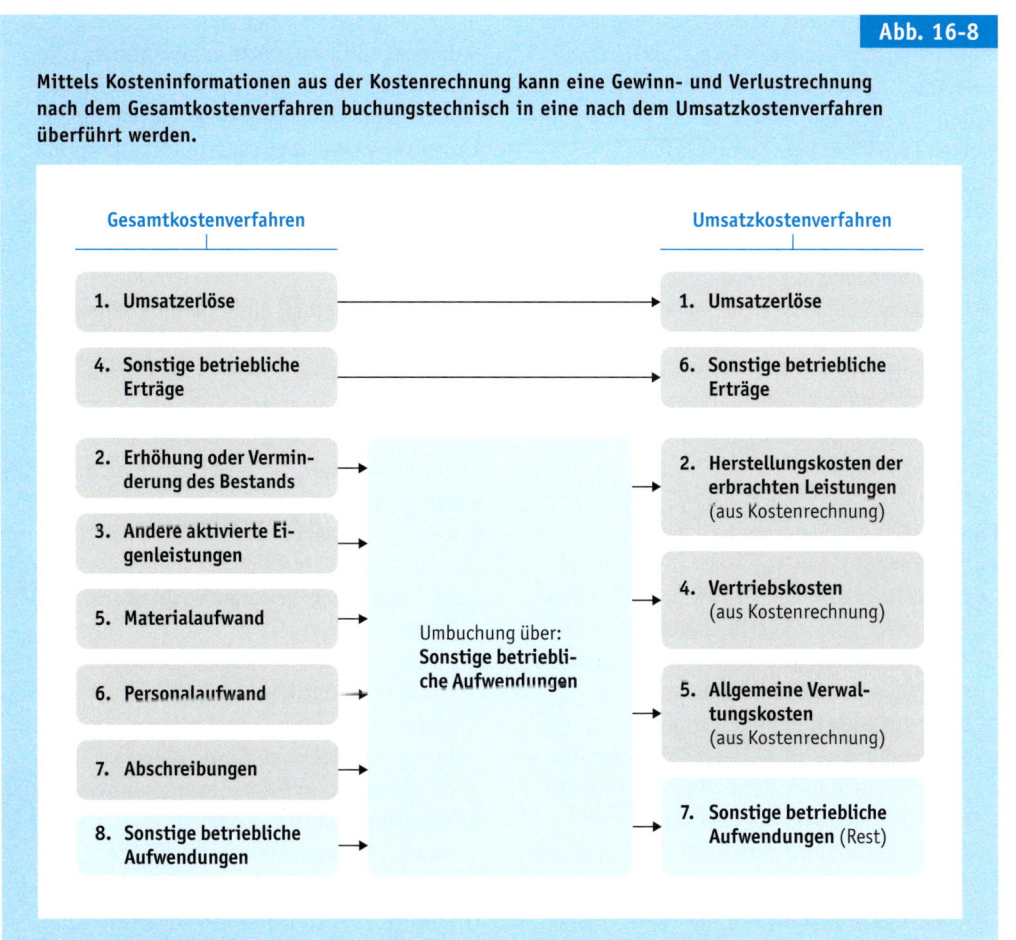

Abb. 16-8

Mittels Kosteninformationen aus der Kostenrechnung kann eine Gewinn- und Verlustrechnung nach dem Gesamtkostenverfahren buchungstechnisch in eine nach dem Umsatzkostenverfahren überführt werden.

werden deren Salden dann postenweise addiert (↗ Abbildung 16-1).

16.2.1.7.2 Aufstellung von Gewinn- und Verlustrechnungen nach dem Umsatzkostenverfahren

Manche Buchführungssoftwaresysteme, wie SAP Business ByDesign (Küting, K. und andere 2010: Seite 167 und 281), sind für die Durchführung einer Gewinn- und Verlustrechnung nach dem Umsatzkostenverfahren ausgelegt. Unterschiede zum Gesamtkostenverfahren zeigen sich dabei im Wesentlichen bei der Verbuchung der Herstellung von Eigenleistungen (↗ Kapitel 8.2.2.2.2) und von Erzeugnissen (↗ Kapitel 9.3.2).

16.2.1.7.3 Buchungstechnische Überleitung des Gesamtkostenverfahrens in das Umsatzkostenverfahren

Für die buchungstechnische Überleitung des Gesamtkostenverfahrens in das Umsatzkostenverfahren sind zusätzliche Informationen aus der Kostenrechnung des Unternehmens notwendig. Bei der Überleitung wird folgendermaßen vorgegangen (DATEV 2010a: Seite 215 ff.):

- Alle Aufwendungen, die dem Betriebsergebnis zugerechnet werden, werden auf dem Konto »Sonstige betriebliche Aufwendungen« zusammengefasst.
- Vom Konto »Sonstige betriebliche Aufwendungen« erfolgt dann eine Umbuchung auf die Konten »Herstellungskosten«, »Vertriebskosten« und »Verwaltungskosten« in Höhe der Kosten, die der Kostenrechnung entnommen wurden.

Konten [GuV: 8. Sonstige betriebliche Aufwendungen]
- **SKP03[SKR03]:** 4900 Sonstige betriebliche Aufwendungen · 4996 Herstellungskosten · 4997 Verwaltungskosten · 4998 Vertriebskosten · 4999 Gegenkonto 4996-4998
- **SKP04[SKR04]:** 6300 Sonstige betriebliche Aufwendungen · 6990 Herstellungskosten · 6992 Verwaltungskosten · 6994 Vertriebskosten · 6999 Gegenkonto 6990-6998
- **IKP[IKR]:** 6930 Andere sonstige betriebliche Aufwendungen · 8100 Herstellungskosten · 8300 Allgemeine Verwaltungskosten · 8200 Vertriebskosten

16.2.2 Ergebnisverwendungsrechnung

Die Ergebnisverwendungsrechnung hat die Aufgabe, Aktionären von Aktiengesellschaften aufzuzeigen, wofür der erwirtschaftete Jahresüberschuss oder Jahresfehlbetrag verwendet wird. Die Ergebnisverwendungsrechnung dokumentiert dabei nur die teilweise Ergebnisverwendung. Die von den Hauptversammlungen der Aktiengesellschaften beschlossenen Ausschüttungen und Einstellungen in die Gewinnrücklagen werden hingegen nicht ausgewiesen (↗ Kapitel 7.2.1.2).

16.2.2.1 Aufstellungsverpflichtung

Eine Verpflichtung zur Aufstellung einer Ergebnisverwendungsrechnung besteht für (Aktiengesetz: § 158 Vorschriften zur Gewinn- und Verlustrechnung, Absatz 1):
- Aktiengesellschaften und
- Kommanditgesellschaften auf Aktien.

Gemäß Handelsgesetzbuch: § 275 Gliederung, Absatz 4 können aber auch Unternehmen mit anderen Rechtsformen eine Ergebnisverwendungsrechnung an die Gewinn- und Verlustrechnung anhängen.

16.2.2.2 Gliederung und Inhalt der Ergebnisverwendungsrechnung

Gemäß Aktiengesetz: § 158 Vorschriften zur Gewinn- und Verlustrechnung, Absatz 1 ist die Gewinn- und Verlustrechnung nach dem Posten »Jahresüberschuss/Jahresfehlbetrag« in Fortführung der Nummerierung um die folgenden Posten zu ergänzen:

1. Gewinnvortrag/Verlustvortrag aus dem Vorjahr
2. Entnahmen aus der Kapitalrücklage
3. Entnahmen aus Gewinnrücklagen
    a) aus der gesetzlichen Rücklage
    b) aus der Rücklage für Anteile an einem herrschenden oder mehrheitlich beteiligten Unternehmen
    c) aus satzungsmäßigen Rücklagen
    d) aus anderen Gewinnrücklagen
4. Einstellungen in Gewinnrücklagen
    a) in die gesetzliche Rücklage

b) in die Rücklage für Anteile an einem herrschenden oder mehrheitlich beteiligten Unternehmen
   c) in satzungsmäßige Rücklagen
   d) in andere Gewinnrücklagen
5. Bilanzgewinn/Bilanzverlust.

Alternativ kann die Ergebnisverwendungsrechnung auch im Anhang ausgewiesen werden.

16.2.2.3 Aufstellung von Ergebnisverwendungsrechnungen

In der Regel erfolgt die Aufstellung der Ergebnisverwendungsrechnung manuell im Zuge der Aufstellung des Jahresabschlusses.

16.2.3 Eigenkapitalspiegel

Der Eigenkapitalspiegel, der auch als *Eigenkapitalveränderungsrechnung* bezeichnet wird, hat die Aufgabe aufzuzeigen, wie sich das Eigenkapital während des Geschäftsjahres außer durch die in der Gewinn- und Verlustrechnung dokumentierten Sachverhalte noch verändert hat.

16.2.3.1 Aufstellungsverpflichtung

Eine Verpflichtung zur Aufstellung einer Eigenkapitalveränderungsrechnung besteht für:

- kapitalmarktorientierte Kapitalgesellschaften (Handelsgesetzbuch: § 264 Pflicht zur Aufstellung, Absatz 1, Satz 2) und
- Konzerne (Handelsgesetzbuch: § 297 Inhalt, Absatz 1).

16.2.3.2 Gliederung und Inhalt des Eigenkapitalspiegels

Für die Gliederung und den Inhalt der Eigenkapitalveränderungsrechnung gibt es im Handelsgesetzbuch keine Vorgaben. Der Aufbau erfolgt deshalb in der Regel entsprechend der Deutsche Rechnungslegungs Standards: Nr. 7 Konzerneigenkapital und Konzerngesamtergebnis, Anhang. Im Eigenkapitalspiegel werden danach in Tabellenform insbesondere die Auswirkungen:

- der Ausgabe von Anteilen,
- des Erwerbs oder der Einziehung eigener Anteile,
- der Zahlung von Dividenden,
- der Änderungen des Konsolidierungskreises und
- der übrigen Veränderungen

auf folgende Posten dargestellt:

- Gezeichnetes Kapital des Mutterunternehmens,
- Nicht eingeforderte ausstehende Einlagen des Mutterunternehmens,
- Kapitalrücklage,
- Erwirtschaftetes Konzerneigenkapital,
- Eigene Anteile, die zur Einziehung bestimmt sind,
- Kumuliertes übriges Konzernergebnis, soweit es auf die Gesellschafter des Mutterunternehmens entfällt,
- Eigenkapital des Mutterunternehmens gemäß Konzernbilanz,
- Eigene Anteile, die nicht zur Einziehung bestimmt sind,
- Eigenkapital des Mutterunternehmens,
- Eigenkapital der Minderheitsgesellschafter, davon: Minderheitenkapital, davon: Kumuliertes übriges Konzernergebnis, soweit es auf Minderheitsgesellschafter entfällt und
- Konzerneigenkapital.

16.2.3.3 Aufstellung von Eigenkapitalspiegeln

In der Regel erfolgt die Aufstellung der Eigenkapitalveränderungsrechnung manuell im Zuge der Aufstellung des Jahresabschlusses.

16.3 Kapitalflussrechnung

Lernziel 16-3
Kapitalflussrechnungen aufstellen können.

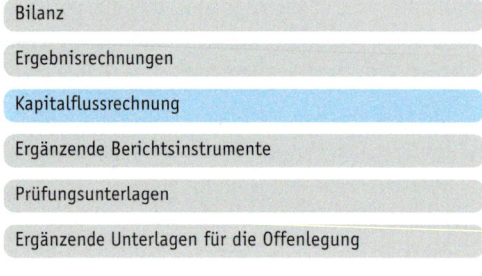

Die Kapitalflussrechnung wurde in diesem Buch bisher aus didaktischen Gründen in Kontoform mit nebeneinanderstehenden Posten dargestellt. Üblicherweise wird sie jedoch in *Staffelform* mit untereinander stehenden Posten aufgestellt (Deutsche Rechnungslegungs Standards: Nr. 2 Kapitalflussrechnung, Nummer 10). Für ihre Gliederung und ihre Inhalte gelten die nachfolgenden Regelungen.

16.3.1 Aufbau der Kapitalflussrechnung

Wie bereits zu Beginn dieses Buchs ausgeführt wurde (↗Kapitel 2.2.2), wird die Kapitalflussrechnung in Teilrechnungen zur Ermittlung folgender Cashflows untergliedert:
- Cashflow aus laufender Geschäftstätigkeit,
- Cashflow aus der Investitionstätigkeit,
- Cashflow aus der Finanzierungstätigkeit.

16.3.2 Direkte oder indirekte Ermittlung des Cashflows aus laufender Geschäftstätigkeit

Für die Ermittlung des Cashflows aus laufender Geschäftstätigkeit und damit für die Aufstellung der Kapitalflussrechnung gibt es zwei Varianten, die direkte und die indirekte Methode.

16.3.2.1 Kapitalflussrechnung nach der direkten Methode

Bei der Kapitalflussrechnung nach der direkten Methode wird der Cashflow aus laufender Geschäftstätigkeit durch die Gegenüberstellung von unsaldierten Auszahlungen und Einzahlungen ermittelt.

Für den Aufbau der Kapitalflussrechnung nach der direkten Methode gibt es im Handelsgesetzbuch keine Vorgaben. Der Aufbau erfolgt deshalb in der Regel entsprechend dem Mindestgliederungsschema des Deutschen Rechnungslegungs Standards: Nr. 2 Kapitalflussrechnung, Tabelle 5 (↗Abbildung 16-9).

16.3.2.2 Kapitalflussrechnung nach der indirekten Methode

Die Kapitalflussrechnung nach der indirekten Methode ist die in der Praxis dominierende Methode. Bei ihr wird der Cashflow aus laufender Geschäftstätigkeit durch eine Überleitungsrechnung aus dem in der Gewinn- und Verlustrechnung berechneten Jahresergebnis ermittelt. Dazu wird das Jahresergebnis insbesondere um zahlungsunwirksame Aufwendungen und Erträge und um Posten, die der Investitions- oder Finanzierungstätigkeit zuzuordnen sind, korrigiert.

Für den Aufbau der Kapitalflussrechnung nach der indirekten Methode gibt es im Handelsgesetzbuch keine Vorgaben. Der Aufbau erfolgt deshalb in der Regel entsprechend dem Mindestgliederungsschema des Deutschen Rechnungslegungs Standards: Nr. 2 Kapitalflussrechnung, Tabelle 6 (↗Abbildung 16-9).

16.3.3 Aufstellung von Kapitalflussrechnungen

Nach Durchführung der vorbereitenden Abschlussarbeiten (↗Kapitel 12.2) wird die Kapitalflussrechnung bei leistungsfähigen Buchführungssoftwaresystemen automatisch aus den Buchführungsdaten abgeleitet.

Anders als bei der Bilanz und bei der Gewinn- und Verlustrechnung gibt es keine direkte Zuordnung einzelner Konten zu Posten der Kapitalflussrechnung. Da aber alle Aus- und Einzahlungen über die Aktivkonten des Bilanzpostens »Aktiva.B.IV. Kassenbestand, Bundesbankguthaben, Guthaben bei Kreditinstituten und Schecks« verbucht werden, lassen sich aus den dabei verwendeten Gegenkonten Rückschlüsse

16.3 Kapitalflussrechnung

Abb. 16-9

Kapitalmarktorientierte Kapitalgesellschaften, ihnen gleichgestellte Gesellschaften und Konzerne müssen Kapitalflussrechnungen aufstellen.

Kapitalflussrechnung, Gliederungsschema I »Direkte Methode« gemäß Deutsche Rechnungslegungs Standards: Nr. 2, Tabelle 5

1.   Einzahlungen von Kunden für den Verkauf von Erzeugnissen, Waren und Dienstleistungen
2. – Auszahlungen an Lieferanten und Beschäftigte
3. + Sonstige Einzahlungen, die nicht der Investitions- oder Finanzierungstätigkeit zuzuordnen sind
4. – Sonstige Auszahlungen, die nicht der Investitions- oder Finanzierungstätigkeit zuzuordnen sind
5. ± Ein- und Auszahlungen aus außerordentlichen Posten
6. = **Cashflow aus laufender Geschäftstätigkeit (Summe aus 1 bis 5)**

7.   Einzahlungen aus Abgängen von Gegenständen des Sachanlagevermögens
8. – Auszahlungen für Investitionen in das Sachanlagevermögen
9. + Einzahlungen aus Abgängen von Gegenständen des immateriellen Anlagevermögens
10. – Auszahlungen für Investitionen in das immaterielle Anlagevermögen
11. + Einzahlungen aus Abgängen von Gegenständen des Finanzanlagevermögens
12. – Auszahlungen für Investitionen in das Finanzanlagevermögen
13. + Einzahlungen aus dem Verkauf von konsolidierten Unternehmen und sonstigen Geschäftseinheiten
14. – Auszahlungen aus dem Erwerb von konsolidierten Unternehmen und sonstigen Geschäftseinheiten
15. + Einzahlungen aufgrund von Finanzmittelanlagen im Rahmen der kurzfristigen Finanzdisposition
16. – Auszahlungen aufgrund von Finanzmittelanlagen im Rahmen der kurzfristigen Finanzdisposition
17. = **Cashflow aus der Investitionstätigkeit (Summe aus 7 bis 16)**

18.   Einzahlungen aus Eigenkapitalzuführungen (Kapitalerhöhungen, Verkauf eigener Anteile, etc.)
19. – Auszahlungen an Unternehmenseigner und Minderheitsgesellschafter (Dividenden, Erwerb eigener Anteile, Eigenkapitalrückzahlungen, andere Ausschüttungen)
20. + Einzahlungen aus der Begebung von Anleihen und der Aufnahme von (Finanz-)Krediten
21. – Auszahlungen aus der Tilgung von Anleihen und (Finanz-)Krediten
22. = **Cashflow aus der Finanzierungstätigkeit (Summe aus 18 bis 21)**

23.   **Zahlungswirksame Veränderungen des Finanzmittelfonds (Summe aus 6, 17, 22)**

24. ± Wechselkurs-, konsolidierungskreis- und bewertungsbedingte Änderungen des Finanzmittelfonds
25. + Finanzmittelfonds am Anfang der Periode
26. = **Finanzmittelfonds am Ende der Periode (Summe aus 23 bis 25)**

Kapitalflussrechnung, Gliederungsschema II »Indirekte Methode« gemäß Deutsche Rechnungslegungs Standards: Nr. 2, Tabelle 6

1.   Periodenergebnis (einschließlich Ergebnisanteilen von Minderheitsgesellschaftern) vor außerordentlichen Posten
2. ± Abschreibungen/Zuschreibungen auf Gegenstände des Anlagevermögens
3. ± Zunahme/Abnahme der Rückstellungen
4. ± Sonstige zahlungsunwirksame Aufwendungen/Erträge (bspw. Abschreibung auf ein aktiviertes Disagio)
5. ± Gewinn/Verlust aus dem Abgang von Gegenständen des Anlagevermögens
6. ± Zunahme/Abnahme der Vorräte, der Forderungen aus Lieferungen und Leistungen sowie anderer Aktiva, die nicht der Investitions- oder Finanzierungstätigkeit zuzuordnen sind
7. ± Zunahme/Abnahme der Verbindlichkeiten aus Lieferungen und Leistungen sowie anderer Passiva, die nicht der Investitions- oder Finanzierungstätigkeit zuzuordnen sind
8. ± Ein- und Auszahlungen aus außerordentlichen Posten
9. = **Cashflow aus laufender Geschäftstätigkeit (Summe aus 1 bis 8)**

10.   Einzahlungen aus Abgängen von Gegenständen des Sachanlagevermögens
11. – Auszahlungen für Investitionen in das Sachanlagevermögen
12. + Einzahlungen aus Abgängen von Gegenständen des immateriellen Anlagevermögens
13. – Auszahlungen für Investitionen in das immaterielle Anlagevermögen
14. + Einzahlungen aus Abgängen von Gegenständen des Finanzanlagevermögens
15. – Auszahlungen für Investitionen in das Finanzanlagevermögen
16. + Einzahlungen aus dem Verkauf von konsolidierten Unternehmen und sonstigen Geschäftseinheiten
17. – Auszahlungen aus dem Erwerb von konsolidierten Unternehmen und sonstigen Geschäftseinheiten
18. + Einzahlungen aufgrund von Finanzmittelanlagen im Rahmen der kurzfristigen Finanzdisposition
19. – Auszahlungen aufgrund von Finanzmittelanlagen im Rahmen der kurzfristigen Finanzdisposition
20. = **Cashflow aus der Investitionstätigkeit (Summe aus 10 bis 19)**

21.   Einzahlungen aus Eigenkapitalzuführungen (Kapitalerhöhungen, Verkauf eigener Anteile, etc.)
22. – Auszahlungen an Unternehmenseigner und Minderheitsgesellschafter (Dividenden, Erwerb eigener Anteile, Eigenkapitalrückzahlungen, andere Ausschüttungen)
23. + Einzahlungen aus der Begebung von Anleihen und der Aufnahme von (Finanz-)Krediten
24. – Auszahlungen aus der Tilgung von Anleihen und (Finanz-) Krediten
25. = **Cashflow aus der Finanzierungstätigkeit (Summe aus 21 bis 24)**

26.   **Zahlungswirksame Veränderungen des Finanzmittelfonds (Summe aus 9, 20, 25)**

27. ± Wechselkurs-, konsolidierungskreis- und bewertungsbedingte Änderungen des Finanzmittelfonds
28. + Finanzmittelfonds am Anfang der Periode
29. = **Finanzmittelfonds am Ende der Periode (Summe aus 26 bis 28)**

auf die Verwendungen der Zahlungen und damit die Zuordnung zu den Posten der Kapitalflussrechnung ziehen, wobei gegebenenfalls zwischengeschaltete Verbindlichkeiten und Forderungen zu berücksichtigen sind.

Beispiel 16-1

Die Buchung »Bank 119,00 € an Erlöse 19 % USt 100,00 € und Umsatzsteuer 19 % 19,00 €« bewirkt eine Erhöhung folgender Posten der Kapitalflussrechnung (Version: Direkte Methode gemäß Deutsche Rechnungslegungs Standards: Nr. 2 Kapitalflussrechnung, Tabelle 5):

- **1. Einzahlungen von Kunden für den Verkauf von Erzeugnissen, Waren und Dienstleistungen** um 100,00 € für die Erlöse und
- **3. Sonstige Einzahlungen, die nicht der Investitions- oder Finanzierungstätigkeit zuzuordnen sind**, um 19,00 € für die Umsatzsteuer.

16.4 Ergänzende Berichtsinstrumente

Lernziel 16-4
Die ergänzenden Berichtsinstrumente kennen.

- Bilanz
- Ergebnisrechnungen
- Kapitalflussrechnung
- **Ergänzende Berichtsinstrumente**
- Prüfungsunterlagen
- Ergänzende Unterlagen für die Offenlegung

Die ergänzenden Berichtsinstrumente können den Anhang, das Anlagengitter, den Segment- und den Lagebericht umfassen.

16.4.1 Anhang

Der Anhang hat im Wesentlichen die Aufgabe, die Jahresabschlussrechnungen bei der Vermittlung eines den tatsächlichen Verhältnissen entsprechenden Bildes der Vermögens-, Finanz- und Ertragslage (⌐ Kapitel 2) zu unterstützen. Der Anhang kann dabei vier Funktionen übernehmen (Coenenberg, A. G. und andere 2009a: Seite 857 f.):

- **Interpretationsfunktionen** durch die genauere Erläuterung der in den Jahresabschlussrechnungen ausgewiesenen Werte,
- **Korrekturfunktionen** durch die Vermeidung von Fehlinterpretationen der in den Jahresabschlussrechnungen ausgewiesenen Werte,
- **Entlastungsfunktionen** durch die Verlagerung von Angaben aus den Jahresabschlussrechnungen in den Anhang und
- **Ergänzungsfunktionen** durch die Bereitstellung zusätzlicher Informationen, die nicht in den Jahresabschlussrechnungen ausgewiesen werden.

Die Verknüpfung des Anhangs mit den Jahresabschlussrechnungen erfolgt, indem dort bei den betroffenen Posten numerische Verweise auf die entsprechenden Kapitel im Anhang gemacht werden.

16.4.1.1 Gliederung und Inhalt des Anhangs

Welche Angaben im Anhang im Einzelnen zu machen sind, wird insbesondere im Handelsgesetzbuch: § 284 Erläuterung der Bilanz und der Gewinn- und Verlustrechnung und § 285 Sonstige Pflichtangaben geregelt. Für die Gliederung des Anhangs gibt es hingegen keine gesetzlichen Vorgaben. Typischerweise erfolgt eine Unterteilung in folgende Teile:

(A) Grundlagen des Jahresabschlusses

Hier werden insbesondere folgende Angaben gemacht:

- angewandte gesetzliche Vorschriften,
- angewandte Bilanzierungs- und Bewertungsmethoden und Abweichungen davon.

(B) Erläuterungen zur Bilanz und zur Gewinn- und Verlustrechnung

Hier werden die einzelnen Posten der Bilanz und der Gewinn- und Verlustrechnung näher erläutert. In der Regel wird in diesem Teil auch das nachfolgend beschriebene Anlagengitter aufgeführt (⌐ Kapitel 16.4.2).

(C) Sonstige Angaben

Hier werden insbesondere folgende Angaben gemacht:

- Namen, Bezüge und Aktienbesitz von Organmitgliedern, wie Vorständen, Geschäftsführern und Aufsichtsräten,
- durchschnittliche Anzahl der während des Geschäftsjahres beschäftigten Arbeitnehmer,
- wesentliche Beteiligungen an anderen Unternehmen,
- Gesamthonorar der Abschlussprüfer für das Geschäftsjahr,
- nicht zu marktüblichen Bedingungen zustande gekommene wesentliche Geschäfte mit nahestehenden Unternehmen und Personen.

16.4.1.2 Aufstellung des Anhangs

Da der Anhang auch Texte umfasst, erfolgt seine Aufstellung in der Regel manuell im Zuge der Aufstellung des Jahresabschlusses.

16.4.2 Anlagengitter

Mittelgroße und große Unternehmen (Handelsgesetzbuch: § 274a Größenabhängige Erleichterungen, Nummer 1) müssen in ihrer Bilanz oder – was üblicher ist – im Anhang ihres Jahresabschlusses in einem sogenannten *Anlagengitter* beziehungsweise in einem *Anlagenspiegel* (↗ Abbildung 16-10) die Entwicklung ihres Anlagevermögens während des Geschäftsjahres darstellen (Handelsgesetzbuch: § 268 Vorschriften zu einzelnen Posten der Bilanz, Absatz 2).

Im Handelsgesetzbuch wird dabei ein *Brutto-Anlagengitter* vorgeschrieben, bei dem den ursprünglichen Anschaffungs- und Herstellungskosten die kumulierten Abschreibungen über die bisherigen Abschreibungszeiträume gegenüber gestellt werden. Beim *Netto-Anlagengitter* werden hingegen den Buchwerten zu Beginn des Geschäftsjahres die Abschreibungen während des Jahres gegenüber gestellt (DATEV 2010a: Seite 16).

Beim Brutto-Anlagengitter wird für die verschiedenen, entsprechend der Bilanzgliederung zusammengefassten Posten des Anlagevermögens in der Regel die Entwicklung der folgenden drei Posten ausgewiesen (Coenenberg, A. G. und andere 2009a: Seite 164 ff.):

(1) Anschaffungs- und Herstellungskosten

Die Entwicklung der historischen beziehungsweise der ursprünglichen Anschaffungs- und Herstellungskosten der Anlagegüter während des Geschäftsjahres wird über folgende Rechnung dargestellt:

    Bestand an Anlagegütern zu Anschaffungs- und Herstellungskosten zum Anfang des Geschäftsjahres
+ Zugänge an Anlagegütern zu Anschaffungs- und Herstellungskosten

---

Abb. 16-10

Der Fußballverein Borussia Dortmund führt in seinem Konzern-Anlagengitter für das Geschäftsjahr 2006/2007 unter immateriellen Vermögenswerten die Entwicklung der Spielerwerte auf. Als Anschaffungskosten der Fußballspieler werden dabei die geleisteten Transferzahlungen zuzüglich den den Transfers direkt zuzurechnenden Nebenkosten herangezogen. Die Abschreibungen darauf erfolgen linear über die Vertragslaufzeiten der Anstellungsverträge der Lizenzspieler (Borussia Dortmund GmbH & Co. KGaA 2007: Seite 142, 143 und 148).

in T€	Anschaffungs- und Herstellungskosten					Abschreibungen				Buchwerte	
	Stand 1.07.2006	Zugänge	Abgänge	Umbuchungen	Stand 30.06.2007	Stand 1.07.2006	Zugänge	Abgänge	Stand 30.06.2007	Stand 30.06.2006	Stand 30.06.2007
...											
Spielerwerte	36.286	10.218	18.457	3.125	31.172	33.518	4.944	18.457	20.005	2.768	11.167
...											

- Abgänge an Anlagegütern zu Anschaffungs- und Herstellungskosten
± Umbuchungen von Anschaffungs- und Herstellungskosten aufgrund von Umgliederungen innerhalb der Anlagegüter
= Bestand an Anlagegütern zu Anschaffungs- und Herstellungskosten zum Ende des Geschäftsjahres

(2) Kumulierte Abschreibungen

Die Entwicklung der kumulierten Abschreibungen der Anlagegüter während des Geschäftsjahres wird über folgende Rechnung dargestellt:

  Stand der kumulierten Abschreibungen zum Anfang des Geschäftsjahres
+ Zugänge von Abschreibungen auf die vorhandenen und die zugegangenen Anlagegüter
- Abgänge von kumulierten Abschreibungen auf die abgegangenen Anlagegüter
- Zuschreibungen aufgrund der Korrektur von früheren außerplanmäßigen Abschreibungen
± Umbuchungen von kumulierten Abschreibungen aufgrund von Umgliederungen innerhalb der Anlagegüter
= Stand der kumulierten Abschreibungen zum Ende des Geschäftsjahres

(3) Buchwerte

Als Ergebnis der vorangegangenen beiden Rechnungen ergeben sich die Buchwerte der Anlagegüter zum Anfang und zum Ende des Geschäftsjahres folgendermaßen:

  Anschaffungs- und Herstellungskosten
- Kumulierte Abschreibungen
= Buchwert

Beispiel 16-2

(1) Ein Unternehmen*, das bisher keine Maschinen hat, kauft im September des dem Kalenderjahr entsprechenden Geschäftsjahres 0001 eine Maschine mit einer betriebsgewöhnlichen Nutzungsdauer von 10 Jahren für 120 000,00 € zuzüglich Umsatzsteuer.

Der Kauf erhöht bei den Anschaffungs- und Herstellungskosten die Zugänge und den Stand zum Ende des Geschäftsjahres jeweils um 120 000,00 €.

Aufgrund einer monatsgenauen Abschreibung über vier Monate erhöht der Kauf bei den kumulierten Abschreibungen die Zugänge und den Stand zum Ende des Geschäftsjahres jeweils um 4 000,00 €.

Aus der Differenz der Anschaffungskosten und der kumulierten Abschreibungen ergibt sich damit bei den Buchwerten zum Ende des Geschäftsjahres 0001 ein Stand von 116 000,00 €.

Das Anlagengitter für das Geschäftsjahr 0001 für den Bilanzposten »A.II.2. Technische Anlagen und Maschinen« stellt sich somit folgendermaßen dar:

Anschaffungskosten Stand 01.01.0001	Anschaffungskosten Zugänge 0001	Anschaffungskosten Abgänge 0001	Anschaffungskosten Stand 31.12.0001
0,00 €	120 000,00 €	0,00 €	120 000,00 €

Kumul. Abschreibungen Stand 01.01.0001	Kumul. Abschreibungen Zugänge 0001	Kumul. Abschreibungen Abgänge 0001	Kumul. Abschreibungen Stand 31.12.0001
0,00 €	4 000,00 €	0,00 €	4 000,00 €

Buchwerte Stand 01.01.0001	Buchwerte Stand 31.12.0001
0,00 €	116 000,00 €

(2) Das unter (1) genannte Unternehmen* verkauft im März des Geschäftsjahres 0002 die Maschine für 80 000,00 € zuzüglich Umsatzsteuer.

Der Verkauf erhöht bei den Anschaffungs- und Herstellungskosten die Abgänge um 120 000,00 € und führt zu einem Stand am Ende des Geschäftsjahres von 0,00 €.

Aufgrund der monatsgenauen Abschreibung über zwei Monate erhöhen sich bei den kumulierten Abschreibungen die Zugänge um 2 000,00 € und aufgrund des Verkaufs die Abgänge um alle für die Maschine durchgeführten Abschreibungen in Höhe von 6 000,00 €, sodass sich ein Stand zum Ende des Geschäftsjahres von 0,00 € ergibt.

Aus der Differenz der Anschaffungskosten und der kumulierten Abschreibungen ergibt sich damit bei den Buchwerten zum Ende des Geschäftsjahres 0001 ein Stand von 0,00 €.

Das Anlagengitter für das Geschäftsjahr 0002 stellt sich somit folgendermaßen dar:

Anschaffungskosten Stand 01.01.0002	Anschaffungskosten Zugänge 0002	Anschaffungskosten Abgänge 0002	Anschaffungskosten Stand 31.12.0002
120 000,00 €	0,00 €	120 000,00 €	0,00 €

Kumul. Abschreibungen Stand 01.01.0002	Kumul. Abschreibungen Zugänge 0002	Kumul. Abschreibungen Abgänge 0002	Kumul. Abschreibungen Stand 31.12.0002
4 000,00 €	2 000,00 €	6 000,00 €	0,00 €

Buchwerte Stand 01.01.0002		Buchwerte Stand 31.12.0002	
	116 000,00 €		0,00 €

16.4.3 Segmentbericht

Da in den Jahresabschlussrechnungen alle Geschäftssegmente von Unternehmen zusammengefasst werden, ist es für Außenstehende schwierig, wenn nicht gar unmöglich, sich ein genaueres Bild der Situation und der Aussichten einzelner Geschäftssegmente zu machen. Der Segmentbericht hat insofern insbesondere bei diversifizierten Unternehmen die Aufgabe, Informationen über einzelne Segmente, wie Produktgruppen, Kundengruppen oder Regionen, bereitzustellen.

16.4.3.1 Gliederung und Inhalt des Segmentberichts

Das Handelsgesetzbuch schreibt für den Segmentbericht lediglich eine Aufgliederung der Umsatzerlöse vor (Handelsgesetzbuch: § 285 Sonstige Pflichtangaben, Nummer 4 und § 314 Sonstige Pflichtangaben, Absatz 1, Nummer 3). Eine darüber hinausgehende Konkretisierung erfolgt in den Deutschen Rechnungslegungs Standards: Nr. 3 Segmentberichterstattung. Danach bestehen je Segment folgende Angabepflichten:
- Beschreibung inklusive einer Erläuterung der verwendeten Segmentierungskriterien,
- Umsatzerlöse,
- Segmentergebnis inklusive enthaltener Abschreibungen, nicht zahlungswirksamer Posten und bestimmter Beteiligungsergebnisse,
- Vermögen einschließlich der Beteiligungen,
- Investitionen in das langfristige Vermögen,
- Schulden,
- gegebenenfalls Zinserträge, Zinsaufwendungen und Ertragsteuern, sowie
- optional Cashflows aus laufender Geschäftstätigkeit.

16.4.3.2 Aufstellung von Segmentberichten

Da der Segmentbericht auch Texte umfasst und weniger standardisiert als die Jahresabschlussrechnungen ist, erfolgt seine Aufstellung in der Regel manuell im Zuge der Aufstellung des Jahresabschlusses.

16.4.4 Lagebericht

Der Lagebericht ist kein Bestandteil des Jahresabschlusses, sondern ein eigenständiges Informationsinstrument, das bei der Offenlegung des Jahresabschlusses den entsprechenden Unterlagen beigefügt wird. Während der Jahresabschluss primär der Darstellung der Lage dient, hat der Lagebericht primär die Aufgabe, die Lage des Unternehmens zu analysieren und zu kommentieren und dadurch ein noch besseres Bild der tatsächlichen Situation des Unternehmens zu vermitteln (Beck 2010: § 289, Anmerkung 4).

16.4.4.1 Gliederung und Inhalt des Lageberichts

Der Lagebericht kann sich gemäß Handelsgesetzbuch: § 289 und § 289a Erklärung zur Unternehmensführung aus folgenden Berichten zusammensetzen (Coenenberg, A. G. und andere 2009a: Seite 935):

- Wirtschaftsbericht mit einer Darstellung und einer Analyse des Geschäftsverlaufs und der Lage,
- Risiko- und Prognosebericht,
- Nachtragsbericht,
- Bericht über die Finanzrisiken,
- Forschungs- und Entwicklungsbericht,
- Zweigniederlassungsbericht,
- Vergütungsbericht,
- Bericht über die Übernahmesituation,
- Bericht über das interne Kontroll- und Risikomanagementsystem sowie
- Erklärung zur Unternehmensführung.

16.4.4.2 Aufstellung von Lageberichten

Da der Lagebericht zu großen Teilen aus Texten besteht und weniger standardisiert als die Jahresabschlussrechnungen ist, erfolgt seine Aufstellung in der Regel manuell.

Zwischenübung Kapitel 16.4

Erstellen Sie unter der Annahme linearer, monatsgenauer Abschreibungen für den Bilanzposten »A.II.2. Technische Anlagen und Maschinen« die Anlagengitter eines Unternehmens* für die den Kalenderjahren entsprechenden Geschäftsjahre 0001 und 0002:

(A) Das Unternehmen*, das bisher keine Maschinen hat, kauft im Januar des Geschäftsjahres 0001 eine Maschine M1 mit einer betriebsgewöhnlichen Nutzungsdauer von 8 Jahren für 120 000,00 € zuzüglich Umsatzsteuer und eine Maschine M2 mit einer betriebsgewöhnlichen Nutzungsdauer von 10 Jahren für 200 000,00 € zuzüglich Umsatzsteuer:

Anschaffungskosten Stand 01.01.0001	Anschaffungskosten Zugänge 0001	Anschaffungskosten Abgänge 0001	Anschaffungskosten Stand 31.12.0001
0,00 €			

Kumul. Abschreibungen Stand 01.01.0001	Kumul. Abschreibungen Zugänge 0001	Kumul. Abschreibungen Abgänge 0001	Kumul. Abschreibungen Stand 31.12.0001
0,00 €			

Buchwerte Stand 01.01.0001	Buchwerte Stand 31.12.0001
0,00 €	

(B) Das Unternehmen* kauft im April des Geschäftsjahres 0002 eine Maschine M3 mit einer betriebsgewöhnlichen Nutzungsdauer von 9 Jahren für 216 000,00 € zuzüglich Umsatzsteuer und verkauft im Juli die Maschine M1 für 60 000,00 € zuzüglich Umsatzsteuer:

Anschaffungskosten Stand 01.01.0002	Anschaffungskosten Zugänge 0002	Anschaffungskosten Abgänge 0002	Anschaffungskosten Stand 31.12.0002

Kumul. Abschreibungen Stand 01.01.0002	Kumul. Abschreibungen Zugänge 0002	Kumul. Abschreibungen Abgänge 0002	Kumul. Abschreibungen Stand 31.12.0002

Buchwerte Stand 01.01.0002	Buchwerte Stand 31.12.0002
	M2 und M3: 358 000,00 €

16.5 Prüfungsunterlagen

- Bilanz
- Ergebnisrechnungen
- Kapitalflussrechnung
- Ergänzende Berichtsinstrumente
- **Prüfungsunterlagen**
- Ergänzende Unterlagen für die Offenlegung

Lernziel 16-5
Die aus der Prüfung resultierenden Unterlagen kennen.

16.5.1 Prüfungsbericht der Abschlussprüfer

Für Jahresabschlüsse und Lageberichte, die einer Prüfung durch Abschlussprüfer unterliegen, muss von den Wirtschaftsprüfern, die die Prüfung durchführen, ein Prüfungsbericht angefertigt werden. Dieser erläutert die Art und den Umfang der Prüfung sowie deren Ergebnisse (Handelsgesetzbuch: § 321 Prüfungsbericht).

Adressaten des Berichts sind in der Regel nur die gesetzlichen Vertreter und soweit vorhanden der Aufsichtsrat des Unternehmens. Eine darüber hinausgehende Offenlegung des Prüfungsberichts erfolgt hingegen normalerweise nicht.

16.5.2 Bestätigungsvermerk

Als Ergebnis der vorgenannten Prüfung wird gemäß Handelsgesetzbuch: § 322 Bestätigungsvermerk, Absatz 2 einer der folgenden Vermerke durch die Abschlussprüfer erteilt (Coenenberg, A. G. und andere 2009a: Seite 985 f.):

- Ein **uneingeschränkter Bestätigungsvermerk** wird bei keinen oder bei geringfügigen Beanstandungen erteilt.
- Ein **eingeschränkter Bestätigungsvermerk** wird bei maßgeblichen Beanstandungen erteilt.
- Ein **Versagungsvermerk** wird bei gravierenden Einwendungen erteilt oder weil der Abschlussprüfer sich nicht in der Lage sah, ein Prüfungsurteil abzugeben.

Anders als der Prüfungsbericht ist der Bestätigungsvermerk gemeinsam mit dem Jahresabschluss offenzulegen (Handelsgesetzbuch: § 325 Offenlegung, Absatz 1, Satz 2).

16.5.3 Bericht des Aufsichtsrates über die Prüfung des Jahresabschlusses

Haben Unternehmen einen Aufsichtrat, so muss dieser den Jahresabschluss, den Lagebericht und den Vorschlag für die Verwendung des Bilanzgewinns prüfen und der Gesellschafter- oder Hauptversammlung schriftlich über das Ergebnis seiner Prüfung berichten (Gesetz betreffend die Gesellschaften mit beschränkter Haftung: § 42a Vorlage des Jahresabschlusses und des Lageberichts, Absatz 1, Satz 3 und Aktiengesetz: § 171 Prüfung durch den Aufsichtsrat). Der Bericht umfasst folgende Elemente (Beck 2010: Vor § 325, Anmerkungen 28 ff.):

- Ergebnis der Prüfung,
- Mitteilung, wie und in welchem Umfang geprüft wurde,
- Stellungnahme des Aufsichtsrats zum Ergebnis der Prüfung,
- Erklärung zu zu erhebenden Einwendungen und
- Erklärung zur Billigung des Jahresabschlusses, womit dieser *festgestellt* ist.

16.6 Ergänzende Unterlagen für die Offenlegung

Lernziel 16-6
Die für die Offenlegung zusätzlich benötigten Unterlagen kennen.

- Bilanz
- Ergebnisrechnungen
- Kapitalflussrechnung
- Ergänzende Berichtsinstrumente
- Prüfungsunterlagen
- **Ergänzende Unterlagen für die Offenlegung**

Im Hinblick auf die Informationen, die offengelegt werden, wird insbesondere bei größeren Unternehmen zwischen den Unterlagen, die im Bundesanzeiger veröffentlicht werden, und den Unterlagen, die den Gesellschaftern beziehungsweise den Aktionären in einer gedruckten Version übergeben werden, unterschieden.

16.6.1 Ergänzende Unterlagen zur Veröffentlichung im Bundesanzeiger

Neben den in den vorangegangenen Kapiteln aufgeführten Unterlagen sind gemäß Handelsgesetzbuch: § 325 Offenlegung, Absatz 1 noch folgende Unterlagen beim Betreiber des elektronischen Bundesanzeigers in elektronischer Form einzureichen:

- Vorschlag und Beschluss über die Ergebnisverwendung unter Angabe des Jahresüberschusses/-fehlbetrages,
- Erklärung des Vorstandes und des Aufsichtsrates börsennotierter Aktiengesellschaften gemäß Aktiengesetz § 161 Erklärung zum Corporate Governance Kodex, dass den Empfehlungen der Regierungskommission *Deutscher Corporate Governance Kodex* (DCGK) entsprochen wurde und welchen Empfehlungen aus welchen Gründen nicht entsprochen wurde, und
- Datum der Feststellung des Jahresabschlusses.

16.6.2 Ergänzende Unterlagen zur Veröffentlichung in der Druckversion

Den Inhalten und der Gestaltung der Druckversionen der Geschäftsberichte großer Unternehmen wird inzwischen sehr große Aufmerksamkeit gewidmet, da sie ein wichtiges Marketinginstrument der sogenannten *Investor Relations*, also der Beziehungen zu bestehenden und zu potenziellen Aktionären und Gesellschaftern, darstellen. In der Druckversion werden den Geschäftsberichten häufig noch folgende Unterlagen beigefügt, ohne dass es dafür gesetzliche Vorgaben gibt (Rädeker, J./Dietz, K. 2011: Seite 72 ff.):

- Kennzahlenübersicht,
- Brief des Vorstands,
- Vorstellung des Managements,
- Bericht des Aufsichtsrats,
- Informationen zur Aktie und zum Wertmanagement,
- Finanzkalender,
- Organigramm des Unternehmens.

Schlüsselbegriffe Kapitel 16

- Berichtserstattung (↗ Kapitel 16)
- Reporting (↗ Kapitel 16)
- Geschäftsbericht (↗ Kapitel 16)
- Finanzbericht (↗ Kapitel 16)
- Jahresbericht (↗ Kapitel 16)
- Unternehmensbericht (↗ Kapitel 16)
- Bilanz (↗ Kapitel 16.1)
- Kontoform (↗ Kapitel 16.1)
- Leerposten (↗ Kapitel 16.1.4, 16.2.1.5)
- Ergebnisrechnung (↗ Kapitel 16.2)
- Staffelform (↗ Kapitel 16.2.1, 16.3)
- Finanzergebnis (↗ Kapitel 16.2.1.1)
- Betriebsergebnis (↗ Kapitel 16.2.1.1.1)
- Gesamtkostenverfahren (↗ Kapitel 16.2.1.1.1, 16.2.1.7.1)
- Produktionserfolgsrechnung (↗ Kapitel 16.2.1.1.1)
- Umsatzkostenverfahren (↗ Kapitel 16.2.1.1.1, 16.2.1.7.2)
- Absatzerfolgsrechnung (↗ Kapitel 16.2.1.1.1)

- Außerordentliches Ergebnis (↗ Kapitel 16.2.1.1.2)
- Rohergebnis (↗ Kapitel 16.2.1.2.2)
- Gesamtleistung (↗ Kapitel 16.2.1.2.3)
- Ergebnisverwendungsrechnung (↗ Kapitel 16.2.2)
- Eigenkapitalspiegel (↗ Kapitel 16.2.3)
- Eigenkapitalveränderungsrechnung (↗ Kapitel 16.2.3)
- Kapitalflussrechnung (↗ Kapitel 16.3)
- Cashflow aus laufender Geschäftstätigkeit (↗ Kapitel 16.3.1)
- Cashflow aus der Investitionstätigkeit (↗ Kapitel 16.3.1)
- Cashflow aus der Finanzierungstätigkeit (↗ Kapitel 16.3.1)
- Direkte Methode (↗ Kapitel 16.3.2.1)
- Indirekte Methode (↗ Kapitel 16.3.2.2)
- Berichtsinstrument (↗ Kapitel 16.4)
- Anhang (↗ Kapitel 16.4.1)
- Anlagengitter (↗ Kapitel 16.4.2)
- Anlagenspiegel (↗ Kapitel 16.4.2)
- Brutto-Anlagengitter (↗ Kapitel 16.4.2)
- Netto-Anlagengitter (↗ Kapitel 16.4.2)
- Segmentbericht (↗ Kapitel 16.4.3)
- Lagebericht (↗ Kapitel 16.4.4)
- Prüfungsunterlage (↗ Kapitel 16.5)
- Prüfungsbericht (↗ Kapitel 16.5.1)
- Bestätigungsvermerk (↗ Kapitel 16.5.2)
- Bericht des Aufsichtsrates (↗ Kapitel 16.5.3)
- Deutscher Corporate Governance Kodex (↗ Kapitel 16.6.1)

Fragen Kapitel 16

Frage 16-1: In welcher Form ist die Bilanz aufzustellen? (↗ Kapitel 16.1)

Frage 16-2: Mit welcher Gliederungstiefe muss die Bilanz nach herrschender Meinung mindestens aufgestellt werden? (↗ Kapitel 16.1.1.1)

Frage 16-3: Welcher Posten der Bilanz wird bei Einzelkaufleuten und Personenhandelsgesellschaften anders ausgewiesen als bei Kapitalgesellschaften? (↗ Kapitel 16.1.2)

Frage 16-4: Was sind Leerposten? (↗ Kapitel 16.1.4)

Frage 16-5: Welche Posten der Bilanz können alternativ im Anhang ausgewiesen werden? (↗ Kapitel 16.1.4)

Frage 16-6: Zu welchen drei Zeitpunkten im Hinblick auf die Ergebnisverwendung kann die Bilanz aufgestellt werden? (↗ Kapitel 16.1.5)

Frage 16-7: Wie werden die Posten »Gewinnvortrag« und »Jahresüberschuss« nach der Ergebnisverwendung in der Bilanz ausgewiesen? (↗ Kapitel 16.1.5)

Frage 16-8 (Vertiefung): Wie erfolgt die automatische Aufstellung von Bilanzen in Buchführungssoftwaresystemen? (↗ Kapitel 16.1.6)

Frage 16-9: In welcher Form wird die Gewinn- und Verlustrechnung üblicherweise aufgestellt? (↗ Kapitel 16.2.1)

Frage 16-10: Welche drei Teilergebnisse werden in der Gewinn- und Verlustrechnung ermittelt? (↗ Kapitel 16.2.1.1)

Frage 16-11: Mittels welcher zwei Verfahren kann das Betriebsergebnis ermittelt werden? (↗ Kapitel 16.2.1.1.1)

Frage 16-12: Welches Verfahren zur Ermittlung des Betriebsergebnisses basiert auf Verkaufsmengen? (↗ Kapitel 16.2.1.1.1)

Frage 16-13: Bei welchem Verfahren zur Ermittlung des Betriebsergebnisses werden Bestandsveränderungen separat ausgewiesen? (↗ Kapitel 16.2.1.1.1)

Frage 16-14 (Vertiefung): Welche drei Anforderungen müssen Geschäftsvorfälle erfüllen, um im außerordentlichen Ergebnis ausgewiesen zu werden? (↗ Kapitel 16.2.1.1.2)

Frage 16-15 (Vertiefung): Welche Posten muss die Gewinn- und Verlustrechnung nach herrschender Meinung mindestens umfassen? (↗ Kapitel 16.2.1.2.1)

Frage 16-16 (Vertiefung): Wie wird die Gesamtleistung beim Gesamtkostenverfahren ermittelt? (↗ Kapitel 16.2.1.2.3)

Frage 16-17: Unter welchem Posten werden die Anschaffungskosten von verkauften Waren beim Umsatzkostenverfahren ausgewiesen? (↗ Kapitel 16.2.1.3)

16.6 Die Aufstellung von Jahresabschlüssen und Lageberichten
Übungen

Frage 16-18: Welche Aufgabe hat die Ergebnisverwendungsrechnung? (↗ Kapitel 16.2.2)

Frage 16-19 (Vertiefung): In welchem Gesetz findet sich eine Gliederungsvorgabe für die Ergebnisverwendungsrechnung? (↗ Kapitel 16.2.2.2)

Frage 16-20 (Vertiefung): Welche Aufgabe hat der Eigenkapitalspiegel? (↗ Kapitel 16.2.3)

Frage 16-21: In welcher Form wird die Kapitalflussrechnung üblicherweise aufgestellt? (↗ Kapitel 16.3)

Frage 16-22 (Vertiefung): Wo finden sich Gliederungsvorgaben für die Kapitalflussrechnungen? (↗ Kapitel 16.3)

Frage 16-23: Welche drei Cashflows werden in der Kapitalflussrechnung ermittelt? (↗ Kapitel 16.3.1)

Frage 16-24: Worin unterscheidet sich die Kapitalflussrechnung nach der direkten von der nach der indirekten Methode? (↗ Kapitel 16.3.2)

Frage 16-25 (Vertiefung): Welche vier Funktionen erfüllt der Anhang? (↗ Kapitel 16.4.1)

Frage 16-26: Die Entwicklung welcher drei übergeordneter Posten wird im Anlagengitter dargestellt? (↗ Kapitel 16.4.2)

Frage 16-27: Welche Aufgabe hat der Segmentbericht? (↗ Kapitel 16.4.3)

Frage 16-28: Welche Aufgabe hat der Lagebericht im Vergleich zum Jahresabschluss? (↗ Kapitel 16.4.4)

Frage 16-29 (Vertiefung): Welche drei Ausprägungen des Bestätigungsvermerks gibt es? (↗ Kapitel 16.5.2)

Frage 16-30 (Vertiefung): Welche Unterlagen sind bei der Veröffentlichung im Bundesanzeiger gegebenenfalls noch einzureichen? (↗ Kapitel 16.6.1)

Übungen Kapitel 16

Übung 16-1

Kapitelreferenzen
↗ Kapitel 16.2.1.2.3

Im Rechnungswesen einer Aktiengesellschaft* mit zwei Produkten wurden zum Abschlussstichtag folgende Informationen über das zurückliegende Geschäftsjahr zusammengestellt (Hinweis: Nicht aufgeführte Posten sind jeweils mit dem Wert 0,00 € anzusetzen):

	Unternehmen	Produkt A	Produkt B
Verkaufsstückzahl		12 200 Stück	17 500 Stück
Fertigungsstückzahl		14 000 Stück	17 000 Stück
Nettoverkaufspreis je Stück		2 000,00 €/Stück	1 070,00 €/Stück
Herstellungskosten je Stück		901,28 €/Stück	594,98 €/Stück
Vertriebskosten	6 026 183,00 €		
Aufwendungen Betriebsstoffe	1 200 000,00 €		
Löhne	3 838 814,00 €		
Körperschaftsteuer	2 000 000,00 €		
Gezahlte Zinsen	1 000,00 €		
Abschreibungen	3 000 000,00 €		
Allgemeine Verwaltungskosten	1 920 051,00 €		
Grundsteuer	9 000,00 €		

Aktivierte Eigenleistungen	100 000,00 €
Kfz-Steuer	1 000,00 €
Gehälter	7 960 000,00 €
Sonstige betriebliche Erträge	116 322,00 €
Sonstige betriebliche Aufwendungen	887 322,00 €
Aufwendungen Rohstoffe	14 780 000,00 €
Gewerbesteuer	1 900 000,00 €
Erhaltene Zinsen	1 000,00 €

(1) Stellen Sie eine Gewinn- und Verlustrechnung nach dem Gesamtkostenverfahren mit vollem Gliederungsschema vor der Ergebnisverwendung für die Aktiengesellschaft auf (Hinweis: Leerposten und die mit kleinen Buchstaben versehenen Posten bei den Posten 5., 6. und 7. sind dabei nicht aufzuführen):

Posten	Beträge
1. Umsatzerlöse	
14. Ergebnis der gewöhnlichen Geschäftstätigkeit	13 000 000,00 €
20. Jahresüberschuss/Jahresfehlbetrag	

(2) Stellen Sie eine Gewinn- und Verlustrechnung nach dem Umsatzkostenverfahren mit vollem Gliederungsschema vor der Ergebnisverwendung für die Aktiengesellschaft auf (Hinweis: Leerposten, sind dabei nicht aufzuführen):

Posten	Beträge
3. Bruttoergebnis vom Umsatz	

13. Ergebnis der gewöhnlichen Geschäftstätigkeit	
19. Jahresüberschuss/Jahresfehlbetrag	9 090 000,00 €

Kapitelreferenzen
↗ Kapitel 8.3.1.4.3, ↗ Kapitel 16.4.2

Übung 16-2

Erstellen Sie unter der Annahme linearer, monatsgenauer Abschreibungen für den Bilanzposten »A.II.2. Technische Anlagen und Maschinen« das Anlagengitter eines Unternehmens* für die den Kalenderjahren entsprechenden Geschäftsjahre 0001 bis 0003:

(A) Das Unternehmen*, das bisher keine Maschinen hat, kauft im April des Geschäftsjahres 0001 eine Maschine M1 mit einer betriebsgewöhnlichen Nutzungsdauer von 8 Jahren für 134 400,00 € zuzüglich Umsatzsteuer:

Anschaffungskosten Stand 01.01.0001	Anschaffungskosten Zugänge 0001	Anschaffungskosten Abgänge 0001	Anschaffungskosten Stand 31.12.0001
0,00 €			

Kumul. Abschreibungen Stand 01.01.0001	Kumul. Abschreibungen Zugänge 0001	Kumul. Abschreibungen Abgänge 0001	Kumul. Abschreibungen Stand 31.12.0001
0,00 €			

Buchwerte Stand 01.01.0001	Buchwerte Stand 31.12.0001
0,00 €	

(B) Das Unternehmen* kauft im August des Geschäftsjahres 0002 eine Maschine M2 mit einer betriebsgewöhnlichen Nutzungsdauer von 10 Jahren für 108 000,00 € zuzüglich Umsatzsteuer:

Anschaffungskosten Stand 01.01.0002	Anschaffungskosten Zugänge 0002	Anschaffungskosten Abgänge 0002	Anschaffungskosten Stand 31.12.0002

Kumul. Abschreibungen Stand 01.01.0002	Kumul. Abschreibungen Zugänge 0002	Kumul. Abschreibungen Abgänge 0002	Kumul. Abschreibungen Stand 31.12.0002

Buchwerte Stand 01.01.0002	Buchwerte Stand 31.12.0002

(C) Das Unternehmen* verkauft im Februar des Geschäftsjahres 0003 die Maschine M1 für 80 000,00 € zuzüglich Umsatzsteuer und kauft im November eine Maschine M3 mit einer betriebsgewöhnlichen Nutzungsdauer von 9 Jahren für 194 400,00 € zuzüglich Umsatzsteuer:

Anschaffungskosten Stand 01.01.0003	Anschaffungskosten Zugänge 0003	Anschaffungskosten Abgänge 0003	Anschaffungskosten Stand 31.12.0003

Kumul. Abschreibungen Stand 01.01.0003	Kumul. Abschreibungen Zugänge 0003	Kumul. Abschreibungen Abgänge 0003	Kumul. Abschreibungen Stand 31.12.0003

Buchwerte Stand 01.01.0003	Buchwerte Stand 31.12.0003
	M2 und M3: 283 500,00 €

Lernstandsmonitor Kapitel 16

Kapitel		niedrig	mittel	hoch	Noch lernen
16.1 Bilanz	Wichtigkeit				
	Eigene Kompetenz				
16.2 Ergebnisrechnungen	Wichtigkeit				
	Eigene Kompetenz				
16.3 Kapitalflussrechnung	Wichtigkeit				
	Eigene Kompetenz				
16.4 Ergänzende Berichtsinstrumente	Wichtigkeit				
	Eigene Kompetenz				
16.5 Prüfungsunterlagen	Wichtigkeit				
	Eigene Kompetenz				
16.6 Ergänzende Unterlagen für die Offenlegung	Wichtigkeit				
	Eigene Kompetenz				

17 Die Analyse von Jahresabschlüssen zur Beurteilung von Unternehmen

Kapitelnavigator

Inhalt	Lernziel
17.1 Erfolgswirtschaftliche Jahresabschlussanalyse	17-1 Die Kennzahlen zur erfolgswirtschaftlichen Jahresabschlussanalyse kennen.
17.2 Finanzwirtschaftliche Jahresabschlussanalyse	17-2 Die Kennzahlen zur finanzwirtschaftlichen Jahresabschlussanalyse kennen.

Jill und Marc wissen nun, wie die Geschäftsvorfälle in ihren Unternehmen verbucht und wie die Jahresabschlüsse ihrer Unternehmen erstellt werden. Im Zuge der weiteren Expansion ihrer Unternehmen wollen sie sich aber auch über ihre Konkurrenten informieren. Sie laden sich deshalb deren Jahresabschlüsse im Internet herunter, um sie eingehend zu analysieren.

Die Analysen von Jahresabschlüssen werden nicht nur von Konkurrenten, sondern auch von verschiedenen anderen Stakeholdern durchgeführt. Investoren wollen beispielsweise das Potenzial von Unternehmen abschätzen können und Banken deren Risiken. Auch wenn es für solche Analysen inzwischen alternative Ansätze gibt, so beispielsweise mittels Diskriminanzanalysen oder neuronaler Netze (Küting, K./Weber, C.-P. 2006: Seite 349 ff.), erfolgt die überwiegende Zahl von Jahresabschlussanalysen nach wie vor auf der Basis von Kennzahlen. Dabei kommen zwei Arten von Kennzahlen zur Anwendung (Vahs, D./Schäfer-Kunz, J. 2007: Seite 286):

- *Absolute Kennzahlen* in Form von Einzelwerten oder Summen, Differenzen oder Mittelwerten von Einzelwerten, wie beispielsweise den in einem Geschäftsjahr erzielten Umsatzerlösen, und
- *Verhältniszahlen*, die zwei absolute Kennzahlen durch Division ins Verhältnis zueinander setzen, so beispielsweise das Ergebnis je Aktie.

Die Ergebnisse von Jahresabschlussanalysen müssen dabei immer im Kontext von zwei Haupteinflussgrößen gesehen werden:
- der Branche und
- der Unternehmensgröße.

So ist beispielsweise ein großer Automobilhersteller nur schwerlich mit einem kleinen Handelsunternehmen vergleichbar.

Zur Einführung in die Thematik werden wir uns nachfolgend kurz anschauen, welche Kennzahlen zur erfolgs- und welche zur finanzwirtschaftlichen Analyse von Jahresabschlüssen verwendet werden können.

17.1 Erfolgswirtschaftliche Jahresabschlussanalyse

Lernziel 17-1
Die Kennzahlen zur erfolgswirtschaftlichen Jahresabschlussanalyse kennen.

Erfolgswirtschaftliche Jahresabschlussanalyse

Finanzwirtschaftliche Jahresabschlussanalyse

Im Rahmen der erfolgswirtschaftlichen Jahresabschlussanalyse soll insbesondere die *Ertragslage* von Unternehmen beurteilt werden. Entsprechend steht im Fokus der Analyse die Gewinn- und Verlustrechnung. Die erfolgswirtschaftliche Analyse umfasst dabei die folgenden Analysen (Coenenberg, A. G. und andere 2009b: Seite 529 ff.).

$$\text{Return-on-Investment} = \frac{\text{Jahresüberschuss}}{\text{Gesamtkapital}}$$

$$\text{Umsatzrentabilität} = \frac{\text{EBIT}}{\text{Umsatzerlöse}}$$

Der EBIT (Earnings Before Interest and Taxes) ergibt sich dabei, indem der Jahresüberschuss um die darin enthaltenen Steuern und Zinsen korrigiert wird.

17.1.1 Rentabilitätsanalyse

Die Rentabilitätsanalyse dient der branchenübergreifenden Beurteilung der durch die Tätigkeit von Unternehmen erzielten Verzinsung. Für ihre Durchführung können folgende Kennzahlen verwendet werden:

$$\text{Eigenkapitalrentabilität} = \frac{\text{Jahresüberschuss}}{\text{Eigenkapital}}$$

17.1.2 Aufwandsstrukturanalyse

Die Aufwandsstrukturanalyse dient der brancheninternen Beurteilung der *Wirtschaftlichkeit* und der ihr zugrunde liegenden *Produktivität* (Vahs, D./Schäfer-Kunz, J. 2007: Seite 43). Für ihre Durchführung können folgende Kennzahlen verwendet werden, wenn eine Gewinn- und Verlustrechnungen nach dem Gesamtkostenverfahren vorliegt:

$$\text{Materialintensität} = \frac{\text{Materialaufwand}}{\text{Gesamtleistung}}$$

$$\text{Personalintensität} = \frac{\text{Personalaufwand}}{\text{Gesamtleistung}}$$

Liegt dagegen eine Gewinn- und Verlustrechnungen nach dem Umsatzkostenverfahren vor, können folgende Kennzahlen verwendet werden:

$$\text{Herstellungsintensität} = \frac{\text{Herstellungskosten}}{\text{Umsatzerlöse}}$$

$$\text{Vertriebsintensität} = \frac{\text{Vertriebskosten}}{\text{Umsatzerlöse}}$$

$$\text{Verwaltungsintensität} = \frac{\text{Allg. Verwaltungsk.}}{\text{Umsatzerlöse}}$$

Exkurs 17-1

Der Return-on-Investment und die Umsatzrentabilität deutscher Unternehmen

Der Return-on-Investment und die Umsatzrentabilität gehören nach wie vor zu den wichtigsten Kennzahlen zur Steuerung und Beurteilung von Unternehmen. Das Institut für Wirtschaftsprüfung der Universität des Saarlandes hat diese Kennzahlen deshalb für eine Reihe großer deutscher Unternehmen ermittelt:

- Die analysierten Unternehmen hatten im Jahr 2005 einen durchschnittlichen Return-on-Investment von 7,8 %. Spitzenreiter war dabei der Sportartikelhersteller Puma AG mit einem Return-on-Investment von 40 %, Schlusslicht der Arzneimittelhersteller Evotec AG mit −66,9 %.
- Die Umsatzrentabilität der DAX-Unternehmen lag im Jahr 2005 zwischen 17,6 %, die von der SAP AG erreicht wurde, und −4,6 %, die von der Infineon Technologies AG erzielt wurde.

Quellen: Deutschlands Top-Konzerne, in: Handelsblatt Nr. 161 vom 22.08.2005, Seite 11 und Umsatzrendite der Dax-Unternehmen 2000/2004/2005, unter: www.handelsblatt.com, Stand: 20.03.2006 und Vahs, D./Schäfer-Kunz, J. 2007: Seite 289.

17.2 Finanzwirtschaftliche Jahresabschlussanalyse

Erfolgswirtschaftliche Jahresabschlussanalyse

Finanzwirtschaftliche Jahresabschlussanalyse

Im Rahmen der finanzwirtschaftlichen Jahresabschlussanalyse sollen insbesondere die *Vermögens-* und die *Finanzlage* von Unternehmen beurteilt werden. Entsprechend steht im Fokus der Analyse die Bilanz und ergänzend die Kapitalflussrechnung. Die finanzwirtschaftliche Analyse umfasst dabei die folgenden Analysen (Coenenberg, A. G. und andere 2009b: Seite 535 ff.).

17.2.1 Investitionsanalyse

Die Investitionsanalyse dient der Beurteilung der Anpassungsfähigkeit von Unternehmen im Hinblick auf Beschäftigungsschwankungen. Für ihre Durchführung können folgende Kennzahlen verwendet werden:

$$\text{Anlageintensität} = \frac{\text{Anlagevermögen}}{\text{Gesamtvermögen}}$$

$$\text{Umlaufintensität} = \frac{\text{Umlaufvermögen}}{\text{Gesamtvermögen}}$$

17.2.2 Finanzierungsanalyse

Die Finanzierungsanalyse dient der branchenübergreifenden Beurteilung der finanziellen Stabilität und Abhängigkeit von Unternehmen. Für ihre Durchführung können folgende Kennzahlen verwendet werden:

$$\text{Eigenkapitalquote} = \frac{\text{Eigenkapital}}{\text{Gesamtkapital}}$$

$$\text{Verschuldungsgrad} = \frac{\text{Eigenkapital}}{\text{Fremdkapital}}$$

17.2.3 Liquiditätsanalyse

Die Liquiditätsanalyse dient der Beurteilung der Zahlungsfähigkeit von Unternehmen im Hinblick auf ihre Zahlungsverpflichtungen. Für ihre Durchführung können folgende Kennzahlen verwendet werden:

$$\text{Deckungsgrad A} = \frac{\text{Eigenkapital}}{\text{Anlagevermögen}}$$

$$\text{Deckungsgrad B} = \frac{\text{Eigenkap.} + \text{langfrist. Fremdkap.}}{\text{Anlagevermögen}}$$

$$\text{Liquidität 1. Grades} = \frac{\text{Liquide Mittel}}{\text{Kurzfristiges Fremdkapital}}$$

$$\text{Liquidität 2. Grades} = \frac{\text{Monetäres Umlaufvermögen}}{\text{Kurzfristiges Fremdkapital}}$$

$$\text{Liquidität 3. Grades} = \frac{\text{Umlaufvermögen}}{\text{Kurzfristiges Fremdkapital}}$$

Lernziel 17-2
Die Kennzahlen zur finanzwirtschaftlichen Jahresabschlussanalyse kennen.

Exkurs 17-2

Die Eigenkapitalquoten deutscher Unternehmen

Das Institut für Wirtschaftsprüfung der Universität des Saarlandes hat die Eigenkapitalquote für eine Reihe großer deutscher Unternehmen ermittelt. Die analysierten Unternehmen hatten im Jahr 2005 eine durchschnittliche Eigenkapitalquote von 39,7 %. Spitzenreiter war T-Online International mit einer Eigenkapitalquote von 90,9 %, Schlusslicht die Deutsche Post mit 5,4 %.

Quelle: Deutschlands Top-Konzerne, in: Handelsblatt Nr. 161 vom 22.08.2005, Seite 11 und Vahs, D./Schäfer-Kunz, J. 2007: Seite 753.

17.2 Die Analyse von Jahresabschlüssen zur Beurteilung von Unternehmen
Schlüsselbegriffe

Schlüsselbegriffe Kapitel 17

- Jahresabschlussanalyse (↗ Kapitel 17)
- Absolute Kennzahl (↗ Kapitel 17)
- Verhältniszahl (↗ Kapitel 17)
- Erfolgswirtschaftliche Jahresabschlussanalyse (↗ Kapitel 17.1)
- Ertragslage (↗ Kapitel 17.1)
- Rentabilitätsanalyse (↗ Kapitel 17.1.1)
- Eigenkapitalrentabilität (↗ Kapitel 17.1.1)
- Return-on-Investment (↗ Kapitel 17.1.1)
- EBIT (↗ Kapitel 17.1.1)
- Aufwandsstrukturanalyse (↗ Kapitel 17.1.2)
- Wirtschaftlichkeit (↗ Kapitel 17.1.2)
- Produktivität (↗ Kapitel 17.1.2)
- Materialintensität (↗ Kapitel 17.1.2)
- Personalintensität (↗ Kapitel 17.1.2)
- Herstellungsintensität (↗ Kapitel 17.1.2)
- Vertriebsintensität (↗ Kapitel 17.1.2)
- Verwaltungsintensität (↗ Kapitel 17.1.2)
- Finanzwirtschaftliche Jahresabschlussanalyse (↗ Kapitel 17.2)
- Vermögenslage (↗ Kapitel 17.2)
- Finanzlage (↗ Kapitel 17.2)
- Investitionsanalyse (↗ Kapitel 17.2.1)
- Anlageintensität (↗ Kapitel 17.2.1)
- Umlaufintensität (↗ Kapitel 17.2.1)
- Finanzierungsanalyse (↗ Kapitel 17.2.2)
- Eigenkapitalquote (↗ Kapitel 17.2.2)
- Verschuldungsgrad (↗ Kapitel 17.2.2)
- Liquiditätsanalyse (↗ Kapitel 17.2.3)
- Deckungsgrad A (↗ Kapitel 17.2.3)
- Deckungsgrad B (↗ Kapitel 17.2.3)
- Liquidität 1. Grades (↗ Kapitel 17.2.3)
- Liquidität 2. Grades (↗ Kapitel 17.2.3)
- Liquidität 3. Grades (↗ Kapitel 17.2.3)

Fragen Kapitel 17

Frage 17-1: Was soll mittels der erfolgswirtschaftlichen Analyse von Jahresabschlüssen beurteilt werden? (↗ Kapitel 17.1)

Frage 17-2: Welche Jahresabschlussrechnung steht im Mittelpunkt der erfolgswirtschaftlichen Analyse? (↗ Kapitel 17.1)

Frage 17-3: In welche zwei Analysen kann die erfolgswirtschaftliche Analyse weiter unterteilt werden? (↗ Kapitel 17.1)

Frage 17-4: Welche Kennzahlen werden zur erfolgswirtschaftlichen Analyse eingesetzt? (↗ Kapitel 17.1)

Frage 17-5: Was soll mittels der finanzwirtschaftlichen Analyse von Jahresabschlüssen beurteilt werden? (↗ Kapitel 17.2)

Frage 17-6: Welche Jahresabschlussrechnungen stehen im Mittelpunkt der finanzwirtschaftlichen Analyse? (↗ Kapitel 17.2)

Frage 17-7: In welche drei Analysen kann die finanzwirtschaftlichen Analyse weiter unterteilt werden? (↗ Kapitel 17.2)

Frage 17-8: Welche Kennzahlen werden zur finanzwirtschaftlichen Analyse eingesetzt? (↗ Kapitel 17.2)

Lernstandsmonitor Kapitel 17

Kapitel		niedrig	mittel	hoch	Noch lernen
17.1 Erfolgswirtschaftliche Jahresabschlussanalyse	Wichtigkeit				
	Eigene Kompetenz				
17.2 Finanzwirtschaftliche Jahresabschlussanalyse	Wichtigkeit				
	Eigene Kompetenz				

Epilog

Marc möchte den fantastischen Abschluss des Geschäftsjahres der Marcslight GmbH gebührend feiern und trifft sich dafür mit einer gewissen Jill, die einen – ihm von mehreren Seiten ausdrücklich empfohlenen – Cateringservice betreibt, die Jillsfood KG. Ergebnis dieses Treffens sind nicht nur viele Kinder, sondern auch die Gründung eines weltweit tätigen Konzerns, der JillAndMarc Group, aber das ist eine andere Geschichte …

Weiterführende Internetverweise

www.BuchfuehrungUndJahresabschluss.de: Internetportal zu diesem Buch.
www.youtube.com/buchfuehrung: Videokanal zu diesem Buch.

Wichtige Gesetzestexte
www.bundesrecht.juris.de/hgb/: Text des Handelsgesetzbuches.
www.bundesrecht.juris.de/estg/: Text des Einkommensteuergesetzes.
www.bundesrecht.juris.de/ustg_1980/: Text des Umsatzsteuergesetzes.

Bekanntmachungen
www.ebundesanzeiger.de: Elektronischer Bundesanzeiger.
www.handelsregister.de: Gemeinsames Registerportal der Länder.
www.insolvenzbekanntmachungen.de: Insolvenzbekanntmachungen der Insolvenzgerichte der Bundesrepublik Deutschland.
www.unternehmensregister.de: Unternehmensregister des Bundesministeriums der Justiz.

Deutsche Organisationen
www.apak-aoc.de: Abschlussprüferaufsichtskommission (APAK).
www.awv-net.de: Arbeitsgemeinschaft für wirtschaftliche Verwaltung e.V. (AWV).
www.bafin.de: Bundesanstalt für Finanzdienstleistungsaufsicht (BaFin).
www.bbh.de: Bundesverband selbständiger Buchhalter und Bilanzbuchhalter e.V. (b.b.h.)
www.bmas.de: Bundesministerium für Arbeit und Soziales (BMAS).
www.bmwi.de: Bundesministerium für Wirtschaft und Technologie (BMWI).
www.bstbk.de: Bundessteuerberaterkammer (BStBK).
www.bundesbank.de: Deutsche Bundesbank.
www.bundesfinanzministerium.de: Bundesministerium der Finanzen (BMF).
www.bvb.org: Bundesverband der vereidigten Buchprüfer e.V. (BvB).
www.bvbc.de: Bundesverband der Bilanzbuchhalter und Controller e.V. (BVBC).
www.bzst.bund.de: Bundeszentralamt für Steuern (BZSt).
www.corporate-governance-code.de: Regierungskommission Deutscher Corporate Governance Kodex.
www.dbvev.de: Deutscher Buchprüferverband e.V. (DBV).
www.deutsche-rentenversicherung.de: Deutsche Rentenversicherung.
www.drsc.de: Deutsches Rechnungslegungs Standards Committee e.V. (DRSC).
www.dvfa.de: Deutsche Vereinigung für Finanzanalyse und Asset Management e.V. (DVFA).
www.dwpv.de: Deutscher Wirtschaftsprüferverein e.V. (DWPV).
www.frep.info: Deutsche Prüfstelle für Rechnungslegung (DPR).
www.gcpas.org: German CPA Society – Verband der Certified Public Accountants in Deutschland e.V.
www.idw.de: Institut der Wirtschaftsprüfer in Deutschland e.V. (IDW).
www.wpk.de: Wirtschaftsprüferkammer (WPK).
www.wp-net.com: Verband für die mittelständische Wirtschaftsprüfung.
www.xbrl.de: XBRL Deutschland e.V.

Internationale Organisationen
www.aaa-edu.org: American Accounting Association (AAA).
www.aicpa.org: American Institute of Certified Public Accountants (AICPA).
www.bis.org: Bank for International Settlements (BIS) bei der auch der Basler Ausschusses für Bankenaufsicht angesiedelt ist.
www.cesr-eu.org: Committee of European Securities Regulators (CESR).
www.commoncontent.com: Common Content Project zur Vereinheitlichung der Zulassungsqualifikation von Wirtschaftsprüfern.
www.eaa-online.org: European Accounting Association (EAA).
www.efaa.com: European Federation of Accountants and Auditors for SMEs (EFAA).
www.efrag.org: European Financial Reporting Advisory Group (EFRAG).
www.emaa.de: European Management Accountants Association e.V. (EEMA).
www.ecb.int: European Central Bank (ECB).
www.fasb.org: Financial Accounting Standards Board (FASB).
www.iasb.org: International Accounting Standards Boards (IASB).
www.ifac.org: International Federation of Accountants (IFAC).
www.ifiar.org: International Forum of Independent Audit Regulators (IFIAR).

Weiterführende Internetverweise

www.iosco.org: International Organization of Securities Commissions (IOSCO).
www.ipiob.org: Public Interest Oversight Board (PIOB).
www.pcaobus.org: Public Company Accounting Oversight Board (PCAOB).
www.sec.gov: U. S. Securities and Exchange Commission (SEC).

Zeitschriften
www.accountancymagazine.com: Accountancy.
www.afajof.org: Journal of Finance (JoF).
www.bc-online.de: Zeitschrift für Bilanzierung, Rechnungswesen und Controlling.
www.cpaj.com: CPA Journal.
www.dstr.de: Deutsches Steuerrecht (DStR).
www.corporate-finance-fachportal.de: Corporate Finance.
www.kor-online.de: Zeitschrift für internationale und kapitalmarktorientierte Rechnungslegung (KoR).
www.wpg.de: Die Wirtschaftsprüfung (WPg).
www.zfcm.de: Zeitschrift für Controlling & Management (ZfCM).

Big-four-Wirtschaftsprüfungsgesellschaften
www.kpmg.de: KPMG Deutsche Treuhand-Gesellschaft AG.
www.ernstyoung.de: Ernst & Young AG.
www.deloitte.de: Deloitte & Touche GmbH Wirtschaftsprüfungsgesellschaft.
www.pwc.de: PricewaterhouseCoopers AG Wirtschaftsprüfungsgesellschaft.

Internetportale
www.abgabenrechner.de: Interaktiver Rechner des Bundesministeriums der Finanzen zur Ermittlung des Nettolohns.
www.aok-business.de: Internetportal des AOK-Bundesverbandes mit Informationen für Unternehmen zur gesetzlichen Krankenversicherung.
www.bilanzbuchhalter.de: Internetportal für angehende Bilanzbuchhalter.
www.bilmog2009.de: Internetportal zum Bilanzrechtsmodernisierungsgesetz.
www.das-elena-verfahren.de: Internetportal der Deutschen Rentenversicherung Bund zum elektronischen Entgeltnachweis (ELENA).
www.elster.de: Portal der deutschen Finanzverwaltung für elektronische Steuererklärungen.
www.externesrechnungswesen.de: Internetportal zum externen Rechnungswesen.
www.financialmanagementforbusiness.com: Internetportal zum gleichnamigen Buch mit Finanzsimulationen.
www.formulare-bfinv.de: Formular-Management-System (FMS) der Bundesfinanzverwaltung (BFinV).
www.geschaeftsberichte-portal.de: Internetportal mit Geschäftsberichten.
www.getthereport.com: Internetportal mit Geschäftsberichten.
www.iasplus.de: Nachrichtenseite zur internationalen Rechnungslegung.
www.ifrs-fachportal.de: Portal zu den International Financial Reporting Standards.
www.ifrs-portal.com: Portal zu den International Financial Reporting Standards.
www.jenak.de: Homepage mit aktuellen Informationen zur Lohn- und Gehaltsabrechnung.
www.minijob-zentrale.de: Internetportal der Minijob-Zentrale der Deutschen Rentenversicherung Knappschaft-Bahn-See.
www.rechnungswesenforum.de: Internetforum zum Rechnungswesen.
www.rechnungswesen-portal.de: Portal zum Rechnungswesen.
www.reportinvestor.com: Internetportal mit Geschäfsberichten.
www.steuerliches-info-center.de: Internetportal des Bundeszentralamtes für Steuern (BZSt) und der Finanzverwaltungen des Bundes und der Länder.
www.urbs.de/afa/home.htm: Übersicht über AfA-Tabellen.
www.youtube.com/datev: Videokanal der DATEV e.G.
www.zoll.de: Internetportal des Bundesministeriums der Finanzen zu Zollfragen.

Anbieter von Buchführungssoftwaresystemen
www.addison.de: ADDISON Software und Service GmbH
www.datev.de: DATEV e.G.
www.lexware.de: Lexware GmbH & Co. KG.
www.sage.de: Sage Software GmbH.
www.sap.com: SAP AG.
www.wiso-software.de: Buhl Data Service GmbH.

Literaturverzeichnis

Allianz SE 2008: Geschäftsbericht 2007 der Allianz Gruppe.

Alt, W./Loidl, C./Leuz, N. 1997: Kontierungs-ABC, 7. Auflage, Stuttgart 1997.

Anthony, R. N./Hawkins, D. F./Merchant, K. A. 2006: Accounting: Text and Cases, 12. Auflage, Boston 2006.

Antle, R./Garstka, S. J. 2004: Financial Accounting, 2. Auflage, Mason 2004.

Baetge, J./Kirsch, H.-J./Thiele, S. 2009: Bilanzen, 10. Auflage, Düsseldorf 2009.

Beck 2010: Beck'scher Bilanz-Kommentar – Handels- und Steuerbilanz, herausgegeben von: Ellrott, H./Förschle, G./Kozikowski, M./Winkeljohann, N., 7. Auflage, München 2010.

Bittlestone, R. 2010: Financial Management for Business – Cracking the Hidden Code, Cambridge und andere Orte 2010.

Bornhofen, M./Bornhofen, M. C. 2010a: Buchführung 1 – DATEV-Kontenrahmen 2010, 21. Auflage, Wiesbaden 2010.

Bornhofen, M./Bornhofen, M. C. 2010b: Steuerlehre 2 – Rechtslage 2009, 30. Auflage, Wiesbaden 2010.

Bornhofen, M./Bornhofen, M. C. 2011: Buchführung 2 – DATEV-Kontenrahmen 2010, 22. Auflage, Wiesbaden 2011.

Borussia Dortmund GmbH & Co. KGaA 2007: Geschäftsbericht Juli 2006 – Juni 2007.

Brockhoff, K. 2009: Betriebswirtschaftslehre in Wissenschaft und Geschichte, Wiesbaden 2009.

Bundesministerium der Finanzen 1971: Ertragsteuerliche Behandlung von Leasing-Verträgen über bewegliche Wirtschaftsgüter, Schreiben vom 19.04.1971, IV B/2 – S 2170 – 31/71, in: Bundessteuerblatt, Teil I, 1971, Seite 264 ff.

Bundesministerium der Finanzen 1995: Grundsätze ordnungsmäßiger DV-gestützter Buchführungssysteme (GoBS), Schreiben vom 07.11.1995, IV A 8 – S 0316 – 52/95, in: Bundessteuerblatt, Teil I, 1995, Seite 738 ff.

Bundesministerium der Finanzen 2000: AfA-Tabelle für die allgemein verwendbaren Anlagegüter, Schreiben vom 15.12.2000, in: Bundessteuerblatt, Teil I, 2000, Seite 1532 ff.

Bundesministerium der Finanzen 2008: Steuerliche Behandlung von Arbeitgeberdarlehen, Schreiben vom 01.10.2008, IV C 5 – S 2334/07/0009, in: Bundessteuerblatt, Teil I, 2008, Seite 892.

Bundesministerium der Finanzen 2009a: Umsatzsteuer; Steuerbefreiung gemäß § 4 Nr. 1 Buchst. b i. V. m. § 6a UStG für innergemeinschaftliche Lieferungen, Schreiben vom 06.01.2009, IV B 9 – S 7141/08/10001, in: Bundessteuerblatt, Teil I, 2009, Seite 60.

Bundesministerium der Finanzen 2009b: Lohnsteuerliche Behandlung von unentgeltlichen oder verbilligten Mahlzeiten der Arbeitnehmer ab Kalenderjahr 2010, Schreiben vom 03.12.2009, IV C 5 – S 2334/09/10011, in: Bundessteuerblatt, Teil I, 2009, Seite 1512.

Bundesministerium der Finanzen 2010a: Maßgeblichkeit der handelsrechtlichen Grundsätze ordnungsmäßiger Buchführung für die steuerliche Gewinnermittlung; Änderung des § 5 Absatz 1 EStG durch das Gesetz zur Modernisierung des Bilanzrechts (Bilanzrechtsmodernisierungsgesetz – BilMoG) vom 15. Mai 2009, Schreiben vom 12.03.2010, IV C 6 – S 2133/09/10001.

Bundesministerium der Finanzen 2010b: Richtsatzsammlung für das Kalenderjahr 2009 – Pauschbeträge für unentgeltliche Wertabgaben, Berlin 2010.

Bundesverband der Deutschen Industrie 1990: Industrie-Kontenrahmen (IKR) – Neufassung 1986 in Anpassung an das Bilanzrichtlinien-Gesetz (BiRiLiG), 3. Auflage, Bergisch Gladbach 1990.

Coenenberg, A. G. 2005: Jahresabschluss und Jahresabschlussanalyse, 20. Auflage, Stuttgart 2005.

Coenenberg, A. G./Haller, A./Mattner, G./Schultze, W. 2009b: Einführung in das Rechnungswesen – Grundzüge der Buchführung und Bilanzierung, 3. Auflage, Stuttgart 2009.

Coenenberg, A. G./Haller, A./Schultze, W. 2009a: Jahresabschluss und Jahresabschlussanalyse, 21. Auflage, Stuttgart 2009.

DATEV 2007: Betriebliches Rechnungswesen – Fachliche Grundlagen der Finanzbuchführung für Einsteiger, Nürnberg 2007.

DATEV 2008: Tabellen und Informationen für den steuerlichen Berater, Nürnberg 2008.

DATEV 2010a: Buchungsregeln für den Jahresabschluss, 5. Auflage, Nürnberg 2010.

DATEV 2010b: Ordnungsgemäße Belegführung – Der Beleg als Nachweis und Kontrollinstrument, Nürnberg 2010.

Deitermann, M./Schmolke, S./Rückwart W.-D. 2011: Industrielles Rechnungswesen – IKR, 40. Auflage, Braunschweig 2011.

Deutsche Bank AG 2011: Jahresabschluss und Lagebericht der Deutschen Bank AG 2010.

Deutsche Lufthansa AG 2008a: Jahresabschluss 2007 der Deutsche Lufthansa AG.

Deutsche Lufthansa AG 2008b: Geschäftsbericht 2007 des Lufthansa Konzerns.

Deutsches Rechnungslegungs Standards Committee (Herausgeber) 2009: Deutsche Rechnungslegungs Standards (DRS) – Grundwerk, Stuttgart 2009.

Döring, U./Buchholz, R. 2005: Buchhaltung und Jahresabschluss, 9. Auflage, Berlin 2005.

Eisele, W. 2002: Technik des betrieblichen Rechnungswesens, 7. Auflage, München 2002.

Falterbaum, H./Bolk, W./Reiß, W./Eberhart, R. 2007: Buchführung und Bilanz, 20. Auflage, Achim 2007.

Grimm-Curtius, H. O./Duchscherer, M. 1994: Finanzbuchhaltung nach dem GKR und IKR, 6. Auflage, München 1994.

Gutenberg, E. 1958: Einführung in die Betriebswirtschaftslehre, Wiesbaden 1990.

Hayn, S./Waldersee, G. G. 2008: IFRS / HGB / HGB-BilMoG im Vergleich, 7. Auflage, Stuttgart 2008.

Hayn, S./Waldersee, G. G./Benzel, U. 2009: HGB / HGB-BilMoG / Steuerbilanz im Vergleich, Stuttgart 2009.

Heinhold, M. 2006: Buchführung in Fallbeispielen, 10. Auflage, Stuttgart 2006.

Hodge, R. 2008: Accounting, London 2008.

Horngren, C. T./Harrison, W. T. 2007: Accounting, 7. Auflage, Upper Saddle River 2007.

Hugo Boss AG 2008: Geschäftsbericht zum Jahresabschluss für das Geschäftsjahr 2007 der Hugo Boss AG.

Institut der Wirtschaftsprüfer in Deutschland (Herausgeber) 2006: WP Handbuch 2006, Band 1, 13. Auflage, Düsseldorf 2006.

International Accounting Standards Committee 2008: International Financial Reporting Standards (IFRS) 2008 – Deutsch-Englische Textausgabe der von der EU gebilligten Standards, 2. Auflage, Weinheim 2008.

Jenak, K. 2010: Lehrgang der Lohn- und Gehaltsabrechnung, 26. Auflage, Stuttgart 2010.

Kosiol, E. 1976: Pagatorische Bilanz – Die Bewegungsbilanz als Grundlage einer integrativ verbundenen Erfolgs-, Bestands- und Finanzrechnung, Berlin 1976.

Küting, K./Hagemann Snabe, J./Rösinger, A./Wirth, J. (Herausgeber) 2010: Geschäftsprozessbasiertes Rechnungswesen, Stuttgart 2010.

Küting, K./Weber, C.-P. 2006: Die Bilanzanalyse, 8. Auflage, Stuttgart 2006.

Mößlang, G. (Herausgeber) 2008: Sölch/Ringleb – Umsatzsteuergesetz, 60. Auflage, München 2008.

Mullis, D./Orloff, J. 1998: Accounting Game: Basic Accounting Fresh from the Lemonade Stand, Naperville 1998.

Pacioli, L. 1494: Abhandlung über die Buchhaltung, Stuttgart 1997.

Rädeker, J./Dietz, K. 2011: Reporting – Unternehmenskommunikation als Imageträger, Mainz 2011.

Reeve, J. M./Warren, C. S./Duchac, J. E. 2007: Principles of Accounting, 22. Auflage, Mason 2007.

Schäfer-Kunz, J./Tewald, C.: Make-or-buy-Entscheidungen in der Logistik, Wiesbaden 1998.

Schär, J. F. 1911: Einführung in das Wesen der doppelten Buchhaltung auf wirtschaftlicher und mathematischer Grundlage für Ingenieure und andere gebildete Techniker, Berlin 1911.

Schär, J. F. 1921: Buchhaltung und Bilanz auf wirtschaftlicher, rechtlicher und mathematischer Grundlage, 4. Auflage, Saarbrücken 2007.

Schmalenbach, E. 1927: Der Kontenrahmen, in: Zeitschrift für handelswissenschaftliche Forschung, 1927, Seite 385–475.

Schmalenbach, E. 1950: Das Rechnungswesen der Betriebe, Band 1: Die doppelte Buchführung, Köln und Opladen 1950.

Schmalenbach, E. 1956: Dynamische Bilanz, 12. Auflage, Köln und Opladen 1956.

Schneider, D. 2001: Betriebswirtschaftslehre, Band 4: Geschichte und Methoden der Wirtschaftswissenschaften, München 2001.

Siemens AG 2008: Geschäftsbericht 2007.

Simon, H. V. 1886: Die Bilanzen der Aktiengesellschaft und der Kommanditgesellschaft auf Aktien, Berlin 1886.

Ulmer, P. (Herausgeber) 2002: HGB-Bilanzrecht, Teilband 1, Berlin, New York 2002.

Vahs, D./Schäfer-Kunz, J. 2007: Einführung in die Betriebswirtschaftslehre, 5. Auflage, Stuttgart 2007.

Volkswagen AG 2008: Jahresabschluss zum 31.12.2007.

Weber, J./Weißenberger, B. E. 2010: Einführung in das Rechnungswesen – Bilanzierung und Kostenrechnung, 8. Auflage, Stuttgart 2010.

Weygandt, J. J./Kieso, D. E./Kimmel, P. D. 2005: Financial Accounting, 5. Auflage, Hoboken 2005.

Wöhe, G./Kußmaul, H. 2006: Grundzüge der Buchführung und Bilanztechnik, 5. Auflage, München 2006.

Wöltje, J. 2001: Buchführung und Jahresabschluss, Stuttgart, Berlin und Köln 2001.

Industriekontenplan (IKP) für die Aus- und Weiterbildung 2011

0 Immaterielle Vermögensgegenstände und Sachanlagen

0000 Ausstehende Einlagen
0020 Eingeforderte Einlagen

Immaterielle Vermögensgegenstände
0200 Konzessionen, gewerbliche Schutzrechte und ähnliche Rechte und Werte sowie Lizenzen an solchen Rechten und Werten
0300 Geschäfts- oder Firmenwert

Sachanlagen

Grundstücke, grundstücksgleiche Rechte und Bauten einschließlich der Bauten auf fremden Grundstücken
0500 Unbebaute Grundstücke
0510 Bebaute Grundstücke
0530 Betriebsgebäude
0540 Verwaltungsgebäude
0560 Grundstückseinrichtungen
0570 Gebäudeeinrichtungen

Technische Anlagen und Maschinen[1]
0700 Technische Anlagen und Maschinen

Andere Anlagen, Betriebs- und Geschäftsausstattung
0800 Andere Anlagen
0810 Werkstätteneinrichtung
0840 Fuhrpark
0850 Sonstige Betriebs- und Geschäftsausstattung
0860 Büromaschinen, Organisationsmittel und Kommunikationsanlagen
0870 Büromöbel und sonstige Geschäftsausstattung
0890 Geringwertige Vermögensgegenstände der Betriebs- und Geschäftsausstattung
0891 Wirtschaftsgüter größer 150 bis 1 000 Euro (Sammelposten)[1]

Geleistete Anzahlungen und Anlagen im Bau
0900 Geleistete Anzahlungen auf Sachanlagen
0950 Anlagen im Bau

1 Finanzanlagen
1300 Beteiligungen
1500 Wertpapiere des Anlagevermögens
1600 Sonstige Ausleihungen (Sonstige Finanzanlagen)
1690 Übrige sonstige Finanzanlagen

2 Umlaufvermögen und aktive Rechnungsabgrenzung

Vorräte

2000 Roh-, Hilfs- und Betriebsstoffe (Bestand)[2]
2010 Rohstoffe (Bestand)[2]
2020 Hilfsstoffe (Bestand)[2]
2030 Betriebsstoffe (Bestand)[2]

Unfertige Erzeugnisse, unfertige Leistungen (Bestand)[2]
2100 Unfertige Erzeugnisse (Bestand)[2]
2190 Unfertige Leistungen (Bestand)[2]

Fertige Erzeugnisse und Waren (Bestand)[2]
2200 Fertige Erzeugnisse (Bestand)[2]
2280 Waren (Bestand)[2]

2300 Geleistete Anzahlungen auf Vorräte
2301 Geleistete Anzahlungen, 7 % Vorsteuer[1]
2308 Geleistete Anzahlungen, 19 % Vorsteuer[1]

Forderungen und sonstige Vermögensgegenstände

Forderungen aus Lieferungen und Leistungen
2400 Forderungen aus Lieferungen und Leistungen
2470 Zweifelhafte Forderungen[1]

2600 Abziehbare Vorsteuer[2]
2601 Abziehbare Vorsteuer 7 %[2]
2602 Abziehbare Vorsteuer aus innergemeinschaftlichem Erwerb[1]
2604 Abziehbare Vorsteuer aus innergemeinschaftlichem Erwerb 19 %[1]
2605 Abziehbare Vorsteuer 19 %[2]
2621 Umsatzsteuerforderungen
2628 Bezahlte Einfuhrumsatzsteuer
2629 Vorsteuer im Folgejahr abziehbar
2630 Sonstige Forderungen an Finanzbehörden
2650 Forderungen an Mitarbeiter, an Organmitglieder und an Gesellschafter
2669 Sonstige Vermögensgegenstände[1]

2700 Wertpapiere des Umlaufvermögens[2]
2790 Sonstige Wertpapiere

Flüssige Mittel
2800 Bank (Guthaben bei Kreditinstituten)[2]
2880 Kasse

2900 Aktive Rechnungsabgrenzung
2901 Damnum/Disagio
2950 Aktive latente Steuern[2]

3 Eigenkapital und Rückstellungen

Eigenkapital

Bei Einzelunternehmern und Personengesellschafen[2]
3000 Festkapitalkonto
3010 Veränderliches Kapitalkonto
3020 Privatkonto

Bei Kapitalgesellschaften
3000 Gezeichnetes Kapital
3050 Noch nicht eingeforderte Einlagen

3100 Kapitalrücklage
3110 Aufgeld aus der Ausgabe von Anteilen

3200 Gewinnrücklagen
3210 Gesetzliche Rücklagen
3230 Satzungsmäßige Rücklagen
3240 Andere Gewinnrücklagen

3300 Ergebnisverwendung
3310 Jahresergebnis (Jahresüberschuss/Jahresfehlbetrag) des Vorjahrs
3320 Ergebnisvortrag vor Verwendung[2]
3321 Ergebnisvortrag nach Verwendung[1]
3330 Entnahmen aus der Kapitalrücklage
3340 Veränderungen der Gewinnrücklagen vor Bilanzergebnis
3350 Bilanzergebnis (Bilanzgewinn/Bilanzverlust)
3360 Ergebnisausschüttung
3390 Ergebnisvortrag auf neue Rechnung
3391 Vortrag auf neue Rechnung (GuV)[1]

3400 Jahresüberschuss/Jahresfehlbetrag

3600 Wertberichtigungen
3670 Einzelwertberichtigungen zu Forderungen[1]
3680 Pauschalwertberichtigungen zu Forderungen[1]

Rückstellungen

3700 Rückstellungen für Pensionen und ähnliche Verpflichtungen

3800 Steuerrückstellungen
3805 Gewerbesteuerrückstellungen[2]
3810 Körperschaftsteuerrückstellungen[2]
3850 Passive latente Steuern[2]

3900 Sonstige Rückstellungen
3910 Sonstige Rückstellungen für Gewährleistung
3920 Sonstige Rückstellungen – Rechts- und Beratungskosten
3930 Sonstige Rückstellungen für andere ungewisse Verbindlichkeiten
3970 Sonstige Rückstellungen für drohende Verluste aus schwebenden Geschäften
3980 Sonstige Rückstellungen für unterlassene Instandhaltung
3990 Sonstige Rückstellungen für andere Aufwendungen

4 Verbindlichkeiten und passive Rechnungsabgrenzung

Anleihen
4100 Anleihen, konvertibel[2]
4150 Anleihen, nicht konvertibel[2]

4200 Verbindlichkeiten gegenüber Kreditinstituten
4210 – Restlaufzeit bis 1 Jahr[1]
4230 – Restlaufzeit 1 bis 5 Jahre[1]
4240 – Restlaufzeit größer 5 Jahre[1]

4300 Erhaltene Anzahlungen auf Bestellungen
4301 Erhaltene Anzahlungen 7 % USt[1]
4308 Erhaltene Anzahlungen 19 % USt[1]

Verbindlichkeiten aus Lieferungen und Leistungen
4400 Verbindlichkeiten aus Lieferungen und Leistungen[2]

4800 Umsatzsteuer
4801 Umsatzsteuer 7 %[2]
4802 Umsatzsteuer aus innergemeinschaftlichem Erwerb[1]
4804 Umsatzsteuer aus innergemeinschaftlichem Erwerb 19 %[1]
4805 Umsatzsteuer 19 %[2]
4820 Umsatzsteuer-Vorauszahlungen[2]
4821 Umsatzsteuervorauszahlung 1/11

4830 Verbindlichkeiten aus Steuern und Abgaben[2]
4831 Verbindlichkeiten aus Lohn- und Kirchensteuer[1]
4840 Verbindlichkeiten gegenüber Sozialversicherungsträgern
4849 Voraussichtliche Beitragsschuld gegenüber den Sozialversicherungsträgern[1]
4850 Verbindlichkeiten gegenüber Mitarbeitern, Organmitgliedern und Gesellschaftern
4858 Verbindlichkeiten gegenüber Gesellschaftern

4860 Andere sonstige Verbindlichkeiten
4866 Verbindlichkeiten aus Vermögensbildung[1]
4890 Sonstige Verbindlichkeiten[2]

4900 Passive Rechnungsabgrenzung

5 Erträge

5000 Umsatzerlöse
5050 Steuerfreie Umsätze § 4 Nr. 1a UStG[2]
5055 Steuerfreie innergemeinschaftliche Lieferungen § 4 Nr. 1b UStG[2]
5060 Steuerfreie Umsätze § 4 Nr. 8 ff. UStG
5080 Erlöse 7 % USt[2]
5100 Erlöse 19 % USt[2]

Erlösberichtigungen[2]
5160 Gewährte Skonti[2]
5161 Gewährte Skonti 7 % USt[2]
5165 Gewährte Skonti 19 % USt[2]
5170 Gewährte Boni[2]
5171 Gewährte Boni 7 % USt[2]
5175 Gewährte Boni 19 % USt[2]
5177 Gewährte Rabatte[2]
5178 Gewährte Rabatte 7 % USt[1]
5179 Gewährte Rabatte 19 % USt[1]
5180 Andere Erlösberichtigungen
5181 Andere Erlösberichtigungen 7 % USt[2]
5185 Andere Erlösberichtigungen 19 % USt[2]

Erhöhung oder Verminderung des Bestandes an unfertigen und fertigen Erzeugnissen
5210 Bestandsveränderungen – unfertige Erzeugnisse[2]
5215 Bestandsveränderungen – unfertige Leistungen[1]
5220 Bestandsveränderungen – fertige Erzeugnisse[2]

5300 Andere aktivierte Eigenleistungen

5400 Sonstige betriebliche Erträge
5401 Nebenerlöse aus Vermietung und Verpachtung[2]
5410 Sonstige Erlöse
5420 Eigenverbrauch (umsatzsteuerpflichtige Lieferungen und Leistungen ohne Entgelt)
5430 Andere sonstige betriebliche Erträge
5435 Verrechnete sonstige Sachbezüge[1]
5440 Erträge aus Werterhöhungen von Gegenständen des Anlagevermögens
5450 Erträge aus Werterhöhungen von Gegenständen des Umlaufvermögens außer Vorräten und Wertpapieren

5451 Erträge aus der Auflösung oder Herabsetzung der Einzelwertberichtigungen
5452 Erträge aus der Auflösung oder Herabsetzung der Pauschalwertberichtigungen
5454 Erträge aus der Währungsumrechnung[2]
5460 Erträge aus dem Abgang von Vermögensgegenständen
5462 Erträge aus dem Abgang von Sachanlagen
5481 Erträge aus der Auflösung von (nicht verbrauchten) Rückstellungen

Periodenfremde Erträge
5495 Zahlungseingänge auf abgeschriebene Forderungen

5500 Erträge aus Beteiligungen

5600 Erträge aus anderen Wertpapieren und Ausleihungen des Finanzlagevermögens

5700 Sonstige Zinsen und ähnliche Erträge
5710 Bankzinsen
5770 Aufzinsungserträge
5781 Zinsen und Dividenden aus Wertpapieren des Umlaufvermögens
5783 Erträge aus der Zuschreibung zu Wertpapieren des Umlaufvermögens
5784 Erträge aus dem Abgang von Wertpapieren des Umlaufvermögens
5790 Übrige sonstige Zinsen und ähnliche Erträge

5800 Außerordentliche Erträge

6 Betriebliche Aufwendungen

Materialaufwand

6000 Aufwendungen für Roh-, Hilfs- und Betriebsstoffe und für bezogene Waren
6010 Aufwendungen für Rohstoffe[2]
6020 Aufwendungen für Hilfsstoffe[2]
6030 Aufwendungen für Betriebsstoffe[2]
6040 Verpackungsmaterial
6070 Sonstiges Material
6080 Aufwendungen für Waren
6085 Innergemeinschaftlicher Erwerb[1]

6098 Bezugsnebenkosten[1]
6099 Zölle und Einfuhrabgaben[1]

Aufwendungen für bezogene Leistungen
6100 Fremdleistungen für Erzeugnisse und andere Umsatzleistungen
6110 Fremdleistungen für die Auftragsgewinnung[2]
6140 Frachten und Fremdlager (inklusive Versicherung und anderer Nebenkosten)
6130 Weitere Fremdleistungen
6145 Frachten und Fremdlager für Ausgangsware
6150 Vertriebsprovisionen
6160 Fremdinstandhaltung und Reparaturmaterial
6170 Sonstige Aufwendungen für bezogene Leistungen

Aufwandsberichtigungen[2]
6180 Erhaltene Skonti[2]
6181 Erhaltene Skonti 7 % Vorsteuer[2]
6185 Erhaltene Skonti 19 % Vorsteuer[2]
6187 Erhaltene Rabatte[2]
6188 Erhaltene Rabatte 7 % Vorsteuer[1]
6189 Erhaltene Rabatte 19 % Vorsteuer[1]
6190 Erhaltene Boni[2]
6191 Erhaltene Boni 7 % Vorsteuer[2]
6195 Erhaltene Boni 19 % Vorsteuer[2]
6197 Andere Aufwandsberichtigungen
6198 Andere Aufwandsberichtigungen 7 % Vorsteuer[2]
6199 Andere Aufwandsberichtigungen 19 % Vorsteuer[2]

Personalaufwand

6200 Löhne
6221 Vermögenswirksame Leistungen für Lohnempfänger[1]
6230 Freiwillige Zuwendungen
6260 Vergütungen an gewerbliche Auszubildende
6291 Pauschale Steuer mit Lohncharakter[1]

6300 Gehälter
6321 Vermögenswirksame Leistungen für Gehaltsempfänger[1]
6330 Freiwillige Zuwendungen
6360 Vergütungen an technische/kaufmännische Auszubildende
6391 Pauschale Steuer mit Gehaltscharakter[1]

Soziale Abgaben
6400 Arbeitgeberanteil zur Sozialversicherung (Lohnbereich)
6410 Arbeitgeberanteil zur Sozialversicherung (Gehaltsbereich)
6420 Beiträge zur Berufsgenossenschaft

Aufwendungen für Altersversorgung
6480 Sonstige Aufwendungen für Altersversorgung

Abschreibungen

Abschreibungen auf Anlagevermögen
6510 Abschreibungen auf immaterielle Vermögensgegenstände des Anlagevermögens
6520 Abschreibungen auf Grundstücke und Gebäude
6530 Abschreibungen auf Sachanlagen[2]
6540 Abschreibungen auf andere Anlagen, Betriebs und Geschäftsausstattung
6544 Abschreibungen auf Fuhrpark
6547 Abschreibungen auf den Sammelposten Wirtschaftsgüter[1]
6548 Sofortabschreibungen geringwertiger Wirtschaftsgüter[1]
6549 Abschreibungen auf geringwertige Wirtschaftsgüter
6550 Außerplanmäßige Abschreibungen auf Sachanlagen

Abschreibungen auf Umlaufvermögen (soweit das in der Gesellschaft übliche Maß überschreitend)
6570 Unübliche Abschreibungen auf Vorräte
6580 Unübliche Abschreibungen auf Forderungen und sonstige Vermögensgegenstände

Sonstige betriebliche Aufwendungen

Sonstige Personalaufwendungen
6610 Aufwendungen für übernommene Fahrtkosten
6680 Ausgleichsabgabe nach dem Schwerbehindertengesetz

Aufwendungen für die Inanspruchnahme von Rechten und Diensten
6700 Miete (unbewegliche Wirtschaftsgüter)[2]
6701 Heizung[1]
6702 Gas, Strom, Wasser[1]
6703 Reinigung[1]
6710 Leasing
6715 Pacht (unbewegliche Wirtschaftsgüter)[1]
6720 Lizenzen und Konzessionen
6730 Gebühren
6750 Nebenkosten des Geldverkehrs[2]
6760 Provisionen
6770 Prüfung, Beratung, Rechtsschutz

Aufwendungen für Kommunikation (Dokumentation, Informatik, Reisen, Werbung)
6800 Bürobedarf[2]
6810 Zeitungen und Fachliteratur
6821 Porto
6822 Telefon
6830 Sonstige Kommunikationsmittel
6840 Fahrzeugkosten[1]
6850 Reisekosten
6861 Bewirtungskosten[2]
6863 Repräsentationskosten
6864 Nicht abzugsfähige Bewirtungskosten[1]
6870 Werbung
6871 Geschenke abzugsfähig[2]
6872 Geschenke nicht abzugsfähig[2]
6873 Übrige Werbeaufwendungen
6880 Spenden[1]

Aufwendungen für Beiträge und Sonstiges sowie Wertkorrekturen und periodenfremde Aufwendungen
6900 Versicherungen[2]
6910 Kfz-Versicherungsbeiträge
6920 Beiträge zu Wirtschaftsverbänden und Berufsvertretungen
6930 Andere sonstige betriebliche Aufwendungen
6945 Sonstiger Betriebsbedarf[1]
6951 Abschreibungen auf Forderungen wegen Uneinbringlichkeit
6952 Einzelwertberichtigungen
6953 Pauschalwertberichtigungen
6954 Aufwendungen aus der Währungsumrechnung[2]
6960 Verluste aus dem Abgang von Vermögensgegenständen
6962 Verluste aus dem Abgang von Sachanlagen
6980 Zuführungen zu Rückstellungen soweit nicht unter anderen Aufwendungen erfassbar
6981 Zuführungen für Gewährleistung

6990 Periodenfremde Aufwendungen

7 Weitere Aufwendungen

Betriebliche Steuern
7020 Grundsteuer
7030 Kraftfahrzeugsteuer
7070 Ausfuhrzölle
7080 Verbrauchsteuern
7090 Sonstige betriebliche Steuern
7091 Steuernachzahlungen Vorjahre für sonstige Steuern[1]
7094 Erträge aus der Auflösung von Rückstellungen für sonstige Steuern[1]

Abschreibungen auf Finanzanlagen und auf Wertpapiere des Umlaufvermögens und Verluste aus entsprechenden Abgängen
7400 Abschreibungen auf Finanzanlagen
7420 Abschreibungen auf Wertpapiere des Umlaufvermögens
7450 Verluste aus dem Abgang von Finanzanlagen
7460 Verluste aus dem Abgang von Wertpapieren des Umlaufvermögens

7500 Zinsen und ähnliche Aufwendungen
7510 Bankzinsen
7511 Zinsaufwendungen für langfristige Verbindlichkeiten[2]
7540 Abschreibung auf Disagio
7570 Abzinsungsbeträge
7590 Sonstige Zinsen und ähnliche Aufwendungen
7600 Außerordentliche Aufwendungen

Steuern vom Einkommen und Ertrag
7700 Gewerbesteuer[2]
7701 Gewerbesteuernachzahlungen für Vorjahre[1]
7704 Erträge aus der Auflösung von Gewerbesteuerrückstellungen[1]
7710 Körperschaftsteuer
7713 Körperschaftsteuer für Vorjahre[1]
7714 Körperschaftsteuererstattungen für Vorjahre[1]
7717 Solidaritätszuschlagerstattungen für Vorjahre[1]
7718 Solidaritätszuschlag
7719 Solidaritätszuschlag für Vorjahre[1]
7720 Kapitalertragsteuer
7750 Aufwendungen aus der Zuführung und Auflösung von latenten Steuern[2]
7760 Erträge aus der Zuführung und Auflösung von latenten Steuern[1]

8 Ergebnisrechnungen

Eröffnung/Abschluss
8000 Eröffnungsbilanzkonto
8010 Schlussbilanzkonto
8020 Gewinn- und Verlustkonto – Gesamtkostenverfahren[2]
8030 Gewinn- und Verlustkonto – Umsatzkostenverfahren[2]
8040 Saldenvorträge, Sachkonten[1]

Konten der Kostenbereiche für die GuV im Umsatzkostenverfahren
8100 Herstellungskosten
8200 Vertriebskosten
8300 Allgemeine Verwaltungskosten

9 Kosten- und Leistungsrechnung (KLR)

Personenkonten[1]
10000 Debitoren[1]
70000 Kreditoren[1]

Quelle
Der Kontenplan basiert auf dem Industriekontenrahmen des Bundesverbandes der Deutschen Industrie in der ab dem Jahr 1986 gültigen Fassung, abgedruckt unter: Bundesverband der Deutschen Industrie: Industrie-Kontenrahmen (IKR), 3. Auflage, Bergisch Gladbach 1990.

Fußnoten
[1] Konto zusätzlich eingeführt
[2] Kontobeschriftung geändert

Sachverzeichnis

Numerics
1%-Regelung 349
44 €-Freigrenze 350

A
Abendessen 348
Abfallbeseitigungen 289
Abgabenordnung 114
Abgasuntersuchungen 288
Abgrenzungsgrundsätze 132
Abgrenzungsrechnung 103
Ablage 98
Abnutzbarkeit 243
Abraumbeseitigungen 289
Absatzerfolgsrechnung 526
Absatzmarkt 460
Abschluss 72
Abschlussarbeiten 420
Abschlussbuchungen 99
Abschlussgliederungsprinzip 60
Abschlussprozesse 419
Abschlussprüfer 118, 422, 541
Abschlussstichtag 13, 24
Abschreibung 242
– außerplanmäßige 444
– direkte 248, 464
– geometrisch-degressive 246
– indirekte 249, 465
– leistungsabhängige 248
– lineare 246
– monatsgenaue 247
– planmäßige 246
Abschreibungsbasis 244
Abschreibungsmethode 245, 473
Abschreibungsplan 244
Abschreibungszeitraum 245, 473
Absetzung für Abnutzung 243
Abstimmprüfungen 421
Abzinsung 508
AfA-Tabellen 245
Agio 181
Akkordlöhne 346
Aktien 259
Aktiengesellschaft 115
Aktiva 21
Aktive Rechnungsabgrenzungen 493
Aktivieren 227, 232, 238
Aktivkonten 51
Aktiv-Passiv-Mehrungen 24
Aktiv-Passiv-Minderungen 24
Aktivtausch 26

Allgemeine Geschäftsbedingungen 291
Allphasen-Mehrwertsteuer mit Vorsteuerabzug 142
Altersentlastungsbeträge 352
Anderskosten 477
Andersleistungen 477
Angestellte 340
Anhang 536
Ankaufskurs 470
Anlagegüter 221
– bewegliche 244
– mobile 244
– monetäre 225
Anlageintensität 551
Anlagenbücher 101
Anlagenbuchführung 101
Anlagengitter 537
– Brutto- 537
– Netto- 537
Anlagenspiegel 537
Anlagevermögen 22, 221
Anleihen 185, 207
Anpassungsfähigkeit 551
Ansatzgrundsätze 131
Ansatzstetigkeit 131
Anschaffung 227
Anschaffungskosten 227, 244, 279, 473, 476, 537
Anschaffungskostenprinzip 132
Anschaffungsnebenkosten 228, 295
Anschaffungspreis 228
Anschaffungspreisminderungen 228
Anschaffungswertprinzip 132, 444
Anschaffungszeitpunkt 104
Anteilsteuerungskonten 56
Antizipative Periodenabgrenzungen 496
Anwälte 289
Anzahlungen 223, 230, 278, 296, 318
Arbeiter 340
Arbeitgeber 339
Arbeitgeberdarlehen 349
Arbeitgeberverbände 287
Arbeitgeberversicherung 361
Arbeitgeberzuschüsse 347, 378
Arbeitnehmer 339
Arbeitsentgelt 356
Arbeitsförderung 360
Arbeitslohn 339, 351

Arbeitslosenversicherung 360
Artikelnummer 328
Aufbewahrungspflichten 132
Aufgeld 181
Aufsichtsrat 289, 541
Aufstellung 13, 118, 422
Auftragsfertigung 476
Aufwandskonten 53
Aufwandsorientierte Verbuchung 280
Aufwandsstrukturanalyse 550
Aufwendungen 32, 504
– neutrale 61
– soziale 339
Aufzeichnungen 117
Aufzeichnungspflichten 117
Ausfuhr 161
Ausgaben 29
Ausgangsfrachten 290
Ausgangsrechnungen 94
Ausgangsumsatzsteuer 143
Aushilfen 344
Auslagerung 309
Ausschüttungen 193, 197
Außenfinanzierung 180
Außerordentliches Ergebnis 526
Außerplanmäßige Abschreibungen 527
Ausstellungskosten 290
Auszahlungen 29
Auszahlungsbeträge 339, 365, 379

B
Bahn 290
Bardividende 193
Bargeld 23
Barverkaufspreis 313
Barwert 508
Barwertvergleichsmethode 212
Barzahlungsrabatte 292
Bauleistungen 286
Befundrechnung 300
Beherrschung 119
Beiräte 289
Beitragsbemessungsgrenzen 357
Beizulegender Wert 447
Bekanntmachungen 288
Belegbearbeitung 96
Belege 93
Belegnummer 95
Belegorganisation 93
Belegprinzip 93, 129

Belegprüfungen 421
Belegtext 95
Benzin 284
Beratungen 289
Berechnungsprüfung 11
Berichterstattung 519
Berichtsinstrumente 536
Berufsbekleidung 284
Berufsgenossenschaften 364
Beschaffung 279
Beschaffungskalkulation 228
Beschaffungsmarkt 460
Beschaffungsprozesse 6
Beschäftigte
– geringfügig 344
– geringfügig entlohnte 344
– kurzfristig 344
Beständedifferenzenbilanz 24
Bestandsgrößenvergleich 92, 433
Bestandskonten mit Erfolg 54
Bestandskorrekturen 434
Bestandsorientierte Verbuchung 282
Bestandsrechnung 24
Bestandsverzeichnis 431
Bestätigungsvermerk 422, 541
Besteuerung 393
Besteuerungsgrundlagen 133
Bestimmungslandprinzip 154
Beteiligungen 225
Beteiligungsfinanzierung 187
Betriebliche Altersversorgung 238
Betriebsausstattung 225
Betriebsbuchführung 10
Betriebsdatenerfassung 95, 302, 304
Betriebsergebnis 34, 526
Betriebsgewöhnliche Gesamtleistung 248
Betriebsstatistik 10
Betriebsstättenfinanzamt 356
Betriebsstoffe 277
Betriebsteuern 393
Betriebsvereinbarungen 340
Betriebsvermögen 241
Bewachung 287
Bewegungskonten 58
Bewertungsgrundsätze 131
Bewertungsverfahren 301, 303
Bewertungsvorschriften 444
Bewirtungsaufwendungen 398
Bewirtungsbelege 96

Sachverzeichnis

Bezüge 339, 348
Bezugskalkulation 228
Bezugskosten 228
Bezugspreise 227
Bilanz 21, 521
Bilanzänderungen 24
Bilanzbücher 102
Bilanzgewinn 23, 183
Bilanzgleichung 21
Bilanzierung 443
- dem Grunde nach 21, 131, 443
- der Höhe nach 21, 131, 443
Bilanzierungshilfen 512
Bilanzkontinuität
- formelle 130
- materielle 131
Bilanzpressekonferenz 422
Bilanzrechtsmodernisierungsgesetz 475
Bilanzstichtag 13
Bilanztheorie
- dynamische 24
- statische 24
Bilanzverkürzungen 24
Bilanzverlängerungen 24
Bilanzverlust 23, 183
BilMoG 475
Blumen 284–285
Bonds 207
Boni 294, 316
Bonität 203
Börsenwert 450
Brand 436
Brennstoffe 283
Briefe 288
Briefkurs 105, 470
Briefpapier 284
Bruttoentgelt 148
Bruttolohn 351
Bruttomethode 121, 257, 368
Bruttoverfahren 151
Bruttoverkaufspreis 313
Buchen 50
Buchführung 9, 289
- doppelte 11, 92
- doppische 92
- einfache 92
- ordnungsmäßige 128
Buchführungspflicht 114
- handelsrechtliche 114
- steuerrechtliche 116
Buchführungssoftwaresysteme 98
Buchgeld 23
Buchgewinne 257, 527
Buchhalternase 50
Buchhaltung 9
Buchinventur 430
Buchungsbeleg 94, 97
Buchungsbelegpflicht 129
Buchungsdatum 95

Buchungskontrollsummen 98
Buchungskreise 97
Buchungslisten 98
Buchungsnavigator 68
Buchungssätze 64
- einfache 64
- zusammengesetzte 64
Buchungsstempel 97
Buchungszeilen 98
Buchverluste 257
Buchwertabschreibung 246
Buchwerte 244, 444, 538
Bundesagentur für Arbeit 360
Bundesanzeiger 118, 288, 423, 542
Bundeszentralamt für Steuern 157
Bußgelder 410

C
Cashflow 29
- aus der Finanzierungstätigkeit 30
- aus der Investitionstätigkeit 30
- aus laufender Geschäftstätigkeit 29
- operativer 29
Computerprogramme 249
Control-Konzept 119
Corporate Governance Kodex 542

D
Damnum 203
Darlehen 202, 383
Darstellungsstetigkeit 130
Dauerbuchungen 95
Debet 49
Debitor 57, 326
Debitorenbuchführung 101, 315, 326
Deckungsgrad A 551
Deckungsgrad B 551
Dekoration 284
Delkredere 465
Desinvestierung 256
Deutsche Rechnungslegungs Standards 113
Deutscher Corporate Governance Kodex 119
Devisen 105
Devisenkassamittelkurs 106
Dienstleistungen 6
Disagio 203
Diskontierung 508
Diskriminanzanalysen 549
Distributionslager 304
Dividenden 253
Dokumentation 9
- physische 11
Doppik 11, 92
Drittländer 157–158
Drittleistungen 145

Drohende Verluste 504
Druckversion 542
Duldung 145
Durchschnittssätze 148
Durchschnittsverfahren 454
- periodisches 454
- permanentes 455

E
Earnings Before Interest and Taxes 550
EBIT 550
Eigenbelege 94
Eigenfinanzierung 180
Eigenkapital 23, 181
Eigenkapitalgeber 9
Eigenkapitalquote 551
Eigenkapitalrentabilität 550
Eigenkapitalspiegel 533
Eigenkapitalveränderungsrechnung 533
Eigenleistungen 35, 232
Eigentum
- wirtschaftliches 103, 210
- zivilrechtliches 103
Eigentumsvorbehalt 104
Eigenwährung 105
Einfuhr 145, 158
Einfuhrumsatzsteuer 158
Einfuhrzoll 158
Eingangsrechnungen 94
Eingangsumsatzsteuer 143
Einheitsbilanz 423
Einkommensteuer 197
Einkommensteuergesetz 114
Einkreissysteme 10
Einlagekonten 53
Einlagen 53
- ausstehende 183, 521
Einlagerungsscheine 94, 302, 304
Einmalbuchungen 324
Einmalzahlungen 348
Einnahmen 29
Einnahmenüberschussrechnung 92, 117
Einstandspreise 227
Einzahlungen 29
Einzahlungsverpflichtungen 521
Einzelabschlüsse 119
Einzelakkordlohn 346
Einzelarbeitsverträge 340
Einzelbewertung 453, 463
Einzelhandelskontenrahmen 60
Einzelkaufleute 115, 121
Einzelkosten 233
Einzelunternehmen 115–116
Einzelwertberichtigung 465
Einzugsstellen 361
Elektronischer Datenaustausch 94
ELSTER 149

Enteignungen 526
Entgegennahme 422
Entgeltfortzahlung 362
Entnahmekonten 53
Entnahmen 53
Entscheidungsrechnungen 10
Entwicklungsaufwendungen 233
Erfolg 20
Erfolgskonten 52
- mit Bestand 54
Erfolgsrechnungen 10
Erfolgswirtschaftliche Jahresabschlussanalyse 550
Erfüllungsbetrag 508
Ergänzungsteuer 355, 401
Ergebnis 34
- außerordentliches 37
Ergebnisrechnung 525
Ergebnisverwendung 196, 421, 423, 524, 531
Ergebnisverwendungskonten 56, 196
Ergebnisverwendungsrechnung 185, 524, 532
Erhaltungsaufwendungen 252
Erlösabgrenzungsläufe 421
Erlösrealisierungsläufe 421
Eröffnung 70
Eröffnungsbilanz 13, 24, 70
Eröffnungsbilanzkonto 55, 71
Eröffnungsbuchungen 99
Ersatzbelege 94
Ersatzbeschaffungen 473
Ersparnisprämien 346
Erstattungsanspruch 148
Erträge 33, 61
Ertragskonten 53
Ertragslage 20, 37, 550
Erwerb 228
- innergemeinschaftlicher 145, 154
Erzeugnisse 6, 277
- fertige 277, 304, 307, 310
- unfertige 277, 302, 305
Erziehungsfreibeträge 353
Essenszuschüsse 348
Europäische Gemeinschaft 154
Europäische wirtschaftliche Interessenvereinigung 116

F
Fahrgeld 347
Fahrkosten 290
Fahrtenbuchmethode 349
Fahrtkostenzuschüsse 347
Fahrzeugversicherungen 288
Fair Presentation 129, 476
Fakturierung 101
Fehlbetrag 521
Fertigstellungsgrad 477

Sachverzeichnis

Fertigung 300
Fertigungseinzelkosten 233
Fertigungsgemeinkosten 236
Fertigungsgemeinkostenbereiche 283, 287
Fertigungsgemeinkostenzuschlagssätze 236
Fertigungskosten 233
Fertigungsprozesse 6
Festbewertung 430, 433
Festkapital 184
Festnetzbereitstellung 288
Feststellung 422–423, 541
Fifo-Verfahren 458
Financial-Leasing 210
Finanzanlagen 22, 225
Finanzbericht 519
Finanzbuchführung 8
Finanzergebnis 35
Finanzierungsanalyse 551
Finanzierungsgeschäfte 36
Finanzierungs-Leasing 210
Finanzierungsprozesse 4, 179
Finanzierungsrechnung 31
Finanzlage 20, 31, 551
Finanzmittel 23
Finanzmittelbestand 30
Finanzmittelfonds 30
Finanzrisiken 540
Finanzwirtschaftliche Jahresabschlussanalyse 551
Firmenwerte 223
First-in-first-out-Verfahren 458
Flüssige Mittel 23
Folgebewertung 282, 301, 303, 444
Forderungen 22, 463
– aus Lieferungen und Leistungen 278
– dubiose 463
– einwandfreie 463
– uneinbringliche 463
– zweifelhafte 463
Forderungsmanagement 57
Form-Kaufleute 115
Forschungs- und Entwicklungsbericht 540
Forschungskosten 238
Fortbildungskurse 289
Fortschreibungen 430
Fortschreibungsmethode 300
Freiberufler 115
Freibeträge 352
Freie Mitarbeiter 287, 290
Freigaben 97
Freiheitsstrafen 133
Fremdbelege 94
Fremdfinanzierung 180
Fremdkapital 23
Fremdkapitalgeber 9
Fremdleistungen 145, 286

Fremdwährungen 105, 469
Frühstück 348
Fugger 12
Funktionsrabatte 292
Fusionen 526

G
Garantien 503
Garderobengebühren 398
Gartenpflege 287
Gas 284
Gastronomie 147
GATT-Zollwertkodex 158
Gebäck 285
Gebäudeversicherungen 287
Gebrauchsmuster 223
Gebrauchsverschleiß 243
Gegenkonto 100
Gehälter 340, 369
Geld 11
Geldakkord 346
Geldbezüge 346
Geldkurs 105, 470
Geldstrafen 133
Geldverkehr 289
Geldvermögen 29
Geldwerter Vorteil 348
GEMA-Gebühren 287
Gemeinkosten 235
Gemeinkostenbereiche 283
Gemeinkostenzuschlagssätze 235
Gemeinschaftskontenrahmen der Industrie 60
Gemischte Bestandskonten 51, 54
Gemischte Devisenkonten 54
Gemischte Effektenkonten 54
Gemischte Erfolgskonten 54
Gemischte Konten 54
Genossenschaften 115
Geringverdiener 344
Geringwertige Wirtschaftsgüter 249
Gesamtkostenverfahren 238, 281, 300, 526, 531
Geschäftsausstattung 225
Geschäftsbericht 519
Geschäftsbriefe 96
Geschäftsbuchführung 8
Geschäftsfälle 6
Geschäftsfreundebuchführung 101
Geschäftsjahr 12
Geschäftsvorfälle 6
Geschäftswerte 223
Geschenke 397
Geschmacksmuster 223
Gesellschaft bürgerlichen Rechts 116
Gesellschaft mit beschränkter Haftung 115
Gesellschafterkapital 184

Gesetzliche Unfallversicherung 364, 378
Getränke 285
Gewerbebetrieb 114
Gewerbeertrag 405
Gewerbesteuer 404
Gewerbesteuerbescheid 404
Gewerbesteuererklärung 424
Gewerbesteuerhebesätze 406
Gewerbesteuermessbescheid 404
Gewerbesteuernachzahlungen 406
Gewerbesteuerrückerstattungen 406
Gewerbesteuervorauszahlungen 404
Gewerbetreibende 114
Gewinn 34
– aus Gewerbebetrieb 405
Gewinn- und Verlustkonto 55, 73
Gewinn- und Verlustrechnung 32, 525
Gewinnrücklagen 23, 181
Gewinnvortrag 183, 190
Giralgeld 23
Girokonto 201
Gläubiger 9
Global Trade Item Number 328
GmbH & Co. KG 115
Goethe 11
Going-Concern-Prinzip 131
Goodwill 223
Grundaufzeichnung 98
Grundbuch 11, 98
Grundkapital 23, 181
Grundkosten 61, 477
Grundleistungen 61, 477
Grundsatz
– der Bewertungsstetigkeit 131
– der Einzelbewertung 131
– der getreuen Darstellung 129, 476
– der Klarheit und der Übersichtlichkeit 128, 130
– der postenmäßigen Bilanzidentität 131
– der sachlichen Abgrenzung 132
– der Stichtagsbezogenheit 131
– der Unternehmensfortführung 131
– der Vollständigkeit und der Richtigkeit 129–130
– der wertmäßigen Bilanzidentität 131
– der zeitlichen Abgrenzung 132
Grundsätze
– formelle 128, 130
– materielle 129–130
– ordnungsmäßiger Buchführung 128

– ordnungsmäßiger DV-gestützter Buchführungssysteme 128
Grundsteuer 408
Gruppenakkordlohn 346
Gruppenbewertung 433
Gruppenbewertungsverfahren 454
Guthaben bei Kreditinstituten 22
Gutschriften 93
Gutschriftenverfahren 93

H
Haben 50
Haben-Buchungen 50
Haftungskapital 181
Haftungsverhältnisse 120
Halbjahresfinanzberichte 12
Handelsbilanzen I 475
Handelsbilanzen II 424, 475
Handelsbriefe 96
Handelsgesetzbuch 113
Handelsgewerbe 114
Handelskalkulation 313
Handelsregistereintragungen 288
Handlungskostenzuschlagssatz 313
Handtücher 284
Handwerkskammern 287
Hardware 288
Hauptabschlussübersicht 420
Hauptbuch 11, 100
Hauptbuchführung 100, 324
Hauptkonten 58
Hauptleistung 148
Hauptuntersuchungen 288
Heizmaterialien 283
Heizöl 283
Herstellkosten 312, 477
Herstellung 232
Herstellungsintensität 550
Herstellungskosten 232, 244, 302, 304–305, 307, 473, 476–477, 537
Hilfskonten 54
Hilfsstoffe 277
Hinzurechnungsbeträge 353
Historische Anschaffungskosten 454
Historische Herstellungskosten 454
Höchstwertprinzip 132, 444
Holschuld 314
Hosting 289

I
IFRS 102, 113, 126–127, 424, 475
Immaterielle Sachanlagen 447
Immaterielle Vermögensgegenstände 22, 223, 447
Imparitätsprinzip 131
INCOTERMS 105
Industrie- und Handelskammern 287
Industriekontenrahmen 62

Sachverzeichnis

Information 8, 9
Informationsaufgabe 120, 422, 424
Informationsbereitstellung 6
Informationsermittlung 6
Ingenieure 289
Inland 144
Innenfinanzierung 180
Innerbetriebliche Leistungsverrechnung 235
Innergemeinschaftliche Lieferungen 144, 157
Input-Output-Modell 7
Insolvenzgeldumlage 363
Inspektionsleistungen 288
Instandhaltungsleistungen 287
Instandhaltungsmaterialien 284
Interimskonten 56
International Financial Reporting Standards 102, 113, 126–127, 424, 475
Internetbereitstellung 289
Internetdomains 289
Internetseiten 290
Inventar 13, 431
Inventarbücher 102
Inventur 13, 311, 421
- nachgelagerte 430
- permanente 431
- vorgelagerte 430
Inventurarten 429
Inventurdifferenzen 434
Inventurmethode 300
Investierung 227
Investitionsanalyse 551
Investitionsprozesse 5, 221
Investitionsrechnungen 227, 242, 256
Investor Relations 542
Ist-Besteuerung 147
Ist-Kaufleute 115

J

Jahresabschluss 9, 519
Jahresabschlusserstellung 289
Jahresabschlussrechnungen 19
Jahresbericht 519
Jahresfehlbetrag 23, 36, 183
Jahreslohnsteuertabellen 348, 350, 353
Jahresüberschuss 23, 34, 36, 183
Journal 98
Just-in-time-Produktion 280–281

K

Kaffee 285
Kalenderjahr 12
Kalkulation 10
Kalkulatorische Eigenkapitalzinsen 477

Kalkulatorische Unternehmerlöhne 477
Kameralistik 92
Kann-Kaufleute 116
Kapital 23
- gezeichnetes 23, 181
- variables 184
Kapital I 184
Kapital II 184
Kapitalanlagegeschäft 36, 223, 225
Kapitaleinsätze 227
Kapitalertragsteuer 193, 253, 259, 399
Kapitalfluss 29
Kapitalflussrechnung 28, 534
Kapitalgesellschaften 115, 124
- große 125
- kapitalmarktorientierte 126
- kleine 124
- mittelgroße 125
Kapitalherabsetzungen 194, 198
Kapitalkonten 51, 196
Kapitalmarktorientierung 121
Kapitalrücklage 181, 191
Kartons 285
Kassenbelege 94
Kassenbestand 22
Kassenbücher 99
Katastrophenverschleiß 243
Kaufmännische Buchführungssysteme 92
Kaufmännische Organisation 114
Kaufmännischer Geschäftsbetrieb 114
Kaufmannseigenschaften 114
Kaufpreis 228
Kaufprozesse 103
Kaufvertrag 103
Kennzahlen 549
- absolute 549
Kinderfreibeträge 353
Kinderlose 359
Kinoreklame 290
Kirchensteuer 355
Kleines Buchungseinmaleins 76
Kleingeräte 284
Kleinunternehmer 145
Kollektivkonten 59
Kommanditgesellschaft 115
- auf Aktien 115
Kongresse 289
Konsolidierung 424
Kontenabschluss 421
Kontenarten 60
Kontencharakter 56
Kontenfindung 66
Kontengruppen 60
Kontenklassen 60
Kontenpläne 59
Kontenrahmen 59

- für den Groß- und Außenhandel 60
- KR 18 62
- SKR 03 61
- SKR 04 62
Kontensysteme 59
Kontenunterarten 61
Kontenverknüpfungen 58
Kontierung 97
Kontierungsstempel 97
Kontierungszeilen 98
Konto 49
Kontobezeichnung 59
Kontoform 521
Kontoführung 289
Kontokorrentbücher 101
Kontokorrentbuchführung 101, 324
Kontokorrentkonten 201
Kontokorrentkredite 201
Kontonummer 59
Kontosummen 50
Kontroll- und Risikomanagementsystem 540
Konzernabschluss 126, 424
- konsolidierter 119
Konzerne 119
Konzessionen 223
Körperliche Inventur 429
Körperschaftsteuer 399
Körperschaftsteuererklärung 424
Körperschaftsteuernachzahlungen 401
Körperschaftsteuerrückerstattungen 401
Körperschaftsteuervorauszahlungen 399
Korrekturbuchungen 99
Kosten 33
- kalkulatorische 227, 232
Kosten- und Leistungsrechnung 10
Kostenrechnung 10, 477, 532
Kostenstellen 235
Kraftfahrzeugsteuer 409
Krankenversicherung 358
Kredit 50
Kreditfinanzierung 200
Kreditor 57, 325
Kreditorenbuchführung 101, 325
Kulanzfälle 503
Kundenkonten 57
Kundenkredit 201, 296, 318
Kundennummer 324

L

Lagebericht 519, 539
Lagerbücher 101
Lagerbuchführung 101, 328
Lagerkarten 94, 328
Last-in-first-out-Verfahren 456
Latente Steuern 511

Leasing 209–210
Lebende Sprache 128
Lebensmittel 284
Leerposten 524, 530
Lehrgänge 289
Leistungen 33
- freiwillige soziale 237
- sonstige 145
Leistungsentnahmen 321
Lieferantenkonten 57
Lieferantenkredit 201, 291
Lieferantennummer 324
Lieferavise 94
Lieferbedingungen 105, 324
Lieferscheine 94
Lifo-Verfahren 456
Liquidation 194, 198
Liquidationserlös 244, 256
Liquide Mittel 23
Liquidität 6, 20, 31
- 1. Grades 551
- 2. Grades 551
- 3. Grades 551
Liquiditätsanalyse 551
Lizenzen 223
Lohn- und Gehaltsabrechnung 289, 343
Lohn- und Gehaltsbücher 101
Lohn- und Gehaltsbuchführung 101, 381
Lohn- und Gehaltstarifverträge 340
Lohnarten 346
Lohnbearbeitung 286
Löhne 340, 369
Lohnformen 346
Lohnkonten 381
Lohnsteuer 354
Lohnsteuer-Anmeldungszeiträume 356
Lohnsteuerklasse 354
Lohnsteuertabellen 353
Lohnverarbeitung 286
Lohnveredelung 286

M

Mängel
- formelle 133
- materielle 133
Manteltarifverträge 340
Marken 223
Marktzinssatz 508
Maschinen 225
Maschinenstundensatzrechnung 235
Materialaufwand 35, 278
Materialentnahmescheine 94
Materialgemeinkosten 235
Materialgemeinkostenbereiche 283
Materialgemeinkostenzuschlagssätze 235

Sachverzeichnis

Materialien 276
Materialintensität 550
Materialkosten 233
Materialkostenbereiche 287
Mehrwert 142
Memorial 98
Mengenleistungsprämien 346
Mengenrabatte 292
Messekosten 290
Miete 209
Minderungen 292, 316
Mindest-Herstellungskosten 312
Minijob 344
Minijob-Zentrale 356, 361, 363
Minutenfaktor 346
Mittagessen 348
Mobiltelefonbereitstellung 288
Monatslohnsteuertabellen 348, 353
Motoröl 284
Müllabfuhr 287
Münzen 11
Mutterschaftsgeld 362
Mutterunternehmen 119

N

Nachtragsbericht 540
Naturkatastrophen 526
Nebenbücher 101
Nebenbuchführung 101, 324, 328, 381
Nebenkonten 59
Nebenleistungen 148, 314, 410
Nennwert 463
Nettoabzüge 365, 378
Nettobezüge 365, 378
Nettobuchführung 143
Nettodividenden 193
Nettoentgelt 147
Nettolohn 364
Nettomethode 121, 257, 368
Nettoverfahren 151
Nettoverkaufspreis 313
Nettovermögen 23
Neuronales Netz 549
Neutrale Aufwendungen 477
Neutrale Erträge 477
Nicht-Kaufleute 116
Nicht-Unternehmer 145
Niederstwertprinzip 132
– gemildertes 444
– strenges 444
Normensystem 472
Nutzungsdauer 245
Nutzungsentnahmen 255
Nutzungsgradprämien 346

O

Obligationen 207
OCI-Rechnung 127
Offene Handelsgesellschaft 115

Offene Posten 57
Offene-Posten-Buchführung 324
Offene Selbstfinanzierung 198
Offenlegung 14, 118, 423
Operating-Leasing 210
Ordentliches Studium 345
Ordnungsbücher 100
Ordonnance de Commerce 12

P

Pacht 209
Pacioli 11
Paketdienste 290
Pakete 288
Papier 284
Papierbelege 93
Papierhandtücher 284
Partnerschaftsgesellschaft 116
Passiva 23
Passive Rechnungsabgrenzungen 490
Passivkonten 51
Passivtausch 26
Patente 223
Pauschale Wertberichtigung 467
Pauschalwertberichtigungssatz 467
Pensionsrückstellungen 502
Periodenabgrenzung 132
Personalaufwand 35, 339, 342
Personalintensität 550
Personengesellschaften 116
Personenhandelsgesellschaften 115, 121
Personenkonten 57, 324, 327
Pflanzen 284
Pflegeversicherung 359
Plankostenrechnung 10
Planungsrechnung 10
Poolabschreibung 251
Positives Tun 145
Post 290
Postwertzeichen 284
Praktikanten 345
Prämienlöhne 346
Preisnachlässe 292, 316
Primanota 98
Prinzip der Periodisierung 132
Prinzip der Verlustantizipation 131
Privatentnahmen 255, 320
Privatkonten 53
Privatsteuern 393, 410
Privatvermögen 241
Privatversicherte 359, 363
Produktionserfolgsrechnung 526
Produktionsunternehmen 276
Produktivität 550
Provisionen 290, 346
Prozessgliederungsprinzip 22, 60
Prüfung 14, 118, 422, 420
– progressiv 93

– retrograd 93
Prüfungsbericht 422, 541
Prüfungsunterlagen 541
Publizitätsgesetz 113
Publizitätspflicht 122
Putzleistungen 287
Putzmittel 284

Q

Qualitätsprämien 346
Quartalsfinanzberichte 13

R

Rabatte 292, 316
Rabattfreibetrag 350
Ratingagenturen 203
Realisationsprinzip 131, 476
Rechengrößen 29, 32
Rechenschaftslegung 9
Rechnerische Prüfungen 421
Rechnungen 96
Rechnungsabgrenzungsposten 185, 488
Rechnungslegung 9
– parallele 103
– serielle 103
Rechnungslegungswerke 103
Rechnungswesen 6
– externes 8
– internes 10
Rechnungswesen-Zyklen 12
Rechtsform 120
Reihenform 68
Reinigungsleistungen 287
Reinigungsmaterialien 284
Reinvermögen 23, 32–33, 223, 431
Reisekosten 290
Renovierungsleistungen 287
Renovierungsmaterialien 284
Rentabilitätsanalyse 550
Rentenversicherung 360
Reparaturleistungen 287
Reparaturmaterialien 284
Reporting 519
Repräsentationszwecke 285
Reproduktionskosten 447
Residualgröße 23
Resterlöswert 244
Restgröße 23
Restwertabschreibung 246
Retrograde Bewertung 474
Retrograde Methode 301
Return-on-Investment 550
Richtigkeit
– rechnerische 96
– sachliche 96
Risiko- und Prognosebericht 540
Rohergebnis 530
Rohstoffe 277
Rückflüsse 242

Rücklagen
– gesetzliche 181
– satzungsmäßige 181
Rückrechnung 301, 430
Rücksendungen 297, 319
Rückstellungen 23, 489, 501, 504
– für Aufwendungen 504
– für drohende Verluste 504
– für Gewährleistungen 503
– für ungewisse Verbindlichkeiten 502
– mehrjährige 508
Ruheverschleiß 243
Rumpfgeschäftsjahr 12
Rundfunkgebühren 287

S

Sachanlagen 22, 225
Sachbezüge 348, 371
Sachbezugswert 348
Sachentnahmen 320
Sachkonten 50
Sachleistungen 6
Sachmängel 297
Sachverständige Dritte 128
Sachverständigengutachten 289
Sachzuwendungen 348
Salden 50, 72
Saldenbestätigungen 421
Saldenübertrag 421
Saldieren 72
Saldierungsverbot 131
Sammelbewertungsverfahren 456, 458
Sammelkonten 59
Sammelposten 251
Sanierungen 527
Säumniszuschläge 411
Schadensersatzzahlungen 526
Schätzungen 133
Schlussbilanz 13, 24, 74
Schlussbilanzkonto 56, 74
Schmalenbach 24
Schornsteinreinigung 287
Schreibwaren 284
Schulden 23, 472, 475, 490
Schuldverschreibungen 207
Schüler 345
Schulungen 289
Schutzfunktion 12
Schutzrechte 223
Schwebendes Geschäft 104, 504
Segmentbericht 539
Seife 284
Selbstfinanzierung 198
Selbstkosten 313
Sichteinlagen 23
Sichtguthaben 23
Skonti 292, 316
Skontration 300

Sachverzeichnis

Snacks 285
Societas Europea 115
Software 288
Solidaritätszuschlag 355, 401
Soll 49
Soll-Besteuerung 147
Soll-Buchungen 50
Sondereinzelkosten der Fertigung 233
Sondereinzelkosten des Vertriebs 234
Sonderkosten der Fertigung 233
Sonstige Rückstellungen 489
Sonstige Steuern 395, 408
Sonstige Verbindlichkeiten 489
Sonstige Vermögensgegenstände 496
Sorte 469
Soziale Einrichtungen 237
Sozialpläne 527
Sozialversicherungsbeiträge 356, 374
Speditionen 290
Spesen 290
Spezial-Leasing 210
Staffelform 525, 534
Stage-of-Completion-Methode 477
Stakeholder 8
Stammkapital 23, 181
Standgelder 290
Steuerberater 289
Steuererklärungen 424
Steuerhinterziehung 133
Steuermessbetrag 405
Steuern 393
- latente 488–489
- pauschale 373
- sonstige 37
- vom Einkommen und vom Ertrag 37, 395, 399
Steuerrecht 472
Steuerrückstellungen 395, 489, 502
Steuerstrafen 410
Stichprobeninventur 430
Stichtagsinventur 430
Stichtagsprinzip 131
Stiftungen 116–117
Stille Gesellschaft 116
Stilllegung 527
Stornobuchungen 95, 99
Straßenreinigung 287
Streuartikel 285, 397
Strom 144, 284
Stromgrößenrechnung 31, 37
Stückgeldakkord 346
Stückzeitakkord 346
Substanzverschleiß 243
Summarische Zuschlagskalkulation 313

Summen- und Saldenbilanz 420
Summen- und Saldenliste 420
Süßigkeiten 285

T

Tageslohnsteuertabellen 353
Tageszinsen 202
Tagungen 289
Tauschgeschäfte 145
Technische Anlagen 225
Teilhafter 184
Telefonate 379
Temporary-Konzept 511
Tiere 144
T-Konten 49
Tochterunternehmen 119, 126
Toilettenpapier 284
Ton-Tokens 11
Transitorische Periodenabgrenzungen 490
Transporte 290
Transportversicherungen 290
Treibstoffe 284
Treueboni 294
Treuerabatte 292
Trinkgelder 398
Trivialprogramme 249
Tüten 285

U

Übergangskonten 56
Überleitungsrechnung 103, 423
Übernachtungsaufwendungen 290
Übertragungsprüfungen 421
Überweisungen 289
Umbuchungen 99
Umlage 361, 377
- U1 362
- U2 362
Umlaufintensität 551
Umlaufvermögen 22, 275
Umrechnungskurs 105
Umrechnungszeitpunkte 105
Umsatz
- innergemeinschaftlicher 154
- steuerbarer 144
Umsatzbesteuerung 141
Umsatzboni 294
Umsatzerlöse 34
Umsatzkostenverfahren 240, 281, 305, 526, 532
Umsatzprozess 5, 276
Umsatzrentabilität 550
Umsatzsteuer 141
Umsatzsteuerbefreite Wirtschaftssubjekte 153
Umsatzsteuerbefreiungen 145
Umsatzsteuererklärung 149, 162, 424

Umsatzsteuer-Identifikationsnummer 96, 157
Umsatzsteuersatz 148
Umsatzsteuerschlüssel 150, 152
Umsatzsteuerschuld 148
Umsatzsteuervoranmeldungen 149, 162
Umstrukturierungszuschüsse 527
Umzugskostenerstattungen 378
Unfertige Leistungen 277
Unrichtigkeiten 422
Untergang 436
Unterkonten 58, 421
Unterkünfte 350
Unterlassung 145
Unternehmen 4
- forstwirtschaftliche 116
- gewerbliche 114–115
- landwirtschaftliche 116
- verbundene 225
Unternehmensberater 289
Unternehmensbericht 519
Unternehmenseigner 9
Unternehmensgröße 120
Unternehmergesellschaft 115
Unterschlagungen 526
Urheberrechte 223
Ursprungsbelege 94

V

Valutaverbindlichkeiten 469
Veräußerungsgewinne 473
Veräußerungskosten 256
Verbindlichkeiten 24, 185
- aus Lieferungen und Leistungen 278
- sonstige 498
- ungewisse 502
Verbrauchsfiktion 250, 280
Verbrauchsfolgefiktion 456, 458
Verbrauchsfolgeverfahren 456, 458
Verbrauchsteuer 147
Verderb 436
Vereine 116–117
Verfügungsmacht
- rechtliche 145
- wirtschaftliche 103, 131, 144, 227–228
Vergleichsrechnung 10
Vergleichswerte 444
Vergütungsbericht 540
Verhältniszahlen 549
Verkauf 314
Verkaufskurs 470
Verkaufsnebenkosten 256
Verkaufspreis 312, 460
Verkehrsteuern 141
Verlagsrechte 223
Verlustanteil 524
Verlustvortrag 183, 190

Vermietung 252
Vermögen 21
Vermögensgegenstände 472, 475, 493
Vermögenskonten 51
Vermögenslage 20, 24, 551
Vermögenswerte 475
Vermögenswirksame Leistungen 369, 347
Verpachtung 252
Verpackungsmaterialien 285
Verpflegung 348
Verpflegungsmehraufwendungen 290
Verpflichtungen
- rechtliche 502
- wirtschaftliche 502
Verprobung 162
Verrechnungskonten 56
Verrechnungsläufe 105, 421
Verrechnungsverbot 131
Versagungsvermerk 541
Versandkosten 148
Verschuldungsgrad 551
Versendungskäufe 104
Versicherungen 287
Versicherungsteuer 287–288, 290
Verspätungszuschläge 410
Verstöße 133, 422
Vertrieb 285, 290, 309
Vertriebsgemeinkosten 237
Vertriebsintensität 550
Vertriebskosten 235
Vertriebsprozesse 6
Verwaltung 236, 283, 287
Verwaltungsgemeinkosten 236
Verwaltungsgemeinkostenzuschlagssätze 236
Verwaltungsintensität 550
Verzinsung 550
Visitenkarten 284
Vollhafter 184
- haftungsbeschränkt 120
- natürliche 120
Voranmeldezeitraum 149
Vorlage 422
Vorräte 22, 453
Vorschaurechnung 10
Vorschüsse 383
Vorsichtsprinzip 131, 476
Vorsteuer 143
Vorsteuerguthaben 148
Vorteile 339
Vortrag 192
Vortragskonten 56

W

Waren 276–277, 311, 530
Warenabgabe 285
Warenausgangsbücher 99

Wareneingangsbücher 99
Warengeld 11
Warenkonten
- einheitliche 54
- geteilte 54
- ungeteilte 54
Wärme 144
Wartung 288
Wasser 284
Weiterbildungskurse 289
Werbeagenturen 290
Werbegeschenke 285
Werkstoffe 276
Werkstudentenprivileg 345
Werkstudierende 345
Werkswohnungen 379
Werkzeuge 284
Wertaufholungsgebot 132, 444
Wertberichtigungen 249
Werteverzehr des Anlagevermögens 237
Wertpapiere 121, 185, 193, 225–226, 228, 253, 256, 449
Wertpapierkonten 54

Wertschöpfung 142
Wettbewerbsverbote 223
Wiederbeschaffungskosten 447
Wiederbeschaffungswert 460
Willkürfreiheit 131
Wirtschaftlichkeit 550
Wirtschaftsbericht 540
Wirtschaftsgüter
- negative 472
- positive 472
Wirtschaftsjahr 12
Wirtschaftsprüfer 118
Wirtschaftsprüfung 289
Wirtschaftsprüfungsgesellschaften 118
Wirtschaftsverbände 287
Wochenlohnsteuertabellen 353
Wohnungen 350

Z
Zahllast 148
Zahlungsavise 94
Zahlungsbedingungen 105, 324
Zahlungsbemessung 9, 119

Zahlungsbemessungsaufgaben 422–423
Zahlungsfähigkeit 31, 551
Zahlungskonten 51
Zahlungsmittel 23
Zahlungsziel 291
Zeichenmaterialien 284
Zeitabschnittsrechnung 9, 31, 37
Zeitakkord 346
Zeitarbeitspersonal 286–287, 290
Zeitlöhne 346
Zeitlöhner 346
Zeitpunktrechnung 24
Zeitrabatte 292
Zeitschriften 284
Zeitungen 284
Zeitungsanzeigen 290
Zeitwert 447
Zielkauf 291
Zielverkauf 315
Zinsen 185, 205, 238, 253, 411
Zinsmethode 202
Zinsstaffelmethode 212
Zinstage 202

Zollsatz 158
Zollwert 158
Zugaben 285
Zugangsbewertung 227, 232, 279, 302, 304, 443
Zugangsmethode 280
Zusammenfassende Meldungen 157
Zusatzkosten 477
Zusatzleistungen 477
Zuschätzung 93
Zuschläge 346
Zuschlagskalkulation 232, 235, 312
Zuschlagsläufe 235
Zuschlagssätze 312
Zuschreibungen 444
Zu versteuerndes Einkommen 400
Zuwendungen 348
Zwangsgelder 133, 410
Zweckaufwendungen 477
Zweckerträge 477
Zweikreissysteme 10
Zwischenbericht 9
Zwischenkonten 56